Lehrbuch der
Bergbaukunde

mit besonderer Berücksichtigung des Steinkohlenbergbaues

Begründet von

Dr.-Ing. eh. **F. Heise** und Dr.-Ing. eh. **F. Herbst** †

Erster Band
Achte Auflage

Von

Dr. Dr.-Ing. **C. Hellmut Fritzsche**
o. Professor der Bergbaukunde und Bergwirtschaftslehre
an der Technischen Hochschule Aachen

Mit 615 Abbildungen im Text
und einer farbigen Tafel

Berlin
Springer-Verlag
1942

Vorwort zur achten Auflage.

Obwohl erst $3^1/_2$ Jahre seit Erscheinen der letzten, inzwischen vergriffenen Auflage dieses Bandes verstrichen sind, machte es der wissenschaftliche und technische Fortschritt notwendig, mehrere Abschnitte, Kapitel und Ziffern neu zu bearbeiten. Auch die wesentlich gestiegene Bedeutung des oberschlesischen Steinkohlengebietes für unser Vaterland, der vergrößerte Umfang des deutschen Erzbergbaus und schließlich auch des Braunkohlentiefbaus forderten Ergänzungen durch verstärkte Berücksichtigung der Abbau- und Gewinnungsverfahren dieser Bergbaugebiete und Bergbauzweige. Weiterhin wurden im Kapitel „Gewinnungsarbeiten" die neuzeitlichen Kohlengewinnungs- und Lademaschinen aufgenommen sowie der zunehmenden Mechanisierung der Ladearbeit beim Gesteinstreckenvortrieb Rechnung getragen. Bei der „Sprengarbeit" sind Ausführungen über das schlagende Bohren mit Hartmetallschneiden und zahlreiche neue Beispiele über das Ansetzen der Bohrlöcher hinzugekommen; auch wurden die Darlegungen über die ummantelten Sprengstoffe und über die Verwendung von Schnellzeitzündern erweitert. Die Bergekippvorrichtungen wurden aus dem Abschnitt „Förderung" des im Druck befindlichen 2. Bandes herausgenommen und bei der „Besprechung der Versatzverfahren" eingeordnet. Dafür sind die Ausführungen über „Druckluft und Elektrizität" in diesem Band gestrichen und in erweiterter Form dem 2. Band eingefügt worden. Schließlich wurde im Abschnitt „Grubenbewetterung" den neuen Erkenntnissen der Methanausgasung Rechnung getragen. Außerdem haben alle Abschnitte zahlreiche kleinere Änderungen und Verbesserungen erfahren.

Äußerlich findet die Umarbeitung ihren Ausdruck in einer geringfügigen Zunahme des Buchumfanges um 20 Seiten. 92 neue Abbildungen sind eingefügt worden. 53 alte Abbildungen wurden ersetzt, so daß die Gesamtzahl der Abbildungen nur von 576 auf 615 gewachsen ist.

Wie bei der vorigen, so ist es auch bei dieser Auflage im Einvernehmen mit der Westfälischen Berggewerkschaftskasse in Bochum mein Bestreben gewesen, den Grundcharakter des Buches, ein Lehrbuch für Bergschulen zu sein, zu wahren. Mit diesem Bestreben ließen sich die beiden anderen Aufgaben des Buches, auch den Berghochschulen sowie dem im praktischen Betriebe stehenden Fachmanne zu dienen, ohne weiteres vereinen. Sollten die Darlegungen hier und da über den Umfang des von der einzelnen Bergschule vorgesehenen Stoffes hinausgehen, so dürfte es keine Schwierigkeit bereiten, solche Stellen im Unterricht fortzulassen.

Ich hoffe, daß es mir auch dieses Mal gelungen ist, das Werk im Sinne seiner Begründer weiterzuführen und das hohe Ansehen, dessen sich das Buch seit Jahrzehnten erfreut, auch für die Zukunft zu erhalten. Ich war bestrebt, überall das Grundsätzliche zu betonen, neben dem rein Beschreibenden nach Möglichkeit auf das Warum und Weshalb einzugehen und so in die bergmännische Denk- und Vorstellungswelt einzuführen. Bei allem Streben nach Lückenlosigkeit im Grundsätzlichen war ich mir jedoch bewußt, daß sich ein Lehrbuch im Vergleich zu einem Handbuch Beschränkungen auferlegen muß und nur eine Auswahl an Ausführungsformen und praktischen Fällen berücksichtigen kann. Auch muß sich ein Lehrbuch in stärkerem Maße als ein Handbuch auf das Gesicherte und Feststehende beschränken. Ich habe jedoch versucht, nicht nur die verschiedenen Möglichkeiten für die Wahl des praktischen Handelns aufzuzeigen, sondern, wenn angängig, auch Stellung zu nehmen. Auf die geschichtliche Entwicklung bin ich nur kurz eingegangen, obwohl es in manchem Falle reizvoll und auch pädagogisch von Wert gewesen wäre, dabei etwas ausführlicher zu werden. Aus Gründen der Systematik sowie zur Pflege des bergmännischen Vorstellungsvermögens war es jedoch z. B. notwendig, auch veraltete oder wenig angewandte Abbauverfahren kurz zu erwähnen. Schließlich bitte ich den Leser, bei der Beurteilung von Darstellung und Auswahl des Stoffes zu berücksichtigen, daß es meine Absicht gewesen ist, den Umfang des Buches nicht über Gebühr anschwellen zu lassen.

Meinem Assistenten, Herrn Dipl.-Ing. Fritz Müller, danke ich für seine unermüdliche und interessierte Hilfe, den Herren Bürovorstehern Gries, Bochum, und Jäger, Essen, für die von ihnen mit gewohnter Meisterschaft ausgeführten Zeichnungen.

Aachen, im Mai 1942.

C. H. Fritzsche.

Inhaltsverzeichnis.

Fünfter Abschnitt.

Grubenbewetterung.

Seite

Berichtigungen.

1. Die in der Formel (3) auf S. 588 enthaltenen λ-Werte sind nicht wie in der Depressionsformel auf S. 586 sowie in den Formeln (1) und (2) auf S. 587 auf F/U, wie in der Wetterführung üblich, bezogen, sondern auf den hydraulischen Durchmesser $4F/U$. Infolgedessen sind die in der Zahlentafel auf S. 588 angegebenen Reibungswiderstandsdruckhöhen versehentlich um den 4fachen Betrag zu hoch angegeben worden. Die in dieser Zahlentafel mitgeteilten Werte müssen also durch 4 dividiert werden.

2. In der fünftletzten Zeile von unten auf S. 586 muß es statt: „ψ den hydraulischen Radius F/U und v die innere Reibung der Luft bedeutet" heißen: „ψ den hydraulischen Durchmesser $4F/U$ (in cm) und v die kinetische Zähigkeit der Luft (in cm²/s) bedeutet".

Einleitung.

1. — Begriff der Bergbaukunde. Die Bergbaukunde ist der Inbegriff aller Lehren und Regeln für die zweckmäßige technische und wirtschaftliche Ausführung der zur bergmännischen Gewinnung nutzbarer Mineralien erforderlichen Arbeiten.

Eine scharfe Umgrenzung derjenigen Mineralgewinnungen, die als „bergmännische" zu bezeichnen sind, läßt sich nicht geben. Nach unserem Sprachgebrauch beschränkt sich der Begriff des Bergbaubetriebes im allgemeinen auf die Gewinnung solcher Mineralien, die in der Hauptsache unterirdisch vorkommen; bei diesen wird dann, wie z. B. bei Braunkohle und Eisenerzen, auch die Gewinnung unter freiem Himmel (der „Tagebau") als „Bergbau" betrachtet. Jedoch kann man auch die unterirdische Gewinnung derjenigen Mineralien, die, wie Marmor, Dachschiefer, Ton, im wesentlichen den Gegenstand von Steinbrüchen oder Gräbereien bilden, dem Bergbau zurechnen, da sie unter Anwendung besonderer bergmännischer Kunstgriffe zu erfolgen hat und auch in der Gesetzgebung als Bergbau betrachtet wird.

2. — Einteilung der Bergbaukunde. Da eine gewisse Kenntnis der Arten des Vorkommens von nutzbaren Mineralien, d. h. der Lagerstätten, sowie eine allgemeine Vorstellung von den Naturkräften, die bei der Entstehung und Gestaltung der Lagerstätten und ihres Nebengesteins tätig gewesen sind, für den Bergmann unerläßlich ist, soll ein darüber handelnder Abschnitt hier der Besprechung der bergtechnischen Abschnitte vorausgeschickt werden. Es ergeben sich dann folgende 10 Hauptabschnitte:

1. Gebirgs- und Lagerstättenlehre,
2. Schürf- und Bohrarbeiten,
3. Gewinnungsarbeiten,
4. Ausrichtung, Vorrichtung und Abbau der Lagerstätten,
5. Grubenbewetterung und -beleuchtung.
6. Grubenausbau,
7. Schachtabteufen[1]),
8. Förderung (und Fahrung),
9. Wasserhaltung,
10. Bekämpfung von Grubenbränden; Atmungsgeräte.

Von diesen Abschnitten werden die unter 1.—5. genannten im 1. Bande, die übrigen im 2. Bande dieses Lehrbuches behandelt.

---

[1]) Das Schachtabteufen läßt sich zwar unter „Ausrichtung" behandeln, ist aber wegen der großen Bedeutung, die ihm heutzutage zukommt, hier zu einem selbständigen Abschnitt erhoben worden.

Gebirgs- und Lagerstättenlehre.

I. Gebirgslehre (Geologie).

3. — Überblick. Unsere Erdkugel ist mit größter Wahrscheinlichkeit als
ein früher glühend gewesener, jetzt im Erkalten begriffener Weltkörper aufzufassen, dessen Inneres noch eine glühende Masse bildet, während das Äußere
zu einer festen Schale, der „Erdrinde", geworden ist. Sie ist aus silikatischem
Gesteinsmaterial (in erster Linie Silikatverbindungen der Leichtmetalle) zusammengesetzt und besitzt eine mittlere Dichte von 2,7. Ihre Dicke ist erstaun-
lich gering: sie schwankt nur zwischen etwa 25 und 50 km. Unter ihr befindet
sich fließbares Material[1]). Dieses hat sich, wie durch die verschiedene Fortpflanzungsgeschwindigkeit von Erdbebenwellen im Erdinnern erwiesen ist, zu
konzentrischen Kugelschalen angeordnet, die in sich gleichförmig aufgebaut
sind. Drei Hauptschalen sind zu unterscheiden, die als Mantel, Zwischenschicht
und Kern bezeichnet werden. Der Mantel mit einer mittleren Dichte von 3,4
reicht von rd. 40 km bis 1200 km Tiefe, die Zwischenschicht (Dichte 6,4) erstreckt
sich von 1200 km bis 2900 km. Bei 2900 km beginnt der Kern, der eine Dichte
von 9,6 besitzt und aus Eisen und Nickel besteht. Über die Zusammensetzung
der Zwischenschicht gehen die Ansichten sehr auseinander. Teils nimmt man
an, daß sie hauptsächlich Sauerstoff- und Schwefelverbindungen der Schwermetalle enthält, teils vermutet man kieselsaure Verbindungen des Eisens und
eine mit der Tiefe zunehmende Beimengung von gediegenem Eisen. Im Mantel
herrschen dagegen kieselsaure Verbindungen der Schwermetalle vor. Die
Temperatur der Erdkugel nimmt nach der Tiefe zu. Im Erdkern wird sie zu
etwa 10000° C geschätzt. Ebenso steigt der Druck, und man nimmt an, daß
er im Erdmittelpunkt 3 Millionen at beträgt[2]).

Die Erdoberfläche und dadurch mittelbar auch das Erdinnere geben noch
fortgesetzt Wärme an den außerordentlich kalten Weltenraum ab. Außerdem
wirken die Gewässer der Erde und die sie umgebende Lufthülle im Verein mit der
nach Tages- und Jahreszeiten wechselnden Sonnenwärme unablässig auf die Erdoberfläche ein. Infolgedessen ist die Erdrinde fortgesetzten Veränderungen
unterworfen. Von diesen tritt uns nur ein Teil in der Gestalt von Erdbeben,
Bergrutschen, Meereseinbrüchen, Entstehung oder Verschwinden von Inseln,

---

[1]) Dieses fließbare Material, auch Magma genannt, darf man sich jedoch
nicht leichtflüssig vorstellen. In diesen Zustand gerät es erst dann, wenn es
von dem auf ihm lastenden gewaltigen Druck, z. B. in Verbindung mit vulkanischen Erscheinungen, befreit ist.

[2]) Näheres vgl. K. J u n g : Kleine Erdbebenkunde, Berlin 1938.

Aufreißen von Spalten und ähnlichen plötzlichen Wirkungen lebendig vor Augen. Viele andere Veränderungen dagegen entziehen sich wegen ihres sehr langsamen Verlaufes der Beachtung und können nur durch sehr sorgfältige, unter Umständen jahrhundertelang fortgesetzte Beobachtungen ermittelt werden. Hierher gehören allmähliche Küstenverschiebungen, Neubildungen von Ablagerungen in Flüssen, Seen und Meeren (insbesondere auch die Entstehung von Kohlen- und Erzlagerstätten), Abtragungen von Berggipfeln u. a.

Im folgenden soll der Anteil, den die Kräfte des Erdinnern einerseits und die Einwirkung der Atmosphäre (Wasser, Luft und Sonne) anderseits an der Entstehung und Umgestaltung der Erdrinde haben, nach dem heutigen Stande der geologischen Wissenschaft kurz besprochen werden.

A. Die Kräfte des Erdinnern.

4. — Raumbegriffe. Um zunächst von den Größenverhältnissen, um die es sich hier handelt, ein einigermaßen zutreffendes Bild zu erhalten,

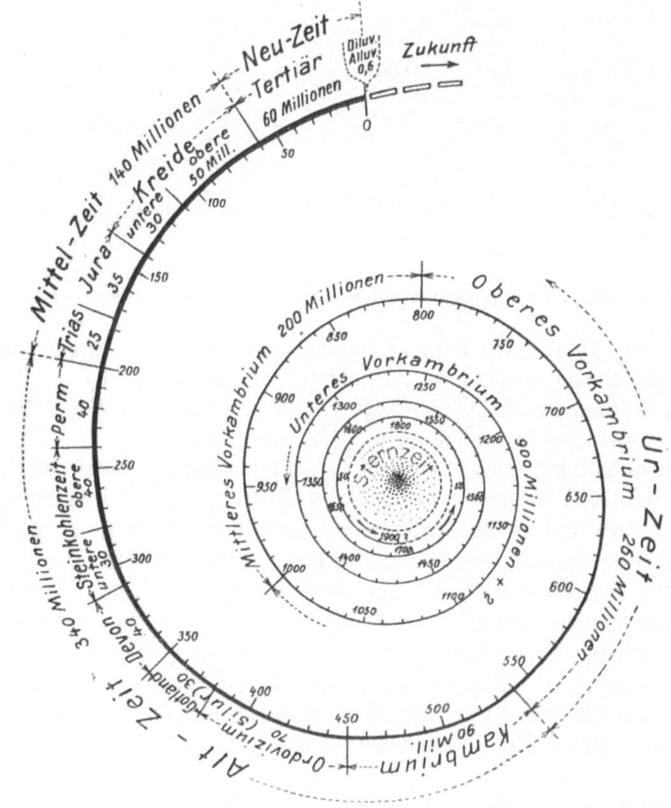

Abb. 1. Veranschaulichung der geologischen Zeiträume.

muß man sich klarmachen, daß die Erde einen mittleren Durchmesser von rund 12730 km hat, so daß der höchste Berg der Erde, der 8840 m hohe

Gaurisankar in Vorderindien, im Verhältnis zur Erdkugel nicht größer ist als eine Erhöhung von Kirschkerngröße auf einer Kugel von 10 m Durchmesser und das tiefste, bisher niedergebrachte Bohrloch (Erdölbohrung in Californien, 4919 m tief[1])), nur einem Eindruck in diese Kugel von der Länge eines kleinen Zündholzköpfchens entspricht. Die ganze Erdrinde selbst stellt, wenn man ihre Stärke zu rd. 40 km annimmt, im Verhältnis zum Erddurchmesser eine Schicht dar, die vergleichbar ist der 1 mm starken Wandung eines Gummiballes von etwa 30 cm Durchmesser; sie hat also trotz ihrer an sich gewaltigen Mächtigkeit den Kräften des Erdinnern nur einen verhältnismäßig geringen Widerstand entgegenzusetzen.

5. — **Zeitbegriffe.** Die Größe der Zeiträume, die wir für die Bildung und Umformung der Erdrinde annehmen müssen, übersteigt unsere Vorstellungskraft. Sie wird neuerdings zu rund 2000 Millionen Jahren geschätzt. Die Grundlage einer Schätzung beruht auf der Tatsache, daß Uranmineralien mit der Zeit

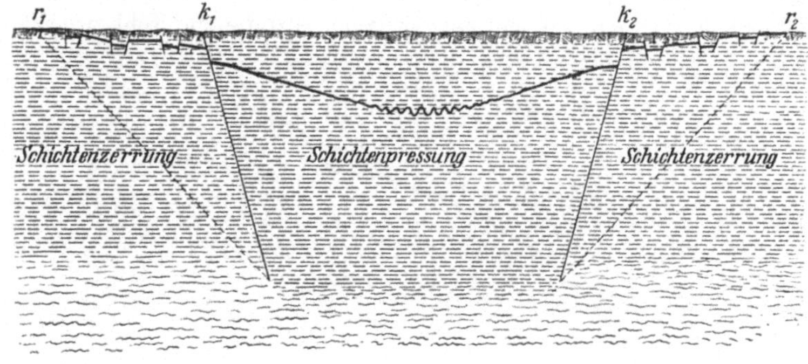

Abb. 2. Erläuterung der Gebirgsfaltung und Schollenbildung.

Blei abspalten. Da man das Zeitmaß kennt, in dem sich dieser Vorgang abspielt, kann aus der Menge des inzwischen gebildeten Bleies auf das Alter des Minerals und unter bestimmten Umständen zugleich auf das Alter der Schicht, in der es gefunden wurde, geschlossen werden. Abb. 1 vermittelt eine Vorstellung von den Altersverhältnissen der einzelnen Schichtenfolgen der festen Erdkruste. Während noch viel längerer, unermeßlicher Zeiträume (man schätzt mehrere Billionen Jahre) bestand die Erde als ein Stern ohne steinerne Kruste[2]).

6. — **Die wichtigsten gebirgsbildenden Erscheinungen[3]).** Ein Gang durch seine unterirdische Welt zeigt dem Bergmann auf Schritt und Tritt, daß die Gesteinsschichten seit ihrer Ablagerung mehr oder weniger starke Bewegungen erlitten haben müssen, von denen uns hauptsächlich zwei Arten auffallen, nämlich die **Zusammenstauchung** (**Faltung,** Abb. 2, Mitte) einerseits und die (zur **Schollenbildung** führende) **Zerreißung** (Abb. 2. Seiten) anderseits. Die Faltung deutet auf söhlig wirkende Druckerschei-

---

[1]) Bohrtechniker-Zeitung 1941, S. 63. 4919 Meter Bohrung.
[2]) Natur u. Volk, Bericht der Senckenbergischen Naturf. Ges. 1935, S. 204: I. P. Marble: Berechnung geologischer Zeit durch chemische Analyse.
[3]) E. Kayser: Abriß der Geologie, Bd. I, 6. Aufl., bearb. von R. Brinkmann. Stuttgart 1940; — ferner W. Löscher: Grundzüge der Geologie, 3. Aufl. Leipzig 1937.

nungen („Tangentialspannungen"), die Schollenbildung auf senkrecht wirkende Zugkräfte („Radialkräfte").

Beide Erscheinungen haben entsprechende Änderungen in der Höhenlage der Erdoberfläche zur Folge, und die weitaus wichtigsten und umfangreichsten Gebirge der Erde lassen sich auf sie als Ursache zurückführen.

7. — Ursachen der Bewegungen in der Erdrinde. Von den heute herrschenden Ansichten über die Erklärung der Rindenbewegungen sollen als die beiden wichtigsten die Schrumpfungs- und die Gleichgewichtslehre angeführt werden.

Nach der Schrumpfungs-(Kontraktions-)Lehre mußte der glühende Erdkern sich im Verlauf sehr langer Zeiträume durch unausgesetzte Abgabe großer Wärmemengen an den kalten Weltenraum mehr und mehr abkühlen und dementsprechend zusammenziehen. Dadurch entstanden in der bereits fest gewordenen Erdrinde, die durch die Schwerkraft ständig nachzusinken gezwungen, durch ihr starres Gefüge aber an diesem Nachsinken gehindert wurde, gewaltige Spannungen, denen schließlich die Gesteinsschichten trotz ihrer Festigkeit nachgeben mußten. Dieses Nachgeben, also die Auslösung dieser Spannungen, wurde einerseits durch die Faltung der Gebirgsschichten und anderseits durch das Aufreißen mächtiger Spalten mit anschließendem Absinken gewaltiger Bruchschollen ermöglicht.

Die Gleichgewichtslehre (Lehre von der Isostasie) nimmt an, daß die einzelnen Rindenschollen (Festlandschollen) in dichteres, nachgiebigeres Tiefenmaterial eingebettet sind und gewissermaßen auf diesem schwimmen. Die Ursache der Bewegungen wird in der Be- und Entlastung einzelner Schollen erblickt, die sich (im Falle der Belastung) in die nachgiebige Unterlage eindrücken oder (im Falle der Entlastung) gehoben werden.

Die erforderlichen Gewichtsänderungen der Schollen werden teils durch die Tätigkeit des strömenden Wassers erklärt, indem die Flüsse ständig aus ihrem Oberlauf Gesteinsmassen abtragen und in ihrem Unterlauf und im Meere wieder ablagern (Ziff. 13 und 18); teils zieht man zur Erklärung die Bildung und das spätere Wiederabschmelzen mächtiger Eisdecken heran.

8. — Wirkungen der gebirgsbildenden Kräfte. Nach beiden in Ziff. 7 angedeuteten Theorien ergibt sich übereinstimmend das in Abb. 2 dargestellte Bild von gewaltigen, zwischen den Spalten k_1 und k_2 absinkenden Gebirgsschollen, die in ihrem Innern starken Pressungen ausgesetzt sind, während an den Rändern dieser Senkungsgebiete ($k_1 r_1$ bzw. $k_2 r_2$) infolge der Zugwirkung der niedergehenden Massen eine Anzahl von Spalten aufreißen müssen, die also „Zerrspalten" darstellen. Die Pressung im Innern führt zur Bildung der Faltengebirge, die Zerrung am Umfange zur Entstehung der Schollengebirge.

Wie bedeutend sich die Faltenpressung im Sinne einer Verkürzung der Schollenoberfläche auswirken kann, zeigt das Beispiel der Alpenkette, für deren Emporwölbung man eine Verkürzung um 120 km ausgerechnet hat.

Das hier entwickelte Senkungsbild findet in entsprechender Verkleinerung seine getreue Wiedergabe in den Senkungserscheinungen, wie sie in Bergbaugebieten beobachtet worden sind und im 4. Abschn., Ziff. 206, beschrieben werden. Gerade diese Beobachtungen der im Gefolge des Abbaues einsetzenden Bodenbewegungen haben wesentlich zur Klärung unserer Vorstellungen über die geologischen Vorgänge im großen beigetragen.

Durch Faltung und Schollenbildung ist der größte Teil der Gebirge der Erde geschaffen worden. Schollen, deren Nachbarschollen in die Tiefe gesunken sind, bilden vielfach Bergrücken und sogar ganze Gebirge, während umgekehrt eingesunkene Schollen Talsenkungen darstellen. So z. B. sind der Harz und der Thüringer Wald große, ringsum von Bruchlinien begrenzte, stehengebliebene Schollen, und das Rheintal von Basel bis Bingen ist als eine gewaltige Scholle aufzufassen, deren Schichten zwischen den Nachbarschollen der Vogesen einerseits und des Schwarzwaldes anderseits sowie der nach Norden anschließenden Gebirge in die Tiefe gesunken sind.

Noch größer sind die durch Faltung der Erdrinde erzeugten Höhenunterschiede. Unsere höchsten Gebirge sind auf diese Weise geschaffen

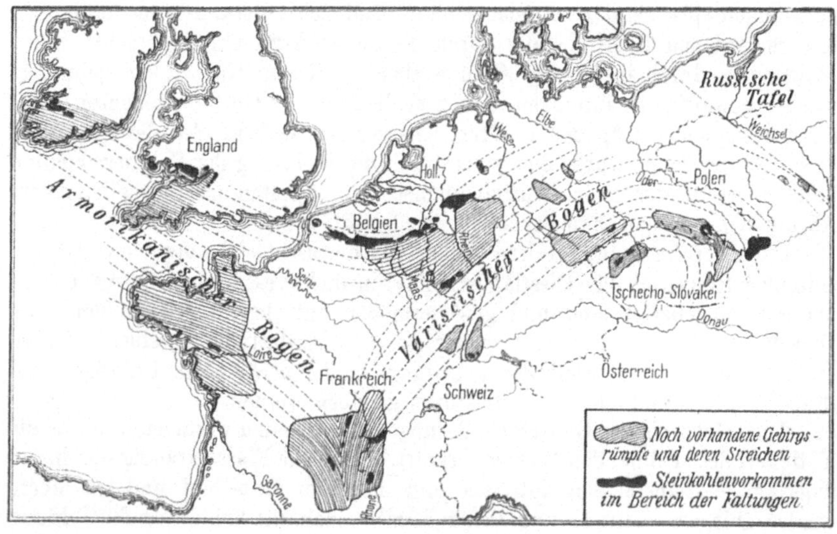

Abb. 3. Darstellung der in der Karbonzeit gebildeten Faltengebirge (nach E. Suess).

worden, insbesondere die als „Falten- oder Kettengebirge" bezeichneten Gebirgszüge der Alpen, der Pyrenäen, der Anden, des Himalaja.

Für den Steinkohlenbergmann ist von besonderer Bedeutung die gegen das Ende der Steinkohlenzeit über einen großen Teil der Erdoberfläche zu verfolgende „karbonische Gebirgsfaltung". Sie wird (Abb. 3) durch das Streichen der alten Gebirgsschichten bezeugt und hat ein durch Frankreich über die Normandie und Bretagne nach Wales und Südirland sich erstreckendes „armorikanisches" und ein durch West- und Mitteldeutschland verlaufendes und weiterhin um Böhmen herumschwenkendes „variscisches" Kettengebirge geschaffen. Beide vereinigen sich in dem Gebirgsknoten der Auvergne in Mittelfrankreich, und außerdem läßt sich ein über Belgien und Südengland verlaufender Verbindungsbogen nachweisen.

Jedoch blieben die so geschaffenen Hochgebirge nicht bestehen, wurden vielmehr durch die unten des näheren zu schildernde Tätigkeit von Wasser und Luft im Laufe der Jahrtausende nach und nach wieder abgetragen

und in „Mittelgebirge" umgewandelt, so daß man im großen und ganzen
sagen kann, daß die höchsten Gebirge auch die jüngsten sind. Ein gutes
Beispiel für ein altes, durch die Abtragung in ein flachkuppiges Gelände
umgewandeltes Gebirge liefert das Rheinische Schiefergebirge. Solche Gebirge, die nur als Überrest alter Hochgebirge zu betrachten sind, werden
daher auch „Rumpfgebirge" genannt.

Bergmännische Bedeutung gewinnen die vorstehend geschilderten Höhenunterschiede vorzugsweise dadurch, daß die Gipfel und Rücken der Gebirge
mit den in ihnen etwa eingeschlossenen Lagerstätten in verstärktem Maße
der Abtragung unterliegen, wogegen die Täler nicht nur dieser mehr entzogen
sind, sondern auch die Ablagerung jüngerer Schichten gestatten. Besonders
tritt dieser Unterschied bei den „Horsten" und „Gräben" hervor, wie weiter
unten (Ziff. 44) noch besonders erläutert werden soll.

Durch die gewaltigen Druck- und Zugkräfte, die bei den geschilderten Be-
wegungsvorgängen in der Erdrinde in Erscheinung treten, sind zu den großen
Hauptbruchspalten noch zahllose andere Klüfte hinzugesellt worden, deren
Größe zwischen meilenlangen Rissen und feinsten Haarrissen schwankt
und die teils in der Druckrichtung, teils senkrecht zu ihr aufgerissen
wurden.

Diese Kluftbildungen sind für den Bergmann von besonderer Bedeutung;
sie wirken nützlich als Schlechten in der Lagerstätte, welche die Gewinnung
wesentlich erleichtern, schädlich als Risse und Schnitte im Gebirge, welche
die Steinfallgefahr bedeutend erhöhen. Man hat sich daher neuerdings ihre
genauere Untersuchung angelegen sein lassen. Für den Ruhrbezirk haben
Oberste Brink und Heine[1]) durch Messungen 4 Kluftsysteme mit je 7 annähernd rechtwinklig zueinander verlaufenden Kluftrichtungen nachgewiesen.
Hinsichtlich des Zusammenhangs dieser Klüfte mit den Druckvorgängen in
der Erdrinde sind die Cloosschen und die Mohrschen Flächen zu unterscheiden:
erstere verlaufen teils parallel, teils senkrecht zur Druckrichtung, letztere in
einem spitzen Winkel zu dieser.

9. — Erdbeben. Bei der Größe der Kräfte, die in den Gebirgsbewegungen
zur Entfaltung kommen, kann es nicht wundernehmen, daß vielfach sehr
heftige Begleiterscheinungen in ihrem Gefolge auftreten. Hierhin ist z. B.
ein großer Teil der Erdbeben zu rechnen, nämlich diejenigen, die durch
die Erschütterung beim Aufreißen von Gebirgsspalten hervorgerufen werden.
Der Geologe bezeichnet diese Erdbeben, weil durch die gebirgsbildenden
(tektonischen) Kräfte verursacht, als „tektonische Erdbeben". Derartige Erderschütterungen in kleinerem Maßstabe sind gerade für den
Steinkohlenbergmann nichts Außergewöhnliches, da sie beim Abbau von
Steinkohlenflözen in Gestalt von zitternden Gebirgsbewegungen infolge
Aufreißens von Bruchspalten in dem seiner Unterstützung beraubten Hangenden häufig auftreten. Diese Erschütterungen werden vom Ruhrkohlen-
bergmann als „Knälle" bezeichnet. Sie können bei größerer Ausdehnung der
unterirdischen Hohlräume den Umfang von kleinen Erdbeben annehmen;
es sei nur auf das mehrere Kilometer im Umkreise verspürte „Reckling-
hausener Erdbeben" vom Juli 1899 verwiesen.

---

[1]) Glückauf 1934, S. 1021.

Zwei andere wichtige Arten von Erdbeben sind die „Einsturzbeben“, die durch die Erschütterungen beim Absinken von Gebirgsschollen in große unterirdische Hohlräume verursacht werden, und die „vulkanischen Erdbeben“, deren Ursachen in Gas- und Dampfexplosionen im Anschluß an vulkanische Ausbrüche zu suchen sind.

10. — **Vulkanismus.** Die vulkanischen Vorgänge betrachtete man früher, da sie sich der sinnlichen Wahrnehmung aufs lebhafteste aufdrängen, als die hauptsächlich treibenden Kräfte, führte also alle großen Veränderungen innerhalb der Erdrinde auf sie zurück. Jetzt dagegen sieht man sie im allgemeinen als Folgeerscheinungen an, indem man von der Vorstellung ausgeht, daß alle großen Bruchspalten, die in der vorhin geschilderten Weise aufgerissen werden (k_1 k_2 in Abb. 2), die bequemsten Verbindungen zwischen dem glühenden Erdinnern und der Erdoberfläche darstellen und daß infolgedessen auf solchen Spalten am leichtesten die glühenden Massen und heißen Dämpfe des Erdinnern an die Oberfläche empordringen können. Als Beweise für diese Auffassung werden angeführt das häufig zu beobachtende Auftreten der Vulkane in Reihen und die Nachbarschaft solcher Vulkanreihen zu bekannten tektonischen Bruchlinien (Westküste von Nord- und Südamerika, Küstengebiete in der Umgebung von Neapel).

Die stärksten vulkanischen Erscheinungen sind die Ausbrüche selbst, bei denen glutflüssige Gesteinsmassen (Lava) ausgestoßen und gleichzeitig große Mengen zerstäubter Schmelzmassen („Asche“), mit Gesteinsbrocken untermischt, ausgeworfen werden. Die ausfließende Lava erstarrt je nach dem Grade ihrer Dünnflüssigkeit, nach ihrem Gehalt an Wasserdampf und nach der Beschaffenheit der Erdoberfläche an der Auswurfstelle zu Strömen, Kuppen oder Decken, während die Aschenmassen als „Aschenregen“ niederfallen und später durch mineralische Bindemittel wieder zu lockeren, porösen Gesteinen (Tuffen) verfestigt werden können (vgl. S. 14). — Schwächere Vorgänge vulkanischer Natur, die das allmähliche Erlöschen der vulkanischen Tätigkeit bezeichnen und daher sich vielfach in Gegenden beobachten lassen, in denen das Auswerfen von Lava und Asche seit langer Zeit aufgehört hat, sind: heiße Quellen (bei Aachen, Wiesbaden, Karlsbad u. a.), Aufsteigen heißer Gase und ganz zuletzt Entwickelung von Kohlensäure (Kohlensäureindustrie von Selters, Remagen, Gerolstein usw.). Diese Kohlensäure-Entwicklung ist für den Steinkohlenbergmann von besonderer Bedeutung, da sie den in der Nachbarschaft früherer Vulkantätigkeit umgehenden Bergbau (z. B. in Niederschlesien und Südfrankreich) mit der Gefahr plötzlicher Kohlensäureausbrüche belastet.

B. Die Einwirkung der Atmosphäre.

11. — **Allgemeine Bedeutung und Kreislauf des Wassers.** Während es im Innern der Erde in erster Linie die Schwerkraft ist, die mittelbar oder unmittelbar gestaltend und umgestaltend auf die Erdrinde einwirkt, wird von oben her die Erdoberfläche hauptsächlich durch das Wasser in den verschiedensten Erscheinungszuständen — als Regen, Schnee, Eis, als Bach, Fluß, See, Meer — fortwährend verändert, wobei Kräfte, die an sich geringfügig sind, durch unausgesetzte, jahrtausendelange Wiederholung

schließlich gewaltige Wirkungen hervorbringen, Täler bilden und Gebirge zerstören.

Das Wasser fällt aus der die Erdkugel umgebenden Lufthülle in Gestalt von Tau, Regen, Schnee, Eis und Hagel auf die Erdoberfläche nieder. Von diesen Niederschlägen verdunstet ein Teil wieder, ein zweiter Teil fließt oberflächlich ab, während der Rest in die Erdrinde eindringt und zahlreiche Quellen speist. Diese vereinigen sich mit dem oberflächlich abfließenden Wasser zu Bächen, dann zu Flüssen und Strömen, um als solche dem Meere zuzuströmen und dabei infolge der Verdunstungswirkung von Sonne und Wind fortgesetzt wieder Wasser in Gestalt von Wasserdampf an die Atmosphäre abzugeben. (Vgl. Ziff. 19.)

12. — Verwitterung. Schon die Durchtränkung der obersten Erdschichten mit Feuchtigkeit durch die Niederschläge hat wichtige Folgen, da sie auf eine Zersetzung des anstehenden Gesteins langsam, aber sicher hinarbeitet. Diese Wirkung äußert sich namentlich im Hochgebirge, wo die Gesteinsschichten wenig oder gar nicht von schützendem Erdreich bedeckt sind und auf der anderen Seite der Wechsel zwischen Hitze und Kälte und damit zwischen Ausdehnung und Zusammenziehung des Gesteins häufig und schroff ist. Sie wird unterstützt durch den Gehalt an Sauerstoff, Kohlensäure und organischen Säuren (Humussäuren), den das Wasser in den meisten Fällen aufweist und durch den es auch chemisch zersetzend auf das Gestein einwirkt. Ganz besonders aber ist es der Frost, der den Zerfall der jeweils obersten Schichten beschleunigt, indem durch die beim Gefrieren des Wassers entstehende Ausdehnung der Verband der Gesteinsschichten mehr und mehr gelockert wird und schließlich große und kleine Stücke und Blöcke abgesprengt und ins nächste Tal gestürzt werden. Dort werden sie von den Gebirgsbächen, namentlich wenn diese infolge größerer Regengüsse stark angeschwollen sind, mitgerissen und den Flüssen zugeführt, die sie nach und nach dem Meere zutragen. Auf diesem langen Wege werden die abgesprengten Gesteinsstücke fortgesetzt zerkleinert und immer mehr zu runden Geröllstücken abgerollt, deren Größe naturgemäß nach dem Unterlauf der einzelnen Wasserläufe hin mehr und mehr abnimmt, so daß aus den ursprünglichen, groben Blöcken nacheinander Grobkies (Grand), feiner Kies, Sand und schließlich Schlamm gebildet wird.

13. — Erosion. Zu dem durch die Verwitterung in die Bach- und Flußläufe gelangten Gesteinsschutt gesellen sich die von diesen Wasserläufen in ihrem Bette selbst fortwährend losgenagten Teile. Alle diese großen, kleinen und kleinsten Gesteinstrümmer aber helfen ihrerseits wieder den Wasserläufen, sich immer tiefer in ihren Untergrund einzuschneiden und so an Bergabhängen auch immer weiter rückwärts vorzudringen. Man hat diese unablässige Tätigkeit der Gebirgswasser treffend mit derjenigen einer Säge verglichen. Dieses langsame, aber stetige Einschneiden von Tälern wird als „Erosion" (Talfurchung) bezeichnet. Die Talfurchung ihrerseits schafft wiederum immer neue Angriffsflächen für die Verwitterung. Und zwar trägt sie im Ober-, Mittel- und Unterlauf eines Baches oder Flusses verschiedenes Gepräge. Im Oberlauf (s. Abb. 4 a) ist das Gefälle und damit die einschneidende Wirkung stark, während die Verwitterung langsamer arbeitet; es bildet sich daher eine Talrinne vom V-förmigem Querschnitt. Im Mittellauf

(Abb. 4b) arbeitet das Wasser mit schwächerem Gefälle und läßt daher einen Teil der mitgeführten Gerölle fallen, so daß die Sohle nur noch wenig angegriffen wird, dagegen die Seitenhänge nach und nach unterspült und auch durch die Verwitterung zurückgeschoben werden; das Tal wächst also in die Breite. Im Unterlauf verstärken sich diese Erscheinungen, so daß sich hier eine breite und flache, größtenteils mit den Ablagerungen des Flusses aufgefüllte Talaue ergibt (Abb 4c).

Ändert sich nun die Wassermenge oder (durch Gebirgsbewegungen) das Gefälle, so gewinnt der Fluß die Kraft, sich in die Ablagerungen seines Unter- und Mittellaufs wieder einzuschneiden. Deren Reste bleiben dann an den Talhängen erhalten und bilden die

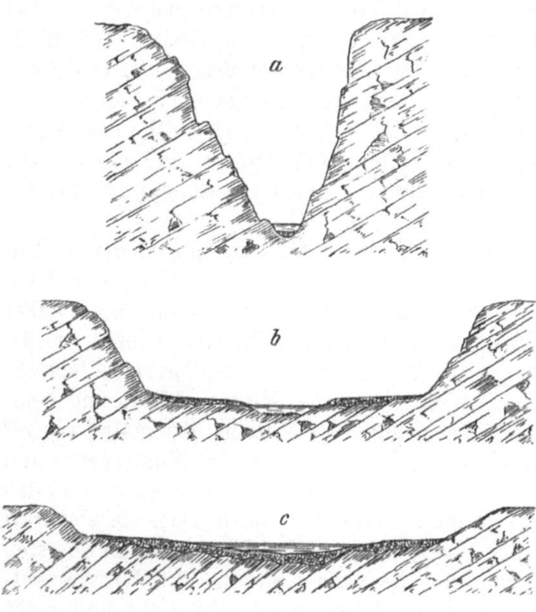

Abb. 4. Talfurchung und Verwitterung im Ober-, Mittel- und Unterlauf eines Flusses.

überall zu beobachtenden und meist schon durch ihre söhlige Lage auffallenden Flußterrassen Abb. 5).

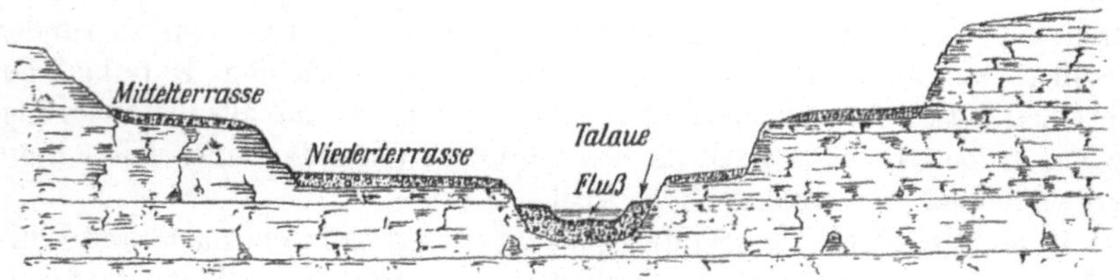

Abb. 5. Entstehung der Flußterrassen.

14. — Meeresbrandung und marine Abrasion. Dazu tritt nun noch die gewaltige Tätigkeit des Meeres, das fortgesetzt mit der Zerstörung der Küsten beschäftigt ist, indem es (Abb. 6) diese durch den Wellenschlag der Brandung unterhöhlt, bis die gebildeten Hohlräume zusammenstürzen, und darauf wieder neue Höhlungen auswäscht. Unterstützt wird diese zernagende Tätigkeit der Brandung durch die zertrümmerten Gesteinsmassen selbst, die stoßend, schleifend und mahlend wirken. Auf diese Weise verschiebt sich dort, wo nicht der Mensch abwehrend eingreift, die Strandlinie allmählich landeinwärts (von I nach IV in Abb. 6), und aus steilen und felsigen Küsten wird im Laufe der Zeit flacher Meeresboden.

Bleibt nun der Meeresspiegel auf gleicher Höhe, so erlahmt der Stoß der Brandung gegen die Steilküste infolge der starken Reibung auf der flachen Strandterrasse immer mehr, so daß die Verschiebung der Strandlinie langsam zum Stillstand kommt. Findet aber gleichzeitig durch anderweitige Ursachen eine langsame Senkung des Festlandes oder Hebung des Meeresspiegels statt, so dringt die Meeresbrandung immer wieder von neuem vor, und es können schließlich ganze Gebirgszüge durch diese Tätigkeit des

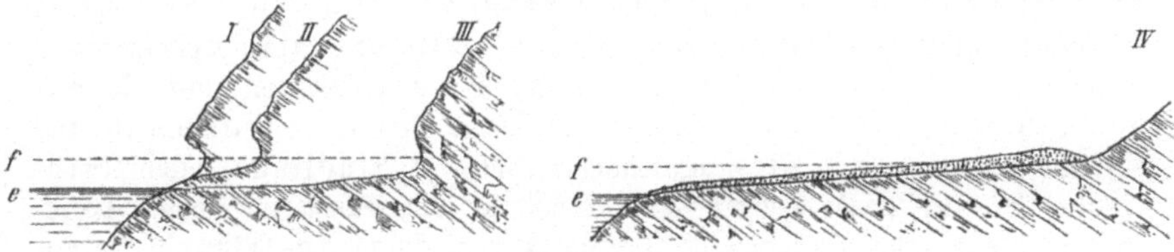

Abb. 6. Umwandlung einer Steil- in eine Flachküste durch die Meeresbrandung.
e Ebbespiegel, f Flutspiegel.

Meeres abgetragen werden. Man bezeichnet diese Abtragung als „marine (d. h. durch das Meer verursachte) Abrasion".

15. — Unterirdische Tätigkeit des Wassers. Ein anderer Teil des durch Niederschläge auf die Erdoberfläche gelangten Wassers sucht unterirdische Wege und wäscht auf diesen vielfach im Laufe sehr langer Zeiträume große schluchten- und kammerartige Hohlräume aus. Diese Tätigkeit des Wassers macht sich besonders dort bemerklich, wo das Gebirge der Wasserbewegung wenig Widerstand entgegensetzt, also in erster Linie da, wo natürliche Gebirgsspalten vorhanden sind, oder im Kalkgebirge, da der Kalkstein leicht durch kohlensäurehaltiges Wasser aufgelöst wird und daher sehr zur Höhlenbildung neigt (Dechenhöhle, Baumannshöhle, Adelsberger Grotte usw.).

16. — Gletscher. Eine bedeutsame Rolle spielt auch das Eis in der Erdgeschichte. Das aus ungeschmolzenen Schneemassen sich immer von

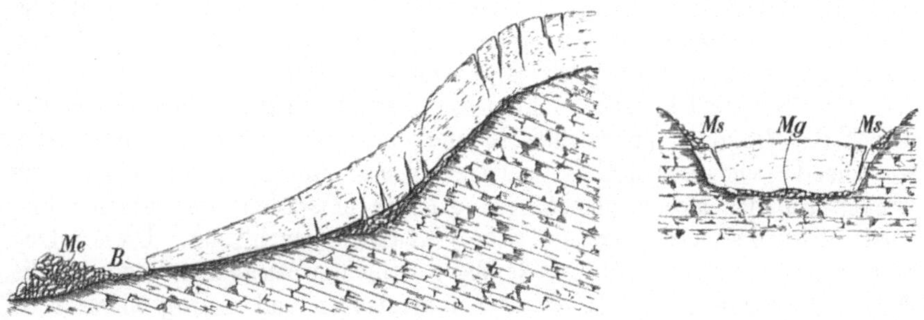

Abb. 7. Wirkungen der Gletschertätigkeit im Längs- und Querschnitt.

neuem bildende, mächtige Gletschereis der Hochgebirge sowie das die Polargebiete vollständig überdeckende „Inlandeis" bewegt sich infolge der durch den Druck bewirkten Schmiegsamkeit (Plastizität) langsam talabwärts. Infolge des Angriffs des Eises auf die den Gletscher überragenden Berghänge, der durch die infolge der Frostwirkungen und der Sonnenbestrahlung sehr kräftige Verwitterung unterstützt wird, bedecken sich (Abb. 7) die

Flanken der Gletscher mit Schuttwällen („Seitenmoränen", M_s), während auf der Sohle sich die „Grundmoräne" (M_g) bildet, die sich aus einer zerriebenen und zersetzten Grundmasse mit eingekneteten härteren Gesteinsbrocken zusammensetzt, welche letzteren, unter dem Druck der Eismasse wie ein mächtiger Hobel wirkend, die zerstörende Tätigkeit des Gletschers nachdrücklich unterstützen. Diese Moränen türmen sich an der Stirnseite des Gletschers, wo die Abschmelzung seinem weiteren Vordringen ein Ziel setzt, zu regelrechten Wällen, den „Endmoränen" (M_e), auf. So bleiben schließlich glatt geschliffene, von zahllosen Ritzspuren („Gletscherschrammen") durchfurchte und infolge Abrundung von Kanten mit Rundhöckern bedeckte Gesteinsflächen sowie Wälle von Gesteinstrümmern und einzelne mächtige, vom Eis mitgeschobene Blöcke („Findlinge" oder „erratische Blöcke") als Zeugen einer früheren Vergletscherung eines Landstriches übrig. Das Vorland des Gletschers wird durch die Tätigkeit des aus dem „Gletschertor" entströmenden Baches B, der einen Teil der zerriebenen Massen mitführt und mannigfach ab- und umlagert, kennzeichnend verändert.

17. — **Denudation.** Die Gesamtheit der zerstörenden Wirkungen von Talfurchung, Verwitterung, Eisabschliff und Windangriff (s. Ziff. 19) auf die Erdoberfläche wird unter der Bezeichnung Denudation (Abtragung) zusammengefaßt. Die Abtragung arbeitet den gebirgsbildenden Kräften des Erdinnern fortgesetzt entgegen; sie ist stets am Werke, die von diesen geschaffenen Höhenunterschiede wieder einzuebnen. Durch ihre Wirkung werden die höchsten Berggipfel und Bergrücken fortgesetzt abgetragen und schließlich im Laufe der Jahrtausende ganze Gebirge zu Sand- und Tonschlamm zermahlen und dem Ozean zugeführt.

18. — **Neubildungen durch Wasser.** Der zerstörenden Wirkung des Wassers steht seine neubildende Kraft gegenüber. Die mitgeführten Gesteinsmassen werden ja nicht vernichtet, sondern immer wieder abgelagert, sobald die Geschwindigkeit der Strömung zu ihrer weiteren Beförderung nicht mehr ausreicht. So können sich Flußablagerungen in mannigfacher Gestalt, Mächtigkeit und Korngröße bilden, und aus ihrem gröberen oder feineren Korn kann auf die größere oder geringere Stärke der Wasserbewegung zur Zeit ihres Absatzes geschlossen werden.

Das Meer (und die größeren Binnenseen) schaffen eigene Ablagerungen nur durch die Brandung an Steilküsten und durch die in Ziff. 23 kurz zu besprechenden chemischen Umsetzungen und organischen Neubildungen. Ein großer Teil der Meeresablagerungen dagegen entstammt den Flüssen und stellt nichts weiter als „unterseeische Flußablagerungen" dar. Diese setzen sich in der Nähe der Küste aus sandigen Schichten zusammen, während die feinere Tontrübe der Flüsse weiter hinausgetragen und so in größerer Entfernung vom Strande als „Schlick" niedergeschlagen wird. Durch Meeresströmungen können diese Ablagerungsmassen dann über große Flächen verbreitet werden.

Ebenso geht auch bei den unterirdischen Wasserläufen mit der zerstörenden die wiederaufbauende Tätigkeit des Wassers Hand in Hand: Die im Laufe langer Zeiträume ausgewaschenen sowie die infolge anderer Ursachen im Gebirge gebildeten Hohlräume werden vielfach durch Mineralien wieder ausgefüllt, welche die Gebirgswasser durch Auslaugung anderer

Gebirgsteile in sich aufgenommen haben, später aber infolge mannigfach verwickelter chemischer Vorgänge wieder ausfallen lassen mußten.

19. — Einwirkung der Luft. Im Vergleich zu den Wirkungen des Wassers treten diejenigen der Luft weniger hervor, wenngleich sie von weit größerer Bedeutung sind, als man auf den ersten Blick annehmen möchte. Die Luft wirkt einesteils **chemisch**, indem sie ihren Gehalt an Sauerstoff und Kohlensäure an die Niederschlagswasser abgibt, andernteils und vorzugsweise **mechanisch** als Wind. Die unmittelbare Wirkung des Windes kommt besonders dort zur Geltung, wo er ungehindert seine volle Kraft entfalten kann, also an Meeresküsten und in weiten, trockenen Steppen und Wüsten. Sie äußert sich in der allmählichen Zerstörung anstehender Felsmassen (durch eine Art Sandstrahlgebläse) und in der Anhäufung mächtiger Staubablagerungen an geschützten Stellen (Entstehung des als „Löß" bezeichneten Lehms), sowie in dem Auftürmen und allmählichen, aber unaufhaltsamen Vorschieben von großen Sandhügeln (Wanderdünen). Die **mittelbare** Tätigkeit des Windes besteht zunächst im Aufsaugen und Fortführen gewaltiger Wassermassen in Gestalt von Wasserdampf, wodurch namentlich zwischen den Meeren einer- und den Hochgebirgen anderseits eine fortgesetzte Verbindung hergestellt wird. Die durch die Verdunstung dem Meere entzogenen Wassermengen werden so von den Winden den Gebirgen zugeführt, an deren hohen und kalten Gipfeln sie sich als Regen, Schnee usw. wieder abscheiden, um von neuem ihren Kreislauf anzutreten. Eine andere wesentliche, mittelbare Wirkung des Windes ist die Erzeugung der Meeresbrandung an den Küsten, der ein erheblicher Anteil an den Veränderungen der Erdoberfläche beizumessen ist.

20. — Bedeutung der Sonnenbestrahlung. Alle diese in Wasser und Luft schlummernden Kräfte aber werden im letzten Grunde entfesselt durch die **Sonne**, die im Verein mit der geneigten Stellung der Erdachse zur Erdbahn den Wechsel der Tages- und Jahreszeiten und den Unterschied der verschiedenen geographischen Breiten veranlaßt und dadurch die fortgesetzte Störung des Gleichgewichtszustandes in der Atmosphäre mit all ihren unberechenbaren Wirkungen herbeiführt, den Ausgleich von Wärme und Kälte zwischen den verschiedensten Örtlichkeiten durch die Winde ermöglicht, den Kreislauf des Wassers durch Verdunstung auf der einen und Niederschlagung auf der anderen Seite unausgesetzt in Bewegung erhält usw.

C. Die Zusammensetzung der Erdrinde (Gesteinslehre).

21. — Haupteinteilung. Die Wechselwirkung zwischen den im Erdinnern und den an der Erdoberfläche waltenden Kräften hat zum Aufbau der Erdrinde aus zwei Hauptarten von Gesteinen geführt, nämlich solchen, die aus dem **schmelzflüssigen** Zustande erstarrt, und solchen, die vom **Wasser** abgesetzt worden sind. Dieser verschiedenartigen Entstehung beider Gesteinsarten gemäß sind die aus Schmelzfluß erstarrten Gesteine nicht geschichtet, wogegen bei der größten Mehrzahl der durch Absatz entstandenen Gesteine eine deutliche Schichtung ausgebildet ist. Für die bergmännische Durchörterung und Gewinnung ist dieser Gegensatz von großer Bedeutung. Eine Mittelstellung nehmen die „kristallinen Schiefer" ein, die zum Teil durch Druck umgewandelte Massengesteine, zum Teil durch die Einwirkung von schmelzflüssigen Gesteinsmassen umgewandelte Schichtgesteine darstellen. Hierhin gehören der Gneis und der Glimmerschiefer, die den ältesten Teil der Erdrinde bilden (vgl. die Übersicht auf S. 15).

22. — Erstarrungsgesteine. Die Gesteine der ersten Gruppe (Erstarrungs-, Massen-, Eruptiv- oder vulkanische Gesteine) zeichnen sich naturgemäß durch das Fehlen von Versteinerungen aus. Sie bilden an der Erdoberfläche je nach den zur Zeit ihrer Entstehung obwaltenden Verhältnissen (Ziff. 10) Ströme, Kuppen (Abb. 8) oder Decken, während sie im Erdinnern vorzugsweise als Gänge oder Stöcke auftreten, die vielfach (Abb. 8) die Verbindung der oberirdischen Vorkommen mit den schmelzflüssigen Massen im Untergrunde bilden. Die fehlende Schichtung wird bei diesen Gesteinen ersetzt durch Absonderungsklüfte, die infolge der Zusammenziehung beim Erstarren sich

Abb. 8. Eruptivgang mit Kuppe.

gebildet und zu einer plattigen oder säulenförmigen Absonderung geführt haben. Letztere Erscheinung, an die prismatisch-stengeligen Bruchstücke des Steinkohlenkoks erinnernd, findet sich besonders deutlich beim Basalt, der durch Absonderung in 5—6seitige Säulen gekennzeichnet wird. Als ein weiteres, sehr wichtiges Erstarrungsgestein ist der Granit zu nennen, der meist aus einem bedeutend älteren Abschnitt der Erdgeschichte stammt als der Basalt. Ferner gehören hierher: der Diabas (Grünstein), der Melaphyr mit seiner blasigen Abart, dem „Mandelstein", und die verschiedenen Porphyrarten.

23. — Schichtgesteine. Die der zweiten Gruppe angehörigen „Schichtgesteine" („Sedimente", „abgelagerte Gesteine") sind in der Hauptsache aus dem Wasser abgesetzt worden. Die größte Rolle unter diesen Ablagerungen spielen die mechanischen Ablagerungen, die durch einfache Wirkung der Schwerkraft abgesetzt wurden, indem sie als Ergebnis der zerstörenden Wirkung des Wassers in diesem enthalten waren. Sie konnten später durch den Gebirgsdruck und die verkittende Wirkung von kieseligen oder kalkigen u. dgl. Lösungen zu mehr oder weniger harten Gesteinen umgeschaffen werden. Derartige, auch als „Trümmergesteine" bezeichnete Gesteine sind der Sandstein, die Grauwacke, der Sand- und Tonschiefer, der Mergel, das Konglomerat usw. Als noch nicht verfestigte Ablagerungen gehören hierher Sand-, Kies- und Tonlager u. dgl.

Seltener sind Schichtgesteine auf chemischem Wege zur Ablagerung gekommen, indem mineralhaltige Wasser durch Abkühlung, durch Verdunstung oder durch die Wechselwirkung mit anderen Minerallösungen zur Ausscheidung eines Teils ihres Mineralgehaltes veranlaßt wurden. Auf diesem Wege haben sich z. B. Salz- und Gipslagerstätten und manche Kalkablage-

Die geologischen Formationen.

Haupt-Perioden:	Einteilung		Die wichtigsten Mineralvorkommen
	im ganzen	im einzelnen	
Neuzeit (Känozoische Periode)	Quartär	Alluvium	Torf, Raseneisenerze, Gold-, Platin-, Zinn- und Edelstein-Seifen
		Diluvium	
	Tertiär	Pliocän	Stein- u. Kalisalz in Galizien
		Miocän	Deutsche Braunkohle
		Oligocän	Deutsche Braunkohle; Bernstein im Samland; Bohnerz in Süddeutschland; Erdöl im Elsaß; Stein- u. Kalisalze im Elsaß und in Baden
		Eocän	Vereinzelte Braunkohlenflöze
Mittelalter (Mesozoische Periode)	Kreide	Senon	Schreibkreide auf Rügen
		Emscher	Brauneisenerze bei Peine,
		Turon	Phosphorite; Rot- und Brauneisenerze von Bilbao; Brauneisenerze bei Salzgitter
		Cenoman	
		Gault	
		Neocom	
		Wealden	Steinkohle Deister-Bückeberge
	Jura	Malm oder weißer Jura	Asphalt bei Hannover
		Dogger od. braun. Jura	Oolithische Eisenerze
		Lias oder schwarzer Jura	Steinkohle in Ungarn; Ölschiefer in Württemberg
	Trias	Keuper	Steinsalz in Lothringen
		Muschelkalk	Zink- und Bleierze in Oberschlesien; Steinsalz bei Erfurt u. in Baden u. Württemberg; Kalk bei Rüdersdorf
		Buntsandstein	Bleierz bei Mechernich; Steinsalz in Norddeutschland
Altertum (Paläozoische Periode)	Perm (Dyas)	Zechstein	Kupfererze bei Eisleben; Stein- u. Kalisalze in Mitteldeutschld. u. a. Nd.-Rhein
		Rotliegendes	Steinkohlen im Plauenschen Grunde bei Dresden sowie in Thüringen
	Karbon	Oberkarbon	Die meisten Steinkohlen der Erde
		Unterkarbon (Kulm bzw. Kohlenkalk)	Blei- und Zinkerze im Harz, bei Selbeck, Velbert, Aachen u. a.
	Devon	Ober-, Mittel- und Unterdevon	Eisenerze im Siegerland; Erzlager im Rammelsberg; Blei-Zinkerze b. Ramsbeck; Schwefelkies-Schwerspatlager bei Meggen
	Silur	Ober- und Untersilur	Alaunschiefer in Deutschland und England; Griffelschiefer in Thüringen; Eisenerze am Oberen See (Nordamerika); Eisenerz von Wabana (Neufundland)
	Kambrium	Ober-, Mittel- und Unterkambrium	Alaunschiefer in Thüringen
Urzeit (Proterozoische Per.)	Algonkium	—	Kupfererze am Oberen See
Urzeit Archäische Periode	Urschief.-formation	Phyllitformation	Graphit, Marmor, Eisenerz in Schweden; Zinn im Erzgebirge; Blei-, Zink- und Kupfererze bei Freiberg i. Sa.
		Glimmerschieferform.	
	Urgneis-formation	Obere und untere Urgneisformation	

rungen gebildet. In weiterem Sinne gehören auch die Ablagerungen von Kalkspat, Quarz, Schwerspat, Erzen aller Art u. dgl. in Gebirgsklüften und sonstigen Hohlräumen hierher.

Eine dritte Gruppe von Schichtgesteinen stellen die organischen Ablagerungen dar. Die für den Bergmann wichtigsten Bildungen dieser Gattung sind diejenigen der mineralischen Brennstoffe (s. Ziff. 58 u. f.), deren Hauptvertreter die Stein- und Braunkohle sind. Andere organische Absätze werden durch wasserbewohnende pflanzliche und tierische Lebewesen gebildet, welche die Fähigkeit besitzen, die in Lösung gehaltenen Mineralien dem Wasser zu entziehen und zum Aufbau eines schützenden Kalk- oder Kieselgerüstes zu verwenden. Auf diese Weise sind an den verschiedensten Stellen der Erde durch die Bautätigkeit der Korallen mächtige Massenkalke gebildet worden, während in anderen Gegenden durch Häufung zahlloser winziger Kalk- oder Kieselgerüste mächtige Bänke von Kalkstein, Kreide (Rügen) und Infusorienerde (Lüneburger Heide) entstanden sind.

Von geringerer Bedeutung sind die Luftablagerungen, die als vulkanische Auswürflinge („Aschen" und die aus ihnen durch verkittende Bindemittel entstandenen „Tuffe") niedergefallen sind oder sich aus windbewegten Staubmassen abgesetzt haben. Das berühmteste Beispiel einer solchen Aschen- und Tuffdecke ist diejenige, unter der seit 79 n. Chr. die römischen Städte Herculanum und Pompeji begraben liegen. Für uns haben die größte Wichtigkeit die Ablagerungen gleicher Art am Mittelrhein, in der Gegend von Andernach, Brohl, Engers, Vallendar, die heute den Gegenstand einer blühenden Traß- und Schwemmsteinindustrie bilden.

Als Erzeugnis von Staubstürmen in wasserarmen Steppenlandschaften wird der „Löß" (s. Ziff. 19) angesehen.

In den mächtigen Schichtenfolgen von Ablagerungen, die einen großen Teil der Erdrinde aufbauen, wird eine Anzahl größerer Altersstufen, sog. „Formationen", unterschieden, für deren Abgrenzung gegeneinander in erster Linie die in ihnen enthaltenen Versteinerungen maßgebend gewesen sind. Eine Zusammenstellung dieser Formationen nebst den bemerkenswertesten nutzbaren Mineralvorkommen gibt die Übersichtstafel auf S. 15. Wie diese gleichzeitig erkennen läßt, werden die Formationen gruppenweise in große geologische „Perioden" zusammengefaßt, während sie ihrerseits wieder im einzelnen in „Stufen" zerlegt werden. Es liegt aber in der

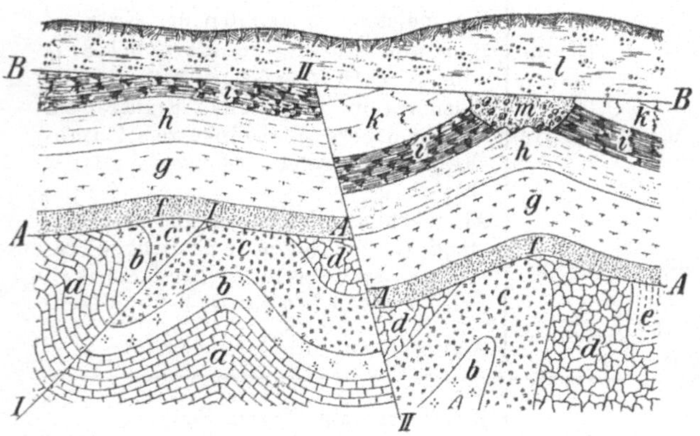

Abb. 9. Schichtenfolge mit 2 diskordanten Auflagerungen *A—A* und *B—B*.

Natur der Sache, daß die Grenzen zwischen den einzelnen Stufen sich vielfach nicht genau festlegen lassen.

24. — Lagerungsverhältnisse verschiedener Schichtenfolgen unter sich. Sind die Schichtenfolgen verschiedener Altersstufen in ununterbrochener Aufeinanderfolge abgelagert worden, so daß sie von allen späteren Veränderungen gemeinsam betroffen worden sind (Schichten $a—e$ und $f—k$ in Abb. 9), so besteht zwischen ihnen „Konkordanz". Ist dagegen zwischen der Ablagerung zweier Schichtfolgen (e und f sowie k und l in Abb. 9) eine längere Zeit verstrichen, so daß vor Ablagerung der jüngeren Schichten beträchtliche Veränderungen (Faltung, Verwerfungen, Talfurchung, Abtragung) in den älteren Schichten vor sich gehen konnten, so liegen die jüngeren Schichten „diskordant" auf den älteren. Ein vorzügliches Beispiel für Diskordanz liefert die Überlagerung des westfälischen Steinkohlengebirges (S. 69) durch den Kreidemergel (Abb. 59.)

D. Die Einwirkung der seitlichen Druckkräfte auf die Schichtgesteine.

25. — Allgemeines. Die unausgesetzten, langsamen Bewegungen in der Erdrinde haben die gebildeten Gesteine zu mannigfachen, mehr oder weniger beträchtlichen Lageveränderungen gezwungen. Wir finden die Gesteine daher in zahllosen Fällen in einer gegenüber ihrer ursprünglichen Lage wesentlich veränderten Stellung und können ebenso häufig auch eine vollständige Unterbrechung ihres früheren Zusammenhanges feststellen.

Untergeordnet treten kleinere Faltungserscheinungen auch infolge anderer Ursachen auf: so die im Salzgebirge häufigen Stauchungen infolge der Wasseraufnahme des Anhydrits, ferner die Zusammenschiebung von Schichten in der Nähe der Erdoberfläche durch den Druck von Gletschermassen.

a) Schichtenbiegung (Faltung).

26. — Grundbegriffe. Eine söhlig oder nahezu söhlig abgelagerte, von mächtigen Gebirgsmassen überlagerte Gebirgsschicht, die einem starken Seitendrucke ausgesetzt wird, kann, wie z. B. das bekannte „Quellen" des Liegenden in Steinkohlengruben beweist, diesem Drucke trotz ihres starren Gefüges bis zu einem gewissen Grade nachgeben, ohne zu brechen. Daher kann seitlicher Druck die Erscheinung der Faltung (Ziff. 29), d. h. der Zusammenstauchung von Schichten zu welligen Biegungen, nach sich ziehen.

Eine gefaltete Schicht, z. B. ein Kohlenflöz, bietet, für sich allein betrachtet, das Bild einer Hügellandschaft. Man vergleicht eine solche Schicht wohl mit einem zusammengeschobenen Tischtuche; allerdings kommen bei diesem Vergleich die starken Wirkungen nicht zum Ausdruck, die durch den Zusammenschub der Schichten in Gestalt von starken Rißbildungen und Verquetschungen auf diese ausgeübt werden.

Die vielfach steile Aufrichtung von Gebirgsschichten durch den faltenden Druck hat die wichtige Folge, daß Schichten, die sonst tief unter der Erdoberfläche liegen und daher sogar für den Bergmann nur schwer oder überhaupt nicht erreichbar sein würden, an die Oberfläche gebracht und dadurch bequem zugänglich gemacht werden. In dieser Weise ist durch die Faltung auch unsere Kenntnis von dem Aufbau der Erdrinde ganz wesentlich gefördert worden.

Der faltende Druck schafft in einer von ihm betroffenen Gebirgsschicht zwei Begriffe, die in einer söhligen Schicht nicht denkbar sind, das „Streichen" und das „Einfallen".

27. — **Streichen.** Eine in der Ebene einer Gebirgsschicht söhlig gezogene Linie oder, anders ausgedrückt, die Schnittlinie dieser Schicht mit einer waagerechten Ebene (vgl. Abb. 10) nennen wir die Streichlinie dieser Schicht. Die Streichlinie ist also unter allen Umständen eine söhlige Linie. Daher sind für Gebirgsschichten die Streichlinien dasselbe, was für das Gelände über Tag die Höhenlinien bedeuten.

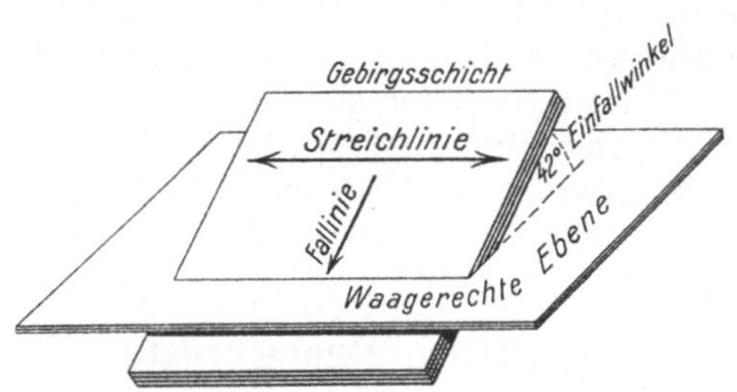

Abb. 10. Veranschaulichung der Begriffe „Streichlinie" und „Fallinie".

Das Streichen eines Flözes — genauer sein Streichwinkel — ist der Winkel, den die magnetische Nordrichtung (Meridian) mit der Streichlinie bildet. Er wird stets in Graden angegeben und von Norden aus nach rechtsherum gezählt. Um diesen Winkel angeben zu können, ist die Kenntnis des Winkels erforderlich, den die geographische Nordrichtung oder eine Parallele zu ihr mit der magnetischen Nordrichtung einschließt, also der nach Ort und Zeit veränderlichen „Deklination" oder „Nadelabweichung", die Anfang 1934 für den Ruhrbezirk rund 7° westlich betrug.

Da das Streichen einer Gebirgsschicht nur ganz ausnahmsweise auf größere Erstreckungen dasselbe bleibt, in der Regel vielmehr sich in geringen Abständen fortwährend ändert, so wird für Angaben im großen nur der Durchschnitt einer größeren Reihe von Streichwinkeln, das sog. „Generalstreichen", das z. B. für den Ruhrkohlenbezirk etwa 70° ist, angegeben.

28. — **Einfallen.** Eine Linie, die auf der Ebene der Schicht rechtwinklig zur Streichlinie gezogen ist, mit anderen Worten die Schnittlinie zwischen der Schichtebene und einer zum Streichen rechtwinkligen Seigerebene (vgl. Abb. 10), wird „Fallinie" genannt. Man kann die Fallinie auch als diejenige Linie bezeichnen, die von allen auf einer Schichtebene gezogenen die stärkste Neigung gegen die söhlige Ebene hat und die demgemäß der Bahn eines auf dem Liegenden herabrollenden Wassertropfens entspricht.

Legt man durch die Fallinie eine Seigerebene und zieht in dieser eine söhlige Linie, so bildet die Fallinie mit dieser den „Einfallwinkel". Er wird

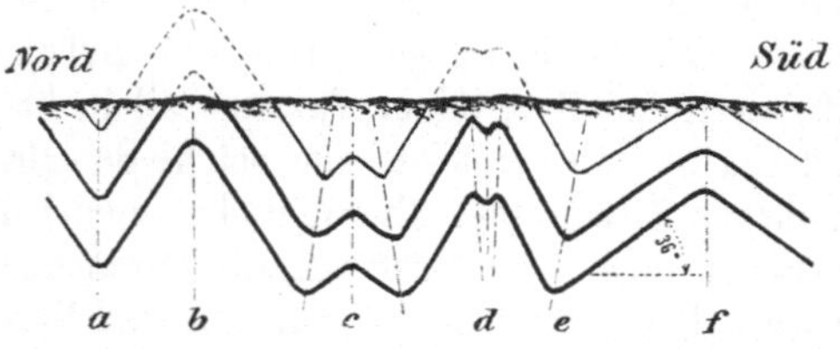

Abb. 11. Querprofil durch einen gefalteten Gebirgsteil.
— · — · — · Mulden- oder Sattelachsen.

nach Graden mit Hinzufügung der Haupthimmelsrichtung, nach der das Flöz sich einsenkt, als Fallrichtung angegeben, so daß z. B. das liegendste Flöz in Abb. 11

auf dem Südsattel-Nordflügel mit 36° nach Norden einfällt oder 36° nördliches Einfallen hat. Eine mit 90° einfallende Schicht bezeichnet der Bergmann als „auf dem Kopfe stehend".

Für den Bergmann ist die mehr oder weniger steile Aufrichtung der Schichten auch insofern wichtig, als dadurch die „flache Bauhöhe" bestimmt wird, die in einer Lagerstätte durch eine bestimmte Seigerteufe „eingebracht" wird. Wie Abb. 12 zeigt, wächst die flache Höhe mit abnehmendem Fallwinkel immer schneller; während bei 85° eine Verringerung

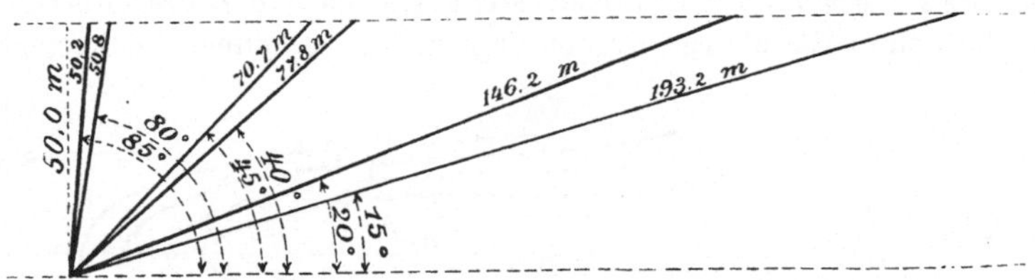

Abb. 12. Beziehungen zwischen Fallwinkel und flacher Bauhöhe.

des Einfallens um 5° die Bauhöhe nur um 0,6 m vergrößert, beträgt diese Vergrößerung bei 45° schon über 7 m und bei 20° rund 47 m.

29. — **Mulden und Sättel.** Die durch die Faltung entstandenen Einsenkungen und Aufbiegungen der Schichten werden als „Mulden" bzw. „Sättel", deren Schenkel als „Mulden-" bzw. „Sattelflügel" bezeichnet. Sie treten am zahlreichsten und in spitzester Ausbildung in der Gegend auf, von welcher der Seitendruck gekommen ist, während sie nach der entgegengesetzten Seite hin fortgesetzt flacher und breiter werden. Das in Abb. 59 auf S. 65 wiedergegebene Querprofil durch das Ruhrkohlenbecken, dessen Faltung durch einen von Süden kommenden Druck veranlaßt worden ist, zeigt diesen Gegensatz aufs deutlichste. In den meisten Fällen sind die Schichtenbiegungen gerundet, selten kommen, wie im belgischen und Aachener Steinkohlengebirge (vgl. Abb. 63 auf S. 80), scharfe Zickzackfalten vor. Treten in einer Mulde (c in Abb. 11) oder einem Sattel (d) besondere, kleine Mulden und Sättel auf. so bezeichnet man diese als in der „Hauptmulde" bzw. dem „Hauptsattel" ausgebildete „Sondermulden" bzw. „Sondersättel". Ergibt sich aus den Lagerungsverhältnissen, daß zwei Flözflügel früher zusammengehangen haben müssen, später aber durch die Abtragung der hangenden Gebirgsschichten getrennt worden sind, so liegt ein „Luftsattel" vor (b und d in Abb. 11). Eine Falte, die oben in der Druckrichtung so weit herübergeschoben ist, daß beide Flügel gleichgerichtetes Einfallen haben, heißt „überkippt". Die Umbiegungsstellen der Schichten in einer Mulde werden „Muldentiefstes", die entsprechenden Stellen in einem Sattel „Sattelhöchstes" („Sattelkuppe") genannt. Die Linien, die den grundrißlichen Verlauf der Muldentiefsten bzw. der Sattelhöchsten wiedergeben, heißen „Mulden"- bzw. „Sattellinien" (Abb. 13), wogegen die Verbindungslinien der tiefsten Punkte mehrerer übereinander liegenden Mulden bzw. der höchsten Punkte mehrerer übereinander liegenden Sättel als „Mulden-" bzw. „Sattelachsen" bezeichnet werden (Abb. 11).

30. — **Geometrische Darstellung von Mulden und Sätteln.** Die zeichnerische Darstellung der Falten kann in der Weise erfolgen, daß

man entweder einen **lotrechten Schnitt** rechtwinklig zur Streichrichtung (Querprofil, Abb. 11, 13 u. a., vgl. auch unten, 4. Abschnitt) gelegt denkt oder sich die ganze Ablagerung **söhlig** geschnitten (im **Grundriß**, vgl. Abb. 13 und 14) vorstellt. Da im Profil, weil es ein lotrechter Schnitt ist, die lotrechten Abstände den wirklichen Höhen und Tiefen entsprechen, so bietet dieses der Vorstellung keine Schwierigkeiten. Im Grundriß erscheinen die **Streichlinien** der einzelnen Schichten, so daß sich ein vollständigeres und übersichtlicheres Bild der ganzen Ablagerung ergibt. Der Verlauf dieser Linien steht zur Lage der Sattelrücken und Muldentiefsten in Beziehung. Liegen diese söhlig, so können die Streichlinien

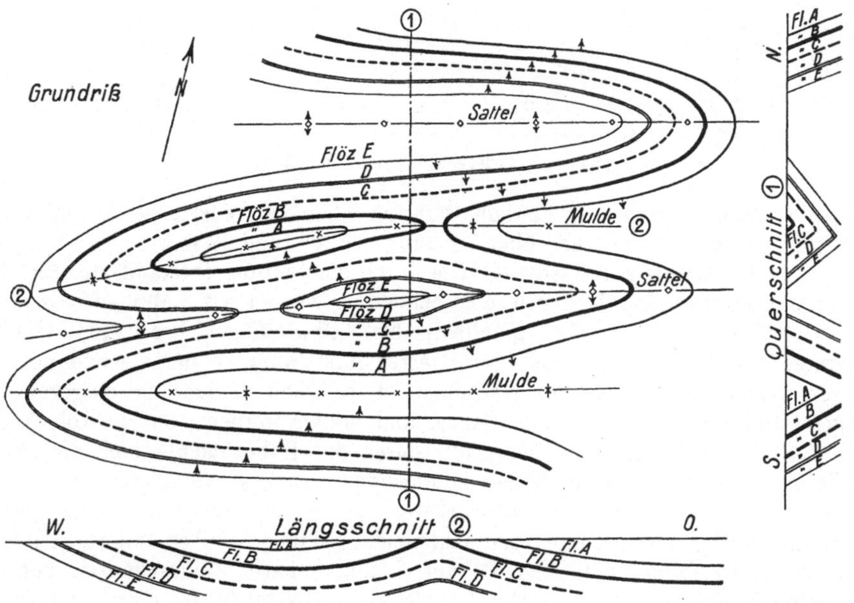

Abb. 13. Geometrische Darstellung offener und geschlossener Sättel und Mulden.
——x——x—— Muldenlinien. — ——◇——◇—— Sattellinien.

der beiden Flügel sich nicht treffen und laufen einander parallel, falls die Flügel Ebenen bilden. Ist dagegen der Sattelrücken oder das Muldentiefste nach **einer Seite** hin geneigt, so nähern sich bei einem Sattel nach dieser Seite, bei einer Mulde nach der entgegengesetzten Seite hin die Streichlinien beider Flügel, um schließlich dort, wo die Sattelrücken bzw. die Muldentiefsten die Höhenlage der jeweiligen Streichlinien erreichen, in der „Sattel- bzw. Muldenwendung" zusammenzutreffen („offene" Falten, Abb. 13, Fl. *A* rechts). **Zweiseitig** geneigte Sattelrücken oder Muldentiefste haben das Auftreten der Sattel- oder Muldenwendung auf beiden Seiten, d. h. die Entstehung „geschlossener" Sättel und Mulden (Flöz *A* und *B* bzw. *D* und *E* in Abb. 13 links) zur Folge. Ein geschlossener Sattel kann nach unten hin (nicht nach oben hin) durch Änderung der Neigung des Sattelrückens in eine offene Sattel- und Muldenbildung übergehen; ebenso kann eine geschlossene Mulde nach oben hin (nicht nach unten hin) sich in offene Falten auflösen. Überhaupt ergeben sich ganz dieselben Verhältnisse wie bei den Höhenlinien in der grundrißlichen Darstellung einer hügeligen Landschaft, wo in den höchsten und tiefsten Lagen geschlossene Höhenlinien (entsprechend den einzelnen Bergkuppen und Talkesseln) auftreten, während in den mittleren Lagen das Bild eines fortwährenden Überganges von Bergvorsprüngen in Taleinschnitte, d. h. eine Reihenfolge offener Sättel und Mulden, entsteht.

31. — Sonstige Erscheinungen bei Falten. Da das Tiefste einer Mulde und die Kuppe eines Sattels bei ungleichem Einfallen beider Flügel im Grundriß von einem Punkte auf dem steileren Flügel weniger weit entfernt liegt als von einem gegenüber in gleicher Höhe auf dem flachen Flügel gedachten Punkte, so verläuft im Grundriß die Mulden- bzw. Sattellinie nur dann in der Mitte zwischen beiden Flügeln, wenn diese gleiches Einfallen haben, sonst dagegen in der Nähe des steileren Flügels (Abb. 14). Im Querprofil ist die Mulden- bzw. Sattelachse seiger gerichtet bei gleichem Einfallen beider Flügel (vgl. a, b, f in Abb. 11), wogegen ungleiches Einfallen eine Neigung der Faltenachse im Sinne des flacher geneigten Flügels zur Folge hat (e in Abb. 11).

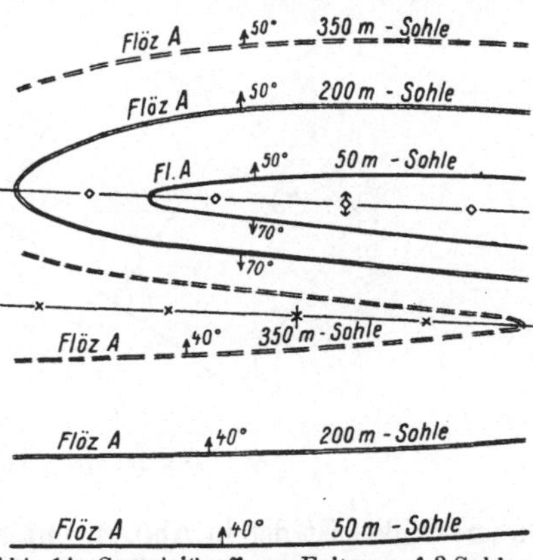

Abb. 14. Grundriß offener Falten auf 3 Sohlen.

Durchfährt man einen Sattel querschlägig, so gelangt man (vgl. die verschiedenen Profile) bis zur Erreichung der Sattelachse in immer liegendere, nach Durchörterung der Sattelachse in immer hangendere Schichten; bei Mulden ist das Entgegengesetzte der Fall. Entsprechend dieser Erscheinung treten im Horizontalschnitt einer Mulde in der Mitte die jüngsten, bei einem Sattel in der Mitte die ältesten Schichten auf. Werden mehrere Höhenlagen (z. B. Sohlen) im Grundriß dargestellt, so entsprechen die höchsten Lagen (Sohlen) dem Innern eines Sattels und dem Rande einer Mulde (Abb. 14).

Die Faltung ist, ähnlich wie beim Durchbiegen eines Heftes sich die einzelnen Blätter etwas gegeneinander verschieben, mit selbständigen Bewegungen der einzelnen Schichten verbunden, die zu gegenseitigen Verschiebungen führen und besonders in dünnbankigem, schieferigem Gebirge durch Spiegel- und Rutschflächen auf den einzelnen Schichten kenntlich gemacht werden.

Feste und milde Gesteine verhalten sich dem faltenden Druck gegenüber verschieden. Die ersteren (z. B. Sandstein) zeigen bei schwächerer Faltung zahlreiche Querspalten, bei stärkerer regelrechte Brucherscheinungen, während milde Tonschieferschichten, wenn sie am Ausweichen verhindert werden, die Faltenbiegungen ohne sichtbare Rißbildung mitmachen[1]).

32. — Raumbildliche Darstellung von Gebirgsschichten. Als Ergänzung der geometrischen vermittelt die perspektivische Darstellung ein sehr anschauliches Raumbild. Besonders hat sich im letzten Jahrzehnt die „isometri-

---

[1]) Näheres s. in der Zeitschr. f. d. Berg-, Hütt.- u. Salinenwes. 1916, S. 189; Wolff: Zur Begriffsbestimmung und Gliederung der Faltungen.

sche" Perspektive eingeführt, die schon 1839 von dem englischen Markscheider Sopwith angewandt, dann aber wieder in Vergessenheit geraten ist. Sie hat ihren Namen daher, daß sämtliche Höhen und Längen in gleicher Verkürzung erscheinen und man daher ein maßstäblich genaues Bild erhält[1]). Erreicht wird diese Wirkung dadurch, daß man den Gegenstand aus unendlicher Entfernung (also in Parallelperspektive) unter einem Winkel von 35°16′ betrachtet.

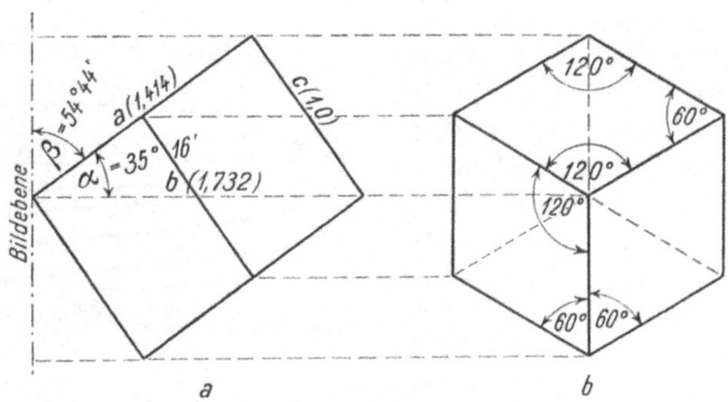

Abb. 15.　Raumbildliche Darstellung.

Dieser Winkel ist der in Abb. 15 mit α bezeichnete, d. h. der Winkel, den die obere Diagonale a eines Würfels mit der Raumdiagonalen b zwischen zwei entgegengesetzten Würfelecken bildet. Setzt man die Länge der Würfelkante $c = 1$, so ist $\alpha = \sqrt{2}$ und $b = \sqrt{3}$, also sind $\alpha = \dfrac{1}{\sqrt{3}} \sim 0{,}58$, folglich $\alpha = 35°16′$.

Wie die Abbildung zeigt, wird die Raumdiagonale waagerecht gelegt, so daß die zu ihr rechtwinklig stehende Projektionsebene (Bildebene) mit dem Horizont den Winkel β von 54° 44′ bildet. Demgemäß ergibt der in Abb. 15b vorausgesetzte Blick von der Bildebene auf den Würfel das Bild eines regelmäßigen Sechsecks, in dem die Seiten sowie die vom Mittelpunkte des umschriebenen Kreises zu den Eckpunkten gezogenen Radien die zwölf Würfelkanten in der Größe darstellen, wie sie auf der Bildebene erscheint. Da alle Kanten — mögen sie nun lot- oder waagerecht verlaufen — in gleicher Länge erscheinen, so stehen auch alle auf den Flächen gezogenen Linien untereinander in dem gleichen maßstäblichen (d. h. isometrischen) Verhältnis. Die Kantenwinkel der Würfelflächen erscheinen als Winkel von 120° und 60°. Abb. 16 zeigt als Anwendungsbeispiel die isometrische Darstellung eines Sattels, dessen Rücken sich nach vorn hin einsenkt.

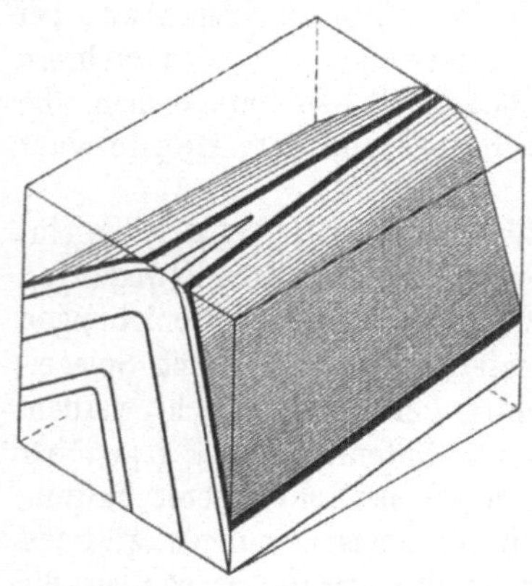

Abb. 16.　Zeichnung eines Sattels.
Nach Stach.

[1]) Näheres s. Schulte-Löhr, Lehrbuch der Markscheidekunde, 2. Aufl. Berlin: Springer, 1941.

b) Zerreißungen von Gebirgsschichten (Störungen)[1].

33. — Allgemeines. Eine Zerreißung von Gebirgsschichten mit gegenseitiger Verschiebung der auseinandergerissenen Teile kann auf dreierlei Weise, entsprechend drei Bewegungsrichtungen, vor sich gegangen sein: es kann der eine Teil einer Schicht an der Zerreißungskluft entlang nach unten abgesunken (Sprung) oder der eine Teil über den anderen hinüber- oder von dem anderen weg hinaufgeschoben (Überschiebung) oder endlich der bewegte Teil der Schicht in söhliger Richtung gegen den anderen verschoben sein (Verschiebung). Jedoch sind diese drei Fälle nur die theoretisch denkbaren Grenzfälle; in Wirklichkeit ist wohl niemals die Bewegung so rein und scharf vor sich gegangen, sondern stets mit einer Seigerbewegung nach oben oder unten auch eine söhlige Verschiebung verbunden gewesen und umgekehrt.

1. Sprünge.

34. — Begriffsbestimmungen, Bezeichnungen. Unter einem Sprunge verstehen wir eine Gebirgsstörung, bei der nach dem Aufreißen einer Spalte, der Sprungkluft (Abb. 17), die in deren Hangendem liegende Gebirgsscholle II durch Absinken gegen die stehenbleibende Scholle I um die Strecke n—p verworfen worden ist. (Die Abbildung veranschaulicht einen genau querschlägig durchsetzenden Sprung, läßt also die Gebirgsschichten im Längsprofil, d. h. söhlig, erscheinen.) Man bezeichnet n—p (h in den Abbildungen 21—23 auf S. 27 u. 28) als „flache Sprunghöhe", n—o als „seigere Sprunghöhe", o—p als „söhlige Sprungbreite" und die scheinbare söhlige Verschiebung von Scholle II gegen Scholle I in der Streichrichtung des Verwerfers (entsprechend der bergmännischen Ausrichtungslänge $c_1 d$ in den Abbildungen 21 und 22 auf S. 27 u. 28 bzw. $a_1 c$ und $d b_1$ in Abb. 26 auf S. 30) als „söhlige Sprungweite".

Für die zeichnerische Darstellung der Sprünge benutzt man den Grundriß, den man nötigenfalls mit Hilfe des Querprofils durch den Sprung ergänzt. Bei annähernd querschlägigem Verlauf der Kluft zeigen Längsprofile durch die Gebirgsschichten die Sprunghöhen am deutlichsten, lassen allerdings die verworfenen Flözteile als mehr oder weniger söhlig erscheinen (Abb. 59).

Fällt bei streichenden oder spießeckigen Sprüngen die Sprungkluft nach derselben Seite ein wie die Lagerstätte, so spricht man von „gleichfallenden", andernfalls von „gegenfallenden" Sprüngen. Verworfene Faltenbildungen (vgl. Abb. 27 auf S. 30) zeigen auf den beiden Flügeln beide Sprungarten.

35. — Entstehung[2]. Für die Beantwortung der Frage nach der Entstehung der Sprünge ist vor allem die Tatsache wichtig, daß jeder Sprung quer zu seiner Streichrichtung das Gebirge um das Stück o—p

---

[1] Eine ausführliche Darstellung der Störungen gibt H. Höfer Edler von Heimhalt in seinem Buche „Die Verwerfungen" (Braunschweig, Vieweg), 1917.

[2] Glückauf 1913, S. 477; Quiring: Die Entstehung der Sprünge im rheinisch-westfälischen Steinkohlengebirge; — ferner ebenda 1923, S. 677: Stach: Horizontalverschiebungen und Sprünge im östlichen Ruhrkohlengebiet.

(Abb. 17) auseinanderzieht. Es muß also angenommen werden, daß der Entstehung der Sprünge Zerrungsvorgänge in der Erdrinde voraufgegangen sind. Demgemäß erklärt Quiring die Entstehung eines Sprunges durch Auf-

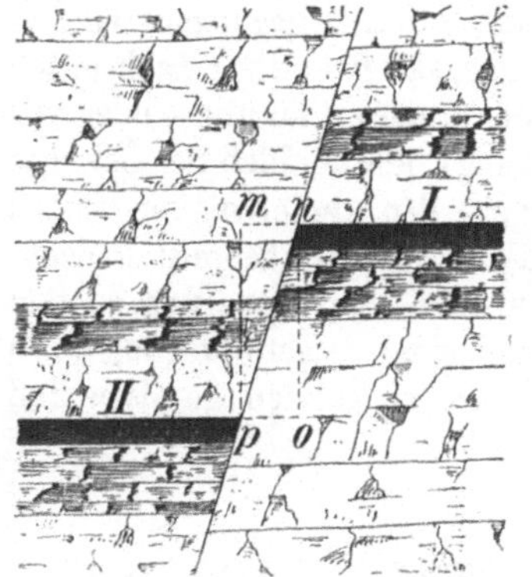

Abb. 17. Querprofil eines querschlägigen Sprunges.

reißen einer Bruchspalte Z (Abb. 18), der dann früher oder später ein Abreißen der überhängenden Scholle S_{II} an der zweiten Bruchspalte B und das Absinken dieser Scholle in die Lage II folgen mußte. So ergeben sich zwei Sprünge, von denen Quiring den ersten (Z) als „Zerr-sprung", den zweiten (B) als „Bö-schungssprung" bezeichnet. Die Scholle S kann auch in mehrere Einzelschollen zer-brechen, so daß diese gestaffelt absinken.

Wie bedeutend die Dehnung gewisser Teile der Erdrinde durch die Entstehung von Sprüngen gewesen ist, zeigen Berechnungen von Quiring, nach denen die Oberfläche im oberschlesischen Kohlenbecken um rund 3%, im Ruhrkohlenbezirk sogar um rund 6% der ursprünglichen Ausdehnung vergrößert worden ist.

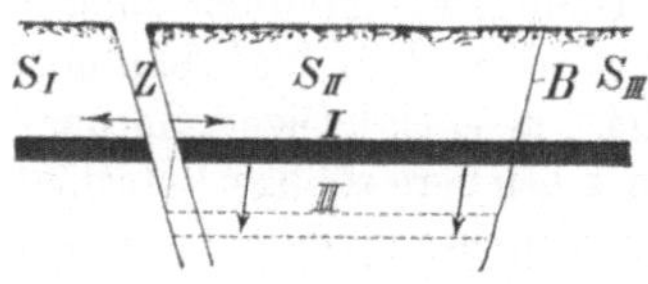

Abb. 18. Entstehung eines Sprunges.

Was die Ursachen der Zerrungsvor-gänge betrifft, so sprechen die Erschei-nungen, die bei den Gebirgsbewegungen im Gefolge des Abbaues (vgl. 4. Abschnitt, Ziff. 205) beobachtet worden sind, für die Richtigkeit der Ansicht von Lehmann[1]), daß die Senkung gewaltiger Schollen der Erdrinde diese Zerrungsrisse verursacht hat. (Vgl. auch Ziff. 8.) Doch deutet die in manchen Gebieten (z. B. deutlich im Ruhrkohlenbezirk) fest-gestellte, nahezu querschlägige Erstreckung der meisten Sprünge, die deshalb dort auch seit alters „Querverwerfungen" heißen, auch auf einen gewissen Zusammenhang mit der Faltung hin[2]).

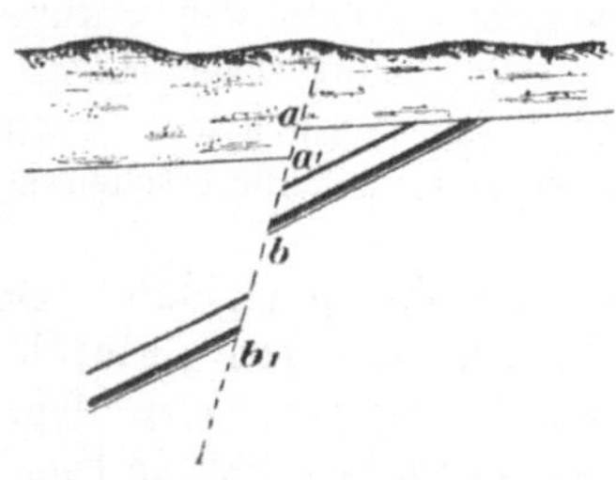

Abb. 19. Sprung mit zweimaliger Bewegung des gesunkenen Teils.

Aus Beobachtungen bei Erdbeben, die vielfach an große Spaltengebiete geknüpft sind, muß geschlossen werden, daß die meisten größeren Sprünge nicht sofort, son-dern erst nach und nach das Gebirge auf die ganze, heute gemessene Höhe verworfen haben. Eine einmal aufgerissene Spalte stellt eine schwache Stelle in der Erdrinde dar; es können daher auch spätere Gebirgsbewegungen sich am

---

[1]) Glückauf 1919, S. 933; Lehmann: Bewegungsvorgänge bei der Bil-dung von Pingen und Trögen; — ferner ebenda 1920, S. 1: Lehmann: Das tektonische Bild des rheinisch-westfälischen Steinkohlengebirges; — ferner ebenda 1920, S. 289; Lehmann, Das rheinisch-westfälische Steinkohlenge-birge als Ergebnis tektonischer Vorgänge in geologischen Trögen.

[2]) S. Glückauf 1934, S. 1089; E. Schenk: Zusammenhang von Bruch-bildung und Faltung im Rheinischen Schiefergebirge.

einfachsten durch weitere Bewegungen auf dieser Spalte Luft machen. Demgemäß zeigen manche größere Sprünge im westfälischen Steinkohlengebirge unter der Mergelüberlagerung das in Abb. 19 wiedergegebene schematische Bild. Der Hauptverwurf war hier bereits vor Ablagerung des Deckgebirges eingetreten, nach Bildung des letzteren ist aber an der Spalte entlang eine nochmalige, schwächere Bewegung um das Stück $a\,a_1$ erfolgt. Diese spätere Bewegung kann auch in einem Sinken der ursprünglich stehengebliebenen Scholle (rechts in Abb. 19) bestanden haben, so daß sie den ursprünglichen Verwurf abgeschwächt hat.

36. — **Verhalten der Sprünge.** Der Verlauf der Sprungklüfte ist, da sie als Bruchspalten von dem ihrem Aufreißen entgegengesetzten Widerstande, d. h. von der verschiedenen Härte der Gebirgsschichten, abhängig sind, im Streichen sowohl wie im Einfallen unregelmäßig, so daß häufiges Verspringen und zahlreiche Richtungsänderungen zu beobachten sind und auch die Fallrichtung nicht selten wechselt. Auch die Mächtigkeit einer Kluftspalte ist aus demselben Grunde ganz verschieden; große, sich weithin erstreckende Sprünge werden häufig durch eine ganze Anzahl von Einzelklüften gebildet, wodurch breite Kluftbänder („Störungszonen") von 50 bis 100 m Breite entstehen können. Überhaupt verhalten sich diese Spalten ganz wie die auf ähnliche Entstehungsursachen zurückzuführenden Erzgänge (Ziff. 49). Daher sind auch Sprungklüfte vielfach erzführend. Ein besonders deutliches Beispiel für diese Erscheinung bietet im Ruhrbezirk der Blumenthaler Hauptsprung, der im Grubenfelde der Zeche Auguste Victoria auf größere Erstreckung hin als mächtiger Erzgang ausgebildet ist. Ferner ist auch ein Zusammenhang zwischen einigen Verwerfungsspalten des Ruhrkohlenbezirks und Erzgängen der südlich daran grenzenden Erzbergbaugebiete von Lintorf und Velbert-Selbeck und ebenso zwischen den Hauptstörungen der Aachener Steinkohlenablagerungen und den Erzgängen der nördlichen Eifel nachgewiesen worden.

Auch die Verwurfhöhe ist sehr verschieden. Sie schwankt nicht nur überhaupt von wenigen Zentimetern bis zu mehreren tausend Metern, sondern ändert sich auch bei einem und demselben Sprunge sehr häufig, so daß sie schon in geringen Entfernungen ganz verschieden sein kann. In letzterem Falle hat man es mit einem „Drehverwerfer" zu tun, bei dem die absinkende Scholle gedreht worden ist.

Die **Streichrichtung** der Kluftspalten wird durch die Richtung der Zerrkräfte (Ziff. 35) bestimmt und ist daher von derjenigen der Schichten völlig unabhängig; die letzteren können von den Klüften streichend, rechtoder spießwinklig durchsetzt werden. Das **Einfallen** der Schichten steht zu den Sprüngen nicht in Beziehung, so daß sowohl flachliegende als auch steil aufgerichtete Schichten sowie auch ganze Faltengebiete (vgl. Abb. 26) von Sprüngen betroffen werden können.

Das **Einfallen** der Sprungklüfte ist durchweg steil, da Zerrspalten meist quer zur Mächtigkeit der zerrissenen Erdrindenteile aufreißen und Böschungsspalten sich nach dem natürlichen Böschungswinkel der Gesteine (70°—75°) bilden.

Meistens sind die Spalten mit lockeren Gesteinsmassen (Bruchstücken zertrümmerten Gesteins oder von oben hineingefallenen oder -gespülten

Massen jüngerer Ablagerungen) und Mineralien aus den zerrissenen Lagerstätten ausgefüllt. In vielen Fällen hat sich am Liegenden oder Hangenden der Kluft ein „Lettenbesteg“ als Ergebnis der zerreibenden und mahlenden Wirkung der verschobenen Gebirgsmassen aufeinander im Verein mit chemischen Umsetzungen gebildet. Diese Reibungswirkung äußert sich vielfach auch sehr deutlich in der Bildung glatter Rutschflächen („Spiegel“ oder „Harnische“) sowie wellenförmiger Druckerscheinungen (Rutschstreifen), welche letzteren (vgl. S. 29) einen Schluß auf die Richtung der Bewegung gestatten. Häufig sind die Sprungklüfte als Wasserzubringer gefürchtet, da sie den Gebirgswassern die bequemsten Wege nach der Tiefe hin und aus der Tiefe heraus eröffnen. Auf die Tätigkeit solcher Gebirgswasser sind auch die vielfach zu beobachtenden Auskleidungen von Spalten mit Mineralien und Erzen zurückzuführen. Im Steinkohlengebirge findet man die Klüfte häufig mit schädlichen Gasen angefüllt, die aus den gestörten Kohlenflözen entwichen sind und sich in die Spalten hineingezogen haben, so daß die Kohle in deren Nachbarschaft stark entgast ist.

Die Zerklüftung des Gebirges durch die Sprünge hat eine starke Zunahme des Gebirgsdruckes in deren Nähe zur Folge.

37. — Zusammenwirken mehrerer Sprünge. Die durch das Zusammenwirken mehrerer Sprünge entstehenden Lagerungsverhältnisse werden im Längsprofil einer Flözablagerung durch Abb. 20 veranschaulicht. Sinkt eine Scholle (vgl. auch Abb. 2 auf S. 4 und Abb. 18 auf S. 24) zwischen zwei Spalten ab, so entsteht ein „Graben“; umgekehrt wird eine zwischen zwei Sprüngen stehenbleibende Scholle als „Horst“ bezeichnet. Mehrere in glei-

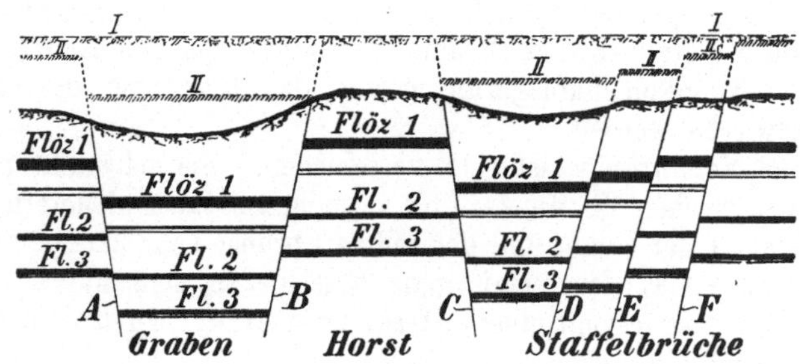

Abb. 20. Zusammenwirken mehrerer Sprünge (Längsprofil).

chem Sinne verwerfende Sprünge erzeugen „Treppen-“ oder „Terrassen-Verwerfungen“, die auch kurz „Staffelbrüche“ genannt werden. (Die durch das Absinken aus der Lage I in der Abbildung in die Lage II gebrachte Oberfläche ist später durch Abtragung verändert worden.)

Außerdem können auch ältere Schollengebiete in späteren Zeiten der Erdgeschichte von neuen Spalten durchsetzt, alte Sprünge also durch jüngere verworfen worden sein.

38. — Ausrichtung von Sprüngen. Die Aufsuchung des verworfenen Stückes einer Schichtlagerstätte in gleicher Höhenlage hinter dem Sprunge, die „Ausrichtung“ des Sprunges, kann sich bei den meisten Sprüngen auf die gesetzmäßigen Beziehungen zwischen dem Verlauf der Sprünge und demjenigen der gestörten Schichten stützen[1]), denen zufolge der Bergmann, vom Liegenden der Sprungkluft aus kommend, hinter ihr jüngeres Gebirge antrifft und umgekehrt, wie die verschiedenen Sprungbilder ohne weiteres erkennen lassen.

In den weitaus meisten Fällen kommt man mit der im Ruhrbezirk gebräuchlichen einfachen, von v. Carnall durch Zusammenfassung der Schmidtschen vier Regeln erhaltenen Regel aus: Fährt man das Hangende des Verwerfers an, so hat man hinter diesem ins Hangende der Gebirgsschichten aufzufahren; fährt man das Liegende des Verwerfers an, so hat man hinter diesem ins Liegende der Gebirgsschichten aufzufahren.

Ob man das Hangende oder Liegende der Kluft angetroffen hat, erkennt man daran, daß im ersteren Falle die Kluft nach dem betreffenden Grubenbau hin einfällt, d. h. zuerst in der Sohle angetroffen wird, und umgekehrt.

Zur näheren Erläuterung mögen die folgenden Betrachtungen dienen.

Aus der räumlichen Darstellung (Abb. 21) ergibt sich das grundlegende Gesetz, daß jede schräg geneigte Schicht durch ein Absinken in der Fallrichtung der Störungskluft eine scheinbare söhlige Verschiebung dc_1 (die söhlige Sprungweite) im Streichen der Sprungkluft erleiden muß. Diese scheinbare Seitenverschiebung ist bei gleichbleibendem Seigerverwurf um so größer, je flacher

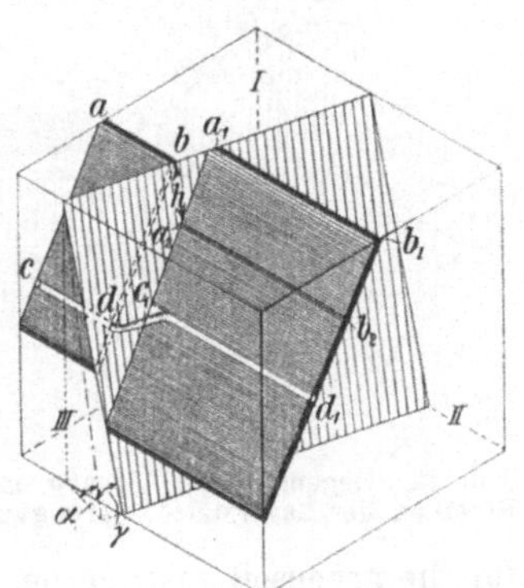

Abb. 21. Isometrisches Bild eines gleichfallenden Sprunges mit steilem Einfallen der Lagerstätte; Sprungwinkel spitz. Nach Stach.

das Flöz einfällt. Daher macht in Abb. 22 das flachere Einfallen des Mulden-Nordflügels einen längeren Ausrichtungsquerschlag als auf dem Südflügel erforderlich.

Die in der Sprungkluftebene parallel zu sich selbst verschobene Linie bd bzw. $a_1 c_1$ in den Abbildungen 21—23 ist die „Kreuzlinie", d. h. die Schnittlinie zwischen der Ebene der Gebirgsschicht und derjenigen des Sprunges. Die Neigung dieser Kreuzlinie aber ist abhängig 1. von dem Fallwinkel der Schicht, 2. von dem Winkel zwischen den Streichrichtungen der Schicht und der Kluft und 3. von dem Fallwinkel der letzteren. Die starke Beeinflussung des Verlaufs der Kreuzlinie durch den Fallwinkel der Schicht zeigt Abb. 23 im Vergleich mit Abb. 22. Die Kreuzlinie ist in Abb. 23 nicht lediglich steiler geneigt als in Abb. 22, sondern hat darüber hinaus in bezug auf die Fallinie des Sprunges sogar die entgegengesetzte Neigungsrichtung angenommen, so daß der sog. „Sprungwinkel", d. h. der Winkel zwischen der abwärts führenden Kreuzlinie und der im Hangenden des Flözes gezogenen Streichlinie der Kluft, ein stumpfer geworden ist. Allerdings tritt dieser Fall nur selten ein, nämlich nur bei solchen gleichfallenden Sprüngen, die flacher als die Schichten einfallen.

---

[1]) Vgl. für die ausführliche Darstellung dieses Gegenstandes: Zeitschr. f. Berg-, Hütt.- u. Salinenwes. 1903, S. 1; Hausse: Verwerfungen, insbesondere ihre Konstruktion, Berechnung und Ausrichtung; ferner Höfer v. Heimhalt in dem auf S. 23 in Anm.[1]) angeführten Buche, S. 113.

Man braucht daher im allgemeinen nur mit spitzen Sprungwinkeln zu rechnen. Den dazwischenliegenden Grenzfall ($\varphi = 90^{\circ}$) zeigt Abb. 24; er kann nur dann zustande kommen, wenn die Kluft gleichfallend ist und flacher einfällt als das Gebirge.

Wie ein Blick auf die Abbildungen 21—25 zeigt und wie in der gleich anzuführenden Regel zum Ausdruck kommt, ist der Sprungwinkel bestimmend

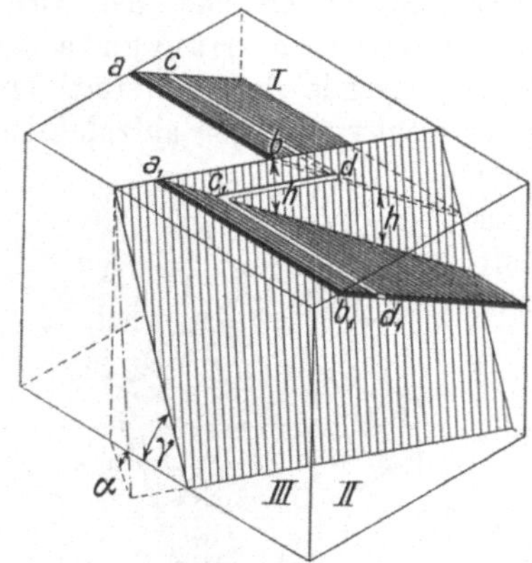

Abb. 22. Gegenfallender Sprung mit flachem Einfallen der Lagerstätte; Sprungwinkel spitz.

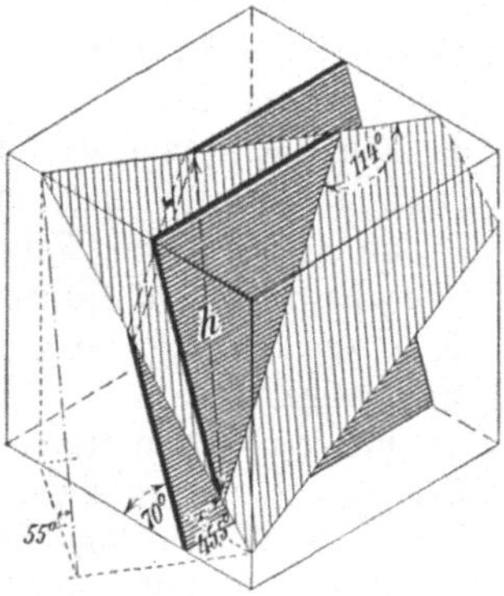

Abb. 23. Gleichfallender Sprung mit stumpfem Sprungwinkel.

für die gegenseitige Lage der getrennten Gebirgsteile: obwohl bei allen dargestellten Störungen das im Hangenden der Kluft liegende Stück des Flözes gesunken ist, hat man demnach das verworfene Stück in der Abb. 23,

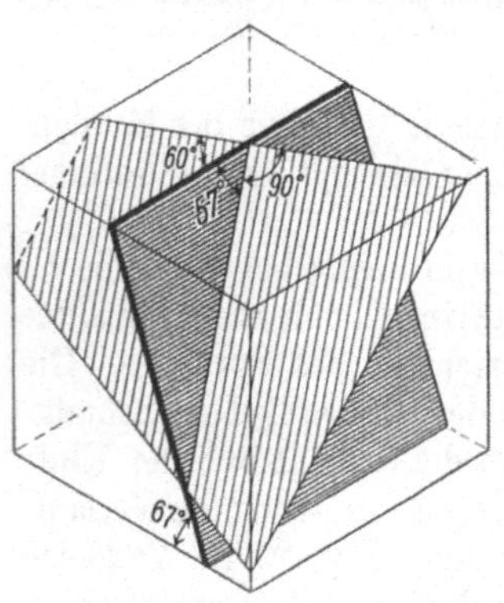

Abb. 24. Sprung mit rechtwinkeligem Sprungwinkel.

also bei stumpfem Sprungwinkel, auf der entgegengesetzten Seite zu suchen wie bei spitzem Sprungwinkel in Abb. 21, 23 und 25. Diese Erscheinung erklärt sich nach dem über die scheinbare Seitenverschiebung einer schrägen Linie Gesagten ohne weiteres aus der entgegengesetzten Neigung der Kreuzlinien in beiden Fällen.

Während in dem durch Abb. 24 veranschaulichten Grenzfall (Kreuzlinie in der Falllinie des Verwerfers) eine Ausrichtung des abgesunkenen Stückes überhaupt nicht nötig ist, da die Lagerstätte jenseits der Kluft in derselben Richtung fortsetzt, ist im entgegengesetzten Grenzfalle (waagerechter Verlauf der Kreuzlinie) eine Ausrichtung durch einen söhligen Ausrichtungsbau überhaupt nicht möglich. Dieser Fall tritt stets ein, wenn die Lagerstätte völlig söhlig liegt.

Das aus dem Vorstehenden sich ergebende allgemeine Gesetz über die Lage verworfener Gebirgsteile bei Sprüngen, das für spitze und stumpfe Sprungwinkel gilt, ist folgendes:

Man hat das verlorene Stück einer Schicht, wenn man das Hangende der Sprungkluft angefahren hat, nach der Seite hin zu suchen, nach der die Kreuzlinie nach unten hin von der Fall-

linie der Kluft abweicht. Hat man das Liegende der Sprungkluft angefahren, so ist das verlorene Stück nach der entgegengesetzten Seite zu suchen.

Im übrigen sei hier auf die zeichnerische Ausrichtung des zu suchenden
Lagerstättenteils verwiesen, die sich auf die beim Anfahren des Sprunges
gemachten Messungen und Feststellungen stützt[1]).

Vielfach kann man das verworfene Stück auch mit Hilfe der beim Aufschluß beobachteten Erscheinungen, die auf die Bewegungsrichtung hindeuten,
wiederfinden. Es können z. B. Rutschflächen auf dem Liegenden oder
Hangenden einen Fingerzeig geben, indem sie sich in der Bewegungsrichtung des gesunkenen Teiles, nach der hin dieser zu suchen ist, glatt,
in der entgegengesetzten Richtung rauh anfühlen. Ebenso können (besonders bei Überschiebungen, s. Ziff. 40) Umbiegungen der Schichten an der
Kluft („Hakenschläge") oder „Schleppungen" von mitgerissenen Teilen
der Lagerstätte auf die Richtung hinweisen, in welcher die Bewegung erfolgt
und daher das abgerissene Stück zu suchen ist. Oder man fährt hinter der
Störung eine Gebirgsschicht an, deren Lage zu der zu suchenden Schicht bekannt ist; weiß man z. B., daß eine hinter der Kluft angetroffene Meermuschel-
schicht im Liegenden der gesuchten Schicht liegt, so weiß man ohne
weiteres, wohin die Ausrichtung zu erfolgen hat.

Während für den Erzbergmann von der richtigen Ausrichtung eines
größeren Sprunges sehr viel, häufig das ganze Bestehen der Grube abhängt,
ist für den Steinkohlenbergmann diese Aufgabe in der Regel weniger wichtig.
Denn die Lagerungsverhältnisse der Flöze bringen es mit sich, daß eine
größere Anzahl von Bergwerken im Streichen einer und derselben Störung
bauen und daher ihre Erfahrungen über deren Verhalten austauschen können;
außerdem liegt meist eine größere Anzahl von Flözen vor, so daß hinter
einer Störung bald wieder ein Flöz angetroffen wird, einerlei, ob man ins
Liegende oder ins Hangende fährt.

39. — Sprünge und Falten. Sind Sättel und Mulden von jüngeren
Sprüngen zerrissen worden, so ist im Grundriß das gesunkene Stück durch
größere oder geringere Breite zwischen den Flügeln von dem stehengebliebenen zu unterscheiden. Nach Abb. 25 ist diese Breite bei einem gesunkenen Muldenstück größer als bei dem stehengebliebenen Teile. Umgekehrt
erscheint ein abgesunkenes Sattelstück im Grundriß schmaler als das stehengebliebene. Die hiernach bei Verwerfung einer ganzen Reihe offener Falten
sich ergebenden Verhältnisse werden durch Abb. 26 veranschaulicht. Selbstverständlich muß, wie auch die genauere Prüfung dieser Zeichnung ergibt, für
jeden der verworfenen Flügel sich wieder die oben gefundene Ausrichtungs-
regel ergeben, so daß man für den Fall eines spitzen Sprungwinkels auch umgekehrt die „Sattel- und Muldenregel" aufstellen kann: die Lage des verworfenen Teiles einer Schicht kann dadurch gefunden werden, daß man nach
Abb. 27 die Schicht als einen Sattel- oder Muldenflügel betrachtet und nun
die Fortsetzung gemäß Abb. 25 sucht. (In Abb. 27 ist durch die gestrichelten
Linien die Ergänzung zu einem Sattel angedeutet.)

Da bei einer solchen Verwerfung die Ebenen der Sattel- und Muldenachsen

---

[1]) S. das auf S. 22 in Anm. [1]) genannte Lehrbuch von Schulte-Löhr.

ihrerseits sich ebenfalls wie Schichten verhalten, so muß bei geneigter Lage der Faltenachse, d. h. bei ungleichem Einfallen beider Flügel (vgl. Ziff. 31) durch

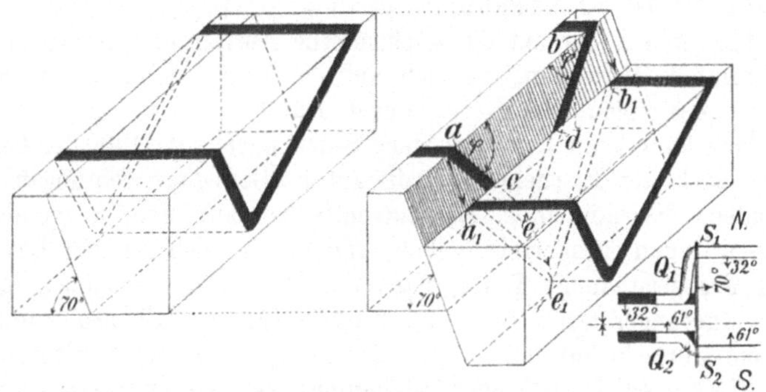

Abb. 25. Verwurf einer Mulde durch einen querschlägigen Sprung, mit Ausrichtung.

den Seigerverwurf eine (scheinbare) söhlige Verschiebung der Faltenachse zustande kommen, die sich im Grundriß nach Abb. 26 durch ein Verspringen der ersten Mulden- und zweiten Sattellinie (von Norden gezählt) äußert.

Falls der Sprung flacher als die Schichten einfällt, kann bei gleichfallenden Sprüngen der Ausnahmefall des stumpfen Sprungwinkels eintreten. Es kann daher ein spießwinklig durch eine Falte hindurchsetzender Sprung, da er für den einen Flügel gleich-, für den anderen gegenfallend verläuft, auf beiden Flözen entgegengesetzte söhlige Verschiebungen bewirken.

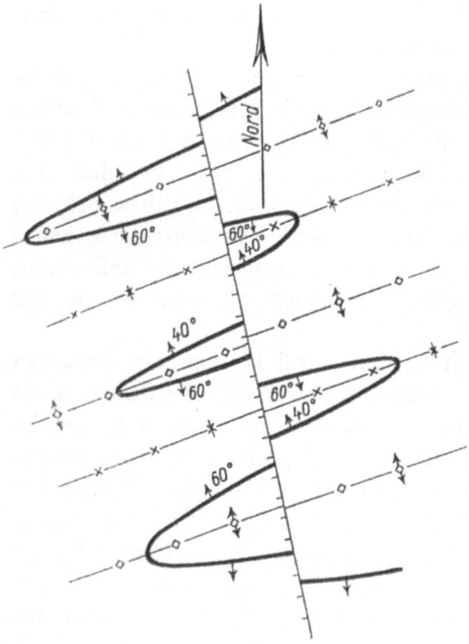

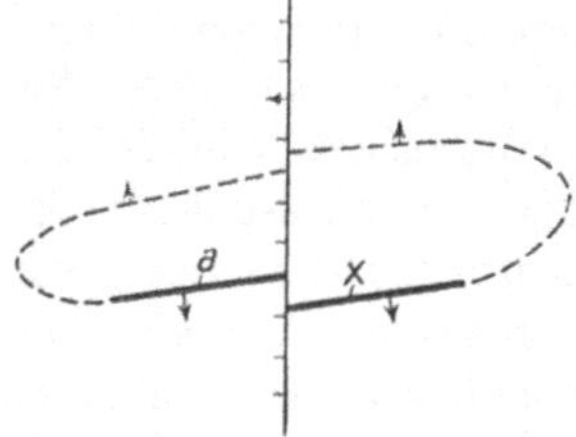

Abb. 26. Verwerfung einer Faltengruppe durch einen querschlägigen Sprung (Grundriß).

Abb. 27. Veranschaulichung der Sattel- und Muldenregel.

2. Überschiebungen[1]).

40. — Wesen und Entstehung der Überschiebungen. Eine Überschiebung ist zunächst dadurch gekennzeichnet, daß der im Hangenden der

---

[1]) Glückauf 1920, S. 21; Lehmann: Das tektonische Bild des rheinisch-westfälischen Steinkohlengebirges; — ferner Glückauf 1930, S. 789; Nehm: Bewegungsvorgänge bei der Aufrichtung des rheinisch-westfälischen Steinkohlengebirges.

Kluft — hier auch „Wechsel" genannt — gelegene Gebirgsteil höher liegt als
der im Liegenden der Kluft befindliche. Demgemäß kommt nach Abb. 28
der Bergmann, der eine Überschiebung, von ihrem Liegenden ausgehend,
durchfährt, hinter ihr in tiefere, d. h. ältere Gebirgsschichten. Nach ihrer
Lage zur Wechselfläche bezeichnet er die beiden getrennten Stücke der Lagerstätte als „hangenden" und „liegenden Lagerstättenteil".

Ein Wechsel hat stets ein „Doppelliegen" der verworfenen Schichten
zur Folge; die Ausrichtung des verlorenen Schichtteils geschieht stets umgekehrt wie bei den Sprüngen.

Während die Sprünge engere Beziehung zum Faltungsvorgange haben
können, aber nicht haben müssen, also meist durch andere als die
einer bestimmten Faltung zugrunde liegenden Kräfte entstanden sind,
stehen die Überschiebungen zu dem die Faltung veranlassenden Seitendruck in unmittelbarer Beziehung. Diesem Drucke können nämlich die
Gebirgsschichten entweder dadurch nachgeben, daß sie sich zu Falten
zusammenschieben lassen, oder dadurch, daß sie an Längsrissen (den

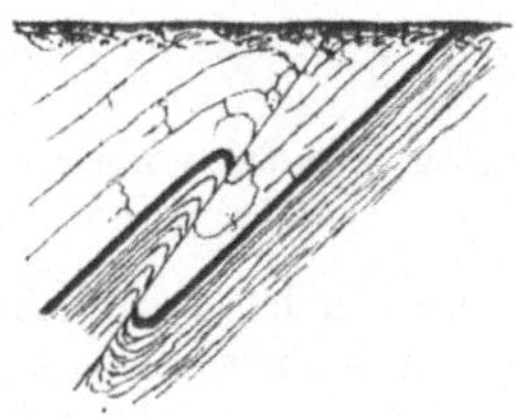

Abb. 28. Profil einer Überschiebung.

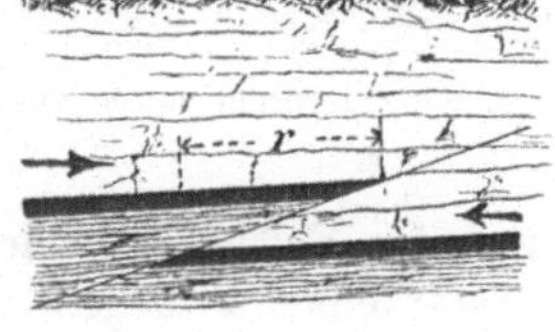

Abb. 29. Schichtverkürzung durch Überschiebung.

Wechselflächen) entlang, die im Grundriß annähernd rechtwinklig zur
Druckrichtung verlaufen, sich teilweise übereinander schieben. So hat
z. B. in Abb. 29 die Überschiebung eine Längenverkürzung um das Stück r
herbeigeführt. Während also die Sprünge als „Zug-" oder „Zerrstö-
rungen" bezeichnet werden müssen, stellen die Überschiebungen Druckstörungen dar.

Eine besondere Gruppe bilden gewisse, steil einfallende Wechsel, die
besonders an steile Falten gebunden sind. Sie werden wohl als „Schaufelflächen" oder „listrische Flächen" bezeichnet, sind aber wie die Überschiebungen als Druckstörungen anzusehen. Sie treten dort auf, wo infolge von
Druckaufbereitung durch Ansammlung des beweglichen Materials eine
Versteifung der Sattelköpfe eingetreten ist[1]).

Ob nun eine Überschiebung an Stelle einer Falte oder durch Überschreitung der Elastizitätsgrenze der Gebirgsschichten infolge zu starker
Faltung entsteht, hängt von der Beschaffenheit des Gesteins, also seiner
größeren oder geringeren Festigkeit und Sprödigkeit, und außerdem von
dem größeren oder geringeren Gewicht der überlagernden Gebirgsmassen ab.

Bei verschiedenen bedeutenden Überschiebungen des Ruhrbezirks hat

---

[1]) Glückauf 1930, S. 789; Nehm: Bewegungsvorgänge bei der Aufrichtung
des rheinisch-westfälischen Steinkohlengebirges.

zuerst Dr. L. Cremer Faltungen der Wechselfläche nachgewiesen[1]), wofür Abb. 30 ein Beispiel gibt. Es muß daraus geschlossen werden, daß der Wechsel vor der Faltung oder wenigstens im Anfang der Faltungsbewegung aufgerissen worden ist, so daß die Wechselfläche von der weiteren Faltung mit betroffen

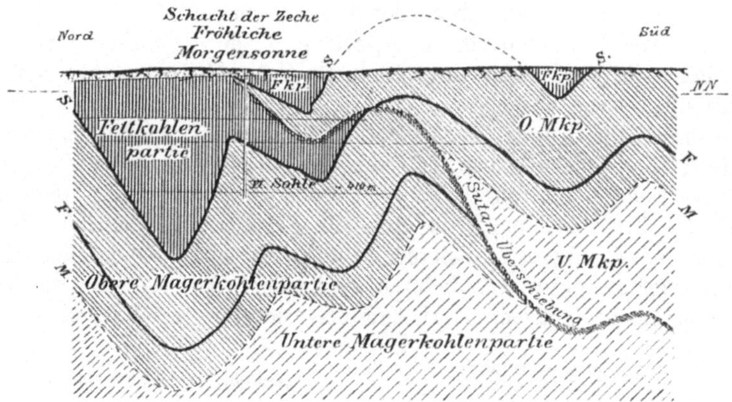

Abb. 30. Querprofil durch einen Teil der westfälischen Sutan-Überschiebung.
(Maßstab 1 : 30000.)

werden konnte. Solche Überschiebungen haben also zunächst das Zustandekommen stärkerer Faltungen verhindert. Jedoch können gewisse Überschiebungen auch durch eine zu starke Beanspruchung der Gebirgsschichten durch die Faltung erklärt werden, und zwar dadurch, daß gemäß Abb. 31

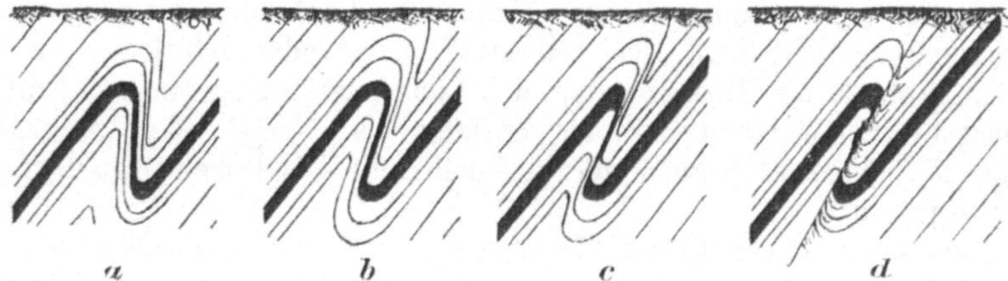

Abb. 31 a—d. Entstehung einer Überschiebung als „Faltenverwerfung“. Nach Heim.

eine Mulden- und Sattelbildung so stark zusammengeschoben wurde, daß der beiden gemeinsame sog. „Mittelschenkel“ vollständig zerquetscht und einer mit Gesteinstrümmern ausgefüllten Kluft ähnlich geworden ist, wobei infolge der starken Knickung der Gebirgsschichten an den Faltenbiegungen ihre Widerstandsfähigkeit so beeinträchtigt worden ist, daß bei Fortdauer der Druckwirkung in der Faltenachse ein Riß entstehen mußte, an dem entlang sich der hangende Flügel noch weiter verschieben konnte. Für eine solche Entstehung spricht bei manchen Überschiebungen der Umstand, daß sie im Streichen in eine Faltenbildung übergehen.

---

[1]) Glückauf 1894, S. 1089; Cremer: Die Überschiebungen des westfälischen Steinkohlengebirges; — ferner ebenda 1897, S. 373; Cremer: Die Sutan-Überschiebung.

41. — Besondere Eigenschaften der Überschiebungen. Aus der Kennzeichnung der Überschiebungen als Druckstörungen folgt, daß sie annähernd im Streichen verlaufen und, soweit sie vor der Faltung entstanden sind, ziemlich flach einfallen müssen. Denn nur ein streichender Gebirgsriß ermöglicht die Verkürzung eines Gebirgskörpers in der Druckrichtung, und nur bei nicht zu steiler Neigung dieses Risses kann diese Verkürzung ein ausreichendes Maß annehmen. Nach Beobachtungen von Cremer schließen die Überschiebungen im Ruhrbezirk in der Regel sowohl im Streichen als auch im Einfallen einen Winkel von etwa 15° mit den Gebirgsschichten ein.

Bei gefalteten Überschiebungen sind grundsätzlich zwei Bewegungsarten zu unterscheiden, die ursprüngliche Bewegung durch Schub, die nachfolgende durch Faltung. Die ursprüngliche Schubweite ist einheitlich, sie wird durch die zweite Bewegungsart völlig umgestaltet. Zum Beispiel beträgt nach Nehm auf Zentrum Morgensonne die umgestaltete Schubweite für Flöz Sonnenschein 500 m, für Flöz Dickebank 700 m, für Flöz Wilhelm 940 m.

Weiter erklärt sich aus der Entstehung der Überschiebungen leicht, daß sie nicht durch eine offene Kluft, sondern lediglich durch ein stark zerriebenes,

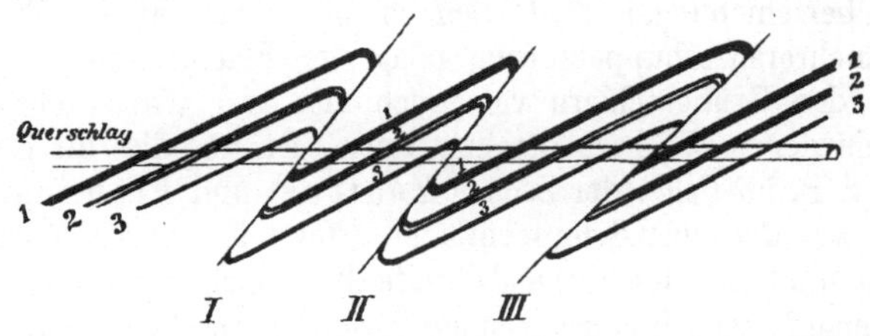

Abb. 32. (Querprofil) Schuppenlagerung durch Zusammenwirken mehrerer Überschiebungen

vielfach mit kleinen „Schleppungsfalten" oder „Hakenschlägen" durchsetztes Gesteinsmittel gekennzeichnet werden. Demgemäß bringen Überschiebungen in der Regel auch kein Wasser, wohl aber können sie, da hier ein zerrüttetes Gebirge vorliegt, schädliche Gase bergen. Der Gebirgsdruck kann wie bei den Sprüngen in der Nähe der Störung stark anwachsen. Dem Steinkohlenbergmann werden kleine Überschiebungen häufig dadurch gefährlich, daß sie durch Doppellagerung und Stauchung mächtigerer Flöze starke Anhäufungen von Kohle bilden, die dann infolge ihrer mulmigen Beschaffenheit zur Selbstentzündung neigt.

Die Deutung von Überschiebungen in den rißlichen Darstellungen bietet keine Schwierigkeiten, da sie wegen ihres nahezu streichenden Verlaufes auch in den Querprofilen der Grubenbilder annähernd mit ihrem tatsächlichen Einfallen und ihrem wirklichen Seigerverwurf erscheinen, so daß sich aus diesen Querprofilen die Lage der durch die Überschiebung verworfenen Flözteile im wesentlichen richtig ergibt.

Treten Überschiebungen gruppenweise auf, so haben sie eine sog. „Schuppenlagerung" des Gebirges zur Folge, d. h. das Gebirge wird in eine Anzahl dachziegelartig übereinander geschobener Schollen zerlegt. Die querschlägige Durchörterung eines solchen Störungsgebietes trifft die Schichten in der Reihenfolge *1 2 3, 1 2 3* (Abb. 32) an, während bei der Durchörterung von Faltungen sich die Reihenfolge *1 2 3, 3 2 1, 1 2 3* ergibt.

42. — Beispiele größerer Überschiebungen. Ihrer Entstehung entsprechend treten Überschiebungen in stärkster Ausbildung dort auf, wo der Seitenschub sehr stark gewesen ist und infolgedessen auch eine weitgehende Faltung stattgefunden hat. So wird das südliche Gebiet des Ruhrkohlenbeckens von wesentlich stärkeren derartigen Störungen durchsetzt als dessen nördlicher Teil. Die ersteren Überschiebungen müssen ihrerseits wieder zurücktreten gegenüber der Hauptstörung des noch stärker gefalteten belgischen Steinkohlengebirges, nämlich der großen Südüberschiebung „faille du midi", die auf eine Erstreckung von etwa 380 km von Nordfrankreich durch Belgien in das Aachener Steinkohlenbecken verfolgt worden ist und an der entlang Schichten von devonischem, teilweise sogar silurischem Alter in gleiche Höhe mit denjenigen des Oberkarbons geschoben worden sind; daraus ergibt sich stellenweise eine flache Schublänge von etwa 3000—4000 m. Noch stärkere Überschiebungen treten in dem durch gewaltige Faltungsvorgänge emporgewölbten Alpengebirge auf, wo stellenweise Überschiebungen mit einer Bewegung von vielen Kilometern Länge festgestellt worden sind.

Große Überschiebungen sind vielfach nicht auf einer Wechselfläche, sondern auf mehreren schuppenförmig gelagerten Flächen erfolgt. So ist z. B. der Sutan in den Grubenfeldern von Bochumer und Wattenscheider Zechen in 2—4 verschiedenen Wechseln nachzuweisen. Da überdies die größte dieser Bewegungen, z. B. im Felde der Zechen Zentrum und Fröhliche Morgensonne, nicht auf derselben Schuppenfläche erfolgt ist wie im Felde der Zeche Präsident, so muß man den Sutan als breite Überschiebungszone ansehen, deren einzelne Schuppenflächen im streichenden Verlauf wechselnde Bedeutung haben.

3. Verschiebungen [1]).

43. — Wesen, Entstehung und Eigenschaften der Verschiebungen. Mit dem Namen „Verschiebungen" bezeichnen wir Gebirgsstörungen, an denen entlang eine söhlige oder nahezu söhlige Bewegung eines Gebirgsteiles stattgefunden hat. Die Verschiebungskluft, die nach einem österreichischen Bergmannsausdruck als „Blatt" bezeichnet wird, kann nahezu streichend verlaufen und sehr flach einfallen (Abb. 33) oder bei steilem Einfallen einen spießwinkligen oder querschlägigen Verlauf nehmen (Abb. 34). Störungen der ersteren Art treten seltener auf; sie können dadurch erklärt werden, daß die oberen Teile des Schichtengebirges dem faltenden Seitendruck besser als die unteren folgen konnten. Der zu ihnen zu rechnende „grand transport" im Borinage (Belgien)

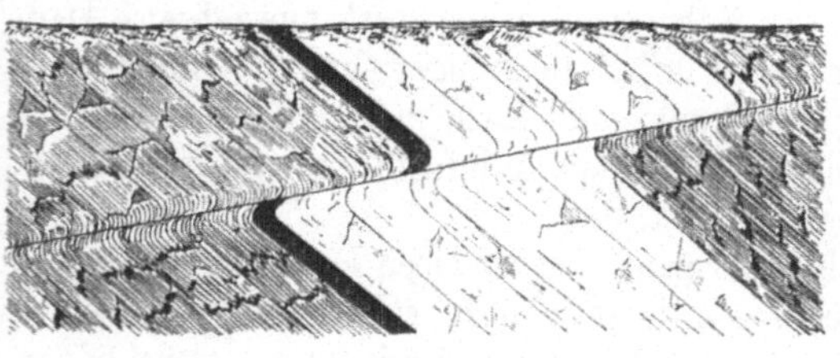

Abb. 33.   Profil einer annähernd streichenden Verschiebung.

---

[1]) Siehe auch den auf S. 23 in Anm. [2]) angeführten Aufsatz von Stach und die auf S. 30 in Anm. [1]) am Schluß angeführten Abhandlungen von Lehmann und Nehm.

hat eine Verschiebung der Gebirgsmassen um 100—140 m gegeneinander bewirkt.

Im Siegerländer Gangbergbau werden „windschiefe“ Verschiebungen der einzelnen Gangteile gegeneinander als „Deckelklüfte“ bezeichnet.

Im Ruhrbezirk verlaufen die großen, steil einfallenden Verschiebungen stark spießwinklig und werden deshalb auch als „diagonale Seitenverschiebungen“ bezeichnet. Querschlägige Verschiebungen werden im wesentlichen nur als Begleiterscheinungen dieser Diagonalverschiebungen angesehen.

Die im westfälischen Steinkohlengebirge auftretenden spießwinkligen oder querschlägigen Verschiebungen haben bei geneigten Gebirgsschichten aus demselben Grunde, aus dem sich bei Sprüngen eine scheinbare söhlige Verschiebung als Folge des Seigerverwurfs ergibt, eine scheinbare Seigerverschiebung zur Folge. So könnte nach der Lage der getrennten Schichtteile in Abb. 21 auf S. 27 ebensogut eine söhlige Verschiebung von d nach c_1 wie ein Absinken von b nach a_2 angenommen werden. Es ist daher, falls nicht deutliche Rutschstreifen[1]) oder Schleppungserscheinungen, also Umbiegungen der Schichten in söhliger Richtung, vorliegen, nicht immer ohne weiteres zu entscheiden, ob man es mit einer Verschiebung zu tun hat. Eher kann man in Faltengebieten diese Störungen als solche erkennen. So z. B. ist bei der in Abb. 34 grundrißlich dargestellten Störung eine Verschiebung anzunehmen, weil die beiden Teile des gestörten Sattels die gleiche Breite haben, was bei einem Sprunge nicht möglich wäre, und überdies beide Flügel trotz entgegengesetzten Einfallens und annähernd querschlägigen Verlaufs des Verwerfers in demselben Sinne verschoben erscheinen, auch die Sattellinie nicht nach der der Neigung der Sattelachse entsprechenden, sondern nach der entgegengesetzten Seite verschoben worden ist.

Abb. 34. Grundriß der Verschiebung von Zeche „Schleswig“ bei Dortmund.

Die Entstehung der Verschiebungen ist darauf zurückzuführen, daß die verschiedenen Gebirgsteile einem söhligen Seitendruck ungleichen Widerstand entgegensetzten und deshalb in der Druckrichtung zerrissen und selbständig bewegt und so gegeneinander verschoben werden konnten.

Im übrigen zeigen die Verschiebungen annähernd dieselben Eigenschaften wie die Sprünge. Auch kann an Verschiebungsflächen später ein Absinken von Gebirgsschollen erfolgen, so daß die Verschiebung dann in einen Sprung übergeht. Im Ruhrbezirk ist allerdings das Bewegungsmaß und die streichende Erstreckung der Verschiebungen geringer als bei den Sprüngen. Eine große, allerdings nicht allseitig als solche anerkannte Verschiebung, die durch die Zechen Kurl und Massen bei Dortmund bekanntgeworden ist, hat man auf etwa 5 km Länge bei einer söhligen Verschiebung von 400—500 m auf-

---

[1]) Vgl. den auf S. 23 in Anm. [2]) angeführten Aufsatz von Stach.

geschlossen. Auf 20 km streichende Länge ist die Höntroper Verschiebung und auf 15 km die Langendreerer Diagonalverschiebung nachgewiesen worden.

c) Die betriebliche Bedeutung der Lageveränderungen im Bergbau.

44. — Gebirgsbewegungen und Wert der Grubenfelder. Die verschiedenartigen Gebirgsbewegungen haben die Mineralführung der Gruben-

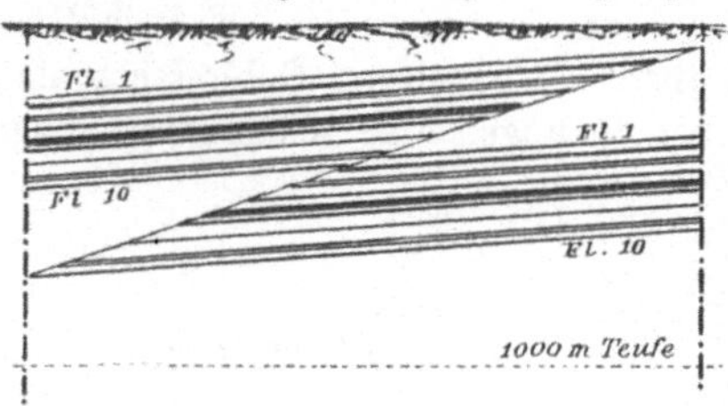

Abb. 35. Erhöhung des Mineralreichtums durch Doppellagerung.

felder und damit ihren Wert für den Bergmann in der mannigfaltigsten Weise beeinflußt. Besonders deutlich tritt dieses Verhältnis im Steinkohlenbergbau hervor. Der Zusammenschub der Schichten durch die Faltung bedeutet im allgemeinen in einem flözreichen Gebirgsmittel eine Erhöhung des Kohlenreichtums. Den Einfluß von Überschiebungen mit ihrer „Doppellagerung" zeigt Abb. 35. Das Grubenfeld hat hier infolge einer Überschiebung eine wertvolle Flözfolge in geringer Teufe zweimal zu erwarten. Umgekehrt wird eine Grube, in deren Feld ein flözleeres oder flözarmes Mittel doppelt auftritt, stark benachteiligt. Die Bedeutung von Sprüngen zeigt sich namentlich bei Horst- und Grabenverwerfungen. Ein Beispiel gibt Abb. 36, die auch die Beeinflussung der Deckgebirgsverhältnisse durch Verwerfungen erkennen läßt. Die auf dem Horste bauende Grube „Berggeist" hat in ihrem Felde nur noch ein flözarmes Gebirgsmittel und ist dadurch in

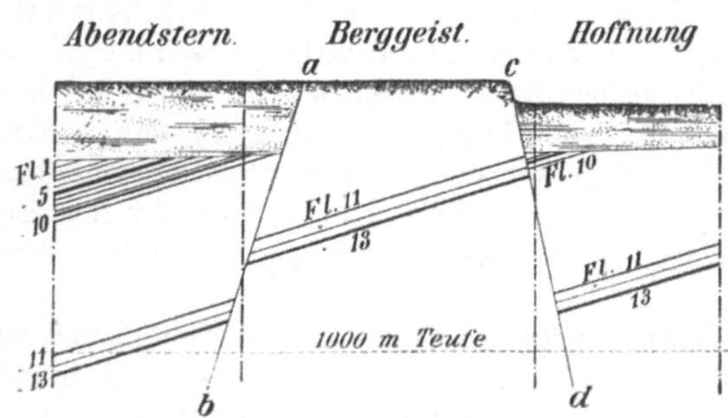

Abb. 36. Beeinflussung des Lagerstättenreichtums durch Verwerfungen und spätere Abtragung.

der Flözführung erheblich benachteiligt gegenüber der Nachbargrube „Abendstern", in deren Feld die flözreiche Gruppe durch Absinken an der Kluft entlang erhalten geblieben ist. Dafür ist allerdings hinsichtlich der Deckgebirgsverhältnisse die Grube „Berggeist" wieder im Vorteil, da außer der reichen Flözgruppe auch das Deckgebirge in ihrem Felde wieder abgetragen worden ist. Besonders ungünstig liegen die Verhältnisse im Felde der Grube „Hoffnung". Hier ist der Verwurf an der Kluft *c d* erst nach Zerstörung des größten Teiles der reichen Flözgruppe eingetreten und hat dem Meere Zutritt in dies Gebiet verschafft, so daß die hier fast ausschließlich noch in Betracht kommende und ohnehin erst in großer Tiefe zu erwartende kleine Flözgruppe *11—13* erst nach Durchteufung eines rund 150 m mächtigen Deckgebirges erreicht werden kann.

II. Lagerstättenlehre.

Allgemeiner Teil.

45. — Einteilung der Lagerstätten. Die Lagerstätten können nach verschiedenen Gesichtspunkten, z. B. nach ihrer Entstehungsweise, nach ihrer äußeren, die bergmännische Gewinnung bestimmenden Gestalt oder nach den nutzbaren Mineralien, die sie enthalten, unterschieden werden.

Bei dem derzeitigen Stand der Kenntnis der physikalisch-chemischen Bildungsbedingungen und der geochemischen Verteilungsgesetze der Elemente in der Erdkruste ist es zweckmäßig, die nutzbaren Lagerstätten nach genetischen, d. h. aus ihrer Entstehung abzuleitenden Gesichtspunkten einzuteilen[1]). Aus diesen ergeben sich jeweils bezeichnende, paragenetische Verhältnisse (Mineralvergesellschaftungen), die dem Bergmann Hinweise auf ihre Entstehung und auf die Form der Lagerstätte sowie auf die zu erwartenden Mineralien geben. Die lagerstättenbildenden Vorgänge sind unmittelbar auf die Erstarrungsvorgänge von Gesteinsschmelzflüssen (Magma) zurückzuführen, so daß heute allgemein die Einteilung der Lagerstätten nach diesen Vorgängen erfolgt.

Danach unterscheidet man als erste Hauptgruppe die Lagerstätten der magmatischen Folge.

Wirtschaftlich wichtige und bedeutende Vorkommen von Schwermetallanreicherungen sind auf die Umsetzungsvorgänge an der Erdoberfläche zurückzuführen, so daß als zweite Hauptgruppe die Lagerstätten der sedimentären Folge anzuschließen sind.

Als dritte Gruppe werden die metamorphen (Umwandlungs-) Lagerstätten unterschieden, wo also schon vorhanden gewesene Erzanreicherungen durch Druck und Wärme mit oder ohne Stoffzufuhr metamorphisiert (umgewandelt) worden sind. Im allgemeinen sind dieses keine Anreicherungsvorgänge, sondern Zerteilungsvorgänge, so daß sie für die Gewinnung und Aufbereitung größere Schwierigkeiten bieten.

1. Lagerstätten der magmatischen Folge.

Je nach den Erstarrungsbedingungen unterscheidet man

I. intrusiv-magmatische Lagerstätten, gebunden an Tiefengesteine, und

II. extrusiv-magmatische Lagerstätten, gebunden an Ergußgesteine.

Intrusiv-magmatische Lagerstätten. In den einzelnen Phasen der Erstarrung eines Tiefengesteinsmagmas werden bestimmte Elemente angereichert. Die Gesetzmäßigkeit dieser Anreicherungen ist bekannt (geochemischer Sonderungsprozeß).

Nach diesen Vorgängen teilt man die Lagerstätten ein in solche, die magmatische Frühausscheidungen darstellen und in solche, die der Restkristallisation angehören. Zwischen beiden liegt die Hauptkristallisation, in der die Mehrzahl der magmatischen Gesteine gebildet wird, die ihrerseits keine wirtschaftlich wichtigen Anreicherungen von nutzbaren Mineralien und Elementen aufweisen.

---

[1]) Ramdohr. P.: Klockmanns Lehrbuch der Mineralogie (Stuttgart. F. Enke), 1936.

Im wesentlichen sind es zwei Vorgänge, die zur Bildung **magmatischer Frühausscheidungen führen** und an basische sowie ultrabasische Gesteine (Gabbros und Peridotite) geknüpft sind:

a) Entmischung im schmelzflüssigen Zustand in zwei flüssige Phasen und Trennung nach dem spez. Gewicht (Sulfidschmelze — Silikatschmelze). Absinken in die Tiefe und Bildung von Linsen und Lagern. Wichtigstes Beispiel: Nickelmagnetkieslagerstätten von Sudbury.

b) Auskristallisation infolge Erreichung der Löslichkeitsgrenze und Trennung nach dem spez. Gewicht. Bildung von Linsen und Lagern und Nestern. Beispiele: Platin, Chromeisen, Titanomagnetite. Die Bildung der Diamanten erfolgt hierbei in großen Erdtiefen bei hohem Druck, sie sind durch spätere Explosionsvorgänge an die Erdoberfläche gebracht (Pipes = Durchbruchsschlote).

Ein Teil der Ausscheidungen kann durch tektonische Vorgänge in das Nebengestein oder in das schon erstarrte Muttergestein hineingepreßt werden: Magnetit-Apatit-Lagerstätten.

Während der Hauptkristallisation reichern sich die mit etwa 10 % in der Schmelze vorhandenen leichtflüssigen Bestandteile mehr und mehr an ($H_2O, H_2S, SO_2, CO_2, CO, F, Cl$ usw.). In der **Restkristallisation** werden unter ihrer Mitwirkung zunächst die grobkörnigen Mineralien der pegmatitischen Phase in Form von Gängen abgeschieden. Beispiele: Niobat-Tantalat-Pegmatite, Glimmerpegmatite, Fluor-Wolframit-Pegmatite, Kryolithpegmatite, Graphitpegmatite und andere Erzpegmatite. Die an leichtflüssigen Bestandteilen besonders reiche **pneumatolytische (gasförmige) Phase** kommt ebenso wie die pegmatitische Phase auf Spalten des Mutter- oder Nebengesteins zum Absatz. Geologische Formen der Lagerstätten sind hauptsächlich Gänge oder auch Nester, Stockwerke und Zwitterstöcke. Hierzu gehören pneumatolytische Zinnerzgänge, Wolframitgänge, Molybdänglanzgänge, Gold-Quarz-Turmalingänge, Turmalin-Kupfererzgänge, alle mit ihren typischen pneumatolytischen Begleitmineralien: Turmalin, Topas, Flußspat, Lithiumglimmer, Beryll.

In den Fällen, in denen das Nebengestein reaktionsfähig ist (z. B. Kalk oder Dolomit), kommt es zur Bildung von **kontaktpneumatolytischen** Lagerstätten. Es bilden sich in Form unregelmäßiger Linsen und Nester Lagerstätten von Magnetit und Eisenglanz, Molybdänglanz, Wismutglanz, Bleiglanz-Zinkblende, Kupferkies, Gold, Gold-Arsenkies, Graphit, Platin. Die für diese Vorkommen charakteristischen Begleitmineralien sind die Kalksilikate (Granat, Vesuvian, Epidot, Augit, Hornblende, Wollastonit, bläulicher Kalkspat usw.).

Bei weiterer Abkühlung nehmen die Restlösungen mehr und mehr den Charakter wässeriger Lösungen an, unterschreiten also die kritische Temperatur des Wassers: es entstehen **hydrothermale Lösungen.**

Auf Grund der Paragenesen und nach sinkender Bildungstemperatur, zumeist infolge größerer Entfernung vom Magmaherd, faßt man die hydrothermalen Lagerstätten zweckmäßig zu 5 Gruppen zusammen, und zwar in die:

Gold-, Kupfer-, Eisen-, Schwefel-, Arsen-Gruppe,
Blei-, Zink-, Silber-Gruppe,
Kobalt-, Nickel-, Silber-, Wismut-, Uran-Gruppe,

Zinn-, Zink-, Silber-, Wismut-Gruppe,
Schwefelfreie Schwer- und Leichtmetall-Gruppe.

In allen Gruppen treten je nach der Art des Nebengesteins als Lagerstättenträger folgende Formen auf:

1. Gänge (z. B. Erzgebirge, Rheinisches Schiefergebirge, Harz),
2. Verdrängungslagerstätten (metasomatische Lagerstätten, z. B. Aachen, Oberschlesien),
3. Imprägnationen oder Tränkung (z. B. Mechernich).

Die **extrusiv-magmatischen** Lagerstätten haben einen wesentlich anderen Charakter als die intrusiv-magmatischen. Die im wesentlichen hydrothermalen Gänge werden auf Spalten und Klüften des Muttergesteins und im Nebengestein gebildet, ersteres dabei häufig weitgehend verändert (Propylitisierung, Pyritisierung). Hierzu gehören Lagerstätten von Gold und Silber; Blei, Zink und Kupfer; Silber, Zinn und Wismut, sowie von Quecksilber und Antimon. Bei untermeerischen Ergüssen können Schwermetallausscheidungen durch das Wasser aufgefangen und durch chemische und biochemische Vorgänge abgesetzt werden (Roteisensteinlager der Lahn-Dill-Bezirke).

2. Die Lagerstätten der sedimentären Folge.

Alle Gesteine, die Eruptivgesteine und die Sedimente sowie die in ihnen enthaltenen Lagerstätten werden durch die physikalischen und chemischen Einwirkungen der Verwitterung umgewandelt und zerstört (vgl. S. 9). Diese Vorgänge können zur Bildung neuer Lagerstätten, den Lagerstätten der sedimentären Folge, führen.

Durch **Verwitterung an Ort und Stelle** bilden sich die Böden aus den Gesteinen, sowie die Oxydations- und Zementationszonen der Erzlagerstätten.

Durch **Fortbewegung des Verwitterungsrückstandes** entstehen Seifen und Trümmerlagerstätten von Mineralien, die gegen die chemischen (auflösenden) Einflüsse der Verwitterung widerstandsfähig sind (Diamant, Gold, Platin, Zinnstein, Magnetit, Edelsteine).

Vor allem bilden sich Lagerstätten durch **Ausscheidung aus den Verwitterungslösungen.** Eine solche Ausscheidung ist durch Verdunsten und Eindampfen der Lösung möglich (z. B. bei der Bildung der Kalisalzlager) oder durch Entziehen des Lösungsmittels infolge Entweichen von Kohlensäure oder aber durch chemische Wechselwirkung (z. B. Oxydationsvorgänge und Einwirkung von Schwefelsäure auf bariumhaltige Lösungen mit Ausfällung des unlöslichen Schwerspats) oder endlich durch biochemische Vorgänge unter Einwirkung von Schwefelbakterien.

Je nach der Entfernung vom Orte der Verwitterung unterscheidet man bei der Bildung dieser Lagerstätten Nahausscheidungen und Fernausscheidungen. Durch **Nahausscheidungen** haben sich Eisen-, Mangan- und Phosphorlager auf Kalken und Schiefern gebildet, ferner Bauxit-Lagerstätten auf Eruptivgesteinen und Sedimenten. Auch Schwermetallagerstätten in ariden Schuttwannen gehören hierher.

Auf **Fernausscheidungen** ist die Bildung von Salzlagerstätten aller Art zurückzuführen, die Entstehung von Rasen-, See- und Sumpfeisenerzen, von

Kohlen- und Toneisensteinen, der marinen Eisenerze (Wabana), der oolithischen Brauneisenerze (Doggererze, Minette), mariner Manganerzlagerstätten (Tschiaturi), sowie die Bildung von Alaunschiefern, von Schwefelkies (Meggen), von Kupfererz (Mansfeld) und von Blei- und Zinkerzen (Rammelsberg).

Zu den Lagerstätten der sedimentären Folge gehören schließlich die Lagerstätten von Kohle und Erdöl (Kaustobiolithe).

3. Metamorphe (Umwandlungs-) Lagerstätten.

Nach den Vorgängen unter 1 und 2 gebildete Lagerstätten werden im Bereich der Metamorphose (Umwandlung) durch Anpassung an neue Druck- und Temperaturzustände umgewandelt. Die hierbei eintretenden Veränderungen bringen meist keine Anreicherung einzelner Bestandteile, sondern ihre Zerteilung und innige Durchmischung. Sie werden für die bergmännische Gewinnung und vor allem für die Aufbereitung durch ihre Verwachsung schwieriger (Beispiel: Rammelsberg, Franklin-Furnace, N. J.). Nur bei im wesentlichen aus einem Mineral zusammengesetzten Lagerstätten kann durch die Metamorphose eine oft beträchtliche Metallanreicherung infolge Mineralumbildung erfolgen (Eisenspat in Magnetit, Brauneisen in Roteisen bzw. Eisenglanz. Zum Beispiel: Itabirite von Minas Geraes, Krivoj-Rog).

Die Bedeutung der metamorphosierten Lagerstätten ist im allgemeinen gering.

Bezüglich der Mineralführung der Lagerstätten sei noch zusammenfassend bemerkt, daß der Bergmann unterscheidet:

1. Lagerstätten mineralischer Brennstoffe (Stein- und Braunkohle, Erdöl),
2. Lagerstätten von Erzen, d. h. Verbindungen der Metalle, aus denen sich diese erschmelzen lassen,
3. Lagerstätten wasserlöslicher Salze (Steinsalz und Kalisalze verschiedenster Zusammensetzung) und
4. Lagerstätten von Mineralien, die verschiedenartigen Verwendungszwecken dienen, wie Asphalt, Glimmer, Asbest und Halbedelsteine (Topas, Rubin, Smaragd, Beryll, Granat, Türkis usw.), Meerschaum, Bernstein.

A. Besprechung der Lagerstätten nach ihrer äußeren Begrenzung.

Das Ziel der Lagerstättenuntersuchung und -beurteilung ist die Erlangung der Kenntnis des Bildungsvorganges. Aus ihm läßt sich nach den geochemischen Verteilungsgesetzen auf die Elemente schließen, die auf der Lagerstätte zu erwarten sind. Neben dem Studium der Paragenese und der zeitlichen Aufeinanderfolge der Bildung der Mineralien gibt aber auch die Form der Lagerstätte wesentliche Anhaltspunkte. Da die Form der Lagerstätte als geologischer Körper den Bergmann für die anzuwendenden Abbauverfahren von Bedeutung ist, sei diese im folgenden mit Hinweisen auf die Bildungsvorgänge noch besonders besprochen.

46. — Flöze. Unter einem Flöz verstehen wir eine konkordant im geschichteten Gebirge eingeschaltete Lagerstätte, die eine im Verhältnis zur Länge und Breite geringe Dicke, d. h. eine im Verhältnis zur Flächenausdehnung sehr geringe Mächtigkeit besitzt und sich durch nahezu gleichlaufende Begrenzungsflächen auszeichnet. Als Beispiel für die Größe der Flächenerstreckung im Verhältnis zur Flözstärke sei das Flöz **Mausegatt** des Ruhrkohlenbezirks genannt, das sich bei einer Mächtigkeit von 1 bis 2 m über eine Fläche von mindestens 2000 qkm (die Falten eingeebnet gedacht) erstreckt, so daß es verglichen werden kann mit einem Blatte feinsten Seidenpapiers ($^1/_{40}$ mm stark), das sich über eine Fläche von etwa 5 m Breite und 7 m Länge ausbreitet. Was die Gleichförmigkeit betrifft, so ist diese allerdings im strengsten Sinne nur ganz ausnahmsweise vorhanden; jedoch verschwinden die örtlichen Schwankungen in der Mächtigkeit vollkommen gegenüber der großen Flächenerstreckung.

Die Bezeichnung Flöz wird im allgemeinen angewandt für Lagerstätten sedimentärer Bildung. Abweichungen in genetischem Sinne finden sich vereinzelt, so bei der Bezeichnung der „Wolframitflöze" von Zinnwald im Erzgebirge, die pneumatolytisch gebildet sind.

Das Einfallen der Flöze kann ganz verschieden sein, da die ursprüngliche, söhlige oder doch nur schwach geneigte Lage in vielen Gegenden im Laufe der Zeit durch die gebirgsbildenden Kräfte in der mannigfachsten Weise geändert worden ist.

Beispiele von Flözlagerstätten bieten die Stein- und Braunkohlenflöze aller Himmelstriche, das seit Jahrhunderten bekannte und gebaute Mansfelder Kupferschieferflöz, die goldführenden Konglomeratflöze Transvaals u. a.

47. — **Lager.** Als **Lager** bezeichnet man Vorkommen von flächenhafter Erstreckung, der gegenüber die Mächtigkeit zwar stark zurücktritt, bei gewissen Bildungsvorgängen jedoch erhebliche Ausmaße annehmen kann. So haben die Roteisenerzlager des Lahn-Dill-Bezirks im Durchschnitt eine Mächtigkeit von 3—5 m, die deutschen Stein- und Kalisalzlager bis zu 500 m.

Kennzeichnend für manche Lager ist, daß sie durch Übergänge in taubes Gestein auskeilen und in gewisser Entfernung wieder einsetzen können (Minettelager). Auch ihre Begrenzung im Liegenden und Hangenden ist häufig unregelmäßig.

Lager können gebildet werden durch

1. Kristallisationsausscheidungen, die tektonisch in Unstetigkeitsflächen gepreßt sind: Magnetitlager von Kirunavara (4750 m Länge, 100 m Mächtigkeit, 2000 m Teufe).

2. Kontaktpneumatolytische Vorgänge. Gedrungene Lager mit Übergängen zu Linsen und Nestern. Blei-Zinkerz-Lager vom Banat, Broken Hill in Australien, Eisenglanzlager von Elba (Abb. 39) sind Beispiele hierfür.

3. Metasomatische oder Verdrängungsvorgänge, bei denen die Form des Lagers stark abhängig ist von dem Umlaufsweg der Lösungen. Die metasomatischen Blei-Zinkerz-Lager Oberschlesiens haben flächenhafte Erstreckung, die von Aachen und Altenberg daneben noch Linsen- und Nesterform.

4. Sedimentationsvorgänge. Die flächenhafte Ausbreitung herrscht vor und erinnert an Flöze. Auskeilen und Wiedereinsetzen ist häufig. Je nach der Beschaffenheit des Bildungsraumes können jedoch auch große Mächtigkeiten erreicht werden. Beispiele: Schwefelkieslager von Meggen, Blei-, Zink-, Kupfererzlager des Rammelsberges. Doggererze Badens und Württembergs (Abb. 37). des Minettegebietes und der Porta Westfalica.

Durch tektonische Einwirkungen sind die Lager häufig aufgerichtet (Abb. 38), in manchen Fällen sogar überkippt, durch Überschiebungen sind die liegenden

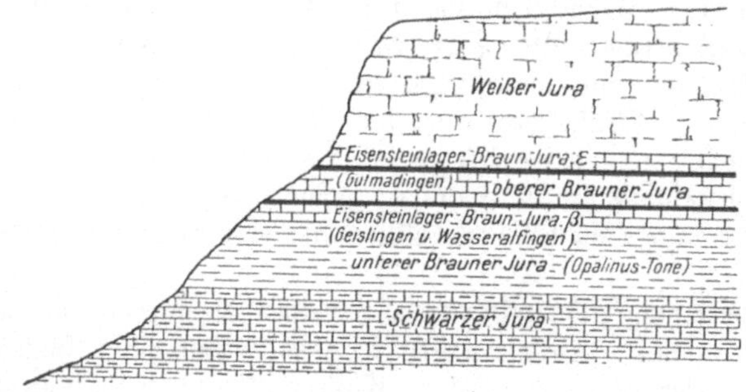

Abb. 37. Schnitt durch die Doggereisenerzlager Süddeutschlands.

Sattelschenkel ausgequetscht, und das gesamte Vorkommen ist auf diese Weise stark zusammengeschoben, so daß auf die Raumeinheit gesehen durch diese tektonischen Veränderungen eine Anreicherung erfolgt.

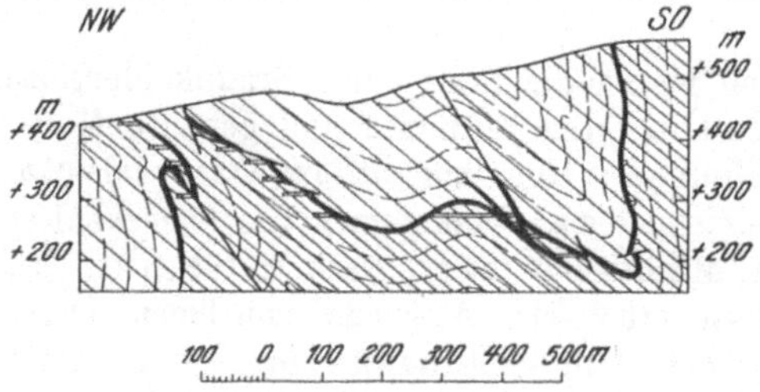

Abb. 38. Schnitt durch das Schwefelkies-Schwerspat-Lager von Meggen.

48. — Linsen, Nester, Butzen. Unter Linsen versteht man Erzanreicherungen, die der Bedeutung des Wortes entsprechend eine im Verhältnis zur Mächtigkeit nicht größere Erstreckung im Streichen bzw. Einfallen haben (Abb. 39). Ihre Ausmaße schwanken sehr, von wenigen Metern bis zu 100 m und mehr. Sie liegen häufig in größerer Zahl in linearen Richtungen hintereinander, bedingt durch vorgezeichnete Linien verschiedener

Abb. 39. Eisenerz-Lager und -Nester auf Elba (epigenetisch). Nach Fabri.
e Erz, dk dolomitischer Kalkstein, gl Glimmerschiefer, kes Kalk-Eisen-Silikatgestein.

geologischer Art, oder in bestimmten Gesteinshorizonten, bedingt durch die petrographische Zusammensetzung des Gesteins. Ihre liegende und hangende Begrenzung ist meist ebenflächig. Die Linsen treten häufig bei magmatischen Frühausscheidungen auf (Chromitlinsen in Serpentin), bei kontaktpneumatolytischen Lagerstätten und metasomatischen Verdrängungen. Übergänge sind einerseits zu Lagern genau so vorhanden wie anderseits zu Nestern und Butzen.

Die Nester haben kleinere Ausmaße, unregelmäßige Begrenzung, und die Erzverteilung ist innerhalb des Nestbereiches nicht zusammengedrängt, sondern durch Einschlüsse von Nebengestein aufgelockert. Unter Butzen versteht man bis dezimetergroße, als Einsprengungen auftretende Erze.

49. — Gänge. Die Gänge sind Lagerstätten, entstanden durch Ausfüllung von Klüften, die durch die tektonischen Vorgänge aufgerissen wurden. Der Ganginhalt ist also stets jünger als das Nebengestein. Bildlich gesprochen sind die Gänge mehr oder weniger ausgeheilte und vernarbte Wunden der Erdrinde.

Die wirtschaftlich wichtigste Gruppe der hydrothermal gebildeten Erzgänge zeigt entsprechend ihrer Bildung folgende Eigentümlichkeiten:

Verschiedentlich hat man, entsprechend dem Harzer Bergmannspruch „es wachse das Erz!", den Vorgang der Erzabscheidung in Gangspalten noch jetzt verfolgen können.

Ihr Verlauf und ihre Begrenzung ist vollkommen unregelmäßig, indem das Gestein je nach seiner größeren oder geringeren Widerstandsfähigkeit, Härte, Sprödigkeit usw. mehr oder weniger weit entweder glatt oder durch ein Netz von Spalten aufgerissen worden ist. Daher kann der Hauptriß, ähnlich wie die Setzrisse in Häusern, mehr oder weniger abgelenkt, zerteilt oder von Nebenrissen begleitet werden, so daß bald eine einzige breite oder schmale Kluft, bald an deren Stelle ein Netz von schmalen Spalten auftritt, bald Seitenklüfte (Trümmer) von der Hauptspalte ausgehen, die ihrerseits als „Bogentrümmer" sich weiterhin wieder mit der Kluft vereinigen („scharen") oder als „Diagonaltrümmer" die Verbindung mit einem Nachbargang herstellen können usw. Nach diesem verschiedenen Verhalten unterscheidet man „einfache Gänge", d. h. Ausfüllungen einfacher, glatter Gebirgsspalten, und „zusammengesetzte Gänge" (Abb. 40, sowie die Abbildungen 367 u. 368), bestehend aus einem vollständigen Netz von erzführenden Klüften, die mehr oder weniger große und mehr oder weniger zertrümmerte Teile des Nebengesteins zwischen sich einschließen. Die ersteren finden ihr Gegenstück in den einfachen Störungsklüften, die letzteren in den breiten „Störungszonen" des Flözbergbaues. Während die einfachen Gänge deutliche Begrenzungsflächen („Salbänder") aufweisen, findet man solche bei zusammengesetzten Gängen nur an einer Seite oder gar nicht, da die Ganggrenze durch Verwachsung der Erze mit dem Nebengestein in mehr oder weniger breiter Zone mit dem Nebengestein verschwimmt. Die Salbänder sind häufig durch „Lettenbestege" gekennzeichnet.

Das Einfallen der Gänge ist in der Regel steil, entsprechend dem steilen Einfallen der durch Zerrung entstandenen Gebirgsspalten (vgl. Ziff. 36).

Wie die gewöhnlichen Gebirgsklüfte können auch die Gänge ein ganz verschiedenartiges Streichen haben; jedoch ist das Streichen der Gänge einer

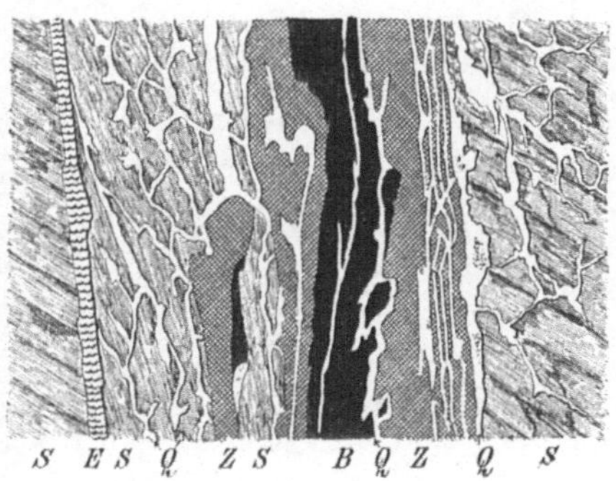

Abb. 40. Firstenstoß in einem zusammengesetzten Erzgang. S Nebengestein, E Lettenbesteg, Q Quarz, B Bleiglanz, Z Zinkblende.

und derselben Gegend vielfach gleichmäßig, wie z. B. die Darstellung der Gangzüge des Oberharzes in Abb. 41 deutlich erkennen läßt. Gänge, die genau oder fast genau im Streichen und Einfallen der Schichten liegen, werden als Lagergänge bezeichnet (Holzappel a. d. Lahn).

Der Absatz des Ganginhaltes — Erze und Gangarten — erfolgt aus wässerigen Lösungen im Druck-Temperatur-Bereich unterhalb der kritischen Punkte. Die Lösungen kommen aus der Tiefe als letzte Ausscheidungsprodukte der Eruptivgesteine oder in viel selteneren Fällen und von geringerer wirtschaftlicher Bedeutung als Oberflächenwässer von oben.

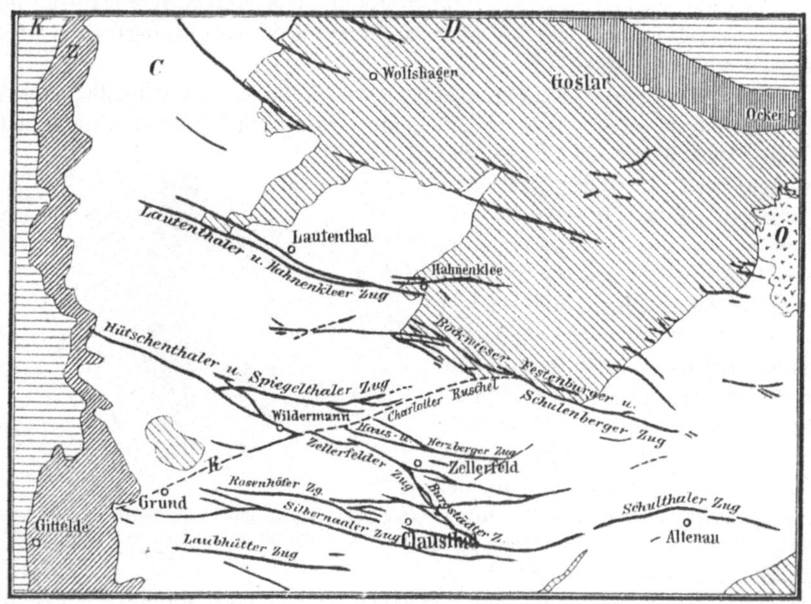

Abb. 41. Gangkärtchen des Oberharzes. Nach Gebhardt. *C* Kulm, *D* Devon, *Z* Zechstein, *R* faule Ruscheln.

Gänge finden wir überall, wo die gebirgsbildenden Kräfte sich haben entfalten können. Als deutsche Gangbergbaugebiete seien genannt: Der **Harz** (**Clausthal, Grund, St. Andreasberg**), das **Sächsische Erzgebirge** (**Freiberg, Annaberg**), das **Rheinische Schiefergebirge** (**Siegerland, Westerwald, Lahn, Mosel, Eifel, Bensberg**).

50. — **Die pneumatolytischen Gänge** (Zinnerzgänge, Turmalin-Gold-Quarz-Gänge) sind bei hohen Temperaturen und Drucken im unmittelbaren Anschluß an die Magmenerstarrung unter Beteiligung leichtflüchtiger Verbindungen (fluide Phase) gebildet und oft wirtschaftlich wertvoll.

Die aus dem Schmelzfluß entstandenen **Gesteinsgänge, Pegmatite,** führen im allgemeinen keine Schwermetallanreicherungen von Bedeutung.

51. — **Stockwerke.** Stockwerke sind massige Gesteinsstöcke (Abb. 42), die netzartig von zahllosen Erzgängen durchschwärmt sind, von denen aus auch die zwischenliegenden Gebirgsmittel auf feinsten Klüften mit Erzen durchsetzt sind, so daß die ganze Masse abbauwürdig wird und eine Lagerstätte entsteht, die gegen das Nebengestein nicht scharf abgegrenzt ist.

Bekannte Stockwerke sind die Zinnerzlagerstätten im Sächsischen Erzgebirge.

52. — Seifen. Unter Seifen versteht man die Anreicherung von Mineralien durch mechanische Weiterbeförderung in bewegtem Wasser und Ablagerung auf dem Boden von Fluß-, See- und Meeresbecken. Durch den Zerstörungsvorgang (Verwitterung) der primären Lagerstätte und ihrer Nebengesteine geht ein Teil des Gesteins in Lösung, ein anderer Teil wird als unlöslicher oder schwerlöslicher Rückstand durch das Wasser fortbewegt. Während der Weiterbeförderung erfolgt eine Sortierung der Masse nach dem spez. Gewicht und der Korngröße. Je weiter die Fortbewegung, um so größer ist die Erzanreicherung und um so kleiner die Korngröße, je kürzer der Weg, um so schlechter ist die Trennung der verschiedenen Mineralien voneinander.

Seifen können daher nur gebildet werden von Mineralien, die den Verwitterungslösungen widerstehen und durch fehlende oder schlechte Spaltbarkeit mechanisch widerstandsfähig

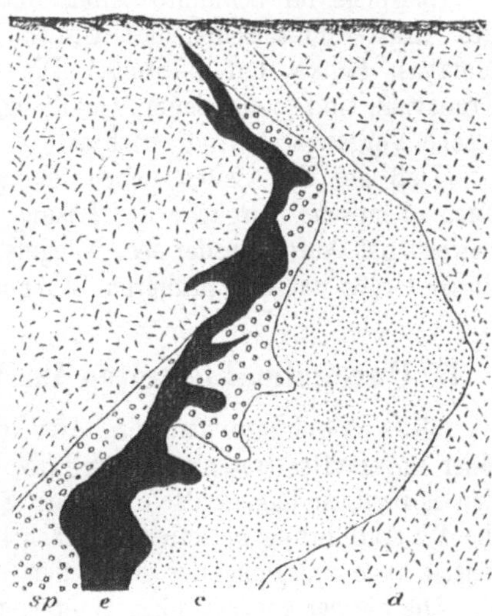

Abb. 42. Kupfererzstock von Monte Catini in Toskana (syngenetisch). Nach G. vom Rath. *e* Erz, *sp* Serpentin, *c* Konglomerat, *d* Diabas.

sind (Gold, Platin, Zinnstein, Diamant, Turmalin, Zirkon, Spinelle, Korund). Bei kürzeren Fortbewegungen bilden auch sonst leichter angreifbare Mineralien Seifen: Magnetitsande. Schlecht aufbereitete Seifen bilden die Trümmerlager-

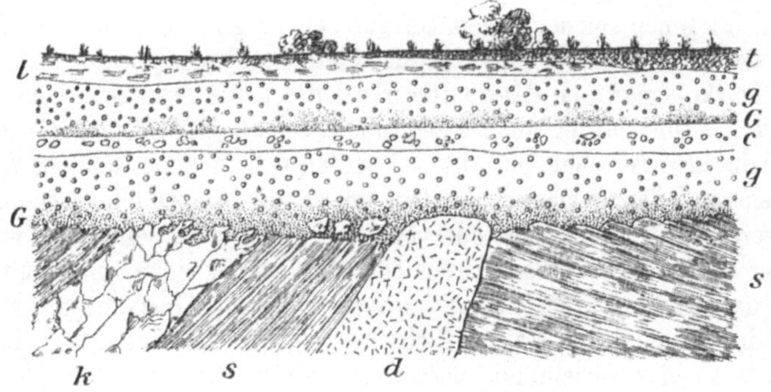

Abb. 43. Idealer Längsschnitt durch eine Goldseife. Nach Beck. *G* Gold, *s* Schiefer, *k* Kalkstein, *d* Eruptivgestein, *g* Kies, *c* Geröll, *l* Lehm, *t* Torf.

stätten, bei denen es durch einen kurzen Beförderungsweg noch nicht zur Sortierung und Klassierung des Materials gekommen ist, z. B. die Eisenerztrümmerlagerstätten von Peine-Ilsede.

Die Form der Seifen ist stets flächenartig bei wechselnder Mächtigkeit. In der Regel wiederholen sich mehrere Seifen senkrecht übereinander (Abb. 43).

bedingt durch wiederholte Ablagerung des Erzes. Der Träger der Seifen ist fast ausnahmslos Quarz. Seifen haben sich in allen geologischen Zeiten gebildet. Bis etwa zum Tertiär liegen sie heute noch unverfestigt vor.

Als fossile Seifen bezeichnet man die meist paläozoisch verfestigten Seifen.

Beispiele für bekannte Seifen sind Goldseifen Kaliforniens, Alaskas und des Urals; Platinseifen des Urals; Zinnerzseifen des Erzgebirges, Siams, Malayas, Banka und Billitons. Die Goldseifen des Witwatersrandgebietes, Transvaal, sind fossile Seifen, Goldkonglomerate, äußerst fest und durch tektonische Vorgänge steil aufgerichtet.

Daß auf den Seifen neben den geschilderten mechanischen Vorgängen auch chemische Vorgänge der Lösung und Wiederausfüllung vor sich gehen, beweist das Auftreten der sog. Nuggets, z. B. Gold- und Platinklumpen, die in dieser Größe auf den primären Lagerstätten bisher nicht beobachtet wurden.

B. Unregelmäßigkeiten im Verhalten der Lagerstätten.

53. — Vorbemerkungen. Abweichungen von dem allgemeinen Verhalten einer Lagerstätte treten in erster Linie bei den an sich regelmäßigen, d. h. bei den flözartigen Lagerstätten, hervor. Sie können die äußere Gestalt wie auch die Mineralführung betreffen; vielfach hängen beide Arten von Unregelmäßigkeiten auch untereinander zusammen.

Die hierher gehörigen Erscheinungen können 1. schon während der Bildung der Lagerstätte eingetreten sein oder 2. die fertige Lagerstätte betroffen haben[1]).

54. — Gleichzeitige Bildung: Erscheinungen in Kohlenflözen. Die verbreitetsten Unterbrechungen des Flözkörpers sind die Bergemittel, die in der Regel durch Überflutungen des früheren Waldmoores (vgl. Ziff. 61) entstanden sind, je nach der Dauer dieser Überflutung die verschiedensten Mächtigkeiten aufweisen und je nach der Strömungsgeschwindigkeit des Wassers zur Zeit ihrer Bildung tonig, sandig oder konglomeratisch ausgebildet sein können. Gelegentlich können solche Bergemittel für den Bergbau Bedeutung gewinnen, wie z. B. der als Bergemittel in Flözen der Flammkohlengruppe des Ruhrbezirks und der Fettkohlengruppe des Saarbezirks auftretende feuerfeste Tonstein.

Hatte die Überflutung nicht eine größere, seeartige Ausdehnung[2]), sondern wurde sie durch Wasserläufe bewirkt, so konnten sich an deren Rändern Wechsellagerungen von Pflanzenmassen und Ton- oder Sandabsätzen bilden, je nachdem die Wasserführung des Baches oder Flusses stärker oder schwächer war und diese über ihre Ränder hinausgriffen oder sich zurückzogen. So kann die in Abb. 44 dargestellte „Verzahnung" zwischen beiden Ablagerungen gedeutet werden, die in mehreren Fällen fischschwanzartige Querschnitte liefert. Es ergibt sich so das Scheinbild eines Gesteinskörpers, der in das Flöz eingedrungen ist und dessen Lagen auseinander getrieben hat, während in Wirklichkeit lediglich eine stärkere Schrumpfung des Flözkörpers gegenüber der Gesteinsbildung vorliegt, die auf die Inkohlungsvorgänge (s. Ziff. 59) zurückzuführen ist.

---

[1]) Näheres s. Glückauf 1930, S. 1157; B r u n e: Einlagerungen fremder Gesteine in Steinkohlenflözen unter besonderer Berücksichtigung der Ausfüllung von Erosionshohlräumen; — ferner Glückauf 1936, S. 1021; P. K u k u k: Flözunregelmäßigkeiten nichttektonischer Art im Ruhrbezirk.

[2]) Vgl. Glückauf 1936, S. 797; E. S t a c h: Seen im Steinkohlenmoor.

Wichtig ist ferner die Erscheinung des Scharens von Flözbänken. Sie läßt sich dadurch erklären, daß während der Moorbildung der Untergrund teilweise sank und infolgedessen zur Bildung von Flußläufen oder Seen mit entsprechenden Schlammabsätzen Anlaß gab, auf denen nach Ausfüllung der Vertiefungen wieder Bäume und Pflanzen wachsen konnten.

In gleichem Sinne konnten kleinere oder größere Aufschüttungen im Unterlaufe von Strömen wirken, die sowohl in der Flußrichtung als auch quer zu ihr verschiedene Mächtigkeiten erreichten, so daß, als sie später wieder vom Sumpfwalde erobert wurden, auf größere Erstreckungen hin Gebirgsmittel von ab- oder zunehmender Mächtigkeit zwischen den einzelnen Flözen gebildet wurden. Diese Erscheinung tritt in großem Maßstabe, nämlich bei ganzen Schichtenfolgen und auf

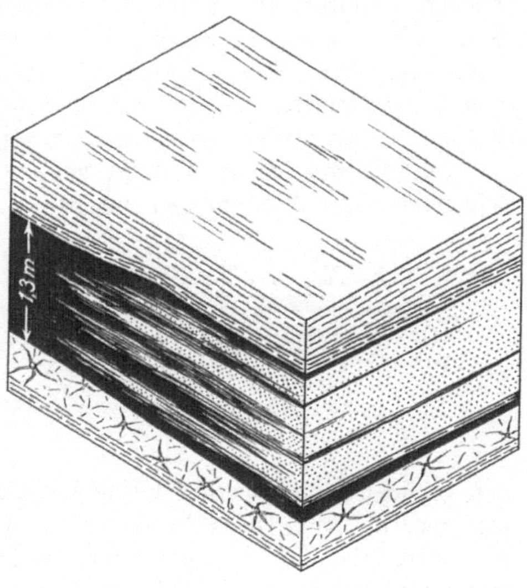

Abb. 44. Verzahnung zwischen zwei Ablagerungen.

große Erstreckungen hin, in der Mager- und Fettkohlengruppe des Ruhrbezirks, in der Saarbrücker Fett- und Flammkohlengruppe und im oberschlesischen Steinkohlenbecken auf (vgl. die in Ziff. 65 gegebene Einzeldarstellung dieser Ablagerungen).

Ferner seien noch Aufwölbungen des Liegenden (Abb. 45) erwähnt, die wahrscheinlich Stauchungen des tonigen Untergrundes

Abb. 45. Aufwölbungen des Liegenden.

des Moores durch Rutschungen zur Ursache haben. Auf ähnliche Erscheinung deuten Tonkeile (vom Saarbergmann „Mauern" genannt) hin, wie sie in der Saarkohlenablagerung verschiedentlich beobachtet worden sind.

Schließlich sei noch der Einlagerungen von Geröllen und anderen Mineraleinschlüssen gedacht. Unter diesen verdienen die von Kukuk als „Torfdolomite" bezeichneten Dolomitknollen besondere Erwähnung, die als Erzeugnisse der chemischen Wechselwirkung zwischen Meerwasser und Humusboden sich nur in den vom Meere überflutet gewesenen Flözteilen finden und wegen der Treue, mit der sie die Pflanzenteile in ihrer Frische erhalten haben, für die Karbonpflanzenforschung von großer Bedeutung geworden sind[1].

---

[1] Näheres s. Glückauf 1909, S. 1137; P. Kukuk: Über Torfdolomite in den Flözen der niederrheinisch-westfälischen Steinkohlenablagerung; — ferner Bergbau 1928, S. 153; — ferner W. Gothan: Kohle. I. Teil des III. Bandes des von Beyschlag-Krusch-Vogt herausgegebenen Sammelwerkes: Die Lagerstätten der nutzbaren Mineralien und Gesteine (Stuttgart, F. Enke), 1927, S. 132.

55. — Nachträgliche Veränderungen der Kohlenflöze. Zu diesen Unregelmäßigkeiten gehören zunächst die durch die Wirkung von gebirgsbildenden Kräften herbeigeführten Verdrückungen und Stauchungen des Flözkörpers, die sich in dessen örtlichem Auskeilen (Abb. 46) oder Anschwellen (Abb. 47) äußern. Eine Lagerung, die einen im ganzen regelmäßigen Wechsel von Verdrückungen und Anschwellungen zeigt, wird in Nordfrankreich und Belgien, wo sie vielfach beobachtet ist, als „Rosenkranzlagerung" bezeichnet.

Auf die zerstörende Wirkung von schnellfließenden Wasserläufen auf be-

Abb. 46. Verdrückung.

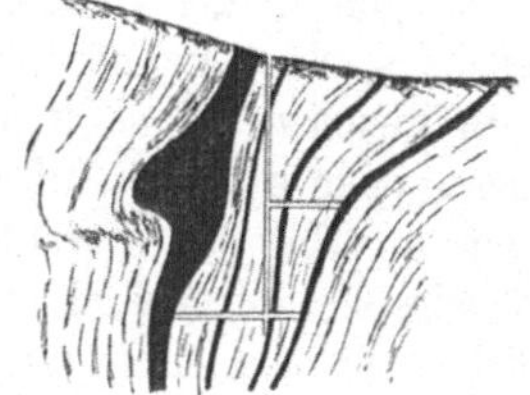

Abb. 47. Die „grande masse" von Ricamarie bei St. Etienne. Nach Burat.

reits gebildete Flözablagerungen sind Auswaschungserscheinungen zurückzuführen, die mit Tiefen bis zu 20 m und mehr nachgewiesen sind[1]). Die zerstörten Flöz- und Gebirgsschichten sind dabei durch Neubildungen ersetzt, die in der Regel auf der Sohle konglomeratisch ausgebildet sind und nach oben hin feinkörniger werden.

Ferner ist hier der örtlichen Verkokung von Kohlenflözen infolge von Durchbrüchen feuerflüssiger Massen aus dem Erdinnern zu gedenken. Ein bemerkenswertes Beispiel bietet ein von einer Basaltdecke überlagertes Braunkohlenflöz des Hohen Meißner bei Kassel, das bis auf 2—5 m Abstand vom Basalt in eine mehr oder weniger koksähnliche Masse umgewandelt ist. Im Saarbezirk sind derartige Erscheinungen an den Berührungsstellen zwischen Steinkohle und Melaphyr, im Mährisch-Ostrauer Steinkohlenbezirk an den Durchbruchsstellen des Basalts in den Steinkohlenflözen beobachtet worden.

56. — Wechsel in der Mineralführung der Flöze und Lager. Ebenso wie die Mächtigkeit kann auch die Mineralführung der Flöze und Lager unregelmäßig sein. Kohlenflöze können stellenweise „versteinen", indem außer den unter Ziff. 54 aufgeführten Erscheinungen auch eine vollständige Umkrustung der Pflanzenstoffe durch die Dolomitbildung aus dem Meerwasser erfolgt sein kann, auch ein Flöz auf mehr oder weniger große Erstreckung hin in Kohleneisenstein übergeht, welche Erscheinung an die in Torfmooren häufig zu beobachtende Bildung von Raseneisenstein erinnert. Hier ist auch der „Vertaubung" flözartiger Erzlagerstätten zu gedenken. Diese Erscheinung liegt in großem Maßstabe beim Mansfelder Kupferschieferflöz vor, das man im Westen und Nordwesten des Ruhrkohlenbezirks erzleer oder doch nur mit geringen Spuren von Kupfer wiedergefunden hat.

57. — Unregelmäßigkeiten in Erzgängen. Bei Erzgängen sind hier besonders die Gangablenkungen zu erwähnen, die (Abb. 48) dadurch entstanden sind, daß im Zuge der aufreißenden Gangspalte G eine ältere Gangspalte oder eine Schichtfuge K übersprungen werden mußte und infolge des

---

[1]) Vgl. Glückauf 1928, S. 780; Honermann: Petrographische und stratigraphische Beobachtungen aus dem Gasflammkohlenprofil der Zeche Baldur.

hier sich bietenden geringeren Widerstandes der neue Riß auf eine mehr oder weniger große Erstreckung A der alten Kluft K folgte, ehe er in der bisherigen Richtung weiterging.

Auf die übrigen Unregelmäßigkeiten im Verhalten der Gänge wurde im allgemeinen bereits in Ziff. 50 hingewiesen; im einzelnen ist noch folgendes hervorzuheben. Die Mächtigkeit eines und desselben Ganges ist je nach dem Nebengestein verschieden. In festem Gebirge, wie z. B. Quarzit, reißen einfache Spalten auf, die lange offen bleiben und sich mit reichen Mineralabsätzen füllen können; in mildem Nebengestein, z. B. Schiefer, „zerschlägt" sich der Gang, d. h. er bildet ein Netz von Gangspalten, die sich bald wieder zudrücken und keinen Raum für reichhaltige Absätze bieten. Auch die Mineralführung und

Abb. 48. Gangablenkung.

deren Erzgehalt stehen oft in deutlicher Abhängigkeit vom Nebengestein, indem dieses z. B. bei poröser Beschaffenheit den erzführenden Lösungen Seitenwege aus der Gangspalte heraus oder zu ihr hin eröffnete oder in chemische Wechselwirkung mit den Erzlösungen trat. Die erzreichen Mittel eines Ganges bilden daher vielfach säulen- oder linsenförmige Körper, sog. „Erzfälle", in der Gangmasse, die bestimmten Nebengesteinsschichten in ihrer Fallrichtung folgen. Besonders reich sind in der Regel die Kreuzungsstellen zweier Gänge.

Besonderer Teil.

Die Steinkohle und ihre Lagerstätten[1]).

a) Entstehung der Steinkohle und der Steinkohlenflöze.

58. — **Ausgangsstoffe für die Bildung der Steinkohle.** Die Steinkohle ist in der weitaus größten Menge aus Pflanzenteilen gebildet worden. Diese Ansicht gründet sich nicht nur auf die zahllosen Stamm- und Blattabdrücke, die im Nebengestein sowohl wie in der Kohle selbst überall gefunden werden, sondern auch auf die mikroskopische Durchforschung der Kohle und auf die Beziehungen der Steinkohlen- zu den Braunkohlenlagerstätten sowie auf die vor unseren Augen fortgesetzt sich bildenden Torfablagerungen.

Außer aus Pflanzenresten kann in untergeordnetem Maße Steinkohle nach den Untersuchungen von H. Potonié[2]), der sich um die Vertiefung unserer Kenntnisse auf diesem Gebiete sehr verdient gemacht hat, auch aus tierischen Stoffen gebildet worden sein. Auf dem Boden stehender Gewässer bilden sich nämlich allmählich Schlammanhäufungen („Faulschlamm"),

---

[1]) Näheres s. Kukuk: Unsere Kohlen (Leipzig, Teubner), 2. Aufl., 1920; — ferner bei Gothan in dem auf S. 47 in Anm. [1]) angeführten Buche; — ferner Jurasky: Kohle, Naturgeschichte eines Rohstoffes. Berlin 1940.

[2]) H. Potonié: Die Entstehung der Steinkohle usw. (Berlin, Borntraeger), 5. Aufl., 1910, S. 19, S. 51.

die größtenteils aus faulenden Überresten von wasserbewohnenden Lebewesen und im übrigen aus hineingewehten Pflanzenteilen aus der Nachbarschaft sowie aus hineingeschlämmtem Ton und Sand bestehen.

59. — Allmähliche Umbildung der Ausgangsstoffe zur Kohle. Die Zersetzung abgestorbener Pflanzenteile kann durch Verwesung, Vermoderung oder Vertorfung erfolgen. Durch den Verwesungsvorgang, in dem Wasser und Luftsauerstoff vereint zur Geltung kommen, tritt eine fast vollständige Umwandlung der Pflanzenstoffe in Gase und Wasser ein, so daß keine nennenswerten Reste erhalten bleiben können. Dagegen hat der Luftsauerstoff bei der Vermoderung nur noch in geringem Maße Zutritt und wird mit zunehmender Vertorfung mehr und mehr abgeschnitten, indem die abgestorbenen Pflanzenteile teils durch Wasser, teils durch frisch nachwachsende Pflanzen bedeckt und so der Einwirkung des Sauerstoffs entzogen werden. Wegen dieser Beschränkung der Umbildung auf Zersetzungsvorgänge im Innern der Pflanzenmasse faßt man Vermoderung und Vertorfung unter der Bezeichnung „Inkohlung" zusammen. Vorbedingung für das Zustandekommen der Inkohlung ist sumpfiges Gelände. Daher tritt sie in unseren deutschen Waldungen meist nur in geringem Maße ein. Hier fallen die oberen Laubschichten großenteils der vollständigen Verwesung anheim; nur in den tieferen Lagen findet teilweise eine Inkohlung statt, die zur Bildung der schwarzen, kohlenstoffreichen sog. „Humuserde" führt, deren Bestandteile aber durch Regengüsse großenteils wieder weggeführt werden. Dagegen haben wir in unseren Torfmooren, deren sumpfiger Untergrund ausreichende Gelegenheit zur Zersetzung unter Luftabschluß bietet, noch heute die ersten Anfänge der Kohlebildung deutlich vor Augen, wenngleich die Pflanzen dieser Moore nicht denjenigen unserer Kohlenflöze (vgl. Ziff. 64) entsprechen.

Die im Untergrunde eines solchen Torfmoores vor sich gehende Inkohlung hat als wichtigstes Ergebnis eine fortgesetzte Anreicherung an Kohlenstoff zur Folge. Mit der Fernhaltung des Luftsauerstoffs beschränken sich nämlich die noch möglichen chemischen Zersetzungsvorgänge auf diejenigen, die mit den in der Pflanzenmasse selbst enthaltenen Elementen (außer dem Kohlenstoff hauptsächlich Sauerstoff und Wasserstoff) bestritten werden können. Dadurch entsteht zunächst Wasser (H_2O), später im wesentlichen Kohlensäure (CO_2); zuletzt, nach dem Verbrauch der Hauptmenge des Sauerstoffs, bilden sich besonders die Kohlenwasserstoffverbindungen, unter denen das leichte Kohlenwasserstoffgas oder Methan (CH_4) die wichtigste ist. Jedoch verlaufen diese drei chemischen Umsetzungen nicht in scharfer zeitlicher Abgrenzung hintereinander, sondern auch nebeneinander, wie ja schon die bereits in Torfmooren zu beobachtende Bildung von Methan zeigt, das daher auch seinen älteren Namen „Sumpfgas" erhalten hat.

Die in den Pflanzen enthaltenen mineralischen Bestandteile nehmen an der Umsetzung nicht teil, bleiben also zurück und bilden später die Asche der mineralischen Brennstoffe.

Die zurückbleibenden Pflanzenteile, deren zunehmender Kohlenstoffgehalt an der dunkleren Färbung erkennbar wird, bilden sich auf diese Weise allmählich zu Torf um, der in trockenem Zustande bereits etwa 60% Kohlenstoff enthält. Man bezeichnet die aus Pflanzenteilen gebildete Kohle als „Humuskohle".

Der vorhin erwähnte **Faulschlamm** macht, da er durch das Wasser vom Luftsauerstoff abgeschlossen ist, ähnliche Wandlungen durch, wie sie eben beschrieben wurden. Nur ist, entsprechend der andersartigen chemischen Zusammensetzung, das Ergebnis ein etwas anderes. Es tritt nämlich **Fäulnis** ein, und es entsteht durch diese eine wasserstoffreichere Kohle, die sich als glanzlose, harte, gleichförmige Masse darstellt, viel Asche (herrührend von den Schlammbeimengungen) enthält, leicht entzündlich ist und mit leuchtender, stark rußender Flamme brennt. Eine solche Kohle wird als „Faulschlammkohle" bezeichnet (Sapropel). Nach dem äußeren Aussehen nennt man diese Kohle auch „**Mattkohle**", wogegen die Humuskohle vorwiegend als „**Glanzkohle**" auftritt. Daneben tritt aber auch in der Streifenkohle echte humitische Mattkohle auf. Die sapropolitische Mattkohle wird hauptsächlich durch gewisse Kohlenlagen vertreten, die nach einem englischen Ausdruck als „**Kannelkohle**"[1]) bezeichnet werden, wenn es sich nicht durch Beteiligung von Algenkörpern um Bogheadkohle handelt. Sie bilden meist nur einzelne „Packen" in Flözen und treten nur untergeordnet auch als selbständige Flöze auf.

Durch den Fäulnisvorgang entstehen insbesondere die als „**Bitumen**" bezeichneten Kohlenwasserstoffe; unter diesem Sammelnamen, dessen Begriffsbestimmung nicht einheitlich ist, sollen hier die mit Lösungsmitteln (insbesondere Benzol) aus der Kohle auszuziehenden Verbindungen verstanden werden.

60. — Verschiedene Bestandteile der Humuskohle[2]). Neuerdings hat die Forschung sich genauer mit der mikroskopischen Untersuchung der Kohle beschäftigt, wobei sich wegen der Schwierigkeit, brauchbare Dünnschliffe aus Kohle herzustellen, besonders die Untersuchung im auffallenden Lichte nach dem Vorschlage von **Winter**[3]) bewährt hat. Man hat dadurch nach dem Vorgehen der Engländerin M. C. **Stopes** vier verschiedene Streifenarten in der Kohle festgestellt, die als „Fusit", „Vitrit", „Clarit" und „Durit" bezeichnet werden[2]). Der **Fusit** (früher meist als „Faserkohle" bezeichnet) besteht vorwiegend aus Holz mit erhaltenem Zellengewebe, dessen Hohlräume auch mit ausgeschiedenen Mineralien (Pyrit, Kalkspat u. a.) ausgefüllt sein können. Er wird von den meisten Forschern als fossile Holzkohle (Rückstand von Waldbränden) gedeutet. Da er meist zerreiblich ist, gerät er vorwiegend in den Kohlenstaub. Technisch ist er dadurch wichtig, daß er, für sich allein zwar nicht verkokbar, in Mischung koksverbessernde Wirkung aufweist. Der **Vitrit** entspricht im wesentlichen der Glanzkohle. Er besteht teils aus Zersetzungsrückständen von kolloidartiger Beschaffenheit („Humusgel"), teils aus Holz- und Gewebeteilen und ist ein Hauptbestandteil der Kokskohlen. Da er spröde ist, so zerfällt er leicht in Feinkorn und Staub.

---

[1]) Von candle (= Kerze) abgeleitet und aus der langen und leuchtenden Flamme dieser Kohlen zu erklären.

[2]) R. **Potonié**: Einführung in die allgemeine Kohlenpetrographie (Berlin, Bornträger), 1924; — ferner Glückauf 1932, S. 793; **Lehmann** und **Hoffmann**: Neue Erkenntnisse über Bildung und Umwandlung der Kohlen; — ferner Dr. E. **Stach**: Lehrbuch der Kohlenpetrographie (Berlin, Bornträger), 1935; — ferner Glückauf 1934, S. 777; **Kühlwein**: Stand der mikroskopischen Kohlenuntersuchung; — ferner Brennstoffchemie 1936, S. 341—351; **Hoffmann**: Bezeichnungsweise und Erscheinungsformen in der Steinkohlenpetrographie.

[3]) Glückauf 1913, S. 1406; **Winter**: Die mikroskopische Untersuchung der Kohle im auffallenden Licht.

Der Clarit zeigt eine ähnliche Zusammensetzung und enthält außerdem Sporen, Pollen, Blatthäute u. dgl. Der Durit ist im wesentlichen Mattkohle. Er setzt sich großenteils aus stark zersetzten Pflanzenteilen zusammen, die im Dünnschliff undurchsichtig sind (Opakmasse), enthält außerdem wie Clarit Sporen und Blatthäute und unterscheidet sich vom Vitrit außer durch seine Zusammensetzung auch durch seine größere Festigkeit und Zähigkeit, so daß er in den gröberen Körnungen stärker hervortritt. Manche Abarten des Durits bestehen auch aus Faulschlammkohle.

61. — **Bildung von einzelnen Kohlenflözen.** Durch fortgesetztes Nachwachsen neuer Pflanzen verdickte sich nun, solange sich die Erdoberfläche nur in langsam fortschreitender Senkung befand, die vorhin betrachtete Torfschicht fortwährend. Senkte sich das Gelände infolge größerer Bewegungen der Erdrinde, so verstärkte sich das Gefälle und demgemäß die Geschiebe-, Sand- und Schlammführung der Flüsse, die das gesunkene Gebiet mit diesen mitgeführten Massen auffüllen konnten; auch konnte bei den unweit der Küste gelegenen Waldmooren das Meer diese bei ihrer flachen Lage auf gewaltige Strecken hin überfluten. Kam die Erdoberfläche wieder zur Ruhe, so konnte sich auf diesen Ablagerungen neuer Pflanzenwuchs entwickeln usw., während die Zersetzung der alten Torfschicht und ihre Anreicherung an Kohlenstoff fortschritt. Auf diese Weise konnten sich verschiedene Kohlenlager bilden, die durch mehr oder weniger mächtige Gesteinsmittel getrennt sind und aus denen dann nach langen Zeiträumen die Kohlenflöze entstanden sind. Jede Kohlenschicht im Gebirge bedeutet hiernach eine Zeit der Verlangsamung in der Bewegung der Erdrinde, wogegen die Gesteinszwischenmittel zwischen den Flözen auf mehr oder weniger starke und mehr oder weniger andauernde Bewegungsvorgänge hindeuten.

62. — **Unterschiede zwischen jüngeren und älteren Kohlen.** Auf den Torf folgt als die nächste Stufe der Entwicklung die **Braunkohle**, ein braunes Gestein von etwa 70 % Kohlenstoffgehalt in trockenem Zustande, vielfach mit noch deutlich erkennbaren Pflanzenteilen, häufig mächtige Flöze oder Lager mit Sand-, Kies- oder Tonüberlagerung bildend. Je älter aber eine solche Ablagerung wurde und je mehr Deckgebirge sich darüber lagerte, um so weiter mußte die Umsetzung fortschreiten, und um so mehr mußte, teils wegen des fortwährenden Stoffverlustes durch Entgasung, teils wegen der stärkeren Zusammenpressung, die Flözmächtigkeit abnehmen. So ergeben sich dann als weiteres Glied in dieser Entwicklungsreihe unsere Steinkohlenflöze; sie führen dementsprechend Kohle von 75 bis 98 % Kohlenstoffgehalt und ziemlich großer Festigkeit, haben aber nur noch verhältnismäßig geringe Mächtigkeiten.

Allerdings würden nun die gegenwärtig bekannten Braunkohlenflöze nicht in Flöze von genau derselben Beschaffenheit wie die Steinkohlenflöze umgebildet werden können, da sie aus einem wesentlich jüngeren Zeitalter der Erdgeschichte stammen, die Pflanzenwelt sich daher zur Zeit ihrer Ablagerung bereits erheblich weiterentwickelt hatte und unseren heutigen Pflanzen wesentlich ähnlicher geworden war. Das kommt namentlich darin zum Ausdruck, daß in der Braunkohle außer der Humus- und Faulschlammkohle auch Fett-, Wachs- und Harzausscheidungen stärker hervortraten, die von den Pflanzen der Steinkohlenzeit nur in geringem Umfange gebildet werden konnten. Besonders angereichert finden sich diese in der Hauptsache unter den Begriff „Bitumen" fallenden Verbindungen in der mitteldeutschen „Schwelkohle" die „verschwelt" (d. h. trocken abdestilliert) und auf Braunkohlenteer, Solaröl, Paraffin u. dgl. verarbeitet wird.

Da die Bildung von Kohlensäure beim Inkohlungsvorgang in der Hauptsache derjenigen von Methan vorausgeht, so spielt die Kohlensäure in den Gasausströmungen der (jüngeren) Braunkohlenflöze eine größere Rolle als in denjenigen der (älteren) Steinkohlenlagerstätten. Außerdem folgt aus dem vorstehend geschilderten Entwicklungsgang, daß im allgemeinen der Gasgehalt der Steinkohlenflöze um so geringer ist, je älter sie sind. Jedoch ist der Gasgehalt noch von anderen Umständen abhängig, z. B. auch von der Kohlengefügezusammensetzung[1]). Er ist also überhaupt um so geringer, je mehr Gelegenheit die Kohle zur Entgasung gehabt hat (s. d. Abschnitt „Grubenbewetterung").

Ein dritter Unterschied zwischen jüngeren und älteren Kohlen liegt in dem verschieden hohen Sauerstoffgehalt. Da nach der oben gegebenen Schilderung des Inkohlungsvorganges der in den vermodernden Stoffen enthaltene Sauerstoff durch die Umsetzungsvorgänge allmählich verbraucht wird, so muß offenbar der Sauerstoffgehalt mit zunehmendem Alter der Kohle stark abnehmen. In der Tat sind die Braunkohlen bedeutend sauerstoffreicher als die Steinkohlen, und unter diesen enthalten wieder die jüngsten (im Ruhrbezirk die „Flammkohlen", vgl. S. 56) bedeutend mehr Sauerstoff als die ältesten (im Ruhrbezirk „Magerkohlen" genannt).

Die unterscheidende Benennung der Kohlen nach ihrem verschieden hohen Gasgehalt ist nicht einheitlich. Die eben angeführte Bezeichnung „Magerkohle", die im Ruhrbezirk eine sehr gasarme Kohle bedeutet, wird z. B. im Saarbrücker und oberschlesischen Steinkohlenbergbau für die sehr gasreichen Flammkohlen wegen ihres nur gesinterten Koksrückstandes benutzt. Allgemein versteht man unter Magerkohle eine nicht verkokbare Kohle.

63. — Andere Art der Kohlenbildung. Die im vorstehenden geschilderte Entstehung von Kohlenablagerungen ist dadurch gekennzeichnet, daß die Pflanzen, die den Kohlenstoff erzeugten, an der Stelle des späteren Flözes selbst gewachsen sind und daß mächtige Ablagerungen durch das Wachsen und Vermodern ungezählter Folgen von Wäldern gebildet wurden. Man bezeichnet diese Bildung als die „autochthone", d. h. „an Ort und Stelle entstandene" („bodeneigene"). Im Gegensatz dazu ist auch die Möglichkeit gegeben, daß die für die Flözbildung erforderlichen Kohlenstoffmassen durch Zusammenschwemmung großer Mengen von Treibholz und sonstigen Pflanzenteilen durch Flüsse oder Meeresströmungen angehäuft worden sind. Die so entstandenen Kohlenlager werden als „allochthone", d. h. „anderswo gewachsene" oder „bodenfremde", bezeichnet.

Wie leicht erklärlich, zeichnen die an Ort und Stelle entstandenen Kohlenvorkommen sich durch große Ausdehnung und Regelmäßigkeit und durch großen Gesamt-Kohlenreichtum sowie durch konkordante Ablagerung auf dem Untergrunde aus. Außerdem sind sie in der Regel durch Meereseinlage-

---

[1]) Glückauf 1935, S. 997; Hoffmann: Abhängigkeit der Ausgasung von petrographischer Gefügezusammensetzung und Inkohlungsgrad bei Ruhrkohlen.

rungen gekennzeichnet, die darauf schließen lassen, daß die Bildung an flachen Meeresküsten erfolgte und von Zeit zu Zeit durch Meereseinbrüche und -ablagerungen unterbrochen wurde. Daher fällt der Begriff der autochthonen Kohlenbildungen im großen und ganzen mit demjenigen der „paralischen" (an der Meeresküste entstandenen) Ablagerungen zusammen. Anderseits gehören die allochthonen Steinkohlenflöze durchweg zu den „limnischen" (Binnensee-) Bildungen, die durch Ausfüllung vorhandener Becken in älteren Gebirgsschichten zu erklären und durch diskordante Auflagerung auf diese sowie vielfach durch geringen Gesamtkohlenreichtum bei großer Mächtigkeit einzelner Flöze, durch raschen Wechsel der Flözreinheit und -mächtigkeit, vorwiegend grobkörnige Beschaffenheit des Nebengesteins und das Fehlen von Meeresschichten gekennzeichnet sind[1]).

Zu den Küsten-Kohlenbecken gehören insbesondere: das rheinisch-westfälische mit den daran sich anschließenden Vorkommen bei Aachen, in Holland, Belgien, Nordfrankreich und England, sowie das oberschlesische. Binnenseebildungen dagegen sind namentlich die sächsischen und böhmischen Steinkohlenablagerungen. Eine Mittelstellung nehmen das Saarbrücker und das niederschlesische Becken ein, die wegen des Fehlens von Meeresablagerungen und wegen ihrer diskordanten Auflagerung auf dem älteren Gebirge sowie wegen der starken Unterschiede in der örtlichen Ausbildung der Flöze Binnenseegepräge tragen, nach Ausdehnung und Flözreichtum jedoch sich den Küstenablagerungen nähern. Das oberschlesische Kohlenbecken ist nur in der unteren Hälfte seiner Gebirgsschichten als paralisch anzusprechen, da die Meeresablagerungen sich auf diese beschränken.

Abb. 49.　Neuropteris.

Hinsichtlich der Mächtigkeit der Gebirgsschichten treten auch in den paralischen Kohlenbecken die Meeresbildungen weit hinter die Süßwasserablagerungen zurück.

64. — **Pflanzenwelt der Steinkohle**[2]). Die Steinkohlen, mit denen wir es zu tun haben, sind nun nach den in ihrer Begleitung gefundenen Pflanzen- und Tierresten nicht nach Art der in den in nördlichen Torfmooren heimischen Pflanzen, sondern aus mächtigen, üppig wachsenden Waldsumpfmooren unter wahrscheinlich subtropischen Klimaverhältnissen entstanden.

Die Pflanzenwelt, um die es sich hier handelt, ist verhältnismäßig arm an Arten, so daß das damalige Wachstumsbild uns heute als sehr eintönig erscheinen würde. Es treten fast ausschließlich fünf Pflanzengattungen auf, nämlich die Farne (Filices, Abb. 49), die Schachtelhalme (Calamariazeen, Abb. 50), die Bärlappgewächse, unter denen man wiederum die Schuppenbäume (Lepidodendren, Abb. 51) und die Siegelbäume (Sigillarien,

---

[1]) Vgl. Dannenberg: Geologie der Steinkohlenlager, 1. Bd. Berlin 1941.
[2]) Näheres s. Gothan: Pflanzenleben der Vorzeit (Breslau, Hirt), 1926.

Abb. 52) zu unterscheiden pflegt, sowie die schilfähnliche Blätter tragenden Cordaiten, die als „Nacktsamer" zu einer höheren Pflanzengruppe gehören. Die ersten vier Gattungen, deren Vertreter heute in unseren Breiten nur in Zwerggestalt auftreten, waren damals größtenteils baumartig entwickelt. Die Cordaiten haben in der heutigen Pflanzenwelt kein Gegenstück.

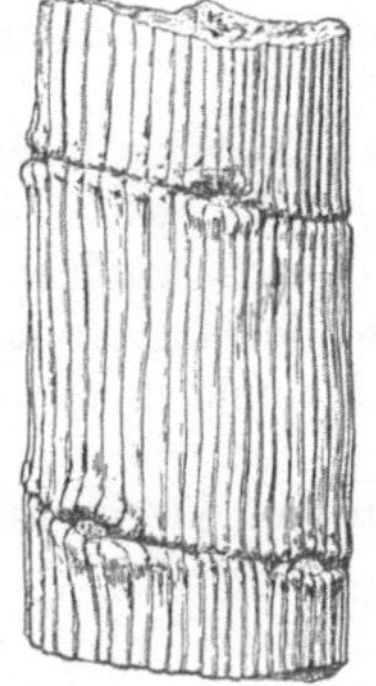

Abb. 50. Calamites.

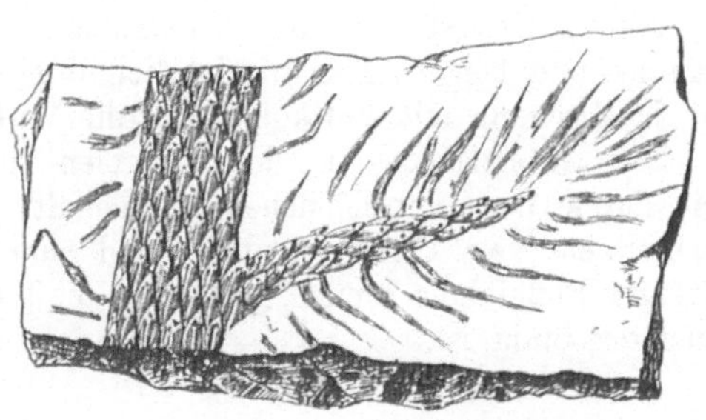

Abb. 51. Lepidodendron.

Zu erwähnen sind noch die sog. „Stigmarien" (Abb. 53), die Wurzelstöcke der Schuppen- und Siegelbäume, von denen in radialer Anordnung zahlreiche feine Saugwurzeln ausgehen.

Abb. 52. Sigillaria.

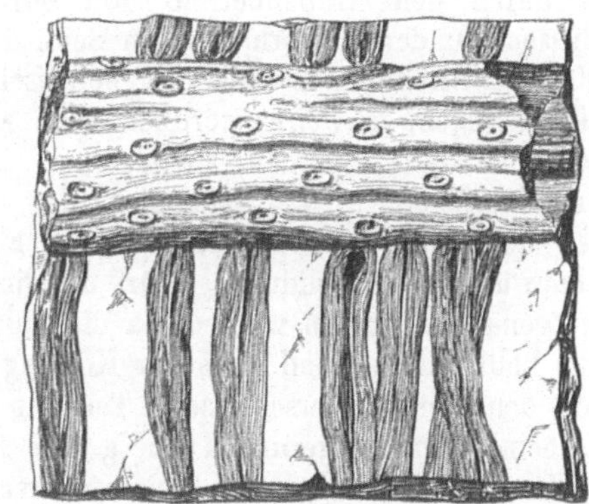

Abb. 53. Stigmaria mit Saugwürzelchen.

b) Die wichtigsten deutschen Steinkohlenbezirke[1]).

65. — Überblick. Abb. 54 gibt nach P. Kukuk[2]) die Altersverhältnisse der wichtigsten deutschen Steinkohlenablagerungen unter sich und im Vergleich mit den benachbarten Steinkohlenbecken wieder. Für die Einteilung in die Hauptgruppen ist die Gliederung zugrunde gelegt worden, auf die man sich auf den 1927 und 1935 in Heerlen abgehaltenen internationalen

---

[1]) Vgl. Dannenberg in dem auf S. 54 in Anm. [1]) erwähnten Werke, I. Teil. — ferner S. von Bubnoff: Deutschlands Steinkohlenfelder (Stuttgart, Schweizerbart), 1926.

[2]) P. Kukuk: Die Geologie des Niederrheinisch-Westfälischen Steinkohlengebietes (Berlin, Springer), 1938.

Kongressen zum Studium der Karbonstratigraphie geeinigt hat[1]). Auf dem Untergrunde des aus Kulm und Kohlenkalk (sog. Dinant) bestehenden Unterkarbons baut sich die flözführende Schichtenfolge des Oberkarbons auf. Dieses wird jetzt gegliedert in das untere, mittlere und obere Oberkarbon bzw. in Namur, Westfal und Stefan.

Die Zusammenstellung in Abb. 54 wird durch die nebenstehende Zahlentafel nach der chemischen Seite hin ergänzt.

Bemerkenswert ist die Ähnlichkeit der sonst so verschiedenen Flamm- und Magerkohlen hinsichtlich ihres Koksrückstandes; sie können nur in Mischung mit Fettkohlen für die Verkokung verwendet werden.

Die Unterschiede in der Flammen- und Rußentwicklung erklären sich durch den verschiedenen Gasgehalt, da eine Flamme nur beim Verbrennen von Gasen entsteht und um so größer und mit um so stärkerer Rußbildung brennt, je stärker die Gasentwicklung im Vergleich zur Sauerstoffzufuhr ist.

1. Die niederrheinisch-westfälische Steinkohlenablagerung[2]).

66. — Begrenzung und Oberflächenverhältnisse. Die niederrheinisch-westfälische Steinkohlenablagerung (s. Abb. 55) erstreckt sich nach den zur Zeit durch den Grubenbetrieb und durch Bohrlöcher geschaffenen Aufschlüssen auf der rechtsrheinischen Seite über einen Flächenraum von rund 3300 qkm. Außerdem ist nach den geologischen Verhältnissen das flözführende Steinkohlengebirge weiter nördlich noch auf einer Fläche von mindestens 2900 qkm als vorhanden anzunehmen. Eine kohlefündige Bohrung bei Detmold[3]) macht es wahrscheinlich, daß das Steinkohlengebirge sich nach Osten noch über den Teutoburgerwald hinaus erstreckt, wenn auch nicht in bauwürdiger Ausbildung. Für die linke Rheinseite kann die Fläche nicht genau angegeben werden, da die Ablagerung hier ohne scharfe Grenze in die holländischen und Aachener Kohlengebiete übergeht. Der gegenwärtig durch den Bergbau erschlossene Teil des Gebietes hat einschließlich der linksrheinischen Ablagerungen eine größte Erstreckung von rund 100 km in Streichen und von etwa 45 km in querschlägiger Richtung. Die Begrenzungslinie dieses Bergbaugebietes verläuft etwa über die Orte Sprockhövel, Hattingen, Kettwig, Mülheim, Ruhrort, Mörs, Dinslaken, Dorsten, Sinsen, Datteln, Werne, Ahlen, Unna, Aplerbeck und Witten. Der kleinere, südliche Teil, in dem auf einer dreieckigen Fläche von rund 500 qkm das Steinkohlengebirge zutage ausgeht, liegt im Gebiet der Ruhrberge.

Das größere, nördliche Gebiet erstreckt sich über das ebene oder flachwellige Gelände des Rheintals und des Münsterlandes und schließt den von

---

[1]) Glückauf 1927, S. 1133; Kukuk: Kongreß zur Klärung der stratigraphischen Verhältnisse usw.; — ferner Glückauf 1935, S. 1266; Kukuk und Kühlwein: Der zweite Kongreß für Karbonstratigraphie in Heerlen.

[2]) Näheres s. P. Kukuk in dem auf S. 55 in Anm. [2]) aufgeführten Werk.

[3]) P. Kukuk: Die Geologie des Niederrheinisch-Westfälischen Steinkohlengebietes. Berlin 1938.

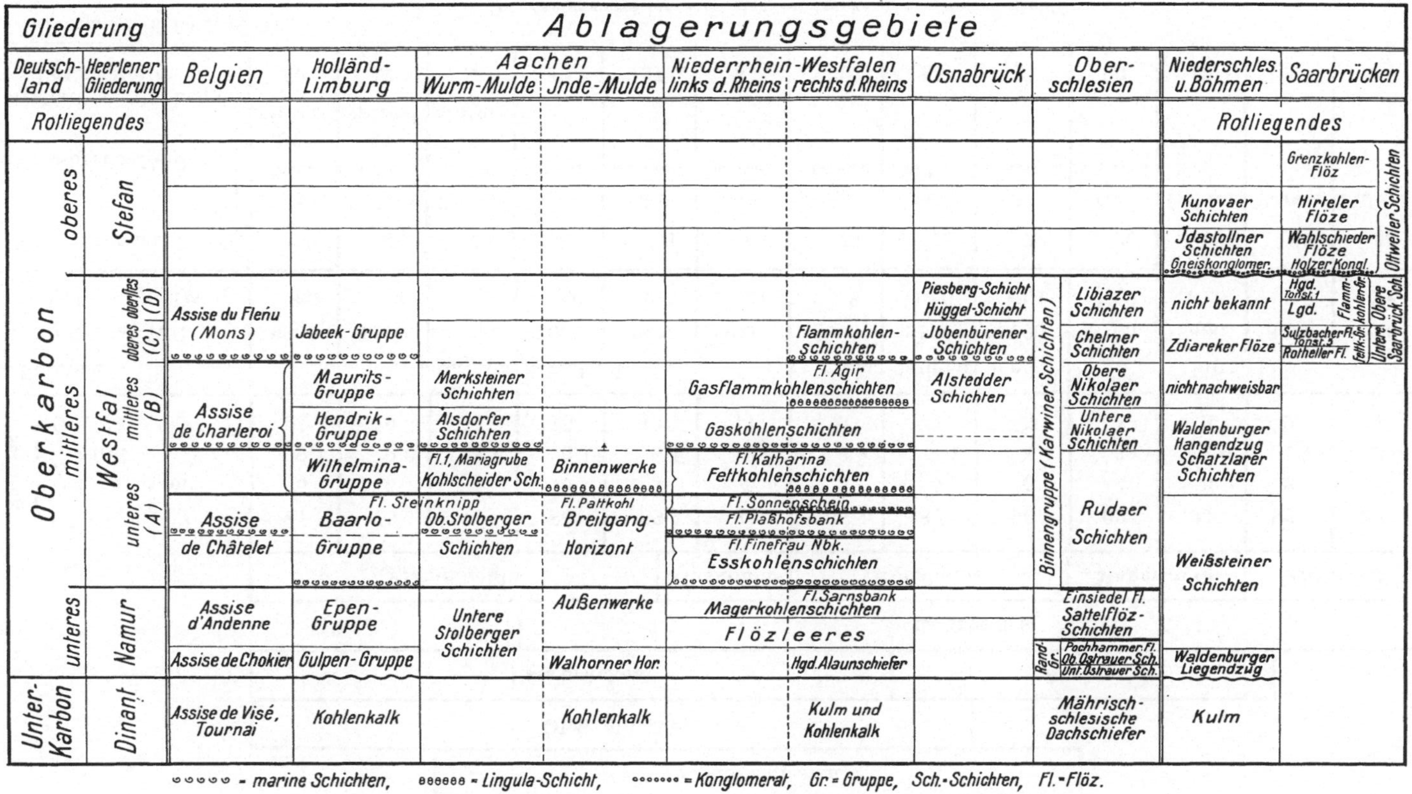

Gliederung		Ablagerungsgebiete									
Deutsch-land	Heerlener Gliederung	Belgien	Holländ-Limburg	Aachen Wurm-Mulde	Aachen Jnde-Mulde	Niederrhein-Westfalen links d. Rheins	Niederrhein-Westfalen rechts d. Rheins	Osnabrück	Oberschlesien	Niederschles. u. Böhmen	Saarbrücken
Rotliegendes										Rotliegendes	Rotliegendes
oberes	Stefan										Grenzkohlen-Flöz
										Kunovaer Schichten	Hirteler Flöze
										Jdastollner Schichten — Gneiskonglomer.	Wahlschieder Flöze — Holzer Kongl. *(Ottweiler Schichten)*
Oberkarbon / mittleres	Westfal / oberes oberstes (D) (C)	Assise du Flénu (Mons)	Jabeek-Gruppe			Flammkohlen-Schichten		Piesberg-Schicht / Hüggel-Schicht	Libiazer Schichten	nicht bekannt	Hgd. Tonst.1 / Lgd.
								Jbbenbürener Schichten	Chelmer Schichten	Zdiareker Flöze	Sulzbacher Fl. Tonst.5 / Rotheller Fl. *(Obere / Untere Saarbrück. Sch.)*
	Westfal / mittleres (B)	Assise de Charleroi	Maurits-Gruppe	Merksteiner Schichten		Fl. Ägir / Gasflammkohlenschichten		Alstedder Schichten	Obere Nikolaer Schichten	nicht nachweisbar	
			Hendrik-Gruppe	Alsdorfer Schichten		Gaskohlenschichten			Untere Nikolaer Schichten	Waldenburger Hangendzug / Schatzlarer Schichten	
	Westfal / unteres (A)		Wilhelmina-Gruppe	Fl.1, Mariagrube Kohlscheider Sch.	Binnenwerke	Fl. Katharina / Fettkohlenschichten					
		Assise de Châtelet	Baarlo-Gruppe	Fl. Steinknipp Ob. Stolberger Schichten	Fl. Pattkohl Breitgang-Horizont	Fl. Sonnenschein / Fl. Plaßhofsbank			Rudaer Schichten		
						Fl. Finefrau Nbk. Esskohlenschichten				Weißsteiner Schichten	
unteres	Namur	Assise d'Andenne	Epen-Gruppe	Untere Stolberger Schichten	Außenwerke	Fl. Sarnsbank / Magerkohlenschichten			Einsiedel Fl. Sattelflöz-Schichten		
						Flözleeres					
		Assise de Chokier	Gulpen-Gruppe		Walhorner Hor.		Hgd. Alaunschiefer		Rand-Gr. Pochhammer. Fl. / Ob. Ostrauer Sch. / Unt. Ostrauer Sch.	Waldenburger Liegendzug	
Unter-Karbon	Dinant	Assise de Visé, Tournai	Kohlenkalk	Kohlenkalk		Kulm und Kohlenkalk			Mährisch-schlesische Dachschiefer	Kulm	

(Oberschlesien column label: Binnengruppe (Karwiner Schichten))

◡◡◡◡◡ = marine Schichten, ⊖⊖⊖⊖⊖ = Lingula-Schicht, ○○○○○○ = Konglomerat, Gr. = Gruppe, Sch. = Schichten, Fl. = Flöz.

Abb. 54. Übersicht über die Altersstufen in den wichtigsten deutschen und angrenzenden Steinkohlengebieten. Nach P. Kukuk.

Eigenschaften der Kohlen der wichtigsten deutschen Steinkohlenablagerungen.   Nach Broockmann[1]).

Niederschlesien
Oberschlesien
Saarbrücken — Aachen
Ruhrbezirk

	Flammkohle					Gaskohle	Kokskohle			Magerkohle		Anthrazit	
Zusammensetzung:														
C	74	76	78	80	82	84	86	88	90	92	94	96	98
H insgesamt . .	5	5	5	5	5	·5	5	5	5	4	3	2	1
H frei	2,4	2,6	2,9	3,1	3,4	3,6	3,9	4,1	4,4	3,5	2,6	1,75	0,9
O	21	19	17	15	13	11	9	7	5	4	3	2	1
Verbrennung														
Flamme	lang, stark rußend						mäßig lang, rußend			kurz, klar			
1 kg Kohle liefert WE	6800	7100	7400	7600	7800	8000	8300	8500	8800	8700	8500	8400	8200
1 kg Kohle liefert kg Dampf	8,0	8,4	8,7	9,0	9,2	9,4	9,8	10,0	10,4	10,2	10,0	9,9	9,6
Verkokung														
Koksausbeute in %	50	53	55	60	63	65	70	75	78	80	90	95	98
Koksbeschaffenheit	Pulver oder gesintert	Pulver oder gesintert	Pulver oder gesintert	Ge-sintert	Ge-backen	Ge-backen	Ge-backen	Ge-backen	Ge-backen	Ge-sintert	Pulver	Pulver	Pulver
Gehalt an flüchtigen Bestandteilen in %	50	47	45	40	37	35	30	25	22	20	10	5	2

[1]) Sammelwerk Bd. I, S. 259.

Die Zahlenwerte beziehen sich auf trockene, aschenfreie Kohle.

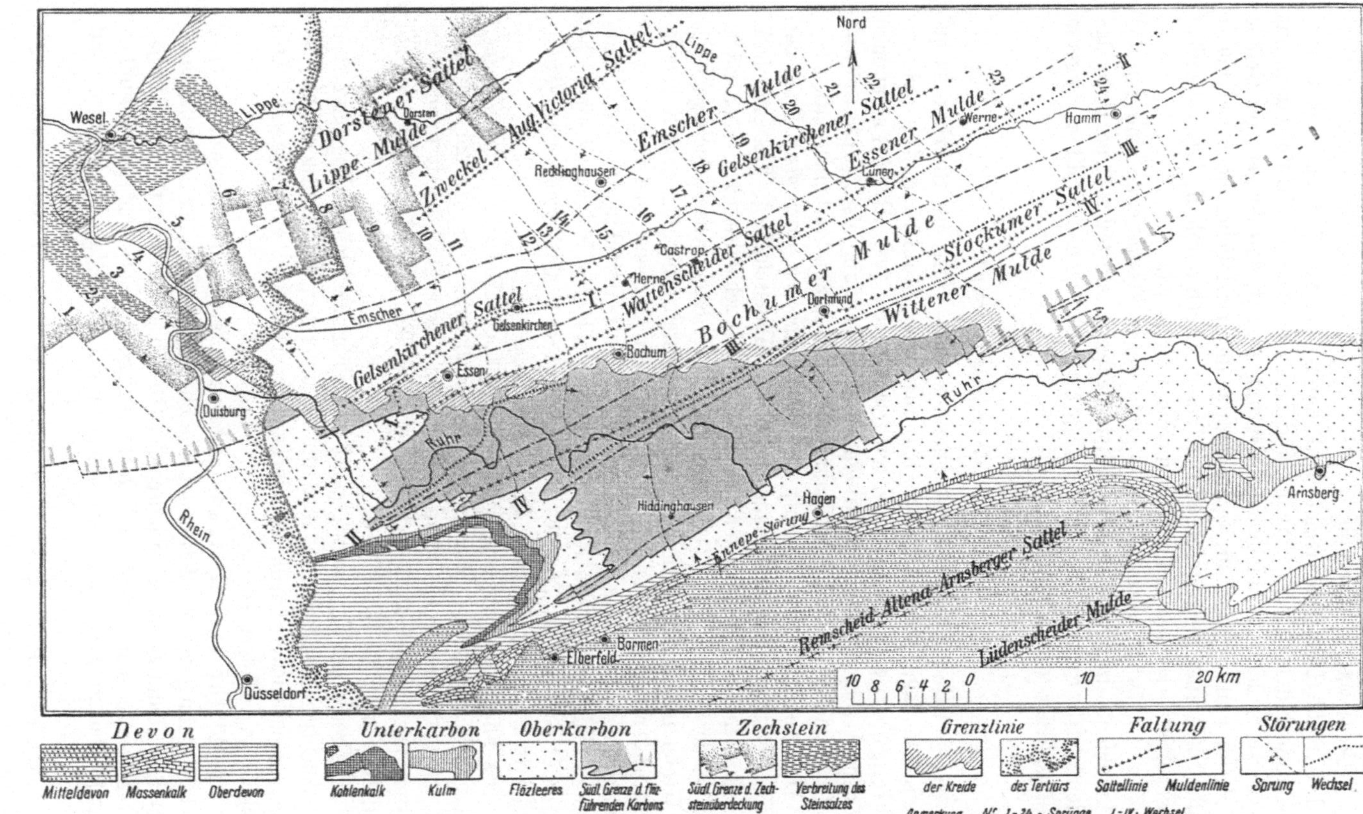

Abb. 55. Übersichtskarte des niederrheinisch-westfälischen Steinkohlenbezirks. Maßstab ungefähr 1 : 650 000.

jüngeren Deckgebirgsschichten überlagerten Teil der Steinkohlenablagerung in sich. Die Bedeutung des durch den Rhein abgetrennten westlichen Teiles des Beckens wächst beständig.

Das rechtsrheinische Gebiet wird durch drei von Ost nach West entwässernde Flüsse (Lippe, Emscher und Ruhr) durchzogen. Unter diesen hat die Emscher dadurch besondere Bedeutung erlangt, daß ihr geringes Gefälle im Mittel- und Unterlauf im Verein mit den unvermeidlichen Bodensenkungen große Übelstände herbeigeführt hatte, denen jedoch durch die fast vollendete Emscherregulierung gründlich abgeholfen worden ist.

Von den auf S. 15 aufgezählten geologischen Formationen sind für den Ruhrkohlenbezirk außer dem Steinkohlengebirge selbst das seine Unterlage bildende **Devon** und die als **Deckgebirge** zusammengefaßten jüngeren Gebirgsglieder von Wichtigkeit.

α) Das Steinkohlengebirge (Karbon).

67. — Gliederung und Allgemeines. Die Flöze des Ruhrbezirks gehören dem sog. **produktiven Karbon** oder **flözführenden Steinkohlengebirge** an. Dieses bildet seinerseits wieder (vgl. Abb. 54) zusammen mit dem als seine Grundlage auftretenden „Flözleeren" als „Oberkarbon" die Oberstufe der gesamten im Ruhrbezirk entwickelten Karbonformation.

Das **Unterkarbon** (Dinant) wird im Ruhrbecken vorwiegend durch den Kulm vertreten, eine Aufeinanderfolge von Alaunschiefern, Kieselschiefern, Kieselkalken und Plattenkalken. Sie umfassen als schmales, nach Osten mächtiger werdendes Band den Nord- und Ostabfall des Rheinischen Schiefergebirges. Im Westen tritt an die Stelle des Kulms ein versteinerungsführender Kalkstein, der **Kohlenkalk**, der noch weiter westlich, im Aachener und belgisch-nordfranzösischen Bezirk, das unmittelbare Liegende des flözführenden Steinkohlengebirges bildet und so den Kulm ersetzt. Der belgische Kohlenkalk findet bei uns unter dem Namen „Marmor" oder „belgischer Granit" vielfach zu Waschtischplatten, Fensterbänken u. dgl. Verwendung.

Das Flözleere bildet eine Schichtenfolge von Schiefertonen, quarzitischen und konglomeratischen Grauwacken und Sandsteinen, in der nur gelegentlich unbauwürdige Kohlenschmitze auftreten. Seine Mächtigkeit nimmt von Westen nach Osten zu und beläuft sich in der Gegend von Barmen auf rund 1000 m.

Als Grenze des Flözleeren gegen das flözführende Steinkohlengebirge sieht die Geologische Landesanstalt in Berlin die unterste „Werksandsteinbank" der Magerkohlenschichten an, die im Gelände vielfach in Gestalt eines langgestreckten Rückens zu verfolgen ist.

Das **flözführende Steinkohlengebirge** setzt sich zusammen aus einer Wechsellagerung von Schieferton und Tonschiefer (40—50% der Gesamtmächtigkeit), Sandstein (30—35%), Sandschiefer (10—15%) und Konglomerat (1,5%), die zahlreiche bauwürdige und unbauwürdige Kohlen- und Eisensteinflöze birgt[1]). Den größten Anteil an Sandstein weist die Magerkohlengruppe auf

---

[1]) Näheres s. P. Kukuk: Die Geologie des Niederrh.-Westf. Steinkohlengebietes. Berlin 1938; — ferner Glückauf 1937, S. 101, Oberste-Brink: Der Eisenerzbergbau im Ruhrbezirk.

(43,5%), den geringsten die Gaskohlengruppe (18%). In dieser herrschen mit 57% die Schiefertone vor, die in der Magerkohlengruppe nur mit 27% vertreten sind. Die Fett- und Gasflammkohlengruppen nehmen eine Mittelstellung ein.

Stellenweise sind die Schichten, und zwar besonders die Schiefertone des Flözhangenden, reich an kohligen (inkohlten) Resten von Pflanzen und Tieren (vgl. Ziff. 64). Unter den tierischen Resten finden sich sowohl solche von Süßwasser- als auch von Meerestieren. Sie beweisen, daß die Gesteinsschichten teils im Meere, teils in Binnenseen und Flußmündungen abgelagert worden sind. Sehr kennzeichnende marine Vertreter sind die schneckenförmigen Goniatiten und die flachschaligen Kammuscheln, wie Aviculopecten papyraceus (Abb. 56), während unter den Süßwassermuscheln u. a. die Gattung Carbonicola (Abb. 57) am häufigsten auftritt.

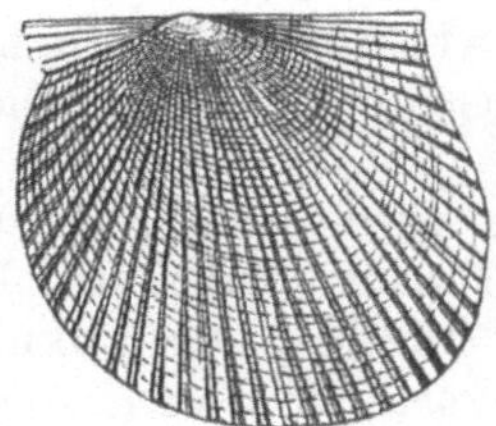
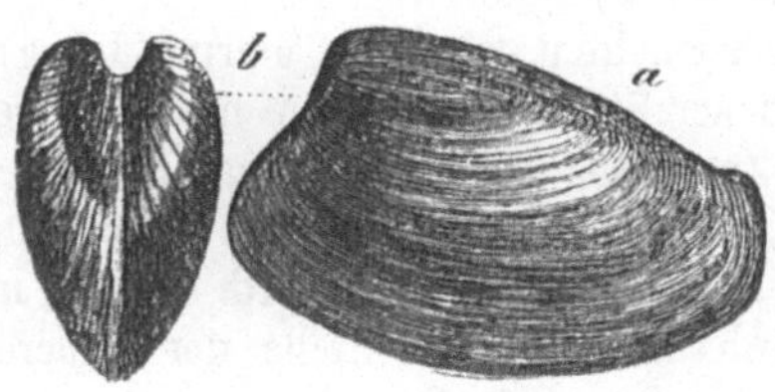

Abb. 56. Aviculopecten papyraceus. Abb. 57. Carbonicola.

68. — Einteilung[1]). Entsprechend dem oben geschilderten Werdegang der Steinkohle lassen sich auch im Ruhrkohlenbecken nach dem Alter und dem danach sich abstufenden Gasgehalt der Kohle verschiedene Abteilungen (sog. Schichten) innerhalb des produktiven Karbons unterscheiden, über die Abb. 58 und die Übersichtstafel auf S. 57 näheren Aufschluß geben. Und zwar unterrichtet Abb. 58 über die Gliederung und die Einheitsbezeichnung der Flöze, über Meeres- und Süßwassermuschelschichten, über Konglomerate, Eisenstein- und Tonsteinflöze und über die Pflanzenführung der einzelnen Gruppen, während die Übersichtstafel den Gesamtaufbau und den Kohlenvorrat sowie seine Verteilung auf die einzelnen Schichten erkennen läßt.

Die Gesamtmächtigkeit der im weiteren Ruhrbezirk aufgeschlossenen Schichten der Steinkohlenformation beträgt etwa 2900 m. Hierzu kommen noch etwa 2000 m jüngere Schichten, die der Bergbau in der Gegend von Osnabrück aufgeschlossen hat, so daß die Mächtigkeit der zusammengefaßten westfälischen und Osnabrücker Stufe sich insgesamt auf etwa 5000 m beläuft.

Abb. 58 gibt ein Bild der gesamten Ablagerung in den Teilschnitten I—IV, die vom Liegenden (links) bis zum Hangenden (rechts) aufeinanderfolgen. (Soweit die Muschelschichten u. a. nicht im ganzen Bezirk auftreten, kennzeichnet jeweils die linke Seite ihr Vorkommen im Westen, die rechte dasjenige im Osten.)

---

[1]) S. auch Glückauf 1930, S. 889; Oberste-Brink: Die Gliederung des Karbonprofils usw.; — ferner Kukuk: Geologie des Niederrhein.-Westfäl. Steinkohlengebietes. Berlin: Springer, 1938.

Statt der früher üblichen vier Schichtengruppen unterscheidet man heute sechs Abteilungen, und zwar (von oben nach unten) Flammkohlen-, Gasflammkohlen-, Gaskohlen-, Fettkohlen-, Eßkohlen- und Magerkohlenschichten. Die Grenzen werden heute nicht mehr durch Leitflöze, sondern durch marine Schichten gebildet.

Die rd. 350 m mächtigen Flammkohlen werden durch das obere Tonsteinflöz in eine obere und untere Zone geteilt.

Die rd. 370 m umfassenden Gasflammkohlenschichten gliedert man durch das Konglomerat über Flöz Bismarck in die beiden Abteilungen der unteren und oberen Gasflammkohlengruppe.

In die mit 500 m angegebene Mächtigkeit der Gaskohlenschichten ist das flözarme Zwischenmittel über Flöz Katharina eingerechnet, das nur die meist unbauwürdigen Flöze Laura und Viktoria führt. Die eigentlichen Gaskohlenflöze sind die sog. „Zollvereiner Flöze", die sich auf eine sehr geringe Gesteinsmächtigkeit verteilen. Als Grenzschicht zwischen Gas- und Gasflammkohlenschichten wird die marine Lingula-Schicht angesehen, die auch im Aachener Steinkohlengebirge nachzuweisen ist.

Zweifellos die wichtigste Gruppe sind die Fettkohlenschichten[1]) von rd. 630 m Mächtigkeit und 15—25 bauwürdigen Flözen mit verkokbarer Kohle. Neu eingefügt wurde die rd. 400 m mächtige Abteilung der Eßkohlenschichten, etwa an Stelle der früheren Magerkohlenschichten (s. Abb. 54).

Mit dem Flöz Sarnsbank beginnen dann die Magerkohlenschichten. Sie führen im Westen stellenweise anthrazitische Flöze. Unter „Anthrazit" versteht man eine sehr gasarme Magerkohle mit etwa 95% C. Doch ist die Bezeichnung nicht einheitlich; sie wird im Handel auch für die Kohle gewisser glanzkohlenreicher Magerkohlenflöze in der Höhenlage von Flöz Mausegatt gebraucht, die einen höchsten Heizwert von 8800 WE aufweist.

Die vorstehend genannten Flöze gehören zu den Leitflözen, die früher die wesentliche Grundlage für die Abgrenzung der einzelnen Schichten bildeten, da sie an kennzeichnenden Merkmalen oder begleitenden Gesteinsschichten auf weite Erstreckung mehr oder weniger gut wieder erkannt werden können.

Die bekanntesten Leitflöze sind (von unten nach oben) die Flöze Hauptflöz, Sarnsbank, Mausegatt, Finefrau, Sonnenschein, Präsident, Katharina, Zollverein, Bismarck und Ägir.

Mit der angeführten Neueinteilung ist die Bedeutung der Leitflöze gesunken, zumal man mit Erfolg bestrebt ist, sämtliche Flöze durch den ganzen Bezirk hindurch einheitlich zu benennen[2]). Außer den Leitflözen dienen heute besondere Leitschichten, wie Konglomerat- und mächtige durchgehende Sandsteinschichten, Tonsteineinlagerungen sowie versteinerungsreiche Schichten, ebenso wie kohlenpetrographische Merkmale zur Gleichstellung (Identifizierung) von Einzelflözen und Flözgruppen. In dieser Hinsicht sind vor allem die marinen Schichten im Hangenden der Flöze Ägir, L (Lingulaschicht), Katharina, Sonnenschein, Plaßhofsbank, Finefrau-Nebenbank, Sarnsbank und Hauptflöz,

---

[1]) S. auch Glückauf 1929, S. 1057; Oberste-Brink: Ausbildung und entwicklungsgeschichtliche Bedeutung der unteren Fettkohlenschichten des Ruhrkarbons.

[2]) Vgl. den auf S. 61 in Anm.[1]) angeführten Aufsatz von Oberste-Brink.

ferner die „Torfdolomite“ (Dolomitknollen mit versteinerten Pflanzenresten,
s. auch S. 47) in den Flözen **Katharina** und **Finefrau-Nebenbank** sowie zwei aus feuerfestem Ton bestehende Bergmittel in Flözen der oberen
Flammkohlengruppe zu nennen.

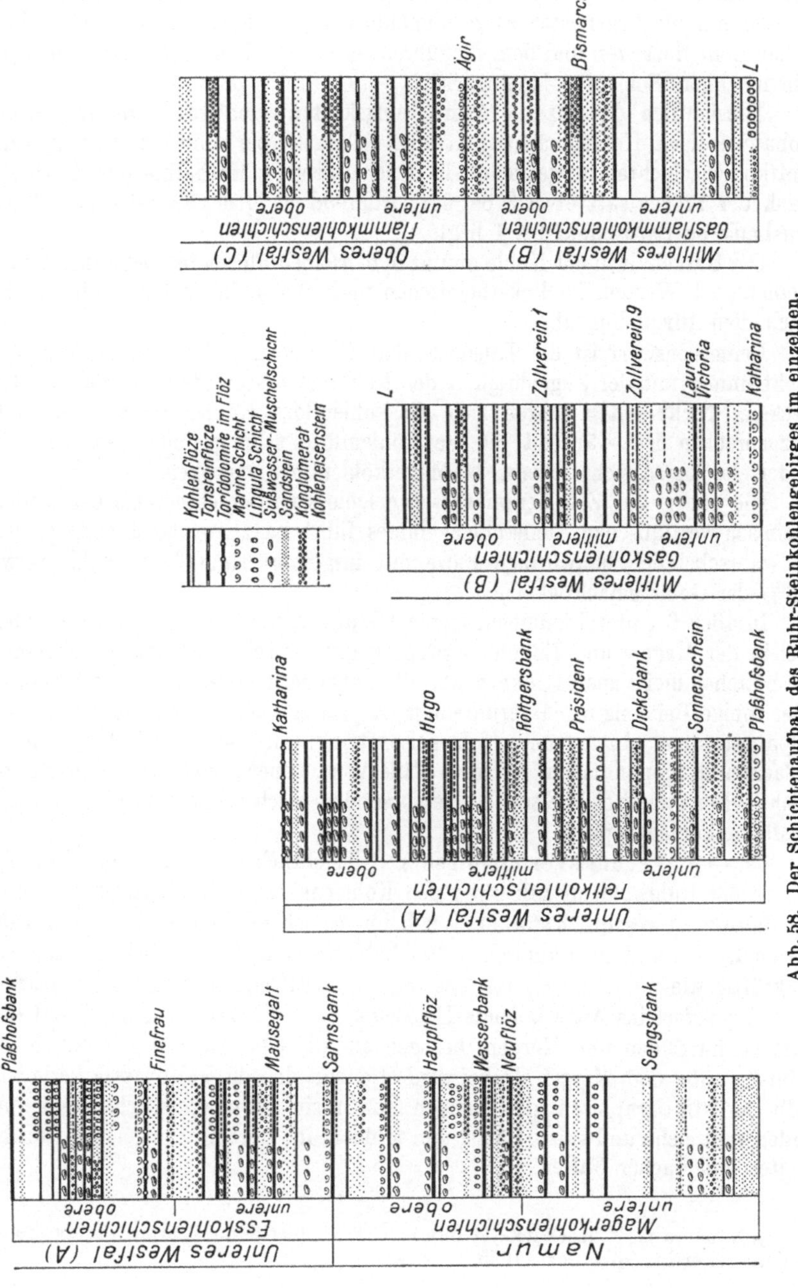

Abb. 58. Der Schichtenaufbau des Ruhr-Steinkohlengebirges im einzelnen.

Bemerkenswert ist als Allgemeinerscheinung die Abnahme der Mächtigkeit der Schichten und ihrer Flözführung von SO nach NW, die sich besonders bei den Schichten des Westfals geltend macht. Insbesondere hat man für die Fettkohlenschichten eine Abnahme der Mächtigkeit nach Nordwesten um durchschnittlich 7,5 m je km berechnet. Bezüglich der Flözführung lassen die heute vorliegenden Beobachtungen darauf schließen, daß nach Nordwesten hin die liegendsten Flöze allmählich auskeilen, so daß die Grenze zwischen dem flözleeren und dem flözführenden Oberkarbon nach dieser Richtung hin in höhere Schichten hinaufrückt.

Hinsichtlich des für die Ausrichtungskosten wichtigen Verhältnisses der abbauwürdigen Kohlenmächtigkeit zum Gebirgskörper sind am reichsten die Fettkohlenschichten ausgestattet, in denen zwischen Katharina und Plaßhofsbank der Prozentsatz etwa 3 beträgt, während er in der Eßkohle (von Plaßhofsbank bis Sarnsbank) bei 1 liegt.

Der Gasgehalt in der Kohle nimmt in denselben Flözen im rechtsrheinischen Gebiet nach Westen, im linksrheinischen nach Osten, in beiden Gebieten also nach dem Rhein hin, ab.

Bemerkenswert ist die Tatsache, daß die Eigenschaften einer Kohle sich nicht immer mit der Zugehörigkeit der Kohle zu bestimmten Kohlenschichten decken. Nicht selten führen z. B. Gaskohlenflöze Kohle, die als Fettkohle anzusprechen ist, während die Fettkohlenflöze sehr gasreich sein können; anderseits lassen sich stellenweise Magerkohlenflöze verkoken.

Die ganze, zur Zeit bergmännisch erschlossene Schichtenfolge des niederrheinisch-westfälischen Steinkohlengebirges führt im Mittel 46 unbedingt und 48 wahrscheinlich bauwürdige Flöze mit insgesamt rund 77 m Kohle (etwa 1,8% der Gebirgsmächtigkeit).

In allen 6 Unterabteilungen treten Eisensteinflöze auf. Sie haben aber nur in der Mager- und Eßkohlengruppe bergmännische Bedeutung gewonnen. Sie bestehen meist aus Eisenkarbonat, das entweder fast rein oder durch kohlige oder tonige Beimengungen verunreinigt ist. Im ersteren Falle spricht man von „Spateisenstein" bzw. von „Kohleneisenstein" (mit dem englischen Namen „blackband" genannt), im letzteren Falle von „Toneisenstein" (Sphärosiderit). Nicht selten findet sich Kannelkohle; besonders reich daran sind die Gas- und Gasflammkohlengruppen.

69. — **Lagerungsverhältnisse**[1]). Hinsichtlich des Grades der Faltung nimmt der Ruhrkohlenbezirk unter den Kohlengebieten eine Mittelstellung ein. Die Faltung ist wesentlich stärker als z. B. im oberschlesischen und in der Mehrzahl der englischen und amerikanischen Steinkohlenbecken, dagegen bei weitem nicht so kräftig wie im südlichen Teil des belgisch-nordfranzösischen Kohlenbezirks.

Eine sofort ins Auge fallende Erscheinung ist die Verschiedenartigkeit der Faltung im Süden und Norden, bezogen auf die Oberfläche des Steinkohlengebirges unter dem Mergel. Dabei wird offenbar, daß die Faltungsstärke innerhalb der stratigraphisch gleichartigen Zonen einigermaßen gleich bleibt: im Süden zahlreiche und spitze Sättel und Mulden, im Norden eine geringe Anzahl breiter und flacher Falten.

---

[1]) Näheres s. P. Kukuk: Geologie des Niederrhein.-Westfäl. Steinkohlengebietes (Berlin, Springer), 1938.

Das auf den ersten Blick als regellos erscheinende Faltengewirr und der im Streichen nicht immer regelmäßige Verlauf der einzelnen Falten läßt eine Reihe von Hauptmulden- und -sattelzügen erkennen, deren jeder eine Anzahl Sonderfalten zusammenfaßt. Kennzeichnend für die Art der Falten ist, daß die im allgemeinen breiten Mulden durch schmale Sättel getrennt werden. Wir unterscheiden (vgl. Abbildungen 55 u. 59):

1. Wittener Mulde
   Stockumer Sattel
2. Bochumer Mulde
   Wattenscheider Sattel
3. Essener Mulde
   Gelsenkirchener Sattel
4. Emscher-Mulde
   Vestischer Sattel
5. Lippe-Mulde
   Dorstener Sattel

Die Natur der nördlichsten Aufwölbung ist noch nicht genügend geklärt.

Eine weit weniger ausgedehnte und daher den Hauptmulden nicht gleichzustellende Mulde ist die südlichste, die Herzkämper Mulde, die dem westlichen Teile der Wittener Mulde nach Süden hin vorgelagert ist.

Die für den Bergbau sehr wichtige Frage, ob die Faltung nach der Tiefe hin schwächer oder stärker ausgebildet sein werde, wurde früher stets im ersteren Sinne beantwortet. Neuerdings hat aber Böttcher[1]) in Weiterführung des Gedankens von Lehmann darauf hingewiesen, daß viele Erscheinungen in der Faltung der Ruhrkohlenschichten dahin gedeutet werden müssen, da die Faltung schon während der Ablagerungszeit erfolgte und durch die Erhöhung der Schollenbelastung infolge der Ablagerung der Schichten selbst verstärkt wurde. Dementsprechend müßten die Mulden wegen der während der Ablagerung im Troge fortschreitenden Faltung nach unten hin immer spitzer werden, während nach oben hin die Schichten immer weniger gefaltet sein müßten.

Tatsächlich haben alle neueren Untersuchungen ergeben, daß in den Mulden unter den flachgelagerten jüngeren (Gas- und Gasflammkohlen-) Schichten

---

¹) Glückauf 1925, S. 1145; Böttcher: Die Tektonik der Bochumer Mulde usw.

Heise-Herbst-Fritzsche, Bergbaukunde, I, 8. Aufl.

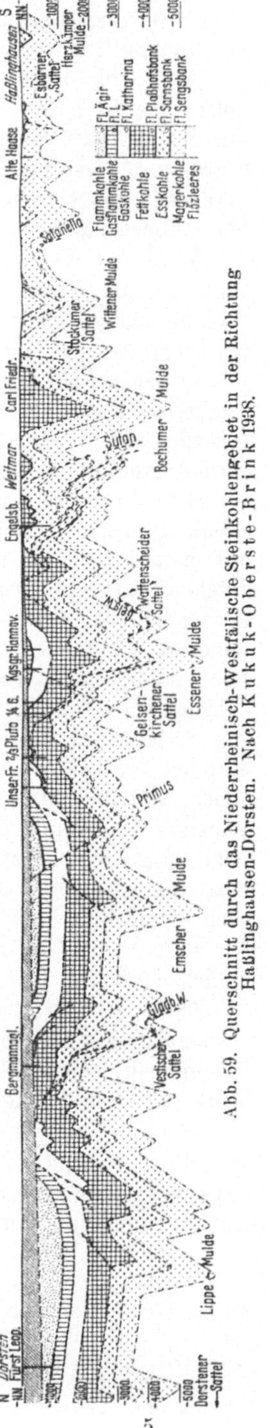

Abb. 59. Querschnitt durch das Niederrheinisch-Westfälische Steinkohlengebiet in der Richtung Haßlinghausen-Dorsten. Nach Kukuk-Oberste-Brink 1938.

stärker gefaltete Fett- und Eßkohlen- und tief eingefaltete Magerkohlenschichten vorhanden sind. Man kann also von einem gesetzmäßigen Auftreten der Faltungstiefenstufen sprechen.

Anderseits decken sich aber nach dem Gesamtbilde der Ruhrkohlenablagerung die Zunahmen und Abnahmen der Mächtigkeit der Schichten nicht mit der Lage der Muldentiefsten und Sattelhöchsten, sondern folgen anderen Gesetzen. Andere Forscher neigen daher zu der Ansicht, daß die Faltung von vornherein die einzelnen Schichten verschieden stark getroffen habe („disharmonische Faltung")[1].

Möglicherweise beruht diese Erscheinung darauf, daß die liegendsten Schichten am wenigsten die Möglichkeit hatten, dem Faltungsdruck nach oben hin auszuweichen, wogegen den hangendsten Schichten dieses Ausweichen am leichtesten möglich war[2].

In jedem Falle lassen sich aus der neueren Erkenntnis der verschiedenen Stärke der Faltung in den verschiedenen Schichten weittragende Folgerungen bezüglich der in größeren Teufen zu erwartenden Lagerungs- und Gebirgsverhältnisse und der Berechnung des Kohlenvorrats ableiten.

Bezeichnend ist für den Ruhrkohlenbezirk die auf Kippung der Karbonscholle zurückzuführende Einsenkung des flözführenden Steinkohlengebirges mit etwa 5—7⁰ nach Norden hin, wie sie auf dem Querprofil deutlich zu erkennen ist. Da aber die Ablagerungsfläche des Deckgebirges bedeutend flacher einfällt, d. h. die Oberfläche des Steinkohlengebirges sich viel langsamer als die ganze Schichtenfolge des Karbons einsenkt, so folgt daraus eine ständige Zunahme der Gesamtmächtigkeit des flözführenden Steinkohlengebirges nach Norden hin. Demgemäß hat der Bergbau in Richtung von Süden nach Norden immer hangendere Flöze erschlossen, so daß die dortigen Zechen fast ausschließlich Gas-, Gasflamm- und Flammkohlenflöze bauen, während ganz im Süden der Bergbau auf den Magerkohlenflözen umgeht. Da durch das immer tiefere Einsinken der Mulden die flözarme Magerkohlengruppe nach Norden hin mehr und mehr durch die flözreicheren oberen Gruppen ersetzt wird, so werden die Grubenfelder nach dieser Richtung hin im allgemeinen flözreicher, wodurch der Nachteil des nach Norden hin anschwellenden Deckgebirges größtenteils wieder ausgeglichen wird.

Trotz der zahlreichen Falten ist eine einheitliche Streichrichtung, das sog. „Generalstreichen", deutlich zu erkennen; sie ist diejenige des gesamten Rheinischen Schiefergebirges von den Ardennen bis zum Ostrande des Sauerlands und verläuft ungefähr von WSW nach ONO.

70. — Störungen. Das vorbeschriebene Faltenbild wird durch Störungen wesentlich beeinflußt. Wie überall gibt es auch im Ruhrbezirk Druck- oder Pressungsstörungen (z. B. Überschiebungen auf „Wechseln" und Aufschiebungen auf „Schaufelflächen") und Zug- oder Zerrungs-

---

[1] Näheres s. Oberste-Brink in dem auf S. 62 in Anm. [1] angeführten Aufsatz; — ferner Glückauf 1931, S. 423; Keller: Beobachtungen über Ablagerung und Faltung im Ruhroberkarbon; — ferner Kukuk, Geologie des Niederrhein.-Westfäl. Steinkohlengebietes. Berlin: Springer, 1938.

[2] Siehe den auf S. 7 in Anm. [2] angeführten Aufsatz von Oberste-Brink und Heine.

störungen (Verwerfungen auf „Sprüngen"). Eine Mittelstellung nehmen die Verschiebungen auf „Blättern" ein. Hier seien als die wichtigsten Störungen erwähnt (vgl. das Kärtchen in Abbildungen 55 u. 59 sowie die beiden Abbildungen auf der farbigen Tafel):

1. Wechsel (von Süden nach Norden, vgl. Abb. 59):

a) Der Hattinger Wechsel („Satanella", in den Abbildungen mit I bezeichnet), der den Südflügel des Stockumer Sattels begleitet und stellenweise eine flache Schubhöhe von 2000 m hat,

b) der Sutan (II), der bekannteste und in der größten streichenden Erstreckung (von Kettwig bis Werne a. d. L., d. h. auf rund 60 km) erschlossene Wechsel. Er begleitet den Südflügel des Wattenscheider Sattels und verschiebt die Schichten stellenweise um 1000—2000 m, flach gemessen. Am Sutan hat Cremer zuerst die Faltung von Wechseln nachgewiesen (Abb. 30, S. 32).

c) Der Gelsenkirchener Wechsel (III) auf dem Südflügel des Gelsenkirchener Sattels mit 900—1000 m flacher Schubhöhe.

Alle drei Überschiebungsflächen sind mitgefaltet; jedoch gibt es auch noch manche vorwiegend nördlich einfallende Wechsel, die nicht gefaltet sind.

2. Sprünge (etwa senkrecht zur Faltung gerichtet und in den Abbildungen mit arabischen Ziffern bezeichnet):

a) Die Verwerfung Dahlhauser Tiefbau—Graf Bismarck (12 auf dem Kärtchen, von Achepohl „Primus-Sprung" genannt). Sie ist in der größten streichenden Erstreckung aufgeschlossen, nämlich auf etwa 19 km Länge. Ihre Seigerverwurfhöhe geht nach Norden von etwa 500 auf 0 m herab; ihr Einfallen ist östlich.

b) Die Herner Verwerfung (15, „Sekundus-Sprung"), die sich aus der Gegend südlich von Herne bis in das Gebiet nördlich von Herten erstreckt, die Schichten stellenweise bis zu 750 m seiger verworfen hat und gleichfalls östlich einfällt.

c) Die Blumenthaler Hauptverwerfung (16, „Tertius-Sprung"), mit westlichem Einfallen von Marten über Castrop nach Recklinghausen verlaufend, mit stellenweise 500—600 m Seigerverwurf.

d) Die Kirchlinder Störung (17, „Quartus-Sprung"), von Wellinghofen über Dorstfeld nach Rauxel sich erstreckend, verwirft bei östlichem Einfallen die Schichten in ihrem Hangenden um 150—200 m.

e) Die Bickefelder Hauptstörung (18, „Quintus-Sprung"). Sie setzt etwas östlich von Dortmund durch; westlich von ihr sind die Gebirgsschichten 300—500 m, seiger gemessen, abgesunken.

f) Der Kurler Sprung (20), nach Osten einfallend, Verwurfhöhe 100—200 m.

g) Der Königsborner Sprung (22), gleichfalls östlich einfallend, Verwurfhöhe 200—400 m.

h) Der Fliericher Sprung (23), mit westlichem Einfallen und einer Verwurfhöhe von 250—400 m.

Durchweg sind die Sprünge jünger als die Faltung und daher auch jünger als die Überschiebungen.

3. Blätter. Die früher wenig bekannten und beachteten Verschiebungen sind in den letzten Jahren in immer größerer Zahl erkannt worden. Ihre Bedeutung für den Ruhrbergbau ist jedoch nicht groß, so daß hier von

einer Aufzählung abgesehen werden kann. Dazu treten noch die sog. „Deckel-klüfte" mit sehr flach liegender Bewegungsfläche[1]).

Der gefaltete Teil der Ablagerung läßt, wie beispielsweise das Längsprofil durch die Essener Hauptmulde (s. Abb. 59) zeigt, deutlich die Bedeutung der Quersprünge in der Herausbildung von „Gräben" und „Horsten"[1]) erkennen. Man kann in der Richtung von Westen nach Osten u. a. unterscheiden:

Horst-Emscher-Graben, Graben von Königsgrube, Herner Horst, Graben von Mont Cenis, Marler Graben, Castroper Horst, Dortmunder Graben, Waltroper Horst, Graben von Preußen, Kamener Horst, Königsborner Graben.

Das Zurücktreten der Faltungserscheinungen im Nordwesten läßt hier die Querverwerfungen etwas stärker zur Geltung kommen.

71. — Gebirgsklüfte. Die bereits auf S. 23 erwähnten Untersuchungen über den Verlauf der mit den Gebirgsbewegungen zusammenhängenden Kluft-bildungen haben im Ruhrgebiet zur Feststellung folgender wichtigster Kluft-systeme und Kluftrichtungen und ihres Übereinstimmens mit wichtigen Druckrichtungen[2]) geführt:

Kluftsysteme	I		II		III		IV	
Kluftrichtungen	1	2	1	2	1	2	1	2
Klüfte	67⁰	159⁰	139⁰	48⁰	95⁰	2⁰	28⁰	119⁰
Flözstreichen	60⁰							
Streichen der Querfaltungen der Kreideschichten			140⁰					
Streichen der Diagonalverschie-bungen					99⁰			
Streichen der Deckelklüfte							28⁰	

β) Die Unterlage des Steinkohlengebirges.

72. — Das Devon. Das Liegende des Karbons wird durch das Devon gebildet. Aus devonischen Schichten setzt sich auch zum weitaus größten Teile das Rheinische Schiefergebirge zusammen, ein Teil des großen, ganz Mitteleuropa durchziehenden alten variscischen Gebirges (Abb. 3 auf S. 6). Infolge eingetretener Abtragung stellt das Rheinische Schiefergebirge heute nur noch ein Rumpfgebirge dar, das aber ebenso wie das Steinkohlengebirge gefaltet ist. Das Devon wird in diesem Gebirge vom Karbon konkordant überlagert.

Während die Sattelkerne meist aus Unterdevon bezw. Silur bestehen, setzen sich die Mulden aus Mittel- und Oberdevon zusammen. Wie das Karbon wird auch das Devon von langgestreckten Sätteln durchzogen, deren nördlichster der Remscheid-Altenaer Sattel ist. Nördlich dieses Sattels fallen die Schichten nach Norden ein und unterteufen das Karbon.

---

[1]) Kukuk: Geologie des Niederrhein.-Westfäl. Steinkohlengebietes. Berlin: Springer, 1938.

[2]) Glückauf 1934, S. 1021; Oberste-Brink u. Heine: Klüfte und Schlechten in ihren Beziehungen zum geologischen Aufbau des Ruhrkohlenbeckens.

An Erzlagerstätten im Devon sind die altberühmten Spateisenstein-, Blei- und Zinkerzgänge des Siegerlandes in der Siegener Grauwacke, ferner die Blei-Zinkerzgänge bei Ramsbeck, das Schwefelkies- und Schwerspatlager bei Meggen und schließlich die auch noch durch Kulm und Kohlenkalk hindurchsetzenden, größtenteils abgebauten Blei-, Zink- und Kupfererzgänge von Velbert, Selbeck und Lintorf zu erwähnen.

γ) Das Deckgebirge.

73. — Allgemeines. Das weitaus wichtigste und am längsten bekannte Schichtenglied des Deckgebirges ist die obere Kreide, vom westfälischen Bergmann als „Kreidemergel" bezeichnet. Zwischen Karbon und Deckgebirge fehlt demnach eine ganze Reihe von Schichten. Ein Teil der Zwischenschichten ist jedoch im Norden und Nordwesten des Bezirks vorhanden. — Außerdem kommen noch jüngere Schichten über der Kreide in Betracht, die namentlich im Gebiet des Rheintalgrabens große Mächtigkeit und Bedeutung erlangen. Dort ist nämlich nach Ablagerung der Kreideschichten, in der Tertiärzeit, das Meer wieder vorgedrungen und hat in der südlich bis Remagen hin sich erstreckenden „Kölner Bucht" mächtige, sandig-tonige Schichten abgelagert, in die wiederum der Rhein sein Bett eingeschnitten hat. Dabei sind die früher gebildeten Ablagerungen des Zechsteins, des Buntsandsteins und der Kreide teilweise wieder zerstört worden, so daß wir an vielen Stellen unmittelbar über dem Steinkohlengebirge oder über dem Zechstein das Tertiär antreffen. Das Hauptgebiet der tertiären Ablagerungen ist die linke Rheinseite[1]).

74. — Lagerungsverhältnisse. Im Gegensatz zu der ausgesprochenen Faltung der Karbonschichten sind die Deckgebirgsablagerungen nur stellenweise und nur in geringem Maße gefaltet. Dementsprechend fallen die Deckgebirgsschichten durch ihre sehr flache Lagerung auf. Während das Steinkohlengebirge vollkommen konkordant auf dem Devon liegt, wird es seinerseits von den Schichten des Deckgebirges diskordant überlagert. Dieses wird von Quersprüngen durchsetzt, die aus dem Karbon in die Kreide hineinsetzen. Wir müssen daraus schließen, daß nach Ablagerung der Deckgebirgsschichten nochmals Bewegungen längs der alten karbonischen Störungen vor sich gegangen sind (vgl. auch Abb. 19 auf S. 24).

Weiterhin ist die meist ebene Oberfläche des Steinkohlengebirges unter den jüngeren Schichten bemerkenswert. Sie verdankt ihre Entstehung den während der langen Zeiträume zwischen Karbon und Kreide eingetretenen Einebnungsvorgängen durch die Wirkungen der atmosphärischen Kräfte. Während der Kreidezeit ist dann das Meer bei gleichzeitiger langsamer Senkung des Festlandes immer weiter landeinwärts vorgedrungen, hat die letzten Geländewellen eingeebnet und auf den glattgehobelten Schichtenköpfen des Karbons seine eigenen Ablagerungen abgesetzt.

Die stellenweise vorhandenen Unebenheiten dieser Grenzfläche sind durch Auskolkungen (als Folge der Meeresbrandung) oder durch Verwerfungen (sog. „Mergelbabstürze") hervorgerufen worden.

---

[1]) Kukuk: Geologie des Niederrhein.-Westf. Steinkohlengebietes. Berlin: Springer, 1938.

Eine fernere Eigentümlichkeit ist das starke südliche Vordringen der oberen Kreide über die Grenzen der nächst älteren Schichten hinaus. Diese als „Transgression" bezeichnete Erscheinung hat die unmittelbare Überlagerung des Karbons durch die viel jüngere obere Kreide zur Folge gehabt, wogegen die Zwischenstufen erst viel weiter nördlich auftreten.

Außerdem ist das Streichen des in erster Linie in Betracht kommenden Kreidemergels zum Unterschied von dem WSW—ONO-Streichen der Karbonschichten nahezu westöstlich. Dieser Unterschied der Streichrichtungen hat zur Folge, daß im Osten des Bezirks die sämtlichen Hauptmulden des produktiven Steinkohlengebirges von Kreide überlagert sind, während im Westen die Kreidedecke erst im Gebiete der Emscher-Mulde beginnt. Demgemäß nimmt in dem in der Streichrichtung liegenden Längsprofil durch die Essener Hauptmulde die Mächtigkeit der Kreideschichten nach Nordosten hin erheblich zu.

75. — Die Schichten zwischen Karbon und Kreide. Hierzu gehören im wesentlichen der Zechstein und der Buntsandstein. Der Zechstein setzt sich von unten nach oben aus bituminösen, nach oben hin kalkiger werdenden Mergelschiefern, dann aus Kalk- und Dolomitbänken, Anhydrit, Salz und Letten zusammen. An der unteren Grenze findet sich meistens ein die Unebenheiten des Untergrundes ausfüllendes Konglomerat („Transgressionskonglomerat"). Das Verbreitungsgebiet des Zechsteins ist auf dem Kärtchen in Abb. 55 ersichtlich. Die unterste Mergelschieferschicht entspricht dem in der Mansfelder Gegend altberühmten Kupferschieferflöz. Es ist jedoch im Niederrheingebiet mit Ausnahme von Spuren nicht erzführend entwickelt. Wie in Nord- und Mitteldeutschland tritt auch im niederrheinischen Zechstein, vornehmlich in seiner mittleren Zone, in besonderen Grabengebieten Steinsalz auf, das bis zu mehreren 100 m mächtig wird und stellenweise Kalisalzschichten führt (vgl. Abb. 55)[1]).

Der Buntsandstein hat seinen Namen von den rötlichen und grünlichen, meist lockeren Sandsteinschichten, die bisweilen konglomeratisch ausgebildet sind. Diesen sind Letten und Mergel zwischengeschaltet. Der wie der Zechstein bereits durch verschiedene Schächte (z. B. **Rheinbaben, Möller, Zweckel und Borth-Schächte**) aufgeschlossene, stark wasserführende Buntsandstein (vgl. auch das Profil in Abb. 59) hat insbesondere auf der linken Rheinseite dem Schachtabteufen große Schwierigkeiten bereitet.

Die zwischen Buntsandstein und oberer Kreide folgenden Schichten (Muschelkalk, Keuper, Jura, untere Kreide) sind bisher nur vereinzelt durch Bohrungen aufgeschlossen worden; sie haben daher in dem für den Bergbau heute in Betracht kommenden Teile des Beckens keine Bedeutung[1]).

76. — Die Kreideschichten. Innerhalb des Hauptteiles des Bergbaubezirks sind, wie erwähnt, nur die Schichten der oberen Kreide zur Ablagerung gekommen. Ihr südliches Ausgehendes verläuft (Abb. 55) längs einer Linie, die etwa durch die Städte **Duisburg, Mülheim, Bochum, Dortmund** und **Unna** bezeichnet wird. Von dieser Linie an senkt sich die Oberfläche des Steinkohlengebirges ziemlich gleichmäßig nach Norden ein, so daß das Deckgebirge

---

[1]) Näheres s. Kukuk: Geologie des Niederrhein.-Westfäl. Steinkohlengebietes. Berlin: Springer, 1938.

in nördlicher Richtung bei nahezu söhliger Oberfläche an Mächtigkeit ständig zunimmt (vgl. das Profil, Abb. 60). Dieses Anwachsen beträgt im Osten des Gebiets etwa 40 m, im Westen etwa 30 m auf 1 km, entsprechend einer Neigung der Karbonoberfläche von $1^1/_2$—$2^1/_2{}^0$. Nach Nordwesten und Westen hin werden jedoch diese Lagerungsverhältnisse viel unregelmäßiger; die Mächtigkeit der Kreideschichten nimmt ab, und in der Rheingegend sind die Kreideschichten vollständig verschwunden, so daß hier von den in Abb. 65 gezeichneten Grenzlinien ab das Tertiär unmittelbar auf dem Karbon bzw. auf Trias oder Zechstein lagert.

Die obere Kreide setzt sich ihrerseits wieder (vom Liegenden zum Hangenden) aus mehreren Stufen zusammen (vgl. Abb. 60):

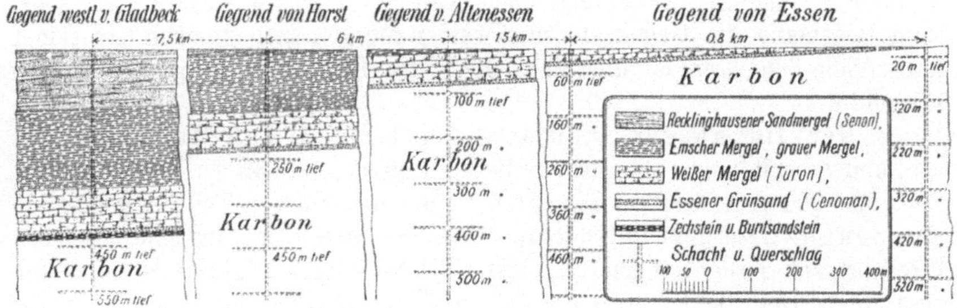

Abb. 60. Das Deckgebirge im Ruhrkohlenbezirk und sein Verhalten von Süden nach Norden.

1. **Cenoman**: Diese Stufe ist im Westen anders entwickelt wie im Osten. Während sie im Westen vollständig als Grünsand ausgebildet ist (sog. **Essener Grünsand**), sind im Osten die höheren Lagen des Cenomans kalkig-mergeliger Natur. Der Essener Grünsand hat seinen Namen von seiner durch zahlreiche Körner des Minerals Glaukonit (eines Eisen-Aluminium-Silikats) bedingten grünen Farbe und seinem starken Gehalt an Quarzkörnern, sowie nach der Stadt Essen, in deren Nähe er zuerst aufgeschlossen worden ist. Bemerkenswert sind die zwischen ihm und der Karbonoberfläche auftretenden deutlichen Spuren alter Brandungstätigkeit: abgerollte Bruchstücke des Steinkohlengebirges (oft große Blöcke bis zu 1 m Durchmesser), stellenweise zu Konglomerat verkittet, an anderen Stellen durch Häufung von umgewandelten Toneisensteingeröllen auffallend und so Brauneisensteinlager bildend (fälschlich „Bohnerz" genannt). Vielfach sind die Gerölle durch die Tätigkeit von Bohrmuscheln mit zahlreichen Löchern versehen. Da der Essener Grünsand die Unebenheiten des Untergrundes ausfüllt, schwankt seine Mächtigkeit zwischen wenigen Metern und 20—30 m. Er wird im Westen wegen seiner tonigen Beschaffenheit als wassertragend angesehen; weiter im Osten verliert er diese wertvolle Eigenschaft, indem er fest, klüftig und wasserführend wird.

2. **Weißer Mergel** (im wesentlichen das „**Turon**" der Geologen), bestehend aus hellen, festen Kalkmergeln und Mergeln mit deutlicher Schichtung, die sich nach ihrer Versteinerungsführung in 4 Stufen zergliedern lassen. Die vorwiegend kalkigen und sehr zerklüfteten Schichten sind stellenweise stark wasserführend und daher vom westfälischen Bergmann, besonders im

Osten, als Wasserzubringer gefürchtet. In dieser Stufe treten noch zwei als „mittlerer" (Bochumer) und „oberer" (Soester) Grünsand bezeichnete Zonen auf, die sich nach Norden, Westen und Osten hin verlieren. Die Mächtigkeit des weißen Mergels steigt bis auf 150 m.

Aus dem weißen Mergel entspringen die Solquellen von Salzkotten, Werl, Königsborn, Rothenfelde u. a.

3. Emscher Mergel, kurz als „Emscher" bezeichnet, eine zum weißen Mergel in scharfem Gegensatz stehende Gesteinsfolge, die sich durch große Mächtigkeit (bis 400 m), gleichmäßige tonig-sandige Zusammensetzung und graue Färbung auszeichnet. Die tonigen Mergel des Emscher sind infolge ihrer milden, zähen und dichten Beschaffenheit nicht nur selbst meist wasserfrei, sondern können auch als wassertragende Schicht für die in ihrem Hangenden zusitzenden Gebirgswasser angesehen werden. Deshalb wird der Emscher vom Bergmann, im Gegensatz zum weißen Mergel, gern gesehen. In seinen hangenden Schichten ist allerdings auch der Emscher klüftig und wasserführend.

4. Recklinghauser Sandmergel und Sande von Haltern. Diese als Sonderausbildungen im nordwestlichen Teile des Bezirks zu betrachtenden, etwa 50—200 m mächtigen Schichten bilden den unteren Teil der geologisch als „Senon" bezeichneten Schichtenfolge. Sie setzen sich aus einer Wechsellagerung von losen Sanden und festen Mergel- bzw. Kalksandsteinbänken zusammen. Dem Schachtabteufen setzen sie infolge ihrer örtlich lockeren Beschaffenheit und starken Wasserführung sowie durch ihre harten Einlagerungen große Schwierigkeiten entgegen. Nach Osten und Südosten gehen die sandigen Schichten allmählich in gleichmäßige tonige Mergel über, die dem Emscher so ähnlich sind, daß sie nur durch kennzeichnende Versteinerungen von ihm getrennt werden können.

77. — Tertiär, Diluvium, Alluvium. Über dem Kreidemergel treten in bestimmten Gebieten Mergel-, Ton-, Sand-, Fließ-, Geröll- und Geschiebeschichten auf, die dem Tertiär, Diluvium und Alluvium angehören. Der Bergmann faßt sie, allerdings ungenau, wegen ihrer lockeren Beschaffenheit und ihrer Durchtränkung mit Grundwasser unter der Bezeichnung „schwimmendes Gebirge" zusammen. Die größte mit Schächten durchsunkene Mächtigkeit dieser jungen Gebirgsschichten (einschließlich der obersten senonen Schichten) hat bisher rund 400 m betragen, und zwar am Niederrhein.

Das Tertiär (Oligozän und Miozän) beschränkt sich auf die obenerwähnte „Kölner Bucht"; seine östliche Grenze verläuft im allgemeinen nordsüdlich und schneidet den Ruhrbezirk etwa in der Gegend von Oberhausen-Sterkrade. Es besteht aus Meeresablagerungen (grauen oder grünen sandigen Tonmergeln und Feinsanden sowie aus dunklen Glimmertonen) von vielfach bedeutender Mächtigkeit, die auf größeren Flächen unmittelbar auf dem Steinkohlengebirge auflagern.

Das Diluvium umfaßt Ablagerungen, die auf die gewaltige Vereisung ganz Norddeutschlands zurückzuführen sind. Es handelt sich hier teils um Gesteinstrümmer, die durch das Inlandeis selbst zusammengetragen sind, teils um Absätze der den Gletschern entströmenden Schmelzwasser. Vielfach sind unsere heutigen Flüsse als kleine Überreste dieser früheren starken Schmelzwasserläufe anzusehen; in ihrer unmittelbaren Nähe treten infolgedessen auch häufig diluviale Ablagerungen in größerer Mächtigkeit auf. Besondere Beachtung verdient die im Vergletscherungsgebiet vielfach noch vorhandene Grundmoräne (vgl. Abb. 7 auf S. 11), die bei mergeliger Ausbildung und Spickung mit „Geschieben" (geschrammten Gesteinsbrocken verschiedener Herkunft) Geschiebemergel genannt wird. Mitgeschleifte größere Blöcke des Geschiebemergels werden als „erratische Blöcke" oder „Findlinge" bezeichnet. An der Stelle längerer Stillstände der Gletscher bildeten sich gemäß Abb. 7 die wallförmigen „Endmoränen" (wie bei Langendreerholz und Kupferdreh) heraus. Die ungefähr bis zu einer von Werl über Unna, Hörde, Hattingen und Kettwig gezogenen Linie auftretenden Findlinge stellen gleichzeitig annähernd die Südgrenze des Vordringens des Inlandeises dar. Sie bestehen meist aus Eruptivgesteinen (vornehmlich Granit), wie sie heute im Norden, vorwiegend in Skandinavien, anstehend gefunden werden.

Die jüngste Schicht des Diluviums bildet der über weite Flächen des Ruhrkohlenbezirks verbreitete lößähnliche Lehm, dessen Mächtigkeit von wenigen Zentimetern bis zu 7—8 m schwanken kann. Er stellt ein Umwandlungserzeugnis von staubfeinem, aus Sand und Ton bestehendem, ursprünglich kalkhaltigem, in den oberen Schichten aber durch Auslaugung entkalktem Löß dar. Zu gleicher Zeit bildeten sich im Ruhrtale die verschiedenen Flußterrassen (vgl. Abb. 5 auf S. 10) als Reste des früheren Talbodens dieses Flusses, in dem die ehemals viel breitere Ruhr wiederholt ihr Bett tiefer legte.

Die für den Bergmann ungünstigsten Glieder des jüngeren Deckgebirges sind der Fließ- oder Schwimmsand und die erratischen Blöcke. Der erstere ist ein äußerst feiner, von Wasser durchtränkter Sand mit größerem oder geringerem Tongehalt. Er besitzt eine so starke Kapillarität, daß er das in ihm enthaltene Wasser festhält und eine zähflüssige Masse bildet, die beim Schachtabteufen außerordentliche Schwierigkeiten verursacht.

Daher läßt sich das Abteufen verschiedentlich stark dadurch verbilligen, daß man die mächtigen Diluvialschichten ganz umgeht oder doch durch vorher ausgeführte Untersuchungsbohrungen die Stellen der geringsten Mächtigkeit aufsucht.

Das Alluvium, wie die heute noch vor unseren Augen sich bildenden Ablagerungen bezeichnet werden, besteht im Ruhrbezirk wie anderwärts aus den von Flüssen und sonstigen Wasserläufen abgesetzten Schotter-, Sand-, Lehm- und Tonschichten.

2. Die Steinkohlenvorkommen von Osnabrück.

78. — Übersicht. In der Gegend von Ibbenbüren, westlich von Osnabrück, taucht das westfälische Karbon wieder aus der Decke jüngerer Schichten auf und bildet zwei flache Bergrücken, den Schafberg bei Ibbenbüren und den Piesberg bei Osnabrück. In der OSO—WNW verlaufenden Streichlinie des ersteren schließt sich nach Südosten hin das Karbon des Hüggels an, das aber für den Bergbau bis jetzt keine Bedeutung hat.

79. — Flöz- und Gesteinsverhältnisse. Die hier aufgeschlossenen Schichten stellen ihren Pflanzenversteinerungen nach Ablagerungen dar, die im allgemeinen etwas jünger sind als die westfälischen Flammkohlen-schichten. Neuere Untersuchungen[1]) haben gelehrt, daß der unterste Teil der Ibbenbürener Schichten den obersten Flözen der Gasflammkohlengruppe entspricht, indem die durch eine tiefere Bohrung aufgeschlossene und als „Neptun-Horizont" bezeichnete marine Schicht dem „Ägir-Horizont" der Gasflammkohlengruppe gleichzusetzen ist. Da das Nebengestein vorwiegend aus Sandstein und Konglomerat besteht und außerdem die Schichten zutage ausgehen, hat eine weitgehende Entgasung der Kohle stattgefunden, so daß diese trotz ihres jüngeren Alters bei Ibbenbüren 70—85%, am Piesberg sogar bis zu 98% festen Kohlenstoff enthält. Ein Teil der Ibbenbürener Flöze liefert Kokskohle.

Bei Ibbenbüren sind sieben bauwürdige Flöze mit etwas über 5 m Kohlenmächtigkeit aufgeschlossen. Am Piesberg wurden vier Flöze mit insgesamt 3 m Kohle gebaut; der Bergbau ist dort aber bereits seit längerer Zeit zum Erliegen gekommen.

Als Deckgebirge tritt Zechstein und über ihm Buntsandstein auf.

3. Das Saar-Nahe-Steinkohlenbecken[2]).

80. — Begrenzung und Allgemeines. Der bisher auf deutschem Gebiet bergmännisch aufgeschlossene Bezirk dieser wichtigen Ablagerung ist erheblich kleiner als derjenige des Ruhr-Lippe-Kohlenbeckens, da er nur etwa 600 km² Fläche überdeckt. Der weitaus bedeutendste Teil dieses Gebietes bildet annähernd (vgl. Abb. 61) ein rechtwinkliges Dreieck mit den Städten Neunkirchen (im Nordosten), Forbach (im Südwesten) und Saarlautern (im Nordwesten) als Eckpunkten; die Länge Neunkirchen—Forbach beträgt rund 26 km, die Länge Forbach—Saarlautern rund 18 km. An diesen Kern des ganzen Gebietes schließen sich nach Nordosten hin einige Grubenaufschlüsse in der bayrischen Pfalz, nach Südwesten hin solche in Lothringen. In neuerer Zeit aber, namentlich in den letzten 20 Jahren, ist durch eine lebhafte Bohrtätigkeit das flözführende Steinkohlengebirge westlich und südwestlich (über die französische Grenze hinaus, bis in die Gegend von Nancy) in erreichbaren Tiefen nachgewiesen worden, woraus sich eine erhebliche Vergrößerung des Beckens gegenüber dem früher bekannten Gebiet ergibt. Insgesamt kann heute mit einer Ausdehnung der karbonischen Ablagerungen von 50—70 km querschlägig und 130 km streichend gerechnet werden.

Die Oberflächenbeschaffenheit des Geländes ist vorwiegend hügelig, so daß die Errichtung der Tagesanlagen vielfach auf Schwierigkeiten stößt. Anderseits hat diese wellige Tagesoberfläche zahlreiche Gelegenheiten zum Stollenbetrieb geboten, und noch heute werden verschiedene größere Stollen als Hauptförderwege benutzt.

---

[1]) Glückauf 1924, S. 535; Gothan und Haack: Ruhrkarbon und Osnabrücker Karbon; — ferner ebenda 1925, S. 777; Gothan: Ruhrkarbon und Osnabrücker Karbon; — ferner Bergbau 1928, S. 277; Bode: Über das Verhältnis des Osnabrücker Karbons zum Ruhrkarbon.

[2]) Vgl. hierzu Bergbau 1934, S. 395; P. Kukuk: Die geologischen Verhältnisse des Saarreviers; — ferner Glückauf 1936, S. 417; W. Semmler: Die geologischen Verhältnisse des Saarkohlenbezirks.

Das Saarbrücker flözführende Steinkohlengebirge unterscheidet sich von
dem westfälischen dadurch, daß es lediglich aus Süßwasserbildungen aufgebaut ist. Damit hängt der häufige Wechsel verhältnismäßig dünnbankiger
Gesteinsschichten sowie die Annäherung an die Lagerungsverhältnisse der
„limnischen" Becken zusammen, die in der starken Veränderlichkeit der Flöze
im Streichen und Fallen infolge häufigen Anschwellens und Auskeilens der

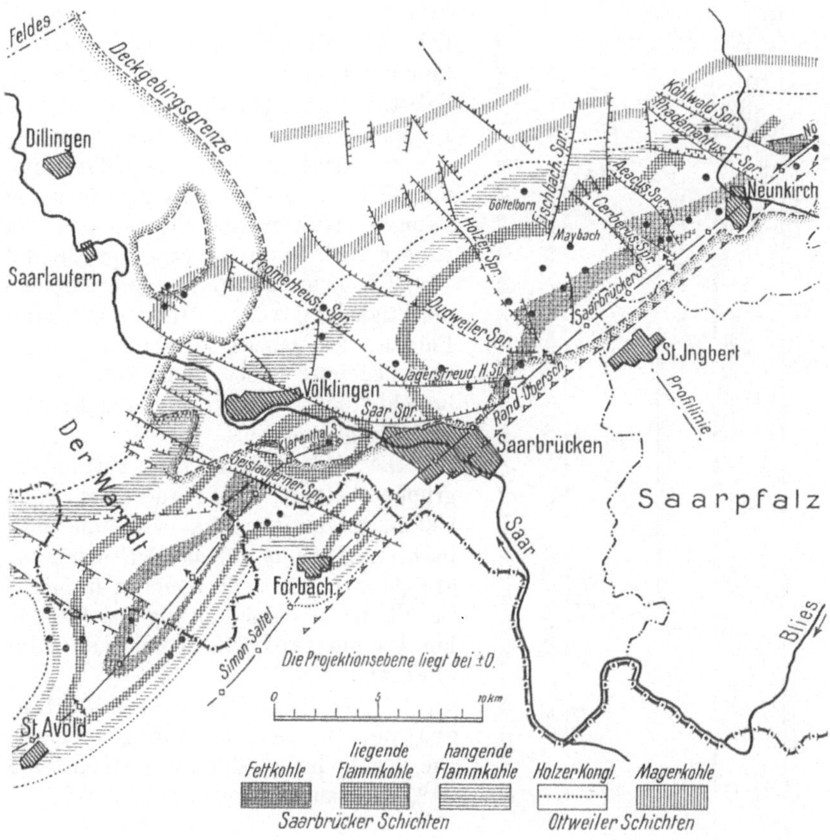

Abb. 61. Übersichtskarte des Saarkohlenbezirks.

Zwischenmittel sich ausprägt. Das Nebengestein gleicht dem des Ruhrbezirks,
nur treten die Konglomerate häufiger auf. Der Flözreichtum ist groß: es
sind etwa 90 bauwürdige Flöze mit rund 50 m Kohle aufgeschlossen. Besonders
kohlenreich ist der als „Warndt" bekannt gewordene südwestliche Grenzbezirk, wo
man auf französischem Gebiete in einer Schichtengruppe von 130 m Mächtigkeit
rd. 50 m Kohle aufgeschlossen hat, darunter Flöze zwischen 2 und 19 m Mächtigkeit. Jedoch sind die meisten Flöze infolge des Auftretens von Bergemitteln unrein.
    Über die Altersverhältnisse der Saarablagerung im Vergleich mit
den anderen wichtigsten deutschen Steinkohlenbecken gibt die Übersichtstafel in Abb. 54 (S. 57) Auskunft (vgl. auch S. 58).

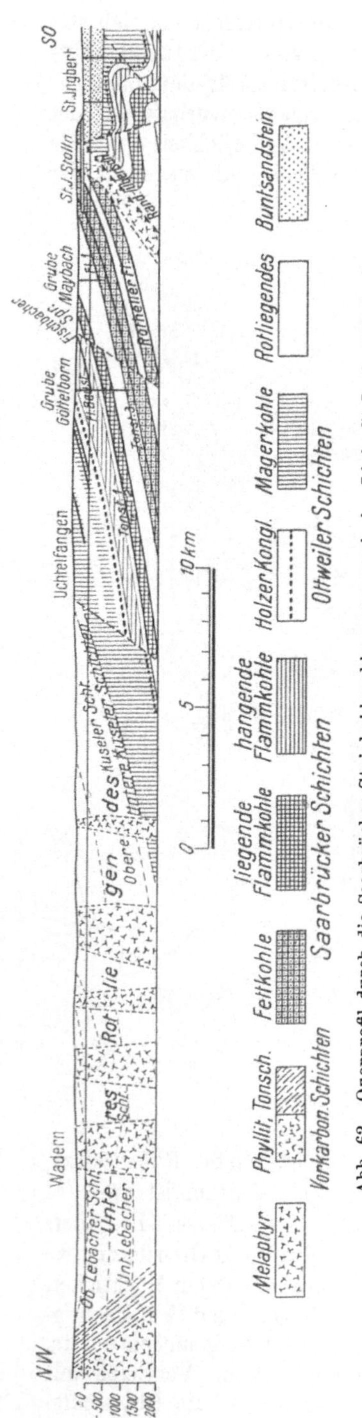

Abb. 62. Querprofil durch die Saarbrücker Steinkohlenablagerung nach der Linie St. Ingbert-Lebach.

81. — Flözgruppen[1]). Nach dem verschiedenen Verhalten der Kohle werden mehrere Abteilungen oder Flözgruppen unterschieden, nämlich (vom Liegenden zum Hangenden, vgl. Abb. 54 sowie Abb. 61 u. 62):

1. Die Fettkohlengruppe. Sie führt Flöze, deren Kohle durchschnittlich 64% Koks ausbringt und eine Verbrennungswärme von 8500 WE je kg liefert. Diese Flözfolge setzt sich (vom Liegenden zum Hangenden) zusammen aus der ärmeren Rotheller Flözgruppe mit 70 bis 80 Kohlenbänken, jedoch nur wenigen bauwürdigen Flözen, und der reichen Sulzbacher Flözgruppe, die mit 17—20 bauwürdigen Flözen, deren Kohlenmächtigkeit etwa 22 m beträgt, den Haupt-Flözzug des ganzen Saarbrücker Steinkohlengebirges bildet. Das Nebengestein besteht überwiegend aus Sandsteinen und Konglomeraten.

Die Mächtigkeit der Fettkohlengruppe beträgt bei Dudweiler rund 950 m, wovon etwa 700 m auf die Sulzbacher und 250 m auf die Rotheller·Flözgruppe entfallen. Jedoch nimmt die Mächtigkeit der ersteren Flözfolge nach Osten hin bis auf rund 300 m bei Neunkirchen ab.

2. Die liegende Flammkohlengruppe, mit 2—3 bauwürdigen Flözen. Die Kohle liefert durchschnittlich rund 60% Koksausbringen und 7400 WE.

3. Die hangende Flammkohlengruppe, 7—10 bauwürdige Flöze mit etwa 9 m Kohle enthaltend. Die Kohle erzeugt im Mittel 7800 WE und liefert rund 60% Koksrückstand

Diese Flözgruppe ist von der unteren Flammkohlengruppe, wie diese von der Fettkohlengruppe, durch ein flözarmes Mittel getrennt.

Auch die Flammkohlengruppe zeigt die Erscheinung einer starken Verschwä-

---

[1]) S. auch Glückauf 1926, S. 1117; A. Willert: Stratigraphischer Aufbau des Steinkohlengebirges im Saargebiet.

chung nach Osten hin: von Grube Gerhard nach Grube Kohlwald hin nimmt die obere Flammkohlengruppe von 830 m bis auf 400 m, die untere von 280 m bis auf 120 m ab, so daß einschließlich des flözarmen Mittels zwischen Flamm- und Fettkohlen die Verschwächung zwischen diesen beiden Stellen 1630 — 850 = 780 m beträgt.

Im Nebengestein der Flammkohlengruppe treten gegenüber der Fettkohlengruppe die Sandstein- und Konglomeratschichten mehr zurück.

4. Die Magerkohlengruppe oder der hangende Flözzug, 300 bis 600 m mächtig, 2 bauwürdige Flöze (das Wahlschieder und das Lummerschieder Flöz) führend, die zusammen 2,5 m Kohle enthalten, die im Mittel 7600 WE erzeugt und etwa 62% Koksrückstand hinterläßt.

Oberhalb dieses Flözzuges treten nur vereinzelt noch 1—2 bauwürdige Flöze (Hirteler Flöze und Hausbrandflöze) auf.

Den bis zu einer Tiefe von 1500 m noch vorhandenen Kohlenvorrat des Saarbeckens veranschlagt Böker auf etwa 12,6 Milliarden t[1]).

Die Saarbrücker Magerkohlen dürfen nicht mit den westfälischen Magerkohlen verwechselt werden (vgl. S. 53). Überhaupt sind die Saarkohlen sehr gasreich (daher die starke Grubengasentwicklung der Saargruben), da sie großenteils jüngeren Schichten angehören als die Ruhrkohlenflöze (vgl. die Zusammenstellung Abb. 54); infolgedessen liefern auch die am besten zur Verkokung geeigneten Kohlen der Fettkohlengruppen keinen erstklassigen Hüttenkoks.

Im Gegensatz zum Ruhrkohlenbecken können im Saarrevier nur ausnahmsweise Kohlenflöze als Leitschichten benutzt werden, da das Verhalten der Flöze sehr stark wechselt. Dafür stehen zur Altersbestimmung für verschiedene Flözgruppen mehrere „Tonstein"-Schichten, Konglomerate und versteinerungführende Schichten zu Gebote. Der Tonstein ist ein verkieselter Porzellanton. Von den Konglomeraten ist das Holzer Konglomerat, ein lockeres, vorwiegend quarziges Konglomerat von sehr grobem Korn, das wichtigste. Es ist als Grenze zwischen der unteren, flözreichen Abteilung (obere westfälische Stufe, Fett- und Flammkohlengruppe) und der oberen, flözarmen Abteilung (Ottweiler Schichten, Magerkohlengruppe) angenommen worden. An versteinerungführenden Schichten sind besonders solche mit Schalen eines kleinen Muschelkrebses (Leaia) hervorzuheben, die für die unteren Ottweiler Schichten bezeichnend sind.

Eine Eigentümlichkeit, die das Saar-Nahe-Karbon mit dem niederschlesischen gemeinsam hat, ist das Auftreten von Eruptivgesteinen, die meist als Melaphyr anzusprechen sind und teils stockförmig, teils gangartig vorkommen. Hervorzuheben ist besonders der sog. „Grenzmelaphyr", der im Südosten in den unteren Schichten der Fettkohlengruppe (Abb. 62) auftritt und in ziemlich gleichförmiger Mächtigkeit von rund 5 m auf nahezu 8 km Länge teils als Lagergang, teils etwas spießwinklig die Karbonschichten durchsetzt. Er ist, wie Verkokungserscheinungen in den von ihm berührten Flözen beweisen, erst nach Ablagerung des Steinkohlengebirges in dessen Schichten hineingepreßt worden. Wegen seines gleichmäßigen Verhaltens wird auch er zur Altersbestimmung der Schichten benutzt.

---

[1]) S. das auf S. 55 in Anm. [1]) angeführte Werk von S. von Bubnoff, S. 229.

82. — Lagerungsverhältnisse. Das Saar-Steinkohlengebirge stellt sich als eine große Sattelbildung — Saarbrücker Hauptsattel — dar, auf deren nach NW einfallendem Nordflügel der Bergbau umgeht, wogegen der Südflügel durch eine gewaltige, nach NW einfallende Randüberschiebung abgeschnitten und infolge des dabei ausgeübten Druckes zu verschiedenen Falten zusammengestaucht und stark überschoben worden ist (vgl. das Querprofil in Abb. 62), so daß die Rotheller Flözgruppe hier in gleicher Höhe mit der hangenden Flammkohlengruppe liegt. Das an sich schon nicht steile Einfallen der Schichten verflacht sich nach Westen sowohl wie auch nach Norden (nach der „Nahemulde" hin) noch fortgesetzt und beträgt daher hier vielfach nur wenige Grade. Entsprechend dieser mäßigen Schichtenaufrichtung sind Überschiebungen selten und nur schwach ausgebildet. Die Streichrichtung ist die allgemeine des Rheinischen Schiefergebirges, entspricht also auch dem Hauptstreichen des Ruhrbezirks. Auch die Sprünge, die das Gebirge in eine Anzahl von Schollen zerlegen, zeigen im großen und ganzen das querschlägige Streichen der Sprünge des Ruhrkohlenbeckens; nur im südwestlichen Abschnitt weicht ihr Streichen mehr nach der WO-Richtung hin ab. Besondere Erwähnung verdient der Saarsprung (Abb. 61), der, von OSO nach WNW verlaufend, den nördlich von ihm liegenden Teil des Karbons um etwa 1000 m seiger in die Tiefe verworfen hat.

Das Liegende des produktiven Karbons, über das man im Ruhrkohlenbecken genau unterrichtet ist, hat man im Saarrevier auch in dem höher liegenden, durch den Bergbau erschlossenen Nordflügel des Saarbrücker Sattels bisher noch nicht angetroffen, da es infolge der flachen Lagerung nirgends in erreichbare Teufen gehoben ist. Wahrscheinlich bilden im südöstlichen Teile Granit und Urschiefer, weiter nach Nordwesten hin kambrische und silurische und erst daran anschließend devonische Schichten den Untergrund. Jedenfalls ist, wie Abb. 62 veranschaulicht, das Steinkohlengebirge den älteren Schichten diskordant aufgelagert.

83. — Deckgebirge. Die Deckgebirgsverhältnisse sind wesentlich günstiger als im Ruhr-Lippe-Becken. Auf die oberen Ottweiler Schichten folgen die Schichten des Rotliegenden, deren Beschaffenheit denen der oberen Karbongesteine so ähnlich ist, daß sich eine scharfe Grenze nicht ziehen läßt. Der Buntsandstein, der südlich der Randüberschiebung in größerer Mächtigkeit aufgeschlossen ist, greift von hier aus nur stellenweise auf geringe Erstreckung über das Karbon herüber, bildet aber im Warndt und nach Lothringen hinein zusammen mit den hier sich einschaltenden Schichten des Muschelkalks und Keupers ein Deckgebirge, dessen Mächtigkeit bis 700—800 m (bei Pont-à-Mousson) zunimmt, da das Steinkohlengebirge sich nach Südwesten hin immer tiefer einsenkt. In dieser Gegend haben verschiedene Schichten des Buntsandsteins, die bei sehr lockerem Gefüge stark wasserführend sind, dem Bergbau, insbesondere dem Schachtabteufen, große Schwierigkeiten entgegengesetzt.

4. Die Aachener Steinkohlenablagerungen.

84. — Allgemeine Übersicht. Der Steinkohlenbergbau in der Umgebung von Aachen geht nordöstlich und südöstlich dieser Stadt in zwei Hauptmulden, der Wurm-Mulde (nordöstlich, bei Kohlscheid-

Alsdorf und Baesweiler) und der Inde-Mulde (südöstlich, bei Eschweiler) um. Die nördlich an die Wurm-Mulde sich anschließende Limburger Mulde ist zunächst auf holländischem Gebiet erschlossen worden, wo eine Anzahl von Gruben in Förderung ist. Jedoch hat man ihre östliche Fortsetzung, die Erkelenzer Mulde, neuerdings auch auf deutschem Gebiete aufgeschlossen.

Die beiden Hauptmulden sind (vgl. Abb. 63) durch einen devonischen Sattel voneinander getrennt, auf dem die Stadt Aachen liegt; dieser ist durch die große, bereits oben (S. 34) erwähnte Aachener Überschiebung auf die Wurm-Mulde hinaufgeschoben.

Die Feststellung des Altersverhältnisses zwischen den Flözen der Wurm- und denjenigen der Inde-Mulde ist durch diese große Überschiebung, die den Zusammenhang gestört hat, erschwert worden. Doch heute ist sicher, daß das Flöz Padtkohl der Inde-Mulde dem Flöze Steinknipp der Wurm-

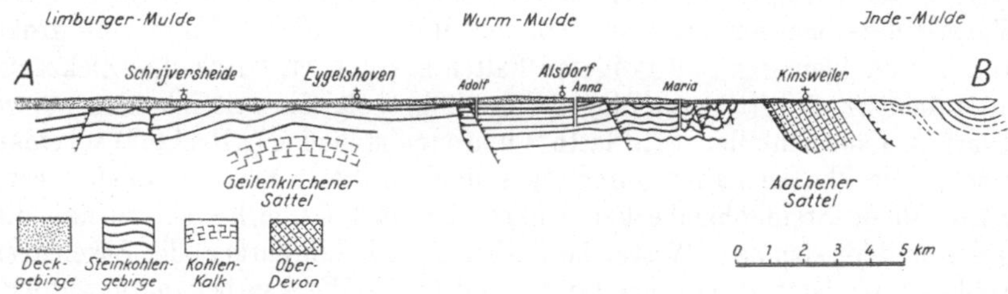

Abb. 63. Querprofil durch das Aachener Steinkohlengebirge. Nach Hahne u. Falke.

Mulde entspricht und beide dem Flöze Sonnenschein des Ruhrbezirks gleichzusetzen sind.

Die Aachener Steinkohlenablagerungen werden von denjenigen des Ruhrkohlenbeckens durch die Tertiär- und Diluvialablagerungen der „Kölner Bucht" getrennt, die am Nordost- und Südwestrande durch mächtige Verwerfungsspalten begrenzt ist. Doch ist es in den letzten Jahrzehnten durch zahlreiche Bohrungen gelungen, nördlich von Krefeld das zwischen diesen Verwerfungen in die Tiefe gesunkene und den Untergrund der Kölner Tertiärbucht bildende Steinkohlengebirge festzustellen, so daß der Zusammenhang zwischen beiden Steinkohlenbecken erwiesen ist.

Das Steinkohlengebirge legt sich hier um den nach Norden vorspringenden „Krefelder Sattelhorst" herum, einen vor Ablagerung des Karbons vorhanden gewesenen, später durch Verwerfungsspalten noch schärfer herausgehobenen Rücken.

85. — Flözführung und Nebengestein. In der Inde-Mulde werden etwa 12 Flöze mit rund 7 m Gesamt-Kohlenmächtigkeit, in der Wurm-Mulde 25 Flöze mit etwa 20 m Kohle gebaut. Die Inde-Mulde entspricht in ihren liegenden Schichten der westfälischen Magerkohlengruppe, sie führt in den unteren Flözen (den sog. „Außenwerken") magere Flammkohle mit etwa 9 % Gasgehalt. Die hangenderen Flöze („Binnenwerke") dieser Mulde enthalten dagegen eine vorzügliche Kokskohle mit 20—30 % Gasgehalt und einem Heizwert, der den aller anderen preußischen Steinkohlen übertrifft. Die Wurm-Mulde wird durch Verwerfungen in verschieden-

artige Abschnitte zerlegt, deren westlicher anthrazitische Magerkohle mit 4—7% Gas liefert, während die östlichen Gas- und Fettkohlen mit 15 bis 30% Gas enthalten. Gasreichere Flöze sind bisher nicht aufgeschlossen worden. In der Inde-Mulde überwiegen Sandsteine und Konglomerate, während in der Wurm-Mulde der Schieferton in den Vordergrund tritt. Hinsichtlich des Auftretens verschiedener Meeres- und Süßwasser-Muschelschichten ist eine große Ähnlichkeit mit dem Ruhrkohlenbecken zu erkennen: schon vor längerer Zeit hatte man in der marinen Schicht im Hangenden des Flözes Nr. 6 der Grube Maria die marine Schicht über dem Ruhrkohlenflöz Katharina wiedergefunden, und neuerdings hat C. Hahne eine ins einzelne gehende Gleichstellung der Aachener Flöze unter sich und mit denjenigen des Ruhrkohlenbeckens ausgearbeitet[1]).

86. — Lagerungsverhältnisse. Die Inde-Mulde zeigt eine einheitliche Muldenausbildung mit mäßigem Zusammenschub; der Südflügel ist allerdings stellenweise, namentlich östlich der Sandgewand, überkippt. Die Wurm-Mulde dagegen zeichnet sich auf ihrem Südflügel durch eine große Anzahl von kleineren und größeren Falten aus und ist durch ihre Zickzackfalten bemerkenswert, deren Flügel sich wie im belgischen Steinkohlengebirge scharf in flach einfallende („Platte") und steil stehende („Rechte") scheiden lassen. Die Platten haben durchweg südliches, die Rechten nördliches Einfallen. Beide Steinkohlenbecken senken sich nach Osten hin ein, so daß die Spezialmulden sich nach Westen herausheben. Die Limburger oder Erkelenzer Mulde ist bis jetzt als ein sehr breites und flaches Becken bekanntgeworden.

Die größeren Verwerfungen heißen „Gewand" oder „Biß". Die wichtigsten Verwerfungen der Inde-Mulde sind die Münstergewand (Seigerverwurf etwa 100 m) und die Sandgewand (Seigerverwurf rund 500 m), von denen die erstere die Westgrenze bildet, die letztere lange Zeit hindurch als Ostgrenze des Bergbaugebietes galt. Der zwischen beiden Störungen liegende Muldenteil ist größtenteils abgebaut. In der Wurm-Mulde tritt als wichtigste Verwerfung der Feldbiß (Seigerverwurf rund 300 m) auf, der sowohl hinsichtlich der Kohlenbeschaffenheit als auch hinsichtlich des Deckgebirges eine scharfe Grenze bildet und wahrscheinlich als nördliche Fortsetzung der Münstergewand anzusehen ist. Außerdem hat man seit 1900 verschiedentlich auch die nördliche Fortsetzung der Sandgewand durchörtert, die auch hier früher die Ostgrenze des Bergbaues gebildet hatte.

Das Aachener Karbon liegt konkordant auf dem Devon. Als Unterkarbon tritt hier im Gegensatz zu dem westfälischen Kulm der Kohlenkalk auf. In geringem seigeren Abstand über diesem liegt bereits das liegendste Kohlenflöz, so daß die westfälische Schichtenfolge des Flözleeren hier geringmächtiger ausgebildet ist.

Das Generalstreichen des Aachener Steinkohlenbeckens entspricht wiederum demjenigen des Rheinischen Schiefergebirges.

Für den Abbau wirken erschwerend: die verhältnismäßig geringe Flözmächtigkeit, die starke und scharfe Faltung in der Wurm-Mulde und das häufige Auftreten von Störungen.

---

[1]) Glückauf 1925, S. 1073; Wunstorf und Gothan: Ein Beitrag zur Kenntnis des Aachener Oberkarbons; — ferner Glückauf 1937, S. 237; Hahne: Gleichstellung und einheitliche Benennung der Flöze im Aachener Steinkohlenbezirk.

87. — Deckgebirge. Als Deckgebirge kommen lediglich Tertiär und Diluvium in Betracht. Die Mächtigkeit dieser Schichten steht in deutlicher Beziehung zu den Verwerfungen. Das Steinkohlengebirge der Inde-Mulde trägt erst östlich von der Sandgewand die Decke der jüngeren Schichten, in der Wurm-Mulde beginnt das Deckgebirge östlich vom Feldbiß. Die Mächtigkeit der Deckschichten steigt stellenweise bis zu etwa 600 m, nimmt jedoch nach Süden hin mehr und mehr ab, da das Aachener Steinkohlengebirge ähnlich wie dasjenige des Ruhrbezirks sich von Süden nach Norden allmählich einsenkt. Wegen der schwimmenden Beschaffenheit des Deckgebirges sind die Schwierigkeiten beim Schachtabteufen bedeutend. Auch die aus diesen Schichten, namentlich in der Inde-Mulde, in das Steinkohlengebirge durchsickernden Wasser erschweren den Bergwerksbetrieb. In der Wurm-Mulde allerdings werden sie vielfach durch wassertragende, tonige Schichten unschädlich gemacht, die sich als Verwitterungsrückstände des Steinkohlengebirges zwischen dieses und das Deckgebirge einschieben und als „Baggert" bezeichnet werden.

5. Das oberschlesische Steinkohlenbecken[1]).

88. — Allgemeines. Das oberschlesische Steinkohlenvorkommen stellt ein 6500 km² Flächeninhalt umfassendes Becken dar. Der bisher durch politische Grenzen zerrissene Bezirk ist seit 1939 erstmalig einheitlich zusammengefaßt. Er umgreift den west- und ostoberschlesischen Teil sowie die Randbezirke Dombrowa, Karwin (Olsagebiet) und Mährisch Ostrau (Abb. 64).

Drei Flözgruppen können im oberschlesischen Steinkohlengebirge unterschieden werden: die untere Randgruppe (Ostrauer Schichten), eine mittlere Sattelflözgruppe und die obere Muldengruppe. Ihre Mächtigkeiten, die stark schwanken, und der Anteil der abbauwürdigen Flöze an der Gesamtmächtigkeit der einzelnen Gruppen, zeigt die nachstehende Zahlentafel. In ihrer größten Mächtigkeit, die im Westen etwa 6000 m beträgt, enthalten die drei Gruppen zusammen 124 Flöze mit zusammen 170 m bauwürdiger Kohle. Im Osten rechnet man bei einer Gesamtmächtigkeit von nur rd. 2400 m mit 30 Flözen und 62 m bauwürdiger Kohle.

	Größte[2]) Mächtigkeit m	Abbauwürdige Kohlenmächtigkeit in Prozenten der Gesamtmächtigkeit
Mulden-gruppe Chelmer Schichten	300	0,5
Mulden-gruppe Nikolaier Schichten.	2350	1,6
Mulden-gruppe Rudaer Schichten	550	6,5
Sattelflöz-Gruppe	270	13,8
Ostrauer (Rybniker) Schichten { obere .	1261	} 2,8
oder Randgruppe { untere .	1147	

---

^[1]) Dannenberg in dem auf S. 54 in Anm. [1]) angeführten Werke; — ferner Glückauf 1940, S. 1 u. 30; P. Kukuk: Die geologischen Grundlagen des oberschlesischen Steinkohlenbeckens.

^[2]) Die Mächtigkeiten schwanken im oberschlesischen Steinkohlenbecken erheblich.

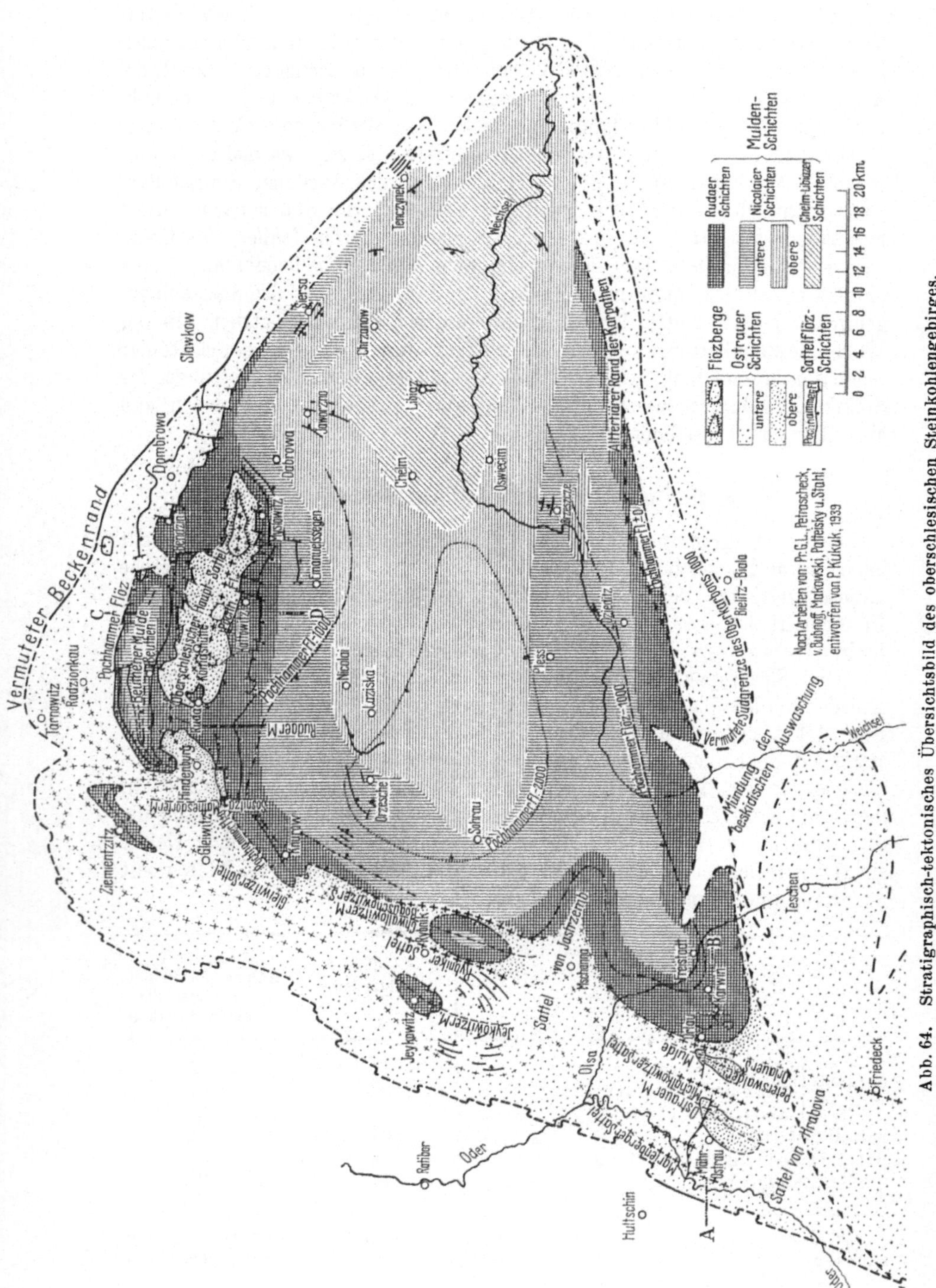

Abb. 64. Stratigraphisch-tektonisches Übersichtsbild des oberschlesischen Steinkohlengebirges.

Bis zu einer Teufe von 1000 m wird der sichere und wahrscheinliche Kohlenvorrat zu rd. 67 Milliarden Tonnen angenommen. Dabei sind in der Mulden- und Sattelgruppe nur die Flöze über 1 m, in der Randgruppe nur die Flöze über 0,50 m als abbauwürdig angesehen worden. Es handelt sich also um eines der reichsten Steinkohlenvorkommen der Welt.

89. — Flözführung und Nebengestein. Die untere Randgruppe enthält viele, aber meist schwache Flöze mit mehr oder weniger reiner Kohle, die vom Andreasflöz im oberen Teil der Gruppe ab verkokbar ist und im unteren Teil Magerkohle enthält. Das Nebengestein besteht zu etwa gleichen Teilen aus festen feinkörnigen biotitreichen Sandsteinen und sandigen Schiefertonen. Es handelt sich zweifellos um paralische Bildungen.

Die Sattelflözgruppe ist nur geringmächtig. Dafür ist sie aber durch das Auftreten mehrerer sehr mächtiger Kohlenflöze ausgezeichnet, wie sie in keinem andern Kohlenvorkommen der Welt anzutreffen sind. Das Nebengestein setzt sich aus Kohlenbrocken enthaltenden feldspatreichen Sandsteinen (Arkosen) und Konglomeraten zusammen. Die streichende Erstreckung dieser Flözgruppe, deren Flöze im Hindenburger Gebiet vom Hangenden zum Liegenden die Namen Einsiedel, Schuckmann, Heinitz, Reden und Pochhammer tragen, reicht von Gleiwitz über Hindenburg, Königshütte, Kattowitz nach Myslowitz und fällt annähernd mit dem engeren oberschlesischen Industriegebiet zusammen. Ihren Namen hat diese Gruppe von dem flachen Sattel erhalten, in dem sie in diesem Gebiete auftritt und der nach Norden in die Beuthener Mulde übergeht (vgl. Abb. 65). Bemerkenswert ist die Abnahme der Kohlenmächtigkeit und das noch wesentlich stärkere Auskeilen der

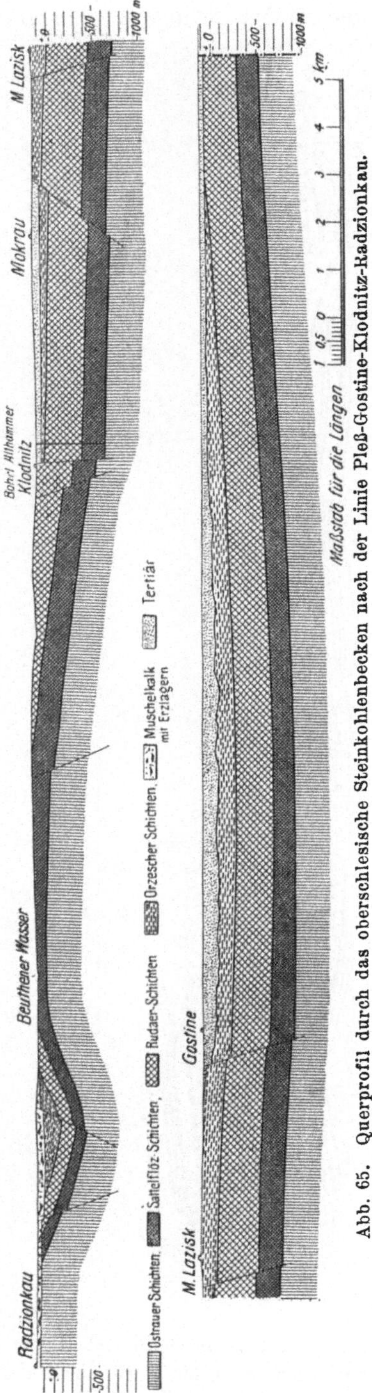

Abb. 65. Querprofil durch das oberschlesische Steinkohlenbecken nach der Linie Pleß-Gostine-Klodnitz-Radzionkau.

Gesteinsmittel nach Osten hin, wodurch in dieser Richtung die Flözzahl ab- und die Flözmächtigkeit zunimmt (vgl. Abb. 66), bis schließlich bei D o m b r o w a nur noch ein Flöz mit 15 bis 16 m Kohle vorhanden ist. Auch von Süden nach Norden hin ist eine Verschwächung der Schichten zu erkennen.

Die Kohlen der Sattelflöze sind vorwiegend Gaskohlen, nur die unteren Flöze enthalten Kokskohle. Da marine Einschaltungen innerhalb der Sattelflözgruppe fehlen, muß angenommen werden, daß mit ihr die limnische Ausfüllung des oberschlesischen Beckens beginnt, die bis zum Schluß anhält.

Die M u l d e n g r u p p e enthält wieder geringmächtige Flöze. Jedoch ist ihre Mächtigkeit mit 0,6—3 m im Durchschnitt etwas größer als die der Randgruppe. Die Flözzahl schwankt zwischen 52 im Westen und 21 im Osten des Gebietes. Die Kohle ist reich an flüchtigen Bestandteilen und der Gas- und Gasflammkohle zuzurechnen.

90. — Chemische und petrographische Eigenschaften der Kohlen. Wie aus der Beschreibung der drei Flözgruppen schon hervorgeht, überwiegen in Oberschlesien die gasreichen, langflammigen Kohlen, die für Kesselheizung und Hausbrand sowie als Generatorkohle besonders geeignet sind. Der Anteil der Kokskohle am Kohlenvorrat ist dagegen in Oberschlesien im Gegensatz zum Ruhrgebiet verhältnismäßig bescheiden. Der Heizwert der Kohlen schwankt zwischen 6300 und 7700 kcal.

Von großer bergmännischer Bedeutung ist die Tatsache, daß die Grubengasführung der oberschlesischen Gruben nur gering ist. Innerhalb des größten Teils des Gebietes, etwa östlich des Meridians von K a r w i n (allerdings mit Ausnahme des O s t r a u e r und des besonders schlagwetterreichen K a r w i n e r [Olsa-] Bezirks) sind Flöze und Nebengestein fast völlig grubengasfrei, so daß meist mit offenen Lampen gearbeitet werden kann.

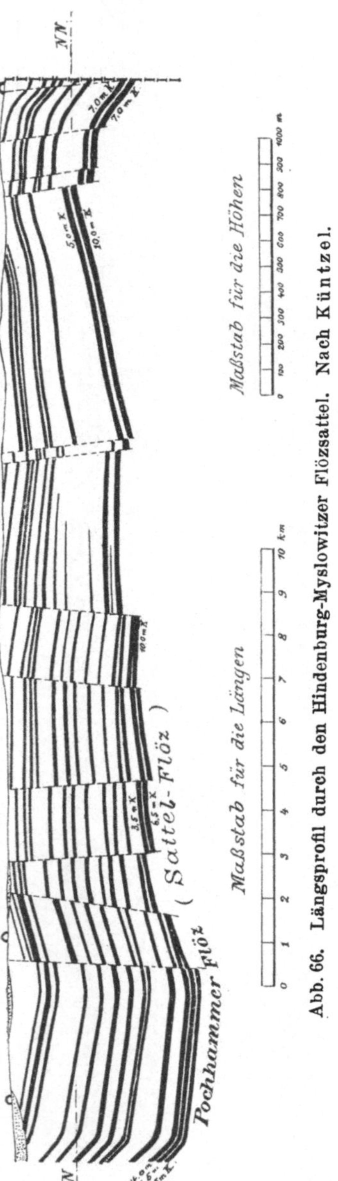

Abb. 66. Längsprofil durch den Hindenburg-Myslowitzer Flözsattel. Nach K ü n t z e l.

Die Flözkohle setzt sich in der Hauptsache aus duritischem Vitrit zusammen, wobei sich der Durit durch den Mangel an Bitumen und durch das Überwiegen nichtbackender Bestandteile vom westfälischen Durit unterscheidet.

Kennzeichnend für die oberschlesische Kohle, mit Ausnahme der Fettkohle, ist auch ihre erhebliche Festigkeit, eine Tatsache, die mit dem Überwiegen duritischen Vitrits zu erklären sein dürfte.

91. — Lagerungsverhältnisse. Das oberschlesische Steinkohlenbecken stellt nach Kukuk einen unregelmäßig gestalteten Trog mit vorwiegend flacher Lagerung dar, der von Randfalten eingerahmt wird (Abb. 64). Es ist eine starke variscisch als SSW—NNO gerichtete Hauptfaltung und eine hercynische, also WNW—OSO gerichtete Querfaltung zu unterscheiden. Die Hauptfaltung beherrscht in erster Linie den schmalen Westraum, während die Querfaltung mit Bruchstruktur das Hauptbecken kennzeichnet. Beide Faltensysteme sind wahrscheinlich durch die Einwirkung zweier verschieden gerichteter und auch verschieden alter Faltungsvorgänge entstanden.

Im Westraum treten mehrere parallele SSW—NNO streichende Sättel auf, die sich bis in die Beuthener Mulde verfolgen lassen. Es sind dieses hauptsächlich der Michalkowitz—Rybniker und der Orlau—Bojuschowitz—Gleiwitzer Sattel. Westlich davon ist noch die Michalkowitzer Störung zu erwähnen, die auf der Donnersmarckgrube als westlich einfallende Überschiebung entwickelt ist.

Die weitgespannte Hauptmulde zeichnet sich durch die schon erwähnten WNW—OSO streichenden Querfalten aus, deren wichtigste der über Hindenburg, Kattowitz und Sosnowitz sich hinziehende flache Oberschlesische Hauptsattel ist. Die nach ihm benannten Sattelflöze finden hier ihre vollständigste Ausbildung. An diesen Sattel lehnt sich nach Norden die ebenfalls WNW—OSO streichende Beuthener Mulde an, auch nördliche Randmulde genannt. Weiter nördlich, bei Tarnowitz, hebt sie sich wieder in die Höhe. Im Süden des Hauptsattels sinken die Schichten in die weitgespannte tiefe Haupt- oder Binnenmulde ein, deren Muldentiefstes etwa in der Linie Rybnik—Sohrau—Oswiecim zu suchen ist. Im Südwesten liegt dann das Querfaltungs-Muldengebiet von Ostrau—Karwin.

Das Alter der Hauptfaltung kann mit befriedigender Genauigkeit festgelegt werden. Da die jüngsten Schichten der Muldengruppe noch an der Faltung teilgenommen haben, kann sie frühestens am Ende des mittleren Oberkarbons (Westfal) eingesetzt haben. Anderseits war sie mit Ende des Oberkarbons abgeschlossen, da das Oberkarbon von Sedimenten des unteren Rotliegenden diskordant überlagert wird. Etwas jüngeres Alter besitzen die Sprünge des Karbons, die nur selten und mit weit verringertem Ausmaß bis in die Triasschichten hineinreichen.

92. — Liegendes und Deckgebirge. Die Unterlage, also das Liegende des flözführenden Steinkohlengebirges, ist sehr verschiedenartig ausgebildet. Im Westen besteht es aus kristallinem Gebirge, aus quarzitischem Unterdevon und kalkigem, an Diabasen reichem Mitteldevon. Nach Osten folgt die Grauwackenformation (Oberdevon, Unterkarbon und unterstes Oberkarbon). Im Osten des Gebietes liegen die untersten Schichten der Randgruppe auf unterkarbonischen Schichten marinen Kohlenkalks.

An mehreren räumlich begrenzten Stellen tritt das Steinkohlengebirge zutage. Es ist dieses einmal in einem 150 km² umfassenden Gebiet bei Gleiwitz, Hindenburg, Königshütte, Kattowitz, Myslowitz und Jaworzno der Fall, sowie südlich davon, bei Emanuelsegen, Nicolai, Orzesche und

Berum, weiter östlich bei Dombrowa, ferner südwestlich von Rybnik und schließlich im Südwesten bei Mährisch-Ostrau, Orlau und Karwin sowie im Südosten bei Tenczynek.

Der größte Teil des Gebietes ist jedoch von Deckgebirge überlagert. Es besteht vorzugsweise aus tertiären und diluvialen Schichten. Das Tertiär ist im allgemeinen 150—200 m mächtig, schwillt aber stellenweise, soweit bisher beobachtet ist, bis auf etwa 600 m an. Die Oberfläche des Steinkohlengebirges unter der Tertiärdecke zeigt zahlreiche, größtenteils auf Auswaschungen zurückführende Rinnen und Vertiefungen, während die Oberfläche der Tertiärschichten annähernd söhlig liegt. Es handelt sich hier um Meeresbildungen.

Das Diluvium ist bis zu 50 m mächtig angetroffen worden. Es ist bemerkenswert durch die „Kurzawka", einen zähflüssigen Schwimmsand, der dem Schachtabteufen große Schwierigkeiten entgegensetzt, und an den Stellen, wo das Diluvium unmittelbar über dem Karbon liegt, durch Einbrüche in die Baue wiederholt gefährlich geworden ist.

In einem beschränkten Gebiet, nämlich in der westlichen Randmulde und in der Beuthener Mulde, etwa nördlich der Linie Gleiwitz, Nicolai, Oswiecim und Kresnowice, schieben sich Buntsandstein und Muschelkalk zwischen Karbon und Tertiär ein. Diese Triasablagerungen sind bergwirtschaftlich von besonderer Bedeutung. Infolge ihres starken Wasserumlaufs auf ihren Klüften sind sie Träger eines gewaltigen Grundwasservorrats, auf dem die Wasserversorgung fast des ganzen Bezirks beruht. Außerdem gehören dem Dolomit des unteren Muschelkalks die reichen Zink-, Blei- und Eisenerzlagerstätten der Beuthener und Tarnowitzer Mulde an.

6. Das niederschlesische Steinkohlenbecken [1]).

93. — Lage und Begrenzung. Das niederschlesische Steinkohlenbecken erstreckt sich zwischen dem Riesen- und dem Eulengebirge an der Südwestgrenze Niederschlesiens. Es bildet eine mit der Längsachse nordwest-südöstlich gerichtete elliptische Mulde, an deren Südwest-, Nordwest- und Nordostrande das flözführende Steinkohlengebirge zutage ausgeht, während es auf der Südostseite der Mulde durch Schichten des Rotliegenden und der Kreide bedeckt wird. Der nordwestliche und südöstliche Teil der ganzen Mulde gehören zu Preußen, wogegen das Mittelstück fast ganz dem hier weit nach Osten hin vorspringenden Sudetenland angehört.

94. — Entstehung. Das Vorkommen stellt eine Beckenablagerung im eigentlichen Sinne des Wortes dar. Die gegen Ende der Kulmzeit eingetretene erneute Faltung der Gebirgsschichten hat die bereits durch die früheren Faltungsvorgänge begonnene Umwallung des Gebiets durch Faltengebirge vollendet und ein vom Meer abgeschlossenes „limnisches" Becken geschaffen. Es fehlt daher im Oberkarbon jegliche Meeresablagerung.

95. — Gliederung und Zusammensetzung. Das Liegende des Karbons wird an der westlichen, nordwestlichen und nordöstlichen Grenze durchweg

---

[1]) Näheres s. Dannenberg in dem auf S. 54 in Anm. [1]) genannten Werke, I. Teil, S. 147; — ferner W. Baum: Das niederschlesisch-böhmische Steinkohlenbecken (herausgegeben von der Niederschlesischen Steinkohlenbergbau-Hilfskasse, Waldenburg, 1927).

von Urgebirgsschichten (Gneis und Glimmerschiefer) gebildet; im Norden treten außerdem Silurschichten auf. An der Südwestgrenze, auf sudetendeutschem Gebiet, sind infolge verwickelter Störungserscheinungen die Lagerungsverhältnisse wenig klar. Im nordwestlichen Beckenteile schiebt sich auf preußischem Boden ein breites Band von dem sonst nur stellenweise auftretenden Kulm zwischen diese liegenden Schichten und das flözführende Steinkohlengebirge ein.

Das letztere ist aus vier Stufen aufgebaut, die aus der Hauptübersicht Abb. 55 ersichtlich sind. Die kohlenreichsten Schichten, der „Waldenburger Hangendzug“, sind sowohl auf preußischem als auch auf sudetendeutschem Gebiete, die liegendste Gruppe, der „Waldenburger Liegendzug“, dagegen ist bis jetzt nur in Preußen aufgeschlossen. Anderseits sind die beiden hangendsten Flözzüge, nämlich der „Idastollner“ und der „Radowenzer“ Flözzug, nur im Sudetenland bekannt geworden. Zwischen den beiden Waldenburger Flözgruppen tritt ein flözleeres Mittel von 400—500 m Mächtigkeit (als „Reichhennersdorfer“ oder „Weißsteiner“ Schichten bezeichnet) auf.

Das Nebengestein wird vorwiegend durch Konglomerate, Sandsteine und Sandschiefer gebildet. Namentlich der Reichtum an Konglomeratschichten, die in den liegenden sowohl wie in den hangenden Karbonschichten auftreten, ist für das niederschlesische Steinkohlengebirge bezeichnend. Dagegen tritt der Tonschiefer stark zurück und bleibt vorzugsweise auf die Nachbarschaft der Flöze beschränkt. Außerdem treten hier Eruptivgesteine (vorwiegend Porphyr) noch stärker in den Vordergrund als im Saarrevier; die vulkanischen Ausbrüche haben sich durch das ganze Oberkarbon und Rotliegende hingezogen und ihre schmelzflüssigen Massen in Stöcken und Decken (Lagergängen) in den Karbonschichten verteilt.

Entsprechend der Kennzeichnung der Ablagerung als limnisches Becken wechseln die Steinkohlenflöze an Zahl und Beschaffenheit stark. Viele Flöze sind weniger als 1 m mächtig; stärkere Flöze führen in der Regel ein Bergmittel. Im liegenden Flözzug treten 4—20, im hangenden 2—22 bauwürdige Flöze auf. Der größte an einer Stelle in bauwürdigen Flözen aufgeschlossene Kohlenreichtum beträgt etwa 15 m im liegenden Flözzug (Morgen- und Abendsterngrube bei Altwasser) und etwa 35 m im hangenden Flözzug (Ver. Glückhilf-Friedenshoffnung-Grube bei Hermsdorf). Wie sich aus diesen Zahlen ergibt, ist nicht nur der Kohlenreichtum, sondern auch die durchschnittliche Flözmächtigkeit im hangenden Zuge größer als im liegenden; auch zeichnet sich der erstere durch bessere Beschaffenheit der Kohle aus. Fett- und Magerkohlenflöze treten wechselweise auf; im Hangendzug überwiegen die ersteren (s. auch die Zahlentafel auf S. 58 und Abb. 55 auf S. 59).

Die jüngeren Gebirgsschichten bestehen in der Hauptsache aus dem Rotliegenden und der Kreide; von letzterer ist jedoch nur das Cenoman entwickelt, sie tritt nach Norden hin stark zurück. Diluvialschichten treten nur in den Bach- und Flußtälern auf.

Auf eine in die Tertiär- und Diluvialzeit fallende vulkanische Tätigkeit, die wahrscheinlich mit dem Basaltvorkommen im Sudetenland zu sammenhängt, deuten die Kohlensäureausbrüche hin, unter denen manche niederschlesische Gruben stark zu leiden haben (vgl. 5. Abschnitt).

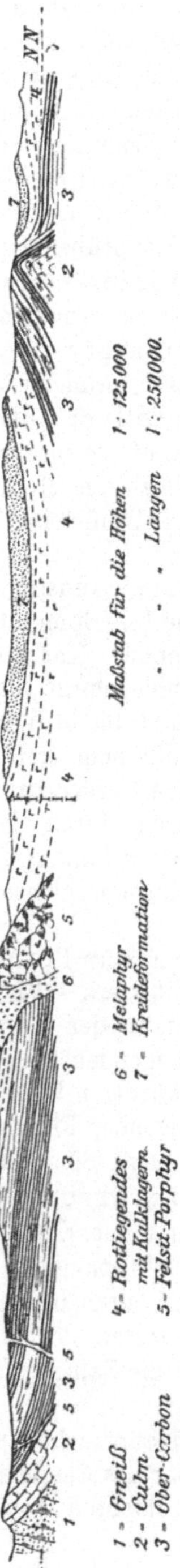

96. — **Lagerungsverhältnisse.** Die Faltung des Steinkohlengebirges ist hier in mäßigen Grenzen geblieben. Die ganze Ablagerung (vgl. Abb. 67) stellt sich als große, flache Mulde dar, deren Nordostflügel den Hauptsitz des preußischen Bergbaues bildet, während der Südwestflügel im Sudetenland gebaut wird; hier schließt sich weiter nach Südwesten noch ein Sattel an. Auf preußischem Gebiet sind noch 2 Spezialmulden, die **Waldenburger** und die **Kohlauer**, zu unterscheiden, die durch den Porphyrrücken des **Hochwaldes** getrennt werden, und von denen die erstere den größten Kohlenreichtum enthält. Das Einfallen schwankt meist zwischen etwa 20° und 40°, jedoch sind die den Eruptivstöcken benachbarten Teile des Steinkohlengebirges bis zu 70—80° aufgerichtet und zeigen so einen deutlichen ursächlichen Zusammenhang zwischen vulkanischen Ausbrüchen und Schichtenaufrichtung.

Bereits vor längerer Zeit sind größere Versuche gemacht worden, auch im Innern der niederschlesischen Mulde das Steinkohlengebirge zu erbohren. Da jedoch die das letztere sowie das Rotliegende großenteils bedeckenden Eruptivmassen der Mitte der Mulde zugeflossen sind, ihre Mächtigkeit also nach dorthin zunimmt, so hat auch das tiefste Bohrloch, das bis 1570 m Tiefe vorgedrungen ist, noch kein Flöz erreicht. Bergbau kann also hier vorderhand nicht betrieben werden[1]).

7. Das Zwickauer Steinkohlenbecken.

97. — **Vorbemerkung.** Die sächsischen Vorkommen begleiten den von SW nach NO verlaufenden Nordwestrand des Erzgebirges und enthalten bei **Zwickau**, bei **Lugau-Ölsnitz** und bei **Döhlen** (im Plauenschen Grunde) in der Nähe von **Dresden** bauwürdige Flöze. Die ersten beiden Ablagerungen sind die in erster Linie in Betracht kommenden. Sie gehören dem Karbon an, wogegen das Döhlener Vorkommen zum Rotliegenden gerechnet wird.

---

[1]) Zeitschr. f. d. Berg-, Hütt.- u. Sal.-Wes. 1908, S. 605; **Fr. Frech**: Wie tief liegen die Flöze der inneren niederschlesisch-böhmischen Steinkohlenmulde?

Abb. 67. Ideales Querprofil durch das niederschlesisch-böhmische Steinkohlenbecken nach der Linie Waldenburg-Radowenz. Nach Schütze.

98. — Grundzüge des Zwickauer Steinkohlenbeckens[1]**).** Das Zwickauer Steinkohlengebirge füllt eine flache Mulde in den kristallinen Schiefern und sonstigen paläozoischen Schichten des Erzgebirges aus. Es liegt daher diskordant auf seinem Untergrunde und stellt dadurch sowie durch die häufigen und raschen Veränderungen der Flöze nach Mächtigkeit und Beschaffenheit sich als durchaus „limnisches" Becken dar. Seine Oberfläche beträgt nur rund 30 km², die Gesamtmächtigkeit des Steinkohlengebirges nur etwa 400 m.

Die Zwickauer Mulde senkt sich sanft, aber gleichmäßig nach Nordosten hin ein. Das Einfallen beträgt in der Regel etwa 10°. An bauwürdigen Flözen sind 11 vorhanden, die aber nicht im ganzen Bezirk entwickelt und von denen auch die oberen 5 bereits fast ganz abgebaut sind. Die liegenderen Flöze schwellen stellenweise zu großen Mächtigkeiten an; insbesondere ist bemerkenswert das Rußkohlenflöz mit bis 9 m, das Planitzer Flöz mit bis 9,5 m reiner Kohle.

Die Abbauverhältnisse sind sehr ungünstig wegen der vielfachen Einlagerung von Bergmitteln wechselnder Stärke in die Flöze und wegen der vielen kleinen Verwerfungen nebst den durch sie veranlaßten mittelbaren Schwierigkeiten: außerordentlich hohem Gebirgsdruck und erheblicher Brandgefahr.

Nach Norden und Osten hin scheint die Ablagerung durch Denudation vernichtet zu sein. In diesen Richtungen keilen die Flöze allmählich aus oder versteinen bald bis zur Unbauwürdigkeit.

Das Deckgebirge besteht aus diskordant aufgelagertem Rotliegenden. Seine Mächtigkeit beträgt im mittleren Teile des Beckens 150—250 m, wächst aber nach Nordosten zu infolge der Einsenkung des Steinkohlengebirges und infolge einer größeren Störung, der Oberhohndorfer Verwerfung (mit 100—200 m Verwurfhöhe), erheblich an, so daß der am Nordostrande stehende Schacht Morgenstern III 750 m Deckgebirge durchteuft hat und mit 1082 m zu den tiefsten deutschen Schächten gehört.

---

[1]) Dannenberg in dem auf S. 54 in Anm. [1]) genannten Werke, II. Teil, S. 205. — Glückauf 1905, S. 998; J. Treptow: Übersichtskarte des Zwickauer Steinkohlenreviers.

Das Aufsuchen der Lagerstätten.
(Schürf- und Bohrarbeiten.)

I. Schürfen.

1. — Geologische Vorarbeiten. Die geologische Voruntersuchung, die zweckmäßig den Schürfarbeiten vorauszugehen hat, gestaltet sich für den Steinkohlenbergbau wie überhaupt für jeden auf Schichtlagerstätten geführten Bergbau verhältnismäßig einfach. Denn die gesuchten Lagerstätten sind ja an bestimmte Altersstufen der Erdrinde gebunden. Handelt es sich beispielsweise um karbonische Kohlenflöze, so sind (falls nicht etwa eine große Überschiebung anzunehmen ist) Schürfarbeiten in Gegenden, in denen das Devon die Tagesoberfläche bildet, zwecklos. Umgekehrt scheiden auch solche Gebiete aus, in denen zwar zweifellos oder doch höchstwahrscheinlich die gesuchten Lagerstätten vorhanden sind, aber ein zu mächtiges Deckgebirge über ihnen liegt, wie das z. B. südlich des „südlichen Hauptsprungs" im Saargebiet der Fall ist (s. Abb. 62 auf S. 76).

Der Erzbergmann ist nicht von vornherein auf ein so enges Gebiet beschränkt, weshalb auch überraschende Erschürfungen von Erzlagerstätten sehr häufig vorkommen. Jedoch gibt es auch für ihn „erzhöffige" Gebiete, die von vornherein zu Schürfarbeiten anlocken, nämlich Gegenden mit stark gefaltetem und gestörtem Schichtenbau, mit alten und jungen Massengesteinen, Vulkanausbrüchen, heißen Quellen u. dgl., da in allen solchen Gebieten die Wahrscheinlichkeit der Entstehung sowohl wie der Ausfüllung von Spalten und sonstigen Hohlräumen besonders groß ist, auch an den Berührungsflächen von Massen- und Schichtgesteinen (Kontaktzonen) vielfach Erzlagerstätten auftreten. Im übrigen ist besonders das Kalkgebirge, das sehr zur Spalten- und Höhlenbildung mit nachfolgender Ausfüllung dieser Hohlräume durch nutzbare Lagerstätten neigt, genauerer Erforschung wert.

In vielen Fällen geben auch noch besondere Anzeichen Fingerzeige. Die Lagerstätten können, wenn ihre Mineralfüllung wenig witterungsbeständig ist, als Vertiefungen, im entgegengesetzten Falle als Erhöhungen auffallen; letzteres ist namentlich der Fall bei Gängen mit quarzhaltiger Gangmasse, die sich häufig als „Klippen" oder „Gangmauern" von dem umgebenden Gestein abheben. Ferner kann das Ausgehende der Lagerstätten durch Färbungen („Schweife" oder „Blumen") an der Erdoberfläche bemerkbar werden. Weitere Anzeichen sind: Solquellen, die auf Salzschichten hindeuten, Naphthaquellen und Erdgasausbrüche, die auf

Erdöllagerstätten im Untergrunde schließen lassen; auch kann aus dem Auftreten von Salzlagern auf Erdöl in der Nachbarschaft geschlossen werden, da beide Arten von Lagerstätten erfahrungsgemäß häufig zusammen vorkommen. Im Goldbergbau ist das Vorkommen von „Seifengold" in Flüssen oder früheren Flußbetten ein Hinweis auf den Gehalt an „Berggold" in den Gegenden, aus denen die Flüsse kommen.

2.—Geophysikalische Lagerstättenforschung. Allgemeines[1]). Schon vor Jahrzehnten hat man, besonders in Schweden, sich der Ablenkung einer söhlig oder seiger schwingenden Magnetnadel durch die von Eisenerzen ausgehende Anziehung mit gutem Erfolge zur Aufsuchung von Eisenerzlagerstätten bedient.

Inzwischen hat man gelernt, auch andere physikalische Fernwirkungen nutzbar zu machen, so daß man heute unterscheiden kann:

1. Magnetische Messungen,
2. Schwerkraftmessungen,
3. Prüfung der elektrischen Leitfähigkeit,
4. Laufzeitenmessungen von Erschütterungswellen (seismische Messungen).

Von diesen benutzen die ersten beiden die von den Lagerstätten selbst ausgehenden Fernwirkungen, die letzten beiden das Verhalten der Lagerstätten gegen künstlich erzeugte Kraftwirkungen.

Für das **magnetische Untersuchungsverfahren** eignen sich naturgemäß am besten Eisenerzlagerstätten aller Art. Doch können auch umgekehrt Lagerstätten mit besonders geringen magnetischen Wirkungen (z. B. Salzlager) durch solche Messungen gefunden werden. Man beobachtet an empfindlichen Magneten, die um eine söhlige und um eine seigere Achse schwingen können, ihre verschiedene senkrechte und waagerechte Ablen-

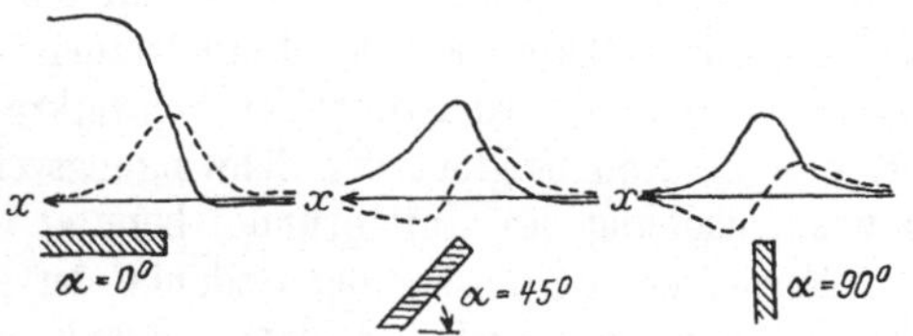

Abb. 68. Seigere (———) und söhlige (---------) Ablenkung einer Magnetnadel über Eisenerzlagerstätten von verschiedenem Einfallen. Nach Haalck.

kung durch die magnetischen Kräfte des Untergrundes und trägt die gemessenen Ablenkungen in eine Zeichnung ein. Abb. 68 veranschaulicht z. B., wie aus dem verschiedenen Verlauf der Ablenkungen auch auf das **Einfallen** einer eisenhaltigen Lagerstätte geschlossen werden kann. Die waagerechte Ablenkung ändert mit dem Hinweggehen über die Lagerstätte (in der Richtung nach x) ihre Richtung.

3.—Schwerkraftmessungen. Bei den **Schwerkraftmessungen** geht man von dem **Newton**schen Anziehungsgesetz aus, nach dem die Anziehung zwischen 2 Massenteilchen in umgekehrtem Verhältnis mit dem Quadrate der Entfernung ab- und zunimmt. Da es sich um äußerst kleine Kräfte handelt, so wird bei der von v. **Eötvös** erfundenen und von anderen Forschern (**Schweydar**, **Hecker** u. a.) verbesserten **Drehwaage** die Verdrehung

---

[1]) Näheres s. in den Lehrbüchern: **Haalck**: Lehrbuch der angewandten Geophysik. (Berlin), 1934; — ferner **Reich**: Angewandte Geophysik für Bergleute und Geologen (Leipzig), 1933/34; — ferner **Mintrop** in Band I des Sammelwerks, 1942, Glückauf-Verlag, Essen.

eines feinen Platin-Iridium- oder Quarzfadens als Maß für die Anziehung benutzt und mit Hilfe eines Spiegels gemessen, dessen Bewegungen durch ein kleines Fernrohr beobachtet oder unmittelbar photographisch festgehalten werden. Die grundsätzliche Bauart einer solchen Vorrichtung in der Ausführung der Askaniawerke in Berlin-Friedenau nach Schweydar zeigt Abb. 69, in der a den (Z-förmig gebogenen) Waagebalken der Drehwaage, $b_1 b_2$ Goldgewichte von je etwa 30 g, c das Spiegelchen und d den Aufhängefaden bezeichnen.

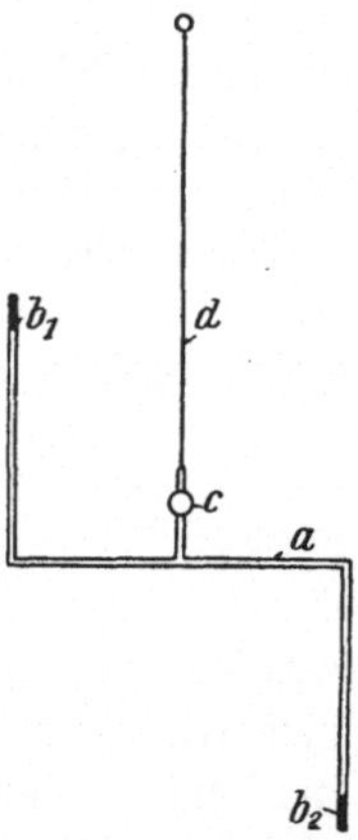

Gemessen werden nur die söhligen Teilkräfte der Massenanziehung. Da bei Annäherung an schwerere Einlagerungen im Untergrunde die beiden Gewichte entsprechend ihren verschiedenen Entfernungen von diesen Stellen verschieden stark angezogen werden, so ergibt sich eine gewisse Drehung des Waagebalkens und eine entsprechende Verdrehung des Fadens, die abgelesen oder photographisch aufgezeichnet wird. Bei jeder Aufstellung muß in fünf gleichmäßig auf einem Kreis verteilten Stellungen des Waagebalkens beobachtet werden, um aus den gemessenen Verdrehungen den „Gradienten", d. h. Richtung und Größe der Zunahme der Schwerkraft, und den „Krümmungswert" berechnen zu können. Nach der rechnerischen Auswertung müssen noch die Einwirkungen von Erhebungen und Vertiefungen der Erdoberfläche auf die Drehwaage, unter Umständen bis auf etwa 30—40 km, berücksichtigt werden.

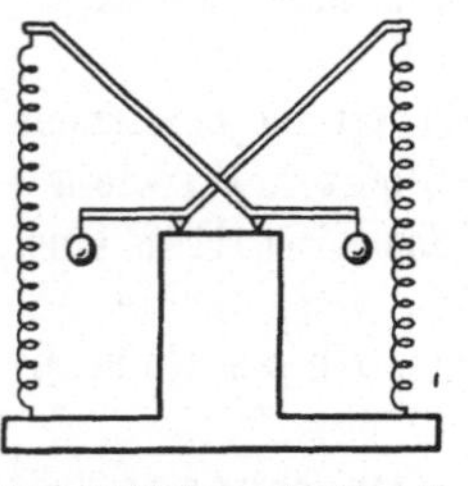

Abb. 69. Grundgedanke der Drehwaage nach Schweydar.

Eine andere Ausnutzung der Schwerkraft stellt die Pendelmessung dar, bei der die Abhängigkeit der Schwingungszeit eines kleinen Pendels von der Massenanziehung des Untergrundes benutzt wird.

Ferner gehört hierher der Gedanke der statischen Schweremessung durch die Federwaage, wie er dem „Gravimeter" nach St. v. Thyssen zugrunde liegt. Abb. 70 deutet den Grundgedanken einer Bauart eines solchen Gerätes an. Die Kugeln $a_1 a_2$ werden durch Zunahme der Massenanziehung aus dem Untergrunde nach unten gezogen, wodurch die Federn $b_1 b_2$ etwas stärker gespannt werden. Dabei tritt eine gegenseitige Veränderung der Hebelarmlängen ein, indem der Hebelarm der Feder schneller abnimmt als derjenige der Kugel, wodurch die Kraft der Massenanziehung gegenüber der Federspannung gesteigert und der Ausschlag des Geräts kräftiger wird. Die Doppelanordnung soll den Fehler einer nicht ganz genau waagerechten Einstellung des Geräts ausgleichen.

Abb. 70. Schema des Gravimeters nach St. v. Thyssen.

Solche Geräte sind verhältnismäßig einfach und handlich und gestatten die Durchführung größerer Meßreihen mit verhältnismäßig geringen Kosten und geringem Zeitaufwande. Allerdings sind sie wie alle Schweremesser außerordentlich empfindlich, da es sich um die Messung winziger Kraftäußerungen handelt. Namentlich die hohe Empfindlichkeit gegen Temperaturschwankungen hat sich lange Zeit hindurch als ein unüberwindliches Hindernis für die Anwendung erwiesen. Dem Erfinder ist es aber gelungen, diese Schwierigkeiten zu überwinden, so daß dieses Gravimeter sich in den letzten Jahren rasch eingeführt und in zahlreichen Fällen bewährt hat[1]).

Ein Beispiel für die Ergebnisse von Schweremessungen gibt Abb. 71, in der die Gradienten, durch Pfeillinien angedeutet, nach ihrer Richtung und Größe verzeichnet sind. Es handelt sich um einen flachen Sattel, der aus spezifisch schweren Gesteinsarten besteht und an dessen Kuppe sich ein Erdöllager gebildet hat. Die Gradienten zeigen deutlich auf die Sattelkuppe hin. Das Beispiel ist auch dadurch bemerkenswert, daß es in die Art der anzustellenden Schlußfolgerungen einen Einblick gewährt. Das Erdöl, das der Gegenstand der Untersuchung ist, wird nicht unmittelbar gefunden, sondern durch die Erwägung, daß Sattelwölbungen — wie sie in diesem Falle mit der Drehwaage aufgesucht werden können — ölführend zu sein pflegen.

Umgekehrt sind z. B. Salzstöcke („Salzdome") an ihrem etwas geringeren spezifischen

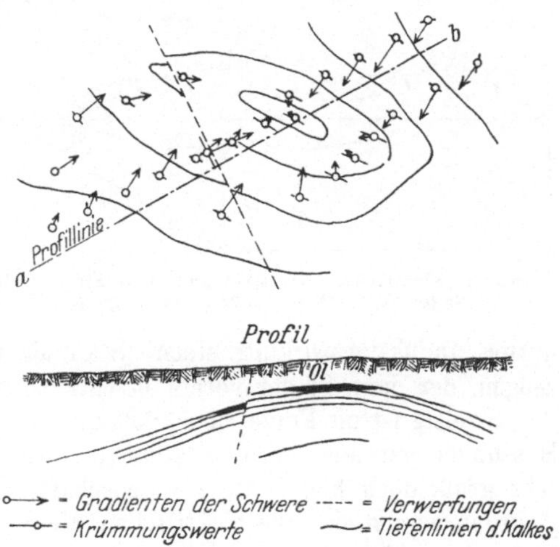

Abb. 71. Ergebnis von Schweremessungen der „Seismos" G. m. b. H. über einem flachen Sattel.

Gewicht zu erkennen, das sich durch eine von ihnen ab nach außen weisende Richtung der Gradienten bemerkbar macht.

4. — **Elektrische Meßverfahren.** Bei der elektrischen Bodenuntersuchung kann man sich der unmittelbaren oder der mittelbaren Messung bedienen.

Das unmittelbare Meßverfahren beruht darauf, daß die verschiedenen Schichten des Untergrundes je nach ihrer verschiedenen elektrischen Leitfähigkeit den in die Erde gesandten Strömen einen verschiedenen Widerstand entgegensetzen. Werden in einer gewissen Entfernung voneinander leitende Stäbe („Suchsonden"), die an eine Stromquelle angeschlossen sind, in die Erde gesteckt, so entwickelt sich zwischen ihnen ein elektrisches Kraftlinienfeld, wie es der hintere Teil von Abb. 72 zeigt. Wird eine Lagerstätte, die sich durch besonders große oder durch besonders geringe Leitfähigkeit auszeichnet, von den Stromlinien getroffen, so bewirkt sie eine Verzerrung dieser Kraftlinien (Vordergrund der Abb. 72). Rechtwinklig zu diesen Kraftlinien verlaufen die Linien gleicher Spannung („Äquipotentiallinien"). Man kann nun, indem man planmäßig das Gelände absucht und jedesmal die Punkte feststellt, zwischen denen ein Spannungsmesser keinen Ausschlag

---

[1]) Näheres s. Öl und Kohle, 12. Jahrgang 1936, S. 318; A. Schleusener: Die Leistungsfähigkeit des Thyssen-Gravimeters usw.; — ferner Beiträge zur angewandten Geophysik, 1937, S. 319; St. v. Thyssen: Über die Anwendungsmöglichkeiten insbesondere von relativen Schweremessungen in westdeutschen Steinkohlengebieten.

ergibt oder ein eingeschaltetes Telephon keinen Ton hören läßt, die Äquipotentiallinien ermitteln und aufzeichnen.

Bei den mittelbaren Meßverfahren wird die Richtung, Phasenverschiebung und Intensität des magnetischen Feldes gemessen, das gleichzeitig mit dem elektrischen Kraftfeld im Erdboden entsteht. In manchen Fällen, besonders in felsigen und trockenen Untersuchungsgebieten, ist es vorteilhaft, durch einen „Primärstrom"

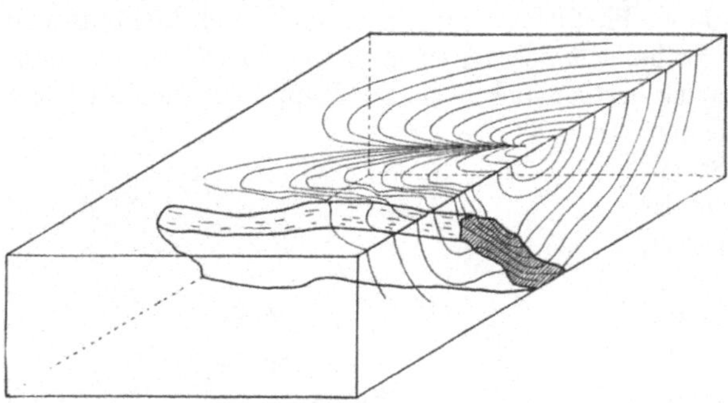

Abb. 72. Elektrisches Kraftfeld und seine Störung durch eine Erzlagerstätte (Nach einer Zeichnung der „Elbof").

mittels Induktionswirkung einen „Sekundärstrom" in der Lagerstätte zu erzeugen, der dann in der vorhin beschriebenen Weise gemessen wird.

Streitig ist die Frage, ob Erdöllagerstätten unmittelbar durch elektrische Messungen gefunden werden können. Zwar ist ihr elektrischer Widerstand sehr groß, doch haben diese Eigenschaft auch trockene Gesteinsschichten. Dagegen eignen sich die elektrischen Meßverfahren zweifellos gut zur Auffindung von Salzwasser im Untergrunde, das ja ein guter Leiter ist; und da Erdöllagerstätten vielfach in Begleitung von Salzlagern auftreten, kann man auch auf diesem Umwege Erdöl finden.

5. — **Seismische Bodenforschung.** Das seismische Meßverfahren ist aus Beobachtungen hervorgegangen, die man im Weltkriege über die Fortpflanzung von Bodenerschütterungen durch Geschützfeuer gemacht hat, und ist von Mintrop weiter entwickelt und von der von ihm gegründeten Gesellschaft „Seismos" in Hannover praktisch nutzbar gemacht worden. Es beruht auf der verschiedenen Fortpflanzungsgeschwindigkeit der Erschütterungswellen in verschiedenartigen Gebirgsschichten. Diese durch Sprengungen im Erdboden erzeugten Erschütterungswellen breiten sich strahlenförmig nach allen Seiten aus. Die Wellenstrahlen durchdringen die einzelnen Untergrundschichten und werden an den Schichtgrenzen teils gebrochen, teils nach oben zurückgeworfen. Auf der **Brechung** der Strahlen beruht das seismische **Refraktionsverfahren**, auf dem **Rückwurf der Wellen** das **Reflexionsverfahren.** Man mißt die Laufzeiten der Erschütterungswellen in verschiedenen Entfernungen von der Sprengstelle mit Seismographen. Das **Refraktionsverfahren** wird durch Abb. 73 erläutert. Ist das Gebirge im Untergrunde gleichartig, so nimmt die Laufzeit der Erschütterungswellen entsprechend der Entfernung ganz regelmäßig zu. Mehrere auf einem Schaubild aufgetragene Zeitbeobachtungen ergeben also eine Gerade, deren Neigung zur Waagerechten von der Fortpflanzungsgeschwindigkeit der Wellen oder, anders ausgedrückt, von der Art des Gebirges abhängt. Anders wird das Bild, wenn im Untergrunde eine härtere, elastische Gebirgsschicht mit größerer Fortpflanzungsgeschwindigkeit der Wellen folgt. Zunächst zwar kommen, solange die Entfernung noch gering ist, die oberflächlichen, mit geringerer

Geschwindigkeit laufenden Wellen zuerst an. Von einer gewissen Entfernung
ab gleicht aber die höhere Fortpflanzungsgeschwindigkeit der in die tiefere
Schicht eingedrungenen und von dort nach oben ausgestrahlten Wellen die

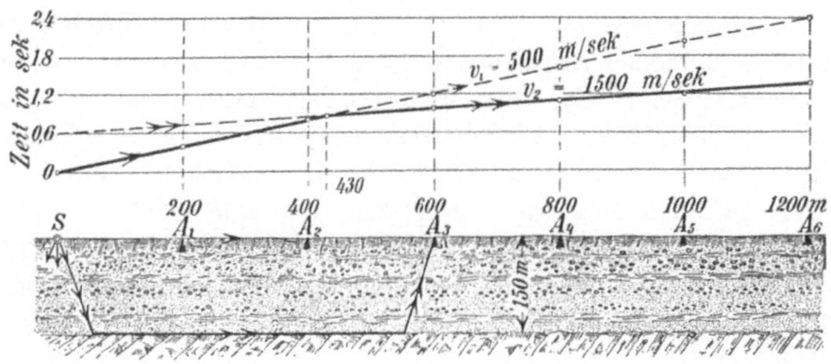

Abb. 73. Das Refraktionsverfahren und seine Auswertung.

größere Entfernung aus, so daß nun diese Wellen eher eintreffen. Die steilere
Laufzeitgerade der ersten Welle geht an diesem Punkte (d. h. bei 430 m,
Abb. 73) mit einem Knick in die Laufzeit-
gerade der tieferen Schicht über. Die
Entfernung des Knickes von dem Anfangs-
punkte hängt außerdem noch von der
Tiefenlage der Schichtgrenze ab.

Beim Reflexionsverfahren
(Abb. 74)[1]) kommt es darauf an, die von
der tieferen Schicht zurückgeworfenen
Wellen von den oberflächlich gelaufenen
getrennt zu beobachten, wie die in der
Abb. 74 wiedergegebenen Seismogramme
zeigen. Die Tiefenlage dieser Schicht ergibt sich in diesem Falle aus der aufgezeich-
neten Laufzeit und der Fortpflanzungsgeschwindigkeit in der obersten Schicht.
Die Sprengungen erfolgen von der Sohle
von Flachbohrungen a aus, um Oberflächen-
schäden und störende Oberflächenwellen
zu vermeiden. Die Wellen werden von
elektrischen Seismographen b_1—b_6 aufgezeichnet. Die auf die Deckschicht I auftreffenden und in dieser fortgeleiteten
Wellen c_1—c_6 treffen eher ein als die von
der Oberfläche der festen Schicht III zurückgeworfenen Wellen d_1—d_6; anderseits
unterscheiden sich die Laufzeiten der letz-

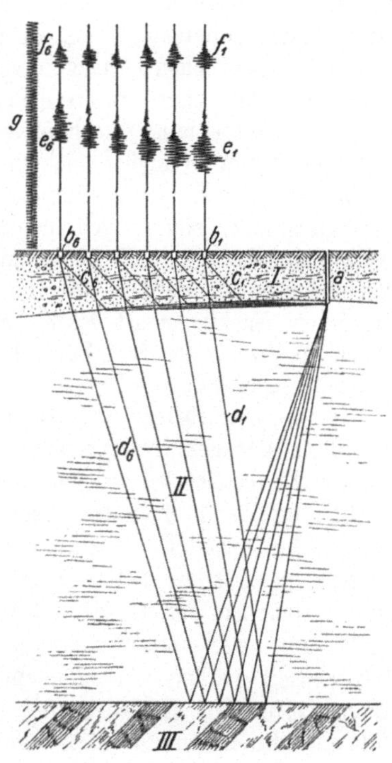

Abb. 74. Das Reflexionsverfahren und
seine Auswertung.

<hr>

[1]) Näheres s. Glückauf 1935, S. 577; Fr. Trappe: Die Anwendung des
seismischen Reflexionsverfahrens im Kohlenbergbau; — ferner Glückauf 1936,
S. 236; A. Lückerodt: Erfolgreiche Anwendung des seismischen Reflexionsverfahrens im Ruhrbergbau.

teren Wellen sehr viel weniger voneinander als die der ersteren, so daß die Zeitpunkte für die Aufzeichnungen e_1—e_6 der Deckschichtwellen und f_1—f_6 der reflektierten Wellen sich mit zunehmender Entfernung des Beobachtungspunktes vom Sprengpunkt mehr und mehr nähern.

Die Beobachtungspunkte b_1—b_6 werden in Linien angeordnet, die nach den bereits vorhandenen Aufschlüssen gelegt werden. Beginnt man in gänzlich unbekanntem Gelände, so pflegt man zunächst vier Aufstellungen nach zwei aufeinander rechtwinkligen Durchmessern eines um das Sprengbohrloch beschriebenen Kreises zu wählen. Liegen bereits Aufschlüsse durch Tiefbohrungen vor, so kann man diese benützen, um außer der in erster Linie festzustellenden Grenzfläche, z. B. derjenigen des Steinkohlengebirges, auch die Lage fester Bänke jüngerer Schichten zu ermitteln; man erhält dann außer den Aufzeichnungen der Wellen d_1—d_6 der Abb. 74 noch weitere Wellenbilder.

Das Reflexionsverfahren gestattet, mit geringeren Sprengstoffmengen (im allgemeinen etwa 20—200 g für jede Sprengung) auszukommen als das Refraktionsverfahren. Vor diesem hat es überdies neben einer großen Tiefenreichweite voraus, daß die Aufzeichnungen punktweise erfolgen und daher ein wesentlich genaueres Bild der „abgetasteten" Grenzfläche liefern. Sie eignet sich daher besonders für genaue Einzeluntersuchungen.

Die seismischen Aufschlußverfahren liefern die besten Ergebnisse in Gegenden mit scharf unterschiedenen Gebirgsschichten, z. B. dort, wo über älterem Gebirge junge, noch unverfestigte Schichten anstehen. Doch können auch in festem Gebirge Schichten, die sich durch besonders große Elastizität auszeichnen, z. B. Kalksteinbänke, Basaltgänge u. dgl., festgestellt werden. Am günstigsten sind Schichten, die annähernd parallel mit der Erdoberfläche verlaufen. Besondere Erfolge sind mit dem Verfahren in der Norddeutschen Tiefebene erzielt worden, wo man eine Reihe von Salzstöcken („Salzdomen"), in deren Nachbarschaft Erdöl aufzutreten pflegt, damit aufgefunden hat. Auch für Zwecke des Steinkohlenbergbaues konnten sie neuerdings mit großem Vorteil angewandt werden.

6. — **Rückblick auf die geophysikalischen Verfahren.** Die Anwendung der geophysikalischen Bodenforschung hat bereits beachtenswerte Erfolge zu verzeichnen. Sie machen zwar bergmännische Untersuchungsarbeiten nicht überflüssig, gestatten aber Bohrungen, Schächte oder sonstige bergmännische Arbeiten an den günstigsten Punkten anzusetzen. Gleichwohl bleiben noch große Schwierigkeiten, die hauptsächlich darin beruhen, daß die Deutung der Beobachtungsergebnisse sehr unsicher sein kann, indem nicht nur Lagerstätten mit wasserführenden Schichten oder Gebirgsklüften verwechselt werden können, sondern auch die Gestalt und Tiefenlage der Lagerstätten, ihr Einfallen und ihre wechselnde Mächtigkeit und Mineralführung die mannigfachsten Bilder liefern, auch die Oberflächengestaltung störend einwirken kann. Unter schwierigeren Verhältnissen empfiehlt sich daher die Verbindung mehrerer Verfahren, um die Unsicherheiten des einen durch das andere ausgleichen zu können.

So kann z. B. zunächst das Gravimeter benutzt werden, um unperiodische Dichte-Zu- oder Abnahmen festzustellen; sodann wird dieses Gebiet mit der Drehwaage genauer vermessen; und schließlich gestattet das seismische

Verfahren einen Rückschluß auf die Tiefenlage der Gebirgskörper, von denen diese Wirkungen ausgehen.

7. — Schürfarbeiten. Ist einige Aussicht auf Auffindung von Lagerstätten vorhanden, so kann das Schürfen beginnen, worunter man die zum Aufsuchen der Lagerstätten erforderlichen Arbeiten versteht. Das einfachste Mittel sind Schürfgräben, die dort in Betracht kommen, wo die Lagerstätten in geringer Tiefe vermutet werden, und die in den Deckschichten bis zur Oberfläche des mineralführenden Gebirges ausgehoben werden. Sie werden bei plattenförmigen Lagerstätten querschlägig zum Streichen geführt. Beim Schürfen auf Lagerstätten anderer Form lassen sich keine bestimmten Vorschriften für die Richtung der Schürfgräben geben; hier muß die größere Wahrscheinlichkeit des Fundes zur Richtschnur genommen werden. Bei zu großer Mächtigkeit (über 2—3 m) des Deckgebirges treten Schürfschächte an die Stelle der Gräben. In gebirgigem Gelände können vielfach querschlägige Schürfstollen vom Abhange aus bequemer zum Ziele führen, namentlich wenn Bewaldung der Oberfläche, Grundwasser u. dgl. dem Auswerfen von Gräben entgegenstehen.

In Ländern mit dichter Bevölkerung und alter Kultur jedoch, in denen die oberflächlich zu erschürfenden Mineralien bereits bergmännisch erschlossen sind, sowie in ausgedehnten Ebenen mit jungen Ablagerungen in den oberen Teufen sind für alle Lagerstätten, die nicht (wie z. B. Erzgänge) sehr steil einfallen, das weitaus wichtigste Schürfmittel Bohrarbeiten, auf die im folgenden näher eingegangen werden soll. Und zwar soll zunächst die Ausführung der senkrecht nach unten gerichteten „Tiefbohrung", dann diejenige der Söhlig- und Schrägbohrung behandelt werden.

II. Tiefbohrung[1).

8. — Wesen und Zwecke der bergmännischen Tiefbohrung. Die Tiefbohrung kann außer für die zur Einlegung der Mutung erforderlichen Schürfarbeiten auch noch für verschiedene andere Zwecke Verwendung finden. Man unterscheidet nämlich noch:

Bohrungen zur Untersuchung der Lagerungsverhältnisse eines verliehenen Grubenfeldes als Vorbereitung für die bergmännische Inangriffnahme (Aufschlußbohrungen);

Bohrungen zur Erforschung des Deckgebirges, die in erster Linie für das Schachtabteufen von Wichtigkeit sind;

Bohrungen zur Gewinnung nutzbarer Mineralien in flüssigem oder gasförmigem Zustande wie Erdöl, Heilquellen, Sole, Erdgas, Kohlensäure u. dgl.;

Hilfsbohrungen bei bergmännischen Arbeiten, namentlich beim Schachtabteufen, und zwar zur Bildung einer Frostmauer im schwim-

---

[1) Bezüglich näherer Einzelheiten sei verwiesen auf die Sonderwerke A. Schwemann: Das Tiefbohrwesen (Leipzig, Engelmann), 1924 (IV. Teil des Handbuchs der Ingenieurwissenschaften, 3. Aufl., 2. Bd., 1. Kap.); — ferner L. Steiner: Tiefbohrwesen. Förderverfahren und Elektrotechnik in der Erdölindustrie. Berlin: Springer, 1926; — ferner P. Stein: Leitfaden der Tiefbohrkunde. Berlin: Springer, 1932; — ferner K. Glinz: Die Gewinnung des Erdöls durch Bohren in Engler-Höfler-Tausz: Das Erdöl 2. Aufl., 3. Bd. 1. Teil (Leipzig, S. Hirzel), 1932.

menden Gebirge (Gefrierverfahren) oder zum Einpressen von Zement in klüftiges Gebirge (Zementierverfahren), — sowie zur **Abführung der Wasser** eines im Abteufen begriffenen **Schachtes** nach unten hin in Unterfahrungsquerschläge u. dgl., um sie von einer bereits vorhandenen Wasserhaltung heben zu lassen.

Als **Schürfarbeit** hat die Tiefbohrung ihre Hauptbedeutung für die Gebiete mit flöz- und lagerartigen Lagerstätten, also für den Steinkohlen-, Braunkohlen- und Salzbergbau, weil solche Lagerstätten auf Grund geologischer Forschungen auch unter jüngerem Deckgebirge mit einer gewissen Sicherheit im Untergrunde vermutet werden können. Jedoch haben die Fortschritte der geophysikalischen Bodenforschung auch die Auffindung unregelmäßiger Lagerstätten erheblich begünstigt und dadurch das Anwendungsgebiet der Tiefbohrung außerordentlich erweitert. Außerdem bedient sich der Erzbergmann, der solche Lagerstätten früher durchweg nur in Gegenden ohne Deckgebirge mittels einfacher Schürfarbeiten aufsuchen konnte, heute mit Erfolg der Tiefbohrung in solchen Fällen, in denen unter einem Deckgebirge von geringer Mächtigkeit die Fortsetzungen von bereits unterirdisch aufgeschlossenen Lagerstätten aufgesucht werden sollen.

Nach den genannten **Zwecken** sind auch die **Bohreinrichtungen** verschieden. Handelt es sich um Schürfbohrungen, bei denen im Wettbewerb mit anderen Schürfern gebohrt werden muß, so wird man in erster Linie Wert legen auf **rasches Niederbringen der** Bohrlöcher ohne Rücksicht auf die Kosten. Bei Bohrungen zur Untersuchung von Lagerungsverhältnissen kommt es auf möglichst **genaue Feststellung der Beschaffenheit und Mächtigkeit** der durchbohrten Schichten bei mäßigen Kosten an. Bohrlöcher zur Mineralgewinnung müssen vor allem genügende **Weite** erhalten und gegen **Verunreinigungen** durch Gebirgswasser u. dgl. möglichst gut gesichert werden. Bei Bohrlöchern für das **Gefrierverfahren** ist die möglichst lotrechte Herstellung von größter Bedeutung usw.

9. — **Einteilung.** Man kann verschiedene Hauptarten der Tiefbohrung unterscheiden, je nachdem **drehend** oder **stoßend** und mit **zeitweiliger** oder **ununterbrochener Schlamm-** („Schmand-") **Förderung** gearbeitet wird. Außerdem nimmt die Durchbohrung der oberen, weichen Gebirgsschichten, die in der Regel das feste Gestein überdecken, eine besondere Stellung ein.

Bei allen heute verwandten Bohrverfahren muß der Antrieb von über Tage her dem auf der Bohrlochsohle arbeitenden Bohrer übertragen werden. Allen Bohrverfahren gemeinsam ist infolgedessen auch das Vorhandensein einer Verbindung zwischen Antrieb und Bohrer. Diese Verbindung kann in einem Seil oder in einem festen Gestänge bestehen. Das Gestänge ist in der Regel aus Stahl und ist in seinem Querschnitt entweder hohl oder voll und in seiner Form entweder rund oder rechteckig. Von der Verschiedenheit dieser Verbindung hängt auch die Art der Bohrschmandförderung ab: sie kann im Wechselspiel mit der eigentlichen Bohrarbeit erfolgen und durch besondere Geräte geschehen, oder die Förderung der losgelösten Gebirgsteilchen wird während des Bohrens durch einen Spülstrom vorgenommen, für den als Wege das Hohlgestänge und der Raum zwischen Gestänge und Bohrlochwand zur Verfügung stehen.

Auf Grund dieser angedeuteten Verschiedenheiten unterscheidet man Handbohren und maschinelles Bohren, Bohren am Seil und am Gestänge, Trockenbohren und Spülbohren. Wesentlicher für die Einteilung der Bohrverfahren ist jedoch die Art der Arbeitsweise des Bohrers. Diese kann stoßend (schlagend) oder drehend erfolgen, wobei mit der drehenden Arbeitsweise entweder Bohrkerngewinnung verbunden ist oder nicht. Unter günstigen Verhältnissen (weiches oder dünnbankiges Gestein) ist aber auch bei stoßendem Bohren Kerngewinnung möglich.

Es ergibt sich somit die nachstehend wiedergegebene Einteilung der Bohrverfahren:

 A. Stoßendes Bohren.

  I. Am Gestänge

   a) mit Freifallvorrichtung,

   b) am steifen Gestänge.

Handbohrung, trocken oder mit Spülung.

Schnellschlagbohrung mit Spülung.

  II. Am Seil.

Seilbohrung.

 B. Drehendes Bohren.

  I. ohne Spülung.

Handtrockenbohrung.

  II. mit Spülung.

Handspülbohrung.

Rotarybohrung.

Drehkernbohrung.

Außerdem sind die Bohrverfahren zum Bohren in allen Richtungen von über und unter Tage zu erwähnen.

Vor der Beschreibung der einzelnen Bohrverfahren sei zunächst eine Reihe von Einrichtungen geschildert, die allen oder mehreren Bohrverfahren gemeinsam sind, wie Antrieb, Förderung des losgelösten Gebirges, das Gestänge und der Bohrturm.

10. — Der Antrieb. Obwohl der Antrieb von Hand beim Durchbohren milder Schichten bis etwa 100 m Teufe eine nicht zu unterschätzende Rolle spielt und auch für Bodenuntersuchungen (Schürfbohrungen bis 30—60 m je nach Bohrlochdurchmesser) oft nur die Handbohrung in Frage kommt, herrscht bei der eigentlichen Tiefbohrung und beim Durchbohren harter Schichten der maschinelle Antrieb vor. Für den Antrieb von Tiefbohrvorrichtungen kommen Dampfmaschinen, Elektro- und Verbrennungsmotoren in Betracht.

Der Dampfantrieb bietet den Vorteil einer sehr weitgehenden Anpassung an den verschiedenartigen Kraftbedarf und einer geringen Empfindlichkeit gegen ungünstige Beanspruchungen bei den schwierigen Verhältnissen des Bohrbetriebs. Auch spricht in vielen Fällen mit, daß die Bohrmannschaft von alters her auf den Dampfbetrieb eingearbeitet ist. Anderseits ist man allerdings beim Dampfantrieb von der Beschaffung geeigneten Speisewassers abhängig und hat, da außer der Maschine ein Kessel erforderlich ist, eine umfangreichere Anlage aufzustellen, zu bedienen und zu befördern, welcher letztere Gesichtspunkt bei den häufig ungünstigen Wegeverhältnissen von Belang ist. Auch ist die Wirtschaftlichkeit des Dampfantriebes ungünstig, wenn der Brennstoff aus größerer Entfernung herbeigeschafft werden muß; doch spielt dieser Gesichtspunkt bei der Erdölbohrung vielfach dann keine Rolle, wenn überflüssige Gasmengen zur Kesselheizung zur Verfügung stehen.

Der Elektromotor empfiehlt sich durch seine Einfachheit und Betriebssicherheit, durch sein geringes Gewicht, das mit einfachen Gründungsanlagen auszukommen gestattet, durch seine einfache Wartung und bequeme Kraftzuführung. Der ihm früher anhaftende Nachteil der geringen Anpassungsfähigkeit an die wechselnden Bedingungen des Bohrbetriebs ist durch die weitgehende Regelungsfähigkeit der neuzeitlichen Motoren überwunden worden. Anderseits kommt allerdings die Verwendung von Elektromotoren nur dort in Betracht, wo elektrische Kraft zur Verfügung steht, doch verfügen heute manche Ölgebiete bereits über elektrische Zentralen, so daß die Kraftverteilung auf die in geringen Entfernungen voneinander liegenden Bohrlöcher keine besonderen Schwierigkeiten macht.

Der Verbrennungsmotor (Gas- oder Dieselmotor) zeichnet sich dadurch aus, daß er weder einer Kesselanlage noch einer Zentrale bedarf und bei Erdölbohrungen den in Gestalt von Erdgas oder Erdöl vorhandenen Brennstoff ohne weiteres mit gutem Wirkungsgrade auszunutzen gestattet. Auch spielt die Frage der Wasserversorgung keine Rolle. Er hat sich daher in wachsendem Maße eingeführt, um so mehr, als sich seine Regelfähigkeit durch Einschaltung elastischer Zwischenglieder wesentlich verbessert hat.

Als Beispiel eines solchen elastischen Zwischengliedes zwischen Motor und Bohrkran, sei auf die Strömungsgetriebe hingewiesen, wie sie von den Firmen Haniel & Lueg, Düsseldorf-Grafenberg, und dem Eisenwerk Wülfel, Hannover-Wülfel, in gemeinsamer Arbeit entwickelt wurden[1]). Sie ermöglichen eine feinfühlige genaue Regelung von Stillstand bis auf eine vorgesehene Höchstdrehzahl, gestatten eine stoßfreie Mitnahme der Last und können als hydraulische, dem Verschleiß nicht unterliegende Bremse beim Ein- und Ausbau schwerer Gestänge- und Futterrohrlasten benutzt werden. Bohranlagen mit Strömungsgetrieben besitzen eine dem Dampfantrieb für Bohranlagen ähnliche Charakteristik.

Die kürzliche Entwicklung der Verbrennungsmotore zu Diesel-Gasmaschinen nach dem Zündstrahlverfahren trägt weiter dazu bei, den Verbrennungsmotor im Bohrbetrieb, insbesondere bei Erdöl- und Gasbohrungen, stärkere Verbreitung zu verschaffen. Diese neue Motorart erlaubt durch wenige Handgriffe, ohne Umbau, vom Dieselöl zu Gas als Brennstoff überzugehen, wobei die Zündung des Gases durch Einspritzung einer geringen Menge Dieselöl (10—15% der ursprünglichen Gesamtmenge) vor sich geht. Die Motorleistung ändert sich bei Übergang auf Gasbetrieb nicht, während nach dem Otto-Verfahren umgebaute Dieselmaschinen einen Leistungsabfall von 25—30% aufweisen.

Der Kraftbedarf beträgt bei der Stoßbohrung in geringen Tiefen (200 bis 300 m) 5—20 PS, in großen Tiefen (1000—1500 m) 30—40 PS. Bei der Kern-Drehbohrung rechnet man für Bohrlöcher von 500—1000 m 15—20 PS, für solche von 1000—1500 m 25—40 PS, von 1500—2500 m 40—100 PS. Größer ist der Kraftbedarf beim Volldrehbohren: für die Rotarybohrung muß man

---

[1]) Besigk: Neuerungen im Bohrgerätebau. Bohrtechnikerzeitung Nr. 11, 1938.

bei 800—1500 m Tiefe etwa 70—100 PS, bei 1500—2500 m Tiefe 90—200 PS rechnen.

Dazu tritt beim Spülbohren die Pumpenleistung, für die man mit einem Betriebsdruck von $1^1/_2$—2 at je 100 m Tiefe rechnen muß, während die Wassermenge im allgemeinen mit dem Durchmesser des Bohrlochs zunimmt und gewöhnlich zwischen etwa 100 und 500 l/min schwankt, bei weiten Bohrlöchern und bei Rotary-Bohrungen aber auch auf 2000 l/min steigen kann. Demgemäß muß für die Spülpumpe bei Bohrungen bis etwa 500 m eine Leistungsfähigkeit von 5—15 PS, für Tiefen von 500—1500 m eine solche von 10—45, für größere Tiefen eine solche von 50—200 PS gerechnet werden. Die für die Gesamtanlage erforderliche Maschinenleistung kann bei der Stoßbohrung und Kerndrehbohrung zu 20 PS und bei Rotary-Bohrungen zu 30—40 PS je 100 m Bohrlochteufe angenommen werden.

11. — Die Förderung des losgelösten Gesteins. —Für die Förderung des losgelösten Gesteins stehen drei Möglichkeiten zur Verfügung. Es kann

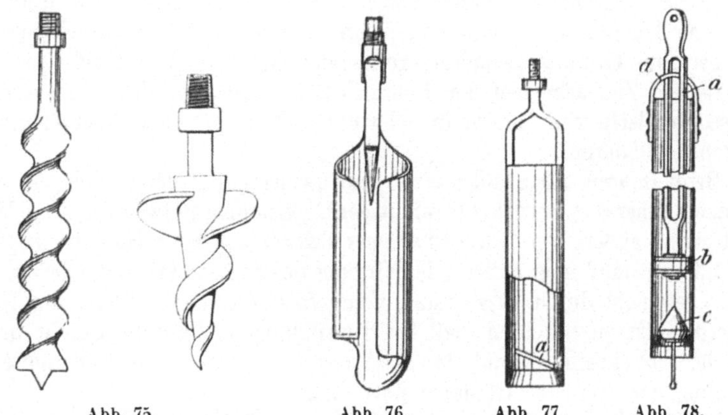

Abb. 75.	Abb. 76.	Abb. 77.	Abb. 78.
a) Spiralbohrer und b) Tellerbohrer.	Offene Schappe.	Schlammbüchse.	Sandpumpe.

einmal in dem Bohrer selbst Aufnahme finden und mit diesem zutage gezogen werden. Dieses ist der Fall beim Bohren von Hand mit dem Spiralbohrer, der Schappe, der Schlammbüchse oder der Sandpumpe (s. Abb. 75—78) oder beim Drehkernbohren, soweit ein Bohrkern besteht. Oder aber das losgebohrte Gestein wird mit einem besonderen Schlammlöffel entfernt, der in das Bohrloch eingelassen wird, nachdem der Bohrer gezogen ist. Es ist dieses der Fall beim sog. Trockenbohren. Bohr- und Förderarbeit wechseln also miteinander ab. Ein solcher Schlammlöffel — so genannt, weil das Bohrmaterial stets durch Zusatz von etwas Wasser in eine Art Schlamm verwandelt werden muß, um im Löffel selbst Aufnahme zu finden — ist im wesentlichen ein zylindrisches Gefäß mit einem aus einer Klappe oder Kugel bestehenden Bodenventil (Abb. 77).

Bei den Spülbohrverfahren geschieht schließlich die Heraufförderung des abgebohrten Gebirges durch einen von einer Pumpe bewegten Wasserstrom. Hierbei sind je nach der Bohrlochteufe Drucke von 10, 20, beim Rotarybohren bis 50 at und mehr zu überwinden. In besonderen Behältern (Gruben) wird das Wasser jeweils geklärt und gelangt dann wieder in den Umlauf.

Je nach dem Weg des Spülstroms im Bohrloch ist zwischen unmittelbarer und mittelbarer Spülung zu unterscheiden. In der Regel wird die unmittelbare Spülung angewandt. Bei letzterer wird der Spülwasserstrom innerhalb des Bohrgestänges abwärts und dementsprechend der Schlammstrom zwischen diesem und der Bohrlochwandung aufwärts geführt. Bei der mittelbaren Spülung, die insbesondere in festem, kluftfreiem Gebirge angewandt werden kann, ist der Weg umgekehrt. Sie hat den Vorteil, daß der Schlammstrom innerhalb des engen Gestänges eine höhere Steigegeschwindigkeit erreicht, infolgedessen größere Stücke gefördert werden können, vor allem aber auch das abgebohrte Gebirge in einer wesentlich geringeren Zeit als bei der unmittelbaren Spülung über Tage ankommt (4—5 min aus 1000 m). Die Überwachung der durchbohrten Schichten kann also genauer sein.

Sind die zu durchbohrenden Schichten wenig standfest und neigen sie zu Nachfall, so wird statt Wasser Dickspülung benutzt, d. h. dem Wasser wird fein gemahlener, kolloidale Bestandteile enthaltender Ton beigesetzt und ein spezifisches Gewicht der Spülung von 1,3—1,5 erreicht. Dadurch wird im Bohrloch eine Schlammwassersäule von einem entsprechenden Überdruck gegenüber der bis zum Grundwasserspiegel reichenden äußeren Wassersäule geschaffen und so ein Zubruchgehen der Bohrlochstöße verhütet. Man kann auf diese Weise Hunderte von Metern in Schwimmsand u. dgl. ohne Nachsenkung der Verrohrung bohren.

Beim Bohren auf Erdöl ist zur Einwirkung gegen hohe Gasdrücke häufig ein noch höheres spezifisches Gewicht der Dickspülung notwendig. Dem Wasser wird dann außer Ton fein gemahlener Schwerspat oder Hämatit zugesetzt.

Im Salz muß eine auflösende Wirkung des Spülstroms verhindert werden. Dieses geschieht durch Verwendung von gesättigter Sole an Stelle von Wasser. Außerdem ist zu beachten, daß bei Tonspülung im Salz die Gefahr besteht, daß der Ton ausflockt und das Bohrzeug fest wird. Eine wiederholte Auffrischung der Tontrübe ist daher notwendig.

Das Spülbohren bietet gegenüber dem Trockenbohren mehrere entscheidende Vorteile, weshalb es auch in der Mehrzahl der Fälle angewandt wird. Der Spülstrom hält die Bohrlochsole sauber, wodurch sich die Wirkung des Bohrers erhöht. Zweitens wird eine Unterbrechung der Bohrarbeit durch das Schlammfördern vermieden, und drittens vermindert es die Notwendigkeit der Bohrlochverkleidung.

Diesen Vorteilen steht aber auch ein Nachteil gegenüber. Das Spülbohren, insbesondere bei Verwendung von Dickspülung, erschwert mit Ausnahme bei der Kernbohrung das rasche und sichere Erkennen der durchbohrten Schichten. Das „elektrische Kernen" nach den Verfahren der Gesellschaft für nautische und tiefbohrtechnische Instrumente in Kiel und Schlumberger hat jedoch diesen Nachteil zum mindesten für Erdölbohrungen weitgehend gemildert[1]).

Schließlich sei erwähnt, daß das Spülbohren in stark wasserabziehendem Gebirge wegen der dann eintretenden großen Wasserverluste nicht anwendbar ist. Aus diesen Nachteilen ergibt sich, daß auch das Trockenbohren noch ein Daseinsrecht besitzt.

---

[1]) Beiträge Angew. Geophys. 9 (1941) S. 1; Paul, Rülke und Jost: Physik. Messungen und Verfahren in Bohrlöchern.

12. — Das Gestänge. Beim Trockenbohren können schmiedeeiserne volle Rund- oder Vierkantstangen von 20—40 mm Stärke benutzt werden, während das Spülbohren an die Verwendung von Hohlgestänge gebunden ist, das in der Regel aus nahtlosen Mannesmann-Stahlrohren besteht. Die Stangenlänge beträgt 5 m, bei tieferen Bohrungen auch 6—13 m. Bei genügender Höhe des Bohrturms pflegt man Stangenzüge von 2—4 Stangen zugleich zu fördern, um auf diese Weise die Zeit zum Einlassen und Herausheben des Bohrers abzukürzen. Das Gestänge wird in der Regel mit äußeren Durchmessern von 32—168 mm und mit Wandstärken von $2^1/_4$—11 mm hergestellt und wiegt 2—53 kg je lfd. m.

Die Verbindung der Teile des Gestänges erfolgt meist durch unmittelbare Verschraubung, und zwar hat das Gewinde eine konische oder zylindrische Form, wenn nur stoßend gebohrt werden soll, während beim drehenden Bohren ein konisches Gewinde vorgezogen wird. In Abb. 79 sind vier Verbindungen für Hohlgestänge wiedergegeben, und zwar werden die mit a, c und d bezeichneten Verbindungen für Schlag- und Kernbohrungen, c und d insbesondere auch beim Rotary-Bohren angewandt. Die Verbindung b wird dagegen fast ausschließlich für Kernbohrungen von kleinem Durchmesser benutzt.

Es sei kurz auf die Vor- und Nachteile dieser verschiedenen Verbindungen eingegangen. Die Verbindung a schont infolge der vorstehenden Muffen das Gestängerohr gegen Verschleiß. Der unver-

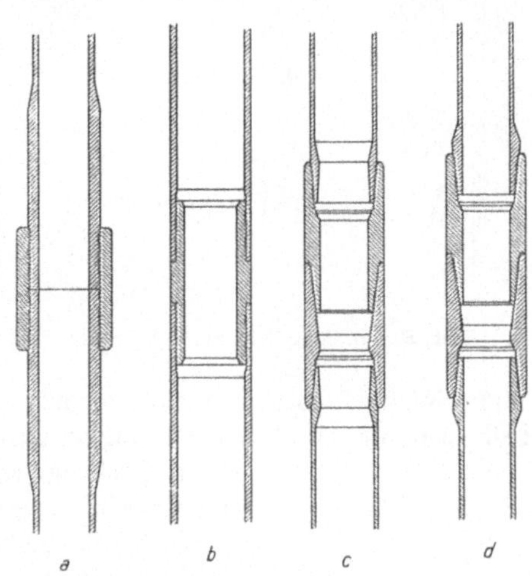

Abb. 79. Gestängeverbindungen.
a Muffenverbindung, b Nippelverbindung, c Innen-Gestängeverbinder, d innen glatter Gestängeverbinder.

änderte lichte Durchmesser gestattet bei Schlagbohrungen eine Kerngewinnung mit Hilfe der aufsteigenden Spülung, deren Reibungswiderstand zudem geringer ist, so daß an Pumpendruck gespart werden kann. Anderseits erfordert die Verbindung a größere Bohrlochdurchmesser als die Verbindung b. Auch verschleißen die Gewinde leicht und bei starkem Nachfall besteht die Gefahr, daß das Gestänge infolge der vorstehenden Muffen fest wird. — Die Verbindung b gestattet die Verwendung von Bohrern, die nur unwesentlich größer zu sein brauchen als der äußere Gestängedurchmesser. Sie gestattet leicht durch eine Stopfbüchse zu bohren, wenn das Bohrloch unter Druck durch Gase oder artesisches Wasser steht. Die Gefahr des Festwerdens bei Nachfall ist ebenfalls geringer als bei der Muffenverbindung a, da der äußere Durchmesser durch die Verbindung nicht vergrößert wird. Dagegen ist eine Schwächung des Bohrquerschnitts in der Gewindeverbindung zu beachten, sowie eine größere Spülwasserreibung und damit ein höherer Kraftbedarf der Pumpen. Ferner erfolgt leicht ein Ausweiten der Rohrenden bei größeren Kräften und dadurch ein Überschrauben und Ausreißen der Gestängeverbindung. — Bei der Verbindung c wird das zu lösende Gewinde durch besondere Verbindungsstücke aus allerdings teurem Werkstoff von hoher Festigkeit geschont. Zugleich ist die konische Gewindeverbindung leicht und schnell lösbar. Nachteilig ist die größere Spülwasserreibung und der Umstand, daß ein größerer Bohrlochdurchmesser als bei der Verbindung b notwendig wird. — Noch größere Bohrlochdurchmesser verlangt die Verbindung d, die ebenfalls schnell lösbar ist. Der gleichbleibende lichte Durchmesser setzt dagegen die Spülwasserreibung herab und erlaubt eine Kerngewinnung durch die im Gestänge aufsteigende Spülung sowie den Einbau eines kleineren Kernrohres mit Bohrkrone durch das Gestänge hindurch. Man kann infolgedessen schnell Kerne gewinnen, ohne jedesmal das Gestänge ziehen zu müssen.

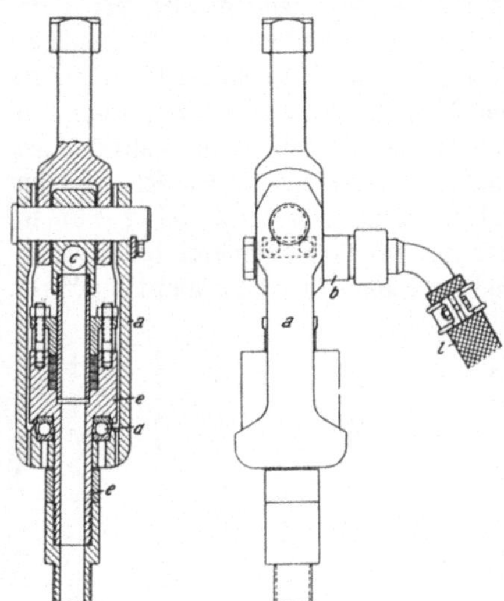

Abb. 80.   Drehkopf für Schlagbohren.

Die Einleitung des Spülstromes in das Bohrloch erfolgt bei innerer Abwärtsspülung durch einen Drehkopf (Spülkopf), bei „Verkehrtspülung" durch eine Stopfbüchse. Im ersteren Falle wird die Druckwasserleitung an das Hohlgestänge so angeschlossen, daß dessen Drehung ermöglicht wird. Bei umgekehrter Spülung wird dagegen die Spülleitung mit der festen Verrohrung des Bohrloches verbunden.

Einen Dreh- oder Spülkopf für Schlagbohren veranschaulicht Abb. 80. Das Spülwasser mündet aus der Druckwasserleitung l über einen seitlich an dem Mantelstück a angebrachten Stutzen b und die Öffnung c in das Hohlgestänge. Vermittels des Kugellagers d wird erreicht, daß der Stutzen und das Mantelstück von dem an der Umsatzbewegung des Gestänges teilnehmenden Innenstücke unabhängig bleibt.

Einen Spülkopf für große Teufen, wie er bei der Rotarybohrung (s. Ziff. 25) verwandt wird, zeigt Abb. 81. Der Bügel a trägt die Vorrichtung mittels der Zapfen b. Die Gestängelast wird durch das Kegelrollenlager c aufgenommen, auf dem das Gestänge mittels des Bundes d ruht. Das Spülwasser tritt durch das durch eine Stopfbüchse hindurchgeführte Rohr e aus und wird durch den Stutzen f zugeführt, der vermöge des Längskugellagers g von der Drehung des Gestänges frei gehalten wird.

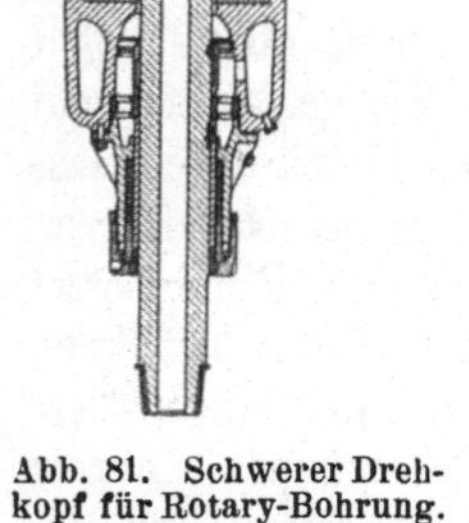

Abb. 81.   Schwerer Drehkopf für Rotary-Bohrung.

13. — Bohrtürme. Für mäßige Teufen (bis zu 100 m) genügt ein einfacher, meist 4—10 m hoher, dreibeiniger Bock nach Abb. 82. An diesem wird

das Gestänge g durch Vermittlung eines Seiles, das sich von einem Haspelrund-
baum a abwickelt und über eine an einem Haken b hängende Rolle c geführt
wird, so aufgehängt, daß es nach Bedarf
während des Bohrens nachgelassen werden
kann. Der Rundbaum wird, wie die Abbildung zeigt, auch zum Aus- und Ein-
fördern des Gestänges benutzt. Die Befah-
rung des Bockes wird durch Leitersprossen d
an einem Pfosten ermöglicht.

    Größere Teufen verlangen einen regel-
rechten Bohrturm, der entweder aus Holz
oder, was mehr und mehr der Fall ist,
aus Profileisen oder Eisenrohren hergestellt ist. Er muß um so höher und fester
gebaut werden, je tiefer das Bohrloch werden soll. 30—50 m hohe Türme haben sich
neuerdings insbesondere beim Rotaryverfahren als notwendig erwiesen. Denn eine
möglichst große Höhe des Turmes gestattet
auch die Verwendung entsprechend langer
Gestängestücke oder Stangenzüge (s. Ziff.16)
und damit eine wesentliche Beschleunigung
des Gestängeaufholens und -einlassens, und
anderseits bringen tiefe Bohrlöcher mit
ihren großen Gestängelängen eine starke
Belastung des Turmes. Für sehr tiefe Bohr-

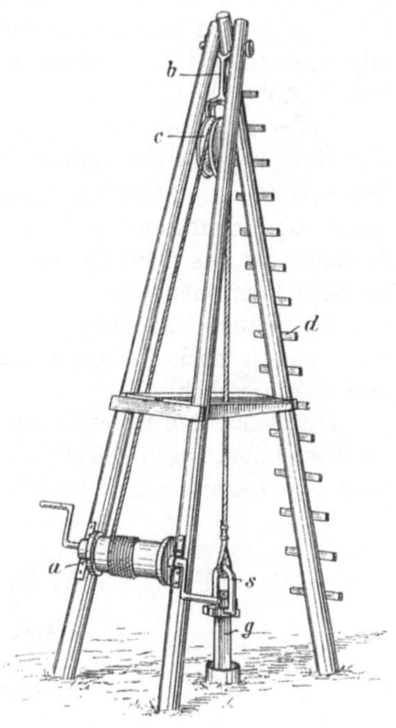

Abb. 82. Dreibein für kleine Drehbohrungen.

Abb. 83. Fahrbare Bohranlage (Haniel & Lueg).

löcher empfiehlt sich die Herstellung eines sog. Bohrschachtes, der gewissermaßen die untere Verlängerung des Bohrturmes bildet. Bei Erdölbohrungen dient er zur besonderen Unterbringung der Absperrvorrichtungen und bei anderen Bohrungen zum Absetzen der Futterrohre. An Stelle des Bohrschachtes tritt neuerdings ein 2—3 m hoher Unterbau, auf dem sich die Arbeitsbühne befindet (Abb. 100).

Außer zur Aufnahme der Antriebsvorrichtung dient der Turm noch zur Unterbringung des Förderwerks zum Einlassen und Ziehen von Bohrzeug und der Verrohrung. Allerdings sind Bohr- und Förderwerk in vielen Fällen zu einem sog. Bohrkran vereinigt. Beim Trockenbohren ist meist noch eine Trommel für das Schlammlöffelseil vorgesehen und beim Spülbohren die zugehörige Pumpenanlage.

Als weitere Anlagen über Tage sind noch Schmiede, Lager, Schreibstube und je nach Art des gewählten Antriebs Kesselanlage oder Umspannanlage erforderlich.

Für Bohrungen bis etwa 400 m Teufe haben sich auch selbstfahrende oder fahrbare Bohranlagen eingeführt. Sie vereinigen Bohrturm (Bohrmast), Bohrkran, Antriebsmotor und Pumpe (s. Abb. 83).

A. Das Stoßbohren.

a) Das Gestängebohren.

1. Das Freifallbohren.

Allgemeines.

14. — Antrieb. Die stoßende Auf- und Abbewegung des Gestänges kann bei geringen Teufen (in zivilisierten Ländern bis zu etwa 50 m) noch durch Menschenkraft erfolgen, indem das Bohrgestänge entweder an einem über eine Rolle geführten Seile hängt, an dessen anderem Ende die Leute ziehen, oder am Kopfe eines Bohrschwengels aufgehängt wird, dessen anderes Ende die Bohrmannschaft mit Hilfe von Querstangen auf- und abbewegt.

Tiefere Bohrlöcher werden mit maschinellem Antrieb niedergebracht. Dieser greift am hinteren Ende des Bohrschwengels an und besteht entweder (Abb. 84) aus einem stehenden Schlagzylinder c, dessen Kolbenstange durch den Kreuzkopf f mit der Zugstange z verbunden ist und durch diese mittels des angeschraubten Bügels b_2 das Schwengelende faßt, oder aus einem Kurbelgetriebe, dessen Pleuelstange in ähnlicher Weise am Schwengel angreift und das in der Regel von einer Lokomobile oder einem Motor aus durch Treibriemen u. dgl. in Drehung versetzt wird (vgl. die weiter unten beschriebenen Schnellschlag-Bohreinrichtungen, S. 110 u. f.). Das Gestänge wird an einem zweiten Bügel b_1 aufgehängt. Soll die Bohrlochmitte, z. B. zum Zweck der Gestängeförderung, freigegeben werden, so kann der Schwengel am Haken h hochgehoben und seine Welle w in das hintere Lager l_2 gelegt werden.

15. — Obere Zwischenstücke. Zwischen Schwengelkopf und Gestänge werden bei dem einfachen Schwengelbohren folgende Kopfstücke (Abb. 84) eingeschaltet:

a) Die mittels eines Gelenks aufgehängte Nachlaß- oder Stellschraube, die das allmähliche Nachsenken des Gestänges ermöglicht. Sie besteht aus einer Schraubenspindel s, deren Mutter m sich unten in eine sog. Schere verlängert, an der das Gestänge angreift.

b) Der unter- oder oberhalb der Stellschraube angeordnete Wirbel w, der das Umsetzen des Gestänges mittels des Krückels k_2 gestattet. Die Drehung der Stellschraubenmutter, die je nach der Gesteinshärte verschieden rasch erfolgen muß, wird bei der in Abb. 84 dargestellten Anordnung durch Krückel k_1 ermöglicht.

Ist die Stellschraube abgedreht, so muß das Gestänge abgefangen, von der Stellschraube gelöst und die letztere wieder hochgedreht werden,

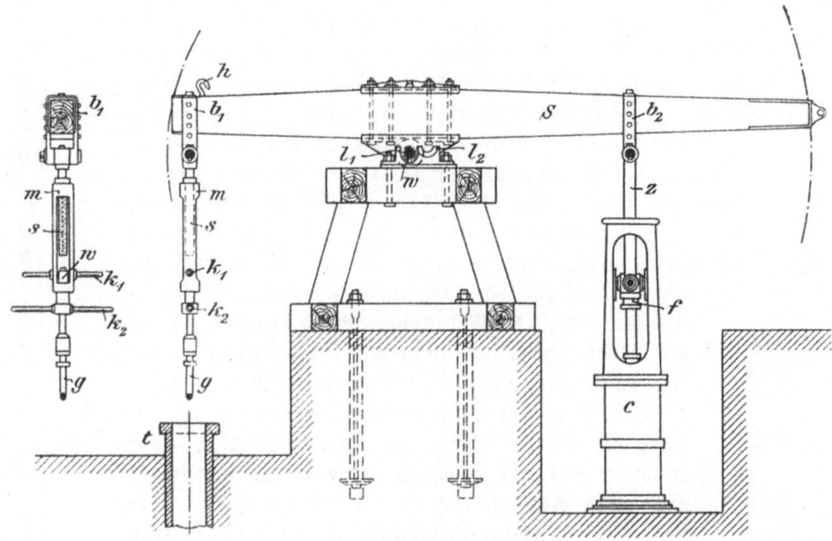

Abb. 84. Bohrschwengel mit Schlagzylinder und Bohrtäucher.

worauf zwischen Krückelstange und. Gestänge Paßstücke von einer der Länge der Stellschraube oder einem Vielfachen derselben entsprechenden Länge eingeschaltet werden, bis für ein ganzes Gestängestück Platz geschaffen ist.

Die einzelnen Gestängestücke werden untereinander durch Verschraubung verbunden und mit einem Bunde oder einer Verdickung unter dem Kopfe zum Zwecke des Abfangens beim An- und Abschrauben und des Angreifens der Fangvorrichtung versehen.

16. — Gestänge. An die Stelle des früher meist üblichen Holzgestänges sind jetzt Eisen- und Stahlgestänge getreten. Ersteres wird voll, letzteres hohl hergestellt. Das hohle Stahlgestänge, das für die Spülbohrung das allein in Betracht kommende ist (vgl. Ziff. 12), verdient auch bei Trockenbohrungen den Vorzug, da es bei geringem Gewicht durch große Widerstandsfähigkeit ausgezeichnet ist und ohne weiteres nach Bedarf vom Trocken- zum Spülbohren überzugehen gestattet.

Die Länge der einzelnen Gestängestücke nimmt man bei tieferen Bohrungen möglichst groß, bis zu etwa 6—13 m, um mit möglichst wenig Verbindungsstellen auszukommen und den Zeitverlust beim Einlassen und Aufholen des Meißels möglichst zu beschränken. Aus dem letzteren Grunde vereinigt man für die Förderung auch, falls die Höhe des Bohrturmes es gestattet, nach Möglichkeit mehrere Gestängestücke zu „Stangenzügen".

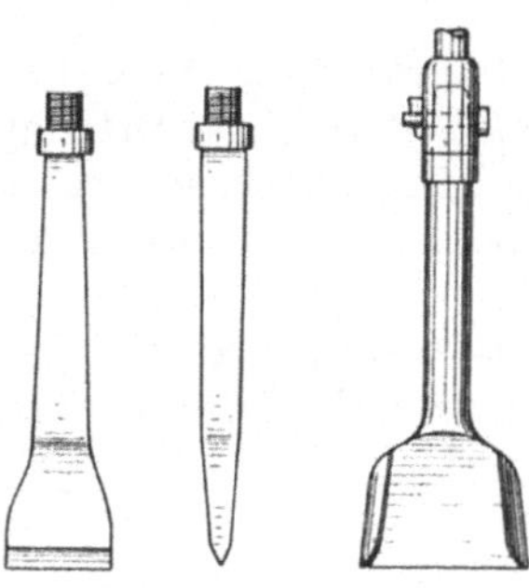

Abb. 85. Einfacher Bohrmeißel.

Abb. 86. Meißel mit Ohrenschneiden.

17. — Meißel. Das Gestänge trägt unten das Bohrgezähe, den Bohrmeißel. Seine Schneide ist in der Regel geradlinig, weil sie dann die kräftigste Wirkung des Schlages wegen seiner Verteilung auf die denkbar kleinste Fläche gestattet. Der Winkel, den die beiden Schneidenflächen mit einander bilden, kann um so spitzer sein, je milder das Gestein ist; die Regel bildet ein Winkel von etwa 90°. Wegen der starken Beanspruchung des Meißels empfiehlt es sich, ihn aus gutem Sonderstahl herzustellen, mit Hartmetall zu panzern und überhaupt keine Kosten zu scheuen, um ihn so widerstandsfähig wie möglich zu machen, weil Meißelbrüche die Bohrarbeit außerordentlich aufhalten können. Da durch die zahlreichen Schläge das Korngefüge des Meißels geändert wird, muß er von Zeit zu Zeit ausgeglüht und neu gehärtet werden, wobei er dann auch gleichzeitig geschärft und nach Bedarf neu ausgeschmiedet wird. — Eine gute Ausrundung des Bohrlochs wird durch Meißel mit Ohrenschneiden (Abb. 86) ermöglicht.

Ein Rundmeißel, der, auf- und abbewegt, zur nachträglichen Beseitigung von Unebenheiten an den Bohrlochstößen dient, ist die Bohrbüchse (Abb. 87).

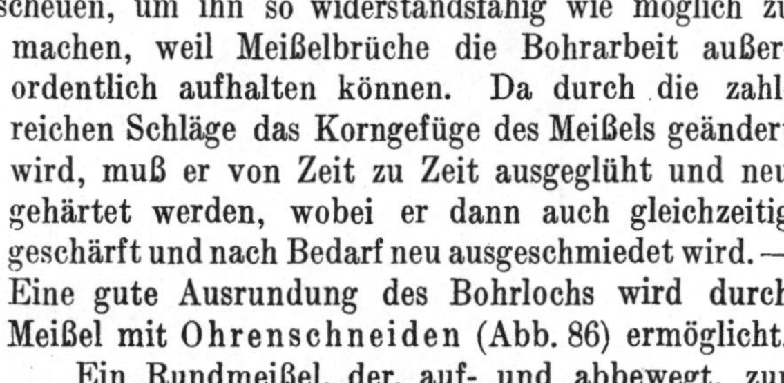

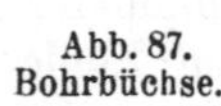

Abb. 87. Bohrbüchse.

Zur Erzielung einer genügenden Schlagkraft ist namentlich bei hartem Gestein ein möglichst großes Meißelgewicht erforderlich. Da der Meißel selbst nicht zu schwer gemacht werden darf, damit er nicht zu unhandlich wird, so gibt man ihm zweckmäßig ein Zusatzgewicht in Gestalt der sog. „Schwerstange" (auch „Bohrbär" genannt), d. h. einer vollen Eisenstange von rundem oder quadratischem Querschnitt, die eine Länge bis zu etwa 10 m und ein Gewicht bis zu 2000 kg erhält (c in Abb. 88).

18. — Unteres Zwischenstück. Das untere Zwischenstück wird zwischen Gestänge und Meißel angeordnet. Es hat den Zweck, die Beanspruchung des Gestänges auf Knickung bei starrer Verbindung zwischen Meißel und Gestänge beim Auftreffen des Meißels auf die Bohrlochsohle zu verringern und Schläge des Gestänges gegen die Bohrlochwandungen zu ver-

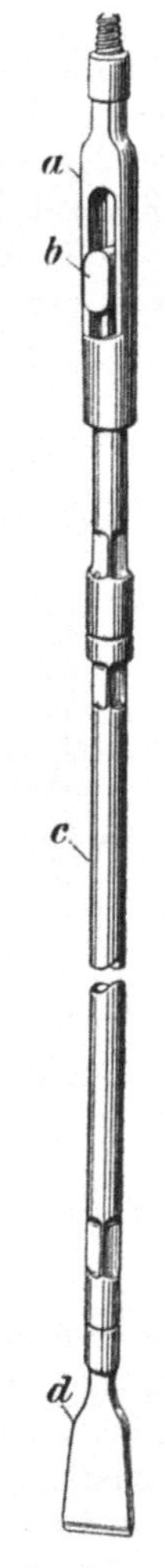

Abb. 88. Rutschschere nach Fauk mit Schwerstange und Meißel.

meiden. Dieser Zweck wird dadurch erreicht, daß der Meißel mit seiner Schwerstange am Punkte des höchsten Anhubes von seiner Verbindung mit dem Gestänge gelöst wird und frei auf die Bohrlochsohle fällt.

Die früher hierfür übliche Rutschschere findet nur noch beim Seilbohren Anwendung. Allgemein gebräuchlich ist heute vielmehr eine Freifallvorrichtung, die sich aus der Fabianschen Form entwickelt hat und von der Abb. 89 eine Ausführung zeigt. Das Freifallstück s trägt oben zwei Flügelkeile k. die sich in den Schlitzen n führen und durch den Ruck im Gestänge von ihren Sitzen a heruntergeworfen werden, auf die sie, wenn das Gestänge nachsinkt, durch die Abschrägungen b selbsttätig wieder herübergedrängt werden. Die Ränder der Führungsschlitze werden durch Härtung oder durch angenietete Stahlschienen l geschützt. Die Vorrichtung ist einfach, strengt allerdings den Krückelführer stark an, weil dieser beim Umsetzen dem Gestänge einen Ruck geben muß, um das Freifallstück abzuwerfen. Dieses Abwerfen des Abfallstückes wird durch Prellvorrichtungen am Bohrschwengel unterstützt.

Die Bohrleistung hängt ab von dem Gewicht der auf die Sohle auftreffenden Masse, von der Hubhöhe und von der Schlagzahl. Sie wird beeinträchtigt durch den Gewichtsverlust und den Widerstand, den die Schlagmasse durch Schlamm und Wasser im Bohrlochtiefsten erleidet. Die Rutschschere gestattet keine weitgehende Ausnutzung des Schlaggewichtes, da sie durch dessen jedesmaliges Wiederanheben stark beansprucht wird, und eine größere Hubhöhe bringt keinen entsprechenden Gewinn, da die Geschwindigkeit beim Auftreffen durch diejenige des Gestänges begrenzt wird. Beim Freifall, der mit der Fallbeschleunigung arbeitet, lassen sich Gewichte und Fallhöhe voll ausnutzen, wogegen das Anheben langsam erfolgen muß und dadurch die Hubzahl begrenzt wird.

Man arbeitet beim Freifallbohren mit nur 25 bis 40 Schlägen in der Minute bei einem Hub von 0,5—0,8 m. Bei Antrieb von Hand muß man sich mit einer Schlagzahl von 8—12/min begnügen, wählt jedoch den Hub zu 1—1,2 m.

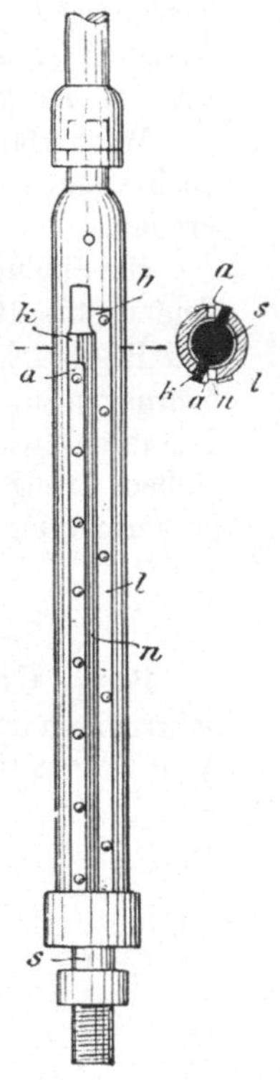

Abb. 89.
Freifallvorrichtung.
Nach Fabian.

Mit zunehmender Teufe steigert sich die Schwierigkeit, das Schlaggewicht mit Meißel immer rechtzeitig abzuwerfen, so daß das Freifallbohren über 700 m hinaus unsicher ist. Jedoch sind unter günstigen Bedingungen schon Teufen bis zu 1400 m erreicht worden.

Das Freifallbohren kann als ein unter den verschiedensten Verhältnissen anwendbares Bohrverfahren bezeichnet werden. Besonders geeignet ist es auch für hartes Gestein und große Durchmesser. Es wird durchweg als Trockenbohrung durchgeführt und gestattet deshalb eine gute Probenahme und Erkennung der durchbohrten Schichten. Auch als Spülbohrung eignet es sich und wurde früher vielfach als solche angewandt. Heute ist es jedoch auf diesem Gebiete durch die Spülschnellschlagbohrung verdrängt.

2. Das stoßende Bohren am steifen Gestänge von Hand.

In sandigem, wasserführendem Gebirge kann ohne Spülung bis zu mäßigen Teufen stoßend von Hand mittels der Schlammbüchse oder der Sandpumpe gebohrt werden. Erstere (Abb. 77) ist ein unten zugeschärfter und mit einer Bodenklappe *a* oder einer Kugel verschlossener Hohlzylinder aus Stahlblech, der durch Aufstauchen gefüllt und nach Füllung hochgezogen wird. Letztere, die am Seile hängt, ist außer mit dem Bodenventil *c* mit einem Scheibenkolben *b* ausgerüstet (Abb. 78), der, durch Vermittlung eines gegabelten Bügels *a* hochgezogen, den Behälter durch Ansaugen der losen Gebirgsmassen füllt, worauf dieser mit Hilfe des Bügels *d*, unter den der hochgezogene Gabelbügel *a* faßt, zutage gezogen wird.

Wird Handbetrieb zu schwierig, kann das Bohren mit der Schlammbüchse auch maschinell durchgeführt werden, und zwar ohne oder mit Freifall.

Mit Spülung kann in milden Schichten stoßend von Hand auch auf größere Teufen (bis 100 m, ausnahmsweise 300 m) unter Anwendung von Meißeln und Beschränkung auf geringe Durchmesser gebohrt werden. Für Wasserbohrungen und kleinere Schürfbohrungen auf Braunkohle u. a. ist dieses Verfahren, das häufig nach seinem Erfinder Fauvelle genannt wird, mit großem Erfolg angewandt worden. Häufig wird es auch in Abwechslung und in Verbindung mit dem Spüldrehbohren von Hand benutzt.

3. Die Schnellschlagbohrung.

19. — Grundgedanke. Das Schnellschlagbohren hat in den letzten Jahrzehnten das Bohren mit Zwischenstücken stark zurückgedrängt. Es ist von A. Raky erfunden und von Fauck, Pattberg, E. Meyer u. a. ausgebildet worden. Der Grundgedanke dieser Bohrweise ist der, daß mit starrem Gestänge gebohrt, dieses jedoch federnd **aufgehängt** oder federnd bewegt und der Aufhängepunkt in solcher Höhe gehalten wird, daß das Gestänge immer nur auf Zug beansprucht wird. Auf diese Weise wird das Gestänge mit dem Meißel einfacher verbunden und mehr geschont als bei Ver

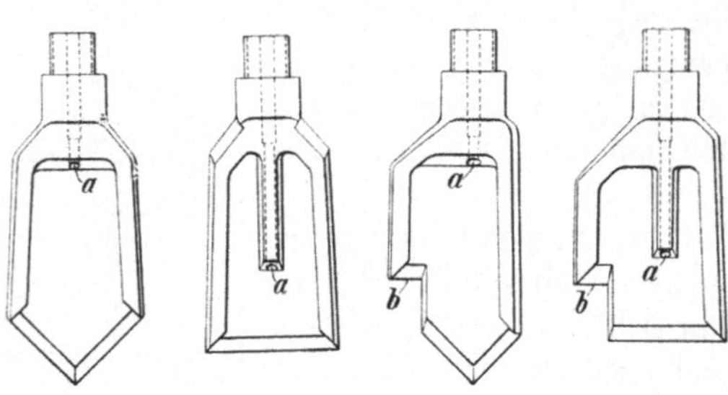

Abb. 90.   Abb. 91.   Abb. 92.   Abb. 93.
Spitzmeißel. Flachmeißel.   Exzenter-   Exzenter-
                             Spitzmeißel.   Flachmeißel.
Verschiedene Meißel für Schnellschlagbohrung
(Haniel & Lueg).

wendung von Rutschschere und Freifall. Zu beachten ist, daß ein federnd (heute meist an einem Seil) aufgehängtes Gestänge nicht nur den Schwengelhub mitmacht, sondern vermöge der Trägheit der bewegten Massen infolge der Federung einen vergrößerten Hub macht, der durch Mitwirkung der Gestängeträgheit die Schlagkraft erhöht. Trotzdem werden aber bei richtiger Bemessung der tiefsten Lage des Aufhängepunktes gefährliche Stauchungen des Gestänges vermieden, da sofort nach Aufschlag des Meißels die dadurch entlasteten Federn wieder zurückschnellen und das Gestänge wieder zurückziehen, ehe es durch den Anprall gefährlich beansprucht werden kann. Die dadurch sich ergebende Wirkungsweise kann am besten mit dem Schnellen eines an einer Gummischnur befestigten Balles gegen den Erdboden verglichen werden.

Eine schaubildliche Darstellung der verschiedenartigen Bewegung von Schwengel, Gestänge und Meißel gibt Abb. 94. Sie zeigt, daß der Hub des Schwengels (S) sich im Gestänge (G) vergrößert fortsetzt und sich beim Meißel (M) noch wesentlich stärker auswirkt. Anderseits verschieben sich die Umkehrpunkte zeitlich mehr und mehr, so daß der Meißel seine größte Höhenlage erst erreicht, wenn der Schwengel fast schon wieder in seiner tiefsten Lage angekommen ist.

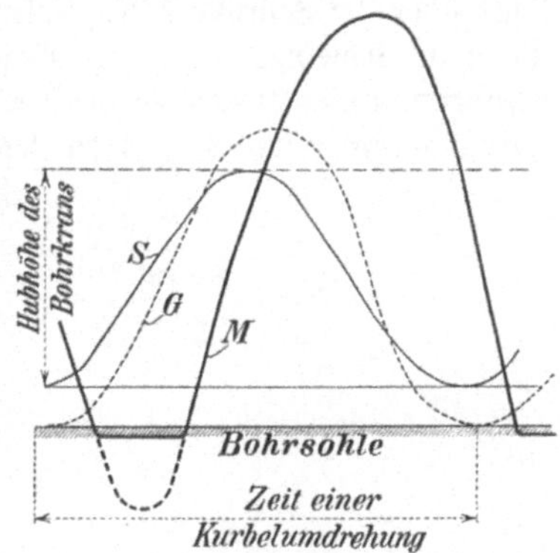

Abb. 94. Schaubild der Bewegungsverhältnisse bei der Schnellschlagbohrung. Nach Wolski.

Hiernach liegt der Schwerpunkt des Schnellschlagbohrens in der Gestaltung des Antriebs. Sodann aber ist das richtige Nachlassen des Gestänges von größter Bedeutung. Wird zu langsam nachgelassen, so schlägt der Meißel nicht kräftig genug auf, und die Leistung geht zurück. Bei zu raschem Nachlassen dagegen schlägt der Meißel schon auf, ehe das Gestänge wieder zurückgeht, so daß Brüche möglich werden. Diese Gefahr tritt auch bei ordnungsmäßigem Nachlassen schon ein, sobald sich Nachfall einstellt und den Meißel vorzeitig aufschlagen läßt. Sie ist im übrigen um so größer, je härter das Gestein und je kräftiger dementsprechend der Rückschlag des Meißels ist. — Dagegen bieten Gestänge und Meißel (Abb. 90—93) keine erheblichen Besonderheiten. Das Verfahren wird stets als Spülbohrung durchgeführt.

20. — Die Schwengel-Schnellschlagbohrung. Hierbei erfolgt die Bewegung des Gestänges durch einen Bohrschwengel, und die erforderliche Federung im Antrieb wird durch federnde Verlagerung oder Bewegung des Schwengels erzielt.

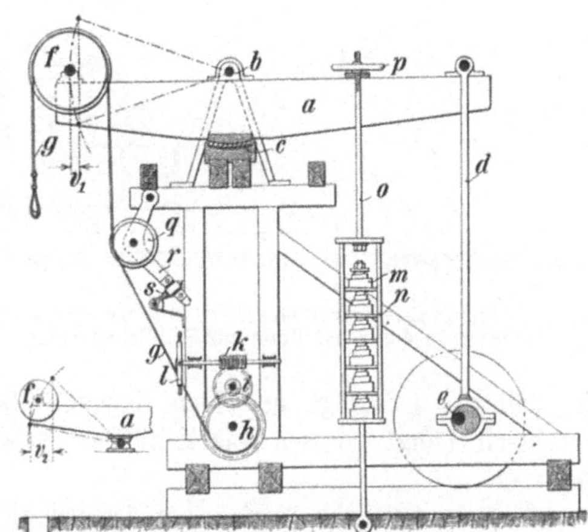

Abb. 95. Schnellschlag-Bohrkran Wirth-Fauk (vereinfachte Darstellung).

In Abb. 95, die einen Schnellschlagbohrkran wiedergibt, stellt a den Schwengel dar, der durch die Zugstange d mittels des Exzenters e angetrieben wird. Er ist durch die mit starken Pufferfedern m besetzte Federhaube n, deren Spannung mittels der Stange o durch das Handrad p geregelt werden kann, abgefedert.

Zum Nachlassen des Gestänges können um das Gestänge gelegte, abgefederte Nachlaßklemmen (Springschlüssel) oder ein Seil benutzt werden. Dieses Seil g läuft über die Seilrolle („Kopfscheibe") f am Schwengelkopf. Es wird durch die zum Schwinghebel r mit Federung s verlagerte Leit- und Spannrolle q geführt und wickelt sich von der Nachlaßtrommel h ab, die mittels des Schneckenradvorgeleges i und k je nach dem Fortschreiten der Bohrarbeit durch das Handrad l gedreht wird. Am Seil hängt durch Vermittlung des Spülkopfes das Gestänge.

Ein Nachteil dieser Anordnung ist, daß das Seil sehr leidet. Da außerdem der Spülkopf unterhalb des Schwengelkopfes liegen muß, ist dessen Höhenlage bestimmend für die Gestängelänge, die ohne Unterbrechung der Spülung abgebohrt werden kann. Da man den Schwengel nicht zu hoch legen darf, beträgt diese Gestängelänge höchstens 2 m.

21. — Die Seil-Schnellschlagbohrung. Sie hat die Schwengelbohrung weitgehend verdrängt. Ihr Kennzeichen besteht darin, daß das Gestänge an einem langen, über den Bohrturmkopf geführten Drahtseil hängt, dessen Elastizität die erforderliche Federung im Antrieb bewirkt.

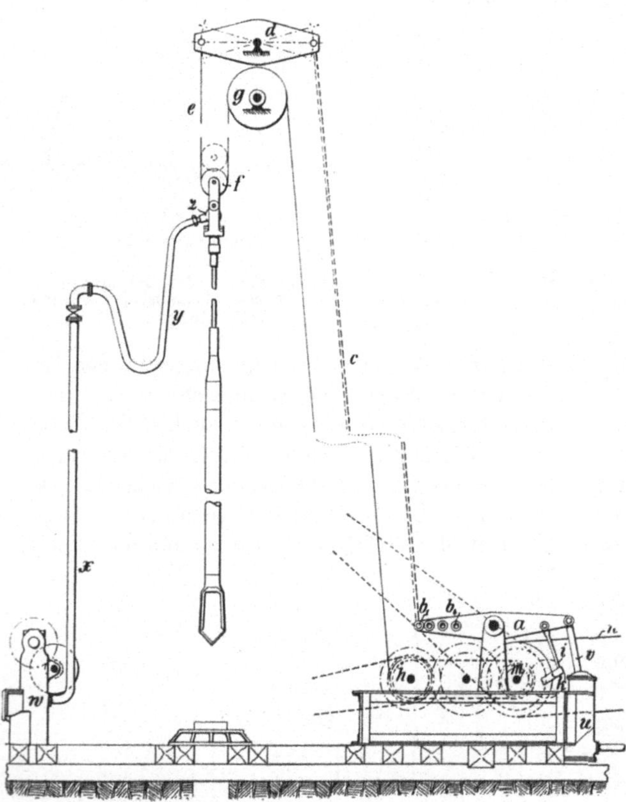

Abb. 96. Universal-Bohrkran von **Haniel & Lueg** (vereinfachte Darstellung) in der Einstellung auf Seil-Schnellschlagbohrung.

Eine neuzeitliche Ausführung des bei diesem Verfahren benutzten Bohrkranes stellt der in Abb. 96 veranschaulichte, auch zum Drehbohren benutzbare Universalbohrkran von **Haniel & Lueg** dar.

Der Schwengel a bewegt durch Vermittlung der an einem der Bolzen b_1—b_4 angreifenden Zugstange c und der oben im Bohrturm verlagerten Schwinge d das Seil e, in dem das Gestänge mittels der Flaschenzugrolle f aufgehängt ist. Das Seil läuft dann weiter über die Rolle g zur Seiltrommel h. Der Schwengel seinerseits wird bewegt durch die Pleuelstange i, die ihren Antrieb von der Kurbel k aus erhält.

Dem Ausgleich der Gestänge- und Bohrzeuglast dient der mit Preßluft oder Dampf gefüllte Zylinder *u*, dessen Kolben durch die Druckstange *v* an das hintere Ende des Schwengels angeschlossen ist.

Das Spülwasser wird von der Pumpe *w* geliefert und mittels der festen Rohrleitung *x* und des Schlauches *y* dem Spülkopf *z* zugeführt.

Ähnliche Bohrkrane bauen auch die Maschinenfabrik Wirth & Co., Erkelenz, und andere Bohrgerätefabriken.

22. — Beurteilung der Schnellschlag-Bohrverfahren [1]). Die Schnellschlagbohrung bietet gegenüber dem einfachen Bohren mit starrem Gestänge den wesentlichen Vorzug, daß gefährliche Stöße vom Gestänge durch die federnde Aufhängung ferngehalten werden. Vor dem deutschen Bohren mit Zwischenstücken hat sie den Vorteil einer einfachen und, widerstandsfähigen Verbindung des Meißels mit dem Gestänge voraus. Außerdem wird das Anbohren weicherer oder härterer Gebirgsschichten, das Antreffen von Lagerstätten u. dgl. bedeutend leichter erkannt als beim Bohren mit Zwischenstücken, weil der Krückelführer vorzüglich mit der Bohrlochsohle Fühlung behält. Diese gute Fühlung mit der Sohle wird auch bei den drehenden Bohrverfahren nicht erreicht, da bei diesen die Rückprallwirkung des Bohrzeugs fehlt. Ferner kann die Antriebvorrichtung mit sehr kurzen Hüben (5—30 cm, je nach der Tiefe, gegen 60—80 cm bei anderen Verfahren) und entsprechend hohen Schlagzahlen (60—100 in der Minute gegen 60 mit Rutschschere und 30 mit Freifall) arbeiten, wobei trotzdem infolge der elastischen Aufhängung genügend kräftige Schläge geführt werden können. Diese treffen, wie bei dem gleichfalls mit schnellen und leichten Schlägen arbeitenden Bohrhammer, immer nur gegen die oberste, am stärksten gespannte Schicht der Bohrlochsohle, in der verhältnismäßig die größte Wirkung erzielt wird. Infolgedessen ist das Verfahren sehr leistungsfähig.

Für Teufen von weniger als etwa 80 m ist die Schnellschlagbohrung weniger geeignet, weil dann andere Verfahren billiger arbeiten; doch hat man sie neuerdings bei günstigen Verhältnissen schon bei 30 m mit Erfolg angewandt. Anderseits macht sich bei sehr großen Teufen die große Gestängelast, die zu beschleunigen ist, ungünstig bemerklich, so daß dann die Schlagzahl wesentlich verringert werden muß und die Leistungen entsprechend stark sinken. Die günstigsten Verhältnisse liegen etwa bei Teufen zwischen 500 und 800 m; die wirtschaftliche Teufengrenze kann sicher bis etwa 1200 m angenommen werden.

Die Schlagzahl in der Minute kann für Teufen von wenig über 100 m auf mehr als 100 gesteigert werden. Bei 1500 m kann man immerhin noch mit etwa 60 Schlägen arbeiten.

Was die Gebirgsverhältnisse betrifft, so ist die Schnellschlagbohrung wegen ihrer kräftig absprengenden Wirkung in erster Linie für festes Gebirge bestimmt. Doch steht nichts im Wege, sie auch in weichen Schichten anzuwenden, und in der Tat hat sie für die Durchbohrung von Deckgebirgsschichten in solchen Fällen, in denen es auf möglichst rasche und billige Herstellung der Bohrlöcher ankam, vielfach Anwendung gefunden. Ihrer geringen Lotabweichung wegen eignet sie sich besonders auch für Herstellung von

---

[1]) Näheres s. Petroleum 1937, S. 1; P. Stein: Der Spülschnellschlag im Rahmen des gegenwärtigen Erdölbohrens.

Gefrierbohrlöchern. Die Bohrung wird dann zur Verhütung von Nachfall zweckmäßig mit Dickspülung (vgl. Ziff. 11) betrieben. Leistungen bis 100 m und mehr je Tag sind hierbei erreicht worden.

b) Das Seilbohren.

23. — Anwendungsgebiet und Beurteilung. Das Bohren am Seil ist was bei seiner Einfachheit nicht wundernehmen kann, bereits seit sehr langer Zeit betrieben worden; die Chinesen sollen schon seit mehr als 2000 Jahren durch dieses Bohrverfahren Sol- und Erdgasquellen in größeren Tiefen erschlossen haben.

Wie in diesen ältesten Zeiten dient auch heute noch die Seilbohrung fast ausschließlich zur Gewinnung von Erdöl und -gas, Sole, Trinkwasser u. dgl. und nur ausnahmsweise zu Schürf- und ähnlichen Bohrungen.

Die weitaus größte Bedeutung hat das auf diesem Gebiete vorbildlich gewordene pennsylvanische Seilbohren erlangt, das bei den Bohrungen auf Erdöl in Pennsylvanien entwickelt worden ist und sich dort wegen seiner Einfachheit, wegen der verhältnismäßig geringen Festigkeit und der flachen Lagerung der Gebirgsschichten und wegen der langjährigen Vertrautheit der dortigen Bohrmannschaften mit diesem Verfahren behauptet hat und bis in die größten Tiefen vorgedrungen ist: in Kalifornien hat man neuerdings eine Tiefe von 2715 m erreicht[1]).

Als Vorzug des Seilbohrens ist zunächst die Vermeidung des ganzen, durch Gestängeförderung und Gestängebrüche verursachten Zeitverlustes zu nennen, demgegenüber die an sich geringere Schlagwirkung sowie der durch das Schlammlöffeln bedingte Aufenthalt, der hier ebenfalls nur gering ist, zurücktritt. Ferner ist vorteilhaft das gegenüber dem Gestänge bedeutend geringere Gewicht des Seiles und die geringere Beanspruchung der Bohrlochstöße durch dieses. Schwerwiegende Nachteile sind auf der anderen Seite: die Unsicherheit der Hubhöhe bei größeren Tiefen infolge der Dehnung des Seils, das mangelhafte Umsetzen und die daraus oft sich ergebende Entstehung von „Füchsen" im Bohrloch, der geringe Bohrfortschritt in harten Gesteinsarten. Für Schürf- und wissenschaftliche Tiefbohrungen eignet das Seilbohren sich nicht, da es keine Wasserspülung gestattet und das Erbohren von Kernen schwierig und umständlich ist.

24. — Einige Einzelheiten des Seilbohrens. Früher glaubte man wegen des unsicheren Umsetzens nur die eine geringere Schlagwirkung ausübenden Kronenmeißel verwenden zu können; später zog man es jedoch vor, Flachmeißel zu benutzen und etwaige unrunde Stellen durch „Nachbüchsen" mit Hilfe von Hohlzylindern (vgl. auch Abb. 87 auf S. 108), das ja bei Seilbetrieb nur geringen Aufenthalt mit sich bringt, zu beseitigen.

Wegen der Nachgiebigkeit und des geringen Gewichts des Seiles muß der Meißel besonders schwer belastet werden, um eine genügende Schlagwirkung zu erzielen, was durch Schwerstangen von 5—15 m Länge und 500 bis 1500 kg Gewicht geschieht.

Eine wichtige Verbesserung, die das Seilbohren in Nordamerika erhalten hat, ist die Einschaltung einer Rutschschere (Abb. 88) zwischen

---

[1]) S. den auf S. 113 unten angeführten Aufsatz von Stein.

Meißel und Seil. Sie besteht aus zwei langen ineinander hängenden Kettengliedern. Ihr Zweck ist, Verklemmungen des Meißels zu verhüten, indem sie durch ihr Spiel eine gewisse Beschleunigung des hochgehenden Seils vor dem Erfassen des Meißels, d. h. einen gewissen Ruck beim Anheben des letzteren, ermöglicht. Diese Wirkung der Rutschschere wird durch eine zwischen ihrem oberen Gliede und dem Seil eingeschaltete zweite (obere) Schwerstange erhöht, indem diese durch ihre beschleunigte Masse den Ruck verstärkt. Außerdem unterstützt diese Stange durch ihr Gewicht das Einlassen des Seiles und dient ferner dazu, dieses in einer gewissen Spannung zu halten und seine Federung zu beschränken, um zu starke Schleuderbewegungen zu verhüten.

Als Seile werden solche aus bestem Manilahanf oder aus Aloëfaser bevorzugt. Stahldrahtseile sind tragfähiger und billiger, verursachen aber Schwierigkeiten da sie dem Rost stark ausgesetzt sind, durch Reibung an den Bohrlochstößen, rascher verschleißen und gegen die unvermeidlichen häufigen Rucke und Stauchungen empfindlich sind, auch größere Trommeldurchmesser verlangen. Man sucht daher nach Möglichkeit ohne sie auszukommen.

Der Antrieb erfolgt durch einen Bohrschwengel, an dessen hinterem Ende ein Kurbelgetriebe angreift, während vorn das Bohrseil durch Vermittlung einer Stellschraube aufgehängt ist und an deren unterem Teile durch eine einfache Klemmvorrichtung festgehalten wird; nach Abbohrung der Stellschraube wird diese wieder in die Anfangsstellung gebracht und das Seil nach Abwicklung eines entsprechenden Stückes von der Kabeltrommel von neuem eingeklemmt.

Der Bohrschmand wird durch Löffeln (Ziff. 11) beseitigt, das wegen der Seilförderung keinen großen Zeitverlust verursacht. Versuche mit Spülbohrung sind an den Kosten und Schwierigkeiten von wasserdichten Hohlseilen gescheitert.

B. Das drehende Bohren.

a) Das Drehbohren von Hand ohne Spülung.

Es findet bei mildem Gebirge und bis zu geringen Teufen Anwendung. Das einfachste hierbei verwandte Bohrgezähe ist der Spiralbohrer. Der Tellerbohrer, dessen Spitze als Vorbohrung und Führung für die Nachschneide dient, ist für Bohrlöcher von größerem Durchmesser bestimmt. Beide Bohrer dienen vielfach auch nur zur Auflockerung des Bodens, der dann mit der Schlammbüchse (Abb. 77) gehoben wird.

Ein viel verwendetes, auch für größere Teufen brauchbares Bohrgezähe ist ferner die Schappe, von deren vielen Formen eine in Abb. 76 dargestellt ist. Sie eignet sich besonders für die Durchbohrung toniger Massen und besteht aus einem geschlossenen oder mehr oder weniger weit geschlitzten Hohlzylinder, der unten mit einer gewundenen Schneide („Schnecke") zum Eindringen in das Gebirge versehen ist, in seinem oberen Teile die erbohrten Massen aufnimmt und mit ihnen nach Füllung zutage gefördert wird. Die geschlossene Schappe ist für die Bohrarbeit in Sand, Feinkies u. dgl., die offene für das Bohren in lettigen und tonigen Schichten vorzuziehen.

Die Bohrarbeit mit Schappe und Schneckenbohrern ist wegen der Notwendigkeit, die Bohrwerkzeuge häufig aufzuholen, zeitraubend, ermöglicht aber die

Gewinnung von Gebirgsproben. Sie wird deshalb auch bei Spülbohrungen vielfach nebenher und zusätzlich zur Prüfung und Durchbohrung besonders wichtiger Schichten angewandt.

Die Drehung des Bohrgezähes bewirkt man von Hand, und zwar durch Krückel, die bei Bohrungen von ganz geringer Tiefe den Kopf des Bohrers oder Gestänges bilden, in der Regel aber unterhalb des Antriebs durch Ösen im Gestänge gesteckt werden. Durch Verlängerung der Krückelarme (Aufstecken von Rohrstücken u. dgl.) kann das gleichzeitige Arbeiten mehrerer Leute ermöglicht werden.

Mit dem Fortschreiten der Bohrung wird das zwischen Bohrer und Krückel einzuschaltende Gestänge (vgl. Ziff. 16) erforderlich. Die für Gestängebohrung bestimmten Bohrgezähe erhalten einen Gewindekopf zum Aufschrauben des Gestänges.

Die Firma Reinhard Zänsler in Brandis bei Leipzig hat für den Braunkohlenbergbau, für den vielfach die gewöhnliche Tiefbohrung kein genügend klares Bild zu liefern vermag, ein Verfahren ausgearbeitet, bei dem durch Schappenbohrung schachtartige Bohrlöcher (mit 800—1100 mm Durchmesser) hergestellt werden und die Förderung mittels Greifers erfolgt[1]).

b) Das Drehbohren mit Stahlvollbohrern und Spülung.

Mit Stahlvollbohrern der verschiedensten Form kann in mildem Gebirge von Hand bis auf einige hundert Meter gebohrt werden. Zahllose Wasserbohrungen, insbesondere in Ungarn und in Holl.-Indien wurden nach diesem Verfahren hergestellt. Das Windwerk zum Ein- und Ausbau des Hohlgestänges sowie die Spülpumpe werden hierbei vielfach maschinell angetrieben.

c) Das Rotary-Bohrverfahren.

25. — Beschreibung. Während früher die Vollbohrung als Drehbohrung für etwas größere Tiefen überhaupt nicht in Frage kam, ist sie in den letzten Jahren durch die in Nordamerika ausgebildete und als „Rotary"-Verfahren[2]) bekanntgewordene Drehbohrung insbesondere für die Erdölgewinnung von größter Bedeutung geworden. Der größte Teil der Erdölgewinnung der Welt stammt aus Rotary-Bohrlöchern; die tiefsten Bohrlöcher der Welt — es gibt bereits eine große Anzahl von 3000 bis 4000 m Teufe[2]) — sind nach dem Rotary-Verfahren niedergebracht. Das Rotary-Bohren arbeitet mit Dickspülung und hat sich, obwohl zunächst nur für milde Gebirgsarten berechnet, auch der Durchbohrung festerer Schichten anpassen lassen. Das Verfahren ist daher auch von deutschen Bohrfirmen und Bohrgerätefabriken übernommen und von letzteren weiterentwickelt worden.

---

[1]) Braunkohle 1928, S. 1141; Diehl: Das Schacht-Bohrverfahren nach Zänsler.

[2]) Das bis 1940 tiefste Bohrloch wurde 1938 in Kalifornien auf 4919 m niedergebracht. (Bohrtechn. Zeitung 1941, S. 63.) Die tiefste Bohrung außerhalb der Vereinigten Staaten ist die von der DEAG ausgeführte Bohrung „Holstein 14" mit 3818 m. Die tiefste Bohrung Rußlands liegt mit 3400 m Teufe bei Baku. Die tiefste Bohrung Rumäniens hat eine Endteufe von 3387 m und die Italiens eine Endteufe von 2645 m.

Zum Bohren dienten in der ersten Entwicklungszeit des Rotary-Verfahrens Fischschwanzbohrer (Abb. 97), deren Schneiden leicht nach vorn (im Drehsinne) gebogen waren. Diese Bohrer ermöglichten in milden Gebirgsschichten sehr hohe Bohrleistungen, versagten aber in härterem Gebirge. Es wurden daraufhin Rollenbohrer (Abb. 98) entwickelt, deren gezahnte Rollen einen hohen Bohrdruck vertragen. Sie verlangen allerdings in weichen und klebrigen Schichten große Spülwassermengen, da sie sonst leicht verschmieren und „schwimmen".

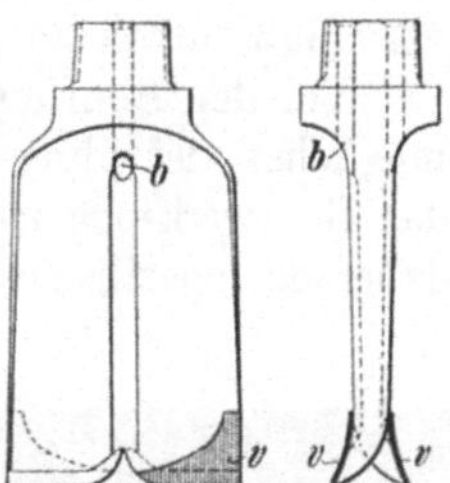

Abb. 97. Fischschwanzbohrer für Rotary-Bohrungen.

Weiterhin sei ein Bohrer mit parabolischer Schneide erwähnt, der für weiche und harte Schichten anwendbar ist und hohe Bohrdrucke verträgt und sehr gleichmäßig verschleißt. Eine Abart des Fischschwanzbohrers ist der Diskenbohrer (Abb. 99). Infolge seiner langen Schneiden behält er den ursprünglichen Schneidendurchmesser länger bei, als dieses beim Fischschwanzbohrer der Fall ist. Er erfordert zu seiner Reinhaltung allerdings auch große Spülwassermengen bei hohen Pumpendrucken. Alle Bohrer werden heute mit Hartmetall besetzt.

Während man früher den Bohrdruck durch einen Teil des Gestängegewichtes erzeugte, benutzt man jetzt zur Vermeidung von Gestängeknickungen hohlgebohrte Schwerstangen (bis zu 120 m und mehr), die über dem Bohrer angebracht werden (Abb. 100). An die Schwerstangen schließt sich nach oben das eigentliche Gestänge an, welches ähnlich wie beim Kernbohren an eine meist quadratische Mitnehmerstange angeschraubt ist, auf der ein kräftiger Spülkopf sitzt. Das Ganze hängt an einem Bohrhaken, der von einem starken Fla-

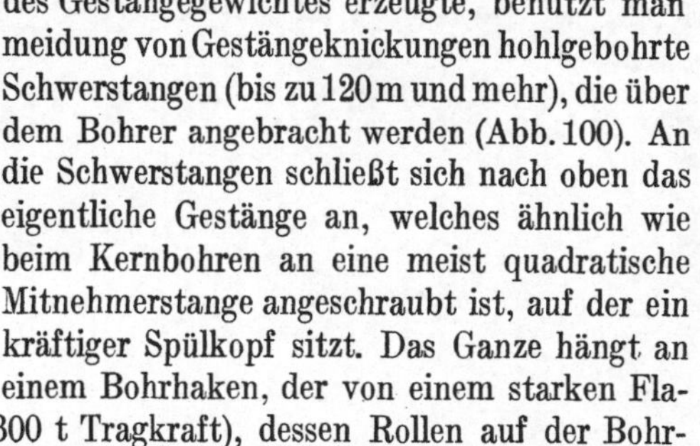

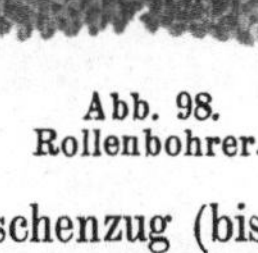

Abb. 98. Rollenbohrer.

schenzug (bis zu 300 t Tragkraft), dessen Rollen auf der Bohrturmkrone verlagert sind, getragen wird. Die quadratische Mitnehmerstange ist bis zu 16 m lang und läuft durch den Drehtisch, der sie in Drehung versetzt. Der Drehtisch wird durch Kegelräder angetrieben und läuft mit 40—300 U/min in einem Kugellager.

An Stelle des früher hauptsächlich angewandten Kettenantriebs geht man neuerdings mehr und mehr zu Zahnrad-

Abb. 99. Diskenbohrer.

getrieben über, deren Gewicht heute wesentlich geringer gehalten werden kann, da man durch zusätzliche Verwendung von Strömungsgetrieben[1]) mehrere Zahnradübersetzungen einspart, auf diese Weise eine stufenlose Schaltung und zugleich ein stoßfreies Arbeiten erreicht hat. Durch zusätzliche Verwendung von Strömungsgetrieben können auch schnellaufende Dieselmotoren verwandt werden.

---

[1]) Öl und Kohle 1940, S. 485 und 1941, S. 45; Besigk und Kühne: Beitrag zur Kenntnis der Arbeitsweise von Gesteinsbohrern usw.

Da auf die ununterbrochene Erhaltung der Dickspülung viel ankommt, werden vielfach zwei Pumpen verwendet, von denen immer die eine als Rückhalt dient; jede Pumpe erhält ihre besondere Druckrohrleitung mit Anschlußstutzen für den zum Spülkopf führenden Druckschlauch (Abb. 100).

Bei den Bohrungen auf Erdöl soll die Dickspülung nicht nur gestatten, möglichst tief ohne Nachsenken der Verrohrung zu bohren, sondern auch das Bohrwerkzeug zu kühlen und Gasausbrüchen entgegenzuwirken. Man hat daher das spezifische Gewicht der Trübe weiter gesteigert und verwendet fein

Abb. 100. **Rotary-Bohranlage.** *a* Flaschenzugkloben, *b* Bohrhaken, *c* Elevator und Elevatorbügel, *d* Spülkopf, *e* Drehtisch, *f* Hebewerk, *g* Motoren, *h* Vorgelege, *i* Pumpen.

gemahlenen Schwerspat, der ein spezifisches Gewicht der Trübe von 1,8—2,0 ermöglicht, so daß diese schon bei 500 m Tiefe einem Gasdruck von 90—100 at widerstehen kann. Ein Nachteil des Schwerspates ist, daß er sich leicht absetzt und sich dadurch die Gefahr des Festwerdens des Bohrers ergibt. Durch Zusatz von Bentonit (Ton) kann diesem Nachteil etwas entgegengewirkt werden. Man arbeitet daher neuerdings vielfach mit den Spülpumpen gegen den Bohrlochdruck und schließt das Bohrloch nach oben ab. Zur Verhütung von Gasausbrüchen dienen Absperrschieber, sog. Ausbruchverhüter.

Der hervorragendste Vorteil des Rotary-Bohrverfahrens liegt in seiner Leistungsfähigkeit, die insbesondere in milden, neuerdings auch in harten

Schichten von keinem anderen Verfahren erreicht wird. Bohrleistungen in mildem Gebirge von mehr als 3000 m in 20—30 Tagen sind schon lange keine Seltenheit mehr. Wichtig ist bei Anwendung des Rotaryverfahrens, wie bei jedem drehend arbeitenden Bohrverfahren, daß die Größe des Bohrdrucks und der Drehzahl im richtigen Verhältnis zur Gesteinsfestigkeit und zur umgewälzten Spülwassermenge, deren Schwere sowie zum Bohrlochdurchmesser und zur Meißelscheide steht[1]).

Lotabweichungen können durch reichliche Anwendung überschüssigen, über der Größe des Bohrdrucks liegenden Schwerstangengewichts, sowie durch höhere Drehzahlen sehr verringert werden. Sie erreichen heute bei weitem nicht mehr das noch vor wenigen Jahren übliche Ausmaß. Immerhin übersteigen sie oft noch die Lotabweichungen der durch Schlagbohrung niedergebrachten Bohrungen beträchtlich.

Ein Gewichtsausgleich ist bei dem Rotaryverfahren nicht erforderlich. Die sorgfältig und sehr kräftig gebauten Bremsen in Verbindung mit einer aus-, reichend genauen Meßeinrichtung zur Anzeige der Höhe des Bohrzeuggewichts gestatten es, den Bohrdruck in beliebigen Grenzen auf gleicher Höhe zu halten. Auch selbsttätig arbeitende Nachlaßeinrichtungen vermögen heute den Bohrdruck oder das Drehmoment auf einen bestimmten Wert zu halten, oder auch beides bis zu einem eingestellten Höchstwert selbsttätig zu regeln.

Eine Kernbohreinrichtung, welche durch das Gestänge und den Fischschwanzmeißel geworfen wird, sich in der Schwerstange durch eine sinnreiche Einrichtung festklemmt und mittels eines durch das Gestänge eingelassenen Stahlseils mit kleiner Schwerstange wieder gefangen und gezogen werden kann, ermöglicht außerdem Rotary- und Kernbohrung zugleich, ohne daß das Gestänge und der Meißel ausgebaut werden müßten.

Außer der im Vergleich zu den Schlagbohrverfahren immer noch größeren Lotabweichung liegt die Hauptschwäche des Rotaryverfahrens in der auch beim Schlagspülverfahren vorhandenen Schwierigkeit, das durchbohrte Gebirge schnell und sicher genug aus der Spültrübe erkennen zu können. Allerdings ist es auch beim Rotarybohren möglich, schon während der Bohrarbeit aus dem Bohrfortschritt, der Größe des angewandten Bohrdrucks, der Drehzahl und des Drehmoments gewisse Schlüsse auf das durchbohrte Gestein zu ziehen. Es ist dieses insbesondere dann möglich, wenn schon Nachbarbohrungen vorliegen und die Abhängigkeit von Bohrdruck, Drehzahl und Meißelbesatz von der Gesteinsart geklärt ist.

Ein Nachteil ist schließlich die Größe und Schwere der Rotaryanlage und die dadurch bedingten langen Montagezeiten. Aber auch dieser Nachteil wird durch die Größe der Bohrleistung und durch die Möglichkeit, große Tiefen schnell zu erreichen, aufgehoben, so daß das Rotaryverfahren in steigendem Maße die anderen Bohrverfahren verdrängt.

d) Kernbohrung.

26. — **Überblick.** Beim Kernbohren wird mittels der sog. „Bohrkrone" nur ein ringförmiger Raum im Gebirge ausgebohrt, in dessen Innerem ein

---

[1]) Öl und Kohle 1940, S. 36, 485, 559 und 1941, S. 37, 45, 113; Besigk und Kühne: Beitrag zur Kenntnis der Arbeitsweise von Gesteinsbohrern unter besonderer Berücksichtigung spanabhebender Bohrer.

Gebirgskern stehenbleibt, der von Zeit zu Zeit abgebrochen und gezogen werden muß. Die Bohrarbeit erfolgt stets mit Spülung, die hier schon zur Kühlung der Bohrkrone nötig ist.

Früher beherrschte die Diamantbohrung dieses Gebiet vollständig. Die hohen Kosten der Bohrdiamanten haben aber ständig zur Heranziehung von Ersatzstoffen angereizt, von denen man auch mehrere für die verschiedenen Gebirgsarten geeignete gefunden hat. Infolgedessen ist jetzt außer dem Diamantbohren auch das Bohren mit Schrot-, Stahl- und Hartmetallkronen zu besprechen.

27. — Diamant-Bohrkronen. Beim Diamantbohren ist die Stahlbohrkrone (Abb. 101) mit einer Anzahl roher Diamanten besetzt, die bei der Drehung der Krone die Sohle schabend und mahlend bearbeiten.

Auf die gute Beschaffenheit der Bohrdiamanten[1]) kommt sehr viel an. Als die besten Steine gelten die sog. „Karbonados" oder „Karbons", dunkle, abgerundete Knöllchen, die wegen ihrer zähen Beschaffenheit nicht zum Splittern neigen. Ihnen kommen gleich die „Ballas", die aber seltener gefunden und verwendet werden. Weniger geschätzt (und daher auch nur etwa halb so teuer) sind die „Boorts", von hellerer Farbe und kristallinischer Beschaffenheit, daher ungleichmäßiger Härte und größerer Neigung zum Splittern.

Die Diamanten werden in verschiedener Weise in den zur Bohrkrone (Abb. 101 u. 105) bestimmten Eisen- oder Stahlring eingestemmt. Meist werden sie in einigermaßen passende Löcher eingesetzt und darin durch Verstemmung der Lochränder festgehalten; verschiedentlich werden aber auch die zunächst um den Diamanten vorhandenen Hohlräume vor dem Zustemmen durch Kupfereinlagen ausgefüllt. Eine gänzliche oder teilweise Verdeckung der Steine durch die Verstemmung ist nicht von Belang, da sie sich im Bohrloch sofort freiarbeiten; jedoch ist auf genau gleiche Höhenlage der Spitzen sämtlicher Steine zu achten, weil sonst einzelne Steine durch den Bohrdruck zu stark belastet werden. Die Steine werden so verteilt, daß die von ihnen bestrichenen Ringflächen sich gegenseitig ergänzen (s. Abb. 101), außerdem läßt man die am inneren und am äußeren Rande der Krone eingesetzten Steine etwas vorragen, um Klemmungen der Krone beim Bohren zu verhüten. Die Krone erhält Schlitze (l_1—l_4 in Abb. 102, vgl. auch Abb. 101) für den Austritt des Spülstroms.

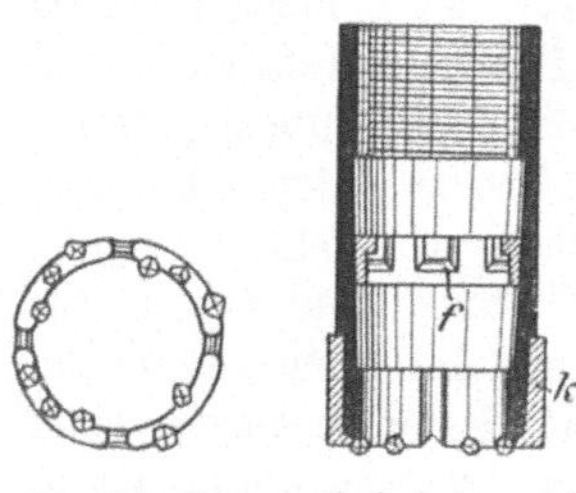

Abb. 101.   **Diamantbohrkrone mit Kernfänger.**

Für eine Krone von 60 mm Durchmesser werden an Steinen etwa 20 Karat, für eine solche von 170 mm Durchmesser etwa 40 Karat gerechnet (ein Diamant von Erbsengröße wiegt etwa 4—5 Karat).

Für geringere Teufen, in denen man mit geringerer Wandstärke von Kernrohr und Verrohrung (s. S. 125 u. f.) auskommt, kann man sich „dünnlippiger" Kronen bedienen, die nur eine Innen- und eine Außenreihe von Diamanten enthalten. Diese werden dann, da das Verstemmen der Steine

---

[1]) Näheres s. Glockemeier: Diamantbohrungen für Schürf- und Aufschlußarbeiten über und unter Tage. Berlin: Springer. 1913.

bei solchen Kronen schwieriger ist, vorteilhaft mit sog. „Disken" (vgl. Abb. 102) besetzt. Es sind das eckige oder zylindrische Stahlkörper d_1—d_8, die mit einem zylindrischen Ansatz in eine ent- sprechende Bohrung in der Krone eingesetzt und mit etwas Zinn eingegossen werden. Man kann diese Disken von geübten Arbeitern in der Werk- stätte der Bohrgesellschaft besetzen lassen und einzeln verschicken; an Ort und Stelle können sie von wenig geübten Leuten eingesetzt werden. Auch die zum Freibohren der Krone innen und außen eingesetzten „Decksteine" s_1 s_2 usw. sitzen auf ähnlichen Disken.

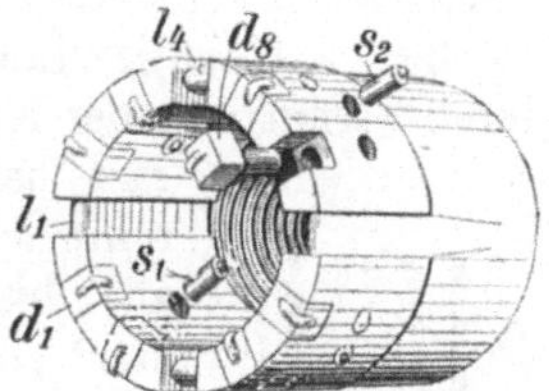

Abb. 102. Diskenkrone der Peiner Maschinenbau- gesellschaft.

28. — Bohrkronen mit Diamantersatz. In der gleichen Weise (mahlend) wie die Diamantkrone arbeitet die Schrotkrone, eine glatte, mit schrägen Schlitzen versehene Krone, in die Stahlschrot eingefüllt wird, der durch einen besonderen Spülschlauch fortgesetzt in das Gestänge eingespült wird. Die Schrotkörner werden durch Zerstäuben und Abschrecken von flüssigem Stahl gewonnen, der durch diese Behandlung sehr hart wird. Für milderes Gebirge verwendet man gröbere Körnungen (bis etwa 3 mm $\varnothing$); im harten Gebirge geht man mit der Körnung bis auf 0,2 mm herab. Der Verbrauch ist erheblich und beträgt in mildem Sandstein etwa 1 kg, im Quarzporphyr etwa 1,5 kg je lfd. m. Besonders geeignet und der Diamantbohrung überlegen ist die Stahlschrotbohrung für härtestes kon- glomeratisches Gestein.

Im Gegensatz zum Schrotbohren arbeiten die Stahlbohrkrone und die mit Hartmetall be- setzten Kronen mit Abscherwirkung wie der span- abhebende Schnelldrehstahl. Die Stahlkronen, die sich nur für ausgesprochen mildes Gebirge eig- nen, sind mit eingefrästen Zähnen ausgerüstet und haben außen wie die Diamantkrone senk- recht oder schräg verlaufende Kanäle für das

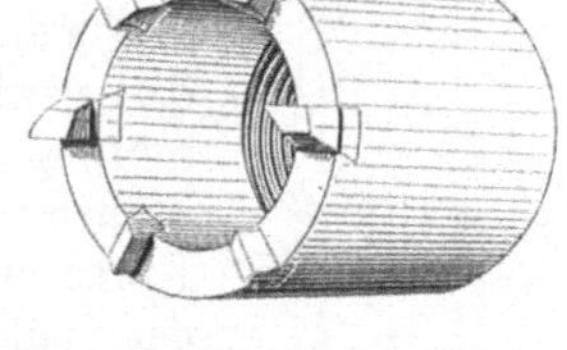

Abb. 103. Bohrkrone mit ein- gesetzten Stahlzähnen.

Spülwasser. Auch können die Zähne besonders hergestellt und gemäß Abb. 103 in die Krone eingesetzt werden, so daß die Krone geschont wird und die Zähne einzeln ausgewechselt werden können.

Die Hartmetalle[1]) sind in der Hauptsache Karbide schwer schmelzbarer Metalle mit einem spezifischen Gewicht von 15—16 und einer Härte von 9,8—9,9, dabei aber im Gegensatz zum Diamanten erheblicher Zähigkeit und einer Erweichungs- temperatur von 2500 bis 3000° C. Hierher gehören Widia, Harthal, Volomit, Borium u. a.

Abb. 104. Bohr- krone mit Hart- metallprismen.

Die Hartmetallkronen (Abb. 104) bewähren sich in erster Linie in mittelhartem Gestein, während in hartem Gestein die Bohrleistung sehr schnell sinkt. Die Anschaffungskosten betragen nur einen Bruchteil derjenigen einer Diamantkrone, und die gesamten Bohrkosten

---

[1]) Glückauf 1926, S. 1684; Merz und Schulz: Die Anwendbarkeit von Volomit usw.; — ferner Zeitschr. d. internat. Bohrtechnikerverbandes 1926, S. 383; Richter: Neues über Bohrungen mit Volomit.

sollen nur etwa die Hälfte derjenigen einer Diamantbohrung erreichen. Zudem erfordert das Einsetzen der Hartmetallprismen bedeutend weniger Übung als das Besetzen einer Diamantkrone.

29. — **Kerngewinnung.** Mit dem Hohlgestänge ist die Bohrkrone durch Vermittlung des Kernrohres d (Abb. 105) verbunden. Dieser Rohrsatz hat einen größeren Durchmesser als die Gestängerohre g und ist in der Regel 6 m, ausnahmsweise aber auch bis 20 m lang. Die Länge der Kernrohre darf nämlich nicht zu klein genommen werden, da sie gleichbedeutend mit der ohne Unterbrechung des Bohrbetriebes zu erzielenden Bohrlänge ist; hat der Kern den oberen Rand des Kernrohres erreicht, so muß er gezogen werden. Außerdem schützt das Kernrohr gegen Nachfall aus den Stößen und wird schon aus diesem Grunde vielfach entsprechend lang genommen, soweit man sich nicht durch Brockenfänger (s. den nächsten Absatz) hilft.

Mit dem Hohlgestänge g wird das Kernrohr durch das Übergangsstück f mittels beiderseitiger Verschraubung verbunden. Vielfach wird noch ein besonderes Rohr h, als „Brockenfänger" oder „Schmandrohr" bezeichnet, aufgeschraubt, das gewissermaßen eine verlorene Verrohrung ersetzt und Nachfall aus den Stößen verhüten oder wenigstens von der Krone fernhalten, außerdem auch die durch den Spülstrom zunächst mitgerissenen Gesteinsteilchen, die nach oben hin wegen des größeren Ringquerschnitts in einen schwächeren Strom geraten und absinken, auffangen soll.

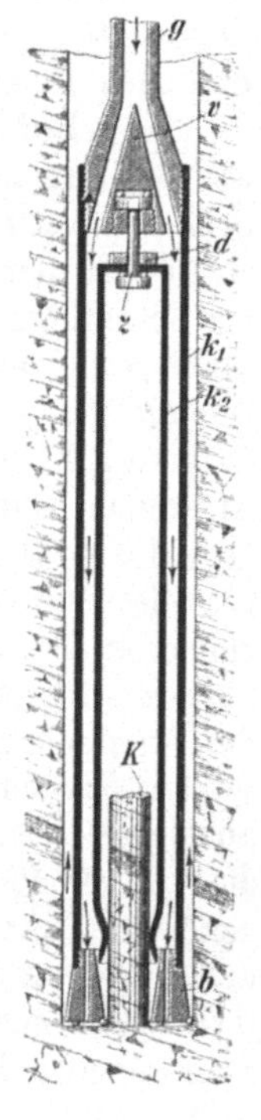

Abb. 106.
Doppelkernrohr.

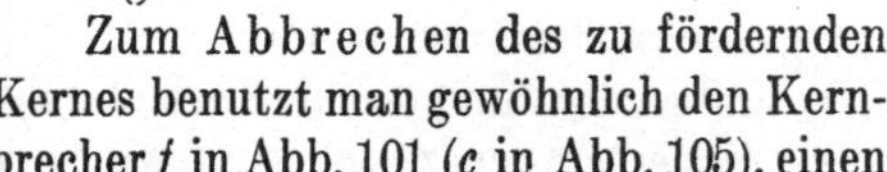

Abb. 105. Diamantbohrkrone mit Kernrohr und Hohlgestänge.

Zum Abbrechen des zu fördernden Kernes benutzt man gewöhnlich den Kernbrecher f in Abb. 101 (c in Abb. 105), einen innen mit scharfen Vorsprüngen versehenen oder mit Diamanten besetzten, offenen und daher federnden Stahlring, der beim Anheben des Gestänges in dem zu diesem Zwecke etwas konisch gestalteten untersten Teile des Kernrohres herabrutscht und sich dabei zusammendrückt, so daß seine Zähne in den Kern eindringen. Abb. 105 stellt den Augenblick dar, wo der Kern abgebrochen ist und hochgezogen werden soll. In ungestörtem, zähem Gebirge sind Kerne von einer Länge bis zu 90 m erbohrt und gezogen worden.

In milden (nicht „kernfähigen") Gebirgsarten wie z. B. in Kohlenflözen verwendet man neuerdings Doppelkernrohre, bei denen (Abb. 106) der Kern durch ein inneres Kernrohr k_2, das in dem äußeren Kernrohr k_1 steckt, geschützt wird. Die Spülung wird durch den Konus v abgelenkt und auf den ringförmigen Raum zwischen k_1 und k_2 verteilt, von wo aus sie dann durch Schlitze in der Krone b nach außen tritt. Damit das innere Kernrohr ruhig hängt, ist es in einem Kugellager an dem Tragstück z aufgehängt, das seinerseits nach oben hin noch durch ein zweites Kugellager reibungsfrei gemacht ist. Der Kautschukring d dient zur Abdichtung gegen das Spülwasser.

30. — Antrieb. Für die Antrieb- und Nachlaßvorrichtung ist besonders bei der Diamantbohrung eine richtige Belastung der Krone wichtig. Ist nämlich der Bohrdruck auf die Krone zu gering, so schreitet die Bohrung zu langsam vorwärts; ist er zu groß, so leiden die Diamanten. Mit Rücksicht auf diese läßt man den Druck auf die Krone je nach deren Größe nicht stärker als 300—500 kg werden. Bei Hartmetallkronen kann der Bohrdruck bis zu 1000 kg gesteigert werden, vorausgesetzt, daß die Widerstandsfähigkeit des Kernrohres und seiner Gewindeverbindungen es zulassen.

Im übrigen werden die Bohreinrichtungen je nach der zu erwartenden Teufe verschieden ausgeführt. Nachstehend werden nur die für größere Teufen bestimmten besprochen; für geringere Teufen finden die unter III (S. 137 u. f.)

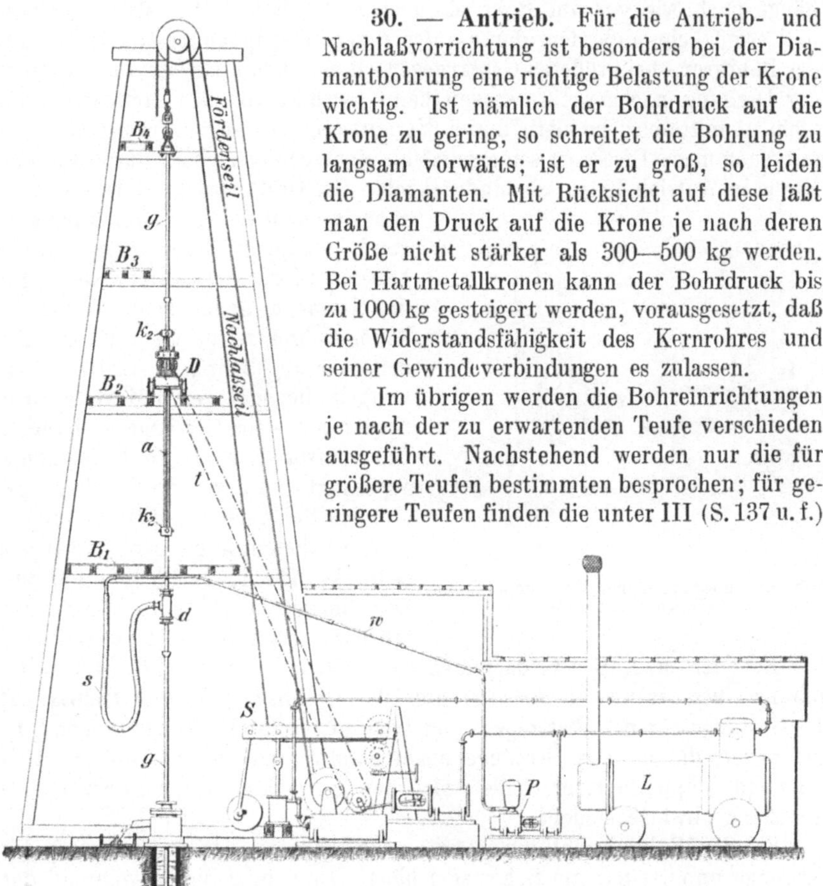

Abb. 107. Bohranlage für abwechselnde Meißel- und Diamantbohrung.

behandelten Söhlig- und Schrägbohreinrichtungen Verwendung. Bei den deutschen Diamantbohreinrichtungen für größere Teufen ist besonders Wert darauf gelegt, daß man schnell von der Diamantbohrung zur Meißelbohrung (mit Rutschschere, Freifall oder Schnellschlag) und umgekehrt übergehen und dadurch sich den verschiedenartigen Gebirgsverhältnissen anpassen kann.

Bei derartigen Diamantbohreinrichtungen wird der oben im Bohrturm liegende Antrieb auf einem kleinen Wagen oder auf einem in Ketten hängenden und nach Beendigung der Drehbohrung hochzuziehenden Profileisenrahmen verlagert, so daß das Bohrloch jederzeit für andere Bohrverfahren freigegeben werden kann.

Eine Bohreinrichtung für Schlag- und Drehbohrung zeigt Abb. 107.

Diese läßt unten den für die Schnellschlagbohrung benutzten Bohrschwengel S nebst seinem Antrieb erkennen. Jedoch ist jetzt der zur Kurbelscheibe führende Treibriemen abgeworfen und an seine Stelle ein Riemen- und Seilantrieb t für die auf der zweiten Turmbühne über das Bohrloch gefahrene oder an Ketten eingehängte Drehvorrichtung D getreten. Das Gestänge hängt nach wie vor am Bohrseil, doch dient dieses jetzt als Nachlaßseil und ermöglicht außerdem durch entsprechende Anspannung die Entlastung der Bohrkrone bei größeren Gestängegewichten. Damit das Gestänge während der Drehung nachgesenkt werden kann, wird es von der Drehvorrichtung nicht unmittelbar, sondern durch Vermittlung des sog. „Arbeitsrohres" a mitgenommen. Dieses ist seinerseits mit einer Nut versehen, durch die eine Rippe im Antrieb-Kegelrade hindurchgeht. Das Gestänge ist mit dem Arbeitsrohr durch die beiden Klemmkuppelungen k_2 gekuppelt, die je drei Schrauben haben und daher gestatten, die Achse des Gestänges genau in die Achse des Arbeitsrohres zu bringen. Ist das Arbeitsrohr abgebohrt, so wird es abgekuppelt, hochgezogen und weiter oben wieder mit dem Gestänge verbunden. Das Spülwasser wird von der Pumpe P angesaugt und durch die Rohrleitung w und den Schlauch s in den Drehkopf d und aus diesem in das Hohlgestänge g gedrückt. Die Trübe fließt unten aus. Der Betriebsdampf wird durch den fahrbaren Dampfkessel L geliefert.

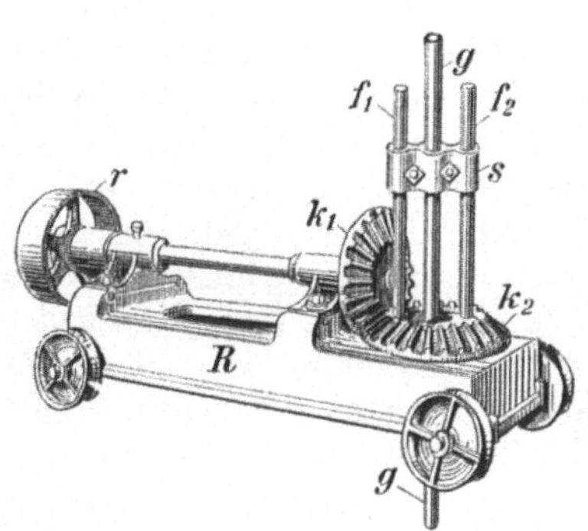

Abb. 108. Bohrwagen mit Drehvorrichtung für Kerndrehbohrung.

Bei der in Abb. 108 dargestellten Drehvorrichtung wird unter Umgehung eines besonderen Arbeitsrohres die Drehbewegung unmittelbar auf das Gestänge g selbst übertragen, und zwar mittels der Führungsstangen $f_1 f_2$, auf denen die an das Gestänge angeklemmte und an der Drehung teilnehmende doppelte Rohrschelle s sich dem Fortschreiten der Bohrung entsprechend abwärts schiebt.

Bei den Bohreinrichtungen, bei denen während der Stoßbohrung das Gestänge unmittelbar am Schwengel hängt, kann man diesen während der Drehbohrung als Ausgleichvorrichtung benutzen, indem man den Schwengelschwanz mit Gegengewichten belastet und entsprechend dem Fortschreiten der Bohrung weitere Gewichte auflegt. Statt der Gegengewichte kann auch eine am Schwengelschwanz angreifende Nachlaßwinde mit Bremsvorrichtung angewandt werden, welche letztere entsprechend dem wachsenden Gestängegewicht mehr und mehr angepreßt wird.

Die Umdrehungszahl beträgt 40—300 in der Minute, und zwar ist sie niedrig bei großem Kronendurchmesser und weichem Gebirge, dagegen hoch bei kleinem Kronendurchmesser und hartem Gebirge.

31. — Beurteilung der Kernbohrverfahren. Die Kernbohrverfahren bieten den großen Vorteil einer vorzüglichen Unterrichtung über die durchbohrten Schichten durch die Kerngewinnung, die noch bei sehr kleinem Bohrlochdurchmesser möglich ist. Ferner ermöglichen sie wie alle Drehbohrverfahren eine vorteilhafte Kraftausnutzung, da die Bohrlochsohle ununterbrochen bearbeitet wird und die abwechselnde Beschleunigung und Verzögerung größerer Massen, wie sie beim stoßenden Bohren notwendig ist, wegfällt.

32. — Hydraulischer und elektrischer Antrieb. Der galizische Ingenieur Wolski[1]) hat schon 1900 vorgeschlagen, für die Bohrarbeit den Stoß der Wassersäule zu benutzen, die beim Spülbohren im Hohlgestänge steht, und mit dieser eine nach Art des hydraulischen Stoßwidders arbeitende Schlagvorrichtung zu betreiben. Gleichfalls auf der Ausnutzung des hydraulischen Druckes beruht der „Hydromat" von v. Vangel (DRP. 255533). Beide Vorrichtungen sind versuchsweise im Betriebe gewesen. — Eine Verbesserung des hydraulischen Schlagbetriebes stellt der Antrieb von Kegel dar (DRP. 320947).

Andere hydraulische Antriebe sind die Turbinenantriebe von Lachamp & Perret (DRP. 454304)[2]) und Kapeljuschnikow[3]), die allerdings für Drehbohrung bestimmt sind, jedoch des Zusammenhangs halber gleich hier erwähnt werden mögen. Die erstgenannte Vorrichtung ist bei Bohrarbeiten auf Erdöl im Bezirk von Pechelbronn versuchsweise verwendet worden.

33. — Beurteilung. Diese Antriebsarten bieten grundsätzlich den außerordentlichen Vorteil, daß die Bewegung des Gestänges wegfällt und damit an Kraft ganz erheblich gespart, die Veranlassung zu Gestängebrüchen fast ganz beseitigt und die Schlagkraft und -zahl von der Tiefe fast unabhängig gemacht wird. Jedoch haben sich die entgegenstehenden technischen Schwierigkeiten — insbesondere die Gefährdung dieser Antriebe durch den Bohrschlamm oder die Dickspülung und die mangelhafte Fühlung mit der Bohrlochsohle, besonders aber die Unmöglichkeit, Schlagventil und Zylinder gegen die große Zahl der Wasserschläge (15/s bis 300 at) auf die Dauer dichtzuhalten — als so bedeutend erwiesen, daß sich noch keiner dieser Vorschläge hat durchsetzen können.

C. Besondere Einrichtungen und Arbeiten bei der Tiefbohrung.

a) Verrohrung.

34. — Zweck der Verrohrung. Die Verrohrung von Bohrlöchern soll in erster Linie Störungen und Gefährdungen der Bohrarbeit durch Nachfall ausschalten. Sie ist besonders für die Spülbohrung meist von großer Wichtigkeit, da sie die Zerstörung der Bohrlochstöße durch den Spülstrom verhütet und Verlusten an Spülwasser im klüftigen Gebirge oder umgekehrt Störungen des Spülstromes durch entgegenwirkende Gebirgsquellen vorbeugt. Außerdem verhütet die Verrohrung in Bohrlöchern, die zur Gewinnung von Erdöl, Sole, Trinkwasser u. dgl. dienen, die Verunreinigung oder Verdünnung dieser Flüssigkeiten durch solche aus anderen Schichten, insbesondere durch Wasser.

---

[1]) Glückauf 1900, S. 909; Wolski: Über einige neuere Bohrverfahren.
[2]) Zeitschrift d. internat. Bohrtechnikerverbandes 1928, S. 129; E. Lachamp: Versuche mit einem neuen Bohrapparat.
[3]) Petroleum 1928, S. 1642; Glinz: Zukunftsfragen der Bohrindustrie.

Ein Beispiel für die Verrohrung eines tiefen Bohrlochs liefert Abb. 109[1]), die das Bohrloch Czuchow II bei Gleiwitz darstellt und gleichzeitig auch die allmähliche Abnahme des jeweils in Millimetern angegebenen Bohrlochdurchmessers nach der Tiefe hin (s. Ziff. 36) erkennen läßt.

35. — Rohre. Wenn es sich um die Fassung von Sol- oder sonstigen Mineralquellen handelt, finden meist Kupferrohre, Holzrohre oder solche aus glasiertem Steinzeug Verwendung. Im übrigen benutzt man in der Regel durch Verschraubung verbundene nahtlose Stahlrohre. Die Muffenverbindung (Abb. 79 a) ist die verläßlichste, jedoch nicht immer anwendbar. So herrscht bei Kernbohrungen die eingezogene (außen glatte) Verbindung vor (Abb. 79), während aufgemuffte Rohre dann angewandt werden, wenn der Rohrstrang mit dem Erweiterungsbohrer tiefer geführt werden soll.

36. — Einbringen der Verrohrung. Die Verrohrung kann eine „gültige", d. h. bis zutage gehende (r_1—r_7 in Abb. 109), oder eine „verlorene", d. h. nur an Ort und Stelle eingebrachte sein. Bei Spülbohrungen bilden gültige Verrohrungen die Regel. Sie erfordern freilich ein großes Anlagekapital, doch werden diese Ausgaben großenteils durch die Wiedergewinnbarkeit des Hauptteils der Verrohrung wieder ausgeglichen. Verlorene Rohrsätze werden meist dann verwendet, wenn nachträglich sich die Notwendigkeit herausstellt, an einer Stelle den Nachfall zurückzuhalten. Bei einer regelrechten und planmäßigen Verrohrung dagegen folgt der Rohrsatz der Bohrung unmittelbar oder in gewissem Abstande nach. Ein dauerndes Nachsenken würde an sich für die Sicherung des Bohrlochs am günstigsten sein, stößt aber bei größeren Tiefen bald auf die Schwierigkeit des zunehmenden Reibungswiderstands an den Stößen, so daß man dann eine engere Verrohrung folgen lassen muß und der Bohrlochdurchmesser sich entsprechend verringert. Man sucht daher heute möglichst lange ohne Nachsenken der Verrohrung auszukommen, wozu die Dickspülung ein vortreffliches Mittel bietet, da sie auch in lockeren Gebirgsschichten 200—300 m ohne Nachsenken der Verrohrung zu bohren gestattet.

Soweit für das Nachsinken der Verrohrung deren Eigengewicht nicht ausreicht, kann durch Gewichtsbelastung oder durch Zug- oder Preßvorrichtungen nachgeholfen werden. Die notwendigen Angriffsflächen

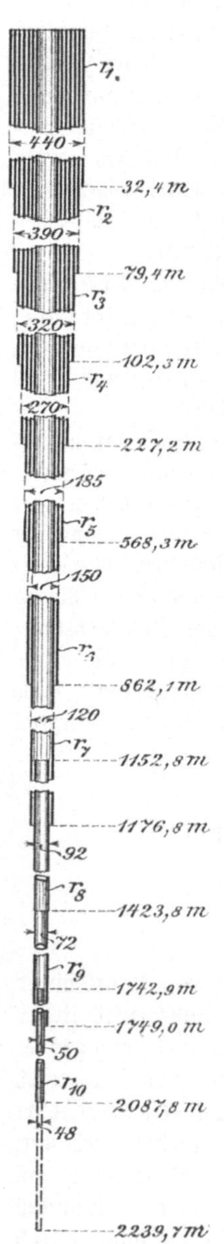

Abb. 109. Profil das Bohrloches Czuchow II mit mit seinen Verrohrungen.

[1]) Zeitschr. f. d. Berg-, Hütt.- u. Salinenwes. 1911, S. 93; Jäger: Das Niederbringen des 2240 m tiefen Bohrlochs Czuchow II.

werden dabei durch Klemmbacken, die sog. „Röhrenbündel", gebildet, die auch zum Einhängen, Abfangen, Verschrauben, Drehen und Heben der Rohrsätze Verwendung finden.

Kann eine Verrohrung nicht tiefer gebracht werden, so muß eine zweite von entsprechend geringerem Durchmesser nachgeführt werden, der dann unter Umständen eine dritte, vierte usw. nachfolgen muß. Die hierdurch bewirkte Verengung des Bohrlochs sucht man in tiefen Bohrlöchern vielfach zunächst noch durch Tieferbringen des verklemmten Rohrsatzes nach Unterschneiden mit Hilfe eines Erweiterungsbohrers hinauszuschieben. Bei dem Erweiterungsbohrer nach Abb. 110 werden die Seitenschneiden $k_1 k_2$, die um Bolzen drehbar sind, während des Einlassens durch Schellen in die Aussparungen $a_1 a_2$ zurückgedrückt. Unterhalb der Verrohrung wird durch Aufschlagen des Meißels auf die Sohle der Draht zerschnitten; durch die Schraubenfeder f werden dann mittels des kegeligen Druckstiftes c die Schneiden auseinander getrieben. Die Wasserspülung verzweigt sich von q_2 aus auf beide Seiten und tritt dann durch q_1 und m aus.

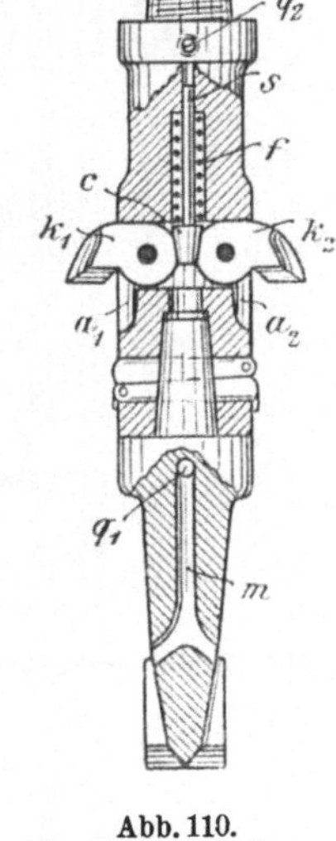

Abb. 110.
Erweiterungsbohrer.
Nach Fauck.

Ein sehr einfaches Gezähe zum Unterschneiden von Verrohrungen ist der exzentrische Meißel nach Abb. 92/93 (S. 110). Eine ähnliche Wirkung tritt selbsttätig beim Rotary-Bohren ein, da bei größeren Tiefen der Bohrer infolge der Durchfederung des Gestänges immer etwas schleudert.

Übrigens ist das Unterschneiden von geringer Bedeutung, da bei längeren Rohrsträngen der Hauptwiderstand in der Reibung an den Stößen steckt und daher das Unterschneiden nicht viel hilft.

Zum Einlassen der Verrohrungen wird die in Abb. 111 dargestellte Hebekappe, wegen ihrer flaschenförmigen Gestalt auch als „Rohrpulle" bezeichnet, viel benutzt. Sie erhält oben als Innengewinde dasjenige des Hohlgestänges und trägt mit dem Außengewinde das einzuhängende Rohr.

37. — Ausziehen der Rohre. Für das Ziehen von nicht mehr notwendigen Rohrsätzen, die schon längere Zeit im Bohrloch gesteckt und sich dort festgeklemmt haben, sind besondere Hilfsmittel erforderlich.

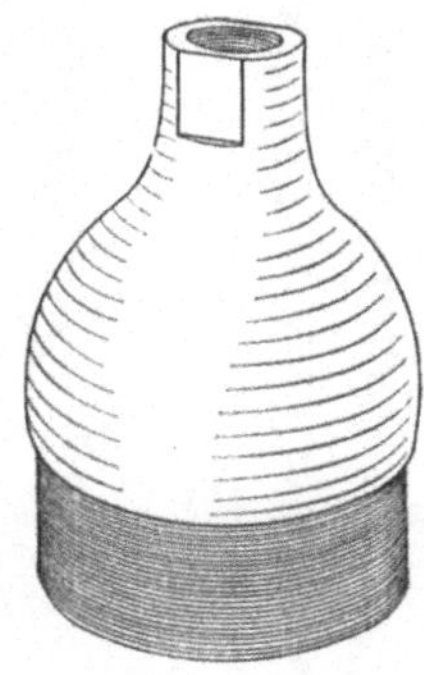

Abb. 111. Rohrheber.

Handelt es sich hier um eine gültige Verrohrung, so kann man diese am Kopfende fassen, indem man Klemmbänder („Röhrenbündel") um sie legt und auf diese eine kräftige Druck- oder Zugwirkung ausübt. Man bedient sich dazu eines Dampfkabels, dessen Seil an dem Röhrenbündel befestigt wird, oder einfacher, untergesetzter Wagenwinden oder kräftiger Zugschrauben ($v_1 v_2$, Abb. 112), die oberhalb des Bohrloches an einer starken Balkenlage $b_1 b_2$ verankert sind und unter das Röhrenbündel s fassen. Statt der Schrauben können auch hydraulische Pressen benutzt werden.

Bei Rohrsträngen, die auf größere Längen im Bohrloch festgeklemmt sind, ist das Gewinde nicht mehr widerstandsfähig genug, um diese Zugkräfte auszuhalten. Man sucht dann den Rohrstrang möglichst an seinem Fuß zu fassen, und zwar durch Vorrichtungen, die von innen aus an die Rohrwand angeklemmt werden. Ein einfaches, immer noch zum Ausziehen verwendetes Gezähestück dieser Art ist die Fangbirne (Abb. 113), bestehend in einem birnenförmigen Holz- oder Eisenstück b, das ziemlich genau in den Rohrsatz paßt und an einem Vollgestänge g befestigt ist. Sie wird, an Ort und Stelle angekommen, durch Einwerfen von Sand oder feinem Kies zum Festklemmen gebracht und dann mit dem Rohrstrang hochgezogen. Da aber eine einmal angeklemmte Birne meist nicht wieder gelöst werden kann, so verwendet man jetzt vielfach lieber die „Rohrkrebse", bestehend in außen aufgerauhten, 2- oder 4 teiligen Klemmbacken, die in den Rohrstrang eingelassen und unten durch Drehen oder Hochschrauben von Innenkeilen angepreßt werden, durch Zurückbewegung der Keile aber wieder frei gemacht werden können.

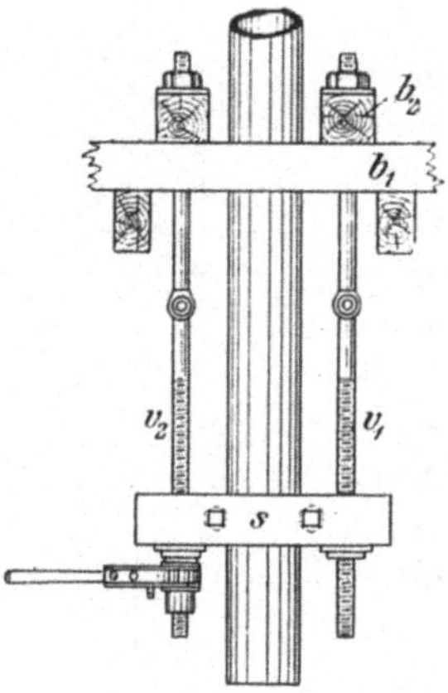

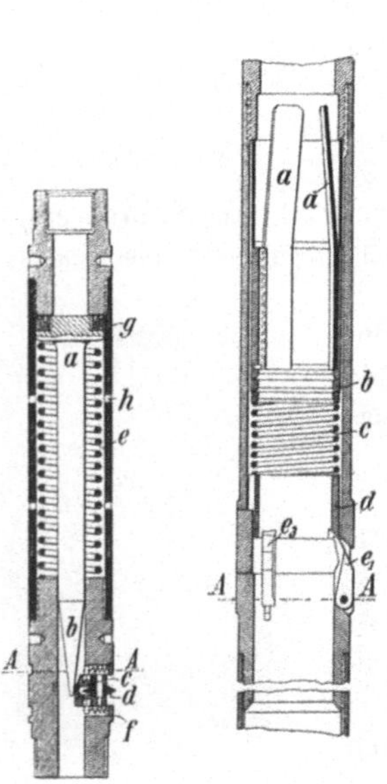

Abb. 112. Rohr-Ziehvorrichtung.

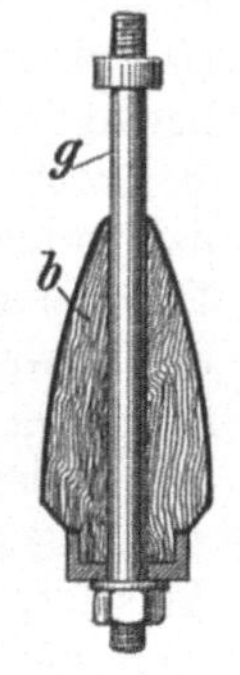

Abb. 113.
Fangbirne.

38. — **Zerschneiden von Rohren.** Ist trotz aller Bemühungen die Verrohrung nicht in Bewegung zu bringen, so bleibt, um wenigstens Teilstücke wieder zu erlangen, nichts anderes übrig, als sie zu zerschneiden. Das geschieht in der Regel durch Herstellung eines söhligen Schlitzes mit Hilfe verschieden gestalteter Rohrschneider oder -sägen, von denen Abb. 114 eine Ausführung zeigt. Der Kolben a mit der Abdichtung g, dessen Stange mit ihrer kegeligen Spitze b die in den Bügeln c verlagerten Schneidrollen d nach außen drückt, wird nach entsprechender Füllung des Hohlgestänges mit Wasser durch den Pumpendruck befähigt, den Gegendruck der Feder e zu überwinden. Nach Beendigung der Schneidarbeit tritt das Druckwasser durch die Öffnungen h aus, worauf die Feder e den Kolben zurückzieht und die Federn f die Schneidrollen wieder einziehen.

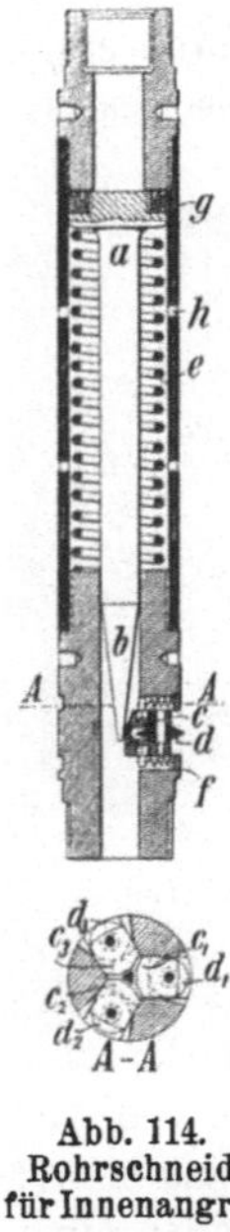

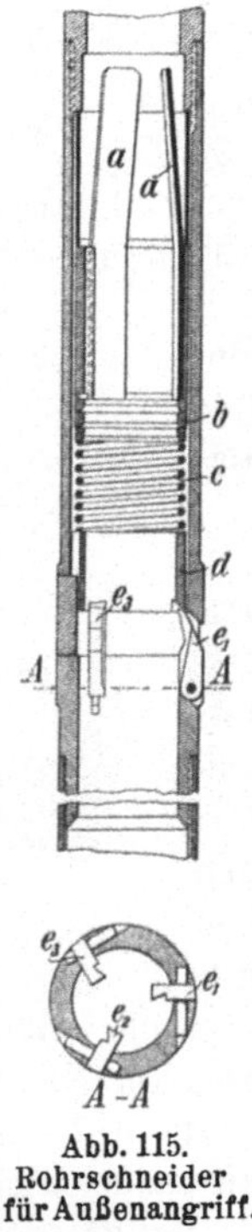

Abb. 114.   Abb. 115.
Rohrschneider   Rohrschneider
für Innenangriff. für Außenangriff.
(Beide in der Ausführung
von Haniel & Lueg.)

Will man eine gültige Verrohrung oberhalb ihres im Bohrloch festgeklemmten oder im Bohrloch festgewordenen Teiles abschneiden, so benutzt man den von außen nach innen wirkenden Rohrschneider nach Abb. 115, der sich vermöge der federnden

Zungen a über den Rohrstrang schiebt und, an der Schneidstelle angekommen, mit Hilfe der Federn b und c durch Vermittlung der Hülse d
die Zähne e_1—e_3 zum Eingreifen bringt. Das abgeschnittene Rohrstück wird
dann, auf den Zähnen e_1—e_3 ruhend, zutage gehoben.

b) Hilfsvorrichtungen.

39. — Beschreibung. Die im folgenden genannten Hilfsvorrichtungen sind zum großen Teile nicht nur für ein Bohrverfahren, sondern
für den Bohrbetrieb überhaupt erforderlich:

1. Der Bohrtäucher (t in Abb. 84), ein Rohr, das beim Bohren der
ersten Meter eines Bohrloches die lotrechte Führung des Bohrgestänges
ermöglicht.

2. Die Abdeck- oder Abfangplatte, die auf das Bohrloch gelegt
wird, um das Hineinfallen von Gegenständen in dieses zu verhüten, und

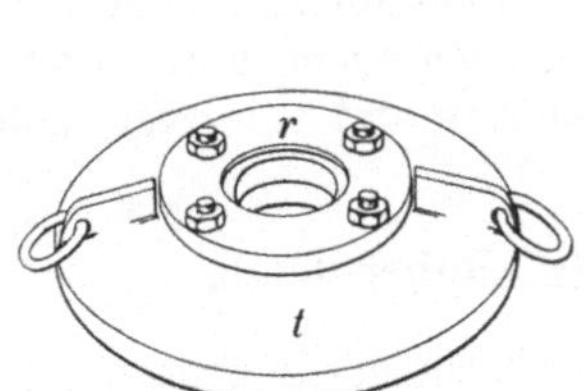

Abb. 116.
Abdeckplatte von Haniel & Lueg.

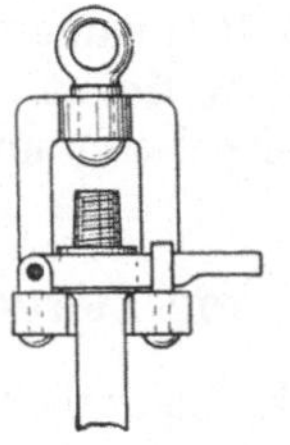

Abb. 117.
Förderstuhl

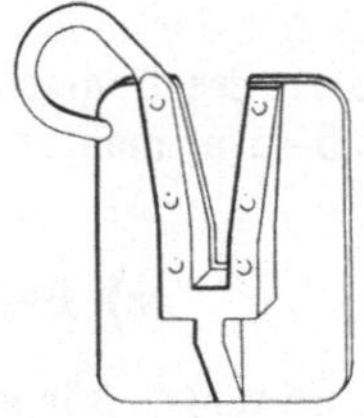

Abb. 118. Abfanggabel
von A. Wirth & Co.

die in der Mitte eine Öffnung für das Bohrgestänge freiläßt. Bei Rohr-
schneide- und ähnlichen Arbeiten wird die Platte mit Drehring (r in
Abb. 116) ausgerüstet, der, auf einem Kugellager laufend, sich auf dem mit
Handringen versehenen Teller t dreht.

3. Die zum Einlassen und Aufholen der Gestängestücke unmittelbar und mittelbar verwendeten Geräte, nämlich:

a) Der Förderstuhl (Krückelstuhl, Stuhlkrückel, Ochsenfuß). Er
dient zum Anschlagen des Gestänges an das Förderseil. Der in Abb. 117
dargestellte Förderstuhl ist durch einen Wirbel am Seil vermittels der
Unterflansche befestigt und greift mit seiner Gabel unter den oberen Bund des
Gestängestückes, das dann durch eine Klinke festgehalten wird.

b) Die Abfanggabel (Abb. 118), die unter den Bund des jeweilig obersten Gestängestückes faßt und das Gestänge während des
An- und Abschlagens des nächsthöheren Stückes und des Förderstuhles
festhält.

c) Das Bohrbündel (s in Abb. 112, S. 128), ein Klemmstück, das
fest an das Gestänge geklemmt werden kann, um in Ermangelung an-
geschmiedeter Bunde oder Wulste einen Halt zu bieten, an den Ketten,
Seile u. dgl. angeschlagen werden können.

d) Die Gestängeschlüssel (Abb. 119 u. 120), die in ein- und zweimännischer Ausführung zum Halten, Drehen, An- und Abschrauben des Gestänges usw. fortwährend gebraucht werden. Vollgestänge erhalten für den Angriff des Schlüssels nach Abb. 119 meist quadratischen Querschnitt über oder unter den Bunden (s. Abb. 88), während ein für Rohrgestänge bestimmter Gestängeschlüssel aus Abb. 120 ersichtlich ist.

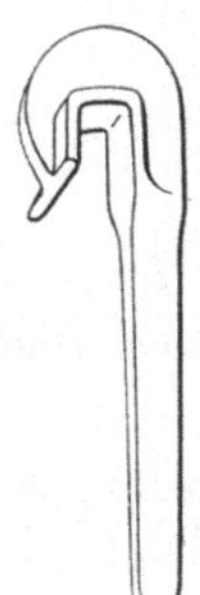

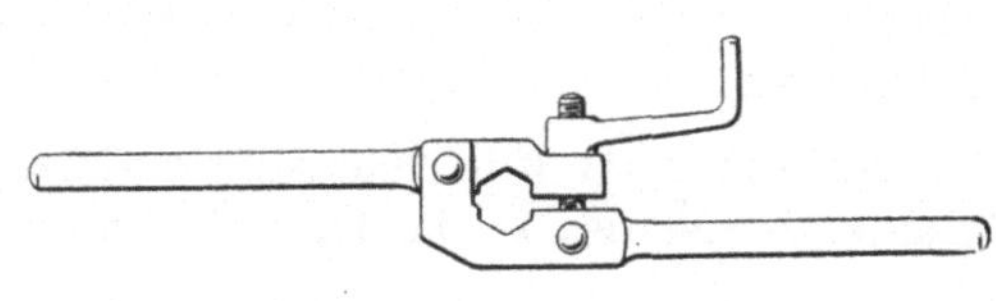

Abb. 119.   Abb. 120.

Gestängeschlüssel für ein- und zweimännischen Angriff.

4. Der Schlammlöffel, eine zylindrische Büchse mit Bodenklappe nach Art der in Abb. 77 (S. 101) dargestellten Schlammbüchse, zum Herausfördern des Bohrschmandes bestimmt. Er wird nach einem Fortschritt von je 0,5—1 m mehrere Male eingelassen und durch Auf- und Abbewegen gefüllt.

c) Behebung von Störungen im Bohrbetrieb.

Störungen können bei der Bohrarbeit durch Brüche des Bohrgestänges, des Bohrers selbst sowie durch Nachfall und Klemmungen hervorgerufen werden. Ihre Behebung setzt viel Erfahrung voraus. Man bedient sich hierzu einer Reihe besonderer Geräte[1]).

40. — Beschreibung von Geräten zur Behebung von Störungen. a) Der Glückshaken (Abb. 121). Er wird zum Fangen und Aufholen des Gestänges im Falle eines Gestängebruches, und zwar dann verwendet, wenn der Bruch dicht über einem Bunde liegt, unter den der Haken fassen kann.

b) Die Schraubentute oder Fangglocke (Abb. 122). Dieses Gezähes bedient man sich bei denjenigen Gestängebrüchen, bei denen die Bruchstelle hoch über einem Bunde liegt und somit bei Anwendung des Glückshakens wegen des aufragenden Gestängestücks nicht möglich ist. Die Schraubentute schiebt sich zunächst über das abgebrochene Stück und wird dann in Drehung versetzt, wodurch sie mit Hilfe des Fräsergewindes Gewindegänge auf das Gestänge aufschneidet. Sie kann darauf mit dem Gestänge aufgeholt oder, falls die Widerstände zu groß sind, zum Abschrauben des gebrochenen Stückes benutzt werden. Zu diesem Zwecke müssen die Verschraubungen des Fanggestänges denen des Bohrgestänges entgegengesetzt geschnitten sein.

Eine für das Fangen von gebrochenem Hohlgestänge bestimmte Umkehrung der Schraubentute stellt

---

[1]) Eine umfassende Übersicht s. Zeitschr. d. internat. Bohrtechnikerverbandes 1926, S. 1171; Klimkiewicz: Instrumentationswerkzeuge des kanadischen Seilbohrsystems.

c) der **Fangdorn** dar, eine mit Längsschlitzen zur Aufnahme der abgedrehten Eisenspäne versehene, unten spitz zulaufende Fräserspindel

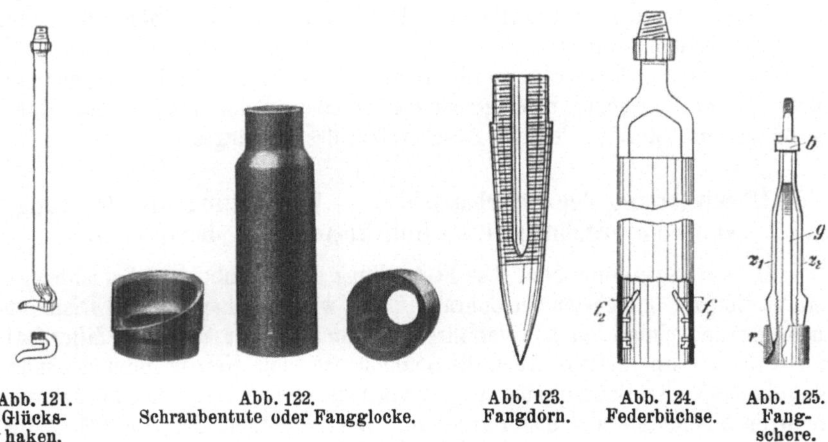

Abb. 121. Glücks-haken.

Abb. 122. Schraubentute oder Fangglocke.

Abb. 123. Fangdorn.

Abb. 124. Federbüchse.

Abb. 125. Fang-schere.

(Abb. 123) aus gehärtetem Stahl, die sich in das Gestängerohr hineinschneidet und dann mit diesem hochgezogen wird.

d) **Die Federbüchse** (Abb. 124), ein inwendig mit federnden Stützen $f_1 f_2$ versehener Hohlzylinder. Die Federn gleiten über den Kopf eines zu fangenden Gestängestückes hinweg und fassen sodann unter ihn. Die Vorrichtung eignet sich nur für Gestänge von geringer Länge.

e) **Die Fangschere** (Abb. 125). Sie dient zum Aufholen von Gestänge u. dgl. und schiebt sich mit dem inwendig nach oben und unten konisch gestalteten Ringe r, der von der Gabel g getragen wird, über den Kopf des zu fangenden Stückes, das auf diese Weise in den Griffbereich der Zahnbacken gelangt, die mittels der federnden Stangen $z_1 z_2$ an einem Bunde b aufgehängt sind. Beim Anheben werden die Zahnbacken durch die Last etwas nach unten in den Konus hineingezogen.

f) **Der Fangmagnet**, ein kräftiger Elektromagnet, der dort, wo elektrischer Strom zur Verfügung steht, zum Aufholen eiserner Bruchstücke unter der Voraussetzung Anwendung finden kann, daß die Tontrübe keinen Eisenschlamm enthält, was allerdings nur selten der Fall ist.

g) **Die Abdruckbüchse.** Sie stellt eine unten offene, mit Wachs und Ton gefüllte Büchse dar, die im Falle von Störungen des Bohrbetriebes dazu dienen kann, einen Abdruck der Bohrlochsohle mit den daraufliegenden Gegenständen zu liefern, außerdem aber auch kleine Teile, wie z. B. Eisenbruchstücke oder Bohrdiamanten, durch Einpressen in die Füllung zutage zu bringen gestattet.

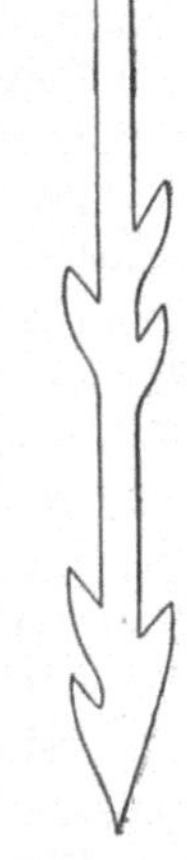

Abb. 126. Löffel-haken.

h) **Der Löffelhaken** (Abb. 126), eine mit mehreren Widerhaken versehene Eisenstange, zum Fangen von Schlammlöffeln und ähnlichen, oben in einen Bügel endigenden Arbeitsstücken bestimmt.

i) **Der Fräser**, ein dem Fangdorn ähnliches, stählernes Gezähestück, das im äußersten Notfalle zu Hilfe genommen wird, um im Falle von Verklemmungen u. dgl. das Bohrloch wieder frei zu machen. Er zerschneidet die auf andere Art nicht zu beseitigenden Hindernisse in kleine Späne, die leicht entfernt werden können.

k) **Der Sicherheitsverbinder.** Er wird bei Drehbohrungen angewandt und ermöglicht, eingeschaltet zwischen Schwerstange und Rohrgestänge, ein sofortiges leichtes Abschrauben des Gestänges.

d) Überwachung des Bohrbetriebes. — Verwertung und Deutung von Bohrergebnissen. — Bohrkosten und -leistungen.

41. — Gesteinsproben. Die Feststellung der durchbohrten Schichten gestaltet sich am einfachsten bei Bohrungen, die, wie die Schappen- und Diamantbohrung und einige Spülbohrverfahren mit umgekehrter Spülung (Ziffer 24), fortlaufend Kerne liefern. Auch die Spülbohrung ohne Kerngewinnung ermöglicht im laufenden Betriebe eine einigermaßen zutreffende Beurteilung der durchbohrten Schichten aus der Farbe und Beschaffenheit der Spültrübe, die man in einem besonderen Behälter sich absetzen läßt. Jedoch ist diese Beobachtung nicht scharf, da bei tieferen Bohrungen immer erst einige Zeit nach dem Anbohren einer neuen Schichtenfolge deren Schlamm zutage gefördert wird, der Übergang, namentlich bei steilem Einfallen, sich nur allmählich kennzeichnet, auch bei nicht starken Farbenunterschieden oder bei Vermischung mit Nachfall leicht übersehen werden kann, und eine z. B. für Ölbohrungen wichtige Wechsellagerung dünnerer Sandstein- und Schieferschichten leicht verkannt und als eine einheitliche Schicht von sandigem Tonschiefer gedeutet werden kann. Will man genauer prüfen, so muß man die Bohrung für kurze Zeit einstellen und die Spülung so lange fortsetzen, bis klares Wasser austritt, um dann mit Spülung weiterzubohren. Bei Dickspülung wird die Feststellung durch die Farbe der Spültrübe noch weiter erschwert.

Auch mit Hilfe geophysikalischer Verfahren läßt sich die Natur durchbohrter Schichten feststellen. Hierher gehören die Formationsmesser der **Gesellschaft für nautische und tiefbohrtechnische Instrumente** und ähnliche Geräte von **Schlumberger**[1]). Die Meßgeräte werden an einem Kabel in das Bohrloch gelassen. Über die elektrischen Leitungen, die sich in dem Kabel befinden, werden die Meßgrößen auf einem Papierstreifen, der sich gleichlaufend mit der Bewegung des Kabels abwickelt, aufgezeichnet. Man erhält so ein elektrisches Bohrprofil, das ausgewertet werden kann. Besonders bei Ölbohrungen ist dieses „elektrische Kernen" von Wichtigkeit.

Bei der Schmandförderung mit Löffeln wird sich der Übergang zu einer anderen Schichtenfolge nur im groben feststellen lassen.

Die durch Kernbohrung, Spülung oder Löffeln gewonnenen Gesteinsproben werden zweckmäßig unter Angabe der jeweiligen Teufe (meist von Meter zu Meter sowie beim Anbohren einer neuen Schicht) in besonderen Kästen mit Unterabteilungen aufbewahrt.

---

[1]) Öl und Kohle 1935, S. 648; J. N. Hummel, Geoelektrische Aufschließungsarbeiten unter Benutzung von Bohrlöchern.

42. — Bohrloch-Neigungsmesser. Wie bereits erwähnt, ist es unmöglich, ein Bohrloch von einiger Tiefe senkrecht niederzubringen. Besonders groß sind die seitlichen Abweichungen bei den drehend hergestellten Bohrlöchern, so daß durch diesen Übelstand die Entwicklung der an sich günstigen Drehbohrung lange Zeit hindurch stark beeinträchtigt wurde. Aber auch das Stoßbohren kann bei einigermaßen schwierigen Verhältnissen (Geröllschichten, steilem Einfallen bei wechselnder Festigkeit der Schichten, klüftigem Gebirge) das lotrechte Niedergehen des Schlagzeugs nicht erzwingen. Mäßigung in der Erzielung besonders großen Bohrfortschrittes und häufiges Nachloten sind bei allen Bohrverfahren Mittel gegen Krummbohren. Bei den Drehbohrverfahren sollten infolgedessen Spüldruck und Bohrdruck ein gewisses Maß nicht übersteigen. Beim Kernbohren wirkt eine Vergrößerung der Kernrohrlänge Abweichungen entgegen.

Die Größe der Abweichungen kann sehr beträchtlich sein; ein Verlaufen der Bohrlöcher im Betrag von $^1/_{15}$—$^1/_{10}$ der Tiefe kommt nicht selten vor, so daß sich bei großen Tiefen überraschende Beträge ergeben können. Auch kann die Richtung der Abweichungen wechseln, so daß manche Bohrlöcher einen korkzieherartig gewundenen Verlauf zeigen.

Von besonderer Bedeutung ist das seitliche Verlaufen der Bohrlöcher bei der Gefrierbohrung; hier muß bei zu starker Abweichung eines Bohrlochs für ein Ersatzbohrloch gesorgt werden.

Außerdem ist die Ermittlung der Neigung des Bohrlochs an den einzelnen Stellen wichtig für die Bestimmung des Streichens und Einfallens der Schichten nach den Bohrergebnissen, da die hierzu dienenden Vorrichtungen (s. Ziff. 42) nur dann einwandfreie Ergebnisse liefern können, wenn man den Bohrkern über Tage wieder genau in die Lage bringen kann, die er im Bohrloch gehabt hat.

Bei Erdölbohrungen wird in Nordamerika noch vielfach eine starkwandige mit Flußsäure teilweise gefüllte Glasflasche benutzt. Die Säure ätzt ihren Flüssigkeitsspiegel an die Glaswand, aus deren Abweichung von der Waagerechten wohl auf den Neigungswinkel aber nicht auf die Richtung der Abweichung geschlossen werden kann.

Für größere Teufen hat sich heute nach vielen vergeblichen Versuchen zur Ermittlung der Bohrlochabweichungen nach Größe und Richtung, aus denen sich die Unzulänglichkeit der durch Verrohrung und Bohrzeug abgelenkten Magnetnadel und mannigfacher Ersatzvorschläge ergab, der von Anschütz angegebene und auch im Seeschiffsverkehr allgemein eingeführte Kreiselkompaß durchgesetzt. Er beruht auf der von Foucault gefundenen Erscheinung, daß die Erddrehung jede söhlig liegende Welle so lange zu drehen sucht, bis deren Drehebene mit derjenigen der Erde zusammenfällt, d. h. bis die Welle die Nord-Süd-Lage angenommen hat. Allerdings muß zur Ausnutzung dieses Gesetzes dem Läufer des Kreiselkompasses eine sehr hohe Umdrehungszahl (etwa 25000/min) erteilt werden.

Der mit diesem Kompaß (DRP 259427) ausgerüstete Bohrloch-Neigungsmesser der Gesellschaft für nautische und tiefbohrtechnische Instrumente, G. m. b. H., Kiel, hat sich eine herrschende Stellung erobert und bereits bei über 1000 Bohrungen insbesondere beim Gefrierschachtbau bewährt. Er wird durch die vereinfachte Zeichnung in Abb. 127 in seinen Grundzügen dargestellt.

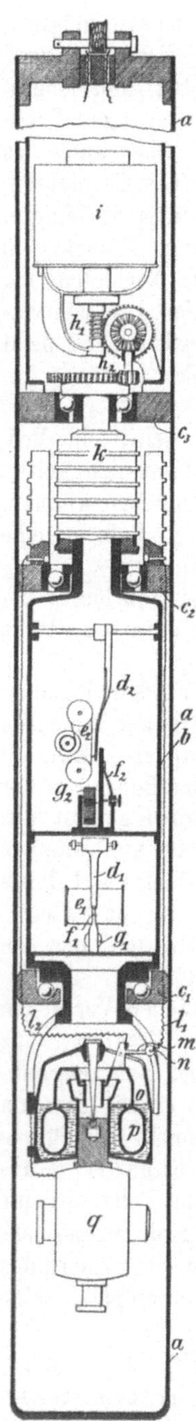

Abb. 127. Bohrlochnei-
gungsmesser der Gesell-
schaft für nautische
und tiefbohrtech-
nische Instrumente.

In der geschlossenen Büchse a, die in das Bohrloch eingehängt wird, dreht sich die Büchse b, deren Drehungen von den Kugellagern $c_1—c_3$ aufgenommen werden. In der Drehbüchse sind mit quer zueinander (in der NS- bzw. OW-Richtung) eingestellten Schwingungsebenen die Pendel d_1 und d_2 aufgehängt, die über den mittels Trommeln bewegten Papierstreifen $e_1 e_2$ schwingen und deren Spitzen durch die Elektromagnete $g_1 g_2$ und die von diesen angezogenen Federn $f_1 f_2$ in das Papier eingedrückt werden können. Die Drehbüchse wird mit Hilfe des Getriebes $h_1 h_2$ bewegt durch den Elektromotor („Wendemotor") i, der seinen Strom von außen durch ein Kabel zugeführt erhält, und zwar durch Vermittlung zweier Schleifringe der Steuerwalze k, die sich mit der Büchse b dreht. Die anderen Schleifringe der Steuerwalze vermitteln die Stromzuführung zum Kreiselkompaß und zu den Aufzeichnungsvorrichtungen. Die den Wendemotor steuernden Schleifringe erhalten Strom durch die Drähte $l_1 l_2$, sobald der Kontaktfinger m einen Kontakt n berührt. Der Kontaktfinger wiederum ist auf der Brücke o befestigt, die mittels der Schwimmer p von einem Quecksilberbade getragen wird. Brücke und Finger werden gedreht durch den Kreiselkompaß q, der unabhängig von der Büchse a seine Nord-Süd-Richtung stets beibehält und der Büchse b mitteilt.

Das Meßgerät wird in der Weise benutzt, daß beim Einlassen durch Einschaltung des entsprechenden Stromkreises alle 2 m ein Einschlagen der Pendelspitze ausgelöst und das gleiche Verfahren der Sicherheit halber beim Hochziehen wiederholt wird. Über Tage werden die Pendeleindrücke nach ihrer Lage auf dem Papierstreifen und ihrer Abweichung von der NS- bzw. OW-Linie ausgemessen, wonach dann die Abweichung des Bohrlochs nach Richtung und Größe an jeder Meßstelle bestimmt werden kann.

Zahlreiche Nachmessungen in Gefrierschächten, in denen sich der Verlauf einzelner Bohrlöcher dadurch, daß diese in den Abteufquerschnitt geraten waren, nachträglich genau feststellen ließ, haben die Zuverlässigkeit des Verfahrens erwiesen.

43. — Stratameter. Die Stratameter sind besonders für die eigentlichen Schürf- und für Untersuchungsbohrungen wichtig. Sie sollen Aufschluß über das Streichen und Einfallen der durchbohrten Schichten und damit ein Bild der Lagerungsverhältnisse geben. Die Lösung dieser Aufgabe erscheint auf den ersten Blick einfach, da man nur einen Kern zu erbohren und diesen über Tage in die im Bohrloch vorhanden gewesene Lage zu bringen braucht.

Tatsächlich ist freilich die Erfüllung der letztgenannten Bedingung sehr schwierig. Da nämlich in einigermaßen tiefen Bohrlöchern das Bohrgestänge stets Schwingungen um seine Längsachse ausführt, die sich der Feststellung entziehen, so ist es selbst bei größter Vorsicht unmöglich, den Kern ohne jede Verdrehung zutage zu ziehen, wie das früher versucht wurde. Man griff deshalb zunächst den von dem Amerikaner Vivian ausgesprochenen Gedanken auf, eine mit dem Kern in feste Verbindung zu bringende Magnetnadel in der Stellung, die sie auf der Sohle des Bohrlochs eingenommen hat, zu sperren und dann mit dem Kern zutage zu bringen. Die bald erkannte Unzuverlässigkeit der magnetischen Festlegung hat dann dem Kreiselkompaß auch hier die Herrschaft verschafft. Die erwähnte Gesellschaft für nautische Instrumente verwendet als Stratameter wieder die in Ziff. 41 beschriebene, durch den Kreiselkompaß gesteuerte Meßbüchse, die sie für diesen Zweck mit einer kleinen Schlagvorrichtung ausrüstet, durch die eine Kerbe in den Kern geschlagen und dieser somit in eine bestimmte Lage zur Meßbüchse gebracht wird. Hat man also durch die vorhergegangenen Ablotungen die Neigung des Bohrlochs oberhalb des Kerns festgestellt, so kann man diesen über Tage genau im Raume ausrichten und das Streichen und Einfallen ablesen. Voraussetzung ist nur, daß der Kern sich im Meßgerät nicht mehr verdreht, was sich erreichen läßt.

Aber selbst wenn einwandfreie Stratametermessungen vorliegen, ist die richtige Beurteilung der Ergebnisse von Tiefbohrungen eine schwierige Aufgabe, bei der Irrtümer leicht möglich sind. So kann z. B. ein Bohrloch, das auf eine Störung oder auf einen durch eine diskordante Schichtenfolge bedeckten Luftsattel gestoßen ist, zu der Auffassung Veranlassung geben, daß keine nutzbaren Lagerstätten im Untergrunde vorhanden seien; das dreimalige Anbohren einer überkippt-gefalteten Lagerstätte kann zu dem Irrtum verleiten, daß man es mit drei Lagerstätten zu tun habe usw.

Vielfach gestattet daher erst eine größere Anzahl benachbarter Bohrlochaufschlüsse eine einigermaßen zutreffende Beurteilung der Lagerungsverhältnisse.

44. — Leistungen und Kosten. Bei der Leistung ist der je Stunde „reiner Bohrzeit" und der je Tag erzielte Fortschritt zu unterscheiden. Die reine Bohrleistung ist außer von der Härte und Festigkeit des Gesteins besonders von dem angewandten Bohrverfahren abhängig. Das Spülbohren arbeitet wesentlich rascher als das Trockenbohren, dessen Leistung rasch durch den zunehmenden Widerstand des Gebirges oder des Bohrschmandes verringert wird. Das Drehbohren erzielt unter sonst gleichen Verhältnissen wegen des dauernden Angriffs der Bohrsohle größere Fortschritte als das Stoßbohren. Der Einfluß der Teufe macht sich bei den stoßenden Bohrverfahren bedeutend stärker bemerklich als bei den drehenden, weil die Schlagzahl sinkt, wogegen bei der Drehbohrung der an sich schon geringere Einfluß der Teufe durch die mit der Teufe abnehmenden Durchmesser ziemlich ausgeglichen wird.

Die durchschnittliche Bohrleistung je Tag ist verhältnismäßig geringer, da hier die unvermeidlichen Unterbrechungen durch Auswechseln des Bohr-

Bohrkosten und -leistungen.

Verfahren	Gebirge (erforderliche bzw. noch zulässige Beschaffenheit)	Tiefe	∅	Leistung je Minute reiner Bohrzeit	je Tag durchschnittlich	Anlagekosten	Betriebskosten je lfd. m
		m	mm	cm	m	1000 RM.	RM.
Drehbohrung von Hand .	weiche und rollige Schichten	< 30	200—400	3—6	5—7	2—4	ca. 4—6
Trocken-Meißelbohrung mit steifem Gestänge . .	beliebig	< 100	200—400	3—6	5—7	10—15	„ 20—30
Trocken-Meißelbohrung mit Freifall	beliebig	100—500	400—150[2])	3—6	4—6	{ 100—300 m 20—30 300—500 m 30—40	„ 30—40 „ 40—50
Trocken-Meißelbohrung mit Rutschschere . . .	beliebig	100—1000	400—100[2])	3—8	4—8	{ 100—500 m 20—40 500—1000 m 40—80	„ 50—80 „ 70—200
Spülbohrung mit Schnellschlag	beliebig	100—1500	400—60[2])	6—25	8—20	{ 100—600 m 30—70 600—1000 m 70—130 1000—1500 m 130—180	„ 30—120 „ 100—130 „ 120—180
Spül-Kernbohrung { Diamantbohrung . .	sehr hart und fest[1]), aber nicht zu ungleichkörnig und klüftig	500—2500	250—40[2])	3—6	6—15	{ 500—1000 m 80—150 1000—2500 m 150—250	„ 120—150 „ 140—300
Bohrung mit Hartmetall	hart, fest, klüftig	100—2500	400—40[2])	3—6	6—15	100—500 m 30—60	„ 40—80
Bohrung mit Stahlbohrkrone . . .	mittlere Härte und Festigkeit	100—2500	400—40[2])	5—8	8—16	500—1000 m 60—120	„ 70—120
Schrotbohrung . .	sehr hart, ungleichkörnig	100—2500	400—40[2])	2—5	5—8	1000—2500 m 120—240	„ 110—250
Spül-Vollbohrung (Rotary-Bohrung)	weiche und mittelfeste Schichten, am besten flach gelagert	500—5000	500—100[2])	8—40	10—80	{ 700—1200 m 180—270 1200—2500 m 270—350	„ 90—130 „ 120—180

[1]) Im Salzgebirge, auch in milden Schichten, Bohrung mit billigen Diamanten (Boorts).   [2]) Nach der Tiefe abnehmend.

werkzeugs, Nachsenken der Verrohrung, Neigungsmessungen, Unfälle und Störungen aller Art in Rechnung zu stellen sind. Diese Unterbrechungen nehmen im allgemeinen nach der Teufe hin zu, weil sie in der Regel ein Ziehen des Gestänges erfordern, das in tiefen Bohrlöchern sehr zeitraubend wird; sie machen sich besonders ungünstig bei den Kernbohrverfahren mit ihren Zeitverlusten für das Ziehen der Kerne bemerklich.

Einen Überblick gibt die nebenstehende Zahlentafel, deren Zahlen allerdings wegen der außerordentlichen Verschiedenheit der Verhältnisse nur einen gewissen Anhalt geben können.

III. Die Söhlig- und Schrägbohrung.

45. — Bedeutung der Bohrung in söhliger und schräger Richtung. In den letzten Jahrzehnten ist durch die Ausbildung des Bohrens in söhliger oder schräg nach oben oder unten verlaufender Richtung das Gebiet der Schürfarbeiten mit Hilfe von Bohrlöchern wesentlich erweitert worden. Die Fortschritte auf diesem Gebiete haben nunmehr der Schürfbohrung auch in der Grube ein weites Feld eröffnet, wenngleich in bergigem Gelände solche Bohrarbeiten auch von der Erdoberfläche aus möglich sind.

Die Schürfbohrung verbilligt die Untersuchungsarbeiten bedeutend. Während ein einspuriger Untersuchungsquerschlag 60—120 RM. je lfd. m kostet und außerdem nicht unerhebliche Ausgaben für die Unterhaltung einer Schienenbahn, für die Wegförderung der gewonnenen Massen, für die Bewetterung usw. erfordert, kann ein Meter Bohrloch für etwa 12—30 RM. hergestellt werden. Dabei ist der Fortschritt der Bohrung erheblich rascher als derjenige eines Querschlagbetriebes. Daher empfiehlt die Bohrung sich besonders für solche Gruben, in denen man wegen der Unsicherheit des Erfolges vor den hohen Kosten von Schürfquerschlägen zurückschreckt, insbesondere für Erz- und Kalisalzbergwerke. Am günstigsten liegen die Bedingungen für die Bohrarbeit beim Kalisalzbergbau[1]). Dagegen stellen auf Erzgruben die harte und wechselnde Beschaffenheit des Gesteins und seine Klüftigkeit der Bohrung manche Hindernisse entgegen.

46. — Gemeinsame Grundzüge solcher Bohreinrichtungen. Da für derartige Schürfbohrungen die Kerngewinnung unerläßlich ist, so beschränkt ihre Ausführung sich auf die beschriebenen Kern-Drehbohrverfahren. Von diesen scheidet jedoch das Schrotbohrverfahren, dessen Wirkung auf der Schwerkraft beruht, hier aus, da es nur für ganz oder fast lotrecht nach unten gerichtete Bohrungen brauchbar ist. Da die Gestängelast von geringer Bedeutung ist, genügt ein einfaches Bock- oder Rahmengestell für die Verlagerung der ganzen Bohreinrichtung. In söhliger Richtung ist allerdings für einen gewissen Raum zum Gestängefördern Sorge zu tragen, damit man nicht zur Verwendung sehr kleiner Gestängestücke und demgemäß zur häufigen Unterbrechung der Bohrarbeit gezwungen ist. Doch muß man sich im allgemeinen mit geringeren Gestängelängen notgedrungen begnügen, zumal auch die Handhabung längerer und schwererer Gestängestücke hier Schwierigkeiten macht. Es herrschen demnach Stücklängen von $1^1/_2$—3 m vor.

---

[1]) S p a c k e l e r : Kalibergbaukunde (Halle a. S., Knapp), 1925, S. 24.

Eine Verrohrung läßt sich wegen der räumlichen Beengung der Arbeit und wegen des bogenförmigen Verlaufs der Bohrlöcher (vgl. Ziff. 47) schwierig einbringen. Sie erübrigt sich aber im allgemeinen auch, weil einmal die Bohrlöcher in der Regel geringere Längen erhalten und nicht lange offen zu bleiben brauchen, ferner die Spülung den Bohrschmand nicht senkrecht hochzubringen und nicht den ganzen Querschnitt zwischen Gestänge und Bohrlochwandung zu erfüllen braucht und daher schwächer sein kann und endlich auch die rückkehrende Spülflüssigkeit nicht den oberen, sondern nur den unteren Teil des Bohrlochquerschnitts angreift, Nachfall also wenig zu befürchten ist. Im übrigen geht die Spülung auf die übliche Weise vor sich. Nur bei aufwärtsgerichteten Löchern muß das Loch durch eine Stopfbüchse verschlossen werden, um die Trübe seitlich abführen zu können.

Um in beliebigen Richtungen bohren zu können, wird der Antrieb in einem Rahmen verlagert, der unter jedem beliebigen Winkel festgespannt werden kann und als Führung für das Gestänge dient. Dieser Rahmen wird

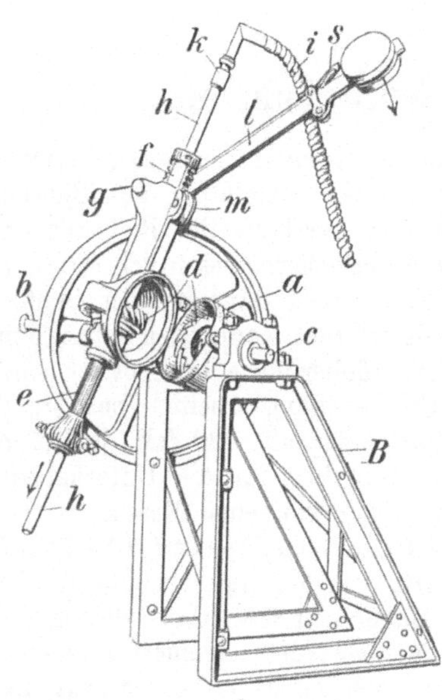
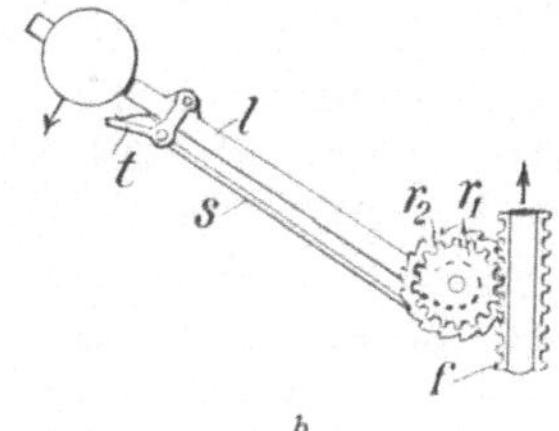

Abb. 128 a und b. Craelius-Maschine von L a n g e , L o r c k e & C o., Heidenau, Sa.

außerdem zweckmäßig so eingerichtet, daß er zur Seite geklappt werden kann, um das Ein- und Ausfördern des Gestänges oder Fangarbeiten u. dgl. zu ermöglichen.

Die Gestängelast wirkt hier nur bei schräg abwärts gerichteten Bohrungen, und auch bei diesen nur teilweise, auf die Bohrkrone. Es muß daher für eine Vorrichtung gesorgt werden, die mit regelbarem Drucke das Anpressen des Gestänges und dessen Nachschieben gemäß dem Fortschreiten der Bohrarbeit ermöglicht. Bei abwärts gerichteten Bohrungen von größerer Tiefe muß diese Vorrichtung auch, ähnlich wie bei der Tiefbohrung, eine teilweise Entlastung der Bohrkrone vom Gestängedruck gestatten. Für kleinere Bohrungen hat sich bei uns jetzt der gleich zu beschreibende Vorschub mittels eines Gewichtshebels durchgesetzt, während für größere Tiefen sich der hydraulische Vorschub behauptet hat, bei dem ein mit dem Gestänge gekuppelter Kolben Wasserdruck von der einen oder anderen Seite erhalten kann.

Die Bohrvorrichtungen können ohne weiteres auch für den Fall der senkrecht nach unten gerichteten Tiefbohrung Verwendung finden, da das

Bohrgestell stark genug dazu ist und der Rahmen jede beliebige Neigung des Bohrlochs gestattet (vgl. Abb. 128). Jedoch beschränkt sich die Bohrung dann naturgemäß auf geringere Teufen. Immerhin sind Teufen bis zu 900 m mit deutschen Einrichtungen erreicht worden, während amerikanische noch darüber hinausgegangen sind. Die Durchmesser schwanken im allgemeinen zwischen 40 und 90 mm, können aber ausnahmsweise auch bis 200 mm steigen.

Die deutschen Hersteller solcher Bohrmaschinen, wie Lange, Lorcke & Co., A. Wirth & Co., Erkelenz, und andere, haben vorzugsweise die von dem Schweden Craelius angegebene Bauart weiter ausgebildet.

47. — Bohreinrichtung von Lange, Lorcke & Co. Die Bauart dieser Bohreinrichtung ergibt sich aus Abb. 128, die eine Bohrmaschine für Handbetrieb (a) und den zugehörigen Handhebel in Entlastungsstellung (b) darstellt. Soll mit mechanischem Antrieb gearbeitet werden, was von 50—100 m Bohrlochlänge ab notwendig ist, so braucht nur die Kurbel b aus der Kurbelscheibe a herausgenommen und auf die letztere ein Treibriemen aufgelegt zu werden. Der das Arbeitsrohr e und Gestänge h tragende Rahmen ist hier auf einem einfachen Bockgerüst B verlagert, und zwar ist er um eine söhlige Achse c drehbar, so daß jede beliebige Bohrlochneigung eingestellt werden kann. Die Freigabe des Bohrlochs geschieht einfach durch Zurückklappen der oberen Hälfte des Rahmens, wie es die Abbildung veranschaulicht.

Der Antrieb des Arbeitsrohres erfolgt durch die Schraubenräder d. Der Vorschub wird durch ein Zahnrad vermittelt (r_1 in Abb. 128 b), das auf der Achse g sitzt und in die Verzahnung f eingreift. Dieses Zahnrad ist durch den Handhebel l mit dem auf ihm verschiebbaren Gewicht belastet, sucht also auch die Verzahnung und damit das Gestänge herunterzudrücken. Damit der Hebel l immer wieder in die söhlige Lage zurückgebracht werden kann, ohne daß das Gestänge dadurch beeinflußt wird, ist er mit dem Zahnrad nicht fest, sondern durch ein Sperrad (r_2 in Abb. 128 b) verbunden, in dessen Zähne die federnde Klinke $t\,s$ eingreift. Sobald diese durch Andrücken ihres Griffes t mit der Hand ausgeschaltet wird, gestattet sie die beliebige Drehung des Hebels. Dieser kann daher also auch um 180° gedreht und gemäß Abb. 128 b auf die andere Seite umgelegt werden, was bei abwärts gerichteten, tieferen Bohrlöchern geschehen muß, um das Gestänge durch Druck nach oben teilweise zu entlasten. Ein Zurückprallen des Gestänges wird durch die in eine zweite Zahnleiste einschnappende Federklinke m verhütet. Die Regelung des Druckes auf die Bohrkrone erfolgt einfach durch Verschiebung des Gewichts auf dem Hebel l. Das Spülwasser tritt durch den Schlauch i ein. Da die Zahnstange f und der Hebel l um ihre Achsen beliebig drehbar sind, so kann die geschilderte Regelung des Vorschubs auch bei söhligen und ansteigenden Bohrlöchern durchgeführt werden. Außer söhligen und schräg verlaufenden Bohrlöchern erlaubt dieses Gerät auch senkrechte Löcher bis 1000 m Teufe herzustellen. Für Beförderung in entlegenen Gebieten kann er weitgehend zerlegt werden.

48. — Bohrvorrichtung der Peiner Maschinenbaugesellschaft. Bei der durch die Abbildung 129 veranschaulichten Bohreinrichtung der Peiner Maschinenbaugesellschaft in Peine erfolgt der Antrieb von der Riemenscheibe a aus durch Vermittlung der Kegelräder

z_3 und z_4. Diese drehen in der bekannten Weise mittels Nut- und Feder-
verbindung das Arbeitsrohr b und das durch dieses hindurchgehende
und mit ihm unten gekuppelte Hohlgestänge c. Das Arbeitsrohr wird mit
Hilfe der Muffen d_1 und d_2 von dem Rahmen R getragen. Dieser kann

1. um die Achsen e_1 e_2 in der Seigerebene geschwenkt werden, um
   das Bohren unter jedem beliebigen Winkel zu ermöglichen,
2. nach Umklappen der mit ihrem unteren Ende auf einem Drehbolzen
   ruhenden Lasche f_1 in der söhligen Ebene geschwenkt werden,
   und zwar um die Zapfen g_1 und g_2; dadurch kann das Bohrloch für die
   Gestängeförderung usw. freigegeben werden.

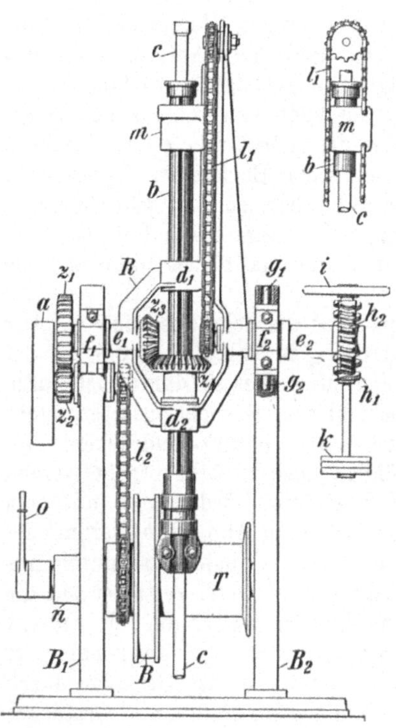

Der Vorschub des Gestänges wird
durch das Gewicht k ermöglicht, das
auf die Laschenkette l_1 wirkt, die
ihrerseits an einer am Kopfe des Arbeitsrohres angeklemmten Büchse m
(s. Abb. 129 mit Nebenzeichnung) mittels eines seitlichen Vorsprungs dieser
Büchse angreift.

Die Regelung des Druckes auf das
Gestänge erfolgt durch Änderung des
Gewichts k.

Soll Gestänge gefördert werden, so
wird nach Einrücken der Reibungs-
kuppelung n (Abb. 129) mit dem Handhebel o die Trommel T mit der Brems-
scheibe B bewegt, und zwar durch Vermittlung des Stirnradgetriebes z_1 z_2 und
der Laschenkette l_2. Als weiteres Hilfsmittel dient ein Seil, das über Rollen
geführt wird, die an Stempeln sowie
dem fest in das Gebirge eingetriebenem
Führungrsohr angebracht sind.

**49. — Die Ablenkung söhliger
und schräger Bohrungen.** Söhlig-
und Schrägbohrungen können nicht
geradlinig verlaufen, da eine gewisse
Durchbiegung des Bohrgestänges nicht
zu vermeiden ist. Diese verschärft

Abb. 129.   Schürfbohrvorrichtung der
Peiner Maschinenbaugesellschaft.

sich außerdem noch dadurch, daß die Bohrkrone in ihrem unteren Teile
mit stärkerem Drucke auf dem Gebirge liegt und daher nach unten mehr
arbeitet als nach oben, zumal auch die Spülung unten kräftiger als
oben wirkt. Besonders bei söhligen und schräg aufwärts angesetzten
Bohrlöchern macht ein solcher bogenförmiger Verlauf der Bohrung sich
bemerkbar, so daß in ihnen Senkungen der Bohrkrone um 40 m und
mehr bei 500 m langen Bohrlöchern nicht selten sind. Anderseits können auch
flach geneigte härtere Gebirgsschichten (z. B. Anhydrit im Salzbergbau) oder
flache Klüfte mit harter Ausfüllungsmasse die Bohrkrone nach oben ab-
lenken, wodurch Knicke im Bohrloch entstehen können.

Die Feststellung dieser Richtungsänderungen ist für die Beurteilung der Bohrergebnisse wichtig. Sie stößt aber auf erhebliche Schwierigkeiten, weshalb man sich früher mit Erfahrungszahlen begnügte. Ein Patent der Gewerkschaft B u r b a c h bei Helmstedt benutzt als Hilfsmittel die Messung des hydraulischen Druckes, der die verschiedenen Höhenlagen der einzelnen Bohrlochpunkte wiederspiegelt[1]).

50. — Leistungen und Kosten der Söhlig- und Schrägbohrung. Die Leistungen und Kosten hängen von der Gebirgsbeschaffenheit und von dem Durchmesser und der Tiefe der Bohrlöcher ab. Man kann für mittlere Durchmesser und Tiefen (120—180 m) in der achtstündigen Schicht einen Bohrfortschritt von 1,5—2 m in besonders hartem Gestein (Quarzit, Konglomerat), 2—4 m in milderen Gebirgsarten (mittelfester Sandstein, Anhydrit) und 6—8 m in mildem Gebirge (Stein- und Kalisalz) rechnen. Bei wachsenden Tiefen nehmen die Leistungen wegen der schwierigeren Gestängeförderung rascher ab als in senkrechten Bohrlöchern. Der Kraftbedarf ist mäßig und beläuft sich auf etwa 6—10 PS. Die Kosten sind auf etwa 12—35 RM. je lfd. m zu veranschlagen[2]).

Tiefen von 500—600 m sind bei söhlig gerichteten Bohrlöchern häufig erzielt worden; vereinzelt hat man sogar bis auf mehr als 1000 m Länge gebohrt.

Anhang.

Die Herstellung von Bohrlöchern zur Wasser- und Wetterlösung.

51. — Vorbemerkung. Wie im 4. Abschnitt näher ausgeführt werden wird, muß man beim Auffahren von Strecken oder Querschlägen, die auf unterirdische Ansammlungen von Wassern und schädlichen Gasen stoßen könnten, Bohrlöcher von einer gewissen Länge in verschiedenen Richtungen der Auffahrung voraufgehen lassen, um gegen Überraschungen gesichert zu sein. Die gleiche Vorsichtsmaßregel pflegt in solchen Kohlenflözen angewandt zu werden, in denen plötzliche Grubengas- oder Kohlensäureausbrüche zu befürchten sind.

Ferner ist es in Überhauen, die im Flöze hergestellt werden, und in seigeren Aufbrüchen, die eine Sohle oder Zwischensohle mit der nächst höheren verbinden sollen, häufig erwünscht, vorher nach oben hin durchzubohren, um eine vorläufige Wetterverbindung zu schaffen. Diese Bohrlöcher müssen etwa 30 cm Durchmesser erhalten; auch ihre Länge ist erheblich größer als die der im vorigen Absatz erwähnten Vorbohrlöcher, für die 3—6 m genügen.

52. — Bohreinrichtungen zum Vorbohren. Die zum Vorbohren gegen Wasser- und Wetteransammlungen dienenden Bohreinrichtungen müssen, da beim Anbohren solcher Ansammlungen vielfach mit einem starken

---

[1]) Kali 1913, S. 32; T h i e l e : Verfahren zur Ermittlung der Abweichung von Horizontalbohrungen in der Vertikalebene.

[2]) Glückauf 1930, S 565; E. K ü h n e w e g : Betriebserfahrungen beim Hochbohren mit Craelius-Bohrmaschinen.

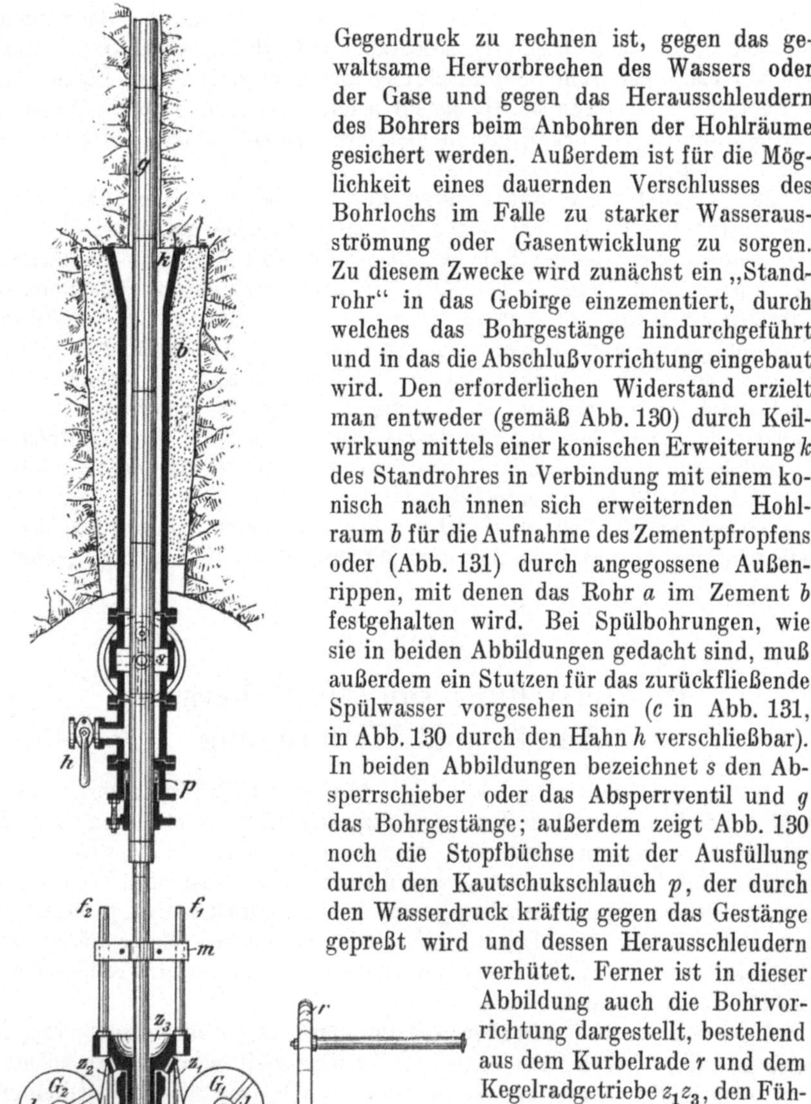

Abb. 130. Anbohren eines ersoffenen Schachtes.

Gegendruck zu rechnen ist, gegen das gewaltsame Hervorbrechen des Wassers oder der Gase und gegen das Herausschleudern des Bohrers beim Anbohren der Hohlräume gesichert werden. Außerdem ist für die Möglichkeit eines dauernden Verschlusses des Bohrlochs im Falle zu starker Wasserausströmung oder Gasentwicklung zu sorgen. Zu diesem Zwecke wird zunächst ein „Standrohr" in das Gebirge einzementiert, durch welches das Bohrgestänge hindurchgeführt und in das die Abschlußvorrichtung eingebaut wird. Den erforderlichen Widerstand erzielt man entweder (gemäß Abb. 130) durch Keilwirkung mittels einer konischen Erweiterung k des Standrohres in Verbindung mit einem konisch nach innen sich erweiternden Hohlraum b für die Aufnahme des Zementpfropfens oder (Abb. 131) durch angegossene Außenrippen, mit denen das Rohr a im Zement b festgehalten wird. Bei Spülbohrungen, wie sie in beiden Abbildungen gedacht sind, muß außerdem ein Stutzen für das zurückfließende Spülwasser vorgesehen sein (c in Abb. 131, in Abb. 130 durch den Hahn h verschließbar). In beiden Abbildungen bezeichnet s den Absperrschieber oder das Absperrventil und g das Bohrgestänge; außerdem zeigt Abb. 130 noch die Stopfbüchse mit der Ausfüllung durch den Kautschukschlauch p, der durch den Wasserdruck kräftig gegen das Gestänge gepreßt wird und dessen Herausschleudern verhütet. Ferner ist in dieser Abbildung auch die Bohrvorrichtung dargestellt, bestehend aus dem Kurbelrade r und dem Kegelradgetriebe $z_1 z_3$, den Führungsgestängen $f_1 f_2$ und der Gleitmuffe m. Links ist der Anschluß für einen Motor vorgesehen, der dann das Kegelrad z_2 treibt. Da es sich hier um eine schräg nach oben verlaufende Bohrung handelte, mußte das Gestänge nachgedrückt werden, was durch die beiden Gewichte $G_1 G_2$ geschah, die mittels zweier über die Rollen $l_1 l_2$ geführter Ketten an dem am Gestänge befestigten Querstück t angriffen. w ist der Spülschlauch.

An Stelle der abgebildeten tritt jetzt mehr und mehr die Craelius-Kern-bohrmaschine.

Im allgemeinen schwanken die Vorbohrlängen zwischen $2^1/_2$ und 6 m. Eine einfachere Vorbohreinrichtung zeigt Abb. 132; sie läßt das mit Zement-

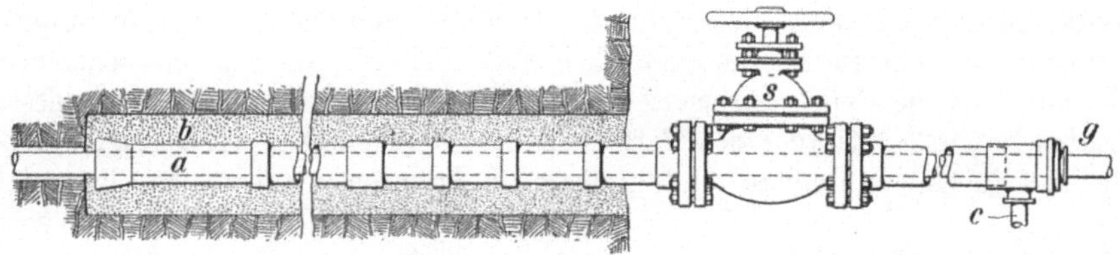

Abb. 131. Standrohr mit Außenrippen, Absperrventil und Spülwasserabfluß.

abdichtung eingesetzte Standrohr a erkennen, das sich mit einem angegossenen Schuh gegen die beiden fest eingebühnten Vierkanthölzer b abstützt und an das hinten die Abzapfleitung c, durch das Ventil d verschließbar, angeschlossen ist. Das Bohrgestänge e trägt inwendig einen konischen Stopfen f, der sich beim Zurückschleudern des Ge-stänges gegen den Verschluß-flansch legt und abdichtet.

Bei dem gewöhnlichen Vor-bohren[1]), bei dem im Dauer-betriebe immer wieder vom Ort der aufzufahrenden Strecke aus gebohrt wird, sind die Einrich-tungen einfacher; insbesondere fallen die Vorkehrungen zu dau-ernder Abzapfung von Gasen

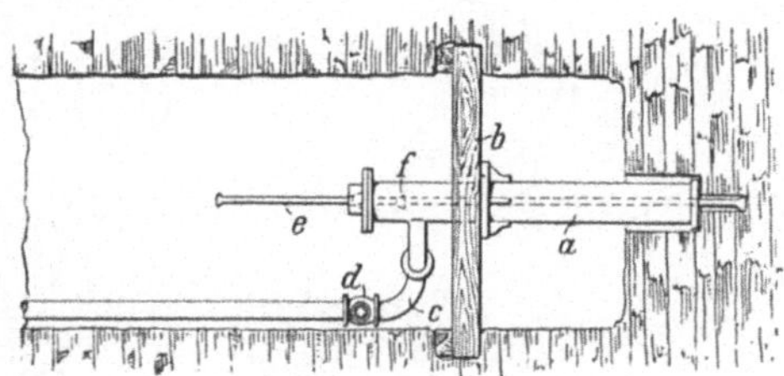

Abb. 132. Vorbohreinrichtung mit Abschluß- und Abzapfungsvorrichtungen.

oder Standwasser fort, und die Standrohre brauchen nicht einzementiert zu werden. Die Bohrlöcher werden nach vorn und nach den Seiten, nach Bedarf auch nach oben und unten, gebohrt. Ihre Länge richtet sich zunächst nach der Festigkeit des Gebirges, indem man im festen Gebirge, wenn Wasser zu erwarten ist, mit geringeren Längen auskommt. Sie hängt außerdem von den zu erwartenden Gas- und Wasserdrücken ab, da man bei hohen Drücken die Vorbohrlöcher länger halten muß.

53. — Wetterbohrlöcher. Allgemeines. Eine vorläufige Wetterverbin-dung kann entweder in der Flözebene selbst hergestellt werden, wobei dann das Loch dem Fallen des Flözes folgt, oder aber es wird ein senkrechtes, die Schichten durchbrechendes Loch gestoßen. Im ersten Falle, also zur Herstellung der eigentlichen Überhaubohrlöcher, pflegt man das drehende Bohren von unten nach oben anzuwenden. Im zweiten Falle kann man so-wohl von unten nach oben als auch von oben nach unten bohren, wobei man für die Bohrarbeit nach oben das stoßende oder schlagende Bohren, für die Bohrarbeit nach unten das stoßende Bohren vorzuziehen pflegt.

---

[1]) Glückauf 1909, S. 617; Stegemann: Das Vorbohren als Sicherungsmittel gegen Wasser- und Gasdurchbrüche.

Löcher bis zu 80—120 m Länge wird man in der Regel von unten nach oben herstellen, weil hierbei die Entfernung des Bohrmehls sich einfach gestaltet und die Bohrarbeit billiger ist. Bei längeren, von unten nach oben getriebenen Löchern wächst schnell die Gefahr des Verlaufens, d. h. einer seitlichen Ablenkung aus der beabsichtigten Bohrlochrichtung. Diese Gefahr wird am größten, wenn das Bohrloch Schichten verschiedener Härte unter einem Winkel von rund 45° durchbrechen muß. Bei steilerem und schwächerem Einfallen ist die Gefahr geringer. Das Durchbohren von Störungen sowie des „alten Mannes" gefährdet den Bohrerfolg bei Bohren in jeder Richtung. Nur bei regelmäßigem Gebirge und größeren Bohrlängen verdient das Bohren von oben nach unten infolge seiner geringen Abweichungen (unter 1%) den Vorzug.

54.—Drehend arbeitende Überhaubohrmaschinen. Die drehend wirkenden Überhaubohrmaschinen sind in ihrer Anwendung und Wirkung den zur Herstellung von Sprengbohrlöchern benutzten Drehbohrmaschinen ähnlich, nur sind die Abmessungen für Bohrer und Gestänge, entsprechend den größeren Lochweiten, stärker. Eine der wohl am meisten gebrauchten Überhaubohrmaschinen, wie sie z. B. von der Maschinenfabrik H. Korfmann in Witten geliefert wird, zeigt Abb. 133[1]). Auf der Grundplatte der Vorrichtung ist ein umsteuerbarer

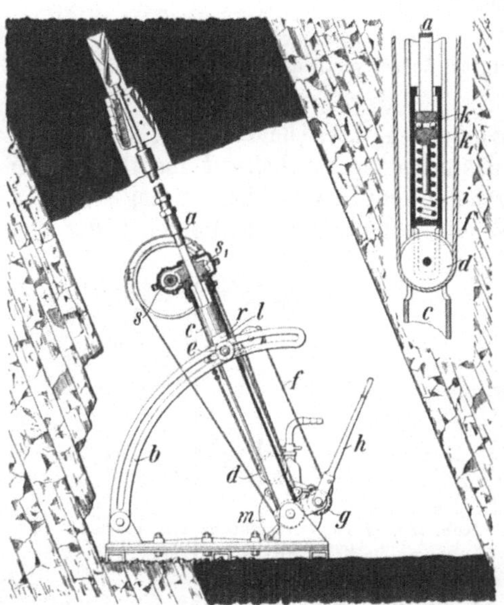

Abb. 133.   Drehend arbeitende Überhaubohrmaschine.

Pfeilradmotor oder ein Elektromotor von etwa 5 PS angeordnet, der mittels Riemen r, Schnecke s und Schneckenrad s_1 das Gestänge a und damit das Bohrwerkzeug in Umdrehung versetzt. Schlangenbohrer und Bohrkrone werden häufig mit Widiabesatz benutzt. Der Vorschub des Gestänges und die Druckregelung während der Bohrarbeit geschehen durch Hochwinden einer in Schlitzen des Rohres c geführten Rolle d mittels des Seiles f, des Windwerks g und der Ratsche h. Die Rolle d trägt das Rohr i (vgl. obige Zeichnung), in dem auf einer starken Spiralfeder das Kugellager $k k_1$ ruht, das seinerseits das Widerlager für den Gestängefuß bildet. Das Gestänge besteht aus Rohren, und zwar aus ½ m langen Stücken.

Man kann mit solchen Maschinen je nach der Härte der Kohle und der Weite des Loches Leistungen von etwa 3—4 m stündlich erzielen. Die Leistung je Schicht beträgt etwa 20—25 m. Die Handhabung ist einfach und die Vorrichtung selbst wenig empfindlich.

---

[1]) Bergbau 1927, S. 274; S c h a n t z: Überhaubohrmaschine; — ferner Glückauf 1928, S. 881; S c h a n t z: Betriebsuntersuchungen an Überhaubohrmaschinen.

Für entsprechende Bohrungen im Gestein eignet sich die Craelius-Maschine von Lange, Lorcke & Co.

55.—Schlagend wirkende Aufbruchbohrmaschinen. Diese Maschinenart ist in Anlehnung an die Arbeitsweise der Bohrhämmer ausgestaltet worden. Die beiden zur Zeit in Anwendung stehenden Ausführungsformen sind durch die Abbildungen 134 und 135 dargestellt. Bei beiden findet sich das Gemeinsame, daß der 250—300 mm breite Bohrmeißel a an seiner Arbeitsfläche einen größeren Durch-

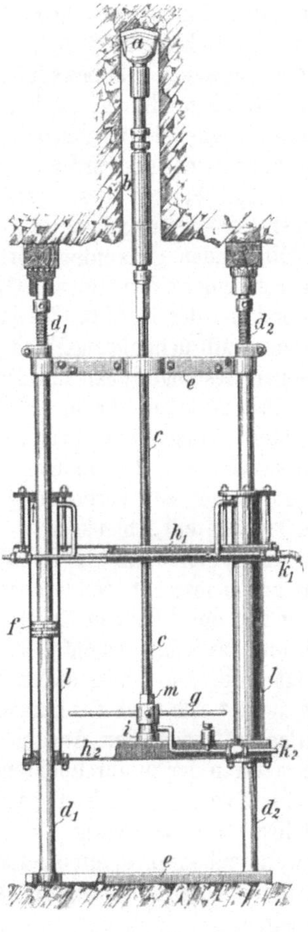

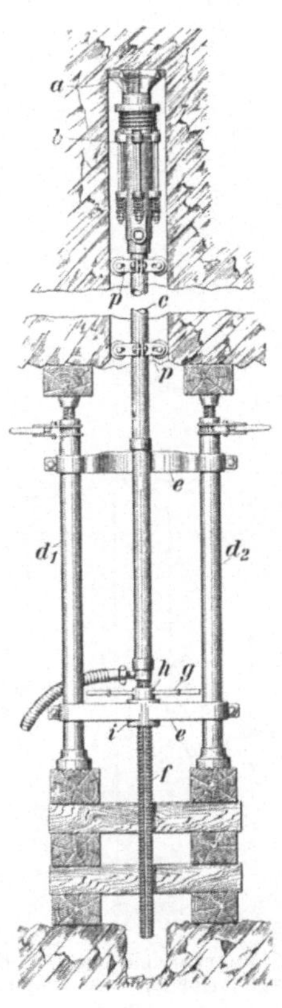

Abb. 134. Schlagend arbeitende Aufbruchbohrmaschine des Rh.-Westf. Berg- und Tiefbau-Unternehmens, G.m.b.H. in Bochum.

Abb. 135. Schlagend arbeitende Aufbruchbohrmaschine der Aufbruchbohrgesellschaft m. b. H. in Bochum.

messer als der Zylinder b des Bohrhammers hat, so daß dieser dem Tieferwerden des Loches ununterbrochen folgen kann. Der Bohrhammer wird von einem Hohlgestänge c getragen, das gleichzeitig zum Zuführen der Druckluft benutzt wird. Bei beiden Ausführungen finden sich ferner zwei Spannsäulen d_1 und d_2, die durch einen festen Querarm e miteinander verbunden sind.

Die Einrichtung des Vorschubes ist bei beiden Ausführungen verschieden. Nach Abb. 135 bewirken ihn die Kolbenstangen e der beiden Zylinder a. Sie sind durch eine Brücke f verbunden, an der das untere Querstück g durch U-förmige

Streben h befestigt ist. Das Querstück g trägt auf einem Drehkreuz i das auswechselbare Gestänge k. Bei der in Abb. 134 dargestellten Vorrichtung sind die Spannsäulen d_1 und d_2 selbst als Kolbenstangen ausgebildet. Diese tragen in halber Höhe je einen festsitzenden Kolben f, um die sich verschiebbare Zylinder l schließen. Die Zylinder sind durch die Querstücke h_1 und h_2 zu einem Rahmen verbunden, dessen unteres Querstück h_2 das Bohrgestänge c trägt und das an den Spannsäulen durch Preßluft vorgeschoben wird. Um bei etwaigem Festsitzen des Bohrmeißels auch unabhängig von seiner Drallbewegung das ganze Gestänge drehen zu können, ist ein Handhebel g vorgesehen. Die Vorschubvorrichtung wird auch zum Heben und Senken des Gestänges bei der Verlängerung benutzt.

Die beiden genannten Vorrichtungen erlauben einen Hub von $1^1/_4$ m, während bei der in Abb. 133 dargestellten Aufbruchbohrmaschine die einzelnen Gestängestücke nur $1^1/_4$ m lang sind, gestattet die in Abb. 134 dargestellte Vorschubvorrichtung Gestängestücke von 2 m Länge.

Es kommt zur Vermeidung der oben erwähnten Ablenkungen vor allem darauf an, daß das Bohrloch nicht genau lotrecht, sondern etwas schräg mit einer kleinen Neigung in Richtung des Schichteneinfallens angesetzt wird. Die Größe dieser Neigung richtet sich nach der Länge des Bohrloches sowie der Anzahl der Wechsellagen der zu durchbohrenden Schichtenfolge. Ferner ist bei jedem Gesteinswechsel vorsichtig und langsam weiterzubohren, damit der Meißel Zeit findet, das Loch gehörig auszuarbeiten.

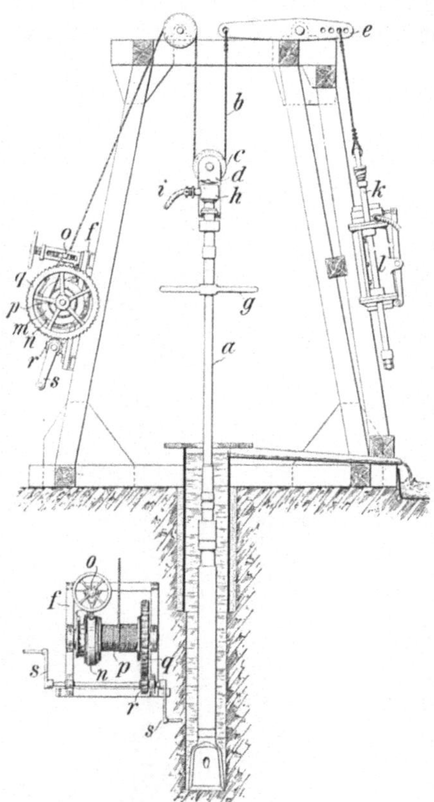

Abb. 136. Bohrvorrichtung zur Herstellung von Wetterbohrlöchern von oben nach unten.

Die Leistungen mit solchen Vorrichtungen betragen, wenn keine Störungen auftreten, in der achtstündigen Schicht im Tonschiefer etwa 2—3 m, im Sandschiefer etwa 1,5—2 m und im Sandstein 1—1,5 m. Man hat auf diese Weise bereits Bohrlöcher von 150 m Höhe hergestellt. Die Arbeiten werden zumeist nur von besonderen Firmen, die über eine eingeübte Mannschaft verfügen, ausgeführt. Die Kosten für je 1 m Bohrloch betragen nach den bisherigen Erfahrungen etwa 20—30 RM. bei Bohrlochhöhen von 50—100 m.

56. — Bohrvorrichtung zur Herstellung von Wetterbohrlöchern von oben nach unten[1]). Hierzu können die üblichen Schnellschlagbohrvorrich-

<hr>

[1]) Glückauf 1924, S. 330; G r a h n: Ein neues Bohrverfahren für Aufbruchschächte.

tung (s. Ziff. 19 S. 110) benutzt werden. Außerdem gibt es Sonderausführungen. Die Westdeutsche Tiefbohrgesellschaft in Essen benutzt ein $3^1/_2$ m hohes Bohrgerüst, wie es in Abb. 136 dargestellt ist. Das Bohrgestänge a wird mittels eines Seiles b angehoben, das über die lose Rolle c eines Bügels d läuft und einerseits mit einem Schwinghebel e, anderseits mit einer Nachlaßvorrichtung f verbunden ist. Der Bügel d trägt das Kopfstück h des Hohlgestänges, dem durch den Schlauch i Dickspülung zugeführt wird. Das Gestänge kann mittels Handhebels g umgesetzt werden. Der Schwinghebel e ist durch ein Verbindungsseil an die Kolbenstange k eines einseitig wirkenden, schwungradlosen, etwa senkrecht angeordneten Kolbenmotors l angeschlossen, der beim Niedergange des Kolbens das Bohrgestänge anhebt. Nach zwangläufiger Umsteuerung entweicht die Druckluft, und das Gestänge sinkt im freien Fall nieder, wobei der Kolben wieder mit nach oben genommen wird. Das Seil b ist über eine durch die Bremsvorrichtung m, n, o festgehaltene Trommel p gelegt, von der es sich entsprechend dem Tieferwerden des Loches unter Überwindung der Bremswirkung langsam abwickelt. Zum Wiederaufwickeln des Seiles gelegentlich des Aufsetzens neuer Gestängestücke bedient man sich des Kurbelzahnradgetriebes q, r, s. Die Meißelbreite beträgt 300 mm und sinkt bei tiefen Löchern auf etwa 250 mm.

Vorbedingung für die Anwendung des Verfahrens ist, um das Bohrmehl fördern zu können, die Möglichkeit der Spülung. Geht das Wasser in Gesteinsklüften, Störungen oder im „alten Mann" verloren, so kann versucht werden, durch Einspülen von Lehm u. dgl. die Hohlräume zu schließen. Die Leistungen betragen in einem vorwiegend aus Sandstein bestehenden Gebirge 0,8—1,2 m in der achtstündigen Schicht. Die Kosten sind etwa doppelt so hoch wie bei der Bohrung von unten nach oben. Dafür ist der Enderfolg in regelmäßigem Gebirge wegen der geringeren Bohrlochabweichungen bei tieferen Löchern sicherer.

Die Kosten der auf die eine oder andere Weise hergestellten Bohrlöcher werden zumeist durch verbilligte Herstellung des Aufbruchs oder Gesenks wieder eingebracht.

Dritter Abschnitt.

Gewinnungsarbeiten.

I. Einleitende Bemerkungen.

1. — Allgemeines. Mittels der Gewinnungsarbeiten werden der Lagerstätteninhalt oder das Nebengestein hereingewonnen und Grubenbaue aller Art entweder auf der Lagerstätte selbst oder im Nebengestein hergestellt. Die Hilfsmittel sind für beide Gruppen von Arbeiten im wesentlichen dieselben.

Die menschliche Arbeitskraft spielt hierbei eine weit größere Rolle als z. B. bei der Förderung, Wasserhaltung oder Wetterführung. Auf diesen Gebieten wird der Hauptteil der Arbeit durch maschinelle Kraft geleistet. Bei den Gewinnungs- und den damit in Verbindung stehenden Nebenarbeiten (Versatz, Wegladen der Massen) bleiben wir in erster Linie auf den Bergmann selbst angewiesen. Tatsächlich beträgt z. B. im Ruhrbezirk der gesamte Arbeiterkostenanteil (einschl. sozialer Beiträge) an den Selbstkosten 60—70%. Während die maschinelle Kraft durch Vervollkommnung der Maschinen im Laufe der Zeit immer billiger wurde, ist die menschliche Kraft ständig im Preise gestiegen. Für Deutschland kann man zur Zeit annehmen, daß die Arbeit von 270000 mkg (= 1 PSh) kostet: geleistet durch elektrische Kraft 2—3 Rpf., durch Druckluft 15—20 Rpf., durch Sprengstoffe 0,60—2,00 RM., durch menschliche Kraft 10—12 RM. Der Arbeitslohn wächst mit zunehmender Kultur, während gleichzeitig die Verwendung des Menschen für beschwerliche Arbeiten zurückgedrängt wird. Deshalb muß das Bestreben darauf gerichtet bleiben, auch bei den Gewinnungsarbeiten nach Möglichkeit die menschliche durch maschinelle Kraft zu ersetzen.

2. — Gedinge. Die Eigenart der bergmännischen Arbeit bringt es mit sich, daß eine dauernde Aufsicht unmöglich ist. Die Bewertung der Leistung ist daher im Bergbau in noch stärkerem Maße als in anderen Industrien von der durch Messung oder Zählung erfolgenden Feststellung des vom Arbeiter tatsächlich Geschaffenen abhängig. Die Bezahlung der Arbeit erfolgt daher soweit als möglich im Gedinge. Die Bedingungen jeden Gedinges sollen gerecht, aber auch einfach und klar verständlich sein, damit dem Arbeiter jederzeit eine selbständige Errechnung des von ihm verdienten Lohnes möglich ist.

Den Schichtlohn wird man auf die Fälle beschränken, wo der Arbeiter eine unmittelbare Einwirkung auf das Maß der Arbeitsleistung nicht hat (z. B. bei Bremsern, Maschinenwärtern und unter Umständen bei Anschlägern), oder wo es völlig unmöglich ist, die Arbeitsleistung im voraus abzuschätzen (z. B. bei dem Aufwältigen von Brüchen u. dgl.). Die regelmäßigen Gewinnungsarbeiten werden dagegen fast stets im Gedinge ausgeführt.

3. — Gewöhnliches Gedinge. Das gewöhnliche Gedinge besteht in der Bezahlung nach einer gewissen Leistungseinheit und wird für einen nicht zu langen Zeitraum, in der Regel für einen Monat, abgeschlossen. Man unterscheidet hierbei hauptsächlich Längen-, Flächen-, Massen- und kubisches Gedinge. Das Längengedinge oder die Bezahlung für das laufende Meter ist namentlich beim Auffahren von Strecken, beim Aufbrechen oder Abteufen von Schächten und in ähnlichen Fällen üblich. Beim Flächengedinge wird der verdiente Lohn nach der Anzahl der verhauenen oder versetzten Quadratmeter berechnet, beim Massengedinge nach der Anzahl der geförderten Wagen Kohle oder Erz, also nach dem Volumen. Es nach dem Gewicht abzustellen, setzt das Wiegen jeden Wagens voraus und ist bei größeren Fördermengen undurchführbar. Kubisches Gedinge, das nach der Größe des hergestellten Hohlraumes berechnet wird, bringt man beim Ausschießen von Füllörtern, Maschinenräumen, Pferdeställen u. dgl. zur Anwendung.

Häufig wendet man gemischtes Gedinge an, indem man z. B. beim Streckenauffahren in der Kohle das Gedinge sowohl auf die aufgefahrene Streckenlänge als auch auf die dabei gewonnene Kohle stellt. Der Arbeiter wird sodann bei richtiger Gedingebemessung die Strecke weder zu eng noch zu weit auffahren.

Entsprechend können bei der Hereingewinnung, wie auch vielfach üblich, Flächen- und Massengedinge miteinander vereinigt werden, die Bezahlung also sowohl nach der geförderten Anzahl Wagen Kohle oder Erz als nach der verhauenen Fläche, die im Kohlenbergbau meist nach Kappenlängen bemessen wird, erfolgen. Das Flächengedinge weckt das Interesse an einer genauen Freilegung einer bestimmten Fläche, also z. B. an der Einhaltung der geförderten Feldbreite, das Massengedinge an einer möglichst vollständigen Förderung des hereingewonnenen Gutes. Überhaupt soll man nach Möglichkeit das Gedinge so setzen, daß der Arbeiter seinen Nutzen in einer zweckmäßigen Ausführung der Arbeit findet.

Gilt das Gedinge, ohne die Leistung des beteiligten einzelnen Mannes zu berücksichtigen, für die gesamte an dem betreffenden Betriebspunkt oder dem in Frage kommenden Betriebsvorgang tätige Belegschaft, so spricht man von Kameradschaftsgedinge. Es wird bei der Hereingewinnung im Abbau meist als Massengedinge abgeschlossen, im Gesteinsstreckenvortrieb und beim Schachtabteufen als Längengedinge, beim Abbaustreckenvortrieb als gemischtes Gedinge. Es bewährt sich gut, solange die Kameradschaften eine gewisse Größe nicht überschreiten, die einzelnen Leute einander kennen und kein häufiger Wechsel in der Belegschaft des Betriebspunktes stattfindet.

Die Entwicklung zu Großabbaubetriebspunkten im Steinkohlenbergbau und zu entsprechend großen Kameradschaften bis zu 100 und 200 Mann, der häufig unvermeidbare Wechsel und Austausch von Leuten ist der Herausbildung eines engeren Kameradschaftsgeistes und somit der Anwendung des eigentlichen Kameradschaftsgedinges wenig förderlich. In allen solchen Fällen wird daher meist dem Einzelgedinge der Vorzug gegeben, dessen Bedingungen zwar für die ganze beteiligte Belegschaft gelten, bei dem jedoch die Leistung des einzelnen Mannes Berücksichtigung findet. Zugleich hat das Einzelgedinge meist die Kennzeichen des gemischten Gedinges. Hierbei wird ein bestimmter Satz für den Wagen Kohle bezahlt und für jeden Mann ein zusätzlicher Betrag für die von ihm freigekohlte Fläche, die nach jeder Schicht vom Steiger oder Ortsältesten vermessen und abgenommen wird.

Bei Großabbaubetriebspunkten empfiehlt es sich außerdem, das Gedinge nach Betriebsvorgängen zu unterteilen (Teilgedinge), d. h. je ein gesondertes Gedinge für die Hereingewinnung und für das Umlegen des Abbaufördermittels, für die Versatzarbeit oder das Rauben der Stempel und Umlegen der Kästen beim Strebbruchbau zu setzen.

An Stelle des Einzelgedinges kann auch das Gruppengedinge treten, bei dem zwei oder mehrere Mann zugleich an dem für die freigekohlte Fläche bestimmten Satz beteiligt sind.

Um einen bestimmten Reinheitsgrad des geförderten Gutes sicherzustellen, wird in der Kohle das Gedinge vielfach auf einen festgesetzten Bergegehalt der Förderung abgestellt und die Bestimmung getroffen, daß ein Abzug erfolgt bei Überschreitung und ein Zuschlag gezahlt wird bei Unterschreitung dieses Gehaltes. Zu seiner Feststellung werden auf der Hängebank Stichproben genommen.

4. — **Generalgedinge.** Unter Generalgedinge versteht man ein Gedinge, das für einen längeren Zeitraum oder für eine größere Arbeit insgesamt abgeschlossen wird. Als Beispiele mögen das Auffahren eines langen Querschlages, die Herstellung eines Schachtes und der Abbau einer ganzen Abteilung genannt sein. Voraussetzung ist hierbei stets, daß die Natur der Arbeit mit einiger Sicherheit im voraus beurteilt werden kann, und es sich um annähernd gleichbleibende Verhältnisse handelt. Ist dies der Fall, so sollte man möglichst häufigen Gebrauch vom Generalgedinge machen.

5. — **Prämiengedinge.** Das Wesen des Prämiengedinges besteht darin, daß nach Erreichung einer gewissen Leistung der Gedingesatz sich erhöht. Z. B. kann beim Schachtabteufen ein Mindestlohn festgesetzt werden, der in jedem Falle gezahlt wird; übersteigt aber die monatliche Leistung ein gewisses, ziemlich niedrig bemessenes Maß von beispielsweise 30 m, so wird jedes mehr abgeteufte Meter nach einem festen oder sogar steigenden Satze besonders vergütet, oder es wird für die Gesamtleistung ein höherer Satz bezahlt.

6. — **Beispiel für Setzen eines Gedinges.** Das Setzen des Gedinges setzt außer charakterlichen Eigenschaften große Erfahrung voraus. Der das Gedinge setzende Beamte muß möglichst genau abschätzen können, welche Leistung bei einer bestimmten Belegung für die betreffende Arbeit unter den gegebenen Bedingungen erreichbar ist. Bei der Hereingewinnung im Abbau z. B. muß er sich ein Bild über die erzielbare Hackenleistung machen können. Die Länge des Abbaustoßes, multipliziert mit dem täglichen Abbaufortschritt, der Flözmächtigkeit und dem Schüttgewicht, läßt die Förderung in Tonnen und die Berücksichtigung des Wageninhalts die Anzahl der täglich zu fördernden Wagen errechnen. Diese Zahl dividiert durch die Hackenleistung ergibt die Größe der für die Hereingewinnung anzusetzenden Belegschaft. Durch Multiplikation der Anzahl Hauer mit dem jeweils als normal zu betrachtenden Lohnsatz erhält man die Gesamtlohnsumme je Tag. Diese Summe kann dann je nach der gewählten Art des Gedinges dividiert werden durch die Anzahl der zu fördernden Wagen (reines Wagengedinge) oder nach der Größe der freizulegenden Quadratmeter Fläche (reines Flächengedinge) oder aber die Gesamtlohnsumme wird

sowohl auf die Anzahl der zu fördernden Wagen als auch auf die Anzahl Quadratmeter Fläche aufgeteilt (gemischtes Gedinge).

7. — **Gewinnbarkeit.** Die Höhe des Gedinges hängt, abgesehen von dem Umfange der Nebenarbeiten, wie Ausbau usw., und dem Hauerdurchschnittslohn oder der Lohnhöhe des Bezirks von der Gewinnbarkeit der Gebirgsmassen ab. Unter der Gewinnbarkeit versteht man den mehr oder minder großen Widerstand, den das Gebirge den Gewinnungsarbeiten entgegensetzt. Hierbei sind hauptsächlich die Härte und Festigkeit der Gesteine einerseits und der Zusammenhalt anderseits von Einfluß.

Die Härte äußert sich in erster Linie in rascher Abnutzung der Werkzeuge. Die Festigkeit gibt den Grad des Widerstandes an, den eine Gesteinsart dem Eindringen spitzer Werkzeuge oder scharfer Gezähe entgegensetzt. Der Zusammenhalt des Gebirges ist als derjenige Widerstand zu bezeichnen, den ein Gebirgsstück bei seiner Loslösung aus dem Verbande mit dem übrigen Gebirge leistet. Der Bohrmeißel hat hauptsächlich die Härte und die Festigkeit, der Sprengschuß den Zusammenhalt des Gesteins zu überwinden. Der Zusammenhalt hängt nicht in erster Linie von der Härte und der Festigkeit ab, da er durch Spaltbarkeit, Schichtung und Vorhandensein von Absonderungsflächen verringert werden kann. Zäher Ton z. B. ist weich und läßt sich leicht schneiden; er besitzt aber einen festen Zusammenhalt und ist deshalb vielfach schwerer gewinnbar als ein an sich härteres und festeres Gestein.

Je nach dem Zusammenhalte spricht der Bergmann wohl von Gesteinen, die sich gut oder schlecht schießen. Verhältnismäßig weiche Gesteine können sich schlecht schießen, wenn Schichtung und Lagenbildung fehlt (Gips). Massengesteine sind demgemäß im allgemeinen schwerer gewinnbar als Schichtgesteine. Das gute Reißen der geschichteten Gesteine begünstigt die Herstellung rechteckiger Streckenquerschnitte, während der Querschnitt der Strecken in Massengesteinen sich mehr der Kreisform nähern wird.

8. — **Grade der Gewinnbarkeit.** Nach dem Grade der Gewinnbarkeit unterscheidet man wohl rollige, milde, gebräche, feste und sehr feste Gesteine. Rollige Massen sind Sand, Kies und bereits hereingewonnene Berge, Kohlen oder Erze. Sie können mittels der Schaufel ohne weiteres geladen werden. Milde Gebirgsarten sind solche, die sich mit Schaufel oder Spaten bearbeiten und insbesondere abstechen lassen, z. B. Ton, Lehm und manche Braunkohlen. Gebräche Gesteine können mit der Keilhaue hereingewonnen werden. Hierhin gehört die gewöhnliche Braunkohle, weiche Steinkohle und unter Umständen Tonschiefer. Infolge Gebirgsdruckes kann an sich feste Kohle gebräch werden, so daß sie mit der Keilhaue gewonnen werden kann. Beim Abbau nutzt man den Gebirgsdruck oft in dieser Beziehung aus. Anderseits kann Bergeversatz durch Gebirgsdruck zu festen Massen werden. Feste und sehr feste Gesteine pflegt man zwecks Hereingewinnung zu sprengen. Hierhin gehören feste Steinkohle, Kalk- und Sandsteine, ferner als sehr feste Gesteine Granit, die meisten Konglomerate, Quarzit, Basalt u. dgl.

9. — **Besondere Rücksichten.** Nicht immer steht bei den Gewinnungsarbeiten die Wirtschaftlichkeit des einzelnen Betriebes in erster Linie. Manchmal kommt es ebenso und noch mehr auf Schnelligkeit der Aus-

führung an. Man wählt dann trotz höherer Kosten den beschleunigten (sog. forcierten) Betrieb. Maßgebend ist hierbei die Rücksicht auf die Gesamtverhältnisse des Bergwerks, insbesondere die Höhe der zu verzinsenden Werte.

Von Einfluß auf die Art der Arbeit ist schließlich auf Steinkohlengruben die Schlagwetter- und Kohlenstaubgefahr, auf die besonders bei der Sprengarbeit (s. u.) Rücksicht zu nehmen ist.

II. Gewinnungsarbeiten von Hand.

10. — Vorbemerkung. Die Bedeutung der mit Hand ausgeführten Gewinnungsarbeiten ist in den letzten Jahrzehnten ständig zurückgegangen und ist offensichtlich noch in weiterem Rückgange begriffen. Trotzdem wird die Handarbeit bei der Gewinnung niemals völlig verschwinden, weil sie als Hilfsarbeit bei der maschinellen Gewinnungs- und bei der Sprengarbeit unentbehrlich ist und weil sie unter einfachen Verhältnissen, die eine maschinenmäßige Gewinnungsarbeit nicht als lohnend erscheinen lassen — geringe Teufen, kleine Förderleistungen u. dgl. — auch als Hauptarbeit ihren Platz behaupten wird.

Man kann unterscheiden die Wegfüllarbeit, die Keilhauenarbeit und die Hereintreibarbeit.

A. Die Wegfüllarbeit.

11. — Allgemeines und Gezähe. Die Wegfüllarbeit kommt als Gewinnungsarbeit nur bei rolligem Gebirge in Betracht und dient im übrigen zum Einladen der gewonnenen Massen in die Fördergefäße.

Man benutzt als Gezähe Schaufel (öder Spaten) oder Kratze und Trog.

Schaufel und Spaten[1]) (Abb. 137) bestehen aus dem Blatte aus Stahlblech mit dem Ohre oder der Tülle zur Aufnahme des hölzernen Stieles. Bei der Schaufel bilden Blatt und Stiel zur Verringerung der Anstrengung beim Bücken einen Winkel von 140—150°. Das Blatt wird zweckmäßig vorn spitz gehalten und hinten aufgebogen, wodurch die Schaufel einerseits leicht in das Fördergut eindringt und dieses anderseits gut trägt. Die Füllung der Schaufel soll etwa 7—8,5 kg wiegen, woraus sich verschieden große Flächen bei verschieden großen spezifischen Gewichten des Förderguts ergeben. Beim Spaten verlaufen Blatt und Stiel annähernd geradlinig. Man gebraucht ihn mehr über als unter Tage in denjenigen Fällen, wo die Massen zugleich abgestochen werden müssen.

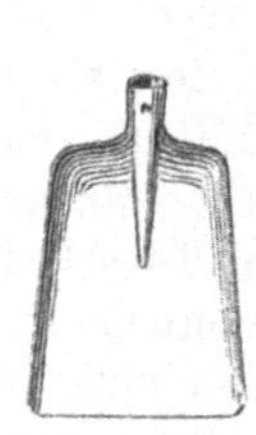

Abb. 137. Schaufel und Spaten.

----

[1]) Vgl. DIN Berg 111, 112/113, 120, 121/123, 124, 125/126, 151/155.

Zwei verschiedene Kratzenformen sind in den Abbildungen 138a und c dargestellt. Abb. 138a zeigt eine Krückenkratze mit trapezförmigem, Abb. 138c eine Spitzkratze mit herzförmigem Blatte. Am häufigsten wird die Krückenkratze gebraucht, die für loses, kleinstückiges Haufwerk besonders gut geeignet ist. Die Spitzkratze dient gleichzeitig zum Hereinhacken milden Gebirges.

Der Trog (Abb. 138b) ist ein muldenähnliches Gefäß aus Stahl oder Holz mit zwei seitlichen Griffen. Die zu ladenden Massen werden mittels Kratze in den Trog gezogen, worauf dieser von Hand in den Förderwagen entleert wird.

Die Arbeit mit Kratze und Trog wird bei grobstückigen Massen, die sich schlecht schaufeln lassen, vorgezogen. Außerdem wird bei Verwendung von Kratze und Trog das Fördergut weniger zerkleinert als bei dem Werfen mit der Schaufel, weshalb man auch bei größerer Entfernung bis zum Förderwagen im Erzbergbau öfter mit Kratze und Trog arbeitet.

Abb. 138 a—c. Kratzen und Trog.

12. — Leistungen. Ein Arbeiter ladet unter Tage in der achtstündigen Schicht unter günstigen Verhältnissen 12—18 t Fördergut (Kohle, Salz, Erz), falls er die Wagen nicht fortzuschieben braucht. Muß er die Wagen noch 50—100 m weit fahren, so wird er kaum über 10 t kommen. Hierbei spielt Höhe und Ladegewicht der Wagen eine bedeutende Rolle. Über Tage kann ein Arbeiter in 10—12 Stunden etwa 12 cbm mittelfesten, feuchten Sandes (Stichboden) auf Manneshöhe, ohne Fortbewegung der Wagen, laden; es würde dies einer Leistung von ungefähr 20—22 t entsprechen. Hiernach kostet das Laden bei 1 RM. Stundenlohn r. 1 RM. je m^3 und 0,50 RM. je t.

B. Die Keilhauenarbeit.

13. — Allgemeines. Die Keilhauenarbeit ist eine selbständige Gewinnungsarbeit für mildes Gebirge (Braunkohle, Steinkohle in manchen Fällen, Letten, Galmeierde u. dgl.). Im übrigen ist sie eine Hilfsarbeit für die Hereintreibe- und Sprengarbeit. Sie dient hierbei zum Schrämen, Schlitzen oder Kerben und zum Abräumen der durch Spreng- oder Keilarbeit angerissenen, aber noch nicht aus dem ursprünglichen Verbande gelösten Massen.

14. — Gezähe. Man unterscheidet die einfache Keilhaue („Keilhacke"), die doppelte Keilhaue, die Keilhaue mit Einsetzspitzen, das Schrämeisen und die Breit- oder Rodehaue[1]). Die einfache Keilhaue (Abb. 139a) besteht aus Blatt und Stiel oder Helm. An dem Blatte aus Stahl befindet sich die Spitze (das Örtchen) einerseits und das Auge anderseits, das zur Aufnahme des Helmes dient. Der mittlere Querschnitt des Blattes pflegt rechteckig zu sein. Die Spitze bildet, um eine allzu schnelle Abnutzung zu ver-

---

[1]) Vgl. DIN Berg 102, 103, 104, 105/106, 107, 109/110, 140 und DIN 6436.

hüten, einen stumpfen Kegel.   Die Rückseite des Auges ist, da man die Keilhaue häufig zum Schlagen benutzt, verstärkt.   Das Helm wird gewöhnlich aus Eschen- oder Weißbuchenholz gefertigt. Eichenholz ist zu spröde und reibt stark; es „brennt" in der Hand.

Die Befestigung des Helmes im Auge erfolgte früher durch das sog. Bestecken. Jetzt pflegt man andere Befestigungsarten zu benutzen. Entweder läßt man das Helm nach seinem Ende zu konisch sich verdicken und gibt dem Auge eine entsprechende Form.   Dabei ist die Stärke des ganzen Helmes so bemessen, daß man es von oben durch das Auge stecken kann, bis es mit dem verstärkten Ende im Auge seinen Halt findet. Oder man benutzt eine federnde, nach oben sich verbreiternde Stahlhülse (Abb. 139 *b*).   Auch hier zieht sich beim Gebrauche der Keilhaue das konische Auge immer fester um die Stahlhülse und klemmt so das Helm fest.   Zur Verhütung des Abstreifens der Hülse versieht man diese wohl mit einer Innenrippe.

Die doppelte Keilhaue oder Doppelhacke (Abb. 139 *e*) braucht nur halb so oft wie die einfache Keilhaue zum Schärfen in die Schmiede gebracht zu werden.   Die Doppelhacke liegt wegen des gleichen Gewichts zu beiden Seiten des Helmes bequem in der Hand, was namentlich bei der Arbeit in liegender Stellung angenehm ist.   In engen Bauen ist allerdings die Handhabung behindert.

Durch Verwendung von Einsetzspitzen an der Keilhaue (Abb. 139 *c*, *d* und *h*) wird das Schärfen ungemein erleichtert, da nicht die Keilhauen selbst, sondern nur die Spitzen zur Schmiede gebracht zu werden brauchen.   Bei der in Abb. 139 *g* dargestellten Keilhaue ist nicht allein die Spitze, sondern das ganze Blatt im Auge auswechselbar eingerichtet. Die Keilhauen mit Einsetzspitzen werden besonders für Schrämzwecke gebraucht, wo mehr die Spitze als das eigentliche Blatt beansprucht wird und es auf möglichst geringes Gewicht ankommt.

Das Gewicht der Keilhauen schwankt in den weiten Grenzen von 0,6—4,0 kg. Bei der Wahl des Gezähes spielt die Gewöhnung der Arbeiter eine große Rolle. Für die Grube im ganzen ist möglichst gleichmäßiges Gezähe mit einheitlichen Formen, Gewichten, Helmbefestigungen und Helmen zu empfehlen. Gewöhnlich findet man auf einer Grube eine

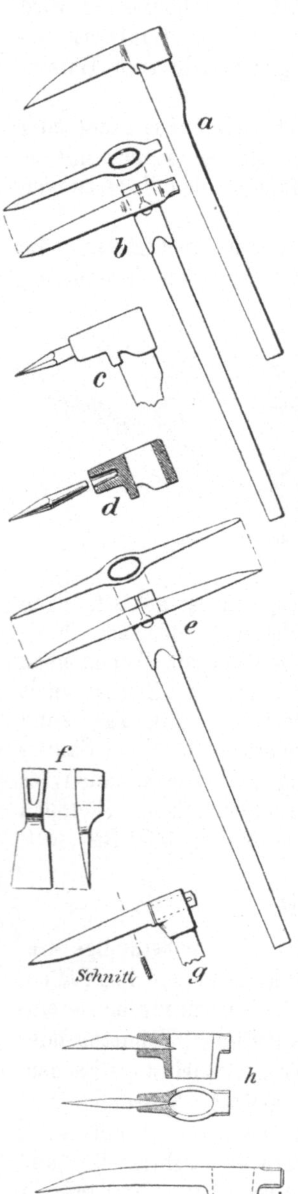

Abb. 139 *a—i*. Keilhauen.

schwere einfache Keilhaue, eine schwere und eine leichte Kreuzhacke und eine leichte Keilhaue mit Einsetzspitzen. Für alle genügen zwei verschiedene Arten von Helmen. Im Ruhrbezirk sind gleichmäßig auf allen Zechen eingeführt: für Arbeit vor der Kohle die Doppelhacke (Abb. 139e), Gewicht etwa 1,25 kg, und für Arbeit vor Gestein die einfache Gesteinshacke (Abb. 139i), Gewicht etwa 2,5 kg. Als einfache Kohlenhacken stehen hauptsächlich sogenannte Pinnhacken nach Abb. 139h in Gebrauch.

Die Schrämeisen (Abb. 140) sind schmale, leichte Keilhauen, bei denen das Blatt rechtwinkelig zu einem Stiele umgebogen ist, in dessen Auge das Helm gesteckt wird. Sie werden auch ganz aus Stahl gefertigt. Die Schrämeisen werden für schmale Schrampacken gern gebraucht. Zu ihrer Ergän-

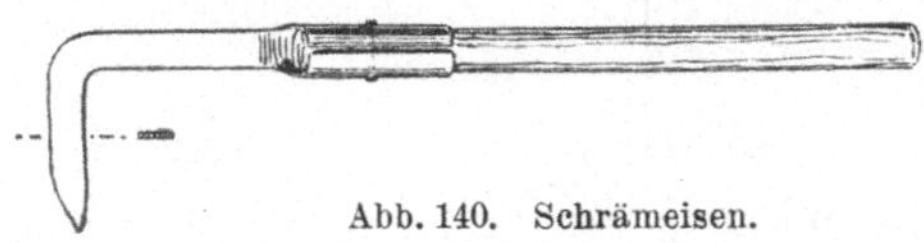

Abb. 140. Schrämeisen.

zung beim „Ausputzen" der Ecken benutzt man Schrämspieße, bei denen der stählerne Stiel und das Blatt geradlinig verlaufen. Die Stange oder der Stiel ist 2—2½ cm stark und 100—160 cm lang.

Für Arbeiten über Tage in milden Gebirgsarten gebraucht man die Breit- oder Rodehaue, die nicht in eine Spitze, sondern in eine quer zum Helme gerichtete Schneide ausläuft (Abb. 139f).

C. Die Hereintreibearbeit.

15. — Allgemeines. Die Hereintreibearbeit bezweckt die Gewinnung von Gesteins- und Kohlenmassen durch Abkeilen oder Abtreiben. In früheren Jahrhunderten, als man die Sprengarbeit noch nicht kannte, war das Hereintreiben mit Schlägel und Eisen, in hartem Gestein unterstützt durch das Feuersetzen, die hauptsächlichste und wichtigste bergmännische Arbeit. An ihre Stelle ist später im wesentlichen die Sprengarbeit und in neuerer Zeit die Arbeit mit Abbauhämmern getreten. Immerhin kommt jene als Hilfsarbeit noch gelegentlich zur Geltung, wenn die Zerklüftung der Gebirgsstöße durch Sprengschüsse vermieden werden soll und Druckluft zum Betriebe von Abbauhämmern nicht vorhanden ist.

16. — Die Arbeit mit Fäustel und Keil. Es ist dies in nahezu unveränderter Gestalt die uralte Arbeit mit Schlägel und Eisen. Der Schlägel trägt jetzt den Namen Fäustel; statt des mittels eines Stieles gehaltenen Eisens bedient man sich eines einfachen Keils.

Man unterscheidet Handfäustel, die einhändig, und Treibfäustel, die zweihändig gebraucht werden[1]). Erstere (Abb. 141) sind 1—3 kg (im Ruhrbezirk 2,5 kg) schwer, letztere (Abb. 141) erhalten ein größeres Gewicht (im Ruhrbezirk 5 kg). Die Handfäustel sind dieselben, wie sie für das schlagende Bohren mit Hand benutzt werden. Der Keil ist entweder ein gewöhnlicher Spitzkeil oder Fimmel (Abb. 143) oder ein Breitkeil (Abb. 144). Letzterer wird besonders bei deutlich ausgeprägten Schlechten im Gestein oder in der Kohle benutzt.

[1]) Vgl. DIN Berg 101, 105, 109—111, 115, 127, 135/136, 137/138.

So unentbehrlich in vielen Fällen die Arbeit mit Fäustel und Keil ist,
so wenig ist sie doch zur Hereingewinnung größerer Massen geeignet, weil

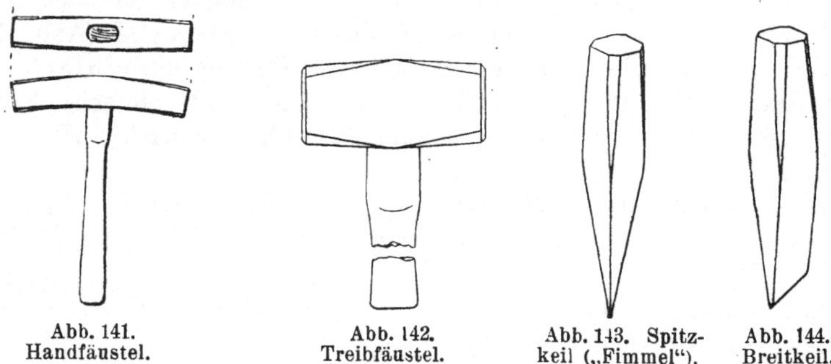

Abb. 141.
Handfäustel.

Abb. 142.
Treibfäustel.

Abb. 143. Spitz-
keil („Fimmel“).

Abb. 144.
Breitkeil.

die Wirkung des Keiles sich immer nur auf verhältnismäßig kleine Gebirgsteile erstreckt und daher die Leistung zu gering ist.

III. Maschinelle Gewinnungsarbeiten.

17. — Vorbemerkung. Die Hereingewinnung mittels Maschinenkraft
steht in erfolgreichem Wettbewerb einerseits mit der Handarbeit und anderseits mit der Sprengarbeit.

Gegenüber der Handarbeit bietet die maschinelle Gewinnung den Vorteil
höherer Leistungen und niedrigerer Gestehungskosten. Diese Vorteile beschränken sich nicht allein auf die Gewinnung selbst; sie üben vielmehr auf
den Betrieb im allgemeinen eine vorteilhafte Rückwirkung aus, insofern sie
eine straffe Zusammenfassung der Abbaue, der Aus- und Vorrichtung, der
Förderung und der Wetterführung gestatten.

Auch die Sprengarbeit ist durch die Entwicklung der maschinellen Gewinnung zurückgedrängt worden. Hier entscheiden zugunsten der Gewinnungsmaschinen insbesondere die höhere Sicherheit gegen Schlagwetter
und Kohlenstaub, vielfach auch größerer Stückkohlenfall, Schonung des Ausbaues
und Gebirges und deshalb Verringerung der Stein- und Kohlenfallgefahr.

Mit Ausnahme Oberschlesiens, wo die Sprengarbeit vorherrscht, werden
in den deutschen Kohlenbergbaugebieten nur wenige Hundertteile der Förderung mit Hilfe der Sprengarbeit hereingewonnen. Ihre Anwendung beschränkt sich in ihnen in erster Linie auf Gesteinsarbeiten aller Art und auf
feste Kohle (einige Flöze der Gasflamm- und Magerkohle im Ruhrgebiet z. B.).
Mit der Einführung ummantelter Sprengstoffe und Schnellzeitzündern nimmt
sie in der Kohle neuerdings wieder etwas zu.

Dagegen hat die maschinelle Gewinnung in Deutschland und in allen anderen
Kohlen-Bergbaugebieten der Welt an Umfang und Bedeutung sehr zugenommen.
In Deutschland, Holland, Belgien, Frankreich steht hierbei der Abbauhammer
durchaus im Vordergrund, während im britischen und nordamerikanischen
Bergbau infolge der dort festeren Kohle die Schrämmaschine meist in Verbindung
mit der Sprengarbeit eine wesentlich größere Rolle spielt. Bei der Beurteilung
des Grades einer Mechanisierung darf nicht vergessen werden, daß der Abbauhammer nur ein maschinell angetriebenes Werkzeug ist und eine großzügige Mechanisierung der Hereingewinnung im Steinkohlenbergbau noch der Lösung harrt.

A. Die Arbeit mit Abbauhämmern.

18. — Bauart im allgemeinen. Äußerlich besteht eine große Ähnlichkeit zwischen den Abbau- und den Bohrhämmern. Während aber diese zwecks Herstellung des runden Bohrlochs auf eine eng begrenzte Arbeitsfläche wirken, hier eine weitgehende Zertrümmerung des Gesteins herbeiführen müssen und deshalb einer Umsetzvorrichtung für das Werkzeug nicht entbehren können, sollen die Abbauhämmer ihre Kraftäußerung auf eine ausgedehnte Fläche verteilen und große Kohlestücke absprengen. Eine Umsetzung des Werkzeugs ist bei ihnen nicht erforderlich. Dafür soll die Schlagarbeit groß und der Arbeitshub lang sein. Aus diesen verschiedenen Rücksichten ergeben sich Unterschiede, die namentlich bei der Steuerung, der Schlagzahl und Schlagstärke in die Erscheinung treten.

Man unterscheidet am Abbauhammer als einzelne Teile den Griff, den Arbeitszylinder mit Schlagkolben und Steuerung und das spitzkeilartige Werkzeug, das Spitzeisen. Der Griff dient zunächst zum Halten und Lenken der Maschine während der Arbeit und pflegt außerdem für den Anschluß des Druckluftschlauches und für die Aufnahme der Luftabstellvorrichtung benutzt zu werden. Als Absperrvorrichtung ist deshalb meist im Griff ein Ventil untergebracht, das durch den Luftdruck selbsttätig gegen seinen Sitz gepreßt wird und dadurch die Druckluft von der Maschine abschließt (Abb. 145).

Arbeitszylinder und Schlagkolben zeichnen sich wegen des Fehlens der Umsetzvorrichtung durch große Einfachheit aus. Die Steuerung soll wegen ihrer großen Wichtigkeit in den folgenden Ziffern ausführlich besprochen werden.

Das arbeitende Werkzeug ist ein Spitzeisen, das vorn in der Art einer spitzen Pyramide[1]) ausläuft (Abb. 146). Das Kopfende ist genau entsprechend den Abmessungen des Zylinderhalses bearbeitet, so daß es annähernd luftdicht in diesen eingeschoben werden kann. Das äußere Ende des Kopfes ragt einige Millimeter in den Zylinderhals hinein und empfängt hier beim Gange der Maschine in ununterbrochener, schneller Folge die Schläge des Arbeitskolbens. Das Werkzeug wird mit dem Zylinder durch eine Haltklappe (Abb. 145 u. 146) verbunden. Die Zahl der Schläge, die der Kolben in einer Minute macht, beträgt 550—1200 und die Arbeit je Schlag 1—3 mkg[2]). Zum Andruck ist eine Kraft von 30—40 kg aufzuwenden.

Das Gewicht der in Abbaubetrieben benutzten Abbauhämmer schwankt zwischen etwa 8 und 14 kg. Der Luftverbrauch beträgt etwa 30—50 m³ stündlich. Für besondere Zwecke, z. B. beim Abteufen von Schächten und für das Aufreißen von Beton und Mauerwerk, verwendet man aber auch mit gutem Erfolge sehr schwere Hämmer (sog. **Aufreißhämmer** oder **Betonbrecher**) mit einem Gewicht bis zu 33 kg. Man kann damit vielfach die Schießarbeit ersetzen.

Bei weicher, lagenreicher Kohle genügen leichte Hämmer bis 10 kg, die auch in dünnen flachgelagerten Flözen bevorzugt werden. Je härter und fester die Kohle ist, um so mehr müssen mittlere (10—12 kg) oder schwere Hämmer (12—14 kg) gewählt werden. Auch bei steiler Lagerung wird vielfach dem

---

[1]) Vgl. DIN Berg 376.
[2]) Gemessen auf dem Einheitsprüfgerät.

schweren Hammer der Vorzug gegeben, da hier das Gewicht infolge der nach unten gerichteten Arbeitsweise den Hauer weniger belastet als in der flachen Lagerung. Insgesamt läßt sich sagen, daß nach einiger Gewöhnung die Bergleute selbst vielfach mit Rücksicht auf den besseren Arbeitserfolg schwerere Hämmer verlangen. Schlagarbeit und PS-Leistung stehen freilich nicht in jedem Falle im richtigen Verhältnis zu dem tatsächlichen Gewichte[1]). Man kann jedem Hauer seinen eigenen Abbauhammer geben oder jedem Arbeitsplatz einen Hammer zur Verfügung stellen. Im ersten Falle sind die Anschaffungskosten größer und die Ausnutzung ungünstiger, dafür wird eine bessere Behandlung und Überwachung gesichert.

19. — Die Steuerung der Drucklufthämmer. Um Wiederholungen zu vermeiden, sei zunächst ein die Steuerungen der Abbauhämmer, der Bohrhämmer und der Druckluft-Stoßbohrmaschinen allgemein behandelnder Abschnitt eingeschoben. Es sind für diese Maschinengattungen zwei im Wesen verschiedene Steuerungsarten möglich: Entweder steuert der Kolben sich selber dadurch um, daß er, je nach seiner Stellung im Zylinder, Luftkanäle öffnet oder schließt, oder es ist ein besonderer Steuerungskörper vorhanden[2]) In keinem Fall ist der Steuerkörper jedoch starr (durch Stangen, Exzenter usw.) mit den übrigen Maschinenteilen verbunden. Eine solche Anordnung wäre den stoßweise auftretenden Beanspruchungen nicht gewachsen. Vielmehr erfolgt der Antrieb des freifliegenden Steuerkörpers stets durch die Druckluft selbst, also kraftschlüssig.

Es ist zwischen Ventilsteuerungen und Schiebersteuerungen zu unterscheiden. Bei den Ventilsteuerungen, auch Flattersteuerungen genannt, geschieht das Öffnen und Schließen der Steuerkanäle nur durch ein kugel-, walzen- oder scheibenförmiges Verschlußstück (Abb. 205). Dieses Verschlußstück wird hin und her geworfen, öffnet und schließt dadurch abwechselnd die Druckluftzufuhr zu den beiden Zylinderseiten. Bei den Schiebersteuerungen, auch Präzisionssteuerungen genannt, besteht das Steuerorgan aus einem vollen Kolbenschieber oder, wie meist bei den Abbauhämmern, aus einem Rohrschieber (Abb. 145). Er gleitet in einer zylindrischen Bohrung hin und her, öffnet und schließt auf diese Weise die Druckluftkanäle. Ventilsteuerungen sind einfacher und empfindlicher gegen Verschmutzung.

Bisher war es üblich, Ventilsteuerungen für schnellschlagende Hämmer mit geringer Schlagleistung und Schiebersteuerungen für langsam schlagende mit hoher Schlagleistung zu verwenden. Diese Regel kann heute zugunsten der Schiebersteuerung, die auch bei Bohrhämmern Eingang gefunden hat, als durchbrochen gelten.

Leerschläge können dadurch entstehen, daß das Einsteckwerkzeug nach vorn herausgeschlagen ist, so daß der Kolben auf den Zylinderhals aufprallt und diesen beschädigt. Früher hat man sie durch besondere Steuereinrichtungen zu vermeiden gesucht. Heute zieht man es meist vor, sie durch Ver-

---

[1]) Glückauf 1927, S. 12; Maercks: Die Mechanik der Abbauhämmer.

[2]) Elster: Die Steuerungen von Abbauhämmern (Dissertation, Technische Hochschule Aachen) 1925; — ferner Glückauf 1924. S. 683 und ebenda 1925, S. 8; Grahn: Abbauhämmer.

dichtung von Luft unschädlich zu machen („Kompressionshämmer"). Zu diesem Zweck ist der schließend durch die vordere Zylinderabschlußbohrung gehende Kolbenzapfen besonders lang ausgebildet. Infolgedessen kann sich im Zylinderende ein Ringraum bilden, in dem sich die Luft verdichtet und somit ein hartes Aufschlagen verhütet.

20. — Der Hammerrückstoß. Das langjährige Arbeiten mit Drucklufthämmern kann infolge des Rückstoßes, der bei jedem Einzelschlag auftritt, bei dafür veranlagten Personen und bei Benutzung rückstoßstarker Hämmer zu körperlichen Schädigungen führen. Gefährdet sind vor allem Hand-, Ellbogen- und Schultergelenk des rechten Armes. Zur Vermeidung solcher Gesundheitsschädigungen ist es notwendig, die Rückstoßursachen genau zu kennen. Nach neuesten Forschungen unterscheidet man folgende drei Arten:

Der Rückstoß A ensteht als Reaktion des Arbeitsdruckes im Zylinder. Während der Kolben nach vorn beschleunigt wird, wirkt eine gleich große Kraft auf den Zylinderabschluß an der Griffseite, durch die der Hammer nach rückwärts bewegt wird. Diese Bewegung läßt sich mit dem Rückstoß eines Geschützes vergleichen. Der danach infolge der von der Hand ausgeübten Andruckkraft wieder vorlaufende Hammer wird in seiner Vorwärtsbewegung plötzlich durch das Auflaufen auf den Werkzeugbund gebremst. Dabei entsteht der Rückstoß B. Durch den Schlag wird schließlich das Werkzeug in der Weise elastisch verformt, daß es wie eine Feder zusammengedrückt wird. Unmittelbar darauf folgt die Rückfederung. Dabei erzeugt das Werkzeug den Rückstoß C, indem es mit dem Bund auf die vordere Hammerstirnfläche schlägt. Die Rückstöße A und B können z. B. durch Wahl kleiner Kolbendurchmesser und durch richtige Arbeitsweise der Steuerung gemildert werden. Für die Größe des Rückstoßes C scheint dagegen das Massenverhältnis zwischen Kolben und Spitzeisen (oder Bohrer beim Bohrhammer) entscheidend zu sein.

21. — Ausführungsbeispiel für Abbauhämmer. Anwendung. Abb. 145 zeigt den Schnitt durch einen Abbauhammer der Firma Hauhinco K. G., Essen. a stellt den Zylinder dar, b den Arbeitskolben. Zum Einsetzen des Spitzeisens c wird der Hakenfederring d durch Hochheben gelöst, die Haltekappe e abgeschraubt und nach Einsetzen des Spitzeisens wieder fest aufgedreht, worauf der Hakenfederring in eine Rast einspringt. Der Steuerschieber f läßt die Druckluft abwechselnd vor oder hinter dem Kolben in den Zylinder eintreten. Wird der Drücker g von Hand betätigt, so wird die Anlaßnadel h bewegt, dadurch das Einlaßventil i geöffnet, und der Hammer springt an. In der Stellung des oberen Bildes tritt die Frischluft durch die Bohrungen k und l hinter den Kolben und treibt diesen nach links. Zugleich wird der Steuerschieber f durch den Druck der Frischluft auf die Flächen m_1 und m_2 in seiner Stellung gehalten. Die Abluft vor dem Kolben strömt über die Bohrung n und Kanal n_1 sowie über die Bohrung o, Kanal o_1, Ringräume p_1 und p_2 und wiederum Kanal n_1 ins Freie. Bei der Bewegung des Kolbens wird Bohrung n zunächst verschlossen, um dann nach Überfliegen der Bohrung wieder geöffnet zu werden, wodurch der Raum hinter dem Kolben entlastet wird. Durch die Entlastung der Flächen m_1 und m_2 steuert die durch die Bohrung q auf die Steuerfläche r gelangende Druckluft den Steuerschieber f in die rechte Endlage (s. Abb. 145). Jetzt tritt die Frischluft durch q, Ringraum p_3 und Kanal s vor den Kolben und treibt ihn zurück. Die Abluft kann nach dem Abschluß der Auspuffbohrung n noch durch die Bohrung t, den Kanal t_1 und den Ringraum u oder p_1 nach n auspuffen. Sobald aber die Bohrungen t überflogen sind, wird im hinteren Zylinderraum die Luft zusammengepreßt. Der hierbei entstehende Druck bewirkt, daß der Steuerschieber f entgegen der Kolbenbewegung in die Stellung des oberen Bildes gedrückt wird. Das Spiel beginnt von neuem. Zur Rückstoßminderung ist für ein teilweises Entweichen der beim Rückhub im Zylinder sich zusammenpressenden Luft Sorge getragen. Zu diesem Zwecke ist der vor dem Griffboden befindliche Raum durch einen Luftkanal mit der Außenluft verbunden. Am

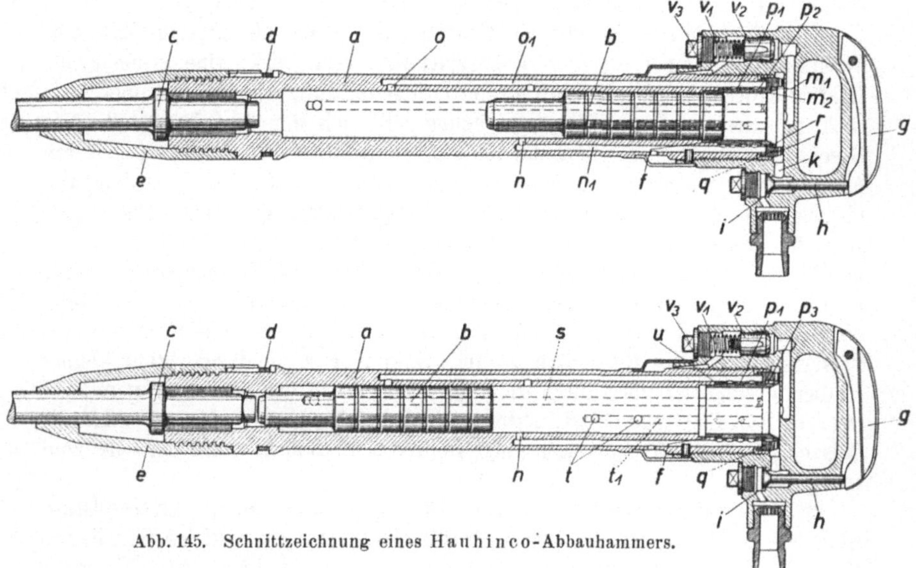

Abb. 145. Schnittzeichnung eines Hauhinco-Abbauhammers.

Ende dieses Kanals sitzt ein Federventil (v_1 Feder, v_2 Kegel, v_3 Stopfen dieses Ventils), das für jede Druckhöhe einstellbar ist.

Abb. 146 zeigt einen Abbauhammer der Firma Frölich & Klüpfel, Wuppertal, und seine einzelnen Teile als Ansicht.

Die Abbauhämmer werden in den meisten Fällen unmittelbar zur Hereingewinnung benutzt, zuweilen auch zum Schrämen und zu der darauf folgenden Hereingewinnung oder zur Zerkleinerung des Haufwerks.

Bei der unmittelbaren Hereingewinnung der Kohle hat man die besten Erfolge in einer von Schlechten und Ablösungen durchsetzten Kohle. In ganz weicher, mulmiger Kohle wird der Keilhauenbetrieb und in harter, zäher Kohle die maschinelle Schräm- oder die Schießarbeit den Vorzug verdienen. Man arbeitet mit den Abbauhämmern so, daß man das Werkzeug auf der Ablösung ansetzt und die Kohle nach der freien Seite hin gleichsam abschält, wobei die Vorgabe der Treibkraft des Spitzeisens angemessen bleiben muß. Die Gewinnung wird weiter durch etwaige glatte Schichtflächen am Hangenden und Liegenden sehr begünstigt. Bei steiler Lagerung arbeitet man am besten von oben nach unten, da dann das Gewicht des Hammers unmittelbar auf das Werkzeug drückt und der Arbeiter weniger angestrengt wird. Das gleiche gilt für die Gewinnung der Unterbank eines flach gelagerten Flözes von größerer Mächtigkeit.

Beim Schrämen richtet man den Abbauhammer spitzwinklig gegen den Arbeitsstoß und führt ihn daran entlang, indem man Stücke aus der Schrämschicht absprengt. Eine bestimmte Regel für die Ausführung der Arbeit läßt sich aber nicht aufstellen, da die örtlichen Verhältnisse den Ausschlag geben. Häufig begnügt man sich mit einem nur 20—30 cm tiefen Schram, bisweilen gelingt es aber auch, den Schram bis auf 1 m Tiefe einzuarbeiten. In jedem Falle wird durch das Schrämen die darauffolgende Hereingewinnung der Kohle wesentlich erleichtert.

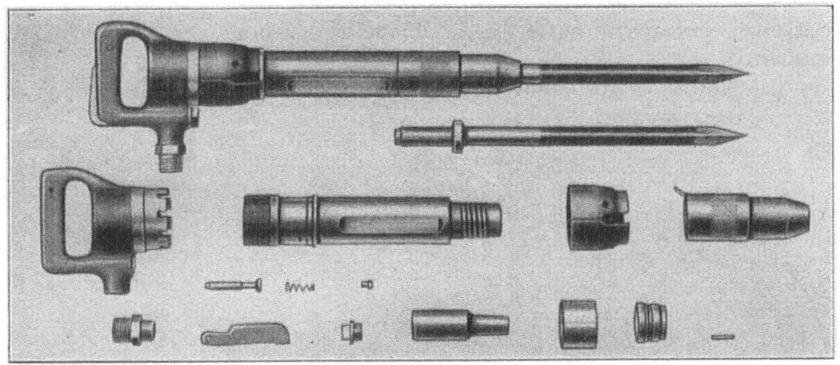

Abb. 146. Abbauhammer der Firma Frölich & Klüpfel.

Oben Gesamtansicht und folgende Einzelteile: Spitzeisen, Griff, Zylinder, Auspuffschelle. Keilkappe, Einlaßventil, Einlaßventilfeder, Sicherungsstift, Siebträger, Drücker, Verschlußstopfen, Kolben, Steuergehäuse, Rohrschieber, Drückerstift.

Bei solcher Arbeitsweise bewähren sich Abbauhämmer namentlich in dünnen Flözen mit Bergemitteln oder Nachfallpacken im Hangenden, in denen die Schießarbeit die Kohle stark verunreinigt. Mittels der Abbauhämmer können Kohle und Bergemittel für sich gewonnen werden; das Hangende wird durch Vermeidung der Schießarbeit weniger beunruhigt, so daß der Nachfallpacken nicht hereinbricht, sondern angebaut werden kann.

In Verbindung mit der maschinellen Schrämarbeit werden Abbauhämmer häufig benutzt, wenn die Kohle in mächtigen Lagen und Bänken abbricht. Alsdann werden die allzu großen Kohlenblöcke durch die Hämmer in handliche Stücke zerkleinert.

Außer zur Kohlengewinnung braucht man Abbauhämmer gern zu verschiedenen Nebenarbeiten, wie z. B. zum Nachreißen des Nebengesteins, Herstellen der Bühnlöcher, Durchschneiden der Holzstempel beim Rauben im Strebbruchbau u. dgl. Insbesondere leisten Abbauhämmer in Strecken gute Dienste, wo nicht geschossen werden darf, z. B. wenn wichtige Kabel oder Rohrleitungen nicht verletzt werden sollen oder eine Zerklüftung des Gesteins, die auch mit der vorsichtigsten Sprengarbeit verbunden ist, vermieden werden muß. Auch beim Schachtabteufen, insbesondere in Gefrierschächten, wendet man Abbauhämmer mit großem Nutzen an.

22.—Verbreitung, Leistungen, Kosten. Die Abbauhämmer haben eine überraschend schnelle Verbreitung gefunden. Die Zahl der im Ruhrbezirk in Betrieb befindlichen Hämmer betrug 1913 nur 217, sie stieg bis August 1924 auf 23088, bis Ende 1927 auf 64400 und bis Ende 1938 auf 76100. Davon entfielen 645000 auf Hämmer von 8 kg Gesicht und darüber.

Die Jahresleistung eines im Abbau eingesetzten Hammers hat im Jahre 1938 im Ruhrbezirk durchschnittlich 2400 t betragen; die tägliche Leistung war 8 t, in einzelnen Fällen wurden 10 t und darüber erreicht. Insgesamt sind 1938 rund 90%.der Förderung des Ruhrbezirks, 63% der Förderung des Saargebiets, 75% der Förderung Niederschlesiens und Sachsens und 99% der Förderung des Aachener Gebiets allein mit Abbauhämmern gewonnen worden, während in West-Oberschlesien, wo die Schießarbeit neben den Säulenschrämmaschinen vorherrscht, nur 3,4% der Förderung allein auf den Abbauhammer entfielen[1]).

Die jährlichen Kosten des Abbauhammerbetriebes können etwa wie folgt veranschlagt werden:

Tilgung und Verzinsung, 28 % des Anschaffungspreises . 25— 30 RM.
Luftverbrauch (40 m³/h) bei 2,5 stündiger Luftverbrauchsdauer und 0,25 Rpf. je m³ angesaugter Luft. . .   75 „
Ölverbrauch . . . .   3 „
Instandhaltung . . . . 15— 30 „
Spitzeisen je Stück zu 4 RM. . . . . 10— 20 „
Schläuche . . . . 20— 30 „
Summe: 148—188 RM.

Die Belastung einer t Kohle beträgt hiernach durchschnittlich etwa 7 Rpf.

23. — Der elektrische Abbauhammer. Als Hilfswerkzeug für die Gewinnung ist von den **Siemens-Schuckert-Werken** ein elektrisches Schlaggerät ausgebildet worden. Das Gerät wird mit gutem Erfolg in Brauneisenerz- und Salzgruben zur Zerkleinerung der anfallenden Stücke und für Nachreißarbeiten benutzt. Der Verwendung als Abbauhammer für reine Gewinnungsarbeiten steht zur Zeit noch das große Gewicht entgegen.

B. Die maschinelle Schrämarbeit.

24. — Allgemeines. Der Abbaustoß bietet in der Regel nur eine freie Fläche, an der die Hereingewinnung ansetzen kann. Die Herstellung eines Schramschlitzes verfolgt den Zweck, eine zweite freie Fläche zu schaffen. Die hierzu verwandten Maschinen heißen Schrämmaschinen, wenn sie einen Schram parallel zum Hangenden oder Liegenden herstellen und Kerb- oder Schlitzmaschinen, wenn der Schram mehr oder weniger senkrecht zum Liegenden verläuft. Die Schaffung einer solchen zusätzlichen freien Fläche erleichtert die Hereingewinnung selbst, die mit dem Abbauhammer oder durch Sprengarbeit erfolgen kann, ja zuweilen bewirkt die Schwerkraft schon eine Loslösung der

---

[1]) Zeitschr. f. d. Berg-, Hütten- u. Sal.-wesen i. Deutschen Reich 1939, S. St. 4.

unterschrämten Massen aus ihrem Verbande, so daß dann nur eine Zerkleinerung notwendig ist. Außerdem erhöht sie in der Regel den Grobkohlenanfall, schont durch Verminderung der Schießarbeit das Hangende und trägt schließlich dazu bei, eine feste Arbeitsfolge zu erzwingen. Die Schrämarbeit hat also die Aufgabe, die Hereingewinnung zu erleichtern und vorzubereiten; sie ist eine Zurichtungsarbeit. Sie kann im Abbau und im Streckenvortrieb angewandt werden.

25. — Die Schrämarbeit im Abbau. Wenn auch im deutschen Steinkohlenbergbau der Schrämarbeit nicht die große Bedeutung zukommt wie in der festeren Kohle des britischen Bergbaus, so ist doch auch bei uns der Schrämmaschine eine größere Verbreitung zu wünschen, als es z. Z. der Fall ist. So kann z. B. für den Ruhrbergbau angenommen werden, daß ihr Einsatz bei r. 12% der Förderung empfehlenswert ist[1]), während sie bei nur etwa 7% tatsächlich angewandt wird.

Das Schrämen kommt in erster Linie für Flöze bis zu etwa 2,5 m Mächtigkeit in Betracht. Bei noch mächtigeren Flözen genügt die freie Stoßfläche in der Regel, um die Gewinnung ausreichend zu begünstigen. Anderseits erschwert eine solche Flözmächtigkeit die Schrämarbeit, weil die niedergehenden Kohlenmassen leicht die Schrämmaschine unter sich begraben und die Mannschaft gefährden.

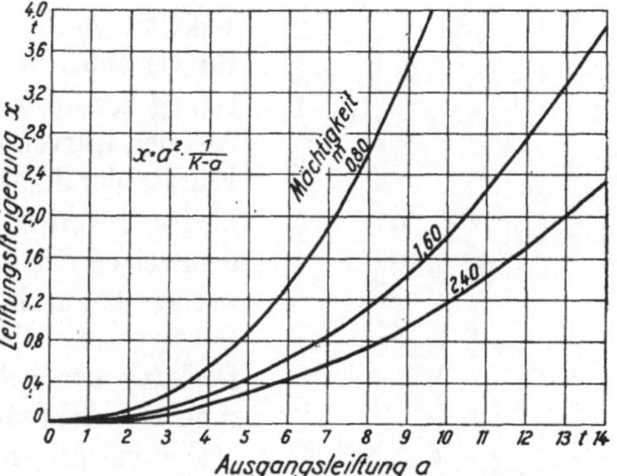

Abb. 147. Schrämkosten und Leistungssteigerung bei verschiedenen Flözmächtigkeiten.

Auch das Flözeinfallen spielt eine Rolle. Am günstigsten ist flaches Einfallen bis etwa 25° und 35°. Bei steilerem Einfallen vergrößern sich die Kohlenfallgefahr und die Schwierigkeit, die schwere Maschine im Abbau auf und ab zu bewegen. Aber auch dann ist ihre Verwendung möglich.

Von Bedeutung ist jeweils die Lage des Schrams. Wenn keine besonderen Gründe dagegen sprechen, legt man ihn an das Liegende. Häufig wird auch ein weiches Bergemittel dafür ausgewählt, was den Vorteil hat, daß das Bergemittel getrennt ausgehalten werden kann, und der sonst unvermeidbare Kleinkohlenanfall bei der Herstellung des Schrams nicht entsteht. Eine höhere Lage des Schrams ist auch deswegen vorteilhaft, weil alsdann das Wegschaufeln des Schramkleins hinter der Maschine entfällt. Sie ist allerdings unmöglich, wenn die Kohle am Liegenden angebrannt ist. Man wird dann den Schram so tief als möglich legen. Zuweilen hat es sich auch als günstig erwiesen, einen Packen im unmittelbaren Liegenden des Flözes auszuschrämen.

Da die Schrämarbeit zusätzliche Kosten verursacht, rechtfertigt sich ihre Anwendung nur dann, wenn diese Kosten durch eine Erhöhung der Leistung je Mann und Schicht zum mindesten wieder ausgeglichen werden. Diese

---

[1]) Glückauf 1941, S. 1; W. Vogel: Ermittlung der Wirtschaftlichkeitsgrenzen für den Einsatz von Schrämmaschinen; ferner Glückauf 1941, S. 8; G. Wilde: Der Einsatz von Schrämmaschinen.

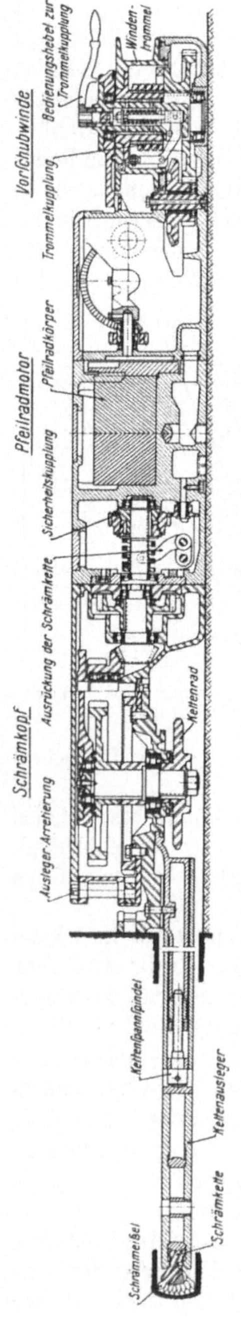

Abb. 148. Schnittzeichnung einer Kettenschrämmaschine von Eickhoff.

Beziehung läßt sich nach Vorschlag von Schlieper und Menke[1]) durch die Formel

$$x = a^2 \cdot \frac{1}{k-a}$$

ausdrücken. In ihr bedeutet x die notwendige Leistungssteigerung in Tonnen, a die Leistung mit den im anderen Fall angewandten Gewinnungsmitteln in Tonnen, während $k = l/s$ ist, wobei l die Arbeitskosten je Schicht in RM. und s die Schrämkosten je Tonne in RM. bezeichnen.

In Abb. 147 ist diese Beziehung für Flözmächtigkeiten von 0,8 m, 1,6 m und 2,4 m schaubildlich für verschiedene Werte von a und unter Zugrundelegung der Kosten der Zeche Brassert dargestellt. Aus den Kurven geht deutlich hervor, daß sich der Einsatz der Schrämmaschine desto mehr lohnt, je niedriger vorher die Leistung gewesen ist. Außerdem zeigen sie, daß ein Erfolg desto eher erwartet werden kann, je größer die Flözmächtigkeit ist. Beträgt z. B. die bisherige Leistung 6 t, so ist zur Deckung der Schrämkosten eine Leistungssteigerung von mehr als 1,3 t notwendig, während in den beiden mächtigeren Flözen schon Steigerungen um 0,6 und 0,4 t genügen. Diese wichtige Abhängigkeit erklärt sich durch die Tatsache, daß bei größerer Flözmächtigkeit je Quadratmeter Schramfläche mehr Kohlen anfallen und damit die Schramkosten je Tonne zurückgehen. Anderseits darf nicht vergessen werden, daß in dünnen Flözen häufiger eine geringe Ausgangsleistung anzutreffen ist als in Flözen größerer Mächtigkeit.

26. — Die Schrämmaschinenarten. Die heute gebräuchlichen Schrämmaschinen arbeiten entweder schneidend (fräsend oder hobelnd), stoßend oder bohrend. Die schneidend wirkenden sind im Abbau als sogenannte Großschrämmaschinen am verbreitetsten. Unter ihnen sind in der Reihenfolge ihrer Wichtigkeit Ketten-, Stangen- und Radschrämmaschinen zu unterscheiden, je nachdem die Schneidwerkzeuge — die Schrämpicken — auf einer um einen Ausleger laufenden Kette, auf einer sich drehenden Stange oder auf dem Umfang eines Rades angeordnet sind. Da das Rad sich leicht in der Kohle festsetzt, wird die Radschrämmaschine in Deutschland gar nicht mehr und in anderen

---

[1]) Glückauf 1933, S. 985; K. Schlieper und J. Menke: Selbstkosten und Wirtschaftlichkeit der maschinenmäßigen Schrämarbeit im Ruhrbergbau.

Kohlenländern in ständig abnehmender Zahl verwandt. Sie sei daher nicht näher behandelt.

27. — Allgemeines über den Bau der Schrämmaschinen. Jede Schrämmaschine besteht aus einem Antriebsmotor, einem Schrämkopf, in dessen Innern die Getriebe zur Übertragung der Drehbewegung des Motors auf Kette oder Stange enthalten sind, aus dem Windwerk und schließlich aus dem Schrämwerkzeug selbst, dem Ausleger mit Kette oder der Schrämstange (Abbildungen 148 u. 149). Abb. 150 zeigt eine Kettenschrämmaschine mit den verschiedenen Betätigungsgriffen.

Abb. 149. Mit Druckluft angetriebene Kettenschrämmaschine von Eickhoff.

28. — Der Schrämmaschinenmotor kann durch Druckluft oder elektrischen Strom angetrieben werden. Als Druckluftmotor hat sich durchweg der Pfeilradmotor mit 40—50 PS Leistung und 800—1200 m³ a. L. Luftverbrauch eingeführt. Die Umsteuerung wird dadurch erreicht, daß man entweder die eine oder die andere Pfeilradwelle — beide laufen in entgegengesetzter Richtung — mit dem Triebwerk kuppelt. Als Elektromotor kommt nur ein für Steinkohlen-

Abb. 150. Kettenschrämmaschine mit umgedrehtem Schrämkopf.

A Schrämkopf mit Kettenschutzhaube für Oberschrämen, *B* Kettenausleger, *C* Pfeilradmotor, *D* Schrämkettenausrückung und -umsteuerung, *E* Handgriff zur Regelung des Schrämvorschubes, *F* Hebel zur Schnellfahrt, *G* Trommelkupplung zum Seilabziehen, *H* Luftanschluß

gruben schlagwettergeschützter Kurzschlußläufer (Drehstromasynchronmotor) in Betracht. Da ein Elektromotor kurzzeitig überlastbar ist, braucht er nicht wie der Pfeilradmotor für eine Höchstbeanspruchung, wie sie beim Durchschrämen von Schwefelkieseinlagen oder härteren Bergepacken eintritt, bemessen zu sein, so daß den 40 und 50 PS-Pfeilradmotoren Elektromotoren von 22 und 30 kWDB entsprechen. Die Elektromotoren besitzen zugleich den Vorzug gleichmäßiger von der Belastung unabhängiger Drehzahl und daher mehr oder weniger gleichmäßiger Schnittgeschwindigkeit. Diese Tatsache hat zur Folge, daß Elektroschrämmaschinen den mit Druckluft betriebenen in weicher Kohle unterlegen sein können, in harter Kohle dagegen eine höhere Schrämleistung aufweisen. Zugleich ist ihre Lebensdauer größer, da ihre Beanspruchung eine regelmäßigere ist.

29. — Der Schrämkopf. An den in der Mitte gelegenen Motor schließt sich nach der einen Seite der Schrämkopf an. In ihm sind das Übersetzungsgetriebe für den Antrieb des Schrämwerkzeugs (Kette oder Stange), der Schwenkeinrichtung sowie zur Verlagerung des Schwenkstückes enthalten. Die Bauart ist selbstsperrend, so daß das Schrämwerkzeug in keinem Falle frei ausschlagen und den Menschen gefährden kann. Meist ist zugleich die Möglichkeit geschaffen, mittels Knarre oder Schlüssel das Schrämwerkzeug von Hand zu schwenken. Wichtig ist, daß sich die maschinelle Schwenkvorrichtung in den Endlagen selbsttätig ausrückt, um ein Zuweitschwenken und damit verbundene Störungen zu vermeiden. Schließlich sei erwähnt, daß eine in das Schwenkgetriebe eingebaute Rutschkupplung gegen Überlastungen schützt und ein Festfahren der Maschine verhindert.

Abgesehen vom Beginn und Ende des Schrämens macht man von der Möglichkeit des Ein- und Ausschwenkens beim Meißelauswechseln gern Gebrauch und, wenn sich Störungen am Kohlenstoß einstellen, die im regelmäßigen Schrämbetrieb nicht überwunden werden können. Man bricht dann den Schram vor der Störung ab und setzt ihn dahinter von neuem an.

Meist kann der Schrämkopf um 180° gedreht werden, um vom „Unterschrämen" zum „Oberschrämen" übergehen, also in einer höheren Lage den Schram herstellen zu können. Will man den Schram noch höher legen, so stellt man die Maschine auf ein entsprechend hohes stählernes Untergestell.

30. — Das Windwerk. An der dem Schrämkopf entgegengesetzten Seite des Motors liegt das Windwerk. Von der Motorwelle angetrieben dient es dazu, die Schrämmaschine am Stoß entlang zu ziehen. Es geschieht dieses während des Schrämens zumeist ruckweise mittels Treibklinke und Klinkrad, und zwar kann die Vorschubgeschwindigkeit meist in 4 Stufen von 12—60 m/h eingestellt werden. Hierbei kann mit einfachem oder doppeltem Schrämseil gefahren werden. Benutzt man, wie meist üblich, einfaches Schrämseil, so wird das Seil mit Hilfe eines Kettenhakens an einem Stempel befestigt (Abb. 153), und es läuft über die an der Stoßseite der Maschine befindliche Eckrolle mit senkrecht zur Flözsohle stehender Achse auf die Seiltrommel des Windwerks auf. Bei doppeltem Schrämseil dagegen wird das auf die Windentrommel aufzuwickelnde Seil über eine an einem Stempel befestigte lose Rolle geleitet und von hier wieder zur Schrämmaschine zurückgeführt. Dieses hat zur Folge, daß, um einen bestimmten Weg zurückzulegen, die doppelte Seillänge aufgewickelt werden muß. Da die Trommel meist nur 50 m Seil aufnehmen kann, muß in diesem Falle die Zugrolle verlegt werden, sobald die Schrämmaschine einen Weg von 25 m gemacht hat. Bei der Leerfahrt abwärts dagegen zieht sich die Maschine in der Regel an dem einfach gespannten Seil herab, so daß die Zugrolle erst nach je 50 m Weg verlegt werden muß. Auch wird bei der Leerfahrt das Klinkwerk abgestellt und die Windentrommel unmittelbar von der Welle durch einen Kettentrieb angetrieben. Die Geschwindigkeit beträgt hierbei bis zu 15 m/min.

31. — Kettenschrämmaschinen. Sie sind durch das aus einer Kette bestehende Schrämwerkzeug gekennzeichnet. Um ein Durchhängen zu verhindern und einen starken Anpressungsdruck gegen die Kohle zu erzielen, liegt sie in einer Gleitbahn des Kettenauslegers auf. Dieser ist im Schrämkopf verschiebbar angeordnet, um die Kette spannen und lösen zu können. Die gebräuchlichste Länge sieht eine Schramtiefe von 1600 mm vor, jedoch sind schon Maschinen für 3500 mm Schramtiefe gebaut worden.

Die Schrämkette besteht aus den Pickenhaltern und den gelenkig daran befestigten Verbindungslaschen. Bei den Pickenhaltern sind die Haltelöcher

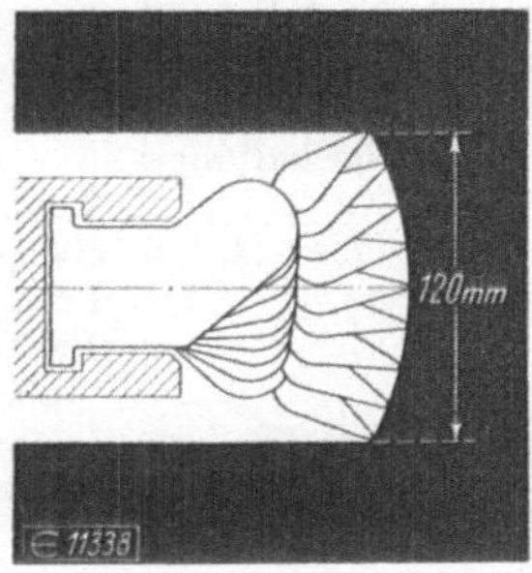
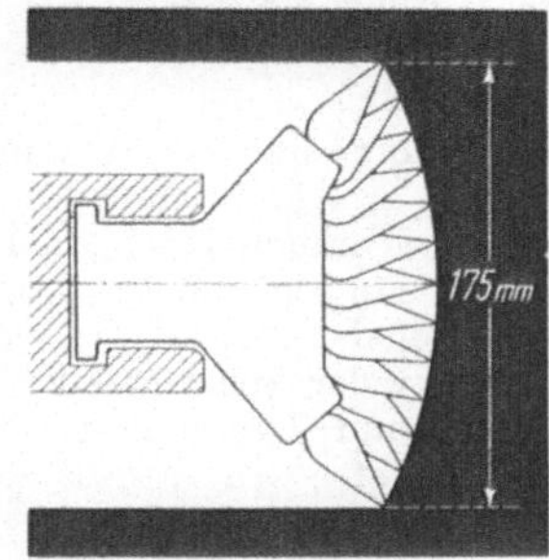

Abb. 151. Meißelstellungen für normale und große Schramdicke.

so versetzt, daß sich die Picken über die Schramhöhe verteilen. Meist genügen 9 Reihen, bei zäher Kohle braucht man 11 Reihen (Abb. 151). Bei nicht druckhaftem Gebirge und ebenem Liegenden genügt eine Schramdicke von 120 mm, bei druckhaftem Gebirge und welligem Liegenden ist dagegen ein Schram von 175 mm vorzuziehen. Die Schrämkette muß immer so laufen, daß die schneidenden Picken aus dem Schram heraustreten, weil hierbei die Maschine gegen den Stoß gezogen wird. Beim Schrämen am linken Stoß muß also die Kette in umgekehrter Richtung als beim Schrämen am rechten Stoß laufen, und die Pickenrichtung muß umgekehrt sein. Die Picken werden durch Schrauben in den Haltern befestigt. Ihre Anzahl schwankt zwischen 25 und 40.

Von großer Bedeutung für den Erfolg des Schrämmaschinenbetriebs sind Form und Werkstoff der Picken. Die Schnittgeschwindigkeit der Picke in der Kohle ist groß und beträgt unabhängig von der Härte der Kohle durchschnittlich 2 m/s. Wenn die Kohle hart ist oder Einlagerungen von Schwefelkies führt, wird ein schneller Verschleiß die unerwünschte Folge sein. Am besten haben sich mit Widiametallstiften besetzte Picken bewährt (Abb. 152), die eine wesentlich größere Lebensdauer als mit Stellit besetzte Picken aufweisen, die ihrerseits den gewöhnlichen Stahlpicken überlegen sind[1]). Auf Zeche Brassert konnten z. B. bis zum völligen Verschleiß eines Satzes von 24 Widiameißeln 7916 m² geschrämt werden im Vergleich zu 1423 m² bei Stellit- und 756 m² bei Wolframstahlmeißeln. Hierbei beliefen sich die gesamten Meißelkosten einschließlich Aufarbeitung bei Widia auf

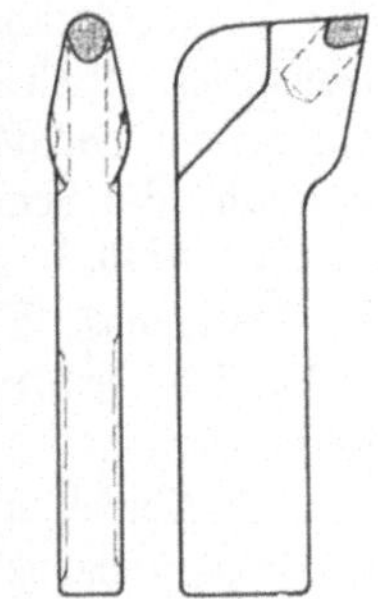

Abb. 152. Widia-Picken für Kettenschrämmaschinen.

---

[1]) Glückauf 1932, S. 337; Menke: Versuche und Erfahrungen mit Widia-Schrämmeißeln.

RM. 3,40/100 m², bei Stellit auf RM. 7,47, bei Wolframstahl auf RM. 5,36. Außerdem sind noch die mittelbaren Vorteile, wie Verminderung der Laufzeit, Verringerung der Betriebsunterbrechungen, durch Meißelwechsel, Schonung der Maschine in Betracht zu ziehen.

Die Kosten einer Kettenschrämmaschine sind je nach der Härte der Kohle und der Ausnützung der Maschine verschieden. Sie betragen bei Druckluftantrieb im Mittel jährlich etwa 8300 RM. oder täglich 27 RM. und setzen sich wie folgt zusammen:

```
Abschreibung  und  Verzinsung  23%  des  Anschaffungs-
    preises . . . . . . . . . . . . . . . . . . . . . . 2000,— RM.
Druckluftverbrauch bei 3,5 h Luftverbrauchsdauer täglich 3000,—   „
Instandhaltungskosten . . . . . . . . . . . . . . . 1200,—   „
Schrämmeißel . . . . . . . . . . . . . . . . . . . 1500,—   „
Aufarbeiten der Schrämmeißel . . . . . . . . . .  150,—   „
Schläuche und Kupplungen . . . . . . . . . . . .  250,—   „
Schmiermittel . . . . . . . . . . . . . . . . . .  200,—   „
                                                 ─────────
                                                 8300,— RM.
```

Je m² Schram betragen die Kosten infolgedessen 15—30 Rpf.

Bei elektrischem Antrieb vermindern sich die Kraftkosten von RM. 3000,— auf RM. 400,—, während die Kosten für Abschreibung und Verzinsung eine Erhöhung von RM. 2000,— auf RM. 2400,— erfahren.

32. — Der Kettenschrämmaschinenbetrieb[1]). Durch das Schrämen wird ein neuer Arbeitsvorgang in den Betriebsablauf eingeschaltet. Ehe alle Beteiligten sich an ihn gewöhnt und ihn zu beherrschen gelernt haben, vergehen mindestens mehrere Wochen. Sehr wichtig ist eine gute Überwachung und Pflege der Maschine selbst. Sorgfältig sollte auch insbesondere bei niedriger Lage des Schrams auf eine genügende Entfernung des Schrämkleins hinter der Maschine geachtet werden. Neuerdings wird zu diesem Zwecke ein besonderer, maschinell angetriebener Schrämkleinräumer an der Maschine angebracht. Nur dann kann die Kette das Schramklein aus dem Schlitz restlos entfernen, was wieder eine Voraussetzung für eine leichte Hereingewinnung der Kohle in der Ladeschicht ist. Auch wird auf diese Weise ein weiteres Zermahlen des Schrämkleins mit seinen nachteiligen Auswirkungen, zu denen auch eine gefährliche Erwärmung des Schrämkleins zu rechnen ist, vermieden.

Die Abförderung des Schrämkleins geschieht am besten schon während des Schrämens. Um dies erfolgreich durchführen zu können, muß das Abbaufördermittel arbeitsfähig und in gutem Zustande von der Vorschicht hinterlassen werden.

Die Meißel müssen gleichmäßig weit aus den Meißelhaltern herausragen. Verlorengegangene Meißel sind sofort zu ersetzen, gebrochene Laschen müssen von den Schrämhauern selbst ausgewechselt werden können. Weiterhin ist darauf zu achten, daß die Kettenspannung richtig eingestellt ist, da eine zu straff gespannte Kette reißt, eine zu lockere ausschlägt. Klemmungen des Auslegers sind nicht immer ganz zu vermeiden. Sie sind durch Umsteuerung

---

[1]) Glückauf 1934, S. 799; A. Haarmann: Erzielung hoher Schrämleistungen mit Kettenschrämmaschinen; — ferner Glückauf 1936, S. 153, Bornitz: Planung, Anlage und Betrieb von Schrämstreben im Zwickauer Steinkohlenbergbau.

und, erst wenn diese Maßnahme nicht zum Ziel führt, durch Hängseilgeben zu beseitigen. Grundsätzlich soll mit großem Vorschub gefahren werden, damit eine gute Leistung erzielt, aber auch möglichst grobes Schrämklein erzeugt wird. Nur bei Flözstörungen ist der Vorschub auf die Hälfte herabzusetzen, um Überlastungen des Kettenarmes zu vermeiden. Bei Beendigung der Schrämarbeit empfiehlt es sich, den Kettenarm aus der Kohle auszuschwenken, die gebrauchten Meißel auszubauen und die Kette sofort auf ihren Zustand zu überprüfen, um Fehler sofort beseitigen zu können.

Der Schrämarm muß zur Maschine selbst in einem Winkel von 85° oder höchstens 90° stehen (Abb. 153). Diese Lage ist die Voraussetzung dafür, daß sich die Maschine von selbst in den Kohlenstoß hineinzieht. Tut sie dieses trotzdem nicht, so ist die Ursache meist in einer ungenügenden Entfernung des Schrämkleins zu suchen, oder es fehlen Meißel oder sie sind stumpf oder abgebrochen. Als Leistung je Schrämmaschine und Schicht müssen bei 1,50 m Schramtiefe 100—200 m Stoßlänge angestrebt und erreicht werden. Unter besonders günstigen Verhältnissen läßt sie sich auf über 200 m steigern. Zur Bedienung sind meist 2 Mann ausreichend, von denen der eine der Maschinenführer ist, während der andere Nebenarbeiten verrichtet. Von diesen sind vor allem zu erwähnen: Wegnehmen der Stempel vor der Maschine, erneutes Schlagen der Stempel hinter der Maschine und Wegschaufeln des Schramkleins.

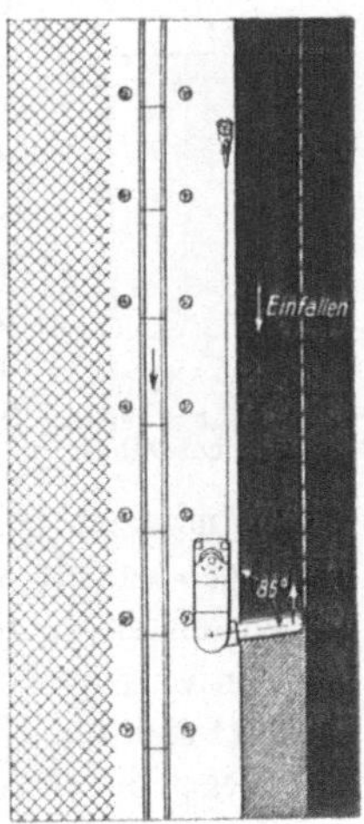

Abb. 153. Kettenschrämmaschine im Abbau.

33. — Stangenschrämmaschinen. Die Maschine ist in Aufbau und Anordnung der Kettenschrämmaschine ähnlich; nur das aus einer Stange bestehende Schrämwerkzeug und seine Wirkungsweise sind wesentlich verschieden. Die aus bestem Stahl gefertigte Schrämstange trägt einen oder mehrere Gewindegänge (Abb. 154) und ist, dem Gewinde folgend, mit Fräsern (Schrämpicken) besetzt. Ihre Zahl beträgt 80—140. Das Gewinde und die schneckenförmige Anordnung der Picken bewirken, daß die beim Schrämen entstehende Feinkohle wenigstens teilweise schon während der Arbeit aus dem Schram geschraubt wird. Die Schräm-

Abb. 154. Mit Picken besetzte Schrämstange.

stange macht außer ihren Umdrehungen bei der Arbeit noch in ihrer Längsrichtung eine hin- und hergehende Bewegung mit einem etwas größeren Ausschlag, als die Entfernung zwischen zwei Picken beträgt. Hierdurch wird erreicht, daß in dem Schram keine Rippen stehenbleiben, und daß bei Bruch einer Picke deren Arbeit von den Nachbarpicken zum Teil mit geleistet werden kann.

Die Picken bestehen aus einem konischen Schaft und einer Schneidspitze, wofür sich auch hier das Widiametall eingeführt hat, das in Form 10 mm starker Rundstifte in die Schneide eingesetzt wird (Abb. 155).

Die Schrämstange arbeitet in der Regel am besten „untergängig‘‘, d. h. so, daß die Picken sich von unten nach oben in die Kohle einschneiden. Hierbei erfährt die Stange und die ganze Schrämmaschine einen Druck nach unten, der von der auf der Sohle liegenden Maschine leicht aufgenommen wird.

34. — Vor- und Nachteile der Stangen- und der Kettenschrämmaschine. Die Stangenschrämmaschine hat den Vorteil, daß das Schrämwerkzeug infolge seiner geringen Breite bei druckhafter Kohle nicht festgeklemmt

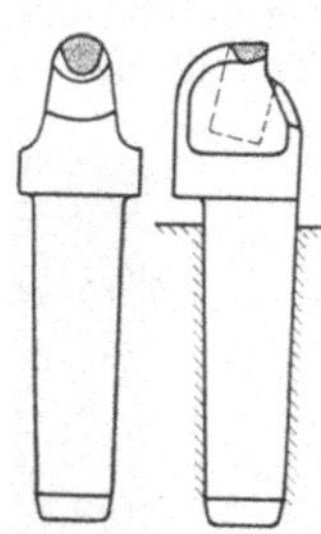

Abb. 155. Widia-Picken für Stangenschrämmaschinen.

wird, sondern sich stets wieder freiarbeitet. Auch kann die Stange leichter in der Höhenlage verstellt werden, wovon bei den Schrämlademaschinen von Eick hoff (Abbildungen 166 u. 168) Gebrauch gemacht wird. Bei welligem oder buckligem Liegenden oder kleinen Störungen folgt die Stange leichter dem wechselnden Flözverhalten. Im übrigen liegen die Vorteile auf seiten der Kette: Der Schram ist niedriger, demzufolge fällt weniger Feinkohle an. Die Picken reißen mehr, anstatt zu mahlen, so daß ein gröberes Schramklein als durch die Stange entsteht. Dieses wird außerdem schneller aus dem Schram befördert. Die Kette zieht die Maschine gegen den Stoß, wodurch der Ausbau geschont wird, auch ist die Vorschubgeschwindigkeit höher, wodurch überhaupt erst die neueren hohen Schrämleistungen erzielt werden konnten. Die Picken können, ohne den Ausleger ausschwenken zu müssen, jederzeit nachgesehen und ausgewechselt werden. Die Kette zeigt keine Neigung zum Klettern. Insbesondere in harter Kohle bewährt sich die Kette besser und leistet mehr.

Wegen dieser Vorzüge wird bei Neubeschaffungen jetzt durchweg den Kettenmaschinen der Vorzug gegeben, um so mehr, als man gelernt hat, die durch die im Vergleich zur Stange breitere Form des Auslegers verursachten Nachteile bei umsichtiger Arbeit zu vermeiden[1]).

C. Das Schrämen und Kerben im Streckenvortrieb und das Kerben im Abbau.

Neben den Großschrämmaschinen ging eine Entwicklung von Schräm- und Kerbmaschinen kleinerer Bauart für Sonderaufgaben einher. Solche Sonderaufgaben stellte die steile Lagerung, der Vortrieb von Abbaustrecken und Aufhauen sowie der Wunsch, die Kerbarbeit im Abbau zu mechanisieren.

Hierzu gehören der Kohlenschneider, stoßend wirkende Säulenschrämmaschinen, Freihandschlitzmaschinen (Kohlensägen), Säulenschrämmaschinen, Einbruchkerbmaschinen sowie vereinigte Schräm- und Kerbmaschinen und Kleinschrämmaschinen. Von diesen spielen heute nur diejenigen eine Rolle, bei denen das Schräm- oder Kerbwerkzeug aus einer mit Schrämpicken besetzten Schrämkette besteht, während die mit Schrämpicken oder einer Schrämkrone besetzte Schrämstange sowie das empfindliche Sägeblatt mehr und mehr in den Hintergrund getreten sind.

---

[1]) Glückauf 1929, S. 1261; M a e v e r t: Stangen- und Kettenschrämmaschinen im Steinkohlenbergbau.

35. — Die Einbruchkerbmaschinen. Die Einbruchkerbmaschinen bezwecken die Herstellung senkrechter Kerben im Abbaustoß. Ihrer Anwendung ist nach unten hin bei 70 cm, nach oben hin bei 2,50 m Flözmächtigkeit eine Grenze gesetzt. Sie bestehen aus drei Hauptteilen: dem Kerbwerkzeug, dem Führungsrahmen und dem Fahrwerk (Abb. 156).

Das Kerbwerkzeug setzt sich aus der um einen Ausleger laufenden Schrämkette zusammen, die durch einen 10 bis 15 PS-Pfeilradmotor angetrieben wird. Die Schrämkette ist je nach der zwischen 1,50 und 2 m betragenden Kerbtiefe mit 30—40 Widiameißeln besetzt. Sie werden durch eine Druckschraube gehalten, die in eine Vertiefung des Meißels eingreift, auch kann eine bajonettartige Befestigung gewählt werden.

Ausleger und Motor sind in einem Führungsrahmen waagerecht verschiebbar. Das vordere Querstück dieses Rahmens ist als Druckluftstempel zum Feststellen der Maschine bei der Arbeit ausgebildet. Er kann auch höhenverstellbar eingerichtet werden.

Das Ganze ist auf einem Raupenfahrwerk um eine senkrechte Achse drehbar verlagert, das durch einen umsteuerbaren Zahnradmotor von 5 PS angetrieben wird. Bei der üblichen Ausführung ist das Fahren der Maschine bis etwa 20⁰ Einfallen möglich. Für stärkeres Einfallen bis etwa 30⁰ wird an das Raupenfahrwerk ein kleines Hilfswindwerk angefügt. Für noch stärkeres Einfallen sind Sonderausführungen vorgesehen.

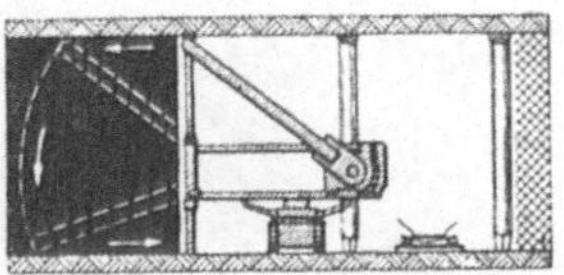

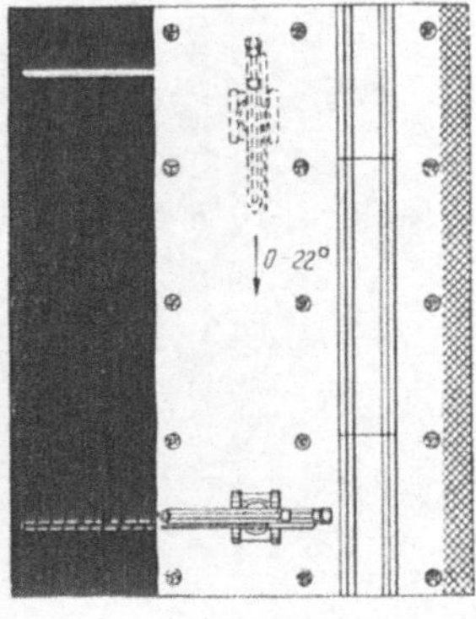

Abb. 156. Einbruchkerbmaschine von Eickhoff.

Der Betrieb einer Einbruchkerbmaschine kostet bei guter Ausnutzung jährlich etwa 3800 RM. oder täglich 13 RM. Die Zusammensetzung der Kosten erläutert nachstehende Zahlentafel:

Abschreibung und Verzinsung 28⁰/₀ des Preises	1200,— RM.
Druckluftkosten	1000,— ,,
Instandhaltung	600,— ,,
Schrämmeißel nebst Schärfen	800,— ,,
Schläuche	100,— ,,
Schmiermittel	100,— ,,
	3800,— RM.

36. — Die Schräm- und Kerbmaschinen. Sie ermöglichen nicht nur ein senkrechtes Kerben, sondern ein Kerben und Schrämen in jeder Richtung. Daher werden sie in erster Linie beim Vortrieb von Strecken und Aufhauen in flacher und steiler Lagerung benutzt. Die Maschine besteht aus einem Räder- oder Raupenfahrwerk, dem Führungsrahmen und dem Schrämwerkzeug (Abb. 157). Der Führungsrahmen ist jedoch nicht unmittelbar auf dem Fahrwerk angebracht, sondern an einem Doppelsäulenständer zwischen 0,40 und 1,20 m über der Sohle höhenverstellbar angebracht.

Eine Konus- (Korfmann) oder Zylinderlagerung (Eickhoff) mit Schwenkgetriebe erlaubt ferner eine beliebige Drehung des Führungsrahmens und damit auch des Schrämarms, so daß unter jedem Winkel gekerbt oder geschrämt werden kann.

Zum Antrieb der Schrämkette, die mit 2—2,5 m/s Geschwindigkeit umläuft, dient ein Pfeilradmotor von 15 PS oder ein Kurzschlußmotor von 10 kW. Länge und Art des Auslegers sowie der Schrämkette sind ähnlich wie bei der gewöhnlichen Einbruchkerbmaschine. Die Herstellung eines Schrams von 1,80 m Tiefe dauert einschließlich Auf- und Abrüsten der Maschine bis 45 Minuten, von denen 15—20 Minuten auf das Schrämen selbst entfallen.

Abb. 157. Schräm- und Kerbmaschine von Eickhoff.

Die Abbildungen 158 und 159 zeigen die Maschine bei der Herstellung eines Kerbes und eines Schrames beim Abbaustreckenbetrieb.

Eine Neuerung hat bei beiden Maschinengattungen der Schrämarm erfahren. Eickhoff gibt ihm neuerdings eine breitere Umkehr. Hierdurch wird erreicht, daß sich die Schneidgeschwindigkeit an der Meißelspitze bei der Umkehr weniger stark erhöht als dieses bei gleicher Breite des Schrämarms der Fall ist. Infolgedessen braucht der Schrämarm bei gleicher Meißelzahl nur 38 mm tief in den Stoß eingefahren zu sein, um stets einen Meißel im Eingriff zu haben. Ein wesentlich ruhigeres

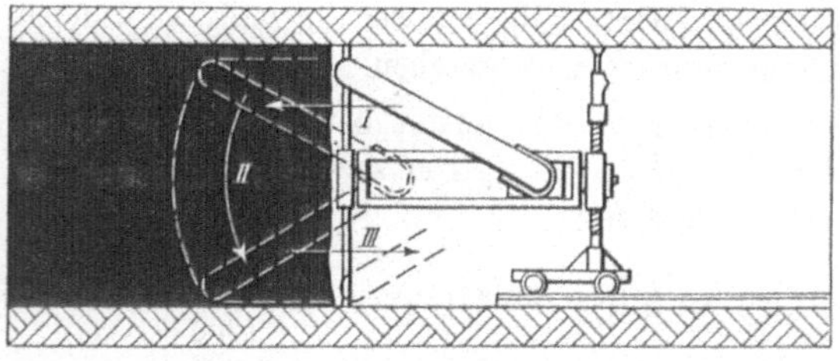

Abb. 158. Schräm- und Kerbmaschine bei der Herstellung eines Kerbes in einer Abbaustrecke.

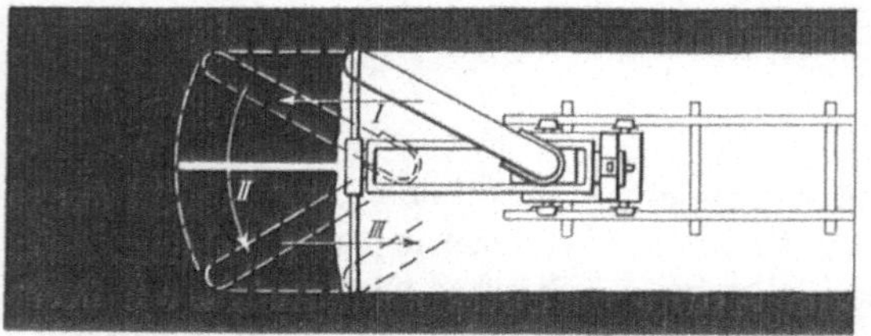

Abb. 159. Schräm- und Kerbmaschine bei der Herstellung eines Schrames in einer Abbaustrecke.

und stoßfreieres Einfahren des Schrämarms wird dadurch erzielt.

Eine weitere Neuerung liegt in der Einführung des sogenannten ziehenden Schnitts, wobei die Meißel die aus der Abb. 160 ersichtliche Form erhalten.

Eine Schräm- und Schlitzmaschine verursacht im Durchschnitt Kosten in ähnlicher Höhe wie die Einbruchkerbmaschine.

37. — Die Kleinschrämmaschine. Neuerdings hat die Firma **Eickhoff** eine Kleinschrämmaschine entwickelt, die vom Bau der anderen Schrämmaschinen wesentlich abweicht. Auf einem Schlitten ist der Schrämmotor aufgesetzt, der den abnehmbaren Schrämarm mit Kette trägt (Abb. 161). Zum Antrieb dient ein umsteuerbarer 15 PS-Pfeilradmotor oder ein Kurzschlußläufer. Über zwei Vorgelege überträgt der Motor die Leistung auf die Kettenradwelle. An dieser befindet sich eine Rutschkupplung, so daß Getriebe und Schrämkette vor Überbeanspruchungen geschützt sind. Der Schrämarm wird in einer Länge von 1,80—2,20 m geliefert, so daß Schramtiefen bis 2 m erreichbar sind. Ist

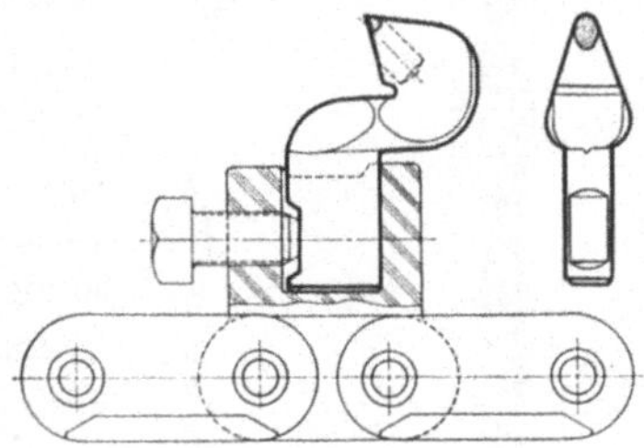

Abb. 160. Schrämmeißel für ziehenden Schnitt.

die Maschine regelrecht in den Schlitten eingesetzt, liegt der Schram 20 cm, bei umgekehrter Stellung der Maschine rund 50 cm über der Sohle. Ein an die Maschine angebautes Windwerk ist nicht vorgesehen, vielmehr wird die Maschine bei Bedarf an eine Handwinde angeschlossen. Beim Schrämen vor Ort befestigt man sie mit Hilfe zweier Rundstähle. Diese werden durch in der unteren Schlittenkufe befindliche Öffnungen in kurze in die Sohle gebohrte Löcher gesteckt. Die Maschine kann infolgedessen leicht auch bei steilerem Einfallen benutzt werden. Ihr Preis beträgt bei einer Schramtiefe von 1,8 m 3150 RM.

Die Kleinschrämmaschine findet beim Vortrieb gewöhnlicher Strecken und Aufhauen, bei Aufhauen und Streckenvortrieben mit breitem Stoß sowie im Abbau mit kurzem Abbaustoß Verwendung [1]). Beim

Abb. 161. Kleinschrämmaschine von **Eickhoff.**

Vortrieb gewöhnlicher Strecken und Aufhauen nimmt die Herstellung eines Schrams einschließlich Auf- und Abrüstens der Maschine 25—30 Minuten in Anspruch, das Schrämen selbst 8—10 Minuten. Diese Zeiten sind noch geringer als bei den Schräm- und Schlitzmaschinen, so daß eine entsprechende Steigerung der Vortriebsleistung zu erwarten ist.

Abb. 162 zeigt den Einsatz der Maschine beim Breitauffahren einer Abbaustrecke.

38. — Die stoßend wirkenden Säulenschrämmaschinen. Diese Schrämmaschinen (Abb. 163) sind in Bauart und Arbeitsweise den Stoßbohrmaschinen

---

[1]) Einzelheiten über die Anwendung vgl. **Eickhoff**-Mitteilungen 1939, Heft 8/9.

ähnlich: In einem Zylinder wird ein Kolben hin- und hergeschleudert, dessen Stange eine Schrämkrone aufgesetzt ist; die Schrämstange wird nach jedem Stoß umgesetzt, und der Arbeitszylinder erfährt entsprechend dem Tieferwerden des Schrams einen Vorschub. Zum Teil werden sogar die gleichen Maschinen für Schrämen und Bohren benutzt. Die Wirkung wird nur dadurch wesentlich anders, daß die Maschine beim Schrämen um eine fest aufgestellte Säule hin und her geschwenkt wird. Infolgedessen entsteht nicht ein rundes Loch, sondern ein Schram von 4—5 m Breite und 2 m Tiefe. Seine Herstellung erfordert einschließlich Auf- und Abrüstens der Maschine 2—2$^1/_2$ Stunden.

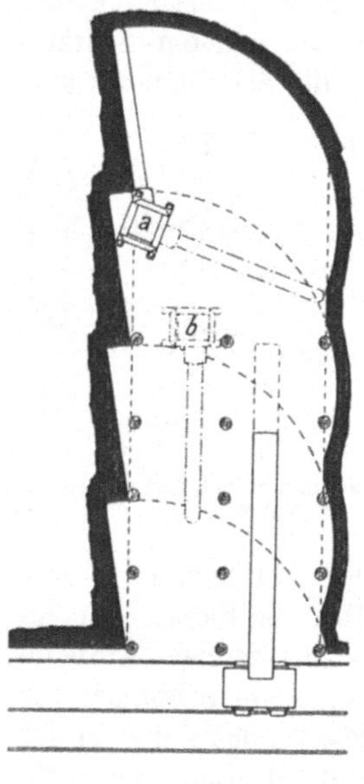

Abb. 162. Kleinschrämmaschine in einem Aufhauen.
a Stellung der Maschine während des Schrämens, *b* Maschine in Ruhestellung.

Die Schrämkronen haben drei bis sieben Schneiden. Die dreischneidigen zerkleinern die Kohle am wenigsten, klemmen sich aber leichter fest, so daß für zähe und mit Schwefelkies durchwachsene Kohle vielspitzige oder Kreuzkronen vorzuziehen sind.

Die Art der Verbindung der einzelnen Teile ermöglicht es, den Schram in jeder Höhe unter beliebigem Winkel herzustellen. Es muß nur der Führungssektor stets parallel dem auszuführenden Schram an der Bohrsäule befestigt werden. Zum Aufstellen und Abrüsten der Schrämeinrichtung sind zwei bis drei Mann erforderlich. Das Schrämen selbst wird jedoch nur von einem Manne be-

Abb. 163. Säulenschrämmaschine. Ausführungsform der Demag.

sorgt. Die anderen können während dieser Zeit die Schußlöcher herstellen und haben ab und zu das Schramklein mit einer Krücke oder einer langstieligen Schaufel aus dem Schram zu entfernen.

Im westdeutschen Steinkohlenbergbau werden diese Maschinen kaum noch angewandt. Sie sind durch die Einbruchkerb- sowie durch die Schräm- und Schlitzmaschinen verdrängt worden. Eine größere Verbreitung haben sie noch in Oberschlesien, wo sie in Streckenvortrieben und Pfeilerdurchhieben zur Herstellung eines Schrams in mittlerer Höhe des Ortsstoßes eingesetzt werden und hier bei einer Belegung auf 3 Dritteln einen täglichen Vortrieb von 5—6 m ermöglichen, der neuerdings jedoch nicht mehr befriedigt und durch Anwendung der Schräm- und Schlitzmaschine sowie der Kleinschrämmaschine wesentlich übertroffen wird. Ihr Preis beträgt je nach Größe 700—900 RM.

39. — Das Kerben im Abbau. Beim Einsatz einer Kerbmaschine im Abbau müssen ähnliche wirtschaftliche Überlegungen angestellt werden, wie sie unter Ziffer 25 für die Großschrämmaschinen erörtert worden sind. Die Kosten der Maschine sowie ihrer Bedienung müssen durch eine Steigerung der Hackenleistung einen Ausgleich finden. Auch eine Verbesserung des Sortenanfalls ist in Betracht zu ziehen sowie die Tatsache, bei schlechtem Hangenden bei Vorhandensein eines Kerbs einen wesentlich schmaleren Einbruch herstellen zu können als dieses mit dem Abbauhammer allein möglich ist. Die Steinfallgefahr wird also vermindert.

Als weiterer Vorteil des maschinellen Kerbens ist eine gleichmäßigere Beschickung des Abbaufördermittels zu nennen, da die schwere und zeitraubende Herstellung des Einkerbens mit dem Abbauhammer fortfällt und daher sogleich mit der eigentlichen Hereingewinnung begonnen werden kann.

Die Grenzen, die durch Mächtigkeit und Einfallen der Anwendung von Kerbmaschinen gesteckt sind, wurden schon erwähnt. Die Beschaffenheit des Hangenden ist bedeutungslos, und von nur geringem Einfluß ist die Art des Liegenden. Von der Mächtigkeit und Härte des Bergemittels und dem davon abhängigen Pickenverschleiß hängt es ab, ob sich dessen Durchkerbung lohnt oder nicht, ob Ober- und Unterbank getrennt oder nur eine von beiden gekerbt werden soll. Hinsichtlich des Ausbaus sollte die Bedingung erfüllt sein, daß die Feldbreite mehr als 1,20 m beträgt.

Von Bedeutung ist auch der Verlauf der Schlechten zum Kohlenstoß sowie ihr Einfallen. Liegen Schlechten und Kohlenstoß parallel zueinander und wird mit „übergesteckten Lagen" gearbeitet, so ist die Auswirkung des maschinellen Kerbens hinsichtlich einer Nutzbarmachung des Gebirgsdrucks geringer, als wenn die Schlechten mit dem Abbaustoß einen spitzen Winkel bilden. Wird, was zu empfehlen ist, 8—16 Stunden vor Beginn der Kohlenschicht gekerbt, so haben sich dann meist die Kerben ganz oder zum Teil wieder geschlossen, die Schlechten haben sich gelöst, Drucklagen sind gebildet worden, der Gang der Kohle hat sich wesentlich gebessert. Verlaufen die Schlechten senkrecht zum Kohlenstoß, so findet diese Lockerung der Kohle meist nur in der vorderen Hälfte des Feldes statt. Es empfiehlt sich in solchen Fällen, die Kerbtiefe größer zu wählen als die Feldbreite.

Dem Schlechtenverlauf kann man sich mit der Schrägkerbmaschine von Eickhoff weitgehend anpassen. Diese schneidet einen flach schräg vom Hangenden zum Liegenden reichenden Kerb, wodurch mehr Schlechten und Lagen durchschnitten werden als beim senkrechten Kerben (Abb. 164). Die Maschine hat ein Windwerk zum Entlangfahren am Stoß und einen samt dem Schramarm schräg einstellbaren Schrämkopf (Abb. 165).

Der Abstand der Kerben voneinander wird meist zu 3—6 m gewählt. Häufig brauchen sie sich nicht gleichmäßig über den Kohlenstoß zu verteilen, vielmehr kann es genügen, nur nach Bedarf an harten Stellen Kerben einzubringen. Unter gewöhnlichen Verhältnissen können mit einer Maschine 20—40 Kerben je Schicht hergestellt werden. Eine möglichst gute Ausnutzung der eingesetzten Maschinen ist bei der Bemessung der flachen Bauhöhe zu berücksichtigen.

40. — Das Kerben und Schrämen beim Streckenvortrieb. Beim Vortrieb von Abbaustrecken, Aufhauen u. dgl. sind vor dem Einsatz von Kerb- und Schrämmaschinen vielfach ähnliche wirtschaftliche Erwägungen maßgebend wie im Abbau.

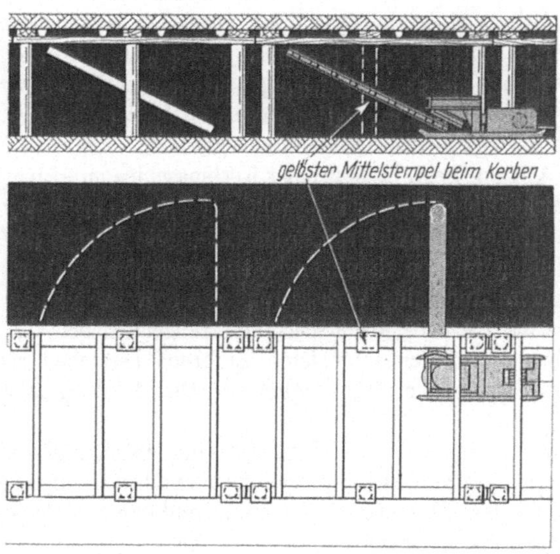

Abb. 164. Schema des Schrägkerbens im Streb.

Anderseits wird häufig nicht in erster Linie eine Kostenverminderung des Vortriebs angestrebt, sondern eine Beschleunigung, so daß die Zeitersparnis bei

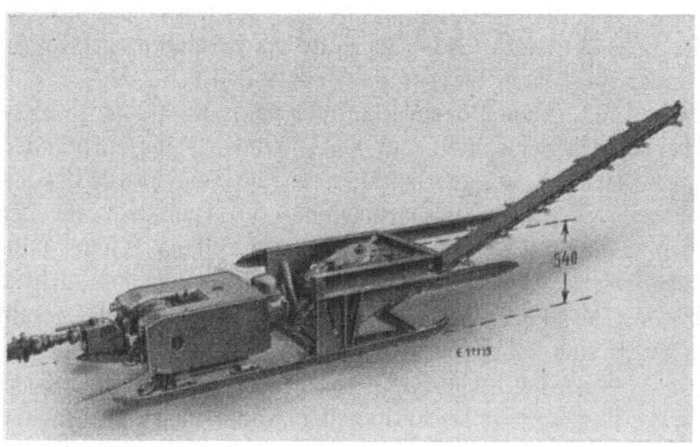
Abb. 165. Schrägkerbmaschine.

Durchführung der Hereingewinnung ausschlaggebend sein kann, und diese wird um so größer sein, je härter und fester die Kohle ist. Nach ihr richtet sich auch Zahl und Lage der Kerbe. Meist wird ein Kerb oder Schram genügen, wobei der Kerb je nach dem Verlauf der Schlechten und dem Flözeinfallen auf der Seite des Ortsstoßes herzustellen ist, nach der hin die Schlechtenwirkung am günstigsten ist. Anderseits muß auch beachtet werden, daß mehrere Kerbe unter Umständen sich dadurch schädlich auswirken können, daß sie die Spannung, unter der die Kohle im Stoß ansteht, vernichten, wodurch die Hereingewinnung erschwert statt erleichtert wird.

Nachteilig ist die geringe Ausnutzung dieser Maschinen im Streckenvortrieb. Nach Möglichkeit sollte daher angestrebt werden, die gleiche Maschine in zwei oder mehr benachbarten Vortrieben zu benutzen, eine Forderung, die allerdings besondere Ansprüche an die Arbeitseinteilung stellt.

Wichtig ist in jedem einzelnen Fall die Entscheidung, ob ein Kerb oder ein Schram oder beides zusammen hergestellt werden sollen. In Oberschlesien wird z. B. nur geschrämt. Je größer die Anzahl der Schlechten ist, die von dem Kerb oder Schram durchschnitten wird, um so besser ist es. Außerdem spielt es eine Rolle, ob die Kohle stärker zwischen Hangendem und Liegendem oder den seitlichen Stößen eingeklemmt ist. Im ersteren Fall wird sich ein Schram, im letzteren ein Kerb mehr empfehlen. Der Verlauf der Schlechten ist auch maßgebend dafür, ob der Stoß einen rechten oder stumpfen Winkel mit der Streckenachse zu bilden hat.

Auch die Großschrämmaschinen lassen sich zum Schrämen im Streckenvortrieb verwenden. Es geschieht dieses jedoch angesichts der Entwicklung der Schräm- und Kerbmaschinen sowie der Kleinschrämmaschine immer seltener.

D. Kohlengewinnungs- und Lademaschinen.

41. — Vorbemerkung. Wenn man Schrämmaschinen, Kerb- und Schlitzmaschinen als Gewinnungsmaschinen bezeichnet, so ist die Bezeichnung nur in dem Sinne richtig, als sie bei der Hereingewinnung gebraucht werden, indem sie diese vorbereiten, zurichten und erleichtern. Sie selbst muß dann in der Regel noch durch Schießarbeit oder durch den Abbauhammer erfolgen. Aber auch der Abbauhammer kann infolge seiner geringen Leistungsfähigkeit und Kleinheit nicht als Gewinnungsmaschine angesprochen werden, sondern nur als mechanisierte Hacke, also als Werkzeug. Um daher die bisherige Teilmechanisierung der Hereingewinnung durch eine Vollmechanisierung zu ersetzen, ist es notwendig, eine Maschine zu entwickeln, die die Kohle ladefertig aus dem Abbaustoß herauslöst. Wie Zeitstudien, mit denen man die Tätigkeit des Hauers in der flachen Lagerung des Ruhrbergbaus untersuchte[1], ergeben haben, entfallen aber im Durchschnitt von dem nutzbaren Zeitaufwand des Hauers nur 35% auf die Hereingewinnung, das Lösen der Kohle, dagegen rund 46% auf die Ladearbeit und rund 19% auf das Einbringen des Ausbaus. Für die Erzielung einer Leistungssteigerung muß also die Mechanisierung auch der Ladearbeit als besonders bedeutungsvoll angesehen werden.

Aus der Erkenntnis dieser Sachlage werden seit 1939 im Ruhrbergbau Versuche mit Kohlengewinnungs- und Lademaschinen angestellt. Sie sind im üblichen Strebbau eingesetzt, jedoch bei schwebendem Verhieb. Sie sollen mit Ausnahme des Ausbaus die Tätigkeit des Hauers am Kohlenstoß mechanisieren, und zwar mit dem Ziel, die menschliche Arbeit zu erleichtern und eine Steigerung der Leistung herbeizuführen.

---

[1] Glückauf 1941, S. 1; W. Vogel: Ermittlung der Wirtschaftlichkeitsgrenzen für den Einsatz von Schrämmaschinen mit Hilfe von Arbeitszeitstudien.

42. — Grundsätzliche Möglichkeiten der Mechanisierung der Gewinnung und Verladung. Die Gewinnung der Kohle erscheint grundsätzlich möglich: 1. durch Zerschneiden allein, 2. durch Zerschneiden und Zerschlagen, 3. durch Zerschlagen allein, 4. durch Zerschneiden und Abdrücken.

Das Zerschneiden kann durch Anwendung mehrerer Schrämausleger erfolgen, die Kettenschrämarme oder ein Kettenschrämarm und eine Schrämstange sein können. Oder es erfolgt durch eine Schrämmaschine, die mit einer Kerbmaschine zusammenarbeitet. Auch erscheint es möglich, einen Schrämkettenausleger zu schaffen, der an seinem Ende nach oben umgebogen ist, also einen Schram und Kerb zu gleicher Zeit herstellt.

Ein Zerschlagen der Kohle setzt die Erzeugung starker Schlagkräfte voraus. Abbauhämmer, und sei es auch eine zu einer Einheit verbundene Vielzahl von Abbauhämmern, sind hierzu offenbar nicht in der Lage. Dagegen hat sich ein starker 500—600 mkg je Schlag entwickelnder Rammkeil als brauchbar erwiesen. Ein solches Herauslösen der Kohle aus ihrem Verbande durch Schlag ist entweder allein für sich oder bei schon unterschrämtem Kohlenstoß, also in Verbindung mit Zerschneiden, anwendbar.

Der Hereingewinnung durch Zerschneiden und Abdrücken vorzunehmen, liegt der Gedanke zugrunde, in geneigten oder senkrechten Kerben hydraulische Abdrückvorrichtungen anzuwenden. Er ist über Vorversuche noch nicht hinausgekommen.

Bei der Mechanisierung der Verladung der hereingewonnenen Kohle muß auf das Fördermittel Rücksicht genommen werden. Solange es noch kein Abbaufördermittel gibt, das, hinter der Gewinnungs- und Lademaschine angeordnet, im Rhythmus ihres Vortriebs verlängert werden kann, handelt es sich darum, die Kohle dem seitlich vom hereinzugewinnenden Stoß verlegten Abbaufördermittel zuzuführen. Es muß also eine Querförderung der Kohle auf eine Erstreckung von 2—3 m erfolgen. Dieser Fördervorgang kann u. a. von folgenden Vorrichtungen bewältigt werden: 1. von einseitig eingeführten Kratzförderern (Abb. 168), 2. durch einen Schubförderer (Abb. 169), 3. durch eine Pflugschar (Abb. 167), 4. durch ein Matten-, Platten- oder Gummiband. Die Anwendbarkeit dieser Mittel hängt wesentlich von der Art des Abbaufördermittels sowie davon ab, ob es im Gewinnungsfeld liegt oder in einem besonderen Förderfeld. Ist letzteres der Fall, so muß die Kohle durch die das Gewinnungs- und Förderfeld trennende Stempelreihe hindurchgefördert werden. Das einzige bisher bekannte Fördermittel, das zusammen mit der Gewinnungs- und Lademaschine im Gewinnungsfeld verlegt werden kann, ist das Unterband, das unter der Schrämmaschine hergeführt wird. In Verbindung mit einem solchen Unterband hat sich bisher insbesondere der Querkratzförderer (Abb. 166) sowie die Pflugschar (Abb. 167) bewährt. Auf ein im angrenzenden Förderfeld liegendes Abbaufördermittel, das am zweckmäßigsten ein niedriges Band ist, vermag der Schubförderer (Abb. 169) zu arbeiten. Das gleiche Ziel kann auch durch eine Verbindung von drei Fördermitteln, einem Querkratzband, einem auf die Ladehöhe einer Schüttelrutsche aufwärts führendes Längsband und ein Querband erreicht werden. Hierauf wird bei der nachfolgenden Beschreibung der Gewinnungs- und Lademaschinen näher eingegangen.

43. — Bauarten von Kohlengewinnungs- und -lademaschinen [1]**).**
Die Rheinpreußen-Maschine, so genannt, weil sie in Verbindung mit der
Firma Gebr. Eickhoff auf dem Steinkohlenbergwerk Rheinpreußen ent-

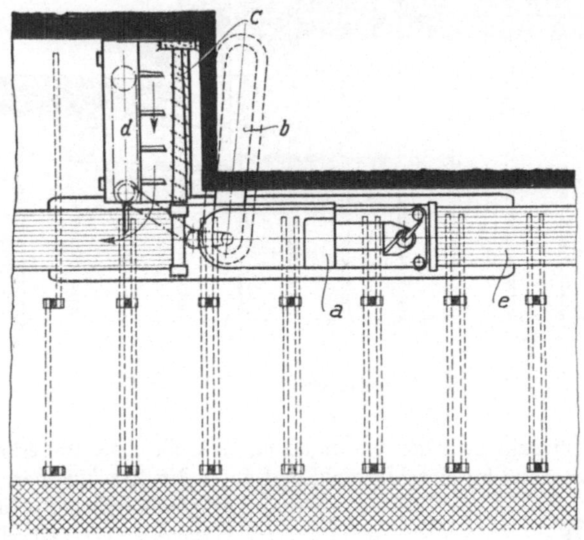

Abb. 166. Eickhoff-Rheinpreußen-Schrämlademaschine mit
Doppelkopfstempel-Ausbau.

wickelt worden ist, gibt Abb. 166 wieder. Sie besteht aus einer Kettenschrämmaschine mit dem Kettenschrämausleger b, mit der eine Schrämstange c verbunden ist, und einem Querkratzförderer d, der die Kohle auf ein Unterband e auf-

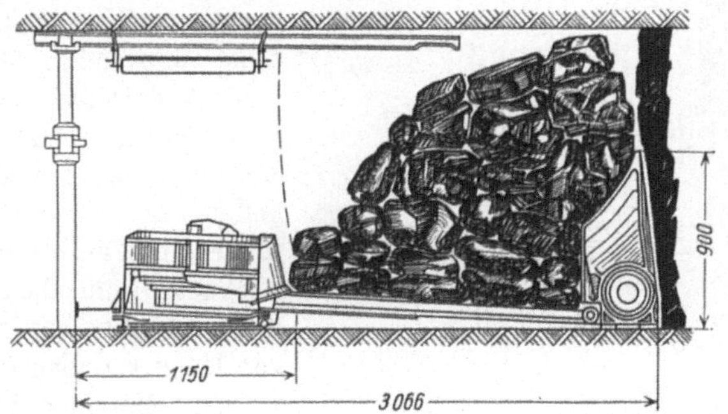

Abb. 167. Querschnitt durch Ladebett mit Rammkeil des Kohlenpfluges.

gibt. Der Schrämarm ist wie üblich mit Picken und außerdem mit Kerbrädern
versehen, die eine zusätzliche Schneidwirkung ausüben. Bei weicher Kohle genügt es, wenn dieser Arm einen zum Liegendschram des Kettenauslegers parallelen
Schram herstellt. Bei festerer Kohle besteht seine Aufgabe darin, bei still-

---

[1]) Glückauf 1941, S. 11; C. H. Fritzsche: Stand der Entwicklung von
Gewinnungs- und Lademaschinen und bisherige Erfahrungen bei ihrem Einsatz.

gesetztem Maschinenvorschub senkrechte Schnitte in Richtung zum Hangenden herzustellen. Der Abstand dieser Schnitte richtet sich nach der Festigkeit der

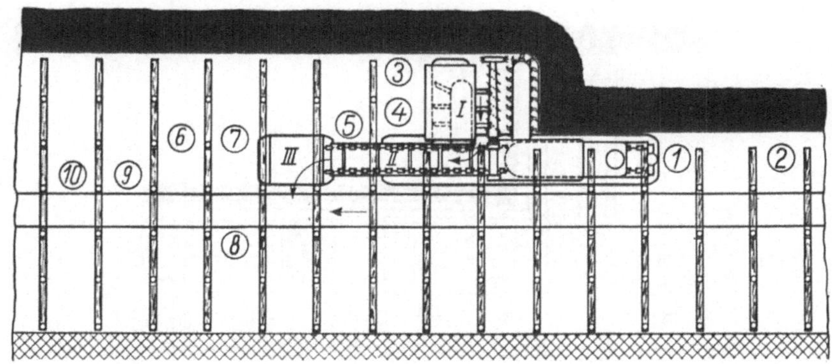

Abb. 168. Schrämlader von Eickhoff.

Kohle und schwankt zwischen 0,5 und 2 m. Wie die Abb. 166 erkennen läßt, läuft das Unterband im Maschinenfeld und unter der Maschine her. Es ist auf ortsveränderlichen Rollenböcken verlagert. Das Oberband wird auf, unter dem Hangenden am Ausbau befestigten Tragrollen zurückgeführt. Damit nun das Unterband überhaupt beladen werden kann, ist es bei der Rheinpreußen-Maschine und auch beim Westfalia-Kohlenpflug notwendig, den Schram nicht unmittelbar am Liegenden herzustellen, sondern ihn, wie Abb. 167 zeigt, etwas schräg verlaufen zu lassen, so daß ein spitzer, in der Abb. 167 nicht gezeichneter Kohlenkeil am Liegenden verbleibt, der anschließend von Hand verladen werden muß.

Die Maschine hat bei weicher Fettkohle im Dauerbetrieb je Schicht bei 1,85 m Schramtiefe Stoßlängen von 140 m bewältigt. Sie scheint in Flözen mit wenig fester Kohle, bei der die Schrämstange nicht auf- und abgefahren zu werden braucht,

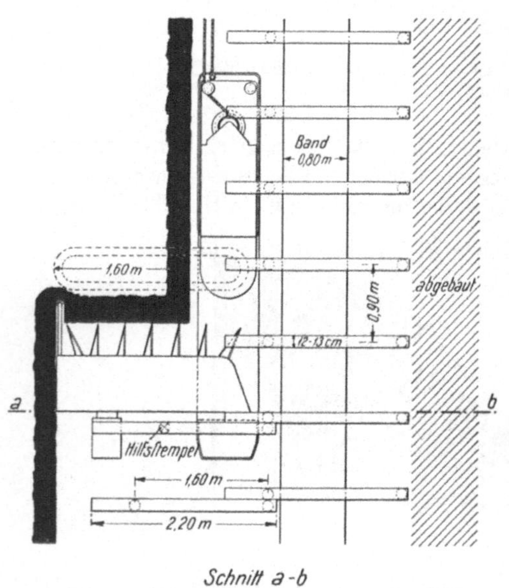

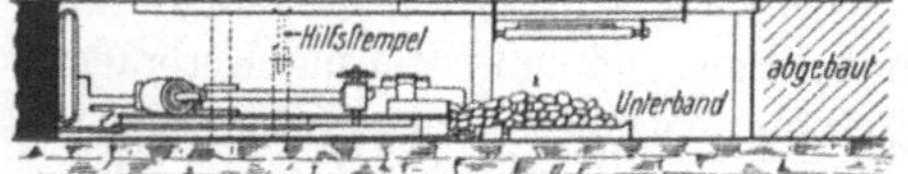

Abb. 169. Demag-Maschine mit Schubförderer.

bei Mächtigkeiten über 120 cm bei gutem Hangenden und wenig gestörten Gebirgsverhältnissen eine wirtschaftliche Leistungssteigerung zu ermöglichen.

Die Eickhoff-Maschine (Abb. 168) unterscheidet sich von der vorgenannten lediglich durch die Ladevorrichtung, deren Ziel es ist, die Kohle auf ein beliebiges Abbaufördermittel im Förderfeld aufzugeben. Es besteht aus einem Querkratzförderer *I*, aus einem sogenannten Unterkettenband *II*, das die Kohle aufnimmt und auf eine Höhe von etwa 40 cm Höhe bringt, sowie aus einem kurzen 1 m breiten Querband *III*, das die Kohle auf das nahe an der Stempelreihe verlegte Abbaufördermittel, z. B. eine Schüttelrutsche, austrägt.

Die Abb. 168 läßt auch die Verteilung der Belegschaft

Abb. 170. Kohlenpflug der **Westfalia**.

erkennen. *1* ist der Maschinist, *2* säubert das Fahrfeld und setzt den Zugstempel der Maschine um. *3, 4* und *5* setzen den Ausbau hinter den Querkratzförderer *I* mit Ausnahme eines Stempels, der erst hinter dem Querband *III* gesetzt werden kann. Zugleich bedient *3* den Querkratzer, *4* zerkleinert mit dem Abbauhammer größere Kohlenbrocken und *5* schafft am Liegenden Platz für den Stempel. *6* und *7* setzen den zweiten, noch fehlenden Stempel. *8* reicht ihnen das Ausbaumaterial zu und schaufelt zugleich neben den Förderer gefallene Kohle. *9* und *10* machen Nebenarbeiten und Handreichungen. *10* und *2* können unter günstigen Umständen eingespart werden.

Abb. 171. Blick auf Rammzylinder und Pflugschar des Kohlenpfluges.

Die Demag-Maschine (Abb. 169) besteht aus einer Schrämmaschine, deren Schrämkettenausleger am Liegenden des Flözes einen Schram herstellt sowie aus einer Kerbmaschine, die den unterschrämten Kohlenblock aus seinem seitlichen Verbande abtrennt. Die Querförderung und Verladung der Kohle findet durch einen als Kuppelstangenförderer ausgebildeten Schubförderer, auch Schwingrechenförderer genannt, statt. Jede Zinke dieses Rechens macht eine kreisförmige Bewegung. Die Zinken stechen bei Beginn ihrer Kreisbewegung in das Fördergut hinein und bewegen es auf das Abbaufördermittel zu, und zwar mit der einen Hälfte ihrer Kreisbewegung. Die zweite Hälfte entfällt auf die Rückwärtsbewegung, die von den Zinken ausgeführt wird, während sie von einem Blech verdeckt werden. Ein Zinken schiebt auf diese Weise die Kohle dem nächsten und schließlich dem im Nachbarfeld liegenden niedrigen Band über eine kurze schiefe Ebene zu (Abb. 169). Bei fester Kohle können auf dem Rahmen des Schwingrechenförderers noch ein oder zwei Demag-Stoßbohrmaschinen angebracht werden, die die unterschrämte und hinterkerbte Kohle zusätzlich durch Schläge bearbeiten.

Die Maschine ist bisher in einem 70-cm-Flöz bei mittelfester Kohle mit Erfolg eingesetzt worden.

Der Kohlenpflug der Westfalia, Lünen (Abb. 170) bewirkt die Hereingewinnung des unterschrämten Kohlenstoßes durch starke Schläge eines Rammkeils in Höhe der Schramwurzel. Die Kohle fällt auf einen aus Stahlblech bestehenden Ladetisch, der nach der Seite des frischen Kohlenstoßes durch pflugscharähnliche Leitbleche begrenzt wird. Durch die Form dieses Leitbleches sowie durch seitliche Bewegungen, die es ausführt, wird die Kohle auf ein im Gewinnungsfeld seitlich des Kohlenstoßes verlegtes Unterband abgedrängt (Abb. 171). Der Schlagkeil der 30—55 Schläge je min bei einer Schlagleistung von 500—600 mkg ausführt, ist mit seinem Antrieb, dem Ladetisch und der Pflugschar zu einem Ganzen verbunden, das nicht von der Schrämmaschine gezogen wird, sondern seinen Vorschub selbsttätig bewirkt. Es geschieht dieses dadurch, daß ein kleiner Teil der Schlagkraft des Kolbens über ein Gummipolster auf den Antriebszylinder abgezweigt wird und ihn und damit das ganze Aggregat vorwärts bewegt Durch einen Steuerhebel, der auf die Druckluftzufuhr wirkt, sind Schräm- und Lademaschine miteinander verbunden. Je nach der Stellung dieses Steuerhebels wird bei voreilender Schrämmaschine dieser Luft fortgenommen und dem Rammkeil zusätzlich zugeführt. Umgekehrt ist es, wenn der Rammkeil voreilen sollte. Auf diese Weise ist der Vorschub beider Teile der Gesamtmaschine aufeinander abgestellt. Der Vorschub der Schrämmaschine geschieht nicht durch ihr Windwerk, sondern durch eine besondere am Strebkopf stehende Winde, die durch das Schrämwindwerk gesteuert wird. Eine gedrängtere Bauart des Kohlenpfluges der Westfalia mit Querförderer zeigt Abb. 172.

Der für den Einsatz im Schrägbau gedachte Kohlensteilpflug zeigt, ins Große übertragen, die Merkmale und die Arbeitsweise eines Abbauhammers (Abb. 173). Gewicht, Schlagleistung und Vortriebskraft sind etwa 100mal größer. Er wiegt 1200 kg und hat eine Schlagleistung von etwa 600 mkg. Die Schlagzahl beträgt dagegen 40—60/min, der Luftverbrauch 300 m³/h. Durch geeignete Form und Arbeitsweise des Meißels muß natürlich dafür gesorgt werden, daß er nicht lediglich die Kohle zertrümmert, sondern auf Flankenwirkung beruhende Sprengarbeit leistet.

Auf besonders bemerkenswerte Weise ist der Steilpflug so gesteuert, daß er gleiche Vorgabe hält. Bei einem Abbauhammer oder bei einem spanabhebenden Werkzeug bestimmt der linke Arm (Hand) den Ansatz und die Vorgabe, während der rechte die Steuerung, also eine etwas auf- und abwärts gerichtete Bewegung vornimmt. Die Aufgabe des linken Armes übernimmt der Spreizzylinder a.

Er zieht das Scherengelenk *b* an und bringt den Meißel in die Betriebsstellung. Der Meißel beginnt zu arbeiten, schreitet etwas vor und hebt dadurch den

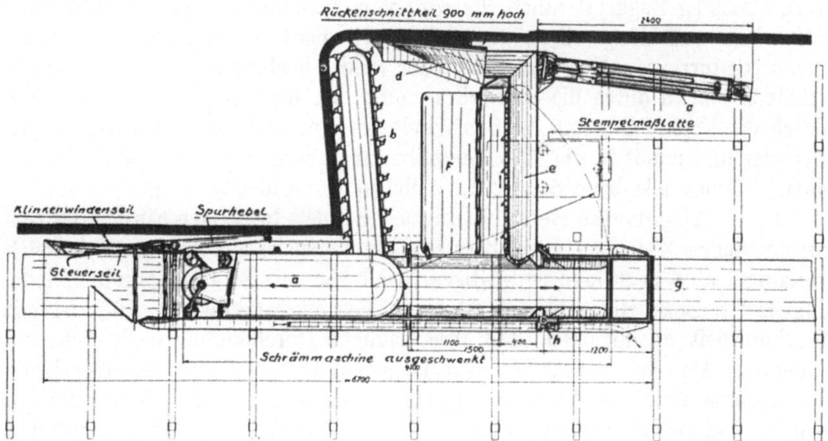

Abb. 172. Kohlenpflug mit Querförderer.
a Schrämmaschine, *b* Schrämausleger. *c* Rammzylinder, *d* Rammkeil, *e* Querlader, *f* Ladetisch, *g* Unterband, *h* Luftanschlußhahn.

Steuerhebel *c* an, der in der Spurschiene *d* abgestützt ist. Durch das Anheben dieses Hebels wird über ein Verbindungsgestänge und das Steuergehäuse *e* der Zylinder *f* gesteuert und durch dessen Kolbenstange der Hubhebel *g* angezogen. Dadurch wird der Rammzylinder an seinem Ende angehoben und der Anstellwinkel der Meißelschneide verkleinert. Die Vorgabe will sich also wieder verschmälern. Dies hat zur Folge, daß der Hebel sich senkt, der Zylinder *f* wird umgesteuert, der Hubhebel *g* angezogen und damit auch der Rammzylinder, so daß die Vorgabe wieder zunimmt. Auf diese Weise erzielt man eine leicht

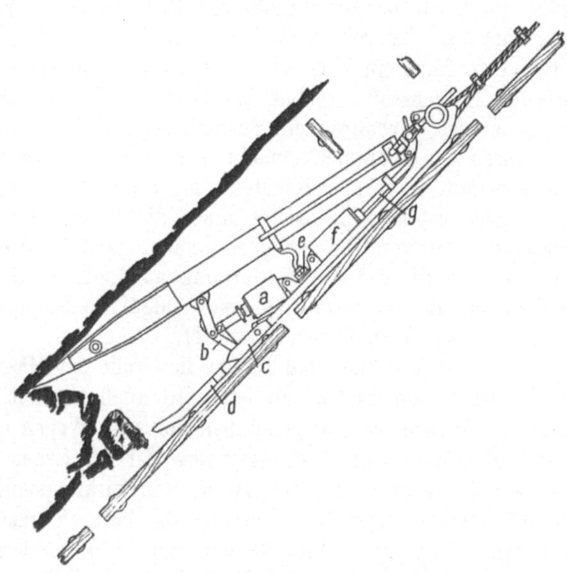

Abb. 173. Kohlensteilpflug der Westfalia.

wiegende Bewegung des Rammzylinders und damit des Meißels. Zugleich werden die Spurschiene und das Untergestell, auf dem das Ganze verlagert ist, und damit auch der Ausbau vor jedem zusätzlichen Seitendruck des Pfluges bewahrt.

Wie in Abb. 173 zu erkennen ist, stützt sich der Steilpflug mit seinem

Rahmen auf den Stempel des normalen Ausbaues ab. Die ganze Maschine hängt an einem Seil, das zu einem in der oberen Strecke stehenden Haspel von 1500—2000 kg Zugkraft führt. Es wird vom Maschinenführer mit Hilfe einer Steuerleine auf Hängeseil gehalten. Das Seil dient lediglich dazu, den Pflug gegen Absturz zu sichern und ihn später wieder hochzuziehen. Den Vorschub erhält er einmal durch die Schwerkraft oder den Rutschwinkel und zusätzlich durch die Vortriebsenergie des Schlagkolbens, von dem ein kleiner Teil in den Zylinder und damit in die Maschine selbst abgezweigt wird. Als Abbaufördermittel können alle beim Schrägbau üblichen verwendet werden.

44. — Allgemeine Betrachtungen. Bei dem bisherigen Einsatz der vorbeschriebenen Maschinen handelt es sich um Versuche, die zwar aussichtsreich verlaufen, aber noch kein endgültiges Urteil über die Anwendbarkeit und die günstigsten Einsatzbereiche der einzelnen Maschinen gestatten. Auch ist mit Bestimmtheit anzunehmen, daß ihre bauliche Durchbildung noch nicht beendet ist. Als sehr wichtig hat sich in jedem Fall ein schnelles Einbringen des Ausbaus erwiesen, um das freigelegte Hangende so bald als möglich zu sichern. Bei gutem Hangenden und mäßigem Fortschritt der Maschine treten hierbei keine Schwierigkeiten auf. Sie nehmen aber erheblich zu, wenn der Fortschritt der Maschine mehr als 20 m je h beträgt und das Hangende gebräch ist. Die Schwierigkeiten erwachsen bei raschem Fortschritt aus der Notwendigkeit, den neuen Ausbau immer an der gleichen Stelle, d. h. immer unmittelbar hinter der Maschine, einbringen zu müssen. Eine Vermehrung der Belegschaft führt hierbei in der Regel nicht zum Ziel, da der zur Verfügung stehende Raum begrenzt ist. Als sehr vorteilhaft hat sich der Doppelkopfstempelausbau erwiesen. Auch ein Vorstecken der Kappen in unter dem Hangenden in den frischen Kohlenstoß vorgebohrte Löcher hat sich als brauchbar erwiesen. Allerdings ist das Vorbohren ein zusätzlicher Arbeitsvorgang, so daß von diesem Verfahren nur Gebrauch gemacht wird, wenn die Beschaffenheit des Hangenden dazu zwingt. Auch maschinelle Stempelsetzvorrichtungen sind entwickelt worden. Eine große Rolle spielt auch die Länge der Ausdehnung der Lademaschine, da von ihr der noch unausgebaut bleibende Teil des Hangenden bestimmt wird und die Entfernung abhängt, in der, vom unterschrämten Kohlenstoß aus gemessen, der erste endgültige Stempel gesetzt werden kann. Näheres über Ausbau siehe Band II.

In der Erkenntnis, daß gerade die Größe der Maschine für die Lösung der Ausbaufrage von Bedeutung ist, wird auch geplant, kleinere Maschinen zu bauen. Kleinere Maschinen können auf zwei Wegen erreicht werden. Einmal durch Erhöhung des Wirkungsgrades der bisherigen Maschinen, so daß ihr Antrieb sich verkleinert. Der zweite und wirkungsvollere Weg besteht jedoch in einer Herabsetzung ihrer Leistung, die dadurch erzielt werden kann, daß der Maschine nicht eine Feldbreite von rund 2 m, sondern nur von 1 m zur Bearbeitung gegeben wird, eine Maßnahme, die insbesondere beim Kohlenpflug mit seiner ausgedehnten Lademaschine aussichtsreich sein dürfte. Ein solcher Kleinkohlenpflug hat bereits den Namen „Schälpflug“ erhalten. Er arbeitet ähnlich wie der Kohlenpflug und unterscheidet sich von diesem außer durch seine geringen Abmessungen dadurch, daß er auf dem Abbauförlermittel verlagert wird und sein Schram daher noch schräger verlaufen muß (Abb. 174).

Schließlich sei erwähnt, daß auch Teillösungen des Gesamtproblems, die

Gewinnungs- und Ladearbeit zu mechanisieren, möglich erscheinen, indem nur die Ladearbeit erleichtert wird. Es könnte dieses unter Beibehaltung des

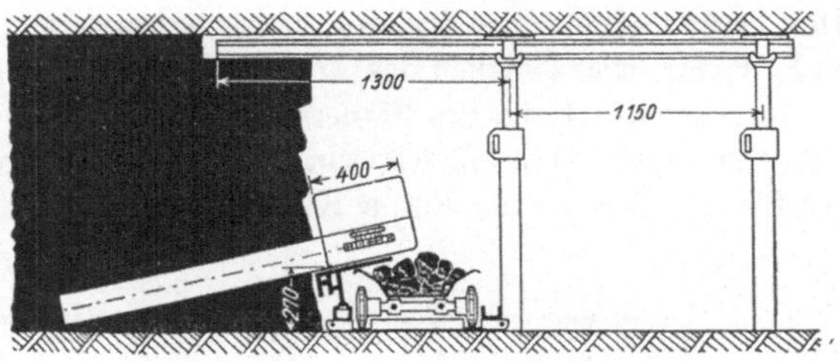

Abb. 174. Schälpflug der Westfalia.

streichenden Verhiebs beim streichenden Strebbau durch kurze, leichte Ladebänder geschehen, die jedem Hauer oder jeder Gruppe zur Verfügung stehen. Eine Verkürzung der Ladezeit um 30—40% könnte hierdurch erwartet werden.

E. Die maschinelle Wegfüllarbeit.

45. — Vorbemerkung. Die maschinelle Wegfüllarbeit ist bereits eine der beiden Aufgaben der oben beschriebenen Kohlengewinnungs- und Lademaschinen und, soweit sie in Verbindung mit maschineller Hereingewinnung beim Abbau von Kohlenflözen bis zu etwa 2,50 m Mächtigkeit in Betracht kommt, in den vorausgegangenen Ziffern behandelt worden. Hier sei von der maschinellen Wegfüllarbeit allein die Rede, von Maschinen also, die bereits fertig hereingewonnenes Gut — Gestein, Erz, Salz oder Kohle — in Förderwagen oder auch andere Fördermittel verladen und mit Gewinnungsmaschinen nicht in Verbindung stehen. Ihr Einsatz kommt in großen Abbauräumen, wie sie vor allem im Salz-, daneben auch beim Abbau mächtiger Erzlager und Kohlenflöze in Frage sowie beim Gesteinsstreckenvortrieb und auch beim Auffahren von Auf- und Abhauen. In all diesen Fällen ist die Wegfüllarbeit ein wichtiger, zeitraubender und anstrengender Arbeitsvorgang, dessen Mechanisierung zum Zwecke der Leistungssteigerung und der Erleichterung der menschlichen Arbeit bedeutungsvoll ist und mit wachsendem Erfolg versucht wird.

Am geringsten sind die zu überwindenden Schwierigkeiten im Kali- und Salzbergbau mit seinen zumeist großen ausbaulosen Abbauräumen und den großen Mengen an ladefertig anfallendem Gut. Ähnliches, wenn auch in geringerem Maße, gilt für im Kammerpfeiler- und Örterbau usw. abzubauende mächtige Erzlager. In den Abbauräumen der mächtigen Steinkohlenflöze Oberschlesiens ist die Mechanisierung der Wegfüllarbeit noch im Versuchsstadium. Beim Gesteinsstreckenvortrieb ist sie dagegen schon in zahlreichen, allmählich zunehmenden Fällen durchgeführt.

Ein Teil der entwickelten Maschinen erreicht nur eine teilweise Mechanisierung des Ladevorganges. Hierzu gehört insbesondere der Ladewagen, der noch eine Beschickung von Hand erfordert, den größeren Teil der Ladehöhe bis zum Förderwagenrad jedoch maschinell vornimmt. Einen Übergang stellt die Laderutsche dar, der noch ein mehr oder weniger großer Teil des Gutes zu-

gekratzt werden muß, während beim Schrapper und bei den eigentlichen Lademaschinen der gesamte Ladevorgang — beim Schrapper zugleich der Fördervorgang — mechanisiert ist[1]).

46. — Der Ladewagen. Der Ladewagen mechanisiert von den Arbeits-
elementen des Ladevorganges lediglich das Anheben des Gutes von etwa 10 cm
Sohlenhöhe an bis über den Rand des Förderwagens und das Ausschütten des
Gutes in den Wagen selbst. Abb. 175 zeigt ein für den Gesteinsstreckenvortrieb
bestimmtes Ausführungsbeispiel der Firma Korfmann, Witten. Es besteht

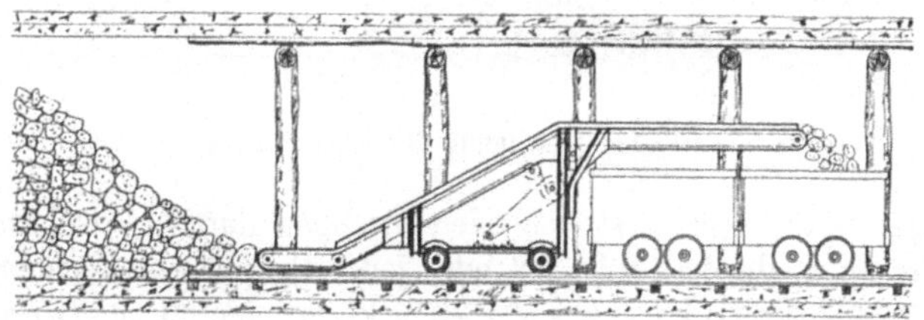

Abb. 175. Ladewagen von Korfmann.

im wesentlichen in einem auf einem fahrbaren Gestell angeordneten Kratzband.
Dieses setzt sich aus zwei Gallschen Ketten zusammen, die durch Mitnehmer-
bleche miteinander verbunden sind und mittels Druckleisten am Boden der
Förderrinne festgehalten werden. An der kurz oberhalb der Sohle liegenden
Aufgabestelle sowie am Abwurfende oberhalb des Förderwagens verläuft es
söhlig und überwindet den dazwischenliegenden Höhenunterschied durch ein
mit 28° ansteigendes Mittel-
stück. Der Antrieb erfolgt
durch einen etwa 300 m³
Druckluft verbrauchenden 6 PS
Schrägzahnmotor, der unterhalb des ansteigenden Mittel-
stücks angreift. Ähnliche Wagen werden auch von Beien,
Herne, gebaut.

Für den Abbaustrecken-
vortrieb empfehlen sich kleinere Ladewagen, die außer von

Abb. 176. Ladeband von Hauhinco.

Korfmann, auch von Hauhinco, Essen, und der Bergtechnik,
Lünen, gebaut werden. Ihre Länge beträgt 3—4 m, im Vergleich zu rd. 7 m der
größeren Wagen. Als Antrieb dienen meist Elektro- oder Druckluftrollen von
2—3 PS Leistung. Abb. 176 zeigt eine Ausführung von Hauhinco, bei der
das Kratzband durch einen Gummigurt ersetzt ist.

Will man, insbesondere beim Abbau in flacher Lagerung, eine als Ladestrecke dienende Abbaustrecke zugleich oder später als Kippstrecke benutzen
und fährt man sie infolgedessen unter Nachreißen des Hangenden auf, so verliert

---

[1]) Glückauf 1933, S. 117; Fritzsche u. Buss: Die Mechanisierung der
Ladearbeit beim Vortrieb von Gesteinsstrecken; — ferner Bergbau 1938, S. 356;
Maercks: Die mechanische Ladearbeit im Untertagebetrieb.

man die natürliche Ladehöhe ganz oder teilweise, so daß das Abbaufördermittel vielfach nicht mehr unmittelbar in den Förderwagen austragen kann. In solchen Fällen ist die Zwischenschaltung eines Ladewagens als Strebendlader nützlich.

47. — Die Laderutsche. Die Schüttelrutsche kann in zweierlei Form für die Mechanisierung des Ladevorganges im Streckenvortrieb benutzt werden. Man überträgt ihr entweder sowohl die Aufgabe, das Gut von der Sohle aufzunehmen und es auch auf Förderwagenhöhe anzuheben („Bergaufrutsche“ oder „Entenschnabel“) oder überläßt das eigentliche Anheben des Gutes einer andern Lademaschine, wie es z. B. der Ladewagen darstellt. Die erste Lösung verlangt eine große Länge des Rutschenstranges. Nur dann ist ein geringer Steigewinkel zu erreichen, und dieser ist Voraussetzung für eine Mindestladeleistung[1]). Die mit der Bergaufrutsche oder dem Entenschnabel allein gemachten Erfahrungen befriedigten infolgedessen nicht.

Dagegen hat sich eine von der Firma B e r g t e c h n i k in Lünen entwickelte Verbindung von Bergaufrutsche und Ladewagen als zweckmäßig erwiesen. Sie

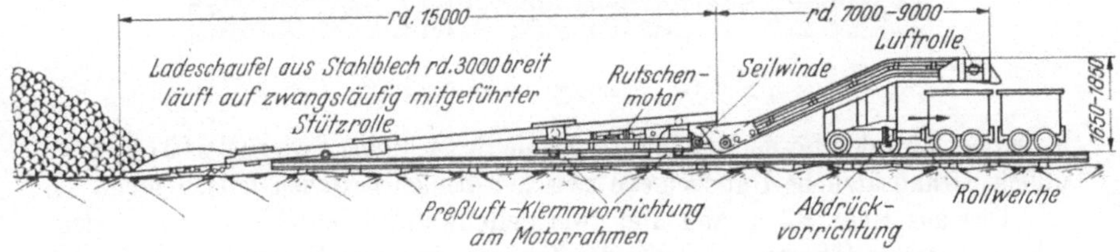

Abb. 177. Stoß-Schaufellader der B e r g t e c h n i k G. m. b. H.

ist in Abb. 177 schematisch dargestellt. Eine 15 m lange, mit 3° ansteigende Bergaufrutsche greift mit einer Ladeschaufel von 2,5 m Breite in das Haufwerk. Die Rutsche ist auf einem Räderlaufwerk auf dem Gestänge verlagert und wird von einem doppelt wirkenden Druckluftmotor von E i c k h o f f neuerdings auch von zwei Motoren angetrieben. Sie mündet vorn in die sich verbreiternde Schaufel, die von einer zwangsläufig mitgeführten Rolle getragen wird. An ihrem rückwärtigen Ende trägt sie das Fördergut auf den Ladewagen aus, dessen mit einem 6-PS-Motor angetriebener Gummigurt es auf Förderwagenhöhe anhebt. Zugleich besitzt er eine Abdrückvorrichtung, deren Aufgabe es ist, die beladenen Wagen abzustoßen. Von Bedeutung ist weiter, daß Rutschenmotor und Ladewagen miteinander verlascht sind, durch ein Zugseil und eine Klemmvorrichtung am Gestänge festgehalten werden, und daß der Rutschenmotor, Zugseilwinde und Klemmvorrichtung an einem gemeinsamen Rahmen befestigt sind. Durch mit Druckluft betriebene Klemmbacken kann er am Gestänge leicht lösbar festgelegt werden. Die Aufgabe des Seilwindwerks, dessen Seil am vorderen Ende des Gestänges befestigt wird, besteht darin, die ganze Ladevorrichtung mit einem Druck von etwa 10 t gegen und in das Haufwerk zu drücken. Die Aufnahme des Gutes erfolgt z. T. selbsttätig, z. T. muß es von Hand beigekrazt werden. Außerdem müssen die Stöße, soweit sie der Schaufel nicht zugänglich sind, von Hand freigeladen werden. Die Ladeleistung beläuft sich auf 30—40 m³/h, der Druckluftverbrauch auf rund 500 m³.

48. — Der Schrapper. Eine Schrapperanlage besteht, wie Abb. 178 zeigt,

---

[1]) Bergbau 1933, S. 209; M a e r c k s: Die Theorie der Bergaufrutsche.

aus dem Schrappgefäß mit einem Zug- und Leerseil sowie der Umkehrrolle, dem Schrapphaspel mit Motor und Getriebe und der Ladeschurre. Steht die Ladeschurre und damit auch der Schrapphaspel in der Nähe des Haufwerkes, so spricht man vom Schrapplader. Liegt jedoch zwischen Ladestelle und Haufwerk eine größere Entfernung, die bis 200 m und mehr betragen kann,

Abb. 178. Schrapper im Kalibergbau.

überwiegt also der Fördervorgang, so ist die Bezeichnung Schrappförderer üblich. Grundsätzliche Unterschiede zwischen beiden bestehen jedoch nicht.

Das aus einer Rückwand und zwei Seitenwänden bestehende, am Boden offene Schrappgefäß wird mit Hilfe des Zugseiles von dem Motor über das Haufwerk gezogen, wobei es sich mit dem zu fördernden Gut füllt. Es schleift das

Abb. 179. Schrapphaspel mit Planetenkupplung.

Fördergut auf die Schurre, von der es in den Förderwagen oder auf ein anderes Fördermittel fällt.

Das Leerseil, das am hinteren Ende des Schrappkastens befestigt ist und über eine Kehrrolle von dem gleichen Motor bewegt wird, dient der Rückführung des entleerten Schrappkastens auf das Haufwerk. Der Motor ist mit zwei gegenläufigen Trommeln für Zugseil und Leerseil gekuppelt. Im allgemeinen stehen die Trommeln nebeneinander, für hohe Leistungen oder für besonders beengte Raumverhältnisse werden sie jedoch auch hintereinander angeordnet

Ein Beispiel für einen Schrapphaspel mit Planetenkupplung zeigt Abb. 179 in einer Ausführung der Demag. Der Antrieb beider Seiltrommeln erfolgt von einer Welle aus über Planetenkupplungen in der Weise, daß beim Arbeitsgang der einen Trommel die andere frei abspult. Der Motor arbeitet ständig in gleicher Drehrichtung. Die Bewegung der Trommeln wird in der Weise gesteuert, daß mittels zweier Bandbremsen die an jeder Trommel angebrachten Planetenkupplungen betätigt werden. Die Bandbremsen sind in der Abb. 179 nur in der Darstellung des Planetengetriebes (rechts) sichtbar. Die Trommeln sind lose auf der Hauptwelle gelagert und fest mit den Planetenrädern verbunden. Diese bewegen sich zwischen dem mit der Hauptwelle fest verbundenen, stets umlaufenden Sonnenrad und dem lose laufenden, innen verzahnten Hohlrad (Abb. 179 rechts), auf dem außen das Bremsrad liegt. Wird dieses Hohlrad gebremst, so rollen die Planetenräder auf der Innenverzahnung ab und bewegen die Trommel. Die Übersetzungsverhältnisse innerhalb der beiden Planetengetriebe sind, wie aus der Abb. 179 ersichtlich ist, verschieden, woraus sich die verschiedenen Geschwindigkeiten

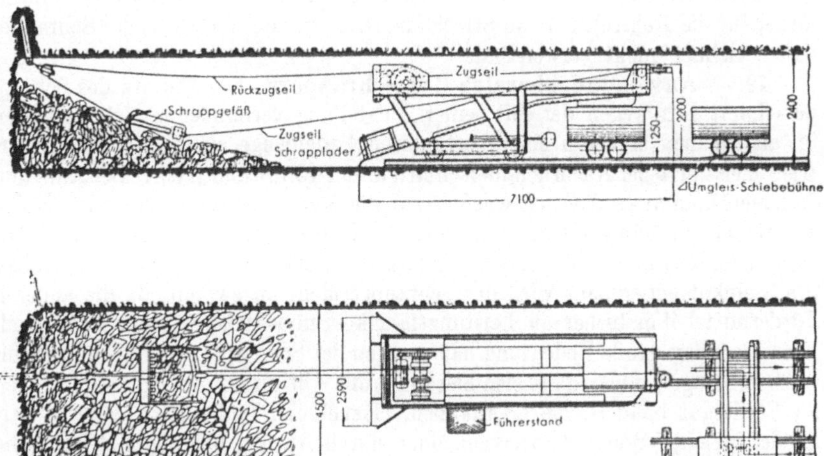

Abb. 180. Schrapphaspel.

für Voll- und Leerzug ergeben, die auch durch verschiedene Trommeldurchmesser erreicht werden können. Der Vorteil der Planetenkupplung liegt darin, daß sie ein weiches Einrücken der Maschine ermöglicht, was sowohl für das Füllen und Entleeren des Schrappgefäßes als auch für die Erhaltung der Seile vorteilhaft ist. Außer der Planetenkupplung findet man auch noch vielfach Außenbandkupplung. Die Seilgeschwindigkeiten betragen beim Lastzug 0,8—1,6 m/s, beim Leerzug bei größeren Entfernungen bis zu 2,4 m. Da die Seile stoßweise beansprucht werden und auf dem Haufwerk und dem Liegenden schleifen, empfehlen sich hochwertige drallarme und spannungsfreie Macharten. Seale-Seile mit 20—22 mm Außendurchmesser haben sich besonders bewährt. Die Verwendung verschieden starker Seile für Last- und Leerzug ist krafttechnisch möglich, jedoch wird meist das Lastzugseil vorzeitig ausgewechselt und alsdann als Leerzugseil benutzt.

Die Motore müssen wegen der hohen Spitzenleistungen beim Eingraben des Schrappkastens in das Haufwerk und beim Auffahren auf die Schurre kräftig bemessen sein. Sie werden meist direkt mit dem Haspel gekuppelt. Bei

Druckluftantrieben verwendet man Zahnrad- oder Pfeilradmotore. Jedoch sind insbesondere im Salzbergbau Elektroantriebe weit verbreitet. Zur elastischen Kraftübertragung werden hier vielfach auch Keilriemen- oder Flachriemenübertragungen benutzt. Die Schrappkästen werden als Mulden-, Winkelharkenschrapper, mit oder ohne Reißzähne, für 0,5—3 m³ Inhalt ausgebildet.

Der Antriebshaspel und die Ladeschurre können gemäß Abb. 178 so zueinander angeordnet werden, daß die Ladeschurre zwischen Antrieb und Haufwerk steht. Gemäß Abb. 180 kann der Haspel auch oberhalb der Schurre angebracht werden. Diese Anordnung ist jedoch nur bei geringen Leistungen, z. B. beim Streckenvortrieb, möglich. Sie hat den Vorteil, die Ladestelle selbst seilfrei zu halten.

Besondere Sorgfalt und gutes Gebirge erfordert die Herstellung der Pflocklöcher für die Kehrrolle. Beim Streckenvortrieb in Schieferton ist der Schrapper daher vielfach nicht verwendbar.

49. — Anwendungsbereich des Schrappers. Der Einsatz des Schrappers lohnt sich wegen der mit seiner Aufstellung verbundenen Nebenarbeiten im allgemeinen erst von einer bestimmten Lademenge ab, beim Streckenvortrieb meist erst bei Ausbruchquerschnitten von 10 m² und mehr. Bei Auf- und Abhauen kommt es dagegen weniger auf die Menge der zu verladenden Kohle an, als auf die Fähigkeit des Schrappers, bei verschiedenem Einfallen und Ansteigen fördern und beim Rückweg Material mitnehmen zu können. Im Abbau des Steinkohlenbergbaus wird der Schrapper nicht angewandt, da die anderen Fördermittel ihm bisher an Leistungsfähigkeit und Sicherheit überlegen sind. Eine besonders große Bedeutung hat dagegen der Schrapper im Kali- und Steinsalzbergbau gewonnen, da es sich hier um große Abbauräume mit großen Mengen an Fördergut handelt, die es erlauben, Haspel und Ladeschurre längere Zeit an der gleichen Stelle zu belassen, ohne durch Ausbau behindert zu sein, die technisch möglichen Seilgeschwindigkeiten ganz auszunutzen und große Schrappgefäße zu wählen[1]). Das gleiche gilt unter ähnlichen Bedingungen für den Erzbergbau, insbesondere den Eisenerzbergbau.

50. — Beispiele für die Anwendung von Schrappern. Einen Eindruck von der Anwendung eines Schrappers im Kalibergbau vermitteln die Abb. 178 u. 181. Von ihnen zeigt die Abb. 181 einen Dreitrommelhaspel, von dem zwei benachbarte Firstenkammern bedient werden können, und zwar derart, daß, wenn in dem einen Betrieb gefördert, in dem andern Bohr- und Schießarbeit verrichtet wird. Derartige Haspel werden von den Maschinenfabriken W o l f f , Essen, S c h m i d t & K r a n z , Nordhausen sowie H a s e n c l e v e r , Düsseldorf und D ü s t e r l o h , Bochum gebaut. Sie weisen in der Mitte die Arbeitstrommel mit dem Vollseil, das das Schrappgefäß jeweils aus der einen oder andern Kammer zieht und zu beiden Seiten je eine Leerseiltrommel auf.

Den Einsatz des Schrappers im lothringischen Minettebergbau gibt Abb. 182 in einer Anordnung wieder, die es ermöglicht, von dem gleichen Aufstellort der Antrieb- und Ladestelle eine Reihe parallel nebeneinander gelegener Kammern betreiben zu können. Es bedeuten *a* den Haspel, *b* den Steuerstand, *c* die Stütz-

---

[1]) Kali 1935, S. 197; W. V o g e n o : Bestimmung der wirtschaftlichsten Kammerlänge im Kalibergbau in Abhängigkeit von der Schrapperleistung; — ferner Kali 1939, S. 121, V i e r l i n g : Die neuzeitliche Gestaltung von Schrapperwindwerken für den Kalibergbau.

und Umlenkrollen für die Seile, *d* die Schrappgefäße, *f* und *g* die Aufstellgleise für die leeren und vollen Förderwagen.

Ein Beispiel für einen im Gesteinsstreckenvortrieb zu verwendenden Schrapper zeigt Abb. 183 in einer Anordnung von W o l f f , Essen. Die fahrbare Anlage ist den örtlich beschränkten Raumverhältnissen angepaßt und mit einem Schrappgefäß von 0,8 m³ Fassungsvermögen sowie einem 30 PS Druckluftmotor ausgestattet. Abb. 183 zeigt die Maschine nebst Schrappgefäß, welches mit Reißzähnen an der Rückwand versehen ist, um das Eindringen in das Haufwerk zu erleichtern. Der ganze Antrieb wird gegen den Ortsstoß durch eine Panzerplatte geschützt; auch kann die Einlaufschurre hochgeklappt und als Schutzblech verwendet werden. Hierdurch werden Beschädigungen bei der Schießarbeit vermieden. Es lassen sich Ladeleistungen von 70—80 m³/h erzielen, wobei aber zu bemerken ist, daß sich solche Leistungszahlen auf die Maschine an sich beziehen, ohne die jeweiligen Vorortverhältnisse zu berücksichtigen.

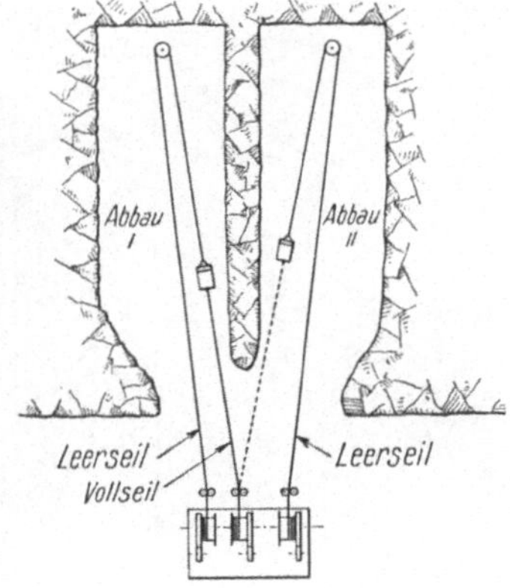

Abb. 181. Dreitrommel-Schrapphaspel.

Das Arbeiten mit einem Schrapper in einem Aufhauen[1]) im Flöz zeigt Abb. 184, wobei die Aufstellung des Schrapperhaspels entweder unter der Firste der Ladestrecke oder in einer Nische im Unterstoß erfolgt. Zweckmäßig ist die Schrapperförderung bei günstigem Liegenden in Flözen unter Förderwagenhöhe, wo die Kohlenförderung mechanisch erfolgen muß, also bis 35⁰ Einfallen, insbesondere auch, wenn dieses unregelmäßig ist. Längen von 100—250 m

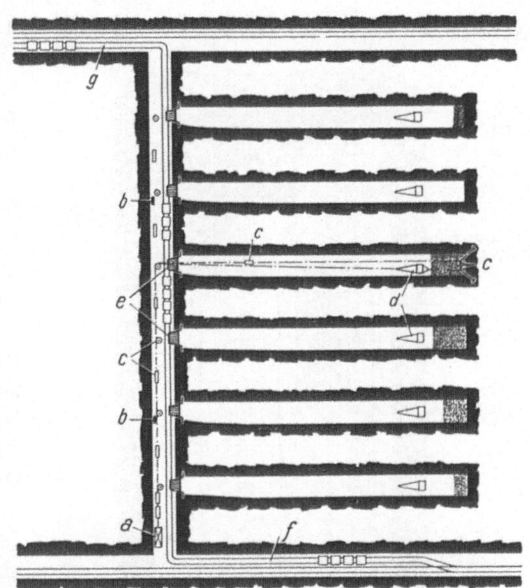

Abb. 182. Beispiel für den Einsatz des Schrappers im Kammerbau.

sind günstig, jedoch kann man in Einzelfällen weit höher gehen. Das Förderfeld muß seitlich mit Bohlen verkleidet werden, um ein Wegreißen des Ausbaues zu verhindern. Ein besonderer Vorteil bei langen Aufhauen ist

---

[1]) Bergbau 1935, S. 87; H i l g e n s t o c k : Neuzeitliche Schrapperförderung im Auf- und Abhauen.

der bequeme Materialtransport mit Hilfe des leer vor Ort fahrenden Schrappgefäßes.

51. — Der Weitgrifflader. Diese von der Westfalia, Lünen, gebaute Lademaschine (Abb. 185) ist vom Gestänge unabhängig und bewegt sich frei auf der Sohle. Die Raupen sind einzeln beweglich, so daß der Maschine leicht jede gewünschte Stellung gegeben werden kann. Ähnlich wie der Druckschaufellader besteht der Weitgrifflader aus Ladewagen und Zughacke. Letztere ist jedoch nicht schwenkbar, da die Maschine im ganzen bewegt werden kann. Die leeren Wagen werden daher zweckmäßig nicht auf dem Gestänge be

Abb. 183. Schrapplader von R. Wolff, Essen.

lassen, sondern auf Rangierplatten gestellt. Im ganzen kann von einem Standort des zu beladenden Wagens eine Breite von 2—14 m bestrichen werden.

Die Ladeleistung der Maschine beträgt 20—30 m³, der Luftverbrauch je h reiner Betriebszeit auf 600—700 m³.

52. — Der Druckschaufellader. Der Druckschaufellader wird ebenfalls von der Westfalia, Lünen, erbaut. Er ist schienengebunden und besteht aus der Druckschaufel, der Zughacke und dem Ladekratzband. Mit einem Druck bis zu 50 t wird die in Verlängerung des Kratzbandes angeordnete und nach vorn sich verbreiternde Schaufel in das zweckmäßig auf Stahlplatten als Unterlage geschossene Haufwerk gepreßt. Es geschieht dies mittels eines starken Stahlseils, das am Ende des Schienenstranges verankert ist und langsam (5 mm/s) auf eine von einem 10-PS-Drehkolbenmotor bewegte Seiltrommel

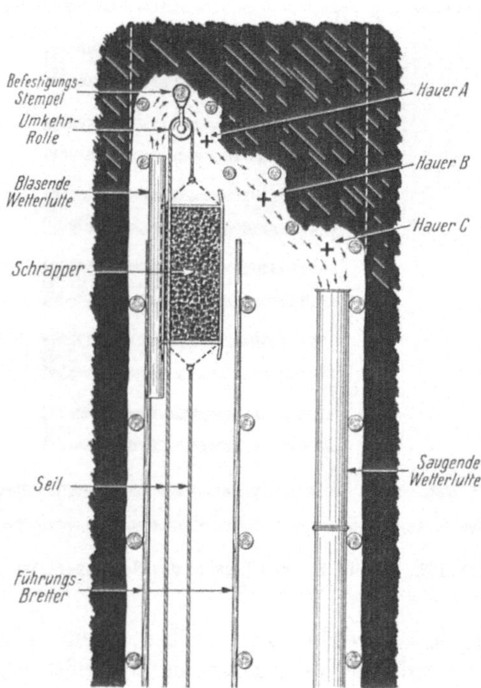

Abb. 184. Schrapperförderung in einem Aufhauen.

aufgewickelt wird. Wenn auch die Schaufel an der Sohle in das Haufwerk eindringt, so muß die Ladearbeit doch noch durch eine schwenkbare Zughacke unterstützt werden, deren Arbeit mit der eines Krätzers zu vergleichen ist. Sie setzt sich aus einer fünfzinkigen Hacke zusammen und dem aus zwei miteinander verbundenen Kolbenstangen und den dazugehörigen Zugzylindern bestehendem Stiel. Zum Anheben der Hacke ist außerdem ein Hubzylinder vorhanden. Für die Steuerung dient ein Drehschieber, der bei einer vollen Drehung jeweils das Anheben, Ausfahren und Fallenlassen der Hacke in das Haufwerk sowie das Heranziehen der Hacke mit dem Haufwerk auf die Schaufel sinngemäß aufeinanderfolgen läßt. Der Wirkungsbereich der Zughacke beläuft sich in der Breite auf 4,5 m, in der Höhe auf 1,8 m.

Die Maschine erreicht bei einem Druckluftverbrauch von 600—700 m³ eine stündliche Ladeleistung von 20—30 m³ und wird von 1 Mann bedient; 1 weiterer Mann besorgt das Umsetzen der Wagen, und 1—2 Mann sind vor Ort notwendig,

um dicke Stücke zu zerkleinern und an den Stößen liegende Reste des Haufwerks herzukratzen.

53.—Andere Lademaschinen gibt es, die den Schaufelvorgang unmittelbar nachahmen. Hierher gehören z. B. die **Butler**- und die **Conway**-Schaufel. Eine baggergefäßähnliche Schaufel, die am Ende eines Auslegers angebracht ist, wird in das

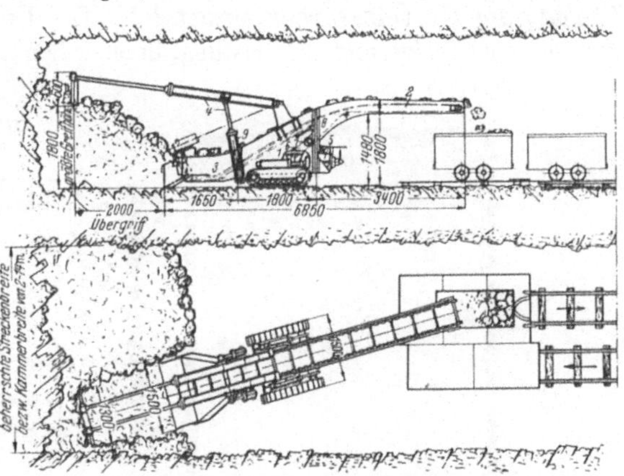

Abb. 185. Weitgrifflader der **Westfalia**.

Haufwerk gestoßen und gefüllt, darauf durch Senkrechtstellung des Auslegers hochgehoben, geschwenkt und nach rückwärts unmittelbar in den bereitstehenden Wagen entleert, wie bei der **Butler**-Schaufel[1]) oder zunächst auf ein ansteigend geführtes Ladeband, wie bei der **Conway**-Schaufel. Die **Butler**-Schaufel hat sich trotz einiger guter Einzelerfolge wegen ihres hohen Preises und ungenügender Betriebssicherheit im deutschen Bergbau nicht eingeführt. Über die **Conway**-Schaufel liegen im deutschen Bergbau gesammelte Erfahrungen überhaupt noch nicht vor. Das gleiche gilt von den Schaufelvorgang ebenfalls nachahmenden Ladern, die insbesondere für den Einsatz in Strecken von geringem Querschnitt bestimmt sind, wie z. B. der **Thew**- oder der **Eimco**-Lader.

54. — Der Kammerlader der Westfalia, Lünen. Diese Ladevorrichtung ist, wie ihr Name besagt, in erster Linie für den Kammerbau, und zwar den Oberschlesiens, gebaut. Er besteht aus einer Kreuzrutsche, die als Kugelrutsche ausgebildet ist und sich aus drei Teilen zusammensetzt, einem Mittelstück und zwei Querstücken (Abb. 186) von je etwa 2,50 × 3,00 m Länge. Das Mittelstück ist über ein Paßrutschenstück mit der eigentlichen Förderrutsche

---

[1]) Glückauf 1929, S. 679; G. **Meinberg**: Die Bewährung der Butler-Schaufel im Gesteinbetriebe; — ebenda S. 922; H. **Haarmann**: Versuch mit amerikanischen Lademaschinen und Abbauförderern im deutschen Bergbau.

verbunden. Diese treibt das Mittelstück und über an diesem verlagerte Winkelhebel auch die beiden Seitenstücke an.

Der Lader wird in etwa 1 m Entfernung vom Kohlenstoß eingebaut und zur Schonung der Rutschen mit einer Anzahl von mit Griffen versehenen Blechen abgedeckt. Darauf wird die Kohle hereingeschossen. Nach Inbetriebsetzung der Förderrutsche, und damit auch des Laders, wird ein Abdeckblech nach dem anderen abgenommen, so daß die Kohle in die Rutsche fällt. Auf diese Weise ist es bereits gelungen, etwa 85% des Haufwerks maschinell zu verladen und eine Leistungssteigerung im Abbau von 25% zu erzielen. Hierbei ist es auch von wesentlichem Einfluß, daß sich die Kammerbelegschaft während des Ladevorganges mit Ausbau- und Bohrarbeiten beschäftigen kann[1]).

55. — Vergleich der maschinellen Ladevorrichtungen bei ihrem Einsatz im Gesteinsstreckenvortrieb. Der Erfolg einer Ladevorrichtung kann in einer Steigerung der Leistung, in einer Senkung der Kosten oder in der

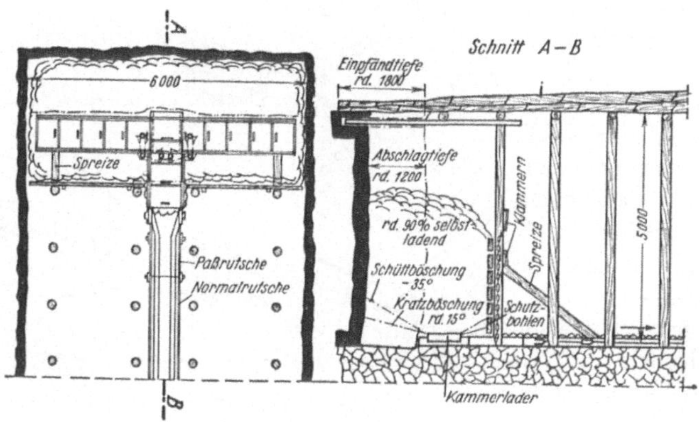

Abb. 186. Kammerlader der Westfalia.

gleichzeitigen Erzielung beider Vorteile liegen. Hierbei ist es wichtig, sich zugleich darüber klar zu sein, daß die Ladearbeit neben Bohren, Schießen, Einbringen des Ausbaus und Nebenarbeiten nur einen Teil der beim Streckenvortrieb durchzuführenden Arbeiten darstellt. Der Einsatz einer Maschine für diesen Arbeitsvorgang beeinflußt auch die anderen Vorgänge und setzt eine sorgfältige Anpassung der Betriebsorganisation an die Maschine voraus. Insbesondere ist zu beachten, daß ihre Aufstellung eine gewisse Zeit erfordert, die bis zu 30 Minuten betragen kann. Ihre Verwendung ist daher bei kleinen Lademengen, also bei geringen Streckenquerschnitten, oder wenn der Abschlag in zwei durch Ladearbeit getrennten Schießvorgängen hereingeholt werden muß, im allgemeinen unzweckmäßig. Mit Ausnahme des Ladewagens, der auch bei geringen Streckenquerschnitten vorteilhaft ist, werden bei den Ladevorrichtungen im allgemeinen Querschnitte von mehr als 10—12 m² für notwendig gehalten. Auch geringe Auffahrlängen sind ungünstig, da dann nicht genügend Zeit für die Einarbeitung der Belegschaft zur Verfügung steht.

---

[1]) Zeitschr. f. d. Berg-, Hütten- u. Salinenwesen im Deutschen Reich, Berlin 1941, Heft 1, S. 19.

Den geringsten Zeitverlust verursacht der Ladewagen, da er nur vorgeschoben zu werden braucht und ohne weiteres einsatzbereit ist. Er ist daher z. Z. von allen Einrichtungen am verbreitetsten. Seine Auswirkung besteht in einer fühlbaren Arbeitserleichterung, während die Leistungssteigerung nur geringfügig ist und eine Kostensenkung im allgemeinen nicht eintritt. Ein großer Ladewagen kostet 3700—4000 RM., ein Kleinladewagen 1400—1800 RM.

Der Schrapper weist von allen Ladevorrichtungen die höchsten Ladeleistungen auf. Die Inbetriebnahme ist jedoch zeitraubend und die Befestigung der Umlenkrolle häufig mit Schwierigkeiten verbunden. Die Befestigung des Seils an der Ortsbrust macht ein gleichzeitiges Bohren und Laden unmöglich. Unter günstigen Verhältnissen läßt es eine Steigerung der Auffahrleistung bis zu 20 und 30% zu. Auch tritt eine Senkung der Ladekosten bis auf etwa die Hälfte der Ladekosten von Hand ein. Der Preis einer Schrapperanlage stellt sich auf etwa 10000 RM.

Die zusammen mit einem Ladewagen arbeitende Laderutsche der **Bergtechnik**, Lünen, bewirkt ebenfalls eine Senkung der Ladekosten und zugleich eine Steigerung der Auffahrleistung, die in Einzelfällen bis zu 50% betragen kann. Besonders bemerkenswert ist die Möglichkeit, die Laderutsche in Verbindung mit einem Bohrwagen benutzen zu können (vgl. S. 218, Bd. I). Der Preis der Laderutsche beträgt rund 13000 RM.

Über den Druckschaufellader (Preis 15500 RM.) und den Weitgrifflader (Preis 17500 RM.) liegen noch nicht genügende Erfahrungen vor, um sie endgültig beurteilen und sie untereinander und mit dem anderen beschriebenen Vorrichtungen vergleichen zu können. Es scheint sich jedoch bei ihnen um aussichtsreiche Maschinen zu handeln.

IV. Sprengarbeit.

56. — Geschichtliches. Die Erfindung der Sprengarbeit — d. i. der Benutzung einer in einem Bohrloche eingeschlossenen Sprengladung zur Loslösung des Gebirges — ist einer der Marksteine in der Entwicklung menschlicher Kultur. Der heutige Bergbau beruht zum größten Teile auf dem Gebrauche und der Verwendung der Sprengstoffe.

Bis 1865 wurde für die Sprengarbeit allein das Schwarzpulver benutzt. 1866 erfand Nobel das Gurdynamit und 1878 die Sprenggelatine. In der Mitte der 1880er Jahre erschienen die ersten Sicherheitssprengstoffe, die jetzt Wettersprengstoffe genannt werden, auf dem Markte.

Ähnlich wichtig wie die Vervollkommnung der Sprengstoffe war die Einführung der **maschinellen Bohrarbeit**. Die Erfindung der Bohrmaschinen fällt in die zweite Hälfte der 50er Jahre des vorigen Jahrhunderts. Sie haben die Bohrarbeit wesentlich beschleunigt und erleichtert.

A. Herstellung der Bohrlöcher.

57. — Allgemeines. Die Bohrlöcher werden drehend, stoßend oder schlagend hergestellt. Das drehende Bohren erscheint insofern vorteilhaft, als es die mit dem Zurückziehen der Bohrer oder Bohrmaschinenteile unvermeidlich verbundenen Arbeitsverluste, die auf annähernd 50% geschätzt werden können, vermeidet. Auch ist der Verschleiß und die Ausbesserungsbedürftigkeit bei den drehenden Bohrmaschinen geringer als bei den stoßenden und schlagenden. Trotzdem besitzen diese im harten Gestein eine unzweifelhafte Überlegenheit, weil sich die Wucht des schlagenden und stoßenden Bohrers betriebsmäßig einfacher durchführen läßt als der gleichmäßige Druck gegen die Bohrlochsohle beim drehenden Bohren.

a) Drehendes Bohren.

58. — Vorbemerkung. Beim drehenden Bohren muß das Werkzeug während der Arbeit so stark gegen das Gestein gedrückt werden, daß die Schneiden fassen können. Das drehende Bohren wendet man hauptsächlich in weicheren Gebirgsschichten an, ohne aber damit auf diese beschränkt zu sein, da auch in härteren Gesteinen drehend gebohrt werden kann.

Man bohrt entweder mit Hand oder aber mittels Maschinenkraft. Das Bohren mit Hand hat infolge der Entwicklung der mechanisch angetriebenen Bohrhämmer und Drehbohrmaschinen wesentlich an Bedeutung verloren. Es wird nur noch dort angewandt, wo weder Druckluft noch Elektrizität als Kraftmittel zur Verfügung stehen.

59. — Der Schlangenbohrer. Einsatzschneiden. Zum drehenden Bohren benutzt man fast ausschließlich den Schlangenbohrer (Abb. 187).

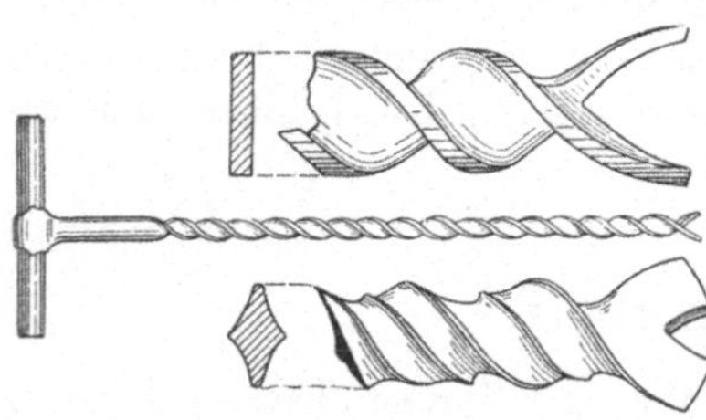

Abb. 187. Schlangenbohrer.

Dieser ist aus einer stählernen Stange mit rechteckigem oder rautenförmigem Querschnitt nach Art eines Holzbohrers schraubenförmig gewunden. Der rechteckige Querschnitt schafft das Bohrmehl besser aus dem Loche, der rautenförmige verdreht sich weniger leicht, ist also fester und für härteres Gestein geeigneter.

In milderem oder sprödem Gestein (Glanzkohle, oberschlesische Kohle, kristallines Steinsalz) genügt es, durch das Bohren eine bröckelnde Wirkung hervorzurufen. Der arbeitende Teil des Schlangenbohrers kann aus zwei lang ausgezogenen Spitzen bestehen. Mit ihnen erzielt man ein großes Bohrmehl und kommt, da eine Feinzerkleinerung wegfällt, mit geringerem Arbeitsaufwand aus als in harten oder zähen Gesteinen wie Mattkohle, Hartsalz usw. Bei ihnen ist eine mehr fräsende, schleifende Einwirkung notwendig, und der arbeitende Teil des Schlangenbohrers muß zu diesem Zweck breitere Schneiden besitzen.

Die Abb. 187 zeigt zwei Endglieder einer zur Schwalbenschwanzform führenden Reihe, die durch viele Übergangsstufen miteinander verbunden sind.

Steht wie bei den Säulendrehbohrmaschinen ein entsprechender Bohrdruck zur Verfügung und ist der Schneidwerkstoff der starken Fräsbeanspruchung gewachsen, so können spitz zulaufende Schneiden ohne mittlere Einkerbung Verwendung finden, die Schneiden erhalten also eine dem Bohrlochdurchmesser entsprechende höchstmögliche Breite (Abb. 187). Zugleich wird durch die spitze Form der Vorteil einer besseren Führung erzielt.

Die starke Abnutzung der Bohrschneiden bei der maschinellen Bohrarbeit macht die Verwendung von Einsatzschneiden notwendig. Sie bestehen aus besonderem Werkstoff und bieten außerdem die Annehmlichkeit, daß man nicht die langen Bohrer, sondern nur die kurzen Schneiden zur Schmiede zu bringen braucht.

Eine der vielen möglichen Befestigungsarten von Einsatzschneiden zeigt Abb. 188. An der Einsatzschneide befindet sich ein abgesetzter Schaft a mit einem auf dem dünnen Ende befindlichen kurzen Ge-windestück b, der in eine Bohrung mit entsprechendem Muttergewinde c gesteckt wird, indem man das Gewinde-stück durch das Muttergewinde hindurchschraubt. Eine Lösung kann bei Rechtsdrehung des Schlangenbohrers nicht eintreten, da das Gewinde gleichsam als Bund wirkt. Im übrigen ist das Gewinde völlig entlastet; das Mitnehmen der Einsatzschneiden durch den Schlangen-bohrer bei der Bohrarbeit geschieht durch die Ohren ee. Ähnliche Einsatzschneiden entweder mit Schraubenver-schluß, Splintverschluß (Abbildungen 187 und 188), Riegelverschluß oder Bajonettverschluß werden von allen Bohrmaschinenfirmen geliefert.

Zur Erhöhung der Haltbarkeit und Verbesserung der Bohrleistung werden die Einsatzschneiden zum mindesten aus bestem Werkzeugstahl gefertigt. In zunehmendem

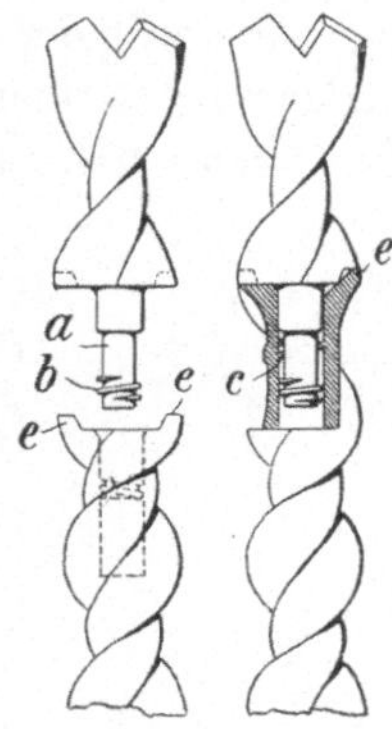

Abb. 188.
Einsatzschneide.

Maße werden sie jedoch mit Widiametallplättchen besetzt[1]) (Abb. 196). Die Bohrleistung liegt bei den aus Werkzeugstahl hergestellten Einsatzschneiden um 30—40% und bei Verwendung von Widiametall um mehr als 100% höher als bei gewöhnlichen Schlangenbohrern. Besondere Sorgfalt ist bei Benutzung von Widiaschneiden auf das Schleifen und die Auswahl der Schleifscheiben zu verwenden.

1. Drehendes Bohren von Hand.

60. — Ausführung der Bohrarbeit. Am hinteren Ende des Schlangenbohrers ist das Auge angeschmiedet, durch das ein Holzgriff ge-steckt wird.

An Stelle des Griffes benutzt man auch Kurbeln. Der erforderliche Druck kann entweder (Abb. 189) mittels eines drehbar auf der Kurbel b sitzen-den **Brustbleches** a, gegen das sich der Arbeiter mit der Brust lehnt, oder mit dem **Bohreisen**, das mit

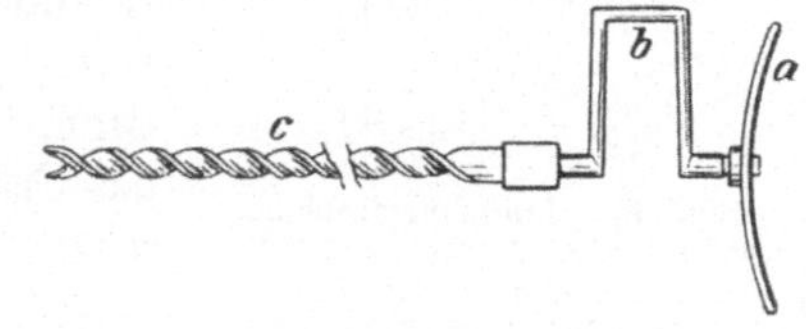

Abb. 189. Schlangenbohrer mit Kurbel und Brustblech.

einer Spitze gegen einen Gesteinsvorsprung gesetzt wird, erzeugt werden.

61. — Handbohrmaschinen. Bei den Handbohrmaschinen werden einfache Kraftübertragungen (Schrauben, Hebel u. dgl.) zwischen Hand

---

[1]) Kohle u. Erz 1930, S. 523; S c h ü l l e r: Über die Form von Steinkohle-Drehbohrschneiden und ihre Besetzung mit Widiametall; — ferner Glückauf 1934, S. 821; D r e s n e r: Untersuchungen im Drehbohrbetriebe einer oberschlesischen Steinkohlengrube.

und Bohrer eingeschaltet. Zur Erzielung eines höheren Bohrdruckes, als er beim gewöhnlichen Handbohren erzeugt werden kann, werden die Handbohrmaschinen zwischen dem Gebirgsstoß und einem festen Widerlager eingespannt. Der Antrieb erfolgt mit Hand.

Die einfachste Handbohrmaschine besteht aus einer den Schlangenbohrer tragenden Schraubenspindel und der Schraubenmutter, die mit 2 Zapfen in das als Widerlager dienende Gestell eingehängt wird. Die Schraubenspindel wird mittels Kurbel oder einer Bohrratsche (Knarre) gedreht.

An Stelle der Befestigung der Maschine im Gestell zieht man häufig die Verlagerung in einem Standrohre vor, das mit dem Fuße gegen ein beliebiges Widerlager, z. B. eine Kappe, einen Stempel o. dgl., abgestützt wird. Abb. 190 zeigt eine solche Anordnung. Die Vorschubmutter b ist frei drehbar unter Zwischenschaltung eines Kugellagers auf das Lagerstück e des Standrohres gesetzt, das an seinem unteren Ende einen gezackten Fuß besitzt. Die Vorschubregelung geschieht im vorliegenden Falle dadurch, daß der Bergmann das mit der Mutter b fest verbundene Handrad c mit der linken Hand festhält und nur bei zu starkem Gesteinswiderstande freigibt, um den Bohrer ohne Vorschub sich wieder freiarbeiten zu lassen.

62. — Leistungen. In mildem Gebirge, in dem ein geringer Druck von etwa 10—15 kg, wie er vom Bergmann selbst unmittelbar ausgeübt werden kann, für das Eingreifen der Bohrerschneide genügt, kann man ohne Benutzung von Handbohrmaschinen 10—30 Minuten Bohrzeit auf 1 m Bohrloch rechnen. Mit Handbohrmaschinen kann die gleiche Arbeit in etwa der halben Zeit geleistet werden. In etwas festeren Schichten (z. B. Sandschiefer) sind Handbohrmaschinen notwendig, mit denen man 1 m Loch in 15—30 Minuten abbohren kann. Freilich versagen auch sie bald, wenn das Gestein härter wird. Dieser Fall tritt z. B. schon in mittelfestem Sandstein ein.

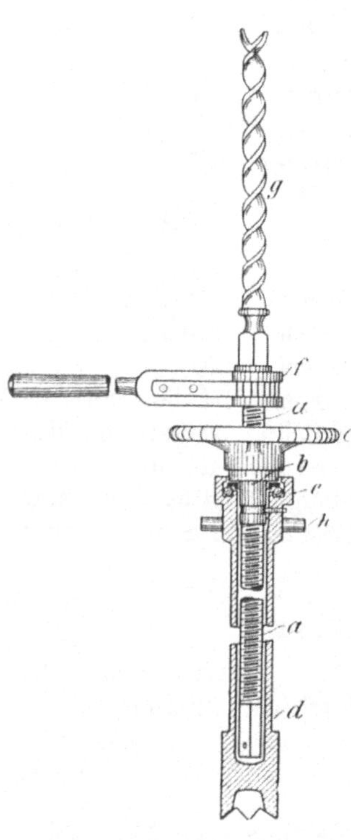

Abb. 190. Handbohrmaschine auf Standrohr mit Handrad.

2. Maschinenmäßiges drehendes Bohren in mäßig festem Gebirge.

63. — Überblick. Die Motoren können entweder getrennt von der eigentlichen Bohrmaschine aufgestellt werden und ihre Kraft durch gelenkige und biegsame Wellen übertragen oder unmittelbar an die Bohrmaschine angebaut sein.

Man ist heute allgemein zu Maschinen mit angebautem Motor übergegangen. Wenn solche Maschinen so leicht sind, daß der Arbeiter selbst sie halten und während der Bohrarbeit handhaben kann, so nennt man sie

Freihand-Drehbohrmaschinen. In härterem Gestein ist ein größerer Bohrdruck notwendig, als ihn der Arbeiter selbst erzeugen kann. Auch wählt man alsdann gern stärkere und dementsprechend schwerere Maschinen In diesem Falle befestigt man sie für die Bohrarbeit an einer Spannsäule und bezeichnet sie als Säulen-Drehbohrmaschinen. In beiden Fällen kann der Motor mit Druckluft oder Elektrizität angetrieben werden.

64. — Maschinen mit Druckluftmotor. Allgemeines. Solche Maschinen werden meist als Freihand-Drehbohrmaschinen gebaut; sie haben eine große Verbreitung gefunden[1]) und auf manchen Gruben sogar neben den Bohrhämmern ihren Platz behauptet.

Sie zeichnen sich gegenüber diesen (s. Ziff. 73 u. f.) durch geringen Druckluftverbrauch und Wegfall der Staubentwicklung, der lästigen Erschütterungen und des starken Geräusches aus. Dabei sind die Leistungen in gleichmäßigem, mildem Gebirge (z. B. in schwefelkiesfreier Kohle oder Carnallit) sogar höher und erreichen 0,5—1,6 m in der Minute; freilich versagen die Maschinchen in Gebirge von größerer und insbesondere von wechselnder Härte, so daß man in solchem Falle ohne Bohrhämmer nicht auskommt.

Die Abbildungen 191 u. 192 zeigen in Schnitt und Ansicht die Freihand-Drehbohrmaschine der Flottmann A.-G., Herne. Der eine der beiden Handgriffe

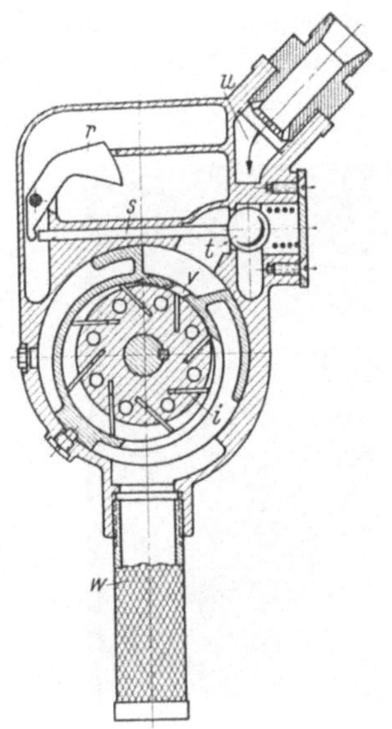

Abb. 191. Flottmann-Freihand-Drehbohrmaschine im Schnitt.

Abb. 192. Ansicht einer Flottmann-Freihand-Bohrmaschine.

dient der Zuführung der Frischluft. Sie strömt bei u durch ein von einem im Handgriff angebrachten Drücker r über den Stift s zu betätigenden Kugelventil t einem zylindrischen Drehkolben zu. Wie bei allen Drehkolbenmotoren ist der Kolben exzentrisch in der Arbeitskammer verlagert. Er trägt 8 durch Schleuderwirkung nach auswärts gedrückte, an dem Zylindermantel und den Stirnflächen dicht anliegende Lamellen i. Die Frischluft tritt jeweils in von zwei Lamellen abgeschlossene Kammern und setzt den Drehkolben unter Expansionswirkung in

---

[1]) Glückauf 1935, S. 885; Fries: Leistungsversuche an einer Kohlendrehbohrmaschine.

Umdrehung. Die Abluft entströmt dem Motor durch den als Auspuff ausgebildeten zweiten Handgriff w. Die Übertragung der Drehbewegung geschieht durch ein Zwischenritzel auf den Innenzahnkranz der Antriebswelle, auf die der Bohrer aufgesetzt ist. Die Bohrerdrehzahl beläuft sich auf 800/min. Das Gewicht der Freihand-Drehbohrmaschine beträgt 9 kg.

Ähnliche Freihand-Drehbohrmaschinen bauen die Firmen **Frölich & Klüpfel** zu Wuppertal-Barmen, **Demag** zu Duisburg, **Nüsse & Gräfer** zu Sprockhövel und **Heinr. Korfmann jr.** zu Witten.

65. — Kosten. Die Kosten des Betriebes von Drehbohrmaschinen sind bei Verwendung gewöhnlicher Bohrer jährlich etwa

Tilgung und Verzinsung 36 % des Anschaffungspreises . . . . . 60— 70 RM.
Luftverbrauch (40—60 m³ stdl.) bei 1½-stündiger Benutzungsdauer
  täglich und 0,25 Rpf. je m³ . . . . 50— 70 „
Ölverbrauch . . . . 3— 5 „
Instandhaltung . . . . 30— 40 „
Bohrer . . . . 40— 50 „
Schläuche . . . . 20— 30 „

Summe: 203—265 RM.

Das sind im Mittel je Arbeitstag 75 Rpf. Da die tägliche Bohrleistung leicht auf 20—30 m Bohrloch gebracht werden kann, würden die Kosten je Meter Bohrloch 2,5—3,5 Rpf. betragen.

Abb. 193. Elektrische Handdrehbohrmaschine der SSW.

66. — Elektrische Handdrehbohrmaschinen. Sie werden von der **Siemens-Schuckert-Werke A. G.** geliefert und dienen zur Herstellung von Sprenglöchern in mildem und mittelhartem Gestein, wie Kohle, Gips, Kalk, Mergel, Steinsalz, Sylvinit, Minette- und Doggererz, Phosphaterz, Brennschiefer usw. Sie sind überall da am Platze, wo der von einem Bohrhauer ausübbare Bohrdruck von etwa 20 kg ausreicht, um die Bohrschneide in das Gestein eindringen zu lassen.

Als Beispiel einer elektrischen Handdrehbohrmaschine sei diejenige der **Siemens Schuckert-Werke** kurz erläutert (Abb. 193). Sie ist mit oberflächengekühltem Drehstrommotor (125/220 Volt) von 900 Watt mit Kipphebelschalter und selbsttätiger Ausschaltung ausgerüstet. Für schlagwettergefährdete Betriebe wird eine besondere Ausführung in druckfester Kapselung mit Kabelstutzen in der Zuleitung und mit eingebautem dreipoligem Schalter für Handbetätigung oder Fernschaltung gebaut. Ihr Gewicht beträgt 13,5 bis 14,7 kg.

Die rund 3000 minutlichen Umdrehungen des Motors werden durch ein einstufiges Getriebe auf 700 oder durch ein zweistufiges Getriebe auf 400—500 der Bohrspindel herabgesetzt. Die hohe Bohrspindeldrehzahl eignet sich in erster Linie für Bohren in Kohle, die niedrigeren Drehzahlen für Salz, Doggererz und Minette. Diese im Vergleich zu den früheren Bauarten sehr hohen Drehzahlen sind erst durch die Entwicklung der Widia-Bohrschneiden möglich

Abb. 194. Säulendrehbohrmaschine der SSW.

geworden (Abb. 196a u. b). Damit haben sich auch die Bohrleistungen wesentlich erhöht. Sie betragen in der Minute je nach Härte und Beschaffenheit des betreffenden Gesteins in Kohle 800—1600 mm, in Doggererzen 800 bis 1200 mm, in Minette und Gips 800—1000 mm, in Steinsalz 600—800 mm, in mittelhartem Kalkstein 200—400 mm.

Die Maschinen haben eine sehr große Verbreitung gefunden, und zwar im oberschlesischen, englischen und südafrikanischen Kohlenbergbau, im Kali-, Doggererz- und Minettebergbau.

Die Betriebskosten einer elektrischen Handbohrmaschine sind infolge der geringen Kraftkosten niedriger als bei den mit Druckluft betriebenen, aber, wie auch bei letzteren, je nach dem Ausnützungsgrad und nach der Art der Lagerstätte verschieden hoch.

67. — Elektrische Säulendrehbohrmaschine. Wesentlich höhere Bohrdrücke — 600 bis 1000 kg — lassen sich mit Säulendrehbohr-

maschinen[1]) erzielen. Sie werden in härteren Gesteinen, wie Kalisalz mit
Anhydrit- und Kieseriteinlagerungen, in Anhydrit, hartem Kalk, Tonschiefer
sowie Brauneisenerzen mit Kalkeinlagerungen oder höherem Kieselsäure-
gehalt, angewandt. Sie werden wie die Handdrehbohrmaschinen von den
Siemens-Schuckert-Werken geliefert.

Die Säulendrehbohrmaschine der SSW (Abb. 194) wird durch einen Dreh-
stromkurzschlußläufer für 125/220 Volt angetrieben. Der Motor gibt 1,8 kW
an die Bohrspindel ab. Durch weitgehende Verwendung von Leichtmetall und
andere Verbesserungen ist es neuerdings gelungen, das Gewicht der Maschine
von 112 kg auf 79 kg herabzusetzen. Bei Benutzung gewisser Hilfsvorrichtungen
ist es infolgedessen jetzt möglich, die Maschine von einem Bohrhauer bedienen
zu lassen.

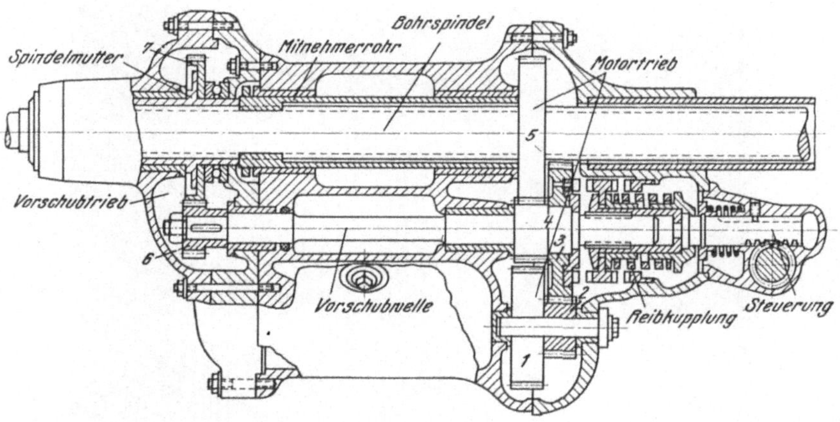

Abb. 195. Getriebe einer Säulendrehbohrmaschine.

Wie Abb. 195 veranschaulicht, wird vom Motorritzel die Leistung über die
Vorgelegeräder 1—5 auf die Bohrspindel übertragen, und zwar geschieht dieses
durch ein Mitnehmerrohr, das in die Längsnute der linksgängigen Bohrspindel
faßt. Von der Vorschubwelle aus wird über das Räderpaar 6 und 7 die Spindelmutter an der Bohrkopfseite angetrieben. Bohrspindel und Spindelmutter
besitzen verschiedene Drehzahlen. Aus ihrem Unterschied ergibt sich der
selbsttätige Vorschub (Differentialvorschub). Vorschub und Spindeldreh-
zahlen können durch Austausch der Zahnräder geändert und dem Gestein
angepaßt werden. Die von der Steuerung betätigte Reibkupplung dient zur
Übertragung der Drehbewegung von dem Vorgelegerad 3 auf die Vorschubwelle bzw. dazu, diese stillzusetzen. Im letzteren Falle wird auch die Spindelmutter festgehalten, wodurch die sich drehende Bohrspindel in der Spindelmutter sich zurückdreht.

----

[1]) Kali 1935, S. 115; Passmann: Verbesserungen an der SSW-Säulen-
drehbohrmaschine Bauart E 155; — ferner H. Zirkler: Beitrag zur Frage der
Verwendung leistungsfähiger elektrischer Säulendrehbohrmaschinen und Bohrwerkzeuge im Hinblick auf den Zertrümmerungswiderstand der Salzgesteine.
Dissertation, Berlin 1928.

Nachstehende Zahlentafel gibt eine Übersicht über die günstigsten Werte dieser Zahlen bei verschiedenen Arbeitsbedingungen:

Gesteinsart	Drehzahl U/min	Vorschub mm/min	Spanhöhe mm/U
Normales Hartsalz mit Kieseriteinlagerungen	520	1140	2,2
Hartsalz oder Sylvinit mit Anhydrit- u. Langbeinitbänken oder Doggererz mit hohem Kieselsäuregehalt	660	1020	1,6
Reines Steinsalz oder Sylvinit	660	1700	2,6
Anhydrit	460	790	1,7

Als Bohrschneiden werden in fast allen Fällen Widiaschneiden verwandt[1]) (Abb. 196). Nur in milden Salzen sind noch Schnelldrehstahlschneiden am Platze. Der Schneidendurchmesser beträgt 36 mm, und als Bohrstangen haben sich solche mit Schwertprofil 34×18,5 mm und 38 Windungen je Meter eingebürgert.

Als Spannsäulen, in denen die eigentliche Maschine verschiebbar befestigt ist, werden immer mehr solche aus Leichtmetall verwandt. Ihr Gewicht stellt sich auf nur $^1/_3$ entsprechender eiserner Säulen.

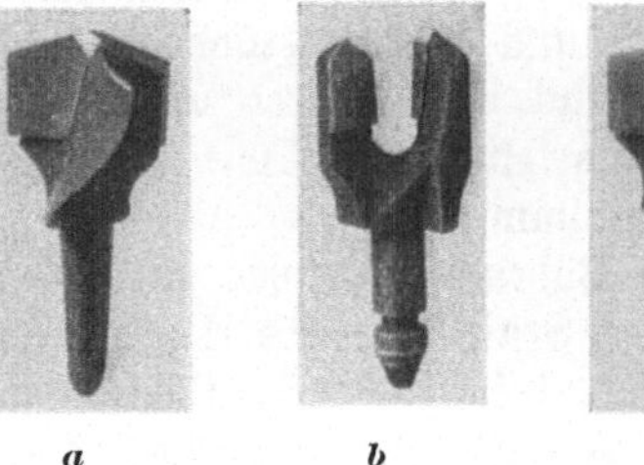

Abb. 196. Widiaschneiden für drehendes Bohren.

Die jährlichen Kosten einer elektrischen Säulendrehbohrmaschine schwanken naturgemäß je nach den örtlichen Verhältnissen und betragen im Kalibergbau durchschnittlich etwa:

Tilgung und Verzinsung . . . . 700 RM.
Stromverbrauch bei $2^1/_2$—3 stündiger Stromverbrauchszeit 50 „
Instandhaltung . . . . 350 „
Bohrer und Bohrschneiden einschl. Schärfen . . . . . . 650 „
Bohrkabel . . . . 100 „
1850 RM.

3. Maschinenmäßiges drehendes Bohren in hartem Gebirge.

Schon seit langem versucht man, auch in hartem Gestein drehend zu bohren, scheiterte aber immer an der ungenügenden Härte und dem damit verbundenen großen Verschleiß der Bohrer. Auch der technisch durchführbare Vorschlag, Diamantkronen anzuwenden, wie sie für Tiefbohrungen und Untersuchungslöcher benutzt werden, erwies sich wegen der mindestens 0,50—0,60 RM je Meter Bohrloch betragenden Diamantkosten als undurchführbar.

Erst das Widia sowie andere Hartmetalle haben hier einen Wandel geschaffen.

Die verwandten Schneiden haben eine ähnliche Form. wie sie für harte Salze üblich ist (Abb. 196 c). Nur ihr Rückenwinkel wird zu 8—12° bemessen,

---

[1]) Kali, Erz u. Kohle 1932, S. 181: Müller u. Wöhlbier: Untersuchungen über die Eignung von Widiaschneiden in festem Gestein usw.; — ferner Kali 1934, E. Winter: Untersuchungen zur Steigerung der Bohrleistung im Kalibergbau.

statt bei Kali zu 15—20^0. Wichtig ist. daß die zu bohrende Stelle angekörnt wird, um ein Schwärmen des Bohrers und ein dadurch verursachtes Aussplittern des Hartmetalls zu vermeiden. Auch muß für eine ausreichende Kühlung Sorge getragen werden. Der erforderliche Andruck ist sehr hoch und beträgt bis 800 kg; er kann nur mit Hilfe eines besonderen Vorschubgerätes erzeugt werden. In größerem Maßstab ausgeführte, aber im ganzen noch nicht abgeschlossene Bohrversuche haben in festem Massenkalk Bohrleistungen von 25 cm/min, in Diabas von 23 cm/min, in festem Brauneisenerz von 90 bis 100 cm/min ergeben[1]).

b) Schlagendes Bohren.

68. — **Vorbemerkung.** Beim schlagenden Bohren steht der Bohrer mit seiner Schneide auf der Bohrlochsohle und empfängt in dieser Stellung durch ein Fäustel oder einen Kolben unter regelmäßigem Umsetzen Schläge, die bewirken, daß die Schneide etwas in das Gestein eindringt und Gesteinsstückchen abtrennt. Im Gegensatz zum stoßenden Bohren sind also Bohrer und Schlaggewicht getrennt, und dieses allein macht die Hin- und Herbewegung, während der Bohrer selbst an ihr nicht teilnimmt.

Die Bohrarbeit erfolgt mit der Hand oder mit Maschinenkraft.

69. — **Stahlbohrer**[2]). Die Bohrer bestehen (wie übrigens auch in gleicher Ausführung beim stoßenden Bohren) aus runden, sechs- oder achtkantigen Stahlstangen von 22—32 mm Dicke. Man unterscheidet drei Bohrerarten: Voll-, Schlangen- und Hohlbohrer. Die Vollbohrer werden hauptsächlich bei über 45^0 nach oben gerichteten Löchern angewandt. Diese Neigung ist notwendig, damit das Bohrmehl noch von selbst aus dem Bohrloch herausfällt. Tritt das Bohrmehl nicht mehr von selbst aus — bei waagerechten und wenig geneigten Bohrlöchern —, so kommen Schlangenbohrer zur Anwendung. Sie schaffen mittels ihrer Windungen das Bohrmehl fort, und zwar in bis zu 45^0 nach aufwärts und bis zu 30^0 nach abwärts gerichteten Bohrlöchern. Bei Neigungen unter 30^0 abwärts kann das Bohrmehl nur durch Druckluft oder Wasser entfernt werden. Hier kommen die Hohlbohrer, die mit einer durch ihre Längsachse gehende Bohrung versehen sind, zur Verwendung. Das Spülmittel, Druckluft oder Wasser, tritt durch den Hohlbohrer zur Bohrlochsohle und hält diese vom Bohrklein frei. Gleichzeitig ist damit eine dauernde Kühlung der Bohrschneide verbunden Unabhängig von der Bohrlochneigung sind Hohlbohrer und Naßbohrer zu empfehlen, wenn es sich um Gestein handelt, dessen Bohrmehl Staublungenerkrankung begünstigt.

Die Bohrschneiden werden an die Bohrer unter Zuhilfenahme von Gesenken und Formstempeln angeschmiedet. Die gebräuchlichsten Formen sind in Abb. 197 wiedergegeben und in nachstehender Zahlentafel zusammengestellt:

---

[1]) Berg- u. Hüttenm. Jahrbuch 1941, S. 117; J. Hinnüber: Über die Anwendung von Hartmetall in der Tiefbohrtechnik und beim Drehbohren in Kohle und Kali; ferner in Kohle und Erz 1937. S. 154; — Wöhlbier: Die Wirksamkeit von Bergekästen bei geneigter Lagerung.

[2]) Berg- u. Hüttenm. Jahrbuch 1937, S. 122; Feustel: Über Gesteinsbohrer und deren Einfluß auf Leistung und Wirtschaftlichkeit des Bohrbetriebes.

Benennung	Einfache Meißelschneide	Doppelmeißelschneide	Kreuzschneide	X-Schneide	Z-Schneide	Kronenschneide mit 6 u. 8 Schneiden
Verwendungsgebiet	für hartes, nicht klüftiges Gestein	für hartes, auch klüftiges Gestein bei größerem Lochdurchmesser	für klüftiges Gestein bei tiefen Löchern	für klüftiges Gestein bei besonders tiefen und weiten Löchern	für nicht zu hartes Gestein und Kohle	für sehr hartes, klüftiges Gestein
Kleinste und größte Schneidenbreite bei einem Stahl von	22 mm ⌀ — 30—55	30—55	30—55	30—55	30—55	30—50
	26 mm ⌀ / 22 mm ⬡ — 34—65	34—65	34—65	34—65	34—65	34—55
	30 mm ⌀ / 26 mm ⬡ — 38—70	38—70	38—70	38—70	38—70	38—65
	30 mm ⬡ — 40—70	40—70	40—70	40—70	40—70	40—70

Es sind zu unterscheiden: die einfache Meißelschneide, die Doppelmeißelschneide, die Kreuzschneide, die X-Schneide, die Z-Schneide und die Kronenschneide mit 6 und 8 Schneiden. Bei ihrer Herstellung ist es besonders wichtig, auf eine richtige Breite zu achten. Sie ist abhängig vom Durchmesser des Bohrers. Allgemein ist der kleinste Schneidendurchmesser 4—6 mm größer zu wählen

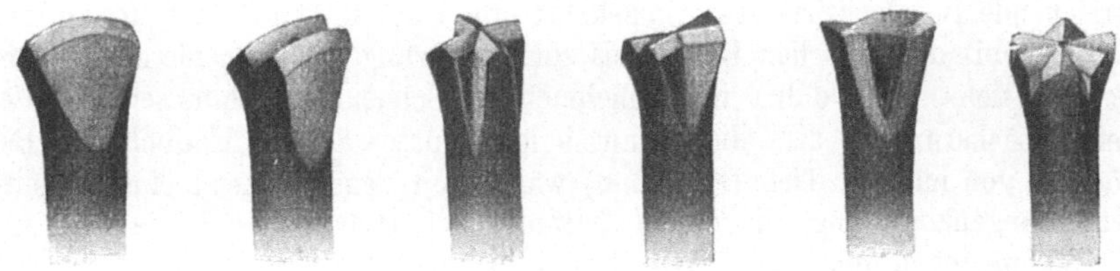

Abb. 197. Bohrerschneiden für schlagendes Bohren.

als der Bohrerdurchmesser, damit für das im Bohrloch fortzubewegende Bohrmehl genügend Raum bleibt. Die Verwendung der einzelnen Schneidenformen geht aus der obigen Zahlentafel hervor. Dazu ist noch zu bemerken, daß der Einfachschneide immer der Vorzug zu geben ist bei kleinem Bohrlochdurchmesser in nicht klüftigem Gestein. Sie kann ohne besondere Einrichtung billig hergestellt und instand gehalten werden. Ist das Gestein dagegen klüftig und der Bohrlochdurchmesser größer, so ist die Verwendung einer Doppelschneide empfehlenswert. Bei äußerst hartem und stark klüftigem Gebirge sind mehrzahnige Schneiden vorzuziehen. Durch die Vielzahl der Zähne werden die einzelnen Schneidenkanten nicht so schnell abgenutzt; außerdem setzt sich die mehrzahnige Schneide in klüftigem Gestein nicht so leicht fest. Werden Bohrmaschinen mit Handumsatz verwendet, so sind die Kronenschneiden allen anderen Schneiden vorzuziehen, weil sie trotz der langsamen Drehung des Bohrers die Gewähr für vollkommen runde Bohrlöcher bieten.

Durch die schlagende Bewegung des Bohrers wird die Bohrkrone abgenutzt, während durch die drehende Bewegung des Umsetzens ein seitlicher Verschleiß eintritt und der Schneidendurchmesser verringert wird. Schließlich hört die bohrende Wirkung der Schneide auf, so daß ein neuer Bohrer eingesetzt werden muß. Dessen Schneidendurchmesser darf jedoch nicht größer sein als der Durchmesser der abgenutzten Schneide des zuvor benutzten Bohrers. Zur Herstellung eines Bohrloches sind infolgedessen Bohrersätze notwendig, deren nutzbare Bohrerlänge und deren Schneidendurchmesser untereinander abgestuft sein müssen. Das Maß der Abstufung ist von der Härte des Gesteins abhängig. Bei hartem Gestein ist die Längenabstufung gering, die Schneidenabstufung groß; bei weichem Gestein ist es umgekehrt, da hier die Abnutzung der Schneide nur gering ist. Bei mittelhartem Gestein, wie es zumeist im Steinkohlenbergbau anzutreffen ist, kann ein Bohrer so lange benutzt werden, bis der Durchmesser seiner Schneide um etwa 2 mm abgenommen hat. Daraus ergibt sich eine Abstufung im Schneidendurchmesser von 3 mm. Bei der Abstufung der Bohrerlängen ist zu beachten, daß bei dem gleichen Gestein die von ein und demselben Bohrer zu

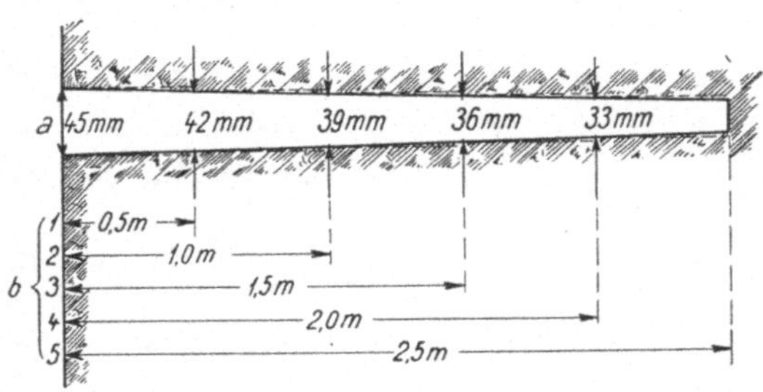

Abb. 198. Durchmesser-Abstufung bei einem mit Stahlbohrkronen hergestellten Bohrloch.

erreichende Bohrlochtiefe etwa umgekehrt proportional dem Bohrerdurchmesser ist. Die mit dem gleichen Bohrer bis zur Abnutzung der Schneide erreichbare Bohrlochtiefe nimmt daher mit abnehmendem Schneidendurchmesser zu. Bei tiefen Löchern sind also die Anfangsbohrer kürzer als die Endbohrer. Bei Löchern von mäßiger Tiefe (etwa 2 m) wählt man dagegen meist eine einheitliche Längenabstufung, die 50 cm beträgt, bei hartem Gestein jedoch auf 20—30 cm sinken und bei weichem Gestein bis auf 1 m steigen kann.

Abb. 198 veranschaulicht das Beispiel einer gleichmäßigen Längenabstufung, wobei mittelhartes Gestein und eine Bohrlochtiefe von 2,5 m angenommen sind.

70. — Die Behandlung der Stahlbohrer. Die Bohrer werden zweckmäßig aus im Tiegel- oder Elektroofen hergestelltem Stahl angefertigt, dessen Kohlenstoffgehalt zwischen 0,7 und 0,95% schwankt und dessen Mangangehalt 0,25 bis 0,35% beträgt. Ein solcher Stahl verbindet in günstiger Weise Härte und Zähigkeit und ist genügend härtbar. Durch die andauernden Erschütterungen bei der Bohrarbeit wird der Stahl infolge Änderung seines Gefüges allmählich brüchig. Schädlich ist insbesondere das Bohren mit stumpfen Bohrern. Das Stumpfwerden des Bohrers hat nicht nur ein Sinken der Leistung zur Folge, sondern es beschleunigt auch die Gefügeänderung des Stahles und begünstigt so das Brechen der Bohrstange. Ein großer Teil der Bohrerbrüche ist auf das Arbeiten mit stumpfen Bohrern zurückzuführen.

Sorgfältige Auswahl des Bohrstahls und zweckmäßige Behandlung und Verwendung der Bohrer ist daher sehr wichtig[1]). Ausschlaggebend darf nur die

[1]) Glückauf 1935, S. 341; A. Weddige: Zweckmäßige Bewirtschaftung der Bohrer im Steinkohlenbergbau; — ferner: Bergbau 1935, S. 61; Maercks: Die Gezähewirtschaft und S. 74: Herbst: Aus dem Betrieb einer hochbeanspruchten Bohrerschmiede; ferner Demag: Gesteinbohren. Verlag Glückauf G. m. b. H., Essen 1938.

Güte, nicht der Preis sein. Es empfiehlt sich, für eine Schachtanlage nur eine Bohrstahlart zu verwenden, um verschiedene Handhabung der Härte- und Vergütungsverfahren beim Nachschärfen zu vermeiden. Auch lohnt es sich, für jeden Betriebspunkt einen eigenen Wagen für die Hin- und Rück- förderung der Bohrer zwischen Betrieb und Schmiede zur Verfügung zu stellen, damit jeder Bohrbetrieb die für ihn geeignetsten Bohrer erhalten kann und Verwechslungen vermieden werden.

Beim Schärfen des Bohrers sind folgende Arbeitsvorgänge zu unter- scheiden: 1. das Erwärmen des Stahls für das Schmieden, 2. das Schärfen der Schneide, 3. das nochmalige Erwärmen für das Härten, 4. das Härten und 5. das Anlassen.

Bei dem ersten Erwärmen des Stahls für das Schärfen ist zur Vermei- dung des sog. Verbrennens acht darauf zu geben, daß eine je nach der Art

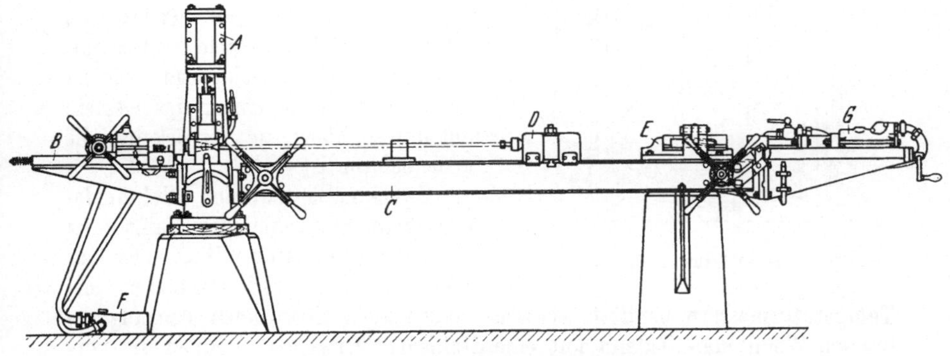

Abb. 199. Bohrerschärfmaschine von Flottmann.

des Stahles verschiedene, bei den gewöhnlichen Stahlsorten zwischen 800 und 900° liegende Temperatur nicht überschritten wird. Dann wird die Schneide herausgeschmiedet und geformt. Da das Ausschmieden der Schneiden von Hand zeitraubend und teuer ist und außerdem eine ge- wisse Fertigkeit verlangt, wendet man meist Bohrerschärfmaschinen an. Hierdurch lassen sich die Schärfkosten erheblich ermäßigen; außerdem sind die maschinell geschärften Bohrer gleichmäßiger und behalten länger ihre Schärfe. Eine solche Schärfmaschine, wie sie von Flottmann gebaut wird (Abb. 199), besteht aus dem Streckhammer A, dem Schärfhammer B, der Stell- vorrichtung C, dem Gegenhalter D, der Stauchvorrichtung E, dem Fußtritt- ventil F und der Stauchmaschine G. Mit dieser Maschine können Bohrer- schneiden hergestellt und nachgeschärft, Bohrerbunde und Einsteckenden angestaucht und geschmiedet werden. Eine gedrängtere Bauart besitzt die Presse der Demag, in der Schmiede- und Stauchgesenke nach Bedarf eingesetzt werden können. Sie besteht aus dem Zylinder a (Abb. 200), der auf den Unter- satz b aufgeschraubt ist und dem im Zylinder a gleitenden Hauptkolben c, der durch zwei Stangen d mit dem Schlaghaupt e verbunden ist. Geschmiedet wird mit dem Schlaghaupt und den in ihm und der Oberseite des Zylinders ein- gesetzten Form- und Maßblöcken. Mit einer Maschine lassen sich in einer Stunde bis zu 70 Bohrerschneiden nachschärfen.

Nach dem Schärfen wird die Schneide gehärtet und dann angelassen, **um die beim Formgeben und Härten auftretenden Spannungen zu beseitigen, die Sprödigkeit herabzusetzen und die Elastizität zu erhöhen.** Das Härten besteht aus dem Anwärmen auf die richtige Härtetemperatur und einem sehr schnellen Abkühlen (Abschrecken) in fließendem kalten Wasser von 15—20⁰ C. Die richtige Härtetemperatur wird meist vom Lieferwerk des Bohrstahls vorgeschrieben, oder sie muß durch Versuche bestimmt werden. Sie liegt vielfach bei 750—800⁰ C. Zum Anlassen wird die Bohrschneide vor dem völligen Erkalten erneut erhitzt. Die Anlaßtemperatur liegt zwischen 200 und 300⁰ C und richtet sich nach der Härte des Gesteins sowie nach der Schneideform. Sie ist um so niedriger, je härter das Gestein und um so höher, je verwickelter die Schneideform ist.

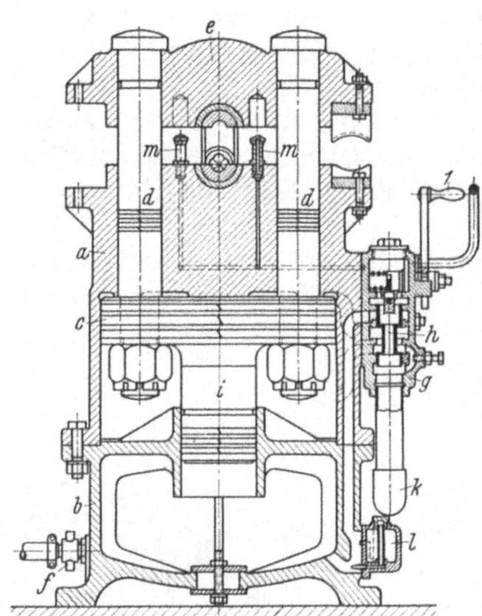

Abb. 200. Bohrerschärfmaschine der D e m a g.

Zweckmäßig werden Schmiedefeuer beim Erwärmen des Stahls ganz vermieden und dafür mit Öl oder Gas gefeuerte Glüh- und Härteöfen mit Temperaturmessern benutzt. Teilweise haben auch Elektroöfen Eingang gefunden. Wenn man alsdann nur eine Stahlsorte verwendet, können die vorgeschriebenen Temperaturen, die tiefer als die Schmiedetemperaturen liegen,

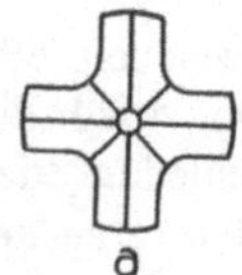 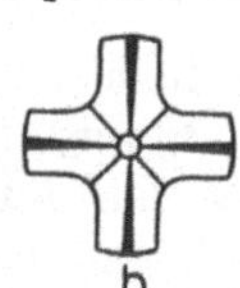   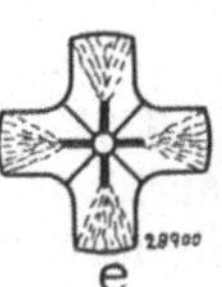

Abb. 201. Verschiedenartige Abnutzung von Kreuzschneiden.

leicht innegehalten werden. Eine große Gleichmäßigkeit des Bohrstahls, gute Bohrleistungen und wenig Störungen durch Brüche werden die Folge sein[1]).

Aus der Art der Abnutzung der Bohrschneide können Schlüsse auf die Richtigkeit der Wärmebehandlung gezogen werden. Die Abb. 201 zeigt verschieden behandelte Kreuzschneiden: *a* ist richtig geschmiedet und richtig gehärtet; *b* ist überhitzt geschmiedet, jedoch richtig gehärtet; *c*, *d* und *e* sind richtig geschmiedet, *c* jedoch zum Härten zu schnell erhitzt, *d* zum Härten auf zu niedrige Temperatur erhitzt und *e* ist überhitzt gehärtet[2]).

Außer der Schneide muß auch das Einsteckende des Bohrers gehärtet werden, da es, wenn es zu weich ist, von den Schlägen des Bohrhammers an-

---

[1]) Glückauf 1925, S. 1649. H o h a g e: Die Wärmebehandlung des Werkzeugstahls im Zechenbetriebe; — ferner Der Bohrhammer 1928, S. 42; M ü l l e r: Die wirtschaftliche Bedeutung des Bohrbetriebs usw.
[2]) D e m a g: Gesteinbohren. Glückauf-Verlag, 1938.

gestaucht wird und ein Klemmen oder Zerstören des Bohrerhalters eintreten kann. Eine zu große Härte des Einsteckendes führt jedoch anderseits zu einer Absplitterung der Schlagfläche oder gar zu einer Zerstörung des Schlagkolbens des Bohrhammers. Es empfiehlt sich, die bis etwa 75 mm unterhalb des Bundes auf 800° erwärmten Einsteckenden in einem Ölbade von 18° C abzuschrecken und hierin erkalten zu lassen. Im Notfal kann auch an Stelle des Ölbades kochendes Wasser genommen werden.

71. — Hartmetallschneiden. Neuerdings ist es gelungen, Hartmetallschneiden, und zwar für schlagendes Bohren, zu entwickeln. Die immer stärkere Anwendung von Hohlbohrern und Wasserspülung hat diese Entwicklung sehr begünstigt, da beim Naßbohren Abnutzungserscheinungen an den Stahlbohrschneiden auftreten, die nur durch Verwendung von Hartmetallbohrerschneiden auf ein erträgliches Maß herabgesetzt werden können.

Die Schneidenformen sind die üblichen. Einfachmeißel- und Kreuzschneiden herrschen vor, daneben bestehen noch Schneiden mit 3 und für besonders bohrfestes Gestein mit 5 Schneidenkanten. Durch gewisse Abwandlungen in der äußeren Form passen sich die Schneiden den besonderen Eigenschaften des Hartmetalls und seiner Verlötung in den Schneidenträgern aus Stahl an.

Das Einlöten der aus Widia oder Böhlerit bestehenden Hartmetallplättchen erfolgt entweder unmittelbar in den Bohrerschaft oder in eine besondere Bohrkrone, die mittels Konus oder durch Schraubgewinde mit der Bohrstange verbunden wird.

Bei den in der Bohrstange fest eingelöteten Schneiden besteht die Gefahr, daß bei einem Bruch der Bohrstange auch die Schneide außer Betrieb kommt und in eine neue Stange erst wieder eingelötet werden muß. Die Dauerfestigkeit der Bohrstange ist daher von größter Bedeutung. Sie liegt,

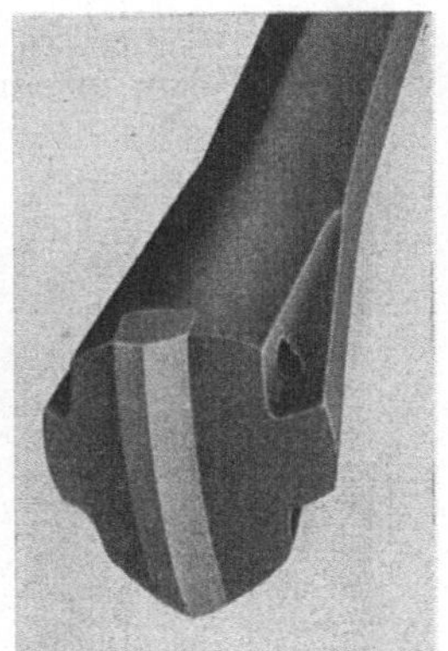

Abb. 202. Hartmetallschneide für schlagendes Bohren.

auf erreichbare Bohrmeterzahl bezogen, bei den heute benutzten Werkstoffen immer noch unter der Lebensdauer der Bohrerschneiden. Aufsteckbare und aufschraubbare Schneiden machen den oft kostspieligen Transport der Gestänge überflüssig. Bei den Verbindungen zwischen Krone und Bohrerschaft treten jedoch ebenfalls Brüche als Folge einer Ermüdung des Werkstoffes auf. Hier scheint jedoch bisher die Verbindung mit einem Konus vorteilhafter zu sein als mit einem Schraubgewinde, das besonders bei Wasserspülung schnell verschleißt.

Abb. 202 zeigt eine Schneide der Demag in Duisburg, die es vorzieht, die Hartmetallplättchen unmittelbar in den Bohrer einzulöten. Die Demagschneide ist eine Einfachmeißelschneide mit 110° Schneidenwinkel und für harte Gesteine bestimmt. Diese einfache Form erlaubt einen Schneidendurchmesser von nur 36—38 mm (für 25-mm-Patronen) im Vergleich zu 44 bis 46 mm der auswechselbaren Bohrkronen. Der geringere Schneidendurchmesser wirkt sich naturgemäß günstig auf den Bohrfortschritt aus. Um das Bohren stark unrunder Löcher und damit Umsetzschwierigkeiten des Hammers und erhöhten Kantenverschleiß zu vermeiden, sind seitlich zwei Führungslappen angeschmiedet, die tiefer als der Hartmetallbesatz sitzen und eine sichere Rundführung der Schneide im Bohrloch erreichen, ohne sich selbst als Schneide auszuwirken. Die Bohrstange ist ein 6-Kant-Hohlbohrer aus legiertem Stahl von 22 mm $\varnothing$, dessen Korrosionsbeständigkeit gegen den Einfluß des Spülwassers noch durch eine korrosionssichere Auskleidung des Spülkanals erhöht werden kann. Das für die Aufnahme des Spülkopfes bestimmte Einsteckende besteht aus einer Hülse, in die das konisch abgedrehte Bohrerende gesteckt wird.

Der Bohrer der Firma M e u t s c h , V o i g t l ä n d e r & Co. in Essen besteht aus 3 Teilen: dem Schlagbohrkopf, dem Bohrrohr und dem Hammernippel (Abb. 203). Alle diese Teile haben den gleichen Konus, oder eine entsprechend ausgebildete Innenbohrung zum Einstecken mit Preßsitz. Das Bohrrohr von 30 mm $\varnothing$ und 16 mm Innenweite ersetzt den eigentlichen Hohlbohrer und verhält sich gegen Bohrerschwingungen günstiger als jener. Die in Abb. 204 dargestellte Kreuzschneide zeigt insofern eine Abweichung des sonst üblichen Lötverfahrens, als die das Kreuz bildenden Hartmetallplättchen nicht unmittelbar in den Schneidenträger eingelötet sind, sondern in einem besonderen Kreuzstück sitzen, das seinerseits in den Stahlträger eingelötet ist. Diese Anordnung setzt die schädlichen Lötspannungen auf ein Mindestmaß herab, da der Sonderwerkstoff des Kreuzstückes die Lötbindung des Hartmetalls günstig beeinflußt.

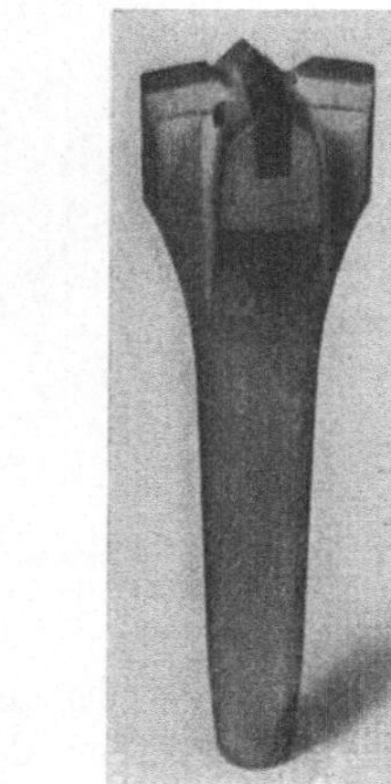

Aufschraubbare Bohrschneiden liefern die Firmen B e r t l in Halsbrücke, P r a g e r in Halle, F l o t t m a n n in Herne und B ö h l e r in Düsseldorf. Die Schlagübertragung erfolgt über einen unter dem Gewinde sitzenden angestauchten Bund. Das Gewinde erhält also keine Schlagbeanspruchung.

Der Preis der Bohrerschneide beträgt, je nach der Schneidenbauart und dem Gewicht des eingelöteten Hartmetalls 45—65 RM., wobei jedoch zu berücksichtigen ist, daß die Lebensdauer der Hartmetallschneiden 10—15mal höher ist als die der Stahlbohrschneiden. Die Schneidenkosten einschließlich Nachschleifen, das ohne Warmbehandlung auf besonderen Schleifmaschinen geschieht, liegen, je nach der Art des zu bohrenden Gesteins, zwischen RM. —,30 und —,90 je m Bohrloch. In der Regel ist ein 10—15maliges Nachschleifen möglich. Im Tonschiefer des Ruhrgebietes können mit einer Schneide 700 m, im Sandstein etwa 180—300 m abgebohrt werden.

Abb. 203. Hartmetallbohrer mit Einsteckbohrkrone.

Abb. 204. Hartmetall-Kreuzschneide.

Eine Besonderheit des Bohrens mit Hartmetallkronen besteht darin, daß nur Bohrhämmer unter 18 kg Gewicht, die verhältnismäßig schnell schlagen und deren Einzelschlag nicht zu wuchtig ist, verwendet werden dürfen, wobei die Spannung der Druckluft 5 atü nicht überschreiten soll[1]).

---

[1]) Berg- und Hüttenmännische Monatshefte 1941, S. 82; K. F e u s t e l : Neuzeitliche Probleme beim Gesteinbohren.

Die Vorteile der Hartmetallschneiden sind mehrfacher Art. Es tritt eine Steigerung der Bohrgeschwindigkeit um 50—100% ein, wobei die größere Steigerung bei härterem Gestein liegt. Der sehr geringe Seitenverschleiß erlaubt ein Loch von normaler Länge mit nur 2 Bohrern herzustellen. Infolgedessen verringert sich das Nachschleifen abgenutzter Schneiden in erheblichem Maße. In gleicher Weise vermindert sich der zeitraubende Bohrertransport, der bei Verwendung aufsteckbarer oder aufschraubbarer Bohrmeißel überhaupt entfällt. Diese Vorteile bringen es mit sich, daß im Steinkohlenbergbau und Erzbergbau die Anwendung von Hartmetallschneiden in rascher Zunahme begriffen ist.

1. Schlagendes Bohren mit Hand.

72. — Gezähe und Leistungen. Das Gezähe für das schlagende Bohren ist Fäustel und Bohrer.

Das Fäustel aus Stahl (Abb. 141 auf S. 156) ist entsprechend dem Schwingungshalbmesser von etwa 50 cm schwach gekrümmt. Die Endflächen oder Bahnen des Fäustels müssen rechtwinklig zur Krümmungslinie verlaufen, damit kein Prellen entsteht. Das Helm besteht aus Weißbuchen- oder Eschenholz. Das Gewicht eines Fäustels beim einmännischen Bohren beträgt etwa 1½ kg; nur beim Bohren von unten nach oben (sog. Schlenker- oder Hopserbohren) werden schwerere Fäustel (bis zu 4 kg) verwandt.

Zweimännisches Bohren pflegt in Bergwerken nur selten geübt zu werden. Über Tage, in Steinbrüchen, findet man es häufiger. Alsdann werden gleichfalls Fäustel von 3—4 kg Schwere gebraucht.

Der Bohrer besteht aus einer runden oder sechs- oder achtkantigen Stahlstange von 18—20 mm Dicke. Bezüglich der Form der Meißel gilt dasselbe, was in Ziff. 85 auf S. 224 in dem Abschnitt über stoßendes Bohren gesagt ist.

Auf 1 m Bohrloch kann man bei Verwendung von Meißelbohrer und Fäustel in festem Sand- oder Kalkstein oder in Konglomerat 1—4 Stunden Arbeitszeit, entsprechend einer Durchschnittsleistung von 1,6—0,4 cm minutlich, rechnen.

2. Schlagbohrmaschinen.

73. — Allgemeines. Die mit Druckluft betriebenen Schlagbohrmaschinen sind die „Bohrhämmer" und die „Hammerbohrmaschinen". Von ihnen hat insbesondere der Bohrhammer in kurzer Zeit das Bohren von Hand verdrängt und schließlich auch die Stoßbohrmaschinen weit überflügelt. Im Ruhrbergbau z. B. waren 1938 rund 18000 Bohrhämmer eingesetzt, im Saargebiet und in Aachen je etwa 1000.

Die eigentliche Bohrmaschine besteht, wie an dem Beispiel des Flottmannschen Hammers erläutert sein mag (Abb. 205), aus dem Arbeitszylinder a mit Schlagkolben b, dessen Kolbenstange c als Schlagkopf ausgebildet ist, der Steuerung d, der Umsetzvorrichtung i, k, l und der Einsteckhülse m zur Aufnahme des Bohrerendes n. Dieses ragt so weit in den Zylinder hinein, daß es die Schläge des Arbeitskolbens empfängt. Es wird also die Arbeit des Fäustelbohrens nachgeahmt. Der Bohrmeißel bleibt

ständig in Berührung mit der Bohrlochsohle, während er von dem Schlagkolben eine sehr große Zahl von Schlägen (1000—2000 minutlich) erhält.

Als Bohrhämmer pflegt man diejenigen Maschinen zu bezeichnen, die
mit einem Handgriff versehen sind und demgemäß bei der Arbeit in der
Regel frei mit der Hand gehalten und entsprechend dem Tieferwerden des
Loches nachgedrückt werden, wenn auch eine gelegentliche Verwendung in
Vorschubvorrichtungen nicht ausgeschlossen ist. Dagegen spricht man von
„Hammerbohrmaschinen", wenn die Maschinen ohne Handgriff geliefert
und in dauernder Verbindung mit einer Vorschubvorrichtung gebraucht
werden. Die leichten, für mildes Gestein bestimmten Maschinen werden

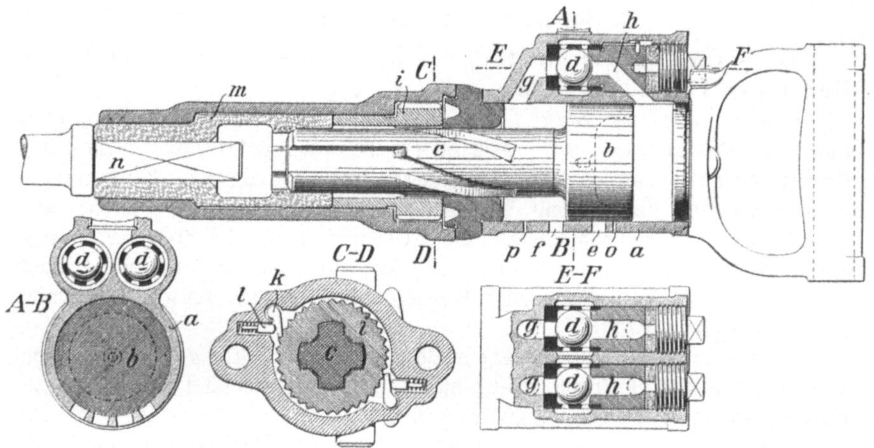

Abb. 205. Flottmannscher Bohrhammer.

gewöhnlich als Bohrhämmer, die großen, schweren und für hartes Gestein
geeigneten als Hammerbohrmaschinen gebaut. Im übrigen sind sich die
Bohrhämmer und Hammerbohrmaschinen in ihrer Wirkungsweise gleich. Über
Wasserspülung s. Ziff. 82.

74. — Die Steuerung. Die bei Druckluftwerkzeugen allgemein in Gebrauch
stehenden Steuerungen sind bereits in Ziff. 19 (S. 158) besprochen worden.
Da für die Bohrhämmer kurzer Hub und große Schlagzahl kennzeichnend
sind, haben sich besonders die Steuerungen mit Doppelsitzventil (Flattersteuerungen) bewährt.

Die nähere Einrichtung der Steuerungen dieser Gruppe soll wieder an Hand
der Flottmannschen Maschine (Abb. 205) erläutert werden. Es sind g und h
die Einströmkanäle für die durch die Kugel d gesteuerte Frischluft (s. Hauptzeichnung). Die Kanäle sowie die Steuerkugel sind in Parallelschaltung
doppelt angeordnet (s. Schnitt $E—F$), damit die Einzelkugel klein und leicht
beweglich bleibt und trotzdem in den beiden Kanälen ein reichlich großer
Querschnitt für den Durchfluß der Luft zur Verfügung steht. Beide Kugeln d
rollen also gleichzeitig zwischen den nahe beieinander befindlichen, kreis-
förmigen Öffnungen der Kanäle g und h hin und her und verschließen abwechselnd die eine und die andere dadurch, daß sie sich auf die Ringsitze
auflegen. Der Auspuff erfolgt durch die Löcher e und f. Nach der Abb. 205

tritt Druckluft durch h hinter den Arbeitskolben und treibt diesen nach vorn. Die Öffnung f ist noch frei, so daß die Luft vor dem Kolben ausströmen kann. Sobald der Kolben seinen Lauf fortsetzt, das Loch f überschleift und dagegen das Loch e für den Auspuff freigibt, tritt vor dem Kolben Kompression und hinter ihm Druckentlastung ein. Infolge dieser Wirkung werden die Steuerkugeln d auf den gegenüberliegenden Sitz hinübergeschleudert, und das Spiel wiederholt sich von neuem. Die engen, zwischen den Auspufflöchern e und f und den Zylinderenden in der Hauptzeichnung dargestellten kleinen Hilfsauspufflöcher o und p bewirken, daß die Druckschwankungen allmählich ineinander übergehen, und mindern die Zusammenpressungen der Luft in den Endlagen des Kolbens herab. Allerdings bedeuten sie auch Kraftverluste.

Bei den Bohrhämmern der übrigen Bohrmaschinenfabriken finden wir ganz ähnliche Steuerungen; nur ist die Kugel durch platte Scheiben, konkave oder konvexe Linsen oder ähnliche Steuerkörper ersetzt.

Auch die Federschiebersteuerung findet sich bei Bohrhämmern und anderen Druckluftwerkzeugen. Für Stoßbohrmaschinen kommt dagegen die Kolbenschiebersteuerung zur Anwendung; ebenfalls vielfach bei schweren Hammerbohrmaschinen.

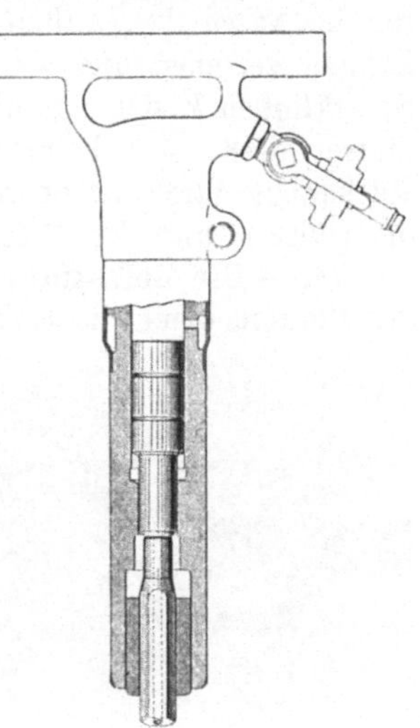

Abb. 206.
Bohrhammer für Handumsetzung.

75. — Die Umsetzvorrichtung. Bei Bohrhämmern und Hammerbohrmaschinen für sehr hartes Gestein läßt man vielfach die Umsetzvorrichtung ganz fort, und das Umsetzen findet mit Hand statt. Bei Bohrhämmern pflegt man zu diesem Zwecke den Griff nach Abb. 206 zu verbreitern, so daß er bequem mit beiden Händen gefaßt und gehandhabt werden kann. Bei Hammerbohrmaschinen bringt man Hebel an (vgl. Abb. 215, S. 219), mittels deren die Drehung der Maschine leicht erfolgen kann. Durch das Fehlen jeder Hemmung in der Bewegung des Schlagkolbens erfolgen die Schläge außerordentlich kräftig und sind von großer Wirkung. Auch darf das Umsetzen gerade in hartem Gestein ohnehin nur verhältnismäßig langsam erfolgen, da der Meißel bei dem einzelnen Schlage nur ganz wenig in das Gestein eindringt. Vorteilhaft ist schließlich die Verringerung der verschleißenden Teile, die besonders wichtig ist, da die Umsetzvorrichtung den empfindlichsten Teil des Bohrhammers bildet und am häufigsten zu Ausbesserungen Anlaß gibt[1]).

In weniger hartem Gestein kann man dagegen auf die regelmäßige, selbsttätige Umsetzung nach jedem Schlage nicht verzichten. Die Einrichtungen hierfür sind in ihrer allgemeinen Anordnung denjenigen für Stoßbohrmaschinen ähnlich (vgl. Ziff. 87 auf S. 225). Da aber der Schlagkolben der Bohrhämmer nicht starr mit der Bohrstange verbunden ist, sind besondere Vorkehrungen

---

[1]) Der Bohrhammer 1928, S. 42; Müller: Die wirtschaftliche Bedeutung des Bohrbetriebes usw.

nötig, um die dem Kolben erteilte Drehbewegung auf den Bohrer zu übertragen. Ferner pflegt man das Sperrad vor den Schlagkolben zu verlegen und die Züge der Drallspindel auf die Kolbenstange selbst zu schneiden, um nicht den Kolben durch die hintere Bohrung für die Drallspindel allzusehr zu schwächen und sein Schlaggewicht zu vermindern.

Die übliche Bauart erhellt aus der Abb. 205. Auf den vorderen Teil der Kolbenstange c sind die gerade verlaufenden Nuten für die einspringenden Nasen der Hülse m und auf den mittleren Teil die schrägen Drallzüge für die Nasen der Drallmutter i eingeschnitten. Diese ist am Umfange mit Zähnen versehen und als Sperrad ausgebildet, das unter der Wirkung der Sperrklinken k sich nur nach einer Richtung hin drehen kann. Die Drallmutter dreht sich beim Vorwärtsschlage des Kolbens, während sie beim Rückgange durch die Sperrklinken festgehalten wird und damit den Kolben, die Hülse m und den Bohrer selbst zur Drehung zwingt.

76. — Die Befestigung der Bohrer in der Maschine. Zur Aufnahme des Bohrers dient die Einsteckhülse. Die Verbindung zwischen dieser und dem Einsteckende des Bohrers muß so beschaffen sein, daß der Bohrer an der Drehung der Hülse teilzunehmen gezwungen ist, im übrigen aber eine gewisse Vorwärtsbewegung machen kann, sobald er durch den Schlag des Arbeitskolbens getroffen wird. Die freie Beweglichkeit des Bohrers nach vorn muß begrenzt sein, denn zum Zwecke des Herausziehens des Bohrers aus dem Loche muß der Bohrer auch der Rückwärtsbewegung der Maschine folgen.

Abb. 207. Haltebügel für Bohrer.

In der Regel ist jetzt das Bohrereinsteckende als Vierkant mit einem Bund zwischen diesem und dem Bohrerschaft ausgebildet. Der Vierkant überträgt die Drehbewegung der Hülse auf den Bohrer, während der Bund in seiner äußersten Stellung durch den Schlußbügel einer auf dem Hammer angeordneten Feder (Abb. 209) gehalten wird. Statt der Federn wendet man auch geschlossene Überwurfhülsen an (ähnlich wie in Abb. 145), die auf das Maschinenende aufgeschraubt werden. Solche Hülsen sind dauerhafter als Federn; dafür wird ihr Schraubengewinde leicht schlotterig. Ein neuartiger Haltebügel wird von der Flottmann A. G. gebaut. Er ist am vorderen Zylinderdeckel des Hammers ausschwenkbar befestigt (Abb. 207).

Von der genauen Bearbeitung und sorgfältigen Instandhaltung des Bohrereinsteckendes hängt zum großen Teile einerseits das gute, wirtschaftliche Arbeiten und anderseits die Haltbarkeit des Hammers ab[1]. Insbesondere darf das Einsteckende weder zu lang noch zu kurz sein, da sonst die Schlagkraft des Kolbens und das richtige Umsetzen des Bohrers leiden. Weitere in dieser Hinsicht häufig gemachte Fehler veranschaulicht mit den eintretenden Folgen Abb. 208. Ist die Stirnfläche des Einsteckendes schräg abgeschnitten (a), so tritt wegen der einseitigen Beaufschlagung leicht ein

---

[1] Glückauf 1928, S. 73; Elster: Anforderungen des Bergbaus an die Werkstoffe von Bohr- und Abbauhämmern.

Bruch des Kolbenschaftes ein. Eine konische Gestaltung des Bundes oder des Einsteckendes selbst (*b* und *c*) treiben die Bohrerhülse auf und zerstören sie. Zu dünne oder schiefwinklige Einsteckenden (*d* und *e*) führen zu starkem Verschleiß der Hülse und zu Klemmungen. Wenn das Einsteckende nicht gleichachsig zum Bohrerschaft steht (*f*), sinkt die Bohrleistung, und der Bohrer bricht leicht.

77. — Der Zusammenbau der Teile zu einem Bohrhammer. Den Zusammenbau der einzelnen Teile und das äußere Aussehen der Maschine zeigt Abb. 209. Der Griff, der Zylinder, der Vorderteil mit Überwurffeder, das Steuergehäuse und der Einlaßhahn sind daran gut kenntlich. Bemerkenswert sind noch die seitlichen Schraubenbolzen, die den Griff und den hinteren Zylinderdeckel mit dem Vorderteil unter Einschaltung von Pufferfedern verbinden. Diese federnde Verbindung der Endstücke mit dem Zylinder ist unbedingt erforderlich, damit die Rückstöße verringert werden und bei den im Gebrauche unvermeidlichen Leerschlägen der Maschine der Zylinder nicht in kürzester Zeit zertrümmert wird.

Im allgemeinen sucht man der Maschine glatte Außenformen zu geben, die die Handhabung erleichtern und dem haltenden Arbeiter nicht lästig werden.

78. — Einrichtungen zur Erleichterung des Vorschubes von Bohrhämmern. Bei nicht zu hartem Gestein, in dem das Loch in wenigen Minuten abgebohrt wird, und insbesondere bei abwärts gerichteten Bohrlöchern bewährt sich der einfache Vorschub mit der Hand. Dagegen wächst der für das Halten und das Andrücken des Hammers erforderliche Kraftaufwand um so mehr, je härter das Gestein, je schwerer der Hammer und je steiler das Bohrloch nach oben gerichtet ist. Man sucht alsdann nach Hilfsmitteln, den Vorschub zu erleichtern (Abb. 210), wenn man nicht überhaupt zur Verwendung von sog. Hammerbohrmaschinen (s. Ziff. 80) übergeht.

In Aufbrüchen wird gern der Druckluftvorschub, der auch bei den Hammer-

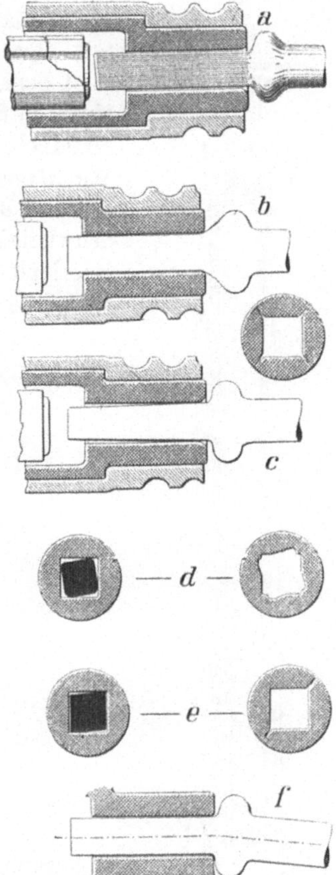

Abb. 208 a—f. Fehlerhafte Gestaltung des Einsteckendes.

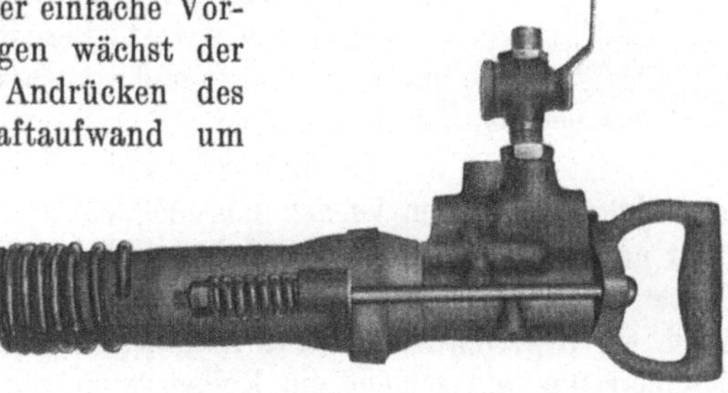

Abb. 209. Ansicht des Flottmannschen Bohrhammers.

bohrmaschinen wiederkehrt, benutzt. Ein Zylinder und ein Kolben, auf dessen herausragendem Ende der Bohrhammer befestigt wird, stecken fernrohrartig ineinander. Dadurch, daß man Druckluft in den Zylinder führt, treibt man den Kolben heraus, und der Bohrhammer mit dem Bohrer wird gegen das Gestein gedrückt und folgt dem Tieferwerden des Loches. Der Zylinder erhält einen Fuß und wird nach Art der Standrohre bei den Handbohrmaschinen benutzt, indem man ihn gegen ein Widerlager setzt.

Bei dem Druckluftvorschube muß man mit der Schwierigkeit rechnen, daß der Druck, mit dem die Maschine gegen das Gestein gepreßt wird, je nach den Verhältnissen entweder zu groß oder zu gering und nur

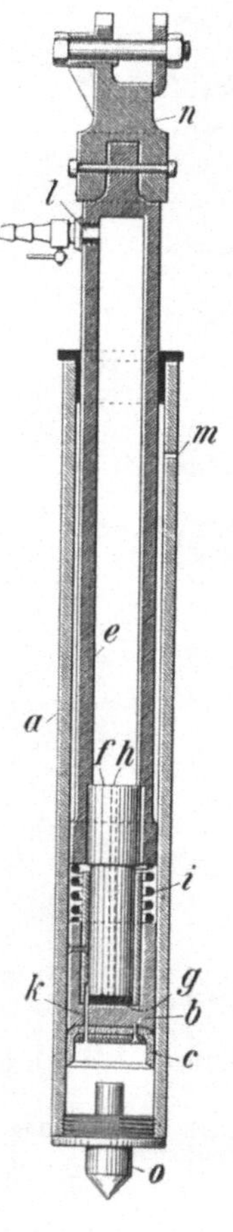

Abb. 210.
Vorschubvorrichtung
für Bohrhämmer
mittels Druckluft in
Standrohrausbildung.

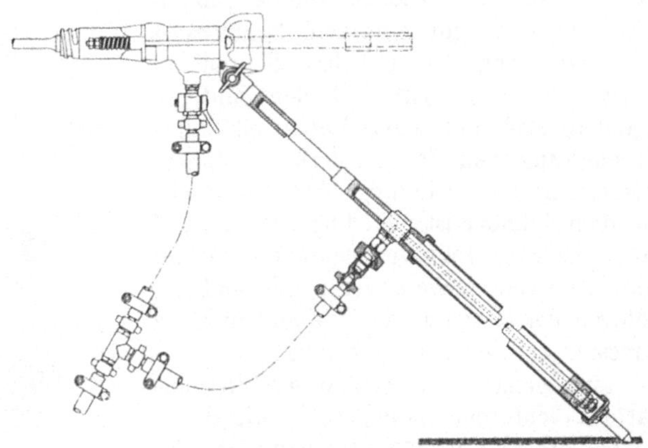

Abb. 211. Bohrknecht mit Vorschubstütze von Flottmann.

in Ausnahmefällen gerade passend ist. Namentlich für weiches Gestein wirkt der Druckluftvorschub vielfach zu kräftig.

Man wendet deshalb luftgefederte Vorschubstützen an, bei denen der zur Wirkung kommende Druck der Druckluft regelbar ist. Sie sind unter dem Namen „Bohrknecht" bekannt und werden von verschiedenen Maschinenfabriken gebaut.

Als Beispiel sei der Flottmannsche Bohrknecht mit seinen vielseitigen Verwendungsmöglichkeiten näher beschrieben. Er besteht nach Abb. 211 aus dem langen Arbeitszylinder, dem darin gleitenden Kolben und der Kolbenstange mit dem Lufteinlaßstutzen. Die Luft gelangt durch ein Regelventil und eine Bohrung der Kolbenstange in den hinteren Zylinderraum und schiebt die Kolbenstange mit dem auf ihr aufgesteckten Bohrhammer vor sich her. Als solcher ist der Bohrknecht nichts anderes als eine Aufbruchstütze. Zu ihrer Verwendung in engen Aufbrüchen ist es möglich, die Stütze umzukehren und den Bohrhammer auf eine seitlich angebrachte Haltevorrichtung aufzusetzen. Zum eigentlichen Bohrknecht wird die Stütze durch Einfügen ein oder mehrerer Verlängerungsstücke sowie durch die besondere winkelbewegliche Art der Befestigung des Bohrhammers. Auf diese Weise ist es ermöglicht, den Bohrknecht zum Bohren in beliebiger Richtung zu verwenden.

Schließlich kann man auch den Bohrhammer in Verbindung mit einer Spannsäule, einem Vorschubschlitten und einer Vorschubspindel benutzen, indem man ihn in das Gleitstück des Vorschubschlittens einlegt und hier festklemmt[1]). **Man erhält so die durch Abb 212 dargestellte Wirkungsweise einer Hammerbohrmaschine, nur mit dem Unterschiede, daß der Bohrhammer jeweilig aus dem Gleitstück gelöst und auch allein für sich verwendet werden kann.**

79. — Der Bohrwagen.

Eine großzügige Lösung der Aufgabe, den Bohrhammer aus der Hand des Mannes zu nehmen und eine größere Anzahl von Bohrhämmern zu gleicher Zeit am Ortsstoß eines Gesteinsstreckenvortriebs arbeiten zu lassen, ist im Bohrwagen der Bergtechnik G. m. b. H. in Lünen gefunden worden. Wie die Abbildungen 213 u. 214 erkennen lassen, besteht er aus einer aus kräftigen waagerechten und senkrechten Rohren von 50 mm Durchmesser und 7 mm Wandstärke zusammengesetzten Gitterwand, einem Fahrgestell f und einer Arbeitsbühne b. Die waagerechten Rohre dienen der Verlagerung

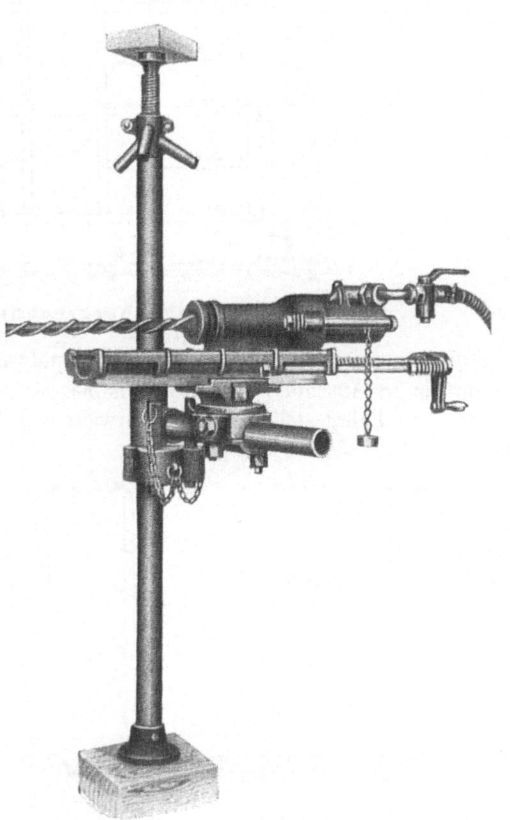

Abb. 212. Hammerbohrmaschine von Flottmann.

der Bohrhammerhalte- und Vorschubeinrichtung, die an leicht verschiebbaren Klemmen k befestigt und durch einen Exzenter in der eingestellten Lage gehalten werden können. Die für das Bohren der Stoßlöcher bestimmten Klemmen sind an aus den Hauptrohren des Gerüstes seitlich ausziehbaren Rohren angeordnet. Die unterste Klemmenreihe ist dagegen an einem leicht aufzulegenden abnehmbaren U-Stahl befestigt.

Die Vorschub- und Halteeinrichtung besteht aus dem Läufer, in dem der Bohrhammer eingelegt und befestigt wird, einer Führungslafette mit Schleiß-

---

[1]) Glückauf 1935, S. 306; Sommer: Verbesserungen am Bohrgerät für den Vortrieb von Gesteinstrecken.

polstern sowie einer aufklappbaren Zwangsführung für den Bohrer. Der Vorschub des Schlittens wird durch die Schläge des Hammers selbst besorgt. Die

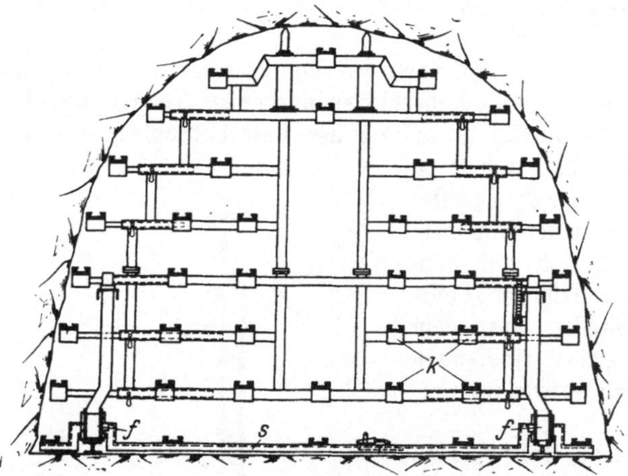

Abb. 213. Bohrwagen der B e r g t e c h n i k , Lünen (Querschnitt).

Zuführung der Druckluft und des Bohrspülwassers geschieht durch zwei Rohre mit je 18 Anschlüssen in Bühnenhöhe.

Das Fahrgestell hat eine Spurweite von 3,34 m. Es benötigt also ein besonderes Gestänge, das eine Länge von etwa 20 m hat, da der Bohrwagen nach dem Bohren nur eine kurze Strecke zurückgefahren zu werden braucht. Zu diesem Zwecke kann der oberhalb der Arbeitsbühne gelegene Teil des Bohrgerüstes mittels eines Handwindewerks zurückgeklappt werden. Während des Bohrens, also in der Arbeitsstellung, wird es durch zwei Druckluftzylinder gegen die Firste angedrückt, während das Fahrgestell an den Schienen festgeklemmt werden kann. Das Vor- und Zurückfahren sowie das Aufrichten und das Umlegen des Bohrgitters wird von Hand ausgeführt.

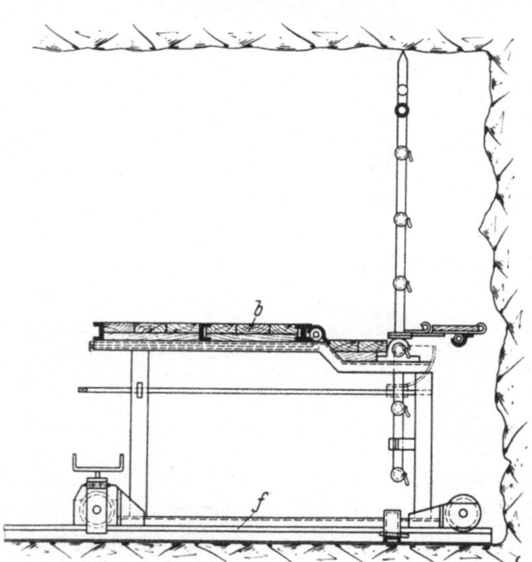

Abb. 214. Bohrwagen der B e r g t e c h n i k , Lünen (Längsschnitt).

Ein Mann ist im allgemeinen in der Lage, zwei Hämmer zu bedienen, so daß 8—12 Löcher auf einmal gebohrt werden können. Der Preis des Bohrwagens, der häufig auch in Verbindung mit der Laderutsche (s. S. 187) eingesetzt wird, beträgt rund 8000 RM. Seine Anwendung hat im Sandstein die Bohrleistung je Hammer von 6—10 cm/min auf 10—15 cm/min gesteigert oder je Mann auf 20—30 cm/min.

Die Bohrzeit eines Abschlags konnte infolgedessen bis auf die Hälfte oder noch weniger verringert werden. Je weicher das Gestein ist, um so mehr nimmt der durch den Bohrwagen erreichbare Vorteil ab, da dann die mit seinem Aufstellen verbundenen Nebenarbeiten einen immer größeren Anteil an der Gesamtbohrzeit einnehmen. Auch bei klüftigem Gestein eignet er sich weniger.

80. — **Die Hammerbohrmaschinen.** Wie schon oben gesagt, besteht bei den Hammerbohrmaschinen eine dauernde Verbindung zwischen der eigentlichen Bohrmaschine und der Vorschubeinrichtung. Diese kann aus einem an einer Spannsäule oder einem Dreifuß befestigten Schlitten mit Vorschubspindel oder aus einer Druckluft-Vorschubsäule bestehen.

Die erste Art der Verlagerung zeigt Abb. 212. Der hiernach ohne weiteres verständliche Vorschub entspricht völlig demjenigen der Stoßbohrmaschinen (s. Ziff. 89). Außer dem Spindelvorschub hat die Maschine eine weitere Verstellbarkeit in der Richtung des Bohrloches dadurch, daß der Schlitten selbst mit den an seiner unteren Seite vorgesehenen Führungsleisten in einem Halter verschiebbar gelagert ist. Durch Ausnutzung beider Verschiebungsmöglichkeiten kann ein Gesamtvorschub von 1230 mm erreicht werden.

Einen Druckluftvorschub besitzt die durch Abb. 215 dargestellte Hammerbohrmaschine der Demag. Der Luftanschluß b befindet sich am Vorschubzylinder c, aus dem die Luft über einen besonderen Hahn d zur Steuerung e der Maschine gelangt. Eine selbsttätige Umsetzvorrichtung ist nicht vorhanden, vielmehr wird der Bohrer mit Hand mittels des Hebels f umgesetzt. Die Maschine wird sowohl für Luft- als auch für Wasserspülung gebaut; die letztere ist in der Abbildung dargestellt. Der Anschluß des Wasserschlauches g befindet sich am vorderen Zylinderdeckel h. Durch Auswechseln dieses Deckels, des Zwischenkolbens i und der Zwischenführung k kann die Maschine in eine solche mit Luftspülung umgewandelt werden. Mit Rücksicht auf das höhere Gewicht der Hammerbohrmaschinen sind bei ihnen besondere Einspannvorrichtungen notwendig. Als solche dienen waagerecht zwischen den

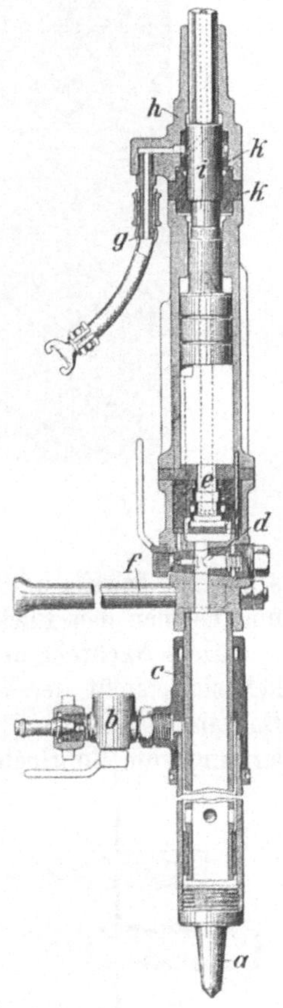

Abb. 215. Hammerbohrmaschine der Demag mit Preßluftvorschub.

Stößen (Abb. 216) oder senkrecht zwischen Firste und Sohle eingespannte Säulen, an denen die Maschine schwenkbar befestigt werden kann (Abb. 212). Dem gleichen Zwecke dienen schwere Dreifußgestelle. Bei Aufbrucharbeiten wird die Maschine einfach mit dem Fuße gegen ein Widerlager gesetzt.

Die Hammerbohrmaschine wiegt 40 kg und gestattet einen Vorschub von 650 mm. Der Luftverbrauch stellt sich auf 220 m³/h angesaugte Luft.

Wo Spannsäulen sich schwer aufstellen lassen, kommt als selbsttätiger Vorschub zum Bohren von waagerechten und bis zu 25° von der Waagerechten abweichenden Löchern der in Abb. 217 dargestellte „Klinkenvorschub" in Frage. Etwas unterhalb des zu bohrenden Loches wird ein 250 mm tiefes Hilfsloch hergestellt, in dem der Haltedorn eines Schlittens befestigt wird. Auf dem Schlitten ist der Bohrhammerhalter angebracht. Beim Arbeiten des Hammers springen abgefederte Sperrklinken *b* infolge der auftretenden Erschütterungen

Abb. 216.   D e m a g - Einspannvorrichtung.

selbsttätig jeweils um einen Zahn der Verzahnung der Schlittenführung *e* vor und nehmen den Rückdruck auf.

Dem Nachteile der Hammerbohrmaschinen, daß sie schwer und unhandlich sind, steht der Vorteil gegenüber, daß sie den Bergmann während der Bohrarbeit entlasten, gegen die Rückschläge sichern und in größerer Entfernung vom Bohrloche halten, also vor dem Staube schützen. Namentlich

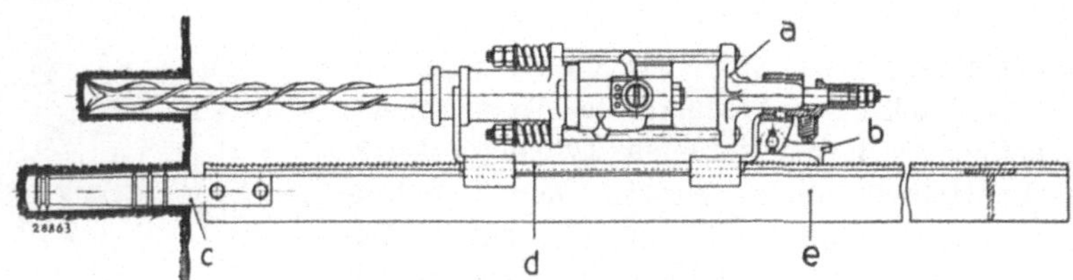

Abb. 217. Klinkenvorschub der D e m a g.

in Aufbrüchen und bei Ortsbetrieben im festen Gestein werden deshalb die Hammerbohrmaschinen gern und mit Nutzen angewandt.

81. — Die Fortschaffung des Bohrmehls aus dem Bohrloche. Die Beseitigung des Bohrmehls macht bei den Bohrhämmern und Hammerbohrmaschinen größere Schwierigkeiten als bei den Stoßbohrmaschinen, weil der Rückzug des Bohrers fehlt und deshalb das Bohrmehl weniger in Bewegung gehalten wird. Deshalb pflegt man nur bei aufwärts gerichteten Löchern, aus denen das Bohrmehl frei herausfällt, die gewöhnlichen, aus glatten runden Stahlstangen bestehenden Bohrer zu benutzen.

Bei waagerecht und einfallend verlaufenden Löchern wendet man mit großem Vorteil Schlangenbohrer an. Die selbsttätige Umsetzvorrichtung der Maschinen bewirkt, daß die Bohrer etwa 100—180 Umdrehungen in der Minute machen, wobei das Bohrmehl durch die Schlangenwindungen ebenso wie bei den Drehbohrmaschinen herausgeschraubt wird.

Ist man in der Lage, das Loch dauernd mit Wasser gefüllt zu halten, so gelingt es sogar, mit dem Schlangenbohrer senkrecht nach unten gerichtete Bohrlöcher von 1,0—1,5 m Tiefe ohne Unterbrechung und ohne Auswechselung des Bohrers herzustellen. Sonst arbeitet man bei abfallenden Löchern gern mit Luftspülung, indem man Hohlbohrer mit Kreis- oder Sechskantquerschnitt anwendet und die Abluft zum Teil durch den Bohrer abführt und durch ein an der Bohrerschneide seitlich angebrachtes Loch entweichen läßt.

82. — Die Staubbildung und ihre Bekämpfung. Jedes Bohren ist mit Staubbildung verbunden. Die Stärke der Staubbildung hängt wesentlich von der Art der Herstellung des Bohrlochs ab. So wird bei der Arbeit mit Bohrhämmern das angebohrte Gebirge in viel höherem Grade zu feinstem Staub zertrümmert und gleichsam zermahlen als dieses bei den Drehbohrmaschinen und auch bei den langsam arbeitenden Stoßbohrmaschinen geschieht. Die Gefährlichkeit des Staubes liegt in der durch ihn bewirkten Staublungenerkrankung (Silikose). Der Grad der Gefährlichkeit hängt von seiner Art und Korngröße ab. Kohlenstaub und Staub von Kalksteinen, Mergeln u. dgl. sind gänzlich harmlos, während Staub von Quarziten, Sandsteinen und anderen Gesteinen, die freie Kieselsäure enthalten, besonders gefährlich ist. Hinsichtlich der Korngröße gilt, daß der größte Teil des Bohrstaubes, der infolge seiner gröberen Körnung am Bohrlochmund herunterfällt, ungefährlich ist. Ein bedeutender Anteil entfällt auch auf den mittelfeinen Staub, der sich eine kurze Zeit in der Schwebe hält und dann auf den Kleidern usw. absetzt. Er wirkt reizend auf die Schleimhäute des Auges und der Atmungsorgane. Am gefährlichsten ist jedoch der feinste Gesteinstaub, der als feiner Nebel lange in der Schwebe gehalten wird. Er ist es, der als Urheber der Staublunge anzusehen ist, und zwar liegt der gefährliche Bereich bei Korngrößen zwischen 0,5—12 μ[1]).

Ein schon früh angewandtes Schutzmittel, das nicht nur beim Bohren, sondern auch bei anderen mit Staubbildung verknüpften Arbeitsvorgängen, wie Laden, Kippen, Versetzen, benutzt werden kann, ist die Staubmaske. Es gibt jedoch bis heute noch keine Maske, die den Anforderungen des Grubenbetriebes vollauf genügt. Entweder ist das Filter gut, jedoch die Maske nicht zweckmäßig durchgebildet, oder die Verbindung zwischen Maske und Gesicht oder Maske und Filter ist unzulänglich. Ein weiterer grundsätzlicher Nachteil der Maske ist, daß es sich bei ihr nicht um eine zwangsläufige Maßnahme handelt, ohne die z. B. die Bohrarbeit nicht durchgeführt werden könnte.

Am wirksamsten hat sich das Naßbohren erwiesen. Dieses kann auf dreierlei Weise durchgeführt werden: 1. mit Vollbohrern unter Verwendung von Spritzröhrchen, die Wasser gegen den Bohrlochmund spritzen, 2. mit Schlangenbohrern unter Verwendung von Schaumröhrchen oder einer Spritz-

---

[1]) Matthiass und Landwehr: Neuere Beobachtungen auf dem Gebiete der Silikosebekämpfung. Bonn 1937, Silikose-Forschungsstelle der Knappschaftsberufsgenossenschaft.

düse, 3. mit Hohlbohrern entweder mit zentralen Wasserröhrchen oder unter Benutzung eines Spülkopfes.

Die größte Bedeutung besitzt heute das Bohren mit Hohlbohrern und Spülkopf[1]). Hierbei wird vor den gebräuchlichen Bohrhammer ein Spülkopf vorgeschaltet. Ihm wird das Spülmittel, Wasser oder Schaum, zugeführt, und er leitet es dem Hohlbohrer zu, durch den es bis zur Bohrlochsohle gelangt. Der Staub wird also unmittelbar bei der Entstehung gebunden. Die Spülköpfe werden von allen einschlägigen Firmen hergestellt. Als Beispiel sei der in Abb. 218 wiedergegebene Spülkopf von Frölich & Klüpfel beschrieben. Er wird in zwei Größen von 60 und 75 mm Länge und 1,25 kg Gewicht hergestellt. Das Spülmittel gelangt aus einem Schlauch über den Wasserkanal k in einem durch zwei auswechselbare Gummidichtungsmanschetten d seitlich begrenzten Hohlraum h und von hier über eine seitliche Öffnung $ö$ im Einsteckende in den Innenkanal des Hohlbohrers. Letzterer hat über die seitliche Öffnung bei jeder Stellung des sich umsetzenden Bohrers Verbindung mit dem Hohlraum, dem laufend Wasser zugeführt wird. Die von Bohrhammer a und Spülkopf gebildete Ringkammer r hat den besonderen Zweck, Beschädigungen der Dichtungsmanschetten durch die scharfe Kante des hinteren vierkantigen Teils v des Einsteckendes bei der hin- und hergehenden Bewegung des Bohrers zu vermeiden. Außer der Zwangsläufigkeit und guten Niederschlagung des Staubes ist als weiterer Vorteil eine gegenüber Schlangenbohrern höhere Bohrleistung von 10—20% zu erwähnen. Das erforderliche Wasser wird, wenn eine besondere Wasserleitung nicht zur Verfügung steht, einem Wasserwagen entnommen.

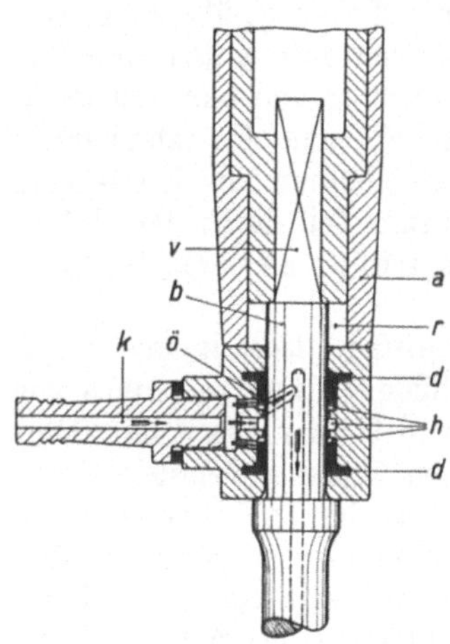

Abb. 218. Spülkopf von Frölich & Klüpfel.

83. — Leistungen, Luftverbrauch, Anwendbarkeit und Kosten des Betriebs mit Bohrhämmern. Die Bohrhämmer stehen zwar an Kraft des einzelnen Schlages bedeutend hinter den Stoßbohrmaschinen zurück, weil ein großer Teil der lebendigen Arbeit des Kolbens durch den elastischen Rückstoß zwischen Kolben und Bohrerkopf vernichtet wird und weil diese lebendige Arbeit ohnehin schon wegen der geringen Masse des Kolbens nur klein ist. Doch wird dieser Mangel bei allen nicht besonders harten Gesteinen durch die große Zahl der Schläge mehr als ausgeglichen. Daher sind die Leistungen in mildem Gebirge, z. B. in Tonschiefer, Kohle, Minette und Gesteinen von ähnlicher Beschaffenheit, außerordentlich hoch und erreichen vielfach 40, 60, ja 80 cm in der Minute. Je fester freilich das Gestein ist, um so mehr sinken die Leistungen, erreichen aber in festem Granit immer noch 4—8 cm in der Minute. Am schlechtesten sind die Ergebnisse in sehr hartem, quarzigem Gestein, besonders dann, wenn dessen Härte wechselt. Sehr schlecht lassen sich z. B. quarzige Konglomerate

---

[1]) Bergbau 1935, S. 102; Feustel: Führt die Entwicklung der Bohrstaubbekämpfung beim söhligen Bohren vom Schlangenbohrer zum Hohlbohrer?

bohren, in denen man kaum mehr als einige Zentimeter minutlich leistet, wobei man noch mit häufigen Klemmungen und Störungen zu tun hat. In solchem Falle sind Stoßbohrmaschinen weit leistungsfähiger, da sie sich infolge ihres langen Hubes leichter frei arbeiten.

Es kommen aber noch andere Gründe hinzu, die die Anwendbarkeit der Bohrhämmer im praktischen Betriebe begünstigen. Vor allen Dingen ist es ihre geringe Größe und das mäßige Gewicht, die gestatten, mit diesen Maschinen auch in beengten und sonst schlecht zugänglichen Räumen zu arbeiten. Namentlich in Aufbrüchen und steilen Aufhauen kommen diese Vorzüge zur vollen Geltung. Da man keine Spannsäule braucht, sind keine anderen schweren Teile als allein die verhältnismäßig leichten Hämmer heran- und vor dem Schießen wieder fortzuschaffen, was selbst in den engen Aufbrüchen und Aufhauen leicht möglich ist.

Auch in Querschlägen bietet die Verwendung der Bohrhämmer insofern erhebliche Vorteile, als man mit der Bohrarbeit schon wieder beginnen kann, ehe noch das Aufräumen der Schuttmassen des letzten Abschlages beendet ist. Die Mannschaft bohrt, noch auf den Bergemassen stehend, weiter, während gleichzeitig das losgeschossene Gestein fortgeladen wird.

Ein Bohrhammer mittlerer Größe verbraucht in gutem Zustande 80 m³ angesaugte Luft je Stunde bei einem Druckluftdruck von 4 atü. Dieser Luftverbrauch entspricht einer Kompressorleistung von rund 7 PS. Vergleicht man diese Zahlen mit denjenigen, die für Leistungen und Luftverbrauch der Stoßbohrmaschinen angegeben sind (s. Ziff. 90, S. 227) und zieht man schließlich den geringen Preis der Bohrhämmer von nur 80 bis 140 RM. in Rücksicht, so ist ihre große Verbreitung durchaus erklärlich. Stoßbohrmaschinen werden voraussichtlich in Zukunft nur noch dann angewandt werden, wenn die Härte und Beschaffenheit des Gesteins dazu zwingen. Als besonderer Vorteil der Stoßbohrmaschinen bleibt freilich bestehen, daß sie gleichzeitig auch für Schrämzwecke benutzt werden können (s. Ziff. 38, S. 173), was in gleicher Weise bei Bohrhämmern nicht der Fall ist.

Die Kosten des Bohrhammerbetriebes sind etwa wie folgt zu schätzen:

Tilgung und Verzinsung 28 % des Anschaffungspreises	30 RM.
Luftverbrauch (70 m³ stündl.) bei 3 stündiger Luftverbrauchszeit täglich und 0,25 Rpf. je m³	160 „
Ölverbrauch	2— 4 „
Instandhaltung	15— 25 „
Bohrer	20— 30 „
Schläuche	20— 40 „
Summe	247—289 RM.

Je nach Ausnutzungsmöglichkeit und Festigkeit des Gesteins mag die tägliche Bohrleistung 10—20 m Bohrloch betragen. Daraus errechnen sich die Kosten je Meter auf etwa 6—10 Rpf.

c) Stoßendes Bohren.

84. — Vorbemerkung. Der Arbeitsvorgang beim stoßenden Bohren verläuft derart, daß der Bohrer eine stoß- oder wurfartige Hin- und Herbewegung macht, wobei der Meißel jedesmal mit der Schneide auf das Gestein trifft und von diesem kleine Teilchen absplittert. Es wird also die Wucht des nach vorn gestoßenen Bohrers ausgenutzt. Die Bohrleistung hängt einerseits von der Wucht des einzelnen Stoßes und anderseits von der Zahl dieser Stöße ab.

Die stoßende Hin- und Herbewegung des Bohrers erfolgt entweder unmittelbar mit Hand oder durch Maschinenkraft.

1. Stoßendes Bohren von Hand.

85. — Die Arbeit mit Bohrstangen. Beim stoßenden Bohren mit Hand wird der Bohrer, der hier als Bohrstange ausgebildet ist, mit beiden Händen gefaßt und unter fortwährendem Umsetzen gegen die Bohrlochsohle gestoßen. Das Bohrmehl wird durch Wasserspülung oder einen Krätzer entfernt. Damit die Bohrstange ein angemessenes Gewicht erhält und in jeder Stellung bequem gehandhabt werden kann, wird sie auf 1,5 m und darüber verlängert; um die Bohrer nicht zu oft zur Schmiede schicken zu müssen, pflegt man sie an beiden Enden mit Schneiden zu versehen (Abb. 219).

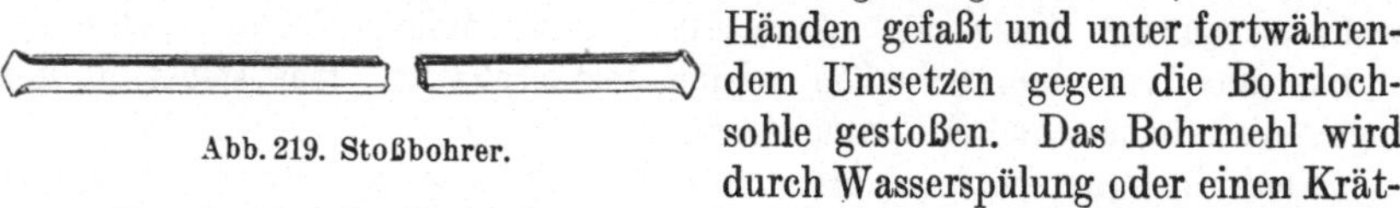
Abb. 219. Stoßbohrer.

Die Leistungen sind je nach der Gesteinshärte sehr verschieden. Man kann auf 1 m Bohrloch 10—60 Minuten rechnen.

In engen Grubenräumen ist die stoßende Bohrarbeit mit Hand wenig angebracht. Am besten hat sie sich auf den mächtigen Flözen Oberschlesiens und beim Schachtabteufen bewährt. Aber auch in diesen Fällen ist sie durch die Arbeit mit Bohrhämmern verdrängt worden.

2. Stoßbohrmaschinen.

Die mit mechanischer Kraft arbeitenden Stoßbohrmaschinen werden mit Druckluft angetrieben.

86. — Allgemeines. Bei den Druckluftbohrmaschinen wird die Tätigkeit des Arms durch einen Treibkolben ersetzt, mit dessen Kolbenstange ein Meißelbohrer durch einen Bohrschuh fest verbunden ist. Es sind 3 Arbeitsvorgänge zu unterscheiden: Der Kolben wird in einem Zylinder durch den Druck der abwechselnd an dem einen und anderen Ende eintretenden Druckluft schnell hin und her geschleudert. Der Bohrer muß nach jedem Stoße regelmäßig umgesetzt werden. Außerdem muß ein Vorschub des Arbeitszylinders entsprechend dem Tieferwerden des Loches stattfinden.

Die Schlagkraft der Maschine hängt außer vom Zylinderdurchmesser auch von der Länge des Hubes ab. Denn je länger die Druckluft Zeit hat, auf den Kolben zu wirken, um so größer wird die ihm erteilte Geschwindigkeit. Ein langer Hub wirkt ferner dadurch günstig, daß das Bohrmehl mehr aufgerührt und besser aus dem Bohrloche befördert wird. Dieser Vorzug des langen Hubes macht sich besonders bei tiefen, annähernd waagerecht verlaufenden Löchern geltend, die sonst schwer vom Bohrmehl frei zu halten sind.

Die üblichen Maschinen haben Zylinderdurchmesser von 55—100 mm und Hublängen von 150—280 mm, die Schlagzahlen liegen zwischen 280 und 400 minutlich.

87. — Steuerungen. Bezüglich der Steuerungen im allgemeinen wird auf Ziff. 19, S. 158 verwiesen. Für die Stoßbohrmaschinen kommen in erster Linie die Kolbensteuerungen in Betracht.

Als Beispiel sei die von der D e m a g zu Duisburg an ihren Maschinen angewandte Steuerung an der Hand der Abb. 220 erläutert. Der Steuerkolben trägt drei gleich große Bunde a_1—a_3 und nimmt in den zylindrischen

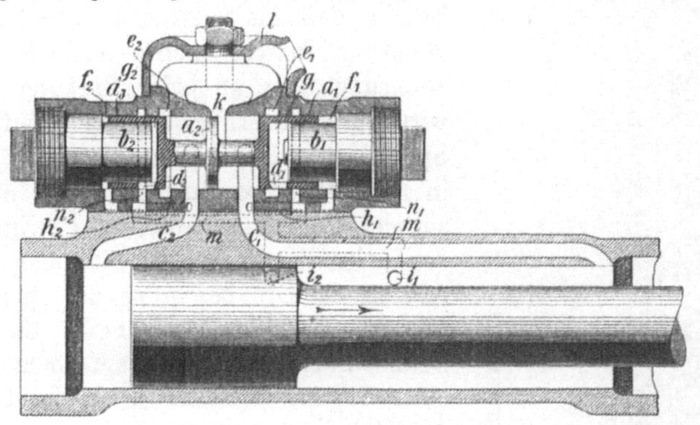

Abb. 220. Bohrmaschinensteuerung der D e m a g.

Bohrungen der Endbunde die kolbenartigen, feststehenden Stopfen $b_1 b_2$ in sich auf. Als für die Umsteuerung wirksame Räume kommen die Ringräume $f_1 f_2$ und die zylindrischen Räume $g_1 g_2$ in Betracht. Die Kanäle $h_1 h_2$ setzen die Ein- und Ausströmungskanäle $c_1 c_2$ mit den Ringräumen

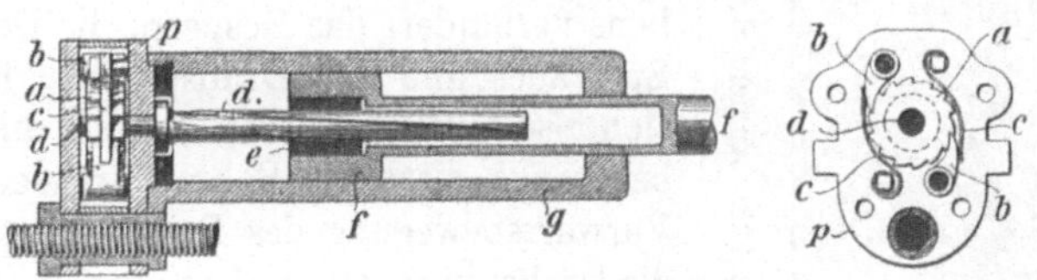

Abb. 221. Umsetzvorrichtung.

$f_1 f_2$ in Verbindung, so daß hier wie dort wechselseitig gleiche Drücke herrschen. In der Abbildung ist die linke Endstellung des Steuerkolbens dargestellt. Die Kanäle $e_1 e_2$ stehen dauernd unter Frischluftdruck, so daß die Frischluft einerseits von e_2 über c_2 in den Arbeitszylinder strömt, um den Arbeitskolben nach rechts zu treiben, und anderseits über den Schlitz d_1 in den zylindrischen Steuerraum g_1 tritt. Da der Raum g_2 über d_2, die Kanäle m, i_1 und den Auspuff entlastet und die Druckfläche des Raumes g_1 größer als die des Ringraumes f_2 ist, wird der Steuerkolben in seiner linken Endlage sicher festgehalten. Die Ringfläche f_1 ist über den Kanal h_1 zum Auspuff hin entlastet. Die Abluft aus dem Arbeitszylinder bläst über c_1 und k durch den drehbaren Auspuff l ins Freie ab. Hat der vorwärtsfliegende Arbeitskolben den Kanal i_2 überschliffen, so gelangt Frischluft aus dem Arbeitszylinder über i_2, m, Ringkanal n_2 und Schlitz d_2 in den Raum g_2, so daß jetzt der in den Räumen f_2 und g_2 vorhandene Druck den Steuerkolben gegen den Frischluftdruck in g_1 umsteuert. Sobald der Steuerkolben in seine rechte Endlage gelangt ist, beginnt das Spiel unter sonst gleichen Verhältnissen von neuem.

88. — Umsetzvorrichtung. Das Umsetzen erfolgt bei allen Maschinen selbsttätig und nach etwa demselben Grundgedanken, wie er in der Abb. 221 zum Ausdruck kommt.

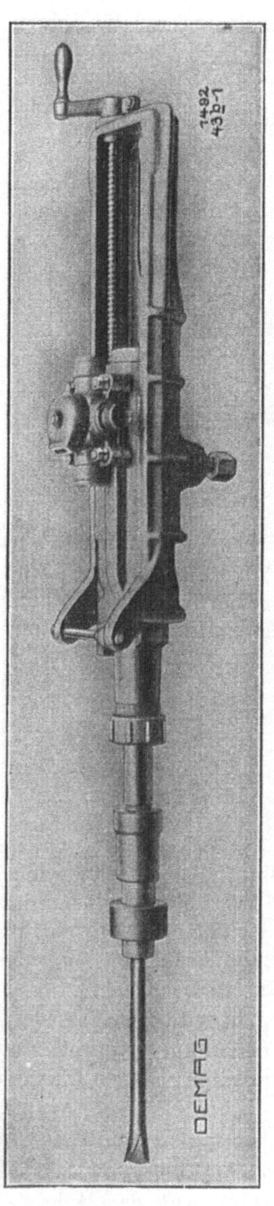

Abb. 222. Ansicht der Demag-Stoßbohrmaschine.

Im hinteren Teile des Arbeitszylinders sind an der Endplatte p ein Sperrad a und Sperrklinken b in solcher Anordnung angebracht, daß das Sperrad sich wohl nach einer Richtung hin frei drehen kann, nach der anderen Richtung aber an jeder Drehung verhindert wird. Die Federn c drücken ständig auf die Sperrklinken und halten diese mit dem Rade in Eingriff. Das Sperrad trägt eine Drallspindel d mit steilgängigem Gewinde, die in der Achsrichtung in den Zylinder hineinragt und an der Drehbewegung des Sperrades teilnimmt. Auf das steilgängige Gewinde der Drallspindel greift das entsprechende Gewinde einer Schraubenmutter e, die im Innern des Arbeitskolbens untergebracht und mit diesem fest verbunden ist. Eine Bohrung im Arbeitskolben und in der Kolbenstange gestattet, daß sich die Drallspindel gänzlich in den Kolben hineinschieben kann.

Während der Rückwärtsbewegung des Kolbens verhindert das Gesperre die Drehung des Sperrades und der Drallspindel. Es müssen sich also Mutter, Kolben und der auf der Kolbenstange sitzende Bohrer drehen. Bei der Vorwärtsbewegung des Bohrers dagegen wird die Drallspindel an der Drehung durch das Gesperre nicht gehindert. Der Arbeitskolben fliegt mit dem Bohrer ohne Drehung geradeaus, während Drallspindel und Sperrad, durch die Mutter gezwungen, eine entsprechende Drehbewegung machen. Dieses Spiel wiederholt sich fortwährend, so daß der Bohrer beim jedesmaligen Rückgange sich dreht und beim Vorstoße mit einer anderen Meißellage das Gestein trifft. Die Kraft des Schlages wird, weil der Kolben während der Vorwärtsbewegung frei geradeaus fliegen kann, nicht geschwächt.

89. — Vorschubeinrichtung und sonstige Besonderheiten. Der jetzt bei allen Maschinen in gleicher Weise angewandte Vorschub erfolgt durch Drehung einer Kurbel (s. Abb. 222). Der Arbeitszylinder ist unten mit einer Vorschubmutter fest verbunden, so daß er bei Drehung der im Schlitten verlagerten Vorschubspindel mittels der Kurbel voranrücken muß. Der Zylinder wird während des Vorschubs durch besondere Nuten im Schlitten geführt.

Die Luft wird bei der in Abb. 222 dargestellten Maschine seitlich des Steuergehäuses zugeführt. Dessen Lage am hinteren Zylinderende gestattet der Druckluft einen unmittelbaren Zutritt zur Kolbenfläche durch einen sehr kurzen Kanal, so daß der Schlag des Kolbens plötzlich und mit voller Gewalt erfolgen kann. Oben in den Abbildungen ist der „Schalldämpfer" sichtbar, der das Geräusch der auspuffenden, verbrauchten Druckluft verringert und als Haube drehbar angeordnet ist, um dem ausblasenden Luftstrome jede beliebige Richtung geben zu können.

Die Demag-Maschinen werden in vier Größen mit 60, 75, 90 und 100 mm Zylinderdurchmesser gebaut und wiegen 48—115 kg.

90. — Leistung der Druckluftstoßbohrmaschinen. Die Leistung einer Druckluftbohrmaschine, ausgedrückt in der erforderlichen Leistung des Luftkompressors, ist wegen der sehr schlechten Leistungsausnutzung verhältnismäßig hoch und beträgt 12—18 PS, was einer angesaugten Luftmenge von 2—3 m³ minutlich entspricht. Bei den größten Maschinen mag er noch darüber hinausgehen. Nutzbar, d. h. zur Gesteinszertrümmerung, werden von dieser Leistung nur etwa 5—10% verbraucht.

Dem hohen Kraftbedarf stehen freilich auch sehr hohe Bohrleistungen gegenüber. In festem Granit kann man mit großen Stoßbohrmaschinen infolge ihrer starken Schlagkraft 18—20 cm in einer Minute reiner Bohrzeit wohl erreichen, wenn ein genügend hoher Druckluftüberdruck (von etwa 6 atü) zur Verfügung steht. Es ist dies eine Leistung, die mit den schon besprochenen Bohrhämmern nicht erzielt werden kann. Auch die Gesamtleistungen beim Auffahren von Tunneln sind entsprechend hoch. Z. B. hat man mit Meyerschen Stoßbohrmaschinen bei dem Bau des Lötschbergtunnels in festem, schwarzem Hochgebirgskalk in dem Richtstollen von 7 m² Querschnitt Monatsleistungen von 242—302 m und durchschnittliche Tagesfortschritte von 8,07—10,41 m erzielt.

Je weicher freilich das Gestein ist, in um so erfolgreicheren Wettbewerb treten mit den Stoßbohrmaschinen die Bohrhämmer und die Drehbohrmaschinen, die alsdann mit Aufwand geringerer Kraft mehr leisten. Im Steinkohlengebirge, das ja fast ausnahmslos durch verhältnismäßig milde Gesteine gekennzeichnet ist, sind die Stoßbohrmaschinen fast ganz verdrängt worden.

91. — Bohrsäulen und Dreifüße. Als Träger der Stoßbohrmaschinen bei der Bohrarbeit verwendet man Bohrsäulen und Dreifüße. An diesen Tragevorrichtungen werden die Maschinen so befestigt, daß ihnen möglichst alle Stellungen gegeben werden können.

Die Bohrsäule (Bohrspreize, Bohrgestell, Spannsäule) kommt für den Bergbau am häufigsten zur Anwendung. Damit zwei Mann die Säule bequem handhaben und befördern können, soll das Gewicht jedenfalls 100 kg nicht übersteigen.

Die einfachste Form einer Bohrsäule besteht (Abb. 223a) aus einem Stahlrohr *c*, aus dessen einem Ende eine Streckschraube *a* herausgeschraubt wird.

Um die beim Bohren auf die Säulen ausgeübte Drehwirkung unschädlich zu machen, werden für schwere Maschinen Doppelschraubensäulen angewandt, bei denen aus einem unteren Querhaupt der Säule zwei Schrauben heraustreten (Abb. 223 b). Wegen der größeren Widerstandsfähigkeit gegen seitlich wirkende Drehkräfte können solche Säulen mit besonderen Bohrarmen *d* ausgerüstet werden. Die Bohrmaschinen können somit bei einem und demselben Stande der Säule auch seitlich verschoben werden, so daß eine größere Fläche bestrichen werden kann.

Fester als Schraubensäulen lassen sich Druckwassersäulen einspannen, jedoch haben sie sich wegen der mit ihrer Handhabung verbundenen Schwierigkeiten nicht bewährt.

Dreifußgestelle mit beschwerten Füßen werden für die Verlagerung der Bohrmaschinen in Tagebauen und Steinbrüchen gebraucht, wo es an einer Gelegenheit zum Festspannen von Bohrsäulen mangelt.

92. — Prüfung von Bohr- und Abbauhämmern. Für die Leistungsprüfungen von Bohr- und Abbauhämmern, sowie zur Untersuchung ihres

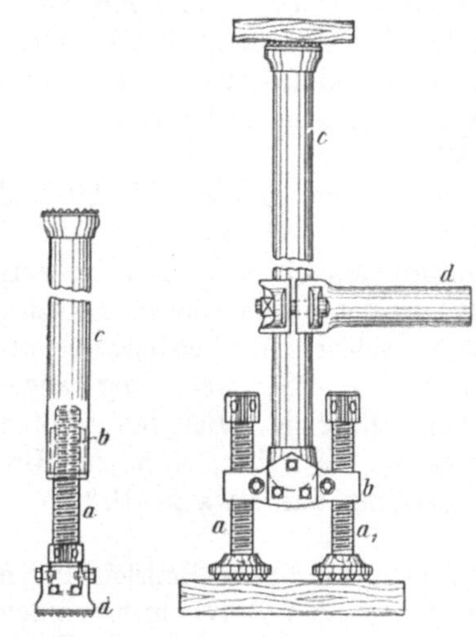

Abb. 223 a.
Bohrsäule mit drehbarer Spindel.

Abb. 223 b.
Doppelschraubensäule mit Bohrarm.

Rückschlages dienen besondere Prüfgeräte. Bei dem von der Westfälischen Berggewerkschaftskasse[1]) entwickelten Gerät schlägt der zu untersacheude Hammer mit seinem Döpper gegen einen Kolben, der sich in einem mit Öl gefüllten Zylinder öldicht eingeschliffen bewegt. Vom Bergbauverein in Essen wurde ein Gerät entwickelt, das die Luftverdrängung als Grundlage für die Messung der Einzelschlagarbeit verwendet.

C. Die Sprengstoffe[2]).

a) Allgemeiner Teil.

93. — Begriff der Explosion. Die Wirkung der Sprengstoffe beruht auf ihrer Explosionsfähigkeit. Die Explosion ist eine sehr schnell verlaufende chemische Umsetzung des Sprengmittels, wobei als Explosionserzeugnisse außer etwaigen festen Rückständen, die als Rauch in die Erscheinung treten, vorzugsweise Gase unter einer hohen Temperatur (Explosionstemperatur) entstehen. Man faßt häufig — wenn auch in wissenschaftlichem Sinne nicht völlig zutreffend — die Explosion als plötzliche

---

[1]) H. u. C. Hoffmann, Lehrbuch der Bergwerksmaschinen, 3. Aufl. Berlin 1941.

[2]) Vgl. hierzu C. Beyling und R. Drekopf: Sprengstoffe und Zündmittel mit besonderer Berücksichtigung der Sprengarbeit unter Tage (Berlin, Springer) 1936; — ferner Ph. Naoum: Schieß- und Sprengstoffe (Dresden u. Leipzig, Th. Steinkopff); — ferner Glückauf 1937, S. 461: G. Lehmann: Neuerungen auf dem Gebiete des Schießwesens.

Verbrennung auf. In den meisten Sprengstoffen sind nämlich einerseits brennbare und anderseits solche Bestandteile vereinigt, die Sauerstoff abgeben. Als brennbare Bestandteile kommen hauptsächlich kohlenstoff- und wasserstoffhaltige Verbindungen in Betracht. Demzufolge sind die wichtigsten gasförmigen Explosionserzeugnisse Kohlensäure, Kohlenoxyd und Wasserdampf. Da die Sauerstoffträger der Mehrzahl aller Sprengstoffe Nitrate sind, also Stickstoff enthalten, so finden sich in den Nachschwaden meistens auch größere Mengen von Stickstoff.

Die Spannkraft der stark erhitzten, im Bohrloch zusammengedrängten Gase bewirkt die Sprengung.

94. — Arten der Explosion. Es gibt bei der eigentlichen Explosion zwei verschiedene Arten der Fortpflanzung, nämlich **Deflagration** (Verbrennung) und **Detonation.** Man unterscheidet hiernach langsam explodierende (deflagrierende) und schnell explodierende (detonierende) Sprengstoffe. Zu der ersteren Gruppe gehören die Pulversprengstoffe, ferner die Schießmittel, wie das rauchlose Pulver. Die Wirkung ist langsam, schiebend und nur wenig zertrümmernd. Zu den detonierenden Sprengstoffen, die auch als brisante (zertrümmernde) Sprengstoffe bezeichnet werden, gehören die Dynamite, die Ammonsalpetersprengstoffe, die Kalksalpetersprengstoffe, die Chloratsprengstoffe, die Gelatite und die Wettersprengstoffe. Auch die Füllungen der Sprengkapseln, nämlich Knallquecksilber, Tetryl, Trotyl und Bleiazid, sind brisante Sprengstoffe. Die Wirkung der brisanten ist infolge der Plötzlichkeit der Kraftäußerung heftiger, so daß bei ihrer Explosion an freier Luft selbst die Unterlage zerschmettert wird.

Die langsame Explosion pflanzt sich durch unmittelbare Wärmeübertragung von Schicht zu Schicht — also gleichsam durch Abbrennen — fort; die Geschwindigkeit beträgt nur wenige Meter bis höchstens einige hundert Meter in der Sekunde. Bei der Detonation läuft die Explosion durch Vermittlung einer besonderen physikalischen Wellenbewegung — ähnlich der Wirkung der Schallwelle — weiter. Es sind also die Schwingungen der „Detonationswelle", die die Explosion fortpflanzen. Die hierbei sich ergebenden Explosionsgeschwindigkeiten sind außerordentlich hoch und betragen z. B. in der Sekunde bei den Ammonsalpetersprengstoffen 2000—4500 m, bei Dynamit etwa 6500 m und bei Sprenggelatine sogar 7800 m.

95. — Einleitung der Explosion. Die Explosion bedarf eines äußeren Anstoßes, der **Zündung.** Alle deflagierenden (Pulversprengstoffe) und einige hochempfindliche detonierende Sprengstoffe (z. B. die Initialsprengstoffe, wie Knallquecksilber und Bleiazid) explodieren unter der Wirkung der einfachen Erwärmung an einem Punkte. So explodiert z. B. Schwarzpulver, wenn es auf 315°, und Knallquecksilber, wenn es auf 186° erhitzt wird. Bei den übrigen detonierenden Sprengstoffen (brisante Gesteinssprengstoffe und Wettersprengstoffe) tritt infolge Erwärmung an freier Luft zwar bei einer gewissen Temperatur ebenfalls Entflammung ein, ohne daß aber das darauf erfolgende, verhältnismäßig langsame Abbrennen zur eigentlichen Explosion zu führen braucht. Zum Beispiel kann Dynamit, auf 200—210° erhitzt, ohne Explosion abbrennen. Zur Einleitung der eigentlichen Explosion ist in solchen Fällen außerdem eine Steigerung des Gasdrucks notwendig. Diese Sprengstoffe müssen „initiiert" werden, was dadurch geschieht, daß man eine kleine

Menge Initialsprengstoff in einer Sprengkapsel genannten Hülse zur Explosion bringt.

Die Entzündungstemperatur, bei der ein Sprengstoff ins Brennen gerät oder explodiert, darf somit nicht mit der nach eingeleiteter Explosion entstehenden Explosionstemperatur verwechselt werden.

96. — Erzeugnisse der Explosion. Über die bei der regelmäßigen Explosion einiger Sprengstoffe, die als Vertreter ganzer Gruppen aufzufassen sind, entstehenden Gase und die Menge des festen Rückstandes gibt die nachstehende Zusammenstellung Aufschluß:

| Name des Sprengstoffs | 1000 g Sprengstoff liefern bei der Explosion Gase: Liter | | | | | | Rückstand |
	CO_2	H_2O (dampff.)	N_2	O_2	Verschiedene	Insgesamt	g
Schwarzpulver . .	135	—	85	—	58	278	599
Dynamit 1	247	236	140	28	—	651	168
Chloratit 3 . . .	174	150	—	15	—	339	547
Wetter-Detonit B .	59	474	225	63	—	821	190
Wetter-Nobelit B .	100	264	129	45	—	538	409

Die Zusammenstellung lehrt einmal, daß die Schwaden der verschiedenen Sprengstoffe nach Art und Menge sehr verschieden sind. Auf dieser Tatsache beruht z. T. die Möglichkeit, Sprengstoffe für die verschiedensten Verwendungszwecke herzustellen. Außerdem lehrt sie, daß der verfügbare Sauerstoff vielfach nicht nur zur völligen Verbrennung des Kohlenstoffs und Wasserstoffs ausreicht, sondern noch ein gewisser Überschuß in den Schwaden verbleibt. Bei Schwarzpulver genügt er dagegen zur Verbrennung nicht. Hier bildet sich z. T. Kohlenoxyd statt Kohlendioxyd, ferner Methan, Schwefelwasserstoff und freier Wasserstoff, also Gase, die selbst noch brennbar sind.

Alle brisanten Sprengstoffe, die für den Grubenbetrieb unter Tage bestimmt sind, müssen auf Sauerstoffgleichheit oder Sauerstoffüberschuß aufgebaut sein. Sie müssen so zusammengesetzt sein, daß sie — wenigstens rechnungsmäßig — keine schädlichen Gase (wie Kohlenoxyd) und keine schädlichen Dämpfe (wie Salzsäure) liefern.

97. — Das Auskochen und Abbrennen der Sprengschüsse und das Abreißen der Detonation. Bei Schüssen mit brisanten Sprengstoffen in der Kohle tritt statt der Detonation gelegentlich ein Abbrennen der Ladung ein, das man Auskochen nennt. Es unterscheidet sich von der Deflagration durch die längere Zeitdauer des Vorgangs, die fehlende Sprengwirkung und durch die Zusammensetzung der sich bildenden Gase. Insbesondere sind es nitrose Dämpfe, die Oxyde des Stickstoffs: NO und NO_2, die als Kennzeichen des Auskochens in Gestalt von großen Mengen gelbroten Qualms aus dem Bohrloch hervorbrodeln. Außerdem bildet sich Kohlenoxyd.

Stickoxyde äußern ebenso wie Kohlenoxyd giftige Wirkungen[1], so daß tödliche Unglücke in den Nachschwaden von Schüssen, die ausgekocht haben, nicht ausgeschlossen sind. Ein in der Kohle auskochender Schuß kann auch die Veranlassung eines Flözbrandes oder einer Schlagwetterexplosion werden.

Wahrscheinlich entsteht das Auskochen dadurch, daß zwischenlagernder

---

[1] Näheres darüber folgt im Abschnitt „Grubenbewetterung“.

Kohlenstaub die Übertragung der eingeleiteten Detonation auf rückwärtige Patronen verhindert und der Sprengstoff unter Mitwirkung von Kohlenstaub abbrennt.

Auch zwischen den Patronen lagernder Gesteinsstaub kann zwar kein Auskochen, aber ein Abreißen der Detonation verursachen, so daß hinter der detonierenden Patrone der Sprengstoff nur abbrennt oder deflagriert. Schließlich kann ein Abreißen der Detonation bei schwer detonierbaren Sprengstoffen (z. B. Ammonsalpeterwettersprengstoffen) bei großen Lademengen in tiefen Bohrlöchern eintreten. Man kann sich diesen Vorgang so vorstellen, daß die letzten Patronen durch den bei der Detonation der ersten Patronen entstehenden Gasdruck so stark zusammengestaucht werden und eine so große Dichte erhalten, daß sich in ihnen die Detonation nicht mehr fortpflanzt.

Begünstigt werden diese Unregelmäßigkeiten weiterhin durch folgende Umstände: zu schwache Sprengkapseln; Verwendung von Sprengkapseln, deren Knallsatz durch Feuchtigkeitsaufnahme gelitten hat; Zündung ohne Sprengkapseln; schlechtes Einsetzen der Zündschnur oder des elektrischen Zünders mit der Kapsel in die Ladung, so daß letztere vor der Explosion der Kapsel entzündet wird; Verwendung von gefrorenen oder feucht gewordenen Sprengstoffen, insbesondere von Ammonsalpetersprengstoffen, in nassen Bohrlöchern; Belassen der Feuchtigkeitschutzhülsen auf den Patronen der Ammonsalpetersprengstoffe; allzu starkes Feststampfen der Ammonsalpetersprengstoffe.

Eine und dieselbe Ladung kann zum Teil auskochen, abbrennen oder deflagrieren und zum Teil detonieren, ohne daß diese Unregelmäßigkeit unmittelbar am Knall und an der Sprengwirkung bemerkt zu werden braucht. In solchen Fällen spürt man an dem unverhältnismäßig reichlichen, unangenehm reizenden Qualme, daß eine glatte, volle Explosion nicht stattgefunden hat. Die Bergleute sind dahin zu erziehen, daß sie die Nachschwaden besonders von Schüssen meiden, bei denen der Verdacht auch nur eines teilweisen Auskochens der Ladung besteht. Mit dem Auskochen nicht zu verwechseln ist die Erscheinung des „Nachflammens", das insbesondere bei den Chloratsprengstoffen (s. Ziff. 116, S. 242) auftritt.

Weiterhin hat die Erfahrung gezeigt, daß auch Sprengschüsse, die an sich in Ordnung sind, aber infolge zu schwerer Vorgabe ohne wesentliche Arbeitsleistung ausblasen, gefährliche Nachschwaden erzeugen können. Auch eine zu geringe Vorgabe kann, da sich die Sprenggase vorzeitig entspannen, zu schädlichen Schußschwaden führen.

98. — Explosionstemperatur und Gasdruck. Die Ermittelung der Explosionstemperatur der Sprengstoffe ist im Hinblick auf die noch zu besprechenden Wettersprengstoffe von Bedeutung. Auch wenn man den Druck ermitteln will, unter dem die entwickelten Gase bei der Explosion in einem gegebenen Raume stehen, ist die Kenntnis der Explosionstemperatur notwendig. Wege, die Explosionstemperaturen unmittelbar oder mittelbar zu messen, sind zur Zeit nicht bekannt. Man ist allein auf die Rechnung angewiesen. Die rechnungsmäßigen Explosionstemperaturen einiger Sprengmittel sind in der Übersicht (auf S. 234) zusammengestellt.

Die zur Explosion kommende Sprengstoffmenge ist theoretisch ohne Einfluß auf die Höhe der Explosionstemperatur, da diese lediglich von dem

Verhältnis der frei werdenden Wärmemenge zur spezifischen Wärme der Explosionserzeugnisse abhängt und dieses Verhältnis bei jeder Ladung unverändert bleibt. Dagegen hängt die Temperatur der bei ungenügendem Besatz vor dem Bohrloch auftretenden Schußflamme insofern von der Höhe der Ladung ab, als sich bei einer kleinen Ladung die heißen Umsetzungserzeugnisse, die die Flamme bilden, wegen ihrer geringeren Menge an den Bohrlochswandungen stärker abkühlen als bei einer großen Ladung. Im übrigen fällt die Explosionstemperatur auch bei der Explosion großer Ladungen infolge Ausdehnung der Gase, Arbeitsleistung und Abkühlung durch die umgehende Luft sofort stark ab.

Aus der Menge der entstandenen Gase und der Explosionstemperatur läßt sich nach dem Gay-Lussac-Mariotteschen Gesetze der Gasdruck für einen gegebenen Explosionsraum berechnen. Der Druck stellt sich bei sonst gleichen Verhältnissen um so höher, je größer die sog. Ladedichte ist, d. h. je mehr Gewichtseinheiten (g) des Sprengstoffs sich in der Raumeinheit (cm^3) unterbringen lassen. Sprengstoffe von großer Ladedichte und hohem kubischen Gewicht (Verhältnis vom Gewicht des Sprengstoffs zu seinem eigenen Volumen) sind deshalb insbesondere für das Einbruchschießen vorteilhaft, ebenso plastische Sprengmittel, weil sie dichter als körnige Stoffe liegen und das Bohrloch besser ausfüllen. Das kubische Gewicht (auch einfach Dichte genannt) der Sprengstoffe schwankt zwischen 0,60 (Wetterzellit A) und 1,60 (Dynamit 1). Der Gasdruck im Bohrloche ist auf mindestens mehrere Tausend Atmosphären zu schätzen. Eine überschlägige Rechnung ergibt z. B., daß durch einen Sprengstoff mit einer Dichte von 1,5, von dem also 1,5 kg im Bohrloch einen Raum von 1 l einnehmen, wenn er in einem geschlossenen Raume bei 27° C und 760 mm Druck explodiert und dabei 550 l Gase liefert und eine Temperatur von 2500° C erzeugt, ein Druck von ~ 5100 kg/cm^2 ensteht. Tatsächlich sind freilich die Grundlagen für die Berechnung verwickelter. Bezieht man den so errechneten Gasdruck auf eine Menge von 1 kg des Sprengstoffs, so erhält man seinen spezifischen Druck.

99. — Sprengkraft und Sprengwirkung. Die rechnungsmäßige Arbeitsfähigkeit der Sprengstoffe — in der Regel mit Sprengkraft bezeichnet — muß aus physikalischen Gründen der bei der Explosion entwickelten Wärmemenge entsprechen. Man kann deshalb diese Wärmemenge unmittelbar als Maß für die zu erwartende Arbeitsleistung nehmen, indem man die Zahl der errechneten oder in der Kalorimeterbombe gemessenen Kalorien mit 425, als dem mechanischen Wärmeäquivalent, multipliziert. Tut man das, so erhält man die in Spalte 3 der Übersicht auf S. 234 angegebenen Zahlen.

Von der rechnungsmäßigen Arbeitsfähigkeit des Sprengstoffs muß man die tatsächliche Sprengwirkung streng unterscheiden. Nur ein geringer Teil, wahrscheinlich weniger als $1/6$, der im Sprengstoffe steckenden Kraft kann in der Sprengwirkung nutzbar gemacht werden. Die bei der Explosion frei werdende Arbeit wird nämlich verbraucht:

    a) in nutzlosen Wärmewirkungen, da sowohl die Luft am Arbeitsorte als auch das Gebirge erhitzt werden;

    b) zur Zertrümmerung und Zermalmung des der Sprengladung zunächst liegenden Gesteins;

    c) zum Absprengen und Abschleudern der Vorgabe.

Beyling und Drekopf führen die Wirkung unter b) im wesentlichen auf den Detonationsdruck, die Wirkung unter c) im wesentlichen auf den Gasdruck zurück, wobei unter dem Detonationsdruck der Druck in der von der Detonationswelle gerade erfaßten Grenzschicht, unter dem Gasdruck der in Ziff. 98 behandelte Druck zu verstehen ist. Man kann auch den ersteren Druck als den dynamischen Kraftstoß, den letzteren als die statische Druckwirkung bezeichnen.

In der Abb. 224 sind die unter b) und c) genannten Wirkungen veranschaulicht. Erwünscht ist in der Regel nur die Wirkung unter c), die als nutzbare Sprengwirkung aufzufassen ist.

Für die nutzbare Sprengwirkung fällt sehr wesentlich die Explosionsschnelligkeit ins Gewicht. Es ist klar, daß eine gewisse Geschwindigkeit in

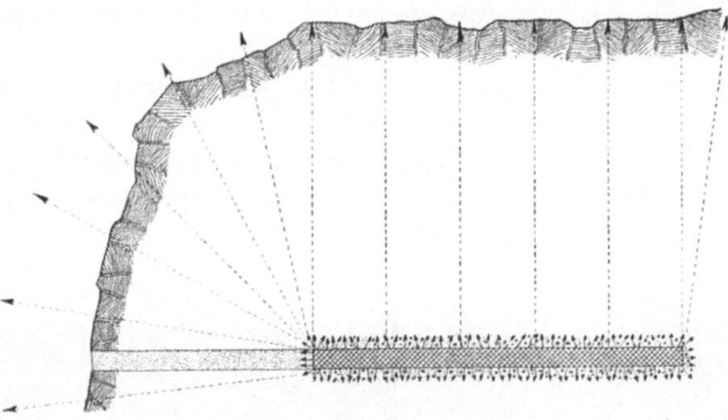

Abb. 224. Veranschaulichung der zermalmenden und der absprengenden Wirkung der Sprengladung.

der Druckäußerung der Sprenggase die Vorbedingung für jede Sprengwirkung ist. Bei zu langsam ansteigendem Gasdrucke würde durch Herausschieben des Besatzes oder durch kleine Klüfte der Druckausgleich in der Hauptsache ohne den beabsichtigten Sprengerfolg stattfinden. Anderseits ist die höchste Explosionsgeschwindigkeit durchaus nicht immer die günstigste. Ein allzu brisanter Sprengstoff wird das Gestein um sich herum unnötig fein zerkleinern, ohne diesem die Zeit zu geben, auf den vorhandenen Lagen zu reißen und in großen Stücken niederzubrechen.

Im allgemeinen läßt sich sagen, daß in zähem, festem Gesteine sehr brisante Sprengstoffe, in lagenhaftem, geschichtetem Gesteine dagegen solche von geringerer Explosionsgeschwindigkeit die günstigsten Sprengwirkungen hervorbringen. Ein Sprengstoff, der für alle Verhältnisse passend ist und in jedem Gestein die günstigsten Wirkungen aufweist, ist undenkbar.

100. — Die Messung der Sprengwirkung. Nach den obigen Ausführungen kommen für Vorrichtungen zur unmittelbaren Messung der Sprengwirkung einmal solche in Betracht, die den Gasdruck oder den spezifischen Druck zu ermitteln gestatten, und anderseits solche, die auf die Feststellung des Detonationsdrucks gerichtet sind. Allerdings muß man sich, da die verschiedenen Wirkungen des Explosionsvorganges sich wechselseitig mannigfach beeinflussen, mit annähernder Genauigkeit zufrieden geben.

Als ein verhältnismäßig genaues Maß für den spezifischen Druck hat sich, soweit die Bergbau-Sprengstoffe in Betracht kommen, die Bleiblock-Ausbauchung nach Trauzl erwiesen. Diese Untersuchung wird in Bleizylindern ausgeführt, die einen zylindrischen Hohlraum besitzen. In letzterem wird eine bestimmte Menge des zu untersuchenden Sprengstoffs (gewöhnlich 10 g) unter Sandbesatz zur Explosion gebracht. Die hierdurch bewirkte Erweiterung (Ausbauchung) des Hohlraumes dient als Maß für die Sprengwirkung des Sprengstoffs. Man wendet zum Zwecke einheitlicher Beurteilung allgemein Bleizylinder aus reinstem Weichblei mit den in Abb. 225 angegebenen Maßen an.

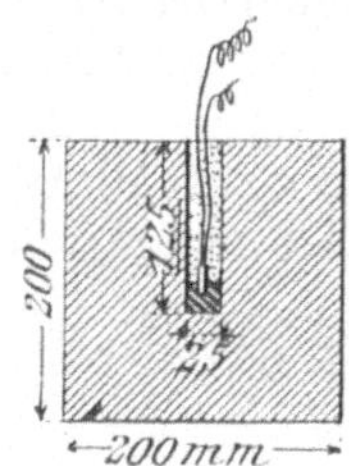

Abb. 225. Bleimörser.

Die Abb. 226 zeigt drei durchgesägte Bleizylinder, von denen der erste unbeschossen ist, während der zweite mit Wetterdetonit A und der dritte mit Dynamit 1 beschossen wurde. In beiden Fällen waren je 10 g als Schußladung benutzt worden. Es fällt hierbei die wesentlich stärkere Ausbauchung beim Dynamit gegenüber dem Wettersprengstoff auf.

Der vergleichenden Ermittelung des Detonationsdruckes dient der Stauchmesser, bei dem die Zusammenstauchung eines Kupferzylinders von 7 mm ⌀ und 10,5 mm Höhe gemessen wird[1]), die dem Detonationsdruck annähernd proportional ist.

Abb. 226. Trauzlsche Bleimörser (nach der Probe durchgesägt).

101. — Zahlenzusammenstellung. In der folgenden Übersicht sind für einige bekannte Sprengmittel die Explosionstemperaturen, die Arbeitsfähigkeiten, die Ausbauchungen im Trauzlschen Bleimörser und der spezifische Druck zusammengestellt:

Bezeichnung des Sprengstoffs	Explosionstemperatur °C	Arbeitsfähigkeit je 1 kg mkg	Ausbauchung im Trauzlschen Bleimörser durch 10 g cm³	Spezifischer Druck in kg/cm²
Schwarzpulver	2320	303 000	nicht vergleichsfähig	2540
Dynamit 1	3600	565 000	397	8910
Sprenggelatine	4210	661 000	520	12 020
Ammonit 1	2460	410 000	380	9400
Wetter-Detonit B . . .	1550	233 000	213	5300
Wetter-Nobelit B . . .	1670	241 000	181	3690

[1]) S. Zeitschrift für das gesamte Schieß- und Sprengstoffwesen 1934, S. 13; Haid und Selke: Über die Sprengkraft und ihre Ermittlung.

In dieser Zusammenstellung fallen die niedrigen Zahlen für die Wettersprengstoffe besonders auf.

b) Besonderer Teil.

102. — Einteilung der Sprengstoffe. Die für den Bergbau wichtigen Sprengstoffe kann man gemäß der Einteilung in der amtlichen Liste der Bergbausprengstoffe und -zündmittel vom 30. April 1935 in folgenden Gruppen zusammenfassen:

A. **Pulversprengstoffe** (nicht brisante Gesteinssprengstoffe):
   I. Sprengpulver,
   II. Sprengsalpeter.

B. **Brisante Sprengstoffe:**
   1. Gesteinssprengstoffe.
     a) Dynamite,
     b) Gelatinöse Ammonsalpetersprengstoffe,
     c) Nichtgelatinöse Ammonsalpetersprengstoffe,
     d) Kalksalpetersprengstoffe,
     e) Chloratsprengstoffe,
     f) Gelatite.
   2. Wettersprengstoffe:
     a) Ammonsalpeterwettersprengstoffe,
     b) Nitroglyzerinwettersprengstoffe,
     c) nicht ummantelte gelatinöse Wettersprengstoffe,
     d) ummantelte gelatinöse Wettersprengstoffe.

C. **Sonstige Sprengmittel,** insbesondere Sprengstoffe mit flüssiger Luft sowie Cardox- und Hydroxpatronen[1]).

An die Bergwerke Deutschlands dürfen nur solche Sprengstoffe vertrieben werden, die durch den Reichswirtschaftsminister durch Aufnahme in die Liste der Bergbausprengstoffe zugelassen sind.

Der Sprengstoffverbrauch des deutschen Bergbaus belief sich 1940 auf rund 37000 t. Im OBA.-Bezirk Dortmund betrug er etwas über 10000 t. Von dieser Menge entfielen 8350 t auf Wettersprengstoffe, davon 5100 t auf ummantelte Wettersprengstoffe.

Aus der nachstehenden Zusammenstellung geht der Sprengstoffverbrauch je Tonne verwertbarer Förderung einzelner Bergbaugebiete und Bergbauzweige hervor:

     Aachen, Ruhr, Saar, Niederschlesien . . 67— 77 g
     Erzbergbau . . . . 240—430 g
     Salzbergbau . . . . 480—580 g

1. Pulversprengstoffe.

103. — Sprengstoffgruppe. Das Sprengpulver, früher meist Schwarzpulver genannt, hat seit seiner Erfindung Jahrhunderte hindurch unverändert die alte Zusammensetzung — 63—77% Kalisalpeter sowie Holzkohle und

---

[1]) Diese Verfahren werden wegen ihrer Eigenart in einem Sonderabschnitt, der auf „Die Zündung der Sprengschüsse" folgt, besprochen.

Schwefel in innigstem, feinstem Gemenge — beibehalten. Der Kalisalpeter gibt den zur Verbrennung der Holzkohle und des Schwefels nötigen Sauerstoff her. Der Zusatz von Schwefel erleichtert die Zündung und ist für die Gleichmäßigkeit der Verbrennung und ihrer Geschwindigkeit notwendig. Abnehmer sind in beschränktem Maße der Erzbergbau, der Salzbergbau und Steinbruchbetriebe, bei denen es auf Schonung des gewonnenen Gutes ankommt.

Das Pulver wird in eckiger oder abgerundeter Kornform, rauh oder poliert, in den Handel gebracht. Die Größe der Körner schwankt von 1—10 mm. Das Sprengpulver darf nur in fertigen Patronen, und zwar in braunem Papier, an den Bergbau vertrieben werden.

Neben dem Kornpulver stellt man auch sog. komprimiertes Pulver her, das in besonderen Pressen mit entsprechenden Stempeln und Formen aus dem feuchten Satze unter starkem Druck zu Zylindern vom Durchmesser der verlangten Patronen zusammengepreßt ist. Die Pulverzylinder erhalten zum Zwecke der schnelleren Fortpflanzung der Zündung und zur Aufnahme der Zündschnur einen in der Mitte oder seitlich liegenden Zündkanal und können dann, wie die Abbildungen 227 und 228 zeigen, auf die Schnur gezogen werden. Sprengladungen aus komprimiertem Pulver sind handlich und besonders bequem beim Laden und Besetzen.

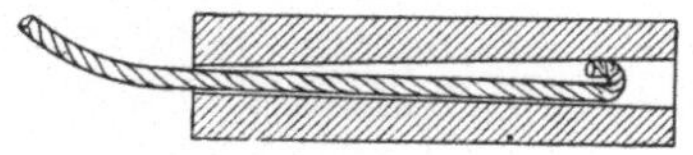
Abb. 227. Patrone aus komprimiertem Pulver mit Zündschnur.

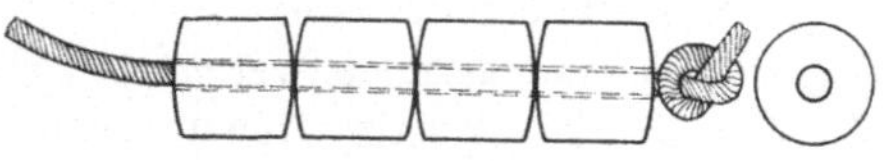
Abb. 228. Aufreihung von Patronen aus komprimiertem Pulver auf der Zündschnur.

Im allgemeinen ist für Güte und Preis des Pulvers der Salpetergehalt ausschlaggebend. Man bezeichnet das Pulver daher als 65-, 70- oder 75 prozentig, wenn es 65, 70 oder 75% Salpeter enthält. Je größer der Gehalt an Salpeter, desto sprengkräftiger ist das Pulver. Je fester also das zu sprengende Gestein ist, desto hochprozentiger muß das Sprengpulver gewählt werden.

Grobes Korn und Politur verlangsamen die Verbrennungsgeschwindigkeit. In kluftfreiem Gesteine oder in entsprechender Kohle, wo ein vorzeitiges Entweichen der Sprenggase auch bei langsamerer Verbrennung nicht zu befürchten ist, wird mit besonderem Vorteil das komprimierte Sprengpulver verwendet. In jedem Falle bedarf Sprengpulver eines festen, langen Besatzes, um eine kräftige Wirkung hervorzubringen.

104. — Explosionszersetzung des Sprengpulvers. Als Zersetzungsgleichung des 75 prozentigen Schwarzpulvers kann man etwa folgende Formel annehmen:

$$20\,KNO_3 + 30\,C + 10\,S = 6\,K_2CO_3 + K_2SO_4 + 3\,K_2S_3$$
$$+ 14\,CO_2 + 10\,CO + 10\,N_2.$$

Die Explosionserzeugnisse bestehen zu 56,4% aus festen Rückständen (Rauch) und nur zu 43,6% aus Gasen. (Vgl. die Übersicht auf S. 230.)

105. — Sprengsalpetergruppe. Zu dieser Gruppe gehören diejenigen Pulversorten, bei denen der Kalisalpeter ganz oder hauptsächlich durch

Natronsalpeter (Chilesalpeter) ersetzt ist. Der besondere Vorteil solcher Pulversorten liegt in der Billigkeit. Wegen der hygroskopischen Eigenschaften des Natronsalpeters ist aber die Lagerfähigkeit des Sprengsalpeters im allgemeinen beschränkt. Dieser Nachteil tritt auf Kalisalzbergwerken wegen ihrer trockenen Wetter nicht in die Erscheinung. Der Kalisalzbergbau ist deshalb der Hauptabnehmer für Sprengsalpeter, zumal die zähe und kluftfreie Beschaffenheit der Salzgesteine für seine Verwendung günstig ist und Schlagwettergefahr in der Regel nicht besteht. Neuerdings gewinnen diese Pulver aber auch auf anderen Gruben an Verbreitung, nachdem man gelernt hat, den hygroskopischen Eigenschaften durch bessere Verpackung in Paraffinpapier und schnelleren Verbrauch zu begegnen.

Der Sprengsalpeter wird gekörnt (in der Regel unpoliert) oder komprimiert benutzt. Da seine Sprengkraft geringer als die des Sprengpulvers ist — seine Wirkung ist noch mehr schiebend und noch weniger zertrümmernd —, bevorzugt man für härtere Salze das Sprengpulver. Seine Farbe ist bräunlich-grau.

Die Liste der zugelassenen Bergbausprengstoffe erkennt nur den „Sprengsalpeter" an. Dieser besteht aus 70—75% Natronsalpeter (bis zu 20% der Gesamtmenge durch Kalisalpeter ersetzbar), 10—16% Kohle und 9—15% Schwefel.

2. Brisante Gesteinssprengstoffe.

106. — Vorbemerkung. Die brisanten Gesteinssprengstoffe dürfen nur in rotem Patronenpapier an den Bergbau abgegeben werden. Auch die Sprengstoffpakete müssen in rotes Papier eingeschlagen werden. Der Durchmesser der Patronen soll in der Regel 25 oder 30 mm betragen.

α) Gruppe der Dynamite.

107. — Das Sprengöl. Der Hauptbestandteil der Dynamite ist das Sprengöl. Es besteht zumeist aus Nitroglyzerin oder auch aus Trinitrochlorhydrin oder Glycol.

Das Nitroglyzerin ist eine bei gewöhnlicher Temperatur geruchlose, ölige Flüssigkeit von gelblicher Färbung. Der Geschmack ist süßlich, die Wirkung auf den Menschen stark giftig. Kopfschmerzen treten bereits auf, wenn das Sprengöl mit der Haut in Berührung kommt. Besonders durch die Schleimhäute, z. B. des Mundes, dringt das Öl leicht in den Körper ein. Die Arbeiter, die täglich mit Nitroglyzerin zu tun haben, gewöhnen sich aber meist bald an die Wirkungen des Giftes und bleiben später davon unbehelligt. Das Sprengöl ist fast unlöslich in Wasser, aber löslich in Alkohol, Äther und Benzin. Bei 217° entzündet es sich. Das Nitroglyzerin ist empfindlich gegen Stoß und Schlag und kommt hierdurch leicht zur Explosion, ist jedoch schwer zur vollständigen Zersetzung zu bringen. Es gehört zu den Sprengstoffen mit Sauerstoffüberschuß in den Nachschwaden.

Ein großer Nachteil des Nitroglyzerins ist seine leichte Gefrierbarkeit. Es gefriert bei +8° C und taut erst bei 10—12° C wieder auf. Es wird daher vielfach ganz oder teilweise durch andere Stoffe ersetzt, die ähnliche Eigenschaften haben, jedoch schwerer gefrierbar sind. Hierbei handelt es sich um das Dinitrochlorhydrin, das auch aus Glyzerin hergestellt wird, und um das Nitroglykol, das durch Einwirkung von Salpetersäure auf den Alkohol Glykol entsteht, jedoch verhältnismäßig teuer ist.

Da flüssige Sprengmittel besonders gefährlich sind — sie verlieren sich auf Gesteinsklüften oder werden verschüttet und explodieren nachträglich —, ist ihr unmittelbarer Gebrauch verboten. Sie dürfen nur in gebundenem Zustande benutzt werden, wobei es sich unter gewöhnlichen Verhältnissen nicht von der Beimengung abscheiden soll. Treten sie auch nur in Spuren aus, so ist der Sprengstoff verdächtig und besser nicht zu verwenden.

108. — Nitrozellulose. Nitrozellulose sind Zellulosenitrate. Sie entstehen durch Einwirkung von Salpetersäure auf Baumwolle oder Holzzellstoff.

Technisch gebraucht werden Nitrozellulosen mit 11 Salpetersäureresten im Molekül — sie heißen **Schießbaumwolle** — und solche mit 9 Salpetersäureresten im Molekül mit der Bezeichnung **Kollodiumwolle.** Sie haben äußerlich das Ansehen des Ausgangsstoffs, aus dem sie entstanden sind; nur sind sie etwas rauher und spröder und haben an spezifischem Gewicht zugenommen (1,6—1,7). Gegen Stoß und Schlag sind sie sehr empfindlich und lassen sich leicht zur Detonation bringen.

Schießbaumwolle wird wegen ihres hohen Preises zu Sprengzwecken nicht benutzt, dagegen findet sie zur Herstellung von Treibmitteln (rauchlose Schießmittel) Verwendung.

Kollodiumwolle hat die wichtige Eigenschaft, mit Nitroglyzerin und ähnlichen Stoffen beständige Gelatinen zu bilden. Sie wird daher bei der Herstellung von Spenggelatine, von Gelatinedynamiten usw. gebraucht.

109. — Zusammensetzung der Dynamite im allgemeinen. Dynamite enthalten als Hauptbestandteil Nitroglyzerin in nichtgelatiniertem oder gelatiniertem Zustand. Außerdem besitzen sie Beimengungen, die entweder wirksam sind oder unwirksam, d. h. sie nehmen an der Explosion teil und erhöhen auch die Explosionskraft, oder sie nehmen nicht teil und dienen nur zum Aufsaugen des Sprengöls (Kieselgur z. B.). Dynamite mit nicht gelatiniertem Nitroglyzerin werden heute in Deutschland nicht mehr gebraucht. Auch ist man von der Verwendung unwirksamer Beimengungen abgekommen. Es gibt also nur noch Dynamite mit gelatiniertem Nitroglyzerin, von denen zwei Gruppen zu unterscheiden sind, die Sprenggelatine und die Gelatinedynamite. Wegen ihrer Empfindlichkeit gegen Stoß und Schlag sind sie nicht zum Stückgutverkehr auf der Eisenbahn zugelassen.

110. — Sprenggelatine. Die Sprenggelatine steht nach Kraft und Wirkung an der Spitze aller Dynamite. Die Bestandteile sind 92—94% Nitroglyzerin und 6—8% Kollodiumwolle, die in diesem Mischungsverhältnis eine durchscheinende, gummiartige, zähe und gelatinöse Masse von gelblich-brauner Färbung bilden.

Feuchtigkeit hat auf Sprenggelatine nur geringen Einfluß, so daß man diese vorteilhaft in nassen Gruben und namentlich bei Sprengungen unter Wasser verwendet. Gegen Stoß, Schlag und Reibung ist sie verhältnismäßig unempfindlich. Die Lagerfähigkeit ist außerordentlich gut. In frischem Zustand besitzt sie von allen Sprengstoffen die höchste Detonationsgeschwindigkeit und die höchste Brisanz. Sie ist daher für festes und zähes Gestein besonders geeignet.

Zur Zündung der Sprengladung verwendet man Sprengkapseln von mindestens 0,8 g Ladung (Nr. 5), oder aber man setzt auf die Sprenggelatineladung eine Zünd- oder Schlagpatrone von Gelatinedynamit, die mit Kapsel Nr. 3 gezündet werden kann.

111. — Die Dynamite 1, 3 und 5 (Gelatinedynamite). Wegen des hohen Preises der Sprenggelatine zieht man im Bergbaubetriebe zumeist die schwächeren Dynamite vor. Bei ihnen ist dem gelatinierten Sprengöl ein hauptsächlich aus Natronsalpeter, Ammonsalpeter, Kaliumperchlorat, Mehl und nitriertem Toluol, Naphthalin oder Diphenylamin bestehendes Zumischpulver zugesetzt. Die Zusammensetzung der in Deutschland unter der Gruppenbezeichnung „Dynamite" zugelassenen drei Sprengstoffe, von denen der erste am kräftigsten, der letzte am schwächsten ist, erhellt aus der folgenden Zahlentafel:

Dynamite.

Bezeichnung des Sprengstoffes	Nitroglyzerin	Kollodiumwolle	Natronsalpeter und (oder) Kaliumperchlorat	Alkalinitrate und (oder) Ammonsalpeter	Pflanzenmehl (und) oder feste Kohlenwasserstoffe	Nitroabkömmlinge des Toluols und (oder) Naphthalins und (oder) Diphenylamins	Soda oder ähnliche Körper	Anorganische, unwirksame Salze, Alkalichloride
	%	%	%	%	%	%	%	%
Dynamit 1 .	61—63,5	1,5—4	25—29	—	6—9	—	0—2	—
Dynamit 3 .	34—39	0,5—3	—	44—54	1—6	6—10	0—5	—
Dynamit 5 .	16—22	0,5—2	—	50—74	1—6	2—12	0—5	0—12

Am verbreitetsten ist das Dynamit 1, das bisher allgemein Gelatinedynamit hieß. In England heißt es Gelignit. In seiner äußeren Erscheinung sieht es gewöhnlichem Brotteig sehr ähnlich. Die Masse ist weniger zäh und elastisch als die Sprenggelatine. Das Gelatinedynamit verliert unter längerer Einwirkung von Wasser an Kraft, da das Wasser den Salpeter auflöst. Es geschieht dies jedoch so langsam, daß die Verwendbarkeit auch in nassen Bohrlöchern darunter nicht leidet. Die Ladedichte ist etwa 1,6.

112. — Gefrierbarkeit der Dynamite. Der Hauptübelstand der Dynamite ist die leichte Gefrierbarkeit. Die Temperatur, bei der das Festwerden eintritt, ist nicht für alle Arten des Dynamits die gleiche. Bei Temperaturen unter $+11^0$ ist aber das Gefrieren nicht ausgeschlossen, bei $+8^0$ schreitet es schon ziemlich schnell fort. Gefrorenes Dynamit geht im Bohrloche im allgemeinen schwer los, so daß öfter unexplodierte Patronen im Loche zurückbleiben oder ins Haufwerk geraten. In jedem Falle sind bei Verwendung gefrorenen Dynamits schlechte Sprengwirkung, schädliche Nachschwaden und Neigung der Schüsse zum Auskochen zu befürchten. Dabei ist die Handhabung des gefrorenen Dynamits gefährlich, weil gerade wegen der Starrheit und Unnachgiebigkeit der Patronen bei Stoß, Schlag oder Reibung die Wirkung sich auf einen einzigen Punkt vereinigt. Wegen dieses Verhaltens ist das Auftauen gefrorenen Dynamits vor dem Gebrauche vorgeschrieben.

Das Verfahren des Auftauens ist zeitraubend, setzt besondere Vorrichtungen voraus und gibt überdies alljährlich zu Verunglückungen Anlaß. In jedem Falle soll man beim Auftauen die größte Vorsicht walten lassen. Niemals sind gefrorene Patronen an sehr warme Orte, z. B. in die unmittelbare Nähe von Öfen, Dampfleitungen oder Feuer, zu bringen. Auch dürfen sie nicht geschnitten oder gebrochen werden, da gefrorenes Dynamit unberechenbar ist.

Am besten ist es, genügend warme Lager zu benutzen, um so das Dynamit vor dem Gefrieren zu schützen oder ihm, falls es gefroren angeliefert wird, Zeit zum allmählichen Auftauen zu lassen. Unterirdische Lagerräume pflegen die hierfür erforderliche Temperatur zu besitzen. Wo das künstliche Auftauen der einzelnen Patronen nicht zu vermeiden ist, geschieht es am schnellsten und sichersten in wasserdichten Blechbüchsen, die in mäßig warmes Wasser gesetzt werden. Würde man gefrorene Patronen unmittelbar in warmes Wasser eintauchen, so würde das gefährliche Sprengöl teilweise austreten, sich am Boden des Wasserbehälters ansammeln und zu Verunglückungen Anlaß geben können.

Leider ist es kaum zu vermeiden, daß der Bergmann unter Umständen gefrorene Patronen in die Hand bekommt. In den einzelnen Patronenpaketen ist häufig die äußere Patronenlage weich, während sich in der Mitte des Pakets noch ganz oder teilweise gefrorene Patronen befinden. Neuerdings bekämpft man daher diese Gefahr durch geeignete Zusatzstoffe. Von diesen ist das Dinitrochlorhydrin und das Nitroglykol hervorzuheben. Sprengstoffe mit 25% Dinitrochlorhydrin-Zusatz im Nitroglyzerin sind für europäische Wintertemperaturen als praktisch ungefrierbar zu betrachten (s. Ziff. 113).

β) Gelatinöse Ammonsalpetersprengstoffe.

113. — Gelatinedonarit 1. Gelatinöse Ammonsalpetersprengstoffe haben den Vorzug der Ungefrierbarkeit und empfehlen sich immer dann, wenn die Sprengstoffe nicht in warmen Magazinen gelagert werden können oder bei Winterkälte befördert werden müssen. In ihrer Sprengkraft entsprechen sie den schwächeren Dynamiten, jedoch sind sie handhabungssicherer. Sie bestehen hauptsächlich aus Ammonsalpeter und Dinitrochlorhydrin oder Nitroglykol. Zur Zeit wird nur das Gelatinedonarit 1, früher Ammongelatine 1 genannt, geliefert. Es hat sich an Stelle des Dynamits wegen seiner Ungefrierbarkeit in großem Umfange eingeführt.

γ) Gruppe der nicht gelatinösen Ammonsalpetersprengstoffe[1]).

114. — Allgemeines und Zusammensetzung. Die Ammonsalpetersprengstoffe, die unter dem Namen Donarit 1, 2, 3 und als Monachit 1 und 2 (für den Steinkohlenbergbau nicht zugelassen) im Handel sind, bestehen in der Hauptsache (zu etwa 60—95%) aus Ammonsalpeter, dem brennbare oder explosible Bestandteile zugemischt sind. Häufig führen sie außerdem noch geringere Beimengungen von Nitroglyzerin zur Erhöhung der Sprengkraft.

Der Ammonsalpeter selbst ist eine explosible Verbindung und zerfällt in der Explosion nach folgender Formel:

$$NH_4NO_3 = N_2 + 2H_2O + \tfrac{1}{2}O_2.$$

Wie man sieht, liefert Ammonsalpeter in den Nachschwaden außer Stickstoff und Wasserdampf freien Sauerstoff, so daß er hinsichtlich der Schwadenzusammensetzung ein besonders günstiger Sprengstoff wäre. Die Explosionsfähigkeit des reinen Ammonsalpeters ist aber nicht groß genug,

---

[1]) Im folgenden kurz Ammonsalpetersprengstoffe genannt.

um ihn allein als Sprengstoff benutzen zu können. Auch würde die bei der Explosion entwickelte Kraft zu gering sein.

Die zur Erhöhung der Explosionsfähigkeit und Arbeitsleistung dem Ammonsalpeter zugesetzten Bestandteile sind entweder nur einfach **brennbar** (Mehl, Naphthalin, Harz, Öl, verseifte Fette usw.) oder sind **nitrierte Körper** (Nitroabkömmlinge des Toluols, Naphthalins, Diphenylamins usw.).

Wenn es sich um brennbare Zumischungen handelt, so hält sich deren Anteil in verhältnismäßig engen Grenzen, da schon wenige Prozente genügen, um den noch verfügbaren Sauerstoff zu binden. Besteht der Zusatz aus nitrierten Körpern, so kann er höher werden, da ja dann die Beimischung selbst einen gewissen Sauerstoffvorrat mitbringt.

115. — Eigenschaften. In den Nachschwaden der Ammonsalpetersprengstoffe herrscht, wie aus der Zersetzungsgleichung des Ammonsalpeters und aus der Zusammenstellung auf S. 230 hervorgeht, stets der Wasserdampf vor. Es ist dies eine für die Verwendung günstige Eigenschaft, da die Nachschwaden unschädlich sind und ihre Menge wegen des alsbaldigen Niederschlags des Wasserdampfes gering ist, so daß man bald wieder den Arbeitsort betreten kann. Auch sonst besitzen die Ammonsalpetersprengstoffe mancherlei angenehme Eigenschaften. Sie sind gegen Stoß und Schlag unempfindlich, so daß sie im Gebrauche und Verkehr ungefährlich sind und wegen ihrer Handhabungssicherheit auf der Eisenbahn als Stückgut zugelassen werden. Ins Feuer geworfen, brennen Ammonsalpetersprengstoffe anscheinend nur widerwillig und in der Regel nur so lange, als sie unmittelbar mit einer äußeren Flamme in Berührung stehen. Etwa im Haufwerk unexplodiert gebliebene Patronen werden also, wenn sie keine Sprengkapsel enthalten, weder durch den Stoß eines Gezähes noch später im Feuer, wohin sie mit der Kohle geraten könnten, Unheil anzurichten vermögen. Die Ammonsalpetersprengstoffe gefrieren schließlich nicht und sind somit auch bei größter Kälte unmittelbar brauchbar.

Diese Vorzüge haben den Ammonsalpetersprengstoffen eine große Verbreitung verschafft.

Als **Nachteil** ist zunächst die hygroskopische Natur aller Ammonsalpetersprengstoffe hervorzuheben. Die Sprengstoffe müssen deshalb besonders gut verpackt sein und dürfen nicht allzulange in der Grube lagern. Andernfalls nehmen sie Feuchtigkeit an und verlieren ihre Explosionsfähigkeit. In Kalisalzgruben ist allerdings wegen der dort herrschenden Trockenheit der Luft die Lagerung unbedenklich. Auch die an sich vorteilhafte geringe Empfindlichkeit ist insofern ein Nachteil, als sehr starke Sprengkapseln zur Zündung benutzt werden müssen, da diese Kapseln teuer sind und selbst eine Gefahrenquelle bilden. Hart gewordene Patronen können zu Versagern oder Auskochern führen und müssen vor ihrer Verwendung durch Walken zwischen den Händen weich gemacht werden.

Die Kraft der Ammonsalpetersprengstoffe ist je nach der Zusammensetzung verschieden, erreicht aber nicht diejenige des Gelatinedynamits, zumal auch die Ladedichte nur 1—1,2 ist. Sie finden daher zweckmäßig bei geschichtetem und lagenhaftem Gestein Verwendung und dann, wenn es nicht auf weitgehende Zerkleinerung des Haufwerkes ankommt.

δ) Kalksalpetersprengstoffe.

116. — Beschreibung. Sie bestehen zu einem großen Teil (33—55%) aus Kalksalpeter, der durch Einwirkung von Salpetersäure auf Kalk gebildet wird. Da Kalksalpeter im Gegensatz zum Ammonsalpeter kein Sprengstoff ist, sondern nur viel Sauerstoff bei seiner Zersetzung hergibt, werden noch größere Mengen detonierbarer Stoffe zugesetzt, und zwar Nitroglyzerin und Ammonsalpeter; außerdem noch Holzmehl und flüssige Kohlenwasserstoffe.

Ihre Explosionstemperatur ist hoch, ihre Schwadenmenge groß. Sie sind daher kräftige Sprengstoffe. Da sie jedoch sehr hygroskopisch sind, werden sie als Kalzinit 1, 2, 3, 4 und 5 nur für den Salzbergbau zugelassen. Dieser zog früher Chloratit und Sprengsalpeter vor, verwendet aber heute außer Chloratit 3 die Kalzinite, die eine höhere Brisanz als Chloratit besitzen, bequemer zu handhaben sind und keine Belästigung durch Nachschwaden im Gefolge haben.

ε) Gruppe der Chloratsprengstoffe.

117. — Eigenschaften und Zusammensetzung. Das Kaliumchlorat ($KClO_3$) und das Natriumchlorat ($NaClO_3$) geben in der Explosionszersetzung ihren Sauerstoff leicht ab. Die Empfindlichkeit der Chloratsprengstoffe gegen Stoß, Schlag und Reibung läßt sich dadurch, daß man sie durch Beimischung öliger oder wachsartiger Stoffe plastisch macht, bis zu einem gewissen Grade vermindern. Tatsächlich liegt die Handhabungssicherheit der Sprengstoffe zwischen derjenigen der Ammonsalpetersprengstoffe und der Dynamite. Auch die Eisenbahnverkehrsordnung trägt dieser verhältnismäßig hohen Handhabungssicherheit Rechnung, indem sie die Chloratsprengstoffe in beschränkten Mengen zum gewöhnlichen Stückgutverkehr zuläßt. Durch Feuchtigkeit leiden die Chloratsprengstoffe erheblich weniger als die Ammonsalpetersprengstoffe. Infolgedessen hat man Chlorate schon lange und trotz mancher Mißerfolge immer wieder zur Sprengstoffbereitung heranzuziehen versucht.

Der einzige an den Bergbau gelieferte Chloratsprengstoff ist Chloratit 3. Er enthält 83—91% Kalium- oder Natriumchlorat, 5—12% flüssige Kohlenwasserstoffe und 0—4% Pflanzenmehl zum Auflockern der Patronen.

Da die Explosionsfähigkeit besonders längerer Ladesäulen nicht gut ist, muß für kräftige Zündung (Sprengkapsel 8) und gute Verdämmung Sorge getragen werden. Wegen seiner schlechten Detonationsübertragungsfähigkeit kommt Chloratit in der Hauptsache nur in einem Gebirge in Frage, das wie im Salzbergwerk infolge seiner Beschaffenheit dazu beiträgt, die Detonation zu übertragen. Im Stein- und Braunkohlenbergbau unter Tage darf er nicht verwendet werden.

ζ) Gruppe der Gelatite.

118. — Die Gelatite, die zwar nur in geringem Grade schlagwettersicher sind, aber in der Sicherheit gegen Kohlenstaub (sie sind bis 500 g sicher) hinter den Wettersprengstoffen kaum zurückstehen, zählen zu den Gesteinssprengstoffen und sind als Ersatz für Dynamite in solchen Gesteinsbetrieben bestimmt, in denen Dynamite wegen ihrer Gefährlichkeit gegenüber Kohlenstaub keine Verwendung finden können. Die größere Sicherheit der Gelatite wird durch einen beträchtlichen Zusatz von Alkalichloriden erreicht, welche die Flammentemperatur herabsetzen. Naturgemäß tritt dadurch auch eine Herabsetzung der Sprengwirkung ein, so daß die Gelatite in ihrer Wirksamkeit den Dynamiten unterlegen sind. Immerhin sind sie kräftiger als die Wettersprengstoffe. Zugelassen ist G e l a t i t 1, das 30% gel. Nitroglyzerin und 35—37,5% Ammonsalpeter enthält.

3. Wettersprengstoffe[1]).

119. — Vorbemerkungen. Unter „Sicherheitssprengstoffen" werden im Erz- und Salzbergbau, im Steinbruchbetrieb sowie im allgemeinen Sprengstoffverkehr die handhabungssicheren Sprengstoffe (insbesondere die Ammonsalpetersprengstoffe) verstanden, während im Steinkohlenbergbau früher als Sicherheitssprengstoffe solche Sprengstoffe galten, die gegenüber Schlagwettern und Kohlenstaub eine erhöhte Sicherheit (s. Ziff. 120) besaßen. Da sich aus der doppelten Bedeutung des Wortes Mißverständnisse und Unzuträglichkeiten ergaben, ist neuerdings für die schlagwetter- und kohlenstaubsicheren Sprengstoffe die Bezeichnung „Wettersprengstoffe" eingeführt worden. Wenn auch an schlagwetter- oder kohlenstaubgefährlichen Punkten überhaupt nicht geschossen werden soll — ist an einem Betriebspunkt oder in dessen Nähe 1% Methan oder mehr festgestellt, so ist Schießarbeit im deutschen Bergbau überhaupt verboten —, so muß man doch auf allen Steinkohlengruben mit dieser Gefahr bei Ausübung der Sprengarbeit trotz aller Vorsichtsmaßnahmen mehr oder weniger rechnen. Durch Schwarzpulver und Dynamit werden Schlagwettergemische überaus leicht gezündet. Es genügen hierfür Bruchteile eines Grammes Schwarzpulver und wenige Gramm Dynamit, wenn sie unbesetzt im Bohrloche oder gar freiliegend explodieren. Auch Kohlenstaubaufwirbelungen ohne jede Schlagwetterbeimengung werden in den Versuchsstrecken (s. Ziff. 123) bei unbesetzten Schüssen durch Ladungen von 40—80 g Schwarzpulver oder Dynamit mit Sicherheit gezündet.

Der übliche Besatz über der Schußladung erhöht nicht nur die Wirkung des Schusses, sondern auch seine Sicherheit beträchtlich, namentlich bei dem Dynamit und ähnlichen brisanten Sprengmitteln. Bei diesen verläuft unter der deckenden Hülle des Besatzes die Explosion so schnell, daß eine Zündung der Schlagwetter nach außen hin erschwert wird. Immerhin hat die Erfahrung gelehrt, daß auch Dynamit trotz Verwendung von Besatz durchaus nicht schlagwettersicher ist. Fälle, bei denen früher durch vorschriftsmäßigen Gebrauch des Dynamits Schlagwetter oder Kohlenstaub in der Grube gezündet wurden, sind leider in reichlicher Anzahl bekannt geworden.

120. — Wettersprengstoffe. Begriffsbestimmung. Die Wettersprengstoffe, die infolge ihrer Zusammensetzung eine erhöhte Schlagwetter- und Kohlenstaubsicherheit besitzen, verdienen deshalb vom sicherheitlichen Standpunkte aus den Vorzug.

Eine bestimmte Umgrenzung des Begriffs „Wettersprengstoff" gibt es freilich nicht und kann es nicht geben, weil kein Sprengstoff beim Gebrauche völlige Sicherheit gegenüber Schlagwettern und Kohlenstaub bietet. Zwar läßt sich ohne weiteres sagen, daß man unter Wettersprengstoffen

---

[1]) Die Bekämpfung der Schlagwetter- und Kohlenstaubgefahr im allgemeinen wird im Abschnitt „Grubenbewetterung" besprochen.

solche Sprengmittel versteht, die im Verhältnis zu Sprengpulver und Dynamit eine wesentlich erhöhte Sicherheit gegenüber· der Schlagwetter- und Kohlenstaubgefahr besitzen. Wo man die Grenze zu ziehen hat, ist jedoch zweifelhaft, und in der Tat ist sie zu verschiedenen Zeiten und in verschiedenen Ländern sehr verschieden gezogen worden. In Deutschland ist die Prüfung und das Verhalten der Sprengstoffe beim Schießen in einer Versuchsstrecke zur Grundlage ihrer Beurteilung gemacht (s. Ziff. 123).

Für die Patronen sowohl wie für die Umhüllung der Patronenpakete ist gelblichweißes Papier zu benutzen, das bei ummantelten Patronen noch mit einem grünen Streifen versehen ist. Als „ummantelt" werden sie gekennzeichnet durch den Buchstaben M hinter der Sprengstoffbezeichnung. Der Aufdruck auf den Paketen soll den Namen und die Art des Sprengstoffes angeben. Der Patronendurchmesser muß 30 mm, bei ummantelten Sprengstoffen 32 mm betragen. Die seit 1941 vom OBA. Breslau für die schlagwetterfreien Gruben Oberschlesiens zugelassenen kohlenstaubsicheren „Kohlensprengstoffe" haben 35 mm Patronendurchmesser und sind in blaues Papier eingeschlagen.

121. — Ursachen der Schlagwetter- und Kohlenstaubsicherheit. Die Schlagwettersicherheit der Sprengstoffe hängt in erster Linie von der Explosionstemperatur, sodann aber auch von der Explosionsschnelligkeit, dem Druck der Gase am Explosionsorte, der Flammendauer, der Zusammensetzung der Explosionsschwaden und wahrscheinlich noch von weiteren Umständen ab.

Je niedriger die Flammentemperatur und kürzer die Flammendauer ist, um so besser. Eine große Rolle spielt auch die Detonationsübertragungsfähigkeit, die möglichst gut sein soll. Läßt sie zu wünschen übrig, so ist die Möglichkeit nicht ausgeschlossen, daß in mehr oder weniger großer Menge undetonierte, d. h. deflagrierende oder unzersetzte Sprengstoffteilchen entstehen, die bei unbesetzten Schüssen brennend die Schwadenwolke durchbrechen können. Ist die Schwadenwolke groß, so ist es leichter möglich, daß diese Teilchen eingehüllt bleiben und vor der Berührung mit Schlagwettern geschützt werden. Bei kleiner Schwadenwolke ist dieses nicht so leicht der Fall. Hierin ist wahrscheinlich die Ursache für die Beobachtung zu suchen, nach der sich auf der Versuchsgrube bisweilen höhere Ladungen von Wettersprengstoffen im Gegensatz zu schwächeren als sicherer erwiesen haben.

Von den vielen Zusätzen, die man den Wettersprengstoffen zur Erzielung und Erhöhung ihrer Schlagwettersicherheit beimengt, haben sich am besten das Kochsalz (Chlornatrium) und das Chlorkalium bewährt. Einzelne Wettersprengstoffe enthalten bis zu 40% solcher Salze.

122. — Beschreibung der Wettersprengstoffe. Durch die oben erwähnten Zusätze werden die Ammonsalpetersprengstoffe zu Ammonsalpeter-Wettersprengstoffen und die Dynamite zu plastischen gelatinösen Wettersprengstoffen. Zwischen diesen schaltet sich eine dritte Gruppe ein, die Nitroglyzerin-Wettersprengstoffe.

α) Die Ammonsalpeterwettersprengstoffe.

Sie sind pulverförmig, stehen den nichtgelatinösen Ammonsalpetersprengstoffen nahe und unterscheiden sich durch einen geringeren Anteil an Nitroverbindungen sowie durch ihren Gehalt an Chlornatrium oder Chlorkalium, der zwischen 10 und 32% liegt. Zur Erhöhung ihrer Sprengkraft wird ihnen bis 5% Nitroglyzerin beigegeben. Unter dem Einfluß der Feuchtigkeit hart gewordene Patronen müssen zur Vermeidung von Versagern und Auskochern durch Walken wieder gelockert und weich gemacht werden.

Wegen ihrer geringen Brisanz wirken sie hauptsächlich schiebend und wenig zertrümmernd. Sie eignen sich daher vor allem zur Verwendung in der Kohle. Im Nebengestein und besonders in harter Kohle ist ihre Sprengkraft unzureichend. Da sie gegen Feuchtigkeit empfindlich sind, können sie in nassen Bohrlöchern nicht verwandt werden.

Die Ammonsalpeter-Wettersprengstoffe kommen je nach der Fabrik, von der sie hergestellt werden, unter den Namen Wetter-Karbonite, -Detonite, -Lignosite und -Westfalite in den Handel. Im westdeutschen Steinkohlenbergbau sind sie durch die ummantelten Wettersprengstoffe weitgehend verdrängt worden. Für die schlagwetterfreien Gruben Oberschlesiens hat man seit 1941 kohlenstaubsichere Ammonsalpetersprengstoffe mit höherer Sprengkraft — Kohlensprengstoff genannt — entwickelt. Ihre Dichte liegt zwischen 1 und 1,1. Die Ausbauchung im Trauzlschen Bleiblock beträgt 260—310 cm³. Sie sind unter den Namen Kohlen-Redit A und B, Kohlen-Energit A und B und Kohlen-Silingit A im Handel.

β) Nitroglyzerin-Wettersprengstoffe.

Sie sind den gelatinösen Ammonsalpeter-Gesteinssprengstoffen verwandt, sind jedoch nicht plastisch, enthalten höchstens 60% Ammonsalpeter, mehr als 8% Nitroglyzerin und bis 35% Chlornatrium oder Chlorkalium. Soweit sie 12% oder mehr Nitroglyzerin aufweisen, sind sie etwas sprengkräftiger und daher auch weniger handhabungssicher als die Ammonsalpeter-Wettersprengstoffe. Sie kommen unter den Firmenbezeichnungen Wetter-Bavarit, -Siegrit, -Baldurit, -Zellit und -Salit in den Handel.

Benutzt wird fast nur Wetter-Zellit, ein leichter Sprengstoff von hoher Schlagwettersicherheit und besonders niedrigem Brisanzwert. Er wirkt daher wenig zertrümmernd, jedoch kräftig treibend und ist eigens geschaffen, um beim Schießen in der Kohle einen hohen Stückkohlenanfall zu erzielen. Dieses gilt insbesondere für die oberschlesischen mächtigen Flöze mit ihrer an Schlechten armen Kohle.

γ) Nicht ummantelte gelatinöse Wettersprengstoffe.

Sie waren von allen Wettersprengstoffen am verbreitetsten und teilen heute diese Rolle zusammen mit den ummantelten gelatinösen Wettersprengstoffen. Zugleich sind sie die sprengkräftigsten und werden sowohl im Gestein als in der Kohle angewandt, in Kohle häufig unter Benutzung des Hohlraumschießens. Der Gehalt an gelatiniertem Sprengöl ist in ihnen gegenüber den Nitroglyzerin-Wettersprengstoffen auf 25—31% erhöht, derjenige an Ammonsalpeter auf 25—30% vermindert, während der Chlornatrium- oder Chlorkaliumzusatz zur Erreichung der Schlagwettersicherheit auf 35—40% gesteigert werden muß. Demgegenüber treten die sonstigen Zusätze (an Nitrokörpern, Holzmehl u. dgl.) stark zurück.

Die Sprengstoffe besitzen die aus ihrer gelatinösen Beschaffenheit sich ergebenden Vorteile, indem sie den Hohlraum des Bohrlochs vollkommen und dicht ausfüllen. Die Ladedichte steigt bis 1,7, woraus sich die gute Eignung der Sprengstoffe auch für festeres Gestein erklärt; die erzielbaren Ausbauchungen im Bleimörser liegen zwischen 170 und 210 cm³. Gelatinöse Wettersprengstoffe sind Wetter-Arit, -Nobelit, -Barbarit und -Wasagit. Über die sprengtechnischen Eigenschaften des Wetter-Nobelits B s. Zahlentafel S. 234.

δ) Ummantelte gelatinöse Wettersprengstoffe.

Zur Erhöhung der Schlagwettersicherheit können die Patronen mit einem aus flammenlöschenden Stoffen bestehenden Mantel umgeben werden[1]). Bisher macht man bei den gelantinösen Wettersprengstoffen von dieser Möglichkeit Gebrauch, und zwar ist bei den seit 1938 im deutschen Steinkohlenbergbau eingeführten ummantelten Wettersprengstoffen der Kernsprengstoff vollkommen vom Sicherheitsmantel umgeben. Er besteht nicht aus unwirksamen Salzen, sondern aus einem Sprengstoff, der zwar selbst nur eine geringe Sprengkraft besitzt, aber die Detonationsübertragung von Patrone zu Patrone ermöglicht.

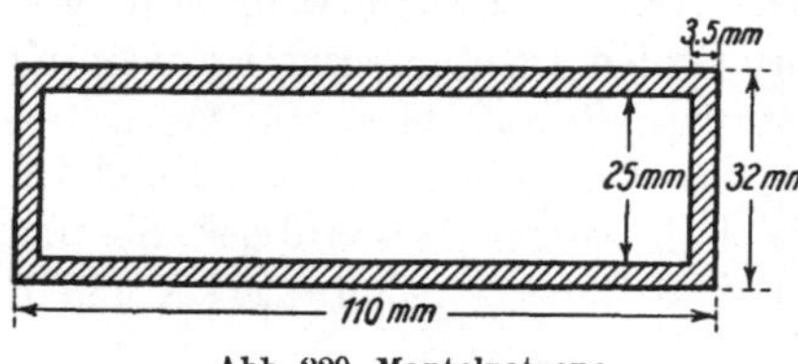

Abb. 229. Mantelpatrone.

Seine Sprengschwaden erreichen nur eine Temperatur von 400⁰ C und hüllen die heißeren Schwaden des Kernsprengstoffes ein. Dieser Mantelsprengstoff besteht aus einer Mischung von Natriumbikarbonat und Kochsalz, der nicht gelatinisiertes Nitroglyzerin zugesetzt ist. Da der Sicherheitsmantel eine Stärke von 3,5 mm haben muß, ist der Durchmesser des Kernsprengstoffes auf 25 mm festgesetzt, so daß sich ein Durchmesser der Gesamtpatrone von 32 mm ergibt (Abb. 229). Dieser Durchmesser gewährleistet ein ungehindertes Einführen der Patrone in die Bohrlöcher, ohne Beschädigung des Sicherheitsmantels.

Feststampfen der Patrone im Bohrloch ist unter allen Umständen zu vermeiden, weil dadurch der Sicherheitsmantel zerstört wird und somit die kühleren Schwaden des Mantelsprengstoffes nicht mehr als Pufferschicht zwischen den heißeren Explosionsschwaden des Kernsprengstoffes und etwa vorhandenen Schlagwettern wirksam werden können. Auch ist es wichtig, die für den einzelnen Schuß erforderliche Anzahl der Patronen richtig zu bemessen. Werden sie überladen, so besteht die Gefahr, daß sich die Schüsse gegenseitig beeinflussen, d. h. daß ein früherer Schuß einem zeitlich später kommenden die Vorgabe teilweise oder ganz wegreißt und ein Teil des später kommenden Schusses ohne Vorgabe nach der offenen Atmosphäre hin explodiert (Kantenschuß). Ummantelte Sprengstoffe sind also nicht völlig schlagwettersicher; sie weisen aber den nicht ummantelten Wettersprengstoffen gegenüber eine erhöhte Sicherheit auf.

Infolge des durch den Mantel verringerten Anteils des Kernsprengstoffes in der Patrone ist deren Sprengkraft naturgemäß geringer als einer nicht ummantelten Patrone. Zum Ausgleich dafür ist eine zulässige Höchstlademenge von 10 Patronen = 1250 g festgesetzt worden. In ihrer Bezeichnung erhalten

---

[1]) Bergbau 1938, S. 163; Gaßmann: Neugestaltung der Wettersprengstoffe; ferner: Glückauf 1938, S. 460; A. Berg: Die neuen ummantelten Wettersprengstoffe und ihre Anwendung im Steinkohlenbergbau.

die ummantelten Sprengstoffe den Zusatz (M). Zugelassen sind bisher **Wetter-Wagasit A (M)**, **Wetter-Wagasit B (M)** und **Wetter-Nobelit (M 1)**.

Ummantelte Sprengstoffe mit Momentzündern sind im OBA.-Bezirk Dortmund in allen Flözaufhauen und Aufbrüchen vorgeschrieben und außerdem beim Schießen in der Kohle in allen Flözen von Girondelle aufwärts. In den Anthrazit- und Magerkohlenflözen unterhalb Girondelle sind auch nicht ummantelte Wettersprengstoffe zugelassen. Die Verwendung elektrischer Schnellzeitzünder unterliegt jeweils besonderer Genehmigung und wird unter Beschränkung auf möglichst wenige Zündstufen erteilt, wenn die Menge des ausgasenden Methans nicht zu groß ist. Der Hundertsatz an Methan allein ist also nicht maßgebend, da er für sich kein zuverlässiges Bild über das Ausmaß der an einem Betriebspunkt in der Zeiteinheit stattfindenden Ausgasung gibt. Die frei werdende Methanmenge kann aus dem Hundertsatz in Verbindung mit der Wettermenge errechnet werden. Bei ummantelten Sprengstoffen ist z. B. das Schießen mit Schnellzeitzündern zugelassen, wenn bei durchgehender Wetterführung und einer Wettermenge von 60—120 m³ die minutliche Methanentwicklung nicht mehr als 0,3 m³, bei einer Wettermenge von 400—600 m³ die minutliche Methanentwicklung nicht mehr als 3 m³ [1]) beträgt. Ähnliche Vorschriften bestehen auch für den Steinkohlenbergbau in den OBA.-Bezirken Bonn und Saarbrücken.

123. — Erprobung der Schlagwetter- und Kohlenstaubsicherheit. Die Sicherheit kann nur nach dem Versuche, niemals aus der Rechnung allein beurteilt werden. Die Erprobung erfolgt in den sog. „Versuchsstrecken", die über Tage angelegt werden [2]). Sie sind meist 25 m lang und haben einen ovalen Querschnitt von 2 m² Fläche. An einem Ende sind sie offen und am anderen Ende durch einen Mauerblock abgeschlossen. Die Sprengstoffe werden ohne Besatz aus einem in diesem Mauerblock untergebrachten Stahlmörser geschossen, der ein Bohrloch von 600 mm Länge und 55 mm Durchmesser besitzt. Ein an den Mauerblock angrenzender Teil der Strecke von 10 m³ wird durch einen Papierschirm abgetrennt. Bei Prüfung auf Schlagwettersicherheit wird dieser Raum, der die Explosionskammer darstellt, mit einem Schlagwettergemisch von 8—9,5% CH⁴, bei Prüfung auf Kohlenstaubsicherheit mit einem explosionsgefährlichen Kohlenstaub-Luftgemisch gefüllt. Zur Herstellung des Schlagwettergemisches wird natürliches Grubengas oder, falls solches nicht zu beschaffen ist, Leuchtgas oder Benzingas verwandt. Als Kohlenstaub wird feingemahlener Staub einer Kohle von 25% flüchtigen Bestandteilen (auf Reinkohle berechnet) benutzt, von denen 10 l auf den Boden der Kammer verstreut und 2 l von oben her in die Explosionskammer gegeben und zum Aufwirbeln gebracht werden.

---

[1]) Bergbau 1941, S. 113; Gaßmann: Erläuterungen zu den neueren Bestimmungen über die Ausführung der Schießarbeit unter Tage.

[2]) Neben diesen vorzugsweise der Erprobung der Schlagwetter- und Kohlenstaubsicherheit von Sprengstoffen dienenden Versuchsstrecken gibt es auch andere, die hauptsächlich zum Zwecke des Studiums der Kohlenstaubgefahr und der Bekämpfung von Kohlenstaubexplosionen erbaut sind. Sie zeichnen sich in der Regel durch sehr erhebliche Längen (mehrere hundert Meter) aus. Näheres s. Glückauf 1913, S. 433; Beyling u. Zix: Die Versuchsstreckenanlage in Derne. — In Deutschland hat man schließlich für gleiche und ähnliche Versuchszwecke ein stillgelegtes Bergwerk (Hibernia bei Gelsenkirchen) als „Versuchsgrube" eingerichtet. Siehe auch Bergbau 1937, S. 45: Schultze-Rhonhof: Die Versuchsgrube in Gelsenkirchen; — ferner Berichte der Versuchsgrubengesellschaft (Gelsenkirchen, C. Bertenburg).

Im allgemeinen kann man sagen, daß, je größer die nicht mehr zündende, also noch sichere Ladungsmenge, die sog. „Grenzladung“ oder „Sicherheitsgrenze“ des Sprengstoffs, ist, um so höher seine Sicherheit einzuschätzen ist. Jedoch gilt dieser Satz nicht unbeschränkt. Gewisse Wettersprengstoffe zeigen die Eigentümlichkeit, daß sie mit mittleren Ladungen die Schlagwetter zu zünden vermögen, mit größeren Lademengen aber wieder sicherer werden. Diese eigenartige Tatsache ist wohl aus dem jeweiligen Zusammenwirken der verschiedenen, die Zündung beeinflussenden Bedingungen zu erklären. Es ist durchaus denkbar, daß z. B. die Mischung der Schwaden mit den Schlagwettern bei einem bestimmten Mengenverhältnis für die Zündung die günstigsten Voraussetzungen schafft, während eine weitere Zunahme der Schwaden durch eine vergrößerte Lademenge das Gemisch wieder unentzündlich macht.

Von Wettersprengstoffen wird verlangt, daß sie in der Versuchsstrecke gegen Schlagwetter mit Ladungen von mindestens 450 g, gegen Kohlenstaub mit Ladungen von mindestens 600 g sicher sind. Falls sich diese 600 g im Schießmörser nicht unterbringen lassen, was bei leichteren Sprengstoffen vorkommt, so müssen sie mit der Höchstladung sicher sein. Sprengstoffe, die diesen Bedingungen entsprechen, ergeben im Trauzlschen Bleimörser Ausbauchungen von höchstens 240 cm³.

124. — Bewertung der in den Versuchsstrecken erzielten Ergebnisse. Eine wichtige Frage ist, ob die in der Versuchsstrecke ohne Besatz aus dem Bohrloche eines Schießmörsers abgetanen Probeschüsse für gefährlicher oder für sicherer als die Sprengschüsse in der Grube zu erachten sind. Der unbesetzt aus dem Schießmörser abgegebene Schuß verrichtet nur eine geringe Arbeit, und die Explosionsgase brechen ohne die schützende Hülle des Besatzes fast mit ihrer Anfangstemperatur in das Schlagwettergemisch herein. Man sollte deshalb annehmen, daß die Sprengarbeit in der Grube weit weniger gefährlich als ein derartiger Schießversuch in der Versuchsstrecke sei. Es dürfte auch kein Bedenken vorliegen, die Richtigkeit dieser Schlußfolgerung ohne weiteres für den Fall anzuerkennen, daß die Sprengarbeit in der Grube ordnungsgemäß ausgeführt wird. Im Falle der nicht vorschriftsmäßigen Ausführung der Sprengarbeit ist es allerdings unmöglich, die Verhältnisse abzuschätzen und mit den Bedingungen der Versuchsstrecke zu vergleichen. Der Sprengschuß in der Grube kann derart überladen und in solcher Richtung angesetzt sein, daß er als Ausbläser wirken muß. Wenn dann der Besatz unzureichend ist oder aus trockenem Kohlenstaub besteht oder die Sprengladung gar das Bohrloch nahezu bis zur Mündung erfüllt, so ist es leicht möglich, daß ein solcher Schuß an Gefährlichkeit einem ausblasenden Schusse in der Versuchsstrecke kaum nachsteht. In Rücksicht zu ziehen sind ferner außergewöhnlich ungünstige örtliche Verhältnisse, z. B. unbeachtete Ablösungen im Gestein, infolge deren dieses fast ohne Kraftabgabe der Explosionsgase nachgibt und den explodierenden Sprengstoff sozusagen bloßlegt. Ähnlich liegen die Bedingungen, wenn von mehreren Schüssen der erste einen Bläser freilegt oder Kohlenstaub aufwirbelt und teilweise oder ganz die Vorgabe des zweiten wirft.

Man darf also nicht annehmen, daß die auf einer Versuchsstrecke bei gewissen Bedingungen ermittelten Sicherheitsladegrenzen eines Sprengstoffs nun auch für alle Fälle des Grubenbetriebes unmittelbare Bedeutung haben.

Nur so viel läßt sich sagen, daß Wettersprengstoffe, die in den Versuchsstrecken sich im Verhältnis zu anderen Sprengstoffen als besonders schlagwettersicher gezeigt haben, auch im Betriebe hochgradig sicher sind.

Zur Beschränkung der Schlagwettergefahr bei der Sprengarbeit ist es jedenfalls richtig für Wettersprengstoffe eine Höchstladung, die nicht überschritten werden darf, festzusetzen und eine Mindestlänge des Besatzes vorzuschreiben. Diese Höchstlademenge ist 800 g mit Ausnahme von Wetter-Wasagit B, bei dem sie nur 700 g beträgt. Bei Mantelpatronen beträgt sie 1250 g, was einer eigentlichen Sprengstoffmenge von 700 g entspricht. Sie liegt also höher als die Mindestsicherheitsgrenze, die zu 600 g festgesetzt ist. Diese Regelung ist durchaus vertretbar, da die Prüfung in der Versuchsstrecke unter sehr scharfen Bedingungen — ohne Besatz! — erfolgt.

4. Die Sprengkapseln.

125. — Einleitung. Sprengpulver, Sprengsalpeter und ähnliche Sprengstoffe können unmittelbar durch eine Stichflamme, z. B. ein Raketchen oder eine Zündschnur, zur Explosion gebracht werden. Bei den brisanten Sprengstoffen genügt die einfache Flamme nicht. Es muß eine plötzliche Druckwirkung als Anstoß der Explosion hinzukommen. Hierfür bedient man sich der Vermittlung der **Sprengkapseln** (Zündhütchen). Es sind dies zylindrische, an dem einen Ende geschlossene Metallhülsen, die einen äußeren Durchmesser von mindestens 6 und höchstens 7 mm haben und einen Knallsatz enthalten, der durch den Feuerstrahl der Zündschnur oder des elektrischen Zünders zur Explosion gebracht wird. Als Knallsatz verwendet man Initialsprengstoffe von hoher Brisanz und Auslösungsgeschwindigkeit, die allein durch den Feuerstrahl der Zündschnur oder des elektrischen Zünders zur Explosion gebracht werden können. Man unterscheidet Kapseln mit einheitlicher Ladung und solche mit zwei verschiedenen Ladungen, nämlich einer unteren Hauptladung und einer die Zündung vermittelnden Aufladung.

126. — Kapseln mit einheitlicher Ladung. Die Ladung dieser Kapseln besteht aus Knallquecksilber oder aus einem Gemisch von Knallquecksilber und Kaliumchlorat (80—85 Teile Knallquecksilber, 15—20 Teile Kaliumchlorat). Das Knallquecksilber wird aus einer Lösung von Quecksilber in Salpetersäure durch Behandlung mit Alkohol hergestellt. Es explodiert bei einer Erwärmung auf 186°. Auch sonst kann durch Schlag oder Reibung die Explosion leicht eingeleitet werden, so daß die größte Vorsicht bei Handhabung des Knallquecksilbers und der damit gefüllten Sprengkapseln anzuraten ist. Früher unterschied man je nach der Menge der Ladung zehn verschiedene Sprengkapselgrößen, die mit den Nummern 1 bis 10 bezeichnet wurden. Heute wird von den einfachen Sprengkapseln nur noch eine Sprengkapsel von geringer Sprengwirkung, die Sprengkapsel Nr. 3 benutzt.

127. — Kapseln mit zwei verschiedenen Ladungen. Die heute am häufigsten zur Verwendung kommenden Sprengkapseln sind solche mit zwei verschiedenen Ladungen. Die Hauptmenge der Ladung, die sog. „Hauptladung", besteht aus einem stark zusammengepreßten Nitrokörper, der infolge seiner Pressung stark verdichtet ist und dadurch eine hohe Brisanz erhält.

Als solche Nitrokörper verwendet man Trotyl (Trinitrotoluol) oder Tetryl (Tetranitromethylanilin) oder Gemische von beiden. Die zur Einleitung der

Detonation dienende „Aufladung" besteht aus Knallquecksilber oder aus Bleiazid oder aus einem Gemisch von Bleiazid und Bleitrinitroresorzinat (Resorzinatkapseln). Letzteres wird mit Bleiazid gemischt, weil Bleiazid unter dem Einfluß von Kohlensäure bei gleichzeitiger Anwesenheit von Feuchtigkeit Stickstoffwasserstoffsäure bildet und weil es ferner gegen Flammenzündung nicht sehr empfindlich ist[1]). Bleiazid hat gegenüber Knallquecksilber den Vorteil, daß man mit einer geringeren Menge auskommt, weil das Bleiazid eine viel höhere Auslösungsgeschwindigkeit besitzt und es in diesem Falle nur zur Detonationseinleitung und nicht zur Brisanzerzeugung dient. In dem in Abb. 230 gezeigten Querschnitt einer zusammengesetzten Sprengkapsel ist a die Hauptladung (Sekundärladung), b die durch das oben gelochte Innenhütchen c eingeschlossene Aufladung (Primärladung).

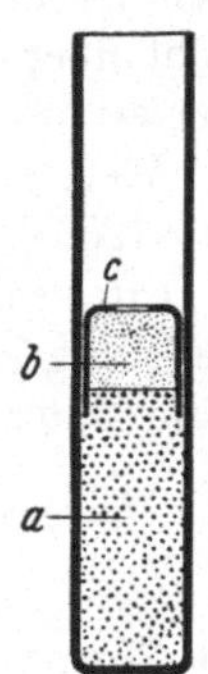

Abb. 230
Zusammen-
gesetzte
Sprengkapsel.

Durch die Explosion der leicht entzündlichen Aufladung wird auch die Hauptladung zur Detonation gebracht. Infolge des dichten Einschlusses verläuft die Detonation der Füllung sehr heftig und gibt daher auch eine gute Zündwirkung auf den Sprengstoff.

Man unterscheidet heute für den Gebrauch im Bergbau nur noch die Sprengkapseln Nr. 3 und Nr. 8. Die Sprengkapsel Nr. 3 hat einen Außendurchmesser von 6 mm. Die Sprengkapsel Nr. 8 ist 45 mm lang und hat einen Durchmesser von 6,85 mm.

In Niederschlesien können Sprengkapseln mit reiner Bleiazidfüllung wegen der schon erwähnten Bildung von Stickstoffwasserstoff unter der Einwirkung starker CO_2-Gemische und Feuchtigkeit nicht verwendet werden.

128. — Werkstoffe der Kapselhülsen. Als Werkstoffe für die Kapselhülsen von Knallquecksilberkapseln kommen nur Kupfer oder Messing in Frage. Das Innenhütchen wird häufig wegen der größeren Härte aus Messing hergestellt. Aluminium und Zink sind für Knallquecksilberkapseln nicht geeignet, weil diese Stoffe mit dem Knallquecksilber Umsetzungen eingehen, die eine allmähliche Zerstörung der Hülse zur Folge haben.

Die bleiazidhaltigen Kapseln haben Hülsen und Innenhütchen aus Aluminium oder Aluminiumlegierungen. Kupferhülsen sind in diesem Falle nicht verwendbar, da Bleiazid mit Kupfer, besonders unter dem Einfluß von Feuchtigkeit und Kohlensäure, das sehr gefährliche Kupferazid bildet. Hierdurch würden einmal die Kupferhülsen zerstört werden, außerdem würde die Handhabung solcher Kapseln sehr gefährlich sein. Auf Aluminium übt Bleiazid keine Einwirkung aus.

129. — Handhabungssicherheit der Sprengkapseln. Wegen der großen Empfindlichkeit des Knallsatzes (gleichgültig, ob er aus Knallquecksilber oder Bleiazid besteht) gegen Stoß, Schlag und Reibung müssen die Sprengkapseln vor allen derartigen Beanspruchungen bewahrt bleiben. Eine Gefahr für den Knallsatz liegt hauptsächlich bei unvorsichtigem Anwürgen der Kapsel an die Zündschnur vor. Um dieser Gefahr zu begegnen, ist für alle Kapseln, die im Bergbau Verwendung finden sollen, vorgeschrieben, daß der Leerraum der Kapseln über dem Knallsatz eine Höhe von mindestens 15 mm hat. Außer-

---

[1]) Beyling-Drekopf: Sprengstoffe und Zündmittel (Berlin, Springer), 1936.

dem wird der Knallsatz in weitgehendem Maße durch das schon in Abb. 230 dargestellte Innenhütchen geschützt.

130. — Prüfung der Sprengkapseln. Um Sprengkapseln auf ihre Brauchbarkeit zu prüfen, gibt es eine Reihe von Verfahren. Das einfachste besteht darin, daß man sie, mit dem geschlossenen Ende auf einer Bleiplatte stehend, zur Explosion bringt. Abb. 231 veranschaulicht die Wirkung einer guten, einwandfreien und Abb. 232 diejenige einer Sprengkapsel, deren Füllung gelitten hat. Im ersten Falle ist die Hülse zu staubförmig kleinen Stückchen zerrissen und über das Blei hinweggefegt, so daß eine feine, vom Sprengtrichter ausgehende Strahlung entstanden ist. Bei der Abb. 232 fehlt diese feine Strahlung, und es finden sich statt deren nur einzelne Explosions-

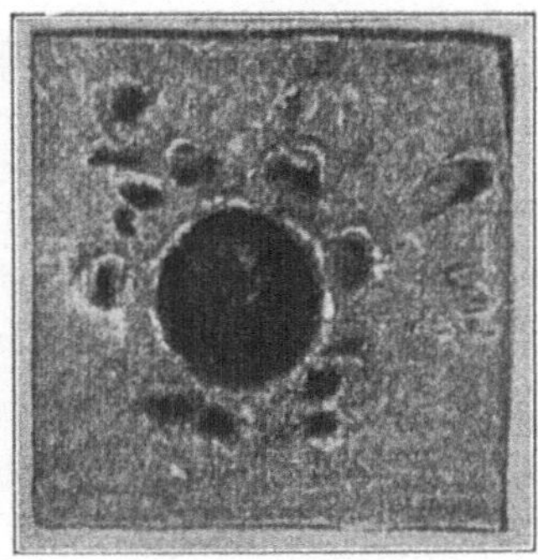

Abb. 231.Abb. 232.

Mit Sprengkapseln beschossene Bleiplättchen.

spuren, die von größeren Sprengstücken der Hülse eingeschlagen sind. Solche Kapseln gewährleisten keine ordnungsmäßige Zündung der Sprengladung; sie führen leicht zu Schußversagern oder Auskochern oder mindestens zu einer mangelhaften Sprengwirkung.

131. — Vergleich zwischen den Kupfer- und den Aluminiumkapseln. In ihrer Zündwirkung auf die Sprengstoffladung sind sowohl die Kupferkapseln mit Knallquecksilberfüllung als auch die Aluminiumkapseln mit einer Ladung aus Bleiazid-Bleitrinitroresorzinat einander gleichwertig. Die bleiazidhaltigen Aluminiumkapseln sind, falls sie nicht Wettern mit stärkerem Kohlensäuregehalt ausgesetzt werden, fast unbegrenzt lagerbeständig; feuchte Grubenluft schadet ihnen nichts. Im Gegensatz zu früheren Zeiten verträgt aber auch der Knallquecksilbersatz bei der heutigen Unterbringung in den Kupferkapseln eine längere Lagerung in feuchter Luft. Ein besonderer Vorzug der Aluminiumkapseln besteht darin, daß sowohl die Hülse als auch das Bleiazid und das Bleitrinitroresorzinat aus rein inländischen Werkstoffen verhältnismäßig billig hergestellt werden können, während die Kupferkapseln teurer sind, weil sowohl das Kupfer als auch das Quecksilber zur Herstellung des Knallsatzes aus dem Ausland bezogen werden müssen. Aus diesen Gründen haben die Aluminiumkapseln eine große Verbreitung gefunden. Ihr Verwendungsbereich ist aber in gewissem Umfange durch die Feststellung beschränkt worden, daß die Kapseln beim Gebrauch auf Schlagwettergruben nicht so schlagwettersicher sind wie die Kupferkapseln. Das gilt im besonderen bei Schüssen mit kleinen Sprengladungen („Knappschüssen“ zur Beseitigung eines vorspringenden „Gesteinknapps“). Der Grund hierfür liegt darin, daß die von kleinen Sprengladungen entwickelte Wärmemenge nicht ausreicht, sämtliche Splitter der Aluminiumhülse schon im Bohrloch restlos zu verbrennen. Infolgedessen können weißglühend brennende Aluminiumteilchen aus dem Bohrloch geschleudert werden, die imstande sind, Schlagwetter zu entzünden. Bei Kupferhülsen liegt diese Gefahr nicht vor, da Kupfer viel schwerer brennbar ist und etwa glühend aus dem Bohrloch herausgeschleuderte Teilchen auf ihrem Wege durch die Luft nicht verbrennen und sich daher schnell abkühlen. Aus diesem Grunde ist die Verwendung der Aluminiumkapseln in schlagwettergefährlichen Gruben verboten worden.

5. Lagerung der Sprengstoffe.

132. — Allgemeines. — Unterirdische Sprengstofflager. Die Hersteller der Sprengstoffe pflegen in jedem Bergbaubezirk oberirdische Sprengstofflager mit großen Beständen zu unterhalten, von denen aus die Verteilung der Sprengstoffe auf die einzelnen Gruben stattfindet. Auch die Gruben müssen naturgemäß Lager unterhalten, deren Bestände den Bedarf für einige Wochen oder länger zu decken imstande sind. Diese Lager können über oder unter Tage eingerichtet werden. Tatsächlich herrscht die Lagerung unter Tage weitaus vor. Schon die polizeiliche Genehmigung des unterirdischen Lagers ist einfacher und leichter zu erwirken, da ja die Rücksicht auf benachbarte Wohnungen, Eisenbahnen, Wege u. dgl. fortfällt. Die Lagerung unter Tage hat ferner den Vorteil einer gegen Einbrüche sowohl als auch gegen Naturereignisse, insbesondere Blitzschläge, gesicherten Lage. Die Bewachung ist leichter und wirksamer. Die Verausgabung der Sprengstoffe erfolgt unter Tage in größerer Nähe der Arbeitspunkte, so daß die ausgegebenen Einzelmengen nur auf kurze Entfernungen befördert zu werden brauchen. Die Zurücklieferung der in der Schicht nicht verbrauchten Sprengstoffmengen kann leichter überwacht werden. Schließlich ist unter Tage in der Regel eine gleichmäßige Temperatur vorhanden, die für die Erhaltung der Sprengstoffe günstig ist, das Gefrieren der sprengölhaltigen Sprengstoffe verhindert und gefrorene Sprengstoffe allmählich zum Auftauen bringt.

Die Lagerung der Sprengstoffe unter Tage ist durch bergpolizeiliche Vorschriften geregelt, von denen die wichtigsten hier erwähnt seien. So müssen Pulversprengstoffe, brisante Sprengstoffe und Sprengkapseln, wenn ihre Stückzahl 4000 übersteigt, in getrennten Lagern oder getrennten Kammern des gleichen Lagers untergebracht sein. Auch sind von den Oberbergämtern Höchstmengen vorgesehen, die in einer Kammer untergebracht werden dürfen: 1000 kg Dynamit oder dynamitähnliche Sprengstoffe, bis 2500 oder 5000 kg andere Sprengstoffe. Sprengkapseln dürfen bis 500 Stück in Sprengstoffkammern gelagert werden, deren Lagermenge 100 kg nicht übersteigt, und bis 4000 Stück in einem Vorraum der Sprengstoffkammer oder, falls dieser Vorraum fehlt, in einer besonderen Kammer für sich.

Die Aufbewahrungsräume haben doppelte Türen mit sicherem Verschluß; sie dürfen nicht mit offenem Licht betreten werden. Bei größeren Mengen ist es üblich, die Sprengstoffkisten auf Gestellen zu lagern. Der Sturz einer Kiste

kann eine Explosion zur Folge haben. Daher müssen die Gestelle standfest
und so eingerichtet sein, daß die einzelnen Gestellböden nicht überlastet werden
können. Aus diesem Grunde sind im Gegensatz zu früher jetzt auch Stahlgestelle
zugelassen. Bei einem Brand des Sprengstofflagers, mit dem eine Explosion
durchaus nicht verbunden zu sein braucht, bleiben Stahlgestelle stehen, während
Holzgestelle in sich zusammenbrechen. Bei den leicht entzündlichen Pulversprengstoffen ist dagegen Holz zur Vermeidung jeder Reibungs- und Funken-
gefahr der Vorzug zu geben, um so mehr, als Pulversprengstoffe bei einem Brand
ohnehin zur Explosion kommen. Aus dem gleichen Grunde lagert man auch
Sprengkapseln auf Holz.

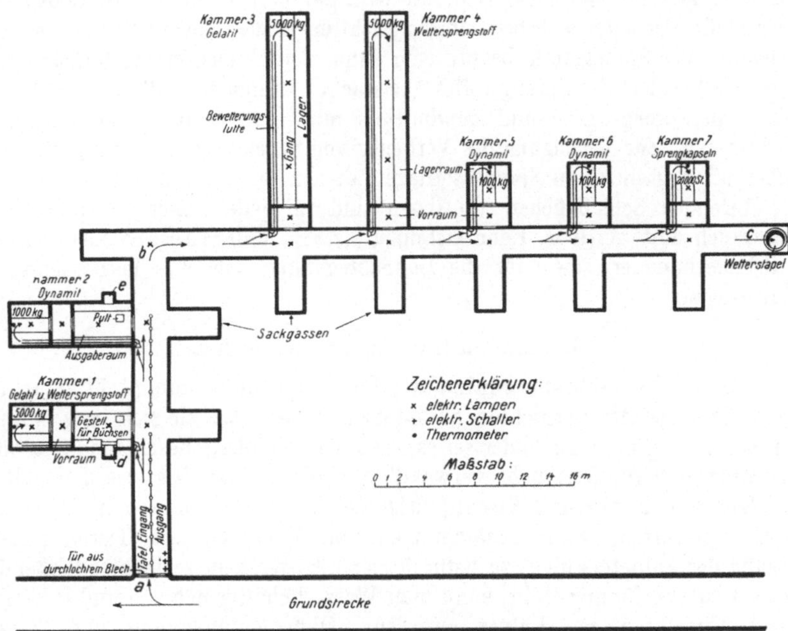

Abb. 233. Unterirdisches Sprengstofflager.

Zur Verringerung der Wirkung der Explosion eines untertägigen Sprengstofflagers gibt man den Zuführungsstrecken zu den Lagerräumen eine gebrochene
Linienführung. Gegenüber dem Eingang zu jedem Lagerraum schießt man
Sackgassen von mindestens 4 m Länge aus. Die von einer Explosion ausgehende
starke Stoßwelle kann auf diese Weise gemildert und durch die Streckenknicke
weiterhin geschwächt werden (s. Abb. 233).

Noch größer als die mechanischen Zerstörungen sind die Gefahren der bei
einem Brand oder der Explosion eines Sprengstofflagers entstehenden Schwaden,
die Kohlenoxyd und nitrose Gase enthalten können. Sprengstofflager sollen
daher eine unmittelbare Verbindung mit dem ausziehenden Schacht haben.
Befindet sich das Lager auf der Fördersohle, was aus betrieblichen Gründen und
wegen der geringeren Feuchtigkeit des einziehenden Wetterstroms vielfach den
Vorzug verdient, kann eine solche Verbindung oft nur durch Auffahren eines
besonderen Weges geschaffen werden.

Durch längere Aufbewahrung erleiden Dynamite Veränderungen ihrer Dichte und damit ihrer Detonationsfähigkeit, anderen Sprengstoffen kann die mit den Wettern zugeführte Feuchtigkeit schädlich sein. Letztere sollte man daher im allgemeinen nicht länger als 2 Monate und Sprengstoffe mit hohem Nitroglyzeringehalt nicht länger als 4 Monate lagern.

Für die Bewirtschaftung von Sprengstoffen gilt das Reichsgesetz gegen den verbrecherischen und gemeingefährlichen Gebrauch von Sprengstoffen aus dem Jahre 1884. Es sieht die Erlaubnisschein- und Lagerbuchpflicht vor. Der Sprengstofferlaubnisschein, für den im Bergbau der Bergrevierbeamte zuständig ist, bezweckt, daß Sprengstoffe von den Herstellerfirmen nur an zuverlässige Personen geliefert werden dürfen. Er wird gewöhnlich für den Betriebsführer ausgestellt, der aber nach bestimmten Richtlinien auch andere Beamte mit der Abnahme der Sprengstoffe beauftragen kann. Durch das Sprengstofflagerbuch wird der Verbleib des Sprengstoffes überwacht. In ihm sind alle Ein- und Ausgänge an Sprengstoffen und Zündmitteln mit ihrer genauen Kennzeichnung einzutragen. Zur Verfolgung des Verbleibs von Sprengstoffen und Zündmitteln außerhalb des einzelnen Sprengstofflagers dienen die von jedem Schießmeister zu führenden Schießbücher. In ihnen sind für jede Schicht Empfang und Verbrauch mit genauer Kennzeichnung (z. B. unter Angabe der Kisten- und Paketnummer) sowie für die Lohnabrechnung auch die Verbrauchsstelle einzutragen.

6. Vernichtung von Sprengstoffen.

133. — Vorsichtsmaßnahmen. Der Bergbeamte kommt öfter in die Lage, Sprengstoffe vernichten zu müssen, sei es, daß sie sich im Zustande der Zersetzung befinden, oder sei es, daß sie gefunden, beschlagnahmt oder aus anderen Gründen nicht verwendbar sind und beseitigt werden sollen.

Sprengpulver und Sprengsalpeter werden am besten in fließendes Wasser geworfen, wenn Schädigungen von Menschen und Tieren infolge Lösung des Salpeters nicht zu befürchten sind. Wo kein geeignetes fließendes Wasser zur Verfügung steht, kann man Wasserbehälter nehmen und in diesen durch Umrühren das Pulver auflösen. Ohne Zuhilfenahme von Wasser muß man das Pulver in einer langen dünnen Linie ausstreuen und mittels Zündschnur an einem Ende anzünden.

Dynamitpatronen legt man, nachdem zweckmäßig das Patronenpapier entfernt ist, mit ihren Enden aneinander und zündet die erste Patrone durch ein Stückchen Zündschnur (ohne Kapsel) oder mittels darübergelegten Papiers an. Da der Eintritt einer plötzlichen Explosion der Masse nicht unmöglich ist, muß man sich in eine angemessene Entfernung zurückziehen. Die Patronensäule ist so zu legen und anzuzünden, daß etwaiger Wind die Flamme vom Sprengstoffe wegtreibt, weil andernfalls das Feuer zu lebhaft wird und unter Umständen zur Explosion führt. Gefrorenes Dynamit ist besonders vorsichtig zu behandeln, da bei ihm die Verbrennung leicht in Explosion übergehen kann. Kleinere Mengen Dynamit kann man brockenweise in offenes Feuer schieben, oder man bringt die Patronen einzeln mittels Sprengkapseln zur Explosion. Wasser ist zur Vernichtung von Dynamit in keinem Falle anzuwenden, da es das Sprengöl ungelöst läßt und dieses unter Umständen noch Unheil anrichten kann.

Nichtgelatinöse Ammonsalpetersprengstoffe wirft man stückweise in offenes Feuer.

Alle anderen Sprengstoffe werden durch Anzünden und Verbrennen vernichtet.

Sprengkapseln sind mittels Zündschnur oder elektrischen Zünders zur Explosion zu bringen.

D. Zündung der Sprengschüsse.

134. — Einteilung. Bei den Pulversprengstoffen, die schon durch eine Flamme zur Explosion kommen, genügt die Zündung durch die Zündschnur.

Brisante Sprengstoffe bedürfen eines kräftigen Detonationsstoßes, der meist durch eine Sprengkapsel, im Steinbruchbetrieb zuweilen auch durch die detonierende Zündschnur erzeugt wird. Die Sprengkapseln werden immer durch eine Flamme, die detonierende Zündschnur durch Zwischenschaltung einer Sprengkapsel zur Detonation gebracht.

Je nachdem wie die Flamme erzeugt wird, ist Zündschnurzündung und elektrische Zündung zu unterscheiden. Die Zündschnurzündung ist namentlich im Erz- und Salzbergbau verbreitet sowie im Steinkohlenbergbau Oberschlesiens, während im westdeutschen Steinkohlenbergbau die elektrische Zündung durchaus vorherrscht und hier auf Schlagwettergruben als alleinige Zündart vorgeschrieben ist.

a) Zündschnurzündung.

135. — Die Schnur selbst. Die Zündschnur wurde 1831 von dem Engländer Bickford erfunden. Die Hauptteile der Zündschnur sind der Pulverschlauch, der die Pulverseele mit dem Markenfaden (zur Erkennung der herstellenden Firma) umschließt, und die Umspinnung. Der Pulverschlauch wird aus Jute oder ähnlichen Stoffen gefertigt; die Umspinnung besteht in der Regel aus Jute oder Baumwolle. Zwecks Wasserdichtigkeit und auch zur Verhütung des seitlichen Durchbrennens wird die Schnur geteert, mit einem Kaolinbreiüberzug versehen oder mit Guttapercha, Bandwickelungen u. dgl. umkleidet. Die billigen, einfach umsponnenen und geteerten Schnüre versagen bei Feuchtigkeit und können auch beim Besetzen des Schusses leicht verletzt werden. Besser und auch an mäßig feuchten Arbeitspunkten verwendbar sind die mit doppelter Umspinnung oder mit einer Bandwickelung versehenen Schnüre. Für nasse Arbeiten bewähren sich die Überzüge aus einer dünnen, reinen Guttapercha vorzüglich. An schlagwettergefährlichen Punkten benutzt man Schnüre mit einer inneren Jute- und äußeren Baumwolle-Umspinnung. Letztere wird von der Verbrennung nicht mit ergriffen, so daß ein seitliches Durchbrennen verhütet wird. Tatsächlich schlagwettersicher sind freilich diese Schnüre nur in dem Falle. daß keinerlei Verletzungen daran vorhanden sind und auch das erste Funkensprühen beim Anzünden der Schnur durch besondere Vorkehrungen verhindert wird.

Die für den Bergbau bestimmten Zündschnüre werden vor ihrer Zulassung einer Prüfung auf Brenndauer, Lagerfähigkeit, Zündfähigkeit und bei Verwendung in Schlagwettergruben auch auf Schlagwettersicherheit unterzogen.

Die mittlere Brenndauer der Zündschnüre darf nur zwischen 110 und 130 s/m liegen. Die Ermittelung findet statt sofort nach der Anlieferung und nach zwei- und vierwöchiger Lagerung bei Zimmertemperatur, ferner nach Warm- und nach Feuchtlagerung. Schwankungen der Brenndauer in gewissen Grenzen sind unvermeidlich, da die Dicke und die Festigkeit des Pulverfadens nicht mathematisch genau sein können. Es kommen aber, obwohl außerordentlich selten, auch bedeutende Unregelmäßigkeiten in der Brenngeschwindigkeit vor.

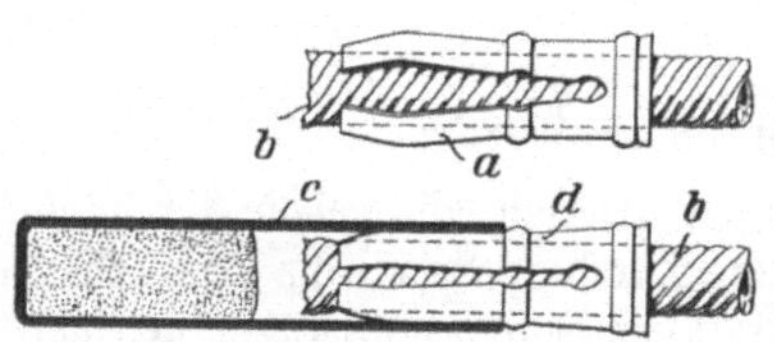

Abb. 234. W o l f f scher Zündschnurverbinder.

Stärkere Verlangsamungen der Brenngeschwindigkeit sind dadurch zu erklären, daß die Pulverseele auf eine kürzere oder längere Strecke unterbrochen ist. Eine solche Unterbrechung kann bei Mehrschußzündung durch das Sprengstück eines vorher gekommenen Schusses verursacht werden. Die Schnur kann alsdann in sich langsam weiterglimmen, bis der Funke wieder die Pulverseele erreicht und mit der ordnungsmäßigen Geschwindigkeit weiterläuft.

Steigerungen der normalen Brenngeschwindigkeit werden im allgemeinen dadurch verursacht, daß die Pulvergase aus der Schnur nicht genügend entweichen können, daher das Pulver unter zu hohen Gasdruck setzen. Ganz allgemein steigt nämlich die Brenngeschwindigkeit des Pulvers mit dem Gasdrucke. Die gewöhnliche Brenngeschwindigkeit ist für den atmosphärischen Druck berechnet, der in der Regel, solange die Verbrennungsgase nach rückwärts oder seitlich freien Abfluß haben, nicht merklich überschritten werden wird.

Es ist möglich, daß ein sehr festgestampfter, langer Besatz Veranlassung zu einer gesteigerten Brenngeschwindigkeit der Zündschnur ist. Ebenso kann bei Sprengungen in tiefem Wasser schon der Druck der Wassersäule eine erhöhte Brenngeschwindigkeit zur Folge haben.

Die Brenndauer einer Schnur soll sich auch bei längerer Lagerung in trockener und in feuchter Luft nicht wesentlich ändern. Die Zündfähigkeit soll 50 mm, waagerecht gemessen, betragen. Die für Schlagwettergruben bestimmten Schnüre dürfen nach außen weder durchglühen noch sprühende Funken austreten lassen.

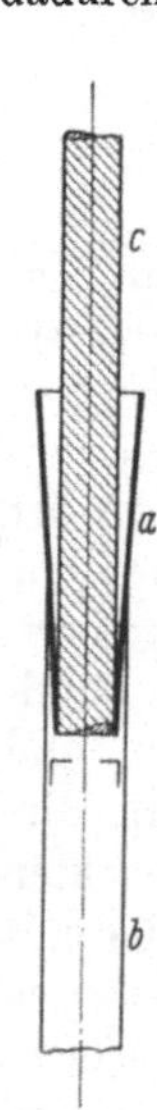

Abb. 235. Zündschnurverbindung der Firma J. N o r r e s, Gelsenkirchen.

136. — Die Verbindung mit der Sprengkapsel. Die Sprengkapsel wird der Zündschnur aufgesetzt, an diese mittels einer Zange angekniffen und in diesem Zustande in die Sprengpatrone versenkt. Das Ankneifen mit den Zähnen ist in höchstem Maße lebensgefährlich.

Bei Unachtsamkeit ist auch das Ankneifen mit der Zange gefährlich. Man kann es durch Verwendung der von den Sprengstoffwerken R. N a h n s e n & Co. A.-G. Hamburg (Erfinder: M a x W o l f f, Köln) gelieferten Sicherheits-Zündschnurverbinder vermeiden. Es sind dies (Abb. 234) kleine, federnde, doppeltkonisch verlaufende Messinghülsen *a*, die auf das Ende der Zündschnur *b* aufgesetzt werden. Wenn man nun die Zündschnur mit Hülse in die Sprengkapsel *c* einschiebt, so drückt sich die federnde Hülse zusammen und klemmt sich dabei mit ihrem vorderen Ende in die Zündschnur ein. Anderseits wird die Hülse in der Sprengkapsel durch Reibung festgehalten.

Einen weiteren Zündschnurverbinder liefert die Firma Josef Norres, Gelsenkirchen (Abb. 235). Hierbei wird eine konische Papphülse *a* vor dem Einführen in die Sprengkapselhülse *b* über die Zündschnur *c* geschoben. Die Papphülse verhindert durch ihre konische Form einmal ein zu tiefes Einführen der Zündschnur, anderseits ermöglicht sie eine gute Verbindung zwischen Zündschnur und Sprengkapsel.

137. — Anzünden der Zündschnur. Die Zündschnur wird in schlagwetterfreien Gruben mittels der **offenen Lampe** angezündet, nachdem das Zündschnurende zweckmäßig etwas aufgeschnitten ist.

Da die Lampe beim Wegtun von Schüssen an Nachbarörtern leicht erlischt, hat man auf Erz- und Kaligruben mit gutem Erfolge die Ellertschen Zündfackeln (Zündstäbchen) eingeführt, die 1 min mit lebhafter, heißer Flamme brennen, schnell und sicher zünden und durch Explosionsknälle, Anblasen oder starken Luftzug nicht gelöscht werden können [1]).

In Schlagwettergruben pflegte früher das Anzünden mit Stahl, Stein und Schwamm bewirkt zu werden, da die entstehenden Funken ebensowenig wie der glimmende Schwamm die Schlagwetter zu zünden vermögen. Die ersten Funken der brennenden Schnur aber, die unbehindert in die Luft austreten, können Schlagwetter namentlich dann zünden, wenn die Pulverseele infolge des Aufschneidens bloßgelegt ist. Diese Gefahr und die unbequeme Handhabung von Stahl, Stein und Schwamm haben zu Bestrebungen geführt, durch besondere Anzündvorrichtungen das Inbrandsetzen der Zündschnur gefahrlos zu machen. Die zu diesem Zwecke vorgeschlagenen Vorrichtungen beruhen fast alle auf dem Gedanken, die Zündung der Schnur in einer auf diese geschobenen, geschlossenen Hülse zu bewerkstelligen, wobei die Hülse gleichzeitig dazu bestimmt ist, die aussprühenden Funken aufzufangen und deren Austritt in die umgebende Luft zu verhindern.

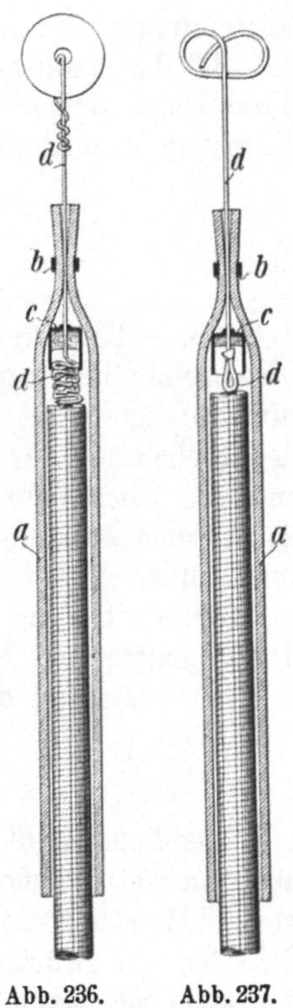

Abb. 236.
Reiß-
anzünder.

Abb. 237.
Dreh-
anzünder.

Durch Aufsetzen dieser Anzünder auf die Zündschnüre kann man sämtliche Schüsse zum Anzünden fertigmachen, und der Schießmeister hat nur, ehe er den Arbeitspunkt verläßt, schnell hintereinander die einzelnen Zünder zu betätigen. Schlagwettersicher sind freilich die Anzünder nur dann, wenn die Zünderhülsen für die Schnur passen und nicht von ihr abfallen, so daß die Flamme nicht durch Undichtigkeiten heraus-

---

[1]) Zündfackeln werden hergestellt von den Firmen Lignose Sprengstoffwerke G. m. b. H., Fabrik Kruppamühle und J. F. Eisfeld, Silberhütte (Anhalt).

sprühen kann. Zu diesem Zwecke besitzen sie eine innere Haltevorrichtung (Fangöse oder Haltefeder). Ein Festkneifen der Anzünder auf die Zündschnur ist zu vermeiden.

Der verbreitetste Anzünder dieser Art — soweit Zündschnurzündung auf Schlagwettergruben überhaupt noch angewandt wird — ist der Reißzünder von Norres (Abb. 236). Er besteht aus der Papierhülse a, deren eines Ende zusammengewürgt und durch die Papierwickelung b verstärkt ist, und dem durchlochten Zündhütchen c mit durchgeführtem Draht d. Letzterer ist an seinem im Zündhütchen steckenden Ende spiralig aufgedreht und tritt mit dem anderen Ende durch die Würgung der Papierhülse nach außen. Beim Gebrauche wird die Zündschnur möglichst tief in die Hülse eingeführt und darauf der Draht mit kurzem Ruck aus dem Zündhütchen der Hülse gerissen. Durch die Reibung des Drahtes in dem Zündhütchen wird dessen Entflammung und damit diejenige der Zündschnur eingeleitet.

Bei den ähnlichen Drehzündern (Abb. 237) wird die Zündung nicht durch Herausreißen des Drahtes, sondern dadurch vermittelt, daß ein zackiger Körper in dem Zündhütchen gedreht wird. Ein Anzünder kostet 2—3 Rpf.

b) Elektrische Zündung.

1. Allgemeines.

138. — Teile der elektrischen Zündung. Für die elektrische Zündung wird in einer Stromquelle Elektrizität erzeugt. Diese wird durch Leitungen zum Sprengorte bis in die Sprengladung geführt. Hierselbst muß in dem eigentlichen Zünder Gelegenheit zur Umwandlung der Elektrizität in Wärme und zur Übertragung dieser auf den Zündsatz geschaffen sein. Bei der elektrischen Zündung sind also als wesentliche Teile Stromquelle, Leitung und Zünder zu unterscheiden.

139. — Strom- und Spannungsverhältnisse. Bezeichnet man in einem elektrischen Stromkreise mit I die Stromstärke, E die Spannung, R den Widerstand des Stromkreises, so ist nach dem Ohmschen Gesetze

$$I = \frac{E}{R} \quad \ldots \ldots \ldots \ldots \ldots \text{I.}$$

Allerdings ist die Klemmenspannung nur bekannt, wenn mit Starkstrom aus dem Netz geschossen wird. Beim Schießen mit Zündmaschinen hängt sie vom Widerstand der Zündanlage ab. Der Widerstand ist jedoch nur beim Schießen mit Brückenzündern A bekannt. Beim Schießen mit Spaltzündern ändert er sich ganz außerordentlich während des Zündvorgangs selbst. Die Leistung N des Stromes ist nach dem Jouleschen Gesetze

$$N = I \cdot E$$

oder in Berücksichtigung der Formel I

$$N = I^2 \cdot R \quad \ldots \ldots \ldots \ldots \text{II}$$

Die vom Strom erzeugte Wärmewirkung Q ist der Leistung N proportional, daher auch

$$Q = I^2 \cdot R \quad \ldots \ldots \ldots \ldots \text{III.}$$

140. — Anwendung der Gesetze auf die elektrische Zündanlage. In der elektrischen Zündanlage soll lediglich derjenige Teil des

Stromkreises, der im eigentlichen Zündsatze liegt, erwärmt werden, während die Leitungen dazu dienen, den Strom tunlichst ohne Verluste an die Verbrauchsstelle (d. h. zu dem Zünder) zu bringen. Nach der Formel III wird die Zündung des Zündsatzes eintreten, sobald innerhalb desselben das Produkt aus dem Quadrate der Stromstärke und dem Widerstand der Zündstelle zu einer gewissen Größe ansteigt. Man sieht, daß der Zweck am wirksamsten durch Vergrößerung der Stromstärke, in zweiter Linie durch Vergrößerung des Widerstandes im Zünder selbst erreicht werden kann. Die Temperatur, die an der Zündstelle erzeugt werden muß, um die Zündung herbeizuführen, ist verhältnismäßig gering. Der zumeist gebrauchte Zündsatz zündet nämlich bereits bei etwa 200° C, so daß also nicht einmal ein Erglühen des betreffenden Leitungsteiles einzutreten braucht. Die Erwärmung braucht sich auch nur auf wenige kleinste Teilchen des Zündsatzes zu erstrecken, da die einmal eingeleitete Zündung sich selbsttätig fortpflanzt. Bei sachgemäßer Einrichtung der Zündanlage genügt somit eine überaus geringe, kaum meßbare Wärmeerzeugung oder Arbeitsleistung, um die elektrische Zündung in die Wege zu leiten. Es wird daraus verständlich, daß Elektrizität jeder Art, von hoher oder niedriger Spannung, mit Leichtigkeit für die elektrische Zündung nutzbar gemacht werden kann, da stets das Maß der erforderlichen elektrischen Energie außerordentlich gering ist.

Wohl aber kommt es auf zweckmäßige Abstimmung der Zünder gegen die Stromquelle an. Denn für die von der Stromquelle gelieferte Spannung und Stromstärke kann der Zünder einen zu hohen oder einen zu niedrigen Widerstand besitzen. Ist der Widerstand für die vorhandene Spannung zu hoch, so fließt nach Formel I zu wenig oder gar kein Strom, und die Wärmewirkung an der Zündstelle bleibt aus. Ist der Widerstand zu niedrig, so wird nach Formel III Q zu klein, weil die Größe R zu gering ist. Der Strom geht ohne die beabsichtigte Erhitzung der Zündstelle hindurch und zündet nicht. Der gewünschte Erfolg ist also nur dann möglich, wenn die **Spannungsverhältnisse im Stromkreise mit dem Widerstande des Zünders zusammenpassen.** Die Kenntnis von Strom, Spannung und Widerstand der Zündanlage ist notwendig, wenn man die Zündergebnisse und im besonderen die Frage beantworten will, ob Versager in der Art der Zündung oder in der ungenügenden Ausbildung der Schießmannschaft begründet sind.

2. Die elektrischen Zünder.

141. — Allgemeine Beschreibung. Die elektrischen Zünder bestehen aus den beiden Zuleitungsdrähten, der Zünderhülse und der in ihr untergebrachten Zündmasse (Zündsatz). Die Drähte (e in Abb. 238) münden mit ihren Enden in dem Zündsatz (c in Abb. 238), der in der Regel von einem festen, tropfenförmigen Zündkopf gebildet wird. Die Zünderhülse, in welche die Drahtenden und der Zündsatz eingeschlossen und mittels einer unbrennbaren Vergußmasse festgehalten sind, wird meistens aus Pappe oder aus Messingblech hergestellt. Der Papphülse gibt man eine konische Form, damit sich die Sprengkapsel, die bei brisanten Sprengstoffen zur Einleitung der Detonation benötigt wird, im Zünder festklemmt. Die Messinghülse

ist zylindrisch und wird so hergestellt, daß die Kapsel Nr. 8 genau hinein-
paßt. Um sie auch für Kapseln von etwas kleinerem Durchmesser verwendbar zu machen, wird sie mit zwei einander gegenüberliegenden, länglichen Einbeulungen versehen. Bisweilen
werden auch die Enden der Zuleitungsdrähte und der
Zündsatz in die Sprengkapsel selbst eingesetzt. Die
Kapseln werden dann schon in fester Verbindung mit
dem elektrischen Zünder geliefert. In die einfachen Zünder wird die Kapsel erst am Ort der Sprengung von
dem Arbeiter eingesetzt. Die Herstellung, Beförderung
und Lagerung der Zünder sind in diesem Falle völlig
ungefährlich und von den lästigen, für Sprengkapseln
bestehenden gesetzlichen Fesseln befreit. Die Papphülsen
der Zünder sind zur Unterscheidung der einzelnen Zünderarten verschieden gefärbt, und zwar ist die Farbe
der Brückenzünder gelb, die der Spaltzünder rot. Beim
Fertigmachen des Schusses wird der elektrische Zünder
mit der daran befindlichen Sprengkapsel in seiner ganzen
Länge in die Patrone eingebracht, so daß aus der Schlagpatrone nur die Zünderdrähte herausragen.

Für besonders schwierige Arbeiten, z. B. für sehr
nasse Arbeitspunkte werden die Zünder zur Vermeidung von Nebenschlüssen durch besondere Isolierungen
(Wickelungen, Gummiüberzüge u. dgl.) geschützt.

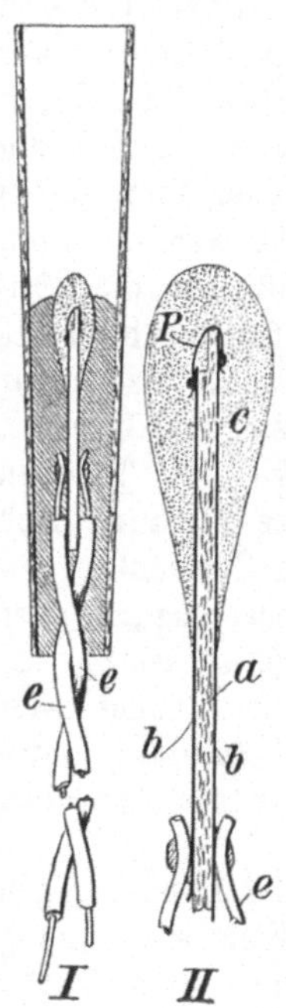

Abb. 238.
Brückenzünder.

142. — **Zünderdrähte.** Die Zuleitungsdrähte müssen
so lang sein, daß sie von der Sprengladung bis vor die
Bohrlochmündung reichen und hier eine bequeme Ver-
bindung untereinander oder mit den Drähten der Schießleitung gestatten.
Damit nicht zu kurze Drähte verwendet werden, ist für Zünderdrähte eine
Mindestlänge von 2 m vorgeschrieben. Die Drähte bestehen aus Eisen-
oder Kupferdraht. Da blankes Eisen zu leicht rostet, müssen sie verzinnt sein. Kupferdrähte müssen verzinnt sein, wenn sie mit einer Gummi-
isolation versehen werden sollen. Für Zünder mit niedrigem Widerstande,
z. B. beim Abtun von großen Schußreihen, ist Kupferdraht empfehlenswert,
damit der Widerstand der Drähte nicht zu groß im Verhältnis zu demjenigen
der Zünder selbst wird. In allen anderen Fällen ist Eisendraht ohne Bedenken
und in Anbetracht der geringeren Kosten vorzuziehen. Die Isolierung der
Drähte voneinander erfolgt durch Papierwicklung, Baumwollumspinnung oder
Gummiüberzug. Neuerdings werden die Drähte auch mit einer Kunstmasse,
der sog. „M.-P.-Masse“, umspritzt.

Die Zünderdrähte sind sehr biegsam. Beim Besetzen des Schusses ist Achtsamkeit erforderlich, damit die Drähte nicht im Besatze zusammengestaucht
werden.

143. — **Zündsatz.** Man unterscheidet Zünder mit festem Zündkopf und
mit losem Zündsatz. Bei den Zündern mit festem Zündkopf besteht der Zündsatz
aus zwei übereinander angebrachten Sätzen. Der innere Satz besteht aus einer
leicht entzündlichen Masse, die zum Zünden des darüberliegenden äußeren
Zündsatzes dient. Erst dieser bringt durch seinen Feuerstrahl die Sprengkapsel

zur Zündung. Für den inneren Zündsatz wird meistens Azetylenkupfer benutzt; weitere Stoffe, wie mehrbasisches Bleipikrat, mehrbasisches Bleitrinitroresorzinat, polymerisiertes Azetylen und ähnliche, sind vorgeschlagen worden. Der äußere Zündsatz besteht im allgemeinen aus Kaliumchlorat in Mischung mit Schwefelantimon oder mit Kohle oder mit ähnlichen brennbaren Stoffen.

Der lose Zündsatz besteht in der Hauptsache aus Schießbaumwolle, jedoch nur in Pulverform. Der Schießbaumwolle werden auch Mischungen von Kaliumchlorat und Schwefelantimon oder ähnliche Mischungen beigemengt. Der lose Zündsatz hat infolge seiner geringen Dichte eine längere Brenndauer als der feste Zündsatz.

144. — Einteilung der Zünder. Man unterscheidet Zünderarten und Zünderausführungen. Von allen früher verwendeten Arten der elektrischen Zünder sind heute nur noch der Brückenzünder A und Spaltzünder zugelassen.

Sind diese Zünder nicht von vornherein mit der Sprengkapsel verbunden oder mit einer Zündschnur oder einem sonstigen Verzögerungsmittel versehen, so spricht man von einfachen Zündern. An sonstigen Zünderausführungen gibt es Sprengzünder, Zünder mit eingesetzter Sprengkapsel, Unterwasserzünder, Zündschnurzeitzünder, Schnellzeitzünder und Unterwasserschnellzeitzünder.

Schließlich ist noch bei allen diesen Zündern eine weitere Unterscheidung zu treffen. Je nachdem ob sie in Schlagwettergruben verwandt werden dürfen oder nicht, spricht man von Wetterzündern oder gewöhnlichen Zündern. Die Wetterzünder sind dadurch gekennzeichnet, daß bei ihnen alle Teile außer der Zündmasse unbrennbar sind. Die Zünderhülse muß daher bei ihnen aus Messing bestehen und die Vergußmasse nicht aus Schwefel, sondern aus einer unentflammbaren Masse.

Die genannten Zündarten und Zünderausführungen sind in den nachstehenden Abschnitten beschrieben.

145. — Brückenzünder A. Das besondere Kennzeichen der Brückenzünder besteht darin, daß sie innerhalb ihres Zündsatzes ein dünnes Metalldrähtchen (Abb. 239) besitzen, das die beiden mit den Zünddrahtenden verbundenen Metallblättchen (b in Abb. 238) überbrücken. Dieses Drähtchen ist 0,02 bis 0,04 mm stark, 1—3 mm lang und wird durch den elektrischen Strom zum Erglühen gebracht, wodurch die Zün

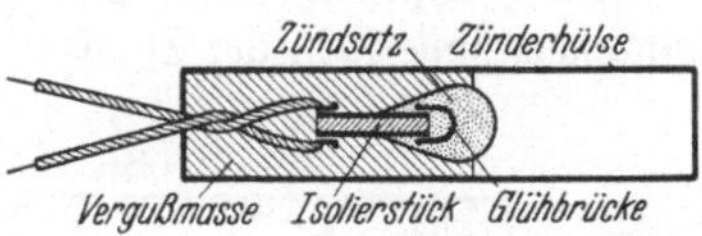

Abb. 239. Brückenzünder A.

dung des Zündsatzes eintritt. Diese Zündung geht so vor sich, daß, nachdem die innersten Teilchen des Zündsatzes in unmittelbarer Nachbarschaft des Brückendrähtchens sich zu entzünden begonnen haben, eine gewisse Zeit vergeht, bis der ganze Zündsatz brennt und den Knallsatz der Sprengkapsel zur Explosion bringt. Diese Zeit nennt man die Übertragungszeit, die bei Brückenzündern A mit festem Zündkopf 1 ms beträgt. Die Zeit dagegen, die der Strom fließen muß, um gerade den innern Zündsatz zum Brennen zu bringen, heißt Zündzeit (sie schwankt zwischen 1 und 65 ms), während man die Summe von Zündzeit und Übertragungszeit mit Reaktionszeit bezeichnet.

Früher gab es Brückenzünder A und B. Heute ist nur noch der Brückenzünder A zugelassen, dessen Metalldrähtchen (die Brücke) einen Widerstand von 1—3 Ohm (bei gaslosen Brückenzündern A bis 3,5 Ohm) besitzen. Diese Begrenzung ist notwendig, um die Anforderungen an die Leistungsfähigkeit von Zündmaschinen festlegen zu können. Da es beim gleichzeitigen Abtun mehrerer Schüsse auf tunlichste Gleichmäßigkeit ihrer Widerstände ankommt, ist außerdem vorgeschrieben, daß Zünder, die der gleichen Lieferung entstammen, sich in ihren Widerständen um nicht mehr als 0,25 Ohm unterscheiden. 5 hintereinandergeschaltete, mit Sprengkapseln versehene Zünder der gleichen Widerstandsgruppe müssen durch Gleichstrom von 0,8 Amp. gleichzeitig gezündet werden. Diese Bestimmung ist im Interesse der Zündgleichmäßigkeit und auch zur leichteren Prüfung der Zündfähigkeit getroffen worden. Um eine gewisse Streustromsicherheit zu gewährleisten, dürfen sie anderseits bei einer Belastung von 0,18 Amp. Gleichstrom während 5 Minuten noch nicht ansprechen.

Für die Zündung eines einzelnen Brückenzünders A durch Gleichstrom von mehr als 0,5 Amp. gilt die Gleichung[1]

$$I^2 \cdot t = K.$$

Hiervon bedeuten I die Stärke des Zündstromes und t die Zündzeit, die in Millisekunden (ms) gemessen wird. K hat für jeden Brückenzünder A einen bestimmten Wert und wird Zündimpuls genannt. Unter der Voraussetzung, daß man den Zündimpuls kennt, kann man also bei bekanntem Zündstrom die Zündzeit und bei bekannter Zündzeit die erforderliche Zündstromstärke berechnen. Zünder mit kleinem Zündimpuls sind empfindlich, Zünder mit großem Zündimpuls unempfindlich. Um nun die Verwendung von zu empfindlichen Zündern zu vermeiden und anderseits, die Leistung der Zündmaschinen nicht zu groß werden zu lassen, hat es sich als notwendig erwiesen, die Zündimpulse nach oben und unten zu begrenzen. So müssen die Zündimpulse bei Brückenzündern A und festem Zündkopf zwischen 0,8 und 3,0 mWs/Ω (Milliwattsekunden je Ohm) liegen; die Zündimpulse der Brückenzünder A mit losem Zündsatz müssen dagegen 0,8—16,0 mWs/Ω betragen.

146. — Spaltzünder. Die Spaltzünder sind durch das Fehlen eines Glühdrähtchens innerhalb des Zündsatzes gekennzeichnet. Die Stromleitung erfolgt vielmehr durch den Zündsatz selbst (Abb. 240). Alle Spaltzünder haben heute einen festen Zündkopf. Da die Leitfähigkeit der eigentlichen Zündmasse nur gering ist, wird ihr bei den Spaltzündern (früher Spaltfunkenzünder genannt) ein Leitmittel aus Kohle oder aus

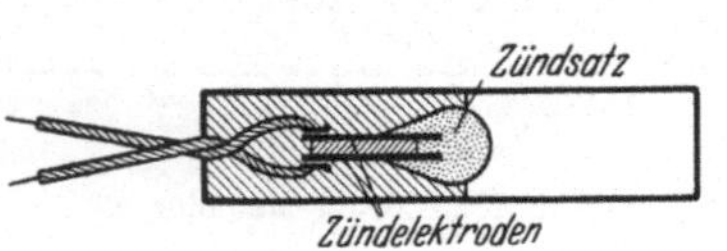

Abb. 240. Spaltzünder.

ähnlichen Stoffen von nicht zu geringem Widerstand beigemengt. Leitmittel aus Metallpulver (wie bei den früheren Spaltglühzündern) sind nicht mehr zugelassen, da solche Zünder schon bei geringen Spannungen (4—6 Volt) losgehen und daher wenig streustromsicher sind. Vielmehr ist vorgeschrieben, daß

---

[1] Bergbau 1936, S. 108; D r e k o p f: Die elektrische Zündung; — ferner B e y l i n g - D r e k o p f: Sprengstoffe und Zündmittel (Berlin, Springer), 1936. (Diesem Buche sind mehrere Abbildungen dieses Abschnitts entnommen.)

Spaltzünder bei einer Belastung mit 15 Volt Gleichstrom während 5 Minuten nicht losgehen dürfen. Obwohl ihre Zündenergie nicht viel höher ist als beim Brückenzünder A, bieten sie jedoch wegen ihrer höheren Zündspannung einen großen Schutz gegen Streustrom und werden infolgedessen namentlich in Gruben mit elektrischer Fahrdraht-Lokomotivförderung verwendet. Anderseits besteht die Vorschrift, daß 5 hintereinander geschaltete, mit Sprengkapseln versehene Spaltzünder mit 220 Volt Gleichstrom gleichzeitig gezündet werden.

Bemerkenswert sind bei Spaltzündern die Widerstandsverhältnisse. Der von den Herstellerfirmen angegebene Widerstand schwankt zwischen 20000 und 80000 Ohm und wird mit einer Spannung von 1—2 Volt gemessen. Belastet man dagegen Spaltzünder mit Strom von einer Spannung, bei der sie losgehen können, so sinkt der ursprüngliche Widerstand, der nach Beyling und Drekopf Zündwiderstand genannt wird und meist 5000 Ohm beträgt. Solange sich jedoch der Zündwiderstand noch auf der Höhe dieses Wertes befindet — es ist dieses während der „Zündzeit" der Fall — brennt der innere Zündsatz noch nicht. Sobald der Zündsatz gezündet ist, sinkt der Widerstand sehr stark, und zwar auf 10—60 Ohm ab.

147. — Sprengzünder. Sprengzünder sind Zünder, bei denen die Zünderteile unmittelbar in den Leerraum einer Sprengkapsel eingebaut sind. Sie können mit allen Sprengkapsel- und Zünderarten hergestellt werden, sind heute jedoch nur noch in Verbindung mit Brückenzündern A und Spaltzündern zulässig, so daß also die inneren Zünderteile der Sprengzünder denen der Brücken- und Spaltzünder entsprechen.

Sprengzünder können wie einfache Zünder Verwendung finden. Sie besitzen gegenüber diesen mehrere Vor- und Nachteile. Vorteilhaft ist, daß bei ihnen eine mangelhafte Verbindung zwischen Sprengkapsel und Zünder nicht eintreten und dadurch verursachte Versager nicht vorkommen können. Außerdem sind Sprengzünder besser gegen Eindringen von Feuchtigkeit geschützt. Nachteilig ist, daß die Sprengzünder wie Sprengkapseln zu behandeln sind, in den untertägigen Sprengstofflagern aufbewahrt werden müssen, ihre Drähte hier leichter feucht werden als bei den einfachen Zündern, die über Tage aufbewahrt werden können. Im Ruhrgebiet und in Aachen zieht man die einfachen Zünder vor, im Saargebiet dagegen die Sprengzünder.

148. — Unterwasserzünder. Werden Sprengzünder mit einer Abdichtung gegen Eindringen von Wasser von höherem Druck (2 m Wassersäule) versehen, so kommen sie unter dem Namen „Unterwasserzünder" (Abb. 241) in den Handel und sollen, wie ihr Name sagt, unter Wasser Verwendung finden.

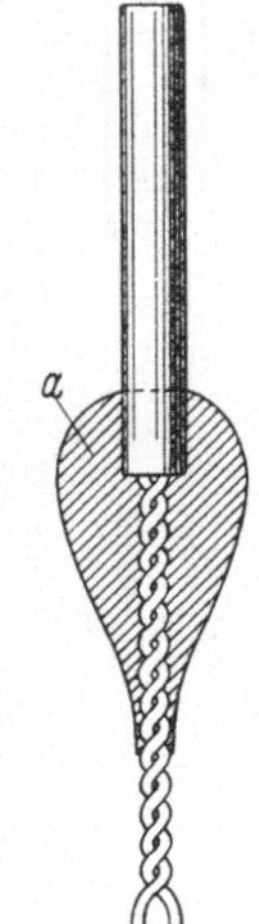

Abb. 241. Unterwasserzünder.

Seit der Einführung der mit M.P.-Masse umspritzten Zünderdrähte bestehen keine Schwierigkeiten mehr, Unterwasserzünder auch in der Ausführung als Wetterzünder herzustellen.

149. — Zünder mit fest eingesetzter Sprengkapsel. Bei ihnen ist eine Sprengkapsel so fest in die Hülse eines einfachen Zünders eingesetzt, daß sie ohne Hilfsmittel nicht entfernt werden kann. Sie sind in Verbindung mit allen zugelassenen Sprengkapseln und einfachen Zünderarten möglich. Hinsichtlich ihrer Vor- und Nachteile gilt das gleiche wie für die Sprengzünder.

150. — Zeitzünder. Die sog. Zeitzünder sollen beim gleichzeitigen Zünden mehrerer Schüsse deren Losgehen mit Zeitunterschieden bewirken. Zu diesem Zwecke wird bei den **Zündschnurzeitzündern** in die Zünderhülse ein Stück Zündschnur — im allgemeinen von 30 cm Länge — eingekittet. Auf das freie Ende des Zündschnurstücks wird die Sprengkapsel aufgesetzt. Der bei allen Schüssen gleichzeitig gezündete Zündsatz setzt die Zündschnur in Brand. Je nach der Länge der letzteren kann die Explosion der Sprengkapsel verzögert werden. Man kann die Zündschnurzeitzünder mit Brückenzünder A und mit Spaltzünder herstellen. Es ist wichtig, daß möglichst bald nach der Entflammung des Zündsatzes die Verbindung zwischen Zünder und Zündschnur durch Schmelzen der Verkittung sich löst, damit, wenn beim Fallen des ersten Schusses etwa die Zünderdrähte anderer Schüsse aus den Bohrlöchern gerissen werden sollten, deren Zündschnüre mit den Kapseln in den Löchern bleiben.

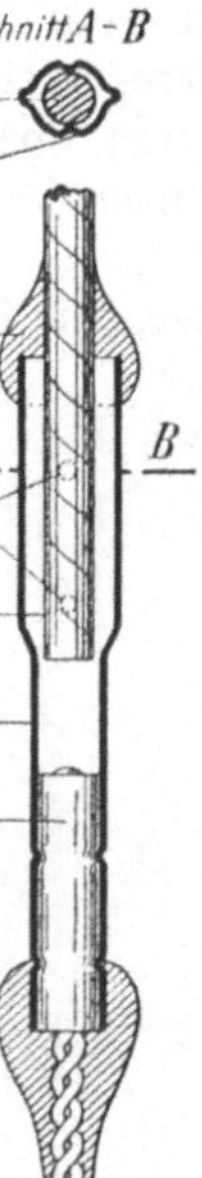

Abb. 242.
Zündschnur-
zeitzünder.

Aus demselben Grunde ist es nicht zulässig, Zeitzünder gemeinsam mit sofort kommenden Zündern (Momentzünder) zu benutzen. Damit die beim Brennen der Zündschnur entwickelten Gase entweichen können, wird bei der heute allgemein gebräuchlichen Form der Zündschnurzeitzünder die Zünderhülse aus sehr dünnem und weichem Messing hergestellt. Bei der Bildung eines geringen Gasdruckes in der Messinghülse wird dann der zusammengebogene vordere Teil der Zünderhülse wieder aufgebogen (vgl. Schnitt $A—B$ in Abb. 242), und die Gase können frei ausströmen.

Bei den **Schnellzeitzündern** soll die Zeitdauer zwischen dem Kommen der einzelnen Schüsse auf ein ganz geringes Maß beschränkt werden. Es sind heute nur noch solche Schnellzeitzünder zugelassen, bei denen der Zeitabstand zwischen zwei aufeinanderfolgenden Zeitstufen entweder 0,5 s oder 1,0 s beträgt, und zwar die Zünder mit 0,5 s Brennzeit für den Kohlenbergbau, die mit 1,0 s Brennzeit für den Salzbergbau.

Die **Dynamit A.-G.** vormals **Alfred Nobel & Co.**, Abt. Zündhütchenfabrik Troisdorf, stellt **zündschnurlose** Zeitzünder, die gaslosen

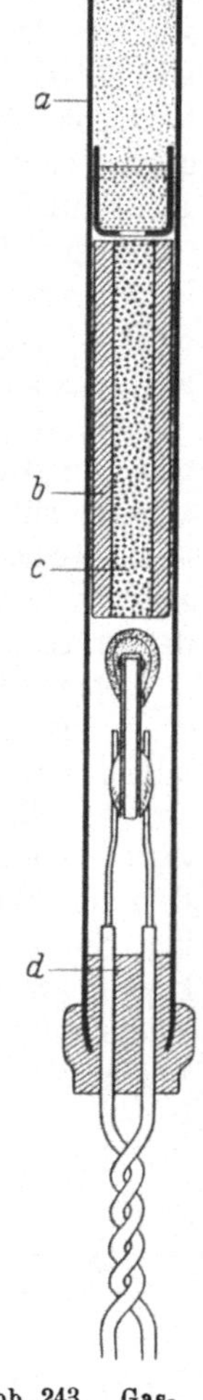

Abb. 243. Gasloser Eschbachzünder.

Eschbachzünder, her. Bei ihnen tritt an Stelle der Zündschnur ein Verzögerungsstück zwischen den elektrischen Zünder und die Sprengkapsel. Der gaslose Eschbachzünder hat heute den Eschbachzünder älterer Bauart ersetzt. Er ist als Sprengzünder ausgebildet. Dabei nimmt die Sprengkapselhülse sowohl das Verzögerungsstück als auch die inneren Zünderteile des elektrischen Zünders auf. Den Aufbau eines gaslosen Eschbachzünders zeigt Abb. 243. Die

Sprengkapselhülse *a* umschließt das Verzögerungsstück *b* mit dem Verzögerungssatz *c* und die inneren Zünderteile, die durch den Bleikopf *d* gehalten werden. Der Bleikopf schließt gleichzeitig den ganzen Zünder gasdicht ab. Der Zündkopf sowie der Verzögerungssatz sind aus feinverteilten Metallen und Sauerstoffträgern hergestellt, die beim Abbrennen kein Gas entwickeln.

Die gaslosen Eschbachzünder werden in verschiedenen Zeitstufen hergestellt. Für den Steinkohlenbergbau sind 10 Zeitstufen mit 0,5 s, für den Kalibergbau 12 Zeitstufen mit 1,0 s Zeitunterschied zwischen dem Kommen der einzelnen Zünder vorgesehen.

Für das Schießen unter Wasser beim Abteufen von Schächten, nassen Gesenken und Gesteinsstrecken u. dgl. stehen heute als Schnellzeitzünder nur gaslose Eschbachzünder in Anwendung. Sie entsprechen, abgesehen von den Zünderdrähten, in ihrer Ausführung als Unterwasser-Schnellzeitzünder genau den oben beschriebenen gaslosen Eschbachzündern.

3. Stromquellen.

Als Stromquellen werden in der Hauptsache Zündmaschinen verwandt, und zwar sind in Deutschland nur dynamoelektrische Zündmaschinen zugelassen. Außerdem ist noch die Verwendung von Starkstrom möglich.

Trockenelemente werden nur noch selten benutzt. Auch die sonst noch möglichen Stromquellen haben für die bergmännische Schießarbeit keine weitere Verbreitung gefunden.

151. — Die dynamoelektrischen Zündmaschinen. Allgemeines. Da die verschiedenen Zündergruppen verschieden hohe Strommengen zu ihrer Zündung benötigen, gibt es verschiedene Zündmaschinen für die einzelnen Zünderarten. Zugelassen sind Zündmaschinen für 10 und 25 Schuß mit Spaltzündern und für 10, 20, 50 und 80 Schuß mit Brückenzündern A. Die genannten Zündermengen müssen bei Hintereinanderschaltung von den Maschinen zuverlässig gezündet werden.

Außerdem ist zwischen Zündmaschinen für schlagwettergefährdete und schlagwetterfreie Gruben zu unterscheiden. Zündmaschinen für Schlagwettergruben müssen druckfest gekapselt sein, d. h. ihr Gehäuse muß so stark sein, daß es ohne Beschädigung den Druck einer in seinem Innern auftretenden Schlagwetterexplosion aushalten kann. Solche Explosionen sind deshalb nicht ausgeschlossen, weil die Gehäuse nicht völlig gasdicht sind und in ihrem Innern am Kollektor betriebsmäßig Funken auftreten. Auch ist dafür zu sorgen, daß die Explosionsgase auf ihrem Wege nach außen sich so weit abkühlen, daß sie Schlagwetter nicht mehr zu zünden vermögen.

Schließlich müssen alle Zündmaschinen so gebaut sein, daß eine mißbräuchliche Benutzung verhindert werden kann. Meist geschieht dieses dadurch, daß der Betätigungsgriff abnehmbar ist.

152. — Bauart der dynamoelektrischen Zündmaschinen[1]). Die dynamoelektrischen Maschinen (Abb. 244) beruhen auf dem Gedanken der Siemensschen Dynamomaschine. Ein mit Drahtwicklung versehener Doppel-*T*-förmiger Anker *T* wird zwischen den Polen eines Elektromagneten *M* bei-

---

[1]) Zeitschr. f. d. g. Schieß- und Sprengstoffwesen 1936, S. 211; Drekopf: Neuere Untersuchungen über elektrische Zündmaschinen.

spielsweise durch eine Zahnstange S in Umdrehung versetzt. Die in den Ankerwicklungen induzierten Wechselströme werden auf einem Kollektor C gleichgerichtet. Der Strom durchfließt entweder im Haupt- oder im Nebenschluß die Wicklungen des Elektromagneten und verstärkt so den Magnetismus und damit wiederum die Stromstärke. Der von Doppel-T-Ankern ausgehende Stromstoß ist sehr stark und bietet daher eine hohe Zündzuverlässigkeit.

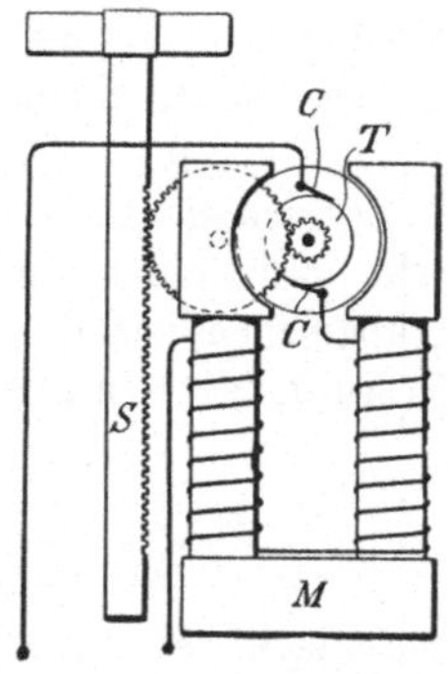

Abb. 244. Schema der Stromerzeugung einer dynamoelektrischen Zahnstangenmaschine.

Eine bessere Gleichrichtung des erzeugten Stromes erzielt man jedoch durch Anwendung eines Trommelankers. Er besteht aus einem zylindrischen Eisenkern, der mit tiefen Längsnuten versehen ist. In den Längsnuten sind die Spulen um einen bestimmten Winkel gegeneinander versetzt angebracht. Die Spulen sind mit dem Kollektor durch Lamellen verbunden, und zwar hat der Kollektor ebensoviel Lamellen wie der Anker Spulen. Dadurch addieren sich die in den Spulen erzeugten Ströme. Der Strom, den die Maschine erzeugt, ist also um so besser gleichgerichtet, je mehr Spulen der Trommelanker aufweist.

Bei zahlreichen von Drekopf angestellten Vergleichsversuchen haben sich die Doppel-T-Maschinen als etwas überlegen erwiesen. Jedoch genügen auch die Trommelankermaschinen, die sich zudem leichter reichlicher bemessen lassen, durchaus den Anforderungen.

Außer diesen Unterschieden in der Ankerwicklung besitzen die einzelnen Zündmaschinenarten noch Unterschiede in der Schaltung des Magnetfeldes zum Anker. Man unterscheidet Hauptschluß-, Nebenschluß- und Verbundmaschinen, von denen die beiden letztgenannten am meisten Verwendung finden.

Um mit diesen kleinen Maschinen mit Sicherheit die vorgesehene Höchstzahl von Schüssen gleichzeitig zünden zu können, ist es notwendig, den Strom erst, wenn er eine bestimmte Leistungsfähigkeit erreicht hat, in die Schießleitung zu schicken. Es geschieht dies durch Anbringung eines selbsttätigen Endkontaktes, der erst den äußeren Stromkreis schließt, wenn der Anker eine Anzahl von Umdrehungen gemacht hat und eine gewisse Geschwindigkeit besitzt. Außerdem muß die Vorschrift erfüllt sein, daß der Strom bei Zündmaschinen für Spaltzünder innerhalb von 2 Millisekunden nach dem Ansprechen des Endkontaktes die Höchstwerte der Klemmspannung erreicht. Bei Maschinen für Brückenzünder A muß der Strom innerhalb einer Millisekunde nach Ansprechen des Endkontaktes eine Stärke von mindestens 1 Amp. besitzen. Für Maschinen in Schlagwettergruben gilt die besondere Forderung, daß sie 50 Millisekunden nach Ansprechen des Endkontaktes keinen Strom mehr abgeben dürfen. Hierdurch soll verhindert werden, daß,

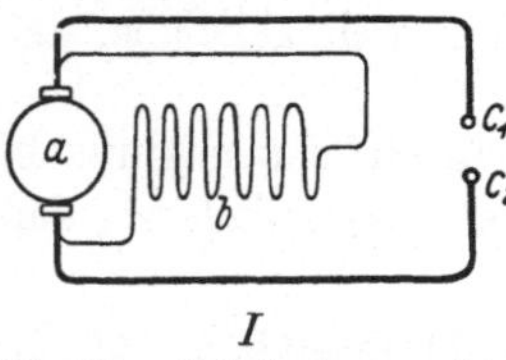

Abb. 245. Schaltschema einer Zündmaschine im Nebenschluß.

wenn beim Wegtun von Schüssen blanke Drahtstellen sich berühren, noch Funken entstehen, die Schlagwetter zünden würden. Zu dieser Begrenzung der Zündstromdauer dient ein zweiter Endkontakt.

In der Abb. 245 ist die Schaltung des Endkontaktes bei Nebenschlußmaschinen wiedergegeben. In der Zuleitung zu der einen Anschlußklemme c_1

liegt der Schalter, der anfänglich geöffnet ist. Der ganze vom Anker erzeugte Strom fließt also zunächst nur durch das Magnetfeld und bringt dieses zu kräftiger Erregung. Ist die Höchsterregung erreicht, wird der Schalter unter der Einwirkung des Antriebsmittels der Zündmaschine geschlossen, und der Strom fließt in die Zündleitung.

Die Unterschiede der vielen verschiedenen dynamoelektrischen Zündmaschinen betreffen in der Hauptsache den Antrieb, der mittels Federkraft oder mit Hand erfolgen kann. Ganz vereinzelt sind auch Maschinen mit Druckluftantrieb verwendet worden. Die Maschinen mit Handantrieb werden unterteilt in Maschinen mit Drehgriffantrieb für kleinere Leistungen und Zahnstangenmaschinen.

Abb. 246. Zündmaschine mit Drehgriffantrieb für 50 Schuß.

Bei den Maschinen mit Drehgriffantrieb (Abb. 246 u. 247) sitzt auf der Betätigungsachse a (s. Abb. 248) ein Zahnradsektor b, der sich um etwa ein Drittel einer Kreisbewegung vorwärts und rückwärts drehen läßt. Der Zahnradsektor b greift in das Ritzel c eines Übersetzungszahnrades ein; dieses vermittelt die Kraftübertragung auf das Ritzel g, das mit der Ankerwelle fest verbunden ist. Die Rückwärtsbewegung der verschiedenen Räder in die Ruhestellung geschieht ohne Mitnahme des Ankers. Die Endkontaktvorrichtung wird durch die Bewegung der Antriebsachse unmittelbar betätigt, so daß der erste Endkontakt stets bei einer bestimmten Ankerstellung anspricht.

Abb. 247. Zündmaschine mit Drehgriffantrieb für 20 Schuß.

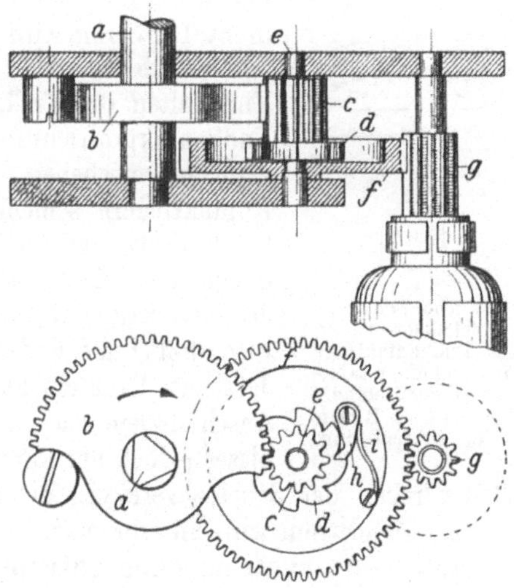

Abb. 248. Getriebe einer Zündmaschine mit Drehgriffantrieb.

Mehrfach ist den Maschinen der Gedanke zugrunde gelegt, die Wirksamkeit der Maschine von der Kraft und Geschicklichkeit des Bedienungsmannes unabhängig zu machen. Dies wird bei den meist mit Trommelanker ausgerüsteten Federzugmaschinen dadurch erreicht, daß die zur Erzeugung des elektrischen Stromes nötige Energiemenge vor dem Schießen durch Federkraft aufgespeichert und für die Sprengung durch einen Handgriff ausgelöst wird. Die Feder läßt das Getriebe abschnurren und schaltet im Augenblick der höchsten magnetischen Erregung den Strom auf die Zündanlage. Ferner ist eine Sperrvorrichtung angebracht, die verhindert, daß die Feder ausgelöst werden kann, ehe sie ganz aufgezogen ist. Die Federzugmaschinen haben, solange sie neu sind, eine sehr gleichmäßige Leistung. Jedoch läßt die Kraft der Antriebsfeder nach längerer Benutzung (etwa 500 maliger Betätigung) nach, so daß die Feder öfter erneuert werden muß. Auch wird das Getriebe infolge der hohen Umlaufzahlen und des plötzlichen Anspringens der Feder nach dem Auslösen sehr stark beansprucht. Solche Maschinen bauen Siemens & Halske zu Berlin, die Zünderwerke Ernst Brün K.-G., Krefeld-Linn und Schaffler & Co. zu Wien.

Viel gebraucht werden die Zahnstangenmaschinen. Das Grundsätzliche der Stromerzeugung läßt Abb. 244 erkennen. Die Betätigung geschieht in der Weise, daß man die Zahnstange mittels des Griffes so weit als möglich herauszieht, um sie alsdann kräftig nach unten zu stoßen. Zwischen das Antriebzahnrad, das mit der Zahnstange in Eingriff steht, und das die Drehbewegung auf den Anker übertragende Zahnrad ist ein (in Abb. 244 nicht wiedergegebenes) Sperrad mit Schubklinken, ähnlich wie in Abb. 248, geschaltet, das also nur eine Drehrichtung auf den Anker zu übertragen gestattet. Hierdurch ist erreicht, daß die Zahnstange ohne Bewegung des großen Rades und des Ankers nach oben gezogen werden kann und der Anker sich nur beim Niederstoßen der Zahnstange dreht. Der Strom wird vom Stromerzeuger durch zwei Kohlebürsten abgenommen (Abb. 249) und durchfließt vor dem Einschalten des Endkontaktes nur die Feldwicklung. Die Endkontaktvorrichtung besteht aus einer mit einem Metallsegment versehenen Scheibe aus Isolierstoff, auf der zwei Kontaktfedern schleifen. Kurz bevor die Zahnstange die tiefste Stelle und die Zündmaschine ihre größte Leistungsfähigkeit erreicht hat, wird die Scheibe gedreht, so daß das Metallsegment unter den Kontaktfedern hinweg bewegt wird, wobei die Federn auf dem Metallsegment schleifen. Jetzt erst kann der Strom der Zündmaschine auch über die Anschlußklemmen in die Schießleitung fließen. Er tut dieses jedoch nur kurze Zeit (höchstens 50 ms), denn beim Weiterdrehen der Scheibe verlassen die Federn das Kontaktsegment wieder und der Zündstrom wird unterbrochen.

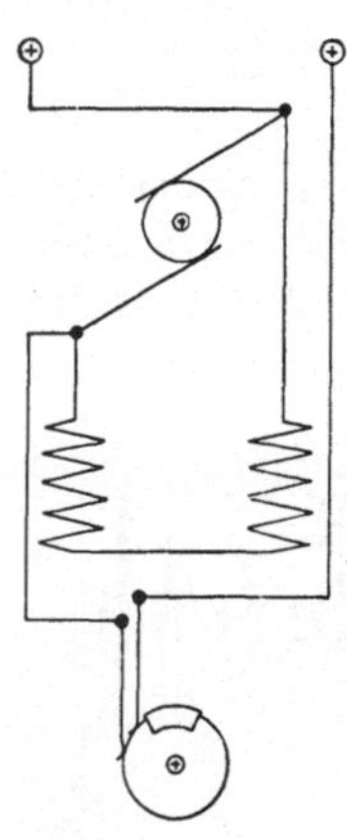

Abb. 249.
Schaltschema
der Endkontaktvorrichtung einer Zahnstangenmaschine
der Ernst Brün
K.-G., Krefeld-Linn.

153. — Starkstrom oder galvanische Elemente als Stromquelle. Starkstrom wird als Stromquelle zur Herbeiführung der Zündung bei der Schießarbeit im Bergbau nicht mehr benutzt. An seine Stelle sind die leistungsfähigen Zündmaschinen für 50 und 80 Schuß getreten, die in Handhabung und Wirkung eine größere Sicherheit gewährleisten.

Auch galvanische Elemente werden wegen ihrer geringen Leistungsfähigkeit und Lebensdauer nicht mehr angewandt.

154. — Zentralzündung. Eine besondere Art der elektrischen Zündung, für die man größere Strommengen und höhere Spannungen gebraucht und deshalb Starkstromleitungen mit Vorteil verwenden kann, ist die sog. „Zentralzündung", d. h. die Zündung aller in einer Grube angesetzten Schüsse zu einer bestimmten Zeit von einem Punkte über Tage aus, nachdem die ganze Belegschaft die Grube oder eine Grubenabteilung verlassen hat, z. B. also während des Schichtwechsels.

Diese Art der Zündung ist in Nordamerika mehrfach, freilich auf wenig ausgedehnten Gruben, eingeführt worden. Auch auf der durch Gasausbrüche besonders gefährdeten Zeche Maximilian bei Hamm sowie auf der Zeche Westfalen hat sie zeitweilig Anwendung gefunden[1]). Wegen der Umständlichkeit und Unsicherheit der Unterhaltung des umfangreichen Leitungsnetzes wird diese Art der Zündung in Deutschland nicht mehr angewandt. Bei größeren Gruben, die nicht mit einfacher, sondern mit Doppelschicht arbeiten, wäre die Durchführung der Zentralzündung überhaupt unmöglich, weil zwischen den Schichten nicht genügende Zeit verfügbar ist während der die ganze Grube von jeder Belegung entblößt werden kann.

4. Schießleitungen.

155. — Herstellungsstoff und Widerstand. Für die Leitungen ist nur Eisen- und Kupferdraht zugelassen. Eiserne Zünderdrähte müssen mindestens 0,6 mm, kupferne 0,5 mm Durchmesser haben. Kupfer ist teurer, leitet aber erheblich besser als Eisen. In der folgenden Zusammenstellung sind für je 100 m Leitungsdraht, entsprechend einer Entfernung von 50 m vom Schußorte, die Widerstände von Eisen und Kupfer für einige Drahtdicken angegeben:

Drahtstärken:	Widerstände von 100 m langen Drähten	
	Verzinkter Eisendraht Ohm	Kupferdraht Ohm
0,7 mm Durchmesser	31,2	4,70
1,0 „ „	15,2	2,30
1,2 „ „	10,6	1,60
1,5 „ „	6,8	1,00
2,0 „ „	3,8	0,57
4 Drähte von je 1,5 mm Durchmesser	1,7	0,25

Der Widerstand der Leitungen fällt um so mehr ins Gewicht, je niedriger die Widerstände der Zünder sind. Beträgt z. B. der Widerstand eines Brückenzünders A an der Glühbrücke gemessen nur 1 Ohm, der Widerstand der Leitung dagegen 15,2 Ohm (entsprechend einem Eisendraht von 1 mm Durchmesser nach der Zahlentafel), wozu dann noch der Widerstand der Zünderdrähte kommt, so würde das ein Mißverhältnis sein. Man wird also in solchem Falle lieber dickeren Eisendraht oder die teurere Kupfer-

---

[1]) Glückauf 1909, S. 653; Heise: Gemeinsame elektrische Zündung der Sprengschüsse einer ganzen Grube vom Tage aus; — ferner Glückauf 1933, S. 717; K. Jericho: Zündung sämtlicher Sprengschüsse von einer Stelle der Grube.

leitung wählen. Bei Brückenzündanlagen soll der Widerstand der Leitungen etwa 10 Ohm nicht übersteigen. Beträgt aber der Widerstand eines Spaltzünders 10000 Ohm, so ist es völlig gleichgültig, ob als Leitungswiderstand noch 2 oder 15 Ohm hinzukommen. Alsdann ist Eisendraht gleichwertig und in Berücksichtigung des Kostenpunktes vorzuziehen. Überhaupt kommt man meist mit Eisendrahtleitungen aus, wenn man sie genügend stark wählt. Sie müssen jedoch wegen der Rostgefahr verzinnt oder emailliert sein.

156. — Isolation der Leitungen. Die Leitungen erhalten entweder eine Isolation oder sind einfache blanke Drähte, die wiederum ohne besondere Vorsichtsmaßnahmen oder isoliert geführt sein können. Ob die Isolation notwendig ist, hängt zunächst von den Spannungsverhältnissen der Zündanlage, insbesondere von der Möglichkeit von Nebenschlüssen zwischen Hin- und Rückleitung und hierdurch bedingten Stromverlusten, sodann aber auch von dem Vorhandensein etwaiger Starkstromanlagen in den Grubenbauen ab. So sind für streustromgefährdete Gruben isolierte Schießleitungen vorgeschrieben.

Nehmen wir nach Abb. 250 hinsichtlich der Spannungsverhältnisse der Zündanlage z. B. an, daß in einer Zündanlage der Widerstand der Zünder entweder 9 Ohm bei Brückenzündern oder 30000 Ohm bei Spaltzündern und derjenige der Leitung 2 Ohm beträgt und daß die ungenügend isolierte Leitung über einen feuchten Streckenstoß geführt wird, der einen Kurz- oder Nebenschluß mit 300 Ohm Widerstand bildet. An dieser Stelle würde sich in den beiden Fällen sodann ein Stromverlust ergeben, der sich zu der durch Zünder und Leitung gehenden Strommenge umgekehrt wie das Verhältnis der genannten Widerstände, also wie 11:300 und wie 30000:300,

Abb. 250. Verschiedene Kurzschlußgefahr einer Zündanlage.

verhalten würde. Im ersten Falle wäre der Verlust gering, im zweiten Falle würde der Stromverlust jedoch sehr hoch sein und der Schuß nicht kommen. Beim Schießen mit Spaltzündern sind Nebenschlüsse also viel gefährlicher als mit Brückenzündern.

Bei niedrigen Widerständen von Zündern und Leitungen darf man also blanke Leitungen anwenden. Je höher dagegen die Widerstände werden und je mehr Zünder man hintereinander schaltet, eine desto größere Wichtigkeit erlangt die Isolation. Die Nebenschlußgefahr in den Strecken ist bei Anwendung von blanken Leitungen naturgemäß sehr verschieden.

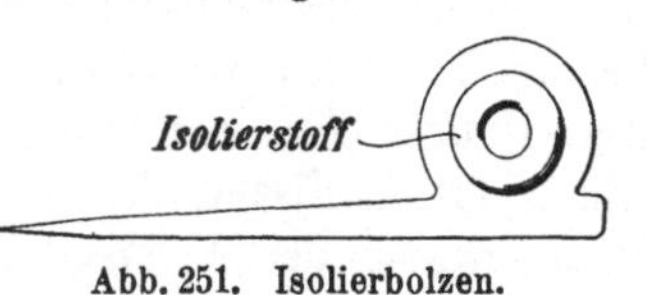

Abb. 251. Isolierbolzen.

Besonders groß ist sie in nassen Strecken und bei Verlegung der Leitungen auf der Sohle. In der Regel ist es bei Verwendung blanker Drähte zweckmäßig, die Hinleitung an den einen Stoß und die Rückleitung an den anderen zu verlegen. Noch besser ist die isolierte Führung der blanken Drähte dadurch, daß man sie durch die mit Isolierstoff ausgekleideten Ösen nagelförmiger Bolzen zieht (Abb. 251).

Bei den Zwillingskabeln sind Hin- und Rückleitung in einem Strange untergebracht. Sie bewähren sich für Sprengzwecke wenig, weil infolge der unvermeidlichen Verletzungen leicht Kurzschlüsse auftreten und das Auffinden der Fehlerstelle durch die sie verbergende Isolation erschwert ist.

157. — **Schutz gegen Streuströme.** Beim Vorhandensein von Starkstromleitungen in den Grubenbauen, besonders beim Betriebe von elektrischen Fahrdrahtlokomotiven kann die Schießarbeit durch die sog. Streu- oder Schleichströme gefährdet werden[1]). Zwischen den einzelnen Teilen der Streckenausrüstung, z. B. zwischen Rohrleitungen, Wetterlutten und Schienen, können namentlich infolge von mangelhaften Schienenverbindungen Spannungsunterschiede auftreten und zu Nebenströmen Veranlassung geben, die sich unter Umständen weithin in das Grubengebäude über den Bereich der elektrischen Starkstromanlage hinaus verbreiten. Diese Spannungsunterschiede können genügen, um einen mit einem elektrischen Zünder versehenen Schuß zur Zündung bringen.

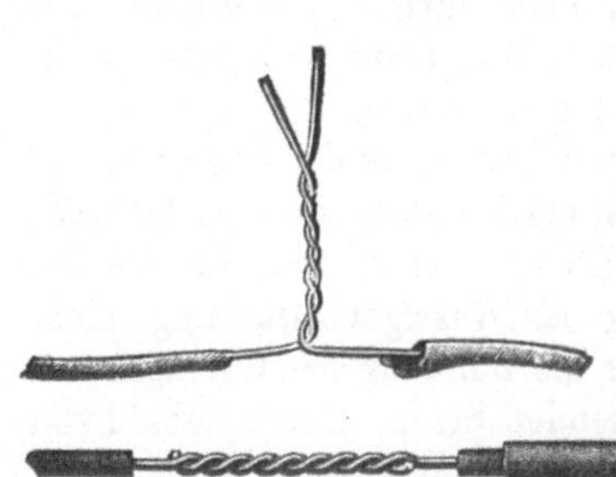

Abb. 252.   Schlechte Leitungsverbindung.

Um solche unvorhergesehene Zündungen zu vermeiden, ist es notwendig, in Gleisstrecken die Schienen mit den in der Strecke vorhandenen Rohrleitungen, Kabelmänteln usw. alle 200—300 m leitend zu verbinden, um die abirrenden Streuströme wieder auf ihren Hauptweg zurückzuführen und die Spannungsunterschiede zwischen den Stromwegen gering zu halten. Auch muß auf gute Isolation der Schießleitungen geachtet werden. Da zudem nach den bei wiederholten Messungen gemachten Erfahrungen die Spannung der Streuströme 15 Volt nicht zu überschreiten pflegt, verwendet man als gute Sicherung gegen Streuströme nicht Brückenzünder, sondern Spaltzünder, die gegen 15 Volt streustromsicher hergestellt werden. Diese Zünder sollen nur hintereinander geschaltet oder allenfalls in gruppenweiser Parallelschaltung verwendet werden. Große Schußzahlen (mehr als 25) sind zu vermeiden.

158. — **Verbindung der Leitungen.** Die einzelnen Leitungen müssen untereinander sowie mit der Maschine um so sorgfältiger verbunden werden, je niedriger gespannt der zur Verwendung kommende

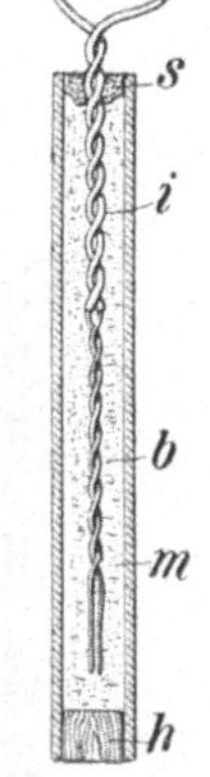

Abb. 255.
Isolations-
Übersteckhülse.

Abb. 253 und 254.   Richtige Leitungsverbindungen.

elektrische Strom ist. Namentlich dürfen dann die Drähte nicht, wie es Abb. 252 zeigt, einfach ineinander gehakt, sondern sie müssen sorgfältig miteinander

---

[1]) Glückauf 1925. S. 453; Truhel: Entstehung, Wirkung und Verhütung von Streuströmen und Streuspannungen; — ferner Elektrizität im Bergbau 1928, S. 99; Vogel: Das Auftreten von Schleichströmen in den elektrischen Lokomotivförderstrecken usw.

verdreht werden (Abb. 253 und 254). Außerdem macht der hohe Widerstand von Oxydationshäutchen vorheriges Blankkratzen der Drahtenden unbedingt erforderlich. Im übrigen läßt sich die in Abb. 253 gezeigte Verbindung leichter und zuverlässiger herstellen als die der Abb. 252.

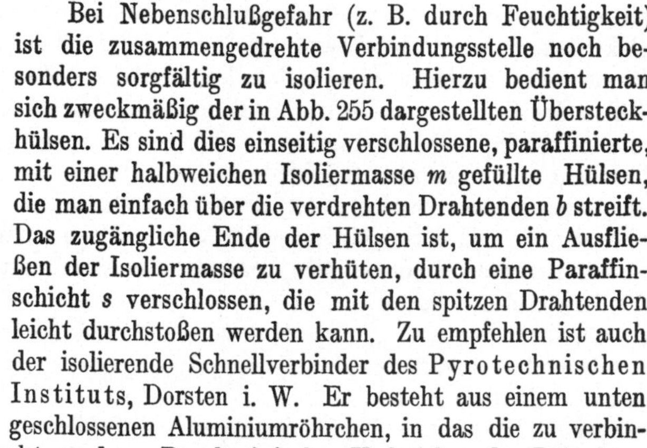

Abb. 256. Isolierender Schnellverbinder.

Bei Nebenschlußgefahr (z. B. durch Feuchtigkeit) ist die zusammengedrehte Verbindungsstelle noch besonders sorgfältig zu isolieren. Hierzu bedient man sich zweckmäßig der in Abb. 255 dargestellten Übersteckhülsen. Es sind dies einseitig verschlossene, paraffinierte, mit einer halbweichen Isoliermasse m gefüllte Hülsen, die man einfach über die verdrehten Drahtenden b streift. Das zugängliche Ende der Hülsen ist, um ein Ausfließen der Isoliermasse zu verhüten, durch eine Paraffinschicht s verschlossen, die mit den spitzen Drahtenden leicht durchstoßen werden kann. Zu empfehlen ist auch der isolierende Schnellverbinder des Pyrotechnischen Instituts, Dorsten i. W. Er besteht aus einem unten geschlossenen Aluminiumröhrchen, in das die zu verbindenden Drähte gesteckt werden. Durch einfaches Umknicken des Röhrchens mit den Drähten werden diese fest und leitend miteinander verbunden (Abb. 256).

5. Hilfsgeräte für die elektrische Zündung.

159. — Minenprüfer. Galvanoskop. Bei wichtigen Schüssen oder Schußreihen tut man gut, den oder die zu benutzenden Zünder vor dem Gebrauche auf ihre Leitfähigkeit zu untersuchen. Am leichtesten ist die Untersuchung bei Brückenzündern, da bei ihnen die metallische Leitung überhaupt nicht unterbrochen ist. Wie die Zünder, so kann man auch die Leitungen vor Abtun der Schüsse auf die richtige Leitfähigkeit untersuchen.

Der einfachste Zünder- und Leitungsprüfer ist ein Galvanoskop (Abb. 257), dessen Element einen zwar für die Betätigung der Anzeigevorrichtung, nicht aber für die Zündung der Sprengkapsel ausreichenden Strom liefert. Sobald von Klemme zu Klemme durch einen angeschlossenen äußeren Stromkreis, der ein einzelner Zünder, eine Leitung oder ganze Zündanlage sein kann, Strom fließt, zeigt die Anzeigenadel einen Ausschlag. Bei Prüfung von nicht verbundenen Leitungen darf die Nadel dagegen keinen Ausschlag zeigen, da andernfalls ein Kurz- oder Nebenschluß vorhanden wäre.

Abb. 257.
Leitungsprüfer (Galvanoskop).

In Abb. 257 ist der Leitprüfer der Zünderwerke Ernst Brün K.-G.,

Krefeld-Linn, dargestellt. Abb. 258 zeigt die Schaltung des Gerätes. Der Strom fließt von einem Trockenelement a von 1,5 Volt Spannung zu einem elektromagnetischen Schauzeichen b über eine Widerstandsspule c zu der einen Anschlußklemme d, von hier über den angeschlossenen Zünder oder die Zündanlage zu der anderen Anschlußklemme e, über die Widerstandsspule f zum Trockenelement zurück. Der innere Widerstand des Leitprüfers beträgt 150 Ohm. Bei der Prüfung von Zündanlagen mit kleinen Widerständen (Brückenzünder A) kann man also nur Drahtbrüche in der Zündanlage feststellen. In allen anderen Fällen spricht das Schauzeichen wegen der Elementspannung von 1,5 Volt noch an, wenn der Gesamtwiderstand des Stromkreises nicht mehr als 500 Ohm beträgt. Bei Spaltzündern darf das Schauzeichen jedoch nicht ansprechen, da der Widerstand eines Spaltzünders weit über 350 Ohm liegt. Spricht das Schauzeichen dennoch

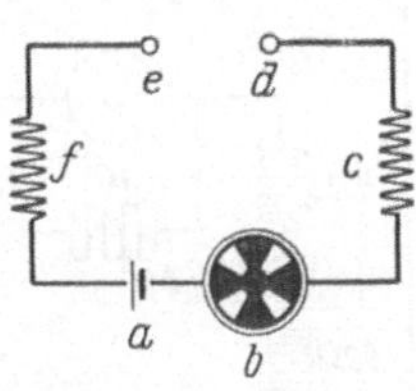

Abb. 258. Schaltschema des Leitprüfers der Zünderwerke Ernst Brün K.-G., Krefeld-Linn.

an, liegt Nebenschluß oder Kurzschluß in der Zündanlage vor. Damit keine Fehlschlüsse aus Messungen mit Leitprüfern gezogen werden können, müssen die Geräte mit einer Angabe des Widerstandswertes, bis zu welchem sie ansprechen, versehen sein.

160. — **Ohmmeter.** Den einfachen Leitprüfern vorzuziehen sind die Ohmmeter, die nicht allein das Fließen des Stromes, sondern auch den jeweiligen Widerstand des Stromkreises anzeigen. Abb. 259 zeigt ein Ohmmeter, dessen Handhabung aus einem Beispiel erhellen möge.

Bei einem Schachtabteufen möge nach Abb. 260 der Widerstand der Leitungen 10 Ohm und derjenige der angeschlossenen 15 Zünder 45 Ohm betragen. Der Prüfer muß nun insgesamt 55 Ohm Widerstand anzeigen. Zeigt er etwa 75 Ohm an, so ist die Verbindung der Zünder unter sich oder mit der Leitung schlecht; bei nur 40 Ohm Widerstand sind nicht alle Zünder eingeschaltet; bei 10 Ohm liegt wahrscheinlich Kurzschluß am Ende der Leitung und bei weniger als 10 Ohm ein solcher in der Leitung selbst vor. Allerdings ist es möglich, daß gleichzeitig Übergangswiderstände und Nebenschlüsse vorhanden sind, die sich in ihrer Wirkung auf das Ohmmeter aufheben. Zeigt also das

Abb. 259. Ohmmeter.

Ohmmeter den erwarteten Widerstand, so kann daraus noch nicht unbedingt geschlossen werden, daß alles in Ordnung ist. Wird jedoch eine Abweichung fest-

Widerstand der Leitungen: 10 Ohm   Widerstand der 15 Zünder: 45 Ohm

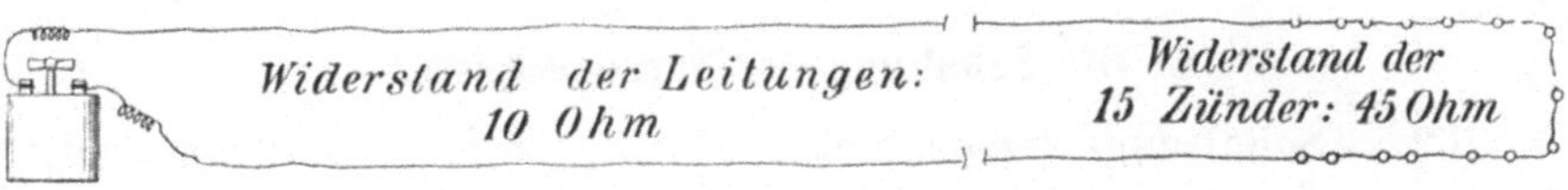

Abb. 260. Widerstandsverhältnisse einer Zündanlage.

gestellt, so darf keinesfalls geschossen werden. Der Widerstand einer in Ordnung befindlichen Kette aus Spaltzündern läßt sich nicht nachmessen, da hierzu die Meßgenauigkeit des Ohmmeters nicht ausreicht. Dagegen können Nebenschlüsse hergestellt werden.

Besonders für das Schachtabteufen ist es wünschenswert, die Widerstandsverhältnisse der fertigen Zündanlage genau nachprüfen zu können, da gerade hier infolge Versagens einzelner Schüsse leicht große Zeitverluste entstehen und unter Umständen auch Unglücksfälle die Folge sein können. Die Einführung einer regelmäßigen Prüfung der Zündanlage leitet auch sonst die Schießmannschaft zur Achtsamkeit an und erleichtert die Überwachung.

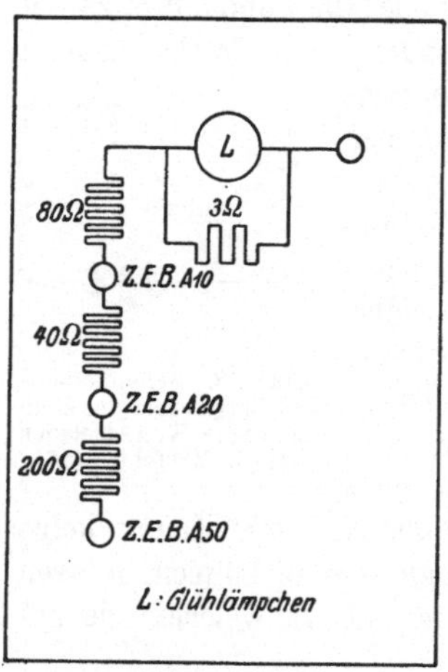

Abb. 261. Schaltschema des Zündmaschinenprüfgeräts der Zünderwerke Ernst Brün K.-G., Krefeld-Linn.

161. — Zündmaschinenprüfgerät. Zur Prüfung der Zündmaschinen auf ihre Wirksamkeit bediente man sich früher eines Zündmaschinenprüfbrettchens, mit dem man jedoch nur grobe Fehler in den Zündmaschinen feststellen konnte. Die Firma Zünderwerke Ernst Brün K.-G., Krefeld-Linn, hat ein Prüfgerät mit eingebautem Glühlämpchen entwickelt, das die Prüfung einer Zündmaschine unabhängig von Prüfzündern macht. In Abb. 261 ist das Schaltschema des Gerätes dargestellt. Rechts ist eine der zur Zündmaschine führenden Leitungen angeschlossen. Der Strom fließt über zwei Widerstände, denen ein Glühlämpchen parallel geschaltet ist. Je nach der Schußzahl der Zündmaschine fließt nun der Strom zu den drei verschiedenen links angebrachten Steckbüchsen 50, 20 und 10. Leuchtet das Glühlämpchen bei der Betätigung der Zündmaschine auf, so ist die Maschine in Ordnung. Dieses Prüfgerät kann auch in Schlagwettergruben verwendet werden.

Eine genaue Prüfung der Zündmaschinen, insbesondere der Bedingungen über die Stärke des Stromimpulses nach Ansprechen des Endkontaktes sowie über den ganzen zeitlichen Ablauf des Stromflusses kann nur durch Aufnahme von Oszillogrammen mit Hilfe des Oszillographen erfolgen[1]). Abb. 262 gibt das Oszillogramm einer Zündmaschine wieder, die allen amtlichen Anforderungen genügt.

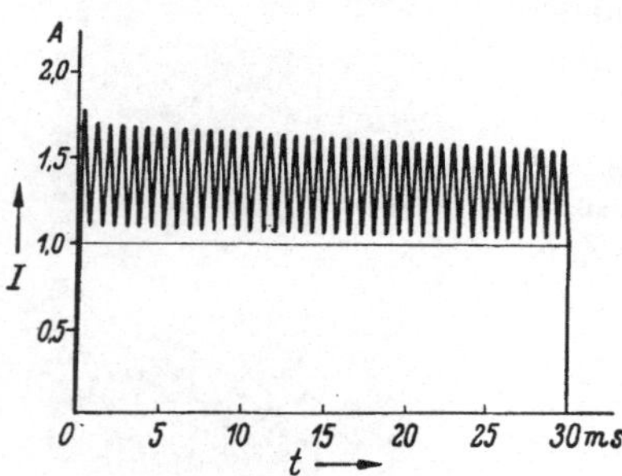

Abb. 262. Oszillogramm einer Zündmaschine.

6. Die Schaltung der Sprengschüsse.

162. — Schaltungsweisen. Sollen mehrere Schüsse gleichzeitig gezündet werden, so können die Zünder auf verschiedene Weise an die Zündleitung angeschlossen oder in diese eingeschaltet werden. Nehmen wir an, daß sechs

---

[1]) Näheres s. Beyling-Drekopf: Sprengstoffe und Zündmittel (Berlin, Springer), 1936.

Schüsse gleichzeitig gezündet werden sollen, so zeigen Abb. 263 die Hintereinanderschaltung, Abb. 264 die Parallelschaltung und die Abb. 265 und 266 die gruppenweise Parallelschaltung in zwei und drei Gruppen. Im Bergbau ist fast allgemein gebräuchlich die Hintereinanderschaltung, auch Reihen- oder Serienschaltung genannt. Es ist dies eine einfache, leicht verständliche Schaltung, die am wenigsten zu Irrtümern Anlaß gibt. Sie ist, von

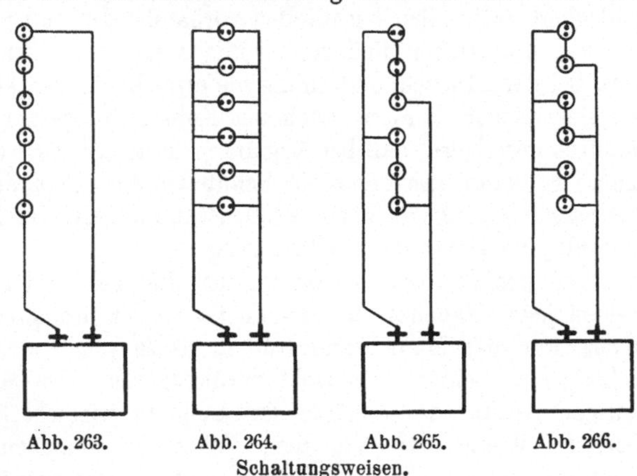

Abb. 263.   Abb. 264.   Abb. 265.   Abb. 266.
Schaltungsweisen.

Ausnahmefällen abgesehen, auch hinsichtlich der Ausnutzung des verfügbaren Stromes und der Zündsicherheit den anderen Schaltungen weit überlegen.

7. Schlußbemerkungen.

163. — Vergleich der Zünderarten untereinander. Zugunsten der Verwendung von Zündern mit niedrigen Widerständen (Brückenzünder A) sprechen insbesondere die geringe Kurzschlußgefahr, die Zulässigkeit blanker Leitungen und die Möglichkeit einer vorherigen Prüfung der Zünder und der schußfertigen Zündanlagen. Die Spaltzünder haben demgegenüber den Vorteil, daß sie gegenüber elektrischen Streuströmen minder gefährlich sind. Dieser Umstand wird vielleicht bei zunehmender Verwendung der Elektrizität im Bergbau ihre Verbreitung begünstigen.

164. — Vergleich der elektrischen Zündung mit der Zündschnurzündung. Die elektrische Zündung ist wegen der Notwendigkeit der Beschaffung von Stromquellen, Leitungen und besonderen Zündern mit Umständlichkeiten verknüpft und für den Arbeiter nicht ohne weiteres verständlich. Die Kosten sind höher als die der gewöhnlichen Zündschnurzündung; wenn aber, wie dies auf Schlagwettergruben die Regel ist, bessere Guttaperchazündschnüre mit Anzündern benutzt werden müssen, so wird sich die elektrische Zündung eher billiger stellen.

Was die Sicherheit der Mannschaft angeht, so war man zunächst geneigt, anzunehmen, daß die elektrische Zündung allen anderen Zündungen überlegen sein müsse. Da der Schuß zu einem genau bestimmbaren Zeitpunkte fällt, kann die Mannschaft in Ruhe und ohne Eile den entfernten, sicheren Schutzort aufsuchen und von hier aus in einem selbstgewählten Augenblicke die Zündung bewirken. Versagt der Schuß, so bleibt man, insofern nicht die Sprengladung selbst die Schuld trägt, hierüber nicht wie bei der Zündschnurzündung längere Zeit im ungewissen. Tatsächlich haben sich freilich diese Vorzüge nicht in dem zunächst angenommenen Maße als unfallhindernd erwiesen. (Näheres s. in Ziffer 183.)

Ein zweifelloser Vorzug der elektrischen Zündung ist die Sicherheit gegen Schlagwettergefahr. Wenn diese Sicherheit auch nicht unbedingt und nicht unter allen Umständen vorhanden ist, so ist sie doch so groß, daß sie dem praktischen Bedürfnis völlig entspricht. Eine ähnliche Sicherheit wird bei der Zündschnurzündung nie erreicht werden können. Die Sicherheit der elektrischen Zündung auch der Kohlenstaubgefahr gegenüber wird noch dadurch gesteigert, daß bei Abgabe mehrerer Schüsse diese gleichzeitig kommen. Es kann also nicht ein Schuß vor Losgehen des anderen Grubengas freimachen oder gefährlichen Kohlenstaub aufwirbeln. Eine Ausnahme macht hier nur die elektrische Zeitzündung.

Vor der Zündschnurzündung ist die elektrische Zündung durch das Fehlen jedes Rauches ausgezeichnet. Sie ist deshalb für die Leute zuträglicher, und der Mann kann früher, als es sonst möglich wäre, nach dem Schießen an seinen Arbeitsort zurückkehren. Die Möglichkeit des gleichzeitigen Abtuns der Schüsse ist auch in wirtschaftlicher Beziehung ein Vorteil. Wenn man aus dem Vollen zu schießen gezwungen ist, um Einbruch zu schaffen, so stellt sich die Gesamtwirkung mehrerer, gleichzeitig explodierender Schüsse nahezu auf das Doppelte der Leistung, die man erhalten würde, wenn die Schüsse nacheinander zur Explosion kämen. Umgekehrt ist es aber auch bei der elektrischen Zündung möglich, die einzelnen Schüsse in kurzen Zwischenräumen aufeinanderfolgen zu lassen (Zeitzündung).

E. Betriebsmäßige Ausführung der Sprengarbeit.

165. — Die Einfügung der Schlagpatrone. Die Sprengkapsel wird in der Mitte der „Schlagpatrone" so untergebracht, daß die Längsachsen der Kapsel und der Patrone übereinstimmen. Früher hat man die Schlagpatrone als letzte Patrone auf die Ladung gesetzt. Vom Gesichtspunkt der Schlagwettersicherheit wäre diese Anordnung zu bevorzugen, da nach Beyling und Drekopf für die Zündung von Schlagwettern offenbar nur der Teil der Ladung in Betracht kommt, der zwischen Sprengkapsel und Bohrlochmund liegt. Jetzt bringt man sie jedoch meist als vorletzte Patrone ein und läßt danach noch eine weitere Patrone folgen. Das geschieht, um nicht das erste Feststampfen des eingebrachten Besatzes unmittelbar über der gegenüber dem Sprengstoff immerhin empfindlicheren Sprengkapsel vornehmen zu müssen und außerdem, um nicht im Falle von Versagern bei Beseitigung des Besatzes (z. B. durch Ausblasen) unmittelbar auf die gefährliche Sprengkapsel zu stoßen. Diese Zündungsart darf dagegen nicht bei sog. Knappschüssen angewandt werden. Solche Schüsse bilden bei schlagwettergefährdeten Betriebspunkten schon bei normaler Ladeweise eine gewisse Gefahr, weil wegen der Kürze der Löcher häufig nicht die genügende Menge Besatz untergebracht werden kann.

Bei Pulversprengstoffen wird meist in der Mitte der Ladung gezündet. Bei einer Zündung von vorn besteht nämlich die Gefahr, daß der Besatz wegen der geringen Explosionsgeschwindigkeit der Pulversprengstoffe aus dem Bohrloch getrieben würde, ehe die ganze Ladung zur Explosion gekommen ist.

Bei Sprengstoffen, deren Explosionsfähigkeit in längeren Ladesäulen gering ist (z. B. bei Chloratsprengstoffen), empfiehlt es sich, die Schlagpatrone mit der

Sprengkapsel in der Mitte der Ladungslänge anzuordnen. Man hat auch vorgeschlagen, grundsätzlich die Schlagpatrone in das Bohrlochtiefste zu bringen, und hat als Vorzug dieses Verfahrens geltend gemacht, daß dann nicht explodierte Patronen nicht im Haufwerk oder im Gebirge verbleiben können. Der erstrebte Erfolg dürfte aber zweifelhaft sein. Auch ist die Frage nicht entschieden, ob der Verlauf der Explosion von dem Besatz nach dem Bohrlochtiefsten hin oder derjenige in umgekehrter Richtung die günstigere Sprengwirkung ergibt.

166. — Der Besatz. Stets und in jedem Falle ist auf guten Besatz des Sprengschusses zu achten, und zwar soll er dem Druck der Gase so lange standhalten, bis die Vorgabe gelöst ist. Diese Forderung gilt für jede Sprengstoffart, und es ist eine ebenso verbreitete wie falsche Meinung der Bergleute, daß Dynamit des Besatzes nicht bedürfe. So ergeben z. B. im Trauzlschen Bleimörser unbesetzte Dynamitschüsse nur etwa die halbe Ausbauchung gegenüber solchen mit ordnungsmäßigem Besatz. Pulversprengstoffe explodieren überhaupt nur unter vollständigem Einschluß. Ein Nichtbesetzen bedeutet also eine arge Sprengstoffvergeudung. Außerdem ist bei unbesetzten Schüssen eher ein ganzes oder teilweises Auskochen oder Abbrennen der Ladung zu befürchten, so daß schlechtere Nachschwaden als bei gut besetzten Schüssen zu erwarten sind. Schließlich ist der Besatz ein ganz wesentliches Mittel zur Verhütung von Schlagwetter- und Kohlenstaubexplosionen durch eine aus dem Bohrloch austretende Schußflamme. Es sei ausdrücklich darauf hingewiesen, daß jeder Schuß durch geeigneten Besatz explosionsungefährlich gemacht werden kann. Seine sichernde Wirkung ist um so größer, je länger der Besatz ist. So ist vorgeschrieben, daß auf Schlagwettergruben bei Löchern bis zu 1,50 m der Besatz ein Drittel der Bohrlänge einnehmen, bei kurzen Bohrlöchern mindestens aber 20 cm lang sein soll. Bei Löchern über 1,50 m Tiefe muß der Besatz mindestens 0,50 m lang sein. In allen Fällen soll er den Querschnitt des Bohrlochs voll ausfüllen.

Von den verschiedenen möglichen Besatzarten seien hier aufgeführt der Lettenbesatz, der Sandbesatz, der Sand-Lettenbesatz, der Wasserbesatz sowie das Kruskopfsche und das Herdemertensche Besatzverfahren.

Wegen seiner plastischen Beschaffenheit ist Letten der verbreitetste Besatzstoff und vom OBA. Dortmund für die gesamte Schießarbeit vorgeschrieben. Er soll nur so feucht sein, daß er sich noch gerade mit der Hand kneten läßt. Größere Feuchtigkeit läßt ihn leicht am Ladestock festkleben und kann außerdem bei elektrischen Zündern Nebenschlüsse begünstigen, wenn deren Drähte nur mit Papier isoliert sind. Der Letten wird in Form von Nudeln gebraucht, die meist der Bergmann selbst herstellt, mit dem hölzernen Ladestock ins Bohrloch eingeführt und festgestampft. Die etwas mühsame und zeitraubende Arbeit, die Lettennudeln herzustellen, ist häufig die Ursache für eine zu sparsame Verwendung von Besatz. Manche Gruben fertigen die Lettennudeln daher mittels maschinenmäßig angetriebener Besatznudelpressen über Tage an, die je nach Größe 500—1600 RM. kosten und je Stunde 1000—2000 Stück Nudeln herstellen können. Damit die Nudeln nicht zu trocken werden, ist eine regelmäßige, etwa alle 2—3 Tage erfolgende Belieferung der Betriebspunkte zweckmäßig. Ein lettenähnlicher Besatz kann aus feingemahlenem Tonschiefer, der auch beim Gesteinsstaubverfahren Verwendung findet, hergestellt werden.

Trockener Sand, lose hineingeschüttet, hat sich bei abwärts gerichteten Bohrlöchern gut bewährt. Da im Bergbau jedoch die meisten Bohrlöcher eine andere Richtung haben, wird loser Sand im Gegensatz zu Steinbruchbetrieben nur selten benutzt.

Auch Wasser eignet sich in nach unten gerichteten Löchern als Besatzstoff, da es nicht zusammendrückbar ist und den Besatzraum völlig ausfüllt. Jedoch ist zu beachten, daß Wasser nur in Verbindung mit elektrischer Momentzündung anwendbar ist. Bei der beim Schachtabteufen meist üblichen Zeitzündung besteht nämlich die Gefahr, daß vorher kommende Schüsse die Schlagpatrone an den Zünderdrähten aus Löchern, deren Ladung später kommen soll, herausreißen, da das Wasser die Schußladungen nicht verdämmt und daher nicht festhält.

Nach dem Kruskopfschen Besatzverfahren wird ein der Länge des Besatzes entsprechender Papierschlauch mittels Trichters und kleiner Schaufel mit feinem losem Sande gefüllt und die so hergestellte Besatzpatrone als Ganzes in das Bohrloch eingeschoben. Der Durchmesser der Besatzpatrone ist 4—5 mm geringer als der des Bohrlochs. Da infolgedessen ein Vorbeischlagen der Flamme an dem Besatzschlauch nicht ausgeschlossen ist, wurde diese Besatzart wieder verboten.

Bei dem Herdemertenschen Besatzverfahren wird schwach angefeuchteter Gesteinsstaub aus einem Behälter durch Druckluft in das Bohrloch eingeblasen. Diese Besatzart ist ausgezeichnet. Da ihr Einbringen jedoch umständlich ist, wird nur wenig von ihr Gebrauch gemacht.

167. — Vorgabe und Größe der Ladung. Im Bergbau bezeichnet man mit Vorgabe denjenigen Gebirgsteil, der durch den Schuß gelöst und geworfen werden soll.

Im Schrifttum ist vielfach eine andere Umgrenzung des Begriffs üblich, und zwar wird als Vorgabe meist die kürzeste Entfernung der Mitte der Ladung von der nächsten freien Fläche, also die kleinste Widerstandslinie, bezeichnet (Abb. 267), indem man sich die Sprengkraft der Ladung in der Mitte zusammengefaßt vorstellt. Da nun unter sonst gleichen Verhältnissen die zu werfenden Gesteinsmassen wachsen wie die dritten Potenzen der kleinsten Widerstandslinien, würde die Größe der Sprengladung L durch die Formel $L = k \cdot v^3$ ausgedrückt werden können, worin k eine Erfahrungszahl für das betreffende Gestein und den Sprengstoff und v die Größe der Vorgabe bezeichnet. Im Betriebe hat sich gezeigt, daß die Formel bei

Abb. 267.
„Vorgabe" im Sinne des Schrifttums.

wachsendem v zu hohe Werte ergibt, so daß mehrfach Abänderungen des Ausdrucks — freilich mit unzureichendem Erfolge — vorgeschlagen wurden. Sicherer ist es, nicht nach der Formel, sondern nach der Erfahrung zu arbeiten, wobei neben der Art des Gesteins vor allem seine Schichtung und seine Lösungen zu beachten sind.

168. — Die Schießarbeit beim Auffahren von Gesteinstrecken. Das Ansetzen der Schüsse. Die Schießarbeit beim Auffahren von Gesteinstrecken ist dadurch gekennzeichnet, daß außer dem Ortsstoß selbst keine weiteren freien Flächen vorhanden sind, nach denen hin die Schüsse wirken können. Man bedient sich zweier Sprengarten, dem Schießen aus dem Vollen und dem Schießen mit Einbruch. Beim Schießen aus dem Vollen werden die Bohrlöcher parallel zur Vortriebsrichtung angesetzt. Die Schüsse werden alle gleichzeitig abgetan. Diese Sprengart wird da angewandt, wo es auf einen beschleunigten Streckenvortrieb ankommt und man hierzu das Verfahren für richtig hält, zuerst einen kleinen Streckenquerschnitt aufzufahren und später die Stöße nachzureißen.

Weit verbreiteter ist das Einbruchschießen. Es besteht darin, aus dem vollen Gebirge zunächst ein Stück herauszusprengen und dadurch freie Flächen zu schaffen. Hierbei ist mit besonderer Sorgfalt zu verfahren, da von einem

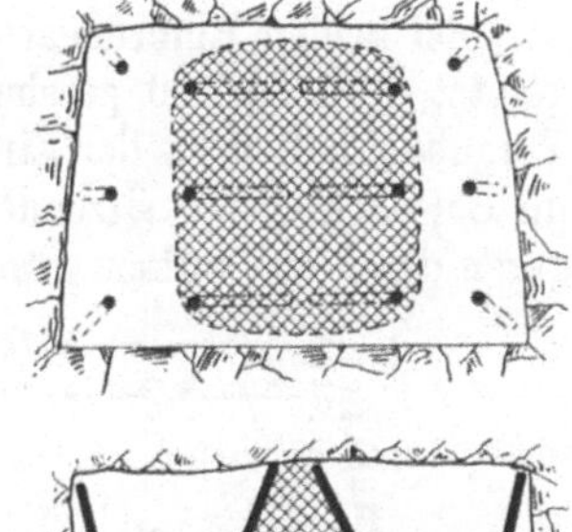

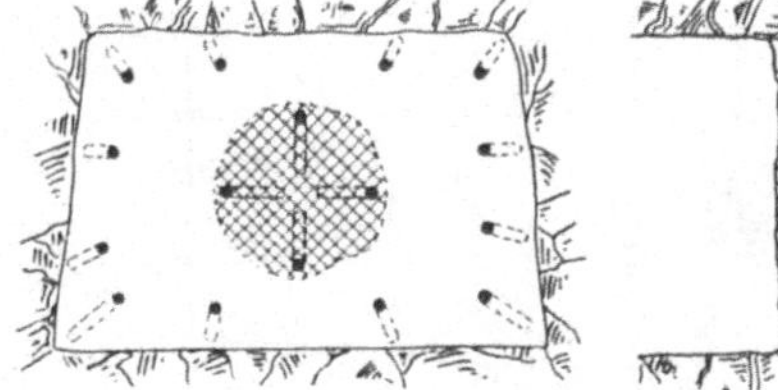

Abb. 268. Kegeleinbruch.

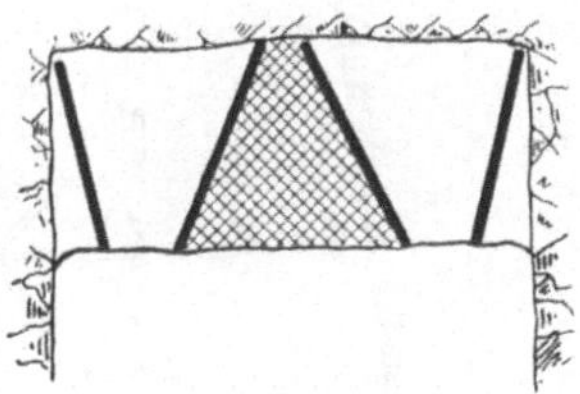

Abb. 269. Keileinbruch.

guten Einbruch Zahl, Ladung und Wirkung der nachfolgenden Schüsse wesentlich abhängen. Die Lage des Einbruchs und der Verlauf der für seine Herstellung notwendigen Bohrlöcher sollte sich in jedem Fall nach den vorliegenden Gebirgsverhältnissen richten (Abbildungen 268—277). Bei geschlossenem Gebirge legt man ihn in die Mitte der Vortriebsachse und hebt ihn mit 4 bis 6 Schüssen kegelförmig aus dem Gebirge heraus. Hierbei muß vor allem berücksichtigt werden, daß im Einbruchtiefsten eine brisante, dichte Sprengladung eingebracht wird, die gleichzeitig zur Detonation kommt, so daß das Gestein von hinten heraus nach der Ortsbrust hin herausgebrochen wird (s. Abb. 268). Der Kegeleinbruch wird daher in vollständig gleichartigem, dickbankigem Gestein bei verschiedenem Gebirgseinfallen und in dünngeschichtetem Gestein verschiedener Härte bei steilem Einfallen vorteilhaft angewandt[1]).

Bei geschichtetem Gestein und wenn die Zusammendrängung der Ladung im Einbruchtiefsten für die Anwendung des Kegeleinbruches bei den obenerwähnten Verhält

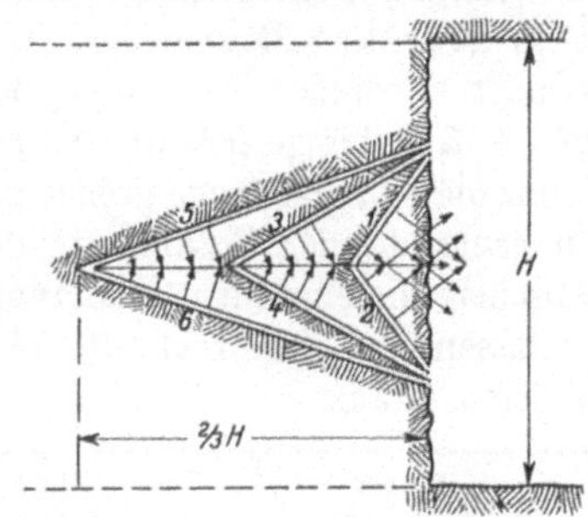

Abb. 270. Hintereinander folgende Keileinbrüche

nissen nicht anwendbar ist, kann man den Einbruch auch als breiten Keil ansetzen. Die Bohrlöcher werden am zweckmäßigsten von beiden Seiten unter 45° angesetzt, wobei der zwischen ihnen eingeschlossene Keil herausgesprengt wird (s. Abb. 269). Ein Verlängern des Keiles durch flacheres Ansetzen der Bohrlöcher ist zwecklos, weil dann der im Bohrlochtiefsten sitzende Teil der

---

[1]) Siehe W e d d i g e: Die Sprengarbeit beim Gesteinsstreckenvortrieb unter Tage, Dissertation Aachen, 1933, S. 58.

Sprengladung gegen das feste Gebirge gerichtet und somit wirkungslos ist. Erreicht der Einbruch hierdurch nicht die gewünschte Tiefe, so schaltet man mehrere Keileinbrüche hintereinander, wobei die Bohrlöcher beim zweiten und bei den folgenden Einbrüchen flacher angesetzt werden können (s. Abb. 270).

Bei beiden Einbrucharten werden die folgenden Schüsse kranzförmig angesetzt, wobei darauf gesehen werden muß, daß die Kranzlöcher keine größere Vorgabe erhalten als der Einbruch. Eine größere Vorgabe ist zwecklos, weil die im Bohrlochtiefsten sitzende Sprengladung nicht auf eine freie Fläche, sondern gegen das Feste wirken würde und ein unnötiger Sprengstoffaufwand einträte.

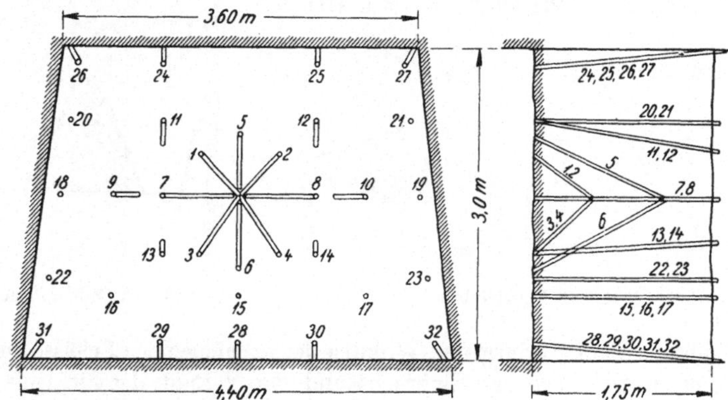

Abb. 271. Verlauf der Schüsse und Zündfolge bei einem Gesteinstrockenvortrieb.

Den Verlauf der Schüsse bei Anwendung eines Keileinbruches, und zwar im Einbruch selbst und bei den Kranzschüssen sowie ihre Zündfolge unter Anwendung von Moment- und Schnellzeitzündern veranschaulicht Abb. 271. Dem gewählten Beispiel liegt eine Gesteinstrecke von 12 m² Ausbruchquerschnitt zugrunde. Der Sprengstoffverbrauch (Wetter-Nobelit A) je Abschlag von 1,75 m Länge beläuft sich auf 21—25 kg. Bei Verwendung von Dynamit kann die Abschlaglänge größer gewählt werden als in dem Beispiel angegeben. In nachstehender Zusammenstellung sind für den in Abb. 271 gezeichneten Abschlag die einzelnen Zündernummern wiedergegeben. Die Sprenglöcher 1—8 umfassen den Einbruch, 9—14 den inneren Kranz und die übrigen den äußeren Kranz.

Nr.	Zünder-Nr.	Nr.	Zünder-Nr.	Nr.	Zünder-Nr.	Nr.	Zünder-Nr.
1	0	9	0	17	4	25	7
2	0	10	0	18	5	26	8
3	0	11	1	19	5	27	8
4	0	12	1	20	6	28	8
5	5	13	2	21	6	29	9
6	5	14	2	22	6	30	9
7	10	15	3	23	6	31	10
8	10	16	4	24	7	32	10

Eine weitere Möglichkeit des Einbruchschießens in gleichmäßigem oder schichtigem Gebirge ohne Schichtflächen bietet der Dreieckseinbruch. Hierbei werden die Bohrlöcher so gegen einen Streckenstoß gerichtet, daß die Sprengladungen nach der freien Fläche hin wirken können (s. Abb. 272, I). Um die Vorgabe zu vergrößern, können mehrere Schüsse hintereinandergeschaltet werden (II).

Das Einbruchschießen wird sehr erleichtert, wenn das Gebirge deutlich ausgeprägte Schichtflächen oder Ablösungen aufweist. Laufen die Schichtflächen parallel zur Vortriebsrichtung, so kann man den Scheibeneinbruch anwenden. Hierbei wird zwischen zwei Lösen ein

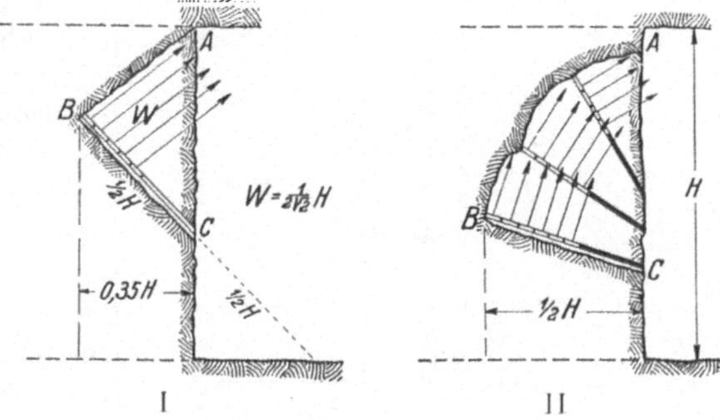

Abb. 272. Dreieckseinbruch.

scheibenförmiger Einbruch herausgesprengt, wobei die Bohrlöcher zweckmäßig keilförmig zwischen den beiden Lösen angesetzt werden. Am bekanntesten ist

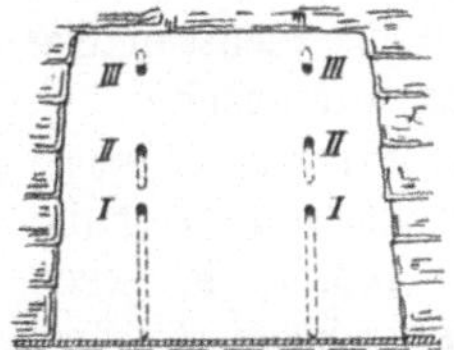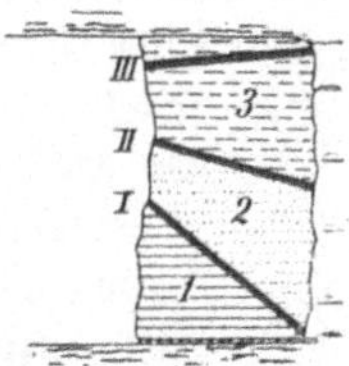

Abb. 273. Sohllöseneinbruch.

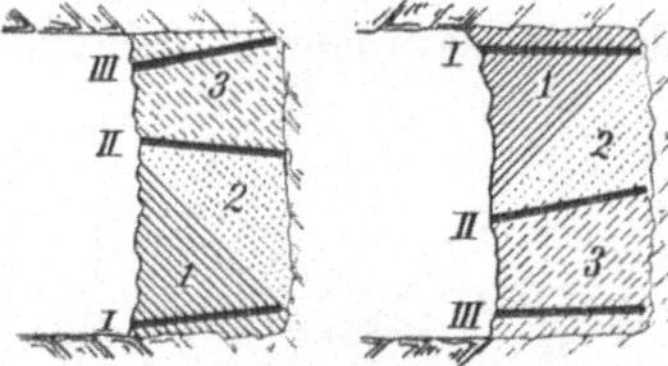

Abb. 274. Schräglöseneinbruch.

der Scheibeneinbruch der durch Herausnehmen der Kohle beim Auffahren von Abbaustrecken geschaffen wird.

Bei flacher Lagerung (0—10°) kommt bei streichender und querschlägiger Vortriebsrichtung der First- oder der Sohllöseneinbruch in Betracht. Abb. 273 zeigt den Sohllöseneinbruch. Beim Firstlöseneinbruch verlaufen die mit *1* bezeichneten Einbruchschüsse entsprechend nach oben. Streichende Vortriebsrichtung und ein Einfallen der Schichten oder der Lösen von 60—90° sind die Voraussetzung für den Stoßlöseneinbruch.

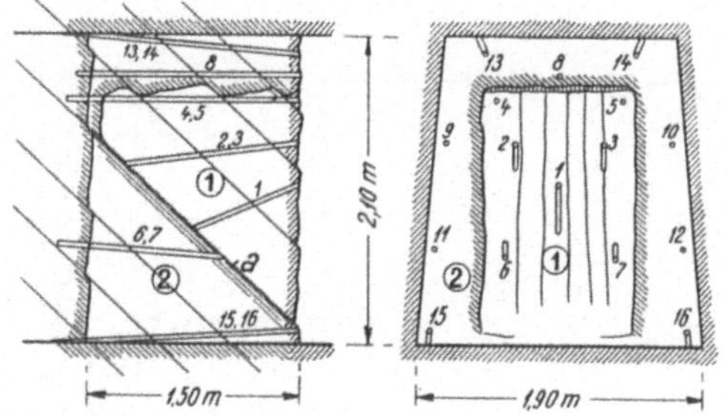

Abb. 275. Schräglöseneinbruch in einem Ortsquerschlag.

Der Schräglöseneinbruch wird in Querschlägen bei einem Einfallen von 10—65° angewandt. Fallen die Lösen dem Orte zu, so liegt der Einbruch oben (Abb. 274 rechts), im anderen Falle unten (Abb. 274 links) Die Anwendung eines Schräglöseneinbruches in einem Ortsquerschlag von 4 m² Querschnitt ist aus Abb. 275 zu ersehen. Der kurze Schuß *1* wird als erster, dann gleichzeitig die Schüsse *2* und *3* und schließlich *4* und *5* gezündet. Von den Kranzlöchern folgen zunächst *6* und *7* und darauf die übrigen.

Um eine Lademaschine, z. B. einen Schrapplader, nicht zurückfahren zu brauchen, kann es vorteilhaft sein, die Wurfwirkung der Einbruchsschüsse abzuschwächen.

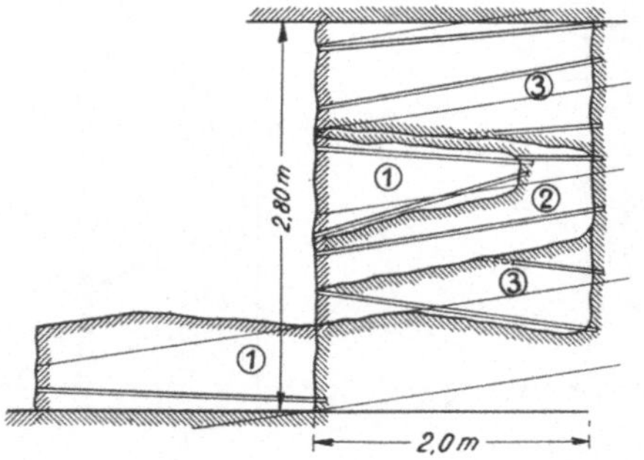

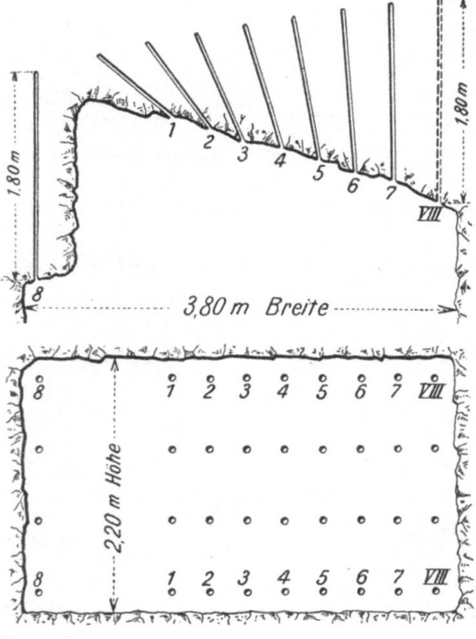

Abb. 276.   Streckenvortrieb mit zurückstehender Sohle.

Es geschieht dieses nach Abb. 276 dadurch, daß die Schüsse eines kleinen Einbruches zugleich mit den Schüssen der vom vorhergehenden Abschlag zurückstehenden Sohle, und zwar unter Anwendung von Momentzündern, abgeschossen werden. Das aus dem Einbruch in die Querschlagachse geschleuderte Gestein wird auf diese Weise von dem Haufwerk der Sohlenschüsse getroffen und gegen die Firste abgelenkt.

Dem Einbruchschießen muß in Streckenkurven, wenn der Ausbau in möglichst kurzem Abstand nachgeführt wird, besondere Beachtung geschenkt werden. Verbleibt der Einbruch in der Mitte und behält der Ortsstoß eine rechtwinklige Stellung zur Kurvenachse bei, so wird das herausgeschossene Gestein auf kurze Entfernung gegen den Stoß, d. h. gegen den Ausbau geschleudert. Wird dagegen der Ortsstoß schräg zur Kurvenachse gestellt, so erhält das herausgeschleuderte Haufwerk des Einbruchs eine günstigere Wegrichtung, und der Ausbau wird geschont.

Eine besondere Art des Schießens unter Herstellung eines Stoßeinbruchs hat sich bei dem Vortrieb der breiten Strecken auf Kalisalzgruben herausgebildet. Die Abb. 277 zeigt die Einzelheiten. Der unterste, zuletzt kommende Schuß des „Ganges" 8 wirft das gesamte Haufwerk nach rechts hinüber und macht die linke Seite der Strecke für den Beginn neuer Bohrarbeiten frei

Abb. 277.   Schießverfahren beim Streckenvortrieb auf Kalisalzgruben.

Besonders im Werragebiet verbreitet ist ein ähnliches Verfahren, dessen Schema Abb. 278 wiedergibt. Bemerkt sei, daß in beiden Fällen zu jeder Schußreihe (im Kalibergbau „Gang" genannt) je nach Streckenhöhe 3—4 übereinanderliegende, ungefähr parallel verlaufende Löcher gehören. Von diesen werden die an der Firste gelegenen Firstlöcher, die an der Sohle gelegenen „Kraucher" genannt.

Ebenfalls auf Kalisalzgruben hat sich unter dem Namen **Röhreneinbruch** oder **Kanonenschießen** ein eigenartiges Schießverfahren eingeführt, das allerdings teuer ist und nur angewandt wird, wenn es auf besondere Beschleunigung des Vortriebs ankommt, oder wenn es sich darum handelt, in‚ der Nähe des Streckenstoßes befindliche Einrichtungen vor umherfliegenden Salzstücken beim Schießen zu schützen[1]). Bei diesem Verfahren werden je nach der Breite der Strecke 23—29 Bohrlöcher von je 3 m Tiefe in der Streckenrichtung gleichlaufend miteinander gebohrt (Abb. 279). Die Löcher 1—7 bilden den Einbruch. Geladen und besetzt wird von ihnen aber nur Loch 1, während die Löcher 2—7 eine Art Schram bilden. Die Stärke der zwischen ihnen belassenen Rippen beträgt etwa 10 cm.

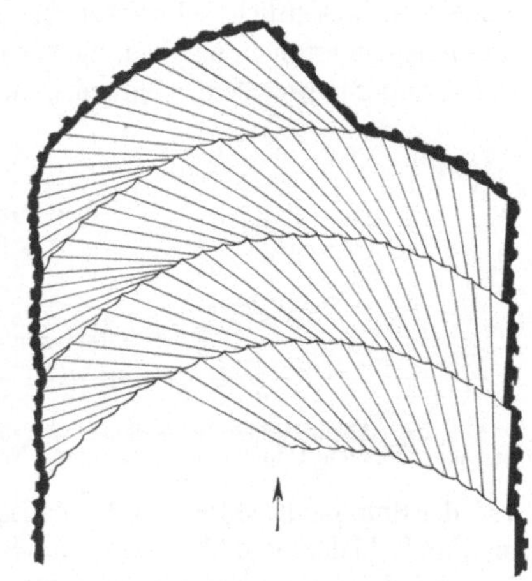

Abb. 278. **Streckenvortrieb mit Stoßeinbruch im Kalibergbau.**

Die Ladung des Loches 1 genügt, den zwischen den Löchern 2—7 verbliebenen Salzkern zu zertrümmern und ein zylindrisches, etwa 20—25 cm weites Einbruchloch zu schaffen, nach dem hin die übrigen Löcher wirken können. Diese kommen nacheinander in der durch die Zahlen angedeuteten Reihenfolge.

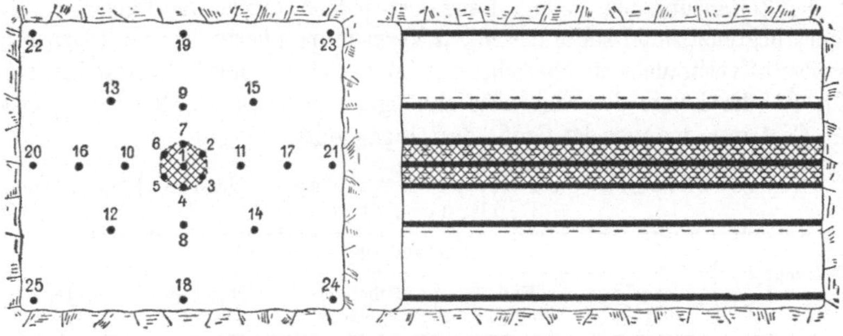

Abb. 279. **Parallelbohrverfahren beim Streckenvortrieb auf Kalisalzgruben.**

169. — Der Sprengstoffverbrauch. Der Sprengstoffverbrauch ist beim Gesteinsstreckenvortrieb von so vielen und wechselnden Einflüssen abhängig, daß er nicht vorausbestimmt oder nach Formeln berechnet werden kann. Bei Streckenquerschnitten zwischen 6 und 12 m² schwankt er je nach der Gesteinsart bei Wettersprengstoffen zwischen 0,75 und 2 kg/m³ Gestein. Bei brisanten Gesteinssprengstoffen ist er geringer. Aus den Kurven der Abb. 280 ist allgemein seine Abhängigkeit vom Streckenquerschnitt und von der Gesteinsart zu erkennen.

---

[1]) Nobel-Hefte 1935 (Heft 5) S. 35; W. Hambloch: Theoretische Grundlagen und praktische Eignung der üblichen Streckenvortriebsverfahren im Werra-Kalibergbau.

Sie zeigen, daß der Sprengstoffverbrauch je Kubikmeter mit zunehmendem Querschnitt abnimmt, und zwar sehr stark in der Spanne zwischen 2 und 8 m² und wesentlich schwächer bei größeren Querschnitten. Außerdem ist aus ihnen zu ersehen, daß Tonschiefer und Sandschiefer im Verbrauch nur wenig voneinander abweichen, während Sandstein sich von den beiden vorgenannten Gesteinsarten stärker unterscheidet. Dieser Unterschied nimmt mit abnehmendem Querschnitt, bei dem die Gesteinsverspannung im Vergleich zu der Gesteinsfestigkeit eine größere Rolle spielt, zu.

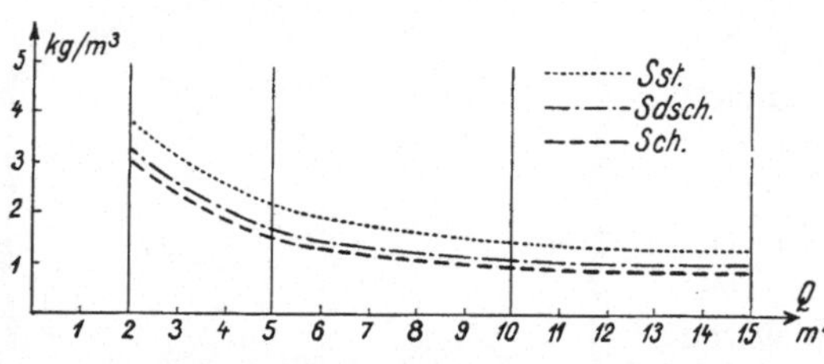

Abb. 280. Abhängigkeit des Sprengstoffverbrauchs vom Streckenquerschnitt und der Gesteinsart. Nach Weddige.

Die Sprengstoffkosten machen im Ruhrbergbau von der Summe der Sprengstoff- und Lohnkosten 20—25% im Schiefer, 25—30% im Sandschiefer und 30—35% im Sandstein aus. Allgemein gilt, daß die Summe der Lohn- und Sprengstoffkosten bei steigendem Anteil der Sprengstoffkosten geringer wird.

170. — Die Abschlaglänge. Das Ausmaß des mit der Schießarbeit verbundenen abschnittsweisen Vorrückens des Ortsstoßes (beim Streckenvortrieb) oder der Schachtsohle (beim Schachtabteufen) wird Abschlag genannt. Er setzt sich aus Einbruch und Kranz zusammen. Je länger der Abschlag sein kann — im Bezirk des OBA. Dortmund soll er 3 m nicht übersteigen —, um so weniger zahlreich ist der Wechsel der einzelnen Arbeitsvorgänge, um so besser ist die Zeitausnützung. Seine Länge ist jedoch durch die Länge des Einbruchs begrenzt, man sollte diesen zur Vermeidung überflüssiger Bohrarbeit und Sprengstoffverbrauchs nie überschreiten. Wie nachstehende Zahlentafel erkennen läßt, ist die Länge des Einbruchs abhängig von der gewählten Einbruchsart, vom Gestein sowie von der Größe des Querschnitts.

Höchstabschlaglängen bei verschiedenen Querschnitten und Einbrucharten[1]).

Querschnitt in m²	Höchstabschlaglänge in m				
	Kegel-einbruch	Keil-einbruch	Scheiben-einbruch	Stoßlösen-einbruch	Schräglösen-einbruch
2,7	0,75	1,00—1,20	1,12—1,35	1,35—1,62	0,90—1,80
4,4	1,00	1,33—1,46	1,50—1,65	1,80—1,98	1,10—2,20
6,6	1,10	1,46—2,00	1,65—2,25	1,98—2,70	1,10—3,00
8,0	1,25	1,66—2,14	1,86—2,40	2,25—2,88	1,25—3,21
10,0	1,40	1,86—2,40	2,10—2,70	2,52—3,24	1,40—3,60
12,0	1,50	2,00—2,66	2,25—3,00	2,70—3,60	1,50—4,00
15,0	1,50	2,00—3,33	2,25—3,75	2,70—4,50	1,50—5,00

Außerdem ist in diesem Zusammenhang der Sprengstoffbedarf und damit die Höchstlademenge je Abschlag zu berücksichtigen. Die für einen Abschlag verwendbare Höchstlademenge ist zunächst durch die bergbehördlich vor-

---

[1]) Weddige: Die Sprengarbeit beim Gesteinsstreckenvortrieb unter Tage Dissertation Aachen, 1933.

geschriebene Höchstmenge begrenzt, die ein Schießhauer je Schicht empfangen darf und bei Wettersprengstoffen außerdem noch durch die zulässige Höchstlademenge je Schuß.

171. — Abbohren und Abtun der Schüsse. Die Sprengarbeit gestaltet sich verschieden, je nachdem man in erster Linie auf unmittelbare Geld- oder auf Zeit ersparnis bedacht ist. Dadurch, daß man die Schüsse oder Schußreihen nacheinander kommen läßt, verbilligt man den Betrieb.

Beim Einbruchschießen kann man jedem Schusse seine besondere Vorgabe geben und die Schüsse unter Verwendung von Zündschnurzündung nacheinander kommen lassen. Vorteilhafter ist es aber, die Einbruchschüsse gleichzeitig auf elektrischem Wege abzutun. Die anderen Bohrlöcher setzt man beim Handbohren und bei Benutzung von Bohrhämmern zweckmäßig erst an, nachdem man die Wirkung des Einbruchs vor Augen hat. Man kann bei solchem Vorgehen erheblich an Sprengstoffen und Bohrarbeit sparen. Macht das häufige Heranholen und Fortschaffen der Bohrmaschinen und Zubehörteile zuviel Arbeit, so zieht man in der Regel vor, den ganzen Ortsstoß vor dem Schießen abzubohren. Man kann dann die Einbruchschüsse zuerst abtun und entsprechend der Wirkung wenigstens noch die Ladungen der Kranzschüsse bemessen. Häufig lädt man aber auch alle Schüsse gleichzeitig und läßt nun durch Anwendung kürzerer Zündschnüre oder elektrischer Zeitzündung die Einbruchschüsse zuerst kommen. Bei diesem Verfahren hat man höhere Sprengstoffkosten; die Leute brauchen aber nicht doppelt zu bereißen, zu laden, zu besetzen und zu schießen.

172. — Das Schießen in der Kohle. Die Einführung ummantelter Wettersprengstoffe und die dadurch ermöglichte Zulassung von Schnellzeitzündern hat die Schießarbeit im Steinkohlenbergbau erleichtert, so daß von ihr als Gewinnungsmittel wieder etwas stärkerer Gebrauch gemacht wird. Mehrfach hat dadurch, selbst bei gut gehender Kohle, eine Leistungssteigerung erreicht werden können, und bislang unbauwürdige Flöze konnten in Abbau genommen werden.

Bei der Schießarbeit in der Kohle handelt es sich um ein planmäßiges Auflockern des ganzen Kohlenstoßes durch genau berechnete Sprengladungen und unter Anwendung des wegen seiner abschwächenden Wirkung besonders geeigneten Hohlraumschießens, wodurch eine ungünstige Beeinflussung des Nebengesteins und eine zu weitgehende Zertrümmerung der Kohle vermieden wird. Die richtige Wahl des Ansatzpunktes der Bohrlöcher ist besonders wichtig. Die den Schüssen zu gebende Vorgabe soll bei Flözen von 1 m Mächtigkeit und mehr im allgemeinen nicht größer sein als die Flözmächtigkeit.

Die Schießarbeit kann je nach der Festigkeit der Kohle allein für sich oder in Verbindung mit Kerben und Schrämen durchgeführt werden. Auch kann das Schießen ohne Schrämen und Kerben durch Serienschüsse erfolgen, oder man begnügt sich mit der Schießarbeit für die Herstellung der Einbrüche, wobei die weitere Hereingewinnung durch Abbauhammer oder auch durch planmäßige Schießarbeit vor sich gehen kann. Einige Beispiele mögen dies erläutern[1]).

---

[1]) Glückauf 1940, S. 129; W. Gaßmann: Praktische Handhabung der Schießarbeit unter Tage; — vgl. auch Glückauf 1936, s. 1302; Waskönig und Frenzel: Planmäßige Schießarbeit auf der Schachtanlage Victor 3/4.

Abb. 281 zeigt das Ansetzen der Schüsse und die Reihenfolge ihrer Zündung in einem 1,80 m mächtigen Fettkohlenflöz. Die Schüsse wurden in Abständen von 1 m in etwa 80 cm Höhe vom Liegenden gebohrt und erhielten eine Tiefe von rund 1,80 m. Der Bohr- und Schießmeister war in der Lage, in einer

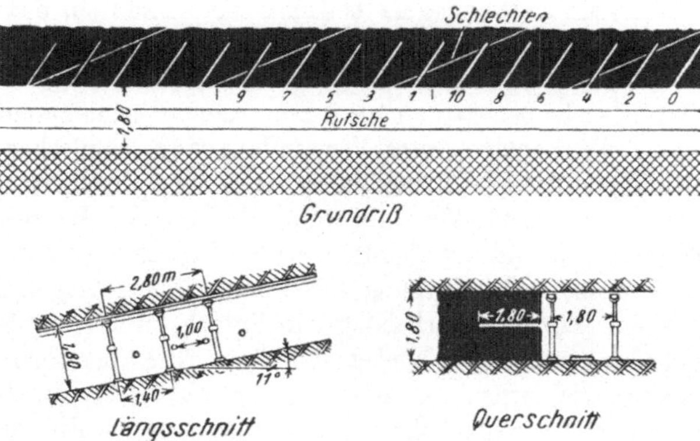

Abb. 281. Beispiel für das Ansetzen von Schüssen im Streb.

Schicht 60 Schuß zu bohren und abzutun. Dank der Schnellzeitzünder reichte der Schichtwechsel zum Schießen aus, wobei 5—6 Schuß zu einem Zündgang zusammengefaßt wurden. — Liegt ausgeprägte Schlechtenbildung vor, kann es sich empfehlen, die Schüsse senkrecht zu den Schlechten anzuordnen.

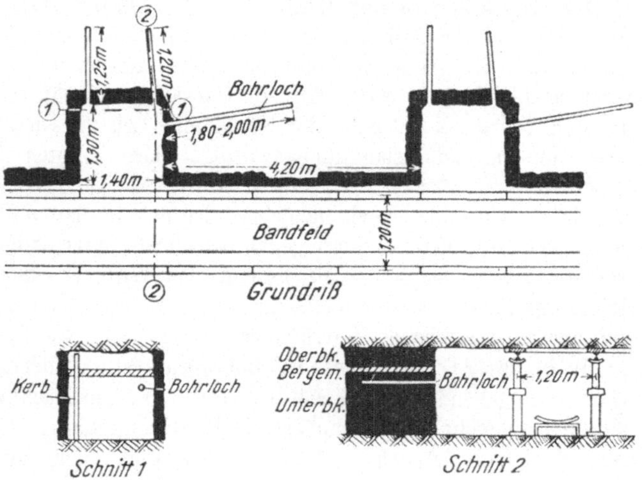

Abb. 282. Kerben und Schießen bei vorgehaltenen Einbrüchen.

Ein Beispiel von Kerb- und Schießarbeit, bei dem zugleich zur Schonung des Förderbandes die Einbrüche immer vorgehalten werden und eine besondere Anordnung der Schüsse gewählt ist, gibt Abb. 282 wieder. Abb. 283 zeigt dagegen abwechselnd 1 Kerb und 2 ihm parallele Schüsse in einem Streb ohne Einbrüche. Ist der Stoß unterschrämt, so kann der Abstand der Schüsse bis auf 3—5 m heraufgesetzt werden.

Einbruchschießen in steiler Lagerung bei vorgehaltenen Einbrüchen zeigt Abb. 284.

Besondere Aufgaben sind der Schießarbeit beim Abbau mächtiger Flöze,

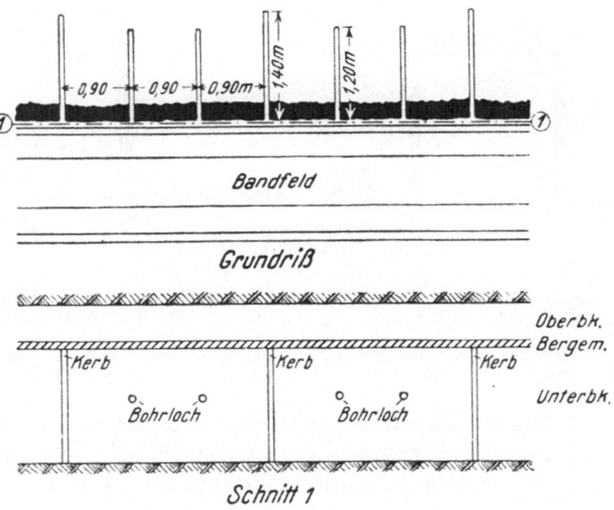

Abb. 283. Kerben und Schießen ohne Einbrüche.

wie z. B. beim Pfeilerbruchbau Oberschlesiens, gestellt. In jedem Pfeiler wird zunächst hochgebrochen und alsdann das „Hochbrechen“ seitlich erweitert. Abb. 285 zeigt das Ansetzen der Schüsse bei sicherem Hangenden, das ein Hochbrechen in ganzer Fläche von 5 m × 5 m gestattet, während Abb. 286 ein Hochbrechen wiedergibt, wenn das Hangende weniger zuverlässig ist[1]).

173. — Schießarbeit beim Auffahren von Abbaustrecken. Beim Auffahren von Abbaustrecken im Steinkohlenbergbau wird Schießarbeit in der Regel nur für das Nachreißen des Nebengesteins angewandt. Aber auch auf die Hereingewinnung der Kohle kann sie ausgedehnt werden. Während vor Einführung ummantelter Wettersprengstoffe das Nachschießen des Nebengesteins nur unter Anwendung von Momentzündern erlaubt war, nur 2—3 Schüsse gleichzeitig abgetan werden konnten und daher 2—5 Zündgänge notwendig waren, ist es möglich, mit ummantelten Patronen

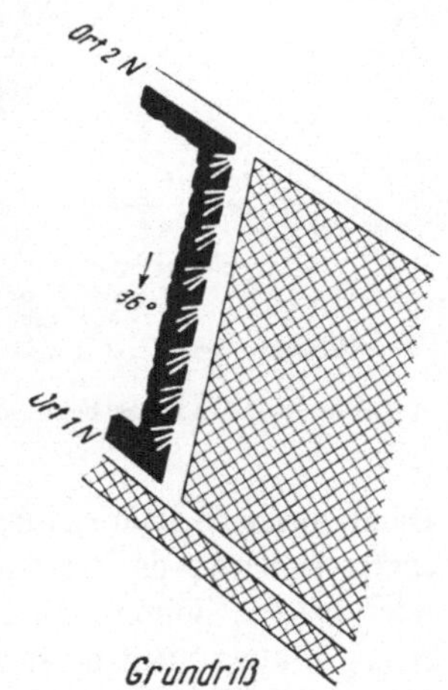

Abb. 284. Einbruchschießen in steiler Lagerung.

und Schnellzeitzündern in einem Zündgang, der zudem in die Zeit des Schichtwechsels gelegt werden kann, zu arbeiten. Die Auswirkung dieser verbesserten Arbeitsweise besteht in einer Erhöhung der Sicherheit und der Strecken-

---

[1]) Nobelhefte 1937, S. 50; O. Fleischer: Der oberschlesische Bergbau, seine Arbeitsmethoden usw.

vortriebleistung. Die Abb. 287 (rechts) und 288 vermitteln zwei Beispiele[1]) über das Ansetzen der Schüsse und die Zündfolge beim Auffahren von Abbaustrecken in steiler und flacher Lagerung.

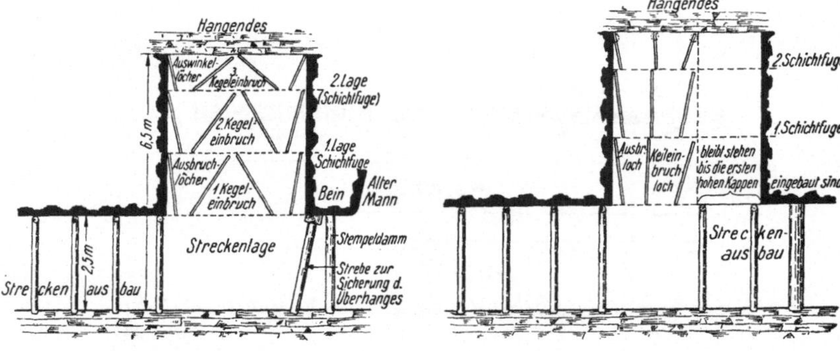

Abb. 285. Hochbrechen bei gutem Hangenden im Pfeilerbruchbau Oberschlesiens.

Abb. 286. Hochbrechen bei unzuverlässigem Hangenden.

174. — Einfluß der Bohrlochweite. Eine besondere Rolle bei der Sprengarbeit spielt die Weite der Bohrlöcher. Der Lochdurchmesser schwankt zwischen 18 und 60 mm. Die engsten Bohrlöcher wählt man bei der Meißelbohrung mit

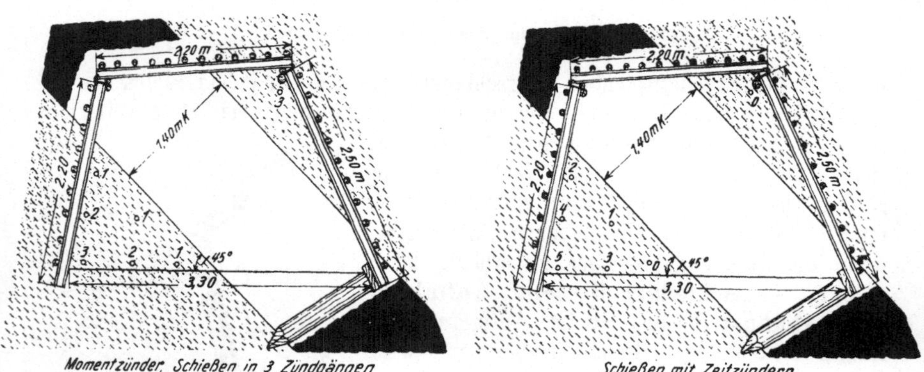

Abb. 287. Zündfolge beim Schießen mit Moment- und mit Schnellzeitzündern beim Abbaustreckenvortrieb.

Hand, um hohe Bohrleistungen zu erzielen. In der Regel sind die Löcher um so enger, je härter das Gestein ist. 18 mm sind als unterste Grenze anzusehen. Auch bei den Bohrern der Bohrhämmer geht man, um die ohnehin nicht große Schlagwirkung nicht zu sehr zu schwächen, bis zu 20 mm Meißelbreite herab, während die obere Grenze bei etwa 50 mm liegt. Im allgemeinen haben sich heute Patronendurchmesser von 30 mm eingeführt, die einen Bohrlochdurchmesser von 35 mm im Bohrlochtiefsten verlangen.

Jedoch ist auch auf die Sprengstoffe selbst Rücksicht zu nehmen: Dynamit und überhaupt Sprengstoffe mit höherem Gehalte an Nitroglyzerin

---

[1]) Glückauf 1940, S. 129; W. Gaßmann: Praktische Handhabung der Schießarbeit unter Tage.

(z. B. gelatinöse Wettersprengstoffe) explodieren auch in den engsten Bohrlöchern noch tadellos. Anders ist es mit den Ammonsalpetersprengstoffen, bei denen man ohne Not nicht unter 30 mm Patronendurchmesser gehen sollte.

Beim Abdrücken nach freien Flächen hin, wie sie z. B. beim Schießen mit Schram oder Einbruch vorhanden sind, wird eine in einem engen Bohrloche auf auf größere Länge untergebrachte Sprengladung ihren Zweck gut erfüllen und die Vorgabe ordnungsmäßig werfen können (s. Ziff. 175). Enge Bohrlöcher sind in solchen Fällen sogar Löchern mit größerem Durchmesser vorzuziehen, weil bei einer Zusammendrängung der Ladung im Bohrlochtiefsten das benachbarte Gestein allzusehr zertrümmert wird. Anders ist es, wenn ein Einbruch oder Schram nicht vorhanden ist, sondern erst heraus-

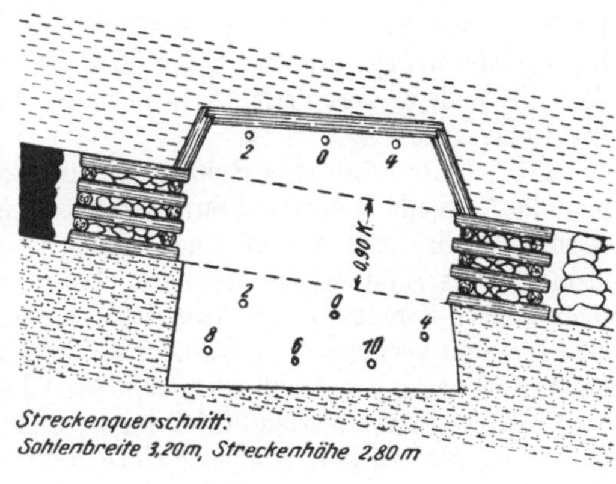

Abb. 288. Zündfolge beim Schießen mit Schnellzeitzündern in flacher Lagerung.

geschossen werden soll, oder wenn überhaupt aus dem Vollen geschossen wird. In diesem Falle sind weite Bohrlöcher sehr erwünscht, da sie die Unterbringung einer starken Ladung im Tiefsten ermöglichen.

175. — Hohlraumschießen. Dem Hohlraumschießen liegt der Gedanke zugrunde, den sich bei der Detonation entwickelnden Sprenggasen eine Ausdehnungs- und Einwirkungsmöglichkeit auf einem größeren Raum zu geben als ihn die Sprengstoffsäule im Bohrloch einnimmt. Die gebräuchlichste Art des Hohlraumschießens besteht nach Abb. 289 in der Einschaltung eines Hohlraumes zwischen Besatz und Sprengladung. Am wenigsten üblich ist es, den Hohlraum in das Bohrlochtiefste zu legen. Dieses Verfahren hat nur dann einen Vorteil, wenn

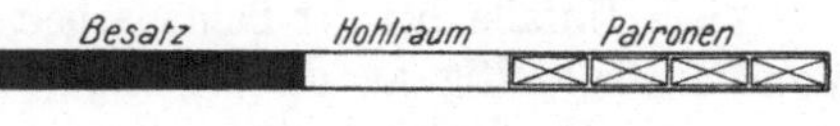

Abb. 289. Hohlraumschießen.

die Vorgabe über das Bohrloch hinaus noch frei ansteht und der Schuß im Bohrlochtiefsten nur wenig Arbeit zu leisten hat. Etwas häufiger ist die Verteilung des Hohlraumes zu beiden Seiten der Sprengladung. Unter keinen Umständen dürfen die Hohlräume jedoch zwischen die einzelnen Patronen gelegt werden, da dann die Detonationsübertragung von Patrone zu Patrone gefährdet ist.

Der Vorteil des Hohlraumschießens liegt vor allen Dingen in der Vermeidung einer zu starken Zertrümmerung der Vorgabe sowie in der Ersparnis von Sprengstoff. Selbstverständlich muß, damit der Kraftausnutzung des Sprengstoffes nicht leidet, die Größe des Luftpolsters im richtigen Verhältnis zur Länge der Sprengstoffsäule stehen. Dieses Verhältnis, in anderen Worten, die Länge des Hohlraumes, ist zweckmäßig jeweils durch Versuche zu ermitteln. Vielfach liegt sie bei 5—10 cm je Patrone[1]). Die Benutzung von Sperrkörpern (Draht-bügel, Holzstäbe, auf Kaligruben auch lose gestopfte Salzpatronen) ermöglicht die genaue Einhaltung der Hohlraumlänge. Man kann auch auf solche Sperr-körper verzichten und den Sparpfropfen von Weuster anwenden. Er wird an das Ende des Hohlraumes gelegt und an einem Zugseil gehalten, so daß der Besatz gegen ihn eingestampft werden kann.

Das Hohlraumschießen kommt nur bei Schießen mit freier Vorgabe in Be-tracht, keinesfalls daher bei Einbruchschüssen. Auch eignen sich ummantelte Sprengstoffe infolge ihrer durch den Mantel verminderten Sprengkraft weniger dazu als andere. Das Verfahren wird im Salzbergbau sowie beim Schießen in der Kohle angewandt.

176. — Kombiniertes Schießen. Unter kombiniertem Schießen versteht man die Anwendung von zwei Sprengstoffarten im gleichen Bohrloch. Im Kali-salzbergbau hat man hiervon eine Zeitlang Gebrauch gemacht, um genügend kleinstückiges Haufwerk zu gewinnen. Dieses gelang mit dem früher verbrei-teten billigen Sprengsalpeter allein nicht, so daß für das Bohrlochtiefste außer-dem Dynamit verwendet wurde. Seitdem der Kalibergbau jedoch Calcinit oder Chloratit 3 benutzt und außerdem zum besatzlosen Schießen übergegangen ist, wird von dem kombinierten Schießen kein Gebrauch mehr gemacht, und zwar um so weniger, als Sprengsalpeter einen festen Besatz erfordert, dessen Fest-stampfen bei der großen Anzahl der abzutuenden Schüsse sehr zeitraubend wäre.

F. Unglücksfälle bei der Sprengarbeit[2]).

177. — Verhalten der Mannschaft. Häufig sind die Unfälle, die auf ein zu langes Verweilen der Mannschaft am Schußorte nach Inbrand-setzen der Zündschnur zurückzuführen sind. Etwa 12% aller Schießunfälle sind im Jahre 1939 dadurch verursacht worden. Der Mann vertraut zu sehr auf die Brenndauer der Schnur und nimmt vielleicht noch andere Arbeiten vor. Oder aber er wird wegen zu großer Zahl der Schüsse oder wegen Schwierig-keiten bei dem Inbrandsetzen des Restes der Zündschnüre zu lange aufgehalten, so daß er von den ersten fallenden Schüssen ereilt wird.

Viele Unfälle bei der Schießarbeit entspringen ferner daraus, daß der Mann zu frühzeitig an den Sprengort zurückkehrt oder, wie der Bergmann sagt, „in den Schuß läuft". Veranlassung dazu gibt häufig, daß der Ar-beiter glaubt, daß ein ganz in der Nähe abgegebener Schuß der von ihm selbst entzündete sei oder daß er sich bei mehreren Schüssen vielleicht in der Zahl der schnell aufeinanderfolgenden Knälle getäuscht hat. Auch kommt es vor, daß der Bergmann sofort nach dem Schusse in den stärk-sten Qualm zurückgeht, um sich von der Sprengwirkung zu überzeugen, und daß er alsdann in dem Dunkel des Rauches von dem nachträglich fallenden Gestein erschlagen wird. Hiergegen kann nur strenge Zucht und

---

[1]) Bergbau 1937, S. 217; Berg: Planmäßige Schießarbeit bei der Kohlen-gewinnung im Ruhrgebiet.

[2]) Zu dem, was bereits oben, an verschiedenen Stellen verstreut, über die Unfallgefahr gesagt ist, mögen hier noch einige zusammenfassende Be-merkungen kommen, wobei sich allerdings Wiederholungen nicht streng ver-meiden lassen. Im übrigen sei hier noch hingewiesen auf Kohle und Erz 1926, S. 179; von Oheimb: Die Gefahren der Sprengarbeit usw.

die Erziehung der Bergleute dahin wirken, nach dem Schusse mindestens fünf bis zehn Minuten bis zum Wiederbetreten des Ortes zu warten. Es ist deshalb zweckmäßig, vor dem Schichtwechsel oder der Frühstückspause schießen zu lassen. Ferner kommen immer wieder Unfälle vor, die auf ungenügende Absperrung der Schußstelle zurückzuführen sind. Besondere Gefahr bergen Gegenortbetriebe, sobald sie sich bis zur Durchschlagsmöglichkeit genähert haben.

178. — Die Sprengladung als Unfallursache. Schwierig sind Schutzmaßregeln gegen Spätschüsse anzugeben, die durch ein teilweises Auskochen der Ladung oder durch die Unzulänglichkeit der Zündmittel verursacht sein können (vgl. S. 230 und S. 255). Eine angemessene Wartezeit nach dem Schusse wird in jedem Falle angebracht sein und die Sicherheit der Mannschaft erhöhen.

Bei Verwendung von Schwarzpulver und offenem Licht sind Verbrennungen durch zufällig entzündete Pulverpatronen nichts Seltenes.

Oft führt rohe und unsachgemäße Behandlung der Sprengstoffe zu Unfällen. Durch übermäßig starkes Einstampfen von Schwarzpulver und Dynamit oder durch gewaltsames Einstampfen des Besatzes entstehen namentlich dann vorzeitige Explosionen, wenn metallene Stampfer benutzt werden. Jedoch ist die weitverbreitete Ansicht irrig, daß bei Verwendung von hölzernen oder mit Kupferhut versehenen Ladestöcken jede Gefahr ausgeschlossen sei. Schon die heftige Reibung der Patrone auf der harten und rauhen Bohrlochwandung kann zur vorzeitigen Explosion führen. Eine andere Art von Unfällen ist auf einzelne, · nicht explodierte Patronen zurückzuführen, mögen diese als Versager oder sonstwie unbeachtet im Loche verblieben oder in das Haufwerk gelangt sein. Sie können entweder angebohrt oder bei der Tätigkeit mit der Keilhaue oder der Schaufel getroffen werden und hierdurch zur Explosion gelangen.

Diese Gefahren werden durch Verwendung nitroglyzerinhaltiger Sprengstoffe in gefrorenem Zustande erhöht. Deshalb häufen sich bei diesen Sprengstoffen diejenigen Unfälle, die beim Laden oder durch Anbohren nicht explodierter Ladungen oder durch gewaltsame Berührung von Sprengstoffen im Haufwerk entstehen, ganz besonders in den Wintermonaten.

179. — Versager. Ob ein wirklicher Schußversager vorliegt, steht erst nach $\frac{1}{4}$ Stunde Wartezeit, von dem Augenblick der Zündung ab gerechnet, fest. Versager können die mannigfaltigsten Ursachen haben, die zu kennen zu den Voraussetzungen einer ordnungsmäßigen Schießarbeit gehört. Je nachdem die Ursache außerhalb oder innerhalb des Bohrloches liegt, können Außenversager und Innenversager unterschieden werden.

Außenversager sind die häufigsten. Sie können bei elektrischer Zündung in Mängeln folgender Art begründet sein: fehlerhafte Schaltung, schlechte Verbindung der Zünderdrähte und mangelhafte Beschaffenheit der Zündleitungen, ungenügende Leistungsfähigkeit der Zündmaschine. Bei elektrischer Mehrschußzündung rechnet man auch Schußversager zu den Außenversagern, die durch Benutzung zueinander nicht passender Zünder entstehen können. Bei Zündschnurzündung kann die angezündete Schnur infolge fehlerhafter Beschaffenheit erloschen sein. Abschneiden und Neuanzünden sind bei genügender Länge des noch unverbrannten Stückes das Mittel, den Versager zu beheben.

Bleiben bei einem Zündgang mehrere Schüsse, die zugleich kommen sollen, stehen, so kann mit großer Sicherheit auf Vorliegen eines Außenversagers geschlossen werden. Man wird alsdann versuchen, die Schüsse einzeln abzutun. Gelingt dieses auch nicht, so handelt es sich wahrscheinlich um einen Innenversager.

Innenversager können in Fehlern des elektrischen Zünders, der Zündschnur oder der Sprengkapsel sowie deren mangelhafter Verbindung begründet liegen. Ihre Beseitigung ist schwieriger und gefahrvoller als bei Außenversagern. Zwei Wege können hierbei beschritten werden. Der eine besteht in der Beseitigung des stehengebliebenen Schusses durch einen Hilfsschuß und der zweite im Aufsetzen einer neuen Schlagpatrone auf die Ladung, nachdem der Besatz entfernt worden ist.

Der Hilfsschuß sollte möglichst nahe, jedoch nicht näher als 20 cm neben dem stehengebliebenen Schuß angeordnet werden. Die Aufgabe des Hilfsschusses ist entgegen einer verbreiteten Ansicht nicht darin zu erblicken, die stehengebliebene Ladung mit zur Explosion zu bringen, vielmehr soll er nur die Ladung des Versagers hinauswerfen, die alsdann sorgfältig aus dem Haufwerk herausgesucht werden muß. In dieser Notwendigkeit ist natürlich ein Nachteil zu erblicken. Ungünstig ist weiterhin, daß die Gefahr besteht, beim Herstellen des Hilfsbohrloches in die Versagerladung hineinzubohren und diese zur Detonation zu bringen. Schließlich ist festzustellen, daß das Hilfsschußverfahren dann nicht anwendbar ist, wenn der Versager unmittelbar am Streckenstoß liegt. Immerhin kann es in vielen Fällen als brauchbares Mittel betrachtet werden.

Die Entfernung des Besatzes ist einfach bei Anwendung des Kruskopfschen Schlauchbesatzes, wesentlich schwieriger jedoch, wenn die Ladung durch festen Besatz verdämmt ist. Am ungefährlichsten ist das Ausspülen mit Wasser. Da man sich infolge Feuchtwerdens der Patronen hierbei nicht nur auf die Entfernung des Besatzes beschränken kann, sondern den Sprengstoff mit ausspülen muß, kommt ein Ausspülen nur bei Verwendung von Sprengstoffen in Frage, die kein Sprengöl, das bekanntlich in Wasser unlöslich ist, enthalten. Da zudem meist eine Wasserleitung fehlt, kommt das Verfahren betrieblich kaum in Frage. Ein Ausbohren des Besatzes ist infolge der Gefahr, dabei in den Sprengstoff oder gar in die Sprengkapsel hineinzugeraten, zu verwerfen. Nicht so bedenklich ist das Auskratzen. Da hierzu jedoch eine besondere Übung und Sorgfalt gefordert werden muß, ist es in den meisten Bergbaubezirken verboten.

Am einfachsten und ungefährlichsten ist das Ausblasen des Besatzes mittels Druckluft. Hierzu wird meist ein gewöhnliches Stahlrohr, das durch den Bohrhammerschlauch an die Druckluftleitung angeschlossen ist, benutzt. Streng muß darauf geachtet werden, daß die Ladung selbst unversehrt bleibt oder aber nur Spuren von Sprengstoff mit entfernt werden. Um diese Forderung mit Sicherheit zu erfüllen, ist eine Reihe von Schußversagersicherungen entwickelt worden. Sie bestehen in der Regel in einem aus Holz, Aluminium- oder Messingblech gefertigten zylindrischen Stopfen, der, auf die vorderste Patrone gelegt, diese vor Einwirkungen des Druckluftstrahles schützt. Er ist an einem Draht (Delphia-Pfropfen) oder einem feuersicher imprägnierten Hanfseil (Voortmann-Stopfen) befestigt und kann nach Ausblasen oder Auskratzen des Besatzes aus dem Bohrloch herausgezogen werden. — Sehr einfach ist das Herdemertensche Schutzplättchen. Es besteht aus einer dünnen mit zwei Fortsätzen versehenen Messingscheibe von Patronendurchmesser. Die Scheibe wird um den Kopf der Patrone gelegt, die als letzte in das Bohrloch eingeführt wird. Von der Dynamit A.-G. in Troisdorf bei Köln werden elektrische Zünder mit Schutzplättchen geliefert, jedoch nur Sprengzünder und Eschbach schnellzeitzünder. Der Zünder wird hierbei soweit in die Schlagpatrone eingeführt, bis das Schutzplättchen auf dem Kopf der Patrone dicht aufliegt. Auf einer Reihe von Zechen sind gute Erfahrungen mit diesen Zündern gemacht worden. Im ganzen gesehen haben die erwähnten Versagersicherungen angesichts der Seltenheit von Innenversagern nur geringe Bedeutung und werden wenig angewandt.

Über die Zahl der im Betriebe vorkommenden Innen- und Außenversager liegen einwandfreie Ermittlungen nicht vor. Man wird ihre Zahl in gut geordneten Betrieben auf etwa 0,7—1 vom Tausend schätzen können. Wo wenig Sorgfalt auf die Schießarbeit gelegt wird, ist mit höheren Zahlen, z. B. 2—3 vom Tausend, zu rechnen.

180. — Beseitigen sitzengebliebener Patronen. Gefährlicher als sitzengebliebene Schüsse sind sprengstoffhaltige Bohrlochpfeifen, und zwar deshalb, weil sie meist für sprengstofffrei gehalten werden. Beim Bereißen oder Weiterbohren der Pfeifen können die Patronen dann zur Explosion gelangen. Etwa 25% aller Schießunfälle sind hieraufzurückzuführen. Das einfachste Mittel zu ihrer Beseitigung besteht in der Einführung einer Schlagpatrone in die Bohrlochpfeife, um damit die Patronen wegzuschießen. Da jedoch die Gefahr besteht, daß der Sprengstoff in der Pfeife brennt, der Schuß aus Platzmangel auch häufig nicht ordnungsgemäß besetzt werden kann, ist dieses Verfahren in vielen Bergbaubezirken verboten. In solchen Fällen bleibt nichts anderes übrig, als einen Hilfsschuß neben der Pfeife abzutun (s. Ziff. 179).

181. — Nachschwaden. Durch Nachschwaden wurden 1939 etwa 10% aller Schießunfälle verursacht, durch ungenügende Deckung weitere 20%. Eigentliche Erstickungen in den Sprengstoffnachschwaden werden selten eintreten. Nur wenn eine besonders große Schußzahl vor einem Orte mit schlechter Bewetterung abgegeben ist, kann der Sauerstoffmangel so groß werden, daß Erstickung zu befürchten ist. Leichter sind Vergiftungen möglich, nämlich dann, wenn die Nachschwaden mit Kohlenoxyd oder (bei auskochenden Schüssen) mit Stickoxydverbindungen geschwängert sind (s. Ziff. 97). Größere Mengen Kohlenoxyd sind in den Nachschwaden der Pulversprengstoffe enthalten. Vergiftungen in derartigen Nachschwaden sind vor engen, ungenügend bewetterten Arbeitspunkten leicht möglich, wenn man bedenkt, daß bereits ein mit nur $\frac{1}{2}$% Kohlenoxyd geschwängertes Luftgemisch bei längerer Einwirkung tödlich wirkt. Auch bei Verwendung von Dynamit in der Kohle sind Vergiftungen mehrfach beobachtet worden, wobei allerdings wohl das Kohlenoxyd nicht aus dem Sprengstoffe selbst, sondern aus der Verbrennung von Kohlenstaub herrührte. Es lagen sehr wahrscheinlich leichte Kohlenstaubexplosionen vor, die als solche nicht erkannt wurden. Ein Betriebspunkt, an dem geschossen worden ist, sollte daher erst wieder betreten werden, wenn die Schußschwaden abgezogen sind. Auch ist es ratsam, daß die Belegschaft an einem Orte wartet, an dem sie nicht den abziehenden, noch wenig verdünnten Schwaden unmittelbar ausgesetzt sind.

In Gesteinsbetrieben haben sich zu diesem Zweck und um der Belegschaft zugleich eine gute Deckung zu ermöglichen, im Streckenstoß ausgesparte Kammern gut bewährt, die gegen die Strecke abgedichtet sein müssen. Durch aus Düsen ausströmende Druckluft wird ein geringer Überdruck erzeugt, der das Eindringen von Schußschwaden verhindert wird. Eine solche Überdruckkammer kann auch fahrbar eingerichtet und 80—100 m vom Arbeitsstoß entfernt aufgestellt werden. Sie besteht z. B. aus einem auf einem Förderwagenfahrgestell aufgebauten, etwa 3 m langem und 1,5 m hohem Kasten, der am rückwärtigen Ende eine mit Filzabdichtung versehene zweiflügelige Tür besitzt. An der Kopfwand ist außen eine 4 mm dicke Stahlplatte zum Schutz gegen Sprengstücke angebracht und an der Decke eine mit Löchern versehene Druckluftleitung. Die Mannschaft kann auf einer in der Mitte angebrachten Bank im Reitsitz Platz nehmen. Die wettertechnisch beste Lösung besteht jedoch darin, wenn es durchführbar ist und die Temperaturverhältnisse es vor Ort gestatten, die Schußschwaden nach Möglichkeit geschlossen durch einen saugenden Luttenstrang in den Abwetterstrom zu leiten, ohne daß sie noch belegte Betriebspunkte berühren.

182. — Sprengkapseln. Wegen der großen Empfindlichkeit der Sprengkapseln gegen Stoß, Schlag und Reibung treten bei ihrer Handhabung gelegentlich Unfälle ein. Unter keinen Umständen soll man das Innere des Hütchens mit spitzen Gegenständen zu reinigen versuchen.

Bei elektrischen Sprengkapseln ist es gefährlich, nach einem etwaigen Versagen des Schusses den Zünder mittels der Zünderdrähte durch den Besatz zu ziehen, da die Druck- und Reibungsverhältnisse nicht vorauszusehen sind. Mehrfach haben auch einzelne Zünder, die versagt hatten, dadurch Anlaß zu Verunglückungen gegeben, daß sie ohne besondere Schutzmaßregeln zu weiteren Versuchen an der Zündmaschine benutzt wurden. Da der Widerstand der Leitung fehlt, liefert die Stromquelle in solchem Falle einen stärkeren Strom und kann sehr wohl den Zünder nachträglich zur Explosion bringen.

183. — Elektrische Zündung. Die Gefahren der sonstigen Zündungen sind bereits früher, namentlich in Ziff. 164, besprochen. Bei der elektrischen Zündung haben sich mancherlei besondere Gefahren herausgestellt, die Verunglückungen in verhältnismäßig großer Zahl im Gefolge haben. In erster Linie sind es Spätzündungen, die viele Opfer fordern. Gerade die Art der elektrischen Zündung verleitet dazu, unmittelbar nach dem Versagen des Schusses vor Ort zu gehen und nach dem Fehler zu suchen. Um so auffälliger und gefährlicher wirken dann die Spätzündungen, die im übrigen, wie oben gesagt, auf die Sprengladung selbst oder auf Fehler der Kapsel (z. B. Verbleiben von Sägemehlresten zwischen Zünd- und Knallsatz) zurückzuführen sind.

Vorzeitige oder unberufene Betätigung der Zündvorrichtung, ehe sämtliche Leute den Arbeitspunkt verlassen hatten, hat des öfteren zu Verunglückungen geführt.

Zu frühe Schüsse sind — abgesehen von der Unaufmerksamkeit des Schießmannes — dadurch möglich, daß die Zündleitungen mit Starkstromleitungen oder mit Rohrleitungen oder Schienen, die mit Starkstromleitungen in Verbindung stehen (s. Ziff. 157), oder mit den Leitungen elektrischer Signalvorrichtungen usw. versehentlich in leitende Berührung kommen.

In Einzelfällen sind noch Verunglückungen bei der Prüfung der Zündanlage mit nicht ordnungsmäßigen Minenprüfern oder auch durch zufälliges
Berühren der Leitung mit den Kontakten der Stromquelle vorgekommen.

G. Sonstige Sprengverfahren.

1. Das Sprengluftverfahren.

**184.— Allgemeines. Sprengtechnische Eigenschaften der Spreng-
luft.** Die wesentlichen Unterschiede zwischen den festen Sprengstoffen und
solchen mit flüssiger Luft bestehen darin, daß die zum Schießen fertigen Patronen
erst unmittelbar vor ihrer Verwendung durch Tränkung mit flüssiger Luft hergestellt werden, und daß der zur Explosionszersetzung der brennbaren Bestandteile erforderliche Sauerstoff den gewöhnlichen Sprengstoffen in chemisch ge-
bundener, fester Form beigegeben ist, während die Sprengstoffe mit flüssiger
Luft ihn in ungebundener, und zwar flüssiger Form enthalten.

Richtiger würde man von Sprengstoffen mit flüssigem Sauerstoff sprechen; denn es kommt nur auf den Sauerstoff der Luft an. Deshalb stellt
man auch für Sprengzwecke flüssige Luft mit sehr hohem Sauerstoffgehalt
her. Die gebräuchlichen Verflüssigungsanlagen liefern solche mit 95 %
Sauerstoffgehalt.

Flüssige Luft ist kein zur dauernden oder auch nur zur längeren Aufbewahrung oder zur zeitraubenden Beförderung auf weite Entfernungen
geeigneter Körper. Da die flüssige Luft eine Temperatur von etwa —191° C
hat[1]), siedet sie, wenn nicht die Wärmezufuhr auf ein Mindestmaß beschränkt werden kann, ständig unter lebhafter Verdampfung.

Die Verwendung der flüssigen Luft für Sprengzwecke setzt also voraus,
daß sie in der Nähe in einem dem regelmäßigen Verbrauche etwa entsprechenden Umfange regelmäßig und dauernd erzeugt wird. Zu ihrer Erzeugung
gehört ein Verdichter, eine Luftverflüssigungs- und Trennvorrichtung. Die
Größe einer Sprengluftanlage wird nach ihrer Erzeugungsfähigkeit je Stunde
bemessen und schwankt zwischen 20 und 500 l/h. Je größer sie sein können und
um so niedriger der Strompreis ist, um so wirtschaftlicher ist das Verfahren.

Die Sprengwirkung der Sprengluftpatronen können fast die des Dynamits
erreichen. Es ist aber auch möglich, Patronen mit schwächerer Wirkung herzustellen. Das Sprengluftverfahren ist aber in keinem Falle schlagwettersicher.

185. — Beförderungs- und Tränkgefäße. Die flüssige Luft wird
in kannen- oder flaschenförmigen Metallgefäßen mit doppelter Wandung zum
Arbeitspunkte gebracht und hier zur Tränkung der Sprengpatronen benutzt.

Zur Tränkung dienen becherförmige Metallgefäße mit abnehmbarem Deckel.
Das Tränken erfolgt zur Vermeidung von größeren Verdampfungsverlusten
zweckmäßig so, daß man eine das Gefäß füllende Anzahl Patronen in dieses
legt und dann erst nach und nach den Sauerstoff eingießt, bis schließlich der
Flüssigkeitsspiegel die Patronen überdeckt. Bei genügender Tränkung tauchen
die Patronen in der Flüssigkeit unter. Die Tränkungsdauer beträgt 10 bis
20 Minuten.

---

[1]) Flüssiger Stickstoff siedet bei —195,7° C und flüssiger Sauerstoff bei
—182,4° C.

186. — Patronen. Die zum Tränken fertigen Patronen bestehen aus Papierhülle und Füllung. Als Füllung für die Patronen werden Korkmehl, Ruß verschiedener Art u. dgl. benutzt. Es kommt darauf an, daß die Füllung einen großen Überschuß an flüssigem Sauerstoff aufzunehmen vermag, damit die Patronen trotz andauernder lebhafter Verdampfung für eine zum Laden, Besetzen und Abtun der Schüsse genügende Zeitspanne ihre volle Sprengkraft behalten.

Die Sprengluftpatrone wird bei der Explosion ihre Höchstleistung haben, wenn sie im Augenblicke der Zündung gerade noch so viel an flüssigem Sauerstoff enthält, wie zur vollständigen chemischen Umsetzung der oxydierbaren Bestandteile erforderlich ist. Die günstigste Schußzeit liegt für die Patronen üblicher Größe — 35 mm Durchmesser, 300 mm Länge — zwischen 6 und 12 Minuten nach Herausnahme aus dem Tränkgefäß[1]).

187. — Besatz. Zur Erhöhung der Sprengwirkung ist Besatz notwendig. Nur bei Zündung vom Bohrlochtiefsten aus (s. Ziff. 165) kann man in manchen Fällen auf ihn verzichten, weil der Sprengstoff selbst gleichsam eine Verdämmung für die aus dem Bohrlochtiefsten kommende Explosion bildet.

Wird Lettenbesatz angewandt, so muß, um sein vorzeitiges Herausschleudern infolge der schnell ansteigenden Gasspannung im Bohrloch zu vermeiden, ein Entlüftungsröhrchen eingestampft werden. Einfacher ist es, statt dessen durchlässigen Besatz (z. B. Sand, bröckeliges Salzklein u. dgl.) lose oder in Papierpatronen zu wählen. Auch in das Bohrloch getriebene, durchbohrte Holzdübel haben sich gut bewährt.

188. — Zündschnurzündung. Die für die Zündung benutzten **Zündschnüre** dürfen keine Guttapercha- oder ähnliche, leicht brennbare Umhüllun-

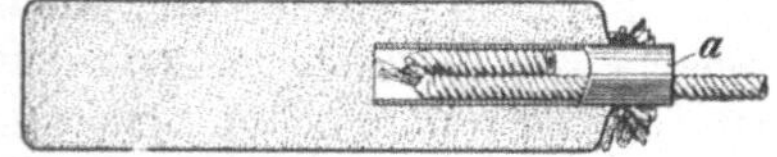

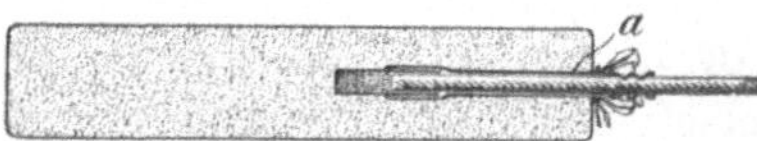

<table>
<tr><td>Abb. 290. Zündung einer Sprengluft-Patrone
mittels Zündschnur in Pappröhrchen.</td><td>Abb. 291. Zündung einer Sprengluft-Patrone
mittels geschützter Zündschnur und Spreng-
kapsel.</td></tr>
</table>

gen haben. Der aus den Patronen entweichende, im Bohrloche an der Zündschnur entlang strömende Sauerstoff läßt bei gelegentlichem Durchbrennen der Schnur eine Entflammung der Außenhülle eintreten. Die Flamme kann dann dem Brennen der Pulverseele vorauseilen und eine Frühzündung im Gefolge haben. Zur Vermeidung solcher Frühzündungen wählt man besonders hergestellte (z. B. mit Leim oder Wasserglas getränkte) „Sprengluftzündschnüre“.

Soll die Schnur die Ladung unmittelbar zünden, so wird sie zur Erzielung eines **kräftigen** Feuerstrahles umgeknickt und an der Knickstelle eingeschnitten. Um die Zündschnur leicht in die Patrone einführen zu können, schiebt man in diese vor dem Tränken das Pappröhrchen a mit etwa 10 mm lichtem Durchmesser ein, das alsdann die umgebogene und aufgeschnittene Schnur aufnimmt (Abb. 290). Bei Verwendung einer Sprengkapsel ist die

---

[1]) K. Dietsch: Wie beeinflussen Bohrlochlänge und Bohrlochdurchmesser die Technik und Wirtschaftlichkeit des Sprengluftverfahrens im Kali- und Steinsalzbergbau? Dissertation Berlin 1932.

Zündung wirkungsvoller. Der in der Patrone liegende Teil der Schnur wird dann zweckmäßig ebenfalls durch eine Hülle a (Abb. 291) geschützt, damit die Patrone nicht vor der Sprengkapsel gezündet wird. Resorzinatkapseln haben sich am besten bewährt.

189. — Elektrische Zündung. Bei der Anwendung der elektrischen Zündung ist zu beachten, daß der Widerstand elektrischer Zünder durch die starke Abkühlung in flüssiger Luft beträchtlich verringert wird, so daß sie zur Zündung mehr Strom erfordern als bei der gewöhnlichen Schießarbeit. Gut bewährt haben sich Zünder mit festem Zündkopf, da in diese die flüssige Luft nicht eindringt.

Als Zeitzünder werden meist zündschnurlose Zeitzünder (s. Ziff. 150, S. 264) benutzt. Bei Gruppenzeitzündung, wie z. B. bei den je für sich gleichzeitig abzutuenden Einbruch- und Kranzschüssen, hat sich folgendes Verfahren als vorteilhaft erwiesen: Man bringt mittels gleichzeitiger Zündung die Einbruchschüsse durch Sprengkapseln und die Kranzschüsse durch Sprengsalpeterpatrönchen zur Explosion. Die Schüsse kommen im ersteren Falle schneller, und zwar ist der Zeitunterschied so beträchtlich, daß man ihn sogar mit dem Gehör wahrzunehmen imstande ist.

190. — Zündung aus dem Bohrlochtiefsten. Besondere Sorgfalt ist bei der elektrischen Zündung größerer Schußreihen auf die ordnungsmäßige Schaltung der Zünderdrähte zu verwenden, weil sonst leicht Fehlzündungen vorkommen können. Beim Schalten der Zünderdrähte ist darauf zu achten, daß hierbei nicht zu viel Zeit verlorengeht. Ganz allgemein wird jedoch der elektrische Zünder, d. h. die Sprengkapsel mit den Zünderdrähten v o r dem Laden der Bohrlöcher in das Bohrlochtiefste eingebracht. Dann werden die Zünderdrähte sämtlicher Schüsse ordnungsmäßig miteinander verbunden. Vor dem Anschließen der Zünderdrähte an die Zündleitung wird diese auf Zuverlässigkeit der Stromzuführung geprüft. Nach dem Einbringen der Zünder in die Bohrlöcher und Anschließen der Zünderdrähte werden die Schüsse mit den luftgetränkten Rußpatronen geladen, so daß die durch das vorherige Fertigstellen der elektrischen Zündanlage gewonnene Zeit der Lebensdauer der Flüssigluftpatrone zugute kommt. Demgegenüber spielt der etwas größere Verbrauch von Zünderdraht beim Zünden der Schüsse im Bohrlochtiefsten keine Rolle.

191. — Die Kosten des Sprengluftverfahrens hängen zum großen Teile von den Kosten des für den Antrieb der Sprengluft-Erzeugungsanlagen benutzten elektrischen Stromes ab. Für 1 kg Sprengluft sind etwa 1—3,7 kWh zu rechnen. Einschließlich Verzinsung und Tilgung der Anlagen wird 1 kg flüssiger Sauerstoff etwa 15—30 Rpf. kosten.

Von denjenigen Gruben, auf denen bei hohem Sprengstoffbedarf das Schießverfahren mit flüssiger Luft allgemein eingeführt ist und sachgemäß durchgeführt wird, werden die Kosten geringer als diejenigen beim Schießen mit handfertigen Sprengstoffen angegeben.

Ganz anders stellt sich das Bild auf Gruben, die entweder an sich einen geringen Sprengstoffbedarf haben oder wegen der Schlagwettergefahr nur die eigentlichen Gesteinssprengstoffe durch Luft-Sprengung ersetzen können, während sie im übrigen feste Wettersprengstoffe weiter verwenden müssen. In solchen Fällen ist das Verfahren unwirtschaftlich, weil die Anlagekosten und Löhne im Verhältnis zu der geringen Erzeugung zu schwer ins Gewicht fallen [1]).

192. — Anwendbarkeit des Verfahrens. Das Schießen mit flüssiger Luft eignet sich vornehmlich für diejenigen Bergbaubezirke, in denen große und weitere Grubenräume vorhanden sind, wo also der Umgang mit den Beförderungs- und Tauchgefäßen für flüssige Luft keine Schwierigkeiten bietet, wo ferner durch schwere Schüsse die hohe Sprengkraft ausgenutzt werden kann und wo schließlich keine Schlagwetter auftreten. Diese Umstände sind z. B. gegeben im oberschlesischen Steinkohlenbezirk, im Kalisalzbergbau und auf einigen Erzgruben. Tatsächlich ist das Verfahren auch dort angewandt worden. Heute wird jedoch in Deutschland nur noch auf einer Kaligrube davon Gebrauch gemacht, die im Jahre 1939 etwa 600 t flüssige Luft für Schießzwecke verbrauchte. Dagegen wird ein großer Teil der Minette mit Sprengluft hereingewonnen. Auch sind große Anlagen in Japan und Chile in Betrieb. Im deutschen Braunkohlenbergbau ist die Verwendung flüssiger Luft verboten.

2. Das Cardox- und Hydroxverfahren.

193. — Beschreibung. Auf amerikanischen und englischen Gruben sind zahlreiche Versuche durchgeführt worden, mit dem Ziele, die Schießarbeit ohne Sprengstoffe durchzuführen. Es handelt sich hierbei um das Cardox- und das Hydroxverfahren [2]). Das Cardoxverfahren bedient sich flüssiger Kohlensäure, die in eine aus Stahl hergestellte Patrone von etwa 0,6—1 m Länge und 45—76 mm Durchmesser in einer Menge von 0,34—1,35 kg eingefüllt wird. Ein Heizsatz, der elektrisch gezündet werden kann, bringt die Kohlensäure zum plötzlichen Verdampfen, der entstehende Gasdruck zertrümmert nur eine abnehmbare Stahlscheibe der Patrone und ruft die Sprengwirkung hervor. Das Hydroxverfahren ist ähnlich, nur bedient es sich statt der Kohlensäure eines brennbaren Pulvers. Der unbestreitbare Vorteil dieser Verfahren liegt in der durch sie erzielbaren Erhöhung des Stückkohlenanfalls um 10—20% gegenüber Sprengstoffen Jedoch hat sich die Notwendigkeit, ganz gerade Bohrlöcher großen Durchmessers herstellen zu müssen, als ein erheblicher Nachteil erwiesen, und da die Kosten höher sind als bei der Verwendung von Sprengstoffen, werden beide Verfahren wahrscheinlich auf Einzelfälle und Flöze größerer Mächtigkeit beschränkt bleiben. Die Schlagwettersicherheit hat sich als vollkommen herausgestellt.

3. Die Sprengpumpe.

194. — Bauart und Anwendung. Bei dieser Vorrichtung wird ein auf Kolben wirkender Wasserdruck von diesen auf das Gebirge übertragen [3]). Das hat gegenüber Keilvorrichtungen den Vorteil, daß die hohen Reibungsverluste

---

[1]) Kali 1926, S. 102; Beysen: Wie wird die Wirtschaftlichkeit der Schießarbeit mit Sprengluftpatronen beeinflußt gegenüber handfertigen Sprengstoffen auf Kaligruben?

[2]) Bergbau 1930, S. 249; Vollmar: Schießen mit der Cardoxpatrone; — ferner Colliery Guardian 1937, S. 141; Shotfiring and its alternatives.

[3]) Kohle und Erz 1929, S. 722; Graustein: Sprengarbeiten ohne Sprengstoffe mit Hilfe der hydraulischen Sprengpumpe.

der unter starkem Druck bei zumeist ungenügender Schmierung aufeinander bewegten Keilflächen in Wegfall kommen. Tatsächlich sind somit höhere Drucke erzielbar.

Eine solche Sprengpumpe besteht aus einem 60—90 mm dicken Rohr von 1,5—2 m Länge, das in bestimmten Abständen zur Aufnahme von 8—10 kleinen Sprengkolben angebohrt ist. Sie wird in das rund 100 mm weite Bohrloch eingeführt, und zwar zusammen mit einem Leitblech, das die Aufgabe hat, den Druck der aus dem Rohr seitlich herausgedrückten Sprengkölbchen geschlossen auf die Bohrlochwandung zu übertragen. Der Sprengdruck, der bis zu 850 at betragen kann, wird durch eine von Hand betätigte hydraulische Pumpe hergestellt. Das Verfahren hat bei Abbrucharbeiten über Tag, wenn es darauf ankam, Sprengarbeiten zu vermeiden, mehrfach mit Erfolg Anwendung gefunden und wird zur Zeit auch auf einigen englischen Gruben in der Kohle und zum Nachreißen von Blindörtern benutzt.

Anhang.

Kostenzusammenstellung.

Zu Ziffer 11—16.

Stein-Keilhaue . 0,90—1,25 RM., Stiel 0,70—0,90 RM., insges. 1,60—2,15 RM.
Kohlenhacke . . 0,58—0,70 „ , „ 0,60—0,80 „ , „ 1,28—1,50 „
Schaufel . . . . 0,80—1,60 „ , „ 0,25—0,40 „ . „ 1,05—2,00 „
Handfäustel . . 0,70—0,80 „ , „ 0,10—0,20 „ : „ 0,80—1,00 „
Treibfäustel . . 1,40—1,60 „ , „ 0,15—0,30 „ . „ 1,55—1,90 „
Beil . . . . . . 0,60—1,20 „ , „ 0,15—0,30 „ , „ 0,75—1,50 „
Bügelsäge . . . 0,60—1,00

Zu Ziffer 18—23.

Abbauhammer . . . . 5— 7 kg schwer 70,00— 85,00 RM.
„ . . . . 7—10 „ „ 80,00—100,00 „
„ . . . . 11—13 „ „ 110,00—115,00 „
„ . . . . 20—28 „ „ 180,00—200,00 „
Zugehörige Meißel (Pickeisen) von 260 mm bis 450 mm Länge 2,50— 5,25 „
Zuleitungsschlauch, 15 mm Durchmesser . . . . . . je m 2,70 „

Zu Ziffer 24—55.

Großschrämmaschine mit Innenschwenkvorrichtung für 1800 mm
   Schramtiefe und elektrischen Antrieb . . . . 10400 RM.
   für Druckluftantrieb . . . . 8500 „
   Widia-Meißel dazu . . . . Stückpreis 9,30 „
Einbruchkerbmaschine für 1800 mm Kerbtiefe . . . . 4650 „
Schräm- und Kerbmaschine für Druckluftantrieb . . . . . 4000—5000 „
Schräm- und Kerbmaschine für elektrischen Antrieb mit Schalt-
   kasten, Motorschutzschalter und 30 m Kabel . . . . . 5400—6800 „
Kleinschrämmaschine (Eickhoff) für 1800 mm Schramtiefe ohne
   Meißel . . . . 3150 „
   Widia-Meißel für Kleinschrämmaschinen, Schräm- und Kerb-
   maschinen, Einbruchkerbmaschinen . . . . Stück 7 „
Zweisäulenschrämmaschine für Druckluftantrieb . . . . 3400 „
   „ für elektrischen Antrieb . . . . 4000 „
Drehend wirkende Schrämmaschine (Beien)
   mit 3 Schlangenbohrern . . . . 2500 „
   mit 5 Schlangenbohrern . . . . 1500 „

Zu Ziffer 63—71.

Freihand-Drehbohrmaschine mit Druckluftantrieb . . . . . . 200—280 RM.
  „   „   mit elektrischem Antrieb . . . .   450 „
Elektrische Säulen-Drehbohrmaschine Type E 158 . . . . . .   2100 „
Doppelrohrige Schraubenspannsäule je nach Länge und Stärke
   (aus Leichtmetall) . . . . 350—450 „
Schlangenbohrer . . . . Stück   4 „
Hohlbohrer . . . . „   8 „
Einsatzschneiden je nach Stahlgüte . . . . 5— 30 „

Zu Ziffer 72—92.

Gewöhnliche Bohrhämmer (11—86 kg Gewicht) . . . . . . 90— 250 RM.
Schläuche mit 15 mm bzw. 19 mm Durchmesser je m . . . 2,05 bzw. 2,25 „
Bohrknecht . . . .   115 „
Spülkopf (0,95—1,20 kg Gewicht) . . . . 24— 32 „
Druckluftstützen für Aufbrüche . . . . 100— 180 „
Bohrerschärfmaschinen . . . . 1350—5200 „
Schmiede- und Härteöfen . . . . 640— 860 „
Hammerbohrmaschine mit langer Spannsäule, mit Bohr-
   arm, 15 m langem Druckluftschlauch und einem Satz
   Bohrer bis 3 m Länge . . . . 1930 „

Drucklufterzeugung.

Kompressorart	Maschinenleistung	Anlagekosten				
		Maschinenanlage einschließlich Kondensation fertig aufgestellt	Gebäudeanteil und Fundament	Kühlturm mit Fundament u. Rohrleitungen, bzw. Rückkühlanlage	Insgesamt	Je m³ angesaugte Luft
	m³/h	RM.	RM.	RM.	RM.	RM.
Turbokompressor .	20000	200000	35000	40000	275000	13,70
„ .	50000	315000	40000	75000	430000	8,60
„ .	80000	430000	50000	90000	570000	7,15
Kolbenkompressor	5000	125000	45000	15000	185000	37,00
„	10000	210000	65000	25000	300000	30,00
„	20000	350000	85000	35000	470000	23,50

Druckluftleitungen aus verzinkten Stahlrohren.

Durchmesser	Preis		Durchmesser	Preis	
	je m	für das Verlegen unter Tage je m		je m	für das Verlegen unter Tage je m
mm	RM.	RM.	mm	RM.	RM.
30	1,40	0,10	150	6,00	0,25
50	1,70	0,15	200	8,00	0,40
80	2,30	0,18	250	9,50	0,70
100	3,90	0,20	50 mit Patentverbindung	5,20	0,50

Die Gesamtlänge des Preßluftleitungsnetzes einer neuzeitlichen Steinkohlengrube von 4000 t Tagesförderung beträgt etwa 35000 m. Im Durchschnitt der Ruhrzechen kann mit 9 m Rohrlänge je t Tagesförderung gerechnet werden.

Die Kosten je m³ angesaugter Luft bei Preßluft von 5—6 atü betragen 0,18—0,3 Rpf. An ihrer Zusammensetzung nehmen mit r. 70% die Dampfkosten eine hervorragende Stelle ein. Sie können zu 2,00 bis 2,80 RM. je t Dampf angenommen werden. Ihre Höhe hängt von der Art der Kesselanlage, ihrem Ausnutzungsgrad, sowie von der Bewertung der zur Dampferzeugung verwandten — meist minderwertigen — Brennstoffe ab. Bei der Bemessung des Kapitaldienstes muß berücksichtigt werden, daß es auf die kalkulatorische Abschreibung, nicht auf die buchmäßige ankommt. Er macht r. 15% der Kosten aus. In den Rest teilen sich Wasser, Materialien, Löhne (Gehälter) und u. U. elektrische Energie. Die Berücksichtigung der Preßluftverluste kann bei Errechnung der Kraftkosten eines Preßluftverbrauchers durch Aufschlag von rd. 20% auf die oben angegebenen Kosten je m³ a. L. erfolgen.

Die Kosten je kWh schwanken bei Eigenerzeugung zwischen 1,7 und 2,75 Rpf. Die Dampfkosten sind hier mit 60—70%, der Kapitaldienst mit 20—25% beteiligt, während die übrigen Kostenarten sich in den Rest teilen.

Bei diesen Kostenangaben sind Großanlagen von Steinkohlenzechen angenommen. Bei kleinen und kleinsten Anlagen steigen die Preßluft- und Stromkosten auf den doppelten und dreifachen Betrag.

Askania-Luftmesser in ortsfester Anlage mit Belastungs-
anzeiger, Belastungsschreiber, Mengenzähler und Zubehör   1250—1400 RM.
Desgl. in tragbarer Ausführung . . . .   800—1000 „

Zu Ziffer 102—119.

Sprengpulver . . . . je kg 1,08 RM.	Donarit 1 . · . . . . . . je kg 1,30 RM.
Sprengsalpeter . . . je kg 0,72 „	Donarit 2 . . · . . . . . je kg 1,26 „
Sprenggelatine . . . je kg 1,85 „	Chloratit 3 . . . . je kg 0,75 „
Dynamit 1 . . . . . je kg 1,51 „	Gelatit 1 . . . . je kg 1,40 „
Gelatine-Donarit 1 . je kg 1,51 „	

Wettersprengstoffe . . . . . . je kg 1.30—1,40 RM.

Zu Ziffer 123—134.

Sprengkapseln je 100 Stück . . . . { Nr. 3   22,23 RM.
{ Nr. 8   43,75 „

Zündschnüre werden verkauft in Ringen von 8 m Schnurlänge.
Der Ring kostet:

doppelt weiße Zündschnur . . . . 42 Rpf.
doppelt oder dreifach geteerte Zündschnur . . . . 40 u. 60 „
Guttapercha-Zündschnur . . . . , . . . 60—69 „

Zu Ziffer 141—153.

Elektrische Zündmaschinen:

für Brückenzünder mit 10 Schuß	60— 63 RM.
„ „ „ 20 „	65— 72 „
„ „ „ 50 „	150—210 „
„ „ „ 80 „	150—210 „
„ Spaltzünder „ 10 „	68— 78 „
„ „ „ 25 „	215 „

Elektrische Zünder in RM. je 1000 Stück:

Momentzünder (Brücken- oder Spaltzünder) in der Ausführung als Wetterzünder ohne Sprengkapsel, 0,6 mm Eisendrähte mit roter MP-Masse umspritzt.

	2 m Drahtlänge RM.	3 m Drahtlänge RM.
Momentzünder	123,25	154,75
Zündschnurzeitzünder in derselben Ausführung	166,40	197,90
Gaslose Schnellzeitzünder mit Bleikopfabdichtung in derselben Ausführung wie die Momentzünder	224,50—310,00	256,00—341,50
Als Unterwasserzünder in gleicher Ausführung	255,00—340,50	292,50—378,00

Zuschlag für schlagwettersichere Guttaperchazünder je 10 cm . . . 9,45 RM.

Zu Ziffer 164—175.

Die Hereingewinnung von 1 m³ Gestein durch Sprengarbeit einschließlich
Laden in Wagen (ohne Ausbau, Schienen, Schwellen usw.) kostet:

in Querschlägen mit 12,0 m² Querschnitt . . . . 6,50— 8,50 RM.
   „   „   „   8,0 m²   „   . . . . 7,00— 9,50 „
   „   „   „   4,5 m²   „   . . . . 9,50—13,00 „
   „ Aufbrüchen   „   7,2 m²   „   . . . . 8,00—10,00 „

Die Grubenbaue.

1. — Allgemeines. Die nachfolgende Darstellung beschränkt sich auf den unterirdischen Betrieb[1]). Bezüglich des Tagebaues muß auf das Schrifttum[2]) verwiesen werden.

Die Lehre von den Grubenbauen befaßt sich mit der Herstellung und Gestaltung der für die Vorbereitung der Gewinnung und für diese selbst zu schaffenden Hohlräume. Diese gliedern sich zunächst in die beiden Gruppen der außerhalb und innerhalb der Lagerstätten herzustellenden Räume. Die ersteren sollen gemäß der alten Bezeichnung unter dem Begriff „Ausrichtung" zusammengefaßt werden, wenngleich die neuzeitliche Bergbautechnik manche Baue außerhalb der Lagerstätte schafft, deren Zweckbestimmung nicht lediglich die ist, die Lagerstätten auszurichten — d. h. zugänglich zu machen und durch fahrbare Wege dauernd mit der Erdoberfläche in Verbindung zu erhalten —, sondern die mehr als Hilfs- und Vorbereitungsbaue für den Abbau anzusprechen sind.

Die Betriebe innerhalb der Lagerstätten gliedern sich in die Vorrichtungsbetriebe, die durch zweckmäßige Unterteilung des Baufeldes und Herstellung einer geregelten Wetterführung den Abbau vorbereiten sollen, und in den Abbau selbst. Zu letzterem sollen auch diejenigen Strecken — „Abbaustrecken" und „Blindörter" — gerechnet werden, die erst während des Abbaues hergestellt werden und die Abbaufelder in Unterabschnitte zerlegen sowie der Beschaffung von Versatzbergen dienen sollen.

2. — Bildliche Darstellung von Grubenbauen. Die bildliche Darstellung der Grubenbaue erfolgt im Grubenbild. Die deutsche Berggesetzgebung verlangt zwei Exemplare: das Betriebsgrubenbild, das bei dem Betriebsführer, das amtliche, das bei dem zuständigen Bergrevierbeamten aufbewahrt wird. Es wird in durch die Oberbergämter festgesetzten Zeitabschnitten nachgetragen. Die Schwierigkeiten des Grubenbildes entsprechen den Schwierigkeiten der Kartographie überhaupt, nämlich der Unmöglichkeit, räumliche Gebilde auf einer Kartenebene erschöpfend und verzerrungsfrei darzustellen.

---

[1]) Man bezeichnet den unterirdischen Betrieb vielfach der Kürze halber als „Tiefbau", jedoch sollte diese Bezeichnung gemäß Ziff. 7 den durch Schächte gelösten Betrieben vorbehalten bleiben und in Gegensatz zu den „Stollenbetrieben", nicht zum „Tagebau" gesetzt werden.

[2]) Vgl. Klein: Handbuch für den deutschen Braunkohlenbergbau (Halle a. S., Knapp), 3. Aufl., 1927; — ferner Madel-Ohnesorge: Berg- und Aufbereitungstechnik, Bd. I, Technische Grundlagen des Tagebaues (Halle a. S., W. Knapp), 1935.

Das Grubenbild wird nach dem Gesetze der darstellenden Geometrie angefertigt. Die wichtigste Projektionsart ist der Grundriß, der uns als **Hauptgrundriß** und als **Flözriß** begegnet. Der Hauptgrundriß zeigt die Gesamtheit der Grubenbaue in **einer** Sohle, der **Flözriß** (Abb. 292 links) zeigt ein einzelnes Flöz mit seinen sämtlichen Abbauen durch alle Sohlen der Grube hindurch. Der Hauptgrundriß ist also ein waagrechter Schnitt in Sohlenhöhe, der Flözriß ist die Projektion des räumlich geneigten Flözes auf eine waagrechte Bildebene. Der Grundriß erfüllt für alle horizontalen Baue und Linien die wichtige Forderung der Längen- und Richtungstreue, während die nicht

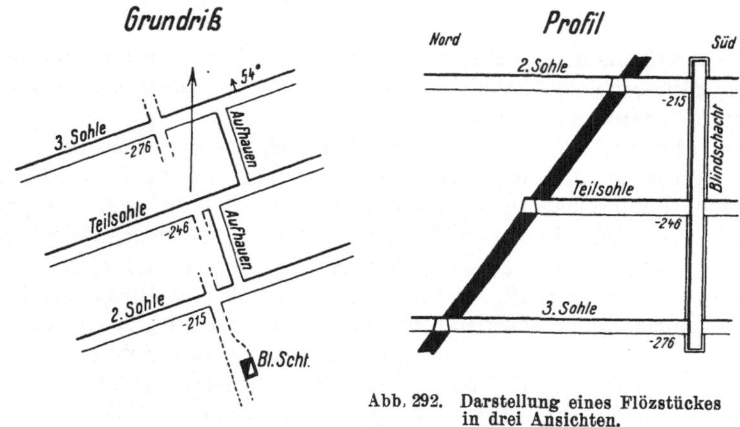

Abb. 292. Darstellung eines Flözstückes in drei Ansichten.

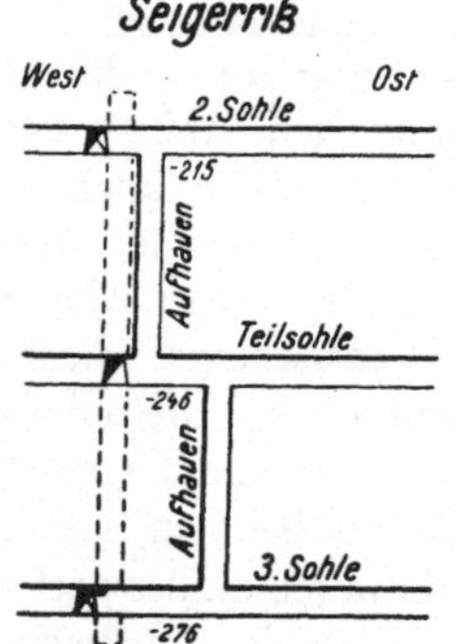

horizontalen Linien in Länge, nicht in der Richtung, verzerrt erscheinen.

Für die Darstellung der räumlichen Zusammenhänge kennt das geometrische Grubenbild außer der Grundrißebene zwei senkrechte Bildebenen, die **Querschnittebene** (Profilebene) senkrecht zum Streichen der Lagerstätte und die **Seigerriß**ebene oder den **Längenschnitt** parallel zum Streichen. Zeigt der Grundriß richtige Längen und richtige Winkel, so zeigt der Querschnitt (Abb. 292 rechts) das richtige Einfallen, die richtige Mächtigkeit des Flözes und der Flözgruppen und die richtige flache Bauhöhe. Der Seigerriß (Abb. 292 unten) zeigt weder Streichen noch Einfallen, sondern nur die richtige Baulänge. Der Seigerriß ist somit die unvollkommenste Rißart; er wird nur in steiler Lagerung gebraucht.

Die Grundrisse werden unmittelbar aus den Vermessungszahlen konstruiert, aus ihnen werden indirekt die Querschnitte und Seigerrisse genommen. Man kann also nach der Art der Herstellung die Grundrisse als die unmittelbaren, die anderen Rißarten dagegen als die mittelbaren Risse bezeichnen. Die waagrechte Bildebene ist, sofern die Orientierung vorgenommen ist, immer eindeutig, die senkrechten Bildebenen können dagegen stets von zwei Seiten betrachtet werden, so daß leicht Spiegelbilder störende Vorstellung verursachen können. Zur Vermeidung von Irreführungen bestehen folgende Vereinbarungen: Im Grundriß liegt Norden stets nach oben. Bei von West nach Ost streichenden Flözen liegt im Querschnitt Norden, im Seigerriß Westen links auf der Bildebene, bei von Nord nach Süd streichenden Flözen sinngemäß im Querschnitt Westen, im Seigerriß Norden links. Der Betrachter des Seigerrisses wird also je nach Art der Lagerung im Hangenden oder im Liegenden der Lagerstätte stehen.

Für eine einheitliche Zeichengebung enthalten die Normen für Markscheidewesen DIN Berg 1901—1938 die maßgebenden Vorschriften.

Das geometrische Grubenbild gibt nur für den jeweils behandelten Teil eine richtige Sonderdarstellung; es gibt kein unmittelbares Bild von den Zusammenhängen des ganzen Grubengebäudes. Diese Nachteile sucht man zu überwinden: a) durch das durchsichtige Grubenbild. Die Grubenbilder wurden bis jetzt auf feste mit Leinen unterzogenen Papierplatten gezeichnet. Die chemische Industrie hat in den letzten Jahren Kunstgläser aus Zellulose und aus Kunstharzen geschaffen, die von einer glasklaren Durchsichtigkeit sind, sich zum Zeichnen eignen und auch weitgehend den Maßstab halten. Grubenbildplatten auf diesen Kunstgläsern ermöglichen in fast unbegrenztem Maße sich deckende Platten übereinander zu legen und auf diese Weise den Stand der Abbaue und den wenig übersichtlichen Verlauf von Gebirgsstörungen zu vergleichen. Wie weit diese von Nierhoff gut durchgebildeten Verfahren in die Praxis Eingang finden, muß abgewartet werden[1]).

b) Das raumbildliche Grubenbild oder das Schrägbild (Abb. 293) versucht, die drei senkrecht aufeinanderstehenden Bildebenen in einer einzigen, schräg gelagerten Bildebene zu vereinigen. Hierdurch werden die räumlichen Zusammenhänge überraschend klar herausgearbeitet, allerdings unter Verlust der Winkel- und Längentreue. Das Schrägbild wurde durch Stach[2]) für den Sonderfall der Isometrie herausgearbeitet, das ist eine Parallelperspektive mit gleicher Verzerrung in den drei Achsenrichtungen. Für die mechanische Übertragung eines beliebigen Verzerrungsverhältnisses dient der Affinzeichner von Fox-Breithaupt[3]).

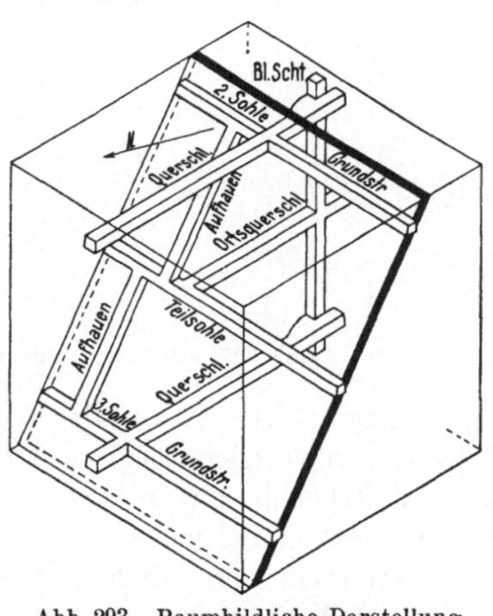

Abb. 293. Raumbildliche Darstellung von Grubenbauen.

Für die Konstruktion zentralperspektivischer Bilder (Fluchtbilder) fehlen bis jetzt die mechanischen Geräte, so daß diese Methoden infolge einer langwierigen Konstruktionsarbeit bisher nur geringen Eingang gefunden haben.

---

[1]) Mitt. a. d. Markscheidewesen 1937, S. 28; Nehm: Entwicklungsmöglichkeiten des Grubenbildes.

[2]) Zeitschr. Deutsch. geol. Ges. Berlin 1922; Stach: Die stereographische Darstellung tektonischer Formen.

[3]) Mitt. a. d. Markscheidewesen 1936, S. 2; Nehm: Der Affinzeichner von Fox-Breithaupt.

I. Ausrichtung.

A. Ausrichtung von der Tagesoberfläche aus.

3. — Hauptarten. Für die Art der Erschließung unterirdischer Lagerstätten vom Tage her ist in erster Linie die Gestaltung der Erdoberfläche
maßgebend, die entweder die Lösung durch Stollen gestattet oder das
Niederbringen von Schächten notwendig macht.

a) Stollen.

4. — Ausrichtungsstollen. In gebirgigen Gegenden sind, solange
noch Mineralschätze oberhalb der Talsohle anstehen, die wichtigsten Ausrichtungsbetriebe die Stollen. Man versteht unter Ausrichtungsstollen söhlig
oder nahezu söhlig aufgefahrene Grubenbaue, die von den Berghängen
aus entweder in den Lagerstätten selbst (streichende Stollen) oder, falls das

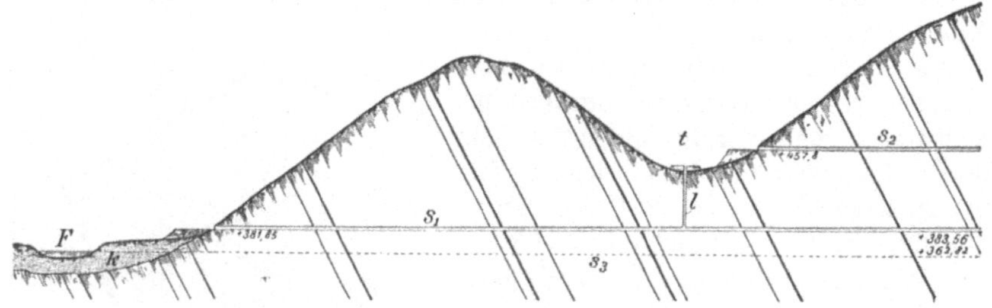

Abb. 294. Stollenbetriebe von einem Haupt- und Nebental aus.

nicht möglich ist, im Gestein in der Richtung auf die Lagerstätten aufgefahren werden (querschlägige oder diagonale Stollen). Querschlägige Ausrichtungsstollen sind die in Abb. 294 mit s_1 und s_2 bezeichneten. Stollen sind
im Vergleich zu Schächten schneller und billiger herzustellen und ermöglichen
eine einfachere und billigere Förderung und Wasserhaltung. Je tiefer ein
solcher Stollen angesetzt werden kann, um so größer ist die Teufe, die er
„einbringt“, oder die von ihm „gelöste“ Abbauhöhe. Jedoch muß sein
Ansatzpunkt, das Stollenmundloch, mindestens oberhalb des Hochwasser-
spiegels der Talsohle liegen; in der Regel aber wird dabei auch noch auf die
Erzielung einer gewissen Haldensturzhöhe Bedacht genommen. In manchen
Fällen ist ein möglichst tiefer Ansatzpunkt ohnehin nicht vorteilhaft; so z. B.,
wenn nach Abb. 294 in der Nähe der Talsohle F die Erdoberfläche wesentlich
flacher geneigt ist als die Lagerstätte und daher der tiefere Stollen (s_3)
nur wenig mehr Teufe einbringen, dabei aber unverhältnismäßig größere
Kosten verursachen würde, zumal er noch durch Ablagerungen von rolligem
Gebirge k in der Talsohle zu treiben sein würde.

Die Fertigstellung längerer Stollen kann durch gleichzeitiges Vortreiben von mehreren Angriffspunkten aus beschleunigt werden. Als solche
dienen sog. Lichtlöcher (l in Abb. 294), d. s. Schächte, die möglichst
an den Stellen, wo die Erdoberfläche sich mehr zum Stollen herabsenkt, niedergebracht werden und von denen aus der Stollen nach beiden Seiten vorgetrieben wird. Diese Lichtlöcher ermöglichen auch eine bessere Wetterführung und die Abkürzung der Anfahrwege.

Anschlußstrecken, die vom Stollen aus im Gestein oder in den gelösten Lagerstätten zu benachbarten Grubenbauen getrieben werden, heißen „Flügelörter".

5. — Wasserlosungsstollen. Vielfach dienen die Stollen nicht als Ausrichtungs-, sondern vorwiegend oder ausschließlich als Wasser- und Wetterlosungsbetriebe. Die zur Wasserabführung dienenden Stollen waren früher, als die Mittel zur künstlichen Wasserhebung noch sehr unvollkommen waren, auch für den Ruhrkohlenbezirk von großer Bedeutung, da sie den Abbau der höher anstehenden Flözstücke ohne Wasserhaltung ermöglichten, weshalb dem „Erbstöllner", der einen solchen Stollen zu treiben unternahm, wichtige Vorrechte eingeräumt wurden. Außerdem gestatten solche Stollen auch die Ausnutzung der ganzen Gefällehöhe zwischen Erdoberfläche und Stollensohle für die Krafterzeugung durch Turbinen u. dgl., deren Abwasser dann auf der Stollensohle abfließen[1]).

6. — Heutige Bedeutung der Stollen. Die Bedeutung der Stollen als Ausrichtungsbaue ist für den deutschen Bergbau heute nur verhältnismäßig gering, da in den älteren Bergbaugebieten überall die Talsohle erreicht ist und daher der Tiefbau vorherrscht. Das schließt jedoch nicht aus, daß einzelne Stollen auch in solchen Bergbaugegenden, wo der Tiefbau umgeht, heute noch für die Entlastung der Wasserhaltung und Förderung von Bedeutung sind. — Als Bezirke mit jüngerem Bergbau, die sich der Stollen zur Ausrichtung bedienen, seien die Doggererzbergbaugebiete Badens und Württembergs und das Minetterevier in Lothringen genannt.

b) Schächte.

1. Arten der Schächte.

7. — Allgemeines. Zweck der Schächte. Im ebenen oder flachwelligen Gelände beginnt die Ausrichtung von der Tagesoberfläche aus durch Schächte. Gruben, die in dieser Weise aufgeschlossen werden, heißen Tiefbaugruben im Gegensatz zu den Stollengruben.

Da die Schächte für Tiefbauzechen die einzige Verbindung mit der Erdoberfläche bilden, so haben sie eine ganze Reihe verschiedener Zwecke zu erfüllen, indem sie nicht nur zur Förderung, sondern auch zur Ein- und Ausfahrt der Belegschaft, zum Ein- und Ausziehen des Wetterstromes, zum Einhängen von Grubenholz, Maschinen und Werkstoffen aller Art, zur Einführung der erforderlichen Wasser- und Druckluftleitungen, der elektrischen Stark- und Schwachstromkabel usw. dienen.

Nach dem wesentlichen Zweck, den sie zu erfüllen haben, richtet sich ihre Bezeichnung. So sind Hauptförderschächte zu unterscheiden von Wetterschächten, Materialschächten, Seilfahrtschächten und je nach ihrer Bedeutung und Lage im Grubenfeld Zentralschächte und Außenschächte. Aus allgemein sicherheitlichen und wettertechnischen Gründen muß jede Zeche in der Regel mindestens über zwei Schächte verfügen, von denen der eine Einzieh- und Hauptförderschacht, der andere Auszieh- (Wetter-) Schacht ist. Eine Erhöhung dieser Mindestzahl tritt sehr häufig ein. In den meisten Fällen werden

---

[1]) Vgl. z. B. Zeitschr. f. d. Berg-, Hütt.- u. Salinenwes. 1882, S. 117; Der Bergbau am nordwestlichen Oberharz (Wassergewältigung).

Forderungen der Wetterführung hierzu Veranlassung geben; denn je höher die Förderung einer Zeche wird, je größer das Grubengebäude und die Teufe ist, um so mehr wachsen die notwendigen Wettermengen. Auch zur Verkürzung der Anfahr- und Materialtransportwege können zusätzliche Schächte dienen. Je geringer die Schachtbaukosten sind, um so eher wird man von dieser Möglichkeit Gebrauch machen können, wobei allerdings der Grundgedanke der Betriebszusammenfassung und möglichst hohen Ausnutzung jeder Betriebseinrichtung nicht außer acht gelassen werden darf. Schließlich sei noch Schächten für seltenere Sonderaufgaben Erwähnung getan: der „Holzhängeschächte" in Oberschlesien zur Einförderung der in den dortigen mächtigen Flözen benötigten Hölzer sowie der „Spülschächte" zum Einspülen von Versatzgut. Solche Schächte erhalten meist nur einen geringen Querschnitt und werden natürlich nur dann niedergebracht, wenn die übrigen Schächte überlastet sind oder dadurch an Förderwegen unter Tage wesentlich gespart wird.

Gehen die Lagerstätten zutage aus, so liegt es bei steilerem Einfallen nahe, sie mit Hilfe „tonnlägig (donlägig)", d. h. im Einfallen, niedergebrachter Schächte aufzuschließen. Im Gegensatz zu diesen Schächten werden die senkrecht niedergebrachten Schächte als Seiger- oder Richtschächte bezeichnet.

8. — **Tonnlägige Schächte.** Tonnlägige Schächte sind in älteren Zeiten von großer Bedeutung gewesen und auch an Bergabhängen, an Stelle von Stollen, niedergebracht worden, wenn das Ausgehende der Lagerstätte in so geringer Höhe über der Talsohle lag, daß ein Stollen nicht viel Teufe eingebracht hätte, oder wenn die Lagerung so flach war, daß man den Stollen durch einen in die Lagerstätte selbst gelegten Förderweg ersetzen konnte. Heute liegt diese letztere Möglichkeit in großem Umfange noch im nordamerikanischen Steinkohlenbergbau vor. Auch werden noch jetzt in Bergbaugebieten, in denen, wie in Transvaal und am Oberen See in Nordamerika, ein sehr gleichmäßiges, steiles Einfallen bei günstigen Gebirgsdruckverhältnissen vorherrscht, tonnlägige Schächte mit gutem Erfolge selbst für die Förderung aus sehr großen Teufen benutzt. Sie haben unter solchen, für sie günstigen Verhältnissen verschiedene Vorteile: während des Abteufens lernt man das Verhalten der Lagerstätte kennen, und die Arbeit macht sich ganz oder teilweise durch Mineralgewinnung bezahlt; auch braucht die Lagerstätte nicht erst durch Querschläge oder doch nur durch solche von geringer Länge vom Schachte aus gelöst zu werden. Diesen Vorzügen stehen jedoch ähnliche schwerwiegende Nachteile gegenüber wie bei einem Blindberg im Verhältnis zu einem Blindschacht: die Schächte kommen, weil ihre Stöße nicht senkrecht stehen, stärker in Druck als Seigerschächte; sie sind weiterhin für die Förderung ungünstig, weil der Förderweg länger ist als in seigeren Schächten, weil außerdem ein starker Verschleiß der Fördergestelle, Schachtleitungen und Seile eintritt, der in Seigerschächten nahezu völlig wegfällt, und weil endlich auch die Fördergeschwindigkeit wesentlich hinter der in Seigerschächten möglichen zurückbleibt. Liegen aber vollends die oben vorausgesetzten günstigen Verhältnisse nicht vor, so erscheint die Benutzung tonnlägiger Schächte von einigermaßen größerer Teufe als ausgeschlossen. Das ist z. B. beim Steinkohlenbergbau in gefaltetem und gestörtem Gebirge der Fall, wo die Muldenbiegungen und Störungen den tonnlägigen Schächten nach

unten hin bald ein Ziel setzen und überdies infolge· der geringen Festigkeit der Kohle zwar die Anlage eines tonnlägigen Schachtes verbilligt werden kann, seine Unterhaltung aber durch den rasch wachsenden Gebirgsdruck ganz außerordentlich verteuert wird. Ganz ausgeschlossen sind tonnlägige Schächte dort, wo ein Deckgebirge vorhanden ist.

Seigere Schächte, die nach Erreichung der Lagerstätte in dieser tonnlägig fortgesetzt werden, nennt man gebrochene Schächte — sie finden sich z. B. am Witwatersrand —, Schächte mit geringer Neigung, entsprechend einem flachen Einfallen der Lagerstätte, „Flache" oder „Laufschächte" oder „einfallende Strecken".

9. — **Seigere Schächte.** Seigere Schächte sind in allen Fällen, in denen Deckgebirge von einiger Stärke vorhanden ist, das einzig in Betracht kommende Ausrichtungsmittel. Sie finden aber außerdem jetzt aus den oben angeführten Gründen auch dort ausschließlich Verwendung, wo die Lagerstätten zutage ausgehen, falls nicht etwa die Verhältnisse ganz besonders günstig für tonnlägige Schächte liegen.

2. Schachtansatzpunkt.

10. — **Allgemeines.** Für die Beantwortung der wichtigen Frage nach der richtigen Wahl des Schachtansatzpunktes, d. h. derjenigen Stelle, an der ein neuer Schacht abgeteuft („niedergebracht" oder „geschlagen") werden soll, kommen die Lagerungs- und Betriebsverhältnisse und die Verhältnisse an der Tagesoberfläche in Betracht.

11. — **Bedeutung der Lagerungs- und Betriebsverhältnisse.** Man wird zunächst bestrebt sein, die Förder- und Wetterverbindungen zwischen den Schächten und den Lagerstätten möglichst kurz zu halten. Setzen also durch das Grubenfeld nur wenige Lagerstätten in geringem Abstande voneinander, so wird man bei der Wahl des Schachtpunktes mehr auf ihre Lage Rücksicht nehmen müssen als bei einer großen Anzahl über das ganze Feld verteilter Lagerstätten. Reichhaltige Teile des Grubenfeldes verdienen mehr Berücksichtigung als ärmere, und man wird nach Möglichkeit den Schacht in die Nähe des größeren Lagerstättenvorrats legen. Bei steiler Lagerung ist die Lage des Schachtes mehr an den Verlauf der Lagerstätten gebunden als bei flachem Einfallen. Bei mittleren Fallwinkeln und gleichmäßiger Verteilung des Lagerstättenvorrats (Abb. 296) tritt die Rücksicht auf die Lagerstätten stark zurück, da der Schacht dann nur innerhalb eines geringen Teufenbereichs günstig zu ihnen stehen kann.

Im übrigen stoßen wir bei der Berücksichtigung des Gebirgseinfallens auf widerstreitende Erwägungen. Die Querschlagförderwege werden nämlich am kürzesten und die laufenden Querschlagförderkosten am niedrigsten, wenn der Schacht z. B. in die Mitte einer Mulde (s_1 in Abb. 295) gesetzt oder bei gleichmäßiger Flözneigung möglichst weit nach dem Hangenden hin niedergebracht wird („vorgeschlagene" Schächte, s_1 in Abb. 296). In beiden Fällen wird außerdem Rückförderung vermieden, da jede Abwärtsbewegung im Abbau gleichzeitig eine Vorwärtsbewegung in der Richtung zum Schachte ist. Anderseits kommt die Rücksicht auf die Schachtsicherheitspfeiler hinzu, die nach unten hin fortgesetzt stärker werden müssen und deren verschiedene Größe für Mulden- und Sattelschächte in Abb. 295, für Schächte im Liegenden und im Hangenden in Abb. 296 durch Schraffur ersichtlich gemacht ist. Doch tritt dieser Gesichtspunkt heute zurück, da man bei größeren Tiefen notgedrungen mehr und mehr zum Abbau der Sicherheitspfeiler übergehen muß. Ist dieser Abbau bei mächtigem Schwimmsanddeckgebirge jedoch bedenklich, so legt man, wenn möglich, den Hauptförderschacht in einen armen, unabbauwürdigen Teil der Lagerstätte.

Beide Forderungen — niedrige Querschlagförderkosten und geringe Kohlenverluste — werden gleichzeitig erfüllt, wenn der Schacht auf eine Sattelkuppe gestellt werden kann (s_2 in Abb. 295).

12. — Bedeutung des Deckgebirges. Durch ein über dem flözführenden Gebirge noch auftretendes Deckgebirge wird vielfach das Schachtabteufen wesentlich erschwert oder doch wenigstens der Schacht-

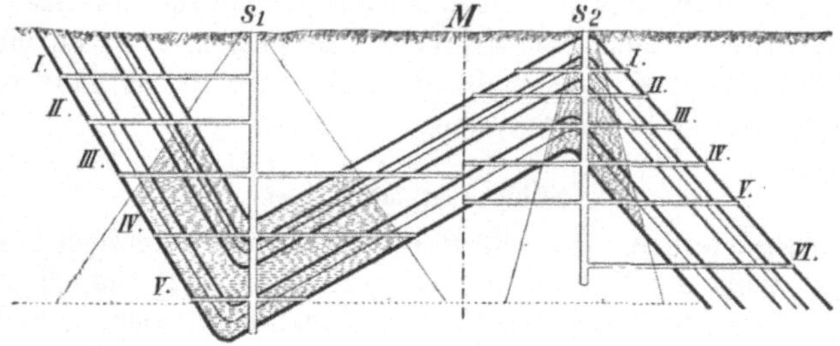

Abb. 295. Schacht in einer Mulde und auf einer Sattelkuppe.

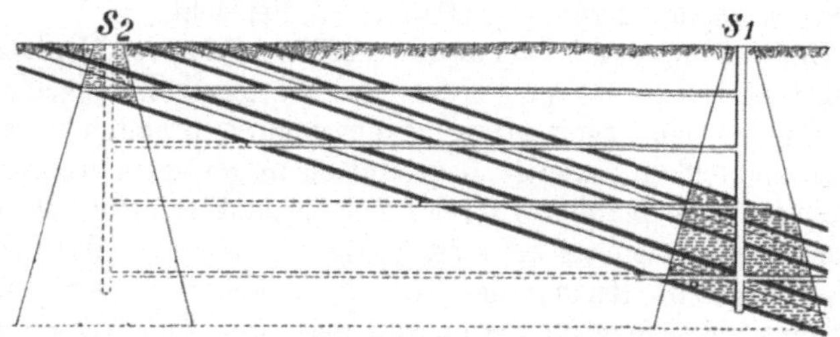

Abb. 296. Schächte im Hangenden und im Liegenden.

ausbau verteuert, in jedem Falle aber die Förderteufe vergrößert. Man wird daher nach Möglichkeit den Schacht dorthin setzen, wo die geringsten Mächtigkeiten dieses Deckgebirges zu erwarten sind. Namentlich ist bei Auftreten von Sand- und Kiesschichten, deren Mächtigkeit erfahrungsgemäß schnell und stark wechselt, eine Aufsuchung der günstigsten Stelle durch mehrere Bohrungen durchaus ratsam, da deren Kosten gegenüber den dadurch beim Abteufen zu erzielenden Ersparnissen keine Rolle spielen.

13. — Verhältnisse über Tage. Die Verhältnisse an der Tagesoberfläche sind infolge der zunehmenden Bebauung des Geländes und der wachsenden Fördermengen heute so wichtig geworden, daß sie vielfach, z. B. im engeren Ruhrbezirk, im Vordergrund der Erwägungen stehen. Zunächst wird zweckmäßig eine Stelle gewählt, an der die Kosten für den Grunderwerb, nicht sowohl für den Schacht selbst als für die mit ihm zusammenhängenden Tagesanlagen, möglichst gering sind. Anderseits darf jedoch nicht vergessen werden, daß angesichts der hohen Schachtbaukosten bei neuzeitlichen Anlagen im Steinkohlenbergbau die Grunderwerbskosten nur eine geringe Rolle spielen. Ferner ist bei Gruben, die wie Steinkohlenzechen auf Massenabsatz eingerichtet werden müssen, auf einen möglichst bequemen und billigen Eisenbahn-, Fluß- oder Kanalanschluß zu sehen. Außerdem muß das Schachtgelände möglichst hochwasserfrei liegen. Eine gewisse Haldensturzhöhe ist für die Hängebank gleichfalls erwünscht, läßt sich aber auch in ganz ebenem Gelände durch eine „Aufsattelung" des Schachtes über die „Rasenhängebank", d. h. durch Schaffung einer künstlichen höheren Hängebank, erzielen, die für eine bequeme Verladung deshalb zum mindesten bei Gestellförderung allgemein üblich ist. Werden Förderwagen unter 1000 l Inhalt verwandt, so genügt eine Höhe der Hängebank von 10—11 m. Großförderwagen verlangen jedoch Höhen von 15—17 m. Einige neuzeitliche Gruben haben infolge der großen Höhe, die Hängebank und damit auch das Fördergerüst erhalten müßten, bei gleichzeitiger Wahl von Turmfördermaschinen auf eine Hängebank verzichtet und ziehen auf der Rasenhängebank ab.

14. — **Betriebsgröße und Größe der Schachtbaufelder.** Sind nur ein Förderschacht und ein oder auch mehrere Wetterschächte in einem Grubenfeld niedergebracht, so liegt eine Einzelschachtanlage vor. Früher wurden häufig Baufelder von nur $^1/_2$—1 Normalfeld[1]) Größe einem Förderschacht zugeteilt, so daß ein Grubenfeld von 2—3 Normalfeldern durch etwa 3 Förderschächte gelöst war. Dieser Zustand ist heute überholt. In der Erkenntnis nämlich, daß die zu mehreren Schächten gehörenden Tagesanlagen teurer zu erstellen und zu betreiben sind als eine zusammengefaßte größere Tagesanlage für die gleiche Förderung, tat man mit der Vervollkommnung der Hauptstreckenförderung schon bald den Schritt zur Doppelschachtanlage. Sie besteht aus zwei einander benachbarten Förderschächten und gemeinsamen Tagesanlagen. Um zu verhüten, daß Betriebsstörungen oder Gefährdungen des einen Schachtes auch den anderen in Mitleidenschaft ziehen, sind beide Schächte in genügender Entfernung voneinander herzustellen und auch mit getrennten Schachtgebäuden zu überbauen. Häufig läßt sich der gleiche Zweck, die Zusammenfassung der Förderung auf einen Punkt des Grubenfeldes, auch durch einen Einzelschacht erreichen. Dieser muß dann einen ausreichenden Querschnitt besitzen, um zwei Förderungen aufnehmen zu können.

Die Bemessung der Größe der Schachtbaufelder ist eine die Wirtschaftlichkeit eines Bergwerksunternehmens entscheidend beeinflussende Frage, da von ihr bei bestimmten Lagerungsverhältnissen die mögliche Höhe der Förderung abhängig ist. Je niedriger die Schachtbaukosten sind und je bescheidener die Tagesanlagen sein können (z. B. Fehlen einer Aufbereitung), um so mäßiger kann die Tagesförderung sein und bei ähnlichen Lagerungsverhältnissen um so kleiner auch das Schachtbaufeld. Ein Beispiel hierfür bieten die Vereinigten Staaten und England, wo die durchschnittliche Betriebsgröße je Schachtanlage durch eine Jahresförderung von 100 000—150 000 t gekennzeichnet ist. Die Grubenfelder sind dagegen dort ebenso groß oder noch umfangreicher als in Deutschland. Diese Tatsache ist eine Auswirkung der Ausdehnung der Kohlenvorräte in der Horizontalen, während sie in Deutschland stärker in der Vertikalen angeordnet sind. Der Kohlenvorrat je m² Oberfläche liegt im Ruhrgebiet bei etwa 25 t, in England bei 8—10 t. Reiche Ablagerungen ermöglichen daher bei glei-

---

[1]) 1 Normalfeld mißt 2,2 Millionen m².

cher Fördermenge kleinere Grubenfelder als ärmere. Auch der Durchschnittserlös spielt eine Rolle, denn Magerkohlengruben mit ihren höheren Erlösen kommen vielfach mit kleineren Grubenfeldern aus als Fettkohlengruben.

In Deutschland wäre der Kohlenbergbau bei einer mittleren Betriebsgröße von 150000 t heute nicht mehr lebensfähig. Mit dem Tieferwerden der Schächte, mit dem Vordringen des Bergbaus in Gebiete mit schwierigen Deckgebirgsverhältnissen, mit der Verteuerung der Tagesanlagen mußte die Förderung je Zeche steigen und die Größe ihres Grubenfeldes zunehmen. Denn jede Schachtanlage bedeutet die Festlegung großer Anlagewerte und erfordert unabhängig von der Förderung hohe fixe Beträge an Abschreibung und Verzinsung sowie sonstigen Kosten. Diese lassen sich in ihrer Auswirkung als Selbstkosten je t Kohle nur dann in erträglichen Grenzen halten, wenn sie auf eine mit den Anlagekosten steigende Fördermenge verteilt werden, die ihrerseits nur aus Grubenfeldern von einer je nach dem einzelnen Fall verschiedenen Mindestgröße herausgeholt werden kann. Während vor 50 Jahren noch Zechen mit einem Grubenfeld von etwa 2 Normalfeldern von je 2,2 Millionen m² Fläche Größe gegründet werden konnten, sind heute Neuanlagen nur möglich, wenn ihnen 4, 6 oder 8 Normalfelder zur Verfügung stehen.

Mit dieser Vergrößerung der Grubenfelder nehmen naturgemäß die Förder-, Fahr- und Wetterwege sowie die erforderlichen Wettermengen außerordentlich zu. Angesichts der heute zur Verfügung stehenden leistungsfähigen Hauptstreckenfördermittel bilden jedoch auch lange untertägige Förderwege kein ernsthaftes Hindernis mehr. Den erhöhten Anforderungen der Wetterführung kann durch besondere Wetterschächte begegnet werden, die als Außenschächte möglichst in der Nähe der Grenzen des Grubenfeldes oder auch an anderen zweckmäßigen Punkten zu der Doppelschachtanlage, in welcher die Förderung zusammengefaßt ist, hinzutreten. Für eine solche Organisation ist der Begriff der Verbundschachtanlage[1]) geprägt worden.

Aber nicht nur für neu zu errichtende Zechen spielen diese ganzen Gesichtspunkte eine Rolle, vielmehr haben sie nach dem Weltkriege auch die schon bestehenden entscheidend beeinflußt. Die Tagesanlagen und damit die Förderung zahlreicher Zechen sind stillgelegt worden, während eine benachbarte, zur gleichen Gesellschaft gehörende Zeche ausgebaut, erneuert und zu einer Großschachtanlage entwickelt wurde. Die früheren Förderschächte dienen z. T. als Wetter-, Anfahr- und Materialschächte weiter. So sind schon zahlreiche Schachtanlagen mit 4000—8000 t Förderung entstanden, die größten dagegen sind auf 10000 und 12000 t Tagesförderung zugeschnitten. Die mittlere Betriebsgröße einer Zeche im Ruhrgebiet, in Aachen und im Saargebiet ist durch eine Tagesfördermenge von 2500 t, in Oberschlesien durch eine Tagesförderung von 5000 t gekennzeichnet, entsprechend Jahresförderungen von 750000 t und 1,5 Millionen t.

15. — **Form des Baufeldes.** Die Form des Baufeldes wird in den meisten Fällen ganz oder teilweise durch Grenzen bestimmt, auf die ein Einfluß nicht genommen werden kann. Hierher gehören Markscheiden benachbarter Felder sowie Störungen größeren Ausmaßes.

Trotzdem ist es wichtig, sich über die Vor- und Nachteile verschiedener Formen eines Grubenfeldes bei flachem und steilem Einfallen klar zu sein. So

---

[1]) Glückauf 1930, S. 1749; R o e l e n: Entwicklung zum Verbundbergwerk im Ruhrkohlenbezirk.

wird sich bei söhliger Lagerung eine quadratische Form in der Regel am meisten empfehlen, da diese bei geringer Förderlänge eine genügende Anzahl von Angriffspunkten zu schaffen gestattet. Bei geneigter Lagerung bietet im Flözbergbau eine mehr querschlägige Erstreckung den Vorteil, daß man eine größere Anzahl von Flözen gleichzeitig bauen und damit die verschiedenen Bauwürdigkeiten der einzelnen Flöze gegeneinander ausgleichen, auch je nach der Marktlage den Abbau nach den verschiedenen Eigenschaften der einzelnen Flöze hinsichtlich der Korngröße oder des Gasgehalts ihrer Kohlen verschieden führen kann. Anderseits ermöglicht eine mehr streichende Erstreckung des Baufeldes die Gewinnung einer größeren Zahl von Angriffspunkten, die hinsichtlich des Abbaues voneinander unabhängig sind. Treten die Flöze zusammengedrängt in ausgeprägten Flözzügen auf, so ist eine streichende Erstreckung der querschlägigen vorzuziehen.

3. Schachtscheibe.

16. — Form und Einteilung. Der Schachtquerschnitt, der mit seinem Ausbau und seiner Einteilung Schachtscheibe genannt wird, kann rechteckig, quadratisch, kreisförmig, elliptisch oder durch vier flache Bogen begrenzt sein. Die einzelnen Abteilungen des Schachtes werden als „Trumme" oder „Trümmer" bezeichnet.

17. — Rechteckige Schächte. Rechteckige Schachtquerschnitte sind schon in alten Zeiten gebräuchlich gewesen. Für tonnlägige Schächte ergibt sich als naturgemäße Querschnittsform diejenige eines langgestreckten Rechtecks (Abb. 297) mit Anordnung der einzelnen Trumme nebeneinander in der Streichrichtung der Lagerstätte. In seigeren Schächten kann man den Querschnitt, um einen möglichst gleichmäßigen Gebirgsdruck und einen möglichst geringen Umfang zu erzielen, mehr dem quadratischen nähern. Ein Beispiel für die Verteilung der im Schachtquerschnitt unterzubringenden Förder-

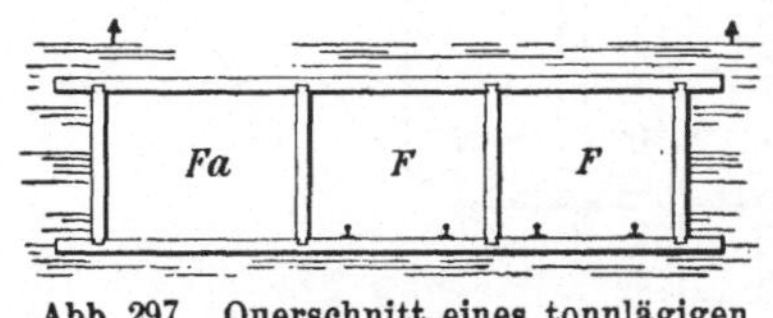

Abb. 297. Querschnitt eines tonnlägigen Schachtes.

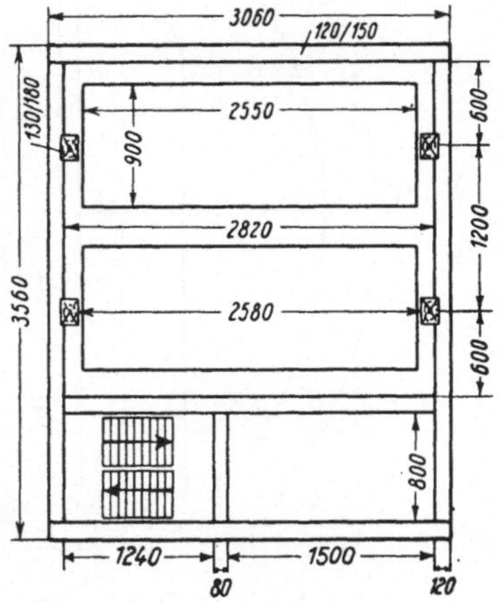

Abb. 298. Schachtscheibe eines rechteckigen Seigerschachtes.

und Fahreinrichtungen, Rohrleitungen, elektrischen Kabel usw. auf die einzelnen Trumme rechteckiger Schächte gibt die Abb. 298.

Seigere Schächte mit gestreckt-rechteckigem Querschnitt werden zur Erhöhung ihres Widerstandes gegen den Gebirgsdruck so gestellt, daß die kurzen Seiten des Rechtecks in die Streichrichtung des Gebirges zu liegen kommen.

18. — Runde Schächte. Kreisrunde Schächte haben gegenüber den rechteckigen verschiedene wichtige Vorteile und sind daher bei uns jetzt fast allgemein zur Herrschaft gelangt. Zunächst verteilt der Gebirgsdruck sich

nahezu gleichmäßig auf den ganzen Umfang. Ferner fällt das Ausspitzen der
Ecken fort, das nicht nur kostspielig und zeitraubend ist, sondern auch das
Gebirge mehr in Bewegung bringt. Auch erhält der Ausbau die denkbar
widerstandsfähigste Form, nämlich diejenige eines in sich geschlossenen
Gewölbes. Außerdem ist beim Kreise das Verhältnis des Umfangs zum
Inhalt, also der dem Gebirgsdruck ausgesetzten und durch den Ausbau zu
verwahrenden Länge zum nutzbaren Schachtquerschnitt, namentlich bei
großem Durchmesser, am günstigsten, wie folgende Zusammenstellung zeigt:

	Querschnitt	5 m²	10 m²	20 m²	30 m²
		m	m	m	m
	Kreis	7,8	11,2	15,6	19,1
Umfang	Quadrat	8,9	12,6	17,9	21,9
	Rechteck mit Seitenver-				
	hältnis 2:3	9,1	12,9	18,3	22,4

Die Zahlentafel läßt gleichzeitig erkennen, wie das Verhältnis Inhalt zu
Umfang mit wachsendem Querschnitt sich rasch günstiger gestaltet.

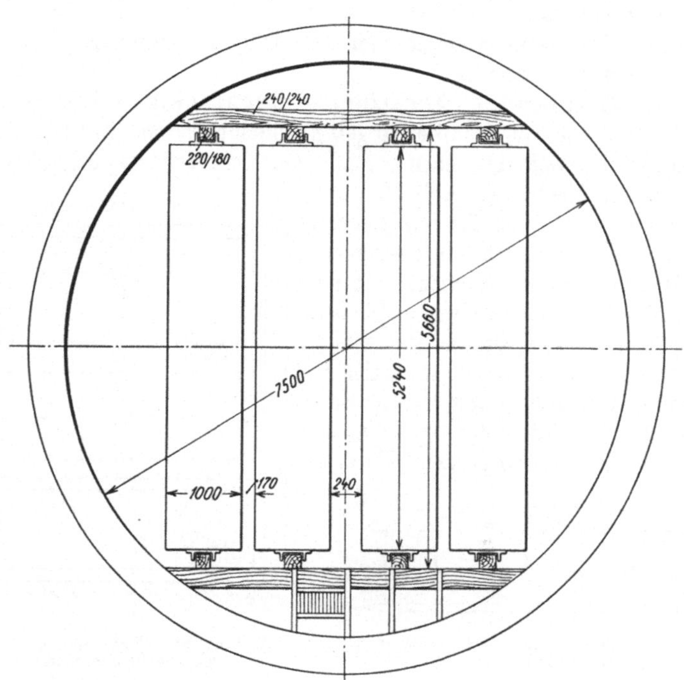

Abb. 299. Schachtscheibe der Zeche Z o l l v e r e i n.

Freilich ergeben sich in kreisrunden Schächten „verlorene“ Ecken in
Gestalt kleiner Segmente, die nicht genügend ausgenutzt werden können.
Jedoch ist anderseits bei rechteckigem Schachtquerschnitt die vollständige
Ausnutzung vielfach nur scheinbar, indem wegen der Notwendigkeit. vier
gerade Seiten als Grenzlinien zu erhalten, das eine oder andere Trumm
größer als unbedingt nötig gewählt werden muß.

Ferner lassen sich runde Schächte von größerem Durchmesser zwar nicht mit Holz, wohl aber mit allen anderen Stoffen (Mauerung, Beton, Schmiede- und Gußeisen) ausbauen, während rechteckige Schächte auf den Ausbau in Holz, Profilstahl oder Stahlbeton beschränkt sind. Ausschlaggebend ist in dieser Hinsicht vielfach schon, daß nur runde Schächte wasserdicht ausgebaut werden können.

Schachtscheiben runder Schächte zeigen die Abbildungen 299—301.

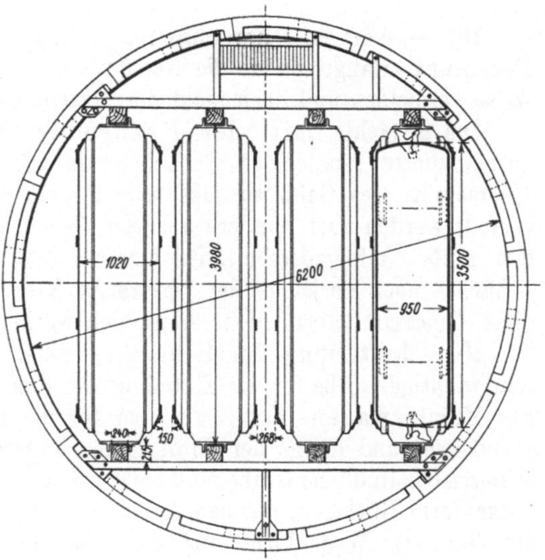

Abb. 300. Schachtscheibe der Zeche W a l s u m.

Die Bedeutung einer möglichst ausgiebigen Ausnutzung des Schachtquerschnitts ergibt sich daraus, daß 1 m² Schachtscheibe bei Schächten

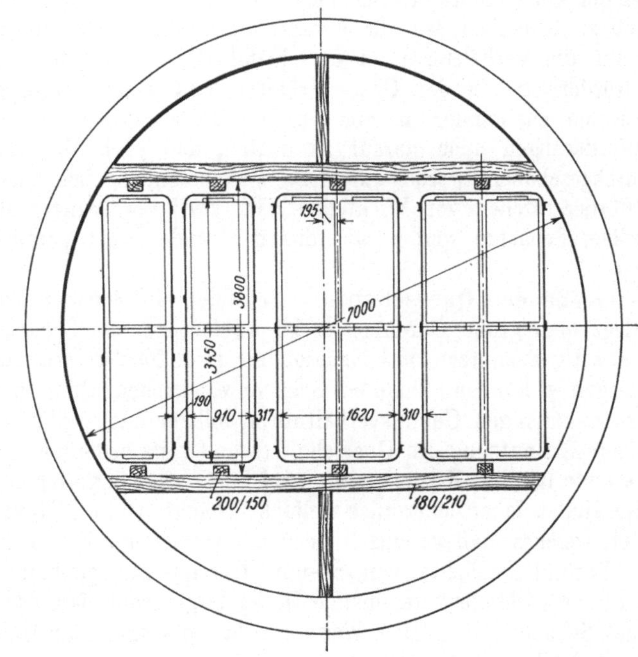

Abb. 301. Schachtscheibe der Zeche M i n i s t e r S t e i n.

von etwa 500 m Teufe bereits einen Wert von etwa 40000—200000 RM. (je nach den Abteuf- und Ausbaukosten) hat.

19. — Andere Querschnitte. Elliptische Schächte haben keine Bedeutung erlangt, da sie die Nachteile der rechteckigen Schächte nur teilweise vermeiden und doch nicht die Vorteile der runden besitzen.

Die Schächte mit vier flachen Bögen sind im Grunde lediglich ausgemauerte rechteckige Schächte, da die Mauerung bei rechteckigem Querschnitt des Gebirgsdrucks wegen nicht aus vier Scheibenmauern hergestellt werden darf, sondern aus vier Gewölbebögen zusammengesetzt werden muß. Infolgedessen tritt hier zu den Nachteilen der rechteckigen Schächte noch derjenige der verlorenen Kreisabschnitte hinzu, so daß auch diese Querschnittform nicht empfohlen werden kann.

20. — Einteilung der Schachtscheibe. Eine für Gestellförderungen sehr wichtige Größe für die Einteilung der Schachtscheibe ist der Grundriß des Förderwagens der Grube, der für die Bemessung des Fördergestellgrundrisses und damit der Fördertrumme ausschlaggebend ist. Eine bereits in Betrieb befindliche Grube muß bei der Schachteinteilung auf die vorhandene Wagenform Rücksicht nehmen, bei einer Neuanlage muß man umgekehrt für die Wahl der Wagenform auch die Schachteinteilung berücksichtigen. Bei Gefäßförderungen ist man von der Rücksicht auf den Förderwagen unabhängig.

Von den zahlreichen Möglichkeiten, die sich nach diesen Erwägungen für die Schachtscheibe ergeben, ist durch Ausproben diejenige zu ermitteln, bei welcher der Querschnitt des Schachtes am besten ausgenutzt wird. Dabei ist auch zu bedenken, wie die Fördertrumme die zweckmäßigste Lage in bezug auf die Verhältnisse an der Erdoberfläche und in bezug auf die Hauptförderwege in der Grube erhalten und welche Lage der einzelnen Trumme zueinander als die vorteilhafteste erscheint. U. a. ist bei Gestellförderungen auch darauf zu achten, daß nach Möglichkeit die Wagen durchgeschoben werden können, was besonders bei langen und schmalen Fördergestellen von Wichtigkeit ist. Zwei Förderungen in einem und demselben Schachte werden aus diesem Grunde meist parallel zueinander gelegt.

21. — Größe des Querschnitts. Je tiefer ein Schacht wird, um so eher pflegt man große Durchmesser zu wählen, um die Schachtscheibe möglichst günstig ausnutzen und insbesondere zwei Fördereinrichtungen in ihr unterbringen zu können. Denn ein Schacht von großem Querschnitt wird bei nicht zu ungünstigen Gebirgsverhältnissen billiger und ergibt außerdem eine günstigere Ausnutzung des Querschnittes und ganz bedeutend geringere Reibungsverluste für den Wetterzug als zwei Schächte von geringem Durchmesser. Man findet daher neuerdings vielfach Schächte von 6—7,5 m lichtem Durchmesser, welches Maß vereinzelt noch überschritten wird, so daß nach englischem Vorbild Schächte von 8—9 m Durchmesser geplant werden. Häufig allerdings verhindern ungünstige Deckgebirgsverhältnisse das Niederbringen eines Schachtes in solcher Weite und lassen sogar unter Umständen zwei engere Schächte als vorteilhafter erscheinen als einen weiten; zwei Schächte von je 4 m Durchmesser z. B. haben freilich nicht mehr freien Querschnitt als einer von 5,7 m Durchmesser, sind aber wesentlich besser gegen Gebirgsdurchbrüche gesichert und kommen dabei mit einem Ausbau von nicht unbeträchtlich geringerer Wandstärke aus, so daß unter Umständen ihre Gesamtkosten nicht wesentlich höher als die des weiteren Schachtes ausfallen. Auch wird bei Schächten mit Doppelförderung durch einen größeren Unfall, der die eine Fördereinrichtung betrifft, vielfach auch die andere betroffen, während man bei zwei Schächten eine größere Sicherheit hat. Kann man die Förderung so zusammendrängen, daß der eine der beiden Schächte nur als Wetterschacht zu dienen hat, oder werden zur ausreichenden Wetterversorgung besondere Wetterschächte erforderlich, so kommt noch die Möglichkeit in Betracht, solche Wetterschächte ganz ohne Einbau zu lassen. Für solche „nackten" Schächte beträgt die Reibungszahl für die Wetterbewegung (s. 5. Abschnitt) nur $1/_3$—$1/_8$ derjenigen für Schächte mit Einstrichen. Dementsprechend lassen Schächte ohne Einbau bei gleichem Durchmesser und gleicher Depression erheblich größere Wettermengen durch. Die dann sich einstellende größere Wettergeschwindigkeit in einem derartigen, engeren Schachte würde nicht von großer Bedeutung sein, da Schächte ohne Einbau kaum Ausbesserungsarbeiten im Schacht verlangen, die an sich durch starken Wetterzug gestört werden können.

Für Nebenschächte, die für besondere Zwecke, wie Einförderung der Versatzmassen beim Abbau mit Spülversatz (s. unten) u. dgl., dienen, kommt man schon mit Durchmessern von 1—1,5 m aus. Solche Schächte können einfach durch Bohrung hergestellt werden.

4. Schachtteufen.

22. — Tiefste Schächte der Erde. Bereits seit längerer Zeit hat eine Anzahl von Schächten die 1000-m-Teufe überschritten. Unter den tiefsten Schächten finden wir viele in Ländern mit altem Bergbau, wo die in den oberen Teufen anstehenden Lagerstätten verhauen sind. Jedoch kann vielfach, wie im nördlichen und östlichen Teile des Ruhrbezirks und bei einer Anzahl deutscher Kalisalzbergwerke, die große Mächtigkeit des Deckgebirges auch für noch nicht lange betriebene Bergwerke bedeutende Schachtteufen erfordern. Obwohl beim Erzbergbau der Verhieb wesentlich langsamer erfolgt als beim Kohlenbergbau, finden wir doch auch Erzbergwerke mit sehr tiefen Schächten; es sind dies dann in der Regel Gruben mit sehr steil einfallenden Lagerstätten, bei denen der Abbau verhältnismäßig schnell in größere Teufen gelangt. Die überhaupt tiefsten Schächte sind sogar solche von Erzbergwerken (Goldbergbau Südafrikas). Einen Überblick über die tiefsten Schächte Deutschlands und der Erde gibt nachstehende Zahlentafel:

Land	Name und Lage des Schachtes	seiger oder tonnlägig	seigere Teufe m
Deutschland	Radbod 2 (bei Hamm)	seiger	1116
	Morgenstern 3 (Zwickau)	„	1082
	Sachsen (Heeßen b. Hamm). . . .	„	1050
	Heinrich Robert (bei Hamm) . .	„	1008
	Volkenroda (Kalibergwerk, Menterode).	„	1001
	Frankenholz 2 (Saar)	„	905
	Velsen (Saar)	„	844
	Karsten-Zentrum (O.-S.)	„	744

Land	Name und Lage des Schachtes	seiger oder tonnlägig	seigere Teufe m
Nordamerika	Tamarac 6 . } Kupfererzbergbau am	tonnlägig	1620[1]
	Red Jacket . } Oberen See	seiger	1490[1]
Südafrika	Simmer and Jack („Rand"-Berg- baubezirk)	"	1930
	Nr. 17. Crown-Grube („Rand"- Bergbaubezirk)	"	2290[3]
Australien	Lancells (Bendigo-Grube)	"	1311
Belgien[2]	Schacht 2 der „Rieu du Cœur" in Quaregnon (Mons)	"	1270
Protektorat	Adalbert (Přibram)	"	1201
Frankreich	Ronchamp (Vogesen)	"	1020
England	Deep Pit Hanley	"	896[4]

Die tiefsten Grubenbaue sind diejenigen der südafrikanischen Crown- und Village Deep-Goldgruben mit 2600 m und der brasilianischen Morro Velho-Goldgrube mit 2130 m.

B. Ausrichtung vom Schachte aus.

a) Sohlenbildung.

23. — Grund der Sohlenbildung. Die Sohlenbildung ist in allen Fällen, wo es sich um Lagerstätten mit einem gewissen Einfallen oder um eine Mehrzahl von Lagerstätten handelt, erforderlich, um die Lagerstätten zweckmäßig in eine Anzahl von nacheinander anzugreifenden Abschnitten teilen zu können.

24. — Sohlenbildung nach Flözen. Die einfachste Art der Sohlenbildung ist bei ganz flacher oder nur ganz schwach und sehr regelmäßig geneigter Lagerung gegeben, wie sie in Deutschland nur selten (vorzugsweise in Oberschlesien, im Kalibergbau des Werragebietes und im Doggererzbergbau), in England und Nordamerika dagegen als Regel auftritt. Man kann hier das Flöz als eine Sohle für sich benutzen, so daß alle Förder-, Fahr- und Wetterwege im Flöze hergestellt und Gesteinsarbeiten, abgesehen von dem etwa erforderlichen Nachreißen der einzelnen Strecken auf die ausreichende Höhe, gänzlich vermieden werden. Nach Beendigung des Abbaues in diesem Flöze wird von dem mittlerweile abgeteuften Schachte aus in dem nächsten bauwürdigen Flöze eine neue Sohle „gefaßt" usw.

Diese Sohlenbildung bietet den Vorteil, daß die Mineralgewinnung sofort beginnen kann und die Kosten der Ausrichtung auf ein Mindestmaß herabgedrückt werden, auch die Förderteufe im Schachte in den geringstmöglichen Stufen zunimmt. Jedoch stehen ihr bei einigermaßen druckhaftem Hangenden und bei längerer Dauer des Abbaues eines Flözes, d. h. bei großer Flöz-

---

[1] Coal Age 1927, Bd. 31, S. 805; Ashley: Random notes on coal and its mining.

[2] Belgien hat heute bereits 46 in Betrieb stehende Schächte mit Teufen über 1000 m aufzuweisen.

[3] The Colliery Gardian 1934, Bd. 49, S. 525.

[4] Höhere Zahlen im Schrifttum beziehen sich auf die tiefsten Grubenbaue in England (bis 1219 m).

mächtigkeit oder bei größerem Umfange des Baufeldes infolge hoher Schachtkosten, auch gewichtige Bedenken entgegen. Da mit dem fortschreitenden Abbau der Gebirgsdruck immer mehr entfesselt wird, so gestaltet sich die Aufrechterhaltung der erforderlichen Strecken immer teurer, so daß bald die erzielten Ersparnisse an Anlagekosten durch die laufenden Unterhaltungskosten aufgewogen werden können. Dazu kommen die Nachteile für die Bewetterung der Baue. Der frische Strom hat, da er durch abgebautes Feld hindurchgeführt werden muß, schon Gelegenheit, sich mit schädlichen Gasen zu beladen; Ein- und Ausziehströme begegnen sich in derselben Ebene, so daß die Bildung von Wetterabteilungen erschwert wird, Kurzschlußmöglichkeiten begünstigt werden und an vielen Stellen die nicht gerade günstigen Wetterbrücken einzurichten sind.

In weitaus stärkerem Maße aber machen diese Übelstände sich geltend, wenn die Schichtenlagerung nicht völlig söhlig, sondern unregelmäßig, d. h. flach wellenförmig, und die durchschnittliche Flözmächtigkeit nur gering ist. Das Auffahren von Strecken im Flöz erfordert dann, wenn in der Grundrißebene die geradlinige Richtung innegehalten werden soll, einen fortwährenden Wechsel des Gefälles; sollen die Strecken außerdem auch söhlig oder mit gleichmäßigem Ansteigen geführt werden, so wird ein häufiges Nachreißen des Nebengesteins, vielfach in bedeutendem Maße, erforderlich. Bei wechselndem Gefälle (im ersten Falle) ergeben sich dann erhebliche Förder- und Bewetterungschwierigkeiten; Nachreißen des Nebengesteins aber (im zweiten Falle) ist teuer und bringt die Strecken in starken Druck durch das über oder unter ihnen anstehende Flöz. Soll dagegen eine dritte Möglichkeit ausgenutzt und innerhalb der Flözmächtigkeit mit gleichbleibendem Ansteigen aufgefahren werden, so müssen die flachen Sättel und Mulden fortgesetzt mit zahlreichen Streckenbiegungen umfahren werden. Außerdem ist die Wasserabführung erschwert; auch können beim Abbau durch unvermutete Wasseranzapfungen erhebliche Schwierigkeiten und Gefahren entstehen, indem die Wasser in den flachen Mulden sich sammeln und so nicht nur die hier tätigen Leute unmittelbar gefährden, sondern auch die dahinterliegenden Baue durch „Wassersäcke" absperren können.

25. — **Sohlen im Gestein.** Ist die Lagerung nicht söhlig, sondern unregelmäßig, sei es flach, halbsteil oder steil, so müssen die Sohlen mit ihren verschiedenen Förder- und Wetterwegen im Gestein hergestellt werden. Zugleich ergibt sich die Notwendigkeit, mindestens zwei Sohlen aufzufahren, eine untere Sohle, die in erster Linie der Förderung und den einziehenden Wettern dient und eine obere zur Abführung der verbrauchten Wetter. Die zwischen den Sohlen befindlichen Lagerstätten (Flöze, Lager, Gänge usw.) werden von den einzelnen Sohlen aus in der Regel durch Blindschächte (Aufbrüche, Gesenke) gelöst, neuerdings, insbesondere bei flacher Lagerung, zuweilen auch durch schwebende Gesteinsberge (Gesteinsschwebende). Bei dieser Art der Ausrichtung werden freilich die Anlagekosten im Vergleich zur Sohlenbildung in der Lagerstätte selbst wesentlich gesteigert; auch ist die Zeitspanne vom Beginn der Ausrichtung bis zur Aufnahme der vollen Förderung größer. Dafür sind aber die Unterhaltungskosten geringer, der für die Wetterführung so wichtige Wärmeausgleichsmantel kann sich besser bilden, und schließlich ist die Durchführung einer leistungsfähigen Hauptstreckenförderung gewährleistet.

26. — Sohlenabstände. Für die richtige Wahl der Höhenabstände der Sohlen sind besonders wichtig die Rücksicht auf die mit einer Sohle zu erschließende **Mineralienmenge** einerseits und die Rücksicht auf die Kosten der verschiedenen Sohlenstrecken und Querschläge, Bremsberge, Aufbrüche usw. sowie auf die Förderung zur Sohle und im Schachte anderseits. Es handelt sich darum, einen Sohlenabstand zu finden, bei dem die Anlagekosten für die Förder-, Fahr- und Wetterwege auf und über der Sohle durch die auf die Sohle entfallende Fördermenge gerechtfertigt werden, anderseits aber noch keine zu große Rückförderung — abwärts zur Sohle, aufwärts im Schachte — entsteht und keine zu hohen Unterhaltungskosten für die Ausrichtungsbaue (bei zu langer Standdauer) erforderlich werden. Daher wirkt großer Mineralreichtum oder eine Zusammendrängung der Lagerstätten in der Nähe des Schachtes, die die Ausdehnung der Ausrichtungs- und Förderwege herabdrückt, auf Verringerung der Sohlenabstände. Wird eine neue Sohle zu tief unter der alten gefaßt, so wird die Rückförderung und die Verteuerung und Verzögerung der Schachtförderung zu groß. Nach Möglichkeit sollte schließlich das Füllort in druckfreies Gebirge und das Gesteins-Streckennetz selbst in die standfesteste Schicht gelegt werden. Treten Flöze in Gruppen auf, so sollte zweckmäßig die ganze Gruppe durch die neue Sohle erfaßt werden. Auch spielt die zweckmäßige Aufteilung der durch die neue Sohle zur Verfügung gestellten flachen Bauhöhe eine Rolle.

Deutlich veranschaulicht werden diese verschiedenartigen Verhältnisse durch die Gegensätze zwischen der **Gas- und Magerkohlengruppe des Ruhrbezirks.** In der Gaskohlengruppe treten verhältnismäßig mächtige Flöze in dichter Aufeinanderfolge in mildem Nebengestein bei vorwiegend flacher Lagerung auf, während die Magerkohlengruppe durch spärliche, großenteils dünne Flöze, feste Gesteinsschichten und überwiegend mittleres und steiles Einfallen gekennzeichnet ist. In der Gaskohlengruppe vereinigen sich also alle Bedingungen, die auf geringe, in der Magerkohlengruppe alle Bedingungen, die auf große Sohlenabstände hinweisen.

In Berücksichtigung dieser verschiedenartigen Erwägungen herrschen z. B. im Ruhrkohlenbezirk Sohlenabstände von 100—200 m vor; bei flacher Lagerung werden Abstände von 100—150 m, bei steiler solche von 150—200 m bevorzugt. Die zwischen zwei Sohlen aufgeschlossene Fördermenge beläuft sich dementsprechend je nach dem Kohlenreichtum auf 5—25 Millionen t und somit die Lebensdauer einer Sohle auf 10—20 Jahre. Mit der Erhöhung der Förderung je Abbaubetriebspunkt, durch Verbesserungen des Streckenausbaus und schließlich infolge der Erhöhung der Leistungsfähigkeit der Blindschachtförderung sind diese großen Sohlenabstände möglich geworden. Abb. 307 veranschaulicht deutlich, wie die Sohlenabstände im Laufe der Entwicklung der Bergtechnik immer größer geworden sind.

27. — Unterwerksbau. Während bei der üblichen Ausrichtung der Betrieb oberhalb der Sohle umgeht und die gewonnenen Mineralien auf diese herabgefördert werden, um dann auf der Sohle zum Schachte zu gelangen, findet beim Unterwerksbau die Gewinnung unterhalb der Fördersohle statt, so daß das Fördergut zu dieser heraufgefördert werden muß.

Diese Art des Betriebes kann sich einmal als **gelegentlicher** Unterwerksbau auf solche Fälle beschränken, in denen eine Ausrichtung von Flözstücken in der üblichen Weise von unten her unverhältnismäßig kostspielig geworden wäre, wie das Abb. 302 veranschaulicht. Diese zeigt bei *a* eine Flözgruppe in der Nähe der Markscheide, deren Ausrichtung von der unteren Sohle aus zu einem sehr langen Querschlage nebst einem Aufbruch nötigen würde, bei *b* eine flache Mulde, deren Tiefstes dicht unter der oberen, also in größerem Abstande von der unteren Sohle liegt, bei *c* ein durch eine Verwerfung in geringer Tiefe unter der oberen Sohle abgeschnittenes Flözstück.

Ist eine Grube auf ihrer letzten Sohle angelangt und sind die unter ihr noch vorhandenen Kohlenvorräte nicht groß genug, um die Ausrichtung einer tieferen Sohle zu rechtfertigen, so kann der gelegentliche Unterwerksbau auch einen noch etwas größeren Umfang annehmen, als in der Abb. 302 veranschaulicht ist.

In allen diesen Fällen wird es sich in der Regel zugleich um den sog. „ungelösten" Unterwerksbau handeln. „Ungelöst" ist ein Unterwerksbau dann, wenn die Frischwetter von der Einziehsohle (Hauptfördersohle) abgezweigt, durch ein Gesenk oder einen sonstigen nach unten führenden Grubenbau einem

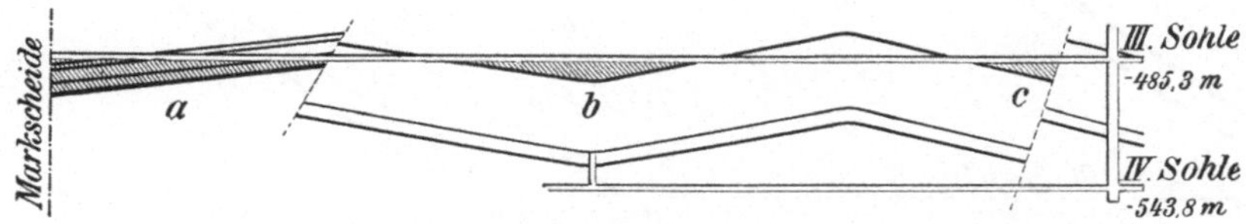

Abb. 302. Beispiele für gelegentlichen Unterwerksbau. (Gebiete des Unterwerksbaues geschrafft.)

tiefsten Punkt zugeführt werden, um von diesem aus die Betriebspunkte des Unterwerks in Richtung nach oben bestreichen zu können. Als verbrauchte Wetter kehren sie zur Fördersohle zurück und müssen alsdann auf kürzestem Wege der Ausziehsohle zugeleitet werden. Die hierbei bestehende Gefahr eines Wetterkurzschlusses (s. 5. Abschnitt) ist durch geeignete Maßnahmen zu vermeiden. Sie sind um so schärfer durchzuführen, je schlagwetterreicher die betreffenden Betriebe sind.

Auch die Wasserhaltung erfordert besondere Beachtung. Da Unterwerksbaue die tiefsten Punkte der Grube darstellen, sind Sonderwasserhaltungen vorzusehen, was um so kostspieliger wird, je wasserreicher das Gebirge ist.

Der größte Nachteil des Unterwerksbaus liegt jedoch in der Beeinflussung der Hauptfördersohle durch den unter ihr umgehenden Abbau. Die Hauptförderstrecken werden abgesenkt; Druck, Pressungs- und Zerrkräfte wirken auf den Ausbau und das Gestänge ein und verursachen kostspielige Unterhaltungsarbeiten und Förderstörungen.

Selbst der planmäßige Unterwerksbau wird daher in neuerer Zeit immer weniger angewandt. Er besteht darin, daß die Fördersohle nicht an die untere Grenze der Abbaubetriebe, sondern mehr nach deren Mitte zu gelegt wird. Die bis zu einer Teufe von 30 m, 50 m oder mehr unterhalb der Fördersohle anstehende Kohle wird alsdann von ihr aus abgebaut und auf ihr gemeinsam mit der im Oberwerksbau gewonnenen Kohle zum Schacht befördert. Zweifellos wird durch dieses Verfahren die Lebensdauer der in Betrieb befindlichen Fördersohle erhöht, eine größere Anzahl von Angriffspunkten und auch die Möglichkeit einer höheren Tagesförderung geschaffen. Auch kann die nächste Fördersohle um so tiefer angesetzt werden, je ausgedehnter der Unterwerksbau von der vorigen Sohle aus gewesen ist. Diese Möglichkeit veranschaulicht Abb. 303. Sie läßt erkennen, daß das oberste Viertel oberhalb der IV. Sohle mittels Unterwerksbau von der III. Sohle aus gewonnen wird und daher unter diesem Unterwerksbau noch eine Seigerhöhe von 90 m bis zur IV. Sohle gleich dem Sohlenabstande zwischen der II. und III. Sohle belassen werden konnte. Ist der Einziehschacht schon bis zur nächsten Sohle abgeteuft, so ist es sogar möglich, den planmäßigen Unterwerksbau als „gelösten" Unterwerksbau zu betreiben, die Wetter also von der unteren Sohle aus den Unterwerksbauen zuzuleiten. Auch eine spätere Gefährdung unterer Baue durch Standwasser der Unterwerksbaue wird alsdann vermieden.

Da der planmäßige Unterwerksbau an seiner unteren Grenze jedoch auch eine mehr oder weniger umfangreiche Teilsohlenbildung durch Auffahren von

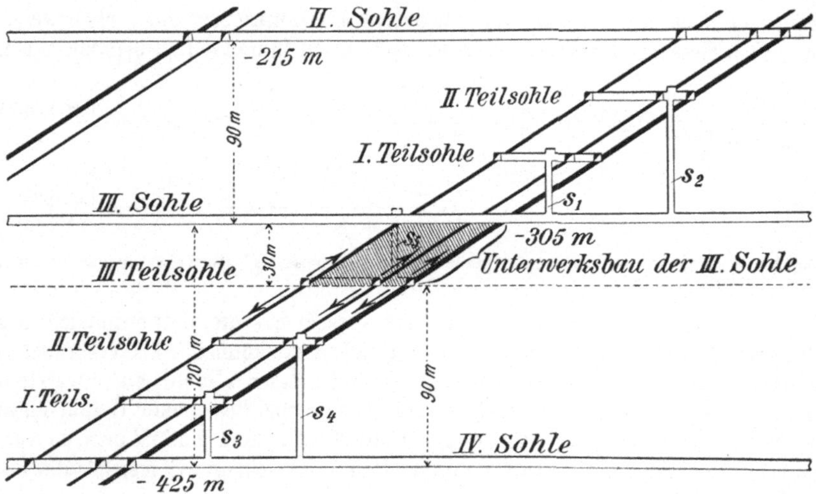

Abb. 303. Vergrößerung des Sohlenabstandes durch planmäßigen Unterwerksbau.

Gesteinsstrecken erfordert, sollte er angesichts seines Nachteils, die Hauptfördersohle zu beunruhigen, auf Ausnahmefälle beschränkt bleiben.

Zudem ist zu beachten, daß die Wahl größerer Sohlenabstände infolge der gesteigerten Leistungsfähigkeit der Blindschachtförderung sowie der größeren flachen Bauhöhen der Abbaubetriebpunkte heute wesentlich einfacher ist als früher, so daß der durch den planmäßigen Unterwerksbau erreichbare Vorteil, den Sohlenabstand zu vergrößern, weit weniger ins Gewicht fällt.

28. — Wettersohlen. In schlagwetterführenden Steinkohlenbergwerken mit Deckgebirge nimmt die erste Wettersohle eine besondere Stellung ein. Da nämlich in Schlagwettergruben der Wetterstrom in der Regel aufwärts geführt wird und das Deckgebirge die einfache Abführung der aufsteigenden Wetterströme durch Tagesüberhauen verhindert, so muß für die erste Fördersohle eine besondere Wettersohle geschaffen werden. Ist das Deckgebirge wasserführend und muß daher unter ihm ein gewisser Sicherheitspfeiler (z. B. der Mergelsicherheitspfeiler in Westfalen) anstehen gelassen werden, so ist dieser beim Auffahren der Wettersohlenstrecken

und -querschläge zu beachten. Die im Ruhrbezirk gebräuchliche Anlage einer solchen Wettersohle zeigt Abb. 304. In dieser kommt noch das flach-nördliche Einsenken der Mergelsohle zur Geltung, das ein Höherlegen der südlichen Wettersohle zur Folge gehabt hat, weil man bei gleicher Höhe der Wettersohle nach Süden und Norden hin im Süden zu große flache Bauhöhen über der Wettersohle, also mit abfallender Bewetterung, erhalten haben würde.

Ist das Grubenfeld in querschlägiger Richtung langgestreckt oder steht aus irgendwelchen Gründen der Schacht ziemlich weit nach der südlichen Feldesgrenze hin, so kann auch ein nochmaliges Absetzen des nördlichen Wetterquerschlags zweckmäßig werden. Not-

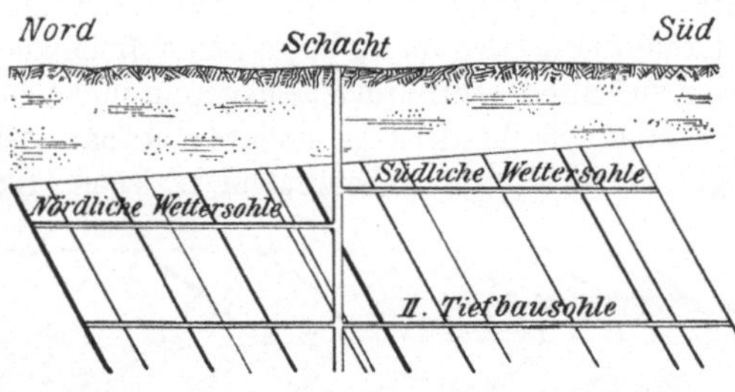

Abb. 304. Wettersohle unter dem Mergel in Westfalen.

wendig wird ein solches dort, wo Verwerfungen im Deckgebirge auftreten.

Ist das Deckgebirge wasserfrei oder besteht es wenigstens in seinem unteren Teile aus wassertragenden Schichten, so braucht auf einen Sicherheitspfeiler keine Rücksicht genommen zu werden. Man kann dann sogar bei genügender Festigkeit dieser unteren Schichten die querschlägigen und streichenden Wetterstrecken im Deckgebirge selbst oder unmittelbar unterhalb dieser Schichten, also mit Bloßlegung des Deckgebirges in der Firste, auffahren.

Die Frage der späteren Wettersohlen beantwortet sich ohne weiteres dahin, daß jede Fördersohle später Wettersohle für die nächstfolgende Fördersohle wird.

b) Die Ausrichtung in der Sohlenebene.

29. — Ausrichtung durch Querschläge. Bei geneigter Lagerung ist, nachdem eine Sohle „gefaßt" ist, die Ausrichtung durch Querschläge (auch „Querstrecken", „Querlinien", „Quergänge" genannt) das gegebene Hilfsmittel. Man unterscheidet zunächst die Hauptquerschläge, die, vom Schachte ausgehend, die Lagerstätten durchörtern. Sie können gewissermaßen als söhlige Fortsetzung der Schächte angesehen werden und haben daher dieselben mannigfachen Aufgaben wie diese zu erfüllen; insbesondere sind sie die Hauptförder-, -anfahr- und -wetterwege, auch haben sie die Wasserabführung zu vermitteln.

Zu diesen Hauptquerschlägen müssen aber in der Regel noch Abteilungsquerschläge treten, die, mit den Hauptquerschlägen gleichlaufend, die Lagerstätten in einzelne Bauabschnitte von passender Größe zerlegen (Abb. 305). Aufgabe dieser Abteilungsquerschläge ist es, die Lagerstätten auch an anderen Stellen zugänglich zu machen als nur durch den Hauptquerschlag, also Angriffspunkte für weitere Abbaubetriebe zu schaffen. Zugleich kann durch sie der frische Wetterstrom in eine Anzahl paralleler Ströme zerteilt werden. Das gleiche gilt für die Hauptstreckenförderung. Sie ermöglichen eine Verkürzung der Abbaustreckenförderung, so daß das gewonnene Mineral eher der billigeren Hauptstreckenförderung übergeben werden kann. Die Standdauer der Abbaustrecken wird verringert und ihre Unterhaltungskosten werden verbilligt.

Schließlich wird der Wetterstrom durch die Abteilungsquerschläge frischer den Abbaubetrieben zugeführt, als dieses durch lange Abbaustrecken geschehen könnte.

30. — **Richtstrecken.** Die Abteilungsquerschläge müssen untereinander mit dem Hauptquerschlag und durch ihn mit dem Schacht verbunden werden. Es geschieht dieses durch streichende Strecken, die möglichst gradlinig aufgefahren und daher als Richtstrecken bezeichnet werden (Abb. 305). Um die Unterhaltungskosten dieser lange Zeit aufrechtzuerhaltenden Strecken möglichst gering zu halten und Förderstörungen in ihnen zu vermeiden, empfiehlt es sich, auch wenn die Förderwege dadurch etwas verlängert werden sollten, sie in möglichst standfestes Nebengestein zu legen. Sie in einem bauwürdigen oder

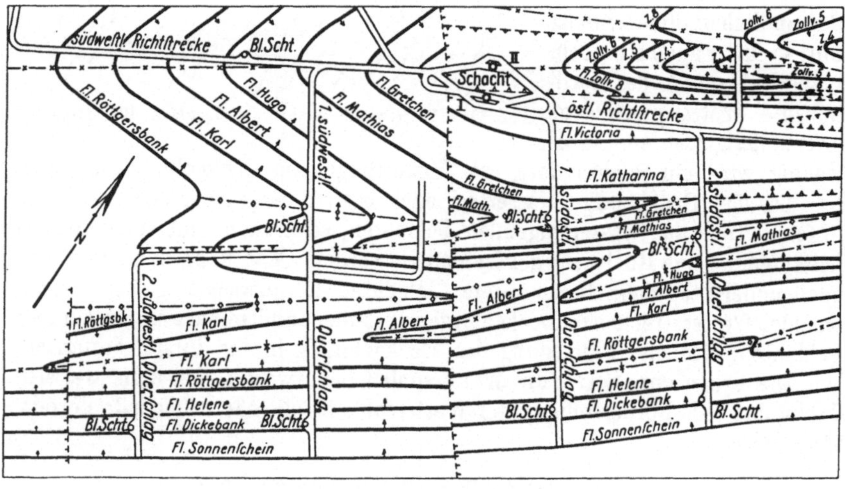

Abb. 305. Ausrichtung in der Sohlenebene.

unbauwürdigen Flöz aufzufahren, verringert zwar infolge des leichteren Einbruches die Auffahrungskosten sowie die Auffahrungszeit, erhöht jedoch die Kosten der Unterhaltung.

31. — **Größe der Bauabteilungen.** Unter Größe von Bauabteilungen versteht man ihre streichende Länge. Diese ist gleichbedeutend mit dem Abstand der Abteilungsquerschläge voneinander oder mit der Entfernung eines Querschlags von einer querschlägig verlaufenden Baugrenze, z. B. der Markscheide oder einer Verwerfung.

Die richtige Wahl des Querschlagabstandes ist für den Zuschnitt einer Sohle von außerordentlicher Bedeutung. Je geringer der Abstand ist, um so mehr erhöht sich die Anzahl der Angriffspunkte für den Abbau, um so mehr wächst aber auch die Zahl der Querschläge, und damit erhöhen sich die Kosten ihrer Auffahrung und Unterhaltung. Auch die Zahl derjenigen Grubenbaue nimmt zu, welche die Lagerstätten von der Sohle aus in senkrechter Richtung lösen sollen, wie Blindschächte, Gesteinsschwebende oder Bremsberge. Auch die Einrichtungen für die Hauptstreckenförderung werden umfangreicher. Je größer anderseits die Abstände gewählt werden, um so geringer werden die Auffahrungs- und Unterhaltungskosten der an Zahl verringerten Ausrichtungsbaue und eine um so längere streichende Baulänge und damit höhere Lebensdauer besitzen die Abbaubetriebspunkte. Diese letztgenannte Tatsache ist von besonderem Vorteil. Einmal verringert sich die Vorrichtung des Abbaus, vor allem aber braucht ein einmal in Betrieb befindlicher Abbau, dessen Belegschaft sich an seine besonderen Bedingungen gewöhnt hat, nicht so schnell wieder abgeworfen zu werden. Dieser Vorteil läßt sich allerdings bei geringem Querschlagabstand auch dadurch erreichen, daß die Abbaubetriebspunkte, die an einem Querschlag begonnen haben, über den benachbarten bis zum übernächsten Querschlag fortgeführt, sie jedoch mit ihrer Wetterführung und Förderung an den mittleren Querschlag angeschlossen werden. Dieser hat dann nicht zur Schaffung neuer Angriffspunkte gedient, sondern nur als Förder- und Wetterweg.

Ausschlaggebend für die Bemessung des Abstandes im einzelnen Fall sind das Vorhandensein oder Fehlen von Querstörungen sowie die Möglichkeit, die Abbaustrecken aufrechtzuerhalten und die Leistungsfähigkeit des Abbaustreckenfördermittels. Zahlreiche größere Querstörungen erzwingen einen geringeren Abstand als ruhige, gleichmäßige Lagerung. In der Möglichkeit, die Abbaustrecken längere Zeit aufrechtzuerhalten, sind durch Verbesserungen der Ausbauverfahren wesentliche Fortschritte erzielt worden; anderseits hat der gegen früher vervielfachte Abbaufortschritt die Zeit ihrer Standdauer herabgesetzt. Werden zwei benachbarte Flöze gleichzeitig abgebaut, so ist es möglich, die Abbaustrecken beider Flöze von Zeit zu Zeit durch Stichquerschläge zu verbinden und eine schwierig aufrechtzuerhaltende Abbaustrecke abschnittweise abzuwerfen. Allerdings muß in einem solchen Fall die übrigbleibende Abbaustrecke einen besonders großen Querschnitt haben, um die Wetterzufuhr für zwei Betriebe übernehmen zu können. Auch in der Gestaltung der Abbaustreckenförderung sind entscheidende Fortschritte durch die Entwicklung der Streckenhäspel, Bänder und Abbaulokomotiven erzielt worden, so daß im ganzen gesehen die Querschlagabstände statt 100—300 m, heute zu 400—800 m, in Einzelfällen noch darüber, gewählt werden können.

Von Einfluß auf die Wahl der Größe der Bauabteilungen kann es auch sein, ob von einem Querschlag aus einflügelig oder zweiflügelig gebaut werden soll. Bei zweiflügeligem Betrieb nehmen von jedem Querschlag in einem Flöz zwei Betriebe ihren Ausgang, bei ostwestlicher Streichrichtung der eine nach Osten und der andere nach Westen. Von benachbarten Querschlägen stoßen die Abbaubetriebe alsdann in der Mitte der Bauabteilungen zusammen, und die streichende Bauflügellänge der einzelnen Abbaubetriebe ist nur etwa die Hälfte des Querschlagabstandes. Auch die Abbaustrecken sowie ihre Standdauer verkürzen sich entsprechend, so daß zweiflügeliger Betrieb für größere Bauabteilungen günstig ist. Diesem Vorteil steht jedoch auch ein Nachteil gegenüber. Bei zweiflügeligem Betrieb kann nur nach einer Abbaurichtung der Verlauf der Schlechten die für die Hereingewinnung günstigere Lage haben, während für die andere Richtung der ungünstigere Schlechtenverlauf und eine entsprechende Verringerung der Hackenleistung, die bis zu 1 t betragen kann, in Kauf genommen werden muß. Dieser Nachteil wird bei einflügeligem Abbau, der natürlich in der durch den Schlechtenverlauf bedingten günstigsten Richtung erfolgen muß, vermieden. Es ist jedoch dann notwendig, von einem Querschlag bis zum benachbarten durchzubauen, was häufig einen verringernden Einfluß auf die Wahl der Größe der Bauabteilungen haben dürfte. Selten wird allerdings in einer Grube lediglich einflügeliger Abbau bevorzugt werden. Vielmehr wird man ihn auf besonders dafür geeignete Flöze beschränken, schon weil er eine Verringerung der Angriffspunkte je Querschlag verursacht. Daher erhöht er unter sonst gleichen Bedingungen die Zahl der in Abbau befindlichen, also zu gleicher Zeit auszurichtenden und zu unterhaltenden Bauabteilungen.

Schließlich ist auch das Einfallen von Einfluß auf die Bemessung der Bauabteilungen. In flacher Lagerung lassen sich vielfach größere Abbaufortschritte als in steiler Lagerung erzielen. Größerer Abbaufortschritt verringert die notwendige Standdauer der Abbaustrecken, so daß in flacher Lagerung häufig eher die Wahl großer Bauabteilungen möglich ist als in steiler. Angesichts der in flacher Lagerung möglichen größeren Förderung je Abbaubetriebspunkt kann auch die Wahl des Abbaustreckenfördermittels anders ausfallen und die Beherrschung größerer Querschlagabstände beeinflussen.

c) Ausrichtung in der Senkrechten.

32. — Teilsohlen. In der Regel genügt eine Zerlegung in einzelne Bauabschnitte nach dem Streichen noch nicht; sie muß vielmehr durch Zerlegung nach dem Einfallen ergänzt werden. Sie genügt nur dann, wenn der zwischen zwei Sohlen liegende Lagerstättenstreifen im ganzen, also ohne Unterteilung hereingewonnen werden kann, die Abbaubetriebe also von Sohle zu Sohle reichen. Eine solche Lösung ist anzustreben, jedoch nur bei mäßigem Sohlenabstand, verhältnismäßig ungestörter Lagerung und bei nicht zu flachem Einfallen möglich. In allen anderen Fällen ist eine Einteilung nach dem Einfallen durch Einlegung von Teilsohlen notwendig. Durch sie wird der gesamte zwischen zwei Hauptsohlen befindliche Flözstreifen in zwei oder mehrere Teilstreifen zerlegt, die jeder für sich abgebaut werden. Sie bestehen aus Strecken in der Lagerstätte (Flöz) — Abbaustrecken —, zu denen sich in vielen Fällen noch Strecken im Gestein, wie Teilsohlenquerschläge (Ortsquerschläge), gesellen. Die Teilsohlen müssen zu Zwecken der Förderung und Fahrung oder auch der Wetterführung mit der Fördersohle verbunden werden. Früher geschah dieses durch Bremsberge, d. h. durch im Flözeinfallen und im Flöz selbst verlaufende Strecken, die entweder nur der Förderung für dieses Flöz oder für eine Flözgruppe dienten. Heute wendet man sie nur noch wenig an. Das verbreitete Mittel zur Lösung dieser Flözabschnitte ist vielmehr der Blindschacht.

33. — Blindschächte. Als blinde Schächte werden alle seigeren Schächte bezeichnet, die nicht zutage ausgehen. Je nach Art der Herstellung und Zweck werden sie auch „Aufbrüche", „Gesenke", „Stapelschächte" und, wenn auch nicht ganz folgerichtig, „Transportschächte" genannt. Aufbrüche werden von unten herauf, Gesenke von oben herab hergestellt. Stapelschächte dienen dazu, Lagerstättengruppen zusammenzufassen, und als Transportschächte werden zuweilen Schächte bezeichnet, die zwei Hauptsohlen miteinander verbinden. Sie dienen der an einer oder wenigen Stellen zusammengefaßten Berge- und Materialförderung von der unteren zur oberen Sohle oder der Förderung von Kohle von der einen Sohle zur Hauptfördersohle oder auch beiden Zwecken. Tiefe und Wichtigkeit der einzelnen Blindschächte können naturgemäß sehr verschieden sein.

Bei flacher Lagerung ist im allgemeinen die Rolle der Blindschächte und ihr Abstand ein etwas anderer als bei steiler Lagerung. Auch die Flözhäufigkeit ist von Bedeutung. Bei flacher Lagerung durchschneidet ein Blindschacht vielfach nur wenige Flöze oder nur ein einziges. Ihr Abstand ist dann bei regelmäßiger Flözfolge etwa gleich der Horizontalprojektion der gewählten flachen Bauhöhe. Ihre Teufe ist bei gleichem Sohlenabstand verschieden, je nachdem der zwischen den Sohlen eingeschlossene Flözstreifen in 2, 3 oder mehreren Abschnitten hereingewonnen werden soll. Sind nur 2 übereinanderliegende Abbaubetriebe vorgesehen, so braucht ein Teil der Blindschächte nur bis zum halben Sohlenabstand, d. h. bis kurz oberhalb des in halber Höhe getroffenen Flözes, zu reichen. Ein anderer Teil dagegen muß unter Umständen bis zur oberen Sohle durchgeführt werden, was insbesondere dann der Fall ist, wenn dem oberen Streb Berge zugeleitet oder Wetter abgeführt werden sollen. Wird z. B. der gesamte zwischen zwei Sohlen befindliche Flözstreifen durch 4 Abbaubetriebe hereingewonnen, so führt der eine Blindschacht bis auf $^1/_3$ Höhe des Sohlenabstandes, der zweite bis auf $^2/_3$ Höhe und der dritte vielleicht bis zur oberen Sohle. Ist die Flözfolge dichter, so ist die Lage des obersten, von dem gleichen Blindschacht zu lösenden Flözes für seine Teufe maßgehend. Auch kommt es vor, daß der eine mehrere Flöze durchschneidende Blindschacht eines der Flöze in zu ungünstige Bauabschnitte zerteilt. Um ihn doch für die Abförderung der Kohle auch dieses Flözes nutzbar zu machen, kann das Auffahren eines Ortsquerschlages in zweckmäßiger Höhe Abhilfe schaffen. Wird dieser jedoch zu lang, so muß ein zusätzlicher Blindschacht hochgebracht werden. Jedenfalls dient bei flacher Lagerung, oder allgemeiner gesprochen, bei Bewältigung großer Fördermengen ein Blindschacht zu gleicher Zeit meist nur einem Flöz, vor allem dann, wenn zwei Abbaubetriebspunkte in diesem Flöz, der eine in der einen Streichrichtung, der zweite in der anderen, sich in Betrieb befinden.

Die Ausrichtung einer Abteilung bei flacher Lagerung und bei Vorhandensein zahlreicher Störungen veranschaulicht Abb. 306.

In steiler Lagerung ist es grundsätzlich ähnlich wie in der flachen, nur daß viel häufiger vom gleichen Blindschacht eine größere Anzahl von Flözen gelöst wird, wofür in der Hauptsache zwei Gründe maßgebend sind. Einmal werden die Ortsquerschläge in steiler Lagerung kürzer als in flacher, so daß es leichter ist, auch entferntere Flöze noch mit heranzuziehen; dann aber erheischt eine gute Ausnutzung des Blindschachtes vielfach den gleichzeitigen Abbau mehrerer Flöze, der in steiler Lagerung oft leichter durchzuführen ist als in flacher. Ein anderes Kennzeichen von Blindschächten in steiler Lagerung ist, daß in den meisten Fällen von mehreren Anschlägen gefördert werden muß, weil die auf einer Teilsohle anfallende Kohlenmenge zur Ausnutzung der Schachtleistungsfähigkeit nicht genügt. Mit der Entwicklung von Großabbaubetriebspunkten auch in der steilen Lagerung nehmen diese Fälle in neuerer Zeit etwas ab. Abb. 307 zeigt die neuzeitliche Ausrichtung einer Abteilung bei steiler Lagerung unter Einlegung einer Zwischensohle. Zugleich läßt sie erkennen, wie im Laufe der Entwicklung die Blindschächte an Stelle der Bremsberge getreten sind.

Eine Frage für sich ist es, ob in steiler Lagerung der Blindschacht mitten in die Flözgruppe hineingelegt werden soll oder in ihr Liegendes und schließlich auch ob er durchgehend oder abgesetzt wird (Abbildungen 308 u. 309). Der Vorteil, ihn im Liegenden aufzufahren, ist in seiner geringeren Beanspruchung durch den lediglich im Hangenden um sich gehenden Abbau zu erblicken; anderseits werden die Ortsquerschläge und damit die Förder- und Wetterwege länger. Abgesetzte

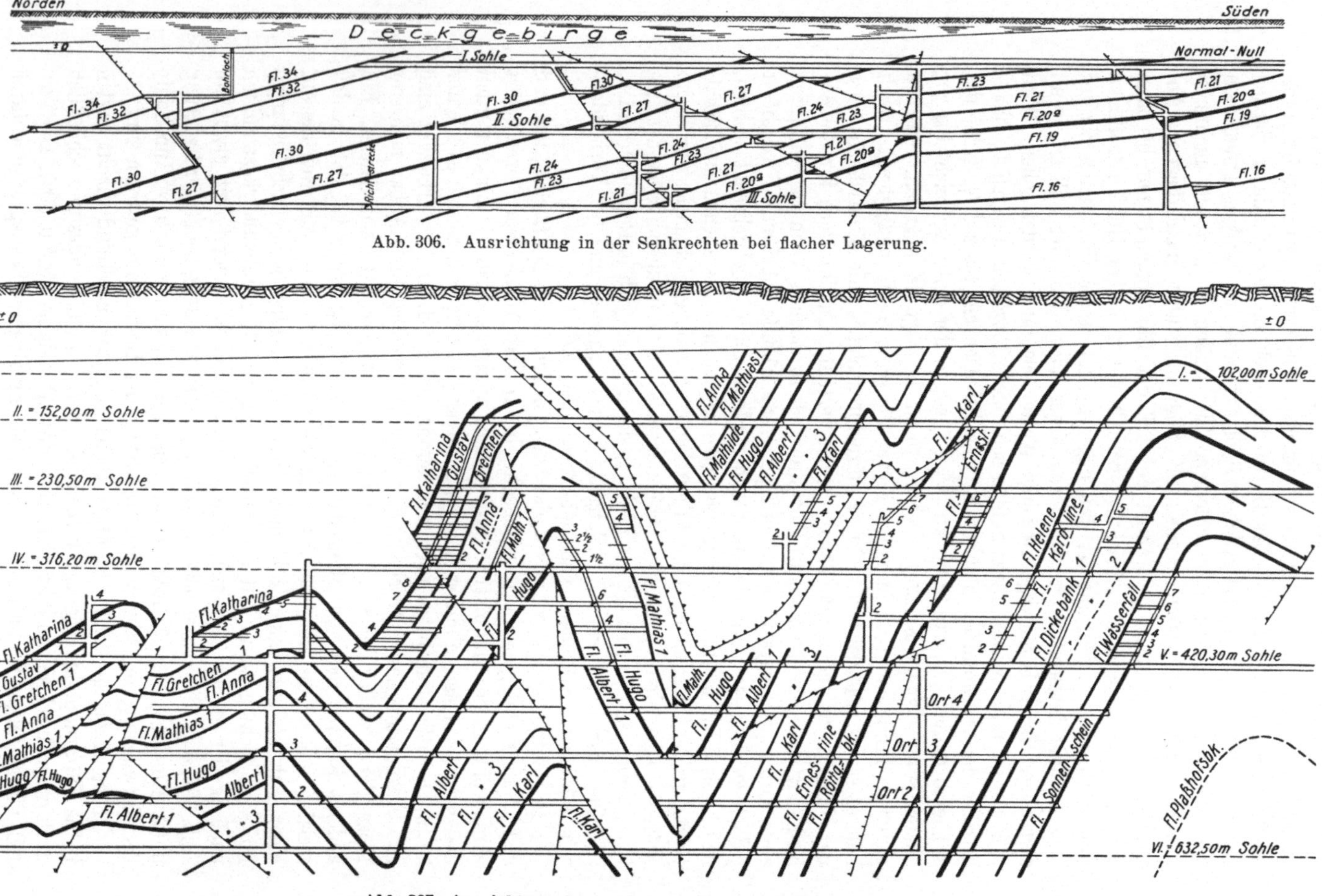

Abb. 306. Ausrichtung in der Senkrechten bei flacher Lagerung.

Abb. 307. Ausrichtung in der Senkrechten bei steiler Lagerung.

Blindschächte haben den Nachteil unterbrochener Förderung und sollten nur in besonderen Fällen — hoher Sohlenabstand bei dichter Flözfolge z. B. — gewählt werden. Bei der Zusammenfassung mehrerer Flöze durch einen Blindschacht wird von Stapelbau oder auch Gruppenbau gesprochen, eine Bezeichnung, die im engeren Sinne voraussetzt, daß die Teilsohlen-Bauabschnitte

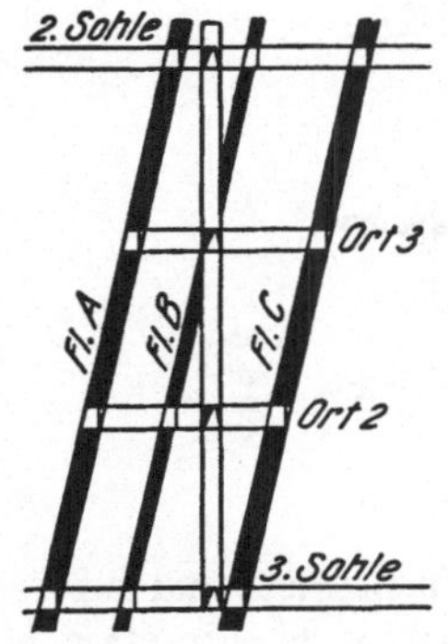

Abb. 308. Lösung einer kleinen Flözgruppe durch einen Stapelschacht.

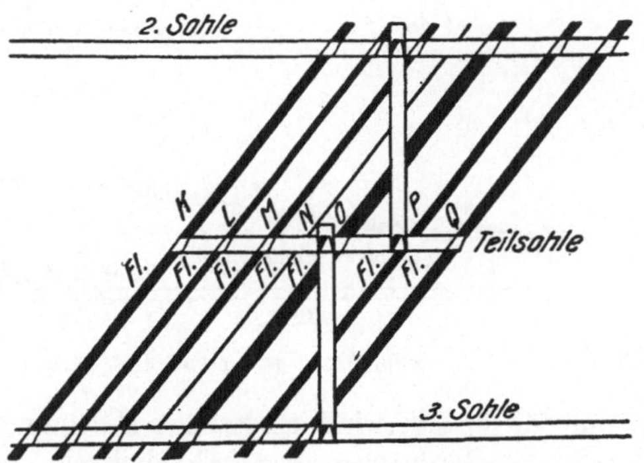

Abb. 309. Lösung einer größeren Flözgruppe durch einen abgesetzten Stapelschacht.

der einzelnen Flöze zu gemeinschaftlicher Förderung und Bewetterung zusammengefaßt sind (Abb. 309).

Der Abstand der Blindschächte sowie der Teilsohlen- oder Ortsquerschläge in der Streichrichtung der Flöze entspricht demjenigen der Abteilungsquerschläge.

Kleine Aufbrüche oder Gesenke ergeben sich aus der Notwendigkeit, Lagerstättenteile, die infolge einer Mulden- oder Sattelbildung oder infolge einer Gebirgsstörung oder der Lage zur Markscheide nicht bis zur unteren oder oberen Sohle durchsetzen, zum Zwecke der Förderung mit der unteren oder zum Zwecke der Wetterabführung mit der oberen Sohle zu verbinden. Besonders wichtig werden solche Blindschächte, wenn infolge flachwelliger Lagerung ganze Flözgruppen zwischen zwei Sohlen bleiben und somit sowohl kleine Förder- als auch kleine Wetterschächte erfordern (Abb. 310).

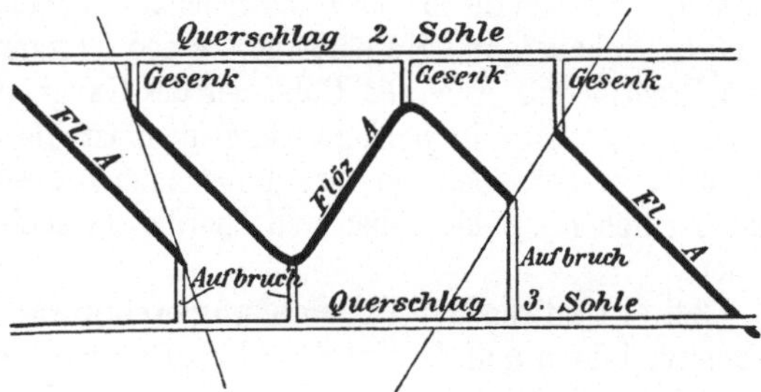

Abb. 310. Lösung von nicht bis zur Sohle reichenden Flözteilen durch blinde Schächte.

34. — Gesteinsberge. An Stelle eines Blindschachtes kann auch ein Gesteinsberg treten (Abb. 311), d. h. eine im Gestein aufgefahrene einfallende Strecke, die von der Ladestrecke des Abbaus zur Fördersohle oder seltener von der Wetterstrecke zur Wettersohle führt. Ihr Vorteil ist in der Möglichkeit zu erblicken, auf Wagenförderung in den Abbaustrecken zu verzichten und mit mehr oder weniger zahlreichen Leuten besetzte Anschlagstellen, wie sie bei Blindschächten notwendig sind, zu vermeiden. Mit der Entwicklung der Seigerförderer und

der Wendelrutsche ist dieser Vorteil allerdings nur dann noch gegeben, wenn aufwärts gefördert werden muß. Als Fördermittel in den Gesteinsschwebenden dienen Bänder, die als Kratzbänder ein Ansteigen des Berges bis r. 40—50⁰ erlauben, während gewöhnliche Gurt- oder Plattenbänder nur ein Einfallen von 20⁰ zulassen. Infolge ihrer gegenüber Blindschächten größeren Länge kommen

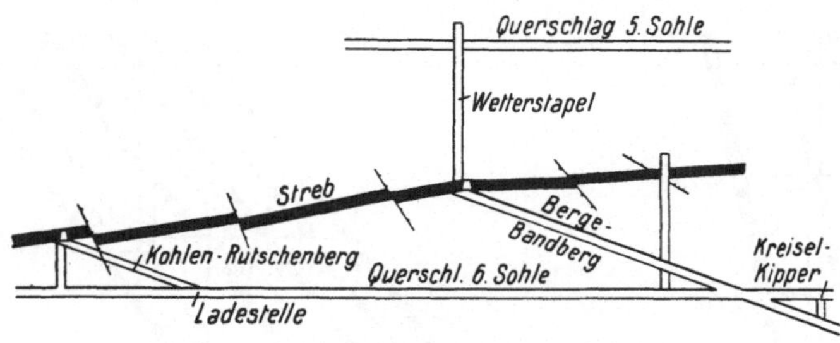

Abb. 311. Lösung von Flözteilen durch Gesteinsberge.

sie nur für die Überwindung geringer Höhenunterschiede in Betracht und außerdem bei Fördermengen, die in Abbaustrecke und Gesteinsberg den Einsatz von Bändern rechtfertigen.

II. Vorrichtung.

35. — Erläuterung. Die Vorrichtung soll in den Lagerstätten selbst die für den Beginn des Abbaus erforderlichen Baue schaffen und zugleich das Baufeld planmäßig unterteilen. Diese Baue können im Streichen und Einfallen und unter Umständen diagonal verlaufen. Im Einfallen unterscheidet man, je nachdem sie von oben nach unten oder in umgekehrter Richtung hergestellt worden sind, abfallende und schwebende Vorrichtungsbaue; zu den ersteren gehören Abhauen und Haspelberge, zu den letzteren Aufhauen oder Überhauen und Bremsberge. Auch die Rollöcher des Gangbergbaus werden meist im Einfallen hergestellt. In Schlagwettergruben ist die Vorrichtung mit besonderer Vorsicht zu betreiben, da ihre Baue zunächst noch keine Wetterverbindung mit der höheren Sohle haben und überdies in noch nicht entgasten Flözen umgehen.

36. — Umfang der Vorrichtungsarbeiten. Je nach der Lagerstätte, dem Abbauverfahren und der Art der Abbauförderung gestaltet sich die Vorrichtung verschieden umfangreich. Zum mindesten ist die Bloßlegung der Abbaufront, von der aus der eigentliche Abbau seinen Ausgang nehmen soll, notwendig. Beim streichenden Strebbau z. B. dienen hierzu Auf- oder Abhauen, beim schwebenden Strebbau und Firstenstoßbau des Gangbergbaus die Abbaustrecke.

Im Flöz- und Gangbergbau ist außerdem in der Lagerstätte die Herstellung einer Wetterverbindung von der unteren zur oberen Sohle (Teilsohle) erforderlich. Bei allen üblichen Abbauverfahren des Kohlen- und Gangbergbaus — Oberwerksbau vorausgesetzt — wird diese Wetterverbindung durch Auf- oder Abhauen bewirkt.

Am umfangreichsten ist die Vorrichtung beim Rückbau, da bei diesem der Abbau an der Baugrenze beginnt und infolgedessen vorher das ganze Baufeld durch Abbaustrecken durchörtert werden muß. An ihrem Ende werden die

Abbaustrecken durch ein Aufhauen verbunden. Dieses bezweckt die Bloßlegung der Abbaufront und dient zugleich als Wetterverbindung. Da eine solche Vorrichtung erhebliche Zeit erfordert, muß, wenn die Förderung auf gleicher Höhe gehalten werden soll, während des Abbaus einer Abteilung nicht nur die benachbarte in voller Vorrichtung stehen, sondern auch in der darin anschließenden bereits mit der Vorrichtung begonnen werden.

Beim Vorbau, der an den Abteilungsquerschlägen beginnt, ist dagegen die Bedeutung der Vorrichtung erheblich geringer. Sie kann sich beim streichenden Strebbau und dessen zahlreichen Abarten auf die Herstellung einer Wetterverbindung durch ein Aufhauen (Abhauen) beschränken, während die Abbaustrecken vom Querschlag aus nur kurz angesetzt, im übrigen aber erst während des Abbaus hergestellt zu werden brauchen.

37. — Zeitliches Verhältnis zwischen Ausrichtung, Vorrichtung und Abbau. Die Ausrichtung muß stets genügend weit vorgeschritten sein, um die Möglichkeit zu sichern, im Falle stärkerer Nachfrage schnell weitere Abbaubetriebe eröffnen zu können. Auf der anderen Seite muß als Regel festgehalten werden, daß ein einmal in Angriff genommenes Flözstück möglichst rasch mit voller Belegung verhauen werden soll. Man soll also mit der Vorrichtung nicht eher beginnen, als bis man bestimmt weiß, daß bald nach beendigter Vorrichtung der vollständige Abbau folgen kann; sonst hat man insbesondere beim Rückbau mit großen Unterhaltungskosten für die Vorrichtungsbetriebe, mit Entwertung der Kohle durch Entgasung und Zerdrückung, mit der Gefahr der Selbstentzündung und mit einer unnützen und gefährlichen Beunruhigung des Gebirges[1]) zu rechnen. Belegt man aber Abbauabteilungen, die übereilt vorgerichtet waren, zunächst nur teilweise, so erschwert man die Aufsicht und verteuert die Förderung, deren Einrichtungen nicht genügend ausgenutzt werden. Auch ist dann die Wetterführung wegen der Zersplitterung in kleinere Teilströme unvorteilhaft. Die Notwendigkeit, Reservebetriebe vorzurichten, wird durch diese Überlegungen naturgemäß nicht berührt. Man kann ihr entweder durch Bereitstellung fertig vorgerichteter, aber nicht belegter Abbaue oder durch ein oder mehrere in Betrieb befindliche, aber nicht voll belegte Betriebspunkte nachkommen. Dieses letztgenannte Verfahren hat sich in den meisten Fällen als das vorteilhaftere erwiesen.

Um das richtige Ineinandergreifen zwischen Vorrichtung (sowie auch Ausrichtung) und Abbau zu sichern, muß man Zeitpläne aufstellen. Und zwar ist zunächst der Abbauplan festzulegen und nach dessen Anforderungen dann der Aus- und Vorrichtungsplan auszuarbeiten. Diese Pläne werden zweckmäßig schaubildlich dargestellt, um den jederzeitigen Überblick zu ermöglichen[2]).

Das Beispiel eines Zeitplanes gibt Abb. 312. Es handelt sich um die Aus- und Vorrichtung sowie den Abbau des Flözes 1 einer Abteilung zwischen der 1. und 2. Sohle, der unter Einlegung einer Teilsohle erfolgen soll (Abb. 313).

---

[1]) Verhandlungen und Untersuchungen d. preuß. Stein- und Kohlenfallkommission, (Berlin Ernst & Sohn), 1906, S. 701.

[2]) Näheres s. Bergbau 1929, S. 319; Meuß: Zeitpläne für die Aus- und Vorrichtung und den Abbau; — ferner Glückauf 1934, S. 1100; Dohmen: Aus- und Vorrichtungspläne.

Wie der Grundriß (Abb. 314) erkennen läßt, sind auf beiden Sohlen Richtstrecken bis in die betreffende Abteilung vorgetrieben sowie der 2. nordöstliche Abteilungsquerschlag, der das Flöz 1 erreicht hat. Außerdem ist an der

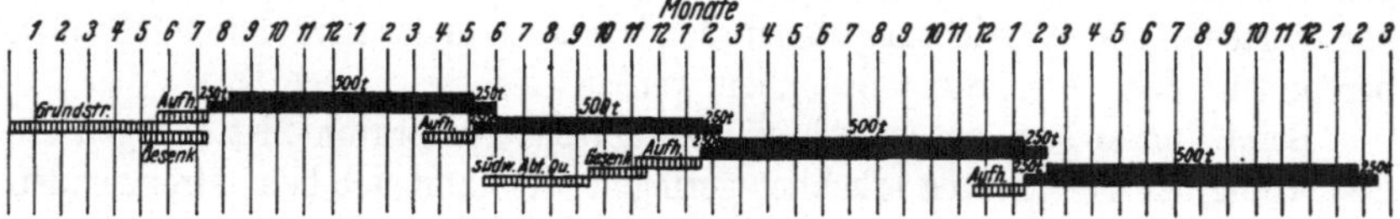

Abb. 312. Zeitplan für Ausrichtung, Vorrichtung und Abbau des Flözes 1
der Abbildungen 313 u. 314.

nordöstlichen Baugrenze ein Blindschacht vorhanden, der als Zufuhrweg für Frischwetter von der 3. Sohle aus dienen soll. Als erstes wird von diesem Blind

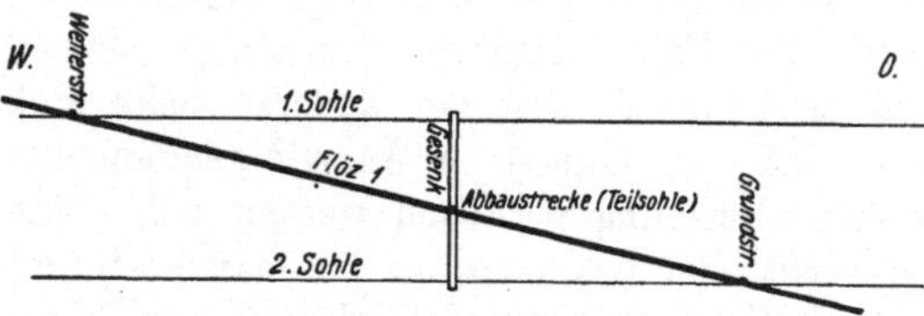

Abb. 313. Querschnitt zum Zeitplan der Abb. 312.

schacht aus eine Abbaustrecke bis zu dem erwähnten Abteilungsquerschlag aufgefahren, dann das Aufhauen 1 bis zur geplanten Teilsohle. Zugleich ist zum Zwecke der Wetterabfuhr ein Gesenk von der 1. Sohle

bis zum Flöz abgeteuft worden. Darauf kann mit dem Abbau nach Norden (Streb 1) begonnen werden. Nach seiner Beendigung tritt an seine Stelle der Abbau nach

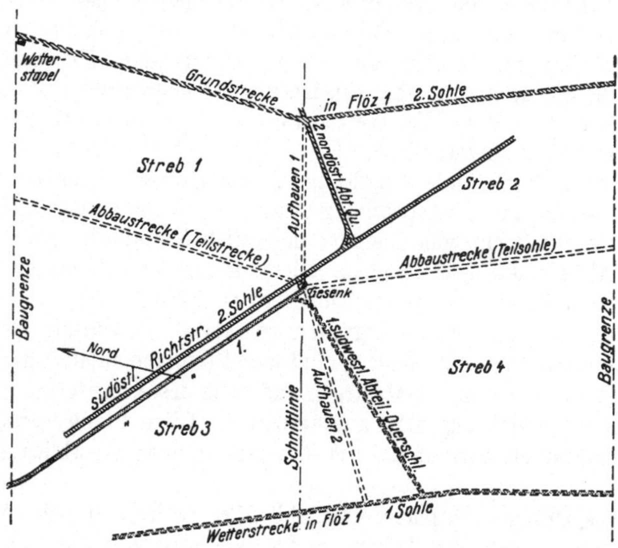

Abb. 314. Grundriß zum Zeitplan der Abb. 312.

Süden (Streb 2), zu dessen Vorrichtung nur das alte Aufhauen neu aufgewältigt zu werden braucht. Während dieser Abbau vor sich geht, muß auf der 1. Sohle der südwestliche Abteilungsquerschlag vorgetrieben werden, damit für die Abbaubetriebe zwischen der Teilsohle und der 1. Sohle eine Möglichkeit für die Wetter abfuhr geschaffen wird. Um die gewonnenen Kohlen abfördern zu können, muß weiterhin das Gesenk bis zur 2. Sohle verlängert werden. Außerdem ist von der Teilsohle aus das Aufhauen 2 herzustellen. Alsdann kann nach Erschöpfung des Strebs 2 der Streb 3 und schließlich nach Wiederaufwältigung des Aufhauens 2 der Streb 4 in Angriff genommen werden. Von Beginn des Abbaus an ist eine Tagesförderung von 500 t vorgesehen, wobei für die Zeit des An- und Auslaufens des Strebes eine Förderung von 200 t täglich vorgesehen ist.

III. Das Auffahren der verschiedenen Aus- und Vorrichtungsbetriebe.

38. — Vorbemerkung. Die nach den vorstehenden Ausführungen erforderlichen Strecken und Schächte im Nebengestein sowie die streichenden und schwebenden (oder abfallenden) Flözbetriebe sollen nachstehend nach der Art ihrer zweckmäßigsten Herstellung besprochen werden [1]).

Bei allen Strecken im Gestein und in der Lagerstätte unterscheidet man: das **Ort** (die Querfläche am Ende der Strecke), die **Sohle** (auch **Strosse**), die **Firste** (bei denjenigen Strecken in der Lagerstätte, wo sie durch das Hangende gebildet wird, auch **Dach** genannt) und die **Stöße** (auch **Wangen** oder **Ulmen**).

a) Querschläge und Richtstrecken.

39. — Hauptquerschläge. Die Hauptquerschläge und Richtstrecken werden im allgemeinen zweispurig aufgefahren und erhalten außerdem auch schon der Wetterführung halber, da die Hauptwetterströme durch sie hindurchfließen, große Querschnitte; vielfach gibt man ihnen 3—4 m Breite und 2,2—3 m Höhe.

Für die **Wasserabführung** werden sie mit einer „Wasserseige" versehen, die in der Regel, um die Bahn für die vollen Wagen möglichst weit von ihr entfernt halten zu können, an einem Stoß (Abb. 315) nachgeführt, seltener in der Mitte hergestellt wird; im letzteren Falle muß sie stets überdeckt werden. Der früher gebräuchlichen Abdeckung der Wasserseigen durch Holz ist heute eine solche mit Betonplatten vorzuziehen, die nicht faulen und besseren Widerstand gegen entgleisende Wagen bieten. — Der **Ausbau** richtet sich nach den Gebirgsverhältnissen und kann in festem Gebirge ganz wegfallen.

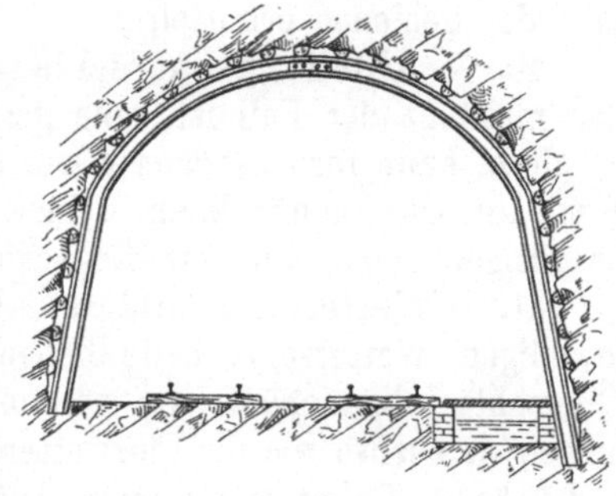

Abb. 315.   Richtstrecke mit Wasserseige.

Mit Rücksicht auf die Förderung und Wasserabführung werden die Hauptquerschläge wie durchweg alle Sohlenbetriebe meist vom Schachte aus etwas **ansteigend** aufgefahren. Für die Bemessung des Gefälles

---

[1]) Auch das Schachtabteufen würde hierher gehören. Es ist jedoch seines Umfanges wegen hier herausgenommen und wird in Band II dieses Lehrbuches behandelt.

kann man (s. d. Abschnitt „Förderung" in Bd. II) zum Anhalt nehmen, daß die Förderung eines vollen Wagens mit dem Gefälle dieselbe Arbeitsleistung erfordern soll, wie die eines leeren Wagens gegen das Gefälle. Dieser Regel entspricht bei guter Beschaffenheit des Oberbaues und der Förderwagenradsätze ein Ansteigen von etwa 1:250. Da es aber wichtiger ist, bei der Bewegung des vollen als bei der des leeren Wagens zu sparen, so würde, rein fördertechnisch betrachtet, ein stärkeres Gefälle richtiger sein[1]). Statt dessen wird jedoch vielfach das Ansteigen der Hauptquerschläge noch geringer genommen, da diese Querschläge das ganze Feld durchörtern und daher bei großer Ausdehnung des Feldes ein starkes Ansteigen die Bauhöhe in den entfernteren Lagerstätten, namentlich bei flacher Lagerung, beeinträchtigt (2 m Unterschied in der Seigerhöhe bedeuten z. B. bei 10° Einfallen bereits rund 11,5 m flache Bauhöhe). Dazu kommt für Gruben, die in großem Maßstabe mit Bergeversatz bauen, daß sie Berge vom Tage her im Schachte einzuhängen und daher mehr oder weniger große Mengen von Bergewagen ins Feld zu schaffen haben, auf die wegen ihres größeren Gewichtes besondere Rücksicht zu nehmen ist. Solche Gruben bevorzugen daher Gefälle von 1:500 bis 1:1000, fahren sogar die Hauptquerschläge auch „totsöhlig" auf, falls die Rücksicht auf den Wasserabfluß das gestattet.

Die im allgemeinen für die Innehaltung eines bestimmten Ansteigens benutzte Setzwage ist für die Hauptquerschläge nicht genau genug. Man bedient sich für diese besser einer etwa 3 m langen Setzlatte mit aufgesetzter Wasserwage. Neigt die Sohle zum „Quellen", so hilft man sich dadurch, daß man in die Firste Holzpflöcke eintreiben läßt, deren Unterflächen nach markscheiderischer Messung in einer dem gewünschten Ansteigen entsprechenden Linie liegen, und von diesen aus durch Abloten die richtige Höhenlage der Schienen ermittelt.

40. — **Abteilungsquerschläge.** Falls die Abteilungsquerschläge, wie das meistens der Fall ist, eine geringere Länge als die Hauptquerschläge erhalten, kann ihr Ansteigen etwas stärker, etwa 1:200, genommen werden. Auch ihr Querschnitt kann kleiner sein, da sie geringere Fördermengen zu bewältigen haben und nur Teilwetterströme durch sie hindurchgehen.

41. — **Wetterquerschläge.** Als Wetterquerschläge werden die auf der jeweiligen Wettersohle befindlichen, also die Ausziehströme abführenden Querschläge bezeichnet. Da sie den Abbauwirkungen stark ausgesetzt sind, neigen sie ebenso wie die Flözwetterstrecken dazu, sich erheblich zusammenzudrücken. Daher pflegt man vielfach, nachdem das Gebirge in der Umgebung der Wetterquerschläge einigermaßen zur Ruhe gekommen ist, diese zu erweitern und neu auszubauen.

In den meisten Fällen dienen als Wetterquerschläge die früheren Förderquerschläge. Jedoch gibt es auch eine Reihe von Fällen, in denen Wetterquerschläge als solche neu aufgefahren werden. Dahin gehören die Querschläge auf Wettersohlen unter dem Deckgebirge sowie Querschläge, die bei gleichzeitigem Abbau über zwei Sohlen und

---

[1]) Näheres siehe Braunkohle 1925/26, S. 325; Kegel: Anwendung der wissenschaftlichen Betriebsführung usw.; — ferner Bergbau 1929, S. 229; Fr Herbst: Über das theoretisch richtige Gefälle in Förderstrecken.

größerer Wärmeentwicklung oder Gasgefahr dicht unterhalb der Sohle getrieben werden und die Aufgabe haben, die Wetterversorgung der höheren Sohle von derjenigen der nächsttieferen unabhängig zu machen, indem sie die getrennte Abführung des Wetterstromes der tieferen Sohle zum Wetterschacht ermöglichen. In solchen Fällen hat also die untere Sohle ihre eigene Wettersohle.

42. — **Besondere Querschläge.** Weiter sind noch zu erwähnen Sumpf-, Rohr- und Ortsquerschläge. Die ersteren stellen die Verbindung zwischen Schacht und Pumpensumpf her und dienen außerdem in solchen Fällen, in denen man des Gebirgsdrucks wegen einen großen Sumpfraum vermeiden muß, dazu, in Verbindung mit den Sumpfstrecken ein Streckennetz unter der tiefsten Fördersohle zu bilden. Sie werden dann weiter im Felde mit der Fördersohle durch kleine Schächte oder abfallende Strecken verbunden.

Die Steigleitungen der unterirdischen Wasserhaltungen und vielfach auch die Dampfleitungen für diese und benachbarte Maschinen werden durch Rohrquerschläge geführt, die vom Schachte zur Firste des Maschinenraumes in möglichst kleinem Querschnitt getrieben werden und bei Verbindung mit dem Ausziehschacht gleichzeitig zur Abführung der heißen Wetter der Maschinenkammern dienen können.

Die bereits beim Gruppenbau erwähnten Ortsquerschläge, die auf den Teilsohlen die einzelnen Flöze mit dem Stapel verbinden sollen, können auch in solchen Fällen in Betracht kommen, in denen die Fördermengen von zwei oder mehreren Lagerstätten durch einen gemeinsamen Bremsberg abgeführt oder die Flöze völlig gemeinsam abgebaut werden sollen. Sie erhalten nur geringe Längen und können ohne Wasserseige aufgefahren werden. Ihr Querschnitt richtet sich danach, ob in ihnen Schlepper-, Haspel-, Band- oder Lokomotivförderung umgehen soll, wird aber in jedem Falle meist klein gehalten, da sie auch keine größeren Wettermengen zu bewältigen haben.

43. — **Auffahren von Gesteinsstrecken.** Das Auffahren von Gesteinsstrecken geschieht durch Schießarbeit. Außer dem richtigen Ansetzen der Bohrlöcher (s. Ziffer 168 S. 278), der Wahl des Sprengstoffs, einer zweckmäßigen Reihenfolge im Abtun der Schüsse ist die gesamte Arbeitseinteilung von besonderer Bedeutung. Die einzelnen Arbeitsvorgänge, Bohren, Schießen, die Wegfüllarbeit, Setzen des Ausbaus und sonstige Nebenarbeiten, wie Verlängern der Druckluft- und Luttenleitungen, müssen in zweckmäßiger Reihenfolge aufeinander folgen und zur Zeitersparnis und Beschleunigung des Vortriebes einander möglichst weitgehend überschneiden. So sollte schon während der Wegfüllarbeit das Bohren weitgehend gefördert werden. Pausen, die häufig durch Fehlen leerer Wagen verursacht werden, dürfen nicht auftreten. Im allgemeinen ist vorläufiger Ausbau zu vermeiden, vielmehr ist anzustreben, sofort den endgültigen Ausbau einzubringen. Besonders nahe dem Ortsstoß kann Mauerung nachgeführt werden, während Gestelle, die Schußwirkungen gegenüber empfindlicher sind, meist nur in einem um mehrere Meter größeren Abstand folgen können.

44. — **Mittel zur Beschleunigung des Vortriebs.** Ein Mittel zur Steigerung des Vortriebs liegt in der Erhöhung der Belegung. Diese ist einmal durch Übergang von zwei- auf dreischichtigen, von dreischichtigen auf vier-

schichtigen Betrieb und Übergang zur Sechsstundenschicht mit Ablösung vor Ort möglich, dann auch durch Verstärkung der Belegschaft der einzelnen Drittel. Jeder Vortrieb hat je nach dem Streckenquerschnitt eine insofern günstigste Zahl der Belegung, als bei ihr die Kosten am niedrigsten sind. Bei Überschreitung dieser Zahl ist zwar eine Leistungssteigerung je Arbeitstag zu erreichen, jedoch sinkt im allgemeinen die Kopfleistung unter gleichzeitiger Steigerung der Kosten.

Wenn es auf Beschleunigung des Vortriebs ankommt, muß auch der Mechanisierung der Ladearbeit Aufmerksamkeit geschenkt werden. Zwar hat sich die Ladearbeit bisher in wesentlich stärkerem Maße als die meisten anderen Arbeitsvorgänge unter Tage der Mechanisierung entzogen, jedoch sind bei der maschinenmäßigen Ladearbeit im Streckenvortrieb schon größere Fortschritte gemacht worden. In Betracht kommen Ladewagen, Laderutschen, Schrapper sowie sonstige Lademaschinen, die in Ziffer 45, S. 185, näher behandelt worden sind. Ein weiteres Mittel zur Leistungssteigerung im Streckenvortrieb liegt in der Verwendung von Hartmetallbohrkronen an Stelle der bisher üblichen Stahlbohrkronen (s. Ziffer 71, S. 209).

Bei Auffahrung von Querschlägen mit weiten Querschnitten und bei Tunnelbauten pflegt man im beschleunigten Betriebe vielfach nicht den ganzen Ortsquerschnitt auf einmal in Angriff zu nehmen. Man treibt eine für die Arbeit eben noch bequeme Strecke von vielleicht 5—6 m² Querschnitt voran und baut diese nur vorläufig aus. Das Nachreißen der Stöße, die Erweiterung auf den beabsichtigten Querschnitt und der endgültige Ausbau rücken in Abständen von 50—100 m vom eigentlichen Arbeitsstoße nach, so daß mehrere Gruppen von Arbeitern an verschiedenen Punkten gleichzeitig tätig sein können. Auf diese Weise findet eine örtliche Arbeitsteilung statt, die erlaubt, am Ortsstoße alle Kraft auf ein schnelles Vorwärtskommen zu verwenden.

45. — Leistungen beim Streckenvortrieb. Die Leistungen beim Streckenvortrieb hängen, abgesehen von einer zweckmäßigen Ausführung und Gestaltung der Arbeitsvorgänge, ähnlich wie der Sprengstoffverbrauch von der Gesteinsart und dem Streckenquerschnitt ab. Wie Abb. 316 erkennen läßt, schwanken die Leistungen in m³ Gestein je Mann und Schicht zwischen 0,75 und 2 bei Querschnitten zwischen

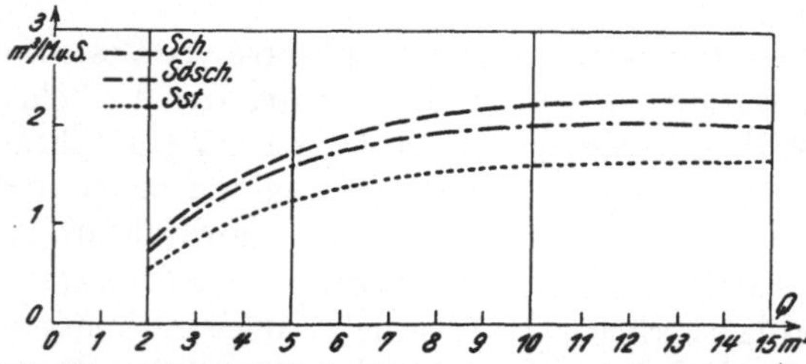

Abb. 316. Abhängigkeit der Leistungen in m³ je Mann und Schicht vom Streckenquerschnitt für Schiefer, Sandschiefer und Sandstein. Nach Weddige[1]).

2 und 15 m². Zwischen Querschnitten von 10 und 15 m² ist ein wesentlicher Unterschied nicht mehr festzustellen. Der Einfluß der Gesteinsart ist bei großem Streckenquerschnitt stärker als bei geringem.

Vortriebsleistungen von 3 m je Tag in Schiefer und von 2,5 m je Tag in Sandstein sind im allgemeinen als gut anzusehen. Die Werte liegen niedriger

[1]) A. Weddige. Die Sprengarbeit beim Gesteinsstreckenvortrieb unter Tage, Dissertation Aachen 1933.

als im Erzbergbau und Tunnelbau, was in erster Linie darauf zurückzuführen ist, daß diese in der Verwendung der Sprengstoffart (Dynamit), der Sprengstoffmenge und der Art der Zündfolge keinen Beschränkungen unterliegen, sowie durch Grubenausbau und sonstige Nebenarbeiten nicht aufgehalten werden.

b) Blinde Schächte.

46. — Abmessungen der blinden Schächte. Die Größe des Querschnitts der Blindschächte richtet sich nach den Anforderungen, die an sie gestellt werden. Diese Anforderungen betreffen die Förderung und Wetterführung und sind mit der Betriebszusammenfassung seit 1925 außerordentlich gestiegen. Für die Förderung ist wichtig, ob sie durch Gestell (Wagen) oder Gefäß erfolgt, ob Wendelrutschen oder Seigerförderer benutzt werden sollen. Außerdem spielt es eine Rolle, ob man in derselben Schicht Kohle und Berge fördern und ob man nur einen Anschlag oder mehrere Anschläge bedienen will. Bei der Bergeförderung ist noch zwischen der Bergezufuhr von oben und von unten zu unterscheiden.

Mit einem Anschlage kann man auskommen, wenn, wie vielfach bei flacher oder bei gestörter Lagerung, nur ein Flöz gelöst ist oder durch rasch fortschreitenden Verhieb, namentlich wenn zweiflügelig abgebaut wird, die Kohlenlieferung eines Anschlags groß ist. Bei steiler Lagerung liegt dieser Fall dann vor, wenn mit Schrägfrontbau (s. Ziff. 145 ff.) unter Einlegung nur einer Teilsohle abgebaut oder eine größere Flözgruppe im Gruppenbau in Angriff genommen wird.

Zweitrümmige Blindschächte kommen in Betracht, wenn eine größere Förderleistung erzielt werden soll. Vor allen Dingen sind sie dann am Platze, wenn nur ein Anschlag vorhanden ist. Sind mehrere zu bedienen, kann entweder nur ein Trumm benutzt, oder aber es muß umgesteckt werden, was reichlichen Zeitverlust mit sich bringt, wenn nicht besondere Vorkehrungen getroffen sind (s. Kap. Förderung).

Eintrümmige Blindschächte eignen sich ohne weiteres für die Förderung von mehreren Anschlagspunkten. Sie werden mit Gegengewicht betrieben.

Die Leistungsfähigkeit eintrümmiger Stapelschächte bleibt hinter derjenigen der zweitrümmigen zurück. Man kann sie zwar steigern durch Verwendung von Mehrwagengestellen, doch muß man dann, wenn zwei Wagen hinter- oder nebeneinander aufgeschoben werden sollen, wieder den Querschnitt vergrößern, während bei zweibödigen Gestellen der durch das Umsetzen verursachte Zeitverlust den Gewinn an Förderleistung um so mehr ausgleicht, je geringer die Förderhöhe ist.

Heute kommt infolge des zusammengefaßten Abbaues der Fall der Förderung von einem Anschlage aus wesentlich häufiger vor als früher. Und da der rasch fortschreitende Verhieb große Fördermengen liefert, so werden an die Leistungsfähigkeit der Stapelförderung große Ansprüche gestellt. Man wählt daher heute in vielen Fällen die zweitrümmigen Blindschächte, oder man zieht die Förderung mit Wendelrutschen vor, so daß eine eintrümmige Förderung für Material, Berge usw. genügt.

47. — Querschnitt. Blindschächte werden vorwiegend mit rechteckigen Querschnitten hergestellt, da man dann mit Holzausbau auskommt, der

billiger ist und bei den unvermeidlichen Gebirgsbewegungen durch recht-
zeitiges Lüften leichter instand gehalten werden kann. Da es sich um wert-
volles Holz handelt und die Blindschächte in vielen Fällen im letzten Ab-

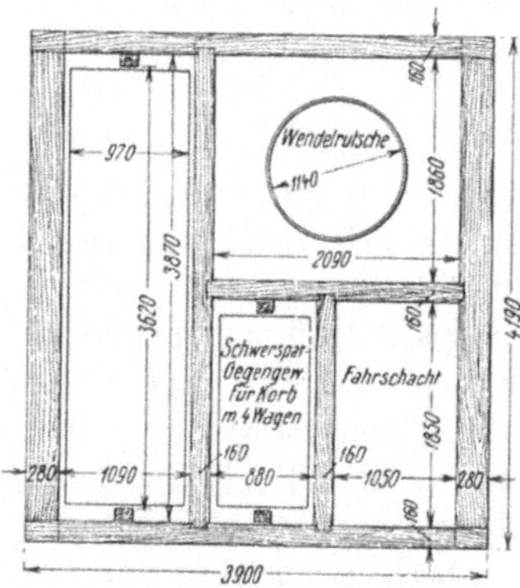

schnitt ihrer Betriebszeit auch zur Abführung
verbrauchter Wetter dienen, sollte man die
Kosten für die Tränkung der Schachthölzer
(s. Bd. II, 1. Abschn. dieses Buches) nicht
scheuen. Beispiele für den Querschnitt eines
Blindschachtes mit eintrümmiger Gestellförderung sowie mit Wendelrutsche und eines
zweitrümmigen Blindschachtes geben die Abbildungen 317 und 318. Bei steiler Lagerung
würde es mit Rücksicht auf den Gebirgsdruck an sich zweckmäßig sein, den Querschnitt zweitrümmiger Blindschächte mit der
Längsachse quer zur Streichrichtung zu legen
(vgl. S. 341).

Abb. 317. Querschnitt eines eintrümmigen Blindschachtes mit Wendelrutsche.

Bei steiler Lagerung machen sich infolge
der schiebenden Wirkung des Gebirges die
Druckwirkungen bedeutend ungünstiger als bei flacher Lagerung bemerklich. Man benutzt daher hier neuerdings vielfach den Kreisquerschnitt, der
zwar entweder Ausmauerung oder stählernen Ringausbau und daher etwa

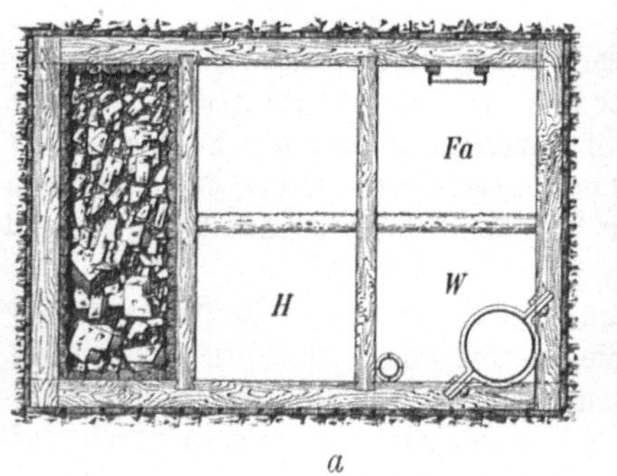

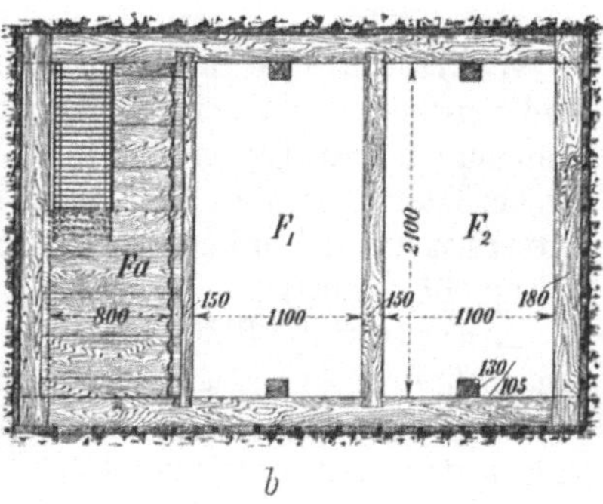

a   b

Abb. 318a und b. Querschnitt eines zweitrümmigen Aufbruchs während des Herstellens (a)
und nach der Fertigstellung (b). W = Wettertrumm, H = Holztrumm, R = Bergerolloch, F_1, F_2 =
Fördertrumm, Fa = Fahrtrumm.

die anderthalbfachen Anlagekosten erfordert, anderseits aber, da die Aus-
spitzung der Ecken fortfällt, das Gebirge wenig beunruhigt und einen
erheblich größeren Druckwiderstand bietet und sich auch wegen der Un-
empfindlichkeit der Mauerung gegen die Zersetzungswirkung verbrauchter
Wetter empfiehlt.

Um bei eintrümmiger Förderung die geringere Leistungsfähigkeit von
Blindschächten ausgleichen zu können, stellt man verschiedentlich Doppel-
Blindschächte mit zwei eintrümmigen Fördereinrichtungen her, die dann
wegen der stärkeren Druckbeanspruchung, die der größere Querschnitt mit
sich bringt, mit Kreisquerschnitt ausgeführt werden (Abb. 319).

Da heute die Ansprüche an Blindschächte wesentlich gesteigert sind und die durch den Ausbau in Mauerung oder Stahlringe besser gewährleistete Erhaltung der Betriebssicherheit der Blindschächte von großer Bedeutung ist, so wird voraussichtlich auch bei flacher Lagerung für stärker beanspruchte Blindschächte der Kreisquerschnitt in Zukunft noch größere Bedeutung gewinnen.

Um bei rechteckigem Querschnitt mit einheitlichen Längen der Ausbauhölzer auskommen zu können, empfiehlt sich die Verwendung eines Einheitsquerschnitts für sämtliche Blindschächte einer Schachtanlage, was auch im Falle der Benutzung der Blindschächte für die Seilfahrt den Vorteil bietet, daß die Unterlagen für die Beantragung der Genehmigung durch die Bergbehörde für alle Blindschächte nur einmal ausgearbeitet zu werden brauchen.

48. — Herstellung.

Blinde Schächte werden mittels Schießarbeit (s. 7. Abschn., Band 2) durch Hochbrechen oder Abteufen hergestellt. Das Hochbrechen hat den Vorteil, daß die Mannschaft nicht durch die mühevolle Ladearbeit und die Förderung sowie durch die etwa zusitzenden Gebirgswasser behindert wird.

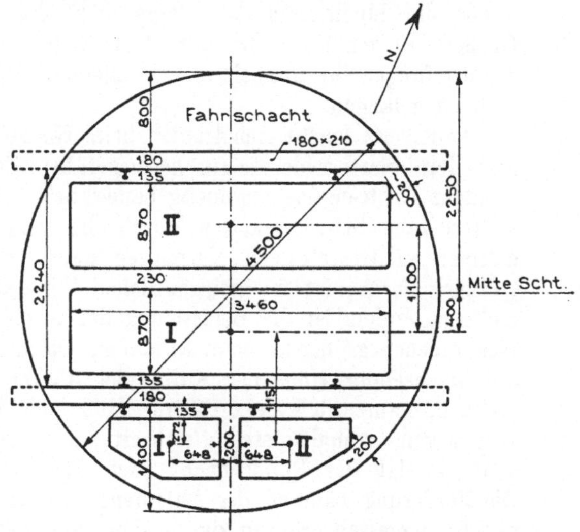

Abb. 319. Blindschacht mit Doppel-Fördereinrichtung.

Die Holz- und Materialförderung ist beim Hochbrechen allerdings umständlicher als beim Abteufen. Sie geschieht mit Hilfe eines auf der Sohle stehenden Haspels. Der Gefährdung der Hauer durch Steinfall aus der Firste beim Hochbrechen steht beim Abteufen eine Gefährdung durch Abstürzen von Bergen oder Gegenständen von oben her gegenüber.

Während des Hochbrechens stehen die Arbeiter auf einer Bühne, die entsprechend dem Vorrücken höher gelegt wird. Zur größeren Sicherung der Leute läßt man die hereingeschossenen Berge, soweit sie im Bergetrumm Platz finden, in diesem liegen. Bei dieser Arbeitsweise sind also erforderlich: Bergetrumm, Fahrtrumm, Wetter- und Holzfördertrumm. Da der endgültige Ausbau zweckmäßig gleich beim Hochbrechen eingebracht wird, so verteilt man diese Trumme am besten entsprechend der endgültigen Einteilung, wie Abb. 318 zeigt. Die stark auf Biegung beanspruchten Einstriche des Bergetrumms werden bei größerer Höhe des Blindschachtes durch Abspreizung versteift. Die Bergeförderung wird in verschiedener Weise eingerichtet. In der Regel benutzt man das Bergetrumm gleichzeitig als Stürzrolle (Abb. 318 a) und versieht es unten mit einer durch Schieber geschlossenen Abzugöffnung; man erhält dann ein weites Rolloch, das sich nicht leicht zusetzen kann. Oder man richtet noch ein besonderes Rolloch ein,

das die Abförderung der infolge der Auflockerung überschüssigen Bergemengen ermöglicht, während das Hauptbergetrumm stets gefüllt bleibt und
erst nach Fertigstellung des Aufbruchs entleert wird. Auch die Wendelrutsche
läßt sich vorteilhaft verwenden. Die Luttenleitung für die Bewetterung legt
man am besten in das Fahrtrumm (Abb. 318a)[1]). Die Ausbauhölzer werden
zweckmäßig mit Hilfe einer einfachen Rolle gefördert, die oben aufgehängt und
über die ein Seil geführt wird; nimmt man letzteres genügend lang, so kann das
Holz von unten her hochgezogen werden.

Die Bergetrumme müssen stets bis oben hin vollgehalten werden,
damit die hineingestürzten Berge nicht den Ausbau zerschlagen können.
Größere Bergestücke sind aus demselben Grunde und zur Verhütung von
Verstopfungen im Rolloch erst in kleinere Stücke zu schießen, ehe sie ins
Rolloch gelangen.

Anderseits macht sich freilich beim Hochbrechen der durch das Herauf-
und Herabklettern der Leute herbeigeführte Zeitverlust und die damit verbundene Anstrengung ungünstig bemerklich. Auch ergeben sich bei Schlagwettergefahr Schwierigkeiten durch die vorgeschriebenen Sicherheitsmaß-
nahmen in Gestalt von Vorbohren oder Verwendung doppelter Lutten-
stränge. Ferner ist mit gelegentlichen Verstopfungen des Bergetrumms zu
rechnen. Zudem ist die Belästigung der Leute durch Hitze und Staub beim
Hochbrechen größer als beim Abteufen. Da die meisten dieser Nachteile sich
mit wachsender Höhe der Aufbrüche stärker bemerklich machen, so wird
vielfach, namentlich bei größerer Höhe der Blindschächte, das Abteufen
vorgezogen, zumal dieses gleichzeitig den Einbau der Spurlatten ermöglicht, so daß der Blindschacht nach Fertigstellung sofort förderfähig ist.
Die Förderung während des Abteufens kann durch Kübel oder durch Wagen
und Fördergestell erfolgen, das in den schon endgültig eingebauten Spurlatten
geführt werden kann.

Der Fuß des Ausbaues wird durch einen sog. „Schachtstuhl" gestützt,
bestehend aus zwei Gevierten, die durch eingezapfte, etwa 2 m hohe Bolzen
in den vier Ecken miteinander verbunden sind und deren unteres auf die
Sohle gelegt wird. Der Schachtstuhl bildet gleichzeitig den Anschlag.

49. — Besonderheiten bei Blindschächten. Der Ansatzpunkt eines
Blind- oder Stapelschachtes wird bei geneigter Lagerung nach den Abbildungen 308 und 309 auf S. 329 so gewählt, daß seine Verbindung mit den einzelnen
Flözen möglichst geringe Querschlagslängen erfordert. Die Förderarbeit verringert man nach Möglichkeit dadurch, daß man den Stapel in die Nähe der
mächtigsten Flöze legt, aus denen die größten Fördermengen kommen. Außerdem ist aber auch der Gebirgsdruck zu berücksichtigen. Man wählt bei
druckhaftem Gebirge den Ansatzpunkt so, daß der Stapel möglichst weit
nach dem liegendsten Flöz hin zu stehen kommt, um den Abbauwirkungen möglichst entzogen zu werden. Bei besonders starkem Drucke
oder erheblichen Gebirgsbewegungen infolge großer Flözmächtigkeiten kann
es sich sogar empfehlen, den Stapel ganz ins Liegende der Flözgruppe
zu legen, namentlich wenn auch der Hauptförderschacht im Liegenden steht
und so die Rückförderung eingeschränkt wird.

---

[1]) Näheres bezüglich der Bewetterung der Aufbrüche im 5. Abschnitt.

Eine Entscheidung ist jeweils darüber zu treffen, ob die Achse des Blind-schachtes quer oder parallel zur Richtung des Querschlages verlaufen soll, wobei unter Blindschachtachse die Aufschieberichtung der Wagen auf das Fördergestell zu verstehen ist. Für die Gestaltung der Verhältnisse auf der Sohle ist im all-gemeinen ein paralleler Verlauf anzustreben, da die Wagen dann ohne weiteres durchgeschoben werden können, auch die Aufstellung für leere und volle Wagen

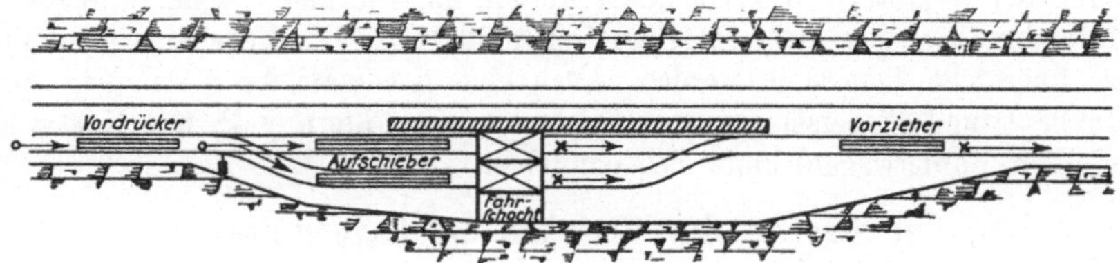

Abb. 320.   Blindschacht-Füllort in Hauptförderstrecke.

am einfachsten ausgeführt werden kann (Abb. 320). Schwierigkeiten können sich bei dieser Anordnung aus dem Gebirgsdruck ergeben, da der Querschlag am Fuß-punkt des Blindschachtes breiter ausgeschossen werden muß. Starke Holzklotz-mauern oder Mauerung mit Quetschholzeinlagen können dazu dienen, das Hangende zu stützen, oder aber der Blindschacht wird einige Meter vom Querschlag entfernt gelegt, so daß eine Berge-feste zwischen Strecke und Schacht stehenbleibt.

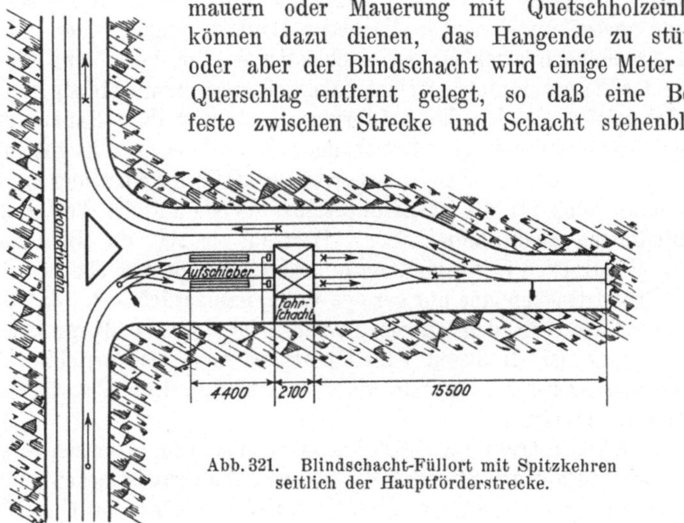

Abb. 321.   Blindschacht-Füllort mit Spitzkehren seitlich der Hauptförderstrecke.

Am oberen Anschlag (oder Anschlägen) ist dann allerdings bei flacher Lagerung ein Drehen der Wagen um 90° notwendig, bei steiler Lagerung und Vorhanden-sein von Ortsquerschlägen ist dagegen ein Durchschieben wieder ohne weiteres möglich. Der erwähnte Nachteil am oberen Anschlag kann bei flacher Lagerung durch Anordnung der Blindschachtachse quer zur Sohlenquerschlagsrichtung vermieden werden. Um in diesen Fällen auch am unteren Anschlag durch-schieben zu können und eine flotte Förderung zu gewährleisten, können Um-bruchstrecken mit anschließender Spitzkehre (s. Abb. 321) hergestellt werden.

Bei Anwendung von Seigerförderern oder Wendelrutschen ist die Möglich-keit, Wagen durchschieben zu können, von wesentlich geringerer Bedeutung, da nur Material und u. U. Berge mit Wagen gefördert zu werden brauchen.

Allerdings ist hier einer anderen Schwierigkeit zu begegnen, nämlich der Staubentwicklung an den Ladestellen, die sich bei großen Fördermengen besonders bei hoher Wettergeschwindigkeit sehr unangenehm bemerkbar machen kann. Mehrere Lösungen sind möglich, um diese Staubbelästigung zu vermeiden. Entweder wird die Ladestelle durch eine Bergefeste vom Querschlag getrennt in einen wetterruhigen Umbruch verlegt, oder aber es muß, wenn die Wetter durch den Blindschacht hochgeführt werden müssen, eine besondere Wetterverbindung zwischen Querschlag und einer Stelle des Blindschachtes oberhalb der Ladestelle hergestellt werden. Auch eine pneumatische Absaugung des Staubes [1]) und Niederschlagung in Zyklonen oder Filtern (z. B. mit Koksgrus gefüllten Förderwagen) kann sich empfehlen.

c) Strecken im Streichen der Lagerstätte.

50. — Grundstrecken. An erster Stelle sind die Grund- oder Sohlenstrecken zu erwähnen (im Erzbergbau auch „Läufe", „Gezeugstrecken" oder „Feldortstrecken" genannt). Sie dienen einmal zur Erkundung des Verhaltens von Lagerstätte und Nebengestein, damit man danach das anzuwendende Abbauverfahren und die zweckmäßige Bemessung der streichenden Abbaulänge beurteilen kann. Zum anderen ermöglichen sie die Vorrichtung weiter im Streichen liegender Bauabteilungen, wenn diese nicht durch Abteilungsquerschläge aufgeschlossen werden oder wenn diese Querschläge das Flöz noch nicht erreicht haben. Ferner vermitteln sie beim Abbau der nächsttieferen Sohle die Abführung der Wetter ihrer Bauabteilung. In Grubenfeldern mit geringen streichenden Längen oder mit gutem Nebengestein sowie in sehr mächtigen Lagerstätten ist ihre Bedeutung am größten, da sie dann auch für die Förderung selbst dienen und die Wetter mehrerer Bauabteilungen zuzuführen haben. Herrscht jedoch die Benutzung von Hauptförderstrecken in Verbindung mit Abteilungsquerschlägen vor, so spielen die Grundstrecken eine nur geringe Rolle, namentlich wenn das Verhalten der Lagerstätte von den oberen Sohlen oder von Nachbargruben her genügend bekannt ist. In diesem Falle können sie sogar als Vorrichtungsbetriebe vollständig ausscheiden, da man sie dann erst mit dem Abbau schrittweise herzustellen braucht.

51. — Abbaustrecken. Die Abbaustrecken sind im Streichen einer Lagerstätte (Flöz) verlaufende Strecken, die sich von den Grundstrecken nur dadurch unterscheiden, daß sie nicht auf einer Hauptsohle, sondern auf einer Teil- oder Zwischensohle oder auf einem Ort verlaufen, also von einem Ortsquerschlag oder einem Blindschacht ihren Ausgang nehmen. Durch sie wird der zwischen zwei Hauptsohlen befindliche Lagerstättenabschnitt in weitere Unterabschnitte unterteilt. Sie dienen je nach den jeweiligen Verhältnissen als Wetterzu- oder -abfuhrstrecke sowie für den oberhalb von ihnen befindlichen Abbaubetriebspunkt in der Regel zur Kohlen- oder Erzförderung und für den nach unten sich anschließenden Abbaubetriebspunkt bei Abbau mit Bergeversatz zur Bergeförderung. Im Steinkohlenbergbau wird vielfach zwischen Grund- und Abbaustrecken kein begrifflicher Unterschied mehr gemacht und den Grundstrecken ebenfalls die Bezeichnung Abbaustrecken gegeben.

---

[1]) Glückauf 1938, S. 507; Wüster: Staubabsaugungsvorrichtung mit Trocken- oder Naßabscheidung.

52. — Das Nachreißen des Nebengesteins. In wenig mächtigen Lagerstätten macht das Auffahren von Flözstrecken, damit sie für die spätere Förderung und Wetterführung einen ausreichenden Querschnitt erhalten, das Nachreißen von Nebengestein erforderlich (im Ruhrkohlenbergbau und Saarrevier auch als „Bahnbruch" bezeichnet). Bei flacher Lagerung muß im allgemeinen mehr Nebengestein hereingewonnen werden als bei steilem Einfallen, weil bei letzterem ein längeres Flözstück in den Streckenquerschnitt fällt.

Die Entscheidung darüber, ob das notwendige Nachreißen von Nebengestein zweckmäßiger im Hangenden oder im Liegenden erfolgt, hängt von den Gebirgsverhältnissen und den Förderaufgaben der Strecken ab.

Bezüglich der Gebirgsverhältnisse muß man nicht nur die Strecken selbst möglichst vom Gebirgsdruck zu entlasten suchen, sondern auch auf den Abbau Rücksicht nehmen. Im Steinkohlengebirge wird bei steilem Einfallen das Nachreißen des Liegenden bevorzugt, wenn nicht ein gebrächer und im Abbau nicht zu haltender „Nachfallpacken" auf dem Flöze liegt. Man vermeidet dadurch die sehr nachteiligen Schubbewegungen in der Fallrichtung, wie sie beim Nachreißen im Hangenden ausgelöst werden können. Auch wird die Bildung von „Wettersäcken" in der Firste vermieden. Besonders günstig gestaltet sich das Nachreißen des Liegenden, wenn dieses, wie das häufig der Fall

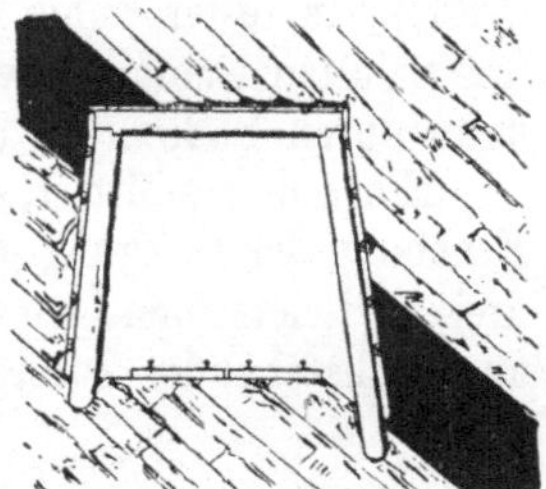

Abb. 322.　Grundstrecke mit Nachreißen des Hangenden und Liegenden.

ist, aus gebrächem und zum Quellen neigendem Tonschiefer besteht. Bei flacher Lagerung kommt zunächst auch wieder die Rücksicht auf gebräche Schichtlagen im Hangenden oder Liegenden in Betracht, deren Gewinnung einerseits das Auffahren verbilligt und anderseits späteren Schwierigkeiten durch Hereindrücken dieser Schichten oder Quellen infolge von Wasseraufnahme vorbeugt. Ein Angreifen des gesunden Hangenden zeitigt hier aber — abgesehen von der in verstärktem Maße bestehenden Gefahr der Wettersäcke in der Firste — nicht die schädlichen Wirkungen wie vielfach bei steilem Einfallen, vielmehr wird es in vielen Fällen erwünscht sein, derartige Schlitze im Hangenden herzustellen, um dadurch einerseits die Strecke von der sonst in den hangenden Schichten herrschenden Spannung zu entlasten und anderseits das Hangende zum raschen Setzen auf den Versatz im Abbau zu veranlassen.

Was die Förderung betrifft, so ist bei steilem Einfallen das Nachreißen im Liegenden für das Laden der Kohle aus dem Abbaubetriebspunkt vorteilhaft, ohne deshalb das Bergeverstürzen nach dem Unterstoß hin zu sehr zu beeinträchtigen. Bei flacher Lagerung dagegen würde die alleinige Rücksicht auf das Laden das Nachreißen des Liegenden, diejenige auf das Kippen der Berge das Nachreißen des Hangenden erfordern.

Hiervon ist die Rücksichtnahme auf das Laden das Wichtigere, da bei Abbau mit Handversatz die Entleerung der Bergewagen durch Bergehochkipper zu erfolgen pflegt und bei Bruchbau, Blindort- und Blasversatz eine Entleerung von Bergewagen in ein Abbaufördermittel (Rutsche z. B.) überhaupt wegfällt.

Schließlich sei darauf hingewiesen, daß die großen Wettermengen, die vielfach den Abbauen zugeführt werden müssen, dazu zwingen, nach Abb. 322

sowohl das Hangende als das Liegende anzugreifen, um der Strecke den notwendigen Querschnitt zu geben. Durch die neueren Ausbauverfahren (s. Band II) hat man zuglcich gelernt, den Auswirkungen des Gebirgsdrucks besser zu begegnen als früher.

53. — Das Auffahren von Flözstrecken im Einzelortbetrieb. Das Auffahren von Flözstrecken geschieht in den meisten Fällen in Form des Einzelortbetriebes und unterscheidet sich von der Auffahrung von Gesteinsstrecken grundsätzlich nur dadurch, daß das Flöz einen mehr oder weniger großen Teil des Streckenquerschnitts ausmacht und eine leichte Herstellung des Einbruches gestattet. Die Hereingewinnung kann in günstigen Fällen unter Anwendung gewöhnlicher Abbauhämmer in der Kohle und schwerer Abbauhämmer im Nebengestein erfolgen. Meist erfordert letzteres jedoch Schießarbeit (Ziff. 173, S. 287). In fester Kohle und zur Beschleunigung des Vortriebs werden Schräm- und Schlitzmaschinen sowie Kleinschrämmaschinen verwandt. Die Ladearbeit kann durch Ladewagen oder Laderutschen mechanisiert werden.

Ein weiteres Mittel, den Einzelortvortrieb zu beschleunigen, besteht in der Erhöhung der Belegung je Drittel und in dem Übergang von dem zwei- auf den drei- und vierschichtigen Betrieb. Die hierdurch erreichbaren Ergebnisse können aus nachstehender Zahlentafel entnommen werden.

**Vergleich der Betriebsergebnisse
in einem Streckenort bei verschiedener Belegung[1].**

Drittel je Tag	3	3	4	4
Reine Arbeitsstunden je Drittel	6,5	6,5	6	6
Belegung je Drittel	2	3	2	3
Gesamtbelegung	6	9	8	12
Verhältnis der Vortriebsleistung	1	1,30	1,23	1,59
Verhältnis der Einzelleistung je Mann und Schicht	1	0,86	0,92	0,79
Verhältnis der Lohnkosten	1	1,16	1,09	1,25

Der täglich zu erzielende Vortrieb beträgt in flacher Lagerung im allgemeinen 1,50—2,50 m, in steiler Lagerung 2—3 m. Er ist hier größer, da der Streckenquerschnitt meist kleiner gehalten werden kann. Diese Leistungen sind jedoch meist nur möglich, wenn der Vortrieb unabhängig vom Abbau erfolgt. Es ist dieses der Fall, wenn die Strecke zur Feldesaufklärung oder als Vorrichtung für den Rückbau dient.

Meist findet jedoch ihre Herstellung in Verbindung mit dem Abbau statt, der als Strebbau oder Schrägbau dem Streckenort in einem Abstand von etwa 10—40 m folgt. Eine Beeinträchtigung der Vortriebsleistung tritt dann ein, wenn — wie häufig in der flachen Lagerung — die Förderung der aus dem Abbau stammenden Kohle durch ein Band geschieht. Hierdurch wird die Abförderung der im Vortrieb anfallenden Berge in der Förderschicht unmöglich und in den anderen Schichten zum mindesten erschwert. Diese Beeinträchtigung kann so weit gehen, daß der Fortschritt des nachfolgenden Abbaus verlangsamt werden muß. Die sich daraus ergebenden Nachteile sind so groß, daß sie vermieden werden sollten. Eine Möglichkeit hierzu besteht darin, die Strecken bereits mehrere Wochen vor dem Abbau zu beginnen und ihnen da-

---

[1] Glückauf 1936, S. 33; Hillenhinrichs: Beschleunigte Vortriebsverfahren in Flözstrecken und ihre Bedeutung für den Abbau.

durch eine Vorgabe von 50 m oder mehr zu geben, die im Laufe des nachfolgenden Abbaus allmählich aufgezehrt wird. Dieses Verfahren hat allerdings den Nachteil, daß der vorgesetzte Streckenteil unter die Einwirkung des voreilenden Abbaudrucks (Ziff. 68, S. 356) gerät und ihr Ausbau hierbei beschädigt werden kann. Dazu kommt die unvermeidbare zweite Beanspruchung infolge der Absenkung des Hangenden nach erfolgtem Abbau.

Ein anderes wichtiges Mittel zur Beschleunigung des Abbaustreckenvortriebs ist das Breitauffahren. Es kann zum Vortrieb von Flözstrecken angewandt werden, die zur Vorrichtung des Rückbaus dienen, als auch von solchen, deren Ort ein Abbau in einigem Abstand folgt. Vortriebsleistungen von 2—4 m je Tag sind auf diese Weise zu erzielen.

54. — Das Breitauffahren von Flözstrecken. Beim Breitauffahren wird nicht nur die im Streckenquerschnitt anstehende Kohle hereingewonnen, vielmehr nimmt man das Flöz in einer Front von 5, 10 oder gar 20 m Breite in Angriff, die vergleichbar mit einem kurzen Streb zu Felde geht. Die Abbaustrecke selbst wird hierbei in der Mitte oder am oberen Ende dieses kurzen Abbaustoßes nachgeführt.

Die Vorteile dieses Verfahrens sind mannigfacher Art. Vor allem bestehen sie darin, daß die anfallenden Berge im Abbauhohlraum neben der Strecke versetzt werden können und diese in Form eines Dammes die Strecke seitlich

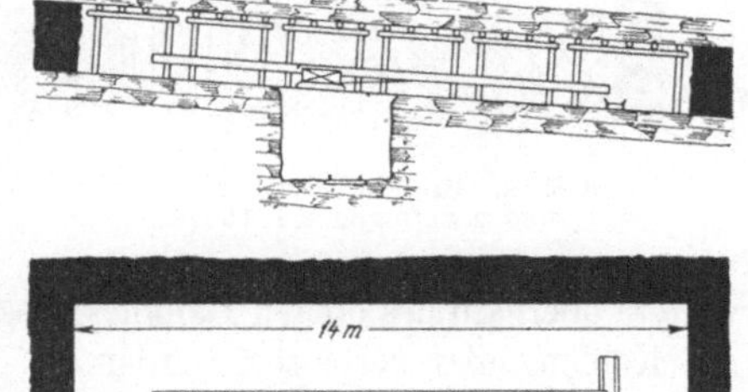

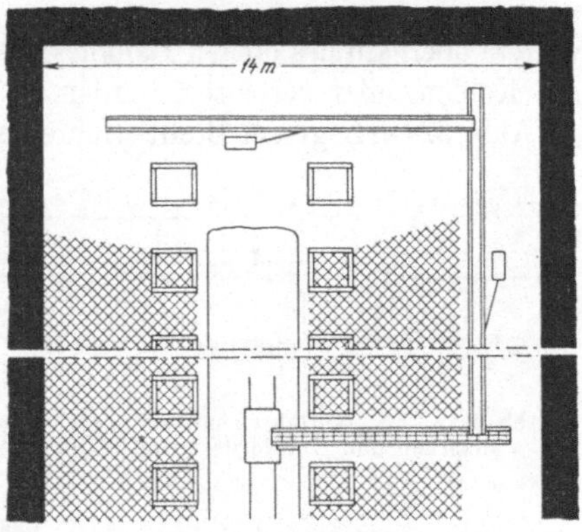

Abb. 323. Breitauffahren für Rückbau mit ortsfester Ladestelle.

begrenzen. Die verschiedenen Arbeitsvorgänge, wie Kohlengewinnung, Nachreißen des Nebengesteins, Streckenausbau und Abförderung der Kohle können räumlich getrennt und daher in weitgehendem Maße gleichzeitig ausgeführt werden. Der Damm hält zugleich die Bruchkante des sich absenkenden Hangenden von der Abbaustrecke ab und verbilligt deren Unterhaltung. Auch erleichtert er durch Nachführung einer in ihm ausgesparten Wetterrösche die Wetterführung. Schließlich ist zu erwähnen, daß bei einer Kohlenfront von 10 m und mehr der Gebirgsdruck sich als Nutzdruck bemerkbar zu machen beginnt, „Gang auf die Kohle kommt" und daher die Hackenleistung zunimmt.

Das Breitauffahren kann auf verschiedene Weise ausgestaltet werden[1]). Abb. 323 zeigt eine Möglichkeit, bei der die Abbaustrecke in der Mitte des Breitauffahrens hergestellt und an der unteren Seite eine Wetterrösche ausgespart wird. An der Kohlenfront ist eine Rutsche oder ein Kratzband eingesetzt, das die Kohle einer Rutsche oder einem Band zuführt, die in der Wetterrösche

---

[1]) Glückauf 1936, S. 33; Hillenhinrichs: Beschleunigte Vortriebsverfahren in Flözstrecken und ihre Bedeutung für den Abbau.

verlegt sind. Ein Kratzband dient schließlich dazu, die Kohle wieder aufwärts zu einer ortsfesten Ladestelle in der Flözstrecke zu bringen. — Außer der einen Wetterrösche unterhalb des unteren Dammes kann noch eine

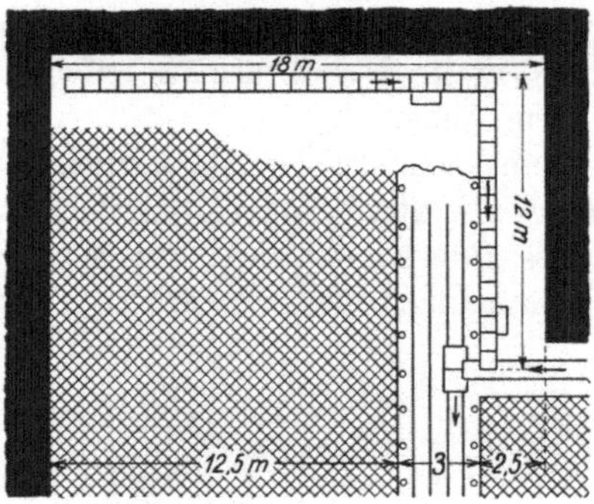

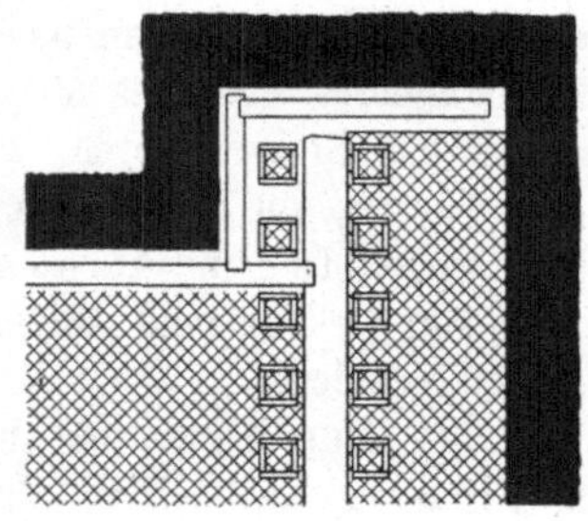

Abb. 324a. Breitauffahren mit Rösche und nachfolgendem Abbau.

Abb. 324b. Breitauffahren mit nachfolgendem Abbau ohne Rösche.

weitere oberhalb des oberen Dammes ausgespart und dadurch die Bewetterung des Kohlenstoßes verbessert werden.

Abb. 324a zeigt ein Breitauffahren mit Damm in Verbindung mit einem nachfolgenden Abbau. Die im Vortrieb gewonnene Kohle wird hierbei durch ein in einer Rösche verlegtes Band oder eine Rutsche dem Abbaufördermittel zugeführt.

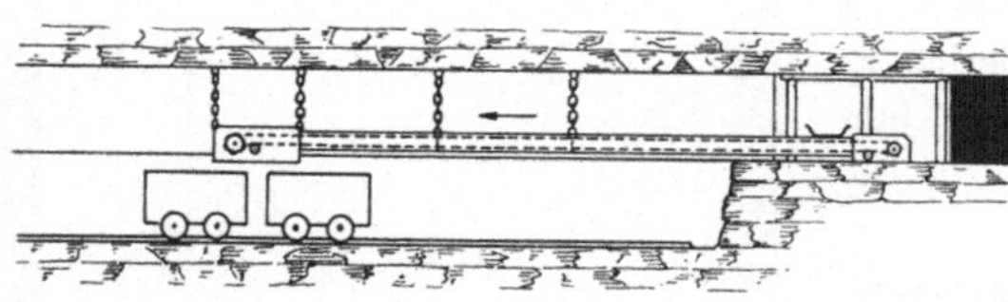

Abb. 325a. Breitauffahren mit nachgeführtem Streckenausbruch und Kurzfördermittel in Streckenachse.

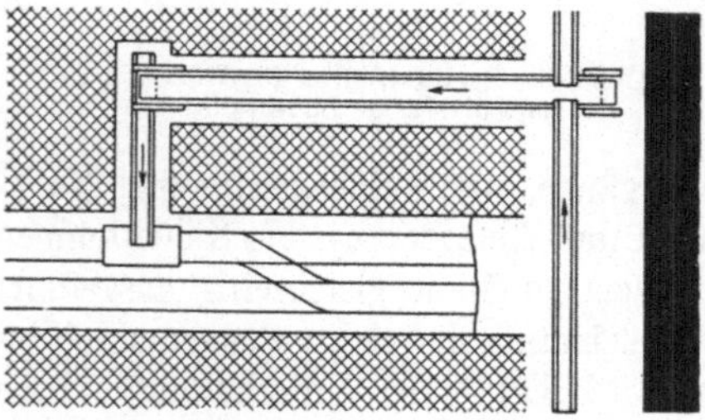

Sie wird infolgedessen gemeinsam mit der aus dem Abbau stammenden Kohle geladen. Wird eine Rösche nicht nachgeführt, so kann nach Abb. 324b die den Vortrieb und den Abbau verbindende Rutsche auf das Flözliegende unmittelbar neben und parallel der Abbaustrecke verlegt werden.

55. — Nachführung der Flözstrecken. Ein anderes Verfahren, eine Flözstrecke aufzufahren, besteht darin, sie nachzuführen. Hierbei

Abb. 325b. Breitauffahren mit nachgeführtem Streckenausbruch; Kurzfördermittel in Rösche parallel der Strecke.

wird die Kohle des Streckenquerschnitts zusammen mit der Kohle des Strebs gewonnen, die Strebfront also bis an den unteren Stoß der späteren Strecke ausgedehnt und das Nebengestein dem Abbaufortschritt entsprechend nachgeschossen. Wie Abb. 325a erkennen läßt, ist hierbei jedoch ein in der Streckenachse verlegtes Kurzfördermittel notwendig, das die Kohle des Strebfördermittels aufnimmt und zur Ladestelle bringt. Liegt dieses Zubringermittel in der Strecke selbst, so wird das Nachreißen des Nebengesteins erschwert. Dieser Nachteil kann nach Abb. 325b dadurch umgangen werden, daß das Kurzfördermittel in eine parallel der Strecke ausgesparten Rösche verlegt wird. Hierbei ist allerdings die Einschaltung eines zweiten Kurzfördermittels nötig, das die Entfernung zur Ladestelle überbrückt.

In mächtigeren Lagerstätten fällt das Nachreißen des Nebengesteins fort. Handelt es sich um Mächtigkeiten von etwa 2—2,5 m, so fährt man die Strecken einfach in der vollen Mächtigkeit auf. Bei noch größerer Mächtigkeit muß beim Auffahren der Strecken ein mehr oder weniger großer Teil des Minerals angebaut werden; man treibt dann die Strecke in der Regel am Liegenden, um sie den Einwirkungen des späteren Abbaues möglichst zu entziehen. Es muß in diesem Falle sorgfältig darauf geachtet werden, daß in der Strecke stets das Liegende bloßgelegt wird, damit man nicht schräg in die Lagerstätte hineinfährt. Die Streckensohle kann bei flacher Lagerung unmittelbar durch das Liegende, bei ganz steiler Neigung durch die Lagerstätte selbst gebildet werden. Bei mittleren Neigungswinkeln dagegen wird etwas Mineral in der Sohle angebaut oder eine Bergeschicht aus einem mitgewonnenen Bergemittelstreifen auf die Sohle gebracht. — Bei großer Mächtigkeit der Lagerstätte geht man auch, namentlich wenn diese steil einfällt und unregelmäßig verläuft, gänzlich aus ihr heraus ins Liegende und löst sie

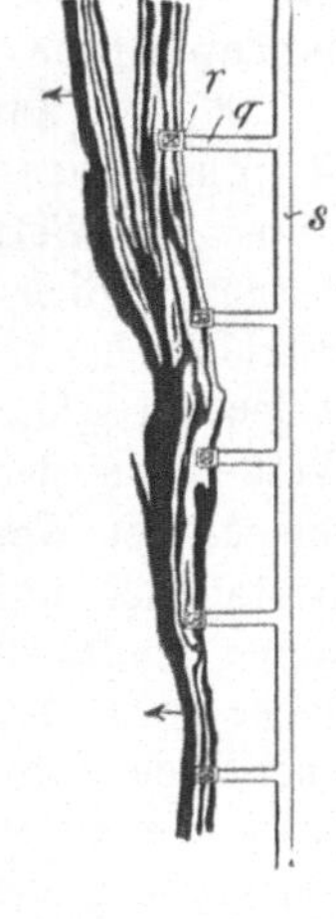

Abb. 326. Erzgang mit Grundstrecke s im Liegenden und Verbindungsquerschlägen q zu den Stürzrollen r.

von der Strecke aus durch eine Reihe kurzer Querschläge (q in Abb. 326). Dieses Verfahren bietet den Vorteil, daß bei der Strecke nicht auf den

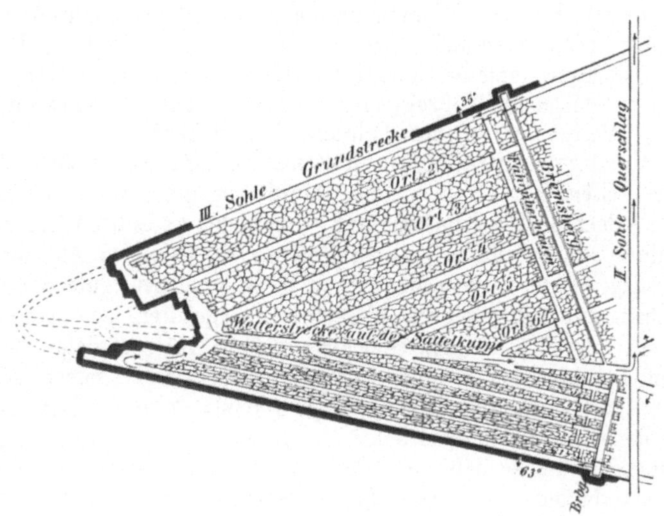

Abb. 327. Wetterstrecke auf einer Sattelkuppe.

Abbau und beim Abbau nicht auf die Strecke Rücksicht genommen zu werden braucht und daß die Strecke im Nebengestein meist bedeutend druckfreier steht als in der Lagerstätte. Dazu kommt der für die Förderung günstige geradlinige Verlauf der Strecke. Für flözartige Lagerstätten bietet das Verlegen der Strecken ins Nebengestein den Vorteil, daß man eine möglichst druckfreie Schicht aussuchen oder durch Benutzung eines unbauwürdigen Flözes das Auffahren verbilligen kann.

56. — Sonstige streichende Strecken. Wetter- und Sumpfstrecken dienen denselben Zwecken wie Wetter- und Sumpfquerschläge. Unter den Wetterstrecken nehmen im Steinkohlenbergbau die von vornherein lediglich als solche getriebenen Strecken eine besondere Stellung ein. Hierhin gehören solche Strecken, wie sie bei Vorhandensein mehrerer Fördersohlen auf schlagwettergefährlichen Gruben unmittelbar unter dem frischen Wetterstrom der oberen Sohle aufgefahren werden, um im Verein mit entsprechenden Wetterquerschlägen die getrennte Abführung der verbrauchten Wetter der unteren Sohle zu ermöglichen. Auch die auf einer Sattelkuppe hergestellten Wetterstrecken (Abb. 327) werden von vornherein als solche getrieben. Sie sollen die Wetter einer Bauabteilung über die Kuppe eines in der Streichrichtung sich heraushebenden Sattels hinweg zur höheren Sohle oder zu einem von dieser aus niedergebrachten Gesenk abführen. In sehr grubengasreichen Flözen werden solche Strecken auch wohl nur deshalb getrieben, um dem Flöze vor dem Abbau Gelegenheit zur Entgasung zu geben.

Im allgemeinen aber werden einfach die früheren Förderstrecken der höheren Sohlen und Teilsohlen später als Wetterstrecken benutzt.

d) Strecken im Einfallen der Lagerstätte.

57. — Aufhauen und Abhauen. Überblick. Aufhauen (Überhauen) sind schwebende Strecken, die von unten nach oben und Abhauen fallende Strecken, die von oben nach unten aufgefahren werden. Sie unterscheiden sich also nur durch die Richtung ihrer Auffahrung und dienen gleicherweise dazu, den Abbaustoß herzustellen und bloßzulegen sowie außerdem oder lediglich zur Wetterführung (Wetterüberhauen) und Fahrung (Fahrüberhauen).

Die Auffahrung einer einfallenden Strecke von unten nach oben, also eines Aufhauens, erleichtert vor allem die Abförderung des gewonnenen Minerals, erschwert jedoch die Werkstofförderung. Umgekehrt ist es beim Abhauen. Die Ansammlung des spezifisch leichten Methans ist in einem Abhauen kaum möglich, dagegen in einem Aufhauen zu befürchten. Auf gute Bewetterung, die in schwierigen Fällen zugleich blasend und saugend erfolgen muß (s. 5. Abschnitt) oder durch Vorbohren erleichtert wird (S. 141), ist daher bei einem Aufhauen besonders zu achten. Auch der Zeitersparnis halber zieht man hin und wieder das Abhauen dem Aufhauen vor: man kann die Zeit ausnutzen, während deren auf der unteren Sohle der Querschl g bis zu dem betreffenden Flöz getrieben wird, so daß nach Fertigstellung des Querschlags auch schon die Wetterverbindung zur oberen Sohle hergestellt ist und mit dem Abbau begonnen werden kann.

58. — Herstellung von Auf- und Abhauen. Die Herstellung eines Auf- oder Abhauens in der Kohle erfolgt meist in einer Breite von 4—5 m. Es geschieht dieses, um in drei Feldern vorgehen zu können, von denen das eine zur

Fahrung, das zweite zur Förderung und das dritte zur Aufnahme der Luttenleitung von 300—500 mm Durchmesser dient. Ist das Flöz mächtig, so kann
auch auf das dritte Feld verzichtet werden, während umgekehrt ein viertes
Feld notwendig wird, wenn das Flöz ein Bergemittel besitzt. Die Berge werden
alsdann, um sie nicht abzufördern, in diesem Feld verpackt.

Zur Hereingewinnung dienen Abbauhämmer oder Schießarbeit, und zwar vielfach unter Zuhilfenahme von Schräm- und Schlitzmaschinen oder Kleinschrämmaschinen. Die Abförderung geschieht bei Aufhauen in flacher Lagerung durch
Schüttelrutschen oder Schrapper und bei sehr langen Aufhauen durch ein Band,
auf das eine Schüttelrutsche austrägt, die jeden Tag dem Vorrücken des Stoßes
entsprechend verlängert wird. In halbsteiler Lagerung genügen feste Rutschen,
während in steiler Lagerung das Förderfeld, auf dessen Liegendem die Kohle
abrutscht, völlig verkleidet werden muß. In Abhauen wird bei flacher Lagerung
ein Band oder Kratzband oder ein Schrapper herangezogen. Bei steiler Lagerung
wird die Förderung in Abhauen schwierig. In mächtigen Flözen kann sie durch
von einem Haspel bewegte und auf Schienen fahrende Förderwagen erfolgen.
In wenig mächtigen, steil gelagerten Flözen ist sie jedoch schwer durchführbar;

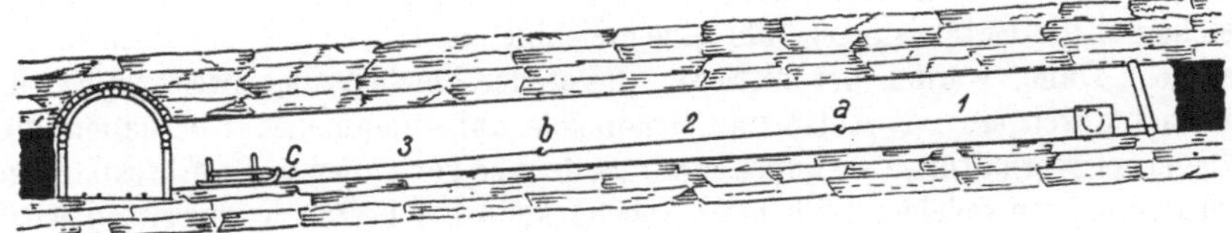

Abb. 328.   Schlitten zur Werkstofförderung in einem Aufhauen.

sie kann hier durch besonders gebaute, von einem Haspel bewegte Schlitten
erfolgen. Besondere Beachtung verdient auch die in umgekehrter Richtung
vor sich gehende Werkstofförderung. Sie kann von Hand erfolgen, was aber
zeitraubend und teuer ist. Ist zur Abbauförderung ein Band eingesetzt, so kann
dieses auf Rückwärtslauf eingerichtet werden und dann auch der Werkstoff-
förderung dienen. Sehr gut haben sich besondere von einem Haspel, am besten
einem Doppeltrommelhaspel bewegte mit Kufen versehene Schlitten bewährt
(Abb. 328). Wird nur ein einfacher Haspel benutzt, so muß der Schlitten bei
flacher Lagerung den abwärts gerichteten Weg von Hand gezogen werden. Ein
Doppeltrommelhaspel vermeidet diesen Nachteil. Ein Schrapper kann bei der
Leerfahrt zur Werkstofförderung benutzt werden.

Die Belegung sollte aus 3 bis 4 Mann vor Ort und 1 bis 2 weiteren Leuten
bestehen, die alle Betriebsmittel griffbereit anliefern, Nebenarbeiten erledigen
und beim Umlegen der Rutsche, der Druckluft- und Luttenleitungen helfen.
Es kann drei- und vierschichtig gearbeitet werden.

Bei der Herstellung von Auf- und Abhauen ist Zeitersparnis und daher
eine Beschleunigung des Vortriebs besonders wichtig. Sie ist um so wichtiger,
je länger diese Baue infolge der Zunahme der Sohlen- und Teilsohlenabstände
werden müssen. Die wesentlichen Mittel zur Erreichung dieses Zieles sind in
einer weitgehenden Arbeitsteilung und Arbeitsüberdeckung zu erblicken, in
einer Mechanisierung der Arbeitsvorgänge, einem guten Zustand der eingesetzten Maschinen, ausreichender Druckluftzufuhr, guter Wetterführung und guter
Beleuchtung vor Ort. Sind diese Bedingungen erfüllt, so kann in flacher Lagerung

ein Vortrieb von täglich 8—12 m, in besonders günstigen Fällen sogar von 15 m und mehr erreicht werden. Diese Werte entsprechen Leistungen je Mann und Schicht vor Ort von 60—76 cm oder für den Gesamtbetrieb von 40—50 cm. In steiler Lagerung liegen die Vortriebsleistungen bei 6—12 m je Tag.

59. — Bremsberge. Überblick. Die Bremsberge sollen unter Ausnutzung der Schwerkraft das Fördergut von den Abbaustrecken bis zur nächsttieferen Sohle oder Teilsohle bringen. Es sind dieses die Bremsberge im engeren Sinne. Häufiger und von ihnen zu unterscheiden sind die Haspelberge, die zur Förderung in jeder Richtung nicht nur mit einer Bremse, sondern auch mit einem Haspel ausgerüstet sind. Beide finden bei flacher sowohl wie bei steiler Lagerung Verwendung, sind jedoch heute selten geworden und werden meist durch die leistungsfähigeren Blindschächte ersetzt[1]).

60. — Herstellung der Bremsberge bei mittlerer und steiler Lagerung. Da ein unmittelbar am Förderseil hängender Wagen vollständig in der Ebene des Flözes, ein auf dem Gestell stehender Wagen dagegen sehr „sperrig" zur Flözebene steht, muß bei der Herstellung von Gestellbremsbergen bedeutend mehr Nebengestein nachgerissen werden als bei Wagenbremsbergen. Außerdem erfordert bei Gestellbremsbergen die Rücksicht auf die Entgleisungsgefahr eine gleichbleibende Neigung der Bremsbergsohle. Daher werden bei mittlerer und steiler Flözlagerung zweckmäßig zunächst durch ein mit Kette und Gradbogen aufgenommenes Überhauen die Lagerungsverhältnisse erkundet, um aus dem so gewonnenen Profil feststellen zu können, an welchen Stellen das Nebengestein am besten nachgerissen wird und ob etwa ein stärkerer Knick auftritt, der zu einem Absetzen des Bremsberges nötigt. Das Nachreißen des Nebengesteins kann dann von unten oder von oben erfolgen; im letzteren Falle ergibt sich bei steilem Einfallen der Vorteil einer größeren Sicherheit der Leute gegen Steinfall und Absturz.

Für jedes Bremsbergfeld ist bei nicht ganz flachem Einfallen eine Fahrverbindung von unten nach oben vorzusehen. Bei zweiflügeligem Betriebe wird vielfach für jeden Bauflügel eine solche Verbindung hergestellt, da die Leute nicht durch den Bremsberg gehen dürfen. Doch kann man bei größerem Abstand der einzelnen Örter diesen Zweck billiger durch Querverbindungen mit Hilfe von Umbrüchen auf den einzelnen Örtern erreichen, so daß dann ein einziges Fahrüberhauen genügt. Man bringt zweckmäßig gleichzeitig mit dem später als Bremsberg auszubauenden Überhauen die späteren Fahrüberhauen (Abb. 327) hoch. Dabei werden in den Höhenlagen der späteren Abbaustrecken diese schwebenden Betriebe durch streichende Durchhiebe unter sich verbunden, die gleichzeitig als Wetterverbindungen während des Aufhauens dienen; nach Herstellung eines neuen Durchhiebs wird der nächstuntere wetterdicht abgeblendet.

Die beim Nachschießen des Nebengesteins im Bremsberge gewonnenen Berge werden bei starker Flözneigung in einen Rollkasten abgestürzt, den man durch Auskleidung eines Abschnitts des Überhauens herstellt; bei mittlerem Einfallen können sie auch abgebremst werden. Sie werden zweckmäßig gleich als Versatz benutzt.

61. — Herstellung der Bremsberge bei flacher Lagerung. Die

---

[1]) Vgl. die Ausführungen über Bremsbergförderung im 8. Abschnitt, 2. Band.

Herstellung von Bremsbergen in flachgelagerten Flözen vereinfacht sich wesentlich dadurch, daß das Nebengestein gleich während des Aufhauens nachgerissen werden kann, da die gewonnenen Berge nicht auf dem Liegenden herabrutschen. Auch können diese Berge sofort an Ort und Stelle versetzt werden, indem ein genügend breiter Kohlenstoß mitgenommen und durch Bergeversatz ersetzt wird. An den beiden Grenzen des Bergepfeilers werden die späteren Fahrüberhauen ausgespart. Sind diese entbehrlich, weil der Bremsberg selbst zum Fahren benutzt werden kann, so sieht man hier nur Wetterröschen vor, die die Bewetterung des Aufhauens ermöglichen und später Raum für die Eröffnung des Abbaues bieten. Die Stöße des Bremsberges werden durch Holzkästen oder trockene Bergemauerung (vgl. den Abschnitt „Grubenausbau" in Bd. II) gesichert.

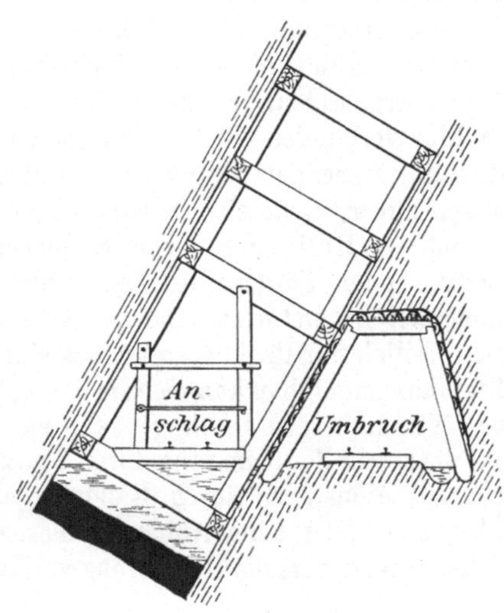

Abb. 329. Anschlag mit Umbruch im Liegenden bei steilerem Einfallen.

Ähnlich wie beim Breitauffahren einer streichenden Flözstrecke ist es auch hier zur Steigerung des Vortriebs von Vorteil, wenn die Abförderung der Kohle nicht durch die Hauptstrecke, also den eigentlichen Bremsberg, sondern durch die begleitende Wetterrösche geleitet wird. Kann diese auf ihrer ganzen Erstreckung nicht in der erforderlichen Höhe aufrechterhalten werden, so spielt es keine Rolle, weiter unten das Fördermittel (Rutsche oder Band) in die Hauptstrecke selbst zu legen. Die Hauptsache ist, daß das Nachreißen des Nebengesteins durch das Fördermittel nicht gestört wird.

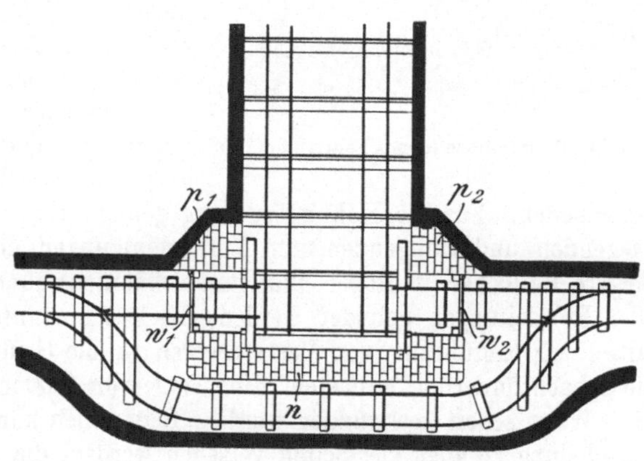

Abb. 330. Anschlag mit Schutzmauer bei flacher Lagerung (Grundriß).

62. — Anschluß der Bremsberge an die Grundstrecken. Am Fuße der Bremsberge sind Vorkehrungen zu treffen, um den Verkehr in der Grundstrecke gegen abstürzende Wagen u. dgl. zu sichern; auch ist in der Regel hier ein wetterdichter Abschluß vorzusehen. Bei steilem und mittlerem Flözfallen wird die Grundstrecke durch Auffahren einer Umbruchstrecke im Hangenden oder im Liegenden (Abb. 329) geschützt. Flach geneigte Bremsberge erhalten am Fuße eine Abschlußmauer (Abb. 330), an deren Stelle auch eine Bergemauer, ein starker Stempelschlag oder weiter gestellte Stempel mit Drahtseilgeschlinge treten können. Außerdem kann bei flacher Lagerung auch ein Kohlenpfeiler zur Sicherung der Grundstrecke dienen und der Bremsberganschlag mit dieser durch eine Gesteinsstrecke oder eine Diagonale im Flöz verbunden werden; in diese Verbindungsstrecken können die zur Abdichtung dienenden Wettertüren in ähnlicher Weise wie in Abb. 330, wo diese Türen mit $w_1 w_2$ bezeichnet sind, eingebaut werden.

63. — **Rollöcher.** Die Rollöcher, auch „Rollkasten" oder „Rollen" (Stürz- oder Förderrollen) genannt, ermöglichen in genügend steil einfallenden Lagerstätten eine bequeme und billige Abwärtsförderung, eignen sich freilich nur für Fördergut, das eine rauhe Behandlung ertragen kann. Im Steinkohlenbergbau kommen sie daher, wenn überhaupt, nur für die Förderung von Versatzbergen in Frage, während die Kohlenförderung mit Rücksicht auf die starke Zerkleinerung durch Sturz und Abrieb und auf die Staubbildung nur ausnahmsweise durch Rollöcher erfolgt, z. B. beim Hochbringen von Überhauen oder beim Abbau kleiner, durch Gebirgsstörungen abgegrenzter Feldesteile, für die die Herstellung von Blindschächten sich nicht lohnen würde.

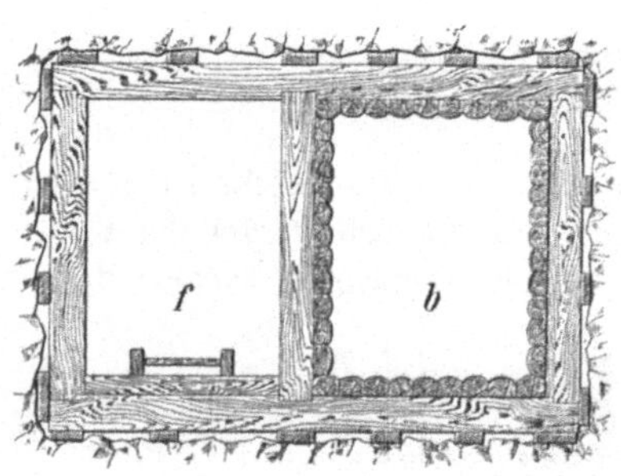

Abb. 331. Bergerolloch (*b*) mit Fahrtrumm (*f*).

Das Hauptanwendungsgebiet der Rollochförderung ist der Erzgangbergbau, für den sie die Regel bildet. Die für die Zufuhr von Bergeversatz notwendigen Rollen werden in Form von Aufbrüchen vor dem Abbau hergestellt, während die der Abförderung des Erzes dienenden Rollen im Versatz ausgespart und in Trockenmauerung gesetzt zu werden pflegen.

Rollöcher erfordern naturgemäß nur geringe Querschnitte. Der Ausbau ist je nach der Bestimmung der Rollen verschieden. Für die Kohlenförderung genügt eine leichte Abkleidung am Liegenden und Hangenden, um Verunreinigungen der Kohle zu verhüten. Seigere Rollöcher (in Stapel- und Hauptschächten) können durch Blechzylinder oder Rohrleitungen gebildet werden. In letztgenannter Form können sie als Mittel zur Einführung von Versatzbergen in die Grube dienen und dadurch die Schachtförderung entlasten. Eine Teufe von 1000 m ist in einem Falle auf diese Weise schon überwunden worden. Bergerollen können mit einer kräftigen Verschalung an allen vier Seiten versehen werden, die aus Bohlen oder Rundhölzern hergestellt wird; ein Rolloch mit besonders kräftigem Ausbau aus Schachthölzern mit starker Halbholzverschalung und angebauter Fahrabteilung zeigt Abb. 331.

e) Lösungsstrecken für besondere Zwecke.

64. — **Sicherungsmaßnahmen gegen Wasser- und Gasdurchbrüche.** Beim Vortreiben von Strecken irgendwelcher Art, die an alten Bauen vorbeigetrieben werden oder unmittelbar in diese durchschlagen sollen, sind

besondere Vorsichtsmaßregeln erforderlich, da in solchen Bauen Standwasser und Ansammlungen schädlicher Gase zu vermuten sind, die vielfach unter hohem Drucke stehen. In anderen hierher gehörigen Fällen handelt es sich um die Durchörterung großer Verwerfungen mit Wasserführung oder um die Abzapfung ersoffener Schächte von unten her.

Eine einfache und zweckmäßige Vorsichtsmaßregel ist das Vorbohren nach Abb. 332. Es ermöglicht bei Bauen, die umfahren werden sollen, in der Regel das rechtzeitige Erkennen einer zu weitgehenden Annäherung durch Wassertröpfchen oder Gasausströmungen, die aus einem vorgebohrten Loche austreten. Sollen die Hohlräume angefahren werden, so werden die Leute durch diese Anzeichen rechtzeitig zur größten Vorsicht gemahnt. Die Vorbohrlöcher werden nach den Seiten hin, auf denen die Wassersäcke zu vermuten sind, also erforderlichenfalls nicht nur in der Achse der Strecke, sondern auch an beiden Stößen hergestellt (b_1—b_3 in Abb. 332). Sie erhalten eine Länge von mindestens 2,5—3 m; jedoch muß die Länge um so größer genommen werden, je höher der zu erwartende Wasserdruck und je wasserdurchlässiger und gebrächer das Gebirge ist, so daß z. B. beim Vorbohren in der Kohle Längen von 5—6 m gebräuchlich sind. Den genauen Überblick über den jeweiligen Stand der Bohrungen sichert man sich durch die Führung einer Liste, in welche die Richtung und Tiefe der einzelnen Bohrlöcher eingetragen wird.

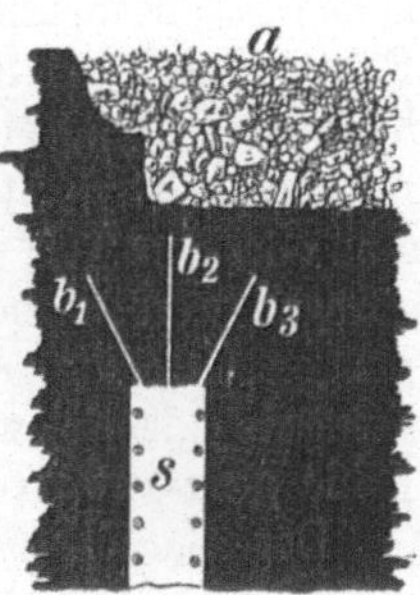

Abb. 332. Vorbohren gegen den alten Mann.

Sollen die Gas- oder Wasseransammlungen nicht vermieden, sondern angefahren und abgezapft werden, so bedient man sich der auf den Seiten 141ff. beschriebenen Vorrichtungen.

65. — Weitere Sicherheitsmaßregeln. Zugleich muß für die Herstellung eines gesicherten Fluchtweges für die Leute gesorgt werden. Die Lösungsstrecke darf daher nicht zu stark ansteigend aufgefahren werden; nach Möglichkeit ist auch darauf Bedacht zu nehmen (namentlich bei Lösungsstrecken in der Lagerstätte), daß in nicht zu großer Entfernung vom Ortsstoß Überhauen oder blinde Schächte, die mit höheren Grubenbauen durchschlägig sind, den Leuten die Flucht nach oben ermöglichen. Besonders wichtig ist ferner die Beleuchtung; da Wetterlampen bei unvermutetem Anhauen von wasser- und gaserfüllten Hohlräumen durch den plötzlichen Schlag erlöschen können, so empfiehlt es sich, nicht nur die Leute mit elektrischen Lampen auszurüsten, sondern auch die ganze Strecke mit elektrischer Beleuchtung zu versehen.

IV. Abbau.

66. — Bedeutung eines vollständigen Abbaues. Die bedrängte Lage unseres Vaterlandes macht für den deutschen Bergbau größte Sparsamkeit in der Auswertung der Bodenschätze und demgemäß einen möglichst vollständigen Abbau der erschlossenen Lagerstätten zur Pflicht. Aber auch bergmännische Erwägungen wirken in gleichem Sinne. Allerdings ist bei reinem Abbau der gegenwärtige Gewinn vielfach bedeutend geringer als bei dem sog. „Raubbau", d. h. der rücksichtslosen Beschränkung des Abbaues auf die wertvollsten Lagerstätten und Lagerstättenteile, wobei aber die gegenwärtigen Gewinne in der Zukunft mit unverhältnismäßig großen Verlusten bezahlt werden.

Die Vollständigkeit der Gewinnung besteht nicht nur darin, daß möglichst jede Lagerstätte abgebaut wird, sondern auch darin, daß in jeder Lagerstätte die Abbauverluste möglichst eingeschränkt werden. In erster Hinsicht ist z. B. zu berücksichtigen, daß der Nachteil einer geringen Mächtigkeit durch eine für die Arbeit und Förderung bequeme steile Lagerung, der Nachteil einer unreinen Kohle durch geringen Gebirgsdruck, der Nachteil einer starken Schlagwetterentwicklung durch einen hohen Marktwert der Kohle, der Nachteil höherer Abbaukosten durch geringe Entfernung des Flözes vom Schachte und dementsprechend verringerte Förderkosten ausgeglichen werden kann. Sogar der Abbau eines Flözes mit unverhältnismäßig hohen Flözbetriebskosten kann noch lohnend sein, wenn nämlich ein solches Flöz zwischen mehreren günstiger ausgebildeten Flözen auftritt und so sein Abbau das Vordringen in größere Teufen verlangsamt und die Kosten für Ausrichtung, Unterhaltung, Wasserhaltung, Förderung, Aufsicht und Verwaltung ganz oder zum Teil von der übrigen, aus besseren Flözen stammenden Förderung getragen werden oder wenn sein Abbau den Versatz überschüssiger Bergemengen oder die Anpassung an besondere Marktverhältnisse oder an den Kokerei- oder Schwelereibetrieb durch Förderung einer als Zusatz geeigneten Kohle gestattet usw.[1]).

Der möglichst reine Abbau des einzelnen Flözes ist für den Steinkohlenbergbau noch in anderer Hinsicht wichtig. Denn die im alten Mann oder in unverritzten Flözen zurückbleibenden Kohlenmengen erschweren und gefährden durch starke Gasentwicklung den Betrieb. Die Kohlen im alten Mann insbesondere verursachen durch ihre Erwärmung infolge allmählicher Sauerstoffaufnahme vielfach Grubenbrände und haben in jedem Falle eine für die Abbaubetriebe schädliche Wärmeentwicklung zur Folge.

Der vollständige und reine Abbau steigert den Wert des ganzen Grubenfeldes mit seinen Lagerstätten entsprechend. Auch geht der Abbau auf diese Weise solange wie möglich in den oberen Teufen um, in denen die günstigsten Verhältnisse herrschen, da Wärme und Gebirgsdruck noch gering und die Kosten für die Wasserhaltung und Förderung noch mäßig sind. Ferner verteilen sich die Kosten für die Ausrichtungsarbeiten jeder Sohle auf eine größere Fördermenge.

67.—**Abbaurichtung und Verhiebrichtung.** Bei jedem Abbauverfahren gibt es eine Richtung, in welcher der Abbau fortschreitet und der in Angriff genommene Lagerstättenteil, im großen gesehen, abgebaut wird. Sie ist zu unterscheiden von der Richtung, in der die Hereingewinnung des bloßgelegten Stoßes im einzelnen erfolgt. Die erste wird Abbaurichtung, die zweite Verhiebrichtung genannt. Um einen Vergleich zu gebrauchen, kann gesagt werden, daß der eine ein strategischer, der andere ein taktischer Begriff ist.

Sowohl beim Abbau als beim Verhieb sind je vier Richtungen möglich: die streichende, schwebende, fallende und schräge. Die schräge und fallende

---

[1]) Vgl. auch Nebelung: Faktoren der Abbauwürdigkeit in Herbig-Jüngst: Bergwirtschaftliches Handbuch (Berlin, R. Hobbing), 1931.

spielen als Abbaurichtungen nur eine untergeordnete Rolle, so daß in der Hauptsache zwei Richtungen für den Abbau und vier für den Verhieb in Betracht kommen, die wieder in beliebigem Wechsel miteinander verbunden werden können. Im Kohlenbergbau herrscht die streichende Abbaurichtung vor, während der Verhieb streichend, schwebend, fallend oder schräg sein kann, und zwar ist er in flacher und halbsteiler Lagerung meist streichend, in steiler meist streichend, schräg oder fallend (Abb. 333). Im Gangerzbergbau ist als Abbaurichtung die schwebende am meisten verbreitet, d. h. der in Abbau befindliche Gangstreifen wird in Richtung von unten nach oben abgebaut, wie z. B. beim Firstenstoßbau. Auch die streichende Abbaurichtung findet sich, wie z. B. beim reinen Firstenbau. Die Hereingewinnung des Stoßes selbst, also die Verhiebrichtung, ist beim schwebenden Abbau in der Regel streichend, beim Firstenbau ebenfalls, beim Schrägbau fallend oder schräg nach unten. Im Salzbergbau ist dagegen bei

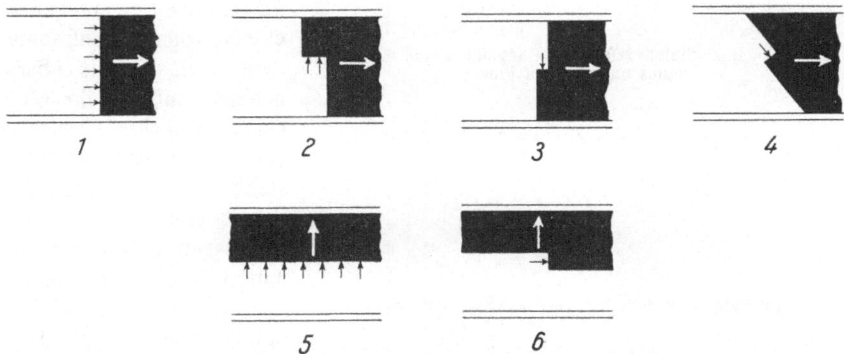

Abb. 333. Richtungen des Abbaufortschrittes (weiße Pfeile) und des Verhiebs (schwarze Pfeile).

steiler Lagerung der schwebende Abbau bei streichendem Verhieb, in flacherer Lagerung der schwebende Abbau bei schwebendem Verhieb am meisten angewandt.

Als Maß für das in einer bestimmten Zeiteinheit erzielte Arbeitsergebnis in beiden Richtungen dienen die beiden Begriffe: Abbaufortschritt und Verhiebfortschritt. Sie werden meist täglich oder monatlich festgestellt und in der Abbaurichtung und der Verhiebrichtung gemessen. Bei einem streichenden Strebbau mit fallendem Verhieb beläuft sich z. B. unter der Voraussetzung, daß bei einer Kohlenfrontlänge von 30 m und einer Feldesbreite von 1,50 m täglich 10 m hereingewonnen worden sind, der tägliche Abbaufortschritt auf 0,50 m, während ein Verhiebfortschritt von 10 m erzielt worden ist. Beim streichenden Strebbau mit streichendem Verhieb und der täglichen Hereingewinnung eines schwebenden Kohlenstreifens von 1,50 m Feldesbreite würde der tägliche Abbaufortschritt und Verhiebfortschritt gleicherweise 1,50 m betragen.

Die einzelnen Abbauverfahren unterscheiden sich u. a. dadurch, daß sie die Erreichung verschieden hoher Abbaufortschritte und damit verschieden hohe Fördermengen je Zeitabschnitt zulassen. Bei jedem einzelnen Abbaubetrieb gibt es ein günstigstes Maß des Abbaufortschrittes, bei dem die Abbaukosten am geringsten gehalten werden können. Es kommt also nicht auf einen möglichst großen Abbaufortschritt, sondern auf die Erreichung des jeweils günstigsten Abbaufortschritts an, der im einzelnen Fall von der Gewinnbarkeit (Gang der Kohle), den Fördermitteln, der Wetterführung, dem Einfallen und von der Behandlung des Hangenden im verlassenen Abbauhohlraum abhängt.

68. — Gebirgsdruck und Abbau. Durch die infolge des Abbaus geschaffenen Hohlräume werden die vorher vorhandenen Gleichgewichtsverhältnisse innerhalb des Gebirges gestört. Der hereingewonnene Lagerstätteninhalt, der vorher beigetragen hatte, das Hangende zu tragen, ist hierzu nicht mehr in der Lage. Die Folge dieser Veränderung ist, daß die seitliche Umgebung des entstandenen Hohlraums diese Aufgabe mit übernehmen muß, in ihr also ein zusätzliches Gewicht, ein zusätzlicher Druck entsteht. Da Druck Spannungen erzeugt, kann man auch sagen, daß eine Spannungshäufung in einer Zone rings um den Hohlraum sich bilden muß. Die Spannungen und ihr Verlauf in unverritztem Gebirge sind in Abb. 334 durch Linienzüge dargestellt. Ist, wie Abb. 335 zeigt, ein Hohlraum geschaffen, so können die Linien 3—19 nicht mehr den ursprünglichen senkrechten Verlauf nehmen, die Spannungen sind abgelenkt, die Linien verlaufen glocken- oder gewölbeartig · um den Hohlraum herum und ver-

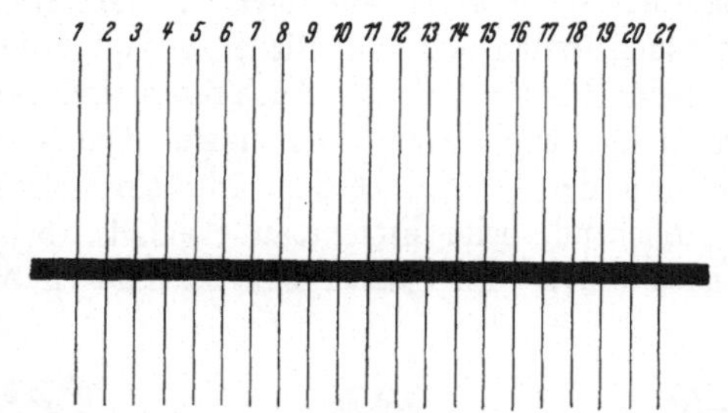

Abb. 334. Drucklinienverlauf im Hangenden und Liegenden eines unverritzten Flözes.

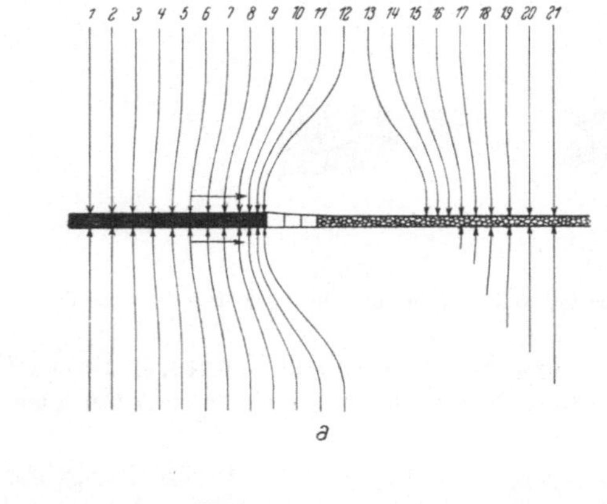

Abb. 335. Schema des Drucklinienverlaufs im Hangenden und Liegenden eines im Abbau befindlichen Flözes.
Ud unveränderter Druck, *Kd* Kämpferdruck, *Ab* Druck auf den Ausbau.

dichten sich, wie die Abb. 335 erkennen läßt, in der seitlichen Umgebung des Hohlraumes. Es wird infolgedessen vielfach vom Druckgewölbe gesprochen, ein Ausdruck, der mehr bildhafte Bedeutung hat und nicht sagen will, daß sich stets ein Gewölbe im Sinne des Statikers um den Hohlraum herum bildet. Zur tatsächlichen Bildung eines Gewölbes bedarf es nämlich bestimmter Voraussetzungen, die nicht immer erfüllt sein dürften. Einmal muß standfestes, glockenweise nachbrechendes Gebirge vorhanden sein, also mehr oder weniger geschlossener Sandstein, und dann müssen auch die seitlichen Auflagerungsflächen über große Festigkeit verfügen und sich nicht infolge der Spannungshäufungen in ihrer Lage und Ausbildung verändern. Handelt es sich um Gesteine größerer Biegsamkeit, wie Tonschiefer, so entsteht an Stelle des Gewölbes ein Trog, der im übrigen auch bei standfestem Gestein bei genügend freier Fläche durch Abreißen an den Rändern sich bildet. Nichtsdestoweniger kann die Vorstellung eines gewölbeartigen Verlaufs der Spannungslinien beibehalten werden. Als Bezeichnung für den zusätzlichen Druck auf die Umgebung des Hohlraums ist der Ausdruck „Kämpferdruck" gewählt worden, in Anlehnung an die Benennung des Auflagedrucks von Gewölben an Fenstern, von Brückenbögen u. dgl.[1]).

Nun ist es wichtig, sich Klarheit über die Ausdehnung der Fläche zu verschaffen, auf welche der Kämpferdruck wirkt sowie über die Auswirkung des Kämpferdruckes auf das den Hohlraum umgebende Gebirge, in Sonderheit den Lagerstättenkörper. Falsch wäre es, sich nur die Kanten der Hohlraumbegrenzung als Angriffslinien des Kämpferdruckes zu denken. Es handelt sich vielmehr zweifellos um Flächen, von denen der auf der anstehenden Kohle besondere Bedeutung beizumessen ist. Sie dehnt sich von der Abbaukante weit hinter den Abbaustoß aus, wobei die Spannungshäufung in der Nähe der Abbaukante am größten ist und mit zunehmender Entfernung allmählich abnimmt. Die Fläche reicht um so weiter, je größer die durch den Abbau freigelegten Flächen sind und je druckfester das Hangende ist. Bei Sandsteinhangendem reicht sie unter sonst gleichen Bedingungen weiter als bei Tonschiefer. Auch ist es von Einfluß, ob der Abbaustoß stillsteht oder in raschem Abbaufortschritt sich befindet. Bei schnellem Abbaufortschritt kann die Druckverlagerung offenbar nicht so schnell folgen, so daß der zusätzliche Druck weniger weit reicht als bei geringem Abbaufortschritt oder stillstehendem Stoß. Im ganzen kann die Tiefenausdehnung der Fläche in Streichrichtung zu 30, 40 ja 60 m und mehr angenommen werden. Die Feststellung dieser Entfernung ist immer dann einfach, wenn die Abbaustrecken vorher aufgefahren oder weit genug vorgetrieben sind. Die voreilende Spannungshäufung macht sich in Druckerscheinungen am Streckenausbau bemerkbar, die so stark werden können, daß die Widerstandsfähigkeit des Ausbaus überschritten wird. Aber nicht nur in streichender, sondern auch in schwebender und fallender Richtung dehnen sich die Flächen erhöhten Druckes aus sowie schließlich auch nach rückwärts. Hier wirkt er auf den Versatz oder auf die zu Bruch geworfenen Dachschichten, drückt diese Massen zusammen und befördert die Absenkung, bis sich nach gewisser Zeit ein neuer Gleichgewichtszustand wieder hergestellt hat.

Mit dem Fortschreiten des Abbaus verlagern sich auch die Zonen erhöhten Drucks und wandern vorwärts: Zu Beginn der genaueren Erforschung dieser Erscheinungen hat man von einer wellenförmigen Fortpflanzung des Drucks und von einer „Druckwelle" gesprochen und angenommen, daß er sich in einer wellenförmig verlaufenden Absenkung des Hangenden über dem anstehenden Flöz äußere. Dieses ist aber nicht der Fall, und daher wird der Ausdruck „Druckwelle" besser vermieden, es sei denn, man bezeichnet das allmähliche An-

---

[1]) Vgl. auch Glückauf 1934, S. 589; Spackeler: Gewölbebildung über Abbauen.

schwellen und Abklingen der erhöhten Spannungen im Flözkörper bei fortschreitendem Abbau mit diesem Wort.

Es ist begreiflich, daß dieser Kämpferdruck sich nicht nur im Lagerstättenkörper, sondern auch bis in dessen Liegendes hinein bemerkbar macht, und
zwar ist auch hier wieder die Auswirkung bei Sandstein auf weitere Entfernung
ins Liegende zu spüren als bei Tonschiefer. Bei Sandsteinliegendem sind an
Querschlägen und Richtstrecken noch Druckerscheinungen von im Hangenden
umgebenden Abbauen in Entfernungen von 50—80 m festgestellt worden,
jedoch sind diese Auswirkungen meist nur noch geringfügiger Natur.

Besonders wichtig sind jedoch die Auswirkungen auf den Flözkörper selbst.
Wie durch zahlreiche markscheiderische Messungen festgestellt worden ist, bewirkt der zusätzliche Druck auf den Flözkörper ein seitliches Ausweichen der
Schichten, also in den Abbauhohlraum hinein gerichtete Bewegungen innerhalb
der Flözebene. An dieser seitlichen Bewegung[1] kann der gesamte Flözkörper teilnehmen, die Kohle, das unmittelbare Hangende und das unmittelbare Liegende.
Am meisten wird von ihr in der Regel die bewegungsfähigste Schicht betroffen.
Handelt es sich um ein in Sandsteinen eingebettetes Flöz, so ist die bewegungsfähigste Schicht die Kohle, ist ein weicher Brandschieferpacken im Hangenden
vorhanden, so ist es vielfach dieser Brandschiefer oder ein im Flöz eingebetteter
Bergestreifen. Diese seitlichen Bewegungen können bis 5 und 10 cm und darüber
betragen und bewirken vor allen Dingen ein Öffnen der Schlechten, ein für die
Gewinnbarkeit, den „Gang" der Kohle, wichtiger Vorgang.

69. — **Bedeutung der Schlechten für die Hereingewinnung der
Kohle. Drucklagen.** Unter Schlechten sind durch tektonische Einwirkungen,
und zwar durch Druck und Dehnung verursachte Spaltflächen zu verstehen,
welche das Flöz und vielfach auch das Nebengestein, zuweilen in gleicher, zuweilen in verschiedener Richtung durchsetzen. Die Druckschlechten weisen
Rutschstreifen auf, wogegen die Dehnungsschlechten mit feinstem samtartigem
Kohlenstaub oder einem Kalkspatüberzug belegt sind. Sie fallen mit 50—90° ein
und sind in der Kohle 0,1—10 cm, im Nebengestein 20—100 cm voneinander
entfernt. Man hat sich jedoch daran gewöhnt, von Schlechten nur in der
Kohle zu sprechen und als Klüfte die tektonisch angelegten Spaltflächen im
Nebengestein, vornehmlich im Hangenden, zu bezeichnen. In den meisten
Fällen sind in jedem Flöz mehrere Streichrichtungen der Schlechten und danach Haupt- und Nebenschlechten zu unterscheiden. Oberste-Brink unterscheidet im Ruhrgebiet vier Schlechtenarten: parallel und senkrecht zur Kar-
bonfaltung, zur hercynischen Querfaltung, zu den diagonalen Verschiebungen
und zu den Deckelklüften (s. Ziff. 71, S. 68).

Für den Gang der Kohle ist außer dem Kämpferdruck auch die Absenkung
des Hangenden von Wichtigkeit. Durch den Kämpferdruck und den infolge
der Absenkung erzeugten Druck werden neue Spaltflächen im Flözkörper gebildet, die in der Kohle Drucklagen, im Hangenden Risse genannt werden.

---

[1] H. Hoffmann: Der Ausgleich der Gebirgsspannungen in einem streichenden Strebbau, Dissertation Aachen 1931; — ferner Glückauf 1932, S. 945,
Weißner: Gebirgsbewegungen beim Abbau flachgelagerter Steinkohlenflöze;
— ferner Löffler: Die Abbaudynamik im streichenden Strebbau bei verschiedenen Versatzarten und ihre Beziehung zur Tektonik, Dissertation Aachen 1936
und Glückauf 1936, S. 869.

Sie fallen mit 50—80⁰ aus dem Kohlenstoß heraus oder weisen auch einen bogenförmigen Verlauf auf. Kennzeichnend für die Drucklagen und auch die Risse ist, daß sie dem Abbaustoß parallel verlaufen, während die Schlechten nur dann diese Richtung aufweisen, wenn der Stoß in Schlechtenrichtung verläuft, d. h. wenn er „auf Schlechten" steht. Für die Hereingewinnung ist dieses naturgemäß am günstigsten. Wenn den Schlechten etwa gleichlaufende Klüfte und Risse im Hangenden vorhanden sind, ist eine solche Stellung des Stoßes jedoch vielfach nicht durchführbar, da dann die Gefahr eines Abbrechens des Hangenden am Kohlenstoß besteht. Eine Stoßstellung in spitzem Winkel zur Richtung der Hauptschlechten ist in solchen Fällen vorzuziehen. Die geschilderte Rücksichtnahme auf die Schlechten ist in vollem Maße nur bei einer Abbaurichtung, also nur bei einflügeligem Betrieb möglich. Wird zweiflügelig vorgegangen, so ist eine entgegengesetzte Stoßstellung, auf beiden Flügeln notwendig, indem der Stoß auf dem einen Flügel oben, auf dem anderen unten vorgesetzt werden muß.

Da aber nur in einem der beiden Flügel die Stoßstellung zur Schwerkraft günstig steht, und zwar dort, wo der Stoß unten vorgestellt ist, da hier die Schwerkraft aus dem Kohlenstoß heraus nach unten wirkt und das Öffnen der Schlechten begünstigt, können nur auf einem Flügel alle günstigen Bedingungen zusammen vereint sein, und zwar ist dieses auf dem Flügel der Fall, bei dem der Hauer „unter den Schlechten" arbeitet (b in Abb. 336). Auf dem anderen Flügel sitzt er dann „auf den Schlechten" (a in Abb. 336).

Voraussetzung für ein Zusammentreffen aller günstigen Bedingungen ist

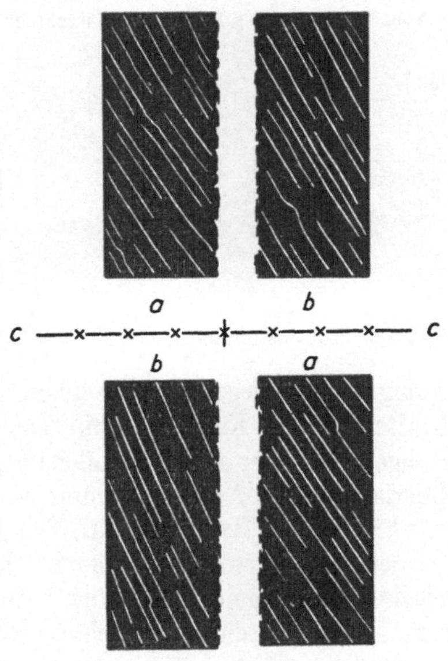

Abb. 336. Verschiedene Stellung des Abbaustoßes zur Schlechtenrichtung.
c c Muldenlinie.

noch ein bestimmtes Einfallen der Schlechten. Das Einfallen kann aus dem Abbaustoß heraus oder in ihn hinein gerichtet sein. Ist es aus dem Abbaustoß heraus gerichtet, wird mit „aufgesteckten Schlechten" gearbeitet, so ist die Hereingewinnung begünstigt (Abb. 337)[1]. Liegen dagegen „untergesteckte Schlechten" vor (Abb. 338), so werden die unteren keilförmigen Kohlenlagen leicht festgeklemmt und verlangen zur Hereingewinnung eine zusätzliche Anstrengung. Das Einfallen der Schlechten ist daher in den meisten Fällen von noch größerer Bedeutung als das Verhältnis der Schwerkraft zur Stoß- und Schlechtenrichtung. Es erklärt in erster Linie die auf den meisten Zechen beobachtete Verschiedenheit bei der Hereingewinnung in den beiden Streichrichtungen.

---

[1] A. Große-Boymann: Beiträge zu den Gebirgsdruckfragen im Ruhrbezirk und ihre Nutzbarmachung für den Abbau. Dissertation Aachen 1936.

Am größten ist die Bedeutung von Schlechten und Drucklagen naturgemäß bei flacher Lagerung, während sie bei steiler Lagerung geringer ist. Zudem steht hier die günstigste Schrägstellung des Stoßes zur Erzielung großer Fördermengen (Schrägfrontbau) vielfach allein im Vordergrund.

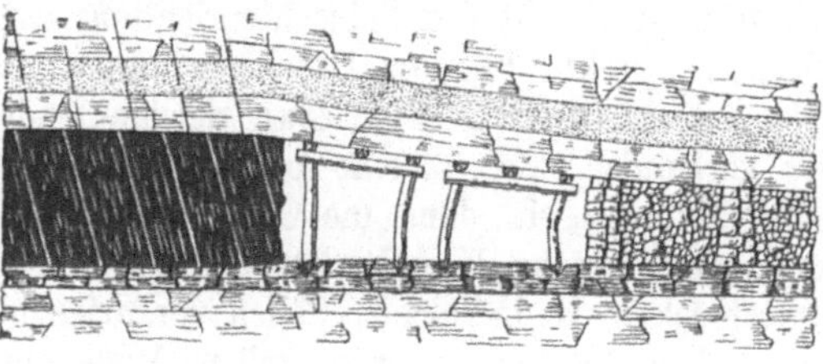

Abb. 337. Kohlenstoß mit „aufgesteckten" Schlechten.

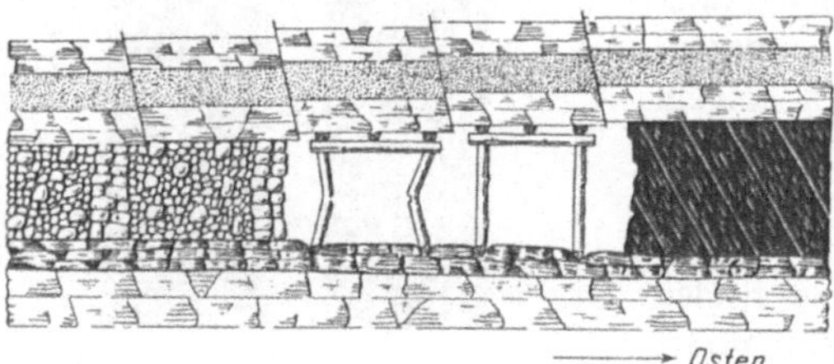

Abb. 338. Kohlenstoß mit „untergesteckten" Schlechten.

70. — Die Bedeutung des Einfallens der Klüfte. Wie das Einfallen der Schlechten in der Kohle von Einfluß auf die Hereingewinnung ist, so hat das Einfallen der Klüfte Bedeutung für die Art der Absenkung des Hangenden. Ist ihr Einfallen nach dem Versatz hin gerichtet (Abb. 337), liegen also die Hangendschollen gewissermaßen dachziegelartig aufeinander, so ist häufiger ein gleichmäßiges Durchbiegen und Absenken des Hangenden zu beobachten, als wenn die Klüfte nach dem Kohlenstoß hin geneigt sind (Abb. 338). In diesem Fall reißt das Hangende leichter ab, die Schollen können nach dem Versatz hin abkippen und bei Überlastung des Ausbaus kommt es eher vor, daß das Hangende hereinbricht.

71. — Der Hauptdruck. Von günstiger Auswirkung auf unsere Erkenntnis der recht verwickelten und in vielem auch noch wenig geklärten Gebirgsdruckerscheinungen hat sich die Aufteilung des Flözhangenden in das unmittelbare Hangende die „Dachschichten" und in das darüber liegende „Haupthangende" erwiesen. Eine scharfe vorher bestimmbare Grenze gibt es zwischen beiden Hangendarten jedoch nicht. Bei planmäßigem Absenken des Hangenden auf Versatz ist unter Dachschichten die Schichtenfolge zu verstehen, das sich alsbald absenkt und auf den Versatz auflegt. Bei Bruchbau sind darunter diejenigen Schichten zu begreifen, die planmäßig zum Hereinbrechen gebracht werden können. Das darüberliegende Haupthangende verhält sich häufig infolge seiner verschiedenen petrographischen Zusammensetzung anders. Es folgt den Bewegungen der Dachschichten nicht so schnell, holt diese vielmehr erst nach einiger Zeit und in größeren Abständen ein. Durch das Hängenbleiben treten Spannungshäufungen ein, die schließlich bei Überschreiten der entsprechenden Festigkeitsgrenzen zu einer mehr oder weniger plötzlichen gebirgsschlagähnlichen Auslösung führen. Diese Druckauslösungen sind stets von einer erheblichen Druckzunahme am Kohlenstoß begleitet, die nicht selten zu Strebbrüchen führen. Auch eine Zunahme der Grubengasausströmung kann damit verbunden sein. Vielfach künden sich diese als Hauptdruck bezeichneten Druckerscheinungen einige Tage vorher an, und da sie zudem meist in für jedes Flöz kennzeichnenden Abständen von 30, 40, 60 oder 80 m aufzutreten pflegen, kann ihnen durch verstärkten Ausbau begegnet werden. Noch wichtiger ist es, die Erscheinungen des Hauptdrucks von vornherein zu mildern. Es kann dieses durch Art und Abstand des Versatzes vom Kohlenstoß geschehen, ferner durch Veränderung des Abbaufortschrittes oder der Feldbreite und beim Bruchbau außerdem durch Maßnahmen beim Hereinwerfen der Dachschichten, Änderungen im Ausbau u. dgl.

72. — Gebirgsschläge. Beschreibung. Unter Gebirgsschlägen[1]) sind plötzliche, schlagartige Bewegungen und Erschütterungen des Gebirges zu verstehen. Ihre Auswirkungen sind mannigfacher Art. Kleinere oder größere Mengen der Lagerstätte werden in den Abbau- oder Streckenraum hineingeschleudert oder vorgeschoben, die Sohle wird mehr oder weniger hochgepreßt, während sich das Hangende manchmal um 10 oder 20 cm absenkt, vielfach in seiner Lage auch unverändert bleibt. Zerstörungen des Ausbaus im Abbau und in den Abbaustrecken, der Fördermittel, des Gestänges und von Förderwagen treten ein, starke Luftstöße entstehen und neben diesen mechanischen Folgeerscheinungen leider vielfach auch tödliche Unfälle. Methan- und Kohlensäureausbrüche können durch sie ausgelöst werden.

Glücklicherweise sind eigentliche Gebirgsschläge nicht sehr häufig. Voraussetzung für ihr Zustandekommen sind mächtige Sandstein-, Konglomerat- oder auch Sandschieferschichten im Hangenden sowie in der Regel ein Flözliegendes aus einem Gestein, das nicht zum Quellen neigt. Obwohl sie auch in geringmächtigen Flözen auftreten können, nimmt Schwere und Häufigkeit der Gebirgsschläge mit wachsender Mächtigkeit der Lagerstätte zu. Auch Teufe und Einfallen spielen eine Rolle. Es ist eine gewisse Mindestteufe erforderlich, die 300, 600 m oder auch 1000 m betragen kann. Die Mehrzahl der Gebirgsschläge hat sich bei einem Einfallen unter 20° ereignet, aber auch in halbsteiler und steiler Lagerung können sie auftreten.

Überall hat sich herausgestellt, daß Restpfeiler, die vom alten Mann an allen oder drei Seiten umgeben sind, das Zustandekommen von Gebirgsschlägen begünstigen. Sie können sowohl an ihrem Rande als in ihrem Innern auftreten. Sie kommen aber auch an nicht mit Restpfeilern verbundenen Abbaufronten vor sowie in vorgesetzten Strecken, die in der Lagerstätte aufgefahren sind. Neben diesen drei Möglichkeiten ist noch eine vierte zu unterscheiden, nämlich das Auftreten von Gebirgsschlägen in liegenden Flözen unterhalb von Restpfeilern und Abbaukanten eines hangenden Flözes. In steiler Lagerung sind sie meist an scharfe Sättel und spitze Mulden gebunden und hier vielfach zugleich noch mit der Gefahr der Selbstentzündung der herausgeschleuderten und auslaufenden Kohle verknüpft (z. B. Bochumer Mulde).

73. — Verbreitung der Gebirgsschläge. Am verbreitetsten sind Gebirgsschläge im Steinkohlenbergbau; offenbar, weil hier die flache Lagerung eine größere Rolle als im Erzbergbau spielt. In Deutschland sind als Bergbaugebiete Oberschlesien, das Ruhrgebiet (Flöz Sonnenschein und Dickebank z. B.), Sachsen und der oberbayrische Pechkohlenbergbau zu nennen. Auch von tieferen Gruben

---

[1]) Zeitschr. f. d. Berg-, Hütten- u. Salinenwesen 1930, B 349; Lindemann: Gebirgs- und Bodenerschütterungen im westoberschlesischen Steinkohlenbezirk; — ferner ebenda 1932, B 195; Spackeler: Untersuchungen über Gebirgsschläge (hier auch weitere Schrifttumangabe); — ferner Glückauf 1935, S. 1021; Köplitz: Beiträge zur Frage der Gebirgsschläge; — ferner Glückauf 1938, S. 869; Maevert: Die Entstehung von Gebirgsschlägen und die Bekämpfung ihrer Auswirkungen.

der Vereinigten Staaten, Canadas und Englands sowie aus dem nordwestböhmischen Braunkohlenbergbau sind schwere Gebirgsschläge bekannt geworden. Im Erzbergbau sind sie z. B. im Kupferbergbau des Oberen Sees, vor allem aber im Goldbergbau Südafrikas aufgetreten.

74. — **Entstehung der Gebirgsschläge**[1]). In den Ausführungen über den Gang der Kohle und den Hauptdruck (Ziff. 68, S. 356) wurde bereits darauf hingewiesen, daß die Bildung von Abbauhohlräumen zu Spannungshäufungen im Hangenden rings um diese Hohlräume führt. Besonders stark sind die Spannungshäufungen über und in der Nähe der anstehenden Kohle. Ihr Ausgleich findet meist durch allmähliches Hereinbiegen des Hangenden und Hochpressen des Liegenden in den Hohlraum statt sowie durch seitliche Bewegungen des Flözkörpers, an denen sich die Dachschichten, das Flöz selbst oder das Liegende beteiligen können. Ist jedoch das Hangende starr und auch das Liegende von ähnlicher Beschaffenheit, so sind diese Ausgleichsmöglichkeiten gehemmt: das Hangende biegt sich wenig oder kaum durch und ist auch zu seitlicher Bewegung gar nicht oder in nur geringen Maße fähig. Es kommt infolgedessen zu Spannungsstauungen und immer stärkeren Spannungshäufungen im überlagernden Gebirge, d. h. in den Dachschichten oder auch im Haupthangenden sowie im tragenden Gebirge, dem Flöz und auch im Liegenden Sie sind um so größer, je weniger das Hangende über dem Abbauhohlraum eine Auflagerung auf Versatz oder durch Abbrechen eine Entlastung erfahren hat. Schließlich werden die dem Ausgleich entgegenstehenden Hemmungen überwunden, und es findet an einer oder mehreren schwachen Stellen eine plötzliche Auslösung der Spannungen statt. Die gestauten seitlichen Bewegungen führen zu einem Hineinschieben und Hineinschleudern des Abbaustoßes, und wenn auch die Widerstandskraft der Flözunterlage versagt, zu einem Hinein- und Hochpressen des Liegenden.

Außerdem wird in vielen Fällen ein Reißen des Hangenden eintreten, womit eine Schlagwirkung auf den Kohlenstoß und eine Zertrümmerung der Kohle verbunden sein kann. Diese Möglichkeit veranschaulicht Abb. 339. Durch Auslösung des Gebirgsdrucks durch Scherflächen in der Kohle sind zuweilen auftretende Begleiterscheinungen von Gebirgsschlägen entstanden, die „Silberstreifen" oder „Knallstreifen" genannt werden. Es sind dieses bis zu mehreren Zentimetern mächtige, von einem oder mehreren Punkten ausgehende Bänder, die vom Hangenden zum Liegenden das Flöz durchsetzen. Die Kohle besitzt in ihnen ein gelockertes Gefüge und weist beim Schein der Grubenlampe einen vom übrigen Flözinhalt verschiedenen Glanz auf.

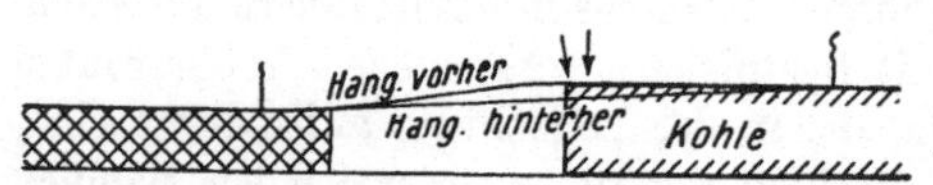

Abb. 339. Gebirgsschlag durch Reißen des Hangenden Nach Spackeler.

Da die Spannungshäufungen sich bis zu Entfernungen von 30, 40 m und mehr vom Abbaustoß in die anstehende Kohle hinein erstrecken, ist es erklärlich, daß sich ihre Auslösung unter ähnlichen Erscheinungen wie am Abbaustoß auch in vorgesetzten Flözstrecken bemerkbar machen kann. Und daß Restpfeiler, wenn die Bedingungen für die Entstehung von Gebirgsschlägen gegeben sind, diesen besonders ausgesetzt sind — sei es an ihren Rändern oder, wenn sie durch zahlreiche Strecken geschwächt sind, in ihrem Innern — erklärt

---

[1]) Kukuk: Geologie des Niederrh.-Westf. Steinkohlengebiets (Berlin: Springer), 1938.

sich zwanglos aus der Tatsache, daß es über, in und unter ihnen besonders leicht zu gefährlichen Spannungshäufungen kommen kann, da sich diese nicht nur von einer, sondern von mehreren Seiten auf ihn auflegen und sich gegenseitig verstärken.

Schließlich ist zu beachten, daß der auf einem Restpfeiler lastende Überdruck sich auch in das Liegende hinein fortpflanzt und in einem liegenden Flöz gefährliche Fernwirkungen ausüben kann, deren Erstreckung von der Größe des Restpfeilers und der Art des Gebirges abhängt. Spackeler[1] unterscheidet nach Abb. 340 eine Kernzone I mit vollwirkendem Druck, eine Randzone II mit einseitigem Druck, während in den seitlichen Zonen III keinerlei Einwirkung mehr

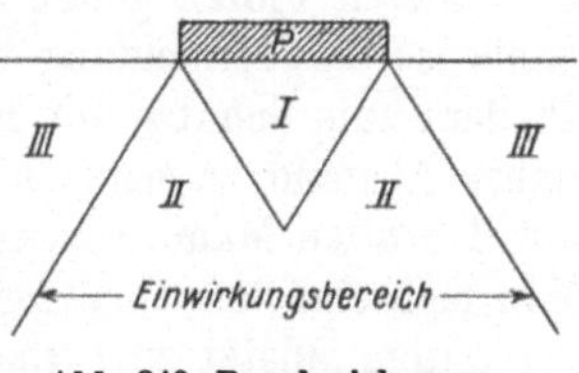

Abb. 340. Druckwirkungen im Liegenden.

anzunehmen ist. Abb. 341 zeigt nach Eggert[2], wie sich Druckwirkungen des Restpfeilers im hangenden Flöz B auf das liegende Flöz A übertragen und hier in der Kernzone C″ D″ E″ F″ besonders starke Zusatzspannungen hervorrufen, die wieder in Gebirgsschlägen ihre Auslösung finden können. Die Einwirkungswinkel sind je nach dem Flözeinfallen verschieden.

75.—Spannungsschläge. Unter Spannungsschlägen versteht man das Abplatzen von kleineren oder größeren Gesteinsschalen oder Stückchen von Abbau- oder Streckenstößen. Auch kann eine Beschädigung oder ein Umwerfen von Ausbauteilen und eine gebirgs-

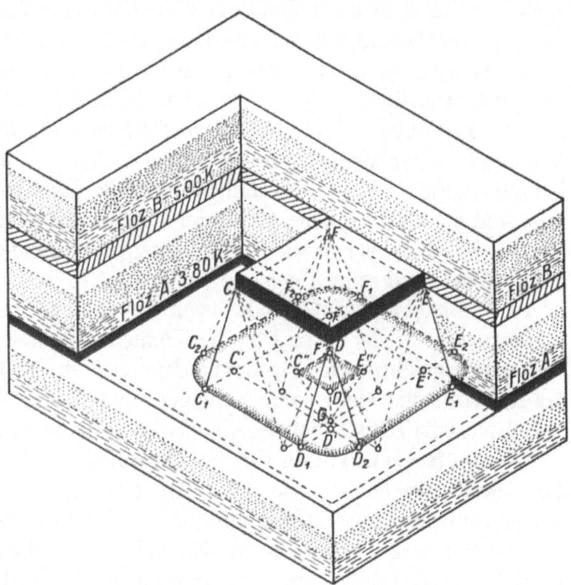

Abb. 341. Druckwirkungen eines Restpfeilers.

schlagähnliche Wirkung eintreten, wie es überhaupt Übergänge zwischen Spannungsschlägen und Gebirgsschlägen gibt. Vielfach ist die Beobachtung gemacht worden, daß die abgeschleuderten Schalen nicht mehr genau in die Stelle hineinpaßten, von der sie sich abgetrennt hatten. Das Abplatzen ist eine unmittelbare Wirkung des Gebirgsdruckes auf das spröde Gestein und mit ähnlichen Erscheinungen an gepreßten Probekörpern zu vergleichen. Die geringe Veränderung der Form der abgeplatzten Schalen erklärt sich durch die

<hr>

[1] Glückauf 1930, S. 757; Spackeler: Druckwirkungen im Liegenden.
[2] Mitt. a. d. Markscheidewesen 1935, S. 56; Eggert: Über den Einfluß schädlicher Gebirgsspannungen im oberschlesischen Steinkohlenbergbau,

Tatsache, daß das Gestein durch den Gebirgsdruck verdichtet war (500 at können bei Sandstein eine Raumverminderung von 0,4 v. H., bei Kohle von 1,25 v. H. bewirken[1]) und sich nach der Abtrennung wieder ausdehnte.

76. — Die Bekämpfung der Gebirgsschläge. Alle Maßnahmen zur Bekämpfung von Gebirgsschlägen müssen zum Ziel haben, in gebirgsschlaggefährdeten Flözen gefährliche Spannungsstauungen zu verhüten. Hierzu ist zunächst die Vermeidung von Restpfeilern von besonderer Wichtigkeit. Von Pfeilern zum Schutze von Flözstrecken, Bremsbergen oder Gesteinsstrecken ist daher Abstand zu nehmen. Auch sollte nach Möglichkeit nicht in Richtung auf den alten Mann, sondern an ihm beginnend von ihm weg gebaut werden. Von mehreren übereinanderliegenden Streben ist der obere voranzustellen und der untere zuletzt zu verhauen. Vorteilhaft wäre es, wenn das Hangende im verlassenen Abbauhohlraum wirksam durch Versatz unterfangen und unterstützt werden könnte. Nur dichtester, tragfähiger Versatz wird in günstigen Fällen, d. h. in dünnen Flözen, hierzu in der Lage sein. Besser erscheint es, das Hangende zum Abbrechen zu bringen und dadurch den Druck auszulösen. Vorteilhaft hat sich in manchen Fällen auch der Blindortversatz mit Nachschießen der Örter im Hangenden erwiesen. Günstige Erfahrungen sind auch vielfach mit Verlangsamung des Abbaufortschritts gemacht worden, weil hierdurch dem Gebirge Zeit gelassen wird, den geänderten Spannungsverhältnissen allmählich nachzugeben. Auch Erschütterungen des Gebirges durch Schießarbeit können von Nutzen sein. Als wirksame Maßnahme sei schließlich der Abbau eines „Schutzflözes" genannt. Als solches kommt ein Flöz in Frage, das in nicht zu großer Entfernung vom gefährdeten Flöz liegt und das selbst infolge geringerer Mächtigkeit oder weicher Kohle oder Einbettung in Schieferschichten nicht zu Gebirgsschlägen neigt. Durch den Abbau des Schutzflözes wird seine Umgebung entspannt und, wenn der Abbau des Hauptflözes bald nachher erfolgt, d. h. bevor das Gebirge seinen ursprünglichen Spannungszustand wieder erlangt hat, so können schädliche Spannungshäufungen in dem vorher gefährdeten Flöz nicht auftreten (vgl. Ziff. 68, S. 356). Zur Milderung der Auswirkungen eines Gebirgsschlages sind stählerne Stempel hölzernen vorzuziehen, auch die Verstärkung des Abbaus durch Wanderkästen kann vorteilhaft sein.

77. — Beeinflussung des Sortenanfalls. Wenn auch der Gebirgsdruck dazu herangezogen werden muß, die Hereingewinnung zu erleichtern und „Gang" auf die Kohle zu bekommen, so sollte doch stets beachtet werden, daß es nicht nur darauf ankommt, die Kohle leicht hereinzugewinnen und eine möglichst hohe „Hackenleistung" zu erzielen, daß es vielmehr auch von Wichtigkeit ist, welcher Sortenanfall erzielt wird, da von Sortenanfall der Wert der Kohle, also die Höhe des Erlöses je t, abhängt. Übermäßige Auswirkungen des Gebirgsdrucks auf den Gang der Kohle sind fast immer mit einer starken Zerkleinerung des Haufwerks infolge Drucklagenbildung verbunden. Durch schonende Behandlung der Kohle in der Förderung und Aufbereitung, durch Schräm- und Schießarbeit läßt sich der vielfach ungünstige Feinkohlenanfall vermindern, das Schicksal der Kohle hinsichtlich der Korngröße, in der sie anfällt, wird jedoch zum großen Teil durch die Einflüsse, die auf sie kurz

---

[1] Glückauf 1930, S. 1601; O. Müller: Untersuchungen an Karbongesteinen zur Klärung von Gebirgsdruckfragen; — ferner Zeitschr. f. d. Berg-, Hütten- u. Salinenwesen 1934, S. 307; Stöcke, Herrmann u. Udluft: Gebirgsdruck und Plattenstatik.

vor ihrer Gewinnung im Stoß einwirken, vorausbestimmt. Sie muß vor einer
übermäßigen Durchsetzung von Rissen jeglicher Art bewahrt werden. Es ist
also ein gesundes Verhältnis zwischen Erleichterung der Gewinnbarkeit und Verminderung des Feinkohlenanfalls in jedem einzelnen Fall zu suchen, und häufig
wird es zweckmäßig sein, einen weniger guten Gang der Kohle in Kauf zu nehmen, dafür aber einen wertvolleren Sortenanfall zu erzielen. Die hierfür anzuwendenden Mittel bestehen einmal in einer Verringerung des Druckes auf den
Kohlenstoß sowohl des Kämpferdruckes als des Druckes der sich absenkenden
Dachschichten. Erhöhung der Tragfähigkeit des Versatzes, Verminderung des Abstandes zwischen Versatz und Kohlenstoß, Verringerung der Nachgiebigkeit des
Ausbaus und Übergang von Versatzbau zu Bruchbau können hierzu dienen. Auch
eine Erhöhung des Abbaufortschrittes wirkt sich vielfach in gleicher Richtung aus.
Je größer der Abbaufortschritt ist, um so mehr muß Kohle in Angriff genommen
werden, auf die der Gebirgsdruck erst in schwächerem Maße und geringere Zeit
hat einwirken können, um so weniger ist sie schon von Rissen durchsetzt worden.

78. — Gutes und schlechtes Hangende. Wenn von gutem oder schlechtem Hangenden gesprochen wird, sind in der Regel die Dachschichten gemeint.
Gewiß ist ihre Beschaffenheit von ihrer naturgegebenen Zusammensetzung und
Regelmäßigkeit der Ausbildung abhängig. Weitgehend hat es aber der Bergmann selbst in der Hand, die Beschaffenheit des Hangenden über den Arbeitsfeldern zu beeinflussen. Jedes Hangende verträgt ein gewisses Maß der Durchbiegung, das nicht überschritten werden darf, wenn gefährliche Rißbildungen
vermieden werden sollen. Änderungen im Ausbau der Feldesbreite und der
Versatzart oder Bruchbau können hier bessernd wirken. Von besonderer Wichtigkeit ist auch hier der Abbaufortschritt, da die Zeit bei den Auswirkungen des
Gebirgsdruckes eine Rolle spielt. Je größer der Abbaufortschritt ist, um so
schneller wechselt das Hangende, unter dem der Bergmann arbeitet, um so
frischer ist es, und um so bessere Bedingungen weist es im allgemeinen auf. Zugleich sei davor gewarnt, dem Auge gut erscheinendes Hangende, insbesondere Sandstein, weniger Pflege angedeihen zu lassen. Gerade Sandstein neigt infolge seiner geringen Biegefestigkeit zu Spannungshäufungen, die sich in plötzlichen Brüchen auslösen. Auch ist der
Rißbildung besondere Aufmerk-samkeit zu schenken, vor allem,

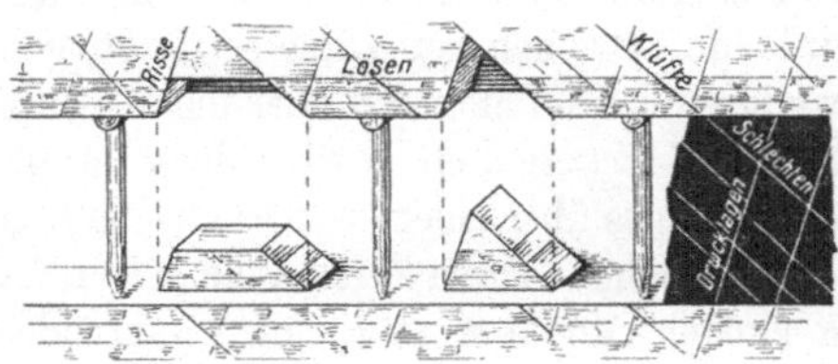

Abb. 342. Steinfall bei Zusammenwirken von Lösen,
Rissen und Klüften.

wenn Risse verschiedenen Einfallens auftreten (Abb. 342) da durch sie Blöcke
dreieckigen Querschnitts aus dem Gesteinszusammenhang gelöst werden und
Anlaß zu Unfällen durch Steinfall bilden können (Sargdeckel). Außer anderen
Mitteln, wie zweckmäßiger Behandlung des Hangenden im verlassenen Abbauhohlraum usw., sind durch richtige Gestaltung des Ausbaus Gegenmaßnahmen
zu ergreifen.

Ungünstig auf die Beschaffenheit des Hangenden und somit auch auf die
Steinfallgefahr wirken sich Ecken aus, wie sie durch Unterbrechung des Kohlenstoßes durch Abbaustrecken entstehen. Abgesetzte Abbaustöße sind daher ungünstig, lange, gleichmäßig vorgehende, gerade Stöße vorteilhaft.

79. — Rücksicht auf benachbarte Lagerstätten. Im allgemeinen gilt im Steinkohlenbergbau der Grundsatz, das hangende Flöz vor dem liegenden abzubauen. Dieser Grundsatz ist nun nicht so zu verstehen, daß im ganzen Grubengebäude oder selbst in einer Abteilung zunächst das hangende Flöz vollständig verhauen sein müßte, ehe ein liegendes in Angriff genommen werden kann, oder umgekehrt, ein liegendes Flöz nie vor dem hangenden abgebaut werden könnte. Es kommt vielmehr in der Regel darauf an, daß sich die Abbaue nicht beeinflussen und der Gebirgsdruck im Abbau jeden Flözes nutzbar gemacht werden kann. Wird nämlich ein liegendes Flöz zu gleicher Zeit mit einem hangenden Flöz der gleichen Abteilung hereingewonnen, so findet eine mehr oder weniger lange andauernde Störung der Verteilung des Gebirgsdruckes statt, dem hangenden Flöz wird ein großer Teil des Gebirgsdrucks entzogen, es fehlt an Abbaudruck, der als Nutzdruck die Hereingewinnung im oberen Flöz erleichtern könnte, es fehlt der Kohle in diesem Flöz an „Gang“. Erschwerung der Gewinnbarkeit ist zugleich meistens von einer Verschlechterung des Hangenden und einer Erhöhung der Steinfallgefahr begleitet. In ähnlicher Weise wird auch das liegende Flöz durch den Abbau im hangenden Flöz beeinflußt.

Die gleichen Wirkungen treten ein, wenn der Abbau in beiden Flözen zwar nicht zu gleicher Zeit beginnt, aber in zu kurzen Abständen aufeinander folgt. Eine Beruhigung der durch den Abbau des einen Flözes gestörten Gebirgsdruckverhältnisse tritt erst wieder ein, wenn sich das Hangende abgesenkt und den Bergeversatz oder beim Bruchbau die hereingebrochenen Dachschichten weitgehend zusammengepreßt und eine neue Auflage gefunden hat und damit der ganze Gebirgskörper wieder unter Spannung geraten ist. Bei großer Flözmächtigkeit und starrem Hangenden tritt dieser Zustand später ein als bei geringer Flözmächtigkeit und biegsamem Hangenden. Da auch die durch den Abbau freigelegten Flächen eine Rolle spielen, findet eine Beruhigung eher bei schnellem als bei langsamem Abbaufortschritt statt. In den meisten Fällen wird ein liegendes Flöz in Angriff genommen werden können, wenn der Abbau im hangenden Flöz bereits 40, 60 oder 80 m zu Felde getrieben ist. Diese Entfernungen bedeuteten früher einen zeitlichen Abstand von 2—5 Monaten oder mehr, heute dagegen nur noch von 1—2 Monaten. Eine längere Zeit wird jedoch im allgemeinen verstreichen müssen, ehe ein hangendes über einem vorher abgebauten liegenden Flöz in Angriff genommen werden kann. Diese Zeitspanne schwankt von Sonderfällen abgesehen zwischen einigen Monaten und einem Jahr oder mehr.

Abb. 343 veranschaulicht für einen Fall[1]), welchen Einfluß der vorher stattgefundene Abbau in einem liegenden Flöz (Marie) auf die Hackenleistung und damit die Gedingesätze bei einem wenig später erfolgenden Abbau eines hangenden Flözes (Bertha) haben kann. Die Gedingesätze sind am niedrigsten über der anstehenden Kohle und über dem Abschnitt des liegenden Flözes, in dem der Bergeversatz schon wieder fest zusammengedrückt worden ist. Am höchsten sind sie dagegen über dem Teil, dessen Abbau erst soeben stattgefunden und dessen Hangendes eine feste Auflage noch nicht wieder gefunden hat.

Nicht selten kommt es allerdings auch vor, daß eine Beeinflussung des hangenden Flözes erwünscht ist, das liegende daher vorher abgebaut und das han-

---

[1]) Bull. d. l. Soc. de l'Ind. Min. 1912, S. 252; M o r i n: Quelques effets des pressions de terrains etc.

gende schon bald nachher in Betrieb genommen wird. Es ist dieses einmal der
Fall, wenn man im hangenden Flöz einen gröberen Sortenanfall wünscht. Ei
wird durch geringeren Nutzdruck und verminderten Gang der Kohle herbeigeführt. Auch die Menge des ausströmenden Methans kann für diesen Ent-
schluß maßgebend sein, insbesondere wenn das hangende Flöz dünn, das liegende
dagegen mächtig ist. Das hangende Flöz erlaubt dann infolge des geringeren

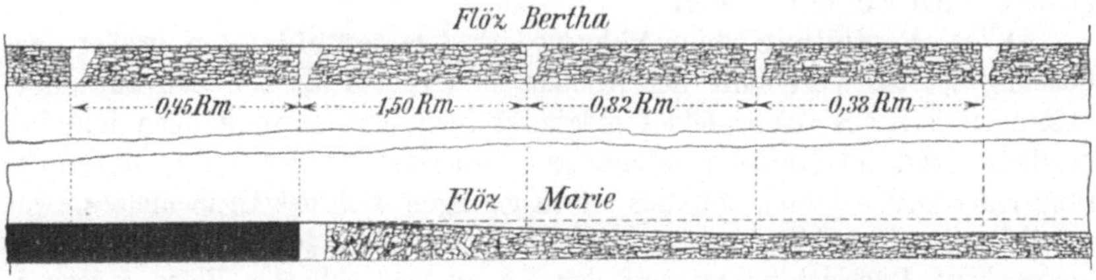

Abb. 343. Einwirkung eines älteren Abbaues auf das Gedinge beim Abbau eines hangenden
Flözes. Nach Morin.

Querschnitts der Arbeitsfelder nicht so leicht, das Methan durch große Wettermengen zu verdünnen. In dem mächtigeren liegenden Flöz ist dagegen diese
Möglichkeit gegeben. Bei vorherigem Abbau dieses Flözes kann also der Gebirgskörper schon weitgehend entgasen und beim späteren Abbau des dünnen
Flözes werden infolgedessen nur noch geringe Mengen Methan auftreten, die
auch mit geringeren Wettermengen leicht bewältigt werden können. Eine wichtige Rolle spielt auch der vorherige Abbau eines Flözes zur Bekämpfung der
Gefahr von Gebirgsschlägen (Ziff. 76, S. 364) und von Kohlensäureausbrüchen
(Ziff. 22, 5. Abschnitt).

80. — **Ein- und zweiflügeliger Abbau.** Man kann vom Lösungsquer-
schlage und von dem auf diesen mündenden Stapel oder dem als Vorrichtungsbau dienenden Überhauen aus den Abbaustoß nach der einen Seite (mit einflügeligem Abbau) oder nach beiden Seiten (mit zweiflügeligem Abbau) vorrücken lassen. Welchen Einfluß beide Möglichkeiten auf die Wahl des Abstandes der Abteilungsquerschläge ausüben und welche Bedeutung die Abbaurichtung für die Hereingewinnung hat, wurde bereits dargetan (Ziff. 31, S. 324
und Ziff. 67, S. 354).

Hier soll die Frage behandelt werden, welche Vor- und Nachteile es hat,
wenn man beide Flügel gleichzeitig oder zunächst den einen Flügel, dann den
anderen Flügel baut.

Abgesehen davon, daß der gleichzeitige Abbau beider Flügel natürlich den
Abbau des Flözes beschleunigt, was unter Umständen erwünscht sein kann,
findet eine bessere Ausnützung des Blindschachtes und auch des Hauptstrecken-
fördermittels statt. Voraussetzung ist allerdings, daß die Wetterzufuhr- und
-abfuhrwege den genügenden Querschnitt haben, um die Wettermengen beider
Betriebspunkte bewältigen zu können. Hierbei ist zugleich zu bedenken, daß
in mehreren Oberbergamtsbezirken zwei Abbaubetriebspunkte so lange als zu
einer Wetterabteilung gehörend betrachtet werden, als ihre Abbaustöße noch
nicht weiter als 100 m streichender Länge voneinander entfernt sind. Muß
Blindschachtförderung benutzt werden, so können je nach den anfallenden
Kohlenmengen auch fördertechnische Schwierigkeiten dann eintreten, wenn die
Leistungsfähigkeit des Blindschachtes nicht ausreicht. Der aufeinanderfolgende

Abbau beider Flügel vermeidet diese Nachteile, verlangsamt allerdings den Abbau. Im ganzen gesehen wird man bei mäßigen Fördermengen je Abbaubetriebspunkt, die entweder durch geringe Flözmächtigkeit oder durch die Werte des erreichbaren Abbaufortschritts und die Baulänge bedingt sein können, den zweiflügeligen Abbau anstreben und den einflügeligen Abbau wählen, wenn ein Abbaubetriebspunkt schon genügende Fördermengen zur Ausnutzung der eingesetzten Betriebsmittel liefert.

81. — **Verteilung des Abbaus im Grubenfeld.** Von großer Bedeutung ist die Verteilung der Abbaue im Grubenfeld. Um den zu unterhaltenden Teil des Grubenfeldes möglichst klein halten zu können und ihn möglichst stark auszunutzen, könnte es wünschenswert erscheinen, die Förderung einer Grube jeweils nur aus einem geringen Teil des Grubenfeldes, womöglich aus einer Abteilung, zu gewinnen. Dem steht jedoch allein schon die besprochene Rücksichtnahme auf den Abbau benachbarter Flöze entgegen. Ferner würde eine starke Beunruhigung des Gebirges eintreten und eine Erhöhung der Unterhaltungskosten des gesamten Streckennetzes bewirken. Schließlich würde es, ohne die Wettergeschwindigkeit und den zur Wetterbewegung notwendigen Kraftaufwand ungebührlich zu steigern, unmöglich sein, die so nahe beieinander liegenden Betriebspunkte mit den erforderlichen Frischwettern zu versehen.

Infolgedessen ist es notwendig, die Abbaubetriebspunkte zum mindesten so weit auseinanderzuziehen, daß eine gegenseitige Beeinflussung nicht möglich ist. Um das jeweils ausgerichtete und zu unterhaltende Grubengebäude jedoch nicht zu groß werden zu lassen, wird man sie auf eine Reihe benachbarter Abteilungen verteilen und dabei die Förderfähigkeit jeder einzelnen Abteilung nach Möglichkeit auszunutzen versuchen. Eine Grenze findet die mögliche Förderhöhe einer Abteilung, abgesehen von den Lagerungsverhältnissen, durch die Wettermenge, die ihr durch den zugehörigen Abteilungsquerschlag noch zugeführt werden kann. Diese ist wieder von dem Querschnitt des Abteilungsquerschlags und der Wettergeschwindigkeit abhängig und liegt im allgemeinen bei 3—4000 m³/min. Dieser Wettermenge entspricht im großen Durchschnitt eine tägliche Fördermenge von 1000—1500 t, und in der Tat wird in den meisten Fällen diese Fördermenge je Abteilung nicht überschritten. Auf schlagwetterreichen Gruben mit unregelmäßigen Lagerungsverhältnissen werden diese Werte sogar bei weitem nicht erreicht.

Aus diesen Ausführungen dürfte hervorgehen, daß es ein dem jeweiligen Stande der Technik angepaßtes Bestmaß für die Größe des ausgerichteten Grubengebäudes bei einer bestimmten täglichen Fördermenge gibt. Dieses Maß, das spezifische Größe des Abbaufeldes genannt sein möge, ist natürlich für jede Grube ein anderes. Bei zahlreichen Gruben des westdeutschen Steinkohlenbergbaus liegt es bei etwa 1 km² je 1000 t täglicher Förderung. Wird es unterschritten und diese Fördermenge einem kleineren Abbaufeld zugewiesen, so zeigen sich im allgemeinen deutliche Anzeichen einer Überanstrengung, die sich in Schwierigkeiten in der Wetterführung und der Streckenunterhaltung und damit in einer Erhöhung der Selbstkosten äußern. Wird es überschritten, so ist das Grubengebäude zu groß. Die Folgen davon sind zu starke Zersplitterung der Förder- und Wetterwege und die Notwendigkeit, ein zu umfangreiches Streckennetz zu unterhalten.

Ein Beispiel von der Verteilung der Abbaubetriebspunkte im Grubenfeld vermittelt die am Schluß dieses Bandes beigefügte Tafel.

82. — Neuzeitliche Grundsätze für die Gestaltung des Abbaubetriebes im Flözbergbau. Nicht nur die Rücksicht auf die Pflege des Hangenden, sondern auch andere Gründe fordern lange Stöße und große Abbaufortschritte. Die Ausnutzung des Grubengebäudes, also der Abbaustrecken, Blindschächte und der Hauptförderstrecken sowie der in ihnen eingesetzten Betriebsmittel verlangen je nach ihrem Kapitaldienst eine Mindestausnutzung. Diese Mindestausnutzung ist nur durch eine Mindestförderung je Betriebspunkt gegeben, die bis zu einem günstigsten Höchstmaß gesteigert werden muß. Große Stoßlängen und hohe Abbaufortschritte durch scharfe und zeitlich möglichst wenig unterbrochene Belegung der Abbaufront sind hierzu die gegebenen Mittel. Die Nachteile kürzerer Abbaustöße können in ihrer Auswirkung durch verstärkt betriebenen Abbaufortschritt teilweise wieder ausgeglichen werden, da die gleiche Fördermenge, z. B. bei Verminderung der Stoßlänge auf die Hälfte, durch Verdoppelung des Abbaufortschritts zu erzielen ist. Während früher nur Abbaufortschritte von 8—10 m im Monat erreicht wurden, rechnet man jetzt beim Strebbau in vielen Fällen mit einem Vorrücken des Kohlenstoßes von monatlich 30—50 m. In Einzelfällen sind schon 70—100 m erreicht, Werte, die andeuten, in welcher Richtung die Entwicklung gehen kann. Beste Ausgestaltung des Abbaus, der Abbaustreckenförderung und Blindschachtförderung, ortsfester Ladestellen, schneller Abbaustreckenvortrieb oder Rückbau, guter Abbaustreckenausbau sowie Unabhängigkeit von Versatzzufuhr sind die Voraussetzungen für Höchstleistungen im Abbau. Sie sind am besten zu erreichen bei flacher Lagerung und mäßigen Flözmächtigkeiten bis 2 oder 3 m. Auch ist Fehlen größerer Störungen Bedingung. In halbsteiler und steiler Lagerung sind wegen Schwierigkeiten bei der Abbauförderung und bei der Durchführung streichenden Verhiebs sowie infolge der nicht so leicht zu erzielenden Unabhängigkeit von der Zufuhr von Versatzbergen und Staubbildung noch nicht die hohen Förderungen je Betriebspunkt zu erreichen. Die Entwicklung schreitet jedoch auch hier unaufhaltsam in der als gut erkannten Richtung weiter. In mächtigen Flözen genügen kürzere Abbaustöße und Abbaufortschritte, um die gleichen Fördermengen wie in weniger mächtigen Flözen zu erreichen. Allerdings kann das Hangende und der Gebirgsdruck in mächtigen Flözen nicht in gleicher Weise beherrscht werden wie bei Flözen von mäßiger Mächtigkeit, weshalb vielfach auch ganz andere Abbauverfahren Platz greifen müssen (s. Ziff. 203 ff. des 4. Abschnitts). Schließlich ist zu erwähnen, daß lange Abbaustöße durch tektonische Störungen, mögen sie streichend, querschlägig oder diagonal verlaufen, erschwert, wenn nicht unmöglich gemacht werden. Dieses ist insbesondere der Fall, wenn ihre Verwurfshöhe größer als die Flözmächtigkeit ist. Bei geringerer Verwurfhöhe ist ihre Überwindung und Durchörterung im laufenden Betriebe dagegen leicht möglich [1]).

Von immer größerer Bedeutung wird bei langen Abbaufronten und Abbaufortschritten die Wetterführung. Die aus dem Gebirge abzuführenden Wärmemengen werden größer, auch nehmen die Methanausströmungen absolut, wenn auch nicht verhältnisgleich mit steigendem Abbaufortschritt, zu. Aus

---

[1]) A. Sander, Untersuchungen über Betriebsstörungen in Großabbaubetrieben flacher Lagerung. Dissertation Aachen 1938; Glückauf 1939. S. 297.

diesen Gründen müssen die Wettermengen vermehrt werden. Die durch
große Wettergeschwindigkeiten verursachten Belästigungen, insbesondere die
Staubbildung, setzen einer beliebigen Vermehrung der Wetter jedoch eine
Grenze. Zudem hat die Bergbehörde aus sicherheitlichen Gründen die Zahl
der Belegschaft je Wetterabteilung begrenzt. So schreibt das OBA. Dortmund
in schlagwettergefährdeten Flözen 100 Mann, in nicht schlagwettergefährdeten
Flözen 130 Mann als Höchstbelegung einer Wetterabteilung vor. Diese Bestimmung setzt den Ausmaßen eines Abbaubetriebspunktes vielfach früher eine
Grenze als die erwähnten technischen und wirtschaftlichen Bedingungen. Auf
die Bedeutung langer Abbaustöße sowie des Vor- und Rückbaus für die Schonung der Tagesoberfläche und von Schächten beim Abbau von Schachtsicherheitspfeilern wird in Ziff. 229 des 4. Abschnitts näher eingegangen.

Ausdrücklich sei jedoch darauf hingewiesen, daß in jedem Fall nicht ein
Höchstmaß an Fördermenge, also an flacher Bauhöhe und Abbaufortschritt, angestrebt werden sollte, sondern diejenige Fördermenge und entsprechend eine
Bauhöhe und ein Abbaufortschritt, bei dem alle Glieder des Ganzen harmonisch
zur Erreichung der geringsten Kosten bei größtmöglicher Sicherheit zusammenwirken. Nicht der technische Höchstwert, sondern der wirtschaftliche Bestwert
bei größter Sicherheit muß in jedem einzelnen Falle das Ziel sein[1]).

Auf die Rolle, welche die Kosten der Abbaustreckenunterhaltung und die
richtige Bemessung und Ausnutzung der eingesetzten Betriebsmittel zur Erreichung dieses Zieles spielen, wurde bereits in Ziff. 31 (S. 324) und in Ziff. 80
(S. 367) aufmerksam gemacht.

Vielfach ist auf die Empfindlichkeit von großen Abbaubetriebspunkten im
Vergleich zu kleineren hingewiesen worden. Zweifellos wächst die Zahl der Stö-
rungsquellen mit der Anzahl eingesetzter Maschineneinheiten, auch rufen tektonische Störungen in einem großen Abbaubetriebspunkt größere Schwierigkeiten hervor als in einem kleineren. Vor allem sind die Auswirkungen eines
Förderausfalls auf die ganze Grube bei wenigen Großbetriebspunkten wesentlich fühlbarer als bei zahlreichen kleinen Abbaubetrieben. Hierzu ist jedoch
einmal zu bemerken, daß die Betriebssicherheit der eingesetzten Förder- und
Gewinnungsmittel durch gute Pflege und Überwachung, Bereithaltung von Er-
satzteilen — unter Umständen von Ersatzmaschinen — weitgehend gewährleistet werden kann und muß. Betriebsunterbrechungen kurzer Dauer können
überdies während der Schicht in der Regel wieder wettgemacht werden. Z. B.
können sich die Hauer während eines kurzen Stillstandes des Abbaufördermittels in verstärktem Maße mit Ausbau oder mit Abkohlen beschäftigen usw.
Ferner können durch tektonische Störungen bewirkte Unregelmäßigkeiten des
Betriebes durch geeignete Voraufklärung des Abbaufeldes auf ein Mindestmaß
beschränkt werden. Schließlich sei darauf hingewiesen, daß ein unvorhergese-
hener und als Ausnahme auftretender Förderausfall auch eines Großabbau-
betriebspunktes ruhiger in Kauf genommen werden sollte, als dieses meistens
geschieht. Voraussetzung ist, daß er nicht auf Nachlässigkeit zurückzuführen
ist und er im Laufe einer Woche oder eines Monats in seiner Auswirkung auf
die Gesamtfördermenge wieder ausgeglichen werden kann. Im allgemeinen ist

---

[1]) S c h e i t h a u e r, Untersuchungen über die zweckmäßige Bemessung der
Streblänge im Steinkohlenbergbau. Dissertation Aachen 1933; vgl. auch Glückauf 1933, S. 833.

es jedenfalls empfehlenswerter, sich auf einen täglichen Abbaufortschritt von einer Feldbreite[1]) von z. B. 1,50 m und mehr einzustellen und dabei hin und wieder einen Förderausfall hinzunehmen, als bei einem Abbaufortschritt von 0,75 m die doppelte Anzahl von Betriebspunkten unterhalten zu müssen und dann vielleicht allerdings eine große Regelmäßigkeit der täglichen Förderung zu erzielen.

Dieses gilt sowohl für Gruben mit großer als kleinerer Tagesförderung. Nur wenn die Notwendigkeit der Kohlenmischung vorliegt, wird allein aus diesem Grunde eine kleinere Grube nicht so leicht in der Lage sein, Großabbaubetriebspunkte zu entwickeln, wie eine große Schachtanlage.

83. — Haupteinteilung der Abbauverfahren. Bei jeder ordnenden Einteilung von Erscheinungen, Zuständen, Einrichtungen oder Maßnahmen kommen Grundsätze ersten, zweiten und niederen Grades in Betracht. Bei jedem Abbau hat der Bergmann das größte Augenmerk auf das Gebirge und die Beherrschung der mit dem Gebirgsdruck zusammenhängenden Kräfte zu richten. Infolgedessen wird bei einer Einteilung der Abbauverfahren, die zudem nicht nur für den Kohlenbergbau, sondern auch für andere Bergbauzweige nach Möglichkeit Geltung haben soll, die Art der Behandlung des Hangenden im Vordergrund stehen müssen. Als Einteilungsgrundsätze zweiten und dritten Grades können Abbau- und Verhiebrichtung, Verwendung und Art des Bergeversatzes, die Form des Abbauraums sowie auch das Abbaufördermittel und das Ausbauverfahren herangezogen werden.

Für die Behandlung des Hangend gibt es eine Reihe von Möglichkeiten. Ist es — wie vielfach im Erzbergbau — standfest, fällt die Lagerstätte steil ein und ist sie von geringer Mächtigkeit, so bedarf das Hangende während des Abbaus vielfach keinerlei oder nur geringerer Beeinflussung. Der meist eingebrachte Versatz dient dann weniger dazu, das Hangende zu stützen oder abzufangen, als eine Arbeitsplattform für die Belegschaft zu bilden sowie Abbauförderung und Wetterführung zu erleichtern. Ist das Hangende dagegen — wie fast immer im Steinkohlenbergbau — nicht standfest genug, um während des Abbaus in seiner ursprünglichen Lage zu verharren, sei es auf Grund seiner petrographischen Beschaffenheit, sei es, weil die Lagerstätte halbsteil oder flach gelagert ist, so sind drei Wege möglich. Der eine besteht in einem Absenken des Hangenden. In den allermeisten Fällen wird es dabei auf Bergeversatz aufgelegt und von diesem abgefangen. Der zweite Weg besteht darin, es über dem verlassenen Abbauraum planmäßig zu Bruch zu werfen, um dadurch den Abbaustoß vom Hangenddruck mehr oder weniger zu entlasten und ein ungeregeltes Zubruchgehen des Hangenden zu vermeiden. Schließlich kann das Bemühen darauf gerichtet sein, jegliche Absenkung des Hangenden zu vermeiden. Es geschieht dieses durch Anstehenlassen genügend großer Teile der Lagerstätte (Kohlepfeiler, Erzpfeiler, Salzpfeiler) zwischen den einzelnen Abbauräumen. Diese Bergfesten, Gebirgspfeiler oder Mineralpfeiler, können noch durch Bergeversatz vor dem Zusammenbrechen geschützt werden[2]).

---

[1]) Glückauf 1932, S. 589; Hofmann: Einfluß der Feldbreite auf die Arbeitsleistung; — ferner Glückauf 1932, S. 1085; Ludwig, Beschreibung einiger Großbetriebe.

[2]) Vgl. auch Glückauf 1927, S. 593; Spackeler: Wesen des Abbaus und des Versatzes.

Da die Abbauverfahren, bei denen eine Beeinflussung des Hangenden infolge seiner Standfestigkeit nicht notwendig ist, zu den Verfahren überleiten und ihnen sehr ähneln, die eine Absenkung des Hangenden herbeiführen, seien sie in eine gemeinsame Gruppe zusammengefaßt. Die nachstehend wiedergegebene Haupteinteilung ist daher der Beschreibung der Abbauverfahren zugrunde gelegt:

A: Abbauverfahren ohne Beeinflussung oder mit Absenkung des Hangenden.

B: Abbauverfahren mit Zubruchwerfen des Hangenden.

C: Abbauverfahren mit Stützung des Hangenden durch Gebirgspfeiler.

Die Erscheinungen der Natur und des Betriebes sind mannigfaltig und bunt. Jeder ordnenden Einteilung haftet jedoch gezwungenermaßen etwas einseitiges an, und sie muß künstliche Grenzen ziehen, die in Wirklichkeit vielfach so scharf nicht bestehen. Es gibt daher Grenzfälle und Übergänge und somit einzelne Abbauverfahren, die sowohl zu der einen wie zu der anderen Gruppe gerechnet werden können.

A. Abbauverfahren ohne Beeinflussung oder mit Absenken des Hangenden zwecks neuer, fester Auflagerung.

a) Allgemeine Erörterungen über Bergeversatz.

84. — Vorbemerkung. Abbauverfahren ohne Beeinflussung des Hangenden spielen in erster Linie im Erzbergbau eine Rolle. Da im deutschen Steinkohlenbergbau jedoch Abbauverfahren mit Absenken des Hangenden im Vordergrund stehen, seien diese und die mit ihnen in Verbindung stehenden Hilfsmittel zunächst behandelt.

Bei sehr dünnen Flözen und sehr biegsamem und plastischem Hangenden sowie plastischem Liegenden gelingt ein bruchfreies Absenken des Hangenden ohne besondere Hilfsmittel, d. h. ohne vollständiges oder teilweises Verfüllen des durch den Abbau geschaffenen Hohlraumes mit Ausnahme vielleicht eines Raubens des Stempelausbaus zur Erleichterung des Absenkungsvorganges. Solche Fälle sind aber selten. In der Regel ist vielmehr eine Verfüllung des Abbauhohlraumes mit Bergeversatz zur Erzielung einer bruchfreien Absenkung erforderlich.

85. — Vorteile des Bergeversatzes. Die Vorteile des Bergeversatzes sind mehrfacher Art. Zunächst gestattet er im Vergleich zum Bruchbau eine Verringerung der Absenkung der Erdoberfläche, was überall dort wichtig ist, wo es auf das absolute Ausmaß des Senkungsbetrages ankommt. Auch wird die Absenkung des Streckennetzes der oberen Sohlen vermindert, was sich aber im Vergleich zum Bruchbau als nicht sehr wesentlich erwiesen hat, da es für die Aufrechterhaltung der Strecken stärker auf die Vermeidung von Abbaukanten und die Führung eines auf langer Front rasch fortschreitenden Abbaus ankommt. Eine günstige Auswirkung auf die Wetterführung ist vor allen Dingen in steiler Lagerung zu verzeichnen, da hier Bruchbau nach unseren heutigen Erfahrungen nicht möglich ist und infolgedessen ein zu Felde rückender Abbau ohne Versatz nicht geführt werden könnte. Aber auch wegen der Auswirkungen des Gebirgsdrucks auf die Abbauräume kann hier zumeist auf die Einbringung von Versatz nicht verzichtet werden. Auch Flöze, in deren Dachschichten zu Selbstentzündung neigende Kohle enthalten ist, werden zweckmäßig mit dichtem Bergeversatz abgebaut, um die verlassenen Abbauhohlräume möglichst dicht abzuschließen. Sehr mächtige Flöze können, wenn Bruchbau wegen Hängenbleiben des Hangenden nicht anwendbar ist, nur mittels Bergeversatz abgebaut werden, sei es, daß sie flach oder steil gelagert sind oder daß sie im ganzen oder in Scheiben hereingewonnen werden. In steiler Lagerung dient der Versatz bei mächtigen Flözen, wie übrigens meist auch im Erzbergbau, zugleich als Arbeitsplattform für die Hauer. Im ganzen gesehen ist also der Versatz in steiler Lagerung und in sehr mächtigen Flözen wichtiger als in flach gelagerten Flözen mäßiger Mächtigkeit.

Schließlich gestattet der Versatzbau die Unterbringung der im Grubenbetrieb bei der Aus- und Vorrichtung, dem Abbaustreckenvortrieb, den Unterhaltungsarbeiten und in der Aufbereitung anfallenden Bergemengen. Er erlaubt, auf die kostspielige Zutageförderung der Berge und auf die Unterhaltung von Halden mit ihrem Platzbedarf und ihrer Belästigung durch Brand zu verzichten. In vielen Fällen, in denen aus Gründen der Grubensicherheit oder der Auswirkung auf die Erdoberfläche Versatzbau nicht notwendig ist, wird man ihm in zahlreichen Fällen daher allein zur Unterbringung des laufenden Bergeanfalls den Vorzug geben.

86.—**Nachteile des Bergeversatzes.** Den Vorteilen des Versatzes steht eine Reihe von Nachteilen gegenüber. Die zeitraubende Einbringung des Bergeversatzes beschränkt die flache Bauhöhe und den Abbaufortschritt, somit die Förderung je Abbaubetriebspunkt, da je nach dem angewandten Verfahren nur eine bestimmte Höchstmenge Versatz eingebracht werden kann. Auch hat es sich häufig erwiesen, daß die Beschaffenheit des Hangenden bei Absenken und Auflegen auf Versatz im Vergleich zu planmäßigem Zubruchwerfen zu wünschen übrig läßt. Auch schaffen Förderung, Kippen und Einbringen von Bergeversatz eine Reihe von Unfallmöglichkeiten, die bei Bruchbau fortfallen. Schließlich stellt der vollständige Bergeversatz eine wirtschaftliche Sonderbelastung insbesondere des deutschen Bergbaus in nicht zu unterschätzendem Ausmaße dar. Diese Belastung erreicht ihren Höhepunkt, wenn bei vorwiegender Anwendung von Vollversatz die Notwendigkeit für eine Zeche vorliegt, Bergematerial von auswärts zu beziehen, das je nach Herkunft und Art frei Zeche je t RM. 0,50 bis 1.— und darüber kosten kann. Hinzu treten die Umladekosten von je RM. 0,30—0,40 je t und die Förderung bis zur Kippstelle mit ihren unmittelbaren und mittelbaren Kosten. Besonders die letzteren sind von Einfluß, und daher ist auf Zechen, die große Bergemengen von über Tage einbringen müssen, der Art der Verteilung dieser Bergemengen sorgfältige Beachtung zu schenken.

87. — **Die Förderung der Berge zum Abbau.** Die Art der Verteilung der Bergemengen und ihre Zuführung zu den einzelnen Betriebspunkten richtet sich nach den Förderwegen und Förderkosten, vor allem aber nach den in Betracht kommenden Gesamtmengen sowie dem von über Tage stammenden Anteil an ihnen. Es lassen sich im allgemeinen drei Verfahren unterscheiden (Abb. 344—346), nämlich:

1. Die Verteilung der Berge von der Fördersohle über die einzelnen Blindschächte zu den oberen Abbaustrecken.

2. Die Verteilung der Berge vom Schacht aus über die Wettersohle nach unten.

3. Das Hochfördern der Berge in einigen wenigen durchgehenden Blindschächten von der Fördersohle zur Wettersohle und ihre Verteilung nach unten wie bei 2. durch Bremsschächte oder Rollöcher.

Im einzelnen ist hierzu folgendes zu bemerken:

1. Die Verteilung der Berge von der Fördersohle über die einzelnen Blindschächte zu den oberen Abbaustrecken ist zurzeit an der Ruhr und in Aachen am verbreitetsten. Die Zusammenfassung der Förderung auf einer Sohle und eine in den letzten Jahren zunehmende Einsparung fremder Bergemengen haben es vielfach nicht ratsam erscheinen lassen, auf der Wettersohle noch eine besondere Hauptstreckenförderung für Versatz umgehen zu lassen. Ein Nachteil die

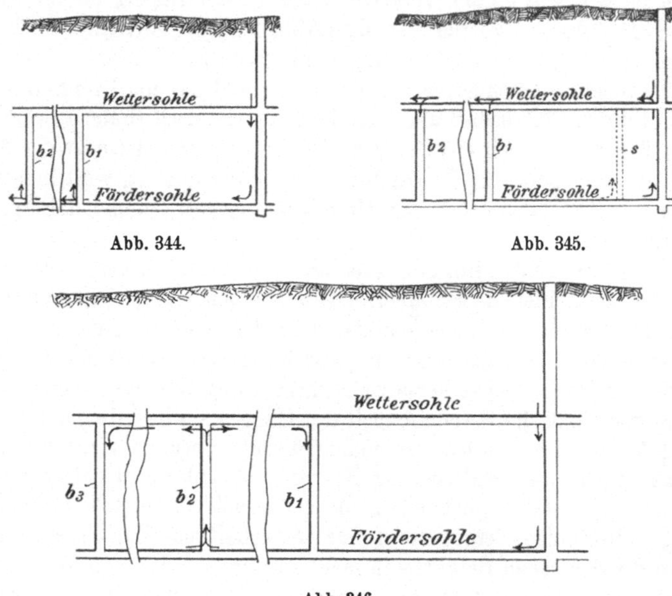

Abb. 344.   Abb. 345.

Abb. 346.

Abb. 344—346. Verschiedene Arten der Zuführung fremder Berge. $b_1 - b_3$ Blindschächte.

ses Verfahrens ist die Belästigung der Hauptstreckenförderung durch den im Gegenstrom zur Kohle sich bewegenden Versatz und die Notwendigkeit, eine Reihe von Blindschächten lediglich für Bergeversatz zu betreiben und die Blindschächte mit stärkeren Häspeln ausrüsten zu müssen, als die übrigen Förderzwecke erforderlich machen würden.

2. Sind mehrere Fördersohlen in Betrieb, so ergibt sich die Möglichkeit, einem Teil der Betriebspunkte Versatz über die nächstobere Sohle zuzuführen, ganz zwanglos. Ist jedoch die obere Sohle nur Wettersohle, so ist die Aufrechterhaltung einer nur den Bergen (auch Material) dienenden Förderung nicht zu umgehen; zugleich muß eine Schachtförderung nur für die Berge eingesetzt werden, will man nicht von der Möglichkeit Gebrauch machen, die Berge in im Schacht verlegte Rohrleitungen zu verstürzen. Diesen Sonderbelastungen steht jedoch der große Vorteil gegenüber, daß die Kohlenförderung nicht oder nur durch die Förderung von Ausrichtungs- und Unterhaltungsbergen gestört wird, daß also eine fast völlige Trennung der beiden Betriebsvorgänge — Kohlen-

und Bergeförderung — eintritt, ein Vorteil, von dem man bei großen Bergemengen auf Großschachtanlagen sicherlich in Zukunft häufiger Gebrauch machen dürfte als heute. Zugleich wird vielfach der Großförderwagen den Einsatz besonderer Bergewagen, die auf der oberen Sohle verkehren, ratsam erscheinen lassen. Die Abwärtsförderung der Berge wird dann zweckmäßig nicht auf Gestellen in Blindschächten erfolgen, sondern in aufnahmefähigen Rollöchern (Bergebunkern), von denen aus sie nach Belieben abgezogen und verteilt werden können.

3. Das Sammeln der Bergemengen an wenigen Hauptblindschächten, ihre Hochförderung in diesen und ihre Verteilung von der Wettersohle aus mildern die Nachteile des ersten Verfahrens, allerdings auch die Vorteile des zweiten. Trotzdem wird es sich in vielen Fällen als zweckmäßig erweisen, so vorzugehen.

88. — **Beschaffung der Versatzberge**[1]). Bei den zu beschaffenden Versatzbergen handelt es sich um erhebliche Mengen, auch wenn man berücksichtigt, daß vor der Einbringung des Versatzes bereits eine Senkung des Hangenden von etwa 10—20 cm eingetreten zu sein pflegt und daß die Abbaustrecken nur zu einem kleinen Teil versetzt werden. Für den Ruhrbezirk haben z. B. genauere Berechnungen ergeben, daß insgesamt im Jahre 1928 eine Bergemenge von rund 44 Millionen m^3 erforderlich wurde. Diese Menge ist heute wesentlich geringer, da der Blindortversatz und Bruchbau inzwischen wesentlich an Verbreitung zugenommen haben. Die für den Versatz notwendigen Berge können „eigene" oder „fremde" Berge sein. Erstere stammen aus der Lagerstätte selbst (Bergemittel oder Nachfall in Kohlenflözen, taube „Gangart" in Erzgängen, Steinsalz in Kalisalzlagern) oder aus dem Nebengestein, wie es beim Nachreißen der Abbaustrecken, Bremsberge usw. gewonnen wird.

Fremde Berge sind zunächst die in der Grube bei den verschiedenen Gesteinsarbeiten anfallenden Berge. Der Abbaubetrieb wird zweckmäßig so geführt, daß stets eine passende Gelegenheit zur Unterbringung dieser Bergemengen geboten wird. Weiterhin können die bei der Aufbereitung ausgeschiedenen Klaub- und Waschberge Verwendung finden. Allerdings werden solche Berge auf Steinkohlenbergwerken zweckmäßig mit anderen vermischt. Sie neigen nämlich infolge ihres starken Gehaltes an Kohlenstoff und Schwefelkies zur Wärmeentwickelung, die sich bei flacher Lagerung, wo der Versatz nicht dicht genug wird, um die Luft fernzuhalten, bis zum Brande steigern kann; auch verursachen sie Schwierigkeiten bei der Förderung in Schüttelrutschen. Im Kalisalzbergbau entsprechen den Waschbergen die Rückstände der Chlorkaliumfabriken, die häufig einen bedeutenden Prozentsatz der Förderung (auf Hartsalzwerken bis 70%) ausmachen und dann zum Versatz nahezu ausreichen. — Große Mengen von Versatzbergen können auch aus alten Bergehalden und aus den Schlacken- und Aschenhalden benachbarter Hüttenwerke entnommen werden. Ebenso kann man gut ausgebrannte und abgelöschte Kesselasche versetzen.

---

[1]) Näheres s. Glückauf 1929, S. 221; C. H. Fritzsche: Die Bergeversatzwirtschaft des Ruhrkohlenbergbaues; — ferner Ruhr und Rhein 1928, S. 537; H. Müller: Die Bedeutung des Bergeversatzes für den Ruhrkohlenbergbau; — ferner Techn. Blätter 1928, S. 528; Kindermann: Zur Bergeversatzfrage.

Von den genannten Versatzgutarten stellen durchschnittlich im Steinkohlenbergbau (außer Oberschlesien) die Wasch- und Klaubeberge sowie die Ausrichtungsberge die größten Mengen, und zwar machen sie je ein gutes Viertel des Gesamtbedarfs aus. In den Rest teilen sich zu ungefähr gleichen Sätzen Bergemittel und Nachfallpacken, Berge aus dem Abbaustreckenvortrieb und schließlich die nicht aus dem laufenden Betrieb stammenden Berge wie Haldenberge, Sand, Schlacke u. dgl. Im einzelnen können diese Sätze wesentliche Abweichungen erfahren. So haben viele Gaskohlenzechen infolge höheren Anfalls an Wasch- und Klaubebergen, Bergemitteln und Bergen aus Unterhaltungsarbeiten Bergeüberschuß. Ähnliches gilt für Magerkohlenzechen des Ruhrgebiets. Fettkohlenzechen können dagegen bei Vollversatz ihren Bergebedarf meist nicht aus dem laufenden Betrieb decken.

Bergwerke, die sehr mächtige Lagerstätten abbauen und ohne Versatz überhaupt nicht auskommen können, sehen sich, wenn die Bergequellen des laufenden Betriebes nicht ausreichen, zur Einrichtung besonderer Betriebe für die Gewinnung von Versatzbergen genötigt. Diese werden entweder über Tage (Steinbrüche, Sandgruben) oder unter Tage geschaffen. Im letzteren Falle werden sie bei der Versatzgewinnung im großen „Bergemühlen" genannt und bestehen in großen Hohlräumen im Nebengestein, die so weit und hoch ausgeschossen werden, wie es die Gebirgsfestigkeit zuläßt. Besonders der deutsche Kalisalzbergbau macht von diesem Mittel der Bergegewinnung Gebrauch, da ihm in dem das Liegende der Kalisalzlager bildenden „älteren Steinsalz" ein vorzügliches, zähes Gebirge für diesen Zweck zur Verfügung steht. Als eine Art Bergemühlen sind auch die im Steinkohlenbergbau vielfach im Abbau mitgeführten „Blindörter" (s. unten, Ziff. 126) anzusprechen.

89. — **Schüttungszahl und Füllungszahl in der Bergewirtschaft[1]).** Bei der Errechnung der Bergemengen, die im Grubenbetriebe gewonnen werden, d. h. bei Gesteinsarbeiten, im Abbaustreckenvortrieb, aus Bergemitteln und in Blindörtern, muß die Tatsache in Betracht gezogen werden, daß Haufwerk, also geschüttetes Gestein, einen größeren Raum einnimmt als anstehendes Gestein. Die Zahl, mit der das Raummaß des anstehenden Gebirges multipliziert werden muß, um den Raumbedarf des aus ihm gewonnenen Haufwerks zu ermitteln, wird „Schüttungszahl" genannt. Sie ist je nach der Gesteinsart infolge der verschiedenen Korngröße und Kornzusammensetzung des aus ihr gewonnenen Haufwerks verschieden, jedoch immer größer als 1. Für Gebirgsarten, die in mehr oder weniger flachen, regelmäßigen Stücken brechen, wie bei Tonschiefern, beträgt sie etwa 1,5, bei Sandschiefern 1,5—2 und bei Gebirgsarten, die zur Bildung unregelmäßiger Stücke neigen (Sandstein, Konglomerat), 2—2,5. Für Förderkohle liegt sie im Durchschnitt bei 1,5.

Von Wichtigkeit ist es weiterhin, errechnen zu können, welche Bergemenge ein durch Abbau entstandener Raum aufnehmen kann. Diese Menge ist stets kleiner als der Raum, den die anstehende Kohle eingenommen hat. Hierfür ist eine Reihe von Gründen maßgebend. Einmal verkleinert sich der zu versetzende Raum in der Zeitspanne, die zwischen Hereingewinnung und Einbringen des Versatzes liegt. Er verkleinert sich durch eine Vorabsenkung des Hangenden,

---

[1]) Bergbau 1933, S. 256; M e u ß: Die Schüttungszahl und der Füllungsgrad in der Bergewirtschaft des Steinkohlenbergbaus.

zu der sich auch noch ein Hochpressen des Liegenden gesellen kann. Diese Erscheinungen sind in der flachen Lagerung erklärlicherweise wesentlich ausgeprägter als in der steilen und bei Tonschiefern stärker als bei Sandsteinen. Je nachdem kann die Mächtigkeitsverringerung 5—20 cm und mehr betragen. Auch beansprucht der Ausbau einen Raum, der allerdings nur wenige Hundertteile des Gesamtraumes beträgt. Bei sehr geringer Flözmächtigkeit und flacher Lagerung ist das Einbringen wegen schlechter Bewegungsmöglichkeit der Belegschaft erschwert und bei mächtigen Flözen ist es schwierig, den Versatz bis dicht unter das Hangende zu verfüllen. Von Bedeutung ist weiterhin das Einfallen. So ist die Versatzdichte in flacher Lagerung in der Regel geringer als in steiler Lagerung, wenn der freie Fall ausgenutzt werden kann. Maschinenmäßig eingebrachter Versatz ist dagegen dichter als Handversatz, und gemauerter Versatz dichter als lose geschütteter. Schließlich spielt die Körnung des Versatzgutes eine große Rolle; so ergibt z. B. feinkörniges Gut einen dichteren Versatz als lose geschüttetes grobkörniges Gut.

Im allgemeinen kann in flacher Lagerung und bei Handversatz damit gerechnet werden, daß je 1 m³ anstehender Kohle 0,55 m³ und in steiler Lagerung 0,65 m³ Versatzgut notwendig sind. Bei Blasversatz und Spülversatz beträgt der entsprechende Wert 0,6—0,8 m³. Man kann in diesem Zusammenhang von einer „Füllungszahl" sprechen und als solche diejenige Zahl bezeichnen, mit welcher der Rauminhalt der anstehenden Kohle jeweils multipliziert werden muß, um die für diesen Raum erforderliche Bergemenge zu errechnen. Die Füllungszahl ist stets kleiner als 1.

Von der Füllungszahl hängt auch die Tragfähigkeit oder Zusammendrückbarkeit des Versatzes ab. Neben ihr ist hierfür jedoch noch die Druckfestigkeit des Versatzgutes zu berücksichtigen. Erst ein völlig dicht eingebrachtes druckfestes Versatzgut gewährt ein Höchstmaß an Tragfähigkeit oder ein Mindestmaß von Zusammendrückbarkeit (vgl. Ziff. 128 S. 406).

90. — Vollversatz und Teilversatz. Vollversatz liegt vor, wenn der Abbauhohlraum vollständig mit Versatzmaterial verfüllt wird, gleichgültig durch welches Verfahren dieses geschieht. Bei Teilversatz dagegen werden planmäßig Lücken im Versatz gelassen, so daß der Abbauhohlraum nur teilweise verfüllt wird. Diese Lücken können die Form langgestreckter Rechtecke haben oder mehr oder weniger quadratisch sein, sie können streichend oder auch schwebend angeordnet sein. Die Hauptsache ist, daß es trotz dieser Lücken gelingt, die Dachschichten auf den Versatz aufzulegen und im wesentlichen bruchfrei abzusenken. Nur verhältnismäßig selten jedoch wird Teilversatz angewandt. Wenn versetzt wird, ist Vollversatz die Regel, es sei denn, daß der weit verbreitete Blindortversatz zum Teilversatz gerechnet wird.

Es ist hier der Ort, darauf hinzuweisen, daß lange Jahre hindurch der Strebbruchbau als Abbau mit Teilversatz bezeichnet wurde. Das Wesen des Bruchbaus besteht jedoch in dem planmäßigen Hereinwerfen der Dachschichten und durchaus nicht im teilweisen Versetzen. Die beim Bruchbau häufig nachgeführten Rippen haben Veranlassung zu der Bezeichnung Teilversatz gegeben. Abgesehen davon, daß die Rippen nach Möglichkeit vermieden werden sollten, haben sie die Aufgabe, das Hereinbrechen der Dachschichten zwischen ihnen zu befördern und die Beherrschung des Hangenden beim Bruchbau zu erleichtern. Nur wenn die Rippen sehr dicht stehen und das Zubruchwerfen der Dachschichten eine untergeordnete oder keine Rolle mehr spielt, kann von Teilversatz gesprochen werden. So gehen Verfahren ineinander über, wo die Systematik eine scharfe Grenze setzt.

91. — Überblick über die Verfahren, den Bergeversatz einzubringen. Die ursprüngliche Art, den Versatz im Abbauhohlraum einzubringen, war die von Hand. Auch heute hat dieses Verfahren noch die größte Verbreitung und herrscht in steiler Lagerung ausschließlich. In dem Bestreben, die Leistung beim Einbringen zu erhöhen und die anstrengende Schaufelarbeit insbesondere in flacher Lagerung auszuschalten, hat sich schon früh das Spülversatzverfahren entwickelt, das in erster Linie bei der Verfüllung großer Hohlräume, wie sie beim Abbau mächtiger Lagerstätten entstehen (z. B. in Oberschlesien), Bedeutung erlangt hat. Die Blasversatzverfahren bedienen sich der Druckluft als Beförderungsmittel bis in den Abbauhohlraum und kommen in erster Linie für flache Flöze mäßiger Mächtigkeit in Frage. Auch zahlreiche, im Abbau aufgestellte Versatzmaschinen, die auf irgendeine Art das ihnen durch das Abbaufördermittel zugeführte Material aufnehmen und in den zu versetzenden Raum schleudern sollten, sind entwickelt worden, haben aber bis auf die aussichtsreichen Versatz-Bandschleuder keine Verbreitung erlangen können.

b) Besprechung der einzelnen Versatzverfahren.

1. Der Handversatz.

92. — Der Handversatz in flacher Lagerung. Vier Arbeitsvorgänge sind hier zu unterscheiden: Der Kippvorgang, die Herstellung des Verschlages, die Abbauförderung und das Einbringen des Versatzes (das Versetzen im engeren Sinne).

Der Kippvorgang, der das Entleeren der Bergewagen in das Abbaufördermittel bezweckt, ist mit zunehmender Förderung der Abbaubetriebspunkte von immer größerer Bedeutung geworden. Von der Ausgestaltung der Kippstelle hängt die je Schicht zu versetzende Bergemenge und somit auch die Höhe der Förderung ab, und daher ist ihr besondere Sorgfalt zu widmen. Ortsveränderliche Kippstellen sind von ortsfesten Kippstellen zu unterscheiden.

Die ortsveränderlichen Kippstellen befinden sich am oberen Ende der Abbaubetriebspunkte, rücken mit der Kohlenfront vor und müssen daher, dem Abbaufortschritt entsprechend, täglich oder alle 2—3 Tage umgelegt werden. Sie erlauben eine Kippleistung von etwa 150 Wagen je Schicht oder bis zu 250 und 300 Wagen, wenn diese durch die Kippstelle durchgeschoben werden können und Vorsorge für schnellen Wechsel und Entleerung der Wagen getroffen ist. Ortsfeste Kippstellen rücken der Abbaufront gar nicht oder in größeren Abständen nach. Sie erreichen Kippleistungen bis 400 und 500 Wagen oder mehr. Von ihnen wird das Versatzgut dem Abbaufördermittel in der Regel durch ein Band zugeführt.

Der Verschlag bezweckt die Abtrennung des zu versetzenden Hohlraums von den Arbeitsfeldern und soll ein Hereinrollen des frisch eingebrachten und daher noch lockeren Versatzes in den Arbeitsraum verhindern. Allerdings spielt er in flacher Lagerung eine geringere Rolle als in steiler und wird in der Regel nur bei schwebendem Einbringen des Versatzes benötigt. Er wird an die Holzstempel genagelt und besteht in den meisten Fällen aus Maschendraht oder bei feinkörnigem Versatzgut aus Versatzleinen oder ähnlichen Geweben. Bei Verwendung stählerner Stempel, die geraubt werden müssen, ist daher das Schlagen von Hilfsstempeln zur Befestigung erforderlich. Wird, wie zumeist in flacher Lagerung, streichend versetzt, würde ein Verschlag dem Einbringen hinderlich sein. An seine Stelle tritt dann — wenn nötig — eine aus gröberen Steinen hergestellte mehr oder weniger schmale Trockenmauer, die das Versatzfeld nach der Seite begrenzt. Bei Blas- und Spülversatz ist jedoch auch in flacher Lagerung ein Abschlagen des Versatzfeldes notwendig (Ziff. 105, S. 391; Ziff. 122, S. 402).

Zur Abbauförderung des Versatzes dient in der Hauptsache die Schüttelrutsche (s. Abschnitt Förderung, Bd. II). Aus ihr läßt sich das Material mit der Schaufel leicht entnehmen. Beim Band bestehen dagegen Schwierigkeiten. Sowohl die Entnahme mit der Schaufel als auch feste Abstreicher verursachen leicht Beschädigungen des Bandes. Dagegen eignet es sich gut auch für Versatz in Verbindung mit der Versatzschleuder (s. Ziff. 125, S. 403). Will man daher bei einem Band als Abbaufördermittel von diesem Verfahren keinen Gebrauch machen, ist man in der Regel genötigt, entweder Blindort- oder Blas- (oder Spül-) Versatz vorzusehen.

Von den beiden Möglichkeiten, dasselbe Abbaufördermittel für Kohle und Berge nur in verschiedenen Schichten zu benutzen oder aber getrennte Fördermittel für Kohle und Versatz anzuwenden, um zu gleicher Zeit versetzen und hereingewinnen zu können, wird in der Regel der ersteren der Vorzug gegeben. Zwei Fördermittel sind meist zu teuer. Auch erhöht sich der Abstand des Versatzes vom Kohlenstoß, um mindestens eine Feldesbreite, was für die Beschaffenheit der Dachschichten von Nachteil sein kann.

Das Einbringen geschieht durch Schaufelarbeit und von Hand. Zu diesem Zwecke sind die Versatzhauer längs des Abbaufördermittels verteilt. Ihr Abstand voneinander richtet sich nach der einzubringenden Versatzmenge sowie nach den übrigen Arbeitsbedingungen, von denen in erster Linie die Flözmächtigkeit, in zweiter auch die Feldesbreite sowie die Art des Versatzmaterials zu nennen sind. Am besten ist die Leistung bei Flözmächtigkeiten von 1—1,50 m; hier kann damit gerechnet werden, daß die Leistung je Mann und Schicht 10 bis 15 m³ beträgt. In dünneren Flözen sinkt sie bis auf 7—10 m³, da die Bewegungsmöglichkeit des Mannes gehemmt ist, so daß in Flözen von etwa 0,50 m ein ordnungsmäßiges Versetzen schon fast in Frage gestellt ist. In mächtigen Flözen ist die Leistung ebenfalls geringer, jedoch aus anderen Gründen. Hier ist eine zusätzliche Anstrengung erforderlich, um das Versatzgut bis dicht unter das Hangende zu verfüllen, so daß auch nur mit einer Leistung von 7—10 m³ gerechnet werden kann. Flachgelagerte Flöze von mehr als 3 m Mächtigkeit bereiten dem Handversatz schon außerordentliche Schwierigkeiten.

93. — **Der Handversatz in halbsteiler und steiler Lagerung.** Hohe Leistungen lassen sich auch noch bei 25—35° Einfallen nur beim streichenden Einbringen von Versatz erzielen. Damit hat es jedoch in halbsteiler Lagerung, d. h. oberhalb von 25° Einfallen Schwierigkeiten, da das Material in der Schüttelrutsche oder festen Rutsche zu große Geschwindigkeiten annimmt, um ohne besondere Vorkehrungen gefahrlos entnommen zu werden. Ganz langsamer Lauf der Rutschen, ihr Ersatz durch feste Rutschen mit Bremsvorrichtungen und die Errichtung besonderer Schutzbühnen oberhalb des Arbeitsplatzes jeden Versatzhauers erlauben streichendes Versetzen bis zu etwa 35° Einfallen. Bei noch steilerem Einfallen rutscht der Bergeversatz auf dem Liegenden, so daß sich

ein besonderes Einbringen durch Schaufelarbeit völlig erübrigt und auch ein Abbaufördermittel fortfällt, wenn nicht, wie vielfach beim Schrägbau (s. Ziff. 145, S. 421), auch hier von festen Rutschen Gebrauch gemacht wird. Der Betriebsvorgang Bergeversatz besteht alsdann nur aus den Arbeitsvorgängen Kippen und Herstellen des Verschlages, der in der steilen Lagerung, von einigen Abarten des Schrägbaus abgesehen, besondere Beachtung verdient. Versatzdraht, seltener Versatzleinen werden hierzu benutzt. Bei größeren Mächtigkeiten muß dieser Verzug durch Bretter verstärkt werden. Außerdem bedarf es eines Verzuges in der Firste der unteren Abbaustrecke, häufig „Matratze" genannt, um den Ausbau vor Beschädigungen zu bewahren und ein Durchfallen von Bergen in die Strecke zu verhüten. Spitzenverzug der Firste, auf ihn aufgelegter Versatzdraht und ein Bergepolster dienen hierzu und schließen den Versatzraum nach unten ab. Um ein Auslaufen zu verhindern, haben sich auch Holzkästen gut bewährt.

94. — **Entleerung von Förderwagen mit Versatzbergen.** Die Entleerung von mit Versatzbergen gefüllten gewöhnlichen Förderwagen geschieht heute durchweg mit Hilfe maschinell angetriebener Kippvorrichtungen, die allgemein Bergekipper genannt werden.

Unter ihnen sind zunächst Kopfkipper und Kreiselkipper zu unterscheiden. Kopfkipper verlangen jedoch ein um so steileres Einfallen, je geringer die

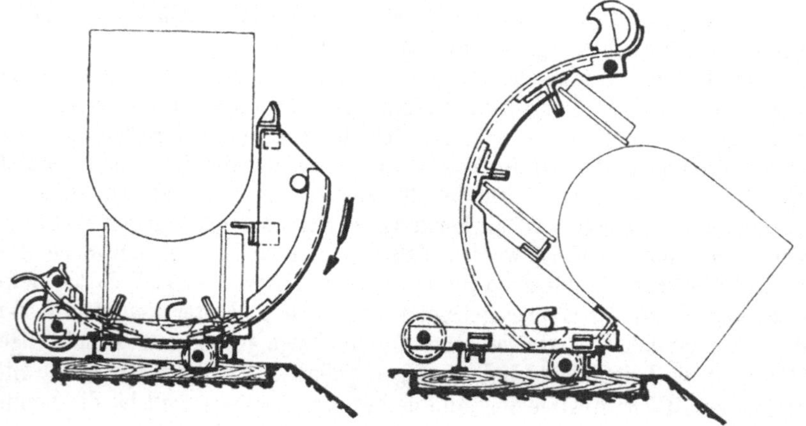

Abb. 347. Bergekreiselkipper von Korfmann.

Flözmächtigkeit ist und müssen außerdem immer am Ende des Gestänges liegen, eignen sich also nicht für den Fall, daß der nächsthöhere Abbaubetriebspunkt dem unteren vorauseilt. Ihr Anwendungsbereich ist daher beschränkt.

Kreiselkipper, wie sie über Tage zum Entleeren der Kohlenwagen benutzt werden, können zum unmittelbaren Austrag der Berge in den Abbauraum nur in steiler Lagerung Verwendung finden, weil nur dann das gekippte Gut sofort ablaufen kann. In der flachen Lagerung sind sie wegen ihres tiefen Austrages nur in Verbindung mit einem ansteigend arbeitenden Fördermittel (Gummi- oder Kratzband) anwendbar. Diese Voraussetzung trifft jedoch bei ortsfesten Kippstellen zu, für die sie eine erhebliche und wachsende Bedeutung erlangt haben. Abb. 347 zeigt einen Bergekreiselkipper der Firma Korfmann in

Witten. Der Wagen wird über eine Anfahrschiene in den Kipprahmen oder Kippkreisel gefahren, der in einen lose auf die Schienen gelegten Unterrahmen auf vier Rollenrädern drehbar ist. Die Drehbewegung des Kippkreisels erfolgt durch einen umsteuerbaren Druckluftschrägzahnmotor, der auf eine im Unterrahmen verlagerte Welle wirkt, die ihre Bewegung durch Reibung über zwei auf der Welle festgekeilte Rollen überträgt.

Ähnliche Kipper werden auch für Großförderwagen gebaut. Abb. 348 gibt eine derartige Ausführung der Firma Westfalia-Dinnendahl-Gröppel in Bochum wieder.

Abb. 348. Kreiselkipper für Großförderwagen.

Bei Kippstrecken, die im Liegenden aufgefahren sind und daher auch als Ladestrecken dienen, ergibt sich in flacher Lagerung die Notwendigkeit, die Wagen vor dem Kippen anzuheben, um sie auf die erforderliche Sturzhöhe zu bringen. Für diesen Zweck werden die Hochkipper gebaut. Abb. 349 zeigt ein Beispiel in einer Ausführung der Firma Hauhinco. Der Bergewagen fährt auf das leichte Rahmengestell a auf, das mit Hilfe eines angenieteten Flügelbleches b um die auf der Konsole d verlagerte Achse c drehbar ist. Bei e greift das unter dem Gestellrahmen durchgeführte Zugseil f an, das durch Vermittlung einer festen Rolle über die Flaschenzugrolle g läuft; diese ist auf der Kolbenstange h verlagert, die durch das Spiel des im Zylinder i laufenden Kolbens auf und

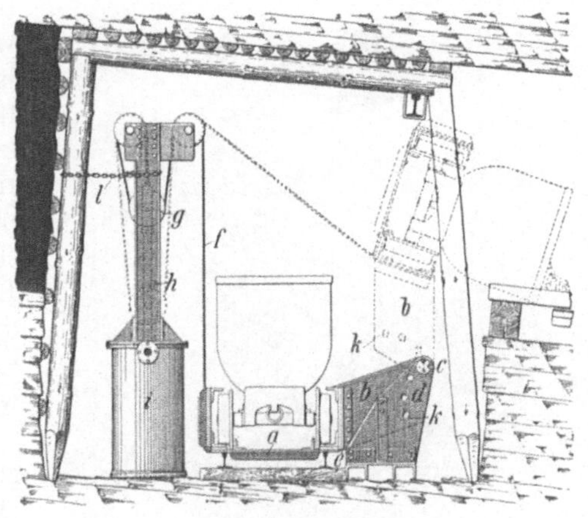

Abb. 349. Hochkipper mit Seilzug.

ab bewegt wird. Die Löcher k ermöglichen eine Einstellung der Kippachse auf verschiedene Höhe und damit Anpassung an verschiedene Flözmächtigkeiten. Das die Rollenführung tragende Rahmengestell ist mit der Kette l an der Zimmerung des Oberstoßes verankert.

Eine technisch sehr bemerkenswerte, auch für Großförderwagen brauchbare Lösung ist der Segmentkipper der Firma Mönninghoff in Bochum. Der zur Aufnahme des Bergewagens dienende Kippkorb C (Abb. 350 und 351) und der halbkreisförmige Antriebszylinder B sind gemeinsam zu beiden Seiten einer

Welle angeordnet, damit Kippkorb und Zylinder zusammen die zum Kippen
erforderliche Drehbewegung ausführen können. Der innerhalb des Antriebs-
zylinders B befindliche Scheiben-
kolben A steht im Gegensatz zu der
sonst üblichen Bauweise fest, während sich der Zylinder B um ihn

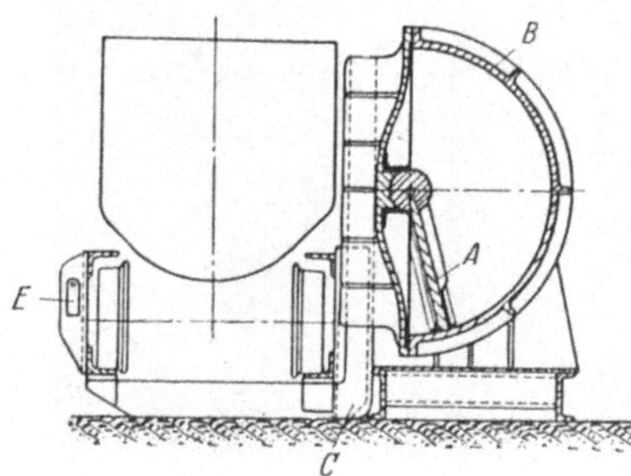
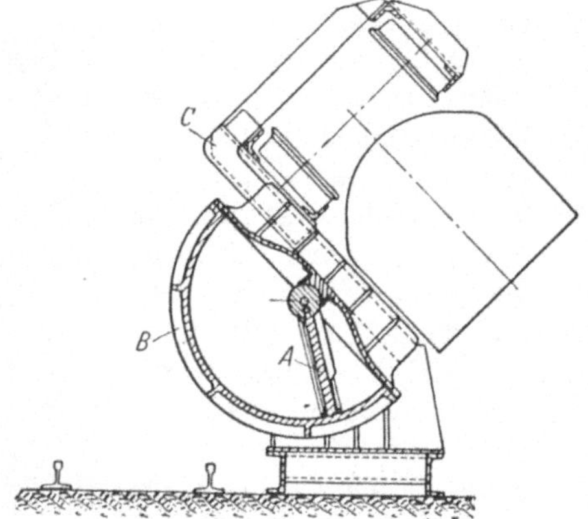

Abb. 350 und 351. Segmentkipper von Mönninghoff.
Links: Ausgangsstellung.   Rechts: Endstellung.

bewegt. Beim Kippvorgang tritt die Druckluft von links ein, beim Rückgang
des Kippkorbes in seine Ausgangsstellung dagegen von rechts. Der für beide
Bewegungsvorgänge verschieden
große Kraft- und damit Druckluft-
bedarf wird durch verschieden-
weite Bohrungen der in dem Scheibenkolben befindlichen Luftzu-
führungskanäle erreicht. Am Kippkorb C befindet sich noch ein Sperr-
riegel E. Er fällt während des Kip-
pens selbsttätig ein und verhindert
so das Ablaufen des Wagens. Der
Kipper arbeitet, da das Abbremsen
durch Luftpolster erfolgt, weich
und stoßfrei, so daß die Förderwagen sehr geschont werden.

Ein von der Kommandit-
gesellschaft H. Schwarz unter
dem Namen „Teleskopkip-
per" auf den Markt gebrachter
Hochkipper arbeitet ohne Seil
und ersetzt es durch drei Kolben,
die sich teleskopartig aus dem
Kippzylinder herausschieben und
deren oberster mittels einer Ge-
lenkverbindung unmittelbar sowohl ein Rahmengestell mit

Abb. 352. Hochkipper von Schwarz.

dem Förderwagen als auch den die Berge in die Rutsche leitenden Kipptisch
trägt (Abb. 352).

2. Das Spülversatzverfahren.

95. — Allgemeines. Das Spülversatzverfahren ist dadurch gekennzeichnet, daß in Röhren strömendes Wasser das Versatzgut bis in den zu verfüllenden Abbauraum befördert. Zur Überwindung der Rohrwiderstände sowie zur Erzielung der für das Versatzgut erforderlichen Schwebegeschwindigkeit ist ein Druck notwendig, zu dessen Erzeugung die Aufgabestelle des Wasser-Spülgutgemisches wesentlich höher als der Versatzraum liegen muß. Man legt sie daher in den meisten Fällen nach über Tage und nur bei großen Teufen zur Verringerung der Wasserhaltungskosten auf eine obere Sohle. Die Rohrleitung besteht infolgedessen aus einem senkrechten Teil am Anfang, einem ausgedehnten söhlig verlegten Teil in der Mitte, während ihr verzweigtes Ende je nach den Betriebsbedingungen söhlig, abfallend oder auch etwas ansteigend verlaufen kann.

Das Gemisch von Spülgut und Wasser fällt also zunächst die Schachtleitung hinunter, durchströmt den Hauptkrümmer und beginnt in der anschließenden Leitung weiter zu fließen. Schon für das Durchströmen des Krümmers muß ein Widerstand überwunden werden. Hierzu wird eine bestimmte Druckhöhe verbraucht, auf die sich der Spiegel des Spülstromes in der senkrechten Leitung einstellt. Je weiter der Spülstrom nun fließt, eine um so größere Druckhöhe ist notwendig, und um so höher steigt der Spiegel des Spülstromes in der Falleitung. Ist er bis zur Aufgabestelle gestiegen, so ist bei einem bestimmten Spülgutgemisch und Rohrquerschnitt zugleich die größte Entfernung erreicht, bis zu der gespült werden kann, und die zur Verfügung stehende Druckhöhe ist voll ausgenutzt. Für näher gelegene Abbaue genügt eine geringere Druckhöhe. Nichtsdestoweniger sollte aber danach getrachtet werden, den Spülstromspiegel stets an der Aufgabestelle zu halten. Geschieht dieses nicht, so wird Luft mitgerissen, die im weiteren Verlauf der Rohrleitung infolge von Stauungen des Spülgutes zusammengepreßt wird, sich wieder ausdehnt und hierbei Drucke hervorruft, die um ein Vielfaches größer als die hydrodynamischen Drucke sein können und die Gefahr eines Platzens der Rohrleitung insbesondere an schwachen Stellen mit sich bringen.

96. — Versatzgut. Für den Spülversatz kommen in erster Linie feinkörnige Berge in Betracht, wie feine Waschberge von Steinkohlengruben, Kesselasche, granulierte (durch Einleiten der glutflüssigen Schlacke in Wasser oder durch Durchblasen von Luft oder Dampf zerstäubte) Hochofenschlacke, Sand, Lehm u. dgl. Der günstigste Stoff ist möglichst reiner, tonfreier Sand, der einen sehr dichten Versatz liefert und das Wasser nachher schnell und in ziemlich klarem Zustande wieder abgibt, allerdings die Rohrleitungen nicht unerheblich angreift. Waschberge aus Steinkohlenwäschen haben den Nachteil, daß ihre weichen Teile sich stark abreiben, wodurch schwer zu klärende Abwässer entstehen; außerdem säuert der in ihnen enthaltene, sich zersetzende Schwefelkies das Wasser, wenn es einen fortgesetzten Kreislauf macht, im Laufe der Zeit an. Kesselasche hat nur untergeordnete Bedeutung, da sie in nur geringen Mengen zur Verfügung steht. Granulierte Hochofenschlacke kommt für solche Gruben in Betracht, die in der Nachbarschaft von Hüttenwerken liegen. Sie liefert wegen ihrer blasigen Beschaffenheit, für sich allein verwendet, keinen festen Versatz, hat aber aus demselben Grunde ein verhältnismäßig geringes spez. Gewicht, so daß sie leicht vom Wasser getragen wird und die Rohrleitungen nicht so angreift, wie man das bei ihrer Härte und Scharfkantigkeit erwarten könnte. Lehm endlich ist für die Erhaltung der Rohrleitungen sehr günstig, führt aber leicht Verstopfungen herbei und hat besonders den Nachteil, daß seine feinsten Teile von dem aus dem Abbau abfließenden Wasser mitgeführt werden und sich aus diesem nur sehr schwer und langsam wieder abscheiden lassen.

Für den Kalisalzbergbau sind die Rückstände der an die Bergwerke angeschlossenen chemischen Fabriken als Spülgut von besonderer Bedeutung.

An zweiter Stelle sind für den Spülversatz auch grobe Berge in Betracht zu ziehen, wenn sie nicht zu hart sind und sich daher ohne zu große Kosten auf die gewünschte Korngröße zerkleinern lassen, wie verwitterte Tonschiefer (Haldenberge), Mergel u. dgl. Solche Berge können aber, wenn ein dichter Versatz erzielt werden soll, nur als Zusatz zu feinkörnigem Versatz verwendet werden.

97. — Mischungsverhältnis. Man kann als Regel für einen dichten Spülversatz hinstellen, daß mindestens 50 % der einzuspülenden Berge aus Korngrößen von unter 6 mm bestehen müssen und daß die Stücke mit mehr als 40 mm nur einen sehr geringen Anteil ausmachen dürfen. Wird die richtige Mischung hergestellt, so werden die Hohlräume zwischen den gröberen Stücken durch die feineren und feinsten Teile ausgefüllt, so daß ein dem Sand nahezu gleichwertiger Versatz erzielt wird.

Mischungen können **außer Ersparnissen auch noch andere Vorteile bieten:** Lehmzusatz zu granulierter Schlacke füllt deren Poren aus und verringert den Verschleiß der Rohrleitungen; scharfkantige Steinbruchstücke, wie sie der Steinbrecher liefert, geben einen festen Verband; Koksstaub erleichtert die Abscheidung des Wassers aus Lehm u. dgl.

98. — Der Wasserzusatz. Der Wasserzusatz ist so zu bemessen, daß eine sichere Beförderung des Versatzgutes gewährleistet ist, jeder Überschuß jedoch vermieden wird, da alles Wasser wieder gehoben werden muß und der Wasserverbrauch für die Wirtschaftlichkeit des Spülversatzes von erheblicher Bedeutung ist. Der Wasserzusatz ist von zahlreichen Umständen abhängig. Mit wachsender Seigerhöhe der Falleitung nimmt er unter somit gleichen Bedingungen ab und mit wachsenden Widerständen — zunehmende Länge und Ansteigen — der söhligen Leitungen zu. Auch eine möglichst innige Vermischung des Wassers mit dem Versatzgut ist wichtig.

Ferner wächst die erforderliche Wassermenge mit der Korngröße und dem spezifischen Gewicht des Spülgutes, da, wie aus nachstehender Zahlentafel[2]) hervorgeht, großkörniges und schweres Gut wesentlich höhere Schwebegeschwindigkeiten als feinkörniges und spezifisch leichtes Gut verlangt.

Hohe Schwebegeschwindigkeiten vergrößern aber die Reibungswiderstände, denen bei gleichem Rohrquerschnitt und gleicher wirksamer Druckhöhe durch Verringerung des spezifischen Gewichtes des Spülstromes, d. h. durch vermehrten Wasserzusatz, entgegengearbeitet werden muß. Setzt man die unter bestimmten Verhältnissen für einen stark lehmigen Sand erforderliche Wassermenge gleich

---

[1]) Kruppsche Monatshefte 1922, S. 172; Leyendecker: Die Aufbereitung des Versatzmaterials der Zeche Ver. Sälzer-Neuack.

[2]) Berg- u. Hüttenm. Jahrbuch 1933, S, 14; F. Schmid: Beiträge zur Theorie und Praxis des Spülversatzes.

Versatzgut	Spez. Gewicht	Durchmesser in cm				
		0,5	1,0	2,0	2,5	4,0
		Schwebegeschwindigkeit in cm/s				
1. Hochofenschlacke	2,5—3,0	55,0	78,0	110,0	123,0	156,0
2. Sandstein,Querschlagsberge	2,2—2,5	48,0	67,0	95,0	106,0	135,0
3. Sand	1,9—2,0	39,0	55,0	78,0	87,0	110,0
4. Lehm und Erde	1,5—1,6	30,0	43,0	60,0	67,0	85,0

100, so braucht scharfer Sand einen Zusatz von 100—200 und stückige Hochofenschlacke einen solchen von 400—600[1]). Als sehr günstig kann ein Wasserverbrauch von 1 m³ je m³ Versatzgut bezeichnet werden; jedoch muß man nach dem Vorstehenden häufig mit einem Verhältnis von 2:1 zwischen beiden Bestandteilen zufrieden sein, und vereinzelt werden auch Wassermengen von 5 m³ und mehr für 1 m³ Versatz erforderlich.

Als ein Zeichen für richtige Bemessung des Wasserzusatzes können nach Schmid die in Spülleitungen häufig auftretenden Stöße betrachtet werden. Sie werden dadurch verursacht, daß sich schwerer zu befördernde Teile des Spülgutes in den Rohren absetzen und dem nachdrängenden Spülgut immer mehr den Weg versperren. Der so gewachsene Widerstand bewirkt sofort ein Steigen der wirksamen Druckhöhe in der Schachtleitung und damit einen zusätzlichen Druck, der die angestauten Spülmassen weiterschiebt und verteilt, bis sie sich erneut stauen. Fehlen solche Stöße völlig, so ist meist ein Überfluß an Wasser vorhanden. Sind sie dagegen unregelmäßig und schwer, so ist dieses ein Zeichen von Wassermangel. Gleichmäßige, schnell aufeinanderfolgende kurze Stöße schaden jedoch nicht, sind vielmehr häufig das Zeichen eines richtigen Mischungsverhältnisses von Wasser und Gut.

99. — Der Rohrquerschnitt. Von besonderer Bedeutung ist schließlich der Querschnitt der Rohrleitung. Ein großer Querschnitt setzt zwar die Reibungswiderstände herab, vermindert jedoch die Strömungsgeschwindigkeit und erhöht damit die Gefahr des Absetzens von Spülgut. Ihr kann nur durch Erhöhung des Wasserzusatzes begegnet werden. Ein zu geringer Querschnitt vermindert zwar die Absetzgefahr, bringt jedoch eine Erhöhung des Reibungswiderstandes mit sich, so daß zur Erreichung der gleichen Spülentfernung der Spülstrom verdünnt werden muß, was durch Verringerung der Spülgutmenge oder Erhöhung des Wasserzusatzes erreicht werden kann. Das Höchstmaß an Leistung kann für ein bestimmtes Spülgut bei gegebener Entfernung nur bei einem bestimmten Rohrdurchmesser erreicht werden. Im allgemeinen schwanken diese zwischen 125 und 200 mm, wobei geringere Werte innerhalb dieser Grenzen für kleine Leistungen und feinkörniges Gut, die höheren Werte für große Leistungen und gröberes Gut gelten. Besonders bei Anlagen für kleine Leistungen findet sich häufig eine Überbemessung des Rohrquerschnittes, wodurch infolge hohen Wasserverbrauchs und häufiger Verstopfungen eine Unwirtschaftlichkeit des ganzen Verfahrens verursacht sein kann.

Die Errechnung des Rohrdurchmessers geschieht auf Grund der Beziehung

$$\frac{\pi d^2}{4} = \frac{Q}{60 \cdot w},$$ worin Q die minutliche Aufgabemenge und w die Geschwindigkeit

---

[1]) Z. d. Oberschles. Berg- u. Hüttenm. Ver. 1911, S. 1; Seidl: Das Spülversatzverfahren in Oberschlesien.

des Spülstroms bezeichnet, als welche der 3—4fache Wert der theoretischen Schwebegeschwindigkeit angenommen werden muß.

100. — Berechnung des Wasserzusatzes, des Rohrquerschnittes und der größten Spüllänge. Als Spülgut möge Sand zur Verfügung stehen. Eine Rohrleitung von 150 mm Durchmesser sei angenommen. Die theoretische Schwebegeschwindigkeit berechnet sich nach der Formel von S c h m i d $w = 55 \sqrt{d(\gamma-1)}$, wobei d der Korndurchmesser und γ das spezifische Gewicht bedeuten. d ist in diesem Fall $= 1$ cm und $\gamma = 2$, so daß $w = 55 \cdot \sqrt{1(2-1)}$ $= 55 \cdot \sqrt{1} = 55$ cm/s ist. Da im Betrieb der 3—4fache Wert zugrunde gelegt werden muß, ist eine Geschwindigkeit von 1,6—2,2 m/s anzustreben. Diese Geschwindigkeit setzt eine bestimmte Wassermenge voraus, die sich aus der Beziehung $Q = w \cdot f \cdot 60$ berechnet, worin f den Rohrquerschnitt in m² bezeichnet. Letzterer beläuft sich im vorliegenden Fall auf 0,01767 m², so daß sich Q bei $w = 2,0$ m/s zu r. 2 m³/min errechnet.

Als Mischungsverhältnis von Spülgut und Wasser sei 1:2 als günstig angenommen. Die in der Spülleitung herrschende Geschwindigkeit ist dann $w = \dfrac{Q_w + Q_m}{f \cdot 60}$, wobei Q_w die Wassermenge, Q_m die aufgegebene Spülgutmenge je min bedeutet und Q_m sich nicht auf lose geschüttetes Gut, sondern auf m³ fest zu beziehen hat. Bei einem Schüttungskoeffizienten von 1,5 entspricht 1 m³ lose 0,66 m³ fest, und es errechnet sich $w = \dfrac{2 + 0,66}{0,01767 \cdot 60} = \dfrac{2,66}{1,06} = 2,5$ m/s. Es wird also eine Geschwindigkeit des Spülstromes von 2,5 m/s erreicht.

Welches ist die Entfernung, bis zu welcher der Spülstrom befördert werden kann? Sie errechnet sich unter der Voraussetzung von kreisrunden Rohren nach der Formel $L = \dfrac{H \cdot d \cdot 2\,g}{\lambda \cdot w^2}$, worin H die wirksame Druckhöhe, d den Rohrdurchmesser, g die Erdbeschleunigung, w die Geschwindigkeit und λ die Widerstandszahl bezeichnet. Für die Berechnung von λ benutzt S c h m i d eine Abänderung der L a n g schen Formel $\lambda = \left(a + \dfrac{0,0018}{\sqrt{v\,d}}\right)\gamma$ und schlägt als Werte für a folgende vor: 0,2 bei Aufgabe von reinem Wasser, 0,3 bei Aufgabe von Wasser und Material. γ bedeutet das spezifische Gewicht der Spülmischung, das hier 1,3 beträgt.

Im Falle unseres Beispiels sind d, v und auch λ bereits gegeben, da die Spülmischung und ihre Geschwindigkeit feststehen, so daß die Spüllänge lediglich eine Funktion der wirksamen Druckhöhe h ist. Diese sei zu 400 m angenommen. Werden die entsprechenden Werte in die obigen Formeln eingesetzt, so ergibt sich

$$\text{für } \lambda = \left(0,3 + \frac{0,0018}{\sqrt{2,54 \cdot 0,15}}\right) 1,35 = 0,3319 \cdot 1,25 = 0,0428$$

und für

$$L = \frac{400 \cdot 0,15 \cdot 19,6}{0,0428 \cdot 6,25} = 4400 \text{ m}.$$

Ist die zu überwindende Spüllänge geringer, so wird sich der Druckspiegel des Spülstromes bei gleichem Mischungsverhältnis und derselben Aufgabemenge auf eine niedrigere Höhe einstellen und mit der gleichen Geschwindigkeit wie vorher wird der Spülstrom durch die Rohrleitung fließen. Ein Sinken des

Druckspiegels bringt aber die Gefahr eines Ansaugens von Luft mit sich. Um nun bei verringerter Spüllänge doch mit annähernd vollen Rohren zu arbeiten und den Druckspiegel bis an die Aufgabestelle heraufzuziehen, ist eine Erhöhung des Widerstandes der Rohrleitung notwendig. Sie kann durch 4 Mittel erreicht werden:

1. Durch Erhöhung der Aufgabenmenge bei gleichbleibendem Mischungsverhältnis. Eine erhöhte Spülmenge bedingt eine größere Geschwindigkeit, in deren quadratischem Verhältnis der Widerstand in der Spülleitung wächst.

2. Durch Verringerung der Wasserzugabe bei gleichbleibender Aufgabemenge je min, wodurch infolge Erhöhung des spezifischen Gewichtes des Spülstroms der Reibungsbeiwert und auch in gewissem Grade die Geschwindigkeit erhöht wird.

3. Durch Erhöhung der Aufgabemenge und anteilmäßige Verringerung der Wasserzugabe.

4. Durch Verringerung des Rohrdurchmessers. Dieses Mittel ist das wirksamste, bei einer gegebenen Spülleitung allerdings kaum anwendbar. Es sei nur deswegen darauf hingewiesen, um auch in diesem Zusammenhang erneut auf die Bedeutung des Rohrquerschnitts aufmerksam zu machen.

101. — Anwendung von Druckwasser und Druckluft. Die Zugabe von Druckwasser oder Druckluft an irgendeiner Stelle der Leitung vermag nicht nur fehlende Seigerteufe zu ersetzen, sondern verringert außerdem das spezifische Gewicht des Spülstroms, so daß in zweifacher Weise die erreichbare Spülentfernung vergrößert wird. Doch sollte nur in Ausnahmefällen von diesem Mittel Gebrauch gemacht werden. Bei der Zugabe von Druckwasser ist zu bedenken, daß dadurch das Mischungsverhältnis ungünstiger gestaltet wird und das Mehr an Wasser die Pumpkosten erhöht. Druckluft dagegen ruft in söhligen Leitungen Luftpolster und die damit verbundenen Gefahren hervor. Sie kann daher nur vor ansteigenden Rohrleitungsenden zugesetzt werden, wenn also am Ende der Leitung zur Erreichung eines Abbaus ein Höhenunterschied zu überwinden ist, dem der Spülstrom in seiner gewöhnlichen Zusammensetzung nicht mehr gewachsen wäre.

102. — Betriebsstörungen. Vor- und Nachspülen. Betriebsstörungen werden in erster Linie durch Rohrverstopfungen verursacht. Auf die Rolle, die zu ihrer Vermeidung eine richtige Bemessung des Rohrquerschnitts und des Mischungsverhältnisses spielt, wurde bereits hingewiesen. Ähnliche Störungen ergeben sich bei Wassermangel, der durch Aussetzen der Wasserzufuhr an der Mischanlage (Warnsignalanlagen haben sich hierfür bewährt) oder durch Wasserverluste an schadhaften Rohrstellen verursacht ist. Dauernde Überwachung der Rohrleitung ist ein Mittel, um solche Verluste auf ein Mindestmaß herabzudrücken. Schließlich können Verstopfungen durch sperrige Gegenstände, die infolge mangelhaften Zustandes der Kontrollsiebe in der Mischanlage oder durch Schadhaftwerden des Rohrfutters in die Leitung gelangt sind, hervorgerufen werden.

Von großer Bedeutung für einen störungsfreien Ablauf des Spülbetriebes ist die Bedienung der Mischanlage über Tage. Hierzu gehört nicht nur die Beibehaltung des richtigen Mischungsverhältnisses und der Aufgabemenge, sondern auch eine angemessene Dauer des Vor- und Nachspülens. Am wichtigsten ist das Vorspülen. Es soll solange dauern, bis das Wasser am Ausgußende voll ausströmt und zugleich eine entsprechende Druckhöhe erreicht ist, damit der Wasserstrom das Spülmaterial aufnehmen kann. Auch das Nachspülen sollte nicht vernachlässigt werden, insbesondere dann nicht, wenn nach Schichtschluß der Spülbetrieb für ein oder zwei Schichten unterbrochen wird.

Zum schnellen Auffinden und Beseitigen von Verstopfungen haben sich auf französischen Gruben Entlastungsventile bewährt, die in Abständen von 50 m eingebaut werden[1]). Sie bestehen aus T-förmigen Stutzen, die mit 1 mm starkem Messingblech oder mit Gummiplatten verschlossen sind. Bei Verstopfungen geben die Verschlüsse nach, und die Leitung fließt oberhalb der Verstopfung leer.

103. — **Ausführung der Mischanlagen im einzelnen.** Soweit nicht (durch das Abspritzverfahren) die Mischung mit der Gewinnung verbunden wird, kann sie in Trichtern oder in Trögen erfolgen.

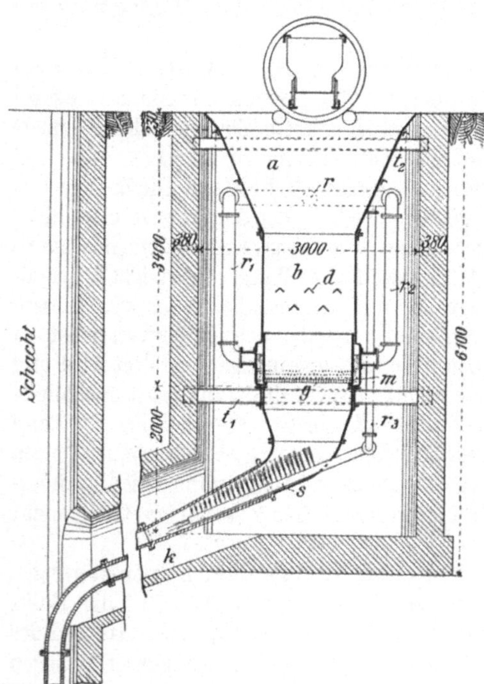

Abb. 353. Trichter-Mischanlage für Spülversatz.

Eine in einem Hilfschächtchen neben dem Schacht angeordnete Mischanlage mit Trichter und eingebautem Rost für lehmfreies Versatzgut zeigt Abbildung 353. Der Rost g am Fuße des Aufgabetrichters a soll die zu groben Stücke zurückhalten. Bevor das Gut auf diesen Rost fällt, muß es durch einen lebhaften Wassersprühregen hindurch, der dadurch hergestellt wird, daß die Hauptzuführungsleitung r mit zwei Zweigrohren $r_1 r_2$ in eine Wasserkammer m mündet, von der aus 240 in drei Reihen angeordnete Sieblöcher von 4 mm Durchmesser in das Innere des Trichters führen. Das auf diese Weise gründlich zerteilte und durchtränkte Versatzgut gerät vor Eintritt in die Rohrleitung in den Bereich einer zweiten Wasserbrause, bestehend aus einem mit zahlreichen Löchern an der Oberseite versehenen Rohr s, das an das Zweigrohr r_3 angeschlossen ist; dadurch wird die Mischung vollendet und gleichzeitig einer Verstopfung des Krümmers vorgebeugt sowie dessen Verschleiß wesentlich verringert. Dieser Zerteilung durch Wasser kann man noch vorarbeiten durch den in der Abbildung dargestellten Einbau von Winkelstählen d.

Sollen größere Mengen grober Berge zugesetzt werden, so müssen diese erst durch einen Steinbrecher oder eine andere Zerkleinerungsvorrichtung,

---

[1]) Glückauf 1932, S. 715; G. C. Kindermann: Die Spülversatzanlagen des Loirebezirks.

deren Austrag dann dem Aufgabetrichter durch eine besondere Rutsche
zugeführt wird, vorgebrochen werden. Für lehm- und tonhaltiges Spülgut
mit gröberen, der Zerkleinerung bedürfenden Steinbrocken hat sich die
Zerkleinerung mit Kollergängen bewährt, die gleichzeitig den Lehm zu
Preßlingen verarbeiten und so seiner feinen Aufschlämmung entgegen-
wirken[1]).

Bei der Mischung in Trögen wird das Versatzgut entweder unmittelbar in den Behälter hineingestürzt und aus diesem durch Druckwasser abgespritzt oder, wie bei der Trichtermischung beschrieben, auf einem Rost
mit Wasserstrahlen bearbeitet. Größere Behälter dieser Art werden als

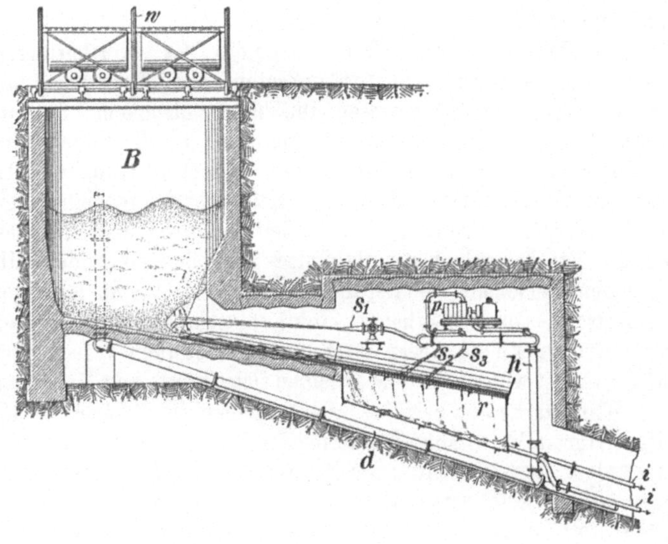

Abb. 354. Wannen-Mischanlage mit Abspülvorrichtung.

kleine Schächte mit schrägem Boden oder als breite Wannen mit 300 bis
1500 m³ Inhalt aus Stahlbeton hergestellt und im letzteren Falle zweckmäßig mit Sohlenheizung versehen, um das Einfrieren im Winter zu verhüten.
Ein Beispiel für eine Abspritzanlage für lehmig-sandiges Versatzgut gibt
Abb. 354[2]). Der Behälter B hat 220 m³ Inhalt; das Spülgut wird von seiner
schrägen Sohle durch zwei Strahlrohre („Monitoren") s_1 mit 4 at Druck in eine
schräge Rinne abgespritzt, die in die zwei Spülleitungen i ausgießt. Auf dem
weitmaschigen Roste r bleiben größere Stücke und Lehmklumpen liegen; erstere
werden einer Zerkleinerungsanlage zugeführt, letztere durch zwei Hilfstrahl-
rohre s_2 s_3 bearbeitet und möglichst ohne Auflösung durch den Rost
gedrückt. Die Strahlrohre s_2 s_3 erhalten ihr Druckwasser (mit 12 at

---

[1]) Glückauf 1918, S. 590; Sachse: Die Einrichtungen für den Abbau
mit Spülversatz usw.

[2]) Festschrift zum 12. Allgemeinen Deutschen Bergmannstag in Breslau
1913; Seidl: Der gegenwärtige Stand des Spülversatzverfahrens in Oberschlesien.

Druck) aus einer besonderen Preßpumpe p, die ihr Wasser aus der Druck-
leitung h entnimmt. Diese zweigt ihrerseits von der Hauptleitung d ab.

Die Mischung in Wannen eignet sich besonders für große Anlagen. Sie
ist billig und leistungsfähig und bietet außerdem den Vorteil, daß über der
Falleitung stets ein gewisser Vorrat von Spültrübe steht und infolgedessen
der Luftzutritt vermieden wird. Im oberschlesischen Bergbau ist das
Abspritzverfahren mit etwa 5—20 at Wasserdruck aus großen Behältern
das herrschende geworden, und auch im sächsischen Steinkohlen-[1]) und im
böhmischen Braunkohlenbergbau[2]) hat es sich bewährt. Der Betonboden der
Wannen ist bei den hier neuerdings ausgeführten Anlagen wegen der starken
Angriffswirkung des Monitor-Wasserstrahls durch Bohlen- oder Klinker-
belag geschützt worden.

104. — Rohrleitungen[3]). Der Verschleiß der Rohrleitungen stellt
einen bedeutenden Anteil an den Gesamtkosten des Spülversatzes dar. Man
ist daher unablässig bemüht gewesen, ihn herabzudrücken. Am stärksten
verschleißen die sog. „Hauptabfallkrümmer", d. h. diejenigen Krümmer,
die den Übergang zwischen Schacht- und Streckenleitungen vermitteln.
Dann folgen in absteigender Reihenfolge: Krümmer in geneigten Leitungen,
Krümmer in söhligen Leitungen, Streckenleitungen, Schachtleitungen.

Nach der Beschaffenheit des Spülgutes läßt sich folgende Reihenfolge
mit wachsendem Verschleiß der Leitungen aufstellen: Lehm, lehmiger Sand,
Sand, Kesselasche, Querschlagberge, Zinkräumasche, Hochofenschlacke.

Für die Krümmer muß wegen ihres besonders starken Verschleißes bester
Werkstoff verwendet werden, und zwar haben sich Chrom- und Manganstahl von
20—25 mm Wandstärke gut bewährt. Auch können die Rücken der Krümmer
mit geteilten Hartstahl-, Stahlgußplatten oder Platten aus Schmelzbasalt aus-
gekleidet werden. Zur leichteren Beseitigung von Verstopfungen sind sie hin
und wieder mit Deckeln versehen worden.

Als Werkstoff für die Rohre selbst hat sich Gußeisen am wenigsten geeignet
erwiesen, so daß heute auch für sie durchweg Stahl verwandt wird. Als Rohre
von rundem Querschnitt werden Mannesmann-Rohre bevorzugt. Zur Erhöhung
ihrer Lebensdauer werden sie häufig mit einem Futter versehen, als welches
sich Walzeisen und Porzellan am besten bewährt haben. Porzellan eignet
sich allerdings nicht für jedes Versatzgut — ungünstig sind insbesondere gebrochene Berge —; auch sind porzellangefütterte Rohre empfindlich gegen Stoß
und Schlag, wodurch das Futter absplittern und Anlaß zu Verstopfungen geben
kann. Holz, Glas oder Steingut als Futter sind über eine Versuchszeit nicht
herausgekommen. Günstige Erfahrungen sind von der Zeche Consolidation
in Gelsenkirchen mit Schmelzbasalt gemacht worden[4]).

Einen Vergleich von kreisrunden Rohrleitungen aus Flußstahl (a) mit
porzellangefütterten Leitungen (b) ermöglicht nachstehende Zahlentafel:

---

[1]) Glückauf 1924, S. 999; S c h w a r t z: Die Spülversatzanlagen des Erz-
gebirgischen Steinkohlen-Aktienvereins zu Zwickau.

[2]) S. den auf S. 389 in Anm. [1]) angeführten Aufsatz von S a c h s e, S. 590.

[3]) Zeitschr. d. Oberschles. Berg- u. Hüttenmänn. Vereins 1910, S. 185;
L ü c k: Die verschiedenartigen Spülleitungen im Versatzbetriebe.

[4]) Glückauf 1929, S. 1635; R e i s e r: Verschleißfeste Auskleidung von Behältern, Rutschen und Versatzleitungen.

Lichte Weite in mm	Gewicht in kg je lfd. m		Preis in RM. je lfd. m		Wandstärke in mm			
					Rohr		Futter	
	a	b	a	b	a	b	a	b
185	55	80	16,5	32,5	10,0	6,5	—	15
125	37,5	46	15,7	27,3	10,0	4,5	—	15

Große Verbreitung haben insbesondere in Oberschlesien mit Mansfelder Kupferschlacke ausgefütterte 2 m lange Rohre nach Rösing gefunden, von denen es eine exzentrische und eine zentrische Ausführung (Abb. 355) gibt. Die erstere besitzt nur im unteren Teil eine unten verdickte Einlage aus Mansfelder Kupferschlacke und dient für söhlige oder schwach geneigte Strecken. Die zentrische Ausführung besitzt dagegen ein allseitiges Futter von 30 mm Stärke und wird bei steilem Einfallen und in Strecken, die oft ihre Richtung ändern, benutzt. Die Rohre sind etwa 25%

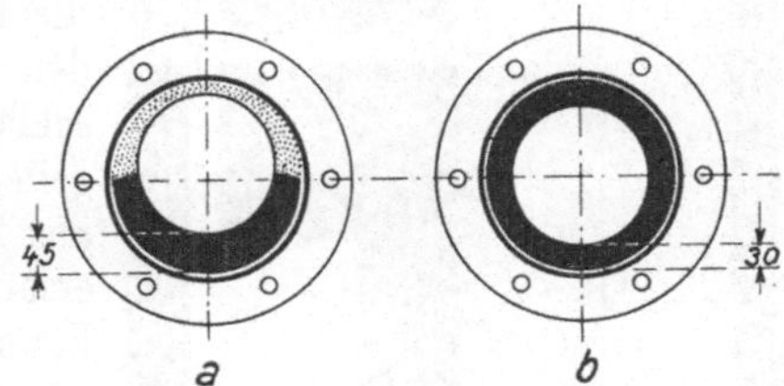

Abb. 355. Rohre für Spülversatzleitungen.
Nach Rösing.

teurer als die üblichen Mannesmannrohre von 8—10 mm Wandstärke, sollen aber insbesondere wegen ihrer größeren Wandstärke eine wesentlich höhere Lebensdauer besitzen, und zwar hat sich bei einem Durchsatz von 330000 m³ Sand ein Verschleiß von 6—8 mm ergeben.

Ein Abrieb von 1 mm in annähernd söhlig verlegten Leitungen wird bei Flußeisen durch etwa 10000—40000 m³ hindurchgespülten Sandes mit mehr oder weniger Lehm und bereits durch etwa 5000 m³ Schlackensand herbeigeführt, wogegen Porzellanfutter verschiedentlich nach Durchspülung von etwa 200000 m³ Schlackensand sich nur an den Stoßfugen, nicht aber an der Wandfläche etwas abgenutzt zeigte.

Auch Rohre aus Stahlbeton und betongefütterte Stahlblechrohre[1]) sind zuweilen mit Vorteil angewandt worden.

Eine gute, geradlinige Verlegung der Rohre spielt für ihre Lebensdauer eine nicht zu unterschätzende Rolle. Schachtleitungen verschleißen weit weniger als söhlige Leitungen. Dem stärksten Verschleiß unterliegen alle Rohre in der Nähe der Flanschen, da die Stoßstellen der Rohre nie genau aufeinander passen. Es ist daher schon der Vorschlag gemacht worden, Rohre zu verwenden, deren Enden eine um 6 mm größere Wandstärke besitzen.

105. — Verschläge. Die Verschläge, deren Aufgabe es ist, den zu verspülenden Raum nach dem angrenzenden Abbauraum (z. B. Abb. 356), nach offen zu haltenden Strecken usw. abzugrenzen, müssen beim Spülversatz besonders widerstandsfähig sein, um ein Durchbrechen des frischen noch in der Entwässerung begriffenen Gutes zu verhindern; sie müssen die Beobachtung der Dichte des Versatzes gestatten und die Trübe möglichst klar abfließen lassen, ohne sie zu sehr zu stauen. Bei sehr feinkörnigem Versatzgut (Lehm-

---

[1]) Zement 1935, S. 248; Olszak: Eisenbetonrohre für Spülversatzzwecke; — ferner Glückauf 1934, S. 1154; Miczka: Betriebserfahrungen mit betongefütterten Eisenblechrohren als Spülversatzleitung.

trübe) lassen sich die beiden letzteren Erfordernisse nicht vereinigen; man muß dann eine gewisse Stauwirkung durch möglichst dichte Verschläge anstreben, um die Trübe sich etwas absetzen zu lassen und sie am oberen Ende des Verschlages einigermaßen geklärt abziehen zu können.

Bretterverschläge werden, wenn man wie beim streichenden Strebbau nicht mit Streckendämmen auskommt, im allgemeinen zu teuer, gestatten auch nicht die Beobachtung des Versatzes und werden daher nach Möglichkeit durch Verschläge aus Versatzleinen und Drahtgeflecht mit 3—5 mm Maschenweite oder aus Siebblechen mit 4—5 mm Lochweite ersetzt; Drahtgeflecht wird bei größerer Druckbeanspruchung noch durch Drähte oder durch Litzen abgelegter Drahtseile verstärkt.

Soweit nicht durch größere streichende Breite der einzelnen Abschnitte (bei gutem Gebirge) an Verschlägen gespart werden kann, empfiehlt es sich nach Möglichkeit den Abbau so zu führen, daß, wie in Abb. 357, nur in den Strecken Verschläge hergestellt zu werden brauchen. Auch beim streichenden Stoß- oder Pfeilerbau kann man mit Streckendämmen auskommen, indem man bis an den Kohlenstoß selbst spült.

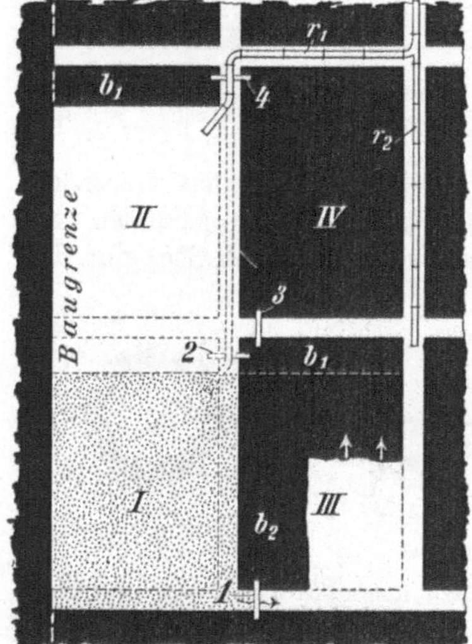

Abb. 356. Schwebender Pfeilerbau mit Spülversatz. (Der schwarze Pfeil bezeichnet die Richtung des abfließenden Wassers.)

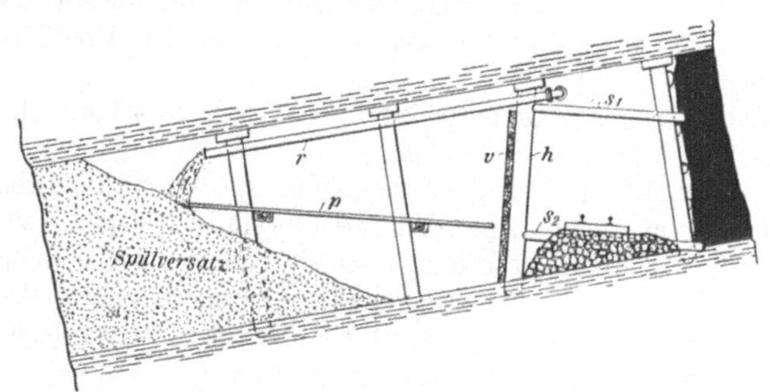

Abb. 357. Ausspülen des oberen Teiles eines Abschnitts in einem mächtigen Flöz.

Für Lehmtrübe müssen Bretterverschläge mit Fugendichtung (durch Heu, Stroh u. dgl.) oder Verschläge aus Versatzleinen mit Verstärkung durch Bretter, Spitzen oder Drähte hergestellt werden.

In mächtigen, flachgelagerten Flözen ist außer der seitlichen Begrenzung der Spülabschnitte auch eine solche an deren oberer streichender Kante erforderlich, weil sonst die ganze über die Sohle der oberen Strecke nach unten hinausreichende Fläche des Hangenden ohne Unterstützung bleiben würde. Abb. 357 veranschaulicht die Zuspülung eines solchen obersten Abschnitts: die Strecke wird durch einen leichten Verschlag *v* geschützt, der durch die Spreizen s_1 s_2 gegen den Kohlenstoß abgestützt und über dem die Rohrleitung unter dem Hangenden eingeführt wird. Die Bedienung der Leitung *r* erfolgt von der nach und nach wiederzugewinnenden Holzbühne *p* aus. Auch werden bei flachem Einfallen bewegliche Mundstücke benutzt, die den Schlammstrom nach allen Richtungen zu lenken gestatten.

Da solche in den Spülabschnitt hineinführenden Rohrleitungen, wenn man sie nicht preisgeben will, stückweise ausgebaut werden müssen, so ersetzt man sie verschiedentlich durch Holzlutten, die mit eingespült werden. Auch werden billige Blechrohre verwandt, die mittels einer Schnellkuppelung (Bajonettverschluß) vor- und ausgebaut werden können[1]). Diese Hilfsmittel vermeiden gleichzeitig die Unterbrechung des Spülbetriebes durch das Ausbauen der Rohrstücke.

106. — **Wasserklärung.** Die Klärung des abfließenden Wassers verursacht häufig große Schwierigkeiten. Bei tonigem Spülgut führt das Wasser bis zu etwa 40 % der eingespülten Stoffe wieder mit fort, wenn man es nicht im Spülraume selbst längere Zeit stehen lassen kann, was in der Regel wegen der dadurch verursachten Stillstände im Verhieb nur im Kalisalzbergbau durchführbar ist. Mangelhaft geklärtes Wasser greift aber die Pumpen stark an. Zum Teil kann die Klärung in „Überfallbecken" erfolgen, aus denen das Wasser oben abfließt. Auch werden Faschinen und ähnliche Filtereinrichtungen in den Wasserstrom eingeschaltet. Für schwer zu klärendes Wasser kann man entweder die „Standklärung" oder die „Laufklärung"[2]) anwenden. Die Standklärung besteht darin, daß die abfließenden Wasser in Behältern angestaut und mit der fortschreitenden Klärung nach und nach von oben nach unten durch besondere Öffnungen abgezapft werden. Der abgelagerte Schlamm wurde früher von Zeit zu Zeit ausgestochen und abgefördert. Neuerdings wird aber die maschinelle Ausschlämmung bevorzugt, die wesentlich billiger ist und außerdem den großen Vorteil bietet, daß der Schlamm sofort wieder durch seine Förderung in alte Baue (auch oberhalb der Sohle) oder in die Spülversatzabbaue selbst beseitigt werden kann. Diese Schlammförderung kann durch das Druckluftverfahren[3]) („Mammutbagger") der Maschinenfabrik A. Borsig in Berlin-Tegel erfolgen. Ein anderes Hilfsmittel stellt die „Hannibal-Pumpe" von P. C. Winterhoff in Düsseldorf dar; es ist dies eine Scheibenkolbenpumpe mit Kugelventilen und federnden Ventilsitzen, die imstande ist, einen dickflüssigen Schlamm mit nur 30—40% Wassergehalt auf 450 m Länge und 5 m Höhe anzusaugen und auf 500 m Länge und 50 m Höhe zu drücken und bei einem Kraftbedarf von 20 PS 18 m³ Schlamm in der Stunde zu fördern.

Einfacher und billiger ist die Laufklärung. Hierzu läßt man entweder die Trübe auf einem längeren Wege durch alte tieferliegende Baue fließen, oder man

---

[1]) Zeitschr. f. d. Berg-, Hütt.- u. Salinenwes. 1923, S. 136; Versuche und Verbesserungen.

[2]) Kohle und Erz 1938, S. 334; E. Stephan: Beitrag zur Frage der schwierigen Klärung von Schlammtrübe beim Spülbetrieb unter Tage.

[3]) Glückauf 1926, S. 52; Steen: Förderung von Schlamm auf große Höhen und Entfernungen usw.

stellt besondere Strecken bereit, die zu zweit abwechselnd benutzt werden, oder eine neue wird aufgefahren, wenn die alte zugeschlämmt ist. Besonders günstig ist es hierbei, wenn ein tieferliegender Flözstreifen noch ansteht und als Klärstrecke ein Feld des Aufhauens benutzt werden kann, das, nachdem ein Feld verfüllt ist, um ein weiteres Feld verbreitert wird usw.

107. — Wasserhebung. Der Hauptwasserhaltung wird man die aus den Spülbetrieben abfließenden Wasser nur dann zuführen, wenn diese bis zutage gehoben werden müssen, und auch dann nur, wenn sie genügend abgeklärt sind. Sonst sind besondere, kleinere Pumpen zweckmäßig, deren Betrieb sich dem Spülbetrieb anpassen kann und deren stärkerer Verschleiß durch mangelhaft geklärtes Wasser keine sehr hohen Kosten verursacht. Besonders beliebt sind Kreiselpumpen. Allerdings braucht man dann eine besondere Steigeleitung.

108. — Kosten des Spülversatzes. Die Frage nach der Wirtschaftlichkeit des Spülversatzes kann nur innerhalb weiter Grenzen beantwortet werden. Denn einerseits sind die Kosten außerordentlich verschieden; sie werden beeinflußt durch die verschieden hohen Kosten für die Beschaffung des Versatzgutes selbst (Gewinnungs- und Förderungs-, nötigenfalls auch Aufbereitungskosten), durch die verschieden große Länge der Rohrleitungen, durch die verschiedene Anzahl der Abzweigungen, durch die wechselnden Kosten der Verschläge (bedingt durch deren verschiedene Anzahl, Stärke und Länge), durch die nach dem Versatzgut schwankenden Ausgaben für Rohrverschleiß, Wasserklärung und Wasserhebung usw. Anderseits aber sind die Ersparnisse, die diesen Kosten gegenüber in die Wagschale zu legen sind und die ebenfalls nach den örtlichen Verhältnissen stark schwanken, nur annähernd zahlenmäßig zu ermitteln. Große Spülanlagen arbeiten wesentlich billiger als solche mit kleinen Leistungen. Nähere Angaben über die Kosten im einzelnen werden im Anhange zu diesem Abschnitt gebracht werden.

109. — Abbauverfahren beim Spülversatz. Wegen seiner großen Leistungsfähigkeit — es können 60—150 m³ Versatzgut stündlich verspült werden — fordert das Spülversatzverfahren große Räume, die in einem Arbeitsgang versetzt werden können. Lagerstätten großer Mächtigkeit, die im Pfeilerbau, Kammerfirstenbau, Firstenstoßbau, Scheibenbau, streichenden Stoßbau und Querbau abgebaut werden, eignen sich daher in erster Linie für die Anwendung des Spülversatzes. Auch die Fähigkeit des Wassers, bis in entlegene Punkte des Versatzraumes zu dringen und auf seinem Wege Spülgut mitzunehmen, wirkt sich in gleichem Sinne aus. Besonders günstig sind zugleich Abbauverfahren, die einen Abschluß des Versatzraumes durch kurze Verschläge gestatten, da lange Verschläge das Verfahren sehr verteuern. Bei dem größten Teil der oben genannten Abbauverfahren trifft diese Bedingung zu. Am wenigsten ist sie beim streichenden Strebbau erfüllt, der zwar heute auch große Versatzräume schafft, jedoch für jedes Feld oder Doppelfeld zu der seitlichen Abgrenzung der Streblänge entsprechend ausgedehnte Verschläge notwendig macht. In Ausnahmefällen kann man jedoch auch eine größere Anzahl von Feldern auf einmal verspülen. Schwebender Strebbau ist im allgemeinen wesentlich günstiger, da bei ihm der Verschlag längs der im Einfallen verlaufenden Kohlenabfuhrstrecke jeweils nur um das Maß des täglichen Abbaufortschritts verlängert zu werden braucht. Bei sehr flachem Einfallen ist allerdings hier auch ein Verschlag gleichlaufend dem Kohlenstoß notwendig, jedoch kann dieser verhältnismäßig schwach ausgebildet sein. Sinkt die Flözmächtigkeit zudem auf 2 m und weniger, so sind in der Regel andere Versatz- oder Abbauverfahren wesentlich günstiger, so daß der Spülversatz nur in besonders gelagerten Ausnahmefällen — möglichstes Geringhalten von Senkungen, Vorhandensein einer Spülanlage — Anwendung verdient.

110. — Verbreitung des Spülversatzes im Steinkohlenbergbau. Nach den Ausführungen des vorigen Abschnitts ist es erklärlich, daß der Spülversatz nur dort Verbreitung gefunden hat, wo große Flözmächtigkeiten vorliegen: in Oberschlesien, Sachsen, Saargebiet, Mährisch-Ostrau, in französischen Kohlenbecken usw. Auch sei hier der Braunkohlenbergbau bei Dorog und Tatabanya in Ungarn genannt. In Oberschlesien wurden 1935 rund 38% der Förderung durch Spülversatz hereingewonnen, im Saargebiet waren es etwa 10%. Im Ruhrbergbau hat das Verfahren nur ganz untergeordnete Bedeutung erlangt; weniger als 1% der Förderung entfielen 1936 auf Abbauverfahren mit Spülversatz. Im Aachener und holländischen Kohlenbergbau wird er überhaupt nicht angewandt.

111. — Der deutsche Braunkohlenbergbau und der Spülversatz. Da der deutsche Braunkohlentiefbau bei dem jetzt üblichen Pfeilerbruchbau mit erheblichen Abbauverlusten zu rechnen hat, auch der Betriebszusammenfassung verhältnismäßig enge Grenzen gesetzt sind, so wird in Zukunft für ihn Abbau mit Spülversatz sicherlich in stärkerem Maße in Frage kommen. Besonders dürfte dieses für die tiefgelagerten rheinischen Braunkohlenvorkommen der Fall sein, die im Scheibenbau mit Spül- oder Blasversatz abgebaut werden müssen. Bisher ist nur in seltenen Fällen Spülversatz in Braunkohlentiefbau Mitteldeutschlands angewandt worden, da bisher im allgemeinen die Versatzkosten im Vergleich zum Wert der Kohle noch zu hoch waren[1]).

112. — Der Spülversatz im Kalisalzbergbau. Allgemeines[2]). Der deutsche Kalisalzbergbau bietet mit seinen mächtigen und großenteils flachgelagerten Lagerstätten, in denen der Handversatz schwierig und teuer wird, sehr günstige Bedingungen für den Spülversatz. Für diesen Versatz spricht hier außerdem die wesentlich bessere Unterstützung des Hangenden, die bei gleichzeitiger erheblicher Verringerung der Abbauverluste die Gefahr von Wassereinbrüchen durch Zerreißung der wassertragenden Schichten beseitigt, und die bequeme und saubere Einförderung des Versatzgutes (Rückstände aus den angeschlossenen Chlorkaliumfabriken), dessen Zuführung in Förderwagen große Übelstände durch Rosten und Zerfressen der Wagen und Schienen, Festbacken in den Wagen usw. im Gefolge hat.

Daher hat der Spülversatz sich im Kalisalzbergbau nach dem befriedigenden Ausfall des ersten, in den Jahren 1907 und 1908 auf der staatlichen Schachtanlage Bleicherode angestellten Versuches rasch ausgebreitet. Allerdings

---

[1]) Braunkohle 1922/23, S. 525; Schwabe: Die Frage der Einführung des Spülversatzes in den Braunkohlentiefbau; — ferner Braunkohle 1927, S. 708; Hoffmann: Neuere Erfahrungen im Abbau mit Spülversatz beim Braunkohlenbergbau; — ferner Braunkohle 1932, S. 461; Hirz: Neuere Versuche zur Erhöhung der Leistung im Braunkohlentiefbau.

[2]) G. Spackeler, Kalibergbaukunde (Halle a. d. S., W. Knapp), 1925.

ist er bisher auf die Hartsalz- und Sylvinitwerke beschränkt geblieben, da für diese sich ohne Schwierigkeiten eine Spüllauge herstellen läßt, die das anstehende Salz nicht angreift, wogegen die Carnallitwerke mit der Schwierigkeit zu rechnen haben, daß das Chlormagnesium ihrer Lagerstätten leicht löslich ist und infolgedessen nicht nur an die ursprüngliche Zusammensetzung der Lauge, sondern auch an die dauernde Erhaltung des richtigen, durch die Umsetzungsvorgänge mit dem anstehenden Salz ständig geänderten Mischungsverhältnisses strenge Anforderungen gestellt werden müssen. Zwar sind auch für Carnallitwerke bereits eine Anzahl von Vorschlägen gemacht worden. Doch können die Schwierigkeiten noch nicht als überwunden gelten, so daß vorderhand für Carnallitwerke der Spülversatz nur für besondere Fälle in Frage kommt.

3. Der Blasversatz.

113. — Grundlagen. Der Blasversatz beruht auf dem Grundgedanken, daß ein Luftstrom bei genügender Geschwindigkeit Körner von entsprechendem Durchmesser in Rohrleitungen weiterbefördern kann. Der Luftstrom wird durch ausströmende Druckluft von 1—4 at Überdruck erzeugt. Maercks[1]) hat unter Annahme normaler Betriebsbedingungen für einen Fall die Luftgeschwindigkeit zu 38 m/s am Anfang und zu 102 m/s am Ende der Rohrleitung berechnet. Diese Zunahme ist auf die allmähliche Entspannung der Druckluft zurückzuführen. Die Geschwindigkeit des Blasgutes bleibt dagegen um etwa 10—30 m/s hinter der Luftgeschwindigkeit zurück. Die Strömungsverhältnisse sind, da es sich bei Luft um ein den Gasgesetzen unterliegendes Treibmittel handelt, wesentlich verwickelter als beim Spülversatz. So ist es z. B. noch nicht einwandfrei geklärt, ob das Versatzgut in der Luft schwebend weiterbefördert oder mehr auf dem Boden der Rohrleitung fortgeschoben wird. Für einen großen, insbesondere den gröberen Teil des Gutes ist offenbar das letztere anzunehmen. Es spricht hierfür einmal die Beobachtung, daß in erster Linie der Boden der Rohre dem Verschleiß ausgesetzt ist sowie der Umstand, daß die Blasleistung im einfachen Verhältnis zum Rohrdurchmesser steht.

Der Luftverbrauch wächst dagegen im quadratischen Verhältnis zum Rohrdurchmesser. Da er also mit zunehmendem Querschnitt sehr schnell ansteigt, ist es zweckmäßig, den Rohrdurchmesser nicht größer als 150—200 mm zu wählen. Damit ist auch der Blasleistung eine gewisse Grenze gesetzt, die anderseits auch von der Art des Versatzgutes und der Förderlänge abhängt und zwischen 20 und 80 m³/h schwankt. Der Luftverbrauch liegt je nach Versatzgut, Rohrdurchmesser und Förderlänge zwischen 80 und 200 m³ angesaugter Luft je m³ Versatzgut. Der notwendige Überdruck beträgt 1—4 at. Die Förderlänge beträgt meist 200—800 m. Technisch sind noch größere Entfernungen überwindbar, jedoch steigen dann der Luftverbrauch und auch der Blasdruck zu stark an. Die Druckluft wird fast immer dem Druckluftnetz der Grube, mehr oder weniger gedrosselt, entnommen. Nur in besonderen Fällen, vor allem dann, wenn Druckluft von geringem Überdruck verwandt wird, findet ihre Erzeugung unter Tage statt.

Ein Versatzgut eignet sich um so besser, je größer das Verhältnis des der Luftströmung zugekehrten Querschnitts zum Rauminhalt des Versatzkorns ist.

---

[1]) Glückauf 1938, S. 262; Maercks: Rohrverschleiß bei Blasversatzleitungen.

Rolliges Gut ist also weniger geeignet als kantiges, plattiges weniger als würfeliges und kleineres weniger als größeres. Jedoch gilt letzteres nur bis zu einer gewissen Grenze, da Korndurchmesser von etwa 80—100 mm nicht überschritten werden sollten. Auch dürfen die groben Stücke einen bestimmten Hundertsatz des Versatzgutes nicht übersteigen. Das spezifische Gewicht spielt der Korngröße gegenüber eine geringere Rolle.

Die nachstehende Zahlentafel[1]) gibt die Durchschnittsförderleistungen verschiedener Arten von Versatzgut wieder:

Fördergut	Förderleistung in m³/h
Klaubeberge	68
Kesselasche 20—60 mm	60
Kesselasche 0—10 mm	42
Waschberge 20—40 mm	52
Waschberge 10—20 mm	45
Waschberge 0— 9 mm	40
Sand, gemischt mit Waschbergen im Verhältnis 1:4	54
Sand, gemischt mit Waschbergen im Verhältnis 1:2	46
Sand, gemischt mit Waschbergen im Verhältnis 1:1	40
Sand mit 7% Lehmgehalt	32
Sand mit 15% Lehmgehalt	fast Null
Sand, gemischt mit Kesselasche im Verhältnis 1:2	43
Sand, gemischt mit Kesselasche im Verhältnis 1:1	38
Lettige Haldenberge	16

Die Zahlentafel zeigt gleichzeitig, daß Lehm vollständig ungeeignet ist und schon bei geringem Anteilsverhältnis die Blasleistung sehr stark herabsetzt. Die Erklärung liegt darin, daß er die Blasleitungen sehr rasch verklebt. Bei den meist lettigen Haldenbergen tritt diese Erscheinung zwar schwächer auf, immerhin aber noch in solchem Maße, daß sie dieses Versatzgut durchweg als ungeeignet erscheinen läßt.

In den meisten Fällen werden Waschberge oder auch bei Ausrichtungsarbeiten gewonnene Berge verwandt. Letztere bedürfen allerdings in meist unter Tage aufgestellten Sieb- und Bruchanlagen einer Zerkleinerung und damit einer vorbereitenden Behandlung, um als Blasgut Verwendung finden zu können.

114. — Die Blasversatzmaschinen. Allgemeines. Während beim Spülversatz die Vermischung des Versatzgutes mit dem Wasser bei gewöhnlichem Druck erfolgt und infolgedessen in einfachen Aufgabevorrichtungen vor sich gehen kann, ist beim Blasversatz die Lage eine andere. Hier besteht die Aufgabe, das Versatzgut ohne Luftverluste in den Druckluftstrom einzuschleusen. Zu diesem Zwecke dienen die Blasversatzmaschinen. Man unterscheidet je nach der Art der Einschleusung des Versatzgutes Kammer- und Zellenrad-Maschinen[2]).

---

[1]) Glückauf 1931, S. 881; Deuschl: Anwendbarkeit und Wirtschaftlichkeit der Blasversatzverfahren.

[2]) Die frühere Unterscheidung in Hoch- und Niederdruckverfahren ist hinfällig geworden, da der Druck der verwendeten Druckluft in der Hauptsache von der Förderleistung und Fördermenge und weniger von der Art der Maschine abhängt.

α) Blasversatzmaschinen mit Einschleusung durch eine Kammer.

115. — Die Einkammermaschine der Torkret G. m. b. H. Sie besteht aus einer Kammer F (Abb. 358), einem unter ihr angebrachten, um eine senkrechte Achse drehbaren Taschenrad A, welches das aus der Kammer zufließende Versatzgut gleichmäßig der Blasleitung C zuteilt. Die Druckluft wird der Maschine und damit dem Taschenrad bei D zugeführt, das durch einen unter ihm befindlichen Druckluftmotor über ein Schneckenradvorgelege angetrieben wird. Die als Bunker dienende Kammer ist nach oben durch den Schieber E luftdicht abgeschlossen. Ist die Kammer leer gefördert, so muß sie nach Öffnung des Schiebers neu gefüllt werden. Die Füllung wird mit Hilfe eines Anzeigers überwacht. Die Größe der Kammer richtet sich nach den vorliegenden Raumverhältnissen; sie faßt meist 3—10 m³. Die Neufüllung der Kammer aus dem darüber befindlichen Bunker B ist nur bei Stillstand der Maschine möglich. Die hierdurch eintretenden Pausen machen 25—30⁰/₀ der Betriebszeit aus und können zum Ausbau von Rohrleitungsstücken am Austragsende sowie zu sonstigen Nebenarbeiten ausgenutzt werden. Bis 90 m³ Versatzgut je h können mit dieser Maschine verblasen werden.

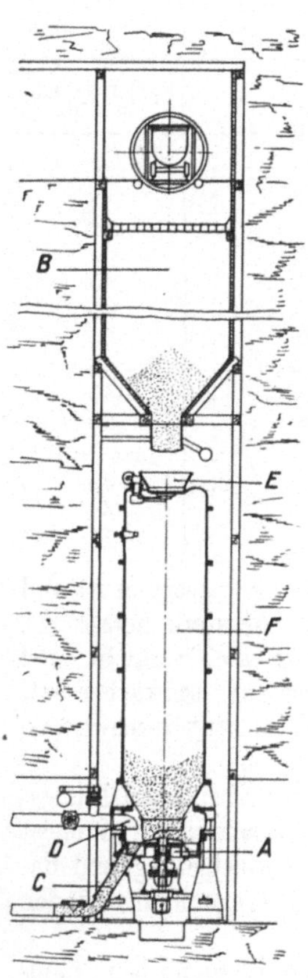

Abb. 358.   Einkammer-Blasversatzmaschine der Torkret G. m. b. H.

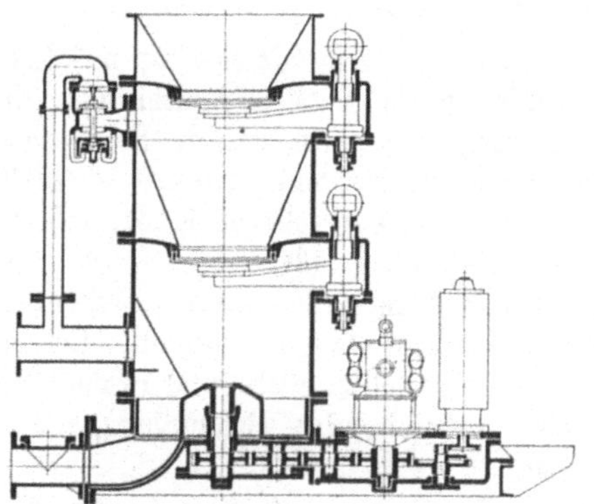

Abb. 359.   Blasversatzmaschine „Automat" der Torkret G. m. b. H.

116. — Die Maschine „Automat" der Torkret G. m. b. H. Bei dieser Maschine wird die durch die Füllung der Einkammermaschine verursachte Betriebsunterbrechung vermieden (Abb. 359). Statt einer Kammer sind nämlich zwei übereinanderliegende Kammern vorgesehen. Das Versatzgut gelangt in die obere Kammer, die zunächst gegen die untere abgeschlossen ist. Nach ihrer Füllung wird sie gegen die Außenluft abgeschlossen und nach unten geöffnet, so daß das Gut in die untere Kammer gelangen kann. Darauf werden beide Kammern wieder gegeneinander abgeschlossen, die obere geöffnet und erneut gefüllt, während der Inhalt der unteren verblasen wird usw. An der oberen Kammer ist zugleich ein Doppelventil, das Druckluft zutreten läßt, bevor die Verbindung zur unteren unter Luftdruck stehenden Kammer geöffnet wird, und das anderseits den Überdruck entweichen läßt, bevor die obere Kammer zur erneuten Füllung geöffnet wird.

Durch ein mit Druckluft- oder Elektromotor angetriebenes Taschenrad wird das Gut in die Blasleitung eingeschleust. Alle Ventile und Schwenkschieber zum Verschluß der Kammern werden vermittels einer Nockenwelle gesteuert, die mit dem gleichen Motor verbunden ist, der das Taschenrad antreibt. Auf diese Weise wird zwischen den Umlaufsgeschwindigkeiten der Nockenwelle und des Taschenrades stets ein bestimmtes Verhältnis gewahrt.

Die stündliche Blasleistung dieser Maschine beträgt bis 70 m³.

117. — Bunkermaschine von Beien. Bei dieser Maschine gelangt ähnlich wie bei der Einkammermaschine von T o r k r e t das Versatzgut zunächst in einen Bunker, von dem es nach dessen Abschluß verblasen wird. Die Aufgabe des Gutes in die Versatzleitung geschieht durch zwei gegenläufige Trommelsterne. Die Maschine ist ortsfest und für große Blasleistungen bis 125 m³/h reiner Blaszeit vorgesehen.

β) Versatzmaschinen mit Zellenrad.

118. — Die Maschinen der Firma Beien und andere. Bei den B e i e n schen Versatzmaschinen findet die Einschleusung des Versatzgutes vermittels eines um eine waagerechte Achse drehbaren Zellenrades statt (Abbildungen 360 u. 361). Zugleich übernimmt es den Abschluß der Druckluft nach außen hin, während bei den T o r k r e t - Maschinen die ganze Kammer einschließlich des

Abb. 360. Zellenrad-Versatzmaschine
von B e i e n.

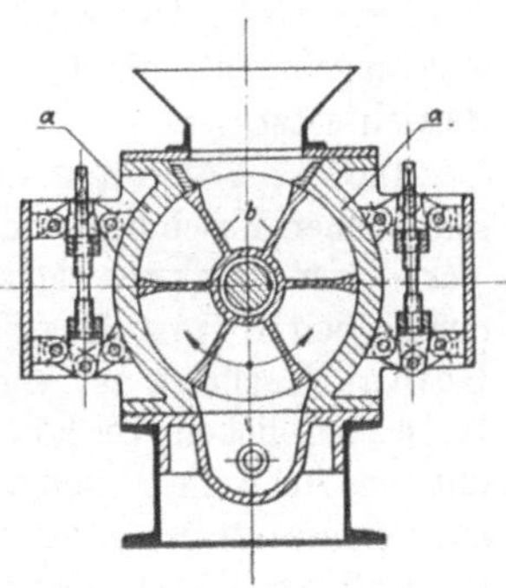

Abb. 361. Schnittzeichnung
der Zellenrad-Versatzmaschine
e n.

Taschenrades unter dem Druck der verwendeten Druckluft steht. Das Zellenrad wird durch einen Druckluft- oder Elektromotor angetrieben, läuft in einem Gehäuse und wird durch einen Einlauftrichter beschickt. Da das Gehäuse unter starkem Verschleiß leidet, besitzt es zwei Schleißbacken, die getrennt für sich durch ein Handrad mit Kniehebelverbindung verstellt und dem Verschleiß entsprechend dem Zellenrad wieder genähert werden können. Auf diese Weise wird ein häufiges Überholen der Maschine vermieden und der Luftverlust auf ein Mindestmaß herabgedrückt. — Bei der B r i e d e n schen Maschine ist das Zellenrad in einem schwach kegelförmig zulaufenden Gehäuse untergebracht und kann in diesem mit zunehmendem Verschleiß leicht verstellt werden.

B e i e n fertigt drei Größen: eine fahrbare Kleinversatzmaschine von 0,95 m Höhe und 20—25 m³ Stundenleistung, eine Maschine mit untergebauten Kufen von 1,18 m Höhe und 40—45 m³ Stundenleistung und schließlich eine große von 1,30 m Höhe und 60—70 m³ Leistung je Stunde, die ebenfalls auf Kufen steht.

Auch die Mühlenbau-Industrie A.-G. (MIAG), Braunschweig, benutzt bei ihrer bisher allerdings wenig eingeführten Blasversatzmaschine ein Zellenrad, das dadurch besonders bemerkenswert ist, daß seine Drehzahl nur 16/min beträgt[1]).

119. — Beschickung und Bedienung der Versatzmaschinen. Die Beschickung der Versatzmaschinen geschieht auf verschiedene Weise. Bei der „Einkammermaschine" von Torkret wird in der Regel ein Bunker vorgesehen, unter den die Maschine aufgestellt wird. Auch die Maschine „Automat" kann auf diese Weise beschickt werden, oder aber das Versatzgut wird ihr durch ein ansteigendes Band zugeführt. Dieses letztgenannte Verfahren kann auch bei den Beienschen Maschinen angewandt werden. Vielfach genügt hier jedoch auch ein Bergehochkipper, so daß die Berge aus dem Förderwagen unmittelbar in den Falltrichter aufgegeben werden.

Um große Bergestücke und Stahlteile zurückzuhalten, ist bei allen Maschinen ein Rost vorgesehen. Trotzdem können noch lange Holz- oder Stahlteile in die Maschinen gelangen. Um sie zu entfernen, sind bei den Torkretmaschinen mit Schnellverschlüssen versehene Schaulöcher vorhanden, während bei den Beienschen Maschinen ihre Entfernung durch Lösen der Gehäusebacken ermöglicht wird. Außerdem ist an der Zellenradwelle eine Bolzenabscherkupplung angebracht, die bei Festklemmen des Zellrades die Welle sofort außer Betrieb setzt.

120. — Vergleich der Versatzmaschinen untereinander. Alle beschriebenen Maschinen sind betriebssicher und haben sich vielfach bewährt. Der Vorteil der Torkret-Maschinen liegt in ihrer hohen Leistung, die aber von der großen Beien-Maschine auch angenähert erreicht wird. Der Vorteil der Beien-Maschinen ist vor allem in ihrer Ortsveränderlichkeit und geringen Höhe zu erblicken. Sie können abschnittsweise mit dem Abbau vorrücken, wozu übrigens auch die Maschine „Automat" geeignet ist. Sie werden infolgedessen auch eingesetzt, wenn der abzubauende Kohlenvorrat des Feldes nicht groß ist, während der Einbau der Einkammermaschine sich nur bei größerem Kohlenvorrat lohnt. Die Maschine Automat bedarf zur Beschickung mit Hilfe eines Bandes einer kleinen Erhöhung der Strecke am Standort der Maschine; sie fällt jedoch kostenmäßig nicht ins Gewicht. Hinsichtlich des Verschleißes sind die Torkret-Maschinen im allgemeinen günstiger, jedoch ist der dadurch sich ergebende Kostenunterschied verhältnismäßig gering. Schließlich ist zu erwähnen, daß die Luftzufuhr bei den Torkret-Maschinen durch Ventilstellung leicht dem Bedarf angepaßt werden kann. Bei den Beienschen Maschinen ist zu diesem Zwecke eine auswechselbare Düse vorgesehen, jedoch wird im Betrieb von der Auswechselbarkeit meist nicht der erforderliche Gebrauch gemacht und dann mit einer zu großen Düse gearbeitet.

121. — Die Rohrleitung. Die Blasrohrleitungen müssen eine möglichst hohe Verschleißfestigkeit haben, sicher wirkende und schnell zu bedienende Verbindungen und den richtigen Durchmesser besitzen.

---

[1]) Elektrizität im Bergbau 1934, S. 33; Wimmelmann: Elektrifizierung im Untertagebetrieb auf der Zeche Auguste Viktoria.

Die Verschleißfestigkeit ist nicht nur eine Frage des Werkstoffs, sondern auch der Art der Verlegung der Leitungen sowie eines glatten Übergangs an den Stoßstellen der einzelnen meist 3 m langen Rohrstücke.

Gut bewährt haben sich Rohre aus Mannesmann-Rohrstahl von großer Dehnung; ganz aus Hartstahl hergestellte Rohre sind im allgemeinen zu teuer. Auch ist Hartstahl infolge seiner Sprödigkeit offenbar nicht in der Lage, die auftreffenden Versatzstücke federnd zurückzuwerfen und unterliegt daher vielfach einem verhältnismäßig hohen Verschleiß. Günstig scheinen Rohre zu sein, die aus zwei Schichten bestehen: einem inneren 3 mm starken Stahlpanzerblech von 210—230 kg/mm² Festigkeit und einem 4 mm starken Außenmantel aus Flußeisen von 40 kg/mm² Festigkeit. Auch Rohre aus Gußeisen weisen eine gute Verschleißfestigkeit auf, vertragen jedoch keine Biegungsbeanspruchung und neigen dazu, an den Flanschen zu brechen.

Die Beobachtung, daß die Rohre besonders stark an den Verbindungsstellen verschlissen, führte dazu, als Ursache dieser starken Beanspruchung kleine vorstehende Kanten zu erkennen, die durch schwache, aber unregelmäßige Abweichungen von der vollkommenen Rundung der Rohrenden entstehen. An ihnen setzt der Verschleiß (Prallverschleiß) ein und frißt sich in den einmal gebildeten Rillen schnell weiter. Diesen Nachteil vermeidet z. B. die Firma Hamacher, Gelsenkirchen. Sie versieht die Rohre mit verstärkten Enden, die sie auf ein bestimmtes Kaliber genau und allmählich verlaufend ausdreht. Unebenheiten beim Übergang von einem Rohr auf das andere werden auf diese Weise vermieden. Aus ähnlichen Gründen sollte auch ein Drehen der Rohrleitung, die zur gleichmäßigen Beanspruchung der Wandungen empfehlenswert ist, die Leitung als ganzes erfassen und nicht in einzelnen Stücken erfolgen. Da geschweißte Rohre meist unrunder sind als andere, ist ihre Verwendung zu vermeiden. Rohre mit Schmelzbasaltfutter scheinen sich dagegen gut zu bewähren[1]).

Der Verschleiß wird weiterhin durch eine möglichst gerade Verlegung der Rohrleitung verringert. Außerdem hat es sich als vorteilhaft erwiesen, die Rohre so zu verlegen, daß sie den Schlägen des auftreffenden Versatzgutes entsprechend schwingen und federnd nachgeben können. Es ist dieses entweder durch Aufhängen oder durch Verlegen auf der Sohle zu erreichen, wobei jedoch darauf zu achten ist, daß sie nur mit den Flanschen aufliegen und im übrigen nicht die Sohle berühren.

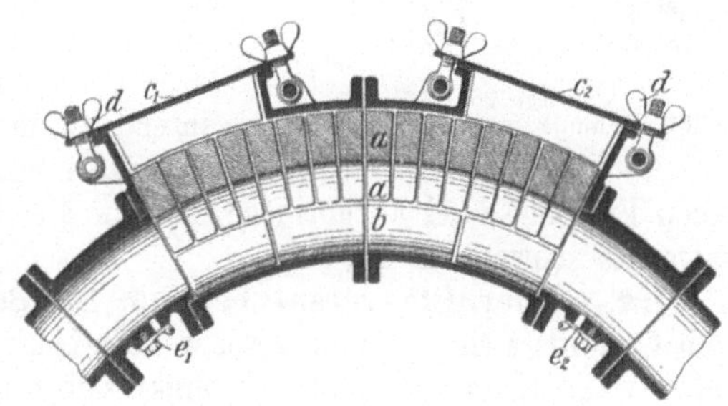

Abb. 362. Lamellenkrümmer der Torkret G. m. b. H.

Einem starken Verschleiß unterliegen naturgemäß Stellen starker Richtungsänderung, deren Zahl möglichst verringert werden soll, die aber nicht ganz vermieden werden können. An ihnen werden Krümmer eingebaut, die mit auswechselbaren Stahleinlagen versehen sind. Abb. 362 zeigt einen Lamellenkrümmer

[1]) Glückauf 1938, S. 267; Maercks: Rohrverschleiß bei Blasversatzleitungen.

der **Torkret** G. m. b. H., Abb. 363 einen Krümmer der Firma **Hamacher**, während Abb. 364 einen zum Zwecke der Anpassung an verschiedene Krümmungshalbmesser aus mehreren Teilen bestehenden Krümmern erkennen läßt. Aber nicht nur das Versatzgut, sondern auch der Halbmesser der Krümmer spielt eine Rolle. Große Halbmesser haben sich als ungünstig erwiesen, da bei ihnen das Versatzgut einem Sandstrahlgebläse vergleichbar die Wandungen abschleift. Man soll es vielmehr zur Ausbildung einer Prallstelle kommen lassen, an denen das Gut zurückgeworfen wird, um daraufhin wieder beschleunigt zu

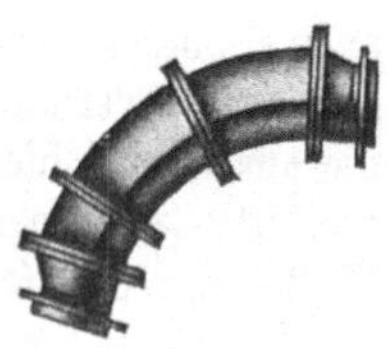

Abb. 364.
Aus mehreren
Teilen bestehender
Krümmer.

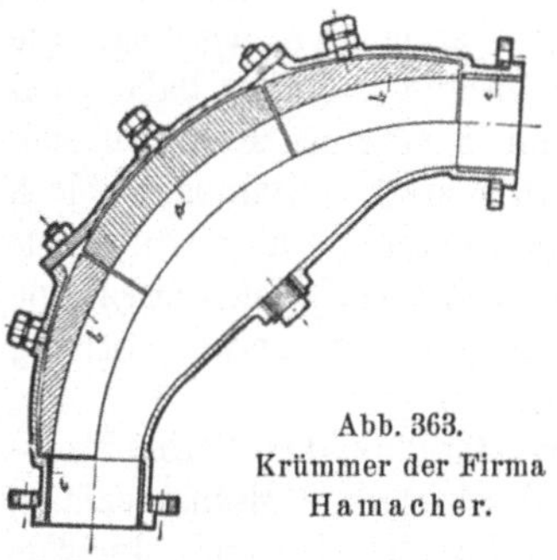

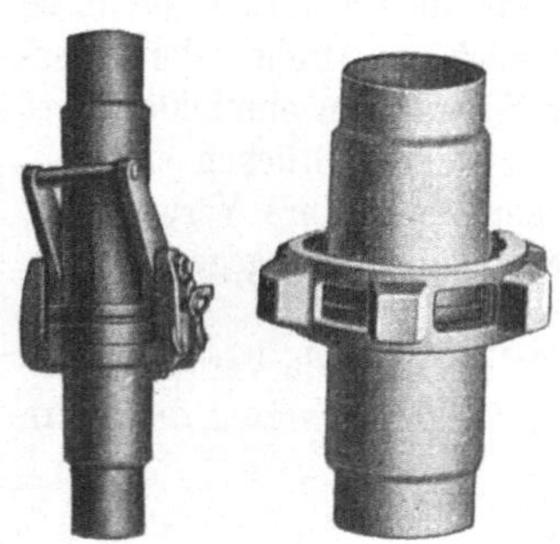

Abb. 363.
Krümmer der Firma
Hamacher.

werden. Auch um die Krümmungshalbmesser gering halten zu können, sind Rohrleitungen von 150 mm — das heute gebräuchliche Maß — günstiger als solche von 200 oder 250 mm Durchmesser.

Die Blasleitung besteht in der Regel aus einem fest verlegten Teil außerhalb und einem Teil innerhalb des Abbaubetriebspunktes. Letzterer muß vor jedem Verblasen neu verlegt und während des Verblasens allmählich verkürzt und ausgebaut werden. Um die Rohrverbindungen schnell herstellen und wieder lösen zu können, haben sich Schnellkupplungen eingeführt. Von den verschiedenen Bauarten seien der Bügel- und der Bajonettverschluß erwähnt (Abb. 365).

Das jeweils letzte Rohr der Leitung, das den Versatzstrom austrägt, kann man in mächtigen Flözen auf ein Holzgestell beweglich auflegen oder an einer Kette aufhängen. In dünnen Flözen verlegt man die Rohre auf der Sohle, während es in Flözen mittlerer Mächtigkeit zweckmäßig sein kann, an die Austragsöffnung einen Führungslöffel anzubringen, der zur gleichmäßigen Verteilung des Versatzgutes schwenkbar ist.

Abb. 365.
Bügel- und Bajonettverschluß.

122. — Der Blasversatzbetrieb. Die Bedienung der Versatzmaschine selbst erfordert einen Mann. Zwei weitere Leute sind an der Kippstelle eingesetzt, während im Abbaubetriebspunkt selbst in der Regel vier Mann nötig sind. Von ihnen sind zwei am Austrag und mit dem Ausbau der Rohre beschäftigt, während die übrigen zwei den Verschlag herstellen, unter Umständen den Ausbau rauben usw.

Wesentlichen Einfluß auf den Betrieb hat der Maschinenführer. Er hat für die richtige Luftzufuhr und Materialaufgabe Sorge zu tragen, deren Verhältnis jeweils so sein muß, daß Verstopfungen vermieden werden. Bei Beginn des Verblasens wird zunächst Luft aufgegeben, dann erst das Versatzgut, während umgekehrt bei Unterbrechungen die Luft zuletzt abzustellen ist.

Als Verschlag genügt vielfach Versatzdraht. Staubt das Versatzgut und findet die Versatzarbeit in der gleichen Schicht wie die Hereingewinnung statt, so ist eine dichtere Abtrennung des Versatzfeldes notwendig. Hierzu kann Jute mit oder ohne Drahteinlage dienen. Neuerdings wird auch mit einer Drahteinlage versehene Pappe (Padragewebe, Blasbergeschirm) mit gutem Erfolg benutzt. Bei glattem Hangenden und Liegenden kann der Verschlag auch aus Brettern hergestellt werden, und zwar hat sich Kiefer hierfür am besten bewährt, wogegen Buche beim Trockenwerden in der Längsrichtung aufreißt und Ulme zu weich ist. Eine Wiedergewinnung und erneute Verwendung der Bretter ist meist möglich.

123. — Die Blasversatzkosten. Die Kosten des Blasversatzbetriebes setzen sich aus folgenden Anteilen zusammen: Tilgung und Verzinsung der Maschine einschließlich ihrer Einbaukosten, Kraft- und Unterhaltungskosten der Maschine, Luftverbrauch, Rohrverschleiß, Kosten des Verschlages und Kosten der Bedienung der gesamten Anlage. Weiterhin sind sie abhängig von der Höhe der Förderung und der verblasenen Versatzgutmenge. Infolge der starken Verschiedenheit der Betriebsverhältnisse schwanken sie innerhalb weiter Grenzen. Um einen Anhalt zu geben, seien für die einzelnen Anteile folgende Werte je t Förderung genannt:

1. Tilgung und Verzinsung der Maschine . . . . . 2— 5 Rpf.
2. Tilgung und Verzinsung der Einbaukosten . . . 0— 5 „
3. Kraft- und Unterhaltungskosten der Maschine . 3— 5 „
4. Luftverbrauch (0,25 Rpf./m³ a. L.) . . . . 20— 40 „
5. Rohrkosten . . . . 5— 15 „
6. Verschlag und sonstige Materialkosten . . . . . 10— 15 „
7. Lohnkosten . . . . 10— 20 „
$$\overline{\qquad\qquad}$$
50—105 Rpf.

Hinzu kommen noch die in jedem einzelnen Fall sehr verschiedenen Kosten des Versatzgutes selbst. Hierbei ist zu berücksichtigen, daß der Blasversatz infolge der Geschwindigkeit, mit der das Gut eingebracht wird, eine große Dichte erhält und der Verbrauch an Versatzgut etwa 25—50% höher ist als bei gewöhnlichem Handversatz.

γ) Sonstige maschinenmäßige Einbringung von Bergeversatz.

124. — Allgemeines. Außer mit Hilfe von Druckluft oder Wasser hat man auch auf andere Weise versucht, das Versatzgut durch irgendeine maschinelle Vorrichtung zu erfassen und einzubringen. So sind in Verbindung mit der Schüttelrutschenbewegung arbeitende Versatzstopfer entwickelt worden, ferner Maschinen mit sich drehenden Scheiben oder Schaufeln, die das Gut fortschleudern sollten, oder Maschinen, bei denen eine hin und her gehende, vorn mit einer Platte versehene Stange das Versatzgut von einem Teller fortstößt. Alle diese Einrichtungen haben sich jedoch auf die Dauer nicht bewährt.

Dagegen sind gute Erfahrungen mit Einrichtungen gemacht worden, deren arbeitender Teil in einem schnell laufenden kurzen Band besteht, von dem das Versatzgut abgeschleudert wird. Auch der Schrapper wird bei Vorhandensein großer Räume, wie sie der Kali- und auch Erzbergbau bietet, mit Erfolg angewandt. Im Steinkohlenbergbau hat er sich jedoch nicht eingeführt.

125. — Das Versatzschleuderband „Rheinpreußen" der Firma Frölich & Klüpfel. Es wird in Verbindung mit einem Förderband angewandt und ist in einem besonderen Bandwagen eingebaut, der auf dem Traggerüst

des Förderbandes fahrbar ist. Zu seiner Fortbewegung dient ein Mitnehmer-
haspel, bei genügendem Einfallen kann zur Abwärtsfahrt die Schwerkraft ausgenutzt werden. Der Obergurt des Bandes mit dem Versatzgut wird durch den
Bandwagen hochgezogen und läuft über ihn hinweg. Ein Abstreifer trägt das
Gut vom Förderband ab (Abb. 366). Es fällt über einen Einlauftrichter — der
auch fehlen kann — auf das quer zur Förderrichtung des Strebbandes angeordnete, kurze, mit vier Mitnehmern aus Stahlblech ausgerüstete Schleuderband,
das mit 10 m/s umläuft (Abb. 367).

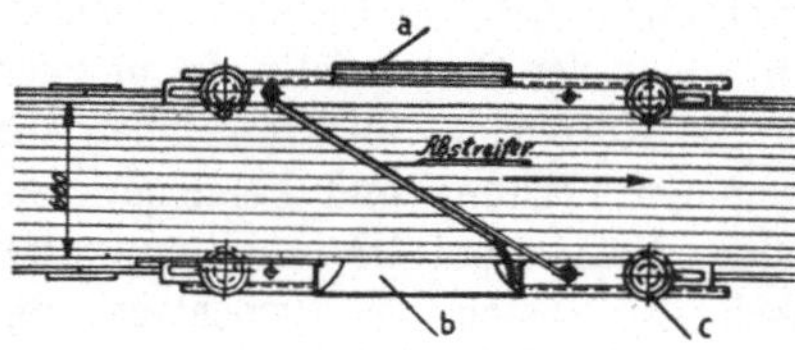

Abb. 366. Versatzschleuderband „Rheinpreußen"
(Draufsicht).

a Schleuderband, b Einlauftrichter. c Leitrolle.

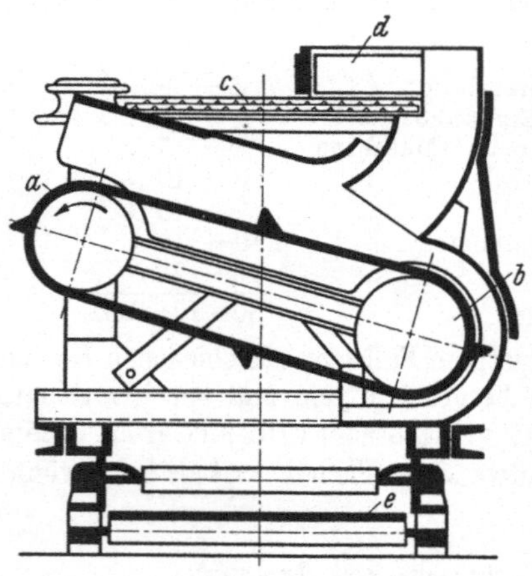

Abb. 367. Versatzschleuderband „Rheinpreußen".
a Schleuderband, b Antriebsrolle, c Oberband,
d Abstreifer, e Unterband.

Der Antrieb des Schleuderbandes, das
in einem beweglichen Schwenkarm eingebaut ist, geschieht durch eine Elektrorolle oder einen Pfeilradmotor. Der
Bewegungsrichtung des Schleuderbandes entsprechend, muß der Versatz
streichend vom Bandfeld aus eingebracht werden, und zwar reicht die
Wurfweite zum Versetzen eines breiten Feldes aus. Am günstigsten ist
es, hierbei am unteren Strebende zu
beginnen, damit sich der Versatz durch
Abrollen in der Fallrichtung nicht
wieder lockern kann.

Die Leistung des Schleuderbandes
ist sehr hoch. Sie steigt bis 100 und
130 m³/h. Bemerkenswert ist, daß es
nicht nur gewöhnliches Versatzgut,
sondern auch Kies verarbeiten kann.
Die Korngröße kann bis 100 mm betragen. Die Bedienung der Maschine
erfordert 2 Mann. Hinzu kommen drei
weitere Leute zum Herstellen des bis
auf etwa halbe Stempelhöhe reichenden
Verschlages, Rauben des Ausbaus und
Schlagen von Hilfsstempeln sowie ein
weiterer Mann zum Nachschaufeln.

Der in Abb. 367 dargestellten Anordnung ist in ihrer Anwendung durch die
Höhe des Tragegerüstes und des Bandwagens eine Grenze gesetzt, so daß sie
nur in Flözen von mehr als 1,20 m eingesetzt werden kann. Für Flöze von
geringerer Mächtigkeit wird die „Auslegerschleuder" benutzt. Sie ist infolge
seitlich herausragender Anordnung des Schleuderbandes breiter, dafür aber
niedriger. Eine weitere Bauart ist für schwebendes Einbringen des Versatzes
vorgesehen.

4. Der Blindortversatz.

126. — Allgemeines. Während die maschinenmäßigen Versatzverfahren
das Versatzgut ähnlich wie beim Handversatz von außen dem Streb zuführen,
dagegen das mühevolle Einbringen (beim Blasversatz auch einen Teil der
Förderung) maschinell gestalten, ist der Blindortversatz von der Zufuhr flöz-

fremden Materials unabhängig. Er macht den Abbau zum Selbstversorger, indem das Versatzgut durch Nachreißen von dem Abbau nachfolgenden Strecken gewonnen und in den zwischen den Strecken befindlichen Abbauhohlraum versetzt wird. Da diese Strecken der Förderung, Fahrung und Wetterführung nicht dienen und daher, abgesehen von ihrer gelegentlichen Ausgestaltung als Fluchtstrecke nach rückwärts keinerlei Verbindung zu haben brauchen, werden sie blinde Strecken genannt und das ganze Verfahren infolge der Gewinnung des Versatzes in blinden Strecken (Örtern) Blindortversatz. Seine großen Vorteile bestehen darin, daß er die flache Bauhöhe der Abbaubetriebspunkte nicht beschränkt und der Abbaufortschritt, soweit er von der Gestaltung der Versatzarbeit beeinflußt wird, nur vom Vortrieb der Blindstrecken abhängig ist, dagegen nicht wie der Handversatz von der Leistungsfähigkeit der Blindschacht-, Abbaustrecken- und Abbauförderung sowie der Kippstelle. In den Kosten unterscheidet er sich von denen des Handversatzes kaum. Nachteilig ist, daß Schießarbeit beim Auffahren der Blindstrecken meist nicht zu vermeiden ist, wenngleich ihre Sicherheit durch die Entwicklung ummantelter Patronen (Ziff. 122, S. 244) wesentlich gesteigert werden konnte. Nichtsdestoweniger hat die Verbreitung des Blindortversatzes zugunsten des Bruchbaus wieder abgenommen. 1936 wurden etwa 29% der Ruhrkohlenförderung mit Blindortversatz hereingewonnen, 1940 nur noch etwa 14%. Er wird vorwiegend in der flachen und halbsteilen Lagerung angewandt.

127. — Herstellung der Blindörter. Im einzelnen sei zur Herstellung der Blindörter folgendes bemerkt. Am zweckmäßigsten ist es, die Blindörter durch Nachreißen des Hangenden aufzufahren (Abbildungen 368 u. 369), da alsdann die Berge vom Liegenden, ohne sie heben zu müssen, in den seitlich angrenzenden Hohlraum geschafft werden können, und zwar pflegen sie in der Regel vom Blindort aus nach unten versetzt zu werden. Nur in ganz flacher Lagerung ist die Richtung gleichgültig. Zu einem Nachreißen des Liegenden entschließt man sich nur bei besonderen Nebengesteinsverhältnissen und, wenn zur Vermeidung größerer Grubengasansammlungen die Schaffung von Hohlräumen im Hangenden vermieden werden muß. Um der Steinfallgefahr zu begegnen, ist Ausbau der Blindörter notwendig, wozu einfache Türstöcke aus Holz meist genügen. Auch empfehlen sich Maßnahmen, um zu erreichen, daß die Schußwirkung sich nicht bis über die Arbeitsfelder ausdehnt, das Hangende vielmehr vor der das Rutschenfeld nach außen begrenzenden Stempelreihe abbricht. Besondere Bruchstempel zur Verstärkung des eigentlichen Ausbaus können hierzu dienen. Um eine Beanspruchung der Dachschichten über den Arbeitsfeldern und auch den Aufenthalt im Blindort selbst möglichst einzuschränken, ist angestrebt worden, die Blindorte von seiten des Kohlenstoßes aus nachzuschießen. Abgesehen davon, daß bei Vorhandensein explosiblen Kohlenstaubs hiergegen Bedenken bestehen, ist es in wenig mächtigen Flözen schwer, die erforderlichen Schüsse schräg nach oben zu bohren.

Höhe und Breite der Blindorte sowie ihr Abstand voneinander hängen von der Flözmächtigkeit ab. Bei gleichem Blindortquerschnitt muß ihr Abstand um so geringer sein, je mächtiger das Flöz ist oder umgekehrt; bei gleichem Abstand ist mit zunehmender Flözmächtigkeit der Querschnitt größer zu wählen. Hier gibt es natürlich Grenzen, so daß Blindortversatz ähnlich wie Handversatz bei einer Mächtigkeit von 0,80—1,60 m die günstigsten Bedingungen antrifft.

In dünnen Flözen werden zwar schon bei mäßigen Querschnitten große Bergemengen gewonnen, jedoch ist ihr Einbringen schwierig. Anderseits sei darauf hingewiesen, daß trotz dieses Nachteils gerade Blindortversatz neben Bruchbau besonders geeignet ist, um in Flözen von geringer Mächtigkeit angewandt zu werden, und einfacher ist als Handversatz, bei dem die schwierige Entnahme des Versatzgutes aus der Schüttelrutsche hinzukommt[1]). In mächtigen Flözen dagegen wird es schließlich unmöglich, die notwendigen Bergemengen überhaupt zu gewinnen, da der Bergebedarf sehr groß ist und der Anteil der Kohle am Streckenquerschnitt so erheblich wird, daß nur große Streckenhöhen ·und geringe Abstände ihn befriedigen könnten[2]). Welcher Streckenquerschnitt gewählt werden kann, hängt von den Gebirgsverhältnissen des einzelnén Falles ab, jedoch werden selten 8 m² überschritten. Auch kann der Raum zwischen den Blindorten selten weniger als 5 m betragen, da vor allem bei großer Streckenbreite das Hangende zu sehr geschwächt werden würde.

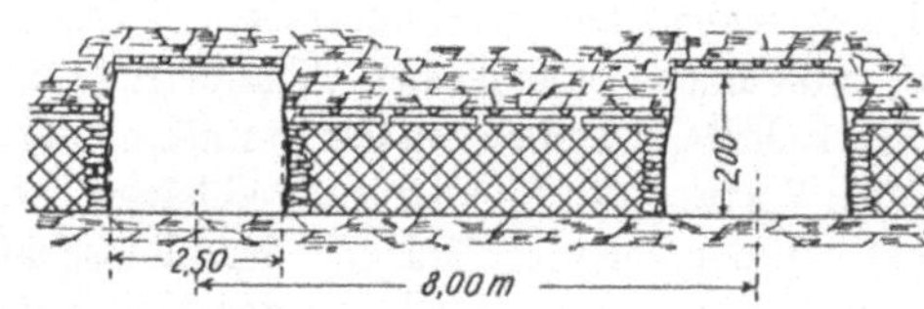

Abb. 368. Blindörter (Querschnitt).

Abb. 369. Streichender Strebbau mit Blindortversatz.

Von Wichtigkeit ist die Frage, bis zu welchem Ausmaß der Vortrieb der Blindstrecken der Forderung nach einem großen Abbaufortschritt gerecht werden kann. Der Blindortversatz ist in dieser Beziehung recht günstig zu beurteilen. Einmal ermöglicht er die Hereingewinnung während der Versatzarbeit, so daß das Abkohlen nur während des Umlegens des Abbaufördermittels unterbrochen zu werden braucht, und durch unterschiedliche. Belegung kann der Vortrieb der Blindörter so weit gesteigert werden, daß ein Abbaufortschritt bis zu 3 m je Tag zu erreichen ist.

128. — Beurteilung der Versatzarten. Für die Beurteilung der einzelnen Versatzverfahren sind vier Gesichtspunkte wichtig: die Möglichkeit während der Versatzarbeit den Kohlenstoß belegen zu können, die Leistungsfähigkeit und die Kosten des Verfahrens und schließlich die Tragfähigkeit des eingebrachten Versatzgutes.

Handversatz ermöglicht in flacher Lagerung im allgemeinen die Herein-

---

[1]) G l e b e: Abbau flachgelagerter Flöze von geringer Mächtigkeit; Dissertation Aachen 1932; vgl. auch Glückauf 1932, S. 661.

[2]) Vgl. auch Glückauf 1933, S. 789; M e r k e l: Betriebsergebnisse mit Blindortversatz in Flözen größerer Mächtigkeit.

gewinnung nur während einer Schicht, wenn man nicht, was selten der Fall ist, zwei Abbaufördermittel — eines für Kohle, das andere für Versatz — verwenden will. In steiler Lagerung hängt beim Schrägbau die Möglichkeit, gleichzeitig zu versetzen und abzukohlen, von der Wahl des Abbaufördermittels ab (Ziff. 148). Bei Blindort- und Blasversatz ist dagegen fast immer gleichzeitiges Versetzen und Hereingewinnen durchführbar, so daß bei diesen Verfahren eine bessere Ausnutzung des Kohlenstoßes als beim Handversatz erreichbar ist.

Die Leistungsfähigkeit einer Versatzart ist durch die Größe des Hohlraums bestimmt, der in einer Schicht versetzt werden kann. Sie ist daher von ausschlaggebender Bedeutung für die Höhe der täglichen Fördermenge eines Abbaubetriebspunktes und damit für die Bemessung der flachen Bauhöhe und des Abbaufortschritts. Der Handversatz, der an die Leistungsfähigkeit der Blindschacht-, Abbaustrecken- und Abbauförderung sowie der Kippstelle gebunden ist, muß in dieser Beziehung als der ungünstigste betrachtet werden. Er wird durch den Blindortversatz und Blasversatz wesentlich übertroffen[1]), von denen der Blindortversatz den Abbau schlechthin zum „Selbstversorger" macht. Nicht zuletzt aus diesem Grunde haben diese beiden Verfahren seit 1929 eine große Verbreitung gefunden und den Handversatz insbesondere in der flachen Lagerung sehr stark zurückgedrängt. Überragt werden der Blas- und Blindortversatz in ihrer Leistungsfähigkeit vielfach noch durch den Strebbruchbau.

Hinsichtlich der von Fall zu Fall stark wechselnden Kosten ist der Blindortversatz am günstigsten zu beurteilen. Es folgt der Handversatz, während der Blasversatz und erst recht der Spülversatz im allgemeinen höhere Kosten als der Handversatz verursachen.

Die Tragfähigkeit oder mit anderen Worten die Zusammendrückbarkeit des Bergeversatzes hängt vom Versatzgut und von der Art des Einbringens ab. Bruchsteine gehören zu dem tragfähigsten Gut, insbesondere wenn sie zu Mauern verwandt werden; dann folgen Mischungen von groben und kleinen Sandsteinstücken, Sand, Tonschiefer, Waschberge und schließlich Hochofenschlacke und Kesselasche. Je weicher das Versatzgut ist und je mehr Hohlräume es enthält, in um so größeren Beträgen kann es zusammengepreßt werden. Die verschiedenen Arten des Einbringens haben insofern Einfluß auf die Tragfähigkeit des Versatzes, als sie sich durch die Dichte unterscheiden, mit der das Gut versetzt wird und somit durch ihre mehr oder weniger große Vollkommenheit, Hohlräume auf ein Mindestmaß einzuschränken, sowohl innerhalb des Versatzes selbst als zwischen Versatz und den Dachschichten; denn für die Wirksamkeit des Versatzes ist es besonders wichtig, ihn bis dicht unter das Hangende einzubringen. Auch spielt die Gleichförmigkeit des Versatzgutes eine Rolle. Die günstigste Stellung nimmt hinsichtlich der Erfüllung dieser Aufgaben der Spülversatz ein, es folgt der Blasversatz und der Schleuderversatz, wogegen der geschaufelte Handversatz an letzter Stelle steht.

Während in flach gelagerten Flözen mäßiger Mächtigkeit bei gutem Spülversatz mit einer Zusammendrückbarkeit bis auf 70—80% der ursprünglichen Flözmächtigkeit gerechnet werden kann, belaufen sich diese Beträge auf 60 bis 70% bei Blasversatz und Schleuderversatz. Bei geschaufeltem Handversatz

---

[1]) Glückauf 1933, S. 1225; Wedding: Der Stand des Abbaubetriebes in den deutschen Steinkohlenbezirken zu Beginn des Jahres 1933.

liegen die Werte bei etwa 40—50%, während gemauerter Handversatz je nach der Breite der Mauern sehr tragfähig ist, insbesondere schon von Beginn an, und nur eine Zusammendrückbarkeit auf etwa 60—70% zuläßt. Der Blindortversatz ist ähnlich zu beurteilen wie der Handversatz. Er läßt eine größere Absenkung zu, wenn das Versatzgut kleinstückig und weich ist, eine geringere dagegen, wenn Bruchsteine anfallen, die zum Aufführen von Mauern Verwendung finden. Bei all diesen Werten ist die Absenkung der Dachschichten vor Einbringen des Versatzes schon eingerechnet.

In Flözen großer Mächtigkeit ist bei dem für sie in erster Linie in Betracht kommenden Spülversatz unter der Voraussetzung, daß bestes Spülmaterial verwandt wird, eine Zusammendrückung auf nur 80—90% der Flözmächtigkeit anzunehmen. Der Grund für diesen Unterschied im Vergleich zu Flözen mäßiger Mächtigkeit ist in der Tatsache zu erblicken, daß die Vorabsenkung der Dachschichten in mächtigen Flözen zwar die gleichen Beträge erreichen kann wie in dünnen Flözen, diese Beträge aber im Verhältnis zur Flözmächtigkeit in dünnen Flözen größere Hundertsätze ausmachen als in mächtigen.

Der Betrag der Absenkung des Hangenden und damit auch der Tagesoberfläche hängt also nicht nur von der Tragfähigkeit des Versatzes, sondern vielfach auch von der Zeitspanne zwischen Schaffung des Abbauhohlraums und seiner Verfüllung ab.

c) Besprechung der einzelnen Abbauverfahren mit Absenkung des Hangenden.

129. — Vorbemerkung. Die Forderungen, die an ein Abbauverfahren gestellt werden müssen, sind abgesehen von Sicherheit der Belegschaft und des Betriebes sowie vollkommener Hereingewinnung des Minerals: geringes Ausmaß der Vorrichtung, wenig Begleitstrecken im Verhältnis zu der in Angriff zu nehmenden Abbaufront, eine möglichst starke Ausnützung, d. h. Belegung des Abbaus. Diesen Forderungen kommt im Steinkohlenbergbau für Flöze mäßiger Mächtigkeit bei einem Einfallen von 0 bis etwa 35° am besten der Strebbau und bei einem Einfallen von mehr als 30—35° der Schrägfrontbau nach. Sie haben daher die größte Verbreitung gewonnen. Die anderen Abbauverfahren, Firstenbau, Stoßbau usw., spielen demgegenüber nur eine untergeordnete Rolle.

1. Der Strebbau.

130. — Allgemeines. Beim Strebbau wird der in Angriff genommene Bauabschnitt von der Vorrichtungsstrecke aus in breiter Fläche nach der Baugrenze hin fortschreitend verhauen. Er kann als Vor- oder Rückbau geführt werden. Beim Vorbau kommen die Abbaustrecken in den Versatz zu liegen, während beim Rückbau die der Förderung und Wetterführung dienenden Strecken in der Kohle liegen und vorher hergestellt sein müssen. Beim Vorbau verlängern sich die Förderstrecken bei fortschreitendem Abbau, beim Rückbau verkürzen sie sich. Das Abbauverfahren selbst erfährt jedoch dadurch keine wesentlichen Änderungen. Wesentlicher für das Verfahren ist, ob der Abbau in streichender oder schwebender Richtung voranschreitet. Je nachdem ist streichender und schwebender Strebbau zu unterscheiden. Weitere Abarten ergeben sich durch die Art und Weise, in welcher Hauptrichtung die Hereingewinnung an der Abbaufront, also der Verhieb erfolgt; er ist bei streichendem Strebbau in streichender, schwebender und fallender Richtung möglich, beim schwebenden Strebbau nur in schwebender Richtung.

α) Der streichende Strebbau mit streichendem Verhieb.

131. — Allgemeines. Er ist für flachgelagerte Kohlenflöze mäßiger Mächtigkeit das herrschende Abbauverfahren. Als Vorrichtungsarbeiten kommen nur das Ansetzen der Abbaustrecken und ein sie verbindendes Aufhauen in Betracht.

Von großer Bedeutung ist die Bemessung der flachen Bauhöhe und streichenden Baulänge, wofür im allgemeinen das früher Gesagte (Ziff. 82, S. 369) gilt.

132. — Die Länge des Abbaustoßes. Bei Einführung des Strebbaus in den letzten Jahrzehnten des vergangenen Jahrhunderts waren aus zwei Gründen

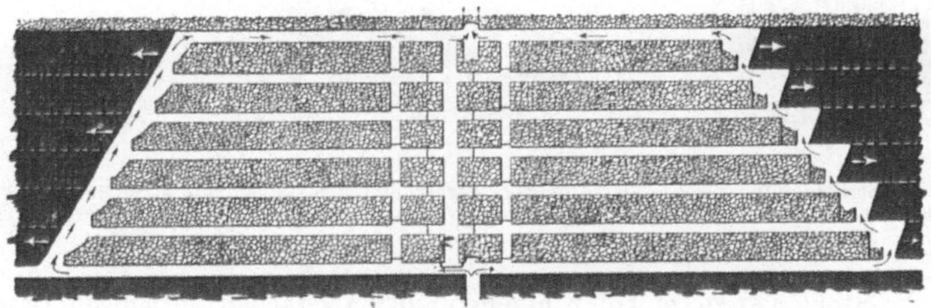

Abb. 370. Schema des früher angewandten Strebbaues mit Bremsbergbetrieb.

kurze Streben die Regel: Es fehlte an Abbaufördermitteln und außerdem herrschte das Bestreben vor, mit den aus Bergemitteln und aus dem Bahnbruch stammenden Bergen auszukommen. Mit der Entwicklung der Schüttelrutsche und des Förderbandes, der Heranziehung von Fremdversatz sowie der Entwicklung des Blindortversatzes und maschinenmäßiger Versatzverfahren sind diese Hemmnisse jedoch gefallen. Abb. 370 gibt das Schema eines früheren Strebbaus mit Bremsbergbetrieb wieder.

Statt 10—20 m sind heute Abbaustoßlängen von 150—300 m die Regel, in Einzelfällen solche von 400—700 m und mehr (Abbildungen 371, 372 u. 373). Bei großen Baulängen pflegt man aus Gründen der Sicherheit der Belegschaft ein oder mehrere im Versatzraum ausgesparte Fluchtörter nachzuführen (Abb. 369). Die Länge des Abbaustoßes hängt im einzelnen Fall von der Regelmäßigkeit der Lagerungsverhältnisse, von der Flözmächtigkeit, vom Abbaufortschritt, von der Versatzart, der Unterschreitung des zulässigen Methangehalts und der Größe der Wetterabteilung (d. h. der Zahl der höchstmöglichen Belegschaft je Schicht) ab. Bei regelmäßiger Lagerung kann die Stoßlänge größer sein, als wenn zahlreiche Störungen das Baufeld durchsetzen. Auch ist sie in mächtigen Flözen geringer als in dünnen, bei Handversatz kleiner als bei maschinellem und Blindortversatz. Schließlich ist zu beachten, daß Stoßlänge und Abbaufortschritt in bestimmten Beziehungen insofern zueinander stehen, als die gleiche Kohlenmenge auch bei halber Stoßlänge und doppeltem Abbaufortschritt zu erzielen ist und sich die Förderung sowohl durch Erhöhung der Stoßlänge als des Abbaufortschrittes steigern läßt. Auch die Art der Hereingewinnung spielt bei der Bemessung der Stoßlänge eine Rolle, weniger bei Anwendung von Abbauhämmern als von Schrämmaschinen. Hier wird man bestrebt

Abb. 371. Streichender Strebbau mit streichendem Verhieb.

Abb. 372. Streichender Strebbau mit streichendem Verhieb und Hereingewinnung eines mächtigen Nachfallpackens, der abgedeckt wird.

sein, die Stoßlänge zu einem Einfachen oder Vielfachen derjenigen Länge zu bemessen, die von einer Schrämmaschine bei voller Ausnutzung sicher unterschrämt werden kann. Der gleiche Gesichtspunkt gilt auch für das Abbaufördermittel. Schließlich sind die Unterhaltungskosten der Abbaustrecken in Betracht zu ziehen. Sind sie hoch, wird zur Erreichung der gleichen Fördermenge eine Verstärkung des Abbaufortschritts bei Verkürzung der flachen Bauhöhe zu erwägen sein, wie überhaupt ein harmonisches Zusammenwirken der verschiedenen Gesichtspunkte zur Herbeiführung eines wirtschaftlichen und sicherheitlichen Bestwertes, der

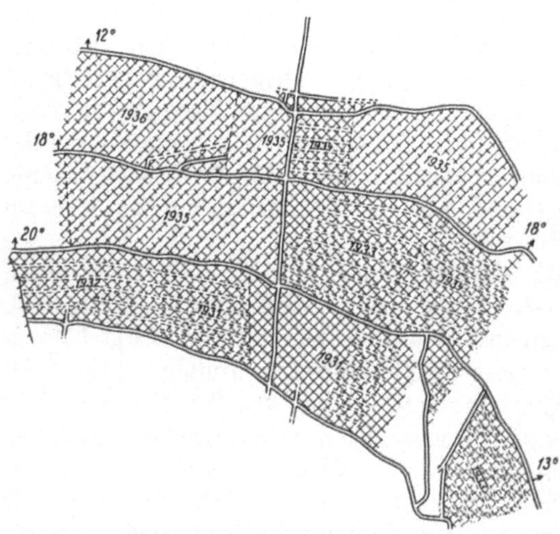

Abb. 373. Streichender Strebbau mit streichendem Verhieb (Flözriß).

mit dem technischen Höchstwert nicht übereinzustimmen braucht, angestrebt werden sollte.

133. — Einbrüche. Bei der vorherrschenden Verwendung von Abbauhämmern kann bei streichendem Verhieb die Hereingewinnung mit Hilfe von

Einbrüchen oder durch sogenanntes Abschälen des Stoßes erfolgen. Bei der Herstellung von Einbrüchen wird zunächst der Stoß an zahlreichen Stellen in etwa 2—2,5 m Breite in Angriff genommen und die Kohle in einer Tiefe, die der jeweiligen Feldbreite (oder doppelten Feldbreite) entspricht, abgebaut (Abbildungen 371, 372 u. 377), wobei die Feldbreite je nach der Art der Dachschichten und des von ihnen ausgeübten Druckes im allgemeinen zwischen 1,25 m und 2 m schwankt, meist jedoch etwa 1,50 m beträgt. Nach Ausbau dieser Einbrüche werden die zwischen ihnen befindlichen Flözstreifen schwebend (aufwärts oder abwärts) hereingewonnen. Die Zahl der Einbrüche entspricht der Zahl der eingesetzten Kohlenhauer, und diese muß wieder so bemessen sein, daß der vorgesehene tägliche Abbaufortschritt erreicht wird. Soll der tägliche Abbaufortschritt z. B. ein Feld von 1,50 m Breite betragen, so sind in der gleichen Schicht nicht nur die Einbrüche herzustellen, sondern auch die zwischen ihnen liegenden Streifen hereinzugewinnen. Soll der Abbaufortschritt nur 0,75 m betragen, so genügt es, wenn an dem einen Tage die Einbrüche hergestellt und etwas erweitert und am anderen Tage die übrigen Teile des Feldes gewonnen werden. Kann dagegen, wie dieses z. B. bei Blasversatz möglich ist, zu gleicher Zeit gekohlt und versetzt werden, so ist es möglich, in der Morgenschicht die Einbrüche zu machen und in der Mittagschicht den Rest hereinzugewinnen oder aber bei doppelter Belegung des Kohlenstoßes den Abbaufortschritt zu verdoppeln. Das Verfahren des Abbaus mittels Einbrüchen hat den Vorteil, daß sobald als möglich der endgültige Ausbau gesetzt werden kann. Die Ausnutzung der Schlechten und Drucklagen ist vielfach weniger bei Herstellen der Einbrüche als beim anschließenden Arbeiten von den Einbrüchen aus möglich. Infolgedessen und weil in einiger Entfernung vom Kohlenstoß der Nutzdruck noch weniger zur Wirkung gekommen ist, läßt sich bei der Herstellung der Einbrüche nur eine verhältnismäßig niedrige Hackenleistung erzielen. Daher fällt in der betreffenden Schichtzeit auch nur eine unter dem Stundendurchschnitt liegende Fördermenge an.

134. — **Das Abschälen des Stoßes.** Das weniger häufige Abschälen des Stoßes verzichtet auf Einbrüche und damit auf den Nachteil, im Inneren der Einbrüche auf noch weniger vom Abbaudruck vorbereitete Kohle zu treffen. Der endgültige Ausbau läßt sich bei diesem Verfahren allerdings erst nach Verhauen eines ganzen Feldes einbringen, so daß vorläufiger Ausbau vorzusehen ist, zum Teil unter Vorpfänden mittels Spitzen, die auf der einen Seite auf den im Fallen verlegten Kappen der letzten Stempelreihe ruhen und auf der anderen Seite von vorläufigen Stempeln gestützt werden.

Über die Stoßstellung im Verhältnis zu den Schlechten sind schon unter Ziff. 69, S. 358 nähere Ausführungen gemacht worden. Hier sei noch hinzugefügt, daß bei etwas stärkerem Einfallen annähernd die Fallrichtung eingehalten werden muß, da bei Schüttelrutschen oder Bandbetrieb in schräger Richtung Schwierigkeiten entstehen. Allerdings verzichtet man dann auf die volle Ausnutzung der Schlechten, wird dafür aber durch die Mitwirkung des Gebirgsdrucks auf die langen Stöße in etwa entschädigt.

135. — **Ordnung des Betriebes.** Je größer die Abbaubetriebspunkte geworden sind — 300 t Tagesförderung entsprechen heute schon dem Durchschnitt in flacher Lagerung, 500 t sind häufig und als Spitzenleistungen sind schon 1000 bis 1500 t erreicht — um so nachdrücklicher muß der Abbaubetrieb mit strenger

Regelmäßigkeit geführt werden. Die Arbeitsvorgänge Hereingewinnung, Versetzen und Umlegen des Strebfördermittels müssen ohne Zeitverlust und ohne gegenseitige Behinderung ineinandergreifen oder sich überdecken. In der Regel ist es so, daß in der ersten Schicht des Tages die Hereingewinnung, in der zweiten

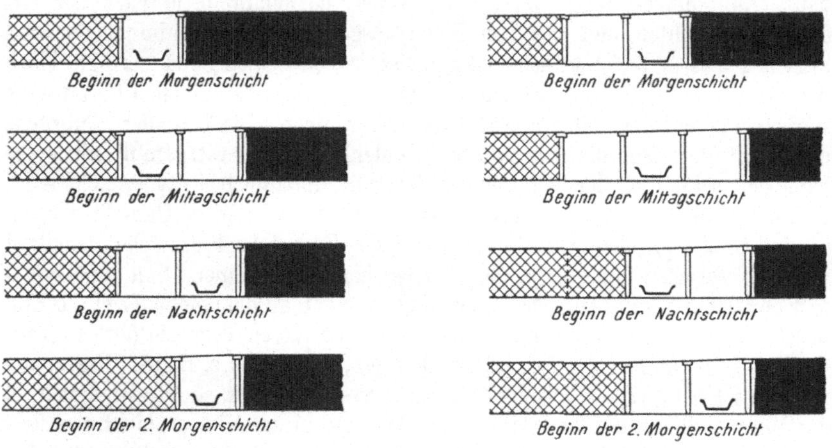

Abb. 374. Arbeitsverlauf bei 1 offenen Feld zu Beginn der Kohlenschicht und täglichem Umlegen.

Abb. 375. Arbeitsverlauf bei 2 offenen Feldern zu Beginn der Kohlenschicht und täglichem Umlegen.

das Umlegen, in der dritten das Versetzen erfolgt. Zur Hereingewinnung gehört noch das Beschicken des Fördermittels und das Verbauen, zum Versetzen das Umlegen der Kippstelle, zum Umlegen des Strebfördermittels noch das Umlegen der Ladestelle. Abb. 374 zeigt im Schnitt das entsprechende Fortschreiten

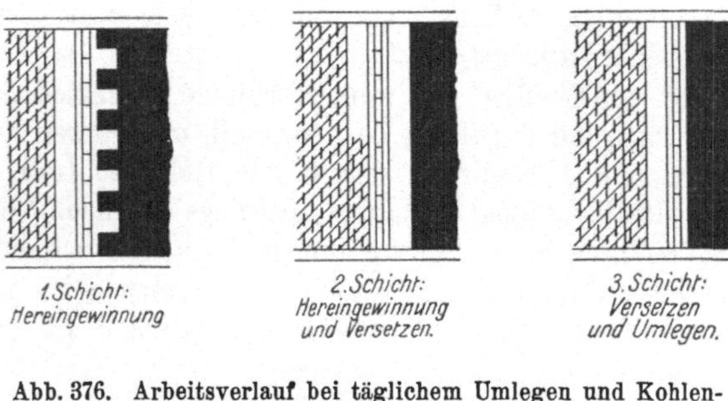

Abb. 376. Arbeitsverlauf bei täglichem Umlegen und Kohlengewinnung während 2 Schichten.

des Kohlenstoßes. Wird in der Frühschicht gekohlt, so finden zu Beginn dieser Schicht die Hauer ein Feld offen, in dem das Strebfördermittel verlegt ist. Zu Ende der Schicht sind zwei Felder offen. Muß aus Gründen der Versatzförderung oder des Gebirgsdruckes schon in der zweiten Schicht versetzt werden, so ist ein solcher Arbeitsverlauf nur durchzuführen, wenn zu Beginn der Kohlenschicht zwei Felder offen stehen und wenn in dem der Kohle benachbarten Feld das Strebfördermittel liegt. Auch die Notwendigkeit, Bergemittel auszuhalten und während der Hereingewinnung im Versatzfeld unterzubringen, erzwingt ein Offenhalten von mindestens zwei Feldern. In Abb. 375 ist ein solcher Fall vorgesehen. Bei einer Feldesbreite von 1,50 m ist also der Höchstabstand zwischen Kohlenstoß und Versatz etwa 3 m oder 4,50 m, der Mindestabstand r. 1,50 m oder 3 m.

In Abb. 376 ist ein streichender Strebbau wiedergegeben, bei dem die Her-

eingewinnung in zwei Schichten stattfindet und bei Anwendung von Blindort-
oder Blasversatz in der 3. Schicht das Abbaufördermittel umgelegt wird. Die
Abbildungen 377 und 378 zeigen, wie die Betriebsvorgänge in den einzelnen
Schichten aufeinander folgen können, wenn zweitägiger Verhieb erwünscht oder
notwendig ist, also nur alle zwei Tage ein Feld verhauen wird. Diese Notwendigkeit kann sich insbesondere bei Anwendung von Handversatz im Großabbau-
betrieb ergeben.

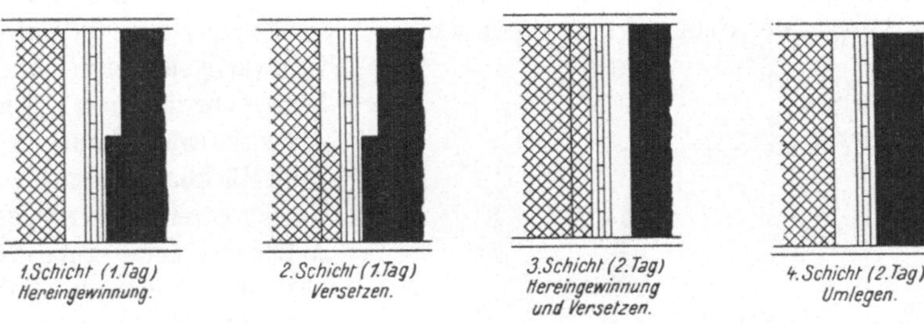

Abb. 377. Arbeitsverlauf mit Umlegen an jedem 2. Tag und 2 getrennten Kohlenschichten.

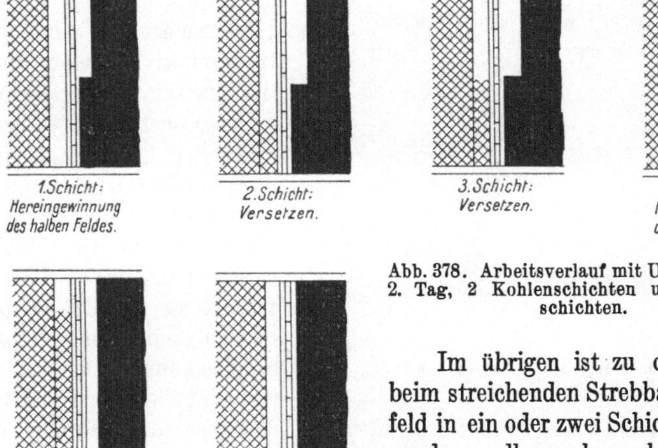

Abb. 378. Arbeitsverlauf mit Umlegen jeden
2. Tag, 2 Kohlenschichten und 4 Berge-
schichten.

Im übrigen ist zu der Frage, ob
beim streichenden Strebbau das Abbaufeld in ein oder zwei Schichten verhauen
werden soll, noch zu bemerken, daß
einschichtiger Abbau den Vorteil einer
besseren Ausnutzung der Fördermittel
und Ladestellen aufweist und für die gleiche Förderung mit einer etwas geringeren Belegschaft an Förderleuten u. dgl. auszukommen gestattet. Anderseits ist zweischichtiger Abbau weniger empfindlich gegen Förderausfälle,
die durch Betriebsstörungen verursacht werden. Es ist also leichter, durch solche
Störungen eingetretene Verluste wieder einzuholen. Dieser Gesichtspunkt wird
um so vordringlicher, je größer die tägliche Förderung ist. — Auch die Vorschrift der Begrenzung der Belegschaftszahl je Wetterabteilung spielt hier
eine Rolle (vgl. Ziff. 82 S. 369).

Die Abb. 373 (S. 410) zeigt einen Flözriß von streichendem Strebbau mit
streichendem Verhieb.

136. — **Der Strebbau als Rückbau.** Als Rückbau wird der Strebbau im

westdeutschen Steinkohlenbergbau nur verhältnismäßig selten betrieben. Häufig ist er dagegen im Ostrau-Karwiner Gebiet[1]). Er erfordert eine umfangreichere Vorrichtung. Außer einem Aufhauen — beim Vorwärtsbau die einzige Vorrichtungsarbeit — müssen auch die Abbaustrecken vorher aufgefahren werden. Es ist dieses mit größerem Zeitaufwand und einer längeren Festlegung von Anlagekapital verbunden. Auch werden häufig höhere Streckenunterhaltungsarbeiten insbesondere durch die dem Abbau vorauseilende Druckzone befürchtet. Man darf diese Kosten jedoch nicht überschätzen, denn ungleich größer sind die Auswirkungen des Gebirgsdrucks durch das sich absenkende Hangende auf die rückwärtigen Streckenteile beim Vorwärtsbau. Diese Auswirkungen kann man beim Rückbau durch Abwerfen der Strecken vermeiden. Anderseits sind große Vorteile des Rückbaus unbestreitbar. Sie liegen in der Aufklärung des Baufeldes, die bei dem heutigen Maschineneinsatz und den großen Fördermengen je Abbaubetriebspunkt besonders wichtig erscheint. Wetterkurzschlüsse oder Wetterverluste durch den Alten Mann sind nicht zu befürchten. Auch brauchen die Wetter nicht durch eine im Alten Mann verlaufende Strecke zurückgeführt zu werden, so daß sie sich weniger mit Methan beladen können. Das Methan verbleibt vielmehr im Alten

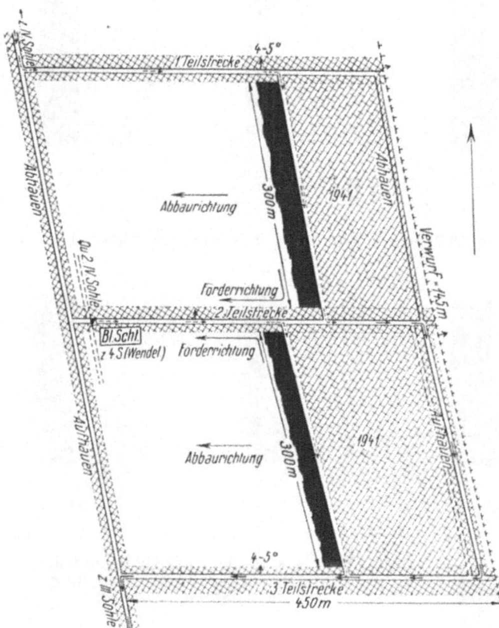

Abb. 379. Doppelstreb im Rückbau.

Mann, was von Gaßmann und Mommertz[2]) allerdings als nachteilig bezeichnet wird, da sie für das Ausspülen des einmal frei gewordenen Grubengases aus dem Grubengebäude eintreten.

Abb. 379 zeigt einen Strebbau als Rückbau der Zeche Walsum, und zwar werden hier zwei Streben, die auf eine gemeinsame mittlere Förderstrecke fördern, gleichzeitig zurückgebaut. Die Kohle gelangt von hier über eine im Blindschacht eingebaute Wendelrutsche zu einer Zentralladestelle. Die rückwärtigen Teile der Abbaustrecken werden im vorliegenden Falle, wie sonst beim Rückbau möglich, nicht abgeworfen, da sie für die Abführung der verbrauchten Wetter des unteren der beiden Streben benutzt werden.

---

[1]) Glückauf 1941, S. 577; F. Schmid: Das Ostrau-Karwiner Steinkohlenrevier und Ruhrgebiet; — ferner Glückauf 1940, S. 96; C. H. Fritzsche: Die Bergtechnik des Ruhrkohlenbergbaus, ein Rückblick und Ausblick.
[2]) Glückauf 1939, S. 522; Gaßmann und Mommertz: Schlagwetter im Abbau.

137. — Besonderheiten der Betriebsorganisation des Strebbaus beim Schrämen. Die Schrämarbeit mit dem eigentlichen Schrämen und der Talfahrt der Maschine stellt einen zusätzlichen Betriebsvorgang dar, der in die übrigen Betriebsvorgänge des Strebs, die Hereingewinnung, das Umlegen und Versetzen eingeordnet werden muß. Hierzu bedarf es einer klaren und straffen Organisation mit dem Ziel, eine möglichst gute Ausnutzung der Schrämmaschine zu erreichen und die anderen Betriebsvorgänge in der für sie vorgesehenen Zeit zu beenden. In den meisten Fällen wird in der Schrämschicht zugleich versetzt[1]). Es geschieht dieses deshalb, weil es sich hierbei um zwei voneinander unabhängige und durch eine Feldbreite räumlich voneinander getrennte Betriebsvorgänge handelt. Bei Handversatz ist zudem eine andere Lösung gar nicht möglich, da das Strebfördermittel für die Bergeförderung gebraucht wird. Blindort- und Blasversatz könnte dagegen nicht nur in der Schrämschicht, sondern auch in der Gewinnungs- oder Umlegeschicht eingebracht werden. Das Rauben des Ausbaus beim Bruchbau empfiehlt sich dagegen während der Gewinnungsschicht nicht.

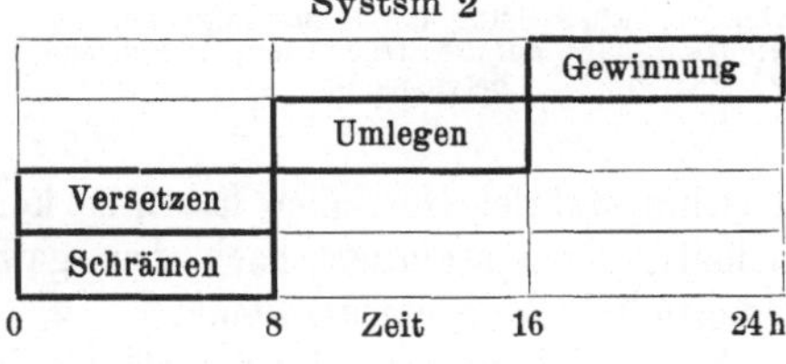

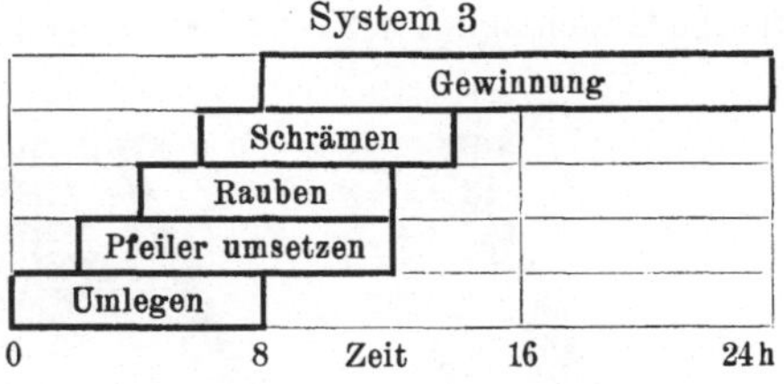

Auf die Schräm- und Versatzschicht folgt entweder die Kohlenschicht und dann die Umlegeschicht (System 1) oder erst das Umlegen und dann das Abkohlen (System 2). Das System 1 wird etwas häufiger angewandt als das System 2. Es hat den Vorteil geringerer Störungsempfindlichkeit, da das Abkohlen beginnen kann, auch wenn in der vorhergehenden Schicht nicht zu Ende geschrämt werden konnte, während beim System 2 der Beginn des Abkohlens vom beendigten Umlegen des Fördermittels und der Ladestelle abhängig ist und mit dem Umlegen nicht begonnen werden kann, ehe das Schrämen nicht völlig beendet ist. Zudem muß das Schramklein während des Schrämens geladen werden, wozu man das Fördermittel betreiben und Ladepersonal bereithalten muß. Auch kann, wie die Abb. 380 erkennen läßt, beim System 1 die Streböffnung enger gehalten werden als beim System 2. Schließlich folgt beim System 1 die Gewinnung unmittelbar auf die Herstellung des Schrams, der Schram kann sich nicht so leicht zudrücken, und das Hangende wird nach dem Unterschrämen schneller vom Ausbau unterstützt. — Anderseits sind als Vorteile des Systems 2 geltend zu machen, daß die Wurfweite geringer ist und Bergemittel oder Nachfallpacken sich leicht in dem hinter der Rutsche noch offenen Feld unterbringen lassen.

---

[1]) Glückauf 1941, S. 5; G. W i l d e: Der Einsatz von Schrämmaschinen.

Eine dritte Organisationsform ist nach System 3 durch eine weitgehende Überlappung der Betriebsvorgänge gekennzeichnet. Man erreicht dadurch eine gute Ausnützung des Kohlenstoßes und die Möglichkeit, in zwei Schichten hereingewinnen zu können. Nachteile dieses Systems sind die verschiedenen Anfahrzeiten der Belegschaft und die größere Empfindlichkeit des Betriebsablaufs gegen Störungen, so daß gleichmäßige Lagerungsverhältnisse und ein sicherer und leistungsfähiger Förderbetrieb Voraussetzungen für seine Anwendbarkeit sind.

Die Feldbreite ist beim Schrämen gleichbedeutend mit der Schramtiefe. Sie soll im Hinblick auf die Wirtschaftlichkeit des Gesamtbetriebes so groß wie möglich gewählt werden. Für die Wahl großer Schramtiefen spricht auch der dann erreichbare Vorteil, das Maschinenfahrfeld mit dem Fördermittel in eine Feldbreite unterzubringen, also das gesonderte Maschinenfahrfeld fortfallen lassen zu können. In Bruchbaustreben ist es vorteilhaft, die Schramtiefe nach dem gewünschten Abstand des Abrisses der Hangendschichten einzurichten[2]).

Abb. 380. Einwirkung der Reihenfolge der Betriebsvorgänge auf die Streböffnung in Schrämbetrieben[1]).

Für die Bemessung der Streblänge sind schramtechnische und abbautechnische Gesichtspunkte zu berücksichtigen. In den meisten Fällen werden Streblängen zwischen 150 m und 350 m gewählt, für die in der Regel zwei Schrämmaschinen zum Einsatz kommen.

138. —Besonderheiten bei größerem Einfallen. Überschreitet das Einfallen etwa 25°, so kann beim streichenden Strebbau die Schüttelrutsche durch eine feste Rutsche ersetzt werden, und zwar ist dieses für Kohle im allgemeinen etwas eher der Fall als für die schwerer rutschenden Berge, vor allem

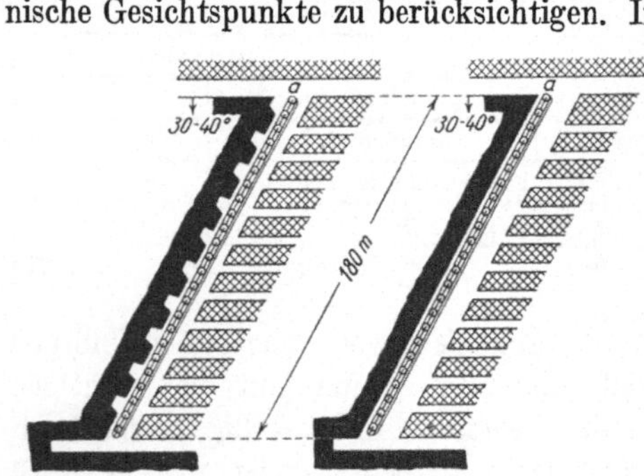

Abb. 381. Streichender Strebbau mit Hemmförderer bei mittelsteilem Einfallen (links: Anfang der Morgenschicht, rechts: Ende der Mittagsschicht).

wenn es sich um lettige Waschberge handelt. Zugleich nehmen aber die Schwierigkeiten eines streichenden Verhiebs zu. Die Geschwindigkeit, mit der Kohle und Berge in der festen Rutsche und schließlich ohne Rutsche auf dem Liegenden sich bewegen, vermehren Unfallgefahr und Staubbildung, so daß

---

[1]) In der Abb. 380, System 2 fehlt bei 1 und 2 der Schramschlitz.
[2]) Glückauf 1936, S. 1045; A. Haarmann: Erfahrungen mit Teilversatz und Bruchbau auf der Zeche Minister Achenbach.

oberhalb 25—30° vor einigen Jahren noch streichender Strebbau mit streichendem Verhieb kaum angewandt wurde. Mit der Zeit sind jedoch die Schwierigkeiten überwunden, und es ist durch die Benutzung von Schutzbühnen, vor allem aber durch die Entwicklung mechanischer Hemmförderer (s. Bd. II) gelungen, noch bis 35 oder 40° die Hauer zur Durchführung des streichenden Verhiebs am Kohlenstoß zu verteilen (Abb. 381) und auch streichend zu versetzen. Die großen flachen Bauhöhen, wie in der flachen Lagerung, lassen sich allerdings nicht erzielen.

Überschreitet das Einfallen 35—40°, so ist es zweckmäßig, das natürliche Einfallen, also die Schwerkraft zur Abbauförderung heranzuziehen. Es kann dieses durch schwebenden oder fallenden Verhieb geschehen oder aber, was noch mehr vorzuziehen ist: der streichende Strebbau muß durch den Schrägbau (Schrägfrontbau) ersetzt werden.

β) Streichender Strebbau mit schwebendem Verhieb.

139. — Das gewöhnliche Verfahren. Hierbei wird nicht wie bei streichendem Verhieb die Strebfront in ihrer ganzen Länge angegriffen, vielmehr wird das abzubauende Feld von unten nach oben verhauen. Rein technisch gesehen besteht die Möglichkeit hierzu in flacher und auch noch halbsteiler Lagerung, während bei steilem Einfallen schwebender Verhieb infolge der Kohlenfallgefahr völlig ausscheidet. Belegt ist also nur ein Kohlenstoß (hier häufig „Knapp" genannt) von 1,5—2 m oder bei gleichzeitiger Inangriffnahme von 2, 3 oder 4 Feldern ein Knapp von 3—6 m, der von unten nach oben fortschreitend hereingewonnen wird. Die zwischen zwei Abbaustrecken vorgerichtete Strebfront ist also nur sehr wenig ausgenutzt, und die Förderung je Abbaubetriebspunkt erreicht bei Her-

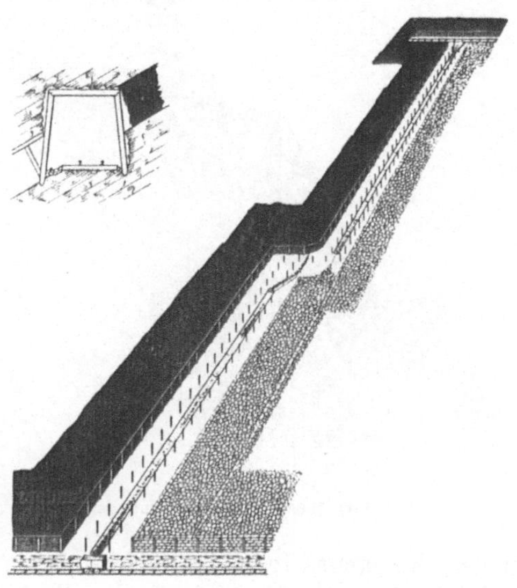

Abb. 382. Streichender Strebbau mit schwebendem Verhieb.

eingewinnung durch Abbauhämmer nur 30—60 t täglich, also nur Bruchteile der beim streichenden Verhieb erzielbaren Mengen. Die flachen Bauhöhen werden deshalb auch wesentlich geringer gewählt und belaufen sich meist auf 30—50 m. Abb. 382 gibt ein Beispiel von einem Strebbau mit schwebendem Verhieb wieder, als dessen allgemeiner Vorzug die schnelle Einbringung des Bergeversatzes genannt wird, da ohne besondere Schwierigkeiten zu gleicher Zeit versetzt und gekohlt werden kann. Von mancher Seite wird auch geltend gemacht, daß der Feinkohlenanfall geringer sei, der Gebirgsdruck also auf die Kohle vor ihrer Hereingewinnung besonders bei breiten Knäppen weniger einwirke als bei streichendem Verhieb.

Eine grundsätzlich andere und wesentlich günstigere Beurteilung verdient der streichende Strebbau mit schwebendem Verhieb dann, wenn der Verhiebfortschritt wesentlich gesteigert werden kann. Dieses ist durch Einsatz von Gewinnungs- und Lademaschinen (s. Ziff. 41, S. 177) neuerdings gelungen. Durch sie sind je Tag Stoßlängen von 100—140 m bei Feldbreiten von etwa 2 m schwebend hereingewonnen und Fördermengen von 300—400 t und mehr erzielt worden. Es ist anzunehmen, daß diese Ergebnisse im Laufe der nächsten Jahre noch übertroffen werden.

γ) Streichender Strebbau mit fallendem Verhieb.

140. — Gewöhnliche Ausbildung des Verfahrens. Wie der schwebende Verhieb überhaupt nur bei flachem und halbsteilem Einfallen möglich ist, so kann der fallende Verhieb mit Vorteil nur in halbsteiler, vor allem aber in steiler Lagerung durchgeführt werden. Bei ihm wird ein Knapp von 1—3 Feld Breite von oben nach unten verhauen. In der einfachen Ausführung dieses Abbauverfahrens betragen die flachen Bauhöhen 20—40 m und die täglichen Fördermengen 20—30 t. Durch Bau von Schutzbühnen können auch zu gleicher Zeit zwei Knapps in Verhieb genommen werden, und ein dritter Ansatzpunkt läßt sich durch Vortreiben des unteren Teiles des Kohlenstoßes in streichender Richtung erreichen.

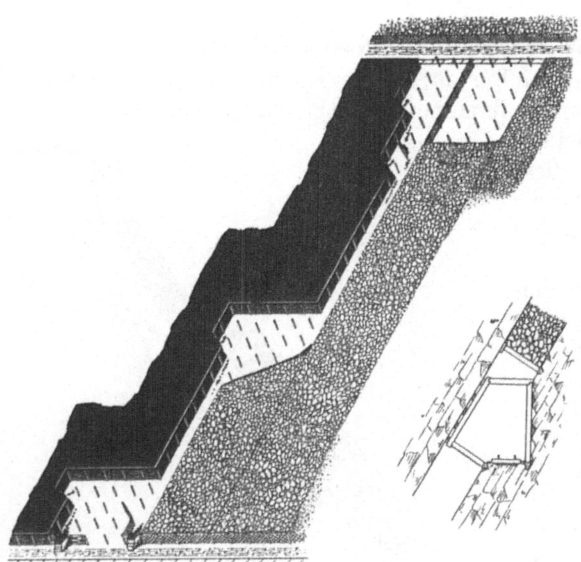

Abb. 383. Streichender Strebbau mit fallendem Verhieb.

Abb. 383 veranschaulicht ein solches Verfahren, bei dem 50—70 t täglich hereingewonnen werden können. Da der Abstand des Kohlenstoßes vom Versatz hierbei jedoch auf 5—8 Felder anwachsen kann, ist gute Beschaffenheit des Hangenden Bedingung. Schließlich ist es, besonders in der halbsteilen Lagerung, auch möglich, schwebenden und fallenden Verhieb in demselben Streb zu gleicher Zeit durchzuführen und auf diese Weise an mehr als einer Stelle den Kohlenstoß in Angriff zu nehmen.

141. — Ausbildung als Speicherbau. Um den Fall der Kohle und ihre Zertrümmerung zu mildern, können ähnlich wie es Abb. 392 für den schrägbauartigen Verhieb zeigt, auch beim Strebbau mit fallendem oder schwebendem Verhieb ein oder mehrere Felder durch einen Verschlag abgetrennt und die hereingewonnenen Kohlen zunächst in ihnen aufgespeichert werden. Nur die im Speicher infolge des größeren Raumbedarfs lose geschütteter Kohle nicht unterzubringen-

den Mengen werden abgezogen, während die Abförderung der Hauptmenge erst
nach beendigtem Verhieb des ganzen oder des halben Knapps erfolgt. Häufig
ist der Speicherbau nicht, da er nur unter Hangendschichten, die sich wenig absenken und die gewonnene Kohle nicht wieder festdrücken, angewandt werden
kann. Auch ist die erstrebte Schonung der Kohle meist nicht sehr groß.

δ) Der schwebende Strebbau.

142. — Allgemeines. Beim schwebenden Strebbau wird die gesamte Abbaufront schwebend, also von unten nach oben vorgetrieben. Wegen der bei
größerem Einfallen zunehmenden Kohlenfallgefahr und Schwierigkeit, das Strebfördermittel zu verlegen, ist sein Anwendungsbereich auf flachgelagerte Flöze
mäßiger Mächtigkeit beschränkt. Trotz verschiedener Vorteile, die in erster Linie

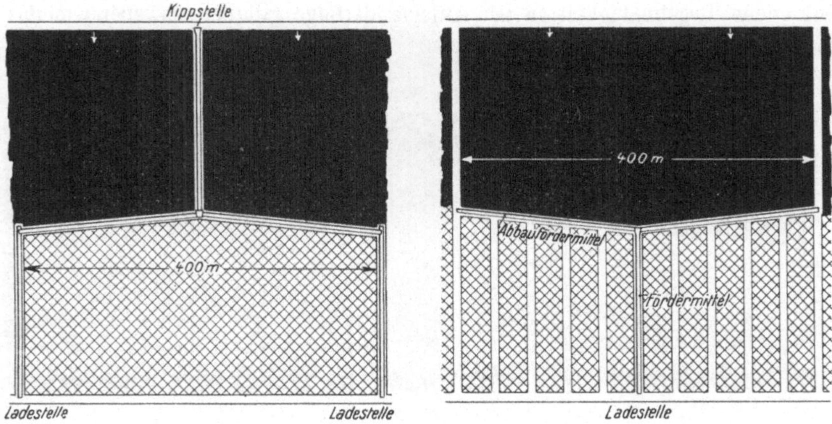

Abb. 384. Zweiflügeliger schwebender Strebbau.

in den ortsfest zu haltenden Kipp- und Ladestellen und guter Ausnutzung der
Fördermittel zu erblicken sind sowie in der Möglichkeit, einen Bauabschnitt in
besonders kurzer Zeit abbauen zu können, wird er im deutschen Steinkohlenbergbau im Gegensatz zum englischen verhältnismäßig selten angewandt. Die
Gründe hierfür sind in der Notwendigkeit zu sehen, bei diesem Verfahren die
streichenden Abbaustrecken vorher aufzufahren und auch eine größere Zahl
von Fördermitteln einsetzen zu müssen.

143. — Verschiedene Ausführungsformen. Die Vorrichtung besteht in
den schon erwähnten Abbaustrecken sowie in einem sie verbindenden Aufhauen,
das der Wetterführung und Bergezufuhr dient. Wie dieses Abb. 384 veranschaulicht, wird der schwebende Strebbau zweckmäßig zweiflügelig geführt, d. h. die Abbaufronten schließen sich zu beiden Seiten des in der Mitte gelegenen Aufhauens an.
Der Abbau beginnt an der unteren Abbaustrecke in einer Länge von 2 mal 100 m
oder auch 2 mal 200 m, so daß ein Stoß von insgesamt 200—400 m Länge schwebend zu Felde getrieben wird. Die beiden Abbaustöße liegen entweder parallel
der Abbaustrecken in einer Linie, oder sie sind nach abwärts geneigt und schließen
einen mehr oder weniger stumpfen Winkel ein. Letzteres wird vorgezogen, um
die Abbauförderung durch Ausnutzung des Einfallens etwas zu erleichtern. Im
übrigen ist, wie beim streichenden Strebbau, auch die Richtung der Schlechten

maßgebend: je mehr sie sich der Streichrichtung nähern, um so vorteilhafter wird dieser Abbau. Die Abbaufördermittel gießen ihre Kohle auf Rutschen oder Bänder aus, die in schwebenden, an den Rändern des Abbaus nachgeführten Strecken verlegt sind und mit fortschreitendem Abbau immer länger werden. Je nach der Flözmächtigkeit muß in ihnen das Nebengestein nachgerissen werden oder nicht. Im Gegensatz zu diesen schwebenden Kohlenabfuhrstrecken wird die der Bergezufuhr dienende Strecke — (Aufhauen) immer kürzer. Im übrigen kann der schwebende Strebbau mit Handversatz, Spül-, Blas- oder Blindortversatz durchgeführt werden. Der Verhieb erfolgt durchweg schwebend entweder mittels Einbrüchen oder durch „Abschälen". Bei Hand- oder Blasversatz ist der Arbeitsverlauf in der Regel so, daß in der einen Schicht auf der einen Seite gekohlt und auf der anderen versetzt wird, in der zweiten Schicht umgekehrt. Hinsichtlich der Einteilung der Arbeitsvorgänge und ihrer streng durchzuführenden Regelmäßigkeit in der Aufeinanderfolge gilt bei schwebendem das gleiche wie bei streichendem Strebbau.

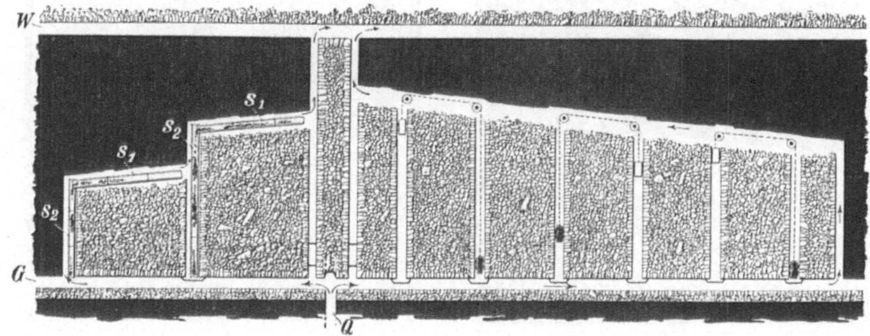

Abb. 385. Schwebender Strebbau mit breitem Blick und mit abgesetzten Stößen.

Anstatt, wie oben beschrieben, nur ein Aufhauen als Vorrichtungsbau aufzufahren und dieses als Wetterabfuhrstrecke für beide Streben sowie zur Bergezufuhr zu verwenden, dafür aber zwei Ladestellen für die Kohlen zu erhalten, kann auch ein anderes Verfahren gewählt werden (Abb. 384 rechts). Dieses benötigt zwei Aufhauen. Sie liegen an den östlichen Rändern des abzubauenden Flözstreifens, die beiden Abbaufronten entwickeln sich zwischen ihnen und gießen ihre Kohle in eine schwebende Strecke aus, die von unten nach oben nachgeführt und dem Abbaufortschritt entsprechend verlängert wird. Man benötigt also nur eine Kohlenladestelle. Liegen die beiden Abbaufronten in einer Geraden, so bilden sie mit der schwebenden Kohlenabfuhr ein T und man spricht vom T-Bau, schließen die Abbaustöße einen stumpfen Winkel miteinander ein, so spricht man vom Y-Bau. Die umgekehrte Stoßstellung, die dadurch gekennzeichnet wäre, daß die beiden Abbaustöße einen Winkel von mehr als 180⁰ einschlössen, hat zur Folge, daß die Wetter am Kohlenstoß abwärts geführt werden müssen, und ist daher nur bei ganz flacher Lagerung oder in grubengasfreien Flözen bedenkenlos.

Auch als Einzelstoß kann der schwebende Strebbau durchgeführt werden. Hierbei sind jedoch die schwebenden Förderstrecken nicht so gut ausgenutzt wie bei einem Doppelstreb.

144. — Schwebender Strebbau mit kurzen Stößen. Eine Abart des schwebenden Strebbaus, bei dem wegen der sehr geringen Flözmächtigkeit von 0,40—0,50 m auf eine maschinelle Abbauförderung verzichtet wird, findet sich z. B. im Steinkohlenbergbau von Obernkirchen. Wie Abb. 385 erkennen läßt, sind hier je zwei benachbarte schwebende Förderstrecken durch eine gemeinsame Bremseinrichtung miteinander verbunden, so daß jede nur einspurig hergestellt zu werden braucht. — Die Förderung am Kohlenstoß und in den schwebenden Streben kann auch durch Schüttelrutschen vermittelt werden, jedoch ist es dann zur besseren Ausnutzung der Fördermittel nötig, die Stöße länger zu wählen. Bei der auf dem linken Teil der Abb. 385 getroffenen Anordnung muß zugleich die Möglichkeit bestehen, auf die Zufuhr fremder Berge verzichten zu können.

2. Der Schrägbau.

145. — Allgemeines. Der gewöhnliche Strebbau eignet sich in den steilen Lagerungsgruppen im Gegensatz zur flachen Lagerung nicht zur Einrichtung von Großabbaubetriebspunkten. Er bietet nicht die Möglichkeit, in streichendem Verhieb eine größere Anzahl von Hauern, die bei der Gewinnung sowie der Kohlen-, Versatz- und Holzförderung voneinander abhängig sind, ohne besondere Maßnahmen dicht neben- oder übereinander anzusetzen. Die Kohlenfallgefahr verhindert dieses. Außerdem sprechen gegen die Einrichtung langer Abbaufronten beim Strebbau in steiler Lagerung die Zerkleinerung der Kohle beim Fall aus großer

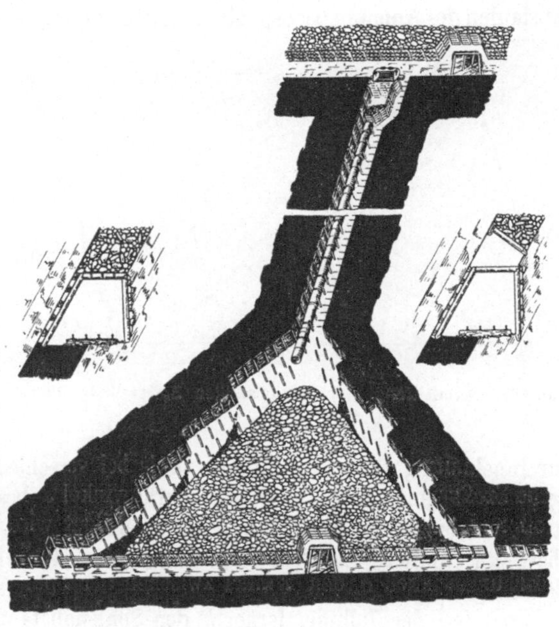

Abb. 386. Ansetzen eines Schrägbaues.

Höhe sowie die damit verbundene starke Staubentwicklung, welche die Arbeiter belästigt und in ihrer Leistungsfähigkeit beeinträchtigt.

Im Schrägbau[1]) hat man jedoch ein Mittel gefunden, diesen Nachteilen zu begegnen, eine größere Anzahl von Kohlenhauern an der Abbaufront anzusetzen und diese streichend zu verhauen. Vom Strebbau unterscheidet sich der

---

[1]) Glückauf 1927, S. 965; Benthaus: Zusammenfassung der Abbaubetriebe in steil gelagerten Flözen; — ferner Glückauf 1935, S. 245; Glebe u. Gremmler: Neuzeitliche Gestaltung des Abbaus steil gelagerter Steinkohlenflöze; — ferner Abhandlungen von H. Braune, E, Glebe, H. Müller, G. P. Winkhaus im Arch. f. bergb. Forschung, Heft 2, 1941.

Schrägbau durch Schrägstellung des Stoßes. Auf Grund dieses in seiner Auswirkung außerordentlich wichtigen, jedoch grundsätzlich geringfügigen Unterschiedes könnte der Schrägbau auch als eine Unterart des Strebbaus betrachtet
werden, um so mehr als in flacher Lagerung jede Stoßstellung möglich ist, ohne
daß dadurch der Geltungsbereich des Begriffes Strebbau überschritten würde.
In den steilen Lagerungsgruppen sind jedoch mit der Schrägstellung viel weit-
gehendere Wirkungen und umfangreichere betriebliche Maßnahmen verknüpft
als in flacher Lagerung. Es rechtfertigt sich daher, den Schrägbau als selbstständiges Abbauverfahren neben den Strebbau zu stellen.

146. — Der Böschungswinkel und Schrägwinkel beim Schrägbau.

Den Böschungswinkel des Stoßes wählt man so, daß das Fördergut noch gut
rutschen, anderseits aber keine zu große Geschwindigkeit annehmen kann. Im
übrigen darf der Stoß aber auch nicht zu flach in der Flözebene geneigt sein,
weil sonst zu viel Zeit vergeht, ehe der Abbau in vollem Betrieb ist und außerdem in Betracht gezogen werden muß, daß eine ähnliche Zeitspanne, wie
sie das Anlaufen eines Schrägbaues erfordert, auch für das Beenden oder
Auslaufen des Abbaubetriebspunktes notwendig ist. Abb. 386 zeigt eine Möglich-

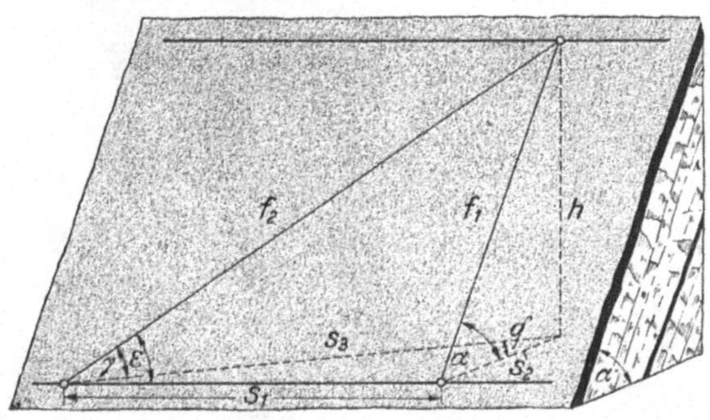

keit, einen zweiflügligen
Schrägbau anzusetzen.
Statt des abgebildeten
Verfahrens wird auch
zuweilen von Schrägauf-
hauen Gebrauch gemacht.

Unter Berücksichti-
gung dieser Gesichts-
punkte schwankt in der
Regel dieser Winkel —
d. h. der Winkel, den die
Stoßlinie mit ihrer söhligen Spur bildet — zwi-
schen 26° und 45°. Die

zur Innehaltung dieses Böschungswinkels bei verschiedenem Einfallen erforderliche Stoßneigung wird durch den Schrägwinkel ε bestimmt, der vom Abbaustoß und der Streichlinie (Ladestrecke) gebildet wird. Er kann aus Abb. 387
abgeleitet werden. In ihr bedeuten α den Fallwinkel des Flözes, γ den
Böschungswinkel, δ den Winkel zwischen der Spur (s_3) des Abbaustoßes und
der Spur (s_2) der Fallinie, ferner h den Sohlenabstand, f_1 die flache Bauhöhe
und f_2 den Abbaustoß. Es ist dann

$$h = f_1 \cdot \sin \alpha$$

und
$$h = f_2 \cdot \sin \gamma ,$$

also ist
$$f_1 \cdot \sin \alpha = f_2 \cdot \sin \gamma$$

oder
$$\frac{f_1}{f_2} = \frac{\sin \gamma}{\sin \alpha}$$

und da
$$\frac{f_1}{f_2} = \sin \varepsilon ,$$

so folgt
$$\sin \varepsilon = \frac{\sin \gamma}{\sin \alpha} .$$

Aus dem Böschungs- und dem Einfallwinkel läßt sich. also der Schrägwinkel leicht berechnen.

Bezeichnet man dann mit s_1 den erforderlichen Abstand des Stoßes auf der unteren Sohle von der Fallinie (d. h. von dem Aufhauen, von dem aus der Abbau angesetzt wird), so gilt

$$s_1 = \frac{t_1}{\operatorname{tang} \varepsilon} = s_2 \cdot \operatorname{tang} \delta .$$

Für ε ergeben sich bei verschiedener Größe der Winkel α und γ die folgenden abgerundeten Werte:

		$\gamma = 30^0$	35^0	40^0	45^0	50^0
	30^0	90^0	—	—	—	—
	40^0	51^0	$63^1/_4{}^0$	90^0	—	—
	50^0	$40^3/_4{}^0$	$48^1/_2{}^0$	57^0	$67^1/_2{}^0$	90^0
$\alpha =$	60^0	$35^1/_4{}^0$	$41^1/_2{}^0$	48^0	$54^3/_4{}^0$	$62^3/_4{}^0$
	70^0	$32^1/_4{}^0$	$37^1/_2{}^0$	$43^1/_4{}^0$	$48^3/_4{}^0$	$54^1/_2{}^0$
	80^0	$30^1/_2{}^0$	$35^1/_2{}^0$	$40^3/_4{}^0$	46^0	51^0

Nimmt man den seigeren Sohlenabstand h mit 100 m an, so errechnen sich für s_1 gemäß den verschiedenen Werten von α und γ die folgenden Größen in m (abgerundet):

		$\gamma = 30^0$	35^0	40^0	45^0	50^0
	30^0	—	—	—	—	—
	40^0	126	79	—	—	—
	50^0	152	115	84	54	—
$\alpha =$	60^0	164	131	105	83	60
	70^0	170	137	114	94	75
	80^0	172	142	119	99	82

147. — Die Schrägfördermittel. Die Werte der Spanne, innerhalb deren der Böschungswinkel des Stoßes schwanken kann, sind durch die Verschiedenartigkeit der Schrägbaufördermittel bedingt. Den geringsten Böschungswinkel — 32—35⁰ — setzen Mulden und Winkelrutschen voraus. Bei Emailrutschen kann er sogar bis 28⁰ sinken, so daß Schrägbau schon bei einem natürlichen Einfallen von etwa 30⁰ möglich ist. Die Rutschen schonen die Kohle und können entweder auf die Bergeböschung oder auf den Stempelreihen verlagert werden, wobei allerdings die Gefahr von Feinkohlenverlusten besteht. Eine Neigung von 40⁰ ist erforderlich, wenn die Kohlen auf der natürlichen Bergeböschung, die zum mindesten mit einer Decke von Waschbergen überkippt sein muß, rutschen sollen. Die Bergeböschung kann auch mit Versatzdraht abgedeckt sein, wofür eine Neigung von 40—45⁰ notwendig ist. Die Feinkohle füllt hierbei die Versatzdrahtmaschen aus, so daß sich eine gute Rutschfläche bildet. Vorteilhaft bei diesem Verfahren ist, daß jede Bergeart verwandt werden kann, nachteilig jedoch, daß stärkere Staubbildung eintritt und die Kohlen weniger geschont werden. Bei Anwendung von Holzbohlen ist ebenfalls eine Neigung von 40—45⁰ Voraussetzung. Ein Vorteil der Holzbohlen ist, daß sie das Versatzfeld abtrennen, somit Hereingewinnung und Bergeversatz gleichzeitig ermöglichen. Recht umständlich ist jedoch das Umlegen der Bohlen. Um hier an Zeit zu sparen, erfolgt das Umlegen häufig nur alle 2—3 Felder. Bei welligem Liegenden und unvollkommener Abdichtung besteht die Gefahr größerer Kohlenverluste.

Auch sind Querbühnen als Schutz und Kohlensammelbühnen notwendig. Als fünftes Schrägfördermittel sind schließlich mechanische Hemmförderer zu nennen, die im Bereich von 30—65° gleicherweise anwendbar sind. Ihr Vorteil ist in großer Schonung der Kohle, ihr Nachteil in ihren Anschaffungs- und Betriebskosten zu erblicken sowie darin, daß das Einbringen von Bergen mit ihrer Hilfe nur schwer möglich ist.

148. — Die Verhiebarten beim Schrägbau. Es haben sich vier verschiedene Verhiebarten herausgebildet: der knappweise Verhieb, der firstenbauartige Verhieb, der sägeblattartige Verhieb und der Verhieb mit Einbrüchen.

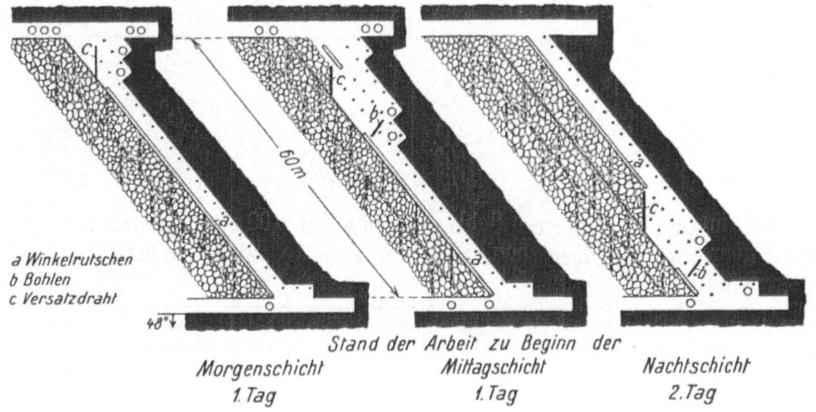

Abb. 388. Schrägbau mit knappweisem Verhieb.

Beim knappweisen Verhieb wird, wie Abb. 388 zeigt, der Kohlenstoß in einem oder mehreren — bei gutartigem Gebirge bis etwa zu vier — Knäppen von oben nach unten verhauen. Dieses Verfahren ist schon alt und lehnt sich an den streichenden Strebbau mit fallendem Verhieb unmittelbar an. Es hat den Vorteil einer guten Hackenleistung, da z. B. keine zeitraubende Herstellung von Einbrüchen erforderlich ist. Ein entscheidender Nachteil des knappweisen Verhiebs ist jedoch, daß er nur wenigen Leuten gleichzeitig an der Kohle zu arbeiten gestattet. Durch gleichzeitiges Versetzen und Abkohlen in allen drei Schichten läßt sich dieser Nachteil allerdings mildern, so daß Tagesfördermengen bis 100 t erreichbar sind. Für Großbetriebe kommt jedoch nur einer der übrigen drei Verhiebarten in Betracht. Durch sie kann die tägliche Fördermenge auf 150—300 t und mehr gesteigert werden.

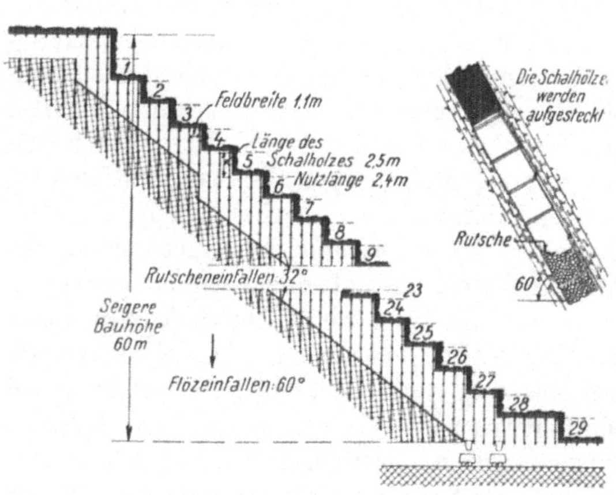

Abb. 389. Schrägbau mit firstenbauartigem Vertrieb.

Von diesen Verhiebarten hat der firstenbauartige Verhieb mit streichenden Firsten (Abb. 389) den besonderen Vorteil, eine große Anzahl von Angriffspunkten zu ermöglichen. Die Höhe der Stufen beträgt entweder 2—3 m oder das Doppelte dieses Wertes. Die kleinen oder „einfachen" Firsten werden bei Flözen mittlerer und größerer Mächtigkeit und auch bei solchen, die zum Auslaufen neigen, bevorzugt, die großen oder „Doppelfirsten" in dünnen Flözen mit festerer Kohle. Je ein Hauer wird entweder zwei niedrigeren Firsten oder einer Doppelfirste zugeteilt. Die Zahl der Hauer je Abbaubetriebspunkt kann dabei auf 15—20 und mehr steigen. Ein Vorteil dieser Verhiebart ist auch, daß er sehr anpassungsfähig an wechselnde und gestörte Lagerungsverhältnisse ist, da der Ausbau fallend verläuft und nicht umgeschoben werden kann. Er empfiehlt sich jedoch nur bei einem Einfallen über 45⁰ und in Flözen ohne Bergemittel und Nachfallpacken. Nachteilig ist allerdings, daß die Kohle in den einspringenden Ecken der Firsten vielfach sehr fest zu sein pflegt und sie Gelegenheit zur Ansammlung von Schlagwettern bieten kann.

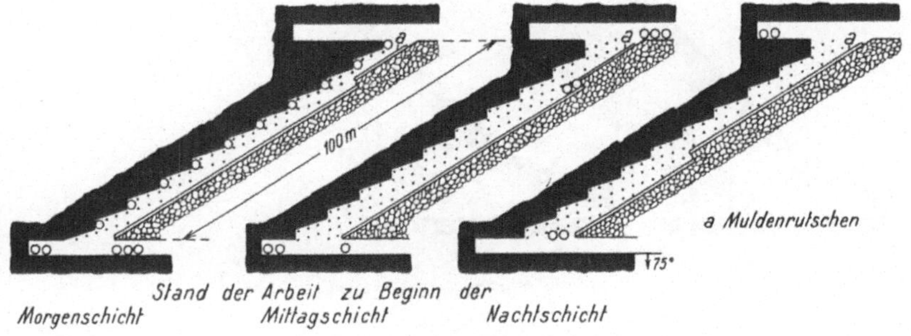

Abb. 390. Schrägbau mit sägeblattartigem Verhieb.

Diese Nachteile vermeidet der sägeblattartige Verhieb, der allerdings, wie ein Vergleich der Abbildungen 389 und 390 erkennen läßt, nur etwa zwei Drittel der Belegschaft am Kohlenstoß einzusetzen gestattet wie der firstenbauartige Verhieb. Vorteilhaft beim sägeblattartigen Verhieb ist weiterhin, daß der Hauer den Abbauhammer mehr schräg nach unten gerichtet ansetzen kann und weniger von dessen Gewicht belastet wird. Auch kann der Abstand zwischen Kohlenstoß und Bergeböschung geringer gehalten werden, was sich günstig auf Stückkohlenanfall und Staubbildung auswirkt. Der Ausbau wird entweder im Einfallen oder in der Verhiebrichtung verlegt. Der ersteren Anordnung, die der in der Abb. 389 gezeigten gleicht, gibt man den Vorzug, wenn das Nebengestein schlecht ist, die Kohle zum Auslaufen neigt und die Lagerung sehr unregelmäßig ist. Die Kappen finden gegenseitig Halt und laufen nicht Gefahr, umgeschoben zu werden. Etwas einfacher und billiger ist der in der Verhiebrichtung verlegte Ausbau (Abb. 390). Er hat allerdings den Nachteil, daß Ausbau und die der Förderung dienenden festen Rutschen einen sehr spitzen Winkel miteinander bilden. Infolgedessen erweist es sich vielfach als notwendig, zahlreiche Stempel wegzuschlagen, um dem Rutschenstrang freien Durchgang zu verschaffen. Der in der Verhiebrichtung verlegte Ausbau kann somit nur bei günstigen Nebengesteinsbedingungen angewandt werden[1]).

---

[1]) Näheres über Ausbau vgl. Abschnitt Grubenausbau in Band II.

Der Verhieb mit Einbrüchen (Abb. 391) stellt eine unmittelbare Übertragung des streichenden Verhiebs von der flachen auf die steile Lagerung bei schräggestelltem Stoß dar. Sein Anwendungsbereich liegt meist bei Flözeinfallen unter 45⁰, da bei steilerem Einfallen die Kohlenfallgefahr steigt. Er gestattet zwar eine verhältnismäßig gute Ausnützung des Kohlenstoßes, erfordert jedoch eine weiche lagenreiche Kohle, da sonst die Herstellung der Einbrüche zuviel Zeit erfordert. Nachteilig ist auch, daß die Hauer beim Einkerben und Durcharbeiten (Wegnahme der Kohle zwischen den Einbrüchen) gefährdet sind. Die Hackenleistung läßt daher vielfach zu wünschen übrig.

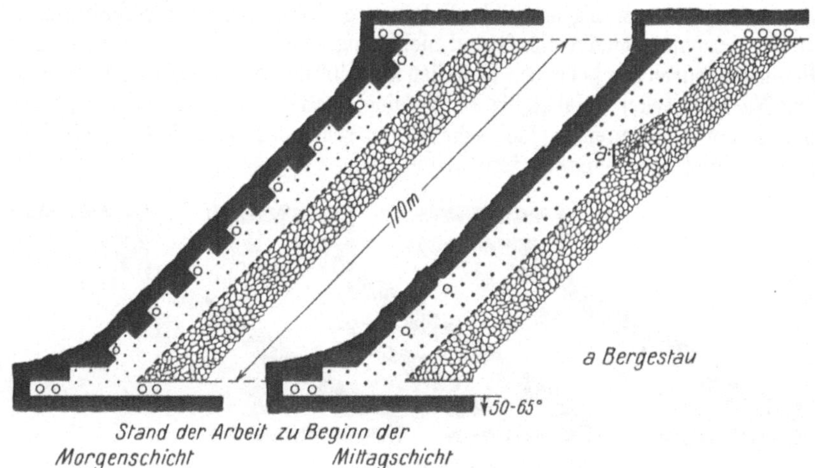

Abb. 391. Schrägbau mit Einbrüchen.

Diese verschiedenen Verhiebarten können in Verbindung mit den verschiedenen in Ziff. 147 erwähnten Fördermitteln angewandt werden. So kann man von Rutschenschrägbau, Böschungsschrägbau, Bohlenschrägbau mit firstenbauartigem, sägeblattartigem usw. Verhieb sprechen oder auch von Rutschenschrägbau mit firstenbauartigem Verhieb und Blindortversatz oder Blasversatz u. dgl. oder von Rutschenschrägbau mit sägeblattartigem Verhieb und schwebendem Ausbau oder diagonalem Ausbau[1]).

149. — Der Bergeversatz. Eine große Verschiedenheit hat sich bei der Versatzarbeit im Schrägbau herausgebildet.

Bei gleichzeitiger Vornahme von Hereingewinnung und Bergeversetzen muß entweder Kohlenfeld und Versatzfeld durch Stahlrutschen oder Holzbohlen getrennt sein, oder aber der Bergeversatz folgt der knappweise durchgeführten Hereingewinnung in Teilverschlägen. Aus den Abbildungen 388 u. 390 gehen diese beiden Möglichkeiten hervor. Auch bei Abtrennung des Kohlenfeldes vom Versatzfeld kann sich, besonders bei hohen Stößen, die Herstellung von Teilverschlägen empfehlen, damit die gekippten Berge keine zu hohe Geschwindigkeit erreichen und der Ausbau nicht gefährdet wird. Ist der Versatzraum bis zum Teilverschlag gefüllt, so wird dieser durchgeschlagen, damit die Berge bis zum nächsttieferen rollen können.

---

[1]) Über Abbaufördermittel und Ausbau siehe Band II dieses Werkes.

Eine zeitliche Trennung der Arbeitsvorgänge Gewinnung und Versatz ist jedoch immer dann notwendig, wenn keine Stahl- oder Bohlenrutschen verwandt werden und kein knappweiser Verhieb erfolgt. Vielfach wird man hierbei das Versatzfeld von unten nach oben allmählich zukippen, wobei Kippleistungen von 200 Wagen je Schicht zu erreichen sind. Beim Schrägrutschenbau ist auch ein Anfüllen der Berge von oben nach unten möglich. Hierbei werden die obersten Rutschen zuerst ausgebaut, das frei gewordene Feldstück wird zugekippt und die Rutschen werden auf den frischen Bergeversatz aufgelegt, über die dann die unteren Feldstücke anschließend und hintereinander verfüllt werden. Auch ist es möglich, zwei bis drei Felder zu gleicher Zeit zu versetzen, die Versatzarbeit also nur alle 3—4 Tage vornehmen zu lassen, und zwar entweder durch die Kohlenhauer oder durch eine fliegende Mannschaft unter Verlegung der Kohlenhauer in einen Wechselbetrieb. Letzteres hat allerdings den nicht unerheblichen Nachteil einer schlechten Ausnutzung des Kohlenstoßes in den beiden auf Wechselbetrieb eingestellten Betriebspunkten.

Neuerdings hat sich mit Erfolg auch der Blindortversatz im Schrägbau eingeführt, und zwar bis zu Flözeinfallen von 45°. Grundsätzlich bestehen keine Bedenken, in noch steilerer Lagerung mit Blindorten zu bauen, wenngleich das Nachfahren der Blindstrecken in steiler Lagerung größere Schwierigkeiten bereitet als in der flachen. Die Vorteile sind jedoch ähnlich, indem der Abbaubetriebspunkt zum Selbstversorger und damit unabhängig von der Versatzzufuhr wird. Infolgedessen haben sich hierbei schon tägliche Förderungen von 400 t erreichen lassen.

In Sonderfällen kann auch Blasversatz herangezogen werden, obgleich seine Vorzüge gegenüber dem Handversatz in der steilen Lagerung, wo die Berge von selbst in den Versatzraum rutschen, nicht so groß sind, wie in der flachen. Nur wenn große Mengen versetzt werden müssen, die auf gewöhnliche Weise in der gleichen Zeit nicht eingebracht werden können, rechtfertigt er sich. Förderungen von 300 t täglich und darüber sind in mit Blasversatz arbeitenden Betrieben schon erzielt worden.

150. — Zusammenfassender Rückblick. Da der Schrägbau das einzige uns heute bekannte Mittel ist, um die Vorteile der Betriebszusammenfassung auch auf die steile Lagerung zu übertragen und in ihr Großabbaubetriebspunkte zu schaffen, deren Förderung zwar wohl wegen der Beschränkung in der Bemessung der flachen Bauhöhe stets geringer als in der flachen Lagerung bleiben wird, so hat er sich in der Lagerungsgruppe von 35° (40°)—90° Einfallen zum herrschenden Abbauverfahren entwickelt. In allen Fällen läßt er sich jedoch nicht anwenden, besonders nicht in sehr mächtigen Flözen und solchen, die stärkere Bergemittel führen, da das Aushalten von Bergemitteln beim Schrägbau große Schwierigkeiten bereitet. Nachteilig ist seine gegenüber dem Strebbau in steiler Lagerung vielfach geringere Hackenleistung. Mit besonderem Nachdruck sei darauf hingewiesen, daß der Schrägbau eine straffe Arbeitseinteilung bis in die Einzelheiten verlangt und an die Aufsicht und an die Kohlenhauer große Anforderungen stellt. Die Vielseitigkeit der Abbaubedingungen erfordert die vorhin beschriebene große Mannigfaltigkeit in der Gestaltung der einzelnen Betriebsvorgänge. Ein unter allen Verhältnissen befriedigendes Abbauverfahren ist auch bei schräggestelltem Stoß noch nicht gefunden worden.

Man kann gewissermaßen zwischen kleinem und großem Schrägbau (auch Schrägfrontbau genannt) unterscheiden. Der kleine ist der mit knappweisem Verhieb in schräger Richtung von oben nach unten. Als Großschrägbau kommt nur der mit Einbrüchen, sägeblatt- und firstenartige Verhieb in Betracht. Eine wichtige Frage ist hierbei die Bemessung der Abbaufront, die beim Gruppenbau naturgemäß durch das mächtigste Flöz beeinflußt wird. Bei guten Lagerungsverhältnissen empfiehlt sich eine Kohlenstoßlänge von 150 m, was bei einem Einfallen von 45⁰ einer seigeren Bauhöhe von rund 75 m entspricht. Unter günstigen Bedingungen sollte dieser Wert jedoch auf 100 m gesteigert werden, während bei schwierigen Lagerungsverhältnissen eine seigere Bauhöhe von mindestens 50 m anzustreben ist. Der Kohlenstoß sollte so stark belegt werden, daß ein Abbaufortschritt von 1 Feld in 1—2 Schichten erreicht wird. An Kippleistungen müssen täglich bis 200 und 300 Wagen ermöglicht werden können. Bei Zusammenfassung mehrerer Schrägstöße zu einem Revier sollten in den einzelnen Flözen die Schrägbaue von Sohle zu Sohle (Teilsohle) kurz hintereinander entwickelt und Blindschachtabteilungen mit einer Tagesförderung von 1000—1500 t angestrebt werden. Hierbei ist es zum Zwecke einer guten Ausnutzung der Streckenförderung vorteilhaft, wenn man im oberen Stoß Kohle gewinnt und im unteren Berge versetzt.

Abb. 392. Schrägbauähnlicher Abbau als Speicherbau.

151. — Schrägbau als Speicherbau. Ähnlich wie beim Strebbau ist auch beim Schrägbau eine Speicherung der hereingewonnenen Kohle zur Verringerung der Kohlenzerkleinerung möglich. Abgesehen davon, daß beim Schrägbau durch das Abrutschen der Kohle auf einer schrägen Ebene die Fallhöhe ohnehin stark gemildert ist, läßt sich ein Speicherbau nur bei knappweisem Verhieb, also beim kleinen Schrägbau durchführen. Die Abb. 392 veranschaulicht das Beispiel eines schrägbauähnlichen Betriebes und bedarf keiner näheren Erklärung. Jedenfalls ist die Speicherung an ähnliche Bedingungen wie beim Strebbau geknüpft und wird hier wie dort verhältnismäßig selten angewandt.

3. Der Firstenbau auf Erzgängen.

152. — Der Firstenbau. Als Firstenbau wurde früher im Steinkohlenbergbau ein Abbauverfahren bezeichnet, das heute Schrägbau mit firstenbauartigem Verhieb genannt wird. Es war in Vergessenheit geraten, als durch B e n t h a u s der Schrägbau entwickelt wurde, und da man die umgekehrt treppenartige Form des Stoßes als wesentliches Kennzeichen des Firstenbaus ansah, hat sich der neue Begriff des Schrägbaus entwickelt und schließt den ehemaligen Firstenbau, der schon Kohlenfrontlängen bis zu 100 m kannte, mit ein.

Da er jedoch mit seinen zahlreichen Abarten auf Erzgängen, die ja fast immer steil einfallen, eine große Rolle spielt, muß er als selbstständiges Abbauverfahren für den Erzbergbau weiter gelten. Er ähnelt in seiner ursprünglichen Ausführung grundsätzlich dem Schrägbau mit firstenbauartigem Verhieb und unterscheidet sich von ihm in der Hauptsache nur durch die Abbauförderung. Diese erfolgt (Abb. 393) durch Rollöcher r, die schwebend von unten nach oben im Versatz nachgeführt und mit ausgesuchten Steinen verkleidet werden.

Der Abbau beginnt von einem Überhauen (Überbrechen) aus an dessen unterem Ende. Ist der untere Stoß (häufig Feldortstoß genannt) 5—10 m zu Felde gerückt, so folgt der zweite über ihm nach usw. Jeder Stoß von 2—4 m Höhe greift also die Firste des vorhergehenden an und im Versatz, der ent-

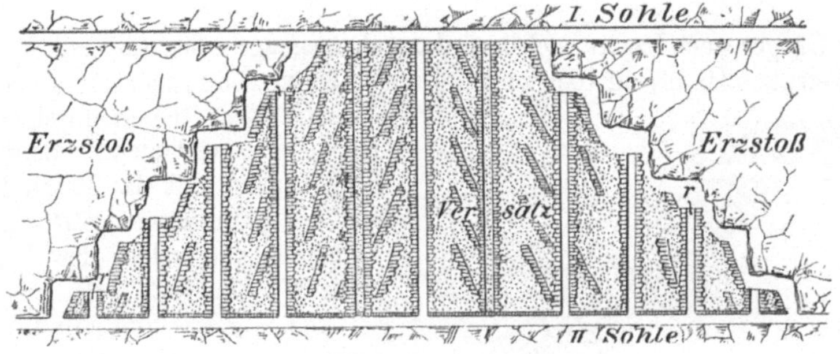

Abb. 393. Firstenbau.

sprechend nachrückt, bildet sich eine Treppe heraus. Als Versatz dient taubes oder erzarmes Gestein, das meist unmittelbar bei der Hereingewinnung ausgehalten wird. Ist solches jedoch nicht oder nicht in genügender Menge vorhanden, so muß Fremdversatz über die obere Sohle (Teilsohle) zugeführt werden. Da dieses beim gewöhnlichen Firstenbau infolge der treppenförmigen Abstufung des Versatzes und der zahlreichen Erzrollen schwierig ist, hat sich der Firstenstoßbau, bei dem der Versatz in besonderen Stürzrollen von oben zugeführt wird, entwickelt.

153. — Der Firstenstoßbau. Man kann sich den Firstenstoßbau aus dem gewöhnlichen Firstenbau so entstanden denken, daß bei ihm die einzelnen Firststöße statt in 5—10 m in 30—50 m Entfernung einander folgen. Dadurch bildet jeder Firststoß eine selbständige Abbaueinheit, der durch vorher vorgerichtete Rollen Versatzgut zugeführt erhält und deren Abbauförderung nach wie vor durch im Versatz nachgeführte Erzrollen erfolgt (Abb. 394). Wichtig sind jeweils die Entschlüsse über den Abstand der Erz- und Bergerollen und den Sohlenabstand. Letzterer wird zu 30—60 m genommen und findet in Förderschwierigkeiten der Erzrollen mit zunehmender Höhe eine Grenze, abgesehen von der Verringerung der Angriffspunkte bei großen Sohlenabständen usw. Die Entfernung der Rollen voneinander hängt von der Gangmächtigkeit ab — bei mächtigen Gängen ist sie geringer — sowie von der Möglichkeit, mechanische För-

dermittel (Schüttelrutschen) im Abbau von und bis zu den Rollen zu verwenden.
Um die Einfüllarbeit mit Kratze und Trog oder mit Wagen, Schüttelrutsche
und Schrapper durch die natürliche Schwerkraft zu ersetzen, ist man bei mäch-

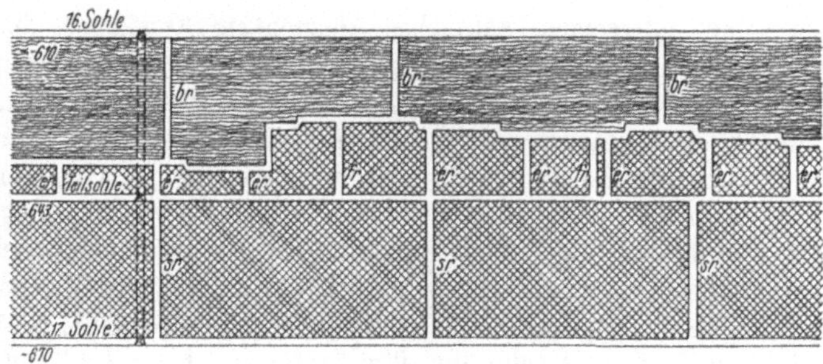

Abb. 394. Firstenstoßbau.
br Bergerolle, *er* Erzrolle, *fr* Fahrrolle, *sr* Sammel-Erzrolle.

tigen Gängen oder Lagern mehrfach dazu übergegangen, den Abstand der Erz-
und Versatzrollen bis auf 10 m zu verkürzen[1]). Sie werden so angeordnet, daß der
Versatz durch die unmittelbar am Hangenden verlaufende Bergerolle dem Abbau und das Erzhaufwerk auf der natürlichen Böschung des Versatzes von selbst der Erzrolle zufließt (Abb. 395).

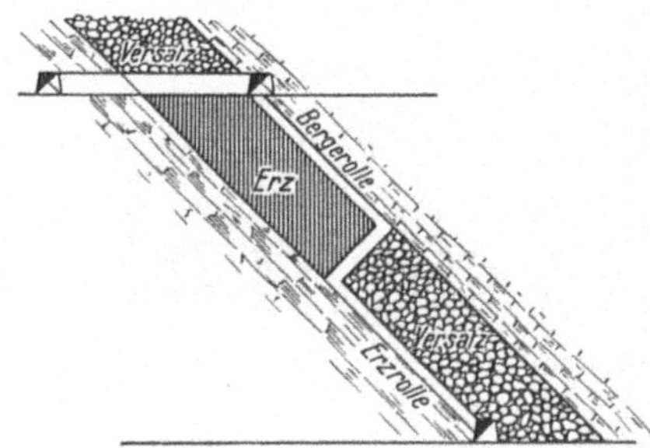

Abb. 395. Firstenstoßbau auf einem mächtigen Erzlager im Querprofil.

154. — Lage und Ausbau der Sohlenstrecke. Der unterste Firstenstoß beginnt in der Firste der Sohlenstrecke („Feldortstrecke", „untere Gezeugstrecke"), die so ausgebaut werden muß, daß sie den in ihrer Firste einzubringenden Versatz tragen kann. Sie wird daher schmal gehalten und infolgedessen nur in wenig mächtigen Gängen in der vollen Gangmächtigkeit (Abb. 396), in mächtigen oder zusammengesetzten Gängen aber am Liegenden aufgefahren (Abb. 397). Vielfach legt man im letzteren Falle auch die Feldortstrecke ganz in das liegende Nebengestein, um sie möglichst billig ausbauen zu können und sie den Druckwirkungen des Abbaues zu entziehen. Die einzelnen Förderrollen müssen dann durch kurze „Rollenquerschläge" an die Strecke angeschlossen werden, und die Grundstrecke kann mitversetzt werden.

Das Tragen des Versatzes in der Firste der Feldortstrecke wird durch Stempelschlag oder Mauergewölbe (Abbildungen 396 u. 397) ermöglicht. Ein sich auf die Streckensohle oder die eigentliche Streckenzimmerung stützender Ausbau wird vielfach vermieden, da dessen Abfangen beim späteren Abbau des „Deckelstoßes", d. h. der Schwebe unter der Grundstrecke, Schwierigkeiten machen würde. Ist das Gangstück in der Firste der Grundstrecke so erzarm, daß man

---

[1]) Metall und Erz 1937, S. 277; F. Seume: Die Abbauverfahren am Rammelsberg.

es nicht abzubauen braucht, so läßt man es wohl bei genügender Festigkeit der Gangmasse in 1—2 m Stärke als Schwebe (*f* in Abb. 396) stehen, so daß diese nunmehr den Versatz trägt und nur leicht unterfangen zu werden braucht.

Zur Einleitung des Abbaus ist dann allerdings das Treiben einer neuen Strecke oberhalb der Schwelle erforderlich.

155. — Der Firstenstoßbau als Speicherbau. Beim gewöhnlichen Firstenstoßbau wird der durch den Abbau geschaffene Hohlraum mit Bergeversatz verfüllt, der das Hangende abstützt, vor allem aber die Arbeitsplattform für die Belegschaft bildet. Zu den gleichen Zwecken kann aber

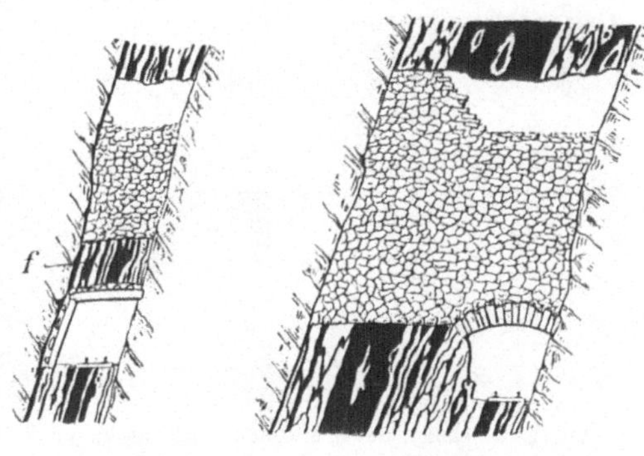

Abb. 396. Feldortstrecke mit Schwebe.

Abb. 397. Feldortstrecke mit Gewölbemauerung.

auch das hereingewonnene Erz herangezogen werden, für das der Hohlraum bis zur Beendigung des Abbaus des betreffenden Gangabschnitts als Speicher dient. Da jedoch lose geschüttetes Erz der Schüttungszahl entsprechend einen um 50—80% größeren Raum als anstehendes Erz einnimmt, muß schon während des Abbaus so viel Erz abgefördert werden, daß genügend Arbeitsraum zwischen Erzstoß und Oberfläche der gespeicherten Hauptmenge des Erzes verbleibt (Abb. 398).

Vorteilhaft bei diesem Verfahren ist, daß der Bergeversatz gespart wird und infolgedessen die Abstände der Aufhauen oder in anderen Worten die streichenden Längen der

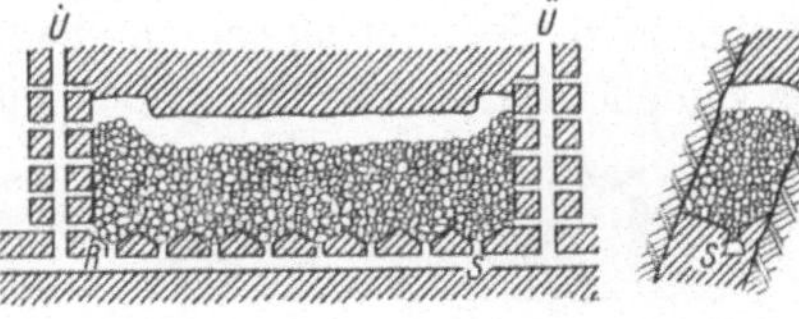

Abb. 398. Firstenstoßbau als Speicherbau.

Abbaubetriebspunkte größer gewählt werden können. Auch fällt das Nachführen der Erzrollöcher fort. Das Erz kann vielmehr unmittelbar in der Grundstrecke mittels einer Reihe vorbereiteter Kästen abgezogen werden.

Nachteilig ist allerdings, daß längere Zeit verstreicht, bis ein großer Teil des hereingewonnenen Erzes verarbeitet und zu Gute gemacht werden kann und somit Betriebskapital gebunden wird. Zur Erreichung einer bestimmten Förderung ist es notwendig, eine größere Anzahl von Betriebspunkten als bei gewöhnlichem Firstenstoßbau in Angriff zu nehmen.

Schließlich ist zu erwähnen, daß eine Handscheidung im Abbau nicht möglich ist. Der Speicherbau lohnt sich daher nur für Erzgänge gleichartiger und gleichmäßiger Zusammensetzung, deren gesamter Inhalt gefördert werden kann. Zugleich darf das Einfallen nicht geringer als 45—50° sein, und das Liegende muß frei von Ausbauchungen und Unregelmäßigkeiten sein, aus denen das gewonnene Erz beim Abfördern nicht von selbst herausrutschen könnte.

156. — Schrägbau auf Erzgängen[1]). Der Schrägbau im Erzbergbau, auch Firstenschrägbau genannt, hat sich aus dem normalen Firstenbau entwickelt

---

[1]) Metall und Erz 1935, S. 329; H. Dahl: Die unterirdische Gewinnung von steilstehenden und mächtigen Erzlagerstätten.

(Abb. 399), dessen schräggestellte Abbaustöße und die dazu parallel verlaufende Bergeböschung die umständliche Ladearbeit und schwierige Abbauförderung

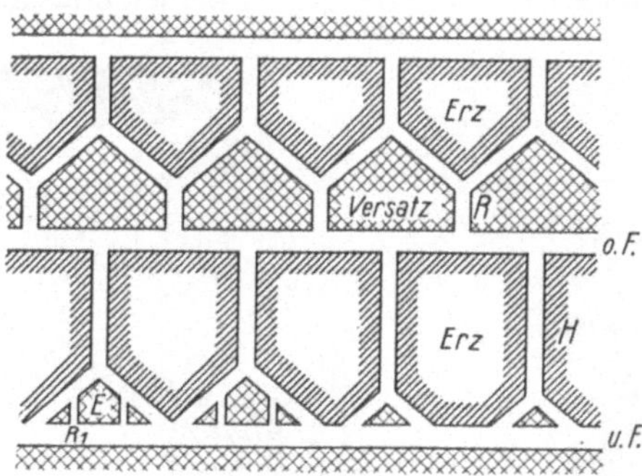

Abb. 399. Schema des Schrägbaus auf Erzgängen.

erleichtern. Der Abbau beginnt an der unteren, zunächst in Türstockzimmerung ausgebauten Förderstrecke, indem man am unteren Ende der Überhauen das Erz keilförmig herausschießt. Sind die entstehenden Hohlräume so groß geworden, daß die Hereingewinnung Schwierigkeiten bereitet, bringt man durch die Überhauen H Versatzberge ein, die sich unter dem natürlichen Böschungswinkel ablagern. Nachteilig ist eine Vermengung des Erzes mit dem Versatz, ein Umstand, der um so ungünstiger sich auswirkt, je wertvoller das Erz ist und durch aufgelegtes Versatzleinen gemildert werden kann. Der Schrägbau wird im deutschen Erzbergbau nur wenig angewandt.

4. Der Strossenbau.

157. — Der einfache Strossenbau. Der Strossenbau bildet das Spiegelbild zum Firstenbau, indem bei ihm die Lagerstätte durch Stöße in der Reihenfolge von oben nach unten angegriffen wird. Während also beim Firstenbau im

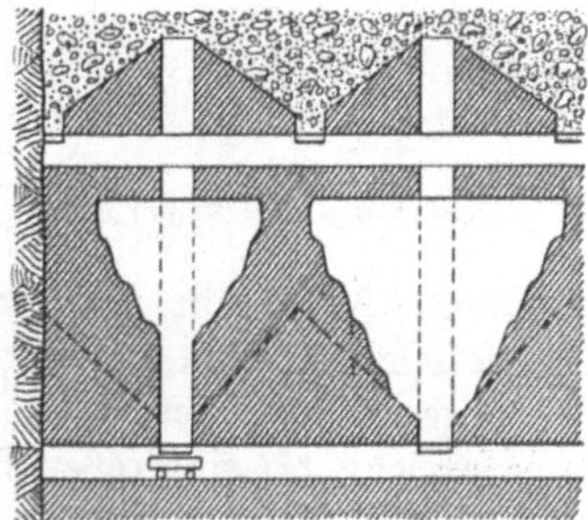

Abb. 400. Trichterbau unter Tage.

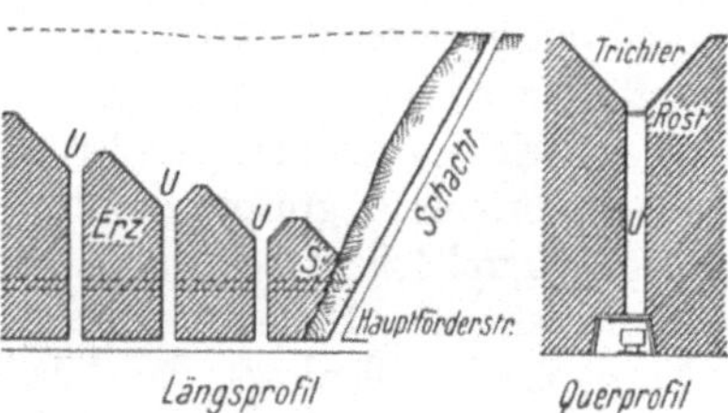

Abb. 401. Trichterbau von über Tage.

Bergeversatz eine Treppe entsteht, bildet diese sich beim Strossenbau in der Lagerstätte selbst. Dabei müssen die Berge, damit der Raum zwischen Verzug und Abbaustößen offen bleibt, mit Hilfe von Stempelschlag und Verzug „aufgehängt" werden.

Wegen dieser Nachteile zu denen noch die Unmöglichkeit einer Handscheidung im Abbau und Schwierigkeiten der Abbauförderung hinzukommen, wird der Strossenbau auf Kohle gar nicht und auf Erzgängen nur gelegentlich und dann meist als Unterwerksbau angewandt.

158. — Der Trichterbau[1]**).** Als eine Abart des Strossenbaus kann der

---

[1]) Metall und Erz 1935, S. 329; H. Dahl: Die unterirdische Gewinnung von steilstehenden und mächtigen Lagerstätten.

Trichterbau angesehen werden, weil bei ihm für die Hereingewinnung ebenfalls die Sohle angegriffen wird. Er besteht in einer trichterartigen Erweiterung von Rollöchern, die als Vorrichtungsarbeiten vor Beginn des Abbaues hergestellt werden. Er eignet sich bei mächtigen Vorkommen mit festem Nebengestein und mittelhartem, wenig verwachsenem Erz (Abb. 400). Durch die trichterförmige Ausgestaltung der Abbauräume wird die zeitraubende Ladearbeit durch die Schwerkraft ersetzt, da das Haufwerk an der Trichterböschung, die eine Neigung von etwa 45—60⁰ erhält, von selbst in die Erzrolle rutscht. Nachteilig erweist sich dagegen die Hereingewinnung der zwischen den einzelnen Trichtern stehengebliebenen Erzkeile, die häufig mit Schwierigkeiten verbunden ist und zu Abbauverlusten führt. Eingebaute Roste am Trichtermund oder kleinere Zwischenstrecken dienen zur Überwachung der Erzrolle, um ein Verstopfen durch backendes oder zu großstückiges Haufwerk zu vermeiden. Diese Roste und Zwischenstrecken sind in der Abb. 401 zu sehen, die eine Anwendung des Trichterbaues von über Tage her zeigt.

5. Stoßbau.

159. — Wesen und Einteilung. Während alle bisher besprochenen Abbauverfahren die Lagerstätte in langer, wenn auch vielfach in gebrochener Linie angreifen, wird beim Stoßbau immer nur ein verhältnismäßig schmaler Streifen in Angriff genommen und für sich allein verhauen. Daraus folgt, daß mit dem fortschreitenden Verhiebe eines Stoßes auch die zugehörige Abbaustrecke abgeworfen, d. h. mitversetzt werden kann, da sie dann ihren Zweck erfüllt hat. Das Wesen des Stoßbaues besteht also darin, daß das Baufeld in einzelne Streifen („Stöße") eingeteilt wird, die jeder für sich abgebaut werden, und daß der Bergeversatz vollständig wird. Auch der Stoßbau kann streichend und schwebend geführt werden. Er ist durch Übergänge mit dem Strebbau und anderen Abbauverfahren verbunden.

α) Der streichende Stoßbau.

160. — Gewöhnliches Verfahren. Beim streichenden Stoßbau (Abb. 402) werden gewöhnlich zwei Förderstrecken benutzt, von denen die obere,

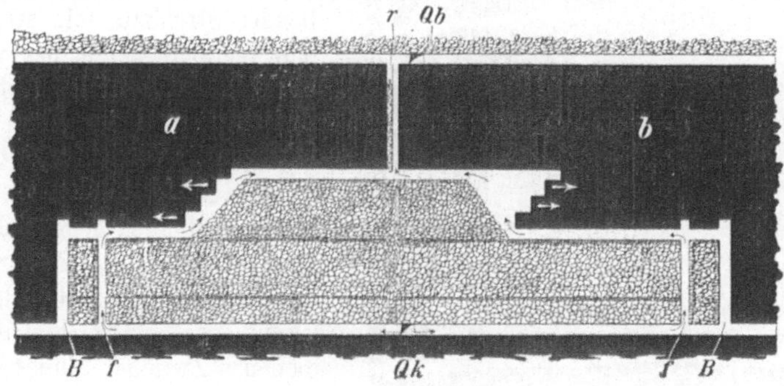

Abb. 402. Schema eines zweiflügeligen streichenden Stoßbaues.

mit dem Stoße neu aufgefahrene, für die Zuführung der Versatzberge, die untere, vom vorigen Stoße herrührende, für die Wegförderung der Kohlen dient. Jede Strecke ist also in der ersten Hälfte ihres Bestehens Berge-, in der zweiten Hälfte Kohlenförderstrecke; da aber Kohlen- und Bergewagen sich in derselben Richtung bewegen, so können die Strecken mit Gefälle hergestellt werden. Wie die Abbildungen ferner erkennen lassen, kann der Abbau zweiflügelig geführt werden. Wird der Stoßbau in größerem Maßstabe betrieben, so rücken gleichzeitig nach der anderen Seite der Kohlenbremsberge oder der Bergebremsberge ebenfalls Stöße zu Felde, denen wieder andere entgegengetrieben werden; es wechseln dann einfach Kohlen- und Bergebremsberge ab. Die Kohlenbremsberge sowie die neben ihnen etwa angelegten Fahrüberhauen (s. die Abbildungen) können, dem Fortschreiten des Abbaues von unten nach oben entsprechend, stückweise verlängert werden. Sollen jedoch über einer oder mehreren Teilsohlen gleichzeitig andere Stöße in Angriff genommen werden, so muß der Kohlenbremsberg gleich bis zur obersten Teilsohle hergestellt werden, falls nicht die Teilsohlen durch Ortsquerschläge mit den Bremsbergen eines Nachbarflözes oder mit einem Stapelschacht in Verbindung

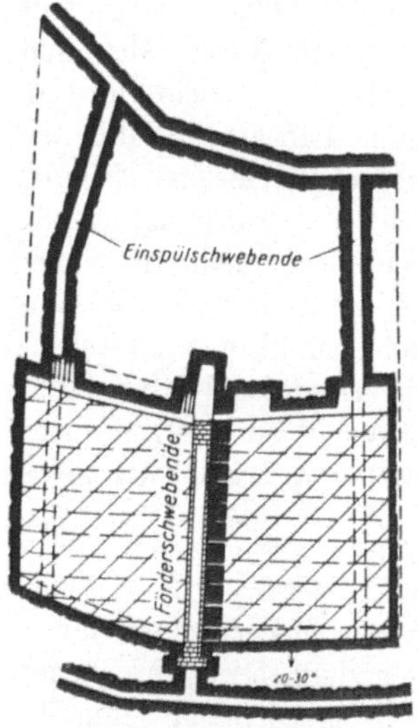

Abb. 403. Streichender Stoßbau mit Spülversatz.

stehen. — Für die Bergeförderung von oben zieht man vielfach Rolllöcher vor. Die Rollöcher sowie die lediglich von oben Berge zuführenden Bremsberge können mit dem Höherrücken des Abbaues stückweise mitversetzt und abgeworfen werden.

Ein aus dem oberschlesischen Bergbau stammendes Beispiel für einen streichenden Stoßbau (der in diesem Falle auch als schwebender Strebbau mit streichendem Verhieb bezeichnet werden könnte), vermittelt Abb. 403. Zwischen zwei im Flöz aufgefahrenen Vorrichtungsstrecken werden in Abständen von etwa 100 m Aufhauen hergestellt, die gewissermaßen als Bergezufuhr- und Wetterabzugstrecken der Verlegung der Spülversatzleitungen dienen. Zwischen ihnen spart man mit fortschreitendem Abbau als Aufhauen oder „Schwebende" die mit einem Bremsförderer ausgestattete Kohlenabfuhrstrecke aus. Der Verhieb findet an 5 m hohen streichenden Stößen von den beiden „Einspülschwebenden" und der „För-

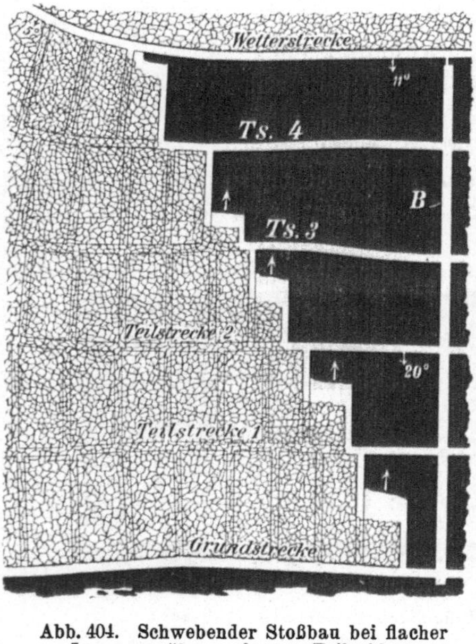

Abb. 404. Schwebender Stoßbau bei flacher Lagerung über mehreren Teilsohlen.

derschwebenden" aus statt. Als Abbaufördermittel dient eine Schüttelrutsche. Die tägliche Fördermenge schwankt je nach der Flözmächtigkeit zwischen 80 und 120 t.

β) Der schwebende Stoßbau.

161. — Schwebender Stoßbau in flachgelagerten Flözen. Der Abbau ist an Hand der Abbildung 404 ohne weiteres verständlich. Zu jedem der schwebend vorrückenden Stöße gehört eine nach unten (rechts in der Abbildung) und eine nach oben (links) führende Förder-, Fahr- und Wetterstrecke. Dem Fortschreiten des Abbaues entsprechend wird die erstere immer länger, die letztere, die versetzt wird, immer kürzer. Dient die nach oben führende Strecke zur Bergeförderung, so werden ihre Schienen oder Rutschen in dem Maße, wie sie hier entbehrlich werden, in die untere Strecke gelegt. Die Abbildung läßt gut erkennen, wie beim schwebenden Stoßbau durch Einlegung einer größeren Zahl von Teilsohlen ohne große Schwierigkeiten und mit kurzen Wetterwegen, also günstiger Wetterführung, eine größere Fördermenge beschafft werden kann.

162.—Schwebender Stoßbau bei steiler Lagerung. In steil aufgerichteten Flözen läßt der schwebende Stoßbau sich nicht in der eben geschilderten Weise durchführen, da das Einbringen des Versatzes bei gleichzeitiger Kohlengewinnung und Förderung zu große Schwierigkeiten bieten würde. Man verfährt deshalb so, daß man abschnittsweise zunächst nur die Kohlen gewinnt und fördert und erst dann den Versatz auf einmal einbringt. Die gewonnenen Kohlen können zur größeren Sicherheit für die Hauer und zur Verringerung der Staub- und Feinkohlenbildung zunächst im Verschlage liegenbleiben (Abb. 405 *I* u. *III*), so daß nur die infolge der Auflockerung überschießenden Mengen abgefördert werden. Jedoch ergibt sich dann eine ungleichmäßige, stoßweise erfolgende Förderung sowie ein längeres Offenstehen des Hohlraumes bis zur Einbringung des Versatzes, indem nach dem Verhieb eines Abschnitts zunächst der ganze Kohlenvorrat ausgefördert werden muß. Auch verschlechtert die lose Kohle sich durch Entgasung, die auch die Schlagwettergefahr erhöht. Diese Übelstände vermeidet man durch sofortige Abförderung der Kohle gemäß Abb. 405 *IV*, muß dann aber eine größere Gefährdung der Hauer durch Absturz und eine weitgehende Zertrümmerung der Kohle mit starker Staubentwicklung in Kauf nehmen.

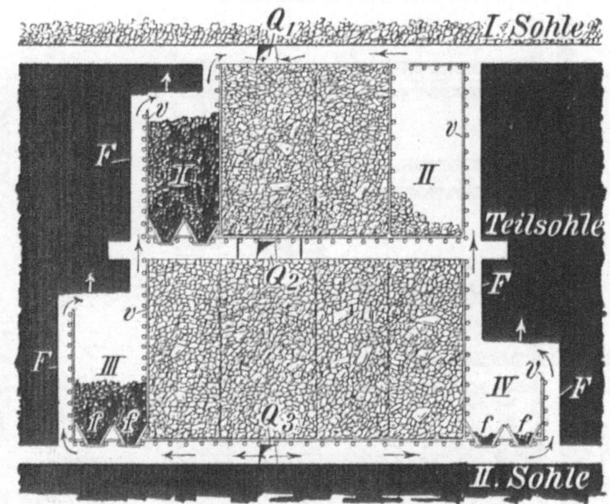

Abb. 405. Schwebender Stoßbau bei steiler Lagerung, mit Teilsohle.

163. — Beurteilung des Stoßbaus. Der Stoßbau muß in allen seinen Abarten als ein Abbauverfahren bezeichnet werden, das den neuzeitlichen Grundsätzen der Betriebszusammenfassung nicht gerecht wird, eine umfangreiche Vorrichtung erfordert und nur geringe Fördermengen je Abbaubetriebspunkt ermöglicht. Er war vor der Jahrhundertwende neben dem Pfeilerbau das

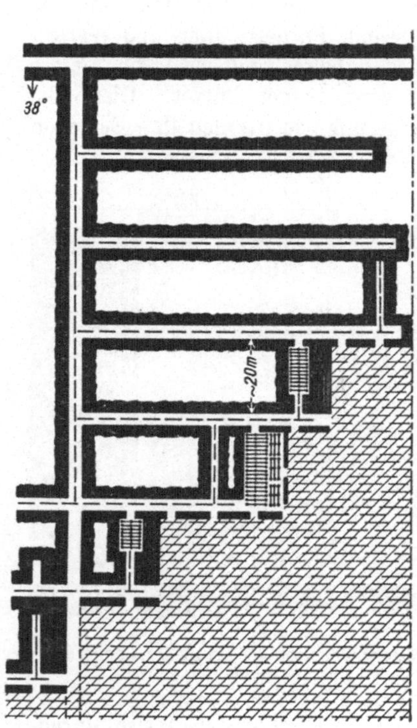

Abb. 406. Streichender Pfeilerrückbau mit Spülversatz.

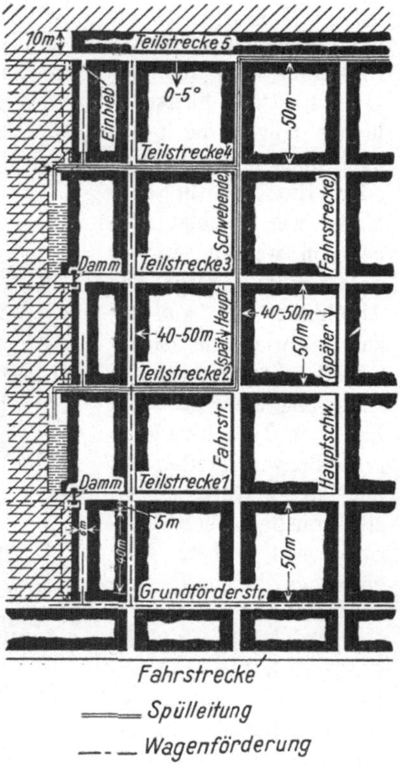

Abb. 407. Streichender Kammerpfeilerbau mit Spülversatz.

herrschende Abbauverfahren im westdeutschen Steinkohlenbergbau, muß aber heute im allgemeinen als veraltet bezeichnet werden. Nur in Sonderfällen, z. B. auf steilstehenden mächtigen Kohlenflözen, kommt er noch in Frage.

γ) Der abschnittsweise Pfeilerbau mit Bergeversatz.

164. — Ausführung. Die in den nachstehenden Ziffern 173—177 näher beschriebenen Bruchbauverfahren, der streichende und schwebende Pfeilerrückbau und Kammerpfeilerbau, wie er auf mächtigen Flözen, insbesondere Oberschlesiens, üblich ist, wird mehr und mehr mit Bergeversatz, und zwar mit Spülversatz durchgeführt. Dieser Übergang vom Bruchbau zum Abbau mit Versatz ist einmal auf den mit zunehmender Teufe stärker gewordenen Gebirgsdruck, der eine Verkleinerung der Baufelder beim Bruchbau bedingte sowie in dem immer häufigeren Hängenbleiben des Hangenden in den abgebauten Pfeilerabschnitten zurückzuführen, wodurch sich die Inangriffnahme des nächstfolgenden Abschnitts unliebsam verzögerte.

Die Art der Abbauverfahren, ihre Vorrichtung sowie die abschnittweise Inangriffnahme der Abbaue sind bei Verwendung von Spülversatz ähnlich wie beim Zubruchwerfen des Hangenden. Auch in der Höhe der täglichen Förderung sowie in dem Ausmaß der Abbauverluste unterscheiden sich die Versatz- von den Bruchbauverfahren nicht wesentlich voneinander. Es sei daher auf deren Beschreibung verwiesen. Eine Besonderheit des Pfeilerbaus besteht allerdings darin, daß er zusätzliche Kohlenbeine in den Abbauen zum Schutz der höher gelegenen Strecken und Abschnitte erforderlich macht. Um diese nachträglich noch nach Möglichkeit zu gewinnen, werden wie Abb. 406 zeigt, meist die unteren Pfeiler vor den oberen verhauen. Abb. 407 veranschaulicht einen streichenden Kammerpfeilerbau mit Spülversatz (wegen des schwebenden Verhiebs der Kammern auch zuweilen schwebender Kammerbau genannt) und läßt den Verlauf der Spülversatzleitungen sowie die Abschlußdämme in den Strecken erkennen.

Bei der Wahl des Spülversatzgutes hat es sich als wichtig herausgestellt, möglichst lehmfreien Sand zu verwenden. Lehmhaltiger Sand entwässert nur langsam und erfordert zur Erzielung dichten Versatzes mehrfaches Nachspülen. Auch besteht bei ihm die Gefahr der Bildung von Schlammnestern, die bei Schwächung der zunächst stehengebliebenen Beine des nächsten Pfeilerabschnitts zu Schlammdurchbrüchen führen können[1]).

B. Abbauverfahren mit Zubruchwerfen des Hangenden.

165. — Vorbemerkung. Während man bei den bisher beschriebenen Abbauverfahren das Hangende möglichst bruchfrei abzusenken trachtet und dieses in der Regel durch Schaffung einer Auflage durch Versatz ermöglicht oder aber — wie meist beim Gangerzbergbau mit seinem standfesten Nebengestein — das Hangende unbeeinflußt läßt, strebt man bei den Abbauverfahren mit Zubruchwerfen des Hangenden eine teilweise Auslösung des Gebirgsdruckes durch Hereinwerfen und Hereinbrechenlassen des Hangenden (oder der Dachschichten) in den verlassenen Abbauraum an. Bemerkenswert ist, daß diese Verfahren vor der Jahrhundertwende in den meisten europäischen Kohlenländern sehr verbreitet waren. In Deutschland wurden sie in Flözen mäßiger Mächtigkeit (Ruhrgebiet, Saar, Aachen usw.) in Form des Pfeilerrückbaus angewandt, aber zugunsten der Abbauverfahren mit planmäßiger Absenkung des Hangenden fast gänzlich verlassen, da man das Hereinwerfen der Dachschichten nicht genügend beherrschte, um es planvoll zu gestalten, Abbauverluste eintraten und in deren Gefolge Flözbrände, Wetterverluste usw. Nur in mächtigen Flözen Oberschlesiens und beim Braunkohlentiefbau haben sie sich als Pfeilerbruchbau erhalten. Neuerdings sind sie jedoch auf Anregung von Winkhaus und Gaertner[2]) auch für Flöze mäßiger Mächtigkeit und bis 30° (40°) Einfallen in Form der verschiedenen Arten des Strebbruchbaus wieder aufgelebt und haben allmählich eine bemerkenswerte, im Jahre 1930 in ihrem Umfang noch für unmöglich gehaltene Verbreitung erlangt.

---

[1]) E. Winnacker: Untersuchung des günstigsten Abbauverfahrens bei der Hereingewinnung mächtiger Flöze in Oberschlesien. 1941. (Als Manuskript gedruckt.)

[2]) Glückauf 1930, S. 1; H. Winkhaus: Pflege des Hangenden usw.

a) Der Pfeilerbruchbau.

166. — Allgemeines. Er hat seinen Namen daher, daß dem eigentlichen Abbau eine Einteilung des Baufeldes durch Abbaustrecken in einzelne Pfeiler vorausgeht. Das vorgängige Treiben der Strecken ist erforderlich, weil man den Alten Mann zu Bruch gehen läßt und zum Schutze der Strecken, z. B. durch Bergemauern, keine besonderen Maßnahmen trifft und in mächtigen Flözen auch nicht treffen kann, infolgedessen mit dem Abbau an der Grenze des Baufeldes (daher der Ausdruck „Pfeilerrückbau") beginnen muß. Da man beim Pfeilerbau das Hangende zu Bruch gehen läßt, nennt man ihn auch „Pfeilerbruchbau".

Eine verschiedenartige Gestaltung des Pfeilerbaus ergibt sich, je nachdem es sich um Flöze mit beliebigem Neigungswinkel von mäßiger Mächtigkeit handelt oder um flachgelagerte, sehr mächtige Flöze wie im oberschlesischen Steinkohlenbergbau und im Braunkohlentiefbau. Bei Flözen geringerer Mächtigkeit ist nämlich ein in gleichmäßiger Weise ununterbrochen von der Baugrenze aus rückschreitender Abbau möglich, bei dem das Hangende mehr oder weniger regelmäßig nach und nach zu Bruch geht. Bei mächtigen Flözen ist ein solch gleichmäßiges Fortschreiten der Abbaufront in den einzelnen Pfeilern dagegen nicht durchführbar. Die Beherrschung der Kräfte und die Auslösung der Druckspannungen ist nur möglich, wenn die Pfeiler wieder in einzelne Abschnitte geteilt werden. Jedesmal nach Auskohlung eines Abschnitts (Bruchs) wird dessen Hangendes zu Bruch geworfen, ehe zur Gewinnung des nächsten Abschnitts übergegangen werden kann.

1. Der Pfeilerbruchbau mit gleichmäßigem, fortschreitendem Abbau.

α) Der streichende Pfeilerbruchbau.

167. — Vorrichtuug. Die Vorrichtungsarbeiten bestehen zunächst in der Herstellung eines Bremsberges mit Fahrüberhauen, an dessen Stelle auch ein Blindschacht mit Ortsquerschlägen treten kann. Von ihnen nehmen die streichenden Abbaustrecken, welche den Bauabschnitt in die einzelnen Pfeiler aufteilen, ihren Ausgang (Abb. 408). Der Abstand dieser Strecken ist zur Schaffung gleichartiger Abbaubedingungen zweckmäßig so zu wählen, daß Pfeiler gleichbleibender Stärke entstehen. In flachgelagerten Flözen, in denen geringe Schwankungen des Fallwinkels verhältnismäßig stark die flache Bauhöhe beeinflussen, muß man zu diesem Zwecke nach Bedarf zwei Strecken zu einer zusammenziehen oder von einer Strecke eine zweite abzweigen. Da in der Regel ein mechanisches Abbaufördermittel längs der Abbaufront fehlt, sind die Streckenabstände oder in anderen Worten die Pfeilerbreiten nur etwa 10—20 m groß. Die streichenden Baulängen liegen bei 50—200 m.

168. — Der Rückbau der Pfeiler. Der Rückbau der Pfeiler muß wegen des Nachbrechens des Hangenden mit dem obersten Pfeiler beginnen, da dieser den Alten Mann des vorher abgebauten Abschnitts über oder neben sich hat. Die unteren Pfeiler läßt man dann in Abständen von etwa 5—10 m derart nachfolgen, daß der Alte Mann eine ungefähr geradlinige, diagonal verlaufende Bruchgrenze bildet. Infolge dieser nacheinander erfolgenden Inangriffnahme der Pfeiler brauchen die Abbaustrecken auch nicht gleichzeitig die Baugrenze zu erreichen, vielmehr können die unteren den oberen in geeigneten Abständen von 5—10 m folgen. Das Zubruchgehen des Hangenden sucht man in flacher

Lagerung häufig durch Rauben des Ausbaus zu beschleunigen und zur Sicherung des Hangenden am Abbaustoß regelmäßig zu gestalten, wobei die äußere stehenbleibende Stempelreihe durch Schlagen zusätzlicher Stempel (Orgelstempel) verstärkt wird. In steilen Flözen ist das Rauben dagegen schwierig oder unmöglich, aber auch weniger notwendig, da der Druck des Hangenden hier weniger stark ist und mit zunehmendem Einfallen eine immer kleinere Komponente der Schwerkraft in Richtung senkrecht zum Liegenden wirkt. Bei steilerer Lagerung muß jeder Pfeiler gegen Steinfall aus dem zu Bruch gehenden Alten Mann über

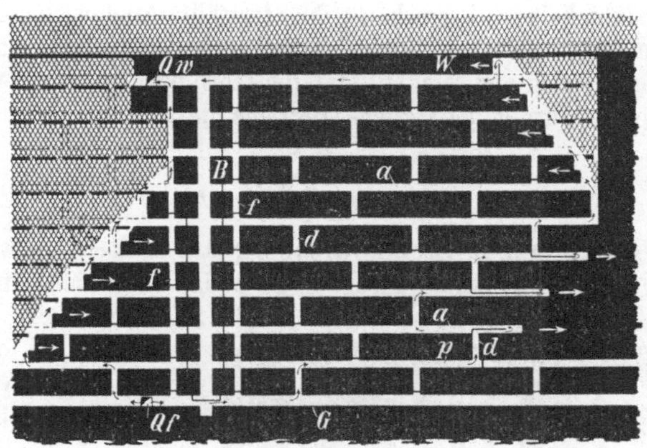

Abb. 408. Gang des Streckenbetriebes und Abbaues beim streichenden Pfeilerbruchbau.

p Begleitort, *Qf* Förderquerschlag, *Qw* Wetterquerschlag, *B* Bremsberg, *f* Fahrüberhauen. *W* Wetterstrecken, *aa* Abbaustrecken, *dd* Durchhiebe.

ihm gesichert werden. Das geschieht meist durch Anstehenlassen einer Schwebe am oberen Rande eines jeden Pfeilers oder auch durch einen starken Stempelschlag.

β) Der schwebende Pfeilerbruchbau.

169. — Beschreibung. Beim schwebenden Pfeilerbruchbau werden die Vorrichtungsstrecken s c h w e b e n d aufgefahren und sodann die Pfeiler abfallend rückwärts zurückgebaut. Es ergibt sich also das Bild eines der rechten Hälfte der Abb. 408 entsprechenden Vorrichtungs- und Abbaubetriebes mit Drehung um 90°, wobei an die Stelle des Bremsbergs die Grundstrecke tritt. Dieses Verfahren kommt nur für flache Lagerung in Betracht.

Dem Hochbringen der einzelnen schwebenden Abbaustrecken geht in schlagwettergefährlichen Flözen wie beim streichenden Pfeilerbau die Herstellung eines Wetterdurchhiebes bis zur oberen Sohle oder Teilsohle voraus. Die Bewetterung beim Streckenvortrieb erfolgt mit Hilfe streichender Durchhiebe. Für die Förderung in den schwebenden Strecken kommen heute bei flacher Lagerung Schüttelrutschen oder Streckenhaspel in Betracht; bei stärkerer Neigung werden kleine „fliegende Bremsen" (s. Bd. II) mitgenommen, die auch nachher für die Förderung aus dem Abbau Verwendung finden. An die Grundstrecke werden die einzelnen Förderstrecken zweckmäßig durch kleine Diagonalen angeschlossen.

Änderungen im Fallwinkel, wie sie durch „Wellen" im Flöz veranlaßt werden, können zu den verschiedenartigsten Winkeln zwischen Strecken und Fallrichtung führen, so daß dann der schwebende Pfeilerbruchbau örtlich in den streichenden oder in einen als „diagonal" bezeichneten Pfeilerbruchbau übergeht.

170. — Beurteilung des schwebenden Pfeilerbruchbaues. Der schwebende Pfeilerbruchbau bietet eine größere Zahl von Angriffspunkten, da man diese nach Bedarf im Streichen aufeinander folgen lassen kann und von der Bauhöhe nicht abhängig ist, insbesondere auch die Rücksicht auf die Leistungsfähigkeit des Bremsberges hier fortfällt. Auch wird die Förderung in den schwebenden Strecken durch den Fallwinkel erleichtert und verbilligt. Anderseits ergibt sich der Nachteil, daß die schwebenden Strecken in Flözen mit Schlagwetterführung gefährliche Betriebe darstellen.

γ) Der Kammerpfeilerbruchbau.

171. — Anwendung im Steinkohlenbergbau. In flachen, etwa 1,50—3m mächtigen Flözen mit gutem Hangenden ist es in vielen Fällen möglich, den Pfeilerbruchbau dahin umzuändern, die ohne Nachreißen von Nebengestein aufzufahrenden Strecken in einer Breite von 3—6 m herzustellen und den zwischen ihnen befindlichen, im Rückbau zu gewinnenden Pfeilern eine ähnliche oder auch größere Breite zu geben. Die Strecken nannte man infolge ihres größeren Querschnitts Kammern, und so entstand der Kammerpfeilerbruchbau, der je nach der Richtung der Kammern in streichenden und schwebenden Kammerpfeilerbruchbau gegliedert werden kann.

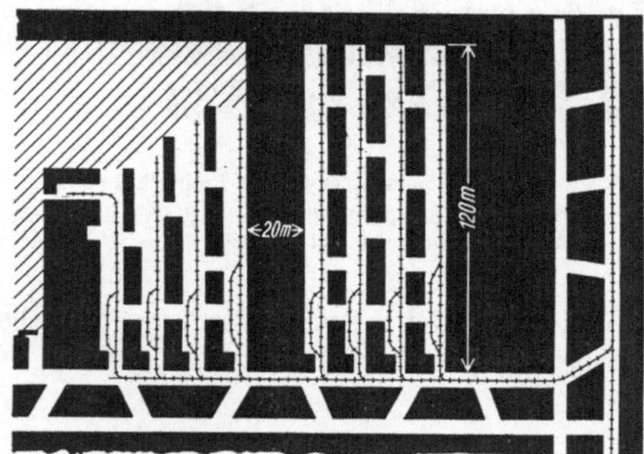

Abb. 409. Kammerpfeilerbruchbau.

Auch auf mächtige Flöze hat man ihn neuerdings übertragen, wobei die Pfeiler nicht in ununterbrochenem Verhieb, sondern abschnittsweise hereingewonnen werden (s. S. 441). Die Breite der Kammern und Pfeiler hängt lediglich von der Rücksicht auf das Verhalten des Hangenden ab, für das auch die Dauer des Abbaues, d. h. die Länge der Bauabteilungen, von Bedeutung ist.

Verbreitet ist der Kammerpfeilerbruchbau mit gleichmäßig fortschreitendem Verhieb als „room and pillar"-Abbau, z. B. in den Vereinigten Staaten, wobei sich bis in die Kammern die Lokomotivförderung erstreckt und je eine Schrämmmaschine sowie je eine Lademaschine für mehrere nebeneinander liegende Kammern eingesetzt ist (Abb. 409). In Oberschlesien hat er als schwebender Kammerbau mit Schüttelrutschenförderung in den Kammern in 1,5—3 m mächtigen Flözen mehrfach Anwendung gefunden. Heute ist er dort in Flözen der genannten Mächtigkeit durch den Strebbau ersetzt.

172. — Vorzüge und Nachteile des Pfeilerbaues mit ununter-brochenem Verhieb im Steinkohlenbergbau. Ein Vorzug des Pfeiler-baues ist seine allgemeine Anwendbarkeit. Er kann in mächtigeren sowohl wie in dünnen, in flachliegenden sowohl wie in steil aufgerichteten Lager-stätten, bei guten sowohl wie bei schlechten Nebengesteinsverhältnissen, im Kohlenbergbau außerdem sowohl in Flözen mit als auch in solchen ohne Bergemittel oder Nachfall angewendet werden.

Ein wesentlicher Nachteil des Pfeilerbaues sind seine Abbauverluste, die sich auf 20—30% belaufen. Sie werden vor allen Dingen infolge vorzeitigen Zubruchgehens von Pfeilerabschnitten oder starken Gebirgsdrucks verursacht, der zum Preisgeben von Pfeilern oder sogar ganzen Bauabteilungen zwingen kann. Zu dem Verlust, den diese nicht gewonnenen Mineralmengen darstellen, treten im Steinkohlenbergbau noch die durch Wärme- und Gasentwicklung aus den zurückbleibenden Kohlen sowie durch deren Brandgefährlichkeit sich ergebenden Belästigungen und Gefahren.

Dazu kommt die ungünstige Wirkung der offenstehenden oder doch nur teilweise durch Zubruchgehen des Hangenden ausgefüllten, ausgedehnten Hohlräume; diese geben dem frischen Wetterstrom Gelegenheit, sich zu zer-streuen, und bilden große Sammelbehälter für schädliche Gase, die nament-lich bei plötzlichen Barometerstürzen und bei dem plötzlichen Zubruch-gehen größerer Hohlräume in Masse den belegten Bauen zuströmen und so eine ständige Bedrohung für diese bilden. In schlagwetterführenden Flözen sind auch die vielen Strecken und Durchhiebe bedenklich, die, in den unverritzten Flözkörper eindringend, mit starker Gasentwicklung zu rechnen haben, einer ausgiebigen Bewetterung aber Schwierigkeiten entgegensetzen.

Ein weiterer Nachteil des Pfeilerbaus mit ununterbrochenem Verhieb ist schließlich in der geringen täglichen Förderung je Betriebspunkt und der geringen Ausnützung aller Betriebseinrichtungen zu erblicken. Er wird daher den neu-zeitlichen Gesichtspunkten der Betriebszusammenfassung nicht gerecht. Dieser Umstand hat es in Verbindung mit den übrigen Nachteilen mit sich gebracht, daß er heute nur noch in wenigen Fällen angewandt wird.

2. Der Pfeilerbau in einzelnen Abschnitten (Pfeilerbruchbau im engeren Sinne).

173. — Grundgedanke. Sollen Flöze von großer Mächtigkeit bei flacher Lagerung abgebaut werden, so ergibt sich eine besondere Ausgestaltung des Pfeilerbaues, da hier dieselbe Kohlenmächtigkeit, die beim Bau auf dünneren Flözen erst im Laufe von längeren Jahren, von den hangenden zu den liegenden Flözen fortschreitend, abgebaut wird, auf einmal zum Verhiebe kommt. Zunächst müssen die hohen Kohlenstöße möglichst bald vom Drucke des Hangenden, soweit das überhaupt möglich ist, entlastet werden. Denn wegen ihrer größeren freien Flächen sind sie gegenüber diesem Drucke viel weniger widerstandsfähig als die Stöße in Flözen von geringerer Mächtigkeit. Außerdem ist mit Rücksicht auf die Tagesoberfläche ein längeres Offenstehen der großen Hohlräume besonders bei festem Gebirge äußerst bedenklich; denn ein plötzliches Zubruchgehen ausgedehnter „Glocken" zieht noch wesentlich stärkere erdbebenartige Erscheinungen nach sich, als sie bereits beim Abbau von weniger mächtigen Flözen beobachtet werden. (Vgl. auch

die Ausführungen unter „Gebirgsdruck" im Abschnitt „Grubenausbau"
des Bandes II). Aus diesen Erwägungen heraus ist das als „Bruchbau"
bezeichnete Verfahren entwickelt worden, bei dem man das Hangende nicht
sich selbst überläßt, sondern jedesmal nach Freilegung einer mäßig großen
Fläche durch „Rauben" der Zimmerung künstlich zu Bruch wirft. Demgemäß werden die Pfeiler zwischen zwei Abbaustrecken in eine Reihe einzelner Abschnitte zerlegt, deren jeder für sich zunächst verhauen und
dann zu Bruch geworfen wird.

Bereits oben wurden als Hauptanwendungsgebiete dieses Pfeilerbaues
der oberschlesische Steinkohlenbergbau und der Braunkohlenbergbau be-

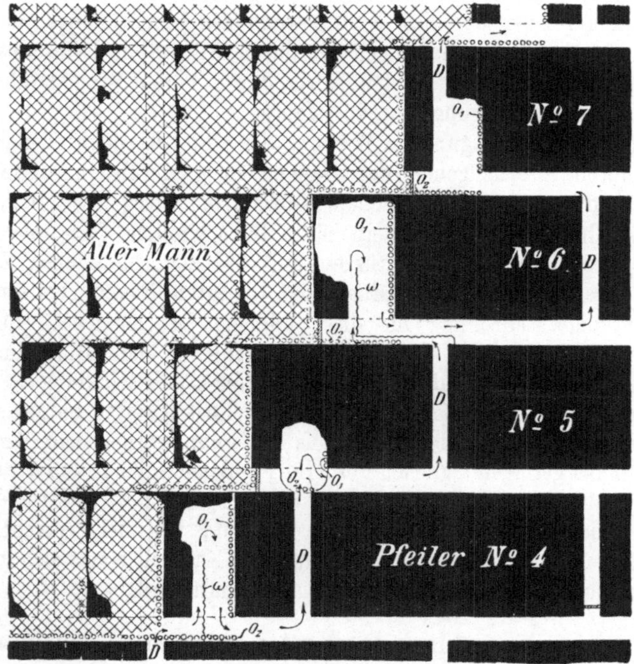

Abb. 410. Grundriß mehrerer Abbaubetriebe beim oberschlesischen Pfeilerbau.

zeichnet. Jedoch unterscheiden beide sich dadurch, daß das Hangende im
oberschlesischen Bergbau vorzugsweise aus sprödem Gebirge (Sandstein),
im Braunkohlenbergbau dagegen aus milden, nachgiebigen Schichten oder
aus Kiesen und Sanden besteht.

174. — Der streichende Pfeilerrückbau. Dieses häufig auch einfach
als „Oberschlesischer Pfeilerbau" bezeichnete Verfahren war früher in den
oberschlesischen „Sattelflözen", deren Mächtigkeit 4—10 m und mehr beträgt,
fast ausschließlich in Gebrauch. Mit zunehmender Teufe und Gesteinsfestigkeit
kamen die Brüche jedoch vielfach nicht mehr schnell genug, sie „blieben hängen",
der nächstfolgende Bruch konnte nicht sofort wieder belegt werden, so daß der
Pfeilerbruchbau zum Teil durch andere Verfahren mit Versatz ersetzt worden
ist. Immerhin ist er auch noch heute, insbesondere in Flözen von 3—7 m Mächtigkeit, verbreitet.

Von einem 100—150 m langen Bremsberg werden in Abständen von 12 bis 20 m Abbaustrecken bis zur Baugrenze aufgefahren. Sie erhalten 2—2,5 m Breite und Höhe mit Ausnahme der Grundstrecke, die ähnlich wie der Bremsberg mit 3 m Breite hergestellt wird.

Der Rückbau der Pfeiler erfolgt, wie Abb. 410 erkennen läßt, ähnlich dem Rückbau auf dünneren Flözen von hinten und oben nach vorn und unten. Die Breite jeden Unterabschnitts (Bruchs) beträgt bei großer Mächtigkeit 7—8 m, bei etwas geringerer 10—20 m. Die Hereingewinnung eines jeden Abschnittes wird durch Hochbrechen von der Abbaustrecke aus bis zur Firste unter gleichzeitiger Verbreitung der Abbaustrecke auf 5 m eingeleitet. Das Hangende der so verbreiteten Abbaustrecke A (Abb. 411) wird durch schwebende Kappen f abgefangen, die zunächst beiderseits in den Kohlenstoß eingebühnt werden, nach begonnenem Verhieb des eigentlichen Pfeilers aber mit ihrem oberen Ende auf der untersten der in diesem eingebauten streichenden Kappen s

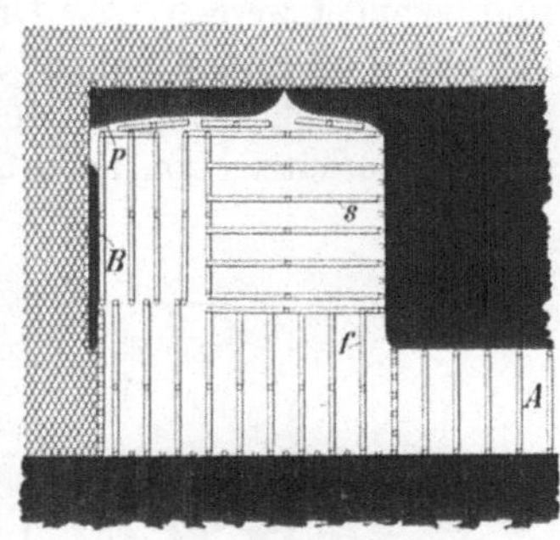

Abb. 411. Verzimmerung eines Abschnitts beim oberschlesischen Pfeilerbau.

ruhen. — Sodann erfolgt meist durch Schießarbeit die Gewinnung der im Pfeiler selbst anstehenden Kohle, und zwar schwebend oder fallend durch firstenbauartigen (Abb. 412a) oder strossenbauartigen (Abb. 412b) Verhieb unter Abstützung der überhängenden Kohlenbank oder des Hangenden durch Hilfsstempel und -spreizen. Der Firstenangriff bildet die Regel. — Wegen der

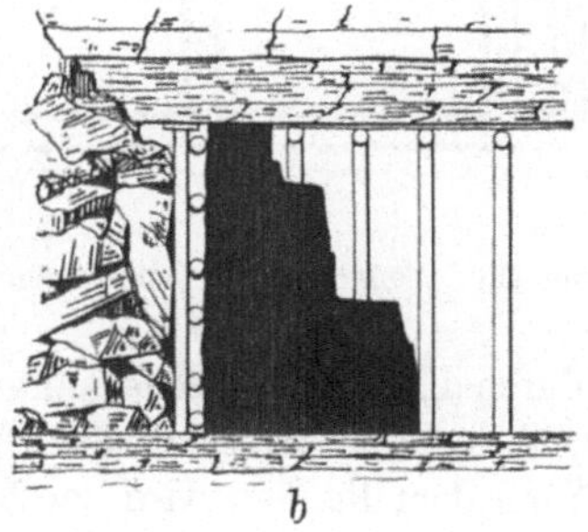

a   b

Abb. 412 a und b. Verhiebarten beim oberschlesischen Pfeilerbau.

großen Flözmächtigkeiten muß das Setzen des Ausbaues und die Hereingewinnung von Fahrten aus vor sich gehen.

Liegen die Verhältnisse schwierig, d. h. ist bei großer Flözmächtigkeit ein wenig festes Hangendes vorhanden, so läßt man zunächst gegen den Alten Mann der oberen Strecke sowohl wie gegen denjenigen des benachbarten, „ausgeraubten“ Abschnittes ein Kohlen-„Bein“ stehen, das nach beendigtem Verhiebe des Abschnittes noch soweit wie möglich hereingewonnen wird. Man muß dabei mit großer Vorsicht vorgehen, um ein Hereinrollen und Hereinbrechen des zu Bruch gegangenen Hangenden in den Abbauraum zu verhüten. Daher beginnt man bei dem oberen Bein (P in Abb. 411) mit dessen Schwächung in der Mitte und arbeitet von dort aus langsam und vorsichtig nach den Seiten weiter. Das seitliche Bein B wird in ebenso vorsichtiger Weise von oben nach unten abgebaut, soweit das möglich ist.

Während des Auskohlens eines Pfeilerabschnittes wird seine vordere sowohl wie seine untere Kante durch die sog. „Orgeln" O_1 und O_2 (Abb. 410) gesichert, die durch Stempel, die zwischen den einzelnen Kappen eingebaut sind, gebildet werden. Die Orgeln sollen das Hereinbrechen des Hangenden auf den jeweiligen Abschnitt beschränken und das Weiterrollen der hereingebrochenen Blöcke in die seitlich und nach unten hin angrenzenden Abschnitte verhüten. Im Bedarfsfalle werden daher die Stempel nicht nur sehr dicht gestellt, sondern auch noch durch Vorstempel verstärkt (vgl. auch den Abschnitt „Grubenausbau" in Bd. II).

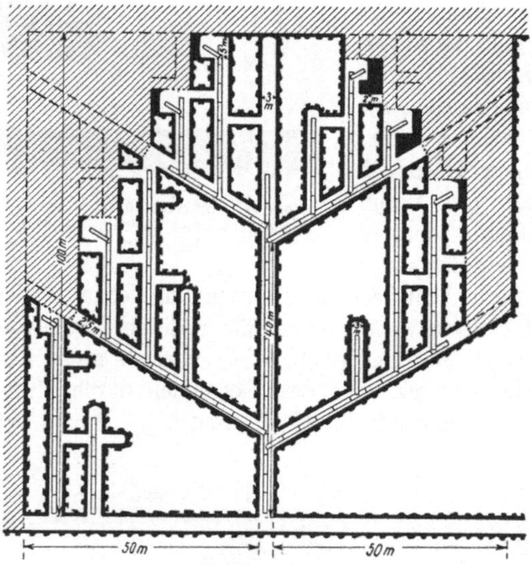

Ist der Verhieb eines Abschnittes beendigt und sind die Orgeln gestellt, so erfolgt das „Rauben", d. h. die Entfernung der Stempel. Wegen der Gefährlichkeit dieser Arbeit raubt man nicht alle Stempel, sondern nur die weniger belasteten; auch dürfen zum Rauben nur besonders erfahrene und gewandte, dem Ortsältesten sich unbedingt unterordnende Leute verwendet werden. Weil Bewegungen im Hangenden sich durch kleine Geräusche ankündigen, darf das Rauben nur bei größter Stille, d. h. nicht während der Förderschicht, erfolgen.

Abb. 413. Pfeilerbruch in Tannenbaumanordnung.

Nach dem Rauben wird der Abschnitt an seinem vorderen Ende in der Strecke durch einen starken Verschlag („Damm") abgeschlossen (Abb. 410).

Liegen die Verhältnisse günstiger, so kann ohne oberes Bein gearbeitet werden. Es gelingt dies allerdings nur bei Einfallen unter 30°. Vielfach läßt man auch das seitliche Bein fort, um die Kohlenverluste zu verringern. Man muß dann diesen Kohlensicherheitspfeiler, dem Vorrücken des schwebenden Verhiebes nach oben entsprechend, durch eine starke Zimmerung („Versatzung") ersetzen. Zu diesem Zwecke wird die den vorher ausgekohlten Abschnitt begrenzende Orgel ausreichend verstärkt, indem etwa herausgeschlagene Stempel ersetzt und außerdem die Stempel noch durch schräge Streben gegen Firste und Sohle verspreizt werden.

Die Wetterführung wird gleichfalls durch die Abbildungen veranschaulicht. Der frische Wetterstrom streicht in der nach dem Bremsberg hin zunächst gelegenen Reihe von Durchhieben D (Abb. 410) hoch und wird von diesen aus in streichender und schwebender Richtung durch Wetterscheider den einzelnen Bauabschnitten zugeführt (Pfeiler Nr. 4 und 6). Kann das obere Bein ganz durchbrochen werden (Pfeiler Nr. 7), so geht der Wetterstrom durch diesen Durchbruch unmittelbar zum nächsthöheren Pfeiler.

Die Förderung erfolgt in den meisten Fällen durch Förderwagen, die in flacher Lagerung bis in den Abbau fahren. In steiler Lagerung wird ihnen die Kohle zugeschaufelt oder die Kohle rutscht der Ladestelle zu. Erst neuerdings wird auch die Schüttelrutsche angewandt.

175. — Der schwebende Pfeilerbruchbau. Der schwebende Pfeilerbruchbau hat gegenüber dem streichenden den wesentlichen Vorteil, daß er die Abbaustreckenförderung durch Schüttelrutschen oder Bänder leichter zu mechanisieren gestattet, und zwar deshalb, weil die Abbaustrecken als „Schwebende" im Einfallen aufgefahren werden. Sie werden z. T. unter Zuhilfenahme von Schräm- und Kerbmaschinen von einer Grundstrecke, die streichend oder diagonal verläuft, bis zur Baugrenze hochgebracht. Die zwischen den Schwebenden anstehenden Kohlenpfeiler von 10—40 m Breite baut man alsdann in streichendem Verhieb von oben nach unten abschnittsweise ab, einflügelig bei mäßigen, zweiflügelig bei guten Gebirgsverhältnissen.

Ähnlich wie beim streichenden ordnet man auch beim schwebenden Pfeilerbruchbau mehrere Betriebspunkte nebeneinander an, um die Fördermenge des einzelnen Baufeldes zu steigern. Sie müssen in einer geraden, aber diagonal verlaufenden Linie liegen, da sie sich in einer Linie nebeneinander gegenseitig beeinflussen und zu Bruch werfen würden. Aber auch bei diagonaler Lage darf ihre Zahl nicht zu groß sein, da sonst die Gefahr besteht, daß die gesamte Abbaufront zusammenbricht.

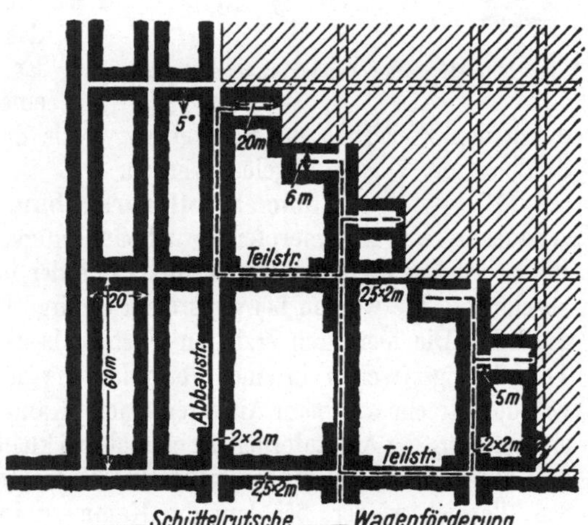

Abb. 415. Schwebender Pfeilerbruchbau (zweiflügelig).

Abb. 414 zeigt einen gewöhnlichen einflügeligen Pfeilerbruchbau, Abb. 413 das gleiche Abbauverfahren in Tannenbaumanordnung, die vielfach gewählt wird, um die maschinelle Förderung in den mit Ansteigen aufgefahrenen Grundstrecken zu erleichtern. Einen zweiflügeligen Abbau veranschaulicht Abb. 415.

176. — Beurteilung des abschnittweisen Pfeilerbruchbaues im Steinkohlenbergbau. Die Vorteile dieses Abbauverfahrens bestehen darin, daß es mächtige Flöze hereinzugewinnen gestattet und hohe Hackenleistungen bis zu 25 t erreichen läßt. Nachteilig ist allerdings die große zeitliche Trennung zwischen Vorrichtung und Abbau und die damit verbundene lange Standdauer der Grubenbaue mit ihren Auswirkungen, wie Beunruhigung des Gebirges, Entgasung und Zerdrückung der vorgerichteten Kohle, Grubenbrandgefahr durch Selbstentzündung usw. Nachteilig ist ferner der besonders hohe Anteil der aus der Vorrichtung anfallenden Kohle an der Gesamtförderung. Beim streichenden Pfeilerbau beträgt er bis 30 und 40%, beim schwebenden 10—25%. Ungünstig ist auch die verhältnismäßig geringe Fördermenge je Abbaubetriebspunkt und Tag (Pfeiler). Sie beträgt bei zweischichtiger Belegung mit zwei Hauern und zwei Füllern in jeder Schicht je nach der Flözmächtigkeit nur 50—100 t und erschwert daher eine großzügige Mechanisierung.

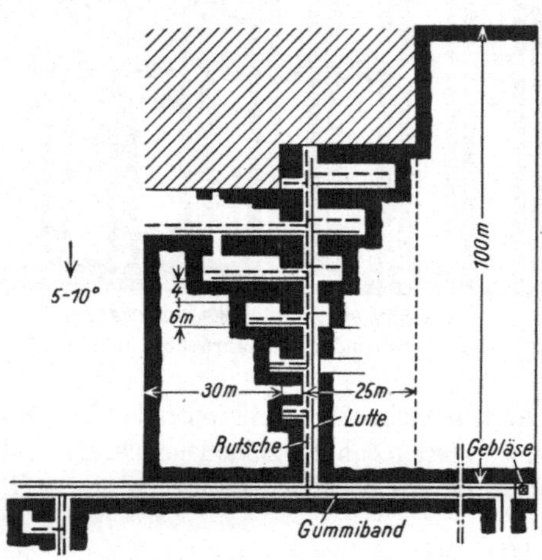

Abb. 416. Schwebender Kammerpfeilerbau.

Der abschnittweise Pfeilerbruchbau war früher in Oberschlesien das herrschende Abbauverfahren. Er spielt dort auch heute noch eine große Rolle, ist aber teilweise durch den Pfeilerbau mit Spülversatz, sowie durch scheibenweisen Streb- und Stoßbau mit Versatz abgelöst worden.

177. — Der Kammerpfeilerbruchbau. Der Kammerbruchbau oder genauer gesagt Kammerpfeilerbruchbau unterscheidet sich vom gewöhnlichen Pfeilerbruchbau lediglich durch die Größe der in Verhieb genommenen Pfeilerabschnitte. Sie werden bei günstigem Gebirge bis zu 30 m lang und 7 m breit gewählt. Die hierdurch erzielten Vorteile bestehen in einer Verringerung der Vorrichtungsstrecken, in einer Verminderung der Häufigkeit des Hochbrechens von der Strecke aus beim Ansetzen einer „Kammer". Auch lohnt sich eine Mechanisierung der Abbauförderung eher als bei kleinen Pfeilerabschnitten. Abb. 416 gibt einen zweiflügeligen schwebenden Kammerpfeilerbruchbau mit streichendem Verhieb wieder, bei dem die Kammern in schwebender Richtung nacheinander abgebaut werden. Man nennt das gleiche Verfahren häufig auch — allerdings ungenauer — zweiflügeliger streichender Kammerbau und stellt bei dieser Bezeichnung die Auffahrrichtung der Kammer in den Vordergrund.

Stephan[1]) hat einen neuen Weg zur Zusammenfassung der Förderung bei

---

[1]) Glückauf 1941, S. 159; Stephan: Der Kammerbau mit breitem Blick auf der Berve-Schachtanlage bei Bobrek; — ferner Bergbau 1941, S. 65; Stephan: Der Kammerbau mit breitem Blick, ein Beitrag zur Frage der Konzentration beim Abbau der mächtigen Flöze Oberschlesiens; Dissertation Berlin 1941.

diesem Abbauverfahren vorgeschlagen. Hierbei werden durch schwebende Strecken 700—1000 m hohe Baufelder vorgerichtet, die in je 90 m hohe Abteilungen eingeteilt werden. Jede Abteilung zerfällt wieder in 10 Kammern von 9 m Breite und 15—20 m Länge. Zuerst werden die Kammern 1, 11, 21, 31, 41, 51, 61, 71 und 81 abgebaut und zu Bruch geworfen, darauf die Kammern 2, 22 usw., alsdann die Kammern 3, 33 usw., bis schließlich nach Hereingewinnung der Kammern 9, 19, 29 usw. das ganze Feld abgebaut ist. Bei 5,5 m Mächtigkeit läßt sich auf diese Weise je Kammer eine Fördermenge von 100 t in zwei Schichten und damit eine Fördermenge der Bauabteilung von rund 1000 t je Tag erzielen.

178. — **Etagenbruchbau.** Bei sehr steilem Einfallen erscheint der Pfeilerbruchbau in der Ausbildung des Etagenbruchbaus nach Abb. 417, wie er in mäch-

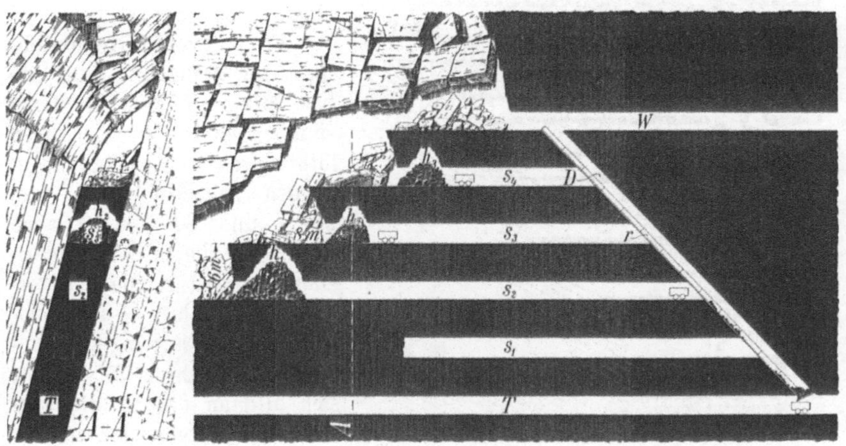

Abb. 417. Etagenbruchbau in einem steilstehenden Flöz.

tigen Flözen hin und wieder vorkommt. Von den einzelnen Teilsohlen, deren seigerer Abstand höchstens 50 m beträgt, werden in Abständen von 40 m diagonale Strecken von 2,5 m Breite und Höhe mit einem Einfallen von 30° aufgefahren, das genügt, um mittels fester Rutschen die Kohle zu den an ihrem Fußpunkte befindlichen Ladestellen zu befördern. Von diesen Diagonalen aus nehmen streichende Abbaustrecken mit einem Seigerabstand von 5—6 m ihren Ausgang, die das Flöz gewissermaßen in untereinander liegende Pfeiler von Flözmächtigkeit und 5 m Höhe aufteilen. Von der Baugrenze beginnt alsdann die Hereingewinnung dieser Pfeiler, und zwar abschnittsweise durch Hochbrüche h_1—h_3, die nach Möglichkeit bis zur nächsthöheren Strecke durchgeschossen werden, wobei die Kohle von unten aus fortgeladen wird. Soweit das Hangende auf der oberen Strecke bereits hereingebrochen ist, rutscht es auf den Kohlen mit nach unten, ohne die Hauer zu gefährden, da diese beim Wegladen durch eingebaute Hilfszimmerungen geschützt sind. Die Bruchmassen des Alten Mannes rollen auf diese Weise mit dem Vorrücken des Abbaus in die Tiefe nach.

Auch die Diamanterde (blue ground) der Kimberleyschlote in Südafrika, wo der Tiefbau längst den Tagebau abgelöst hat, wird durch Etagenbruchbau gewonnen. Der Unterschied zu der oben beschriebenen Ausbildung besteht einmal darin, daß die Abförderung nicht durch diagonale Strecken, sondern durch Blindschächte erfolgt. Außerdem sind die Abbaustrecken nicht nur untereinander, sondern in Abständen von 15 m auch nebeneinander angeordnet, so daß es zur Ausbildung regelrechter Teilsohlen in Abständen von 5—8 m kommt. Die 200—300 m im Grundriß messenden und weit in die Teufe setzenden Lagerstätten werden auf diese Weise in übereinander liegende, waagerechte Abschnitte geteilt und diese Abschnitte wieder in Pfeiler, die von der Grenze weg im Rückbau abschnittsweise durch Schießarbeit hereingewonnen werden.

Auch auf mächtigen Erzlagerstätten wird dieses Abbauverfahren angewandt, z. B. auf einigen steil stehenden Eisenerzlagern Schwedens (Grängesberg), wo z. T. der Tiefbau den Tagebau und hier der Bruchbau den Magazinbau abgelöst hat.

179. — Der Pfeilerbruchbau der Minette. Zum Abbau der mit wenigen Grad einfallenden 3—5 m mächtigen lothringischen Minette-Lager werden zunächst etwa 5 m breite und 80—100 m lange Kammern, die in 8—12 m Abstand parallel zueinander verlaufen, von einer Grund- oder Abbaustrecke aus bis zur Baugrenze aufgefahren. Es handelt sich alsdann darum, die zwischen ihnen liegenden Erzpfeiler im Rückbau hereinzugewinnen.

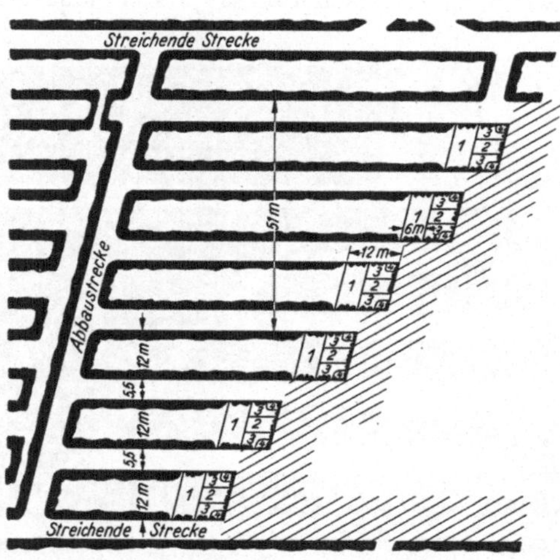

Abb. 418. Pfeilerbruchbau der Minette.

Das hierfür auf zahlreichen Gruben angewandte Verfahren besteht nach Abb. 418 in der Herstellung breiter Durchbrüche von einer Kammer zur anderen. Ein schmales zum Alten Mann hin zunächst stehenbleibendes Bein wird bis auf zwei Eckpfeiler als vorläufige Stütze geschwächt. Schließlich wird durch Rauben des Ausbaus und Hereinschießen der Stützpfeiler das Hangende zu Bruch geworfen. Wichtig ist hierbei die Bildung einer längeren, sägeblattförmig abgesetzten Bruchlinie durch Zusammenfassen mehrerer Pfeiler, die im gleichen Rhythmus zurückgebaut werden.

Die Abbauverluste haben auf diese Weise auf ein geringes Maß herabgesetzt werden können. Bei zweischichtiger Belegung beläuft sich die mit der Mächtigkeit der Eisenerzlager schwankende tägliche Förderung je Pfeiler auf 60 t. Zum Rauben der Stempel dienen besondere Druckluftwinden. Als Sprengstoff wird meist flüssige Luft benutzt.

180. — Der Pfeilerbruchbau in der Braunkohle. Der Pfeilerbruchbau ist das herrschende Abbauverfahren im deutschen Braunkohlentiefbau. Er ist einmal bedingt durch den geringen Zusammenhalt der entweder aus lockeren Sanden und Kiesen oder aus Tonen zusammengesetzten Deckgebirgsschichten, dann auch durch die Mächtigkeit, mangelnde Festigkeit und den geringen Wert der Kohle selbst. Es ist daher nur die gleichzeitige Bloßlegung geringer

Hangendflächen von 20—35 m² Ausdehnung möglich — die Brüche sind also wesentlich kleiner als beim oberschlesischen Pfeilerbruchbau —, anderseits würde es zu teuer, das Flöz in Scheiben von etwa 2—2,5 m Mächtigkeit aufzuteilen und diese im Strebbau mit Bergeversatz, also unter Bildung langer Abbaufronten, abzubauen. Erst beim späteren Abbau der tief gelegenen rheinischen Braunkohle wird man sich vielleicht hierzu entschließen.

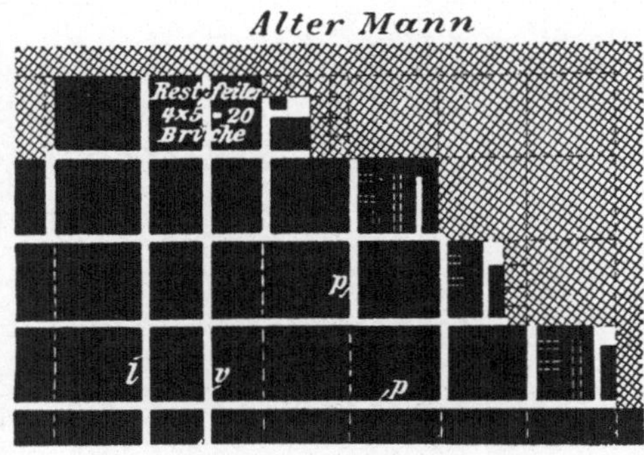

Abb. 419. Braunkohlen-Pfeilerbruchbau.

Die Vorrichtung geschieht beim Pfeilerbruchbau durch streichende Abbaustrecken. Sie werden in Abständen von 20—30 m aufgefahren und etwa alle 60 m durch querschlägige, ebenfalls im Flöz hergestellte Strecken miteinander verbunden (Abb. 419). Von den Abbaustrecken nehmen die eigentlichen Bruchstrecken ihren Ausgang, die bis zum alten Mann oder bis zu einer anderen Abbaugrenze vorgetrieben werden. Ist die Flözmächtigkeit nicht größer als 5 m, so genügt diese Vorrichtung. Übersteigt sie dagegen dieses Maß, so wird von oben nach unten in mehreren Scheiben gebaut. Jede Scheibe erhält dann ein eigenes Vorrichtungsstreckennetz.

Beim gewöhnlichen Pfeilerbruchbau wird die Kohle, vom Ende der Bruchstrecken beginnend, in 4 × 4 m bis 5 × 7 m messenden Brüchen rückwärts abgebaut, und zwar derart, daß zunächst an beiden Seiten der Strecke hochgebrochen und dann die Kohle in einer Höhe von 4—5 m einschließlich des über der Strecke befindlichen Flözteiles hereingewonnen wird. Zum Schutz gegen den Alten Mann werden vor Stirn und an der Seite des Bruches Kohlenbeine von 0,75—1,25 m Dicke stehengelassen (Abb. 420). Außerdem ist in der Regel das Anbauen einer Kohlenschwebe von 0,50—1 m Mächtigkeit gegen das Hangende, das sonst zu früh hereingebrochen wäre, notwendig. Nach beendigter Hereingewinnung wird der Ausbau geraubt und das Hangende auf diese Weise geworfen. Erst dann kann der Abbau des nächsten Bruches beginnen.

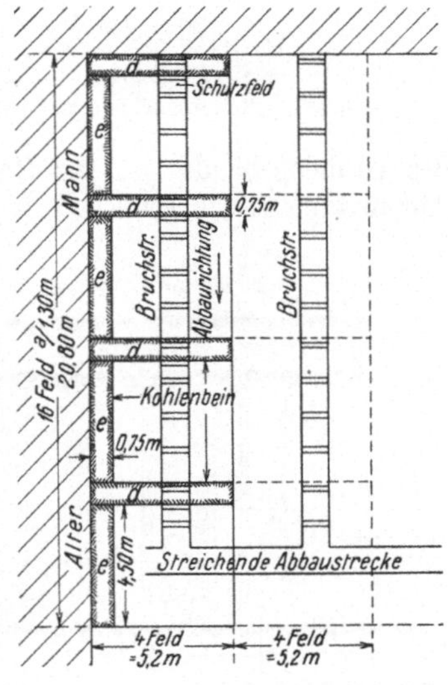

Abb. 420. Pfeilerbruchbau mit Bruchstrecke in der Mitte.

Der Abstand der Bruchstrecken beläuft sich bei diesem Verfahren auf rund 5 m. Er kann auf 12—15 m erhöht werden, wenn nicht nur vor Stirn der Bruchstrecken, sondern auch zu beiden Seiten Brüche angesetzt werden, wie dieses Abb. 421 zeigt.

Abgesehen von der geringen Förderung je Bruch (bei 2—3 Mann Belegung beläuft sie sich auf etwa 20—30 t) und dem dadurch verursachten großen Umfang

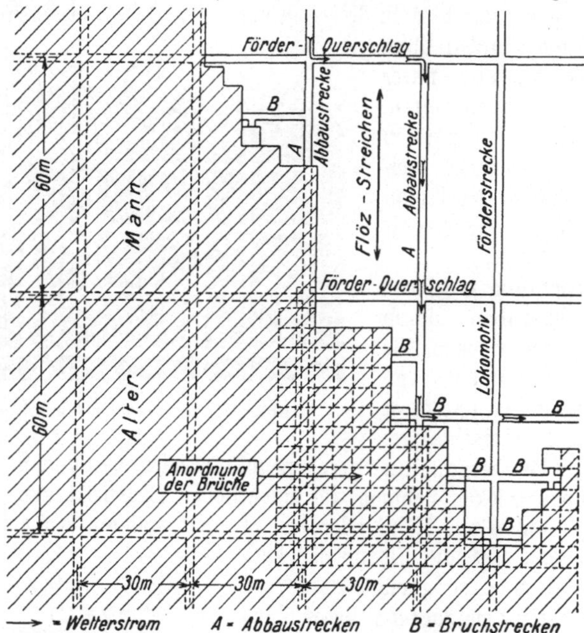

Abb. 421. Pfeilerbruchbau mit Brüchen vor Kopf und seitlich jeder Bruchstrecke.

des Grubengebäudes ist der Hauptnachteil dieses Verfahrens in den hohen Abbauverlusten zu erblicken, die vielfach 40% betragen.

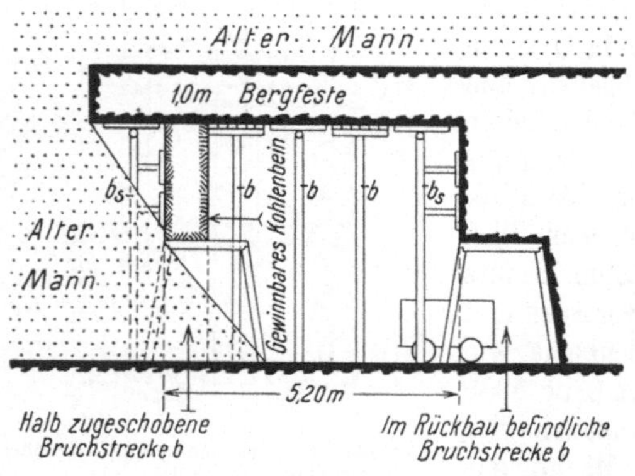

Abb. 422. Verschiebebruch (Querschnitt).

Diesen Nachteil vermindert der Pfeilerbau mit Verschiebebrüchen, der allerdings nur bei einem lockeren Deckgebirge aus Sand oder Kies anwendbar ist[1]). Das Neue dieses Verfahrens liegt darin, daß der Bruch nicht beiderseits über der Bruchstrecke liegt, sondern nur einseitig nach dem Alten Mann zu angelegt wird, und zwar so, daß die Strecke mit samt der darüber befindlichen Kohle zunächst stehenbleibt. Diese Kohle wird erst von der nächsten Bruchstrecke aus gewonnen (Abb. 422). Außerdem verzichtet man auf die Kohlenbeine und verwendet statt ihrer Versatzdraht, der an Stempeln befestigt, sich als genügender Schutz gegen das Hereinkommen des Alten Mannes in den neuen Bruch erwiesen hat

---

[1]) Braunkohle 1933, S. 219; Funcke: Abbau mit Verschiebebrüchen auf Braunkohlengrube Finkenheerd.

(Abb. 423). Die Abbauverluste haben auf diese Weise auf 20% vermindert werden können. Beim Werfen des Bruches wird die Strecke nur halb vom Alten Mann „zugeschoben", so daß sie noch für die Wetterführung, die beim gewöhnlichen Pfeilerbruchbau durch Diffusion erfolgen muß, zur Verfügung steht. Auch bietet sie einen guten Schutz der Belegschaft bei vorzeitigem Zusammenbrechen des Hangenden.

Weitere Verbesserungen des Pfeilerbruchbaus betreffen die Mechanisierung der Förderung in den Abbau- und Bruchstrecken sowie die Ladearbeit. Ein besonderes Ladeband, das „Kosagband"[1]), ist zu diesem Zwecke entwickelt und an mehreren Stellen mit Erfolg angewandt worden. Auch die Schüttelrutsche hat sich mehrfach bewährt und in steiler Lagerung das Kratzband. In den Abbaustrecken sind mit Erfolg leichte Kettenbahnen eingesetzt worden, die auf eine in der Hauptförderstrecke (Flügelstrecke) verlegte Kettenbahn einmünden. Durch diesen **Pfeilerbau mit Flügelketten** (Abb. 424) ist es auf der Grube Kurt bei Gölzau (Anh.) gelungen,

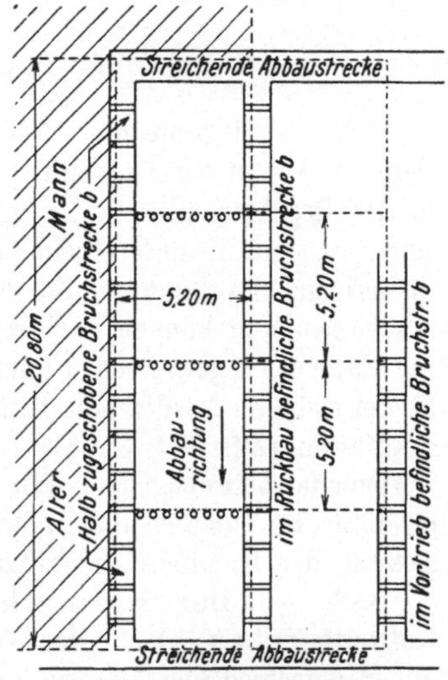

Abb. 423. Verschiebebruchbau ohne Kohlenbeine (Grundriß).

den Abstand der Hauptförderstrecken auf 200 m und den der von ihnen ausgehenden Abbaustrecken auf

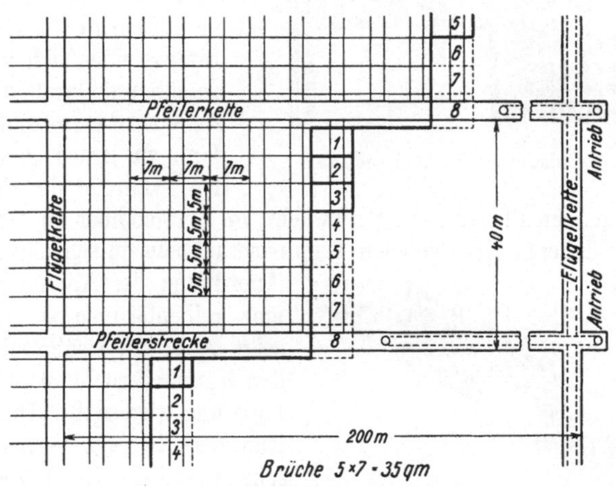

Abb. 424. Pfeilerbau mit Flügelketten.

40 m und mehr zu erhöhen. Bei der Gewinnung sucht man die Handarbeit in vermehrtem Maße durch Schießarbeit oder auch durch den Abbauhammer zu

---

[1]) H. Hirz: Möglichkeiten der Leistungssteigerung im Braunkohlentiefbau. Dissertation Clausthal 1941.

ersetzen. Die Verschiedenheiten der Kohlebeschaffenheit, der Lagerungsverhältnisse und des Deckgebirges sind jedoch so groß, daß sich allgemein gültige
Regeln über die Wahl dieser einzelnen Mittel nicht aufstellen lassen.

b) Der Kammerbruchbau.

181. — Allgemeines. Der Kammerbruchbau ist dadurch gekennzeichnet,
daß der Abbau der Lagerstätte in der Auffahrung von Kammern besteht, die
in der Regel an allen Seiten von anstehendem Mineral in Form von Pfeilern
umgeben sind. Er unterscheidet sich von dem auf S. 440 beschriebenen Kammerpfeilerbruchbau durch das Stehenlassen der Pfeiler. Sie werden nicht zu Bruch
geschossen und können nachträglich und zwar durch andere Abbauverfahren
nur dann noch gewonnen werden, wenn es sich um mächtige Lagerstätten und
Pfeiler größerer Ausdehnung handelt. Vom Kammerbau unter Stehenlassen von
Bergfesten (Ziff. 197, S. 461) ist der Kammerbruchbau durch das Zubruchwerfen oder Zubruchgehenlassen des Hangenden unterschieden. Die Pfeiler haben
bei ihm also lediglich die Aufgabe, das Hangende während der Zeit der Herstellung der Kammern zu stützen.

**182. — Der Kammerbruchbau im sudetenländischen Braun-
kohlenbergbau.** Der in der Weichbraunkohle verbreitete Pfeilerbruchbau mit
seinen verschiedenen Abarten kann in der hochwertigen, dafür aber festen und

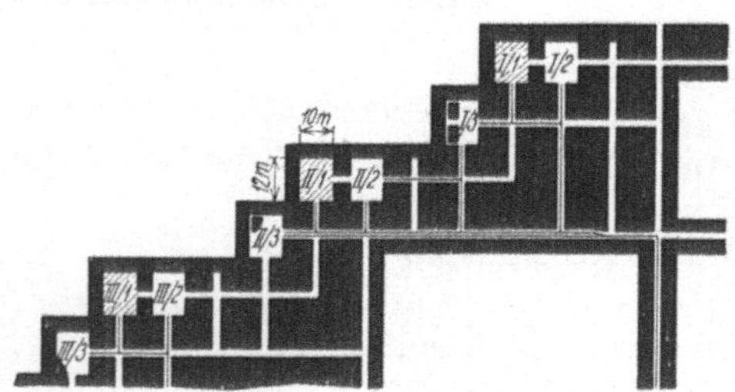

Abb. 425. Kammerbruchbau (Sudetenland).

zudem zu Selbstentzündung
neigenden sudetendeutschen
Braunkohle nicht angewandt
werden. Ihr heute noch ver-
breitetstes Abbauverfahren ist
ein Kammerbruchbau. Er
unterscheidet sich vom Pfeilerbruchbau dadurch, daß lediglich
Kammern ausgekohlt und alsdann zu Bruch geworfen werden, während die rings um die
Kammern liegenden Pfeiler wohl geschwächt, im übrigen aber unverritzt stehen
bleiben. Das Schema eines solchen Kammerbruchbaus in schachbrettförmiger

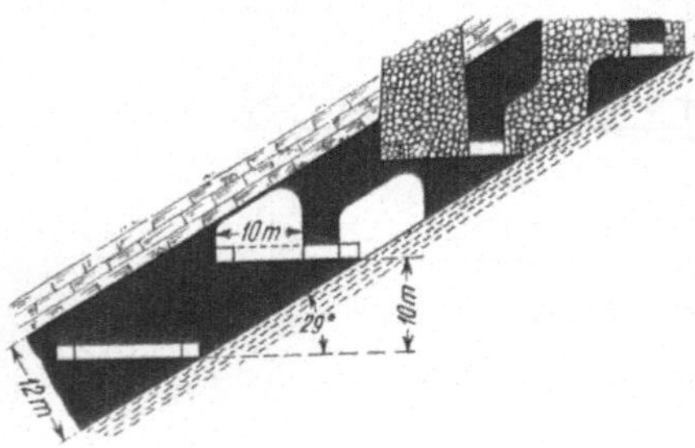

Abb. 426. Kammerbruchbau in halbsteiler Lagerung.

Anordnung der Kammern — auch
eine reihenförmige ist möglich —
zeigt Abb. 425, während Abb. 426
den Kammerbruchbau in halbsteiler
Lagerung wiedergibt. Die Größe der
Kammern beträgt je nach der Beschaffenheit der Kohle und der Hangendschichten 100—400 m². Ihre
Höhe richtet sich nach der Flözmächtigkeit, die bis 30 m betragen
kann sowie danach, ob auf volle
Mächtigkeit oder auf 2 oder mehr Scheiben gebaut wird. Bei ihrer Herstellung
wird die Kammer zunächst in Streckenhöhe unterfahren und durch Ausbau
mit Stempeln und Türstöcken gesichert. Anschließend stellt man an den

vier Seiten der Kammer mittels Schießarbeit Schlitze her, so daß ein würfel-
ähnlicher Kohlenblock entsteht, der nur noch mit dem Hangenden verbunden
und nach unten durch Ausbau unterstützt ist. Raubt man jetzt diesen Ausbau,
so stürzt der Kohlenblock im ganzen oder je nach Lösen innerhalb des Flözes
in einzelnen Scheiben ladefertig herein, ein Vorgang, der vielfach noch durch
Schießarbeit unterstützt werden muß.

Bei diesem Abbauverfahren handelt es sich also nicht wie beim Bruchbau
nur um ein Hereinbrechen des Hangenden, das im Anschluß an das Leerfördern
der Kammer stattfindet, vielmehr wird auch die Schwerkraft für die Gewinnung
der Kohle selbst durch deren Hereinstürzenlassen benutzt. Seine genaueste
Bezeichnung wäre infolgedessen Kammersturzbruchbau.

Das Verfahren ermöglicht hohe Hackenleistungen, bedingt aber starke Abbauverluste, erhebliche Bergschäden, hohe Vorrichtungskosten und erschwert
die Wetterführung, Mechanisierung und Betriebszusammenfassung. Man ist
daher bestrebt, es zu verlassen und durch den scheibenweisen Strebbruchbau
zu ersetzen[1]).

183. — Kammerbruchbau im Doggererzbergbau. Auf der Dogger-
erzgrube Schönberg bei Freiburg i. B. hat sich ein als streichender Kammerbruchbau bezeichnetes Abbauverfahren
entwickelt, das in Abb. 427 dargestellt
ist. Das Erzlager fällt flach ein und ist
4—6 m mächtig. Zwischen zwei 120 m
voneinander entfernt verlaufenden streichenden Hauptstrecken werden zunächst
in Abständen von 12 m streichende Teilstrecken von einem Aufhauen aus in
der Unterbank des Erzlagers in einem
Querschnitt von $4 \times 2\,m^2$ aufgefahren.
Alle 30 m werden diese Teilstrecken schwebend miteinander verbunden, wodurch
jeweils ein neues Aufhauen, in dem ein
Band als Sammelfördermittel verlegt
wird, entsteht.

Der eigentliche Abbau, d. h. die
Herstellung der Kammern geschieht im
Rückbau. Zu diesem Zweck werden die
Teilstrecken auf 8 m Breite erweitert,
wobei man zugleich die obere Erzbank
in ebenfalls 8 m Breite hereinschießt.
Die Abförderung des Erzes erfolgt in den

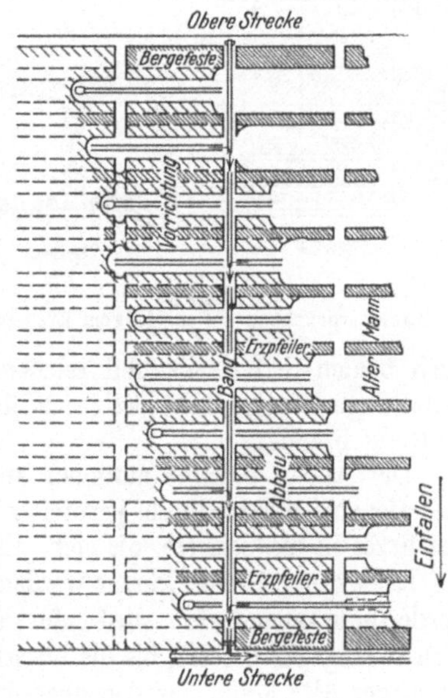

Abb. 427. Kammerbruchbau (Doggererz).

einzelnen Kammern durch Schüttelrutschen oder Bänder, die auf das gemeinsame Sammelband des Aufhauens ausgießen. Zwischen den Kammern bleiben
schmale Erzpfeiler von 2 m Breite stehen. Sie sollen das Hangende so lange
vor dem Hereinbrechen bewahren, wie die Hereingewinnung dauert.

Ein Nachteil des Abbauverfahrens liegt in den 20—30% betragenden Ab-

---

[1]) Zeitschr. f. d. Berg-Hütten- u. Sal. Wesen 1941, S. 97; C. Hochstetter:
Die Umstellung auf neue Abbauverfahren im sudetenländischen Braunkohlenbergbau.

bauverlusten. Als ungünstig hat sich außerdem die geringere Ausnützung der Bänder in den Kammern herausgestellt, die daher neuerdings durch Schrapper ersetzt werden. Vorteilhaft ist jedoch die verhältnismäßig gute Betriebszusammenfassung und die Möglichkeit, die Ladearbeit zu mechanisieren.

184. — Kammerbruchbau auf mächtigen steilen Eisenerzlagerstätten. Da sich der in Skandinavien auf den dortigen Eisenerzlagern übliche Kammerspeicherbau nur anwenden läßt, wenn Erzkörper und Nebengestein sehr standfest sind, hat die Grube **Fortuna** in Großdöhren im Erzgebiet von **Salzgitter** einen Kammerbau ohne Speicherung des Erzes entwickelt[1]), der durch die Art der Herstellung der anschließend zu Bruch geworfenen und mit Versatz ausgefüllten Kammern bemerkenswert ist.

Die steil einfallenden Lager sind 8—35 m mächtig. Von der Fördersohle werden, wie Abb. 428 zeigt, in Abständen von etwa 60 m 2 m breite, senkrecht zum Streichen verlaufende Schlitze zwischen Hangendem und Liegendem bis nahe unter die Wettersohle hochgebrochen. Es geschieht dieses im Firstenstoßbau unter Speicherung des Erzes, das man nach Fertigstellung der Schlitze abfördert. Zugleich werden streichende Strecken geringen Querschnitts in seigeren Abständen von 7 m aufgefahren und zwar von mitten zwischen zwei Schlitzen gelegenen Aufhauen aus. Bis 12 m Mächtigkeit genügt eine solche Strecke in jeder Teilsohle; bei 20 m Mächtigkeit müssen zwei, bei mehr als 20 m Mächtigkeit drei Strecken nebeneinander vorgesehen werden. Die Strecken gehen von den Aufhauen

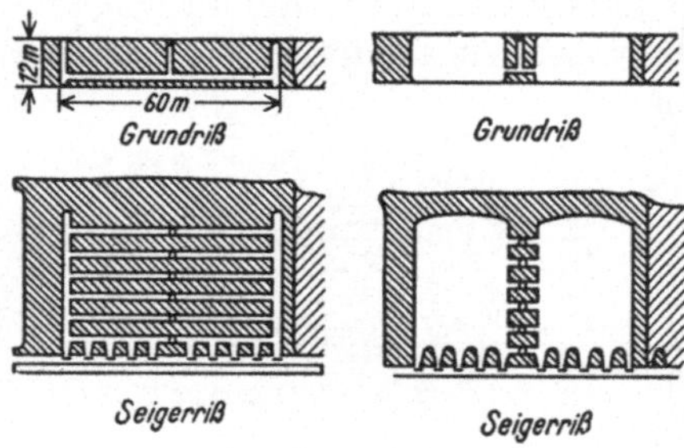

Abb. 428.
Kammerbruchbau auf mächtigem Erzlager.

nach beiden Seiten aus und reichen bis zu den 2 m breiten und über die ganze Lagerstättenmächtigkeit sich hinziehenden Schlitzen. Damit ist die Vorrichtung beendet.

Der Abbau beginnt nunmehr an den Einmündungen der Teilstrecken in die offenen Schlitze durch Verbreitern der Strecken und durch Hereinschießen des Erzes in die Schlitze, die sich allmählich zu Kammern erweitern, während die Teilstrecken immer kürzer werden. Das in Ladekästen gleich oberhalb der Fördersohle fallende Erz wird sofort abgezogen. Das Erweitern der Kammern wird so lange fortgesetzt, bis die unterhalb der Wettersohle anstehende Bergfeste sowie der Alte Mann aus den oberen Kammern hereinbricht und die Kammer verfüllt. Der zum Schluß zwischen zwei Kammern verbleibende Erzpfeiler wird alsdann im Firstenstoßbau mit Bergeversatz, der den verfüllten Kammern entstammt, ebenfalls abgebaut.

Das Verfahren hat sich gut bewährt. Der Nachteil hoher Vorrichtungskosten wird durch geringe Gewinnungskosten während der Herstellung der Kammern, durch nur etwa 10% betragende Abbauverluste — sie bestehen in der Hauptsache in der gegen die obere Sohle angebauten Schwebende — sowie durch unfallsichere Arbeiten wieder wettgemacht.

---

[1]) Metall und Erz 1940, S. 305; K. Kaup: Neue Abbaumethoden auf den Gruben Fortuna und Ida.

c) Der Strebbruchbau[1]).

185. — Allgemeines. Der Strebbruchbau ist, wenn zunächst von der Art der Behandlung des Hangenden im verlassenen Abbauhohlraum abgesehen wird, ein Strebbau. Er unterscheidet sich in der Ausrichtung, Vorrichtung, der flachen Bauhöhe, der Art der Belegung und Hereingewinnung der Kohle, in den Abbaufördermitteln, im ganzen Arbeitsverlauf grundsätzlich in nichts vom streichenden Strebbau mit streichendem Verhieb mit Handversatz, Blas- oder Blindortversatz oder vom schwebenden Strebbau mit Versatz. Dadurch aber, daß die Dachschichten nicht planmäßig und möglichst bruchfrei abgesenkt, sondern über den verlassenen Feldern zu Bruch geworfen werden, ist er zugleich ein Bruchbau, der grundsätzlich dem Pfeilerbruchbau ähnelt. Er unterscheidet sich von diesem einmal durch das Ausmaß der flachen Bauhöhe, die ein 10- bis 20faches des Pfeilerbaues beträgt, durch die Planmäßigkeit, in der das Zubruchwerfen im Gegensatz zu vielen Fällen des gewöhnlichen Pfeilerbaus auf Flözen mäßiger Mächtigkeit herbeigeführt wird, sowie darin, daß die Abbaustrecken mittels mehr oder weniger breiter Bergedämme auch beim Vorbau aufrecht erhalten werden. Der Ausdruck Strebbruchbau hat daher nicht nur seine Berechtigung, sondern auch den Vorzug der Klarheit und Verständlichkeit.

186. — Das planmäßige Herbeiführen des Bruches. Von entscheidender Wichtigkeit für die Durchführung des Strebbruchbaus und die Ausnutzung seiner Vorteile ist, daß es gelingt, die Dachschichten zum Hereinbrechen zu bringen. Dieses Hereinbrechen muß regelmäßig und schnell erfolgen, entweder Feld für Feld oder auch alle zwei Felder. Zugleich ist es notwendig, daß die Dachschichten hoch genug hereinbrechen. Für die Berechtigung dieser Forderungen bestehen mehrere Gründe. Einmal müssen die über den Arbeitsfeldern befindlichen Dachschichten möglichst bald von der Last einer über dem verlassenen Flözhohlraum ohne Unterstützung hängenden Fortsetzung befreit werden. Anderenfalls entsteht ein zusätzlicher Druck über den Arbeitsfeldern, dem die Dachschichten selbst und der Ausbau nicht gewachsen sein würden. Ein genügend hohes Abbrechen verlangt auch die Rücksicht auf das Haupthangende, damit nicht nur der Flözhohlraum, sondern auch der durch das Nachbrechen des Hangenden zusätzlich geschaffene Hohlraum verfüllt wird. Geschähe dieses nicht, so bliebe das Haupthangende ohne Unterstützung, es käme zu einer Häufung von Spannungen, die in plötzlichen Brüchen sich auslösen würden, wodurch eine außerordentliche Druckzunahme am Kohlenstoß und Beanspruchung des Strebausbaus einträten. Das Haupthangende muß sich vielmehr möglichst bald auf das aus großen und kleinen Bruchstücken der Dachschichten gebildete Haufwerk auflegen und dieses unter Schaffung einer festen Unterlage allmählich zusammenpressen können. Bei Sandsteinen wird dieses Auflegen freilich nicht so schnell erfolgen wie bei Tonschiefern, und die als „Hauptdruck" bezeichneten Erscheinungen (Ziff. 71, S. 360) treten beim Strebbruchbau ebenfalls auf.

---

[1]) Glückauf 1930, S. 1; H. Winkhaus: Pflege des Hangenden durch Teilversatz; — ferner ebenda 1930, S. 1529; Fritzsche: Bergtechnische Anregungen aus dem englischen Kohlenbergbau; — ferner ebenda 1936, S. 1045; Haarmann: Erfahrungen mit Teilversatz und Bruchbau der Zeche Minister Achenbach.

187. — Auswirkungen der Art des Hangenden. Es ist begreiflich, daß je nach der Beschaffenheit der das Hangende zusammensetzenden Gesteine der Bruch mehr oder weniger leicht herbeizuführen ist. Je geringer die Scherfestigkeit des Gesteins und je weniger tragfähig es ist, um so leichter wird es abbrechen. Infolgedessen sind Tonschiefer, Sandschiefer, plattige Sandsteine günstiger als dickbankige, klotzige Sandsteine, Konglomerate und Quarzite. Je größer die durch die Gesteinsbeschaffenheit verursachten Schwierigkeiten sind, mit um so größerer Sorgfalt in der Beachtung aller Grundsätze muß vorgegangen werden, während gutartiges .Hangendes deren Verletzung eher gestattet. Nach den Erfahrungen der letzten Jahre verbietet jedoch die Beschaffenheit des Hangenden die Durchführung des Strebbruchbaus wohl nur in wenigen Fällen.

Die Höhe, bis zu der das Hangende, d. h. die Dachschichten hereinbrechen, hängt einmal von der Flözmächtigkeit ab. Je mächtiger das Flöz unter sonst gleichen Verhältnissen ist, um so mehr Bruchgebirge ist zur Verfüllung notwendig. Aber auch die Art des Hangendgesteins ist von Einfluß. Ist seine Schüttungszahl groß, so ist eine geringere Höhe erforderlich als bei geringer Auflockerung, also kleiner Schüttungszahl. In der Regel kann mit einer Höhe von $2^1/_2$—5facher Flözmächtigkeit gerechnet werden, bis zu der das Hangende hereinbricht oder, in anderen Worten, die Dachschichten reichen.

188. — Die Rolle des Liegenden. Das Liegende ist von geringerem Einfluß als das Hangende, jedoch keinesfalls ohne Bedeutung. Es spielt insofern eine Rolle, als es die Unterlage für den Ausbau abgibt. Wenn es weich ist, verändert es den Grad der Starrheit des Ausbaus, indem Stempel und Holz- oder Stahlkästen sich hineindrücken. Hierdurch wird ihr Rauben und auch häufig — nicht immer — das Abbrechen der Hangendschichten erschwert. In der Regel ist ein festes Liegendes günstiger.

189. — Art des Ausbaus[1]). Ganz wesentlich wird das planmäßige Hereinbrechen von der Art des Strebausbaus beeinflußt. Geringe Nachgiebigkeit und geradlinige dem Abbaustoß parallel verlaufende Anordnung sind im allgemeinen als Hauptforderungen zu stellen. In der Mehrzahl der Fälle gilt, daß, je starrer das Hangende über den Arbeitsfeldern gestützt worden ist, je früher der Ausbau eingebracht werden konnte und je weniger Gelegenheit den Dachschichten gegeben wurde, sich abzusenken, um so eher nach Entfernen des Ausbaus der Bruch erfolgen wird. Eine besondere Rolle spielt hierbei die Widerstandsfähigkeit der äußeren, nach dem Bruchfeld hin gelegenen Ausbaureihe. Um ein Bild zu gebrauchen, sei darauf hingewiesen, daß es leichter ist, einen Stock an der Kante einer Stahlplatte als über einer Gummiunterlage zum Abbrechen zu bringen. Anderseits darf aber nicht verkannt werden, daß ein weniger starrer Ausbau vielfach nicht nur nicht schadet — es ist dieses bei leicht zu Bruch zu werfenden Dachschichten der Fall —, sondern sich häufig sogar als nützlich erwiesen hat.

Als Ausbauteile dienen meist starre Holz- oder Stahlstempel, deren Verbreitung von Jahr zu Jahr zunimmt. Zur Verstärkung des Ausbaus an der Grenze des Bruchfeldes werden außerdem noch in vielen Fällen hölzerne oder stählerne Kästen benutzt[1]). Der Abstand der Kästen voneinander kann sich bei einfachen Verhältnissen auf 3—4 m belaufen, während man sie bei schwierigen

---

[1]) Die nähere Beschreibung ist für den Abschnitt „Grubenausbau" in Bd. II dieses Lehrbuches vorgesehen.

Bedingungen bis auf 1 m lichten Abstand zusammenrücken muß. Ähnliches gilt hinsichtlich des Abstandes der Kastenreihe vom Kohlenstoß. Bei ungünstigen Hangendbedingungen ist sie so nahe wie möglich an den Kohlenstoß, d. h. an das Abbaufördermittel heranzuziehen. In neuester Zeit werden in zunehmendem Maße zur Verstärkung des normalen Ausbaus an der Grenze des Bruchfeldes an Stelle der „Wanderkästen" zusätzliche Stahlstempel, „Reihenstempel"[1]), in verschiedener Anordnung benutzt. Sie nehmen weniger Platz ein als Kästen und bedürfen eines geringeren Schichtenaufwandes beim Setzen und Rauben[2]).

190. — Rauben und Umsetzen des Ausbaus. Außer der Art des Ausbaus ist seine pünktliche und restlose Entfernung in dem zu Bruch zu werfenden Feld (Feldern) von entscheidender Bedeutung für das Gelingen des Strebbruchbaus[3]). Jeder stehengebliebene Ausbauteil stört die Regelmäßigkeit im Ablauf der Kräfte, überträgt zusätzlichen Druck auf den Kohlenstoß und verschlechtert die Dachschichten über den Arbeitsfeldern. Mancher Fehlschlag bei der Einführung des Strebbruchbaus ist auf Nachlässigkeit in diesem Punkte zurückzuführen.

Die Reihenfolge, in der die Stempel oder Kappenbaue entfernt werden, kann verschieden sein. Vielfach wird fortlaufend in schwebender Richtung geraubt, und zwar an mehreren Punkten beginnend, häufig auch in schwebender und fallender Richtung von der Strebmitte aus. Die Leistungen beim Rauben des Stempelausbaus schwanken zwischen 60 und 160 Stempeln je Mann und Schicht, also innerhalb weiter Grenzen. Am höchsten sind sie bei Stahlstempeln, die durch die Bauart ihres Schlosses die Raubarbeit erleichtern.

Das Rauben und Umsetzen der Wanderkästen erfolgt je nach ihrer Größe durch ein oder zwei Mann, und zwar wählt man je nach der Streblänge mehrere Ausgangspunkte. Da in der Strebmitte meist der größte Druck herrscht, wird hier vielfach der Anfang gemacht. Die Leistungen je Mann und Schicht schwanken ähnlich wie beim Rauben der Stempel sehr stark, und zwar zwischen 10 und 25 Stück. Auch auf weniger als 10 kann sie sinken, wenn die Kästen festgeklemmt sind. Eine erhebliche Zeitersparnis ermöglichen besondere Auslösevorrichtungen.

Das Hereinbrechen der Dachschichten erfolgt häufig sofort nach dem Rauben des Ausbaus, häufig einige Stunden später, manchmal auch erst beim Ausrauben des nächstfolgenden Feldes. Meist nimmt es in der Strebmitte seinen Anfang. Bleibt das Hangende hängen, so ist nachzuprüfen, ob Fehler beim Setzen oder Rauben des Ausbaus gemacht sind. Nötigenfalls kann durch einige Druckschüsse, besonders an den Strebenden nachgeholfen werden, eine Aushilfe, die Ausnahme bleiben sollte.

Da der Arbeitsverlauf beim Strebbruchbau genau der gleiche ist wie beim Strebbau mit Versatz, wird das Rauben und Umlegen in der Schicht vorgenommen, in der sonst das Einbringen des Versatzes erfolgen würde. Die Abb. 429 läßt die Aufeinanderfolge der einzelnen Betriebsvorgänge des Tages erkennen.

---

[1]) Glückauf 1938, S. 345; F u l d a : Reihenstempel beim Strebbruchbau.

[2]) Die nährere Beschreibung der Ausbauteile ihrer Anordnung sowie eine Darstellung der Raubarbeit und ihrer Hilfsmittel finden sich im Abschnitt „Grubenausbau" in Band II dieses Werkes.

[3]) Glückauf 1933, S. 103; C. H. F r i t z s c h e und F. G i e s a : Das Rauben und Umsetzen des Ausbaus beim Selbstversatz.

191. — Bergerippen. Der Strebbruchbau kann ohne oder mit Bergerippen geführt werden (Abbildungen 430 u. 431). Bergerippen erhalten eine Breite von doppelter oder dreifacher Flözmächtigkeit, verlaufen im Abbauhohlraum mehr oder weniger parallel zu den Abbaustrecken, und zwar in lichten Abständen voneinander, die 10—50 m oder mehr betragen können. Die Berge zum Aufbau der Rippen werden mit Hilfe geeigneten Gezähes dem Bruch entnommen. Selten wird es auch in besonderen Blindorten gewonnen. Zur Zeit der Einführung des Strebbruchbaus glaubte man ihrer nicht entraten zu können, und auch heute finden sie sich noch. Ihre Aufgabe wurde und wird darin gesehen, die ganze flache Bauhöhe in einzelne Bruchabschnitte zu unterteilen, um auf diese Weise das Hereinbrechen der Dachschichten zu erleichtern, regelmäßiger zu gestalten und somit besser beherrschen zu können. Es ist jedoch sehr fraglich, ob diese Ansicht zutrifft. Eine von dem einen zum anderen Ende des Strebs reichende freie Hangendfläche kann sich sicherlich weniger lange in der Schwebe halten und wird vielfach leichter hereinbrechen als zahlreichere kürzere Flächen. Außerdem sei an die Schädlichkeit von im Bruchraum stehengebliebenen Ausbauteilen erinnert. Bergerippen müssen sich ähnlich auswirken, zusätzlichen Druck auf die Arbeitsfelder und den Kohlenstoß übertragen und die Beschaffenheit des Hangenden verschlechtern. Die neueren betrieblichen Erfahrungen bestätigen auch diese Überlegungen. Es erscheint daher ratsam, nach Möglichkeit auf die nachgeführten Bergerippen zu verzichten und ihre Anwendung auf besonders gelagerte Ausnahmefälle zu beschränken.

Abb. 429. Arbeitsverlauf bei einem Strebbruchbau.

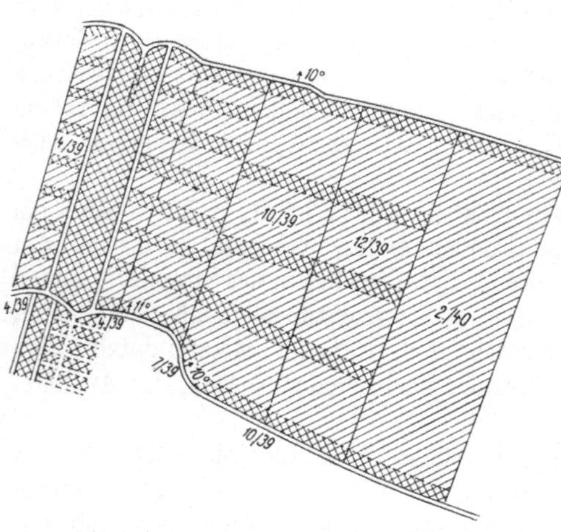

Abb. 430. Strebbruchbau mit verschiedenen Abständen der Bergerippen und ohne Bergerippen (Flözriß).

Nur die Abbaustrecken sind zu beiden Seiten, zum mindesten aber nach der Seite des in Abbau befindlichen Strebs in Bergedämme, z. T. durch gefüllte Holzkästen verstärkt, zu setzen. Als Breite der Dämme haben sich 3—10 m als ausreichend erwiesen. Die Berge entstammen meist dem Nachreißen der Abbaustrecken oder auch aus Bergemitteln. Jedenfalls haben sich

diese Dämme in Verbindung mit geeignetem Holz- oder Stahlausbau als völlig
ausreichend zur Aufrechterhaltung der Strecken auch bei Vorbau mit großen
Bauflügellängen erwiesen.

192. — **Anwendbarkeit des Strebbruchbaus, Vor- und Nachteile.**
Der Einfluß der Zusammensetzung der das Hangende bildenden Gesteine ist
schon behandelt worden. Hinsichtlich der Mächtig-
keit liegt nach den bisherigen Erfahrungen die
Grenze bei 2,50—3 m. Eine starre Ausführung des
Ausbaus und das Setzen der Kästen werden mit zunehmender Mächtigkeit immer schwieriger und
schließlich unmöglich. Auch das Einfallen setzt eine
Grenze, und zwar aus der begreiflichen Ursache, daß
mit zunehmender Flözneigung die Dachschichten
schwieriger zum Hereinbrechen zu bringen sind,
da ein abnehmender Teil der Schwerkraft senkrecht
auf das Liegende wirkt. Auch ist zu beachten, daß
infolge Abrutschens hereingebrochener Steine die
Unfallgefahr wächst. Zudem nimmt bei dem nie
völlig gleichzeitigen Hereinbrechen der Dachschichten
über die ganze flache Bauhöhe hinweg die Wahrscheinlichkeit zu, daß nur der untere Feldesteil
verfüllt wird und der obere leer bleibt. In Einzelfällen ist der Strebbruchbau schon bei Flözneigungen
von 30—40⁰ durchgeführt worden. Sein Hauptanwendungsgebiet liegt zweifellos in der flachen
Lagerungsgruppe.

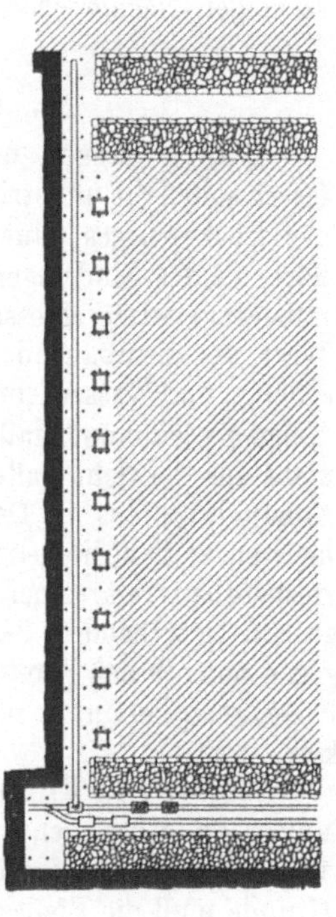

Abb. 431. **Strebbruchbau**
ohne Bergerippen.

Die Vorteile des Strebbruchbaus sind ganz
eindeutig in seiner Unabhängigkeit von der Zufuhr fremden Versatzguts und somit von der Leistungsfähigkeit der in Betracht kommenden Fördermittel sowie einer Kippstelle zu erblicken. Auch
dem Blas- und Blindortversatz ist er vielfach in
der Bemessung der flachen Bauhöhe, besonders aber des Abbaufortschritts
überlegen. Ferner sind die häufig günstigen Auswirkungen auf die Beschaffenheit des Hangenden und damit auf die Unfallgefahr durch Steinfall hervorzuheben. Schließlich ist er im allgemeinen billiger als jeglicher Versatzbau.

Als Nachteil ist die starke durch den Bruchbau hervorgerufene Absenkung
der Erdoberfläche hervorzuheben, die sicherlich häufig noch größere Ausmaße
als bei Blindortversatz erreicht. Unter Gebieten, die senkungsempfindlich sind,
ist daher zu erwägen, ob die zusätzliche Belastung durch Bergschäden die
mittelbare und unmittelbare mit dem Bruchbau verbundene Kostensenkung
aufhebt oder nicht. Auch die Hackenleistung ist zuweilen etwas geringer, ein
Nachteil, dem aber geringerer Feinkohlenanfall und verminderte Staubbildung
als Vorteil gegenüberstehen.

193. — **Schlußbemerkungen.** Der Strebbruchbau ist ein Verfahren, das
eine besonders gute Einarbeitung der Belegschaft und der Aufsicht erheischt.
Fehler rächen sich meist in stärkerem Maße als bei vielen anderen Abbauverfahren. Auch sollte man sich hüten, einmal gemachte Erfahrungen ohne wei-

teres auf ein anderes Flöz zu übertragen; was sich in dem einen Fall gut be
währt hat, kann im anderen Fall falsch sein. Jeder Abbau fordert eine eigene
Beurteilung und Behandlung in Art und Stärke des Ausbaus, Breite der Felder,
des Abbaufortschritts, in der Art des Raubens und in der Frage, ob Rippen
nachgeführt werden sollen oder nicht. Fast allen Fällen ist dagegen die Notwendigkeit der Herbeiführung eines möglichst baldigen, geraden und vollständigen Nachbrechens der Dachschichten gemeinsam.

C. Der Abbau mit Bergfesten.

194. — Wesen und Anwendungsgebiet. Beim Abbau mit Bergfesten sollen die unverritzt gelassenen Lagerstättenpfeiler größere Bewegungen
des Deckgebirges dauernd verhüten. Ein solcher Abbau rechtfertigt sich
dort, wo das Eindringen von Wasser aus dem Deckgebirge in die Grubenbaue
unbedingt ausgeschlossen bleiben muß oder wo der verhältnismäßig geringe
Wert des abzubauenden Minerals keine größeren Belastungen durch Bergschäden und Wasserhebungskosten rechtfertigt oder wo das Mineral in solchen
Mengen vorkommt, daß die Abbauverluste durch die stehenbleibenden Pfeiler
nicht ins Gewicht fallen. Hiernach kann das Anwendungsgebiet dieses
Abbauverfahrens in Deutschland heute nur noch beschränkt sein. Am
meisten treffen die genannten Voraussetzungen noch für den deutschen Kalisalzbergbau mit seiner Empfindlichkeit gegen Wasserzuflüsse und seinen
großen anstehenden Salzvorräten zu. Im Kohlenbergbau findet er sich dagegen noch in den Vereinigten Staaten und, wenn auch seltener, in England. Im
Erzbergbau kommt er noch auf mächtigen Erzlagerstätten (Eisenerz, Schwefelkies) vor.

195. — Die Pfeiler beim Abbau mit Bergfesten. Die Stärke der
unverritzt gelassenen Teile hängt von der Druckfestigkeit des Minerals und
von der Mächtigkeit der überlagernden Gebirgsschichten ab. Aus letzterem
Grunde muß die Pfeilerstärke nach der Teufe hin zunehmen, so daß das Verhältnis zwischen dem gewinnbaren und dem verloren zu gebenden Teile der
Lagerstätte nach unten hin immer ungünstiger wird. Bei der Bemessung des
Abstandes der einzelnen Pfeiler ist außerdem die Festigkeit des Hangenden
in Betracht zu ziehen. Die Pfeiler müssen, damit sie ihren Zweck erfüllen,
so stark sein, daß sie nicht zerdrückt werden, und in so geringen Entfernungen voneinander stehen, daß das Hangende zwischen ihnen nicht
durchbrechen kann.

Nach der Art, wie die Pfeiler mit den Hohlräumen abwechseln, kann
man unterscheiden: 1. den Örterbau und 2. den Kammerbau.

1. Der Örterbau.

196. — Wesen des Örterbaus. Der Örterbau wird vor allen Dingen in flachgelagerten Vorkommen mäßiger Mächtigkeit angewandt. Er ist das herrschende
Abbauverfahren auf den Kaligruben des Werragebietes (Abb. 432), außerdem
wird er z. B. im Kohlenbergbau der Vereinigten Staaten angewandt. Er hat seinen
Namen daher, daß die Abbauräume nach Art breiter Streckenvortriebe zu Felde
rücken. Dementsprechend bilden die stehenbleibenden Pfeiler langgestreckte,
nur von einzelnen Durchhieben unterbrochene Streifen. Zur Aus- und Vorrich-

tung dient ein Netz rechtwinklig sich kreuzender Strecken, die nach Art der Richtstrecken und Querschläge die Lagerstätte aufschließen, durch Sicherheitspfeiler geschützt sind und die, da es sich um Einsohlenbau handelt, mit ein oder zwei Parallelstrecken aufgefahren werden. Von diesen Strecken nehmen die Örter ihren Ausgang, entweder gleich in voller Breite oder zum Schutz der Strecken mit einem „Hals" unter Stehenlassen eines schmalen Sicherheitspfeilers. Auf den Werrawerken sind die Örter 10—15 m breit und 120—180 m lang. Mit Schrappern wird in ihnen gefördert. Die Pfeiler sind etwa 15 m breit, nur jeder dritte bis fünfte erhält doppelte Breite. Allgemein richtet sich das Verhältnis zwischen Pfeiler und Örterbreite

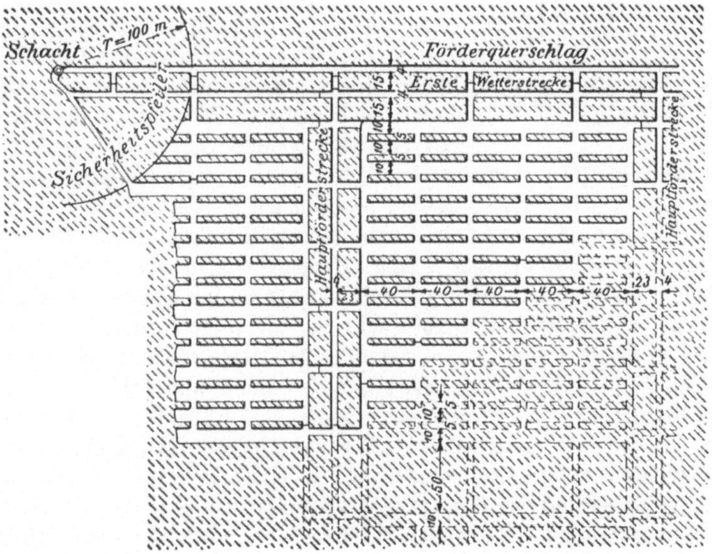

Abb. 432. Örterbau auf einem Kalisalzbergwerk des Werragebietes.

nach der Druckfestigkeit des Minerals und nach der Teufe und Tragfähigkeit des Gebirges; es beläuft sich auf 2:3 in günstigen, auf 3:1 in ungünstigen Fällen. Daraus errechnen sich Abbauverluste von 40—60%, wozu noch die Verluste durch Streckensicherheitspfeiler und durch Anstehenlassen von Schweben kommen. Je nachdem ob die Örter in streichender oder schwebender Richtung verlaufen, kann streichender und schwebender Örterbau unterschieden werden.

Eine Abart des Örterbaus ist der Schachbrettbau. Bei ihm bleiben mehr oder weniger quadratisch geformte Pfeiler stehen, die an allen Seiten von Hohlräumen umgeben sind.

2. Der Kammerbau.

197. — Allgemeines. Der Kammerbau, auch Kammerpfeilerbau und Weitungsbau, im Kalibergbau Firstenkammerbau genannt, ist ein Abbauverfahren für Lagerstätten größerer Mächtigkeit von beliebigem Einfallen. Er unterscheidet sich vom Örterbau grundsätzlich nur durch die größeren Ausmessungen der „Örter", die infolgedessen Kammern genannt werden, und insbesondere im Kalibergbau noch dadurch, daß zum Schutz der Pfeiler gegen seitliches Ausweichen und Zusammenbrechen Versatz eingebracht wird. Die Größe der Kammern hängt von der Ausdehnung der Lagerstätte und der Standfestigkeit der Lagerstättenfüllung sowie des Nebengesteins ab. Sie finden sich bis zu 100 und 200 m Länge, 10 und 15 m Breite und ähnlicher Höhe. Entsprechende Ausdehnungen haben die zwischen ihnen stehenbleibenden Pfeiler. Bei steilstehenden Vorkommen sind außerdem noch Schweben zwischen den Kammern von etwa 5—8 m Dicke zu berücksichtigen; außerdem ist darauf zu achten, daß die Kammern und Pfeiler genau übereinander zu liegen kommen, damit die Pfeiler und Schweben in ihrer Gesamtheit ein festtragendes Gerüst bilden (Abb. 433).

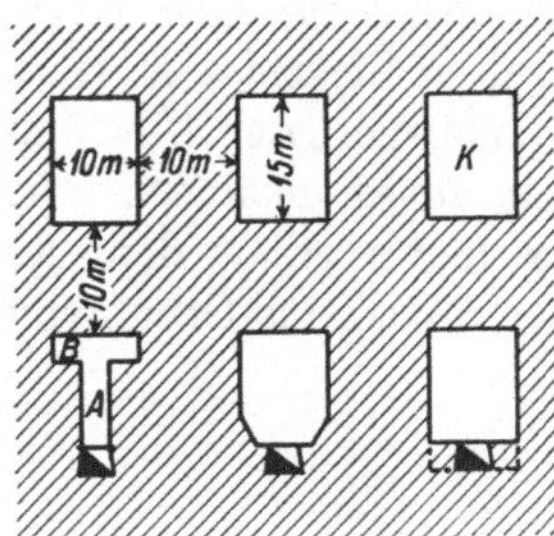

Abb. 433. Kammerpfeilerbau auf einem mächtigen, steilstehenden Erzlager.

In den einzelnen Kammern kann der Verhieb strossenbauartig von oben nach unten oder firstenbauartig von unten nach oben erfolgen.

198. — Beispiele aus dem Erzbergbau. Der Kammerbau mit strossenbauartigem Verhieb findet sich z. B. im Eisenerzbergbau von Bilbao (Spanien) (Abb. 433). Es wird zunächst am vorderen Ende der Kammer schräg hochgebrochen, in der Höhe des Aufbruchs bis zur vorgesehenen Kammerbreite nach beiden Seiten ausgelenkt, alsdann der Aufbruch erweitert, bis die Strosse allmählich hergestellt ist, die alsdann durch Bohr- und Schießarbeit in der ganzen Kammerlänge hereingewonnen wird. Als Abbaufördermittel können Wagen oder Schüttelrutschen dienen. Bei Wagenförderung wird zweckmäßig als erste Vorrichtungsarbeit eine Grundstrecke in der Kammermitte in deren Längsachse aufgefahren und der Kammerinhalt nur bis zur Firste dieser Strecke, die stark verzogen sein muß, abgebaut. Auf diese Weise wird die Schaufelarbeit verringert, und das Haufwerk kann durch kastenartige Öffnungen im Verzug unmittelbar in die Wagen abgezogen werden. Erst zum Schluß gelangen die an die Streckenstöße angrenzenden Kammerteile zum Abbau, für die dann die Schaufelarbeit nicht zu umgehen ist. Der strossenbauartige Verhieb hat den Nachteil, daß die Beobachtung der Firste mit zunehmender Kammerlänge immer schwieriger wird und die Hereingewinnung nicht durch Druckschüsse erfolgen kann wie bei firstenbauartigem Verhieb.

Der firstenbauartige Verhieb der Kammern kann als Speicherbau durchgeführt werden, wie z. B. auf schwedischen Eisenerzlagerstätten. Das Erz wird also zum größten Teil zunächst in den Kammern gespeichert und dient der Belegschaft als Arbeitsgrundlage. Erst nach Fertigstellung der Kammern findet deren Leerförderung statt.

Eine andere Möglichkeit für die Herstellung der Kammern besteht in der Anwendung des Firstenstoßbaus mit Bergeversatz. Von ihr wird z. B. auf Gruben des Rio Tinto-Gebietes in Südspanien Gebrauch gemacht.

Durch Abbau in schrägen Scheiben mit fallendem Verhieb werden die Kammern im Tiefbauteil des im übrigen zu etwa 85% im Terrassentagebau abgebauten Erzberges bei Eisenerz in der Steiermark hereingewonnen (Abb. 434). Die

Kammern erhalten eine Breite von 9 m, eine Höhe von 20—30 m und sind durch 3 m breite Pfeiler, die als Bergefeste stehen bleiben, voneinander getrennt. Auf schwebende Bergefesten kann verzichtet werden, da der Abbau von den unteren nach den oberen Sohlen fortschreitet und die Sohle der oberen Kammer durch den Bergeversatz der unteren gebildet wird.

Die Vorrichtung besteht aus einer unteren Erzabfuhr-, einer oberen Bergezufuhrstrecke sowie einem beide verbindenden schräg einfallenden oder senkrechten Aufhauen. Alsdann wird, ein einfallendes Aufhauen vorausgesetzt,

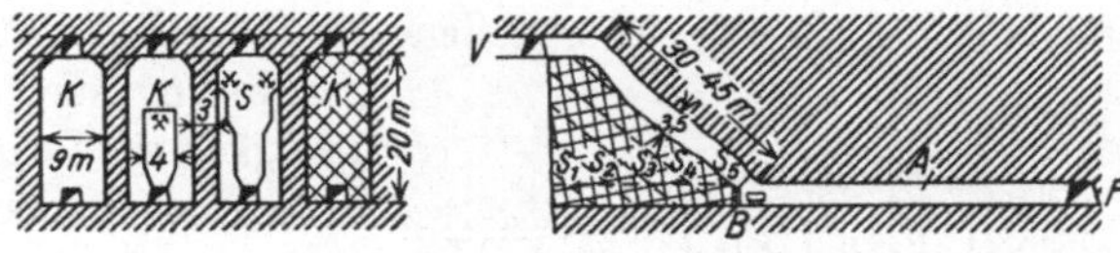

Abb. 434. Kammerbau des Erzberges.

dieses auf 9 m von oben nach unten fortschreitend verbreitert, womit die erste etwa 9,5 m mächtige Scheibe hereingewonnen ist. Bei zweischichtiger Belegung durch zwei Mann beansprucht dieser Betriebsvorgang mehrere Wochen, das anschließende Zukippen mit Bergeversatz, wobei zwischen Versatz und anstehendem Erz der nächsten Scheibe ein Abstand von $^1/_2$ m gewahrt bleibt, einige Tage. Auf diese Weise wird Schrägscheibe für Schrägscheibe hereingewonnen und versetzt. Als Einfallen der Scheiben und damit auch der Versatzböschung hat sich 45° als das geeignetste herausgestellt, da bei diesem Winkel das Erz auf der Versatzböschung am besten rutscht und der Versatz am leichtesten eingebracht werden kann. Eine Vermischung von Erz und Versatz findet nur in unerheblichem Maße statt. Am Fuße jeder Scheibe ist ein Erzkasten vorgesehen, aus dem das Erz in Förderwagen verladen werden kann. Ladearbeit von Hand wird also vermieden. Ein weiterer Verzug des Verfahrens besteht in der für Kammerbau verhältnismäßig geringen Höhe der Abbauverluste (25—30%).

199. — **Kammerbau im Kali- und Salzbergbau.** Als Beispiel für Firstenverhieb sei der Kammerbau auf den mächtigen Kali- und Salz

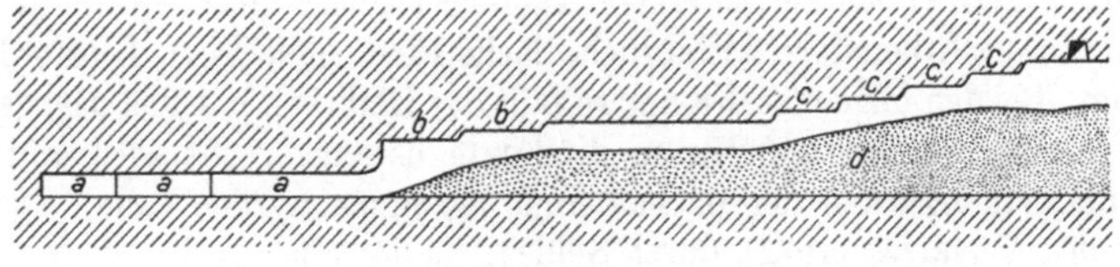

Abb. 435. Firstenverhieb im deutschen Kalisalzbergbau.

lagern erwähnt. Infolge dieser Verhiebart werden hier die Kammern vielfach „Firsten" und das Abbauverfahren im ganzen auch „Firstenkammerbau" genannt.

Als Vorrichtung dient in der Mitte der künftigen Kammer zunächst eine Grundstrecke, die anschließend bis auf Kammerbreite erweitert wird (a in Abb. 435). Auf diese Weise ist der „Einbruch" hergestellt. Alsdann wird unter teilweisem oder vollständigem Wegfördern des Haufwerks (d) die „flache

First" (*b*) und die „hohe First" (*c*) geschossen, d. h. es werden je zwei 2,5—4 m mächtige Streifen der Lagerstätte vom Beginn der Kammer fortschreitend bis zu ihrem Ende hereingewonnen. Nach Leerfördern der Kammer, was in flacher und halbsteiler Lagerung in der Regel mittels Schrapper erfolgt, wird die Kammer versetzt. Stehen genügende Mengen von Rückständen aus der Kalifabrik zur Verfügung, so kann mit Vorteil Spülversatz angewandt werden, der unter mehrfachem Überspülen von oben her eingebracht wird. Oder aber das Einbringen des Versatzes geschieht mittels Schüttelrutschen von einer die Kammer an ihrem oberen Ende schneidenden Strecke aus. Stehen nicht genügend Fabrikrückstände zur Verfügung, so muß Versatzgut durch Abbau von Steinsalzfirsten, die infolge der Zähigkeit des Steinsalzes nicht versetzt zu werden brauchen, gewonnen werden.

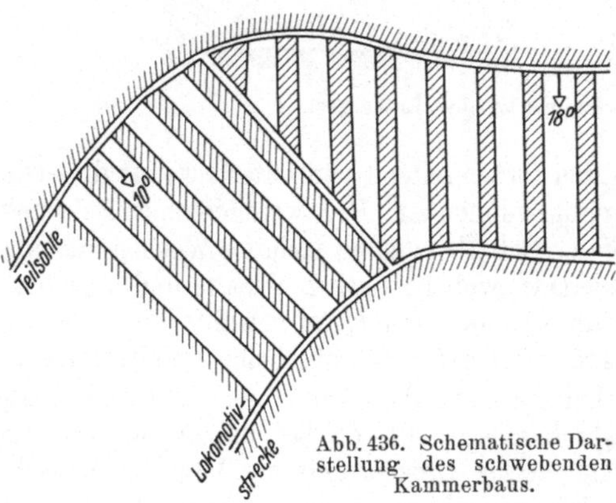

Abb. 436. Schematische Darstellung des schwebenden Kammerbaus.

Ebenso wie beim Örterbau kann je nach ihrer Richtung zwischen streichendem und schwebendem Kammerbau unterschieden werden. Der schwebende Abbau wird bei Vorkommen mit einigem Einfallen wegen Erleichterung der Abförderung in der Einfallrichtung dem streichenden Abbau vielfach vorgezogen (Abb. 436)[1].

Bei steilem Einfallen (Abb. 437) wird das Lager zunächst auf zwei Sohlen ausgerichtet. Von den Ausrichtungsarbeiten seien in erster Linie als Hauptförderstrecken dienende Richtstrecken im Liegenden des Lagers erwähnt, von denen aus es querschlägig angefahren wird. In geeigneten Abständen hergestellte Blindschächte verbinden die Sohlenstrecken und dienen außerdem dazu, das Lager in bestimmten Teilsohlenabständen von 8—12 m querschlägig anzufahren. Der Abbau des Lagers geschieht alsdann kammerweise von unten nach oben. Vorrichtung und Abbau der untersten Kammer erfolgen genau so wie in flacher Lagerung in der Arbeitsfolge: Einbruch, flache First, hohe First, Leerförderung, Versetzen. Bei den folgenden Kammern fällt das Einbruchschießen dagegen fort, da der Versatz nur bis auf 2 m an die Firste herangebracht wird und daher sofort mit dem Drücken der flachen First begonnen werden kann. Das Einbringen des Versatzes erfolgt durch Spülen, häufig aber auch von der in Betracht kommenden Teilsohle aus von Hand mittels Schüttelrutschen, die auf dem sich bildenden Schüttkegel des Versatzgutes allmählich weiterrücken und verlegt werden. Auch zum Leerfördern wird der Schüttelrutsche der Vorzug gegeben, da der Schrapper auf dem Versatz als Unterlage bewegt werden müßte, ihn aufkratzen und durch teilweises Wegfördern das Haufwerk verunreinigen würde.

Auch in steiler Lagerung bleiben im allgemeinen in Abständen von 60 bis

---

[1] S p a c k e l e r : Kalibergbaukunde (Halle a. S., W. Knapp), 1925.

100 m Pfeiler von 6—12 m Breite stehen. Ihnen obliegt es, in erster Linie das Hangende zu tragen, wenn auch der Versatz ebenfalls hierzu beiträgt. Dessen Hauptaufgabe besteht jedoch in der Stützung der Pfeiler und in der Schaffung einer Arbeitssohle für den Abbau der jeweils folgenden Kammer. Nur unter ganz günstigen Hangendverhältnissen (Steinsalz) und nicht zu großen Mächtigkeiten kann auf die Pfeiler verzichtet werden. Der Firstenkammerbau geht dann in den Firstenbau über, das Abbauverfahren mit Stützung des Hangenden durch Bergefesten in ein Abbauverfahren mit planmäßigem Auflegen des Hangenden auf dichten, tragfähigen Versatz.

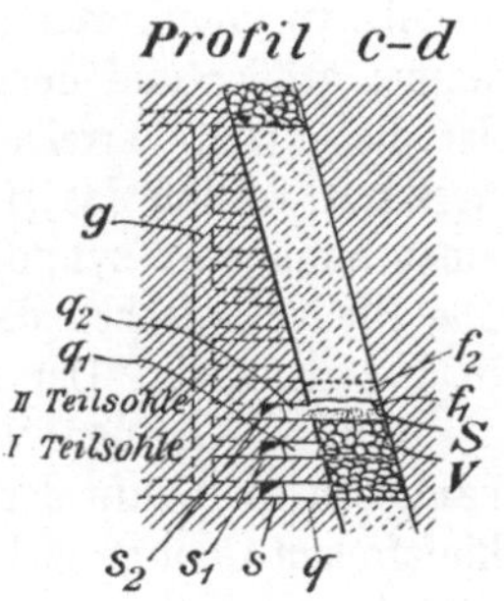

Auf Südharzwerken, die auf mächtigen, wenig einfallenden Lagern bauen, werden seit längeren Jahren schon die zwischen den mit Spülversatz gebauten Kammern stehengebliebenen Pfeiler ebenfalls hereingewonnen und anschließend mit Fabrikrückständen wieder versetzt. Auch hier handelt es sich im Enderfolg um ein Abbauverfahren mit Absenken des Hangenden auf Bergeversatz.

200. — Andere Formen des Kammerbaues. Statt der rechteckigen Kammern können auch runde gebildet werden. Das geschieht z. B. beim sog. Stockwerkbau, wo in den erzreichen, unregelmäßig in der Gebirgsmasse verteilten Stöcken Weitungen ausgeschossen werden, denen man im Grundriß eine rundliche oder auch beliebige, im Seigerschnitt eine gewölbeartige Gestalt gibt.

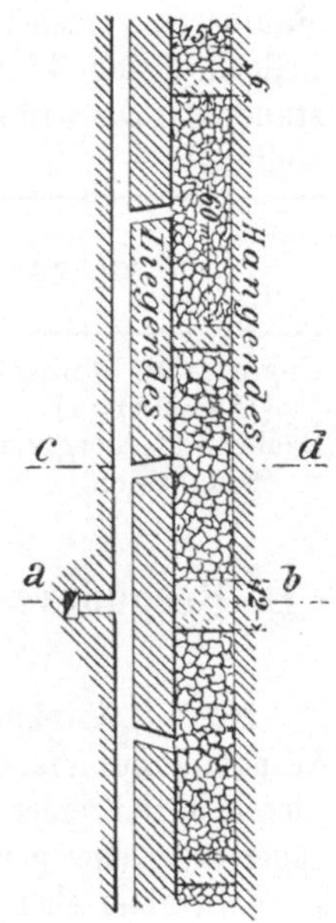

Ein anderer hierher gehöriger Abbau ist der eigenartige Kammerbau mit Ausspülung der einzelnen Kammern (auch „Glocken" genannt) im Schönebecker und Bernburger Steinsalzbergbau[1]. In Schönebeck wird in der Mittellinie der zu bildenden Glocke zunächst ein seigeres Loch von 9—10 m Höhe durch Wasserspülung ausgespritzt und sodann oben auf das Spritzrohr ein zweiarmiges Horizontalrohr gesetzt, das durch den Druck des austretenden Wassers nach der Art des Segnerschen Wasserrades in Drehung versetzt wird. Dadurch wird, indem nach und nach das söhlige Rohr entsprechend verlängert wird, allmählich eine Kammer ausgespült, die am oberen Ende 15 m Durchmesser hat, sich aber nach unten trichter-

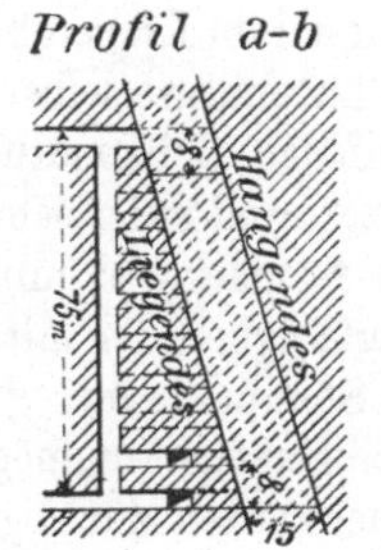

Abb. 437. Kammerbau mit streichendem Verhieb und Bergeversatz auf deutschen Kalisalzbergwerken.

---

[1] Fürer: Salzbergbau und Salinenkunde (Braunschweig, Vieweg), 4. Aufl., 1900, S. 491. — ferner Nobelhefte 1932 (Heft 6) S. 83; F. Ibel: Der Salzbergbau zu Berchtesgaden.

förmig verjüngt, weil nach unten hin die Sättigung des Wassers mit Salz immer größer und demgemäß seine auflösende Kraft immer geringer wird. Ist diese Weite erreicht, so wird die seigere Rohrleitung nach und nach verkürzt, so daß das Horizontalrohr in immer tieferen Lagen spielen und so einen annähernd zylindrischen Hohlraum von 15 m Weite ausspritzen kann. Die Pfeiler zwischen den einzelnen Glocken sind an der schwächsten Stelle noch 1 m stark. Der Abbauverlust beträgt rund 30 %.

201. — Größen von Abbaukammern. Die in Gestalt von Abbaukammern im Laufe der Zeit geschaffenen Hohlräume haben in zähem und kluftfreiem Gebirge vielfach sehr bedeutende Abmessungen erlangt. Namentlich der Steinsalz- und der Dachschieferbergbau haben solche gewaltigen Räume zu verzeichnen. So hat z. B. im ungarischen Steinsalzbergbau eine „Glocke" von 47 m Durchmesser und 147 m Höhe jahrhundertelang gestanden. Die Größen einiger anderer Kammern zeigt folgende Zusammenstellung:

Bergbaugebiet:	Breite m	Länge m	Höhe m	Gesamtraum m³ (r.)
Ungarischer Steinsalzbergbau ⎰	68	206	134	1 880 000
(Marmaros). . . . . ⎱	55	381	65	1 360 000
Dachschieferbergbau in Anjou				
(Frankreich)	60	70	110	440 000

D. Besondere Ausbildung einzelner Abbauverfahren für mächtige Lagerstätten.

202. — Vorbemerkung. Die bisher besprochenen Abbauverfahren mit Ausnahme des Pfeilerbruchbaus und des Pfeilerbaus mit Spülversatz versagen oder bedürfen einer entsprechenden Umgestaltung, wenn die Mächtigkeit der Lagerstätte eine gewisse Grenze überschreitet. Diese Grenze wird im Steinkohlenbergbau eher erreicht als z. B. im Erzbergbau. Dort haben wir es mit einem Nebengestein und einer Lagerstättenfüllung mäßiger Festigkeit zu tun, während im Erzbergbau die Standfestigkeit des Hangenden und Liegenden sowie der Lagerstätte selbst meist wesentlich größer ist. Die durch den Abbau hervorgerufenen Gebirgsdruckerscheinungen sind daher im Kohlenbergbau ungleich größer; und es ist schwieriger ihnen zu begegnen. Die Einbringung von geeignetem Ausbau wird mit zunehmender Mächtigkeit immer umständlicher und die Tragfähigkeit der mit wachsender Länge immer mehr auf Knickung beanspruchten Stempel immer geringer, so daß es von einer Flözmächtigkeit von 3 m ab im allgemeinen unmöglich wird, in breiter Front, z. B. im Strebbau, ein Flöz in seiner ganzen Mächtigkeit auf einmal hereinzugewinnen. Auch rückt mit größerer Flözmächtigkeit die Gefahr eines Flözbrandes näher, da der Abbaufortschritt geringer ist, größere Kohlenflächen freigelegt werden und längere Zeit der Oxydation ausgesetzt sind.

Ein einheitliches Abbauverfahren für mächtige Flöze wird es daher noch viel weniger geben als für Flöze mäßiger Mächtigkeit, und es ist eine schwierige Aufgabe, für mächtige Flöze das jeweils beste Abbauverfahren zu finden. Je nach der Beschaffenheit des Hangenden, d. h. je nachdem, ob es starr ist oder sich durchbiegt, ob es sich zu Bruch werfen läßt oder nicht, und je nach der Brandgefährlichkeit der Kohle wird mit Versatz abgebaut werden müssen, oder aber es ist eine Verbindung von Zubruchwerfen des Hangenden und zusätzlich eingebrachtem Versatz anzustreben. Nur selten wird, mit Ausnahme des Pfeilerbruchbaus, auf Einbringung von Versatz gänzlich verzichtet werden können, In jedem Falle kommt es darauf an, unter möglichst vollständiger Hereingewinnung der Kohle Dachschichten und Haupthangendes so zu verlagern, daß unliebsame Druckerscheinungen vermieden werden.

Von den verschiedenen hier in Frage kommenden Abbauverfahren sollen nur besprochen werden: der Scheibenbau, der Stoßbau in seiner Ausbildung für mächtige Lagerstätten und der Querbau. Sie laufen alle darauf hinaus, daß die umfangreiche Masse der Lagerstätte in Streifen („Scheiben" oder „Platten") von so geringer Stärke zerlegt wird, daß deren Gewinnung ohne besondere Schwierigkeiten erfolgen kann[1]). Der Scheibenbau ist der wichtigste von ihnen, da er die größte Förderung je Abbaubetriebspunkt und Tag ermöglicht und eine gute Ausnutzung der eingesetzten Betriebsmittel gewährleistet.

α) Der Scheibenbau.

203. — Begriffsbestimmung. Unter „Scheibenbau" versteht man einen Abbau, der durch Zerlegung einer mächtigen Lagerstätte in einzelne söhlige oder parallel dem Hangenden und Liegenden verlaufende einzelne Bänke oder „Scheiben" gekennzeichnet ist, die im einzelnen nach bekannten Abbauverfahren, meist Strebbau, aber auch Stoßbau, im Pfeilerbau oder Kammerbruchbau in Angriff genommen werden. Der Scheibenbau ist infolgedessen kein Abbauverfahren im eigentlichen Sinne. Er stellt lediglich eine Art der Einteilung und Vorrichtung der Lagerstätte für den Abbau dar. Zahl und Mächtigkeit der verschiedenen Scheiben richtet sich nach der Mächtigkeit und dem Verhalten der Lagerstätte; 2—2,5 m sind die Regel. Vielfach wird das Flöz schon durch eingelagerte Bergemittel in natürliche Scheiben zerlegt.

Auch in den Fällen, in denen ein Bergemittel zwischen zwei Kohlenbänken im Verhältnis zur Kohlenmächtigkeit so stark ist, daß man von zwei (oder auch mehr) Einzelflözen sprechen muß, läßt sich der Abbau des einen Flözes nicht ohne besondere Rücksicht auf den des anderen führen, sofern der Abstand beider Flöze ein bestimmtes Maß nicht überschreitet. Es sollen auch derartige Abbaugemeinschaften im folgenden besprochen werden.

204. — Allgemeines über den Scheibenbau. Der Abbau kann entweder in den verschiedenen Scheiben nahezu gleichzeitig zu Felde rücken, indem in jeder Scheibe der Stoß gegen die vorangehende etwas zurückbleibt, oder es kann mit der Inangriffnahme einer weiteren Scheibe bis nach der Beendigung des Abbaues der vorhergehenden gewartet werden. Im letzteren Falle wiederum kann der Abbau der nächsten Scheibe sich zeitlich unmittelbar an den der vorhergehenden rückwärts hin anschließen, oder man kann diese Bank erst nach Verlauf eines längeren Zeitabschnittes in Verhieb nehmen, der dem Hangenden Gelegenheit gibt, sich zu setzen.

Hierbei hat es sich beim Abbau der Scheiben in der Reihenfolge von unten

---

[1]) Näheres s. auch Glückauf 1910, S. 305; Unterhössel: Der Abbau besonders mächtiger Flöze im Ruhrbezirk.

nach oben im allgemeinen als richtig herausgestellt, den Abbau in allen Scheiben im gleichen Sinne laufen zu lassen und nicht in der einen Scheibe Vorbau und in der anderen Rückbau zu treiben. Durch den Abbau einer unteren Scheibe bilden sich Risse mit bestimmter Richtung und Einfallen im Bereich der oberen Scheiben. Würde nun der Abbau in einer dieser Scheiben in anderer Richtung erfolgen, so käme es zur Bildung neuer Risse anderen Einfallens und verschiedener Richtung, und das Ergebnis wäre, daß das jeweilige Hangende zu prismatischen Blöcken zerstückelt und somit die Stein- oder Kohlenfallgefahr erheblich erhöht würde. Nicht so häufig wie von unten nach oben werden die Scheiben in der Reihenfolge von oben nach unten hereingewonnen. Erleichtert wird ein solches Vorgehen bei Vorhandensein eines Zwischenmittels. Fehlt dieses, so muß, damit die untere Scheibe ein haltbares Dach erhält, auf der Sohle der oberen Scheibe ein aus Bohlen bestehender verlorener Ausbau oder fester Maschendraht gelegt werden.

β) Scheibenbau in flacher Lagerung.

205. — Scheibenbau mit kurz aufeinanderfolgendem Abbau der einzelnen Scheiben. Ein nahezu gleichzeitig auf den einzelnen Scheiben be-

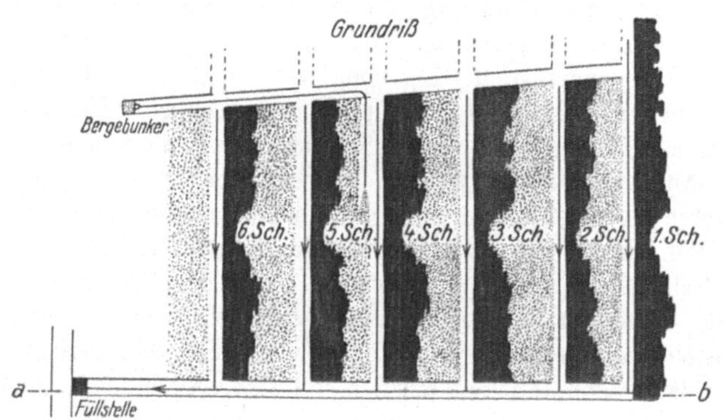

Abb. 438. Strebbau in mehreren Scheiben gleichzeitig (Grundriß).

triebener Abbau kann in der Weise geführt werden, daß man in allen Scheiben im Strebbau vorgeht und den Abbau einer höheren Scheibe demjenigen der nächsttieferen in Abständen von 15—25 m folgen läßt. Als Beispiel hierfür sei einmal auf den Abbau mächtiger Flöze der Gewerkschaft G o t t e s S e g e n in Ölsnitz (Sa.) durch schwebenden Strebbau hingewiesen, den die Abbildungen 438 u. 439 näher veranschaulichen[1]. Verwerfungen begrenzen die Streblänge auf 50—100 m, trotzdem sind tägliche Fördermengen von 1200 t in einer Betriebsabteilung erreicht worden. Das Einbringen der entsprechend großen Versatzmengen wird durch Anwendung von Blasversatz ermöglicht. Die Schüttelrutschen in den Streben gießen die Kohle auf ein gemeinsames in der unteren Abbaustrecke verlegtes Sammelband. Um eine zu große Höhe dieser Strecke zu vermeiden, wird deren Sohle rückwärts immer höher aufgefüllt. Statt mit

---

[1] Glückauf 1937, S. 665; B o r n i t z : Technische Entwicklung des sächsischen Steinkohlenbergbaus.

Blasversatz kann unter günstigen Verhältnissen die oberste Scheibe bei diesem Verfahren auch im Bruchbau hereingewonnen werden.

Auch der streichende Pfeilerrückbau mit Bergeversatz läßt sich für den nahezu gleichzeitigen Abbau von zwei Scheiben anwenden (s. Abb. 440)[1]. Zunächst wird die untere Scheibe vorgerichtet und in Abbau genommen, wobei die leeren Abbauräume von der jeweils oberen Abbaustrecke zugekippt werden. Voraussetzung hierfür ist, daß das Einfallen nicht zu gering ist, aber auch 30°

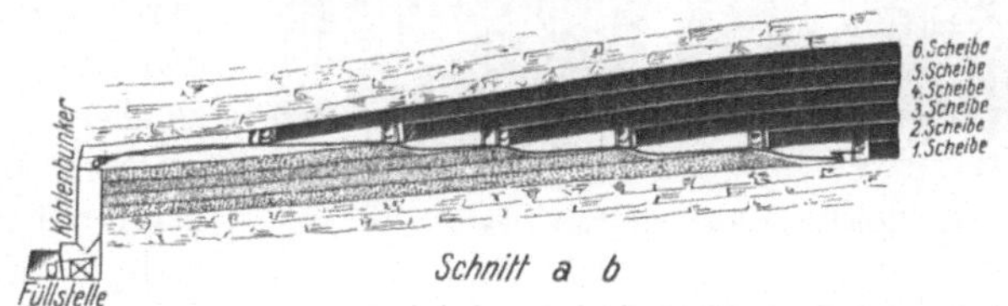

Abb. 439. Scheibenbau in mehreren Scheiben gleichzeitig (Querschnitt).

nicht übersteigt. Ist der Abbau in der unteren Scheibe 30 m fortgeschritten, beginnt die Vorrichtung der oberen Scheibe. Sie nimmt von den Abbaustrecken der unteren Scheibe ihren Ausgang. Diese werden dicht hinter dem stillgesetzten Kohlenstoß der unteren Scheibe rechtwinklig ausgelenkt und söhlig weitergefahren, bis sie ganz in der oberen Scheibe verlaufen und oberhalb der benach-

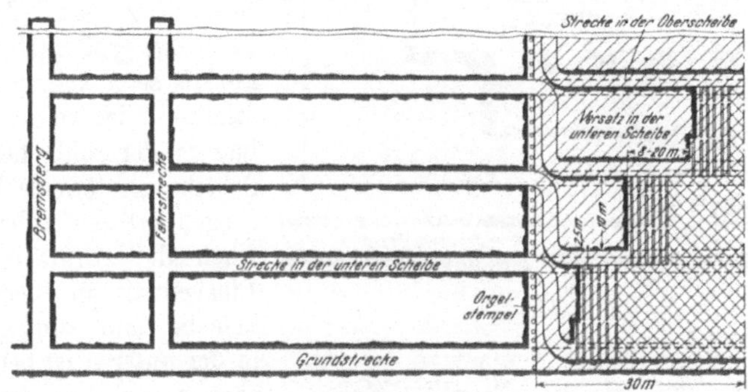

Abb. 440. Streichender Pfeilerrückbau mit Bergeversatz in 2 Scheiben.

barten Abbaustrecke in der unteren Scheibe angelangt sind, worauf sie in Richtung dieser in der unteren Scheibe gelegenen Strecke bis an die jeweilige Baugrenze weiter vorgetrieben werden. Alsdann beginnt der Rückbau der oberen Scheibe bis auf 30 m streichende Erstreckung, d. h. bis zum stehengebliebenen Abbaustoß der unteren Scheibe, die nunmehr erneut in Angriff genommen wird. So wechselt der Abbau in der unteren und oberen Scheibe alle 30 m miteinander ab.

Auch der Bruchbau ist in letzter Zeit beim Mehrscheibenbau in Sachsen, Oberschlesien[2]) und in Belgien[3]) mit Erfolg angewandt worden. Voraussetzung

---

[1]) Kohle und Erz 1935, S. 118; H. Leuschner: Die in den letzten Jahren in Oberschlesien beim Verhieb der mächtigen Flöze angewandten Abbauarten.

[2]) Kohle und Erz 1936, S. 384; H. Leuschner: Blasversatz beim Abbau der mächtigen Flöze in Oberschlesien.

[3]) Kohle und Erz 1936, S. 327; G. Spackeler: Der Abbau mächtiger Flöze in den Verhandlungen des internationalen Bergbaukongresses, Paris, 1935.

hierfür ist eine Inangriffnahme der Scheiben in Richtung von oben nach unten (s. Abb. 441). Günstig ist dabei das Vorhandensein von 30—60 cm mächtigen Bergemitteln, die in den unteren Scheiben ein natürliches Dach abgeben können. Fehlen diese, so muß die Sohle der oberen Scheibe für den Abbau der unteren durch verlorenen Ausbau entsprechend verzimmert werden. Es geschieht dieses vorteilhaft durch im Streichen verlegte Schwellen, die durch Längsbohlen und Bretter überdeckt werden müssen. Von Bedeutung ist die Wahl des richtigen Abstandes der Streben in den einzelnen Scheiben. Nach den bisherigen Erfahrungen sind Abstände von weniger als 20—30 m unzweckmäßig, da dann der Gebirgsdruck zu übermäßig hohem Holzverbrauch zwingt. Anderseits kann ein großer Abstand ungünstig sein, weil in der Zwischenzeit der verlorene Ausbau in der Sohle der oberen Scheibe zerstörende Veränderungen erlitten haben kann. Auch die Anwendung von Blasversatz in der oberen Scheibe und von Bruchbau in der unteren ist beim Scheibenbau von oben nach unten z. B. auf Karsten-Zentrum Grube mit Erfolg durchgeführt worden[1]).

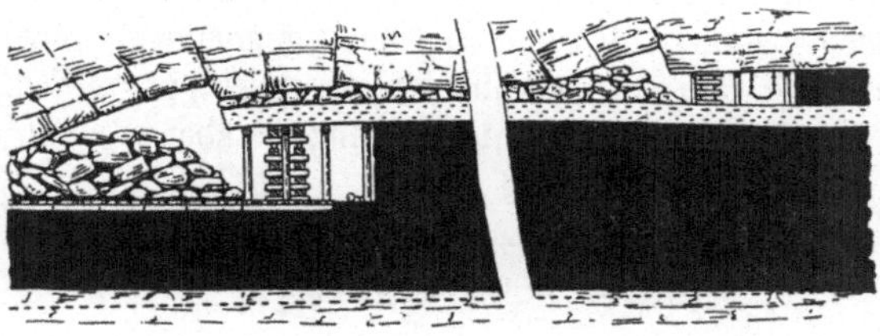

Abb. 441. Scheibenweiser Strebbruchbau.

206. — Beispiel aus dem Erzbergbau. Ein bemerkenswertes Beispiel für einen kurz hintereinanderfolgenden Abbau mehrerer Scheiben findet sich auf der Eisenerzgrube Wohlverwahrt der Rohstoffbetriebe der Vereinigten Stahlwerke in Kleinenbremen bei Minden i. W. Das hier mit 16° einfallende, aus oolithischem Roteisenstein bestehende Klippenflöz weist eine bauwürdige Mächtigkeit von 2—6 m auf. Es wird in 1—3 Scheiben von

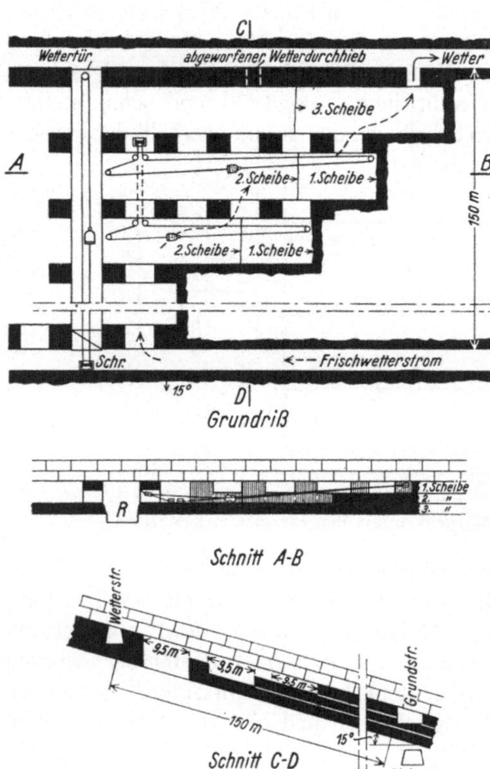

Abb. 442. Scheibenweiser Örterbau mit Bergefesten.

---

[1]) Kohle und Erz 1936, S. 384; H. Leuschner: Blasversatz beim Abbau der mächtigen Flöze in Oberschlesien.

etwa 2 m Mächtigkeit eingeteilt und in jeder Scheibe im streichenden Örterbau hereingewonnen (Abb. 442). Die Örter erhalten bei etwa 9,5 m Breite
eine größte streichende Länge von 90 m. Zwischen ihnen verbleiben 3,5 m
breite Erzrippen, die vom Liegenden bis zum Hangenden durch alle Scheiben
hindurchsetzen. Sie werden in der oberen Scheibe zum Zwecke der Wetterführung alle 5 m durchörtert.

Wie die Abb. 442 weiterhin zeigt, wird das in den einzelnen Örtern zweier
gegenüberliegender Bauflügel anfallende Erz durch Schrapper in eine Haupt-
schrapprinne geschrappt, aus der es bis in ein Rolloch gefördert wird. Dieses
mündet in einer Richtstrecke, die im unmittelbaren Liegenden aufgefahren ist.
In jedem Abbaufeld sind meist 12 Örter belegt. Die Arbeit ist so geregelt, daß
in den beiden Tagesschichten in 6 Örtern je 3 Mann bohren und schießen, während
in den übrigen 6 Örtern 2 Mann mit dem Schrappen beschäftigt sind. Die erreichbare Fördermenge je Abbaufeld beläuft sich bis zu 1000 t täglich.

**207. — Scheibenbau mit Gewinnung der folgenden Bank nach ab-
geschlossenem Abbau der vorherigen. — Allgemeines.** Wenn dieses Ver-

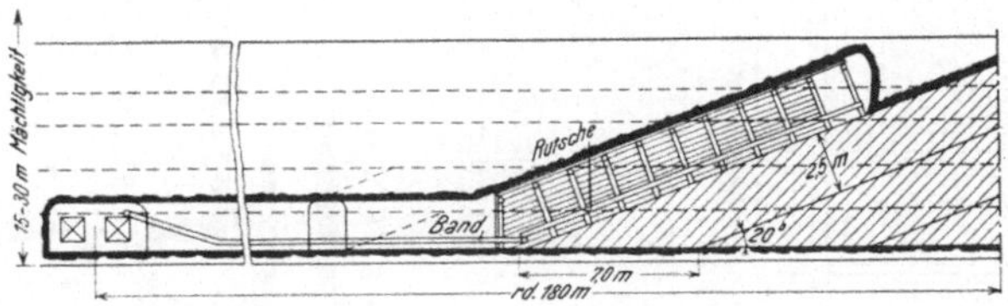

Abb. 443. Schwebender Strebbau mit geneigten Scheiben.

fahren auch nicht das gleiche Maß von Betriebszusammenfassung und nicht
solch hohe Fördermengen je Ladestelle erreicht wie beim kurz aufeinanderfolgenden Abbau der einzelnen Scheiben, so ist es doch einfacher und heute
noch verbreiteter. Jede Scheibe wird so behandelt, als ob sie ein besonderes
Flöz wäre, wobei der Abbau von unten nach oben am meisten angewandt
wird, aber auch die umgekehrte Reihenfolge möglich ist. Als Abbauverfahren
der einzelnen Scheibe kommen in Frage der streichende Pfeilerrückbau und
der Kammerbau mit Spülversatz und der streichende oder schwebende Strebbau mit Spülversatz oder Blasversatz, beim Abbau von oben nach unten
auch der Bruchbau. Ist das Einfallen ganz flach und soll Spülversatz angewandt werden, so ist bei schwebendem Strebbau die Gefahr vorhanden, daß
der Abstand zwischen Kohlenstoß und Versatz zu groß wird. Um dieser Gefahr
zu begegnen, hat es sich bei mächtigen Flözen als zweckmäßig erwiesen, das
Flöz in Scheiben mit einem verstärkten, also falschen Einfallen einzuteilen
(Abb. 443).

208. — Beispiel eines Scheibenbaus als Kammerpfeilerbau. Einen
Scheibenbau mit streichendem Kammerbau (oder genauer ausgedrückt Kammerpfeilerbau) und Spülversatz in den einzelnen Scheiben ist in der Abb. 444
wiedergegeben[1]). Er wird auf etwa 7—10 m mächtigen bis 10° einfallenden
Flözen Oberschlesiens angewandt, die in zwei oder drei Scheiben von 3,5—4,5 m

---

[1]) E. Winnacker: Untersuchung des günstigsten Abbauverfahrens bei
der Hereingewinnung mächtiger Flöze in Oberschlesien, 1941 (als Manuskript
gedruckt.

Mächtigkeit eingeteilt werden. Die obere Scheibe wird jeweils unmittelbar nach
beendetem Abbau der unteren Scheibe in Angriff genommen.

Wie Abb. 444 zeigt, werden streichende Förderstrecken in Abständen von
etwa 100 m durch schwebende von mehreren hundert Metern Länge miteinander
verbunden, von denen jede zweite als Hauptschwebende der Förderung dient.
In Abständen von je 12 m setzt man parallel zur unteren Grundstrecke zwei
Wasserabzugstrecken an. Unter Stehenlassen eines weiteren streichenden Beines
von etwa 5 m und eines 20 m breiten Pfeilers werden alle 50 m streichende

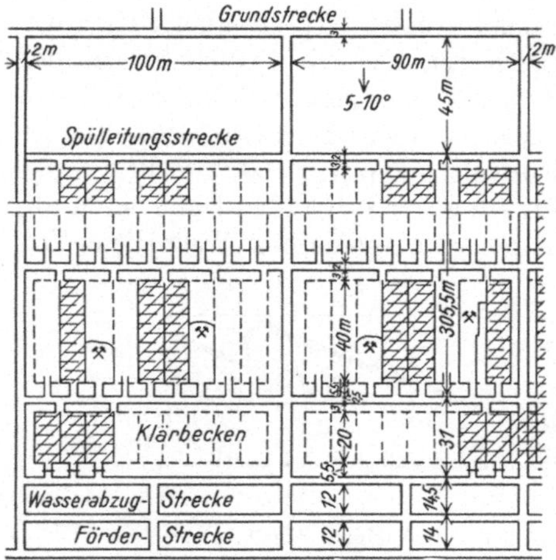
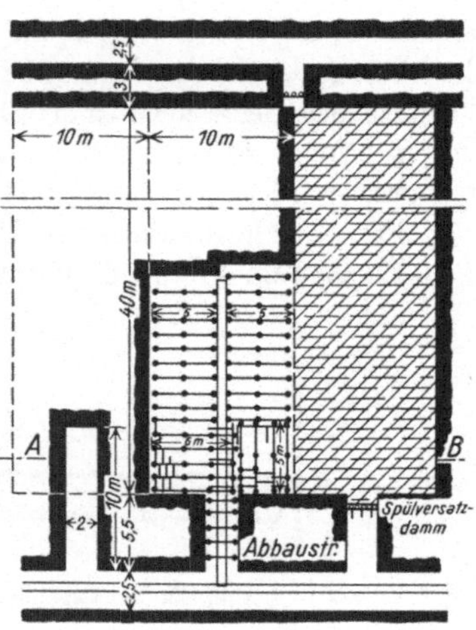

Abb. 444. Scheibenweiser streichender Kammerpfeilerbau mit Spülversatz.

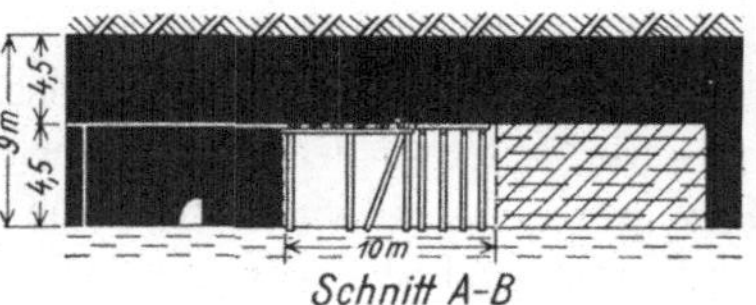

Abbaustrecken aufgefahren. Der 20 m breite Pfeiler wird abschnittweise von
der Baugrenze aus, also streichend rückwärts ausgekohlt, wobei die durch den
Abbau entstandene 20 × 10 m messenden Räume als Klärbecken für die Spül-
versatztrübe dienen. Der eigentliche Abbau nimmt zweiflüglig von den auf die
Hauptschwebende führenden streichenden Abbaustrecken seinen Ausgang. Es
geschieht dieses durch schwebendes Auffahren von Kammern von 40 m schwebender Länge und etwa 10 m streichender Breite. Ehe eine neue Kammer in
Angriff genommen werden kann, muß die vorhergehende verspült sein. Ver-
spätet sich die Zuspülung einer Kammer, so muß bei Inangriffnahme der folgenden zunächst ein Kohlenbein gegen die vorherige stehen bleiben, daß aber
anschließend, wie in der rechten Kammer des rechten Flügels sichtbar, verhauen
wird. Es ist nicht nötig, daß mit dem Abbau an der Baugrenze begonnen wird.
Wie die Abbildung zeigt, können sich je zwei voneinander entfernt gelegene
Kammern in beiden Flügeln zugleich in Abbau befinden. Die Tagesförderung
einer solchen Bauabteilung beläuft sich auf etwa 500 t bei einem Schichtenauf-
wand von 16—20 je 100 t.

Den Abbau einer einzelnen Kammer gibt der rechte Teil der Abb. 444 wieder. Der im Streichen gelegte Schnitt zeigt die beiden Scheiben, von denen sich die untere im Abbau befindet. Sie läßt eine verspülte Kammer, eine im Abbau und eine in Vorrichtung befindliche Kammer erkennen.

Das Auskohlen einer Kammer dauert etwa 14—16 Tage, das Verspülen 2—3 Schichten. Die Förderung im Abbau, in den Abbaustrecken, sowie in der Schwebenden wird zweckmäßig durch Schüttelrutschen und Bänder mechanisiert.

Bei einem Einfallen von mehr als 10⁰ zieht man nach Abb. 445 schwebenden Kammerpfeilerbau mit streichender Auffahrung der Kammern vor.

Die Abbauverluste betragen bei diesem Scheibenbau nur etwa 2—8%, jedoch unter der Voraussetzung, daß auch die Kohlenbeine noch hereingewonnen werden, was in den meisten Fällen möglich sein dürfte. In diesem geringen Abbauverlust sowie in der verhältnismäßig guten Betriebszusammenfassung liegt ein entscheidender Vorteil gegenüber dem Pfeilerbruchbau und auch gegenüber dem in ganzer Mächtigkeit geführten Pfeilerbau mit Spülversatz.

Nicht unerwähnt möge bleiben, daß die Bezeichnung der für die einzelnen Scheiben beschriebenen Abbauverfahren nicht einheitlich ist. In Oberschlesien nennt man den streichenden Kammerbau auch schwebenden Stoßbau und den schwebenden Kammerbau streichenden Stoßbau. Bei dieser Benennung stellt man also nicht die Abbaurichtung sondern die Verhiebrichtung in den Vordergrund und nennt außerdem die Kammer Stoß.

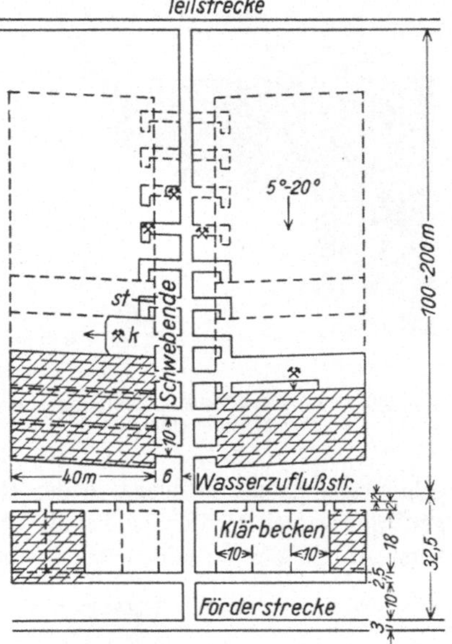

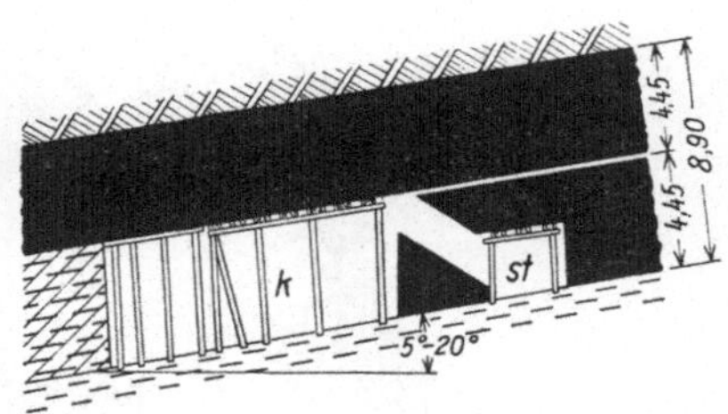

Abb. 445. Scheibenweiser schwebender Kammerpfeilerbau.

209. — Scheibenbau mit abschnittsweise abwechselndem Abbau in der Unterbank und Oberbank. Dieses Verfahren empfiehlt sich schon in Flözen bis 3 m Mächtigkeit immer dann, wenn sie ein mächtiges Bergemittel enthalten. Zunächst wird die Oberbank in 1 oder 2 Feld Breite im Strebbau hereingewonnen, nach vorläufigem Ausbau das Bergemittel abgedeckt und versetzt, worauf die Gewinnung der Unterbank erfolgt (Abb. 372, S. 410). Außerdem sei hier auf ein in England neuerdings wieder angewandtes Verfahren beim Abbau bis 6 m mächtiger, flach einfallender Flöze mittels Strebbruchbau hingewiesen. Wie Abb. 446 veranschaulicht, wird zuerst die Unterbank von 3 m Mächtigkeit in Feldesbreite hereingewonnen und dann der Ausbau geraubt. Hierbei bricht zunächst die Oberbank herein, deren Kohle fortgeladen werden muß, ehe die eigentlichen Dachschichten nachkommen. Dieses gelingt natürlich nicht immer; insbesondere geht ein großer Teil der Feinkohle im Alten Mann verloren.

Abb. 446. Bankweise Hereingewinnung eines mächtigen Flözes.

γ) Scheibenbau in steiler Lagerung.

210. — Vorbemerkung. Auf steil einfallenden Flözen großer Mächtigkeit wird die Lagerstätte ebenfalls scheibenweise abgebaut. Hierbei können die Scheiben ähnlich wie in flacher Lagerung parallel dem Einfallen verlaufen. Häufiger ist jedoch eine Einteilung der Lagerstätte in söhlige Scheiben, die meist in der Reihenfolge von oben nach unten in Angriff genommen werden, wobei die Anwendung des Stoßbaus oder Querbaus beim Abbau der einzelnen Scheibe vorherrscht. In jedem Fall wird der aus-

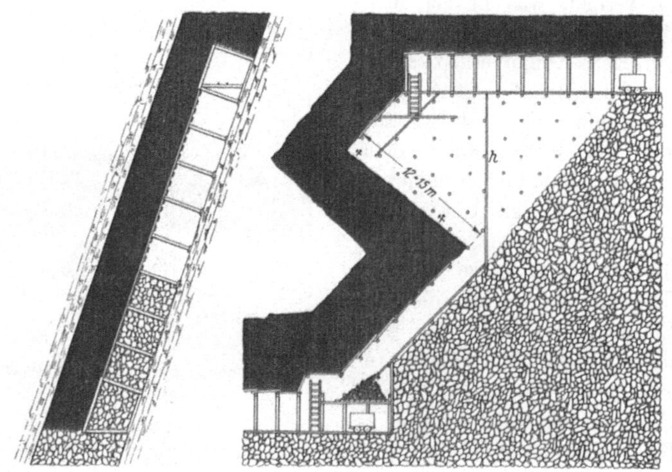

Abb. 447. Abbau der unteren Scheibe beim Scheibenbau in steiler Lagerung.

gekohlte Raum wieder versetzt (Hand-, Blas-, Spülversatz). Ein Zubruchwerfen des Hangenden ist nur beim Etagenbruchbau (s. Ziff. 178, S. 447) möglich.

211. — Schrägbau in Scheiben parallel dem Einfallen. Dieses Verfahren sei an Beispielen der Ostrau-Karwiner Montangesellschaft[1]) erläutert. Wie aus Abb. 447 hervorgeht, ist das 5 m mächtige, mit 70° ein-

---

[1]) Der Kohlenbergbau des Ostrau-Karwiner Steinkohlenreviers. Sammelwerk, herausgegeben v. d. Direktorenkonferenz des Ostrau-Karwiner Steinkohlenreviers. Mährisch-Ostrau 1929. II. Bd. S. 223.

fallende Flöz in zwei Scheiben eingeteilt, von denen zuerst die liegende, in 50—100 m Abstand die hangende Scheibe hereingewonnen wird. Als Abbauverfahren wird Schrägrückbau mit Verhieb in einem Knapp von 12 m Breite bei einer flachen Bauhöhe von 20—30 m angewandt. Besondere Sorgfalt ist hierbei dem Hangendverzug der liegenden Scheibe zu widmen. Er besteht aus Holzschwarten, die den Kappen aufgenagelt werden. Letztere bilden auch die Unterlage für die Stempel beim Abbau der Oberbank.

Auch Flöze von 10—20 m Mächtigkeit können in Scheiben parallel dem Einfallen abgebaut werden, jedoch erhalten die Scheiben dann eine Mächtigkeit von 5—6 m. Infolge dieser großen Ausmaße ist für den Abbau der einzelnen Scheiben gewöhnlicher Streb- oder Schrägbau mit Stellung der Stempel zwischen Hangendem und Liegendem nicht anwendbar. Statt dessen wird jede der Teilscheiben im Scheibenbau mit geneigten Scheiben abgebaut, ähnlich wie dieses Abb. 443 zeigt. Der Kappenausbau an Kopf- und Fußende wird zwischen Kohle und Versatz eingebracht. Der durch Hereingewinnung einer Teilscheibe geschaffene Hohlraum wird bis auf ein schmales Überhauen, das der Fahrung, Wetterführung und zur Abbauförderung für die Kohle der nächstfolgenden Teilscheibe dient, verspült und dann die folgende geneigte Scheibe in Angriff genommen.

212. — Der streichende Stoßbau (Firstenstoßbau) in söhligen Scheiben. Nur in der Durchführung im einzelnen unterscheidet er sich vom Stoßbau auf steilgelagerten Flözen mäßiger Mächtigkeit. Die etwa 2 m hohen Scheiben (Knäppe) werden in einer der ganzen Flözmächtigkeit entsprechenden Breite streichend hereingewonnen, und zwar in der Reihenfolge von unten nach oben. Die Wahl der Versatzart richtet sich im wesentlichen nach der Standfestigkeit des Nebengesteins und der Kohle sowie nach deren Brandgefährlichkeit. Ist letztere gering und die Standfestigkeit gut, so kann der Stoß in beträchtlicher streichender Länge (8 m, 15 m und mehr) zu Felde geführt werden, ehe Versatz eingebracht zu werden braucht. Als Versatzart wird dann seiner großen Leistungsfähigkeit wegen Spülversatz bevorzugt. Ausbau wird in Form von Holzkästen oder auch Stempeln zwischen Kohle und Versatz, also zwischen Firste und Sohle, gesetzt. Liegen solch günstige Verhältnisse nicht vor, so muß danach getrachtet werden, die Hohlräume möglichst bald wieder zu verfüllen.

213. — Querbau. Allgemeines. Ist die Flözmächtigkeit größer als etwa 6 m, so können die söhligen Scheiben auch im Querbau (querschlägiger Stoßbau) hereingewonnen werden. Der Verhieb der einzelnen Scheiben erfolgt auch hier meist in der Reihenfolge von unten nach

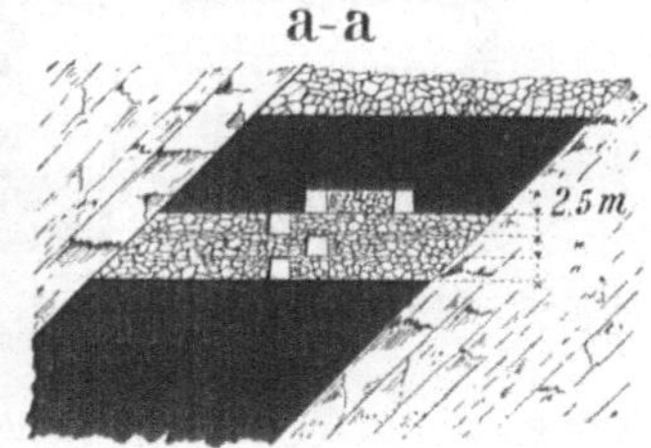

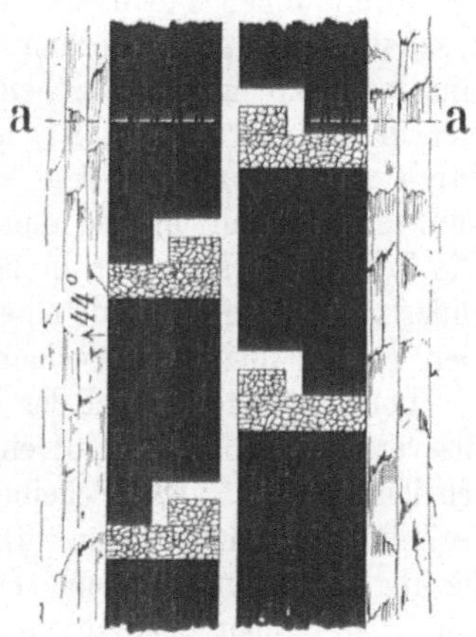

Abb. 448. Querbau von einer Mittelstrecke aus.

oben. Ist jedoch die Kohle sehr gebräch und leicht entzündlich und die Schlagwetterentwickelung stark, so kann es zweckmäßiger werden, in umgekehrter Reihenfolge die unteren Scheiben nach den oberen in Angriff zu nehmen, so daß die Firste im Abbau nicht durch die Kohle, sondern durch den Versatz gebildet wird. Durch diesen Abbau von oben nach unten wird einmal die Bildung von „Wettersäcken" durch Herausbrechen von Kohlenstücken aus der Firste verhütet. Auch können keine Kohlen in den Versatz geraten. Ferner werden die Hauer nicht durch Kohlenfall gefährdet. Endlich wird die Gefahr der Selbstentzündung umgangen, die sonst durch die starke Zerklüftung der Firstkohle besonders nahegerückt wird, weil die vielen Klüfte dem Zutritt der Luft zur Kohle, der die Selbstentzündung veranlaßt, ebenso viele Wege öffnen. Der Versatz muß dabei eine solche Beschaffenheit haben, daß er sich nach der Zusammenpressung als Dach eignet. Zu diesem Zwecke wird den Versatzbergen mildes Versatzgut (z. B. Letten oder Schieferton) in solcher Menge zugesetzt, daß sich die harten Berge fest in dieses hineindrücken; man kann dadurch einen Versatz erzielen, der nach der Zusammenpressung manchem natürlichen Hangenden vorzuziehen ist.

214. — Beispiele für den Querbau. Ohne auf die einzelnen Ausführungsformen dieses Verfahrens näher einzugehen, sei hier nur kurz an der Hand der Abbildungen 448 u. 449 auf zwei Beispiele hingewiesen. Abb. 448 veranschaulicht einen Querbau im engeren Sinne. Die Vorrichtung jeder einzelnen, 2,5 m hohen Scheibe erfolgt durch eine streichende Strecke, die hier in die Mitte gelegt ist, um bei der besonders großen Flözmächtigkeit durch Abbau nach beiden Seiten hin eine größere Zahl von Angriffspunkten erhalten und so den Verhieb möglichst beschleunigen zu können. Die Vorrichtungsstrecken in den einzelnen Scheiben werden etwas gegeneinander versetzt, damit jede eine feste Bergeversatzsohle erhält (s. Querprofil). Der Versatz folgt dem Verhiebe jedes Querstreifens auf dem Fuße nach.

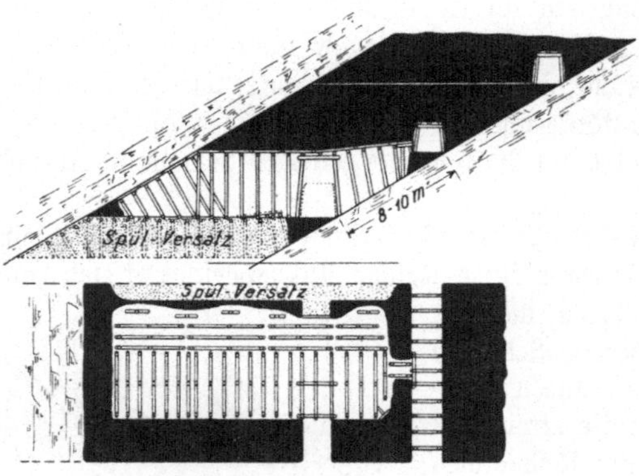

Abb. 449. Querbau mit Spülversatz von am Liegenden aufgefahrenen Strecken aus.

Leistungsfähiger wird der Querbau bei Anwendung von Spülversatz oder Blasversatz. Abb. 449 gibt einen Querbau mit Spülversatz in 4—5 m hohen Scheiben wieder. Jede Scheibe wird für sich in der ganzen söhligen Breite des Flözes hereingewonnen. Die Vorrichtung geschieht durch Abbaustrecken, die am Liegenden in einem seigeren Abstand von 4—5 m aufgefahren werden. Der Abbau beginnt mit dem Hochbrechen der Abbaustrecke bis auf 4—5 m Höhe. Alsdann wird ähnlich wie beim abschnittweisen Pfeilerbau ein Abschnitt von etwa der Ausdehnung, wie dieses Abb. 449 unten zeigt, abgebaut, wobei zuletzt das gegen den abgebauten und verspülten Abschnitt zunächst stehengebliebene Kohlenbein soweit als möglich hereingewonnen

wird. Zur Wetterführung dient ein Durchhieb zur oberen Abbaustrecke, der
für jeden Abschnitt neu hergestellt werden muß. Das Verspülen erfolgt von
der oberen Abbaustrecke aus. Die Abwässer fließen durch ein Holzgefluter
nach der unteren Abbau-
strecke ab.

Abb. 450 zeigt einen
Querbau mit einer Mittel-
strecke. Von ihr aus wird
Rückbau getrieben, und zwar
gelangen jeweils zwei gegenüberliegende Abschnitte von
8 m Breite quer von der
Mittelstrecke aus zum Verhieb. Die in der nächst-
höheren Scheibe nachge-
führte Wetterstrecke dient
zugleich zur Aufnahme der
Spülversatzleitung, von der
aus der Abbauraum ab-
schnittsweise verspült wird.

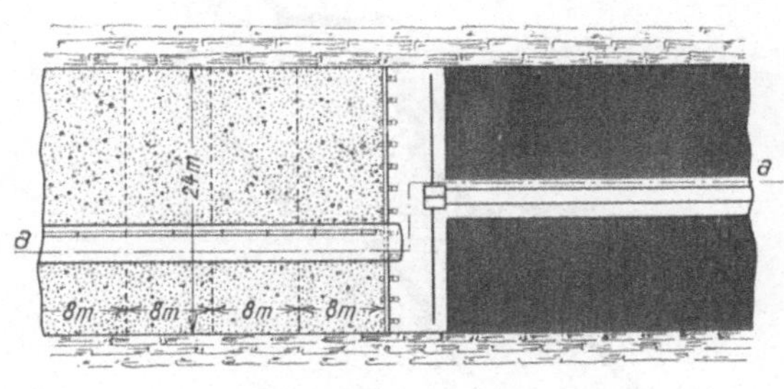

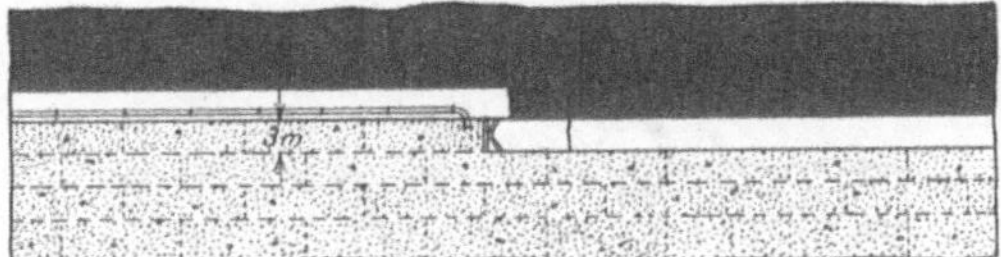

Abb. 450. Querbau mit Spülversatz.

Ein Damm braucht lediglich am Ende der abgeworfenen Mittelstrecke hergestellt
zu werden, während im übrigen das noch nicht hereingewonnene Kohlenbein der
betreffenden Scheibe den Abschluß übernimmt. Fördermengen von 100 t je
Schicht sind hierbei schon erreicht worden. An Stelle eines Kohlenbeines kann
der Versatzraum auch durch einen vom Hangenden zum Liegenden reichenden
Damm abgeschlossen werden (Abb. 450).

Der Querbau kann, ähnlich wie dieses beim Scheibenbau möglich ist, auch
so geführt werden, daß man das Flöz zunächst in mehrere söhlige Abschnitte
von etwa 10—15 m seigere Höhe einteilt, die in der Reihenfolge von oben nach
unten abgebaut werden. Jeder dieser söhligen Großabschnitte wird dann in
söhligen Teilabschnitten von 2—5 m Höhe, jedoch in der Reihenfolge von unten
nach oben, hereingewonnen.

E. Abbau nahe beieinander gelegener Flöze.

215. — **Vorbemerkung:** Der Abbau nahe beieinander gelegener, d. h. durch
ein Zwischenmittel von 1—3 oder auch mehr Meter Mächtigkeit getrennter
Flöze bietet meist einige Besonderheiten. Einmal tritt infolge des geringen
Zwischenmittels eine starke Beeinflussung des auf das einzelne Flöz ein-
wirkenden Gebirgsdrucks ein; vor allem wird man aber versuchen, beide
Flöze gleichzeitig abzubauen. Hiermit sind wesentliche betriebliche Vorteile
verbunden: nur in einem der beiden Flöze — es wird in der Regel das liegende
sein — braucht eine Abbaustrecke aufrechterhalten zu werden, und infolge
der erhöhten Fördermenge sind Abbaustrecken- und Blindschachtförderung
besser ausgenutzt, als wenn jedes Flöz für sich gebaut würde.

216. — **Beispiel aus der steilen Lagerung.** Auf der Zeche Fried-
licher Nachbar sind die beiden Flöze Röttgersbank 2 und Wilhelm durch
ein aus Sandschiefer bestehendes Zwischenmittel von 2 m getrennt (Abb. 451 a).

Beide Flöze werden im Schrägbau mit knappweisem Verhieb abgebaut, und zwar das liegende Flöz Wilhelm vor dem hangenden Flöz Röttgersbank, das

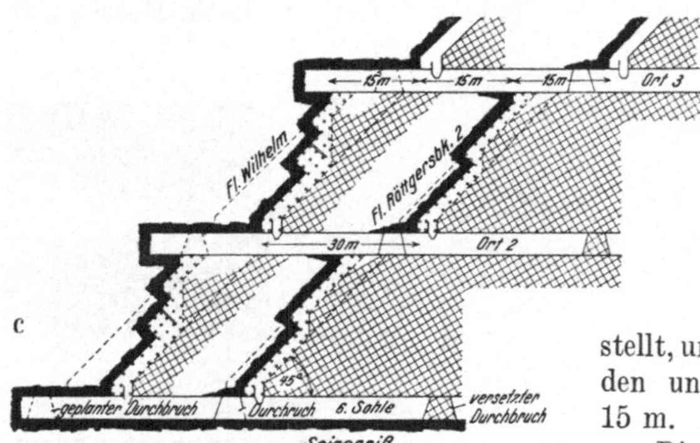
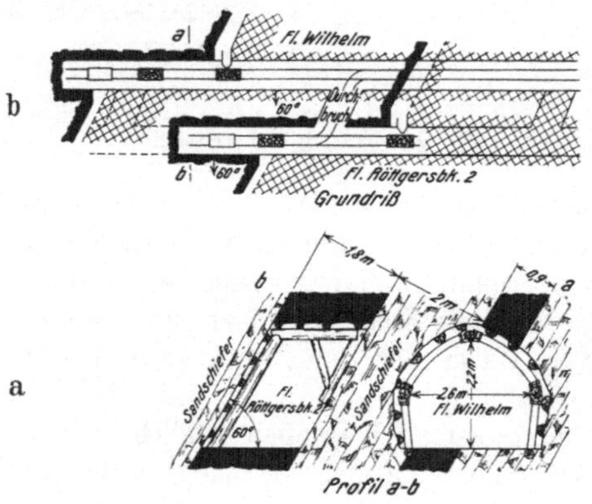

in einem Abstand von 20—30 m nachfolgt (Abb. 451 *b* u. *c*). Die Abbaubetriebspunkte haben in jedem Flöz eine flache Bauhöhe von 45 m. Die unteren Betriebspunkte sind in jedem Flöz vorangestellt, und zwar folgen die oberen den unteren in Abständen von 15 m.

Die gemeinsame Abbaustreckenförderung wird auf folgende Weise durchgeführt: Die Hauptabbaustrecke befindet sich im liegenden Flöz. Bei der Bemessung ihres Querschnitts muß natürlich in Betracht gezogen werden, daß sie die Wetter für zwei Flöze aufzunehmen hat. Im nachfolgenden hangenden Flöz hat dagegen die jeweils aufrechtzuerhaltende Abbaustrecke nur eine Länge von etwa 50 m. Ein alle 40 m neu hergestellter Durchbruch verbindet sie mit der Hauptabbaustrecke. Der vorherige Durchbruch und der zu

Abb. 451. Abbau von zwei nahe beieinander gelegenen Flözen in steiler Lagerung.

ihm gehörige Teil der hangenden Abbaustrecke kann alsdann abgeworfen und versetzt werden.

Durch den vorangehenden Abbau des liegenden Flözes ist das hangende naturgemäß entspannt und die Kohle

fest. Ihre Hereingewinnung erfolgt daher durch Schießarbeit bei besonders hohem Nuß- und Stückkohlenanfall, während im liegenden Flöz der Abbauhammer genügt.

In anderen Fällen wird es dagegen zweckmäßiger sein, den Abbau im hangenden Flöz voranzustellen und das liegende Flöz folgen zu lassen. Diese Anordnung ist dann vorzuziehen, wenn das hangende Flöz zum Auslaufen oder zur Selbstentzündung neigt. Voraussetzung ist allerdings, daß das Zwischenmittel hierdurch keine unliebsamen Veränderungen erleidet und für das untere Flöz zu einem schlechten, zu Durchbrüchen neigenden Hangenden wird. — Beträgt die Mächtigkeit

Abb. 452. Durchbruch vom Oberflöz zur Abbaustrecke im Unterflöz.

des Zwischenmittels nur 1 m oder noch etwas weniger, so wird die Abbaustrecke zweckmäßig in beide Flöze gemeinsam gelegt und dann der Abbau im liegenden Flöz dem Abbau im hangenden vorangestellt.

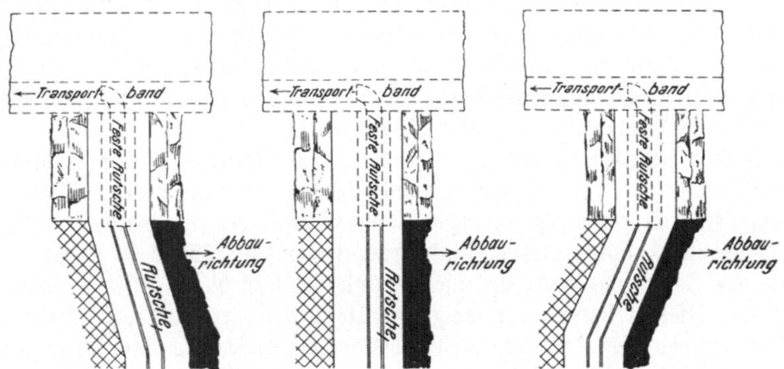

Abb. 453. Einmündung des Strebfördermittels des Oberflözes in den Durchbruch der Abb. 452

217. — Beispiel aus der flachen Lagerung. Auf einer Aachener Zeche ist ein hangendes Flöz von 1 m Mächtigkeit von einem 0,70 m mächtigen liegenden Flöz durch ein zum Teil gebräches Zwischenmittel von 2—5 m Mächtigkeit getrennt. Das Einfallen schwankt zwischen 3 und 10°. Das obere Flöz wird streichend im Strebbruchbau und das untere Flöz im streichenden Strebbau mit Handversatz gebaut, und zwar folgt der Abbau im hangenden Flöz dem Abbau im liegenden in einem Abstand von 30 m nach. Die Größe dieses Abstandes hat im vorliegenden Fall nur geringen Einfluß auf den Gang der Kohle, da diese mulmig und weich ist. Dagegen hat sich herausgestellt, daß bei größerem oder geringerem Abstand das Hangende des oberen Flözes schlechter wird. Bei anderer Kohlenbeschaffenheit würde jedoch sicherlich auch eine Verminderung des Ganges der Kohle eintreten.

Ist das Zwischenmittel nur etwa 2,50 m mächtig (Abb. 452), so verzichtet man auf eine Abbaustrecke im hangenden Flöz über-

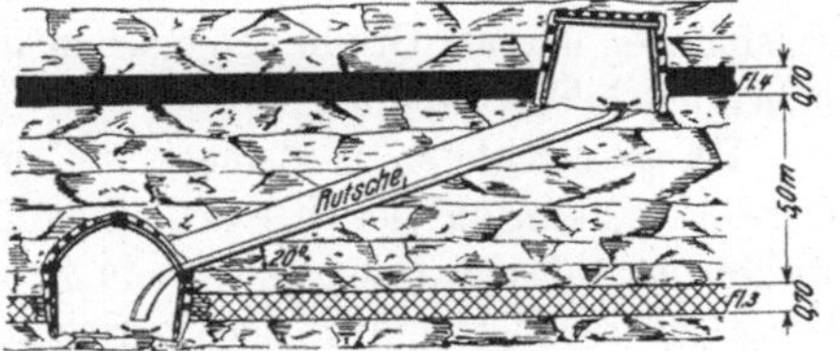

Abb. 454. Durchbruch von der Abbaustrecke im Oberflöz zur Abbauförderstrecke im Unterflöz.

haupt und verbindet es mit der Abbaustrecke im liegenden Flöz lediglich durch Durchbrüche, die in Abständen von 3 m hergestellt werden (Abb. 453). Ist das Zwischenmittel mächtiger, so werden die Durchbrüche nur alle 20—50 m hergestellt, und eine Abbaustrecke von etwa der gleichen Länge muß im hangenden Flöz dann jeweils aufrechterhalten werden (Abb. 454).

V. Gebirgsbewegungen im Gefolge des Abbaus.

Arten und Auftreten der Gebirgsbewegungen.

218. — Allgemeiner Verlauf der Bodenbewegungen im Gebirgskörper. Die Auswirkungen eines durch bergmännische Tätigkeit im Erdinnern geschaffenen Hohlraums auf die hangenden Schichten und die Erdoberfläche können ganz verschiedener Art sein. Sie sind abhängig von der Größe des Hohlraums, von der Teufe, in der er hergestellt wird sowie von der Art des Gebirges. Massige Gesteine, wie Eruptivgesteine oder auch manche Erze, wie Magnetit, Hämatit und Roteisenstein, die eine hohe Festigkeit aufweisen, oder Steinsalz und einige Kalisalze, wie Sylvinit und in geringerem Maße Hartsalz u. a., die fest und sehr zäh sind, verhalten sich anders wie geschichtete Gesteine, wie Sandsteine und Tonschiefer, und diese wieder anders wie rollige Gesteine geringen Zusammenhalts, wie Sand, Kies u. dgl.

In sehr festen oder zähen Gesteinen ist die Bildung großer Hohlräume möglich, ohne daß eine Einwirkung auf die Tagesoberfläche stattfindet. Die Gesteine sind dann den Spannungshäufungen gewachsen, die in der Umgebung des Hohlraumes durch dessen Bildung eintreten (vgl. Ziffer 68 S. 356). Die Firste des Hohlraums biegt sich nicht durch, sondern bleibt freitragend in der Schwebe. Hierbei kann es, solange der Hohlraum bestimmte, je nach dem Gestein verschiedene Ausmaße nicht übersteigt, gleichgültig sein, ob er rechteckigen, quadratischen oder mehr oder weniger runden Querschnitt besitzt. Da der Verlauf der Druck- oder Spannungslinien jedoch ein gewölbeähnliches ist, findet mit zunehmender Größe des Hohlraums eine Anpassung an die Gewölbeform statt, indem der Kern des Gewölbes aus Firste und seitlichen Stößen allmählich in den Hohlraum hineinfällt. Hat er auf diese Weise eine diesem Druckgewölbe ähnliche Gestalt erhalten, so können die Veränderungen aufhören und der Hohlraum weiterhin offen bleiben. Oder aber die Veränderungen gehen weiter, bis der ganze Hohlraum verbrochen und mit Bruchgesteinen verfüllt ist, ein weiteres Zusammenbrechen hört auf, der Bruch „läuft sich tot“. Genügt die Gesteinsfestigkeit oder Zähigkeit jedoch hierzu nicht, so wird sich bei genügender Größe des Hohlraums der Bruch bis zu Tage fortsetzen. An der Tagesoberfläche kommt es zur Ausbildung einer Senkungsmulde unter Erscheinungen und auf Grund von Gesetzmäßigkeiten, die in den folgenden Ziffern näher geschildert werden.

Bei geschichteten Gesteinen, wie Sandsteinen und Tonschiefern, treten diese Auswirkungen viel eher ein. Eine Hohlraumbildung ohne sichtbare Auswirkungen auf das Hangende ist in Sandsteinen nur in geringem Maße und kurze Zeit möglich und in noch geringerem Maße bei Tonschiefern. Es findet sehr schnell ein Hereinbrechen und Hereinbiegen des Hangenden in den Hohlraum statt. Art und Auswirkungen auf die Tagesoberfläche sollen wegen ihrer Bedeutung für den Steinkohlenbergbau in einer besonderen Ziffer behandelt werden.

Bei gar nicht oder wenig verfestigten Gesteinen, wie Sanden und sandigen Tonen, ist ein offener Hohlraum ohne Ausbau überhaupt nicht möglich. Wird der Ausbau entfernt, so bricht das Hangende in kurzer Zeit bis zur Tagesoberfläche herein. Es bilden sich Abbruchkanten, deren Winkel in ungünstigstem Fall dem Böschungswinkel des betreffenden Gesteins gleichkommen, meist aber größer sind, da innere Reibung und gegenseitiges Stützen der Massen auf ein steileres Abbrechen hinwirken. Derartige Erscheinungen können häufig beim Braunkohlenbruchbau Mitteldeutschlands angetroffen werden.

Auch die Teufe ist von Einfluß auf die Auswirkungen bergmännischer Hohlräume auf das Gebirge. Im einzelnen ist er allerdings noch wenig geklärt. Es steht fest, daß der Gebirgsdruck mit der Teufe zunimmt. Diese Zunahme ist in festem Gestein jedoch keineswegs verhältnisgleich mit der wachsenden Teufe, also der zunehmenden Überlagerung. Vielmehr spielt hier die Verspannung der Gesteine in sich und innerhalb des ganzen Gebirgskörpers eine Rolle. Auf sie ist es zurückzuführen, daß der Druck in einem rasch fortschreitenden Abbau im Steinkohlenbergbau sich in vielen Fällen als praktisch unabhängig von der Teufe erwiesen hat. Es wirken hier zunächst im wesentlichen nur die unteren Schichten des Hangenden ein. Anderseits kann es keinem Zweifel unterliegen, daß unter sonst gleichen Verhältnissen ein Hohlraum in geringeren Teufen umfangreichere Ausmaße besitzen kann, ohne zu verbrechen, als in größeren Teufen. Ein Hohlraum bestimmter Ausmaße wird also in dem gleichen Gestein in oberen Teufen ohne Einfluß auf das Hangende und damit auf die Tagesoberfläche bleiben können, wogegen er in größeren Teufen zusammenbrechen und Auswirkungen bis an die Tagesoberfläche zeigen würde. Anderseits wird das Totlaufen eines Bruches in größeren Teufen häufiger sein als in geringen Teufen.

219. — **Die Senkungsvorgänge an der Erdoberfläche beim Steinkohlenbergbau.** Die im Steinkohlenbergbau verbreitetsten Abbauverfahren — sei es, daß sie das unmittelbare Hangende absenken oder zu Bruch werfen — rufen auf jeden Fall eine Absenkung des Haupthangenden hervor, die sich bis zur Tagesoberfläche fortpflanzt. Die das Steinkohlengebirge zusammensetzenden Gesteinsschichten, Tonschiefer, Sandschiefer und Sandsteine sind nicht standfest oder zäh genug, daß sich in ihnen durch den Abbau geschaffene Hohlräume offen erhalten könnten oder ein „Totlaufen" des Bruches einträte. Anders ist es bei Hohlräumen, wie sie durch das Auffahren von Strecken entstehen. Diese können bei genügender Standfestigkeit des Gesteins lange offen bleiben, und wenn sie verbrechen, wird ein Einfluß auf die Tagesoberfläche nur bei geringen Teufen bemerkbar sein (Tagesbrüche), bei mittleren und großen Teufen ist eine Auswirkung auf die Tagesoberfläche dagegen nicht anzunehmen.

Unmittelbar nach dem Abbau senken sich zweifellos zunächst nur die Dachschichten ab. Das übrige Hangende folgt je nach seiner Zusammensetzung mehr oder weniger schnell nach. Nur eine geringe Verzögerung ist bei Tonschiefern und gut geschichteten Sandschiefern anzunehmen, während Sandsteine von einiger Mächtigkeit Tage und Wochen in der Schwebe bleiben können, bis auch sie sich den neuen Gleichgewichtsverhältnissen anpassen, also abbrechen und absinken. Zugleich kann es zu Ablösungen einzelner Gesteinspakete voneinander kommen, also zu Aufblätterungen und zur Bildung langgestreckter flacher Hohlräume, die aber nach kurzer Zeit wieder verschwinden und durch weitere Absenkung des Hangenden zugedrückt werden.

Von besonderer Bedeutung ist es, daß die Absenkung sich nicht senkrecht nach oben fortpflanzt, sondern unter einem Winkel, der immer flacher ist als 90°. Die von der Absenkung betroffene Oberfläche ist also stets größer als die abgebaute Fläche untertage. Es kommt an der Oberfläche zur Ausbildung eines Senkungstroges, der über die Abbaukanten hinübergreift, nach den Rändern zu immer flacher wird und schließlich seine Grenze findet. Der gesamte, über dem Abbauraum von der Absenkung betroffene Gebirgskörper hat also die Form eines abgestumpften Kegels, dessen Grundfläche nach oben gerichtet ist. Die Seitenflächen dieses Kegels bilden mit einer waagerechten Ebene einen

Winkel, der **Grenzwinkel** genannt wird. Außer diesem Grenzwinkel wird noch der **Bruchwinkel** unterschieden. Er ist fast immer steiler als der Grenzwinkel, nur in Ausnahmefällen können beide Winkel zusammenfallen. Vor einigen Jahrzehnten war es überhaupt allein der Bruchwinkel, der bei dem Senkungsvorgang berücksichtigt wurde; den über ihn hinaus reichenden Abbauwirkungen schenkte man wenig Beachtung. Es geschah dieses auf Grund von Beobachtungen, die ein Abbrechen des sich absenkenden Gebirgskörpers längs Flächen feststellten, die mit einer waagerechten Ebene einen Winkel, den Bruchwinkel, bilden. Ein solches Abbrechen tritt vor allen Dingen bei starker Beteiligung von Sandsteinen an der Zusammensetzung des Steinkohlengebirges ein. Es findet außerdem statt, wenn die abgebaute Kohlenmächtigkeit groß ist. Besteht das Steinkohlengebirge jedoch vorwiegend aus Tonschiefern, so tritt ein Abbiegen der Gesteinsschichten in den Senkungstrog ein, und zu einem ausgeprägten Abbruch kommt es vielfach nicht. Je plastischer die Gesteine sind, ein um so weiterer Bereich wird von diesen Vorgängen betroffen, um so mehr reicht er über die Zone des Bruchwinkels hinaus, um so stärker ist der Grenzwinkel vom Bruchwinkel unterschieden.

Wenn der Einwirkungsbereich von senkrechten Flächen begrenzt sein würde und einen Zylinder bildete, so käme für alle Punkte nur eine senkrecht nach unten gerichtete Bewegung in Frage. Dieses ist aber nicht der Fall. Die Teile des von der Abbauwirkung betroffenen Gebirges, die sich jenseits dieses gedachten Zylinders befinden, müssen außer der senkrechten Bewegung auch noch eine seitliche Bewegung ausführen. Diese seitlichen Bewegungen sind nach dem Tiefsten des Senkungstroges hin gerichtet. Sie sind zugleich die Voraussetzung dafür, daß außerhalb des Zylinderkörpers überhaupt eine Absenkung stattfinden kann, denn senkrecht nach unten hin ist kein Raum für die Aufnahme irgendwelcher weiterer Massenteilchen vorhanden. Umgekehrt gilt aber auch, daß keine seitliche Bewegung ohne gleichzeitige Absenkung möglich ist. Diese seitlichen Bewegungen werden durch von dem Innern der Senkungsmulde ausgehende Zerrkräfte ausgelöst, und sie rufen Zerrwirkungen in ihrem Bereich hervor. Anderseits löst dieses Hineinwandern von Massen in den Senkungstrog auch Druckkräfte aus, die sich in Form von Pressungen in einer Zone äußern müssen, die sich nach dem Innern des Senkungstroges an die Zerrungszone anschließt und nach deren Mitte allmählich abklingt (Abb. 455).

Zwischen dem Rande und der Mitte des Senkungstroges sind demnach bei vollkommener Ausbildung aller Vorgänge eine Zerrungszone, eine Pressungszone und schließlich eine Zone ruhiger senkrechter Absenkung zu unterscheiden. Diese auf **Overhoff**, **Lehmann**, **Keinhorst**[1] u. a. zurückgehenden Vorstellungen sind inzwischen vielfach durch Rechnung nachgeprüft und bestätigt worden. Hierbei hat sich (s. Abb. 455) herausgestellt, daß die Zone der Zerrungen nach außen durch den Grenzwinkel, nach dem Innern der Senkungsmulde ungefähr durch von den Abbaukanten ausgehende senkrechte Ebenen begrenzt wird. Ihr Höchstmaß erreichen die Zerrungen in der Richtung des Bruchwinkels, woraus es sich auch erklärt, daß es hier häufig zum Abbrechen der Schichten kommt.

---

[1] Glückauf 1919, S. 933; K. **Lehmann**: Bewegungsvorgänge bei der Bildung von Pingen und Trögen. — ferner Glückauf 1928 S. 1141; **Keinhorst**: Bei Bodensenkungen auftretende Bodenverschiebungen und Bodenspannungen.

220. — Die Größe des Bruch- und Grenzwinkels. Die Größe des Bruchwinkels ist keineswegs einheitlich. Er hängt einmal ab von der Art des Gebirges und ist im Steinkohlengebirge steiler als im Deckgebirge und in festen Gesteinen des Deckgebirges wieder steiler als in schwimmsandähnlichen Schichten. Von dieser Regel gibt es allerdings zahlreiche Ausnahmen, und es sind Fälle bekannt geworden, bei denen sehr steile Winkel auch in lockeren Deckgebirgsschichten nachgewiesen sind. Weiterhin ist der Bruchwinkel abhängig vom Einfallen des Flözes sowie davon, ob er an der unteren oder oberen Abbaugrenze oder in der Richtung des Streichens des abgebauten

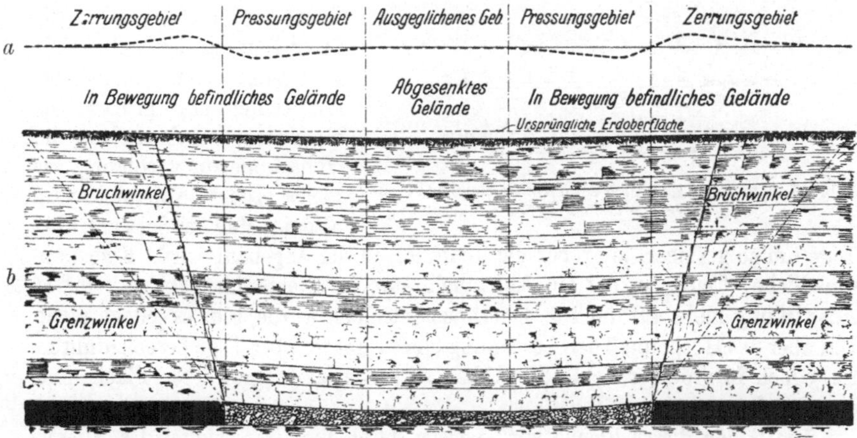

Abb. 455 a u. b. Darstellung einer Senkungsmulde mit den an ihren Rändern auftretenden Bewegungen.

Flözes gemessen wird. Auf Grund jahrzehntelanger Beobachtungen können z. B. im Ruhrbezirk im allgemeinen folgende Bruchwinkel angenommen werden:

1. im Steinkohlengebirge:
    a) an der unteren Abbaugrenze:
      bei flacher oder mäßig geneigter Lagerung 75⁰,
      bei einem Fallwinkel von etwa 35⁰ an aufwärts 55⁰,
    b) an der oberen Abbaugrenze: 75⁰,
    c) im Streichen nach beiden Seiten hin: 75⁰;
2. im Deckgebirge:
    a) im Kreidemergel: 70⁰,
    b) in schwimmenden und rolligen Massen: 30—40⁰.

Über die Größe des Grenzwinkels lassen sich dagegen genaue Angaben von allgemeiner Gültigkeit nicht machen. Er ist meist 5—15⁰ kleiner als der Bruchwinkel, anderseits sind auch Grenzfälle möglich, bei denen der Unterschied auf 0⁰ herabsinkt, Bruchwinkel und Grenzwinkel also zusammenfallen. Jede Grube muß bestrebt sein, durch fortgesetzte Messungen zuverlässige Grenz- und Bruchwinkelwerte zu erhalten.

Jedenfalls kann aus den obigen Angaben entnommen werden, daß der Einwirkungsbereich bei flacher Lagerung nach allen vier Seiten am wenigsten über den Abbaurand hinausragt, sich dagegen bei steiler Lagerung in Richtung zum Hangenden am weitesten von diesem entfernt. Hieraus darf aber nicht geschlossen werden, daß bei Abbau einer Flözfläche bestimmter Größe der Einwirkungsbereich in steiler Lagerung größer wäre als in flacher. Das Gegenteil ist der Fall. Je steiler das Flöz einfällt, um so kleiner wird der Einwirkungsbereich, um bei 90° Einfallen einen Mindestwert zu erreichen.

221. — **Größe der Absenkung und Teufe.** Aus dem Übergreifen der Abbauwirkungen über die untertägigen Abbaukanten hinaus ergibt sich, daß

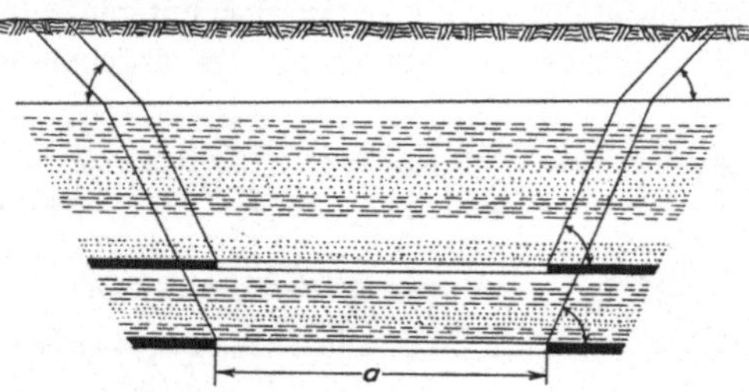

ein Abbaufeld gleichen Umfangs ein um so größeres Senkungsfeld an der Tagesoberfläche hervorruft, in um so größerer Teufe es liegt (Abb. 456). Infolgedessen steht bei größeren Teufen eine größere Gebirgsmasse zur Ausfüllung der Hohlräume zur Verfügung. Bei gleich großem Abbaufeld wird also das Maß der Senkung über

Abb. 456. Einwirkungsbereich beim Abbau gleicher Flächen in verschiedener Teufe.

Tage um so geringer, je größer die Teufe ist, in der abgebaut wird. Eine „unschädliche" Teufe, in der ein Abbauhohlraum im Steinkohlengebirge keinerlei Auswirkung mehr auf die Tagesoberfläche ausüben würde, gibt es jedoch nicht. Um aber das Höchstmaß der Absenkung eines Punktes über Tage herbeizuführen, ist jedoch in größerer Teufe der Abbau einer viel umfangreicheren Fläche notwendig als in geringer Teufe.

Die Größe dieser Fläche wird jeweils durch die Grenzwinkel des Einwirkungsbereichs bestimmt. Schneiden sich die freien Schenkel (*b* in Abb. 457)

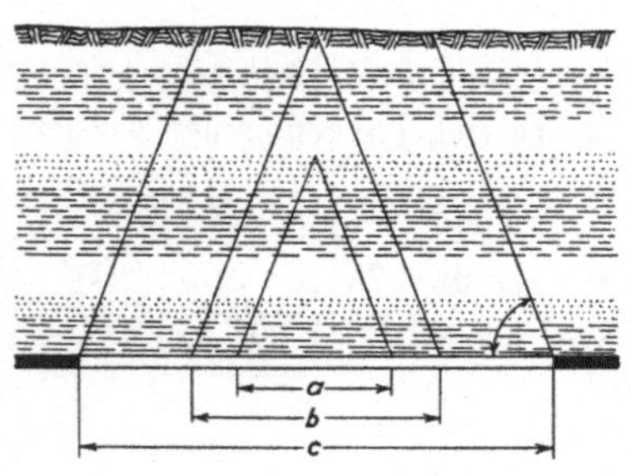

Abb. 457. Darstellung des Abbaus einer Teilfläche (*a*), Vollfläche (*b*) und Überfläche (*c*).

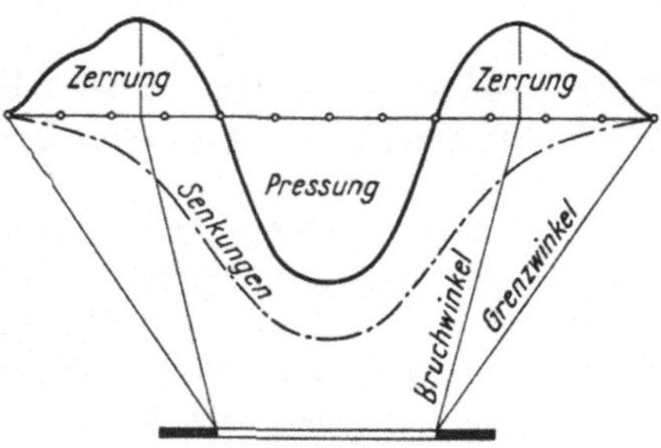

Abb. 458. Senkungsmulde beim Abbau einer Teilfläche.

dieser Grenzwinkel, die an den Abbaukanten nach dem Innern des Senkungstroges hin angelegt werden, genau an der Tagesoberfläche, so wird dieser Punkt das Höchstmaß an Senkung erfahren, das nach Flözmächtigkeit, Einfallen und Abbauverfahren möglich ist. Nach den Vorschlägen von Keinhorst und Lehmann[1] spricht man in diesem Fall vom Abbau einer „Vollfläche". Ist die Abbaufläche kleiner (*a* in Abb. 457), schneiden sich infolgedessen die freien Schenkel der Winkel noch im Innern des Gebirges, so handelt es sich nur um

---

[1] Glückauf 1938, S. 321; Lehmann: Planmäßige Abbauführung.

den Abbau einer „Teilfläche“, ist sie größer (c in Abb. 457), so spricht man vom Abbau einer „Überfläche“.

222. — Der Senkungsvorgang beim Abbau von Teil-, Voll- und Überflächen. In Abb. 458 ist der Senkungsvorgang beim Abbau einer Teilfläche dargestellt. Die Senkungsmulde ist scharf ausgeprägt. An ihren Rändern herrschen Zerrungen, in ihrem Innern Pressungen und entsprechende seitliche Verschiebungen.

Beim Abbau einer Vollfläche (Abb. 459) ist die Senkungsmulde flacher. Die Zerrungen an den Rändern sind die gleichen, jedoch werden die Pressungen nach Muldenmitte hin geringer.

Ein viel ruhigeres Bild zeigt der Abbau einer Überfläche (Abb. 460). Die Zerrungen und Pressungen beschränken sich auf die Ränder, während in der Mitte der flach verlaufenden Mulde gleichmäßige Vollsenkung ohne seitliche Verschiebungen herrscht.

223. — Die Zeitdauer des Senkungsvorgangs. Ist es zu einer Gewölbe- und Hohlraumbildung gekommen, wie in massigen Gesteinen, so kann ein Zusammenbrechen des Gebirges und eine Absenkung der Tagesoberfläche vielfach erst nach Jahren oder Jahrzehnten erfolgen. Im Steinkohlenbergbau ist dieses jedoch eine Ausnahme und nur bei kleinen oberflächennahen Bauen mit Sandstein als Hangendem der Fall, die lange offen bleiben können und schließlich zusammengedrückt werden oder einbrechen. Im allgemeinen ist dagegen der

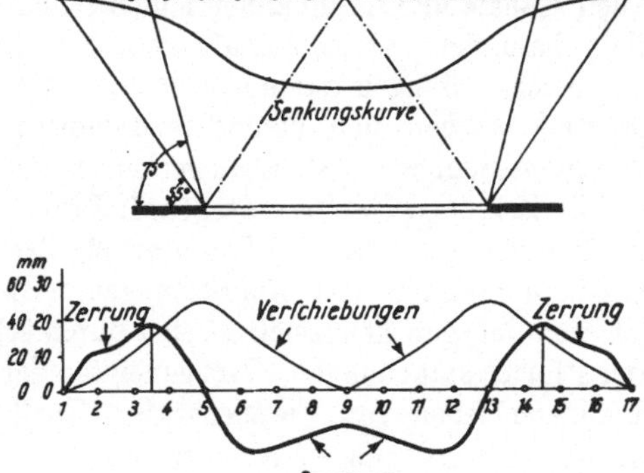

Abb. 459. Senkungsmulde beim Abbau einer Vollfläche.

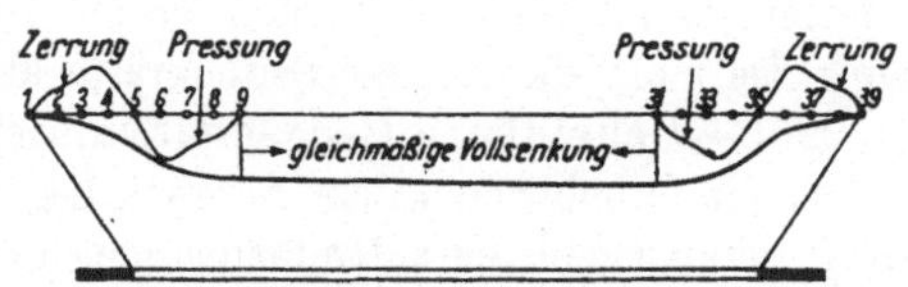

Abb. 460. Senkungsmulde beim Abbau einer Überfläche.

zeitliche Verlauf des Senkungsvorgangs viel schneller als früher angenommen wurde. Die Senkung setzt langsam ein, erreicht bald ihr Höchstmaß, das unverändert eine Zeitlang bestehen bleibt, um dann in eine allmählich verzögerte Bewegung überzugehen. Je nach der Teufe und der Gebirgsbeschaffenheit, je nachdem, ob der Zusammenhalt des Hangenden durch den vorgehenden Abbau schon weitgehend gestört worden ist oder nicht, ergeben sich Unterschiede im Zeitmaß, das in den meisten Fällen zwischen $^1/_2$ und 3 Jahren liegen dürfte.

224. — Bergschäden[1]**).** Die bei dem geschilderten Verlauf der Senkungen an den Gebäuden und sonstigen Anlagen auf der Erdoberfläche durch die Bodenbewegungen hervorgerufenen Beschädigungen können durch einfache Senkung, durch Schiefstellung und durch söhlige Zerrungen und

---

[1]) vergl. Oberste-Brink und Weißner in Band I des Sammelwerkes. 1942. (Glückauf-Verlag, Essen.)

Pressungen entstehen. Geht der Abbau unter festen und spröden Schichten um (Sandstein, Sandschiefer, Konglomerat u. dgl.), so können auch durch plötzliches Aufreißen von Bruchspalten erdbebenartige Erschütterungen eintreten [1]).

Einfache Senkungen sind, wenn nicht etwa mit Erschütterungen verbunden, für kleine Gebäude meist unschädlich, und auch größere Bauwerke können solche Senkungen ohne erhebliche Beschädigungen mitmachen, wenn diese einigermaßen gleichmäßig verlaufen. Je umfangreicher allerdings ein Gebäude ist, um so schwieriger wird die gleichmäßige Senkung, und um so größer werden dann die im Gefolge der Senkung auftretenden Beschädigungen und Betriebsstörungen. Dagegen sind Wasserläufe mit geringem Gefälle auch gegen geringfügige Senkungen wegen der dadurch veranlaßten Vorflutstörungen und Versumpfungserscheinungen bereits sehr empfindlich. Auch Kanäle und Eisenbahnen leiden schon unter mäßigen Senkungen, wenn nicht besondere Vorsichtsmaßregeln getroffen werden.

Schiefstellungen treten nach den Rändern der Senkungsmulden hin auf und machen sich besonders ungünstig bemerkbar bei Maschinen- und Dampfkesselanlagen, Stahlbauwerken u. dgl.

In Zerrungsgebieten treten auf: Erdrisse, breite und steil geneigte Risse in Häusern und Mauern, Erweiterung der Stoßfugen bei Straßenbahnen, Auseinanderziehen von Rohrleitungen. Die Bewegung in den Pressungsgebieten dagegen kennzeichnet sich durch schrägstehende Bordsteine, Mauer- und Pflasterstauchungen, flachgeneigte oder waagerechte Häuserrisse, Übereinanderschieben von Treppenstufen, Torflügeln usw., Schienenpressungen, die bis zum plötzlichen Ausspringen von Schienen führen können, Rohrbrüche durch Stauchung u. a. Im allgemeinen sind die Anlagen an der Erdoberfläche um so empfindlicher gegen derartige söhlige Bewegungen, je fester sie mit dem Erdboden verbunden sind. So leiden z. B. Straßenbahngleise mehr durch diese Seitenkräfte als Eisenbahngleise.

225. — Scheinbare Bergschäden. Gebäude und sonstige Anlagen in Gegenden, die fernab von jedem Bergbau liegen, können Schäden aufweisen, die den in Bergbaugebieten auftretenden gleich oder ähnlich sind. Aus dieser Tatsache folgt, daß durchaus nicht alle Schäden in Bergbaugebieten auf den Bergbaubetrieb zurückzuführen sind und daß es vielfach unmöglich ist, von „typischen Bergschäden" zu sprechen. Solche scheinbaren Bergschäden oder Pseudobergschäden [2]) können einmal durch mangelhafte Bauweise, unzulängliche Baugründung, Überlastungen von Decken und Mauern, durch Schwund oder Ausdehnung des Bauholzes verursacht sein. Auch Verkehrserschütterungen spielen eine Rolle. Von besonderer Bedeutung ist die Beschaffenheit des Baugrundes, der in zahlreichen Gegenden schlechter ist, als vielfach angenommen wird. In Berlin wird er z. B. durch das Vorhandensein von Torf im Untergrund beeinträchtigt, in Breslau und Liegnitz durch langgestreckte Linsen von Schlick. Auch auf das Vorhandensein von zu Rutschungen neigenden Gesteinen ist zu achten. Schließlich ist darauf hinzuweisen, daß die Erdoberfläche, ganz ab-

---

[1]) Glückauf 1926, S. 293; Lindemann: Gebirgsschläge im rheinisch-westfälischen Steinkohlenbergbau.

[2]) Oberste-Brink und Weißner in Band I des Sammelwerkes. 1942. (Glückauf-Verlag, Essen).

gesehen von Erdbebengebieten, sich durchaus nicht in einem Zustand völliger Ruhe befindet. So hat Weißner[1]) tektonische Senkungen im Ruhrgebiet und nördlich davon nachgewiesen und Niemczyk[2]) innerhalb und außerhalb der Beuthener Mulde tektonische Senkungen und seitliche Verschiebungen.

226. — **Maßnahmen der Abbauführung.** Am ungünstigsten ist der Senkungsvorgang beim Abbau einer Teilfläche (Ziff. 221, S. 484), da hier Pressungen und Zerrungen das verhältnismäßig größte Ausmaß erreichen. Die günstigsten Auswirkungen treten dagegen beim Abbau einer Überfläche auf: bis auf Zerrungen und Pressungen in den Randgebieten gleichmäßige Absenkung über dem Hauptbereich des Abbaus. Hieraus ergibt sich vom Standpunkt der Verringerung der Bergschäden die Notwendigkeit, kurze Abbaufronten zu vermeiden und lange Abbaufronten vorzuziehen. Auch die streichenden Baulängen sollten groß gewählt werden, damit möglichst wenig Randzonen mit ihren Zerrungen und Pressungen entstehen. Aus dem gleichen Grunde sind auch zeitliche Unterbrechungen des Abbaus zu vermeiden.

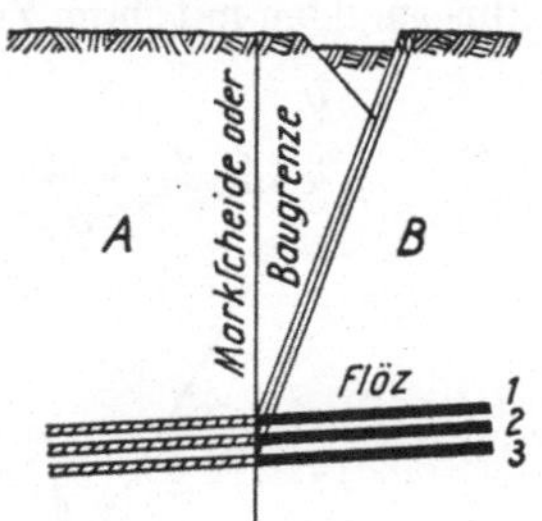

Abb. 461. Die Tagesoberfläche stark beanspruchende Abbauführung an der Baugrenze.

Schließlich ist es vorteilhaft, nach Möglichkeit eine Häufung der Abbauwirkung mehrerer Flöze an der Baugrenze zu vermeiden. So zeigt Abb. 461 wie der Abbau in drei Flözen bis an die Markscheide herangeführt ist und eine starke Bruchwirkung verursacht hat. Wird der Abbau jedoch nach Abb. 462 geführt, so findet eine Verteilung und Verringerung der Bruchwirkung statt. Die Randzone des Senkungstroges wird auf

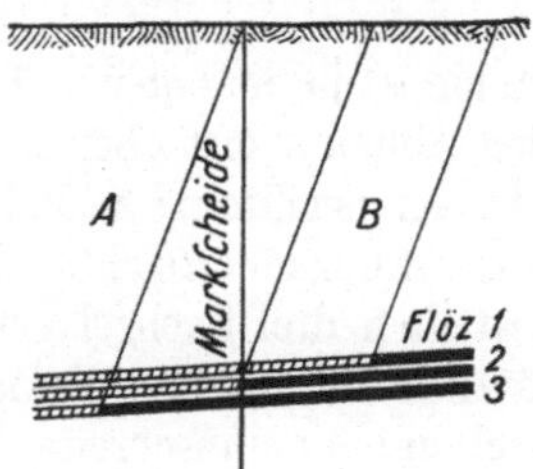

Abb. 462. Die Tagesoberfläche schonende Abbauführung an der Baugrenze.

diese Weise zwar verbreitert, die Zerrungen und Pressungen sind jedoch im ganzen gemildert.

Die Vollfläche erreicht bei flacher Lagerung und großer Teufe Ausmaße, die durch einen Abbaubetriebspunkt meist nicht mehr bewältigt werden können. Sie hat z. B. bei 450 m Teufe und einem Grenzwinkel von 60° bereits einen Durchmesser von 520 m. Statt eines Abbaus müssen alsdann mehrere Abbaue übereinander angeordnet und zu gleicher Zeit und mit möglichst gleichem Abbaufortschritt in Angriff genommen werden. Ein anderes Mittel zur Erreichung einer Voll- oder Überfläche besteht darin, die Abbaue in benachbarten Flözen so gegeneinander zu verstellen, daß sich die Pressungen der einen Senkungsmulde und die Zerrungen der benachbarten überdecken und nach Möglichkeit aufheben. Lehmann[3]) spricht hierbei von „harmoni-

---

[1]) Weißner: Der Nachweis jüngster tektonischer Bodenbewegungen in Rheinland und Westfalen. Dissertation Köln 1929.

[2]) Glückauf 1923, S. 928; Niemczyk: Die tektonische Absenkung des Beuthener Erz- und Steinkohlenbeckens und ihre Bedeutung für die Beurteilung von Bergschäden.

[3]) Glückauf 1938, S. 321; Lehmann: Planmäßige Abbauführung.

schem Abbau". An zwei von Lehmann gegebenen Beispielen sei er näher erläutert.

Der Schnitt in Abb. 463 zeigt eine flachgelagerte Flözgruppe, die durch fünf Blindschächte ausgerichtet ist. Würde man die drei Flöze zugleich oder hintereinander zunächst zwischen dem ersten und zweiten, dann zwischen dem zweiten und dritten Blindschacht usw. abbauen, so würden vier scharfe Senkungsmulden mit ihren Zerrungs- und Pressungsrändern entstehen. Eine solche

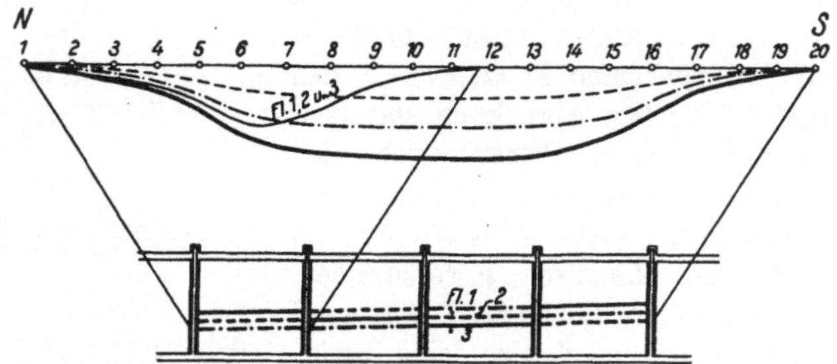

Abb. 463. Steile und flache Senkungsmulden beim Abbau mehrerer flachgelagerter Flöze.

Mulde ist in dem oberen Teil der Abbildung wiedergegeben. Dehnt man jedoch den Abbau sofort über sämtliche vier Blindschachtabschnitte aus, so daß vier Streben gleichzeitig zu Felde gehen, so wird die Überfläche mit ihren günstigen Auswirkungen erreicht. Es bilden sich nacheinander die auf Abb. 463 dargestellten drei flachgelagerten Senkungsmulden heraus. Hierbei ist es grundsätzlich gleichgültig, ob der Abbau in den vier Blindschachtfeldern von oben nach unten voranschreitet oder ob der Kohlenmischung wegen in einzelnen Feldern ein liegendes Flöz vor dem Hangenden in Angriff genommen wird.

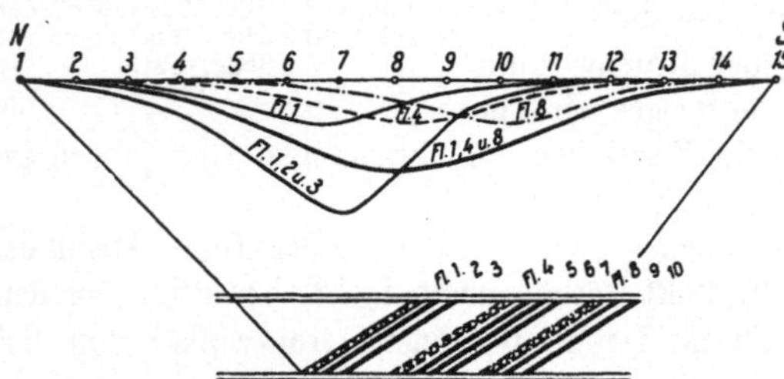

Abb. 464 zeigt, wie der gleiche Grundsatz bei steiler Lagerung durchgeführt werden kann. Werden zunächst die Flöze 1, 2 und 3 verhauen, so ergibt sich eine scharfe, tiefe Senkungsmulde. Werden dagegen zunächst die Flöze 1, 4 und 8, dann die Flöze 2, 5 und 9 gebaut und schließlich die

Abb. 464. Steile und flache Senkungsmulden beim Abbau mehrerer steilgelagerter Flöze.

Flöze 3, 7 und 10, so entsteht eine breite flache Senkungsmulde, wie die Senkungslinie der Flöze 1, 4 und 8 erkennen läßt.

227. — Sicherheitspfeiler. Vorbemerkung. Eine andere Maßnahme zur Verhütung oder Milderung der Folgen von durch den Abbau bewirkten Gebirgsbewegungen besteht im Anstehenlassen von Sicherheitspfeilern. Man versteht hierunter Teile des Lagerstättenkörpers, die vom Abbau unberührt bleiben. Es sind solche Sicherheitspfeiler zu unterscheiden, die aus Rücksicht auf den Bergbaubetrieb selbst stehen bleiben, und solche, die wichtige Gegenstände an der Erdoberfläche schützen sollen.

228. — Sicherheitspfeiler für den Grubenbetrieb. Dem Schutz der

Grubenbaue dienen zunächst die Markscheide-Sicherheitspfeiler. Sie sollen eine Gefährdung des Bergwerks durch Wasserdurchbrüche von Nachbargruben her ausschließen und außerdem gefährliche Störungen der Wetterführung durch Durchdrücken schädlicher Gase aus angrenzenden alten Bauen oder frischer Wetter in diese verhüten.

Ferner gehören hierher diejenigen Sicherheitspfeiler, die, wie der für den nördlichen Ruhrbezirk vorgeschriebene Mergelsicherheitspfeiler, die Wasser des Deckgebirges von den Grubenbauen fernhalten sollen.

Als Stärke dieser Sicherheitspfeiler ist im Ruhrbezirk eine solche von 20 m (von der Markscheide aus nach jeder Seite söhlig, von der Mergelgrenze aus seiger gemessen) behördlich vorgeschrieben.

Eine große Bedeutung für den Grubenbetrieb haben die Schachtsicherheitspfeiler. Ihre wichtigste Aufgabe ist, den Schacht vor Abbauwirkungen zu bewahren. Außerdem sollen sie auch wichtige Gebäude um den Schachtansatzpunkt schützen. Bei ihrer Bemessung muß man zunächst dem Umfang der zu schützenden Oberfläche Rechnung tragen. Voraussetzung ist weiterhin eine zuverlässige Kenntnis der Grenzwinkel. Bei flacher Lagerung sind die Winkel nach allen Seiten gleich, die Grenzflächen des Sicherheitspfeilers fallen an allen Seiten gleichmäßig (mit z. B. 70—75°) nach der Teufe ein. Bei steilem Einfallen dagegen pflanzt sich der Senkungsvorgang von der unteren Abbaukante unter einem Winkel von 55° oder flacher nach der Oberfläche fort; der Sicherheitspfeiler muß daher nach der Seite, von der die Flöze nach dem Schacht hin zufallen, stärker bemessen werden und durch eine Fläche begrenzt sein, die einen entsprechend flacheren Winkel mit der Waagerechten bildet. Im Deckgebirge sind flachere Winkel zu berücksichtigen als im Steinkohlengebirge. Die Schachtsicherheitspfeiler nehmen infolgedessen nach der Teufe mehr oder weniger stark zu und haben die Form abgestumpfter Kegel. Schachtsicherheitspfeiler von der Form eines Zylinders, also mit senkrecht nach unten verlaufenden Grenzflächen sind zu verwerfen, da sie den Gesetzen des Senkungsvorganges nicht Rechnung tragen.

229. — Sicherheitspfeiler für die Erdoberfläche. Ebenso wie die Schachtsicherheitspfeiler müssen auch die zur Schonung von Tagesgegenständen bestimmten Sicherheitspfeiler nach der Größe des Schutzbereiches und nach dem Verlauf der Bruchwirkungen bemessen werden. Die Frage, welche Bauwerke u. dgl. in dieser Weise zu schützen sind, wird sich einerseits nach dem durch die Aufsichtsbehörde zu vertretenden öffentlichen Interesse, anderseits nach wirtschaftlichen Erwägungen beantworten. In ersterer Hinsicht kommen solche Anlagen in Betracht, die für die Allgemeinheit Wert haben, wie Kirchen, Museen, Krankenhäuser, geschlossene Ansiedelungen, Wasser-, Gas- und Elektrizitätswerke, Kanalschleusen, Friedhöfe u. dgl. Die Berücksichtigung des wirtschaftlichen Gesichtspunktes läuft einfach hinaus auf eine Berechnung derjenigen Verluste, die sich bei Anstehenlassen der Sicherheitspfeiler als entgangener Gewinn ergeben würden, und derjenigen Kosten, mit denen die Gewinnung dieser Mineralmengen durch die Mehrkosten eines Abbaues mit Versatz oder durch die notwendigen Vergütungen für Bergschäden aller Art oder durch beide belastet werden würde.

230. — Vermeidung von Sicherheitspfeilern. Die oben angeführten Nachteile haben mehr und mehr die Erkenntnis reifen lassen, daß Sicherheitspfeiler einen Notbehelf darstellen und, wenn möglich, vermieden werden sollten. Dieses Bestreben wird bei den Markscheide-Sicherheitspfeilern durch die immer zunehmende Vereinigung des Felderbesitzes infolge der Bildung großer Bergwerksgesellschaften unterstützt, wodurch die Markscheiden fortfallen und durch einfache Baugrenzen ersetzt werden. Der Deckgebirgs-Sicherheitspfeiler kann dort angegriffen werden, wo wassertragende Schichten die Grundlage des Deckgebirges bilden, wie das z. B. in der westlichen Hälfte des Ruhrbezirks der Fall ist.

Besonders schädlich haben sich Sicherheitspfeiler unter Kanälen u. dgl. erwiesen. Man hat daher mehr und mehr mit ihrem nachträglichen Abbau begonnen. Hierbei ist es wichtig, in einer Weise vorzugehen, die eine gleichmäßige und gleichzeitige Absenkung des Kanallaufs ermöglicht. Ein verschieden großer Kohlenreichtum unter einzelnen Teilen des Kanallaufs muß infolgedessen besondere Berücksichtigung finden, da anderenfalls die Absenkung verschieden stark ausfallen würde. Diese Berücksichtigung kann entweder durch teilweisen Abbau eines kohlenreichen Gebietes erfolgen, während das kohlenarme Gebiet ganz abgebaut wird, oder aber man beeinflußt die Senkung durch das Abbauverfahren, indem man in dem flözreichen Feld mit möglichst tragfähigem Versatz arbeitet, in dem flözarmen Feld dagegen Bruchbau oder Handversatz mit Waschbergen anwendet[1]).

231. — Abbau des Schachtsicherheitspfeilers. Wegen seiner Aufgabe, den lebenswichtigsten Teil des Grubengebäudes zu schützen, nimmt der Schachtsicherheitspfeiler eine besondere Stellung ein. Ihn in geeigneter Weise abzubauen, wird in den meisten Fällen für richtig gehalten, wenn nicht mächtige Schichten von Schwimmsandcharakter das Deckgebirge bilden. Ist ein solches Deckgebirge vorhanden, muß der Sicherheitspfeiler auch heute noch als das beste Mittel, den Schacht zu schützen, betrachtet werden, und es wird auch in neuester Zeit bei Hauptschächten angewandt. Hierbei sucht man den Nachteil großer Kohlenverluste durch Verlegung der Hauptschächte in einen flözarmen Teil des Grubenfeldes zu vermeiden. Ein dadurch sich ergebender etwas längerer Förderweg kann angesichts der neuzeitlichen Hauptstreckenfördermittel meist unbedenklich in Kauf genommen werden, wobei beachtet werden muß, daß die Förderkosten nicht verhältnisgleich zur Länge des Förderweges, sondern in viel geringerem Maße wachsen.

Der Abbau des Schachtsicherheitspfeilers erfolgt am zweckmäßigsten so, daß die Ausrichtung von der bisherigen Fördersohle aus durch Gesenke vorgenommen, die Kohle abgebaut und erst daraufhin der Hauptschacht durch das abgebaute Feld abgeteuft wird. Ist dieses Verfahren nicht anwendbar, so muß der Sicherheitspfeiler nach Abteufen des Schachtes in Angriff genommen werden. Hierbei empfiehlt es sich, möglichst bald mit dem Abbau zu beginnen und nicht erst zu warten, bis der Sicherheitspfeiler durch von den Feldesgrenzen sich ihm nähernde Abbaue unter starke Druckwirkungen gekommen ist.

In jedem Falle ist es jedoch wichtig, zum mindesten die Vollfläche, am besten eine Überfläche auf einmal rings um den Schacht herum abzubauen und hierbei den Abbau so zu führen, daß die Schachtsäule nicht von Zerr- oder Preßwirkungen betroffen wird. Eine Möglichkeit des Vorgehens zeigt Abb. 465.

---

[1]) Mitt. a. d. Markscheidewesen 1931/32, S. 98; B a l s : Über Senkungsvorausberechnungen; — ebenda 1937, S. 16; S c h l e i e r : Zur Frage der Senkungsvorausberechnung beim Abbau von Steinkohlenflözen in geneigter Lagerung.

Hier beginnt der Abbau in breiter Front in Form mehrerer übereinander angeordneter Streben von einer Baugrenze nach beiden Seiten. Die Baugrenze liegt in der Nähe der beiden Schächte innerhalb des Schachtsicherheitspfeilers. Hierbei ist es grundsätzlich gleichgültig, ob der Abbau zunächst nur in einem Flöz allein oder in wechselseitiger Verstellung in zwei oder mehreren Flözen zu gleicher Zeit stattfindet[1]).

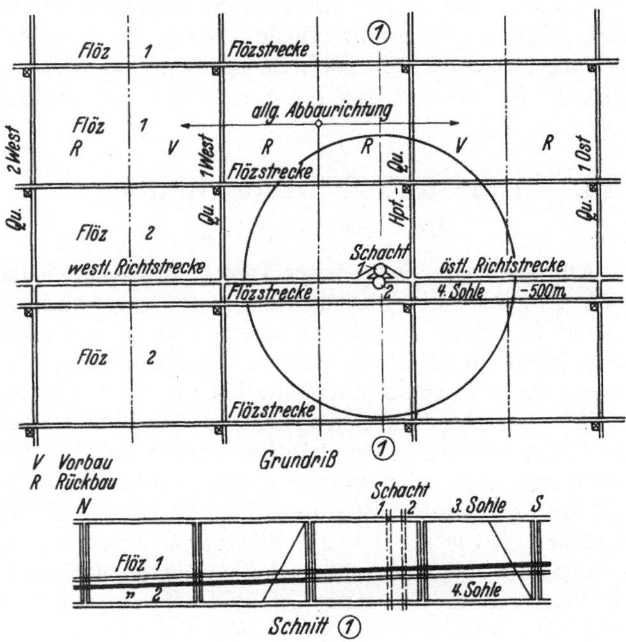

Abb. 465. Abbau eines Schachtsicherheitspfeilers.

232. — Bauliche und sonstige Maßnahmen zur Verminderung von Bergschäden. Über Tage hat man in neuerer Zeit gelernt, sich mit den in mäßigen Grenzen gehaltenen Abbauwirkungen abzufinden. Wasserläufe erhalten bereits vor dem zu erwartenden Abbau durch künstliche Regelung ein stärkeres Gefälle. Kanäle werden in den mutmaßlich schwächer sinkenden Strecken von vornherein tiefer eingeschnitten oder für Nachbaggerung vorbereitet; die Brükken werden so gebaut, daß sie nötigenfalls gehoben werden können, und bei Eisenbahndämmen wird von vornherein genügender Raum zur Verbreiterung und anschließender Erhöhung vorgesehen; Rohrleitungen werden mit Stopfbüchsen versehen, die Längungen und Stauchungen gestatten, und aus Stahl hergestellt. Kabel erhalten Dehnungsmuffen, Gebäude werden auf Stahlbetonroste oder -gewölbe gesetzt, kräftig verankert und mit besonders widerstandsfähigen Decken aus Stahlbeton u. dgl. ausgerüstet[2]). Maschinen, Dampfkessel, Kranbahnen u. dgl. werden heb- und senkbar gebaut, um Schiefstellungen aus-

---

[1]) Glückauf 1939, S. 253; R. Bals: Abbau von Schachtsicherheitspfeilern.
[2]) Glückauf 1924, S. 439; Oberste-Brink: Bergschäden an Straßen und Eisenbahnen usw.; — ferner ebenda 1928, S. 224; Szentkiralyi: Sicherung von Hochbauten in Bergbaugebieten.

gleichen zu können; vereinzelt hat man sogar Schwimmbecken von Badeanstalten oder Schmelzpfannen von Glashütten zum gleichen Zwecke beweglich eingebaut. Fundamente, Mauern u. dgl. werden in Pressungsgebieten mit Entlastungsschlitzen zur Aufnahme der Bewegungen versehen usw.

Als sehr vorteilhaft hat sich die Dreipunktverlagerung von Bauwerken erwiesen, da dann keine Beanspruchung der tragenden Konstruktion eintreten kann und ein Ausgleich von Schiefstellungen möglich ist[1]). Gewölbe sind zu vermeiden; ebenso Bauwerke von großer Grundrißerstreckung. Schließlich sollten die Landesplanungen darauf achten, daß Neuanlagen von Industriebauten, Autostraßen u. dgl. in Gebiete von geringer Bergschadenempfindlichkeit gelegt werden.

VI. Große unterirdische Räume und ihre Herstellung.

233. — Allgemeines. Sollen unter Tage besonders große Räume geschaffen werden, so sind meist besondere Maßregeln erforderlich, um nicht auf einmal zu große Flächen freilegen zu müssen oder doch wenigstens dem dabei rege werdenden Gebirgsdruck wirksam begegnen zu können.

Als solche Hohlräume kommen in erster Linie **Füllörter** und **Maschinenkammern** in Betracht, da die sonstigen Räume, wie Pferdeställe, Gezähe-, Sprengstoff-, Lokomotivkammern u. dgl., keine Schwierigkeiten bieten.

234. — Gestalt und Abmessungen. Man wird größere Hohlräume — falls nicht der Gebirgsdruck ganz unerheblich ist — nach Möglichkeit so herzustellen suchen, daß sie nur in e i n e r Richtung eine größere Ausdehnung haben, also in der Höhe möglichst beschränkt und im übrigen lang und schmal sind. Eine solche Gestalt ergibt sich bei Füllörtern und Pferdeställen aus der Natur der Sache, während sie bei Maschinenräumen dadurch ermöglicht werden kann, daß man die Maschinen gestreckt baut und, falls mehrere größere Maschinen aufzustellen sind, diese hintereinander statt nebeneinander einbaut[2]). — Ferner wird man nach Möglichkeit die Längsachse des Raumes in die querschlägige Richtung legen, um den Teil des Gebirgsdrucks, der durch das Bestreben der einzelnen Gesteinsbänke, auf den Schichtflächen abzuschieben, entsteht, auf die kurzen statt auf die langen Seiten wirken zu lassen. Doch geht das nicht immer: Füllörter z. B. müssen mit der Längsachse dann in der Streichrichtung liegen, wenn der Schacht rechteckigen, gestreckten Querschnitt hat und seinerseits schon quer zum Streichen steht, wie das bei rechteckigen Schächten der Fall zu sein pflegt.

Bei flacher Lagerung tritt dieser Gesichtspunkt zurück. Dafür ergibt sich hier beim Steinkohlenbergbau die Notwendigkeit, auf etwa durchsetzende Flöze Rücksicht zu nehmen, was bei flachem Einfallen wichtiger, aber auch eher möglich ist als bei steilem. Man wird nach Möglichkeit vermeiden, ein Flöz in unmittelbarer Nähe über der Firste oder unter der Sohle des Raumes anstehen zu lassen, weil man dann später mit starkem Drucke zu kämpfen

---

[1]) O. L u e k e n s, Die Bergschädensicherung. Berlin 1941.
[2]) Glückauf 1917, S. 316; G a z e: Richtlinien für den Bau großer elektrischer Wasserhaltungen mit Zentrifugalpumpen.

hat. Lieber wird man das Flöz, wenn es in nicht zu großer Höhe über der Firste durchsetzt, mitgewinnen und den Raum etwas höher ausschießen, als unbedingt notwendig wäre, oder, falls das Flöz in der Sohle liegt, die größeren Kosten nicht scheuen, die sein Abbau und das Einbringen von Mauerung oder Beton an seiner Stelle verursacht. Die höheren Anlagekosten werden dann bald durch geringere Ausgaben für die Unterhaltung ausgeglichen.

235. — Herstellung großer Räume. Bei der Herstellung solcher großen Räume können hauptsächlich zwei Mittel zur Erleichterung der Arbeit und zur Verhütung von Gefahren angewendet werden, nämlich 1. das Vorgehen in kleinen Abschnitten zur Vermeidung des Bloßlegens größerer Flächen auf einmal und 2. die beschleunigte Nachführung des Ausbaues. Die zu beobachtende Vorsicht muß um so größer sein, je schlechter das Gebirge und je größer der zu schaffende Raum ist.

Hiernach ergeben sich unter Berücksichtigung der beiden eben genannten Gesichtspunkte folgende Verfahren (in der Reihenfolge vom einfachsten zum vorsichtigsten Vorgehen aufgeführt):

1. Herausschießen „aus dem Vollen" mit Ausmauerung nach Fertigstellung des Raumes;
2. Zerlegung der Angriffsfläche in mehrere Absätze, die gleichzeitig firsten- oder strossenbauartig in ganzer Breite vorgetrieben werden; nachträgliche Ausmauerung des ganzen Raumes;
3. und 4. wie 1. und 2., aber mit unmittelbar folgendem Ausbau;
5. zuerst Gewinnung und Ausmauerung des oberen Teiles, später Hereinschießen und Ausmauern des unteren Teiles;
6. Umkehrung von 5;
7. zuerst Herstellung des Ausbaues am Umfange des Raumes, nachher Hereingewinnung des stehengebliebenen Gesteinskerns im Innern.

Außer der gewöhnlichen Mauerung kann auch Ausbau in Beton oder Betonformsteinen verwandt werden (vgl. den Abschnitt „Grubenausbau" in Bd. II).

Die unter 1. und 2. genannten Verfahren bieten keine Besonderheiten und bedürfen daher keiner weiteren Besprechung. Der Arbeitsvorgang nach 2. erinnert an den Kammerbau im deutschen Kalisalzbergbau.

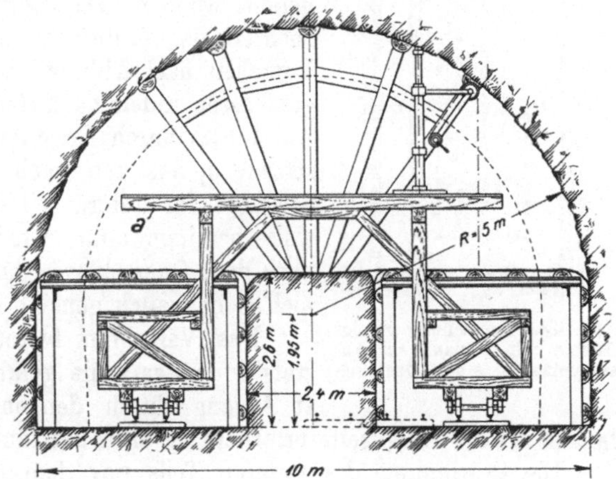

Abb. 466. Ausschießen größerer Räume in einzelnen Abschnitten, in der Reihenfolge von oben nach unten. (Die spätere Ausmauerung ist durch Strichelung angedeutet.)

Läßt man (Verfahren 3. und 4.) den Ausbau unmittelbar auf die Gewinnung folgen, so daß er dem Angriffsstoße in geringem Abstande nachfolgt, so geschieht das, um bei schlechtem Gebirge Steinfall aus der Firste zu verhüten. Es wird also, wenn der Stoß in Absätzen vorgetrieben wird, hier erwünscht sein, mit Strossenverhieb vorzugehen und gleich bei der obersten und vordersten Strosse die Firste endgültig abzufangen, was bei Firstenverhieb nicht möglich

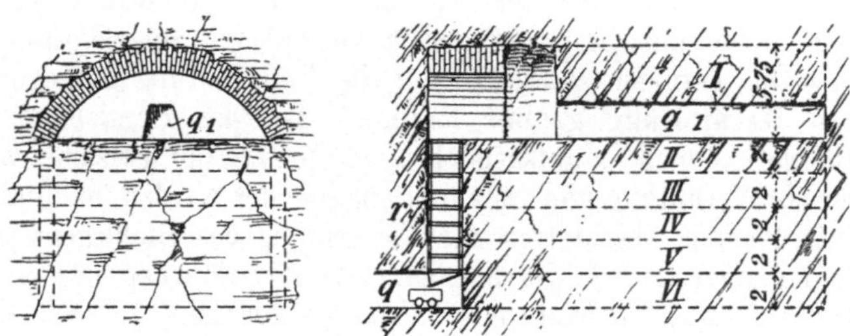

Abb. 467. Ausschießen größerer Räume in einzelnen Scheiben, in der Reihenfolge von oben nach unten.

sein würde. Doch ist ein solches Verfahren, weil die nachrückenden Strossen immer wieder den fertigen Teil der Mauerung unterfangen müssen, umständlich und erfordert große Sorgfalt bei der Ausübung der Schießarbeit, um die Mauer nicht zu beschädigen.

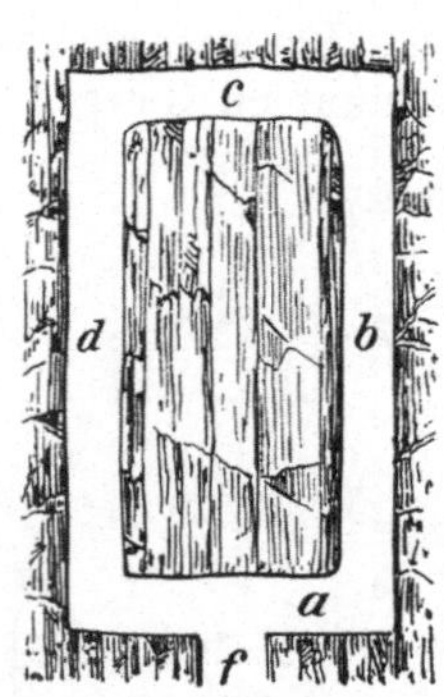

Abb. 468. Herstellung großer Räume mit vorläufigem Anstehenlassen eines Gesteinskerns.

Das Verfahren zu 5. wird durch die Abbildung 467 veranschaulicht; es wird auch bei Tunnelbauten vielfach angewandt, wo es als „belgische Methode" bekannt ist. Bei dem Vorgehen nach Abb. 466 wird zunächst das obere Gewölbe ausgeschossen, dem die beiden Ausbrüche rechts und links möglichst bald folgen. Erst nach Herstellung der Mauerung wird der innere Kernteil vorsichtig hereingewonnen. Das Gerüst a ist fahrbar und erleichtert das Einbringen der Mauerung. Bei dem Vorgehen nach Abb. 467 werden große Räume ausgeschossen, indem nach Hereingewinnung des oberen Abschnitts durch Erweiterung von der Einbruchstrecke q_1 aus und nach Herstellung des Firstengewölbes der untere Teil des Querschnitts absatzweise hereingewonnen wird. — Die Bergeförderung nach dem Querschlage q hin erfolgt durch ein Rollloch r, das auch geneigt hergestellt werden kann.

Das Verfahren bietet den Vorteil, daß die stets in erster Linie gefahrdrohende Firste gleich zu Anfang durch den endgültigen Ausbau abgefangen wird. Anderseits erfordert es eine umständlichere Bergeförderung.

Die Gewinnung des unteren Teils vor dem oberen (Verfahren 6) ermöglicht eine einfache Abförderung der Berge. Die Hauer stehen stets auf dem hereingeschossenen Haufwerk. Ein Abfangen von Mauerwerk ist nicht erforderlich, da das Firstengewölbe nur auf die Seitenmauern gesetzt zu werden braucht. Jedoch kommt dieses Vorgehen, da längere Zeit unter überhängender Firste gearbeitet werden muß, für gebräches Gebirge nicht in Betracht.

Das Verfahren 7, (Abb. 468) kommt bei schlechtem Gebirge zur Anwendung, wo das Bestreben in erster Linie darauf gerichtet ist, zunächst die ganze äußere Begrenzung des Raumes gegen den Gebirgsdruck sicherzustellen. Die Arbeit wird dadurch eingeleitet, daß von der Gesteinstrecke *f* aus an der Umfassungslinie entlang die Gesteinstrecken *a b c d* aufgefahren werden. Diese werden darauf nach oben hin absatzweise immer weiter nachgerissen, damit unter der Firste die Verbindung zwischen beiden Seiten hergestellt und darauf die Mauerung eingebracht werden kann. Ist das Gebirge sehr unzuverlässig, so erfolgt das Nachschießen nach oben hin auf die ganze Höhe gleichzeitig mit firstenbauartiger Abtreppung der beiderseitigen Stöße und unter unmittelbar nachfolgender Herstellung der Mauerung. Sonst hilft man sich bis zum Einbringen der letzteren durch vorläufiges Abspreizen der Stöße und der Firste gegen den einstweilen stehenbleibenden Gebirgskern. Der letztere wird nachher durch Firsten- oder Strossenbau hereingewonnen, wobei in der Nähe der fertigen Mauerung zu deren Schonung nur kleine Schüsse abgetan werden dürfen.

Werden mehrbödige Füllörter für große Förderungen in dieser letzteren Weise hergestellt, so muß beim Mauern Vorsorge für den späteren Einbau der schweren und dicht zu legenden Holz- oder Stahlträger mit genügender Auflagefläche getroffen werden, deren Einbau einstweilen durch den Gesteinskern verhindert wird. Man legt dann zweckmäßig bei der Hochführung der Stoßmauern Hölzer von genügender Stärke an den entsprechenden Stellen in das Mauerwerk ein, die nach Gewinnung des Kerns herausgerissen werden, um den Trägern Platz zu machen.

Anhang.

Die Kosten der Grubenbaue.

1. Allgemeine Bemerkungen zur Kostenfrage bei den Grubenbauen.

a) Vorbemerkung. Allgemeines über Kostenangaben. Während bei den Gewinnungsarbeiten die Kosten für die einzelnen Verfahren und Hilfsmittel sich verhältnismäßig genau ermitteln lassen, schwanken die Kosten für die Aus- und Vorrichtungsarbeiten und für den Abbau in weiten Grenzen, weil hier nicht nur die verschiedene Mächtigkeit der Lagerstätten, ihre Mineralführung und die Beschaffenheit des Nebengesteins, sondern auch das Einfallen, die Art des Auftretens der Lagerstätten im Grubenfelde, ihre Anzahl, ihr Abstand, die Rücksicht auf die Bewetterung, auf die Tagesoberfläche, auf die Marktlage usw. eine Fülle ständig wechselnder Bedingungen schaffen. Es können daher keine allgemeingültigen Zahlen angegeben, sondern nur Angaben innerhalb mehr oder weniger weiter Grenzen gemacht und für Einzelbeispiele besondere Aufstellungen beigefügt werden. Zu unterscheiden sind dabei noch die Kostenstellen, d. h. die verschiedenen Betriebe, deren Kosten zu ermitteln sind, und die Kostenarten, d. h. die verschiedenen Ausgabeposten für Lohn, Werkstoff usw.[1]).

b) Grundlegende wirtschaftliche Erwägungen. Die wirtschaftliche Erfassung aller Betriebsvorgänge schließt nicht nur die Ermittlung und Zergliederung der tatsächlich für die einzelnen Betriebe erwachsenden Kosten,

---

[1]) **Fritzsche, C. H.:** Betriebsrechnung und Betriebsstatistik; in **Herbig-Jüngst:** Bergwirtschaftliches Handbuch (Berlin, R. Hobbing), 1931; — ferner ebenda **Stein:** Die sachlichen Kosten im Ruhrbergbau; — ferner ebenda **Meis:** Die Abhängigkeit der Selbstkosten vom Beschäftigungsgrad im Ruhrbergbau.

sondern auch die Nachforschung nach Mängeln des Betriebes und Mitteln zu ihrer Beseitigung in sich.

Wichtig für eine möglichst gute Ausnutzung aller Arbeitskräfte und Betriebseinrichtungen ist besonders die Feststellung des Zeitbedarfs für die einzelnen Vorgänge und des zeitlichen Ineinandergreifens der verschiedenen Arbeiten.

Die Beobachtung des Zeitaufwandes im einzelnen, wie sie Taylor eingeführt hat, soll zur zweckmäßigsten Ausbildung des einzelnen Arbeitsvorganges — z. B. des Füllens eines Förderwagens, des Setzens eines Türstocks, des Bohrens eines Sprengbohrlochs — führen und auf Grund dieser Beobachtungen seine Ausführung mit möglichster Zeit- und Kraftersparnis ermöglichen. Sie ist für den Bergbau von geringerer Bedeutung als für die Maschinenindustrie, sollte aber trotzdem beachtet werden.

Dagegen ist gerade für den Bergbau sehr wichtig die Ermittelung des zeitlichen Verlaufs der Arbeit an einem bestimmten Betriebspunkte, weil sie den Zeitaufwand für die nutzbare Arbeit, für freiwillige

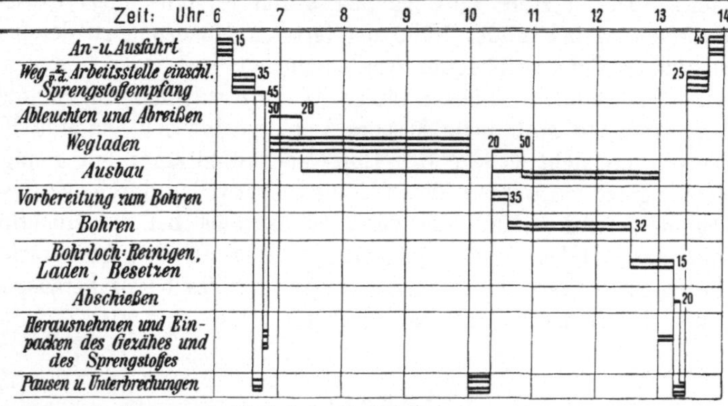

Abb. 469. Veranschaulichung der Verteilung der Schichtzeit auf die einzelnen Vorgänge beim Auffahren eines Querschlages.

und erzwungene Pausen, für Wege von und zur Arbeitsstelle, für die Heranschaffung der erforderlichen Werkstoffe usw. auseinanderzuhalten ermöglicht und so zeigt, wo Verbesserungen notwendig und möglich sind. Das Ergebnis solcher Beobachtungen kann dann entweder nach dem zeitlichen Ablauf der ganzen Arbeitsschicht aufgetragen oder nach den einzelnen Verrichtungen zusammengefaßt werden. Abb. 469 zeigt eine Veranschaulichung der ersteren Art für einen Querschlagbetrieb, in dem 4 Mann beschäftigt sind. Die einzelnen Linien bezeichnen die Leute, die Längen veranschaulichen den Zeitablauf. Die Auswertung dieser Darstellung im Sinne einer Zusammenfassung der einzelnen Arbeitsvorgänge ergibt, daß entfallen auf

		Min.	% der Gesamtzeit	
	Ableuchten und Abreißen	30	1,6	
	Wegladen	600	31,3	
Nutz-arbeit	Ausbau	450	23,4	73,3
	Bohren	234	12,2	
	Bohrlochreinigen, Laden, Besetzen.	86	4,5	
	Abschießen	5	0,3	
	Vorbereitungen	90	4,7	
	Wege	280	14,5	
	Pausen und Unterbrechungen	145	7,5	
		4 · 8 · 60 = 1920	100,0	

Läßt man in gleicher Weise beispielsweise einen Blindschachtbetrieb während einer Schicht beobachten, so kann man die nutzbare Treibzeit für Kohlen- und Bergewagen, Holzförderung und Seilfahrt, ferner die Pausen und ihre Abhängigkeit von der Zahl der Anschläge, von der Versorgung mit leeren und Bergewagen usw. ermitteln und daraus die erforderlichen Schlußfolgerungen für die Verbesserung des Betriebes ziehen[1]).

Führt man solche Beobachtungen für den ganzen Grubenbetrieb durch, so kann man die „Stellen des engsten Querschnitts" ermitteln, d. h. diejenigen Stellen, wo die Betriebsvorgänge zu langsam ablaufen, um eine genügende Ausnutzung der vor und hinter ihnen liegenden Arbeitsvorgänge zu ermöglichen. So ist z. B. eine Beschleunigung der Bohr- und Schießarbeit in einem Querschlagbetriebe zwecklos, solange die Abförderung der gewonnenen Massen zuviel Zeit beansprucht; der engste Querschnitt liegt hier in der Förderung. Ebenso können alle Verbesserungen der Strecken- und Schachtförderung nichts nützen, solange das Füllort den engsten Querschnitt bildet, d. h. die Bedienung am Füllort zur rechtzeitigen Bewältigung der zu- und abströmenden Fördermengen nicht ausreicht. Oder es ist ein rasches Fortschreiten eines Abbaustoßes beim Abbau mit Bergeversatz trotz aller Verbesserungen des Schrämbetriebes, der Hereingewinnung und des Abbaues nicht möglich, wenn ein zugehöriger Stapelschacht die benötigten Versatzberge nicht rasch genug zu fördern gestattet; in diesem Falle steckt der engste Querschnitt für den Abbau im Bergestapel. Liefert eine Bewetterungsvorrichtung nicht genügende Luftmengen, um die Temperatur an einem Betriebspunkte unter der zulässigen Höchstgrenze zu halten, so stellt sie den engsten Querschnitt dar usw.[2]).

2. Die Kosten der Ausrichtung.

c) Überblick. Bei den Kosten für die Ausrichtung sind zu unterscheiden die Kosten für die Gesamtheit der Ausrichtungsbetriebe und die auf das laufende Meter berechneten Kosten für die Ausführung der einzelnen Ausrichtungsarbeiten. Die ersteren hängen wesentlich von dem Gesamt-Ausrichtungsplan ab, der wiederum durch die verschiedenartigen Lagerungs- und Gebirgsverhältnisse beeinflußt wird. Es kommt dabei nicht so sehr darauf an, diese Kosten insgesamt möglichst niedrig zu halten, sondern vielmehr darauf, den auf die Tonne Förderung entfallenden Anteil der Ausrichtungskosten möglichst herabzudrücken. Das geschieht nicht nur dadurch, daß man die Ausrichtungsbaue auf den notwendigen Umfang beschränkt, sondern auch dadurch, daß man das günstigste Verhältnis zwischen den Kosten für die Herstellung der Ausrichtungsbetriebe und für ihre Unterhaltung zu schaffen sucht, wobei wieder die in Aussicht zu nehmende Benutzungsdauer für diese Baue in Rechnung zu stellen ist.

Handelt es sich z. B. um die Frage, ob es sich lohnt, eine 1000 m lange Richtstrecke unter Aufwendung entsprechend größerer Kosten aus dem Flöz heraus in ein möglichst standfestes Gebirge zu legen, um an Unterhaltungskosten zu sparen, so kann diese Frage bejaht werden, wenn — bei Annahme einer 6prozentigen Verzinsung für das hineingesteckte Anlagekapital und einer 10 jährigen Benutzungsdauer für die Richtstrecke — die Mehrkosten gegenüber einer Flözrichtstrecke, deren Unterhaltungskosten jährlich 30 RM./m mehr betragen würden, unter 180 RM./m bleiben. Ebenso macht es sich bezahlt, einen 100 m hohen Stapelschacht unter entsprechender Verlängerung der Abteilungs- und Ortsquerschläge ganz ins Liegende der durch ihn gelösten Flözgruppe zu setzen, wenn die Unterhaltungskosten für einen in die Flözgruppe hineingesetzten Stapel jährlich durchschnittlich 50 RM./m mehr betragen und bei 4 jähriger

---

[1]) Glückauf 1929, S. 106; Kieckebusch: Betriebswirtschaftliche Überwachung einer Steinkohlengrube; — ferner Kieckebusch: Betriebsüberwachung; in Herbig-Jüngst: Bergwirtschaftliches Handbuch. (Berlin, R. Hobbing), 1921.

[2]) Glückauf 1938, S. 586; Vogelsang: Die Untersuchung des Leistungsvermögens von Untertagebetrieben mit Hilfe von Schaubildern.

Standdauer des Stapels die Mehrkosten für die Querschläge nicht über 15000 RM. steigen. Ähnliche Erwägungen sind anzustellen, wenn es sich um die Entscheidung darüber handelt, ob sich die Ausmauerung eines Stapels an Stelle des Holzausbaues lohnt. (Die mittelbar — durch Betriebsstörungen infolge schlechten Zustandes der druckhaften Baue u. dgl. — erwachsenden Mehrkosten für die billigeren Baue sind dabei nicht berücksichtigt.)

Im Ruhrbezirk haben, wie im Text verschiedentlich hervorgehoben worden ist, die Rücksichten auf die Unterhaltungskosten dahin geführt, daß Förder- und Wetterwege in großem Umfange im Nebengestein aufgefahren werden.

Zu Ziffer 38—49.

d) Kosten der einzelnen Ausrichtungsbetriebe. Die Auffahrungskosten für die einzelnen Ausrichtungsbetriebe setzen sich zusammen aus den Lohnkosten, den Ausgaben für Sprengstoffe, Ausbau, Bohrmaschinen, Kraftverbrauch, Bewetterung und Ausrüstung mit Schienengestänge. Die Ausbaukosten können jedoch hier nur insoweit berücksichtigt werden, als es sich um den für die Auffahrung erforderlichen Ausbau handelt. Die Ausgaben für den endgültig einzubringenden Ausbau gehören in den Abschnitt „Ausbau" (Band II); sie sind je nach dem Zweck des jeweiligen Ausrichtungsbaues, nach der für ihn zu fordernden Standdauer und nach den zu erwartenden Druckverhältnissen so verschieden, daß gegenüber ihren Schwankungen diejenigen der Auffahrungskosten vielfach ganz zurücktreten. In festem Gebirge werden die Ausgaben für Löhne, Sprengstoffe, Maschinen und Kraftverbrauch größer, die Ausbaukosten geringer; für mildes Gebirge ergibt sich das umgekehrte Verhältnis. Man kann im Steinkohlenbergbau für Querschläge und Gesteinsrichtstrecken einschließlich der Ausgaben für den vorläufigen Ausbau und für das endgültige Gestänge etwa rechnen:

	im Sandstein und Konglomerat RM./m	im Sand- und Tonschiefer RM./m
Hauptquerschläge und -Richtstrecken (4 m Sohlenbreite, 2,5 m Höhe)	200—250	180—210
Abteilungsquerschläge (3,5 m Sohlenbreite, 2,3 m Höhe)	140—180	110—150
Ortsquerschläge (2,5 m Sohlenbreite, 2,2 m Höhe)	110—130	90—110

Im einzelnen ergeben sich für den Durchschnitt einer Anzahl von Schachtanlagen folgende Kosten:

	im Sandstein und Konglomerat RM./m			im Sand- und Tonschiefer RM./m		
	1	2	3	1	2	3
		spurig			spurig	
Gesteinshauerlöhne	75,—	100,—	130,—	60,—	85,—	110,—
Sprengstoff	20,—	24,—	26,—	17,—	20,—	22,—
Maschinen und Zubehör	2,10	3,20	4,15	2,—	3,10	4,—
Luftverbrauch	1,20	1,80	2,40	1,—	1,50	2,—
Bewetterung	4,—	4,—	4,—	4,—	4,—	4,—
Gestänge	9,50	25,—	38,—	9,50	25,—	38,—
Ausbau (Löhne)	7,—	11,—	15,—	11,—	17,—	20,—
insgesamt	118,80	169,—	219,15	104,50	155,60	200,—

Bei Blindschächten ist zu unterscheiden, ob sie ein- oder zweitrümmig und mit rechteckigem Querschnitt (d. h. in Holzausbau) oder mit Kreisquerschnitt (d. h. in Mauerung) hergestellt sowie, ob sie hochgebrochen oder abgeteuft werden. Im allgemeinen kann man rechnen für

1. eintrümmige Blindschächte, hochgebrochen, mit rechteckigem Quer-   RM./m
    schnitt (Holzausbau) . . . . 170—200
    desgl. mit Kreisquerschnitt (ausgemauert) . . . . 400—450
    desgl. abgeteuft, mit rechteckigem Querschnitt . . . . 220—270

2. zweitrümmige Blindschächte, hochgebrochen, mit rechteckigem
    Querschnitt . . . . 250—300
    desgl. mit Kreisquerschnitt. . . . . 500—550
    desgl. abgeteuft mit rechteckigem Querschnitt . . . . 320—380

Einzelbeispiele mit Unterteilung nach Kostenarten gibt die nachstehende Zahlentafel:

Kennzeichnung des Blindschachtes	eintrümmig hochgebrochen, rechteckig	zweitrümmig hochgebrochen, rechteckig	zweitrümmig abgeteuft, rechteckig	eintrümmig hochgebrochen, kreisrund	zweitrümmig hochgebrochen, kreisrund
Querschnittabmessungen	2,6 × 2,2 m	3,6 × 3,5 m	3,6 × 3,5 m	Durchmess. 3,2 m licht	Durchmess. 3,8 m licht
Hauerlöhne	100,—	140,—	170,—	230,—	275,—
Sprengstoff	17,50	27,—	60,—	49,50	66,—
Holzausbau	35,—	45,50	45,50	—	—
Einstriche	7,50	12,20	12,20	23,—	28,—
Verzugbretter	18,50	22,80	22,80	—	—
Mauerwerk	—	—	—	105,—	122,—
Spurlatten mit Zubehör .	5,50	6,20	6,20	5,50	15,30[1]
Fahrten nebst Bühnen . .	2,50	2,50	2,50	2,30	2,30
Maschendraht für die Fahrtrumme	1,60	1,60	1,60	2,—	2,40
	188,10	257,80	320,80	417,30	511,—

Eine Grube mit 100 m Abstand der beiden tiefsten Sohlen hat hiernach, wenn zwei streichende Hauptförderwege mit je 2400 m vorhanden sind, die Länge der Haupt- und Abteilungsquerschläge je 1800 m, die Querschlagabstände je 400 m betragen und 14 Stapelschächte von je 100 m mit insgesamt 2500 m Ortsquerschlägen vorzusehen sind, an Ausrichtungskosten für die neue Sohle[2] aufzuwenden:

100 m Schacht je 1500 RM. . . . . 150000 RM.
200 m Füllort mit 600 RM./m . . . . 120000 RM.
2 Richtstrecken mit 220 RM./m. . . . . 1056000 RM.
7 Querschläge mit durchschnittlich 170 RM./m . . . . 2142000 RM.
14 Stapelschächte mit durchschnittlich 350 RM./m . . . . 490000 RM.
2500 m Ortsquerschläge mit durchschnittlich 80 RM./m . . . . . 200000 RM.

insgesamt 4158000 RM.

Liefert der Abbau der über der Sohle anstehenden Flöze insgesamt 10 Mill. t, so wird die Tonne Förderung mit 0,42 RM. Ausrichtungskosten ohne Berücksichtigung des endgültigen Ausbaues in den Füllörtern, Richtstrecken und Sohlenquerschlägen und der Verzinsung des Ausrichtungskapitals belastet. Rechnet man die Ausbaukosten des Füllorts mit 900 RM./m und diejenigen der Richtstrecken und Sohlenquerschläge mit durchschnittlich 120 RM./m hinzu, so erhöht sich diese Summe auf 6426000 RM., entsprechend 0,64 RM./t. Setzt man eine durchschnittliche Verzinsung von 3 % ein (da nicht alle Betriebe gleich von Anfang

---

[1] Schienen statt Spurlatten.

[2] Die etwa noch als Wettersohle benutzte Sohle soll als abgeschrieben angesehen, also nicht mehr in Rechnung gestellt werden.

an hergestellt werden), so steigt dieser Betrag bei einer Betriebsdauer der Sohle von 15 Jahren auf 0,93 RM./t.

Im allgemeinen rechnet man im westdeutschen Steinkohlenbergbau mit Ausrichtungskosten von 0,60—0,90 RM. je t Förderung.

3. Die Kosten der Vorrichtung.

e) Allgemeines. Der Umfang der Vorrichtung steht in enger Beziehung zum jeweiligen Abbauverfahren und ist daher sehr verschieden.

Es kann sich also hier nur darum handeln, die Kosten der einzelnen Vorrichtungsbetriebe zusammenzustellen.

Zu Ziffer 50—63.

f) Kosten der einzelnen Vorrichtungsbetriebe. Die Kosten der G r u n d - und T e i l s o h l e n s t r e c k e n betragen bei einspuriger Herstellung etwa 30 bis 50 RM. je lfd. m, bei zweispuriger Herstellung 50—90 RM. je lfd. m, wobei die aus der Kohlengewinnung zu erzielende Einnahme außer Ansatz geblieben ist. Da Ausbau immer erforderlich ist, schwanken die Ausbaukosten hier in bedeutend engeren Grenzen als bei Querschlägen und Richtstrecken. Ein Beispiel für die Zusammensetzung der Kosten je lfd. m aus den einzelnen Kostenarten gibt die nachstehende Zusammenstellung, der eine zweispurige Strecke von 2,8 m Sohlenbreite und 2,3 m Höhe in einem Flöz von 0,90 m Mächtigkeit, mit Türstockausbau, zugrunde liegt:

	Ausgaben für				
	Kohlengewinnung RM.	Nachreißen RM.	Ausbau RM.	Gestängelegen RM.	insgesamt RM.
Lohn	15,—	38,—	6,—	1,10	60,10
Abbauhämmer	0,23	—	—	—	0,23
Bohrhämmer	—	0,33	—	—	0,33
Luftschläuche	0,08	0,08	—	—	0,16
Bohrer, einschl. Schärfen	—	0,67	—	—	0,67
Druckluft	0,25	1,64	—	—	1,89
Sprengstoff	—	1,32	—	—	1,32
Schienen	—	—	—	5,74	5,74
Schwellen	—	—	—	3,—	3,—
Holz	—	—	7,05	—	7,05
Bewetterung[1])	1,63				1,63
				Summe	82,12

Bei Ü b e r h a u e n ist zu unterscheiden, ob sie — wie vielfach bei flacher Lagerung — mit breitem Blick, also als eine Art schwebende Abbaustöße, hoch gebracht werden, oder ob man sich — wie es bei steilem Einfallen die Regel bildet — mit der Herstellung in dem für die Wetterführung und Fahrung ausreichenden Querschnitt begnügt.

Für breit aufgefahrene Überhauen kann man bei Flözmächtigkeiten von 0,6—0,9 m je nach der Breite des Ortstoßes mit 180—240 RM./m, bei Flözmächtigkeiten von 1,2—1,8 m mit 210—280 RM./m rechnen.

Für Überhauen mit geringem Querschnitt ergibt sich der Kostensatz von etwa 35—60 RM./m in Flözen von 0,6—0,9 m und von 50—70 RM. in Flözen von 1,2—1,8 m.

Einzelbeispiele bringt die nachstehende Übersicht (S. 501).

Für Abhauen muß man wegen der teureren Förderung mit einem Zuschlag von etwa 10—30 RM. je m rechnen.

Für B r e m s b e r g e ergibt sich noch eine weitere Verschiedenheit danach, ob sie in geringerer oder größerer flacher Höhe hergestellt werden, weil man im

---

[1]) Durch Lutten, mittels Druckluftdüse.

ersteren Falle meist im Flözquerschnitt bleiben kann, im letzteren dagegen das Nebengestein mehr oder weniger angreifen muß.

Zusammensetzung der Kosten je Meter Überhauen bei flacher und steiler Lagerung.

Gewinnungsverfahren	Flöz A Hacke und Schießarbeit	Flöz B Abbauhämmer	Flöz C Stangenschrämmaschine	Flöz D Abbauhämmer	Flöz E Abbauhämmer
Flözmächtigkeit . . . . m	1,5	1,5	1,6	0,60—0,70	1,50
Einfallen.	8°	12°	10°	60°	65°
Ortsbreite . . . . . . m	3,0	4,0	4,0	3,50	3,50
Belegung . . . . Mann	3·3 = 9	3·4 = 12	3·3 = 9	3·2 = 6	3·2 = 6
Täglicher Fortschritt . . m	2,45	4,45	6,28	3,10	2,50
	RM.	RM.	RM.	RM.	RM.
Löhne	47,80	35,20	18,80	26,50	32,—
Sprengstoff.	6,80	—	1,60	—	—
Ausbau	3,30	4,20	5,80	3,60	9,—
Werkstoffe und Gezähe	1,35	—	—	3,20	4,—
Druckluft	—	0,85	0,70	0,70	0,85
Maschinenkosten:					
Gewinnung.	—	1,50	1,55	1,05	1,40
Förderung	0,90	1,15	1,15	—	—
Gesamtkosten	60,15	42,90	29,60	35,05	47,25

Als Beispiel seien die Kosten eines Bremsberges von rund 100 m flacher Höhe und 3,50 m Breite bei steiler Lagerung (60—70°) in einem 2,50 m mächtigen Flöz wie folgt angegeben:

1. Löhne:

Aufhauen und Erweitern	5 850 RM.	
Anschläge: 12 von je 5 m Länge, Kosten 35 RM./m	2 100 RM.	
Holzpfeiler: 200 m je 40 RM.	8 000 RM.	
Sumpf: 4 m je 70 RM.	280 RM.	
Herstellen der Bremskammer	885 RM.	
	17 115 RM.	17 115 RM.

2. Werkstoffe:

Holz für Ausbau und Holzkästen	5 640 RM.	
Schienen	1 200 RM.	
Schwellen nebst Zubehör.	900 RM.	
Fahrten.	260 RM.	
	8 000 RM.	8 000 RM.
Kosten insgesamt		25 115 RM.
Kosten je m		251,15 RM.

Zu Ziffer 38—63.

4. Unterhaltungskosten für Aus- und Vorrichtungsbetriebe.

g) Grundlegende Erörterungen. Für die Unterhaltungskosten der verschiedenen Gesteins- und Flözstrecken können wegen der außerordentlichen Verschiedenartigkeit der Verhältnisse nur einige Zahlen gegeben werden, die wenigstens einen Begriff von der Größenordnung dieser Kosten geben. Sie hängen in der Hauptsache von den jeweiligen Gebirgsdruckverhältnissen ab, die ihrerseits wiederum je nach der Art der Strecken und ihrer Lage im Gebirgskörper verschieden sind, außerdem im allgemeinen mit der Teufe wachsen und schließlich besonders durch die Lage zum jeweiligen Abbaugebiet stark beeinflußt werden. Im allgemeinen sind sie geringer in Gesteins- als in Flözstrecken und zeigen für die einzelnen Betriebe ein Auf- und Abschwellen, je nachdem der Abbau sich ihnen nähert oder von ihnen entfernt. Einen unter Umständen recht erheblichen Anteil an diesen Ausgaben können die Kosten für das Senken der Sohle bilden, wie sie bei quellender Sohle auftreten.

h) Einige Kostenangaben. Für Querschläge und Richtstrecken kann man bei mäßigen Druckverhältnissen annehmen, daß auf je 100 m Streckenlänge monatlich 20—30 Reparaturhauerschichten entfallen, so daß sich dann ein monatlicher Betrag von etwa 2,80—3,80 RM./m für Löhne und von 1,10—1,50 RM./m für Holz ergeben würde. An druckhaften Stellen oder in Zeiten erhöhter Abbauwirkungen können diese Beträge aber leicht auf das Doppelte und Dreifache steigen. In Stapelschächten mit Holzausbau ergeben sich wegen der größeren Kosten für die geschnittenen Schachthölzer entsprechend höhere Holzkosten, da 1 Geviert mit etwa 35—50 RM. einzusetzen ist, so daß z. B. für einen 100 m hohen Stapel die Auswechslung von 2 Gevierten monatlich einen Betrag von 0,70—1,— RM./m für Holz außer einem Lohnaufwande von etwa 5,80 RM./m bedeutet. In Teil- und Abbaustrecken sowie in Bremsbergen kann während der Hauptbenutzungsdauer mit monatlich 6—12 RM./m gerechnet werden. Bei Wetterstrecken dagegen kann man für gewöhnlich mit etwa 0,6—1,— RM. je Meter und Monat auskommen.

Eine Vorstellung von der Bedeutung der Unterhaltungskosten für den Steinkohlenbergbau gibt die Tatsache, daß im Jahre 1927 im Ruhrbezirk insgesamt 12 Millionen Reparaturschichten verfahren worden sind, die mit Hinzurechnung der Werkstoffkosten einen Gesamtbetrag von etwa 150 Millionen, d. h. eine Belastung von rund 1,30 RM. je t Förderung bedeutet haben.

5. Kosten des Abbaues.

i) Vorbemerkung. Die Abbaukosten schwanken in sehr weiten Grenzen da sie nicht nur von der Flözmächtigkeit, dem Verhalten des Nebengesteins den Lagerungsverhältnissen usw., sondern auch von dem jeweiligen Abbauverfahren abhängen. Allgemeingültige Zahlen lassen sich daher nicht geben. Es läßt sich nur sagen, daß die Kosten sich aus denjenigen für die Kohlengewinnung, für den Ausbau, für den Versatz und für die Abförderung der Kohlen bis zur nächsten Förderstrecke zusammensetzen. Die Kosten der anschließenden Streckenförderung werden im Abschnitt „Förderung" (Bd. II) nachgewiesen.

k) Bedeutung der zweckmäßigen Arbeitseinteilung. Um den Abbaubetrieb planmäßig führen zu können, muß man jeweils nach Vorversuchen und sorgfältiger Prüfung einen bestimmten Arbeitsplan aufstellen, der für die Belegung der einzelnen Schichten und für die Verteilung der verschiedenen Arbeiten — Kohlengewinnung, Ausbau, Bergeversatz, Umbau der Fördermittel u. a. — auf die Schichten maßgebend ist. In der Regel läuft ein solcher Zeitplan in 24 Stunden ab, doch können sich bei langsamerem Fortschritt des Abbaues (insbesondere in mächtigen Flözen) auch größere Zeitabschnitte ergeben.

Nachstehend seien einige Beispiele über die mögliche Arbeitsfolge bei den wichtigsten Abbauverfahren des Steinkohlenbergbaus wiedergegeben.

1. Streichender Strebbau mit Hand- und Blindortversatz.

Flözmächtigkeit 1,20 m (einschl. 0,30 m/Bergemittel). Einfallen 7—8°. Länge des Abbaustoßes 400 m. Feldbreite und täglicher Abbaufortschritt 1,80 m. Tägliche Förderung 775 t. Hackenleistung 7 t. Strebleistung 4 t.

Arbeitsaufteilung	Morgen-schicht	Mittag-schicht	Nacht-schicht	Summe
Kohlengewinnung	55	55	—	110
Bergeklauber, Holzverteiler, Ortsälteste, Bandmeister, Bandreiniger	9	9	—	18
Laden	4	4	1	9
Bergeversatz	25	25	5	55
Umlegen	—	—	18	18
Insgesamt	93	93	24	210

2. Streichender Strebbruchbau mit Schrämmaschine.

Flözmächtigkeit 1 m. Einfallen 5—8⁰. Länge des Abbaustoßes 220 m. Feldbreite und Abbaufortschritt 1,80 m. Tägliche Förderung 480 t. Hackenleistung 11,1 t. Abbauleistung 4 t.

Arbeitsaufteilung	Morgen-schicht	Mittag-schicht	Nacht-schicht	Summe
Kohlengewinnung	50	—	—	50
Rauben des Ausbaus und Umsetzen der Kästen	—	—	19	19
Laden	3	—	—	3
Schrämen	—	2	4	6
Umlegen der Rutschen und Leitungen	—	16	—	16
Nachführen des Fluchtortes	—	—	5	5
Ladestrecke	—	4	6	10
Kopfstrecke	—	5	5	10
Insgesamt	53	27	39	119

3. Streichender Strebbruchbau.

Flözmächtigkeit 1,50 m. Einfallen 0—4⁰. Abbaustoß 240 m. Fördermittel: 2 Schüttelrutschen und 1 Band (Elektrorolle). Feldbreite und täglicher Abbaufortschritt 2,50 m. Tägliche Förderung 1025 t. Hackenleistung 12 t. Strebleistung 7,8 t.

Betriebslauf:

1. Kohlengewinnung: 86 Mann
   6⁰⁰ 42 Hauer und 1 Rutschenmeister
   7¹⁵ 21 Hauer für den unteren Strebteil
   9¹⁵ 21 Hauer und 1 Rutschenmeister für den oberen Strebteil

2. Kerben und Umlegen: 23 Mann
   13¹⁵ 6 Mann zur Bedienung von 3 Kerbmaschinen
   19¹⁵ 15 Umleger, 1 Rutschen- und 1 Stempelmeister

3. Umsetzen der Kästen und Rauben des Ausbaus: 22 Mann
   20⁰⁰ 14 Mann für Umsetzen der Kästen
   23¹⁵ 7 Mann zum Stempelrauben und 1 Stempelmeister

4. Streichender Strebbau mit Blindortversatz und Stauscheibenförderer.

Flözmächtigkeit 1,40 m. Einfallen 33⁰. Länge des Abbaustoßes 185 m. Feldbreite und Abbaufortschritt 1,75 m. Tägliche Förderung 555 t. Hackenleistung 16,5 t. Abbauleistung 6 t.

Arbeitsaufteilung	Morgen-schicht	Mittag-schicht	Nacht-schicht	Summe
Hereingewinnung	19	19	—	38
Versatzarbeit	31	17	4	52
Umlegen	—	—	6	6
Laden	4	4	—	8
Ladestreckenvortrieb	4	4	4	12
Insgesamt	58	44	14	116

5. Schrägfrontbau mit firstenbauartigem Verhieb.

Flözmächtigkeit 1,40 m. Einfallen 85°. Seigere Bauhöhe 45 m. Fördermittel: Muldenrutschen. Bergebedarf 270 Wagen. Ausdehnung der einzelnen Firste: 6 m im Streichen, 3 m im Einfallen. Streichender Vortrieb jeder Firste 3 m. Tägliche Förderung 225 t. Hackenleistung 15 t.

Arbeitsaufteilung	Morgen-schicht	Mittag-schicht	Nacht-schicht	Summe
Kohlengewinnung	15	—	—	15
Ortsältester	1	—	—	1
Bergeversatz	—	4	4	8
Laden	3	—	—	3
Sonstige	2	—	—	2
Vortrieb Bergestrecke	—	3	3	6
Vortrieb Ladestrecke	4	4	4	12
Insgesamt	25	11	11	47

6. Schrägfrontbau mit sägeblattartigem Verhieb.

Flözmächtigkeit 1,10 m. Einfallen 60—90°. Seigere Bauhöhe 50 m. Fördermittel: Muldenrutsche. Versatz: Blasversatz. Abbaufortschritt 2,20 im Streichen gemessen. Schrägwinkel 30°. Tägliche Förderung 350 t. Hackenleistung 10 t. Abbauleistung 4,4 t.

Arbeitsaufteilung	Morgen-schicht	Mittag-schicht	Nacht-schicht	Summe
Kohlengewinnung	26	9	—	.35
Ortsälteste	1	1	—	2
Bergeversatz	—	8	8	16
Laden	3	2	—	5
Sonstige	2	1	—	3
Vortrieb Wetterstrecke	—	2	3	5
Vortrieb Ladestrecke	2	2	7	7
Insgesamt	34	25	14	73

Zu Ziffer 84—215.

1) Abbaukosten im einzelnen. Die Kosten der Kohlengewinnung bestehen aus den Kosten für Hauerlöhne und für die Abnutzung und den Kraftverbrauch maschineller Hilfsmittel (Schrämmaschinen, Abbauhämmer, Abbauschlitten) oder für die Schießarbeit. Die Lohnkosten stehen im umgekehrten Verhältnis zum Förderanteil bei der Hereingewinnung (Hauerleistung). Dieser beträgt je nach der Flözmächtigkeit im Ruhrbezirk und anderen deutschen Bergbaugebieten mit ähnlichen Verhältnissen etwa 6—15 t, im oberschlesischen Steinkohlenbergbau auf den Sattelflözen 8—25 t, so daß sich bei Annahme eines Hauerlohnes von 11 RM. (einschl. sozialer Aufwendungen) ein Betrag von 0,8—2 RM., oder 0,6—1,8 RM. je t errechnet.

Die Ausbaukosten setzen sich zusammen aus den Kosten für Stempel, Kappen und Spitzen. Sie hängen wesentlich von der Flözmächtigkeit und von der Möglichkeit der Wiedergewinnung des Holzes oder der Stahlstempel ab und betragen etwa 0,3—0,9 RM. je t[1]).

---

[1]) **Grumbrecht:** Grubenausbau; in **Herbig-Jüngst:** Bergwirtschaftliches Handbuch (Berlin, R. Hobbing), 1931.

Die **Maschinenkosten** sind aus den bei der Beschreibung der einzelnen Maschinen angegebenen Werten zu errechnen.

Die Kosten für den **Bergeversatz** setzen sich zusammen aus den Beschaffungskosten (bis zur Schachthängebank), Förder- und Einbringungskosten. Unter Beschaffungskosten sind dabei die Kosten für die Anlieferung eigener und fremder Haldenberge zu verstehen; sie gliedern sich ihrerseits bei Bergen aus fremden Beständen in den zu zahlenden Kaufbetrag, in Fracht-, Ein- und Ausladekosten. Die Förderkosten umfassen die aus der unterirdischen Bergeförderung erwachsenden Beträge. Die Kosten für das Einbringen der Berge in den Abbauhohlraum hängen von der Lagerung und Flözmächtigkeit ab. Sie beschränken sich bei steilem Einfallen auf die Kippkosten und die Beträge für etwa herzustellende Verschläge; bei flacher Lagerung treten noch die Förder- und Ausladekosten im Abbau hinzu, die ihrerseits in Flözen von geringer und großer Mächtigkeit größer sind als in Flözen von mittlerer Mächtigkeit.

Die Einzelmengen der unter Tage entfallenden und der von über Tage her zu beschaffenden Berge schwanken je nach den örtlichen Verhältnissen[1]).

Bei Vollversatz von Hand, steilem Einfallen, Flözen von mittlerer Mächtigkeit und Deckung des Bergebedarfs aus dem eigenen Betriebe erwachsen Versatzkosten je t Förderung von etwa 0,40—0,60 RM., wogegen eine Grube mit flacher Lagerung, größerer Flözmächtigkeit und Beschaffung eines Drittels der Versatzberge von außerhalb mit Versatzkosten von 1,0—1,6 RM. je t Förderung wird rechnen müssen. Allerdings gleicht sich dieser Unterschied noch etwas dadurch aus, daß Abbaubetriebe in steiler Lagerung bei gleicher Mächtigkeit mehr Berge aufnehmen als in flachgelagerten Flözen, weil die Senkung des Hangenden vor dem Einbringen des Versatzes geringer ist und dieser dichter liegt.

Die Kosten des Blindortversatzes schwanken meist zwischen 0,60—1,00 RM./t.

Zusammenfassend seien nachstehend einige Beispiele für die Abbaukosten je t Förderung unter verschiedenen Verhältnissen gegeben:

	Flöz A	Flöz B	Flöz C	Flöz D
Mächtigkeit	75 cm	90 cm	120 cm	155 cm
Einfallen	10—26°	13°	13°	12°
Bauhöhe	250 m	360 m	100 m	235 m
Abbauverfahren	Streichender Strebbau	Streichender Strebbau	Streichender Strebbau	Streichender Strebbau
Versatzart	Bruchbau	Bruchbau	Blindörter	Bruchbau
Art der Abbauförderung	Stauscheibenförderer	5 Schüttelrutschen	1 Schüttelrutsche	3 Schüttelrutschen
Täglicher Abbaufortschritt	1,70 m	1,43 m	2,80 m	1,71 m
Tägliche Förderung t	449	531	439	754
Kohlengewinnung	RM.	RM.	RM.	RM.
Lohn.	1,46	1,18	0,98	0,75
Holz	0,70	0,625	0,585	0,615
Maschinenmieten	0,105	0,04	0,04	0,038
Sonstiges	0,02	0,005	0,005	0,002
Abbauzurichtung	0,015	0,04	0,06	0,01
Strebförderung	0,50	0,48	0,15	0,195
Bergeversatz ohne Versatzkosten	0,53	0,43	0,83	0,48
Abbaustreckenvortrieb	0,58	0,40	0,47	0,47
Gesamtkosten je t	3,91	3,20	3,02	2,66

---

[1]) Glückauf 1929, S. 221; **Fritzsche**; Die Bergeversatzwirtschaft des Ruhrkohlenbergbaus.

	Flöz E	Flöz F	Flöz G	Flöz H
Mächtigkeit	240 cm + 25 cm Berge	145 cm	70 cm	115 cm
Einfallen	10—30°	20°	40°	70°
Bauhöhe	190 m	300 m	100 m	70 m
Abbauverfahren	Streichender Strebbau	Streichender Strebbau	Schrägbau	Schrägbau
Versatzart	Ausgefüllte Holzkästen	Handversatz	Holzkasten	Vollversatz
Art der Abbauförderung	2 Stauscheibenförderer 1 Schüttelrutsche	3 Schüttelrutschen	Winkelrutsche	Böschung
Täglicher Abbaufortschritt	1,20 m	0,70 m	1,20 m	0,66 m
Tägliche Förderung t	718	434	104	188
Kohlengewinnung	RM.	RM.	RM.	RM.
Lohn	1,58	0,92	1,15	0,96
Holz	0,93	0,58	0,30	0,36
Maschinenmieten	0,05	0,055	0,07	0,09
Sonstiges	0,005	0,005	0,05	0,005
Abbauzurichtung	0,11 [1]	0,07	0,08	0,095
Strebförderung	0,33	0,40	0,11	0,145
Bergeversatz ohne Kosten des Versatzgutes	1,55 [2]	0,57	0,82 [3]	0,32
Abbaustreckenvortrieb	0,60	0,42	1,16	1,115
Gesamtkosten je t	4,76	3,02	3,74	3,09

Zu Ziffer 95—112.

m) Die Kosten des Spülversatzes setzen sich zusammen aus den Gewinnungs- und Frachtkosten für das Versatzgut, aus den Kosten für Rohrleitungen und Verschläge, für Wasserbeschaffung und -klärung und für die Löhne der Bedienungsleute. Von diesen Beträgen zeigen die Kosten für die Gewinnung des Versatzguts und für seinen Transport bis zur Spülstelle die stärksten Schwankungen. Sie werden im Ruhrbezirk im allgemeinen höher sein als im Kalisalzbergbau und im oberschlesischen Steinkohlenbergbau, da die Kalisalzwerke ihre Fabrikrückstände verspülen können und die oberschlesischen Gruben im allgemeinen in nicht zu großer Entfernung geeignete Sand- und Kiesablagerungen zur Verfügung haben.

Einige Beispiele gibt nachstehende Zahlentafel. In dieser ist für Umrechnung von m³ Versatzgut auf t Kohle zu berücksichtigen, daß bei einem spezifischen Gewicht der Kohle von 1,25—1,30 durch die Gewinnung von 1 t Kohle ein Raum von 0,8—0,77 m³ geschaffen wird und daß von diesem mit Rücksicht auf die Senkung des Hangenden vor dem Einbringen des Versatzes und mit Rücksicht auf das Offenhalten von Strecken, Überhauen usw. 75—80 % mit Versatzgut gefüllt werden, so daß auf 1 t Kohlen eine Versatzmenge von 0,58—0,64 m³ entfällt.

---

[1] Darin 6 Rpf. Sprengstoffe.
[2] Darin 84 Rpf. Holz.
[3] Davon 33 Rpf. Holz für Holzkästen.

Schachtanlage	A[1])		B[2])		C[2])		D[2])	
Art des Spülguts	Schlacken-sand		Sand und Kies		Sand und Kies		Sand und Kies	
Jährl. verspülte Massen m³	130000		280000		730000		355000	
	RM. je m³ Versatz-gut	RM. je t Kohlen	RM. je m³ Versatz-gut	RM. je t Kohlen	RM. je m³ Versatz-gut	RM. je t Kohlen	RM. je m³ Versatz-gut	RM. je t Kohlen
Kosten des Spülguts am Spülschacht.	1,277	0,738	0,350	0,217	0,384	0,241	0,399	0,243
Verzinsung und Tilgung der Spülanlagen . . .	0,237	0,137	0,339	0,021	0,186	0,117	0,150	0,091
Rohrverschleiß	0,155	0,090	0,165	0,102	0,239	0,150	0,361	0,220
Verschläge: Werkstoffe	0,470	0,273			0,168	0,106	0,179	0,109
Löhne	0,173	0,100			0,198	0,124	0,072	0,044
Spülbetrieb (Löhne) . .	0,748	0,434	1,200	0,742	0,302	0,201	0,388	0,236
Klärung, Reinigung der Sumpf- und Förder-strecken	0,263	0,152			0,314	0,198	0,110	0,067
Anteilige Wasserhe-bung: Löhne	0,159	0,092			0,053	0,033	0,015	0,009
Kraftbedarf	0,427	0,247	0,582	0,360	0,323	0,014	0,033	0,020
Verschleiß und Ersatz-teile	0,019	0,011						
Insgesamt RM.	3,928	2,274	2,636	1,442	2,167	1,184	1,707	1,039

[1]) Ruhrbezirk.   [2]) Oberschlesien.

Grubenbewetterung.

I. Einleitende Bemerkungen.

1. — Begriffsbestimmungen. Mit dem Ausdrucke „Wetter" werden
die in der Grube vorkommenden Gasgemische ohne Rücksicht auf ihre Zusammensetzung bezeichnet. Wenn die Wetter annähernd wie die atmosphärische Luft zusammengesetzt und deshalb für die Atmung gut geeignet
sind, so sprechen wir von frischen oder guten Wettern. Sind die Wetter
infolge eines zu großen Anteilverhältnisses unatembarer Gase (CO_2, N, CH_4,
H) nicht oder doch nur schlecht geeignet, die regelmäßige Atmung zu unterhalten, so heißen sie matte oder stickende Wetter. Führen sie giftige
Beimengungen (CO, H_2S, Stickoxyde), so werden sie böse oder giftige
Wetter genannt. Besitzen sie infolge Auftretens brennbarer Gase (CH_4,
höhere Kohlenwasserstoffe, wie sie besonders bei Grubenbränden als Schwelgase auftreten, CO) die Eigenschaft der Explosionsfähigkeit, so nennt der
Bergmann sie wegen der sich schlagähnlich äußernden Wirkung der Explosion
schlagende Wetter.

Unter „Grubenbewetterung" versteht man die planmäßige Versorgung der Grubenbaue mit frischer Luft. In ähnlichem Sinne gebraucht
man auch die Ausdrücke „Wetterwirtschaft" oder „Wetterführung".

2. — Zweck der Grubenbewetterung. Der Zweck der Grubenbewetterung ist hauptsächlich:

1. den in der Grube befindlichen Menschen und Tieren die zum Atmen
   und dem Geleuchte die zum Brennen erforderliche Luft zuzuführen;
2. die in der Grube auftretenden matten, giftigen oder schlagenden
   Wetter bis zur Unschädlichkeit zu verdünnen und fortzuspülen;
3. in warmen (tiefen) Gruben die Temperatur herabzukühlen und insbesondere die schädlichen Wirkungen feuchtwarmer Wetterströme zu
   bekämpfen.

3. — Luftbedarf für die Atmung. Der Mensch macht in der Ruhe
etwa 10—15 Atemzüge in der Minute und atmet in dieser Zeit ungefähr
5—7 l Luft ein und aus. Bei der Arbeit und in Bewegung erhöht sich die
Zahl und Tiefe der Atemzüge, so daß ein fleißig arbeitender Mann bis zu
20 l minutlich ein- und ausatmen kann. Bei besonders schwerer Arbeit
kann für kurze Zeit der Luftbedarf sogar bis auf 40 l in der Minute steigen.
Eine solche Luftmenge würde für die Atmung sicher genügen, wenn es gelänge, sie stets als frische Luft bis zu den Atmungswerkzeugen des Mannes
heranzubringen; 1 m³ in der Minute würde alsdann für mindestens 25 Mann
ausreichen.

Da aber die ausgeatmete Luft nicht von der einzuatmenden getrennt gehalten werden kann, sondern sich zum Teil immer wieder mit dieser mischt, muß die für einen Mann zuzuführende frische Luft erheblich mehr als 40 l minutlich betragen. Die Erfahrung hat gelehrt, daß auch in solchen Gruben, wo keine anderen Gründe der Wetterverschlechterung als die Atmung vorhanden sind, mindestens etwa 750 l, also $\frac{3}{4}$ m³ je Kopf und Minute, zugeführt werden müssen, wobei das Geleucht des Mannes mit gespeist wird. Besser ist es mit Rücksicht auf Gesundheit und Leistungsfähigkeit der Belegschaft freilich, wenn man auch unter den genannten günstigen Umständen 1—2 m³ vorsieht.

Ein Pferd braucht etwa fünfmal soviel Luft wie ein Mensch.

4. — Auftreten und Beseitigung nicht atembarer Gase in den Grubenwettern. Die atmosphärische Luft, die wir in die Grube führen, behält ihre ursprüngliche Zusammensetzung und Reinheit nicht bei. Schon durch das Atmen der Menschen und Tiere und durch das Brennen der Lampen wird die Luft verschlechtert. Noch erheblicher wirken andere Ursachen: die Fäulnis und Zersetzung von Holz, Kohle, sonstigen organischen Stoffen oder von Mineralien (z. B. Schwefelkies), die Ausströmung von Gasen aus dem Nebengestein, der Kohle oder dem Grubenwasser, die Sprengarbeit, Grubenbrand und Kohlenstaub- oder Schlagwetterexplosionen.

Die Beseitigung aller für die Atmung ungeeigneten oder schädlichen Wetter, insbesondere des Grubengases, geschieht mit Ansnahme der seltenen Fälle, in denen ein Absaugen des Grubengases gelingt, durch eine bis zur Unschädlichkeit gehende Verdünnung mit frischer Luft und darauf folgende Abführung. Die Verdünnung muß nach den in Deutschland geltenden bergpolizeilichen Vorschriften so weit gehen, daß der Methangehalt des Wetterstroms an keiner Stelle der Grube 1% erreicht.

5. — Wetterbedarf. Welcher von den in Ziff. 2 genannten drei Hauptzwecken der Wetterführung der wichtigste ist und die übrigen an Bedeutung überragt, läßt sich von vornherein nicht sagen. Auf Salz- und Erzgruben von geringer Tiefe wird im allgemeinen die Wetterführung genug getan haben, wenn sie dem Sauerstoffbedarf der Menschen, Tiere und Lampen Rechnung trägt. In Schlagwettergruben ist gewöhnlich die völlige Beseitigung der Schlagwettergefahr der wichtigere Teil der Aufgabe und bestimmt die Größe der erforderlichen Wetterzufuhr. Im Oberbergamtsbezirk Dortmund werden im Hinblick auf diese Gefahr in der Regel 3 m³/min je Kopf der Belegschaft in der stärkst belegten Schicht gefordert, ein Wert, der jedoch meist um das 2—3fache überschritten wird. In heißen Gruben wird die Rücksicht auf die Wärme ausschlaggebend (s. Ziff. 72).

II. Die Grubenwetter.

A. Die atmosphärische Luft und deren Bestandteile.

6. — Allgemeines. Die atmosphärische Luft, die wir in die Grube führen, besitzt in ihren Hauptbestandteilen an den verschiedensten Punkten der Erde eine außerordentlich gleichförmige Zusammensetzung und besteht im wesentlichen aus 21 Raumteilen Sauerstoff und 79 Raumteilen Stickstoff.

Außerdem ist in der atmosphärischen Luft stets Kohlensäure und Wasserdampf enthalten. Der Kohlensäuregehalt kann zu durchschnittlich 0,04 = $^1/_{25}$ % angenommen werden. Der Gehalt an Wasserdampf wechselt stark. Näheres darüber folgt unter „Wasserdampf", Ziff. 9 u. f.

Luft dehnt sich beim Erwärmen um 1° C wie alle Gase um $^1/_{273}$ ihres Volumens bei 0° C aus. Es gilt für sie das Gay-Lussac-Mariottesche Gesetz. Bei 0° und 760 mm Druck ist Luft 773 mal leichter als Wasser von 4°; 1 m³ trockene Luft wiegt also unter diesen Verhältnissen 1,293 kg.

Als regelmäßige Bestandteile der atmosphärischen Luft bedürfen die in den folgenden Abschnitten aufgeführten Gase einer besonderen Besprechung.

7. — **Sauerstoff.** Der Sauerstoff (O) ist ein farb-, geruch- und geschmackloses Gas; 1 m³ wiegt bei 0° und 760 mm Druck 1,42 kg.

In der Grube findet ein lebhafter Verbrauch an Sauerstoff durch die Atmung der Menschen und Tiere, durch das Brennen der Lampen, durch Faulen von Grubenholz und durch allmähliche Oxydation von Kohle und Schwefelkies statt.

In der ausgeatmeten Luft ist durchaus nicht aller Sauerstoff verbraucht, vielmehr enthält diese hiervon noch 17 %. Nur 4 % sind durch Kohlensäure ersetzt, so daß also die Zusammensetzung der Ausatmungsluft mit rund

79 % Stickstoff,
17 % Sauerstoff,
4 % Kohlensäure

anzunehmen ist. Derartige Luft ist für die weitere Atmung aber bereits ungeeignet, weshalb der Mensch bei längerem Verweilen darin bewußtlos wird und schließlich in Todesgefahr kommt. Er geht in solcher Luft an hochgradiger Atembeklemmung zugrunde. Anders wirkt der einfache Sauerstoffmangel ohne eine entsprechende Steigerung des Kohlensäuregehaltes. Atembeklemmungen treten alsdann nicht ein; vielmehr bleibt die Zahl der Atemzüge unverändert. Sinkt der Sauerstoffgehalt unter 13%, so ist das Leben bedroht, und der völlige Zusammenbruch kann schnell erfolgen[1]). Hierbei hängt die Gefahr auch davon ab, ob der Mensch sich in Ruhe befindet, sich bewegt oder Arbeit verrichtet. Der ruhende Mensch kommt mit wesentlich weniger Sauerstoff als der arbeitende aus (vgl. Ziff. 3, S. 508).

Für den Bergmann ist es wichtig, zu wissen, daß er in einer Luft, in der eine Flammenlampe bereits zu erlöschen beginnt, zwar noch leben kann, daß aber dann auch die Gefahr für ihn beginnt. Ist die Lampe erloschen, so fehlt jeder Maßstab für die Beurteilung der Luftzusammensetzung. Deshalb ist der Aufenthalt in Räumen, in denen die Lampe nicht mehr brennen will, stets gefährlich. Daher ist es ein erheblicher Nachteil der elektrischen Lampen, daß sie in bezug auf die Luftbeschaffenheit nicht warnen.

In Fäulnis begriffenes Holz nimmt aus der Luft Sauerstoff auf. Das Holz, das selbst aus Kohlenstoff, Wasserstoff und Sauerstoff besteht, zerfällt dabei in die gasförmige Kohlensäure und in Wasser. Dieser Vorgang wird

---

[1]) Glückauf 1923, S. 725; Hausmann: Die physiologischen Grundlagen für den Bau von Gastauchgeräten.

durch Pilzbildungen, wie sie sich häufig bei mit Feuchtigkeit gesättigter Luft an Grubenholz finden, beschleunigt.

Auch die Kohle selbst unterliegt den Einwirkungen des Sauerstoffs. Er haftet an deren Oberfläche (Adsorption) und dringt in die Poren ein. Dabei findet eine langsame Verbindung zwischen ihm und der Kohle unter Entwickelung von Kohlensäure statt. Die Neigung der verschiedenen Steinkohlen zur Verbindung mit dem Sauerstoff ist verschieden groß. Mürbe, weiche und poröse Kohle verschluckt mehr Sauerstoff als feste und harte, Feinkohle mehr als Stückkohle, Faserkohle mehr als Glanz-, diese mehr als Mattkohle. Flöze, die viel Schwefelkies führen, pflegen der Einwirkung des Sauerstoffs besonders ausgesetzt zu sein, da Schwefelkies selbst durch den Sauerstoff zu schwefelsaurem Eisen umgewandelt wird und hierbei eine Volumenvermehrung eintritt, die die Kohle auseinandertreibt und dem Sauerstoff neue Wege zum Eindringen in die Kohle eröffnet. Außerdem findet bei der Einwirkung des Sauerstoffs auf den Schwefelkies eine Temperaturerhöhung statt, die nun ihrerseits wiederum die Oxydation des Schwefelkieses wie auch der Kohle beschleunigt.

Auf Steinkohlengruben pflegt der Sauerstoffverbrauch infolge der Oxydation der Kohle und des Holzes wesentlich größer als derjenige durch das Atmen der Menschen und Tiere zu sein. Man hat z. B. für die Saarbrücker Gruben berechnet, daß $^{16}/_{17}$ der ganzen verbrauchten Sauerstoffmenge auf Rechnung der Oxydation der Kohle und des Holzes zu setzen sind und nur $^{1}/_{17}$ auf diejenige der Atmung von Menschen und Pferden entfällt. (Vgl. Ziff. 16, S. 516.)

Die ursprünglich in der Luft vorhandene Sauerstoffmenge wird somit auf dem Wege durch die Grube zwar allmählich, aber ununterbrochen vermindert. Da anderseits die Grubenwetter durch sonstige, für die Atmung nicht nutzbare Gase vermehrt werden, muß der Prozentgehalt an Sauerstoff im ausziehenden Wetterstrom stets geringer als im einziehenden sein. In der Regel bewegt sich der Sauerstoffgehalt der ausziehenden Wetter zwischen 20 und 21 %. Wetter mit einem auf 19—20 % verminderten Sauerstoffgehalte werden bereits als recht matt empfunden.

8. — **Stickstoff.** Der Stickstoff (N) ist farb-, geruch- und geschmacklos; 1 m³ wiegt bei 0⁰ und 760 mm Druck 1,255 kg. Er ist ohne chemische Wirkung bei der Atmung und geht nur schwer chemische Verbindungen ein.

Stickstoff findet sich in den Poren einzelner Steinkohlenflöze eingeschlossen und strömt unter Umständen aus diesen aus. Im Ruhrbezirke tritt er jedoch nur selten und in geringen Mengen auf. In Oberschlesien und in Mährisch-Schlesien ist er häufiger. In letzterem Bezirke enthalten die in den Kohlen eingeschlossenen Gase in einzelnen Fällen neben Grubengas und Kohlensäure 30—40 % Stickstoff. Infolge dieses Vorkommens in der Kohle ist Stickstoff in manchen Bläsergasen (s. Ziff. 39) zu finden.

Aus Belgien und Frankreich sind auch einige bedeutende Ausbrüche von Stickstoff aus Hohlräumen und Poren des Nebengesteins bekannt geworden.

In Kalisalzgruben findet sich das Gas teils rein, teils vergesellschaftet mit Methan und Wasserstoff auf Klüften, Spalten und eingeschlossen im Salze[1]).

---

[1]) Zeitschr. f. d. Berg-, Hütt.- u. Salinenwes. 1918, S. 238; Gropp: Gasvorkommen in Kalisalzwerken in den Jahren 1907—1917.

Schließlich führen die Nachschwaden der meisten Sprengstoffe Stickstoff.

9. — Wasserdampf. Allgemeines. Der Wasserdampf (H_2O), spezifisches Gewicht 0,62, spielt in den Grubenwettern eine besonders wichtige Rolle.

In einem allseitig geschlossenen, mit trockener Luft erfüllten Gefäße wird eingebrachtes Wasser alsbald bis zu einem gewissen Grade verdampfen. Da Wasserdampf wie jeder Körper Raum einnimmt, so wird in dem geschlossenen Gefäße eine Drucksteigerung eintreten müssen. Den Gasdruck, den der Wasserdampf so erzeugt, nennen wir seine Spannung. Würde das Gefäß nachgiebige Wände besitzen, die bei jeder Druckänderung sich entsprechend verschieben, so würden wir infolge der Verdunstung des Wassers eine Vergrößerung des Gasvolumens feststellen können.

In dem gedachten geschlossenen Raume kann aber nicht beliebig viel Wasser verdunsten. Die Verdunstungsfähigkeit hängt, abgesehen von der Größe des Raumes, allein von der darin herrschenden Temperatur ab.

Wenn die Luft mit Wasserdampf voll gesättigt ist, so enthält 1 m³:

bei — 10° . . .	2,2 g Wasserdampf mit	2,1 mm	Spannung[1])
„ $+$ 0° . . .	4,7 „ „	„ 4,6 „	„
„ $+$ 10° . . .	9,1 „ „	„ 9,2 „	„
„ $+$ 20° . . .	16,9 „ „	„ 17,4 „	„
„ $+$ 30° . . .	29,8 „ „	„ 31,6 „	„
„ $+$ 40° . . .	50,9 „ „	„ 54,9 „	„

Die in dieser Zusammenstellung angegebene Spannung, die der Wasserdampf in voll gesättigter Luft ausübt, heißt **Sättigungsspannung.** Die atmosphärische Luft ist aber nur selten voll mit Feuchtigkeit gesättigt. Bei nicht voller Sättigung ist auch die Spannung des in der Luft enthaltenen Wasserdampfes kleiner als seine Sättigungsspannung. Der **Grad der Sättigung** ist an verschiedenen Orten und zu verschiedenen Zeiten sehr verschieden. Bei uns pflegt der Sättigungsgrad (relative Feuchtigkeit) im Jahresdurchschnitt 75% der vollen Sättigung zu betragen.

Der Sättigungsgrad der Luft steigt durch Abkühlung. Ist völlige Sättigung erreicht, so schlägt bei weiterer Abkühlung der Wasserdampf sich in Form von Nebel oder in Form von Wasserperlen an kalten Flächen nieder (Taupunkt). Wird dagegen gesättigte Luft erwärmt, so verliert sie hierdurch ihre Sättigung und wird fähig, weitere Wasserdampfmengen aufzunehmen.

10. — Messung des Sättigungsgrades. Den Sättigungsgrad der Luft kann man durch Hygrometer und durch Hygrographen aufzeichnen. Da solche Instrumente, die auf der hygroskopischen Eigenschaft des menschlichen Haares beruhen, empfindlich und ungenau sind, ist die Benutzung von Schleuderthermometern für den fraglichen Zweck empfehlenswerter. Man stellt zunächst mittels eines gewöhnlichen Thermometers die Temperatur fest und sodann mit einem Thermometer, dessen Quecksilberkugel mit einem nassen Leinwandläppchen umwickelt ist. Die Befestigung an einer Kordel ermöglicht, es zur Beschleunigung der Wasserverdunstung kreisförmig umherzuschleudern. Zweckmäßiger ist es, beide Thermometer in einem Rahmen

---

[1]) Gemessen in Quecksilbersäule.

zu befestigen, der um einen Handgriff gedreht, also geschleudert werden kann. Da die Verdunstungskälte u. a. von der relativen Luftgeschwindigkeit abhängt, sind auch Schleuderthermometer für ganz genaue Messungen nicht so zuverlässig wie das **Aßmannsche Aspirationspsychrometer.** Bei diesem Instrument (s. Abb. 470) wird durch einen mit Federkraft angetriebenen Lüfter Luft mit gleichbleibender Geschwindigkeit an den Thermometern vorbeigesaugt.

Je größer die Trockenheit der Luft ist, um so lebhafter ist die Verdunstung des Wassers und um so stärker die Abkühlung des nassen Thermometers. Ist die Luft mit Feuchtigkeit gesättigt, so zeigen beide Thermometer die gleiche Temperatur an. Der bei der jeweiligen Temperatur gefundene Unterschied zwischen der Anzeige des trockenen und des nassen Thermometers oder zwischen dem Trocken- und dem Naßwärmegrad gestattet unter Benutzung der folgenden Kurventafel (Abb. 471) ohne weiteres einen Rückschluß auf den Sättigungsgrad der Luft.

Nach der Kurventafel entspricht z. B. einer Trockentemperatur von 30° ein Naßwärmegrad der gleichen Höhe[1]) bei 100% Sättigung, ein solcher von 24°[1]) bei 61% Sättigung und ein solcher von 18°[1]) bei nur 30% Sättigung.

11. — **Sättigungsgrad des Wetterstromes in der Grube.** Der Sättigungsgrad der Wetter in der Grube ist zunächst von dem Feuchtigkeitsgehalte der Tagesluft oder des einziehenden Wetterstromes und von der jeweilig in den Grubenbauen vorhandenen Feuchtigkeit abhängig. Im übrigen wird der Sättigungsgrad nach Ziff. 9 durch das wechselnde Maß der Verdichtung und durch die Temperatur beeinflußt.

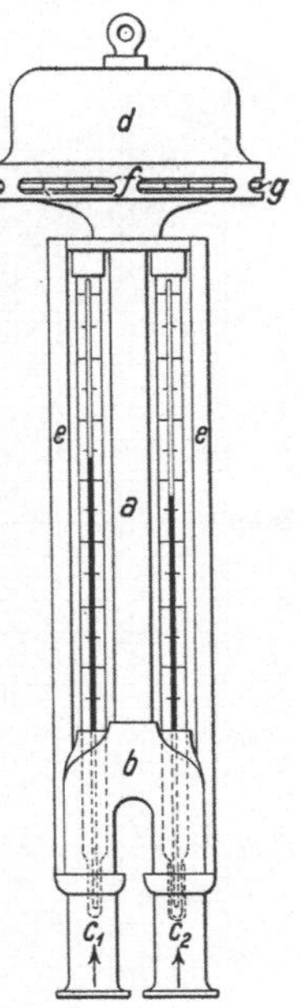

Abb. 470.
Aßmannsches Aspirationspsychrometer.

Die beim Einfallen des Wetterstromes in die Grubenbaue entsprechend der größer werdenden Tiefe eintretende Volumenverminderung hat, da die gleiche Wasserdampfmenge auf einen geringeren Raum zusammengedrängt wird, eine Erhöhung und entsprechend die beim Wiederaufsteigen des Wetterstroms erfolgende Entspannung eine Herabsetzung des Sättigungsgrades zur Folge, ohne daß jedoch die Wirkungen zahlenmäßig von großer Bedeutung sind. Wichtiger ist der Einfluß der Temperatur.

In trockenen, einziehenden Schächten erwärmt sich der Wetterstrom namentlich im Winter schnell, so daß er häufig am Füllorte mit einem nicht unwesentlich erniedrigten Sättigungsgrade ankommt. Die Temperatur pflegt sodann in den Querschlägen langsam, in den Abbauen schnell zu steigen. Vielfach, insbesondere in trockenen Gruben und bei Verzicht auf die Verwendung feuchter Berge, hält die Aufnahme neuen Wasserdampfes nicht gleichen Schritt mit dieser Temperatursteigerung, so daß der Sättigungsgrad in einzelnen Teilen des Grubengebäudes weiter zurückgehen kann. Erreicht der Wetterstrom aller-

---

[1]) also 0°, 6° und 12° Unterschied zwischen trockenem und nassem Thermometer.

dings die höheren, kühleren Sohlen, so wird der Sättigungsgrad schnell steigen. Spätestens im ausziehenden Schachte wird in der Regel die Abkühlung so weit vorgeschritten sein, daß der volle Sättigungsgrad erreicht wird und Nebelbildung eintritt (Regnen in den Schächten). Kühlt sich gesättigte Luft in einem ausziehenden Schachte z. B. von 30⁰ auf 20⁰ ab, so werden nach der Zahlentafel auf S. 512 12,9 g aus je 1 m³ Luft als Regen niederfallen.

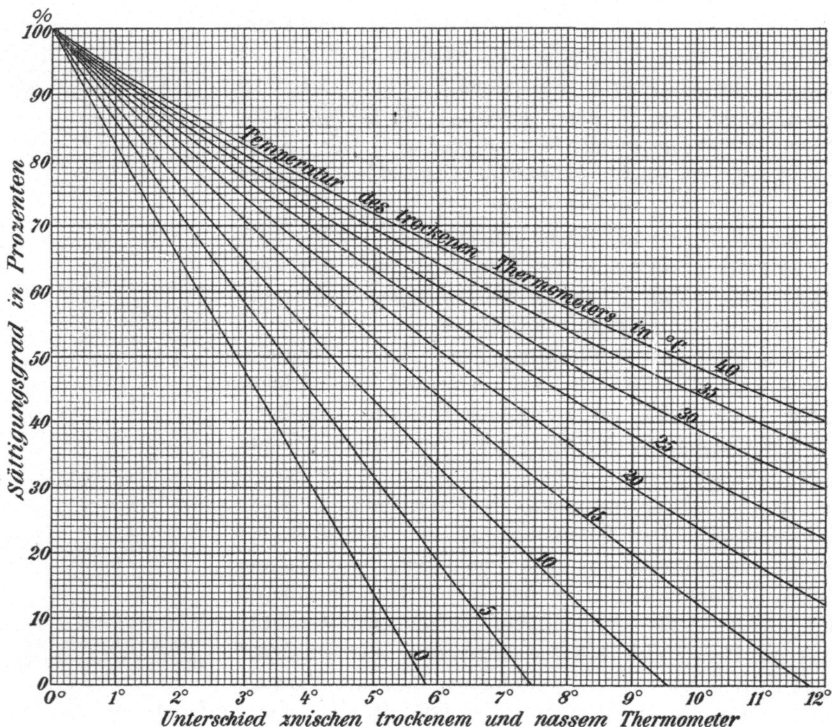

Abb. 471. Der Sättigungsgrad in Abhängigkeit von den mit dem trockenen und nassen Thermometer gemessenen Temperaturen.

Die vielfach herrschende Annahme, daß die Grubenwetter mit Feuchtigkeit voll gesättigt seien, trifft also zumeist nur für Teile des ausziehenden Stroms, dagegen nicht allgemein für die sonstigen Grubenbaue zu.

Eine Ausnahmestellung nehmen die Kalisalzgruben ein, die sich allgemein durch trockene Wetter auszeichnen. Bei Messungen auf verschiedenen Gruben hat man Feuchtigkeitsgehalte der Luft bis herab zu 14% gefunden[1]).

12. — **Wirkungen des verschiedenen Sättigungsgrades.** Je nach seinem Sättigungsgrade wirkt der Strom in der Grube entweder **trocknend** oder **nässend.**

---

[1]) Kali 1908, S. 185; Untersuchungen über den Einfluß höherer Wärmegrade auf den Gesundheitszustand der Bergleute in tiefen Kalisalzbergwerken; — ferner Zeitschrift f. Hygiene und Infektionskrankheiten 1910, 65. Bd., S. 435; Rosenthal: Das Grubenklima in tiefen Kalibergwerken usw.

In einem nässenden Strome fault das Grubenholz besonders leicht, und es treten daran Pilzbildungen auf, die unter der ständigen Durchfeuchtung mit Wasserdampf schnell wachsen und wuchern können. Wenn sie aber infolge Umstellung des Wetterzuges von einem trocknenden Strome bestrichen werden, verschwinden sie rasch wieder.

Auch die Wurmkrankheit (Ankylostomiasis) wird in einem nässenden Wetterstrom einen besseren Nährboden finden als in einem trocknenden.

Für das Wohlbehagen und die Arbeitsfähigkeit des Menschen ist ein trocknender Wetterstrom erwünscht, der namentlich dann eine starke Kühlwirkung auf den menschlichen Körper ausübt, wenn er diesen mit einer gewissen Geschwindigkeit zu bestreichen Gelegenheit hat. Sind die Wetter bereits voll mit Feuchtigkeit gesättigt, so verdunstet der Schweiß des Arbeiters nicht mehr, und es fällt die mit der Schweißverdunstung verbundene Abkühlung fort. In der Nähe von Grubenbränden hat man bisweilen Arbeiten an Punkten verrichten lassen müssen, wo eine Temperatur von 60—80° C herrschte. Bei solcher Temperatur ist es immerhin möglich, noch einige Minuten zu arbeiten, wofern die Luft trocken ist. Ist sie aber mit Feuchtigkeit gesättigt, so ist die Arbeit schon bei 30° angreifend und bei 35—40° unerträglich. Es tritt alsdann im menschlichen Körper, der selbst eine Temperatur von 36—38° C besitzt, eine das Leben gefährdende „Wärmestauung" ein. Pferde scheinen feuchte Wärme noch schlechter als Menschen vertragen zu können und sind schon bei 32° C in feuchter Luft geringen Anstrengungen erlegen. Weiteres hierüber folgt in den Ziffern 65—70.

13. — **Austrocknung des Grubengebäudes.** In den meisten Fällen hat die Bewetterung der Grube eine nicht unbeträchtliche Wasserentziehung zur Folge. Es soll angenommen werden, daß die Luft mit der durchschnittlichen Jahrestemperatur — das sind 9° C — und 75% Sättigung in die Grube tritt und diese voll gesättigt mit 20° C verläßt. Es enthält dann der einziehende Strom in einem Kubikmeter 6,45 g Wasser, der ausziehende dagegen 16,9 g, so daß jedes Kubikmeter Luft 10,45 g Wasser aus der Grube führt. Bei 8000 m³ in der Minute sind dies r. 84 kg oder stündlich bereits 5 t und täglich sogar 120 t oder ebenso viele Kubikmeter.

Im Winter ist die Austrocknung der Grube durch den Wetterstrom stärker als im Sommer, weil die Luft infolge der tieferen Temperatur mit weniger Wasserdampf beladen als im Sommer in die Grube tritt.

In tiefen Gruben ist diese Wasserentziehung wegen der höheren Gebirgstemperatur größer als in flachen Gruben, in denen die Gebirgstemperatur sich mehr der durchschnittlichen Jahrestemperatur nähert. In letzteren wird der Wetterstrom an heißen Tagen in der Grube sogar abgekühlt werden und Wasser in der Grube zurücklassen. Einziehende Stollen z. B. pflegen im Sommer neblig zu sein.

Die Austrocknung der Grube vergrößert die Kohlenstaubgefahr, und zwar nach dem Gesagten im Winter mehr als im Sommer und in tiefen Gruben mehr als in flachen.

14. — **Kohlensäure. Allgemeines.** Die Kohlensäure (CO_2) ist im Gegensatz zu Methan etwa $1^1/_2$ mal so schwer wie atmosphärische Luft; 1 m³ wiegt 1,97 kg. Die Kohlensäure ist ein farb- und geruchloses Gas von schwach

säuerlichem Geschmack. Sie ist nicht giftig, wirkt in geringen Mengen (3—4%) belebend auf die Atemtätigkeit, verursacht bei mehr als 5—6% jedoch Kopfschmerzen, Bewußtlosigkeit und Tod.

Der Gehalt an Kohlensäure im Wetterstrome nimmt in der Grube fortwährend zu und steigt sehr erheblich über das anfänglich vorhandene Maß von 0,04%. Im Ausziehstrom von Steinkohlengruben beläuft er sich meist auf 0,2—0,6%.

15. — Kohlensäure-Erzeugung durch Atmung und Brennen der Lampen. Da ein fleißig arbeitender Mann etwa 20 l Luft in der Minute ein- und ausatmet und die ausgeatmete Luft 4% Kohlensäure enthält, beträgt die Kohlensäure-Erzeugung eines Arbeiters durchschnittlich nicht über 0,8 l in der Minute. Eine Benzinwetterlampe verbrennt in der 9stündigen Schicht 50 g Benzin, wobei durchschnittlich in der Minute nur 0,15 l CO_2 erzeugt werden. Diese Mengen spielen jedoch nur eine geringe Rolle.

16. — Kohlensäure-Erzeugung durch Einwirkung des Luftsauerstoffs auf Holz oder Kohle. Die stärkste Kohlensäurequelle fließt aus der Zersetzung des Holzes und der Kohle. In Fäulnis übergegangenes Holz ist den Angriffen des Sauerstoffs der Luft stark ausgesetzt; ebenso dringt der Sauerstoff, wie schon bei der Besprechung dieses Gases gesagt ist, in die Steinkohle selbst ein, und zwar um so leichter, je mehr Oberfläche sie bietet. Als Folge ergibt sich eine zwar langsame, aber andauernde Oxydation und Kohlensäurebildung, die nicht nur in den bewetterten Grubenbauen, sondern auch im Alten Mann vor sich geht und dort sogar wegen der fehlenden Bewetterung und unzureichenden Wärmeabfuhr besonders lebhaft sein kann, falls größere Holzmengen oder Kohlenreste zurückgeblieben sind. Die Folge ist, daß gerade solche Gruben einen hohen Kohlensäuregehalt im ausziehenden Wetterstrome aufweisen, die bereits lange im Betrieb befindlich sind und einen weit ausgedehnten, nicht genügend abgedichteten Alten Mann besitzen.

17. — Ausströmung der Kohlensäure aus dem Gebirge. Kohlensäure bildet sich auch bei der Zersetzung pflanzlicher oder tierischer Stoffe unter Luftabschluß, also bei dem Vorgange, den wir mit Inkohlung bezeichnen (s. S. 50, Ziff. 59, Abs. 2). Da die Bedeckung häufig ein Entweichen der bei der Inkohlung sich bildenden Kohlensäure erschwert und auch das Wasser meist nur einen Teil der gebildeten Kohlensäure abführt, werden wir diese in allen Gebirgsschichten antreffen können, in denen pflanzliche oder tierische Reste verkohlt sind. Das sind zunächst die Steinkohlenflöze selbst, sodann aber auch nahezu alle übrigen Gebirgsschichten. Besonders in Braunkohlengruben, wo die Kohle sich noch im Zustande der „Kohlensäuregärung" befindet, ist auf ein reichliches Ausströmen des Gases in die Grubenbaue zu rechnen. Aber auch in den meist schon im Zustande der „Methangärung" angelangten Steinkohlenflözen und in dem begleitenden Nebengestein findet sich Kohlensäure stets in mehr oder minder großen Mengen eingeschlossen (s. Ziff. 34). Die in Westfalen den Kohlenflözen entströmenden Gase enthalten bis zu einigen Prozenten Kohlensäure.

Stärkere Kohlensäureausströmungen sind auf einigen Steinkohlengruben

Niederschlesiens[1]) und Frankreichs (Gardbezirk, Becken von Brassac, Becken von Singles) bekanntgeworden. Die hier auftretenden Kohlensäurevorkommen und die sehr wechselnde Verteilung der Kohlensäure im Gebirge lassen sich durch regelmäßige Inkohlungsvorgänge nicht erklären. Man muß vielmehr eine aus der Tiefe stammende Kohlensäurezufuhr annehmen, die auch heute noch andauert und offenbar mit jungvulkanischen Vorgängen im Zusammenhange steht (vgl. 1. Abschnitt, Ziff. 10). Nach den für Niederschlesien näher untersuchten Verhältnissen kann man ein Aufsteigen der Kohlensäure in Störungsklüften und in klüftigen Porphyrgesteinen unterscheiden, wie dies in Abb. 472 angedeutet ist. Von diesen Zufuhrwegen dringt die Kohlensäure in benachbarte Flözteile ein, verbreitet sich aber auch, wenn sie auf durchlässiges Gebirge, insbesondere Sandsteine und Konglomerate, trifft, flächenhaft auf

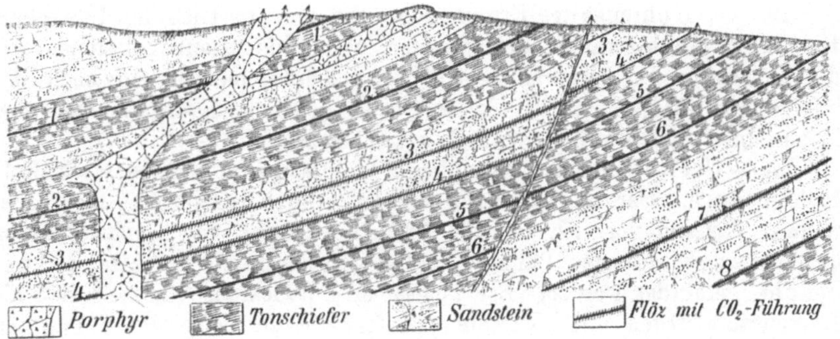

Abb. 472. Veranschaulichung der Verbreitung der Kohlensäure im niederschlesischen Steinkohlengebirge.

weite Erstreckungen hin in den eingeschlossenen Flözen, während toniges Sohlengestein (Südbecken Niederschlesiens) eine abdichtende Wirkung ausübt. Wo sie Gelegenheit findet, steigt sie zur Tagesoberfläche empor und entweicht.

Auf einigen Kalisalzgruben des Werra- und Fuldagebietes sind ebenfalls Kohlensäurevorkommen bekannt geworden, die den oben erwähnten ähnlich sind[2]). Hier besteht offenbar ein Zusammenhang mit dem Durchbruch tertiärer Basalte.

Die Kohlensäure ist schließlich vielfach in dem in den Gebirgsschichten vorhandenen Wasser enthalten. Das Wasser verschluckt sie um so mehr,

---

[1]) Zeitschr. f. d. Berg-, Hütt.- u. Salinenwes. 1927, S. B. 249; Bericht des Ausschusses zur Erforschung der Kohlensäureausbrüche in Niederschlesien, mit Einzelaufsätzen von Werne, Bubnoff, Ruff, Rademacher, Kindermann und Prausnitz; — ferner Glückauf 1926, S. 1609; Patteisky: Die Geologie der im Kohlengebirge auftretenden Gase; — ferner Zeitschr. f. d. Berg-, Hütt.- u. Salinenwes. 1928, S. B. 70; Bubnoff: Beiträge zur Geologie der Kohlensäureausbrüche in Flözen; — ferner ebenda 1935, S. 47; R. Höhne: Über die Kohlensäureflöze Niederschlesiens.

[2]) Zeitschr. f. d. Berg-, Hütt.- u. Salinenwes. 1911, S. 212; Scheerer: Gasvorkommen in Kalisalzbergwerken; — ferner Kali 1912, S. 125; Beck: Über Kohlensäureausbrüche im Werragebiete usw.

unter je höherem Drucke es steht. Fließt nun das Wasser in Grubenbaue und wird es vom Drucke entlastet, so kann die Kohlensäure entweichen[1]).

18. — **Kohlensäure-Erzeugung bei der Explosion von Sprengstoffen.** Bei der Sprengarbeit entsteht stets Kohlensäure. Wenn z. B. vor
einem Querschlage 20—30 Dynamitschüsse — das sind vielleicht 14—20 kg
— gleichzeitig zur Explosion gelangen, so werden die entstehenden Kohlensäuremengen, namentlich im Verein mit den sonstigen Schwaden, vorüber-
gehend wohl lästig fallen können. Für die gesamte Wetterführung der
Grube sind aber die Sprenggase ohne Bedeutung, wenn man bedenkt, daß
durchschnittlich auf 1000 t Förderung im Ruhrbezirke nur 60 kg Sprengstoffe verbraucht werden und daß 1 kg Sprengstoff insgesamt nur etwa
$\frac{1}{2}$ m^3 unatembare Schwaden liefert.

19. — **Kohlensäure-Erzeugung durch gelegentliche Ursachen.**
Die durch Grubenbrände, Schlagwetter- und Kohlenstaubexplosionen und
durch sonstige Ursachen entstehenden Kohlensäuremengen entziehen sich
infolge der Unregelmäßigkeit dieser Quellen jeder Rechnung, können aber
in einzelnen Fällen außerordentlich beträchtlich sein.

20. — **Gefährdung des Betriebes durch langsam sich entwickelnde
Kohlensäure.** Der Betrieb kann einerseits durch langsame, mehr oder
weniger dauernd vor sich gehende Ansammlungen von Kohlensäure an
ungenügend bewetterten Punkten und anderseits durch plötzliche Ausbrüche gefährdet werden. Bei langsamer Entwicklung sammelt sich die
Kohlensäure wegen ihrer Schwere vorzugsweise an tiefgelegenen Punkten
(in Schächten, Abhauen, Gesenken, Brunnen) an, von wo aus sie nur langsam
mit der darüberstehenden, reineren Luft diffundiert. An tiefen Punkten, wo
sich erfahrungsgemäß leicht Kohlensäure ansammelt, ist Vorsicht namentlich
dann geboten, wenn die Arbeit vorher (z. B. an Sonntagen) längere Zeit geruht
und es an der mechanischen Durcheinanderwirbelung der Luft gefehlt hat. Die
Diffusion allein wirkt langsam und genügt oft nicht. Vor dem Hinabsteigen
in solche Arbeitsorte ist eine Probe mit der brennenden Lampe zu machen.
Erlischt das Geleucht, so ist selbst bei Rettungsarbeiten ohne Atemschutzgerät
jedes weitere Vordringen zu untersagen. Beim Fehlen von sonstigen Bewetterungseinrichtungen muß man alsdann durch Fallenlassen von Wasser
aus einer Brause, durch Auf- und Niederbewegen umfangreicher, aber leichter
Gegenstände oder durch Wedeln die ruhende Luftsäule in Bewegung zu
bringen suchen, um die langsam wirkende Diffusion durch kräftige mechanische
Durchmischung zu unterstützen. Es wird auch empfohlen, Gefäße mit Kalk-
milch oder gebranntem Kalk in mit Kohlensäure erfüllte Räume herabzu-
lassen. Doch wird ein Erfolg hierbei nur langsam eintreten.

Sehr häufig sind Rettungsmannschaften durch übereiltes Vorgehen in
Abhauen, Gesenken oder Brunnen zu Tode gekommen.

21. — **Kohlensäure-Gasausbrüche.** Nach der Begriffsbezeichnung
des Ausschusses zur Erforschung der Kohlensäureausbrüche in Niederschlesien liegt ein „Gasausbruch" vor, wenn plötzlich nicht unerhebliche
Mengen an Gas aus dem bisher festen Arbeitsstoße unter gleichzeitiger Zer-

---

[1]) Montanist. Rundschau 1928, S. 489; D r o l z : Der Kohlensäurewasserein-
bruch beim Teufen des F r i e d r i c h -Schachtes in Zabřek a. d. Oder.

störung seines natürlichen Gefüges und unter gleichzeitigem Vorschleudern der
so gelockerten Massen unter Druckentwicklung frei werden und als Windstoß
in der Umgebung sich bemerkbar machen. Der bisher größte und schwerste
Kohlensäureausbruch auf Steinkohlenbergwerken hat sich im Gardbezirke
auf Grube Fontanes in einem Vorrichtungsbetriebe am 11. Nov. 1921 ereignet, wobei in wenigen Augenblicken die ganze Grube mit einem Streckennetz von 34 km Länge bis nach übertage hin mit Kohlensäure gefüllt und gleichzeitig die ungeheure Menge von 5000 t Kohlenklein und Bergen als „Auswurfmasse" in die Strecken geschleudert wurde.

In der großen Mehrzahl der Fälle liegt die Auswurfmenge unter 200 t.
Man kann je Tonne ausgeworfener Kohle mit einer frei werdenden Gasmenge
von etwa 5—20 m³ rechnen. Die frei werdenden Gasmengen enthalten auf
Steinkohlengruben neben der Kohlensäure (CO_2) mehr oder minder große
Mengen CH_4, auf den Kalisalzgruben des Werragebietes N_2.

Nach Ruff sind in der Kohle r. 90% der Gasmenge gebunden, während
der Rest in den Poren unter einem dem Gas aufgezwungenen Druck, der bis
30 at und darüber betragen kann, frei ansteht.

Bei den insbesondere nach dem Unglück auf der Wenceslaus-Grube
eingesetzten Bemühungen, die Bedingungen und Ursachen von Kohlensäureausbrüchen zu klären, sind zwei verschiedene Ansichten hervorgetreten. Ruff[1]),
Potonié und von Bubnoff betonen, daß ausbruchsgefährliche Kohlensäure-
ansammlungen an Feinkohle oder an mürbe, erdige Kohle gebunden sind, also
an Trümmerzonen, die auf gebirgsbildende Kräfte zurückzuführen sind. Hierbei
wird darauf hingewiesen, daß die Aufnahmefähigkeit der Kohle für Kohlensäure mit zunehmendem Feinheitsgrad und der dadurch bewirkten wachsenden
Oberfläche steigt, zugleich aber auch die allmähliche Abgabefähigkeit sinkt und
die Gefahr plötzlicher Ausbrüche sich erhöht. Im Gegensatz dazu weist Bode
darauf hin, daß der Inkohlungsgrad und petrographische Eigenschaften der
Kohle für die Ausbruchsgefährlichkeit ausschlaggebend sein müssen. Zugleich
macht er darauf aufmerksam, daß die Kohle durch Kohlensäureaufnahme eine
Volumenvermehrung erfährt und durch sie unter eine zusätzliche Spannung —
der Quellungsspannung — gesetzt wird. Je weniger Durit die Kohle enthält
oder je vitritähnlicher der Durit infolge zunehmenden Inkohlungsgrades geworden ist, um so mehr kann sie durch die Quellspannung aufgelockert werden,
so daß eine stetige und allmähliche Abgabe von Kohlensäure ermöglicht wird.
Demgegenüber wird feste duritreiche Kohle als besonders ausbruchsgefährlich
angesehen, da sie der Quellspannung nicht oder nur wenig nachgeben kann
und in einen labilen Gleichgewichtszustand gerät, der durch zusätzlichen und
abnehmenden Abbaudruck und Einklemmungen des Kohlenstoßes leicht gestört werden kann. Reicht die durch fortschreitenden Abbau schmaler werdende Verdämmung, die durch einen vorderen Flözstreifen am Kohlenstoß ge-

---

[1]) Zeitschr. f. Berg-, Hütt.- u. Salinenwes. 1927, S. B. 294 und 1930 S. B. 22;
Ruff: Die chemischen und physikalischen Vorgänge bei Gasausbrüchen; —
ferner Bergbau 1931, S. 205; Bode: Die geologischen Bedingungen der Kohlensäureausbrüche und Zeitschr. f. Berg-, Hütt.- u. Salinenwes. 1932, S. 134; Herrmann: Ein Beitrag zum Problem der Kohlensäureausbrüche in Steinkohlengruben auf Grund bergmännischer Beobachtungen in schlesischen CO_2-Betrieben;
— ferner ebendort 1933 S. B. 70; Bode: Petrographischer Beitrag zur Frage
der CO_2-Ausbrüche.

bildet wird, nicht mehr aus, dem Gasdruck Widerstand zu leisten und das Gas zurückzuhalten, tritt also eine Druckentlastung ein, so kann die Kohlensäure unter explosionsartiger Zertrümmerung der Kohle plötzlich ausbrechen.

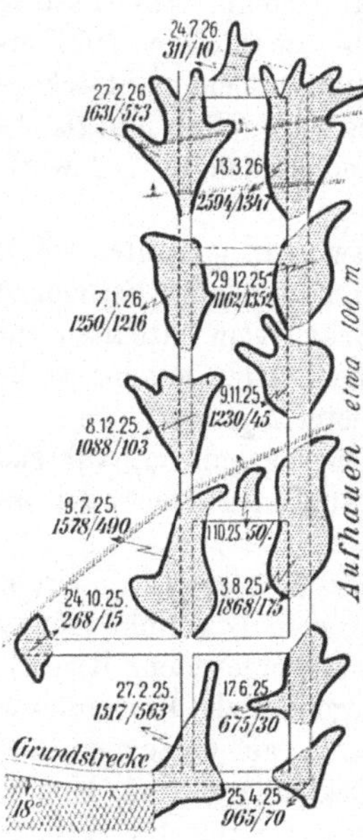

Abb. 473. Die beim Auffahren eines Aufhauens nebst Parallelstrecke vorgekommenen Gasausbrüche. (Die unter dem Datum angegebenen Zahlen bedeuten die Auswurfsmassen: 965/70 = 965 Wagen Kohle und 70 Wagen Berge.)

Besonders die ins frische Feld führenden Vorrichtungsbetriebe sind in ausbruchgefährlichen Flözen oft der Schauplatz starker und zahlreicher Ausbrüche. Ein anschauliches Bild von der gelegentlichen Häufigkeit solcher Vorkommnisse in Vorrichtungsstrecken gibt Abb. 473, in der ein von einer Grundstrecke im Antonflöz der kons. Rubengrube ausgehendes Aufhauen mit Parallelstrecke nebst den darin während des Auffahrens vorgekommenen Ausbrüchen dargestellt ist. Im Abbau dagegen finden infolge der hier möglichen gleichmäßigeren und ausgedehnteren Druckentlastung und Entgasung seltener Ausbrüche statt. Anderseits können sie hier infolge der größeren freien Flächen und höheren Belegschaftszahl von besonders verheerenden Auswirkungen sein, wie das Unglück der Wenceslausgrube 1930 gezeigt hat.

Die Zahl und Schwere der Ausbrüche nimmt mit der Teufe der Grubenbaue zu. Auf den niederschlesischen Gruben sind bis Ende 1940 insgesamt über 450 Gasausbrüche bekanntgeworden, die über 400 tödliche Unfälle im Gefolge hatten.

22. — Die Bekämpfung der Ausbruchgefahr. Da die Ausbrüche leicht durch Erschütterungen eingeleitet werden, ist jede Arbeit mit schlagenden und stoßenden Werkzeugen — auch die Keilhauenarbeit — zu vermeiden. Ferner ist guter Ausbau anzuwenden, damit starker Gebirgsdruck und plötzliche Gebirgsbewegungen verhütet werden. Langsamer Vortrieb der Strecken und des Abbaustoßes — letzterer mit breitem Blick — ist zweckmäßig, um der Kohle Zeit zum Entgasen zu bieten. Auch ist es wichtig, Strebrichtung und Abbaufortschritt an benachbarte Abbaue anzugleichen, um eine planmäßige und gleichförmige Beeinflussung des Gebirgskörpers zu erzielen. Das Vorbohren hat sich, selbst wenn man den Ortsstoß siebartig durchlöcherte, nicht als sicheres Vorbeugemittel erwiesen. Vielmehr gelten die mit Vorbohrlöchern gemachten Feststellungen mit einiger Zuverlässigkeit nur für die allernächste Umgebung der Bohrlochwandungen und auch nur dann, wenn die Löcher mindestens 5 m tief sind. Es ist vielfach vorgekommen, daß dicht neben einem Bohrloch, das weder Ausströmung noch Druck erkennen ließ, heftige Ausbrüche erfolgten. Ja, es sind sogar Ausbrüche an Stellen eingetreten, die man vorher ohne Anzeichen einer Gefahr überbohrt hatte. Dem Englerschen Gasentnahmegerät[1]), das nur Messungen bis 2 m Tiefe gestattet, wird daher nicht mehr die Bedeutung beigelegt wie früher.

---

[1]) Glückauf 1926, S. 1441; Kindermann u. Tolksdorf: Die Untersuchung der Bohrlochgase usw.

Von den sonst noch angewandten Verfahren hat sich nicht für den Abbau, wohl dagegen für Streckenvortriebe, am besten die gewollte Auslösung der Ausbrüche durch schwere Sprengschüsse zu einem bestimmten Zeitpunkt bei zurückgezogener Belegschaft — das sog. Erschütterungsschießen — bewährt[1]). In den „Kohlensäurebetrieben" werden besondere Schießabteilungen gebildet, die im allgemeinen mit den Wetterabteilungen zusammenfallen. Für jede Schießabteilung wird in dem die frischen Wetter zuführenden Abteilungsquerschlage eine Schießstelle eingerichtet, von der aus das Zünden der Schüsse auf elektrischem Wege — meist in der Mitte oder am Ende der Schicht — erfolgt. Zur festgesetzten Zeit müssen sich sämtliche Leute zur Schießstelle begeben. Nachdem dort die Anwesenheit der ganzen Belegschaft der Schießabteilung durch Ver-

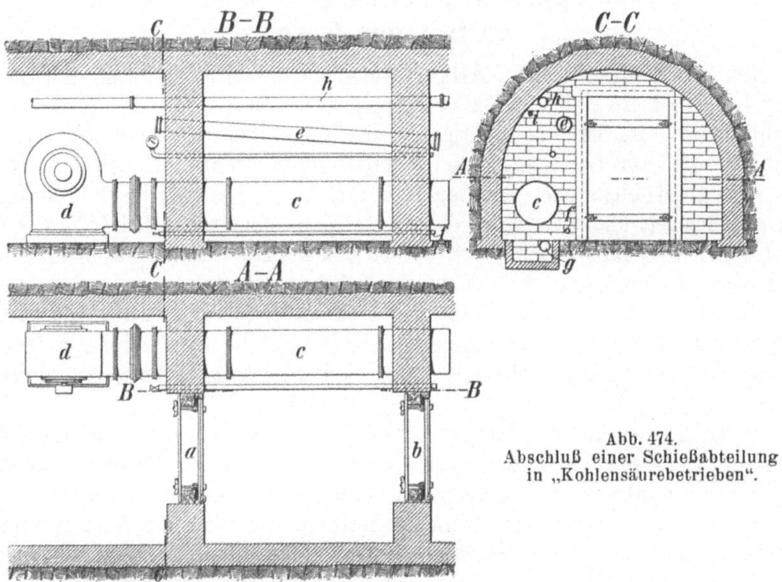

Abb. 474.
Abschluß einer Schießabteilung
in „Kohlensäurebetrieben".

lesen festgestellt ist, wird der Zugang zum Kohlensäuregebiet an der Schießstelle durch feste Türen verschlossen, während der zum Hauptlüfter führende Wetterabzugweg frei bleibt.

Abb. 474 zeigt die Einrichtung einer Schießstelle. An geeigneter Stelle werden in Mauerung oder Beton zwei feste Türen a und b aufgestellt, die einem Drucke von 3—4 atü standhalten können. Durch die Mauerung führt ein Luttenstrang c mit angeschlossenem Lüfter d zur schnellen Bewetterung der Abteilung nach einem Ausbruche, ein Schaurohr e von 100—150 mm lichter Weite, ein sog. Schnüffelrohr f zur Probeentnahme, die Rohrleitungen g und h

---

[1]) Neben dem auf S. 493 in Anm. 1) angegebenen Ausschußbericht s. ferner Glückauf 1923, S. 816; Kirst: Methan- und Kohlensäureausbrüche im Steinkohlenbergbau Frankreichs und ihre Bekämpfung; — Zeitschrift für Berg-, Hütt.- u. Salinenwes. 1932, B. 211; Ruff, Ascher u. Bresler: Wirkung von Sprengschüssen in Kohlensäure führenden Steinkohlenflözen; — ferner Glückauf 1931, S. 149; Gärtner: Die Entspannung des Gebirges und der Gase durch den Bergbau.

für Wasser und Druckluft und die Schießleitung. Zwischen den Lüfter und die erste Tür ist ein mit Filz abgedichteter Schieber eingeschaltet. Das Schaurohr ist auf beiden Seiten durch eine starke Glasscheibe abgedichtet und etwas geneigt verlagert, so daß eine in etwa 20 m Entfernung von der zweiten Tür auf der Sohle aufgestellte brennende Wetterlampe gesehen werden kann. Das Wasserdurchfluß- und das Schnüffelrohr sind durch Ventile abgeschlossen. Erfolgt beim Schießen ein Gasausbruch, was am Erlöschen der hinter den Türen aufgestellten Wetterlampe durch das Schaurohr erkannt werden kann, so wird der Ventilator in Gang gesetzt und der Schieber in der Wetterlutte geöffnet.

B. Sonstige, gelegentlich in Grubenwettern auftretende Gase.

23. — Kohlenoxyd. Allgemeines. Entstehung. Das Kohlenoxyd (*CO*) ist etwas leichter als atmosphärische Luft und wiegt 1,255 kg je Kubikmeter. Es ist die niedrigere, also ungesättigte Oxydationstufe des Kohlenstoffs. Das Gas ist deshalb brennbar und verbrennt mit dem Sauerstoff der Luft zu Kohlensäure. Im Gemische mit Luft ist es, wie jedes brennbare Gas, explosibel, und zwar liegt die untere Explosionsgrenze bei 15% *CO* im explosiblen Gasgemisch, ein Wert, der im praktischen Betrieb nie anzutreffen sein wird. Kohlenoxyd ist stark giftig.

In der Grube entsteht Kohlenoxyd namentlich bei **Grubenbränden**. Die in den Brandgasen vorkommenden Kohlenoxydmengen bilden in jedem Falle, auch schon bei verhältnismäßig niedrigen Anteilziffern, eine **ernste** Gefahr (s. Ziff. 24).

Sodann entsteht bei **Schlagwetter-** und **Kohlenstaubexplosionen** Kohlenoxyd, insoweit der Sauerstoff der Luft zur völligen Verbrennung des verfügbaren Grubengases und des Kohlenstaubes insgesamt oder örtlich nicht ausreicht. Bei allen größeren Grubenexplosionen wird man das Auftreten von Kohlenoxyd in den Nachschwaden erwarten müssen.

In geringeren Mengen entsteht Kohlenoxyd bei der **Explosion** gewisser Arten von **Sprengstoffen**, namentlich von Sprengpulver. Früher lieferten auch gewisse Wettersprengstoffe (z. B. Karbonit, s. S. 230) Kohlenoxyd in größeren Mengen. Zur Zeit sind solche Wettersprengstoffe aber nicht mehr zugelassen.

Die Dynamite liefern, im Gestein verwandt, kein Kohlenoxyd. Wenn man sie aber für die Sprengarbeit in der Kohle benutzt, so läßt sich das Gleiche nicht mit derselben Bestimmtheit behaupten. Denn infolge der großen Hitze des explodierenden Sprengstoffs kann der vom Schusse erzeugte Kohlenstaub unter Umständen in die Explosionsverbrennung mit hineingezogen werden und dann zur Erzeugung von Kohlenoxyd Anlaß geben.

Eine gelegentliche Kohlenoxydquelle sind schließlich die **Benzol-** und **Diessellokomotiven**, die bei schlechter Wartung nicht unerhebliche Mengen des Gases liefern können. Eine gute Bewetterung der von den Lokomotiven befahrenen Strecken ist deshalb in jedem Falle notwendig.

24. — Giftigkeit des Kohlenoxyds. Das Kohlenoxyd ist im Gegensatz zur Kohlensäure überaus giftig und um so gefährlicher, als es mit den menschlichen Sinnesorganen nicht festgestellt werden kann, da es vollkommen geschmack-, geruch- und farblos ist. Der Nachweis von Kohlenoxyd auf chemischem Wege ist möglich, bietet aber beim Vorhandensein von nur ganz geringen Mengen gewisse Schwierigkeiten. Er beruht auf der reduzierenden Wirkung des Gases auf Jodpentoxyd oder Palladiumchlorür.

Im deutschen Bergbau stehen der **Degea-Kohlenoxydanzeiger** der **Auergesellschaft**, Berlin, mit dem die Anwesenheit von Kohlenoxyd nach dem Jodpentoxydverfahren nachgewiesen wird, und das **Dräger-Kohlenoxydspürgerät**, mit dem das Kohlenoxyd nach der Palladiumsalzmethode festgestellt wird, in Anwendung.

Beim **Degea-Kohlenoxydanzeiger** werden die kohlenoxydverdächtigen Grubenwetter mittels einer Ballpumpe (s. Abb. 475) durch ein Prüfröhrchen gedrückt, dessen weiße Füllmasse (Kieselsäuregel) mit einem Gemisch von Jodpentoxyd und rauchender Schwefelsäure getränkt ist. Bei Anwesenheit von Kohlenoxyd wird durch dessen reduzierende Wirkung Jod frei, welches die Füllmasse mehr oder weniger grün umfärbt; die Tiefe des Farbtones, der mit einer Farbskala verglichen wird, läßt einen Rückschluß auf die Konzentration des vorhandenen Kohlenoxyds zu. Bevor

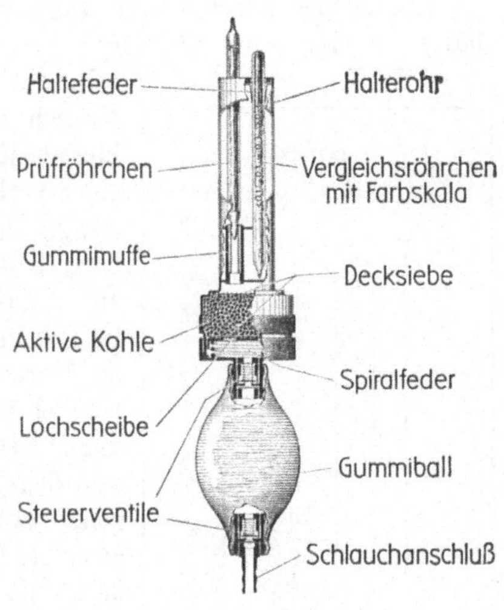

Abb. 475. Degea-Kohlenoxydanzeiger.

die kohlenoxydverdächtigen Grubenwetter in das Prüfröhrchen gelangen, müssen sie erst eine Schicht Aktivkohle durchströmen, damit diejenigen Gasbeimengungen, die die Prüfreaktion störend beeinflussen können, vorher durch Adsorption beseitigt werden.

Beim **Dräger-Kohlenoxydspürgerät** werden die zu untersuchenden Grubenwetter mittels einer kleinen doppeltwirkenden Kolbenpumpe (s. Abb. 476) ebenfalls durch ein Prüfröhrchen gedrückt. Das Prüfröhrchen ist mit einer weißen Vorreinigungsmasse (einem mit SO_3 präparierten Kieselsäuregel) und am Luftaustrittsende mit einer elfenbeinfarbigen Reaktionsmasse, einem Jodpentoxydpräparat, gefüllt. Die Vorreinigungsmasse nimmt die die Prüfreaktion ebenfalls auslösenden gasförmigen Bestandteile der zu untersuchenden Grubenwetter auf und läßt nur das Kohlenoxyd durch. Bei Anwesenheit von Kohlenoxyd adsorbiert die Reaktionsmasse das Kohlenoxyd und wird dann von diesem unter Bildung von blaugrün bis braun gefärbtem Jod reduziert. Bei geringen Kohlenoxydgehalten ist die Färbung der beladenen Reaktionsmasse blaugrün, bei höheren Gehalten wird die Masse bis zu Dunkelbraun gefärbt.

Der Nachweis ganz geringer Mengen Kohlenoxyd (0,05%) mit den beiden obengenannten Geräten erfordert immerhin eine gewisse Übung und Erfahrung. Die Wetterlampen geben kein Warnungszeichen, da sie in kohlenoxydhaltiger Luft, die schnell tödlich wirkt, ruhig weiterbrennen. Häufig werden auch weiße Mäuse oder Kanarienvögel in Käfigen zwecks Feststellung von etwaigem Kohlenoxyd in verdächtige Grubenbaue mitgenommen, da diese Tierchen schneller als Menschen den Wirkungen der Gase unterliegen.

Wo ein an sich genügender Sauerstoffgehalt der Luft vorhanden ist, kann man sich gegen die Wirkung des Kohlenoxyds durch Kohlenoxydfiltergeräte schützen. Die Auergesellschaft, Berlin, und das Drägerwerk, Lübeck, liefern für diesen Zweck Kohlenoxydfiltergeräte, in denen ein aus Metalloxyden bestehender Katalysator das CO zu CO_2 oxydiert.

Die giftige Wirkung des Kohlenoxyds auf den Menschen beruht darauf, daß es zu den roten Blutkörperchen eine weit größere chemische Verwandtschaft besitzt als der Sauerstoff. Atmet der Mensch mit der Luft Kohlenoxyd ein, so verbindet sich dieses mit den Blutkörperchen zu einer verhältnismäßig festen chemischen Verbindung. Die Blutkörperchen werden dadurch unfähig, Sauerstoff aufzunehmen und versagen ihren auf S. 510, Ziff. 7, Abs. 4 beschriebenen Dienst. Es gelangt kein Sauerstoff mehr zu den Geweben des Körpers, und dieser selbst geht an Sauerstoffmangel zugrunde. Das Blut eines Erwachsenen kann, wenn sich bei genügend langer Einatmung sämtliche Blutkörperchen mit Kohlenoxyd sättigen, etwa 1,1 l dieses Gases aufnehmen. Der erreichte Grad der Sättigung und die Schnelligkeit, mit der sie sich vollendet, hängt von der in der Atmungsluft vorhandenen Kohlenoxydmenge ab.

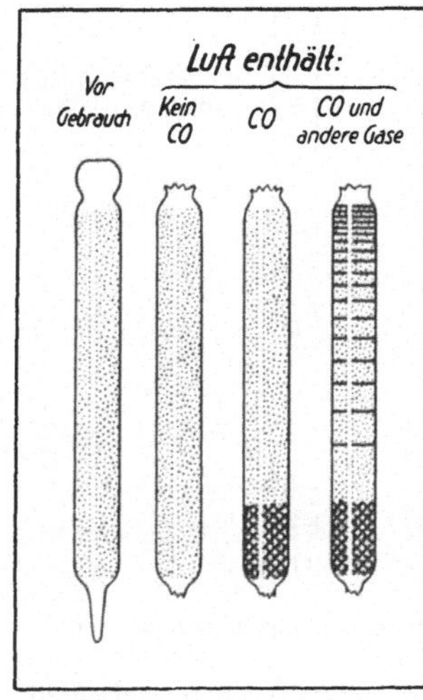

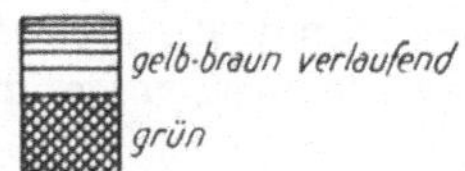

Abb. 476.
Farbtönungen im Prüfröhrchen des Dräger-Kohlenoxydgeräts.

Die untere Grenze der Gefährlichkeit des Kohlenoxyds für den menschlichen Organismus (toxische Grenze) liegt bei einem CO-Gehalt von 0,03 bis 0,05%. Bei 5—6stündiger Einatmung eines derartigen Gemisches machen sich Kopfschmerzen und bisweilen auch Übelkeit bemerkbar. Schon eine Luft mit nur 0,1% Kohlenoxyd genügt bei 2—3stündiger Einatmung, um das Blut etwa zur Hälfte mit CO zu sättigen. Eine unmittelbare Lebensgefahr besteht also dann noch nicht.

25. — Schwefelwasserstoff. Der Schwefelwasserstoff (H_2S), 1,2 mal so schwer wie atmosphärische Luft, ist noch viel giftiger als Kohlenoxydgas, ist aber im Gegensatze zu diesem leicht kenntlich an seinem starken Geruch (nach faulen Eiern), der sich bei dem geringsten, für den Menschen noch unschädlichen Prozentgehalte unangenehm bemerkbar macht. Schon 0,07 % H_2S in der Luft rufen schwere Erkrankungen hervor, bei 0,1 % verliert der Mensch bereits binnen kurzem das Bewußtsein und stirbt; 0,25 % genügen, um ein Pferd zu töten. Das Gas ist brennbar.

Es bildet sich bei der Fäulnis organischer Stoffe in Gegenwart schwefelhaltiger Verbindungen. Von Wasser wird es begierig verschluckt, 1 l Wasser nimmt bei 15° 3,23 l Gas in sich auf. Steht das Wasser unter Druck, so ist die verschluckte Gasmenge ähnlich wie bei der Kohlensäure entsprechend größer. Läßt der Druck nach, so entweicht ein Teil des Gases. Auf H_2S muß man besonders beim Anfahren von Wasseransammlungen im Alten Mann gefaßt sein. Beim Anzapfen solcher Ansammlungen läßt das ausströmende und verspritzende Wasser den etwa vorhandenen Schwefelwasserstoff zum Teil entweichen. In Westfalen sind vereinzelt hierdurch entstandene Verunglückungen bekannt geworden.

Häufiger kommt H_2S auf Kalisalzgruben vor, wo es im Salze eingeschlossen sich findet und Höhlungen und Klüfte unter Druck erfüllt. Insgesamt gehören Verunglückungen in Gruben durch Schwefelwasserstoffgas zu den Seltenheiten.

26. — Wasserstoff. Das Wasserstoffgas (H), spezifisches Gewicht 0,069, ist ein brennbares, im Gemische mit Luft explosibles Gas. Nach der Formel

$$H_2 + \tfrac{1}{2}O_2 + 2N_2 = H_2O + 2N_2$$

berechnet sich das kräftigste Explosionsgemisch auf 71,4 % Luft und 28,6 % Wasserstoff. Das Gas ist für die Atmung unschädlich und verhält sich der Lunge und dem Blute gegenüber wie Stickstoff.

Auf Steinkohlengruben kommt Wasserstoffgas nur ausnahmsweise vor (s. Ziff. 39). Jedoch kann sich Wasserstoff bei Grubenbränden und Explosionen bilden, wenn glühender Kohlenstoff und Wasserdampf aufeinander einwirken (s. Ziff. 51). Auch die bei Grubenbränden aus den Kohlen ausgetriebenen flüchtigen Bestandteile enthalten Wasserstoff.

Gleichsam auf natürlicher Lagerstätte findet sich das Wasserstoffgas auf Kalisalzgruben. Es ist zuweilen im Salze eingeschlossen und entweicht dann unmittelbar daraus nach Art von Bläsern[1]), häufig vermengt mit Methan, Kohlensäure oder Stickstoff. Es sind auch einzelne kleine Explosionen auf Kaliwerken vorgekommen, die auf Wasserstoffentwickelung zurückzuführen waren. Wasserstoff ist bedeutend leichter entzündlich als Grubengas, so daß Wetterlampen in ihm nicht eine gleiche Sicherheit wie gegenüber Schlagwettern bieten. Selbst Lampen mit Doppelkorb sind gegenüber Wasserstoff-Luftgemischen nicht sicher.

27. — Stickoxyd und Stickstoffdioxyd. Das Stickoxyd (NO) ist ein farbloses Gas, das sich mit Sauerstoff unmittelbar zu dem braunroten Stickstoffdioxyd (NO_2) verbindet. Beide Gase treten in der Grube nur auf, wenn Sprengschüsse auskochen, statt zu explodieren. Näheres hierüber findet sich auf S. 230 unter Ziff. 96. Stickoxyddämpfe wirken reizend und unangenehm beißend auf die Atmungsorgane ein. Der Bergmann empfindet solche Schwaden als „scharf".

Das Gas ist stark giftig. Die Folgen des Einatmens stickoxydhaltiger Sprengstoffschwaden äußern sich in der Weise, daß der Betroffene allmählich zunehmende Kopfschmerzen bekommt, ohne seine Arbeit sofort unterbrechen zu müssen. Unter sich einstellendem Hustenreiz entwickelt sich eine heftige Lungenentzündung, die unter Bluthusten und großen Schmerzen in ein bis zwei Tagen zum Tode führt.

---

[1]) Kali 1910, S. 137; Erdmann: Zwei neuere Gasausströmungen in deutschen Kalisalzlagerstätten.

C. Das Methan.

28. — Allgemeines. Methan (CH_4), Grubengas, auch Sumpfgas genannt, besitzt das spezifische Gewicht 0,558. Ein Kubikmeter wiegt bei 0^0 und 760 mm 0,7218 kg. Das Grubengas ist farb- und geruchlos[1], brennbar, nicht giftig, trotzdem aber wegen der Erstickungsgefahr nicht ungefährlich. Auf den Steinkohlengruben Preußens sind in den Jahren 1902 bis 1920 58 und in den Jahren 1921—1935 77 tödliche Verunglückungen durch Erstickung in Grubengas vorgekommen.

In Wasser ist Grubengas nur wenig, jedoch immerhin in dem Grade löslich, daß bei Druckentlastung oder Erwärmung des Wassers merkbare Mengen entweichen und beispielsweise Behälter oder Räume der Wasserhaltung erfüllen können.

Vergesellschaftet mit Grubengas ist gelegentlich — freilich nur vereinzelt und ausnahmsweise — Äthan (C_2H_6) in Grubenwettern nachgewiesen worden[2]. Hierdurch wird das Grubengas leichter entzündlich und explosionskräftiger.

29. — Entstehung und Vorkommen des Grubengases. Das Grubengas entsteht auch heute noch täglich bei der Vermoderung pflanzlicher Stoffe unter Luftabschluß (Inkohlung), wie dies auf S. 50 in Ziff. 59 beschrieben ist.

Auf den ersten Stufen der Inkohlung herrscht neben dem gebildeten Wasser die Kohlensäure vor, so daß in Braunkohlenlagerstätten vorwiegend diese auftritt. Je höher der Inkohlungsgrad ist, desto mehr tritt das Methan in den Vordergrund. Ganz gewaltig ist die Erzeugung von CH_4 bei der Umbildung der Gasflammkohle über Gas-, Fett- und Magerkohle zum Anthrazit hin[3]. Es entstehen bei dem Übergange von 1,2 t Gasflammkohle in 1 t Anthrazit 105 m³ CH_4, 38 m³ CO_2 und 8,2 kg H_2O. Die bei der Inkohlung entstehende Kohlensäure wird teils zur Bildung von Karbonaten benutzt, teils entweicht sie, da sie im Gegensatz zu Methan infolge ihrer Löslichkeit im Wasser mit der Gebirgsfeuchtigkeit wandern und aufsteigen kann. Auf diese Weise reichert sich das Grubengas im Steinkohlengebirge stark an und macht, falls Gelegenheit zum Entweichen fehlt, die Flöze und ihr Nebengestein in hohem Grade gasführend (s. Ziff. 30).

Grubengas kann infolge seiner Entstehung in jedem Gebirge auftreten, in dem organische Reste verkohlt sind. Man hat es daher gelegentlich in den verschiedensten Gebirgsformationen gefunden, z. B. im Buntsandstein, Zechstein (Kalisalzgruben), Jura, Tertiär und anderswo. Auf einzelnen Kalisalzgruben ist es sogar in größeren Mengen aufgetreten. Bei hohem In-

---

[1] Angeblich können mit gutem Geruchsinn begabte Personen beim Betreten eines Ortes mit der Benzinwetterlampe schon Bruchteile eines Prozents CH_4 wahrnehmen, weil sich bei der unvollständigen Verbrennung des verdünnten Gases im Korbe der Wetterlampe Formaldehyd bildet, das durch einen eigentümlichen Geruch kenntlich ist.

[2] Anlagen zum Hauptbericht d. Preuß. Schlagwetter-Komm. (Berlin, Ernst u. Korn), 1885, Bd. 1, S. 33; — ferner Glückauf 1927, S. 1079; Wein: Äthan in Grubenwettern.

[3] Glückauf 1926, S. 1609; Patteisky: Die Geologie der im Kohlengebirge auftretenden Gase.

kohlungsgrad führen auch Braunkohlen Grubengas, wie z. B. einige Braunkohlenflöze im Sudetenland und in der Steiermark. Auch am Habichtswalde bei Kassel ist Grubengas in der Braunkohle aufgetreten.

Mehr oder weniger regelmäßig und allgemeiner verbreitet pflegt es sich aber nur im eigentlichen Steinkohlengebirge zu finden. Zwei, wahrscheinlich drei verschiedene Arten des Vorkommens des Methans sind hier zu unterscheiden [1]).

Auf primärer Lagerstätte kommt es in den Flözen selbst, und zwar weniger in deren Poren als an die Kohle gebunden vor. Ob diese Bindung in Form der Adsorption, also nur an der Oberfläche der einzelnen Bestandteile der Kohle oder in Form einer festen Lösung vorliegt, bei der die Methanmoleküle auch das Innere der Bestandteile durchdringen, steht noch nicht fest. Zwischen beiden Möglichkeiten besteht jedoch nur ein gradueller Unterschied, keinesfalls handelt es sich jedoch um eine chemische Bindung. Auch über die Methanmengen, die in der Kohle selbst als primärer Lagerstätte vorhanden sind, gehen die Ansichten noch auseinander. Es sind mehrfach Untersuchungen darüber an Kohlenproben über Tage angestellt worden. Diese Untersuchungen leiden aber alle an dem Übelstand, daß ein Teil des Methans sicherlich schon vor und bei der Gewinnung der Probe entwichen ist. Je nach dem Grade der Zerkleinerung beträgt nach Fischer bei einer von ihm untersuchten Fettkohle der Methangehalt bis 1,5 m³ je Tonne Kohle. Auf Grund von Versuchen des belgischen „Institut National des Mines" beläuft sich diese Menge auf 20 bis 30 m³. Sie wird jedoch erst bei feinster Zerkleinerung der Kohle und unter Vakuum frei. Eine solche starke Zerkleinerung findet jedoch im Grubenbetrieb nicht statt, so daß nur damit gerechnet werden kann, daß ein Teil dieser im Laboratorium der Kohle entzogenen Gasmenge in die Grubenbaue übertritt. Eine Ausnahme bildet die durch tektonische Einwirkungen entstandene Staubkohle, die als besonders aufnahme- und abgabefähig für Grubengas betrachtet werden kann. Solche Staubkohle kann in flächiger Ausdehnung am Liegenden auftreten sowie im Flöz selbst als Ausfüllung und Belag von Schlechten und schließlich in Form mehr oder weniger ausgedehnter Nester. Ein Teil des Methans ist erst bei oder nach der Bildung der Staubkohle in sie eingedrungen. Es befindet sich in ihr also auf sekundärer Lagerstätte.

Außer in den Flözen kommt Methan im Nebengestein vor, insbesondere wenn dieses aus sandigen Schichten besteht, also porös und von Klüften durchsetzt ist. Ein kleiner Teil dieser im Nebengestein enthaltenen Methanmenge kann primär und aus im Gestein vorhanden gewesenen pflanzlichen Resten entstanden sein. Der weitaus größere Teil findet sich in ihm jedoch sicher auf sekundärer Lagerstätte. Er ist aus den benachbarten Flözen in Spalten und Risse ausgetreten und außerdem in breiter Fläche — in die Masse des Gesteins hinein — diffundiert. Dieser Übertritt des Methans in das Nebengestein, insbesondere

---

[1]) Glückauf 1926, S. 1609; K. Patteisky: Die Geologie der im Kohlengebirge auftretenden Gase; — ferner Braunkohlenarchiv 1937, S. 3; Rüland: Beitrag zur Klärung der Grubengasentwicklung im Steinkohlenbergbau. Vgl. auch Zeitschr. d. deutschen geol. Ges. 1926, S. 565; Petraschek: Geologie der Schlagwetter; — ferner Brennstoffchemie 1932, S. 209; Fischer, Peters u. Wernecke: Über die in den Kohlen eingeschlossenen Gase; — ferner Bergbau 1937, S. 298; Heise: Aus dem Tätigkeitsbericht des belgischen „Institut National des Mines" für das Jahr 1936.

in dessen Risse und Spalten hat schon in geologischen Zeiträumen im unverritzten Gebirge stattgefunden. Erneut belebt wird dieser Vorgang durch Auswirkungen des Abbaus, worauf in Ziff. 31 noch einzugehen sein wird.

Welcher dieser 3 Arten des Auftretens die größte Bedeutung beizumessen ist, wird von Fall zu Fall verschieden sein.

Es führen jedoch durchaus nicht alle Flöze oder Flözgruppen Grubengas. Die mächtigen Flöze Oberschlesiens z. B. sind in den oberen Schichten der dortigen Kohlenvorkommen völlig frei von Methan. Das gleiche gilt für eine ganze Anzahl englischer und nordamerikanischer Kohlengruben.

Wenn man den Grubengasgehalt der Steinkohlenflöze in Rücksicht auf die Beschaffenheit der Kohle betrachtet, so sind im allgemeinen die Fettkohlen reicher an Grubengas als die Flamm- und Gasflammgaskohlen, diese wieder reicher als die Magerkohlen. Jurasky[1]) erklärt den besonderen Methanreichtum der Fettkohlen mit der Tatsache, daß keine Kohle allein aus dem eigentlichen Träger der Inkohlung, der Humussubstanz, besteht, sondern auch noch Bitumenstoffe, wie Sporen, Pollen, Harzkörper u. dgl., enthält. Die Bitumenstoffe, die sehr wasserstoffreich sind, widerstehen lange den äußeren Inkohlungseinflüssen. Beim Übergang von der Gas- zur Fettkohle findet dieser Widerstand jedoch eine Grenze. Die Bitumenkörper zerfallen sprunghaft — es tritt ein „Inkohlungssprung" ein —, wobei der größte Teil ihres Wasserstoffgehaltes als Methan frei wird. E. Hoffmann[2]) bringt die erwähnte Verschiedenheit des Methangehaltes der einzelnen Flözgruppen außerdem mit dem Gefügeaufbau der Kohlen in Zusammenhang und macht darauf aufmerksam, daß in der Gaskohle und oberen Fettkohle die Mattkohle, in der unteren Fettkohle die Glanzkohle für die Methanentwicklung maßgebend sei. Im einzelnen aber erleidet diese Regel Ausnahmen genug. Schon die Flöze der Fettkohlengruppe selbst verhalten sich hinsichtlich der Grubengasentwicklung außerordentlich verschieden.

Schließlich ist auch der Grubengasgehalt eines einzelnen bestimmten Flözes starken Schwankungen unterworfen, wenn man es in seiner Längserstreckung verfolgt. Flöze, die zutage ausgehen, sind hier vielfach entgast und führen erst in größerer Teufe wieder CH_4. Eine ähnliche Rolle wie die Nähe des Ausgehenden können Klüfte und Spalten spielen. Die Entgasung der Flöze ist vollständiger, wenn das Steinkohlengebirge zutage ausgeht, als wenn es von jüngeren Schichten (Kreide, Buntsandstein) überlagert ist. In diesem Falle führen viele Flöze Grubengas, die ohne Überlagerung schlagwetterfrei oder doch schlagwetterarm sind. Auch die größere oder geringere Durchlässigkeit des Deckgebirges ist von Einfluß. Unter Buntsandstein pflegt die Entgasung weiter als unter Mergelbedeckung vorgeschritten zu sein. Nach Patteisky[3]) zeichnen sich insbesondere diejenigen Kohlenvorkommen durch Schlagwetterreichtum aus, die noch von jüngeren tektonischen Bewegungen betroffen worden sind.

---

[1]) K. A. Jurasky: Kohle, Bd. 45 der Reihe Verständliche Wissenschaft, Berlin 1940.

[2]) Glückauf 1935, S. 997; E. Hoffmann: Abhängigkeit der Ausgasung von petrographischer Gefügezusammensetzung und Inkohlungsgrad bei Ruhrkohlen.

[3]) Glückauf 1926, S. 1609; K. Patteisky: Die Geologie der im Kohlengebirge auftretenden Gase.

30. — Gasdruck in der Kohle und im Nebengestein. Die methanführenden Schichten enthalten das Gas unter einem gewissen Überdrucke. Zur Feststellung der Spannung des Gases in der Kohle sind häufig Messungen gemacht worden. Man bohrt zu diesem Zwecke tiefe Löcher in die Kohle und führt in diese ein Gasrohr ein, das an seinem äußeren Ende mit einem Manometer in Verbindung steht. Alsdann wird der zwischen Bohrlochwand und Gasrohr verbleibende Raum fest mit Letten verstampft, wobei nur das Bohrlochtiefste mit der Mündung des Gasrohres frei zu halten ist. Der hier allmählich ansteigende Gasdruck wird, sobald er gleichmäßig bleibt, am Manometer abgelesen. Auf Zeche Hibernia[1]) fand man bei 598 derartigen Messungen in bis zu 10 m tiefen Bohrlöchern einen durchschnittlichen Überdruck von 1,79 at, in einem Falle bei 4 m Tiefe sogar einen Druck von 14,6 at, obgleich in tiefen Bohrlöchern meist ein höherer Druck anzutreffen ist als in weniger tiefen. Zumeist ergaben sich Drücke von 0,5—1 at; in weicher, zerklüfteter Kohle weniger, in dichter und fester Kohle mehr. Anderseits können auch starke Schwankungen im Gasdruck innerhalb der gleichen Flöze festgestellt werden, ohne daß eine Änderung in der Art und Härte der Kohle äußerlich zu bemerken ist. In belgischen Kohlengruben sind bei ähnlichen Versuchen Spannungen bis zu 23 at, in einem Falle in einem sonst noch unaufgeschlossenen Felde sogar von 42,4 at gemessen worden. Hier hatte man von einem Querschlag aus durch wahrscheinlich undurchlässige Schichten ein unverritztes Flöz angebohrt (Abb. 477), so daß man vermutlich den ursprünglichen Gasdruck festzustellen in der Lage war.

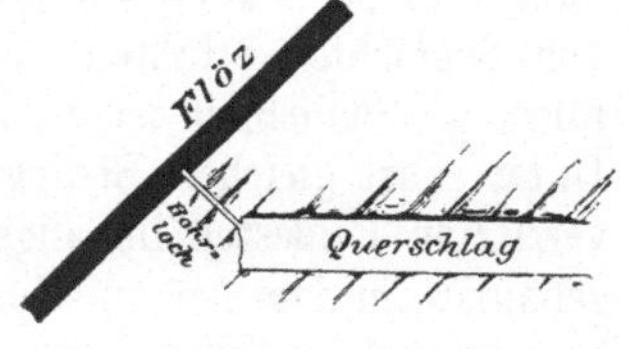

Abb. 477. Gasdruckmessung in einem unverritzten Flöze auf einer belgischen Grube.

Wo das die Kohle begleitende Nebengestein porös oder klüftig ist, wird auch dieses vom Grubengase unter Druck erfüllt.

Der Gasdruck in der Kohle kann zwanglos durch den Adsorptions- oder Lösungsdruck des Methans erklärt werden. Der im unverritzten Gebirge vorhanden gewesene Gleichgewichtszustand wird durch die Grubenbaue oder durch die Versuchsbohrlöcher gestört; es tritt ein Druckgefälle auf, das gemessen werden kann und das die Ausströmung des Methans bewirkt. Auch in Klüften und Spalten des Gebirges kann sich dieser Druck fortpflanzen. Anderseits kann der Gasdruck in den Spalten des Gesteins auch durch eine Zusammenpressung der Spalten und eine dadurch bewirkte Raumverminderung ihres Inhalts entstehen. Diese Zusammenpressung ist durch gebirgsbildende Vorgänge oder durch im Gefolge des Abbaus aufgetretene Gebirgsbewegungen möglich. Es ist somit nicht sicher, ob mit den erwähnten Messungen lediglich der Druck des Methans in der Kohle festgestellt wurde oder ob es sich hierbei zusätzlich um den Druck handelt, unter dem das Gas sich im Nebengestein findet, dessen Risse naturgemäß mit der Kohle in Verbindung stehen.

31. — Übertritt des Grubengases in die Grubenbaue. Der Übertritt des Gases aus der Kohle oder dem Gestein in die Grubenwetter erfolgt, sobald hierzu die Möglichkeit durch Aufschließen der das Gas enthaltenden Schichten gegeben ist. Der Übertritt geht vor sich:

---

[1]) **Behrens:** Beiträge zur Schlagwetterfrage (Essen, Baedeker), 1896.

1. durch regelmäßiges Ausströmen aus der Kohle oder dem Nebengestein,
2. durch plötzliche Gasausbrüche,
3. durch Bläser.
   Außerdem bedarf
4. der Übertritt des Grubengases aus dem Alten Mann in die Grubenbaue
   einer besonderen Besprechung.

32. — Das regelmäßige Ausströmen des Gases in Aus- und Vorrichtungsarbeiten. In der Regel findet der Austritt des Methans aus den gasführenden Schichten ununterbrochen statt und in Mengen, die zwar schwanken, aber innerhalb gewisser Grenzen bleiben oder in anderen Worten, die je Zeiteinheit sich dem Wetterstrom mitteilende Methanmenge ist in Ausrichtungs- und Vorrichtungsarbeiten sowie im Abbau verschieden. Sie hängt nicht nur von der im Gebirge vorhandenen Gasmenge ab, sondern auch von der Abgabefähigkeit der Kohle und des Nebengesteins. Diese ist verschieden je nach dem Druck, mit dem das Gas in den gasführenden Schichten eingeschlossen ist, je nach der Struktur der Kohle — feste Kohle pflegt das Gas schwerer abzugeben als weiche Kohle — sowie je nach den Änderungen, die Kohle und Nebengestein durch den infolge des Abbaus ausgelösten Gebirgsdruck durch Zertrümmerung, Auflockerung, durch Rißbildung und Öffnung und Schließung von Klüften und Lösen, durch Drucklagen und Öffnung von Schlechten erfahren. Eine große Rolle spielt infolgedessen die Abbauführung. Schließlich ist die Zeitdauer seit Beginn der Ausgasung von Einfluß. Unter sonst gleichen Bedingungen ist die Ausströmung in einem noch wenig verritzten Feldesteil im allgemeinen lebhafter als in einem Teil des Grubengebäudes, in dem Abbau schon seit längerer Zeit umgeht. Eine Verschiedenheit besteht auch zwischen steiler und flacher Lagerung. Es hat sich nämlich herausgestellt, daß in flacher Lagerung die Ausgasung vielfach stärker ist als in steiler Lagerung[1]), eine Erscheinung, die mit den stärkeren Auswirkungen des Gebirgsdrucks beim Abbau flach gelagerter Flöze in Zusammenhang stehen dürfte.

Oft ist die Ausgasung durch das Gehör wahrnehmbar. Unter der Wirkung des ausströmenden Gases springen nämlich kleine Kohlenteilchen mit einem knisternden Geräusch ab. Der Bergmann sagt dann, die Kohle „krebst". Auch wenn das Gas das auf der Sohle etwa vorhandene Wasser durchbricht, entsteht ein ähnliches Geräusch.

In der Ausrichtung, also bei der Herstellung von Gesteinsstrecken und Schächten kann von Bläsern (s. Ziff. 39 S. 536) abgesehen, ein regelmäßiges Ausströmen von Grubengas beim Durchörtern von Flözen sowie beim Durchfahren von an Flöze angrenzenden Sandsteinschichten und beim Antreffen von Störungen eintreten. Es handelt sich dann in erster Linie um das Austreten von Gas, das unter Druck in diesen Schichten und in den sie durchsetzenden Spalten enthalten ist sowie auch um Gas, das aus der Kohle durch poröse Schichten durch Diffusion in die Strecken übertritt. Im allgemeinen ist jedoch die in Gesteinsstrecken austretende Gasmenge sehr gering. Eine Belebung des Gasaustritts ist zu erwarten, wenn der Querschlag über- oder unterbaut wird[1]), Diese Tatsache erklärt sich zwanglos durch die Gebirgsbewegungen im Gefolge

---

[1]) Glückauf 1939, S. 511; W. Gassmann und W. Mommertz: Schlagwetter im Abbau.

des Abbaus, die Lockerung des Methans in der Kohle und die Öffnung zahlreicher Risse und Spalten. Es handelt sich dann in erster Linie um das Austreten von Gas, das unter Druck in diesen Schichten und in den sie durchsetzenden Spalten enthalten ist.

Bei Vorrichtungsarbeiten, dem Auffahren von Aufhauen und vorgesetzten Abbaustrecken entstammt das Grubengas einmal dem Flöz selbst, aus dem es sich bei der Gewinnung und der dadurch bewirkten Zerkleinerung der Kohle als Folge der Oberflächenvergrößerung sowie durch Entblößung von Staubkohlenstreifen befreit. Auch die Nebengesteinsschichten können eine Gasquelle abgeben, wenn sie ihrer Natur nach Gas enthalten und dieses Gas auf vorhandenen oder neu sich bildenden Spalten einen Weg nach außen findet. Da es bei Vorrichtungsbetrieben jedoch meist nicht zu einer ausgedehnten Rißbildung kommt, steht die Ausgasung der Kohle selbst im Vordergrund. Absolut gesehen, ist die Gasentwicklung in der Vorrichtung daher meist gering, wenngleich sie auch im Verhältnis zu der zur Verfügung stehenden Wettermenge und in Anbetracht der nach oben gerichteten Aufhauen und des geringen spezifischen Gewichtes des Methans besondere Beachtung verdient.

Eine Verstärkung der Ausgasung ist jedoch dann beobachtet worden, wenn z. B. ein Aufhauen in den Bereich der Abbauwirkungen eines unteren, bereits gebauten Flözes gelangt. Dasselbe gilt für Abbaustrecken unter den gleichen Bedingungen[1]).

33. — Das regelmäßige Ausströmen der Gase im Abbau. Die größten Gasmengen entströmen unmittelbar und mittelbar dem Abbau[2]). Hierbei ist zunächst in Betracht zu ziehen, daß im Abbau täglich große Kohlenmengen

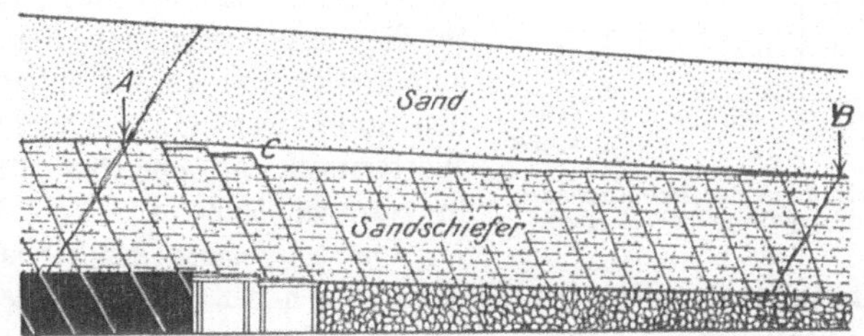

Abb. 478. Hohlraumbildung zwischen Sandstein und Sandsteinschiefer durch Absenkung infolge Abbauwirkung.

gewonnen und zerkleinert, immer wieder Kohlenflächen frisch entblößt werden. Der Kämpferdruck ruft schon eine gewisse Zertrümmerung der Kohle im Abbaustoß hervor, bildet Drucklagen, öffnet Schlechten und bewirkt vielfach sogar ein geringes seitliches Wandern der Kohle in den Abbauraum hinein. Hierdurch wird dem Adsorptions- oder Lösungsdruck des Methans mannigfache Gelegenheit gegeben sich auszugleichen, das Gas wird frei und kann auf durch den Kämpferdruck geöffneten Wegen auch aus dem Innern des Kohlenstoßes bis in den Abbauraum ausströmen. Die Öffnung der Schlechten weiter im Innern

---

[1]) Glückauf 1940, S. 595; R. Forstmann: Zur Schlagwetterfrage.
[2]) Glückauf 1939, S. 511; W. Gassmann und W. Mommertz: Schlagwetter im Abbau. Ferner R. Forstmann a. a. O.

des Kohlenstoßes führt vielleicht sogar zur Bildung von Vakuumräumen, in die das Methan besonders gierig abgegeben wird (Abb. 478).

Außer dem Flöz wird auch das Nebengestein, insbesondere das Hangende beeinflußt. Es kommt zu verstärkter Rißbildung und zum Absetzen einzelner Gebirgschichten längs Lösungsflächen. Hierdurch werden offenbar zwei Vorgänge ausgelöst. Einmal wird durch die Auflockerung des Nebengesteins dem schon vor Einsetzen des Abbaus in ihm etwa vorhandenen Methan Gelegenheit gegeben zu entweichen. Weiterhin gelangt Methan aus dem im Abbau befindlichen Flöz sowie aus benachbarten Flözen und Kohlenstreifen über die Risse unmittelbar in den Abbauraum und — wahrscheinlich in noch stärkerem Maße — in den Alten Mann. In den Rissen selbst und im Alten Mann wandert es außerdem, seinem natürlichen Auftrieb entsprechend, nach oben und tritt in der oberen Abbaustrecke, der Kopfstrecke, in den Wetterstrom über. Schließlich wird durch das Niedergehen des hangenden Gebirges über dem Alten Mann das Grubengas allmählich oder auch zuweilen plötzlich in den Abbauraum hineingedrückt.

In der Kopfstrecke tritt es aus dem Alten Mann auf eine Längserstreckung aus, die bei im Betrieb befindlichen Abbau 50—100 m vom Kohlenstoß an gemessen beträgt und sich bei ruhendem Kohlenstoß auf etwa die Hälfte verkürzt. Ist die Kopfstrecke mit Damm aufgefahren, so ist der freie Übertritt des Gases in die Kopfstrecke gehemmt, es fließt zum großen Teil an ihm entlang, tritt in den Streb über und reichert dann den Wetterstrom im obersten Strebteil oft in starkem Maße an. Von Bedeutung für die Ausgasung der Abbaustrecken, und unter ihnen insbesondere der Kopfstrecken haben sich auch die durch sie verursachten streichenden Bruchkanten, von Forstmann „stehende Risse" genannt, erwiesen. Sie reichen weit ins Hangende und bilden einen Kanal, durch den über den Alten Mann aus dem im Abbau befindlichen Flöz, aus dem Nebengestein und aus benachbarten Flözen Methan austreten kann.

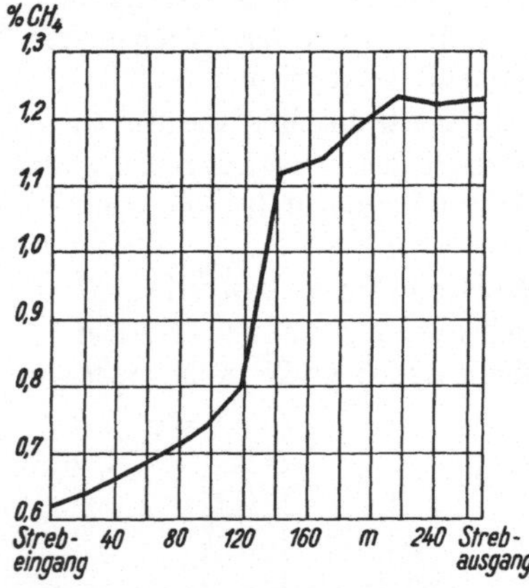

Abb. 479. Auswirkung einer tektonischen Störung auf die Ausgasung eines Strebes.

Vom Kopfende des Strebs abgesehen pflegt die Methanausgasung im Abbau mehr oder weniger gleichmäßig zu sein, d. h. die Methanzunahme des Wetterstromes ist längs der Abbaufront eine stetige. Besonders starke Zunahme in bestimmten Teilen des Strebs sind meist durch Störungen verursacht. So zeigt Abb. 479 in 120—140 m Entfernung von der Kopfstrecke eine plötzliche Zunahme, die in einem streichend verlaufenden Sprung ihre Erklärung findet.

Die Methanmenge, die insgesamt in den Wetterstrom übertritt, beträgt auf den meisten westfälischen Fettkohlengruben 10—30 m³ je t Förderung. Sie kann aber auch wesentlich höher sein und beläuft sich z. B. auf Gruben des Olsagebietes auf 60—150 m³ je t, eine Menge, die gegenüber der geförderten Kohle etwa den 100—200fachen Raum einnimmt.

Sehr bemerkenswert ist die Abhängigkeit der Stärke der Ausgasung von den Betriebsvorgängen im Abbau[1]). So geht z. B. aus Abb. 480 hervor, daß sie vor Beginn der Kohlenschicht am geringsten und an ihrem Ende am größten ist. Hier ist es während der Hereingewinnung. zur Freilegung oder infolge der Absenkung des Hangenden zur Neubildung von Rissen gekommen, aus denen das Grubengas anfangs verstärkt, später wieder in verminderter Menge ausströmte Erfolgt dagegen die Rißbildung schon während der Schrämarbeit oder erst während der Versatzschicht, so wird eine Zunahme der Methanentwicklung während dieser Arbeitsvorgänge und nicht während der Kohlenschicht wahrgenommen. Es wäre jedoch nicht angängig, auf Grund dieser Zusammen-

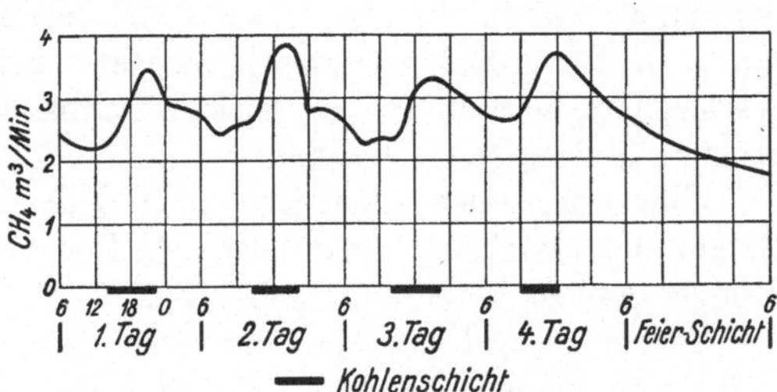

Abb. 480. CH_4-Ausströmung in Abhängigkeit von den Betriebsvorgängen eines Strebs.

hänge allgemeingültige Schlüsse auf die Zweckmäßigkeit oder Unzweckmäßigkeit des einen oder anderen Abbau- oder Versatzverfahrens zu ziehen, vielmehr ist jeder Fall gesondert zu beurteilen. Allgemein gilt, daß Maßnahmen, die geeignet sind, den Kämpferdruck zu verringern, auch eine günstige Auswirkung auf die Methanausgasung haben.

34. — Gasentwickelung aus bereits gewonnener Kohle. In vermindertem Maße setzt sich die Grubengasentwickelung fort, wenn die Kohle schon gewonnen ist. Sogar über Tage ist in Vorratstrichtern, Kohlenrümpfen und Trockentürmen der Kohlenwäschen häufig das Auftreten von Grubengas bemerkt worden und hat vereinzelte, kleinere Explosionen herbeigeführt[2]). Der Gebrauch der Wetterlampen kann deshalb auch über Tage bei gewissen Arbeiten notwendig sein.

35. — Plötzliche Gasausbrüche. Gegenüber der mehr oder weniger regelmäßigen, im ganzen langsamen Ausgasung nehmen plötzliche Gasausbrüche, an denen außer CH_4 auch CO_2 beteiligt sein kann, deshalb eine besondere Stellung ein, weil sie plötzlich eintreten, überraschend schnell verlaufen, große Gasmengen frei werden, die der Wetterstrom nicht bewältigen kann, und ähnlich wie bei den Kohlensäureausbrüchen zugleich größere Mengen Staubkohle in die Baue geschleudert zu werden pflegen. In Belgien z. B. hat man mehrfach bis zu 500 t Feinkohle als Auswurfmasse eines Gasausbruches feststellen können, aber auch kleinere Ausbrüche mit nur wenigen Tonnen Auswurfmasse sind bekannt geworden.

36. — Gasausbrüche, die an Staubkohlennester gebunden sind. Um von der Gewalt solcher Vorkommnisse ein Bild zu geben, sei nach Demanet[3]) der Gasausbruch auf der Kohlengrube Agrappe bei Frameries vom Jahre 1879 geschildert: Dieser Ausbruch, der 132 Opfer (121 Tote und 11 Verletzte) forderte, erfolgte 610 m unter Tage in

---

[1]) Bergbau 1934, S. 347; Steinbrink und Niederbäumer: Untersuchungen über die Bewetterungsverhältnisse in Großabbaubetrieben.
[2]) Glückauf 1901, S. 705; Einecker: Schlagwetterexplosionen über Tage.
[3]) Demanet: Traité d'exploitation des mines de houille; Übersetzung von Dr. Kohlmann und Grahn (Braunschweig, Vieweg), 1905, S. 52.

einem Aufhauen. Die entwickelte Gasmenge war so ungeheuer groß — sie ist zu 500000 m³ berechnet worden —, daß der Gasstrom fast augenblicklich sowohl den Förderschacht als auch die Schachtkaue erfüllte und sich über Tage entzündete. So gefährlich und so groß gestalten sich die Gasausbrüche freilich selten. In Deutschland fand ein größerer Ausbruch 1910 auf Zeche **Maximilian** bei Hamm statt[1]). Er ereignete sich bei der Durchörterung eines Fettkohlenflözes. Außer größeren Grubengasmengen wurden 40 t Auswurfmasse herausgeschleudert, die zum Teil aus feinster Staubkohle von „trockener und sammetartiger" Beschaffenheit bestand.

Glücklicherweise leidet nur ein Teil der Schlagwettergruben unter der Gefahr der plötzlichen Ausbrüche. In Deutschland sind sie bisher auf nur wenige Gruben beschränkt geblieben.

Bevorzugt wird von ihnen die untere Fettkohle, was offenbar mit der Tatsache in Zusammenhang steht, daß z. B. Kohle mit 20% flüchtigen Bestandteilen ein höheres Adsorptionsvermögen besitzt als Kohle mit 30%[2]). Die Zahl der Ausbrüche und die Neigung dazu nimmt mit der wachsenden Teufe zu. Die sämtlichen bekannten belgischen Ausbrüche, deren Zahl sich auf mehrere hundert beläuft, haben sich über 280 m tief ereignet.

Gasausbrüche sind um so eher zu erwarten, je weniger die Kohle bisher Gelegenheit zur Entgasung gehabt hat. Vielfach sind deshalb **Aus- und Vorrichtungsstrecken** und in unverritzte Feldesteile vordringende Querschläge beim Anfahren von Flözen plötzlichen Gasausbrüchen ausgesetzt. Noch häufiger treten sie freilich beim Abbau auf, pflegen aber hier weniger folgenschwer zu sein.

Die Entstehung dieser plötzlichen Gasausbrüche ist bisher in erster Linie mit hohen Drucken in Zusammenhang gebracht worden, unter dem sich das an die Kohle gebundene Gas zuweilen befinden soll. Eine andere Erklärung stellt die tektonische Staubkohle in den Vordergrund, die sich in Form mehr oder weniger ausgedehnter Nester an tektonisch besonders beanspruchten Stellen in den Flözen auftreten. So erfolgen nach **Schulz**[3]) in Belgien die Ausbrüche fast ausschließlich in der Nähe und oberhalb der großen Überschiebung, auf der das „massiv superieur" auf das „massiv profond" hinüberbewegt worden ist. Zugleich sind die Ausbrüche in der Regel an starke Flözverdrückungen gebunden. Auch bei dem Ausbruch auf **Maximilian** fand man bei Untersuchung der Ausbruchstelle eine Flözstauchung von 8 m Länge 5 m Breite bei einer Flözmächtigkeit von 3,5 m, während die normale Mächtigkeit 1,7 m betrug. Bei der Zermalmung der Kohle zu feinstem Staub unter gleichzeitiger Bildung von Vakuumraum während der tektonischen Vorgänge, hat Methan zunächst in großen Mengen frei werden können, das infolge der Adsorptionsfähigkeit der Staubkohle wieder gebunden wurde[4]). Wird nun ein solches grubengashaltiges Staubkohlennest angefahren oder gar durch einen Sprengschuß aufgerissen, so tritt

---

[1]) Zeitschr. f. Berg-, Hütt.- u. Salinenwes. 1911, S. 62; **Hollender**: Der Gasausbruch auf der Zeche **Maximilian** bei Hamm.

[2]) Glückauf 1935, S. 1156; **Wöhlbier**: Belgische Untersuchungen über das Adsorptionsvermögen verschiedener Steinkohlen.

[3]) Glückauf 1912, S. 60, 96, 129; **Schulz, W.**: Die plötzlichen Gasausbrüche in den belgischen Kohlengruben während der Jahre 1892—1908.

[4]) Glückauf 1933, S. 1189; **Peters und Wernecke**: Physikalische und chemische Untersuchungen über Flözgase.

eine plötzliche Abgabe der großen Gasmengen ein. Das plötzlich auftretende Gas schleudert dabei die Staubkohle aus, ähnlich wie die Kohlensäure aus einer plötzlich geöffneten Mineralwasserflasche einen Teil des Wassers mit sich reißt.

37. — **Gasausbrüche, die mit Gebirgsschlägen verbunden sind.** Häufig sind die Gebirgsschläge (Ziff. 72 S. 361) mit dem plötzlichen Ausbruch großer Methanmengen verknüpft. Ein Teil dieses Gases entstammt sicherlich unmittelbar der Kohle, aus der es infolge ihrer Zerkleinerung frei wird, jedoch sind die zertrümmerten Flözteile und auch der Grad der Zerkleinerung nicht derart, daß die große Gasmenge allein auf diese Ursache zurückgeführt werden könnte. Sie findet vielmehr ihre Erklärung in der mit dem Gebirgsschlag verbundenen Rißbildung im Nebengestein, wodurch dem Methan neue Wege in den Abbauraum geöffnet werden.

38. — **Die Gefahren der Gasausbrüche und ihre Bekämpfung.** Die Gefahren dieser Gasausbrüche bestehen darin, daß die Bergleute von den hereinbrechenden Staubmassen begraben werden oder in dem Grubengase ersticken oder aber im Falle einer Entzündung der Gase der Schlagwetterexplosion zum Opfer fallen.

Die Bekämpfung der Gasausbrüche ist zunächst in erster Linie auf deren völlige Verhütung ausgegangen. Das bekannteste Mittel war dasjenige des Vorbohrens. Als verläßliches Vorbeugemittel hat es sich freilich nicht erwiesen, da trotz Vorbohrens mehrfach Ausbrüche vorgekommen sind. Immerhin wirkt es nützlich, wenn die Bohrlöcher eine Länge von 4—5 m erhalten und nach allen Seiten vorgetrieben werden (vgl. den Abschnitt „Ausrichtung"). Von Bedeutung ist ferner als Abwehrmaßregel die Verlangsamung des Betriebes der Grubenbaue, die namentlich dann eintreten soll, wenn man im bisher unverritzten Felde ein neues Flöz anfährt. Beginnt man mit dem Abbau, so soll man nach Möglichkeit stets die als weniger gefährlich erkannten Flöze zuerst abbauen, um auf sich bildenden Spalten dem zu plötzlichen Gasausbrüchen neigenden Flöze Zeit zur Entgasung zu lassen. Auch wird empfohlen, beim Strebbau den obersten Streb, der infolge der Nachbarschaft mit dem Alten Mann der höheren Sohle bereits entgast ist, voranzustellen und die tieferen Streben etwas zurückbleiben zu lassen, damit stets der am meisten entgaste Teil des Flözes zuerst gewonnen wird. Während man früher die Sprengarbeit in den zu Gasausbrüchen neigenden Flözen einzuschränken pflegte, um tunlichst die Ausbrüche zu vermeiden, erkannte man schließlich, daß ähnlich wie in den durch CO_2 gefährdeten Flözen (s. Ziff. 22) gerade die Sprengarbeit geeignet ist, die der Belegschaft drohenden Gefahren auf ein Mindestmaß herabzusetzen. Die Erschütterung des Gebirges durch die Schüsse bewirkt, daß der Ausbruch in der Regel während des Schießens eintritt. Für diesen kurzen Augenblick können die Leute genügend weit, unter Umständen bis über Tage, zurückgezogen und die geeigneten Vorsichtsmaßnahmen getroffen werden[1]. Im übrigen sucht man die Arbeit vor Ort tunlichst abzukürzen und insbesondere die Benutzung der Keilhaue zur Hereingewinnung, zum Kerben und Schrämen einzuschränken.

---

[1] Bull. d. l. Soc. d. l'Ind. min. 1916, S. 233; Laligant: Gisement et dégagement du grisou.

Von den sonstigen Mitteln zum Schutze der Bergleute gegen die Folgen der Gasausbrüche sind zu erwähnen: Vermeidung offenen Geleuchtes und offenen Feuers an dem Füllorte und auch an der Hängebank des Schachtes; Gebrauch elektrischer Lampen, die im Augenblicke der Gefahr nicht erlöschen; Beleuchtung des Fluchtweges damit; Beseitigung aller überflüssigen Hindernisse auf dem Fluchtwege; Verhütung eines Zurückflutens der Schlagwetter entgegen dem einziehenden Strome dadurch, daß man den Wetterwegen des ausziehenden Stromes große Querschnitte gibt und hier alle Drosselungen beseitigt. Mit der letzteren Maßnahme in Einklang steht, daß man bei Benutzung von Lutten stets blasende Bewetterung anwendet. Schließlich sind alle Mittel anzuwenden, die geeignet sind, um Gebirgsschläge zu vermeiden.

39. — Plötzliche Gasausströmungen aus Gebirgsklüften (Bläser erster Ordnung). Ist ein Spaltennetz im Steinkohlen- oder auch im Deckgebirge von Grubengas unter größerem Überdruck erfüllt und werden diese Gasansammlungen zum erstenmal angefahren oder angebohrt, so „bläst" das Gas durch die entstandene Öffnung plötzlich und in erheblichen Mengen aus. Wir sprechen dann von einem „Bläser".

Die Bläser können, wenn es sich um ausgedehnte, unter hohem Gasdrucke stehende Klüfte handelt, oft mit großer Gewalt ausbrechen. Jedoch ist es falsch, sie deshalb mit den in ihrem Wesen verschiedenen Gasausbrüchen, wie sie oben beschrieben sind, zu verwechseln.

Die meisten Bläser sind nach kurzer Zeit, nach wenigen Stunden oder Tagen erschöpft. Es sind aber auch Bläser bekanntgeworden, die jahrelang ununterbrochen ganz erhebliche Gasmengen — 4—9 m³ minutlich — geliefert haben.

Durch Bläser kann der Fortbetrieb eines Schachtabteufens, eines Querschlags od. dgl. stark behindert werden. Auf Grube **Frankenholz** hat man in solchem Falle mit Erfolg das Versteinungsverfahren (s. Bd. II, 7. Abschn.) angewandt und durch Einpressen von Zement in die schlagwetterführenden Klüfte die Gasausströmung völlig unterbunden[1]). Auch kann eine unter besonderen Vorsichtsmaßnahmen vorgenommene Sprengung infolge der mit ihr verbundenen Erschütterung des Gebirges die geöffneten Wege wieder schließen.

Das Bläsergas ist häufig reines CH_4; es findet sich in ihm aber auch Stickstoff (bis zu 20 %) und Kohlensäure (bis zu 5 %). Auf einer belgischen Grube hat man in einem Falle auch freien Wasserstoff in den ausströmenden Grubengasen gefunden[2]).

40. — Plötzliche Gasausströmungen aus Bruchspalten (Bläser zweiter Ordnung). Es kommt auch vor, daß Bläser nachträglich in Strecken auftreten, die bisher in geschlossenem, klüfte- und rissefreiem Gebirge standen.

Durch den Gebirgsdruck der überlagernden Schichten oder durch Auswirkungen des unter oder über diesen Strecken umgehenden Abbaus können sich Spalten und Risse bilden, wodurch Wege zu Gasansammlungen im Nebengestein oder zu alten Abbauen oder Gasnestern in Flözen geöffnet werden. Auf diese Weise können in den oberen Querschlägen, Richtstrecken oder sonstigen Grubenbauen Bläser entstehen, die unter Umständen überraschend

---

[1]) Glückauf 1928, S. 1589; Neue: Die Anwendung des Versteinungsverfahrens zur Durchörterung schlagwetterführender Gebirgsschichten.

[2]) Österr. Zeitschr. f. Berg- u. Hüttenwesen 1908, S. 325; Volf: Über die Entzündlichkeit der Schlagwetter usw.

schnell die Baue mit großen Schlagwettermengen erfüllen. Es ist mit
großer Wahrscheinlichkeit anzunehmen, daß das Radbod-Unglück vom
12. 11. 1908 so entstanden ist[1]). Die Gasentwickelung kann besonders
groß sein, wenn mit dem plötzlichen Durchbrechen des Hangenden noch
Gasausbrüche (s. Ziff. 37) in zu Bruche gehenden Bauen verknüpft sind.

41. — Die Bekämpfung des Grubengases. Im Sinne der deutschen Berg-
polizeiverordnungen für den Steinkohlenbergbau ist eine Ansammlung von
Grubengas jedes Auftreten von 1% oder mehr in den Grubenwettern. Ist es
nicht möglich, den Grubengasgehalt nachhaltig unter 1% zu verringern, so
muß der Betriebspunkt stillgelegt oder eine Ausnahmegenehmigung erwirkt
werden. Im englischen Steinkohlenbergbau ist dieser kritische Hundertsatz auf

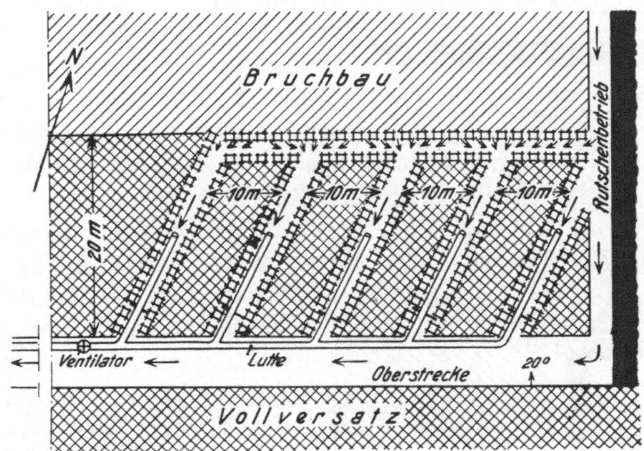

Abb. 481. Absaugung des Methans aus dem Damm der oberen Strecke.

2%, im holländischen Steinkohlenbergbau auf 1,5% festgesetzt worden. In
jedem Fall ist der Bekämpfung des Grubengases besonders große Beachtung
zu schenken.

Die Maßnahmen zur Bekämpfung des Grubengases und damit der Schlagwettergefahr müssen 1. darauf gerichtet sein, die Ausgasung selbst möglichst
gering zu halten, 2. den Übertritt des Grubengases in den Wetterstrom, wenn
möglich, zu verhindern und 3. das in den Wetterstrom übergetretene Grubengas
auf einen ungefährlichen Hundertsatz zu verdünnen.

Da, wie bereits ausgeführt worden ist, der durch den Abbau ausgelöste
Gebirgsdruck die Ausgasung weitgehend beeinflußt, wird es, um die Ausgasung
gering zu halten, darauf ankommen, den Gebirgsdruck und seine Äußerungen
abzuschwächen. Ein zu diesem Zweck brauchbares Mittel im Abbau ist in
der Wahl eines möglichst unnachgiebigen Ausbaus zu erblicken. Es wird
dadurch der auf dem Kohlenstoß ruhende Kämpferdruck und die Rißbildung
im Hangenden vermindert. Um zugleich den Einfluß benachbarter Flöze fernzuhalten, wird es sich empfehlen, den Abbau flüssig und ohne Unterbrechung
zu führen, um parallel zur Kohlenfront verlaufende Bruchkantenbildung zu

---

[1]) Zeitschr. f. d. Berg-, Hütt.- u. Salinenwes. 1911, S. 769; Hollender: Die
Explosion auf der Steinkohlengrube Radbod I/II bei Hamm i. W. am 12. No-
vember 1908.

vermeiden. Auch ist es in gasreichen Flözen zweckmäßig, die Zahl der streichenden Strecken möglichst gering zu halten, da sich diese infolge der mit ihnen verbundenen Bruchkantenbildung als starke Gasbringer erwiesen haben.

Die Vermeidung einer Vermischung ausgetretenen Grubengases mit dem Wetterstrom ist durch Absaugung möglich. Hierbei ist in erster Linie an das unter der Kopfstrecke sich ansammelnde Grubengas zu denken, das nach Abb. 481 durch in Röschen des Streckendammes verlegte Lutten mittels eines Lüfters abgesaugt werden kann[1]). Dieses Verfahren ist schon mehrfach mit Erfolg angewandt worden, hat aber keineswegs allgemeine Verbreitung gefunden, da man in der Möglichkeit der Bildung explosibler Gemische in der Luttenleitung eine Gefahr sieht. Außerdem kommt die Absaugung von Methan aus Störungszonen oder Spalten in Betracht, und zwar vor allem dann, wenn es sich um Bläser handelt (Ziff. 40, S. 536).

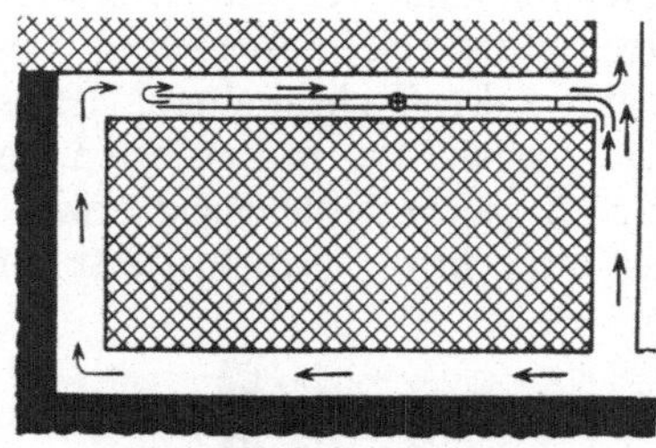

Abb. 482. Frischwetterzufuhr mit Hilfe einer Lutte.

Wichtiger, da wirkungsvoller, ist zweifellos die Verdünnung des einmal ausgetretenen Methans durch den Wetterstrom. Vielfach genügt hierzu die Verstärkung des Strebwetterstroms, die allerdings bei Wettergeschwindigkeiten von 2—4 m infolge Staubbildung und hoher Depressionsverluste eine Grenze findet. Das darüber hinaus anwendbare Mittel besteht in einer Auffrischung des Wetterstroms dort, wo seine Methanausgasung in kritischen Fällen stark zu sein pflegt: im oberen Strebteil oder in der Kopfstrecke. Diese Frischwetterzufuhr kann einmal über streichende Mittelstrecken oder über schwebende im

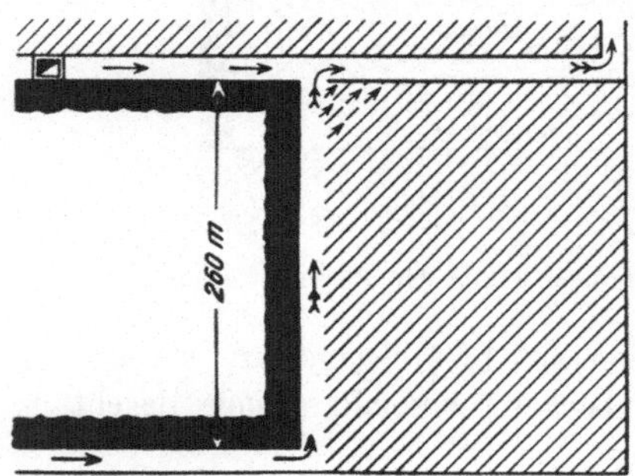

Abb. 483. Frischwetterzufuhr gegen die Abbaurichtung durch Unter- und Oberstrecke.

Versatz ausgesparte Strecken geschehen. Abgesehen von dem Nachteil streichender Strecken, die Ausgasung zu fördern und der Schwierigkeit, schwebende Strecken zumal beim Bruchbau aufrechtzuerhalten, haben sich die durch solche Strecken geleiteten Wetterströme vielfach schon so stark mit Methan aus dem Alten Mann angereichert, daß sie ihren Zweck nur selten erfüllten. Erfolgreicher ist dagegen eine Frischwetterzufuhr durch einen Luttenstrang in der Kopfstrecke nach Abb. 482 oder aber aus der nächsten Abteilung über die vor Beginn des Abbaus fertig aufzufahrende Kopfstrecke nach Abb. 483. Dieses letztgenannte Verfahren bedingt eine weit vorausschauende Aus- und Vorrichtung und erfordert auch infolge der frühzeitigen Festlegung von Anlagekapital und der Vergrößerung des jeweils zu unterhaltenden Streckennetzes höhere Kosten[2]).

---

[1]) Glückauf 1939, S. 511; W. Gassmann, und W. Mommertz: Schlagwetter im Abbau.

[2]) W. Gassmann und W. Mommertz: a. a. O. ferner R. Forstmann a. a. O.

42. — Einwirkung des Luftdrucks auf die Methanausgasung. Auch
die Höhe des Luftdruckes ist von gewissem Einfluß auf den Austritt des Grubengases. Bei gleichmäßigem Barometerstande wird sich eine gleichmäßige
Gasausströmung herausbilden. Bei steigendem Barometer wächst der Widerstand, und die Gasausströmung muß sich verlangsamen, während umgekehrt
bei fallendem Barometer der Gasaustritt lebhafter vor sich gehen wird.

Die Schwankungen des Barometerstandes betragen insgesamt im Höchstfalle etwa 40 mm Quecksilber (540 mm Wasser) und gehen in der Regel
über 30 mm Quecksilber (400 mm Wasser) nicht hinaus. Tagesschwankungen
von 10 mm Quecksilber (135 mm Wasser) sind bereits sehr hoch. Der Luftdruck schwankt also im Höchstfalle um 5,1 %, während die Tagesschwankungen sehr selten mehr als etwa 1,3 % betragen.

Auf die Ausströmung der
unmittelbar an die Kohle gebundenen Gasmenge werden
diese Schwankungen wohl kaum
von merklichem Einfluß sein.
Auch bei der Rißausgasung erscheint es auf den ersten Blick
gleichgültig, ob gegenüber einer
Spannung von 2 oder 3 at ein
äußerer Druck von 1 oder 1,013
oder 1,051 at vorhanden ist. Da
diese Drucke jedoch im allgemeinen erst in mehreren Metern
Entfernung vom Kohlenstoß im
Inneren des Flözkörpers festgestellt worden sind und der
Austritt des Methans in den
Streb oder in andere Gruben-

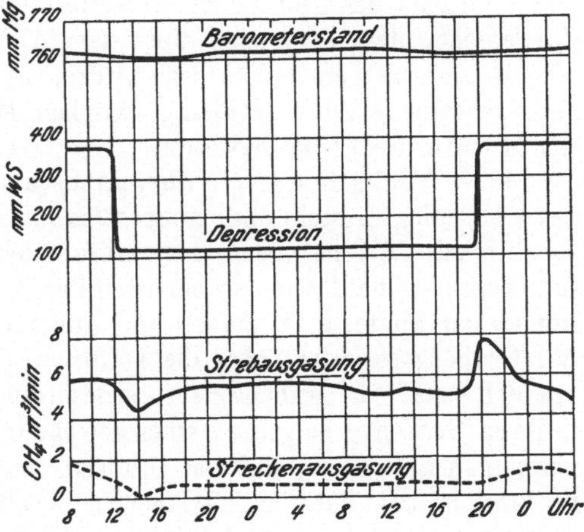

Abb. 484. Beeinflussung der Ausgasung durch Luftdruckschwankungen.

räume in der Regel mit Überdrucken von nur $^1/_{10}$ oder $^1/_{100}$ at oder noch weniger vor sich geht, ist es durchaus erklärlich, daß für kurze Zeit infolge des
gestiegenen Luftdrucks das Grubengas in die Kohle zurückgestaut oder umgekehrt bei plötzlich fallendem Barometer im Ausströmen begünstigt wird. Die
gleichen Überlegungen gelten für Bläser, und zwar vor allen Dingen dann, wenn
ihr Druck schon nachgelassen hat und sie sich der Erschöpfung nähern. Auch
auf den Gasaustritt aus dem Alten Mann werden Barometerschwankungen einen
ähnlichen Einfluß haben. Daß die Gefahr der plötzlichen Gasausbrüche durch
Änderungen des Luftdruckes beeinflußt wird, ist jedoch kaum anzunehmen.

Ähnlich wie 1893 durch Bergrat Behrens[1]) auf Hibernia ist kürzlich auf
der holländischen Staatsgrube Emma diesen Abhängigkeiten durch einen Versuch nachgegangen worden. Durch 34 h hindurch wurde bei fast unverändertem Barometerstand die Ventilatordepression statt auf 390 mm WS auf
110 mm WS gehalten. Es ist also erst der Luftdruck erhöht und nach 34 h plötzlich wieder vermindert worden. Zugleich fanden laufende Messungen über die
Höhe der Streb- und Streckenausgasung statt. Hierbei zeigte sich, wie Abb. 484

---

[1]) Behrens: Beiträge zur Schlagwetterfrage 1896, Essen, Baedeker (I. Bd.,
6. Aufl., S. 542).

veranschaulicht, bei Druckerhöhung eine kurzzeitige Verminderung sowohl der Streb- als Streckenausgasung und bei Druckverminderung eine kurzzeitige Vermehrung der ausgetretenen Gasmengen[1]).

43. — Einfluß des Luftdruckes auf die Explosionsgefahr. Auf Grund langjähriger Untersuchungen hat festgestellt werden können, daß ein Zusammenhang zwischen den Luftdruckschwankungen und den Schlagwetterexplosionen nicht nachweisbar ist, da annähernd ebensoviel Explosionen bei fallendem wie bei steigendem Barometer sich ereigneten.

Es ist das leicht erklärlich. Der Eintritt einer Schlagwetterexplosion hat neben dem Vorhandensein von Grubengas in gefährlicher Menge stets eine zündende Ursache zur Voraussetzung. Schon die Ansammlung gefährlicher Grubengasmengen wird aber häufiger dem Zufall und insbesondere dem Versagen der geordneten Wetterführung infolge von Brüchen oder dem Niedergehen des Hangenden über dem Alten Mann oder dem Anschießen von Bläsern als dem Fallen des Luftdruckes zuzuschreiben sein. Noch mehr fehlt der innere Zusammenhang zwischen einer Luftdruckschwankung und der Zündung der Schlagwetter.

44. — Verhalten des Grubengases nach der Ausströmung. Das aus der Kohle, dem Gestein oder einem Bläser austretende Gas steigt infolge seiner Leichtigkeit zunächst nach oben und sammelt sich hier an. Es findet sich deshalb besonders häufig an den höchsten Punkten der Grubenbaue, in Auskesselungen der Firste, in Aufhauen und Aufbrüchen. Sofort nach dem Austritt des Grubengases wirkt aber die Diffusion auf dieses ein, so daß es alsbald mit den sonstigen Grubenwettern sich zu mischen beginnt. Für Räume, die in ihren Größenverhältnissen einer gewöhnlichen Grubenstrecke entsprechen, kann man annehmen, daß die Diffusion nach Verlauf von einigen Stunden ihr Werk beendet hat und daß danach eine vollkommen gleichmäßige Mischung der Gase eingetreten ist. Scheinbar steht damit im Widerspruche, daß man in der Grube in Auskesselungen der Firste einer Strecke unter Umständen tage- und wochenlang Grubengas finden kann. Doch erklärt sich das durch das Nachströmen frischen Gases.

Die Diffusion wirkt naturgemäß um so langsamer, je größer die Entfernungen sind. In einem Aufhauen von größerer Länge wird die Diffusion nach der Grundstrecke hin nur verhältnismäßig schwach zur Geltung kommen können.

Ein Gemisch von Grubengas mit Luft entmischt sich nicht wieder. Auch kennt man bisher keinerlei Mittel, beide Gase zu trennen. Die Ausführbarkeit einer solchen Trennung würde bei der Größe der Grubengasausströmung mancher Gruben von großer Bedeutung sein.

D. Die Schlagwetterexplosion.

45. — Der chemische Vorgang bei der Explosion. Ausströmendes Grubengas verbrennt an der Luft nach bewirkter Entzündung mit hellblauer, wenig leuchtender Flamme. Hat eine vorherige Mischung des Grubengases mit atmosphärischer Luft stattgefunden, so kann dieses Gasgemisch ex-

---

[1]) Braunkohlenarchiv 1937, S. 3; Rüland: Beitrag zur Klärung der Grubengasentwicklung im Steinkohlenbergbau.

plodieren. Verbrennung und Explosion verlaufen unter der Voraussetzung gewöhnlicher Druckverhältnisse etwa nach folgender Formel:

$$1\,CH_4 + 2\,O_2 + 8\,N_2 = 1\,CO_2 + 8\,N_2 + 2\,H_2O$$

Wenn also auf 1 Raumteil CH_4 2 Raumteile Sauerstoff, d. h. etwa 10 Raumteile atmosphärischer Luft entfallen, so reicht der Sauerstoff gerade zur Verbrennung des vorhandenen CH_4 aus und wird dafür verbraucht (s. Abb. 485) Die Explosion ist dann am kräftigsten. Bei genauerer Rechnung stellt sich das günstigste Explosionsgemisch auf etwa 9½ % CH_4 und 90½ % Luft. Ist der CH_4-Gehalt in dem Explosionsgemisch größer, so wird Kohlenoxyd gebildet (s. Ziff. 23, S. 522), und es bleibt ein Teil des Gruben-

Abb. 485. Veranschaulichung der Umsetzung in einer Schlagwetterexplosion.

gases unverbrannt; ist er kleiner, so bleibt Sauerstoff oder atmosphärische Luft im Überschuß.

Ist dagegen der Methangehalt des Gemisches größer oder kleiner als $9^1/_2$ %, so muß bei der Explosion entweder Grubengas oder die überschüssige atmosphärische Luft nutzlos miterwärmt werden. Die Explosion wird deshalb schwächer.

46. — Grenzen der Explosionsfähigkeit. Gefährlichkeit nicht explosibler Gemische. Beträgt der CH_4-Gehalt in dem Gemische 5% einerseits oder 14 % anderseits, so hört die Explosionsfähigkeit auf; Wetter mit einer diese Grenzen überschreitenden Zusammensetzung sind nicht mehr explosibel. In einem Gemische mit mehr als 14 % CH_4 kann man z. B. elektrische Funken überspringen lassen, ohne daß eine Explosion erfolgt. Eine Flamme erlischt darin. Ungefährlich sind freilich solche hochprozentigen Gemische in der Grube nicht, denn es ist, abgesehen davon, daß sie einen für die Atmung zu geringen Sauerstoffgehalt besitzen, klar, daß eine Grenzzone vorhanden sein muß, in der der CH_4-Gehalt so weit herabgemindert ist, daß das Gemisch in diesem Teile explosibel wird. Hier würde infolge einer Entzündung eine Explosion entstehen, die durch ihre Wirkung das noch unverdünnte Grubengas auf der einen Seite aufwirbeln und mit der Luft auf der andern Seite mischen würde. Weitere Explosionen würden dann wahrscheinlich folgen.

Auch Gemische mit weniger als 5% CH_4 sind nicht als ungefährlich anzusehen. Insbesondere ist zu beachten, daß sich die Explosionsgrenze nach unten verschieben kann, wenn das Gemisch durch besondere Ursachen, wie durch einen Sprengschuß oder eine vorangegangene Kohlenstaubexplosion zusammengedrückt worden ist. Zudem verbrennt auch das in geringeren Prozentsätzen in der Luft enthaltene Grubengas, wenn es in den unmittelbaren Bereich einer Flamme kommt. Die Flamme selbst wird, wenn sie in derartigem Gemische brennt, länger und stärker. In der Wetterlampe ist die Flammenverlängerung schon bei etwa 1% Grubengas in der Luft sichtbar und wird bei höherem Gehalt sehr stark. Gleiche Flammenverstärkungen werden z. B.

bei ausblasenden Schüssen eintreten. Da die verstärkte Flamme weiter-schlägt, werden also die Schüsse gefährlicher. Geringe Beimengungen von Kohlenstaub können dann schon für eine kräftige Explosion genügen. Ist einmal eine Explosion eingeleitet, so findet sie auch in geringprozentigen CH_4-Gemischen neue Nahrung und greift weiter als in reiner Luft.

47. — Explosionstemperatur, Volumen und Druck der Explosionsgase[1]). Die Temperatur, die bei der Explosion eines Grubengas-Luftgemisches entsteht, ist, wie erwähnt, je nach dem Mischungsverhältnis verschieden. Bei der günstigsten Explosionsmischung beträgt die Flammentemperatur 2650° C, bei 5% oder 14% CH_4 aber nur etwa 1500°. Im Augenblicke der Explosion ist das gebildete Wasser dampf- oder gasförmig vorhanden. Nach der Formel auf S. 541 entstehen aus 11 Raumteilen, die in die Ex-plosion eintreten, wiederum 11 Raumteile. Da die neu gebildeten Gase im ersten Augenblicke eine Temperatur von 2650° besitzen, würden sich die Vo-lumina vor und nach der Explosion wie die absoluten Temperaturen, also wie 15 + 273 zu 2650 + 273 oder wie 288 zu 2923 verhalten. Die Gase würden sich also auf mehr als das Zehnfache des ursprünglichen Volumens ausdehnen. Die hohe Explosionstemperatur der Gase bleibt aber nicht lange bestehen. Durch Mischung mit der übrigen, kalten Luft und Berührung mit den Streckenwandungen und sonstigen Gegenständen kühlen sich die Gase sofort annähernd auf die Grubentemperatur herab. Hierbei tritt n'cht nur eine Volumenverminderung auf etwa $^1/_{10}$ ein, sondern es schlägt außerdem der Wasserdampf sich als Wasser nieder, und da dessen Rauminhalt vernach-lässigt werden kann, so haben wir statt der ursprünglich vorhandenen 11 Raumteile nur noch deren 9, also weniger als vor der Explosion. Während also im ersten Augenblicke der Explosion die Gase sich sehr stark auszudehnen suchen und alles vor sich hertreiben, ziehen sie sich kurz darauf sogar auf ein noch geringeres Volumen als das ursprüngliche zusammen. Die erste Wir-kung äußert sich als Schlag nach der einen Seite, die zweite Wirkung als Rückschlag. Daraus erklärt sich die viel gebrauchte Bezeichnung „schlagende Wetter" oder „Schlagwetter". Hiernach ist es unrichtig, reines Grubengas als „Schlagwetter" zu bezeichnen.

Läßt man die Explosion in einem geschlossenen Raum (Bomben od. dgl.) vor sich gehen, so müßte der Druck entsprechend dem vermehrten Gasvolumen nach dem Mariotteschen Gesetze auf etwa 10 at steigen. Tatsächlich findet man aber bei Explosionsversuchen in Bomben nur höch-stens 6½ at Überdruck, was aus der sofort ihre Wirkung ausübenden Abkühlung zu erklären ist. Die schlagwettersichere druckfeste Kapselung elek-trischer Geräte setzt den Bau von Gefäßen voraus, die diesem Explosionsdruck gewachsen sind (vgl. Bd. II). In der Grube wird der durch die Explosion ent-stehende Überdruck in der Regel noch viel geringer sein, weil die Gase Gelegen-heit haben, sich auszudehnen.

48. — Explosionsgeschwindigkeit. Die Fortpflanzungsgeschwindigkeit der Explosion ist nach Versuchen, die in Röhren angestellt wurden, sehr gering und beträgt nur 0,2—0,6 m in der Sekunde. Sie ist aber größer, wenn das Gasgemisch in Bewegung ist, und wächst ganz beträchtlich (anscheinend

[1]) **Müller-Hillebrandt:** Grundlagen der Errichtung elektrischer Anlagen in explosionsgefährdeten Betrieben. Berlin 1940.

bis auf 330 m sekundlich), wenn am Orte der Explosion eine Druckerhöhung eingetreten ist, so daß die Explosion unter Druck verläuft. Es kann das in der Grube leicht geschehen. Eine anfänglich vielleicht geringe Explosion schiebt die Gase vor sich her und staucht sie an einem Punkte zusammen. Die Flamme folgt nach und zündet die zusammengepreßten Gase, die nun mit großer Heftigkeit und sprengstoffähnlicher Wirkung explodieren[1]).

In Wirklichkeit haben manche Grubenexplosionen nur eine sehr geringe mechanische Wirkung, und diese kann auch bei größeren Explosionen an einzelnen Punkten schwach sein. Obwohl man vielleicht an der Flammenwirkung erkennt, daß die Explosion den Ort bestrichen hat, kann hier alles in der alten Lage geblieben sein, und es können z. B. die Kleider der Bergleute noch an dem in einen Stempel geschlagenen Nagel hängen. Gelegentlich aber ist die mechanische Kraftäußerung der Explosion gewaltig groß. Es ist vorgekommen, daß einem Manne der Kopf vom Rumpfe gerissen ist, daß Förderwagen nicht allein umgeworfen, sondern auch zusammengequetscht und die Schienen aufgerollt wurden. Solche Wirkungen sind nur bei einer außerordentlich gesteigerten Explosionsgeschwindigkeit erklärlich.

49. — Entzündungstemperatur der Schlagwetter. Die Entzündungstemperatur der Schlagwetter ist zu etwa 650° C anzunehmen. Jedoch entflammt sich das Gasgemisch nicht unmittelbar, sobald es auf die angegebene Temperatur gebracht ist, sondern es muß eine gewisse Zeit lang auf dieser Temperatur gehalten werden. Die Verzögerung der Entzündung beträgt in der Nachbarschaft von 650° bis zu 10 Sekunden. Sie verringert sich um so mehr, je höher die Temperatur steigt, und ist bei 1000° kaum mehr schätzbar. Die Zündung der Schlagwetter hängt also von mindestens zwei Bedingungen, Temperatur und Zeit, ab. Es ist sehr wohl möglich, glühende Drähte, die eine viel höhere Temperatur als 650° C besitzen, ohne Gefahr der Zündung in ein Schlagwettergemisch zu bringen, weil die einzelnen erwärmten Gasmoleküle sofort aufsteigen und sich wieder vom Drahte entfernen, so daß die erforderliche Zeit zur Einleitung der Verbrennung fehlt.

Ferner ist bei anderen Versuchen festgestellt worden, daß die Entzündlichkeit von Schlagwettern bei vermindertem Gasdrucke geringer und bei erhöhtem Gasdrucke stärker ist. Anscheinend kann durch vergrößerten Druck die Verzögerung der Entzündung vermindert werden. In tiefen Gruben wird somit die Entzündungsmöglichkeit für Schlagwetter größer als bei Versuchen über Tage sein.

50. — Beschaffenheit der Explosionsschwaden. Die Nachschwaden sind im allgemeinen durch Rauch und dichten Staub gekennzeichnet. Die chemische Zusammensetzung der Gase wechselt stark und muß verschieden sein, je nachdem es sich um eine reine Schlagwetter- oder um eine gemischte oder um eine reine Kohlenstaubexplosion gehandelt hat. Im Mittelpunkte der Explosion kann der Sauerstoff der Luft verbraucht worden sein, ohne daß dies aber überall der Fall sein wird. An manchen Punkten wird auch der Sauerstoff im Überschuß vorhanden gewesen sein. Durch den Explosionsschlag und den Rückschlag werden die Schwaden sofort mit frischer Luft

---

[1]) Beyling und Drekopf: Sprengstoffe und Zündmittel mit bes. Berücksichtigung der Sprengarbeit unter Tage (Berlin, Springer), 1936.

durcheinander gewirbelt, so daß sich ein gewisser Sauerstoffgehalt sehr bald nach der Explosion überall wieder findet.

Der Stickstoffgehalt wird, da ein Teil des Sauerstoffs zu Wasser verbrannt ist, verhältnismäßig erhöht erscheinen. Bei allen größeren Explosionen muß man auch mit dem Vorhandensein von Kohlenoxyd in den Schwaden rechnen. Kohlensäure findet sich selbstverständlich stets. Ungefähr wird man folgende Zusammensetzung der Nachschwaden von gemischten Explosionen annehmen können:

$$80\text{—}85\% \text{ Stickstoff,}$$
$$12\text{—}17 \text{ „ Sauerstoff,}$$
$$4\text{—}7 \text{ „ Kohlensäure,}$$
$$0,5\text{—}1,5 \text{ „ Kohlenoxyd.}$$

Auch in starker Verdünnung mit Luft können solche Schwaden noch giftig bleiben.

51. — Entstehungsursachen der Schlagwetterexplosionen. Die Schlagwetter werden in manchen Fällen durch Leichtsinn der Arbeiter entzündet, die ein Streichholz in Brand setzen oder die Sicherheitslampe öffnen.

Ein anderer Grund ist offenes Licht. Es pflegt sich dabei um Gruben oder Grubenabteilungen zu handeln, in denen Schlagwetter bis dahin unbekannt waren und der Gebrauch offenen Geleuchtes erlaubt ist.

Besonders häufig ist die Sicherheitslampe mit Öl- oder Benzinbrand die Ursache von Schlagwetterexplosionen gewesen. Ihren Namen trägt sie mit Unrecht, da sie völlige Sicherheit nicht gewährt. Eine gewisse, aber auch noch beschränkte Sicherheit ist nur dann vorhanden, wenn die Lampe fehlerfrei ist, wenn sie außerdem beobachtet wird und sich dabei in der Hand eines verständigen Arbeiters befindet. Näheres über die den Lampen anhaftenden Gefahren findet sich im Abschnitte über „Wetterlampen". Durch die mittlerweile fast allgemein erfolgte Einführung der elektrischen Grubenlampen ist die Zahl der durch das Geleucht verursachten Schlagwetterexplosionen stark zurückgegangen.

Mit einem erheblichen Prozentsatz ist ferner bei der Veranlassung von Schlagwetterexplosionen die Sprengarbeit beteiligt, wobei sowohl die eigentliche Schußflamme als auch die Zündung der Sprengschüsse in Frage kommt, wie dies auf S. 243 u. f. und S. 255 u. f. näher ausgeführt ist. In Deutschland hat sich die Zahl der durch Sprengarbeit verursachten Explosionen im Laufe des letzten Jahrzehnts sehr vermindert.

Unter den sonstigen Ursachen von Schlagwetterexplosionen kommen zunächst Grubenbrände in Betracht. Wo die Kohle zur Selbsterhitzung neigt, können auch bei größter Vorsicht manchmal Grubenbrände nicht verhindert werden. Der Brand ist um so gefährlicher, als er durch Erhitzung der Kohle diese vergast und so weitere brennbare Gase (insbesondere Wasserstoff und schwere Kohlenwasserstoffe, unter diesen vorzugsweise Äthylen) erzeugt. Wenn nun die brennbaren Gase sich mit Luft zu mischen Gelegenheit haben und durch die Wetterbewegung auf den Brandherd geführt werden, so ist ihre Entzündung möglich. Derartige Explosionen sind mehrfach, wenn auch wegen der meist beschränkten Luftzufuhr und der gleichzeitigen Kohlensäureentwickelung nicht so häufig, wie man zunächst annehmen könnte, vorgekommen.

Eine andere, wenn auch seltene Ursache von Schlagwetterexplosionen kann Funkenbildung sein. Wenn harte Gesteine gegeneinander gerieben werden, so entstehen ebenso Funken, wie wenn Stahl auf harten Stein schlägt. Im allgemeinen sind solche Funken, die ja z. B. bei der maschinellen Schräm- und Bohrarbeit, bei der Arbeit mit der Keilhaue und am Auswurf der Schleuder-Versatzmaschinen auftreten, ungefährlich. Außergewöhnlich starke Funkengarben können aber, wie Versuche gezeigt haben, Schlag-

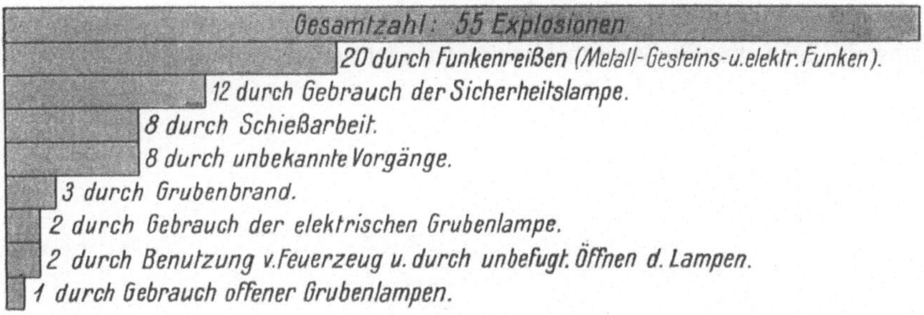

Gesamtzahl: 55 Explosionen
20 durch Funkenreißen (Metall-Gesteins-u.elektr. Funken).
12 durch Gebrauch der Sicherheitslampe.
8 durch Schießarbeit.
8 durch unbekannte Vorgänge.
3 durch Grubenbrand.
2 durch Gebrauch der elektrischen Grubenlampe.
2 durch Benutzung v. Feuerzeug u. durch unbefugt. Öffnen d. Lampen.
1 durch Gebrauch offener Grubenlampen.

Abb. 486. Entstehungsursachen der Schlagwetterexplosionen im Zeitraum 1927—1935.

wetter zünden. Ebenso ist es erwiesen, daß die Funkenbildung beim Zusammenbrechen harter, hangender Gebirgschichten Schlagwetterexplosionen verursachen kann[1]).

Die Ursache von Schlagwetterexplosionen können auch elektrische Funken oder überhaupt die Wirkungen der Elektrizität sein. Funken können an elektrischen Arbeitsmaschinen, an den Leitungen, den Ausschaltern, den Sicherungen und unter Umständen auch an elektrischen Zündmaschinen auftreten. Auch durch Reibungselektrizität, die z. B. durch Ausströmen staubhaltiger Druckluft aus isolierten Mundstücken entsteht, können zündungsgefährliche Funken gebildet werden[2]). Ferner können glühende Drähte und, im Falle des Bruches, Glühlampen gefährlich werden; Bogenlampen sind es in jedem Falle. Man hat jedoch gelernt, die Gefahren der Elektrizität in hohem Maße unschädlich zu machen (s. Bd. II), so daß durch die Elektrizität verursachte Schlagwetterexplosionen sehr selten sind.

Über die Entstehungsursachen der Schlagwetterexplosionen in Preußen in den Jahren 1927—1935 gibt Abb. 486 Aufschluß.

Die Zahl der Explosionen in den letzten 30 Jahren erhellt aus Abb. 487.

52. — Erfolge in der Bekämpfung der Schlagwetterexplosionen. Schon die Zahlen der Abb. 487 lassen eine Verminderung der Gesamtzahl der Explosionen seit 1908 erkennen. Noch klarer zeigen sich die erzielten Erfolge, wenn man die Zahl der durch Schlagwetterexplosionen getöteten

---

[1]) Vgl. z. B. Bergbau 1913, S. 340: Gesteinsfunken als Ursache von Schlagwetterexplosionen; — ferner Zeitschr. f. prakt. Geologie 1909, S. 440; Canaval: Über Lichterscheinungen beim Verbrechen von Verbauen.

[2]) Glückauf 1933, S. 499; C. H. Fritzsche: Beobachtungen über die Bildung elektrischer Funken durch staubhaltige Preßluft.

Personen zu der Förderung für einen längeren Zeitraum in Beziehung setzt, wie dies im folgenden geschehen ist. Auf eine durch eine Schlagwetterexplosion zu Tode gekommene Person entfiel in Preußen eine Förderung von:

539 623 t im Durchschnitt der Jahre 1881—1890,
1 100 810 „ „ „ „ „ 1891—1900,
1 772 102 „ „ „ „ „ 1901—1910,
2 551 064 „ „ „ „ „ 1911—1920,
2 259 598 „ „ „ „ „ 1921—1930.
6 625 303 „ „ „ „ „ 1931—1936,

Danach hat sich die Sicherheit gegen Schlagwetterexplosionen seit den 1880er Jahren bis zu dem Zeitraum von 1931—1936 etwa verzwölffacht, obwohl doch die Gruben erheblich tiefer und gefährlicher geworden sind.

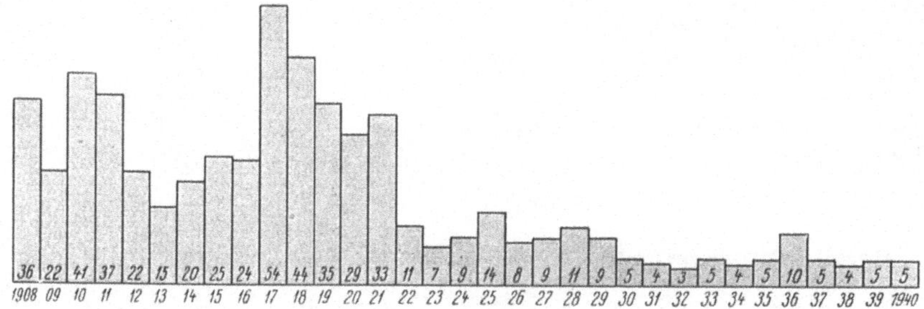

Abb. 487. Zahl der in Preußen von 1908—1940 vorgekommenen Schlagwetterexplosionen.

E. Mittel zur Erkennung der Schlagwetter.

53. — Analyse. Die sicherste Feststellung des Gehaltes der Wetter an Grubengas erfolgt durch chemische Analyse, deren Genauigkeit etwa 0,02 % beträgt. Es werden zu diesem Zwecke Proben in Glasröhrchen genommen, die man durch Auslaufen von Wasser sich mit Gas erfüllen läßt. Insbesondere pflegt man durch regelmäßig sich wiederholende Proben den Gasgehalt einzelner Teilströme sowie denjenigen des gesamten ausziehenden Stromes zu überwachen, um so die Wirkung der Wetterführung und die CH_4-Entwickelung im Verhältnis zur Wettermenge sicher beurteilen zu können.

Für den Bergmann in der Grube genügt aber diese an sich unentbehrliche, nachträgliche Feststellung des Grubengasgehaltes nicht. Vielmehr muß er ein Mittel haben, das Vorhandensein von Grubengas unmittelbar feststellen und den Prozentgehalt, wenn auch nur in roher Weise, abschätzen zu können.

54. — Die Wetterlampe als Erkennungsmittel für Schlagwetter. Das einzige Erkennungsmittel für schlagende Wetter, das sich bisher in der Hand des Bergmanns als brauchbar erwiesen hat, ist die Wetterlampe.

Das Vorhandensein von Grubengas in der Luft äußert sich in einer Verlängerung der Lampenflamme, die namentlich bei klein eingestellter Flamme gut sichtbar ist. Es bildet sich nämlich über dem ursprünglich vorhandenen, schmalen, blauen Flammensaum ein blaß hellblau gefärbter, durchsichtiger Flammenkegel (Aureole), aus dessen Höhe man auf den Gasgehalt schließen kann.

An der Benzinflamme der Wetterlampe sind Schlagwetter schon von 1 % Grubengasgehalt an zu erkennen. Die Erscheinungen sind in der

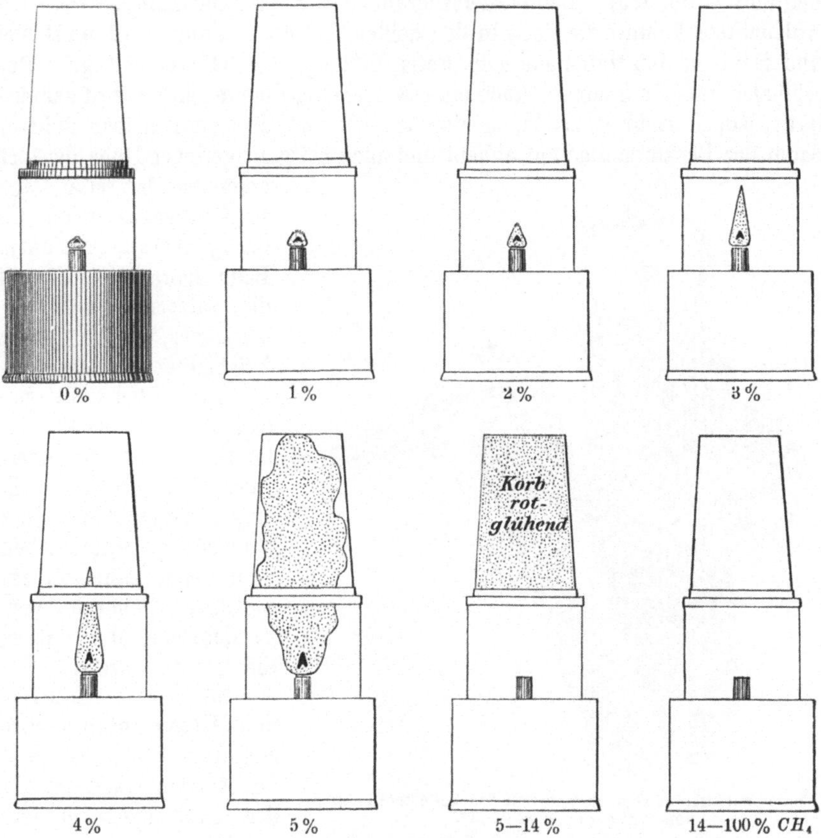

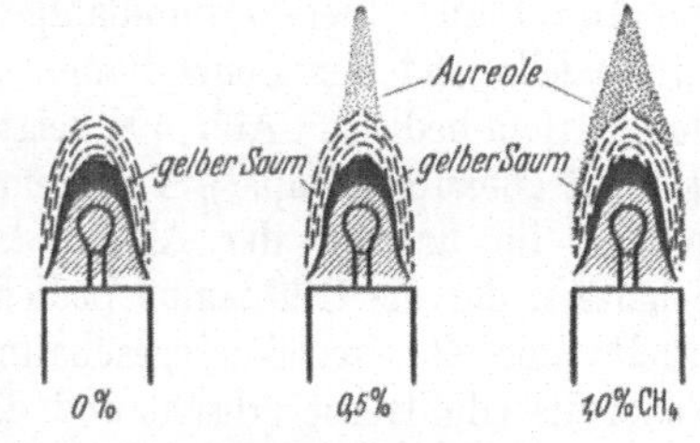

Abb. 488. Flammenerscheinungen der Benzinlampen in Schlagwettergemischen.

Abb. 488 dargestellt. Bei 1 und 2 % ist die Flammenverlängerung nur gering. Bei 3 % CH_4 steht die Spitze des Flammenkegels etwas unter dem oberen Rand des Glaszylinders, bei 4 % einen Finger breit darüber, bei 5 % erreicht sie den Deckel des Drahtkorbes und breitet sich gleichzeitig aus; bei mehr als 5 % erlischt die eigentliche Lampenflamme, während die Schlagwetter im Korbe so lange fortbrennen, wie frische Schlagwetter in den Korb nachströmen können; bei mehr als 14 % erlischt die Flamme ganz.

Abb. 489. Salzstift von v. Rosen.
(Nach Versuchsstrecke Derne.)

v. Rosen[1]) hat ein Verfahren angegeben, das die Sichtbarkeit des CH_4-Lichtkegels an Benzinlampen noch wesentlich erhöht. Ein unverbrennlicher

---

[1]) Bergbau 1913, S. 570; Otten: Die Schlagwetterperle; — ferner ebenda 1929, S. 183; Leinau: Die Schlagwetterperle.

Stift mit angeschmolzener Kochsalzperle wird so tief in den Docht gesteckt, daß die Perle bei gewöhnlicher Flamme sich in deren dunklem (kaltem) Teil befindet (Abb. 489). Beim Kleinschrauben der Flamme zum Zwecke des Ableuchtens kommt die Perle in den heißen Teil der Flamme, verdampft hier und färbt die Benzinflamme gelb unter Bildung eines stärker gelb gefärbten schmalen äußeren Saumes. Auch ein etwaiger CH_4-Flammenkegel wird gelb gefärbt, jedoch mehr graugelb, so daß er sich von dem stark gelben äußeren Saum der Benzinflamme gut abhebt und auch bei ganz geringer Höhe deutlich erkennbar ist. Man kann so Grubengas noch bis 0,3% herab erkennen. Beim Gebrauch verdampft die Salzperle. Ihre Lebensdauer dürfte jedoch 2 Schichten betragen.

Ein Übelstand ist, daß man mit einer Wetterlampe gerade die obersten, also grubengasreichsten Luftschichten in einer Strecke nicht untersuchen kann. Hier kann ein explosibles Gemisch vorhanden sein, ohne daß es die Lampe anzeigt.

55. — Elektrische Beamtenlampe mit Schlagwetteranzeiger.

Die Notwendigkeit, gerade den Grubenbeamten mit einer leuchtkräftigen, d. h. elektrischen Lampe zu versehen, ohne ihn mit einer

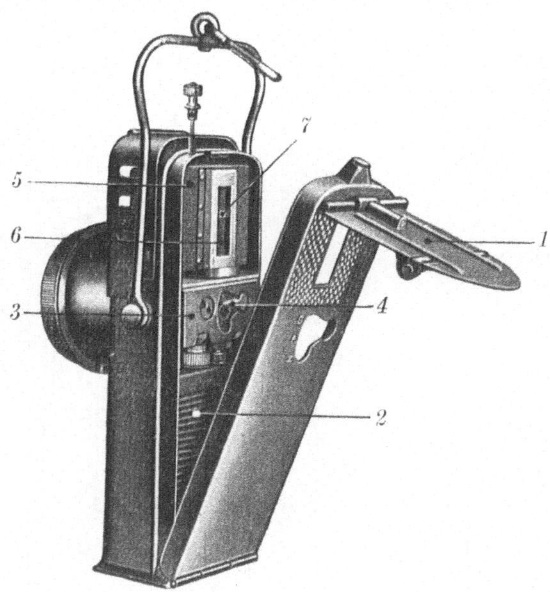

Abb. 490. Elektrische Grubenlampe mit Schlagwetteranzeiger von **Friemann & Wolf.**

1 Metallspiegel, *2* Akkumulator, *3* Brennstoffbehälter, *4* Schalthebel, *5* Sicherheitsschutzhaube, *6* Beobachtungsfenster, *7* Fensterwischer.

zweiten Lampe, der Benzinlampe, als Schlagwetteranzeiger zu belasten, hat zur Ausbildung einer Verbundlampe geführt, welche sich der Elektrizität als Lichtquelle und der Benzinflamme als des bewährten Mittels zum Nachweis von Methan bedient. Abb. 490 zeigt eine derartige von der Firma **Friemann & Wolf** gebaute Lampe[1]). In ihrem Oberteil ist der Schlagwetteranzeiger eingebaut, im unteren der Akkumulator. Durch Hochschieben des gleichen Schalters, der die Glühlampe bedient, wird selbsttätig die Dochtstellung geregelt, eine Zündspirale eingeschaltet und in die Nähe des Dochtes geführt, wobei die Glühlampe erlischt und das Benzinlämpchen aufflammt. Bei langsamem Zurückschalten wird der Zündstrom unterbrochen. Durch die Vermeidung der Metallfunkzündung und Ersatz des Drahtkorbes durch ein gelochtes Metallblech sind zugleich Ursachen, welche die Sicherheit der Wetter-

---

[1]) Glückauf 1933, S. 565; **Cabolet:** Elektrische Beamtenlampe mit Schlagwetteranzeiger.

lampe beeinträchtigen, beseitigt worden. — Ähnliche Lampen liefern die Dominitwerke, Dortmund.

56. — Selbstschreibende Schlagwetteranzeiger. Zur Überwachung der Bewetterung und zu besonderen Untersuchungen über Verlauf und Höhe der Ausgasung würde ein selbstschreibender Schlagwetteranzeiger ausgezeichnete Dienste tun können. Ein beachtenswerter Versuch in dieser Richtung scheint ein von Lloyd[1]) beschriebenes Anzeigegerät McLucky zu sein. Bei diesem Instrument wird eine unter atmosphärischem Druck stehende abgeschlossene Menge des Methanluftgemisches durch einen glühenden Platindraht gezündet und die nach erfolgter Kondensation des entstandenen Wasserdampfes eingetretene Druckabnahme mit Hilfe eines Aneroidbarometers gemessen und aufgezeichnet.

57. — Schlagwetter-Messer. Schnell und genau, aber nur in der Hand eines erfahrenen Beamten, arbeitet das Interferometer der Firma Karl Zeiss in Jena. Es beruht auf den durch ein schmales Lichtbündel erzeugten Interferenzerscheinungen. Läßt man zwei solcher Lichtbündel durch zwei mit Fenstern verschlossene und mit dem gleichen Gasgemisch erfüllte Kammern gehen, so entsteht die gleiche Beugungserscheinung. Füllt man aber die eine Kammer mit einem anderen Gas, so wandert das betreffende Interferenzbild. Aus dem Maße der Abweichung des einen Bildes vom anderen kann auf die Zusammensetzung des Gases geschlossen werden, falls das Gemisch nur aus 2 Veränderlichen (hier Luft und Methan) besteht. Wasserdampf und Kohlensäure müssen also vor der Füllung der Gaskammern beseitigt werden. Die Vorrichtung hat sich trotz ihrer durchaus nicht einfachen Bauart auch für Untersuchungen unter Tage bei sachverständiger Handhabung als recht brauchbar erwiesen[2]). Eine Untersuchung dauert nur etwa 1 Minute. Die Genauigkeit beträgt annähernd 0,1%. Bei hoher Luftfeuchtigkeit ist besondere Vorsicht beim Gebrauch dieses Gerätes am Platze.

58. — Sonstige Schlagwetteranzeiger. Weitere Vorrichtungen zur Erkennung von Grubengas sind in übergroßer Zahl erfunden worden[3]), jedoch hat sich bisher keines dieser Geräte bewährt und eingeführt. Sie beruhen in der Hauptsache entweder auf Diffusion, auf der Wärmeleitfähigkeit, auf Lichtbrechung oder auf der Brennbarkeit und Explosionsfähigkeit des Methans.

So wird bei dem Schlagwetteranzeiger Nelly (Firma Neufeldt u. Kuhnke, Werk Ravensberg) der Druck gemessen, der entsteht, wenn eine mit Luft gefüllte Tonkammer von Grubengas oder grubengashaltiger Luft umspült wird.

Die beiden Vorrichtungen Carbofer (Gesellschaft für Kohlen- und Erzforschung in Neubabelsberg bei Berlin) und Gnom (Siemens u. Halske in Berlin) beruhen auf der verschiedenen Wärmeleitfähigkeit von Luft und Grubengas.

---

[1]) Safety in Mines Research Board Paper Nr. 86, 1934; Lloyd: An automatic firedamp recorder. Bearbeitet von Lewien, Glückauf 1935, S. 332.

[2]) Glückauf 1913, S. 47; Küppers: Die Bestimmungen des Methangehaltes der Wetterproben mit Hilfe des tragbaren Interferometers.

[3]) Glückauf 1924, S. 415; Schultze-Rhonhof: Schlagwetteranzeiger; — ferner Glückauf 1334, S. 53; Bax: Entwicklungsmöglichkeiten von Schlagwetteranzeigern.

Der Anzeiger **Wetterlicht** (geliefert von der Ceag zu Dortmund) benutzt einerseits die bekannte Erscheinung, daß sich auf Rotglut vorgewärmtes Platin in grubengashaltiger Luft infolge seines hohen Adsorptionsvermögens weiter erhitzt, und anderseits die Fähigkeit des Palladiums, aus Methan Wasserstoff abzuscheiden.

Der Schlagwetteranzeiger **Siegfried** (Erfinder Prof. Fleißner in Leoben; geliefert von Friemann u. Wolf in Zwickau) entspricht in Bauart, Gewicht und Größe im allgemeinen der Benzinwetterlampe. Über der ziemlich kleinen Benzinflamme befindet sich ein Hohlkörper, in dem die Luft bei Anwesenheit von Grubengas infolge der durch das Gas bewirkten Vergrößerung der Flamme in Schwingungen gerät und einen mit der Menge des Grubengases sich verstärkenden, heulenden Ton hören läßt („Singende Lampe"). Die Lampe meldet also, wenn die Flamme auf Anzeigestellung steht, selbsttätig. Am Ton kann man den Gehalt der Wetter an CH_4 in den Grenzen von 1—4 % abschätzen. Zwischen 4 und 5 % brennen die Schlagwetter im Korbe, und das Tönen hört auf. Bei mehr als 5 % erlischt die Lampe.

F. Die physikalischen Verhältnisse der Grubenwetter.

59. — Das Raumgewicht der Grubenwetter. Das Raumgewicht der Grubenwetter ändert sich mit Druck, Temperatur und Feuchtigkeitsgehalt sowie durch Aufnahme weiterer Gase, die jedoch wegen ihrer geringen Anteile in den Wettern und da CO_2 und CH_4, wenn in gleichen Mengen vorhanden, sich in etwa ausgleichen, nicht berücksichtigt zu werden brauchen.

Die Bestimmung des Raumgewichts oder spezifischen Gewichts der Wetter ist bei den verschiedensten Messungen für die Überwachung der Grubenbewetterung von Bedeutung. Ein Weg hierzu führt über die Formel

$$\gamma = \frac{0{,}465 \cdot b}{T} - \frac{0{,}176 \cdot \varphi \cdot e}{T}$$

worin b den Barometerstand, φ den Sättigungsgrad, e die Sättigungsspannung bei der absoluten Temperatur T bezeichnet. In ihr ist der Ausdruck $\dfrac{0{,}465 \cdot b}{T}$ das spezifische Gewicht für trockene Luft, so daß aus der Formel hervorgeht, daß feuchte Luft immer leichter als trockene ist. Zugleich läßt sie erkennen, daß das spezifische Gewicht mit zunehmendem Barometerstand wächst und zunehmender Temperatur fällt.

60. — Beeinflussung des Volumens der Grubenwetter durch den Grubenbetrieb. Umgekehrt wie mit dem Raumgewicht ist es mit dem Volumen der Grubenwetter. Es nimmt mit zunehmendem Barometerstand ab, wächst bei Temperaturerhöhung im Verhältnis der absoluten Temperaturen und bei Feuchtigkeitserhöhung um den Hundertsatz der Dampfspannungszunahme vom Barometerstand. So wächst bei einer Erwärmung der Wetter von 9° auf 25° C das Volumen verhältnismäßig von 282 auf 298, also um 5,67 %. Nimmt ferner durch Erhöhung des Feuchtigkeitsgehaltes die Dampfspannung z. B. um 17,1 mm bei einem ursprünglichen Barometerstand von 760 mm zu, so beträgt die Volumenvermehrung 17,1 : 760 = 2,25 %.

Aus der nachfolgenden Zahlentafel geht beispielhaft hervor, wie sich Raumgewicht und spezifisches Volumen von 1 m³ auf dem Wege von der Rasenhängebank durch das Grubengebäude bis in den Wetterkanal verändern können unter der Voraussetzung, daß weder Wetterverlust noch Vermehrung auftreten. Zugleich ist aus der Zahlentafel zu entnehmen, daß bei den in der letzten Spalte wiedergegebenen Meßwerten eine um 6 % größere Wettermenge aus der Grube auszieht, als in sie eingefallen ist.

Meßpunkt	b_0	t_{tr}/t_f	φ	$\gamma_D'' \times \varphi$	T	v	γ	
	mm QS	°C	%	g/m³	°K	m³/kg	m³/kg	m³
a) Rasenhängebank . .	750,0	10/8,75	85	8,0	283	0,8156	1,226	1,000
b) am Füllort	812,5	20/15,2	60	10,38	293	0,7805	1,281	0,956
c) vor einer Bauabteilg.	809,7	23,6/16,5	47	10,0	296,6	0,7926	1,26	0,971
d) auf der Wettersohle .	791,5	27/25,2	86	22,2	300	0,8263	1,21	1,012
e) im Wetterkanal . .	738	21/21	100	18,65	294	0,8654	1,157	1,06

Hierbei ist allerdings zu berücksichtigen, daß die letzte Druckmessung wie üblich im Wetterkanal vorgenommen worden ist, also die Depression des Lüfters und damit eine weitere Quelle zur Volumenvermehrung noch wirksam war. Verfolgt man daher das m³ des vorliegenden Beispiels noch durch den Ventilator und betrachtet man es unter dem Anfangsdruck von 750 mm, so hat wieder eine Volumenabnahme von 1,06 m³ auf 1,05 m³ stattgefunden.

Außer Druck, Temperatur und Feuchtigkeitsgehalt wirken noch andere Einflüsse auf das Volumen der Grubenwetter, nämlich ausströmende Gase und Druckluftzufuhr.

Die Vermehrung der Grubenwetter durch ausströmende Gase ist nicht sonderlich groß. An erster Stelle wird auf Steinkohlengruben das Grubengas stehen, dessen Gehalt im ausziehenden Strome auf ½ % und darüber steigen kann, in der Regel freilich weniger beträgt. Die Aufnahme an Kohlensäure pflegt in der Hauptsache mit einer entsprechenden Verminderung des Sauerstoffs Hand in Hand zu gehen. Die aus der Kohle oder dem Gestein ausströmende, also nicht erst durch Oxydation gebildete Kohlensäure ist, abgesehen von den unter der CO_2-Gefahr leidenden Gruben (s. Ziff. 20), nach der Menge verhältnismäßig gering, ebenso wie die Ausströmung sonstiger Gase (Stickstoff, Wasserstoff) zahlenmäßig ohne Bedeutung sein wird.

Auch die Sprengarbeit liefert nur wenig Gase im Verhältnis zur Gesamtwettermenge. Eine Grube mit 3000 t täglicher Förderung verbraucht hierfür ungefähr 210 kg Sprengstoffe, die, abgesehen vom Wasserdampfe nur etwa 500 l Gase je 1 kg, insgesamt also 105 m³ in 24 Stunden liefern. Diese Menge spielt gegenüber der Gesamtwettermenge keine Rolle.

Viel bedeutender ist der Einfluß der Druckluftzufuhr. Bei 3000 t Förderung, einem Druckluftverbrauch von 250 m³/t und einer Frischwettermenge von 8000 m³/min beträgt z. B. die ausströmende Druckluft r. 7 % der einziehenden Wettermenge. Bei Teilströmen und in stark mechanisierten Abbaubetrieben kann dieser Hundertsatz auf das Doppelte oder mehr steigen.

Im allgemeinen erreicht die durch die verschiedenen Ursachen bewirkte Volumenvermehrung auf Steinkohlenzechen die nachstehend wiedergegebenen Größen:

4—6% durch Erwärmung,
1—3% durch Wasserdampfaufnahme,
1—2% durch Druckverminderung,
4—9% durch zuströmende Gase (insbesondere Druckluft)[1]

Summe: 10—20 %.

61. — Die Bildung der Grubentemperaturen. Die Temperatur in der Grube hängt zunächst von der jeweiligen Tagestemperatur ab, wird aber darüber hinaus in hohem Maße von den Verhältnissen der Grube selbst beeinflußt. Abb. 491 zeigt für eine 850 m tiefe westfälische Grube den durchschnittlichen Temperaturverlauf auf dem ganzen Wetterwege im heißesten und im kältesten Monat und im Jahresmittel. Wie man sieht, heben sich die

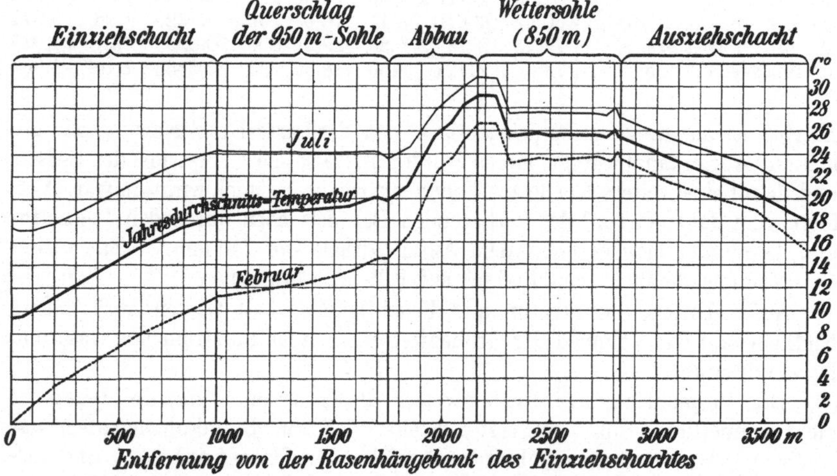

Abb. 491. Der Temperaturverlauf in den Bauen einer 850 m tiefen Grube des Ruhrbezirks.

Temperaturen in der Grube im Höchstfalle um 27° über die Tagestemperaturen. Bemerkenswert ist dabei, daß die jährlichen Temperaturschwankungen über Tage in der Grube nur stark abgeschwächt zum Ausdruck kommen, wenn sie auch nicht ganz zum Verschwinden gebracht werden.

Neben der jeweiligen Tagestemperatur kommen für die Bildung der Grubentemperatur in Betracht[2]: 1. Die Verdichtungswärme, 2. die Gebirgswärme, 3. die Aufnahme oder der Niederschlag von Wasserdampf, 4. chemische Wirkungen, insbesondere die Oxydation von Kohle oder Holz, 5. sonstige Einflüsse.

62. — Die Verdichtungswärme. Als Verdichtungswärme bezeichnet man die Temperatursteigerung, die infolge der Druckzunahme nach dem

---

[1] Die niedrigen die Druckluft betreffenden Hundertsätze gelten für Nachtschicht, Schichtwechsel und für Gruben mit geringem Druckluftverbrauch, während die hohen Hundertsätze von Gruben mit starkem Druckluftverbrauch erreicht und während der Hauptarbeitszeiten z. T. noch überschritten werden.

[2] Glückauf 1924, S. 583; Heise u. Drekopf: Die Bildung der Grubentemperaturen und die Möglichkeiten der Beeinflussung; — Glückauf 1927, S. 1; Jansen: Die Erwärmung der Wetter in tiefen Steinkohlengruben usw.

Poissonschen Gesetze im einziehenden Schachte eintritt. Nimmt man adiabatische Verdichtung an, so beträgt die Erwärmung auf je 100 m Teufenzunahme 1^0 C, so daß der Wetterstrom in einem 1000 m tiefen Schachte, von sonstigen Einflüssen abgesehen, allein schon um 10^0 durch die Verdichtung erwärmt das Füllort erreicht. Umgekehrt kühlt sich der Wetterstrom beim Wiederaufsteigen auf höhere Sohlen entsprechend seiner Entspannung ab (vgl. Abb. 493).

63. — Die Gebirgswärme. Die täglichen oder jahreszeitlichen Temperaturschwankungen der Tagesluft machen sich in der Erdrinde nur bis in verhältnismäßig geringe Tiefe bemerkbar. In unseren Gegenden sind sie in 25 m unter der Erdoberfläche nicht mehr festzustellen.

Wir haben hier die Tiefe der gleichbleibenden Temperatur erreicht. Man nennt sie auch wohl die „neutrale Zone". Die Temperatur in dieser Tiefe entspricht der durchschnittlichen Jahrestemperatur über Tage und beträgt bei uns 9^0 C.

Dringt man tiefer in die Erdrinde ein, so nimmt nach allen bisherigen Feststellungen die Temperatur der Gebirgsschichten dauernd, und zwar mehr oder weniger regelmäßig zu. Beim Bergbau, in Tiefbohrlöchern und bei Tunnelbauten hat man gefunden, daß im großen Durchschnitt die Temperaturzunahme für je 33 m Teufe 1^0 C beträgt. Die Temperaturzunahme um je 1^0 C bildet also Stufen, deren Höhe 33 m ist. Man nennt diese Entfernung die geothermische Tiefenstufe (Erdwärmentiefenstufe).

Die Wärmeverhältnisse der Erdrinde hängen zum Teil aber auch von den örtlichen Bedingungen ab. Namentlich sind die jeweilige Oberflächengestaltung, das Auftreten kalter oder heißer Quellen, die Wärmeleitungsfähigkeit und das Einfallen des Gebirges und die chemischen Vorgänge bei der Mineral- und Gebirgsbildung von Einfluß. Nicht in allen Gegenden und in jedem Gebirge zeigt deshalb die geothermische Tiefenstufe das angegebene Maß. So wird sie z. B. für das Siegerland mit 41—57 m, für die Kupfererzgruben am Oberen See in Nordamerika mit 68 m, für die Grube Ramsbeck mit 74 m und für die Goldgruben in Transvaal mit 120 m angegeben. Umgekehrt sinkt die Tiefenstufe an einzelnen Punkten erheblich unter den Durchschnitt, z. B. auf Grube Merkur auf 26 m.

Im Steinkohlengebirge, desgleichen in erdölführenden Schichten findet sich besonders häufig eine geringe geothermische Tiefenstufe[1]). So findet man z. B. im rheinisch-westfälischen Kohlenbezirke eine mittlere Temperaturzunahme von 1^0 C schon auf 28 m Teufe. Man wird danach eine Gesteinstemperatur von 50^0 C bei rund 1170 m Teufe zu erwarten haben. Bei den unter sehr mächtigem Deckgebirge bauenden Gruben nimmt die Temperatur sogar noch etwas schneller zu, so daß die Tiefenstufe nur 25 m beträgt.

Für einzelne Saarbrücker Gruben ist die geothermische Tiefenstufe auf nur 21,7 m berechnet worden, für Aachener Gruben dagegen auf etwa 40 m und für den englischen Kohlenbergbau auf rund 34 m.

---

[1]) Kali 1928, S. 17; Werner: Die Ursache für die Verschiedenheiten der geothermischen Tiefenstufe in den norddeutschen Salzhorsten; — Glückauf 1936, S. 57; Quiring: Neue geothermische Messungen in Eisenstein- und Erzgruben des Rheinischen Gebirges; — ferner Braunkohle 1935, S. 862; Stutzer: Braunkohlenflöze und geoth. Tiefenstufe.

64. — Kältemantel, Wärmemantel, Wärmeausgleichsmantel. Die vom Gebirge an den Wetterstrom abgegebene Wärmemenge hängt im wesentlichen ab von der Wärmeleitfähigkeit des Gebirges und dem Unterschied der Temperatur des Wetterstromes und des unverritzten Gesteins.

Es sei zunächst vorausgesetzt, daß die Wettertemperatur das ganze Jahr über geringer sei als die Temperatur der Stöße einer neu aufgefahrenen einziehenden Strecke (z. B. Schacht, Querschlag). Die Wärmeabgabe ist dann in den ersten Monaten verhältnismäßig groß, sinkt aber durch Bildung eines „Kältemantels" um die Streckenwandung infolge der abkühlenden Wirkung des Wetterstromes auf die Stöße schnell und bleibt alsdann nahezu unverändert, da Wärme aus dem Innern des Gebirges nur sehr langsam nachströmt (Abb. 492). Die vom Gebirge abgegebene Wärmemenge verteilt sich je nach der Wettergeschwindigkeit auf eine verschieden große Wettermenge, so daß sie verschieden große Temperatursteigerungen hervorruft. Aus diesen Verhältnissen folgt, daß schon nach 1—2 Jahren Schächte und Strecken mit hohen Wettergeschwindigkeiten nur noch eine geringe Wettererwärmung aufweisen werden. Stärkere Temperatursteigerungen infolge der Gebirgswärme treten nur in frisch aufgefahrenen Strecken und in den Abbauen auf, wo die Wetter täglich mit neu entblößtem Gebirge in Berührung kommen, namentlich dann, wenn gleichzeitig der Abbaufortschritt groß und die Wettergeschwindigkeit gering ist. Auch die stärkere Sauerstoffaufnahme durch die hereingewonnene Kohle wirkt mit.

Der ausziehende und warme Wetterstrom kommt dagegen auf der Wettersohle und im Ausziehschacht allmählich mit kälteren Gebirgsschichten in Berührung. Der Wetterstrom wird also unter Bildung eines Wärmemantels Wärme an das Gebirge abgeben und ähnlich, wie der Kältemantel die einziehenden Wetter vor schneller Erwärmung

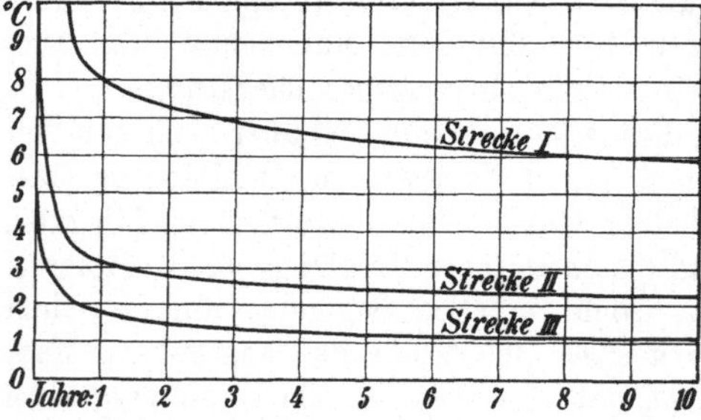

Abb. 492. Temperaturerhöhung des Wetterstromes in 3 Strecken durch die Gebirgswärme (Gebirge: Sandstein).

Strecke	I	II	III
Querschnitt m²	6	8	8
Länge m	400	800	800
Wettergeschwindigkeit m/s	0,5	3,0	6,0
Anfangstemperatur-Unterschied °C	20	25	25

schützt, so bildet der Wärmemantel einen Schutz vor ihrer schnellen Abkühlung. Da die Temperaturen des Ausziehstromes jahreszeitlich nur wenig schwanken, sind die Verhältnisse damit genügend gekennzeichnet.

Anders ist es dagegen beim Einziehstrom. Er ist starken jahreszeitlichen Temperaturschwankungen unterworfen. Diese bringen es in der Regel mit sich, daß im Winter die einziehenden Wetter kälter sind als das Gestein in den einziehenden Strecken, so daß es zur Bildung eines Kältemantels kommt. Im Sommer übersteigt die Wettertemperatur die Gesteinstemperatur, der Kältemantel wird infolgedessen teilweise oder ganz wieder aufgezehrt, so daß die Stöße ihre ursprüngliche Gebirgstemperatur wieder erhalten, oder aber sie werden über diese Temperatur hinaus weiter erwärmt. So wechselt also die Bildung eines Kältemantels und eines Wärmemantels miteinander ab. Durch diesen Wechsel erfolgt ein Ausgleich der Wettertemperaturen, so daß von einer Wärmeausgleichszone oder von einem Wärmeausgleichsmantel[1]) als dem an diesem Temperaturausgleich beteiligten Gebirgsmantel gesprochen werden kann. Seiner Wirkung ist es zuzuschreiben, daß in einer gewissen Entfernung von der einziehenden Tagesöffnung die täglichen Temperaturschwankungen nahezu oder völlig verschwinden. Aber auch die Jahresschwankungen werden noch merklich gemildert (Abb. 491).

Zu beachten ist jedoch, daß durch den Ausgleichsmantel nur die Schwankungen des Wetterstroms um dessen Mitteltemperatur allmählich kleiner werden, wogegen die Mitteltemperatur selbst nicht geändert wird. Je stärker die Schwankungen sind, um so weiter wird unter sonst gleichen Bedingungen der Ausgleichsmantel in das Grubengebäude hineinreichen. Seine Länge, von der Tagesöffnung ab gerechnet, schwankt im allgemeinen zwischen 1000 und 3000 m. In die Streckenstöße reicht er bei Sandstein bis auf 12—14 m, bei Tonschiefer bis auf 8—10 m und bei Kohle bis auf 3—4 m. Die Speicherfähigkeit des Gebirges hat sich hierbei von wesentlich größerer Bedeutung erwiesen als die Höhe der ursprünglichen Gebirgstemperatur.

65. — Der Einfluß des Wasserdampfes. In besonders hohem Maße ist die Temperatur der Grubenwetter von der Aufnahme und dem Niederschlag von Wasserdampf abhängig. 1 m³ Luft wird durch die Aufnahme von 1 g Wasserdampf bereits um etwa 1,9⁰ C abgekühlt. Wegen der höheren Luftdichte in der Grube ist hier die Abkühlung etwas geringer und beträgt bei 1000 m Teufe auf 1 g Wasseraufnahme rund 1,75⁰ C. Umgekehrt wird durch den Niederschlag von Wasser aus der Atmosphäre nach Erreichung des Taupunktes die Temperatur des Wetterstromes erhöht.

Tatsächlich nimmt der Feuchtigkeitsgehalt des Wetterstromes in der Grube zunächst in der Regel zu, so daß eine starke Kühlung der Wetter die Folge ist. Wenn die Luft durchschnittlich mit 9⁰ C und 75% Sättigung in die Grube tritt und diese mit 20⁰ C voll gesättigt verläßt, so hat jedes Kubikmeter in der Grube 10,45 g Wasser aufgenommen (s. Ziff. 9) und ist dabei um rund 18⁰ C gekühlt worden. Noch größer kann die Wirkung an kalten Tagen sein, wo Steigerungen des Feuchtigkeitsgehaltes um 20—25 g je m³ und dementsprechend Minderungen der Temperatur um 36—44⁰ C möglich sind. Abb. 493 zeigt, daß sich für den dargestellten Fall im Jahresdurchschnitt eine Kühlwirkung durch Wasseraufnahme von 4—11⁰ C vor den Abbaustößen und von sogar 14⁰ C auf der Wettersohle ergibt. Auch läßt die Abbildung für den letzten Teil des ausziehenden Schachtes umgekehrt eine Wiedererhöhung der Temperatur um einige Grade durch Niederschlag von Wasser erkennen.

Schon hier sei aber darauf hingewiesen, daß mit der Kühlung der Grubenluft durch Wasseraufnahme eine unerwünschte Steigerung des Naßwärmegrades (s. Ziff. 70) verbunden ist.

66. — Chemische Wirkungen. Eine sehr bedeutende Rolle bei der Bildung der Grubentemperatur spielt auf den Steinkohlengruben die Oxydation von Kohle und Holz. Die Luft tritt in die Grube mit 0,04% CO_2 und verläßt sie unter den Verhältnissen des Ruhrbezirks mit durchschnittlich 0,2—0,3%,

---

[1]) Glückauf 1923, S. 80; Heise und Drekopf: Der Wärmeausgleichsmantel und seine Bedeutung für die Kühlhaltung tiefer Gruben; — Glückauf 1924, S. 583; Heise und Drekopf: Die Bildung der Grubentemperaturen und die Möglichkeiten der Beeinflussung.

unter Umständen sogar mit 0,5—0,6%. Wenn 0,1% CO_2 (= 1 l je m³) durch Oxydation der Kohle oder des Holzes entstehen, so wird dabei eine Wärmemenge frei, die imstande ist, die Temperatur der Luft um 14° C zu erhöhen. Bei 0,25% CO_2 beträgt die Temperatursteigerung bereits 35° C. Die Abb. 493 läßt erkennen, daß hier bis zur Wettersohle eine Temperaturerhöhung um rund 23° C durch Oxydationswirkung eingetreten ist.

In ähnlicher Weise wie Kohle neigt Schwefelkies zur Sauerstoffaufnahme und Selbsterwärmung. Auf Kalisalzgruben wird durch manche Salzgesteine (z. B. Kieserit, Carnallit, Anhydrit) Wasser unter Freiwerden von Wärme gebunden[1]). Die so möglichen Temperaturerhöhungen der Grubenwetter sind jedoch nicht von größerer Bedeutung.

67. — Die Einwirkungen im Verhältnis zueinander und sonstige Einflüsse. Die Abb. 493 zeigt anschaulich, welche Bedeutung im Verhältnis

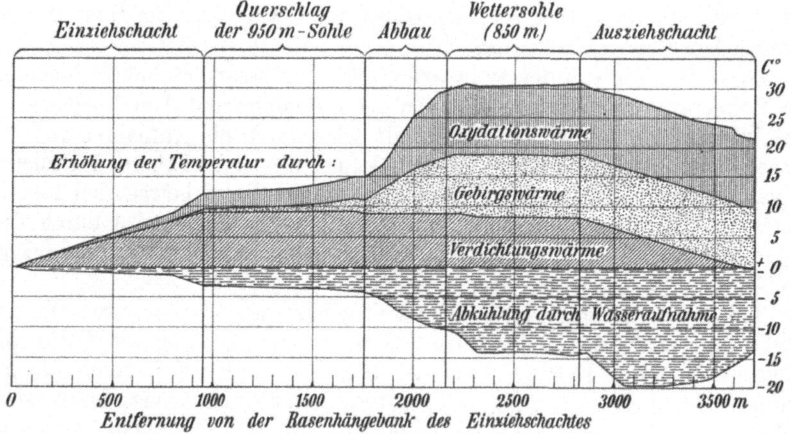

Abb. 493. Die hauptsächlichen Beeinflussungen der Temperatur unter Tage auf einer 850 m tiefen Grube des Ruhrbezirks.

zueinander die behandelten vier Einwirkungen in einem bestimmten Falle[2]) haben. Aus diesen Wirkungen ergibt sich der in Abb. 491 dargestellte Verlauf der Durchschnittstemperaturen des Wetterstroms auf seinem Wege durch die Grube.

Von gewissem Einfluß auf die Wettertemperatur sind auch die unter Tage benutzten Energiemittel sowie die Kraft- und Arbeitsmaschinen. Bei Verwendung von Elektrizität wird die gesamte zugeführte Energie mittelbar oder unmittelbar in Wärme umgesetzt mit Ausnahme solcher Arbeitsmaschinen, bei denen die Energie ganz oder teilweise eine Erhöhung der Energielage bewirkt. Dieses ist bei Pumpen und auch bei Blindschachthäspeln der Fall. Bei Druckluftmaschinen wird eine durch die Entspannung bewirkte Abkühlung durch die in Wärme sich umsetzende Reibungsarbeit der Arbeitsmaschinen völlig

---

[1]) S p a c k e l e r: Kalibergbaukunde (Halle, Knapp), 1925, S. 210; — ferner Kali 1911, S. 292; D i e t z: Über die Grubentemperatur in Kalibergwerken und ihre Ursachen.

[2]) Glückauf 1927, S. 1; J a n s e n: Die Erwärmung der Wetter in tiefen Steinkohlengruben usw.

wieder aufgehoben, wobei jedoch wieder Pumpen und Blindschachthäspel eine Ausnahme bilden. Von abkühlender Wirkung ist jedoch die Wasseraufnahmefähigkeit der trockenen auspuffenden Druckluft. Anderseits muß eine Erwärmung des Wetterstromes durch die häufig mit hoher Temperatur in Einziehschächten eingeführte Druckluft und durch die Kondensation von Wasser aus der Druckluft auf ihrem Wege in das Grubengebäude angenommen werden[1]). Auch die Benzol- und Diesellokomotiven geben Wärme an die Wetter ab, und zwar setzt sich die gesamte von ihnen verbrauchte Brennstoffenergie in Wärme um.

Auch die Sprengarbeit erhöht in geringem Maße teils unmittelbar durch Wärmewirkung, teils mittelbar durch die Zertrümmerung des Gebirges die Temperatur am Sprengorte. Die auf die Senkung des Gebirges infolge des Abbaues zurückzuführenden Temperaturerhöhungen des Wetterstromes sind sehr gering und treten nicht merkbar in die Erscheinung. — Bisweilen werden mit den Grubenbauen warme Quellen angefahren. Das warme Wasser kann, namentlich wenn es aus größerer Tiefe stammt, der Grube lange Zeit ununterbrochen neue Wärmemengen zuführen. Nach Möglichkeit macht man sie durch Ableitung unter Wärmeschutz unschädlich.

68. — **Die Wirkungen hoher Temperaturen auf den menschlichen Körper**[2]). Im menschlichen Körper wird stets ein Überschuß an Wärme erzeugt, der um so größer ist, je mehr körperliche Arbeit der Mensch leistet. Es muß ein dauernder Ausgleich zwischen Wärmeentwickelung und Entwärmung stattfinden, der durch Verminderung der körperlichen Arbeit einerseits und durch Wärmeabgabe der Haut anderseits erfolgen kann. Ist eine genügende Entwärmung nicht möglich, so treten Wärmestauungen ein, die das Leben gefährden können. Die Wärmeabgabe des menschlichen Körpers durch Strahlung an benachbarte, kühlere Gegenstände spielt nur eine sehr geringe Rolle. Wichtiger ist die Überleitung der Wärme an die umgebende Luft, die um so wirksamer ist, je größer das Temperaturgefälle zwischen Körper und Luft und die dieses Temperaturgefälle aufrechterhaltende Wetterbewegung ist. Eine sehr erhebliche Wärmeabfuhr wird schließlich durch die Schweißabsonderung bewirkt, die von der Trockenheit der Luft und der Wetterbewegung abhängig ist. Für das Wohlbefinden und die Leistungsfähigkeit des Menschen sind also in erster Linie maßgebend die Temperatur, der Feuchtigkeitsgehalt und die Geschwindigkeit der Wetter, deren Zusammenwirken das Maß der Kühlwirkung der Luft bedingt.

69. — **Der Maßstab für die Kühlleistung der Luft. Das Katathermometer.** Die Kühlleistung der Wetter für den menschlichen Körper läßt sich zahlenmäßig bestimmen durch Feststellung der Wärmemenge, die einer 36,5° C (entsprechend der menschlichen Hauttemperatur) warmen Fläche je 1 cm² und Sekunde in Milligrammkalorien entzogen wird. Diese Maßeinheit hat man Kühlstärke (KS) genannt. Ist die Fläche trocken, so

---

[1]) Glückauf 1935, S. 1217 und 1936, S. 934; C. H. Fritzsche: Beeinflussung der Wettertemperatur durch Elektrizität und Preßluft im Steinkohlenbergbau.

[2]) Glückauf 1923, S. 233; Winkhaus: Gesamtwärme und Kühlleistung der Wetter in tiefen, heißen Gruben; — ferner Zeitschr. f. d. Berg-, Hütt.- u. Salinenwes. 1925, S. B. 217; Winkhaus: Die Regelung der Arbeitszeit an heißen Betriebspunkten unter Tage.

spricht man von Trockenkühlleistung. Ist sie naß, so daß auch Verdunstungskälte wirksam wird, so erhalten wir die Naß- und Gesamtkühlleistung.

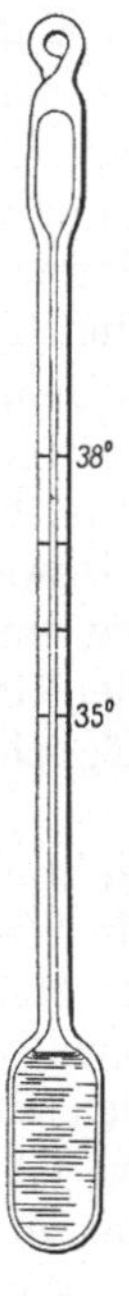

Zur Ermittelung der Kühlleistung eines Wetterstroms bedient
man sich des Katathermometers. Es besteht aus einem
Alkoholthermometer (Abb. 494), das die der mittleren Haut-
temperatur von 36,5° C benachbarten Temperaturen im Meß-
bereich von 35—38° mit besonderer Genauigkeit anzeigt. Das
Röhrchen erweitert sich oben zu einer kleinen Kugel, um bei
Überhitzung das Springen des Glases zu verhüten. Um die
Naßkühlleistung zu ermitteln, wird ein anzufeuchtender, dünner
Nesselüberzug über die Alkoholkugel gestreift.

Vor dem Meßversuch wird das Gerät in heißem Wasser
(z. B. in einer Thermosflasche) auf 50—60° C erhitzt und
sodann dort aufgehängt, wo man die Kühlleistung des Wetterstroms bestimmen will. Mit einer Stoppuhr ermittelt man die
Zeit z, die für die Abkühlung von 38 auf 35° C gebraucht wird.
Durch Teilung der für das Thermometer vorher ermittelten
Eichzahl c durch die festgestellte Sekundenzahl erhält man
die Kühlleistung in KS[1]. Die Kühlwirkung der Wetter wird

also durch den Bruch $\dfrac{c}{z}$ gekennzeichnet, der Kühlstärke oder

Katagrad der Luft (1 KS = 1 mgcal/cm²/s) genannt wird.

70. — **Die tatsächlichen Kühlstärken der Wetter.
Folgerungen.** Abb. 495 stellt ein Schaubild dar, das auf Grund
der Jansenschen Messungen von Giesa[2] entworfen worden ist.
Es erlaubt nach Feststellung des Naßwärmegrads die Kühlstärke
bei verschiedenen Wettergeschwindigkeiten abzulesen. Hierzu ist
lediglich notwendig, die einem bestimmten Naßwärmegrad entsprechende Abszisse bis zum Schnittpunkt mit der einer bestimmten Wettergeschwindigkeit
entsprechenden Ordinate zu verfolgen und dann festzustellen, auf welcher
Kühlstärkenkurve dieser Schnittpunkt liegt.

Nach dem Schaubilde ist zunächst, wenn man von einem gleichbleibenden Naßwärmegrade ausgeht, der Einfluß der Wettergeschwindigkeit augen-
fällig. Die folgenden Zahlenreihen machen dies für die Naßwärmegrade von
20, 25 und 30° deutlich:

Abb. 494. Kata-
thermometer.

bei einem Naß-wärmegrad von	Die Kühlstärke beträgt			
	bei Wettergeschwindigkeiten von			
	8 m	4 m	2 m	0,5 m
20°	42,5 KS	33,5 KS	26,5 KS	16 KS
26°	27 „	21,5 „	17 „	10 „
30°	16,9 „	13,5 „	10 „	6,2 „

[1] Glückauf 1927, S. 1673; Schulz u. Faber: Eichung von Katather-
mometern. — Vgl. auch Glückauf 1934, S. 438; Müller und Wöhlbier: Das
Frigorimeter, ein Gerät zur Messung der Abkühlungsgröße.

[2] Glückauf 1932, S. 889; Giesa: Beiträge zur Frage der Grubenbewetterung; — ferner Glückauf 1927. S. 94; Jansen: Die Erwärmung der Wetter
in tiefen Steinkohlengruben und die Möglichkeiten einer Erhöhung der Kühlwirkung des Wetterstromes.

Die Kühlstärke sinkt also bei einer Ermäßigung der Wettergeschwindigkeit von 8 auf 0,5 m auf fast ein Drittel. Geringere Wettergeschwindigkeiten als 0,3 m sekundlich wird man in keinem Falle zu berücksichtigen
brauchen, da der Mensch bei seiner Arbeit sich bewegt und somit eine gewisse
Eigengeschwindigkeit auch gegenüber noch langsamer bewegten Wetter-

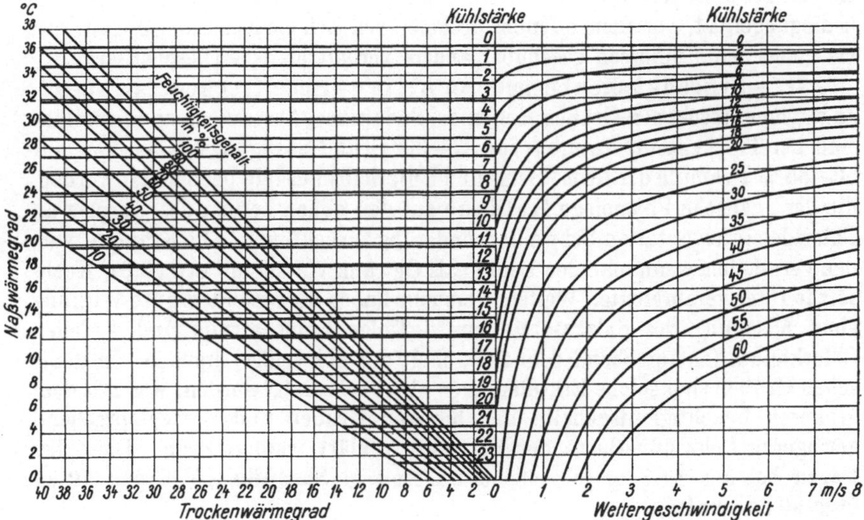

Abb. 495. Die Kühlstärken der Wetter in Abhängigkeit von der Wettergeschwindigkeit und
dem Naßwärmegrad.

strömen hat. Anderseits wird eine Erhöhung der Wettergeschwindigkeit als
unangenehm empfunden, wenn die Luft mit Feuchtigkeit gesättigt ist oder
eine Trockentemperatur von mehr als 35⁰ aufweist.

Eine große Rolle spielt ferner der Sättigungsgrad der Luft wegen seiner
Rückwirkung auf die Naßwärmegrade. Dies zeigen folgende aus der Abb. 495
entnommene Zahlen:

Naß- wärme- grad	Trockenwärmegrad (a) Sättigung (b)					
	a	b	a	b	a	b
20⁰	28⁰	45 %	24⁰	66 %	20⁰	100 %
26⁰	34⁰	50 %	30⁰	70 %	26⁰	100 %
30⁰	38⁰	56 %	34⁰	77 %	30⁰	100 %

In der Aufstellung sind je 3 um insgesamt 8⁰ verschiedene Trockenwärme-
grade zusammengestellt, die für jede waagerechte Reihe den gleichen Naßwärmegrad und damit die gleiche Kühlwirkung bedeuten. Hieraus folgt, daß man
durch Wasserverdunstung zwar die Trockentemperatur der Wetter wirksam
herabkühlen, dagegen ihre Kühlwirkung nicht erhöhen kann oder, anders ausgedrückt, daß bei Wasserverdunstung der Naßwärmegrad der Wetter unverändert bleibt.

Bei zahlreichen Untersuchungen hat sich eine Kühlstärke von 15 KS als
günstige Arbeitsbedingung kennzeichnend herausgestellt. 11 KS lassen schon

ein Nachlassen der Arbeitsfähigkeit auf 80% erkennen, 9 KS auf 70%, wenn die Arbeitsleistung bei 15 KS mit 100% angenommen wird. Umgekehrt tritt bei 20 KS ein deutliches Frostgefühl auf.

Trotz der auf den ersten Blick bestechenden Meßleistungen des Katathermometers scheint es sich doch herausgestellt zu haben, daß auch der Katagrad kein eindeutiger Maßstab für die für Leistung und Gesundheit zuträglichsten Arbeitsbedingungen ist, vor allem offenbar deshalb, weil sich die menschliche Haut den verschiedenen Einflüssen gegenüber anders verhält als eine Glasoberfläche.

71. — Erkrankungen besonderer Art in warmen, trockenen Gruben[1]). In warmen, trockenen Gruben Englands, Südafrikas, Australiens und Amerikas sind bei Trockentemperaturen von 37—39° C und Sättigungsgraden von nur 50—55% Krämpfe der Arm-, Bein- und Unterleibsmuskeln beobachtet worden, die der englische Physiologe Haldane auf den hohen Verlust des Körpers an Chloriden infolge starker Schweißabsonderung zurückführte. Die Krämpfe wurden vermieden, wenn man den Leuten als Getränk Wasser mit etwa 2,6 g Kochsalz je Liter verabreichte. Weitere Versuche haben die besonders gute Wirkung einer Mischung des Salzzusatzes aus 6 Teilen Chlornatrium und 4 Teilen Chlorkalium (entsprechend dem Salzgehalt des Schweißes) ergeben. In deutschen Gruben sind solche Erkrankungen nicht bekanntgeworden, was mit dem größeren Feuchtigkeitsgehalte der hiesigen Gruben und dementsprechend geringeren Schweißverluste der Bergleute erklärt werden kann. Diese betragen bei uns 1—3 kg je Schicht, während in Südafrika bis 8 und 10 kg festgestellt wurden.

72. — Die künstliche Kühlung der Grubenwetter. Außer durch Vermehrung der Wettermenge hat man vielfach heiße Gruben durch künstliche Mittel abzukühlen vorgeschlagen und versucht[2]). Häufig hat man die Kühlwirkung des Wassers hierfür benutzt, indem man das Wasser in fein verteilter Form in den Luftstrom einspritzte. Zunächst können durch die Wasserverdunstung in trockener Luft erhebliche Wärmemengen gebunden werden. Freilich wird hierdurch die Kühlwirkung der Luft nicht erhöht (Ziff. 70); es wird aber immerhin die Trockentemperatur vermindert und so gegebenenfalls die vom preußischen Berggesetz einstweilen noch für die unverkürzte Arbeitsschicht geforderte Bedingung erfüllt. Ist das Wasser kälter als der Luftstrom, so spielt aber auch die unmittelbare Kühlung durch Wärmeaustausch zwischen Wasser und Luft eine um so erheblichere Rolle, je größer der Temperaturunterschied und die zur Wirkung kommende Wassermenge sind. Tatsächlich hat man häufig durch Einbau von Wasserbrausen die Temperatur beträchtlich herabkühlen können. In großem Maßstabe war dies bis vor kurzem auf Zeche Radbod der Fall. Hier wurde oberhalb der Rasenhängebank die einfallende Luft durch Kühlhallen geführt, die von zerstäubtem Wasser erfüllt waren. Infolge besserer Zusammenfassung der Wetterströme unter Tage ist die Anlage jetzt überflüssig geworden.

---

[1]) Colliery Guardian 1923, S. 1359; Moss: Some Effects of High Air Temperatures upon the Miners; — ferner Glückauf 1924, S. 129; Winkhaus: Gesundheitliche Einwirkungen hoher Wettertemperaturen.

[2]) Glückauf 1920, S. 419; Fr. Herbst: Über die Wärme in tiefen Gruben und ihre Bekämpfung; — ferner ebenda 1922, S. 613; Winkhaus: Die Bekämpfung hoher Temperaturen in tiefen Steinkohlengruben.

Wo kaltes Wasser in genügender Menge zur Verfügung steht, kann man die Wasserverdunstung ausschließen, indem man es durch Kühlkörper schickt, die von der Luft bestrichen werden. Auf Zeche Radbod hatte man im Füllort und anschließenden Hauptquerschlag Berieselungsrohre als Kühlschlangen eingebaut und durch sie kühles Leitungswasser im Gegenstrom geführt.

Mit gutem Erfolge hat man einzelne Teilströme, die durch frisch erschlossenes Gebirge geführt und deshalb allzu stark erwärmt wurden, durch Anwendung von Wärmeschutzmitteln kühl zu halten versucht. Auf Zeche Westfalen im Ruhrbezirk und ebenso auf der benachbarten Zeche Radbod hat man die auf der Sohle der Strecke verlegten Wetterlutten in Sägemehl oder Schlackenwolle eingebettet und hierdurch eine wesentliche Kühlwirkung vor Ort erzielt. Auf der letztgenannten Zeche, ferner auf Zeche Sachsen bei Hamm, hat man außerdem in Strecken, in denen die Erwärmung der Wetter besonders stark war, die Stöße und die Firste verschalt und den Raum zwischen Verschalung und Gebirge mit Sägemehl oder Flugasche verfüllt. Hierdurch wurde z. B. erreicht, daß in einer 260 m langen Richtstrecke die Temperaturzunahme des Wetterstromes von 6^0 auf 1^0 sank[1]).

So einfach und verhältnismäßig billig diese Maßnahmen sind, so sind sie doch nur von geringer oder örtlicher Wirkung, oder sie setzen bei Benutzung der Kühlwirkung durch Wasserverdunstung den Naßwärmegrad in unerwünschtem Maße in die Höhe. Bei Vordringen in größere Teufen wird man sich daher zu kräftiger wirkenden Maßnahmen entschließen müssen. Einige Gedanken über deren Art seien hier geäußert:

Das Wärmegefälle von in einer Kraftmaschine sich entspannender Druckluft bleibt bis auf die Reibungsverluste in den Maschinen selbst erhalten, wenn die Arbeitsmaschine z. B. Wasser hebt, also eine Pumpe ist oder eine Dynamo, deren Strom nicht unter Tage verbraucht wird. Die ausströmende Kälte und trockene Druckluft kann infolgedessen bei Durchmischung mit den einziehenden Wettern zu deren Abkühlung verwandt werden. Hierbei ist es eine Frage für sich, ob die ausgeströmte Druckluft den Wetterstrom im ganzen beigemengt oder in isolierten Rohrleitungen bis zu einzelnen Betriebspunkten geleitet wird. Einen großzügigen Versuch mit zwei durch 400 PS Demag-Pfeilradmotoren angetriebenen Pumpen hat eine Golderzgrube in Südafrika unternommen. Jedem Motor entströmen in der Minute 180—200 m³ Luft von Atmosphärenspannung und einer Temperatur von -55^0 C bei $+23^0$ C Eintrittstemperatur.

Die abkühlende Wirkung der Wasseraufnahme durch die Wetter kann ausgenutzt werden, wenn die Erhöhung des Naßwärmegrades eine bestimmte Grenze nicht unterschreitet und die Wetter noch ungesättigt in die Baue kommen. Dieses ist möglich bei mehr oder weniger starker Vortrocknung der gesamten Wetter oder einer Teilmenge, wobei wieder zu entscheiden wäre, ob diese Trocknung über Tage oder unter Tage zu erfolgen hat.

Eine andere Möglichkeit bestände in der Anwendung besonderer, unter oder

---

[1]) Zeitschr. f. d. Berg-, Hütt.- u. Salinenwes. 1922, S. 22; Versuche und Verbesserungen.

über Tage aufgestellter Kühlmaschinen[1]), deren Aufgabe es ist, einem Kälteträger, wie Wasser oder Lauge, immer wieder die Wärme zu entziehen, die er in Kühlkörpern aufgenommen hat, an denen die zu kühlenden Wetter vorbeistreichen. Bei Aufstellung einer solchen Kältemaschine unter Tage ist naturgemäß für die Abführung der aufgenommenen Wärme nach der Wettersohle hin Sorge zu tragen. Ein weiterer Weg besteht nach Untersuchungen von Kottenberg[2]) in der Verwendung von hochgespannter, getrockneter, kalter Druckluft als Kälteträger, und zwar Druckluft von etwa 50 atü und —15° Temperatur. Man kann sie in isolierten Leitungen bis in die Bauabteilungen führen. Hier wird sie in mit Generatoren gekuppelten Expansionsturbinen auf etwa 1,2 ata entspannt. Die etwa 60° kalte Auspuffluft kann alsdann bis zu den Betriebspunkten geleitet werden, vor denen sie sich mit dem übrigen Wetterstrom vermischt und ihn abkühlt. — Die Kosten der beiden letztgenannten Verfahren werden auf etwa 0,60—1,20 RM. je t Kohle geschätzt.

III. Der Kohlenstaub.

A. Allgemeines.

73. — Entstehung und Verbreitung des Kohlenstaubes in Steinkohlengruben. Der Kohlenstaub entsteht in Steinkohlengruben teils durch die zermalmende Wirkung des Gebirgsdruckes, teils durch die Zerkleinerung der Kohle bei den Gewinnungsarbeiten und der Förderung. Den meisten Staub entwickeln im Ruhrbezirke die Fettkohlenflöze, namentlich die der unteren Gruppe, und einige Magerkohlenflöze. Der durch den Gebirgsdruck erzeugte Staub findet sich besonders auf den Schlechten im Kohlenstoß abgelagert und ist meist sehr fein. Dieser sowohl wie auch der bei den Gewinnungsarbeiten und der Abbauförderung entstehende Staub setzt sich teils an Ort und Stelle ab, teils wird er durch den Wetterstrom in die Wetterstrecken geführt und dort abgelagert. Teils gelangt er mit der Kohle auf die verschiedenen Fördermittel wie Bänder, Seigerförderer, Wendelrutschen und schließlich in die Förderwagen selbst. Hierbei pflegt die abgewehte Staubmenge um so größer zu sein, je stärker der Wetterzug ist, was besonders an den Übergabestellen von einem Fördermittel auf das andere eine Rolle spielt. Dieser abgewehte Staub ist sehr fein, puderartig oder rußig. Er lagert sich auf den Streckenstößen und der Streckenzimmerung ab und kann im Laufe der Zeit sich zu großen und gefährlichen Mengen selbst auf Gruben ansammeln, an deren Gewinnungspunkten nur wenig Staub zu bemerken ist. Schließlich entsteht auch bei der Sieberei und Verladung trockener, staubiger Kohle über Tage viel Staub, der, wenn die Verladungsanlage nahe am einziehenden Schachte liegt, mit der Luft in diesen geführt werden kann, um sich in ihm oder in den von ihm ausgehenden Strecken abzulagern. Er kann sogar über Tage zu Staubexplosionen Veranlassung geben.

74. — Die Kohlenstaubexplosion. Der Kohlenstaub ist, wenn er

---

[1]) Glückauf 1940, S. 149; Hans Fritzsche: Heutiger Stand und Zukunftsmöglichkeiten der Wetterkühlung in heißen Gruben; Diss. Aachen 1939.

[2]) K. Kottenberg: Untersuchungen über die Möglichkeiten der Klimaverbesserung in heißen Gruben durch die Verwendung von Preßluft als Kälteträger. Diss. Aachen 1942; Arch. f. bergb. Forschung 1942.

in der Luft aufgewirbelt wird, in ähnlicher Weise wie ein Schlagwettergemisch explosionsgefährlich, da es sich doch auch bei Kohlenstaub in der Hauptsache um eine Gasexplosion[1]) handelt.

Die Erscheinung der Explosion verbrennlichen Staubes ist auch sonst nicht unbekannt. In Mühlen ereignen sich bisweilen heftige und gefährliche Mehlstaubexplosionen. In Braunkohlenbrikettfabriken, in denen viel feiner, trockener Braunkohlenstaub vorhanden ist, kommen häufig verhängnisvolle Staubexplosionen vor. Glücklicherweise kommt eine Explosion in Steinkohlengruben schwieriger als in Mühlen und in Braunkohlenbrikettfabriken zustande, in denen schon wenig dichte Staubwolken und einfache Funken oder offenes Licht genügen.

Bei der Explosion des Staubes in Steinkohlengruben sind zwei Vorbedingungen zu unterscheiden: es ist zunächst die Bildung einer ziemlich dichten Staubwolke erforderlich, in die darauf eine Flamme hineinschlagen muß. Die von der Flamme erfaßten Kohlenstaubteilchen entgasen teilweise unter Bildung von Wasserstoff und Methan. Diese Gase mischen sich mit Luft und bilden so ein explosibles Gas-Luft-Gemisch, das von der Flamme entzündet wird. Weitere Kohlenstaubteilchen werden alsdann verbrannt und entgast, so daß sich eine einmal eingeleitete Explosion auf unbegrenzte Entfernungen fortpflanzen kann, wenn die Bedingungen der Explosion erhalten bleiben. Vorwärmung und Vorkompression wirken gefahrerhöhend. Auch ist feinerer Staub gefährlicher als gröberer, da er leichter aufwirbelt und infolge seiner größeren Oberfläche leichter entgast. Die gewöhnlichen Entstehungsursachen einer Staubexplosion in der Grube sind entweder ein Sprengschuß oder eine Schlagwetterexplosion. Beide haben einen kräftigen Luftstoß, der die Staubaufwirbelung veranlaßt, und eine kurz darauf folgende heiße Flamme gemeinsam. Fast alle Staubexplosionen in der Grube sind auf diese Weise entstanden. Völlig ausgeschlossen ist freilich die Entstehung durch offenes Licht oder eine sonstige einfache Flamme nicht. Wenn die Umstände günstig für die Explosion liegen, wenn insbesondere eine genügend dichte Wolke leicht entzündlichen Staubes durch einen kräftigen Wetterzug über und durch die Flamme getrieben wird, so ist auch auf diese Weise eine Explosion möglich.

Ähnlich wie Methan-Luftgemische haben auch Kohlenstaub-Luft-Gemische eine untere und eine obere Explosionsgrenze. Für reinen Fettkohlenstaub ist die untere Explosionsgrenze zwischen 70 und 80 g/m³ ermittelt worden, wenn die Zündung des Staubes durch eine Schlagwetterflamme oder einen Dynamitschuß eingeleitet wird. Eine starke Verlängerung der Schußflamme kann bei sehr feinem Kohlenstaub jedoch schon bei 40 g/m³ auftreten. Von der oberen Explosionsgrenze kann nur gesagt werden, daß sie über 400 g/m³ liegt.

Leichter vorstellbar ist folgende für Steinkohlenstaub geltende Angabe: Eine aus solchem Staub und reiner Luft gebildete Wolke ist erst explosibel, wenn sie so dicht ist, daß man schon auf kurze Erstreckung nicht mehr hindurchsehen kann. Zur Erzeugung einer solchen Staubwolke von gefährlicher Dichte gehört immer eine starke Luftbewegung, z. B. ein Luftstoß, wie er bei einem Sprengschuß oder bei einer Schlagwetterexplosion entsteht. Es darf

---

[1]) Beyling und Drekopf: Sprengstoffe und Zündmittel (Berlin, Springer), 1936.

jedoch nicht außer acht bleiben, daß Kohlenstaub und Grubengas sich in ihrer Gefährlichkeit ergänzen können. So kann ein Methan-Luft-Gemisch, das weniger als 5% CH_4 enthält, also nicht explosibel ist, durch aufgewirbelten Kohlenstaub explosibel werden. Umgekehrt kann auch eine Kohlenstaubwolke von an sich ungefährlicher Dichte gefährlich sein, wenn die Wetter, in denen der Staub schwingt, Grubengas enthalten. Die Staubgefahr ist also auf schlagwettergefährlichen Gruben größer als auf schlagwetterfreien.

75. — Gefährlichkeit verschiedener Staubsorten. Auf die Gefährlichkeit des Staubes sind die **chemische Zusammensetzung** und das **physikalische Verhalten** der Kohle von entscheidendem Einfluß: das physikalische Verhalten insofern, als von ihm die Neigung zur Staubbildung abhängt, und die chemische Zusammensetzung, als sie für die Art der ausgetriebenen Gase sowie für die Temperatur bestimmend ist, bei der diese Gase frei werden. Fettkohlenstaub gibt bei verhältnismäßig niedrigen Temperaturen Gase her, die viel Wasserstoff und Methan enthalten, während Gasflammkohle erst bei höherer Temperatur Gase liefert, die zudem größere Mengen Kohlensäure und Wasserdampf enthalten. Anderseits hat das Gas der Magerkohle zwar eine gefährliche Zusammensetzung; es entsteht jedoch nur in geringer Menge, auch wird die Flamme bei der Erhitzung des Staubes stark abgekühlt.

So ist es zu verstehen, daß Kohlenstaub mit weniger als 14% flüchtigen Bestandteilen, auf Reinkohle berechnet, ungefährlich ist. Beläuft sich der Gehalt der Kohle an flüchtigen Bestandteilen auf 14—18%, so ist der Kohlenstaub ungefährlich, wenn der Aschegehalt des Staubes mindestens ebenso hoch ist.

Steigt der Gehalt an flüchtigen Bestandteilen über 18%, so steigt der zur Verhütung der Explosion erforderliche Gehalt an Unverbrennlichem sehr viel schneller, derart, daß für Kohlen mit 18—20% flüchtigen Bestandteilen bereits 25% und für Kohlen mit mehr flüchtigen Bestandteilen sogar 50% Unverbrennliches notwendig sind.

76. — Erscheinungen bei Kohlenstaubexplosionen. Bezeichnend für Kohlenstaubexplosionen ist die eintretende Verkokung des Staubes. Ob allerdings nach der Explosion sichtbare Koksspuren hinterbleiben, hängt von der Backfähigkeit der Kohle ab. Fettkohlenstaub liefert große, zusammenhaftende Kokskrusten. Nicht backender Kohlenstaub fühlt sich nach der Explosion scharf und gleichsam sandig an und hat seine Weichheit verloren. Bisweilen ist die mikroskopische oder chemische Staubuntersuchung[1]) nötig, um die etwaige Einwirkung höherer Temperaturen festzustellen.

Die Koksspuren der Explosion sind von Bedeutung, wenn man den Herd und damit die Ursache der Explosion ermitteln will. Ähnlich wie in der Regel bei einer Schlagwetterexplosion erleidet auch bei einer Kohlenstaubexplosion deren Herd gewöhnlich keine starken Zerstörungen. Solche treten erst in einiger Entfernung auf. Es erklärt sich dies dadurch, daß zunächst eine Explosion langsam verläuft, daß aber die Schnelligkeit des Vorganges rasch zunimmt und die Kraftäußerungen gewaltig anwachsen, wenn das Explosionsgemisch vor der Entzündung zusammengeschoben und auf einen höheren Druck gebracht wird.

Man hat nun in England und bei uns bei Untersuchung großer Ex-

---

[1]) Glückauf 1923, S. 346; W e i n: Der Nachweis von Kohlenstaubexplosionen in Steinkohlengruben.

plosionen häufig die Beobachtung gemacht, daß sich die Kokskrusten vorzugsweise an der dem Explosionsherd entgegengesetzten Seite der Zimmerung ablagern. Von englischer Seite ist dies damit erklärt worden, daß der Koks sich erst beim Rückschlag bildet. Eine einfachere Erklärung geht dahin, daß der erste Luftstoß die der Explosion zugekehrten Seiten der Hölzer reinfegt, während die folgende Flamme gerade hinter Vorsprüngen (gewissermaßen im Windschatten) zur Entfaltung kommen kann und hier den auf den Rückseiten verbliebenen Staub verkokt. Bei kleinen Explosionen hat man im Gegensatz zu dem vorher Gesagten vielfach Kokskrusten auch auf der der Explosion zugekehrten oder auf beiden Seiten der Hölzer gefunden, eine Tatsache, die mit der letzterwähnten Erklärung sich leicht vereinigen läßt, weil in diesem Falle die Kraft des Luftstoßes zu gering war oder sehr bald ein Hin- und Herwallen der Explosionsflamme stattfand.

77. — Statistik der Kohlenstaubexplosionen. Die amtliche preußische Statistik scheidet erst seit dem Jahre 1903 die reinen Kohlenstaubexplosionen von den Schlagwetterexplosionen. Als reine Kohlenstaubexplosionen sind darin bisher folgende gezählt worden:

Jahre	Betroffene Gruben	Gesamtzahl der Explosionsfälle	Dabei verunglückte Personen		
			tot	verletzt	zusammen
1903—10	24	25	46	38	84
1911—18	19	19	54	36	90
1919—26	14	14	383	226	609
1927—39	1	1	32	67	99

B. Bekämpfung der Kohlenstaubgefahr.

78. — Einleitende Bemerkungen. Während man Schlagwetter am besten dadurch bekämpft, daß man sie durch einen genügend starken Wetterstrom verdünnt und aus der Grube führt, versagt dieses Mittel beim Kohlenstaub. Man kann sogar sagen, daß ein starker Wetterstrom die Kohlenstaubgefahr erhöht. Denn er trocknet die Grube aus, führt den Staub mit sich fort, verbreitet ihn und trägt ihn auch dahin, wohin er ohne den starken Luftstrom nicht gekommen wäre.

Zunächst ist es natürlich wichtig, alle Maßnahmen zu ergreifen, um die Staubbildung zu verringern. Diese Maßnahmen sind zum großen Teil gleichbedeutend mit denen, die notwendig und geeignet sind, die Kohlen stückig zu gewinnen und auf ihrem Wege vom Kohlenstoß bis zum Füllort durch Verringerung des freien Falles und von Stoß- und Reibungsbeanspruchungen vor Zerfall zu schonen.

Einmal gebildeter Kohlenstaub kann in günstigen Fällen durch Absaugung oder — weniger wirksam — durch Verlegung von Ladestellen nach Orten geringer Wetterbewegung unschädlich gemacht werden. Hat sich jedoch der Kohlenstaub bereits dem Wetterstrom mitgeteilt oder im Grubengebäude abgesetzt, so gilt es, seine Explosionsgefährlichkeit zu verringern oder zu vernichten. Zu diesem Zweck stehen uns zwei Mittel zur Verfügung: das ältere Berieselungs- und das neuzeitliche Gesteinsstaubverfahren.

79. — Absaugung des Staubes. Eine Staubabsaugung wird vorläufig nur dort durchgeführt, wo große Staubmengen an engbegrenzter Stelle auftreten. Diese Bedingungen sind vielfach an Großladestellen und bei der Übergabe der Kohle von Bändern an Seigerförderer oder Wendelrutschen erfüllt. Hier hat sich schon mehrfach eine Staubabsaugung durch Vakuum, Niederschlagung des Staubes in Zyklonen und Abförderung des Staubes in besonderen Staubwagen bewährt.

80. — Berieselung. Die sichernde Wirkung des Wassers beruht darauf, daß es, in genügender Menge angewandt, die Bildung der für die Fortpflanzung der Explosion erforderlichen Staubwolke verhindert und außerdem die etwa entstehende Flamme bis zum Erlöschen abkühlt. Damit steht im Einklange, daß größere Grubenexplosionen in nassen Feldesteilen stets zum Stillstand gekommen sind. Enthält der Staub etwa 50 % Wasser, so ist er nicht mehr explosionsgefährlich.

Für die Berieselung sind die Gruben mit Spritzwasserleitungen ausgerüstet, an die nach Bedarf Handschläuche angeschlossen werden, um damit die Arbeitspunkte und ganze Streckenteile gründlich abspritzen zu können.

Heute erfolgt eine solche ausgedehnte Anwendung des Berieselungsverfahrens nur noch selten. Einmal hat sich das Gesteinsstaubverfahren als einfacher zu überwachen und durchzuführen und somit als wirksamer erwiesen, anderseits erhöht eine ausgedehnte und immer wiederholte Verwendung von Wasser den Naßwärmegrad und bringt tonhaltige Gesteine zum Quellen, wodurch sich Gebirgsdruckerscheinungen und Steinfallgefahr erhöhen.

Dagegen hat die Berieselung ihre Bedeutung für die Befeuchtung der mit Kohle beladenen Förderwagen behalten. An Ladestellen oder an den sonstigen Sammelpunkten der Streckenförderung sind über dem Geleise der vollen Wagen Brausen angebracht, die von Hand oder durch die Förderwagen selbst in Tätigkeit gesetzt werden können (Abb. 496)[1]. Beim Vorbeifahren bewegen die Wagen, sei es mit dem Wagenkasten oder mit den Rädern, einen Anschlag a, der das Ventil b so lange öffnet, wie der Wagen sich unter der Brause c befindet. Es wird also die oberste Kohlenlage angefeuchtet, so daß Staubentstehung bei dem Rütteln der Wagen während der Förderung hintangehalten wird und der sonst oben auf den Kohlen liegende Staub von dem scharfen Wetterstrome, der in den Förderstrecken zumeist herrscht, nicht mitgerissen werden kann.

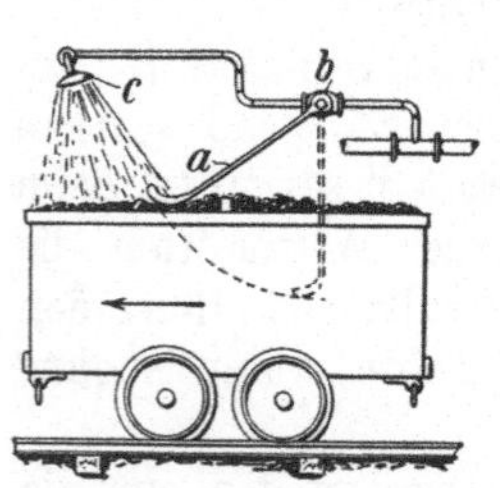

Abb. 496. Berieselung der beladenen Förderwagen.

Das für die Berieselung benutzte Wasser pflegt entweder Deckgebirgswasser zu sein, das hinter der Schachtverkleidung abgezapft wird, oder aus den Zuflüssen der oberen Sohlen in Vorrats- und Klärbehältern gesammelt zu werden. Für die Leitungen sind die Rohrweiten so zu wählen, daß nach Fertigstellung des Rohrnetzes die Wassergeschwindigkeit voraussichtlich 1 m/s nicht zu überschreiten braucht. Hierfür genügen Rohrweiten von 80—120 mm in den Schächten bis herab zu 20—25 mm in den Strecken. Als Betriebsdruck an der Verwendungsstelle genügen 5—10 at reichlich.

---

[1] Bergbau 1928, S. 294; Gilfert: Wasserbrause zum Befeuchten der beladenen Kohlenwagen usw.

81. — Verwendung von Gesteinsstaub. Geschichtliches. In England war man bereits i. J. 1886 gelegentlich einer Explosion auf der Silkstone-Grube darauf aufmerksam geworden, daß in den vorzugsweise mit Gesteinsstaub erfüllten Strecken die Explosionsflamme zum Stillstand gekommen war. Von Garforth 1908 ausgeführte Versuche bestätigten diese Beobachtung, und von Beyling[1]) vorgenommene Untersuchungen förderten darüber hinaus die neue Erkenntnis zutage, daß selbst Schlagwetterexplosionen durch Gesteinsstaub mit Erfolg bekämpft werden können. So ist heute die Anwendung von Gesteinsstaub ein allgemein verbreitetes Mittel nicht nur zur Bekämpfung von Kohlenstaub, sondern der Explosionsgefahr überhaupt geworden. Im Ruhrbezirk ist sie seit 1926 für alle Flöze mit gefährlichem (die Explosion fortleitendem) Kohlenstaub vorgeschrieben. Als gefährlich gilt der Staub einer Kohle, die in frischem Zustand mehr als 14 Gewichtsprozente flüchtige Bestandteile, auf Reinkohle berechnet, enthält. Dabei ist zu bemerken, daß die Grenze von 14% für die Frage gilt, ob in den Grubenbauen das Gesteinsstaubverfahren (Abriegeln mit Gesteinsstaubsperren und Einstauben) durchzuführen ist. Zur Entscheidung darüber, ob Schußbestaubung angewandt werden muß, ist im OBA-Bezirk Dortmund die Grenze für die Gefährlichkeit der Kohle auf 12 Gewichtsprozent flüchtiger Bestandteile, wieder auf Reinkohle berechnet, festgesetzt.

82. — Die sichernde Wirkung des Gesteinsstaubes und die an seine Beschaffenheit zu stellenden Anforderungen[2]). Wenn der aus nicht brennbaren Teilchen bestehende Gesteinsstaub von einem Luftstoß erfaßt und in eine Flamme getragen wird, so wird er selbst erhitzt. Dabei entzieht er der Flamme Wärme und wirkt somit abkühlend und löschend. Diese Wirkung ist naturgemäß um so kräftiger, je größer die Menge des in die Flamme gelangenden Gesteinsstaubes ist, je dichter und umfangreicher also die löschende Staubwolke ist.

In erster Linie eignet sich der Gesteinsstaub als Schutzmittel gegen Kohlenstaubexplosionen, die ohne Aufwirbelung des Kohlenstaubes durch einen kräftigen Luftstoß nicht denkbar sind. Der die Gefahr herbeiführende Luftstoß löst bei Vorhandensein des Gesteinsstaubes auch das Schutzmittel aus. Auch schlägt der Gesteinsstaub, wenn er in größerer Menge aufgewirbelt wird, mechanisch den Kohlenstaub nieder. Bei Schlagwettern liegen die Verhältnisse für den Gesteinsstaub ungünstiger, da er nur wirken kann, falls die Schlagwetterexplosion mit einem genügend starken Luftstoß verbunden ist.

Als Gesteinsstaub im Sinne der im Ruhrbezirk gültigen Bergpolizeiverordnung wird jeder Staub angesehen, der vollständig durch das Drahtgewebe des Wetterlampenkorbes (144 Maschen je cm²) und außerdem mit mindestens 50 Gewichtsprozenten durch das genormte deutsche Sieb Nr. 80 (6400 Maschen je cm²) hindurchgeht, ferner nicht mehr als 15 Gewichtsprozente brennbare Bestandteile enthält, in der Grube flugfähig bleibt, d. h. kein Wasser aufnimmt, und als unschädlich für die Gesundheit der Bergleute zugelassen wird. Bezüglich des letzten Punktes kommt es insbesondere darauf an, daß der Staub keine scharfkantigen und nadelförmigen Bestandteile enthält.

---

[1]) Glückauf 1919, S. 373; Beyling: Versuche mit Gesteinsstaub zur Bekämpfung von Grubenexplosionen usw.

[2]) Glückauf 1925, S. 1489; Schlattmann: Die geplante bergpolizeiliche Regelung des Gesteinsstaubverfahrens im Oberbergamtsbezirk Dortmund.

Am besten eignet sich wegen seiner Unschädlichkeit Kalksteinstaub, wobei jedoch darauf zu achten ist, daß er durch Vermahlen eines Kalksteins hergestellt wird, der wenig dazu neigt, Feuchtigkeit aus der Luft aufzunehmen. Dagegen sind Gesteine mit hohem Kieselsäure- und Serizitgehalt, zu denen auch manche Tonschieferarten gehören, wegen der Gefahr der Staublungenerkrankung nicht zu empfehlen.

83. — **Anwendungsarten. Außenbesatz. Schußbestaubung.** Die Anwendung des Gesteinsstaubes zielt darauf hin, die Entstehung von Explosionen zu verhüten, ferner entstandene Explosionen nicht zur vollen Entfaltung kommen zu lassen und schließlich entwickelte Explosionen aufzuhalten, ohne daß sich freilich diese Anwendungsarten immer scharf trennen lassen.

Man unterscheidet für die Verhütung von Explosionen beim Schießen den Außenbesatz und die Schußbestaubung, ferner für das Ablöschen entstandener Explosionen die Streuung und die Sperren.

Der Außenbesatz hat sich als unwirksam erwiesen und wird nicht mehr angewandt. Von Bedeutung ist dagegen die Schußbestaubung. Einzustauben ist die Vorgabe und die Schußstelle, namentlich in der Schußrichtung, in einem Umkreise von 5 m. Je Schuß sind 5 kg, bei einem Einzelschuß 10 kg zu verwenden.

84. — **Streuung.** Die Streuung soll in sämtlichen zur Förderung, Fahrung oder Wetterführung dienenden Grubenbauen mit Ausnahme der Abbaubetriebe, deren durchgreifende Bestaubung unmöglich scheint, ferner vor Ort in den Aus- und Vorrichtungsbetrieben und in den Abbaustrecken erfolgen. Die Streuung muß so stark sein und so oft wiederholt werden, daß auf dem ganzen Umfange der einzustaubenden Grubenbaue das abgelagerte Staubgemenge niemals mehr als 50 Gewichtsprozente brennbare Bestandteile enthält. Meist findet die Verteilung des Staubes von Hand statt. Auch mechanische Streuung unter Zuhilfenahme von Druckluft kann angewandt werden. Die Einstaubung der Ortsbetriebe (Ortstreuung) erfolgt nötigenfalls mehrmals in der Schicht durch den Ortsältesten.

85. — **Sperren.** Bei dem Sperrverfahren soll eine etwa entstandene Schlagwetter- oder Kohlenstaubexplosion auf größere Gesteinsstaubmassen, die im freien Streckenquerschnitt angeordnet sind, stoßen und dadurch am Fortschreiten behindert werden. Sperren sind also örtliche Gesteinsstaubanhäufungen, wobei man je nach dem Orte, wo sie angeordnet werden, und nach der insgesamt angewandten Staubmenge Hauptsperren und Nebensperren unterscheidet.

Durch Hauptsperren sind abzuriegeln die Wetterabteilungen im einziehenden und ausziehenden Wetterstrom, die Aus- und Vorrichtungsbetriebe gegen die benachbarten Grubenbaue und die Abbauflügel oben und unten[1]). Nebensperren sind dazu bestimmt, die Abbaubetriebe eines Bauflügels gegeneinander abzuriegeln, wenn diese Betriebe um wenigstens 15 m abgesetzt sind. Sie dürfen nicht zu nahe an einem möglichen Explosionsherd angeordnet werden, weil sonst der jeder Explosionsflamme vorauseilende Luftstoß noch nicht genügend stark ist, um die Schranken umzuwerfen. Daher soll insbesondere die Entfernung der Nebensperren vom Kohlenstoß nach Möglichkeit mindestens 75 m betragen.

---

[1]) In dem am Schluß dieses Bandes beigegebenen Wetterriß ist die Anordnung der Hauptsperren in einem Grubengebäude wiedergegeben.

Für die Sperren sind bestimmte Mindestmengen an Gesteinsstaub, berechnet auf den Quadratmeter des durchschnittlichen Querschnitts der Strecke, in der die Sperre errichtet werden soll, vorgeschrieben, und zwar für Hauptsperren $500\,kg/m^2$, für Nebensperren $80\,kg/m^2$. Die großen Staubmengen, die sich aus dieser Berechnung, namentlich bei den Hauptsperren, ergeben, dürfen nicht auf einer einzigen Bühne (Schranke) aufgehäuft werden, weil diese dann so schwer würde, daß sie vom Explosionsstoß kaum abgeworfen werden könnte. Der Gesteinsstaub ist vielmehr, wie Abb. 498 zeigt, auf mehrere Bühnen so zu verteilen, daß die Bühnen auch von dem Luftstoß einer verhältnismäßig schwachen Explosion noch sicher mitgenommen werden. Je leichter die einzelnen Bühnen sind, desto größer ist die Aussicht, daß die Sperre in jedem Fall richtig anspricht. Auch bei Hauptsperren soll man die Bühnen nicht mit mehr als 400 kg Gesteinsstaub belasten; noch besser beschränkt man die Höchstmenge auf 300 kg.

Die Bauart der Schranken soll möglichst einfach sein. Wo mit schwachen Explosionen zu rechnen ist, also namentlich in der Nähe der Abbaubetriebe, empfiehlt es sich, jede Schrankenbühne nur aus einem einzigen Brett bestehen zu lassen, wie Abb. 497 zeigt. Aus solchen Bühnen bestehende „Einbrettsperren" haben bei Versuchen auf der Versuchsgrube sowohl schwache wie auch starke Explosionen aufzuhalten vermocht. Die einfache Bauweise gestattet auch ein schnelles Umsetzen der Sperre,

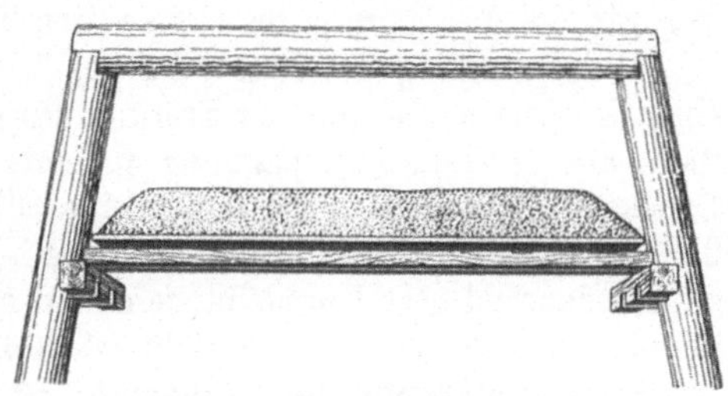

Abb. 497. Nebensperre (Einbrettsperre).

wie es bei Nebensperren häufig nötig ist. Die Einbrettsperre hat jedoch den Nachteil, daß die einzelnen Bühnen nur eine geringe Menge von Gesteinsstaub fassen, so daß für die Unterbringung der für Hauptsperren vorgeschriebenen Gesamtmengen eine große Zahl einzelner Bühnen erforderlich ist, woraus sich sehr langgezogene Sperren ergeben.

Der Abstand der einzelnen Bühnen einer Sperre voneinander sollte nicht geringer als 1,50—2 m sein, damit jede Bühne vom Explosionsstoß erfaßt werden kann, ohne im Windschatten der vorhergehenden Bühne zu liegen. Die Bühnen

Abb. 498.
Verteilung des Gesteinsstaubes auf mehrere Bühnen.

sollen ganz im freien Streckenquerschnitt liegen (Abb. 498) und dürfen durch Einbauten wie Rohre, Mittelstempel u. dgl. nicht in ihrer Wirksamkeit behindert werden; die Explosion muß die Bühne abwerfen und fortschleudern können. Sie sollen im oberen Drittel der Streckenhöhe eingebaut werden, jedoch so tief unter der Firste liegen, daß zwischen dem aufgehäuften Gesteinsstaub und der Unterkante des Firstenausbaues ein Abstand von mindestens 10 cm verbleibt. Wichtig ist, daß die Tragschienen der Bühnen beiderseits auf festen Unterlagen liegen; pendelnde Aufhängung ist nicht zu empfehlen, weil so ausgestattete Bühnen dem Explosionsstoß zunächst ausweichen und erst von dem nach der Explosion erfolgenden Rückstoß abgeworfen werden. Ähnlich ungünstig erweist sich die Verlagerung der Bühnen auf Rollen.

IV. Die Bewegung der Wetter.

A. Der Wetterstrom und seine Überwachung.

86. — Das Wesen des Wetterstromes. Für die Bewetterung eines Grubengebäudes muß ein ununterbrochen fließender Wetterstrom erzeugt werden. Das Grubengebäude muß hierfür mindestens eine einziehende und eine ausziehende Tagesöffnung haben. Von der einen bis zur anderen soll der Strom seinen bestimmten, vorgeschriebenen Weg benutzen. Denjenigen Teil des Stromes, der zwischen der einziehenden Tagesöffnung und den Abbaubetrieben liegt, nennen wir den einziehenden Strom, dagegen die Fortführung bis zur zweiten Tagesöffnung den ausziehenden.

Die Bewegung der Luft oder der Wetterzug geht wie jede Bewegung eines Körpers hervor aus der Störung des Gleichgewichts. Der Wetterstrom fließt also, weil die Luftspannung auf dem ganzen Wege sinkt oder weil ein Druckgefälle, ähnlich dem Gefälle eines Flusses, besteht. Sorgt man dafür, daß die Gleichgewichtsstörung oder der Druckunterschied in dem Wetterstrome dauernd bestehen bleibt, so dauert auch der Wetterzug an, da die Luft ununterbrochen das Gleichgewicht wiederherzustellen sucht.

87. — Saugende und blasende Bewetterung. Die für die Wetterbewegung notwendige Störung des Gleichgewichtes kann durch Erzeugung eines Unterdruckes = Depression an der Ausziehöffnung oder eines Überdruckes = Kompression an der Einziehöffnung erfolgen. In dem einen Fall liegt saugende, im anderen blasende Bewetterung vor. Bei saugender Bewetterung muß der Ventilator zur Erzeugung des Unterdruckes an die Ausziehöffnung, bei blasender Bewetterung zur Erzeugung des Überdruckes an die Einziehöffnung angeschlossen sein.

Für die Hauptbewetterung wird, zumal auf Steinkohlengruben, der saugenden Bewetterung der Vorzug gegeben. Der Grund hierfür liegt in der Gewohnheit, den Wetterstrom innerhalb des Grubengebäudes aufwärts zu führen, da Methan leichter als Luft ist und durch einen in gleicher Richtung, also von unten nach oben sich bewegenden Wetterstrom am besten fortgespült werden kann. Auch die Erwärmung der Wetter unter Tage und das Bestreben warmer Luft, nach oben zu steigen, läßt es zweckmäßig erscheinen, diese Richtung zu wählen. Nachteilig ist allerdings, daß, wenn die Wetter zunächst der tiefsten Sohle zuströmen, sie sich infolge der höheren Gebirgswärme in größeren Teufen stärker erwärmen und infolgedessen mit einer höheren Temperatur die Baue erreichen, als wenn sie diesen über eine obere Sohle zugeführt würden. Ein weiterer, besonders in Großbetrieben der steilen Lagerung fühlbarer Nachteil ist die größere Staubentwicklung, wenn Wetterstrom und Förderung — wie es bei aufwärts gerichteter Wetterführung in der Regel der Fall ist — entgegengesetzt gerichtet sind. Beide Nachteile lassen sich durch abwärts gerichtete Wetterführung vermeiden. Man wird sie daher vielleicht in Zukunft häufiger anwenden, als es zur Zeit der Fall ist. Auf holländischen Zechen durchgeführte Versuche haben zudem ergeben, daß das Grubengas von Stellen niedrigen Unterdrucks zu Stellen höheren Unterdrucks abwandert, es also auch gegen die Richtung seines natürlichen Auftriebes fortgespült werden kann[1]).

Die heute grundsätzlich übliche Aufwärtsführung der Wetter ist nur möglich, wenn die Wetter vor Bestreichen der Baue auf die tiefste Sohle gebracht worden sind. Da die tiefste Sohle in der Regel die Fördersohle ist, müssen die Wetter infolgedessen durch den tiefsten Schacht, den Förderschacht, einziehen. Bei blasender Bewetterung müßte alsdann die Einziehöffnung, also der Förderschacht mit einem Ventilator versehen werden, was nur unter Zuhilfenahme umständlicher Schleuseneinrichtungen für die Förderkörbe und großen Wetterverlusten möglich wäre. Der einziehende Förderschacht eignet sich infolgedessen nicht zur Aufstellung eines Ventilators. Er wird daher an einen Ausziehschacht angeschlossen, der gar nicht oder nur aushilfsweise der Förderung dient und zudem nur bis zur ausziehenden Sohle, der Wettersohle, zu reichen braucht. An der Ausziehöffnung einer Grube ist bei aufwärts gerichteter Wetterführung jedoch nur ein saugender Ventilator möglich.

Anders ist es dagegen bei der Sonderbewetterung von nicht durchschlägigen, also an die Hauptbewetterung in der Regel nicht angeschlossenen Strecken, Aufhauen u. dgl. mit Hilfe an Lutten angeschlossener Lüfter. Hier ist saugende und blasende Bewetterung verbreitet. Der blasenden Bewetterung wird sogar vielfach der Vorzug gegeben, da hierbei der Ortsstoß besser bespült wird, auch die größere Wetterbewegung die Kühlwirkung erhöht, und die Wetter mit geringerer Temperatur vor Ort gelangen, was allerdings beim Schachtabteufen nachteilig sein kann. Die saugende Bewetterung hat den Vorteil, die Sprengschwaden und vor Ort ausströmendes Grubengas nicht in die Strecke eintreten zu lassen, sondern durch den Luttenstrang abzuführen.

Wie ein durch Erzeugung von Depression und Kompression hervorgerufenes Druckgefälle in einem durch einen Luttenstrang geführten Wetterstrom verläuft, ist in Abb. 499 schematisch dargestellt. Bei beiden Bewetterungsarten ist der absolute oder Gesamtdruck an der Einziehöffnung am größten und nimmt nach der Ausziehöffnung allmählich ab, und

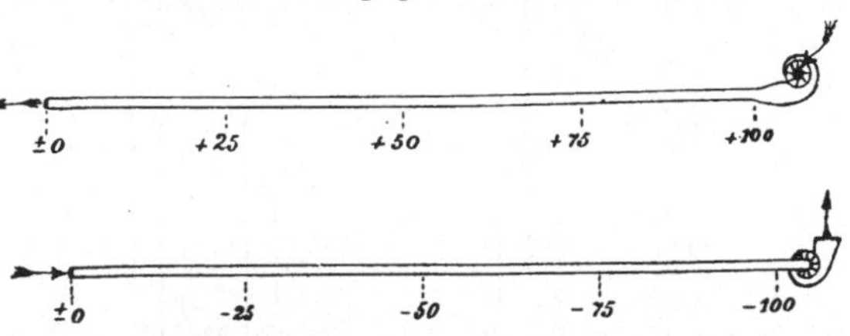

Abb. 499. Schema des Druckgefälles bei einem Wetterstrome.

zwar bei blasender Bewetterung bis auf den äußeren Barometerdruck b, bei saugender bis auf den um die Depression verminderten Barometerdruck $(b - \varDelta P)$. Außer dem Gesamtdruck muß aber auch der Unter- oder Überdruck $(\varDelta P)$ für sich betrachtet werden. Er ist bei blasender Bewetterung an der Einziehöffnung am größten, während er bei saugender Bewetterung hier den Wert Null und an der Ausziehöffnung den Höchstwert erreicht. Wegen ihrer meist geringen Werte werden die Druckunterschiede außer in mm QS in mm WS (1 mm QS = 13,6 mm WS) angegeben, was auch deshalb bequem ist, weil 1 mm WS dem Drucke von 1 kg auf 1 m² entspricht.

<hr>

[1]) Geologie en Mijnbouw 1940, S. 233; F. C. M. Wijffels: Stijgende en dalende ventilatie.

Die Verhältnisse einer Grubenbewetterung liegen, wie Abb. 500 erkennen läßt, grundsätzlich ganz ähnlich wie bei der saugenden Wetterführung durch einen Luttenstrang. Der vom Ventilator erzeugte Unterdruck ist am Saugkanal am größten (hier 272 mm) und ist an der Mündung des einziehenden Schachtes + 0. Im übrigen verteilt sich der Unterdruck freilich nicht so gleichmäßig auf die Länge des Wetterweges wie in einer überall gleich weiten Rohr-

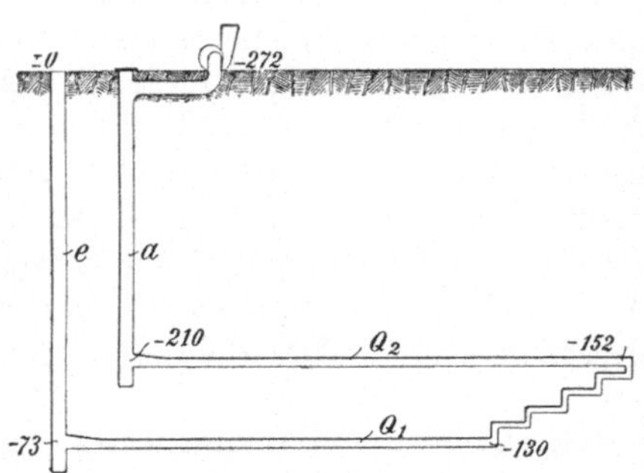

Abb. 500. Schema des Druckgefälles der Gruben-bewetterung.

leitung. In der Abb. 500 ist das stärkste Gefälle für die Schächte (e, a) angenommen, es beträgt für diese $73 + 62 = 135$ mm, für die Querschläge (Q_1, Q_2) $57 + 58 = 115$ mm und für die Abbaue 22 mm.

Das Gefälleverhältnis erscheint bei allen nicht söhlig verlaufenden Grubenbauen verschleiert, da der Druck der Luftsäule sich z. B. in einem Schacht oder Aufhauen schon allein auf Grund der wechselnden Teufenverhältnisse ändert und daher das Gefälle nicht unmittelbar in die Erscheinung treten läßt. Trotzdem ist auch hier ein Gefälle vorhanden, da der bei fließendem Wetterstrome jeweilig gemessene Luftdruck geringer als in ruhenden Wettern ist. Abb. 501 zeigt in der ausgezogenen Linie 1-2-3-4-5-6 die Druckverhältnisse, wie sie sich bei Stillstand der Wetterführung in einer

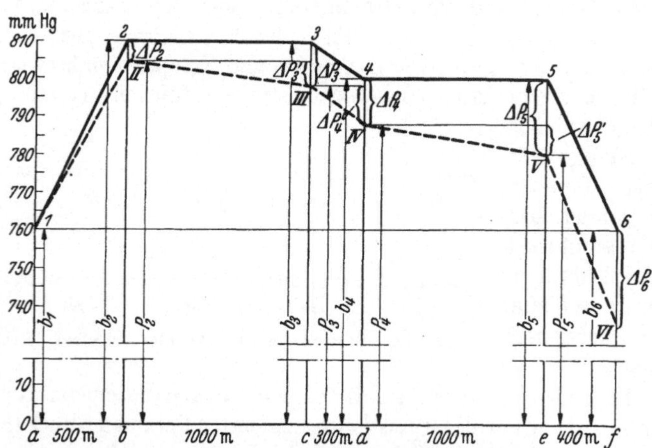

Abb. 501. Auswirkung des Druckgefälles einer Grubenbewetterung gegenüber dem barometrischen Luftdrucke ($a-b$ u. $e-f$: Schächte, $b-c$ u. $d-e$: Querschläge, $c-d$: Abbaue).

Grube ergeben würden, deren Fördersohle in etwa 500 m Teufe und deren Wettersohle 100 m höher liegt. Nach Ingangsetzen des Lüfters würde sich infolge des sich herausbildenden Druckgefälles der Luftdruckverlauf in die gestrichelte Linie 1-*II-III-IV-V-VI* verschieben. In dem angenommenen Beispiel wäre der gesamte vom Lüfter erzeugte Unterdruck (ebenso wie in Abb. 500) 272 mm Wassersäule.

a) Die meßtechnische Überwachung der Wetterbewegung.

88. — Statischer und dynamischer Druck. Wie bei der Bewegung von Flüssigkeiten, so sind auch in einem Luftstrom zwei Druckarten zu unterscheiden, nämlich der statische und der dynamische Druck. Der statische Druck tritt bei saugender Bewetterung gegenüber der Atmosphäre als niedrigerer Druck, bei blasender als höherer Druck in Erscheinung. Der statische Druck ist der innere Gasdruck, der bei Führung des Luftstroms durch einen Kanal auf die gleichlaufend zur Stromrichtung liegenden Wandungen zur Wirkung kommt. Der dynamische Druck (auch Staudruck, Geschwindigkeitsdruck oder Geschwindigkeitshöhe genannt) ist diejenige Drucksteigerung, die vor einem dem Luftstrom sich entgegenstellenden Hindernisse durch Stauung auftritt. Sie ist proportional dem Quadrate der Stromgeschwindigkeit $\left(= \dfrac{\gamma \cdot w^2}{2g}\right)$[1]) und beträgt, wenn $\gamma = 1{,}2$ angenommen wird, bei:

$$5 \text{ m Wettergeschwindigkeit} \quad 1{,}5 \text{ mm Wassersäule}$$

10 „	„	6,1 „	„
15 „	„	12,8 „	„
20 „	„	24,5 „	„

Bewegt sich der Luftstrom durch einen Kanal, so wird der statische Druck in der Stromrichtung dauernd abnehmen, und zwar gleichmäßig, wenn der Reibungswiderstand, den der Luftstrom findet, in gleichen Wegelängen gleich groß bleibt. Der dynamische Druck dagegen wird, wenn überall dieselben Querschnitte vorhanden sind, also die Luftgeschwindigkeit unverändert bleibt, an allen Punkten der gleiche sein. (Vgl. *Pd* in Abb. 515 auf S. 584).

Nimmt dagegen infolge Querschnittsverengung die Luftgeschwindigkeit zu, so wächst auch der dynamische Druck, und zwar auf Kosten des statischen Druckes, während bei Abnahme der Luftgeschwindigkeit auch der dynamische Druck nachläßt und sich ein entsprechender Teil in statischen Druck zurückverwandelt.

Es gibt verschiedene Abarten des statischen Drucks. Betrachtet man nur die Verhältnisse an einem Punkte, so herrscht hier einmal der absolute statische (barometrische) Druck (b_1—b_6 in Abb. 501 bei ruhender, P_2—P_5 bei in Gang befindlicher Wetterführung). Außerdem kann gegenüber dem absoluten statischen Druck ein statischer Unter- oder Überdruck vorhanden sein. Vergleicht man die statischen Druckverhältnisse an zwei verschiedenen Beobachtungspunkten, so ist dieses einmal möglich durch Feststellung des Unterschiedes der absoluten statischen Drucke dieser Punkte und außerdem durch Feststellung des Unterschiedes der Unterdrucke oder Überdrucke an diesen Punkten. Auf beiden Wegen muß man zu dem gleichen Ergebnis kommen.

Für die Hauptbewetterung unter Tage sind zwei der genannten Größen von ausschlaggebender Bedeutung, auf deren Messung es daher auch in erster Linie ankommt. Es sind dieses der statische Unterdruck (Depression) und der statische Druckunterschied. Mit Hilfe des statischen Unterdrucks (z. B. $\varDelta P_3$, $\varDelta P_4$), der meist 100—400 mm WS beträgt, wird die Wetterbewegung in Gang gehalten. Die Widerstände, die sich der Wetterbewegung

---

[1]) Es ist γ das Gewicht von 1 m³ Luft in kg, w die Geschwindigkeit in m/s und g die Fallbeschleunigung.

durch Reibung, Wirbelungen und sonstige Einflüsse (z. B. Tropfwasser im Wetterschacht) entgegenstellen, werden durch sie überwunden. Er ist gleichbedeutend mit dem in Abb. 501 wiedergegebenen von 0 auf 272 mm WS anwachsenden Druckgefälle ($\varDelta P_6$). Die statischen Druckunterschiede (z. B. $\varDelta P_3'$, $\varDelta P_4'$) sind jeweils Teilstücke aus dem gesamten Druckgefälle und geben infolgedessen nur den Unterschied zwischen den an zwei oder mehreren Beobachtungspunkten herrschenden statischen Unterdrucken oder auch den Gesamtdrucken an.

Es handelt sich also entweder um den Unterschied des statischen Unterdrucks gegenüber einem Ausgangspunkt, z. B. von $\varDelta P_3'$ gegenüber II oder von $\varDelta P_4'$ gegenüber III oder von $\varDelta P_3' + \varDelta P_4'$ gegenüber II (Abb. 501) oder aber um den Unterschied der absoluten statischen Drucke, die an den Beobachtungspunkten herrschen, z. B. durch Vergleich von P_2 am Punkte II gegen P_3 am Punkte III.

Gegenüber dem statischen Druck spielt der dynamische Druck infolge seiner geringen Größe und, da es im Grubengebäude nur auf Geschwindigkeitsänderungen ankommt, diese im allgemeinen aber gering sind, nur eine untergeordnete Rolle.

Der absolute statische Druck wird durch Barometer gemessen, der Unter- und Überdruck durch das Statoskop (Differenzdruckbarometer) sowie durch U-Rohre oder aus diesen entwickelte Geräte mit höherer Ablesegenauigkeit, wie es die Mikromanometer und Minimeter sind. Die Druckunterschiede werden durch geeignete Anwendung der gleichen Geräte festgestellt.

Den dynamischen Druck mißt man unmittelbar mit Hilfe von U-Rohrgeräten oder mittelbar durch Messung der Geschwindigkeit.

Bei Anwendung der U-Rohrgeräte bedarf es der Anwendung eines Hilfsmittels zur Druckentnahme, um die Druckzustandsbedingungen auf das Meßgerät zu übertragen. Solche Hilfsmittel sind bei punktweiser Entnahme des Druckzustandes aus dem Luftstrom das Staurohr oder einfache statische Röhrchen, während bei Benutzung des Gesamtstromes für die Messung Düsen und Blenden verwendet werden.

89. — **Barometer.** Das gewöhnliche Quecksilberbarometer, das Kontrabarometer, das Stationsbarometer und der Barograph kommen wegen ihrer Unhandlichkeit und Empfindlichkeit in der Hauptsache nur für die Feststellung des Luftdruckes über Tage in Betracht. Dessen Beobachtung ist bei jeder Untertagemessung von Bedeutung, da Schwankungen im Luftdruck sich auf die Ergebnisse der Messung des statischen Druckes unter Tage aus wirken müssen.

Sehr gut verwendbar ist dagegen das Aneroidbarometer. Eine für Grubenzwecke besonders brauchbare Bauart ist das der Firma R. Fuess, Berlin-Steglitz, bei der das Instrument, dessen Skala 95 mm im Durchmesser mißt, in einem Kasten untergebracht ist und an einem Riemen um den Hals des Beobachters getragen werden kann. Der elastischen Nachwirkung wegen wartet man bei stark und rasch wechselnden Drucken ein wenig mit der Ablesung. Eine Temperaturberichtigung ist nicht erforderlich. Die Ablesegenauigkeit beträgt etwa 0,2 mm QS. Das Geräte wird daher zweckmäßig nur für die Messung von Druckunterschieden von mehr als 10—15 mm WS angewandt sowie zur Überprüfung genauerer Messungen und um den jeweiligen absoluten Druck zwecks Bestimmung der Luftdichte festzustellen.

Vielfach ist auch das Hypsometer (Thermograph) benutzt worden, das auf der Abhängigkeit der Siedetemperatur des Wassers vom Luftdruck beruht. Es kann schlagwettersicher gebaut werden, jedoch hat sich u. a. die Mitführung der zur Heizung notwendigen Akkumulatoren als recht umständlich erwiesen. Es besitzt eine Ablesegenauigkeit von 3—4 mm WS.

90. — **Gewöhnliche Depressionsmesser.** Der einfachste Depressionsmesser (Abb. 502) besteht aus einer mit Wasser gefüllten, U-förmig gebogenen Glasröhre $a_1 a_2$ und einem Maßstabe c zwischen den beiden Rohrschenkeln. Das eine Ende der Glasröhre wird durch einen Schlauch b mit dem Raume in Verbindung gebracht, dessen Depression oder Kompression bestimmt werden soll. Wegen der Anbringung ist Ziff. 101 zu vergleichen. Das zweite Ende mündet ins Freie.

Der Verdunstung des Wassers ist durch Nachfüllen oder durch neue Einstellung des Maßstabes Rechnung zu tragen.

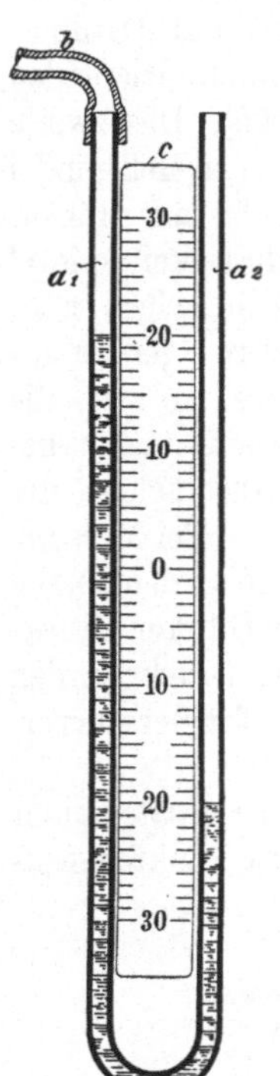

Abb. 502. Gewöhnlicher Depressionsmesser.

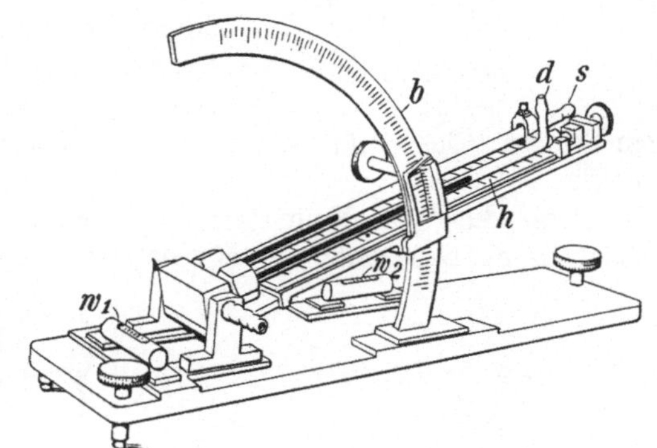

Abb. 503. Multiplikationsdruckmesser oder Mikromanometer.

Falls Druckschwankungen auftreten, so ist die Beobachtung erschwert. Durch Verengung des Querschnitts der Glasröhre an der Biegungsstelle (z. B. durch Einfüllen von Schrott, durch Drosseln mittels eines Hahnes) kann man die starken Schwankungen des Wasserspiegels vermindern.

Um genauere Depressionsmessungen bei geringen Druckunterschieden auszuführen, wendet man die sog. **Multiplikationsdruckmesser** oder **Mikromanometer** an. Sie besitzen einen oder zwei geneigt liegende Schenkel s und d (Abb. 503). Die Neigung kann mittels eines Gradbogens b mit Klemmschraube verschieden eingestellt werden. Beträgt sie z. B. 1:10, so bewirkt ein Druckunterschied von 1 mm bereits, daß die beiden Wasserspiegel sich um eine Rohrlänge von 10 mm verschieden einstellen.

91. — **Das Differenz-Membrangerät.** Wassersäulen sind für Untersuchungen unter Tage unbequem und ungenau. Einfacher zu handhaben und genauer sind Differenz-Membrangeräte mit Zeiger. Das in Abb. 504 wiedergegebene Differenzgerät hat als Anschluß einen Doppelhahn und kann bei

Messungen mit oder gegen den Wetterstrom benutzt werden. 1 mm WS entspricht je nach der Skala einer Skalenlänge von 2—3 mm.

92. — **Askania-Minimeter.** Das Minimeter der **Askania-Werke, Berlin,** ist das genaueste und zuverlässigste Druckmeßgerät. Es hat sich unter Tage und im Laboratorium gleich gut bewährt und gestattet Ablesungen bis auf $^1/_{100}$ mm WS. Es besteht aus zwei mit destilliertem Wasser gefüllten, kommunizierenden Gefäßen a und b (Abb. 505). Das zweite (b) kann durch Drehung einer Meßspindel so weit gehoben werden, bis der Höhenunterschied der beiden Flüssigkeitsspiegel dem Meßdruck das Gleichgewicht hält. Taucht die vergoldete Spitze c gerade aus dem Wasserspiegel heraus, so ist die Gleichgewichtslage hergestellt. Zur genauen Beobachtung des Auftauchens der Spitze dient ein Fernrohr d. Bei Messung des statischen Druckes wird an den oberen Stutzen angeschlossen, bei Differenzdruckmessungen der niedrigere Druck an den

Abb. 504. Differenzdruckmesser.

unteren Stutzen. Das Gerät ist nahezu unabhängig gegen Temperaturveränderungen.

Die Anwendung des Minimeters sowie sonstiger Differenzgeräte unter Tage setzt, da die Druckunterschiede zwischen zwei getrennten Punkten festgestellt werden sollen, die Möglichkeit voraus, daß die an diesen Punkten herrschenden Drucke bis zum Meßgerät übertragen werden können. Es geschieht

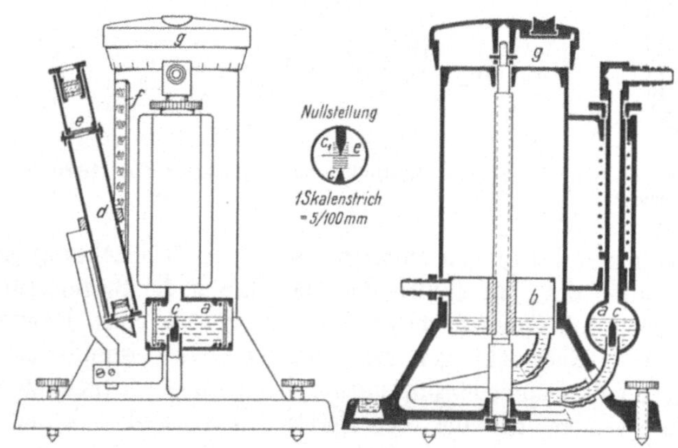

Abb. 505. Askaniaminimeter.

gestellt werden sollen, die Möglichkeit voraus, daß die an diesen Punkten herrschenden Drucke bis zum Meßgerät übertragen werden können. Es geschieht dieses am besten durch Gummischläuche von der gleichen Art, wie sie für Schneidbrenner benutzt werden. Diese Schläuche haben 6 mm ⌀ und 4 mm Wandstärke. Es können Schläuche bis zu 300 m Länge verwandt werden, die man, um auch geringere Längen zu benutzen, durch luftdichte Verbindung 40—60 m langer Stücke herstellt. Zu ihrer schnelleren Verlegung und Schonung haspelt man sie auf einer fahrbaren Trommel auf.

In söhligen Strecken ist bei diesem Schlauchverfahren[1]) (Abb. 506) schon wenige Minuten nach dem Anschließen der Schläuche an das Instrument die Ablesung des Druckunterschiedes möglich. In Stapeln, Aufhauen und Schächten muß gewartet werden, bis die Schläuche die Temperatur des Wetterstromes angenommen haben. Bei Teufenunterschieden unter 100 m genügt hierzu $^1/_2$ h. Mit einiger Übung lassen sich 1,5—2 km je Schicht durchmessen.

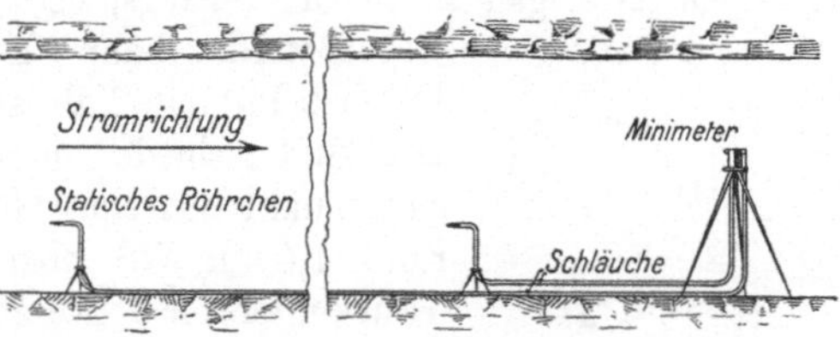

Abb. 506. Schema der Schlauchmessung.

Ein wesentlicher Vorteil des Schlauchverfahrens besteht weiterhin darin, daß die Messungen an Arbeitstagen vorgenommen werden können. Da der Druckunterschied zwischen zwei Punkten unmittelbar festgestellt wird, ist die Messung von durch den Betrieb verursachten Druckschwankungen wesentlich unabhängiger als die mittelbare Messung mit Hilfe von Barometern oder des Statoskops.

93. — Selbsttätig schreibender Depressionsmesser. Sehr zweckmäßig für Messungen über Tage sind die selbsttätig schreibenden Depressionsmesser (Abb. 507). Die beiden verbundenen Röhren sind als zwei durch eine Scheidewand getrennte, ziemlich weite Gefäße a und b ausgestaltet, von denen b zur Aufnahme eines Schwimmers S eingerichtet ist. Der Raum über dem Flüssigkeitsspiegel im Gefäße a ist durch einen Anschlußstutzen und Schlauch d mit dem Saugraum in Verbindung gebracht, während der andere Wasserspiegel unter dem atmosphärischen Drucke steht. Der Schwimmer trägt eine Führungsstange f mit Schreibstift g, der die jeweilig vorhandene Depression oder Kompression in Form einer Kurve auf eine durch ein Uhrwerk angetriebene Trommel c, die auch die Zeiten angibt, aufschreibt.

Die aufgeschriebenen Depressionskurven geben einen bleibenden Ausweis über den Gang des Ventilators und sind deshalb z. B. für einzeln gelegene Wetterschächte ganz unentbehrlich. Im

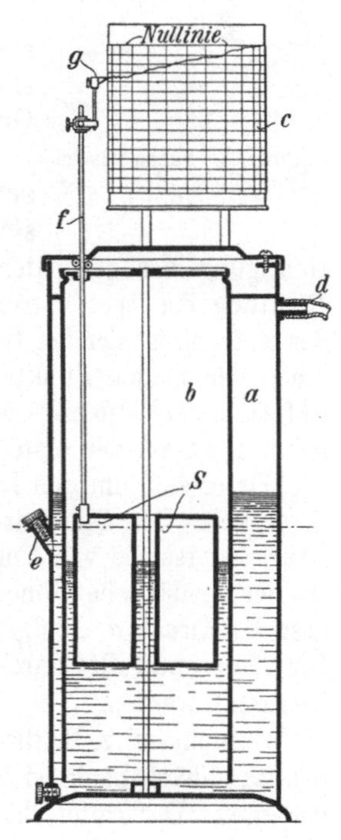

Abb. 507. Selbsttätig schreibender Depressionsmesser.

Falle einer Grubenexplosion gewähren sie die Möglichkeit, noch nachträglich die Wirksamkeit des Ventilators im Augenblick der Explosion zu beurteilen. Auch lassen sie erhebliche Störungen in der Wetterführung, z. B. einen

---

[1]) Vogel, W.: Die Strömungswiderstände bei der Bewetterung von Grubenbauen. Dissertation Aachen 1932.

Bruch in einer Hauptwetterstrecke (durch plötzliches Steigen der Depression) oder den Eintritt eines Kurzschlusses zwischen Ein- und Ausziehstrom (durch ein plötzliches Fallen), erkennen.

94. — Das Bergwerksstatoskop. Das Statoskop (Abb. 508) ist ein Aneroidbarometer, bei dem durch Spannung einer Feder a ein Meßdosensatz b gegen den jeweiligen an einem Ausgangspunkt herrschenden Luftdruck ausge-

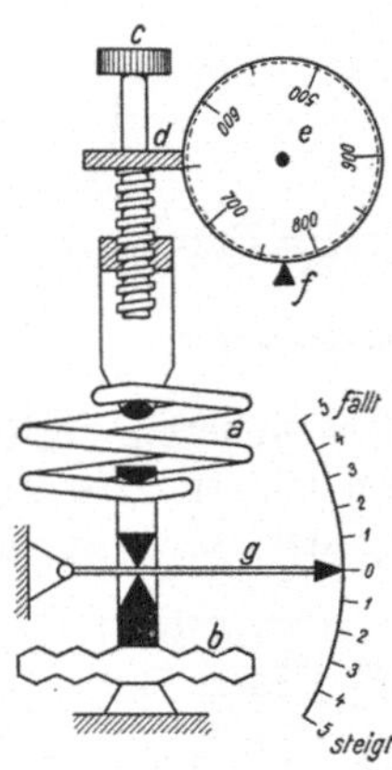

Abb. 508. Schematische Darstellung des Bergwerkstatoskops.

wogen werden kann. Es ist dieses der Fall, wenn der Fühlhebel g auf Null steht. Auf diese Weise können Druckunterschiede von $+5$ mm QS gegenüber dem Ausgangspunkt mit einer Genauigkeit von 0,1 mm QS, also rund 1,4 mm WS abgelesen werden. Übersteigt der Druckunterschied zwischen zwei Meßpunkten den Betrag von 5 mm QS, so hilft man sich durch Einschaltung beliebig vieler Zwischenpunkte. Elastische Nachwirkungen spielen keine Rolle. Es werden die auf 0° C reduzierten Barometerstände abgelesen, die einer Berichtigung nicht bedürfen.

Das Statoskop läßt sich leicht mitführen, ist schnell ablesebereit und hat sich zu dem gebräuchlichsten Gerät zum Messen von Druckunterschieden im Grubenbetrieb entwickelt[1]).

95. — Die Rolle des geodätischen Höhenunterschiedes. In söhligen Strecken entspricht der festgestellte Unterschied der statischen Drucke ohne Berichtigung der gesuchten Widerstandshöhe oder dem Druckgefälle. Wird in Richtung des Wetterstromes gemessen und liegt der zweite Punkt tiefer als der erste, so ist der am tieferen Punkt gemessene Wert um den Druck der zwischen den beiden Punkten befindlichen Luftsäule zu hoch. Das Gewicht der Luftsäule muß also abgezogen werden. Umgekehrt ist es, wenn der zweite Punkt höher liegt als der erste.

Da es sich um den Druck der ruhenden Luftsäule handelt, ist er leicht zu berechnen. Der Quotient $13,6/\gamma$ mi gibt die Höhe der Luftsäule an, die einen Druckunterschied von 1 mm QS bewirkt. Sie wird „spezifische Höhe" genannt. Ist der geodätische Höhenunterschied zwischen zwei Meßpunkten a, so ist der gesuchte Druck $a \cdot 13,6/\gamma$ mi; γ mi bedeutet das mittlere spezifische Gewicht der Luftsäule und sollte durch mindestens je eine Messung an den beiden Punkten bestimmt werden.

Gesucht sei z. B. die Widerstandshöhe eines 714 m tiefen Schachtes. An der Rasenhängebank sei b_0 zu 750 mm QS und am Füllort b_0 zu 812,5 mm QS gemessen. Der Unterschied beträgt also 62,5 mm QS. Bei $\gamma_m = 1,253$ ist der Druck der Luftsäule $714 \cdot 13,6/1,253 = 65,8$ mm QS. Die gesuchte Widerstandshöhe ist somit 3,3 mm QS und der Luftdruck am Füllort bei ruhender Luftsäule 750 mm $+$ 65,8 mm $= 815,8$ mm. Dieser Druck wird auch der am Füllort herrschende **Vergleichsdruck** genannt, da durch seine Gegenüberstellung mit dem gemessenen absoluten statischen Druck der Druckunterschied bestimmt werden kann.

---

[1]) Glückauf 1927, S. 525; E. Stach: Messungen in Wetterströmen.

Diese Rechnungsart genügt für sehr viele Fälle, ist jedoch verhältnismäßig roh. Bessere Werte liefert eine von Heise und Drekopf angegebene Formel[1]. Noch genauer ist die Formel von Vogel:

$$h = \left(1 + \frac{\alpha}{2}\right) \cdot \left[H \cdot \gamma_1 - p_1 \frac{\varDelta T}{T_1} \cdot \frac{\lg p_2 - \lg p_1}{\lg T_2 - \lg T_1} - \frac{\varDelta \varphi}{2\,p_2}\left(p_2 - p_1 - \frac{p_1}{p_2}\varDelta\varphi\right)\right],$$

wobei bedeuten α die Wasseraufnahme in kg je kg Eintrittsluft, H die Teufe, $\varDelta\varphi$ die zusätzliche Dampfspannung, p_1, T_1 und p_2, T_2 Druck und absolute Temperatur am Anfang und Ende der Luftsäule und γ_1 ihr spezifisches Gewicht.

Diese Formel eignet sich insbesondere zur Depressionsbestimmung in Schächten mit Hilfe von Barometermessungen. Für Blindschächte, Auf- und Abhauen kann sie in einer vereinfachten Form benutzt werden:

$$h = H \cdot \gamma_1 - \varDelta_p\left(1 - \frac{1}{2}\frac{\varDelta p}{p_1} + \frac{1}{2}\frac{\varDelta T}{T_1}\right) - \frac{\varDelta\varphi}{2\,p_2}(\varDelta p - \varDelta\varphi).$$

96. — Der Einfluß von Luftdruckschwankungen. Durch die normalen Schwankungen des Luftdruckes wird die Widerstandshöhe selbst nicht beeinflußt. Dagegen ändern sich die gemessenen Werte um den Betrag der Luftdruckschwankung während der Meßzeit, so daß auch beim Vergleichsdruck dieser Betrag berücksichtigt werden muß. Steigt z. B. der Luftdruck um 1 mm, so wird am Ende der Messung ein um 1 mm höherer statischer Druck gemessen, als es bei gleichbleibendem Luftdruck der Fall gewesen wäre. Ist der Vergleichsdruck zu Beginn 785 mm QS gewesen und ist der gemessene Druck zu Ende der Messung 782 mm WS, so beläuft sich die Widerstandshöhe auf (785 + 1) — 782 = 4 mm QS. Bei fallendem Luftdruck ist der Vergleichsdruck um einen entsprechenden Betrag zu verkleinern.

Bei Differenzdruckmessungen dagegen wie beim Schlauchverfahren z. B., bei denen die Drucke an beiden Enden des betreffenden Grubenabschnitts gleichzeitig abgelesen werden, spielen Luftdruckschwankungen keine Rolle.

97. — Beispiel einer Messung. Zur Veranschaulichung der bisherigen Ausführungen sei nachstehend die Niederschrift einer Teilmessung wiedergegeben, die ohne weitere Erläuterung verständlich sein dürfte.

Meß-punkt (M. P.)	Teufe m	$\varDelta H$ gegen M. P.	$\varDelta H$ m	Vgl.-Druck mm QS	Meßdruck mm QS	Widerstandsdruckhöhe zwischen den M.P.	mm QS	mm WS	je 100 m mm WS
a	0	a	0	752,7	752,7	—	—	—	—
b	760	a	— 760	aus a 820,3	818,1	a u. b	2,2	30	$\sim 4,0$
c	758,2	b	+ 1,8	818,0	817,2	b u. c	0,8	11	$\sim 2,6$
d	758,0	c	+ 0,2	817,2	817,1	c u. d	0,1	2	$\sim 2,6$
e	903	d	— 145	aus d 834,3	831,5	d u. e	2,8	38	$\sim 2,6$
f	735	d	+ 23	aus d 815,1	813,2	d u. f	1,9	26	—
g	625	f	+ 110	aus f 803,2	802,1	f u. g	1,1	15	~ 14

---

[1] Glückauf 1927, S. 329; Heise und Drekopf: Die Berechnung und Messung des Luftdruckes und des Druckgefälles in Wetterströmen.

98. — Der Ausgangspunkt von Messungen im Grubengebäude. Will man sich für alle Messungen auf den gleichen Punkt beziehen, so ist es vielfach üblich, hierfür die Rasenhängebank zu wählen. Der absolute Druck eines Punktes unter Tage wird jedoch nicht nur von den Luftverhältnissen an diesem Punkt und der Rasenhängebank beeinflußt. Auch der Wärme- und Wasseraustausch und Widerstandsänderungen, denen der Wetterstrom auf seinem Wege ausgesetzt ist, spielen eine Rolle. Da der Einziehschacht infolge des Wärmeausgleichsmantels starke Einflüsse auf die Zustandsbedingungen des Wetterstroms ausübt, ist es daher richtiger, statt der Hängebank das Füllort als Ausgangspunkt zu wählen. Daher ist es auch empfehlenswert, den Druck des Endpunktes eines Meßabschnitts auf den des Anfangspunktes zu beziehen und nicht auf über Tage.

99. — Messung der Wettermenge. Die Messung der Widerstandsdruckhöhe muß im allgemeinen von der Feststellung der Wettermenge begleitet sein, will man sichere Unterlagen für die rechnerische Erfassung und Planung der Wetterführung gewinnen. Die Bestimmung der Wettermenge kann einmal über die Messung der Geschwindigkeit auf Grund der Beziehung $Q = w \cdot F$, wobei w die Geschwindigkeit und F den Querschnitt des Wetterweges bedeuten, erfolgen. Es ist dieses die übliche Meßart unter Tage. Als Geräte zur Geschwindigkeitsmessung dienen in der Hauptsache Anemometer. Ein anderes Verfahren geht von der Messung des dynamischen Druckes aus und errechnet die Geschwindigkeit nach der Beziehung $p_d = \dfrac{w^2}{2\,g}\gamma$. Das Staurohr nach Prandtl-Rosenmüller wird hierzu verwandt, allerdings weniger unter Tage als für Messungen über Tage, z. B. zur Untersuchung von Ventilatoren, Eichung von Anemometern, wozu auch andere Staugeräte, wie Düsen und Blenden herangezogen werden.

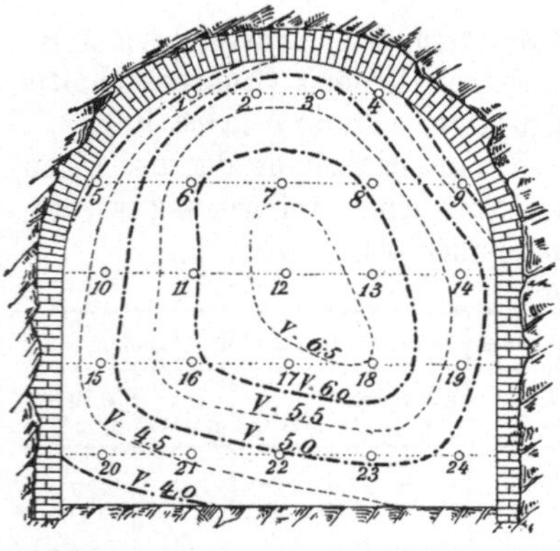

Abb. 509. Kurven gleicher Wettergeschwindigkeit in einem Streckenquerschnitt.

100. — Anemometer. Anemometer sind kleine Windmotoren, bei denen ein Flügelrad oder ein Schalenkreuz, deren Drehzahl der Wettergeschwindigkeit verhältnisgleich ist, ein Zählwerk betätigt. Das Zählwerk hat eine solche Radeinteilung, daß auf dem Zifferblatt der vom Wetterstrom in der Meßzeit zurückgelegte Weg unmittelbar in Metern abgelesen werden kann. Die Wegstrecke, dividiert durch die Beobachtungszeit in Sekunden, ergibt die Luftgeschwindigkeit. Die Meßzeit sollte 2 min nicht unterschreiten und braucht nicht höher als 4 min zu sein.

Bei der Durchführung einer Anemometermessung ist es wichtig, daß die in dem Querschnitt eines Wetterweges herrschenden verschiedenen Geschwindigkeiten ihrer Bedeutung entsprechend auf das Gerät einwirken können. Zu diesem Zweck kann man den Streckenquerschnitt in ein Netz von einzelnen Quadraten (Abb. 509) teilen, eine Messung an jedem Schnittpunkt der angenommenen Netzlinien vornehmen und aus den Meßwerten das arithmetische Mittel bilden. Viel einfacher als diese Netzmessung und nahezu von gleicher Genauigkeit ist die Schlaufenmessung, bei der das Instrument zweckmäßig auf einer Latte befestigt wird. Zugleich ist darauf zu achten, daß der Beobachter dicht an den Stoß tritt, um den Streckenquerschnitt möglichst wenig zu verengen, und daß er während der Messung seinen Stand unverändert beibehält. Auch sollte An- und Auslauf an einer Stelle des Querschnitts erfolgen, an welcher etwa die mittlere Geschwindigkeit anzunehmen ist. In der Regel wird eine Doppelmessung notwendig sein, wobei mit der Wiederholungsmessung am jeweils entgegengesetzten Ende des Querschnitts zu beginnen ist. Wichtig ist schließlich, daß die Meßstelle in einem geraden Streckenquerschnitt liegt und weit genug von Kreuzungen und Kurven entfernt ist.

Zur Vereinfachung der Rechnung werden häufig in den Hauptwetterströmen an geeigneten Punkten besondere Wettermeßstellen (s. Tafel I) eingerichtet. Um einen genau ausmeßbaren Querschnitt zu erhalten, sind gewöhnlich Stöße und Firste der Strecke mit einem glatten Bretterverzug, auf dem meist auch der Querschnitt verzeichnet ist, auf 3—4 m Länge verschalt. Wichtiger als jede Verkleidung ist jedoch die richtige Wahl der Stelle, an der die Messungen vorgenommen werden.

Der am Anemometer abgelesene Wetterweg bedarf noch der Berichtigung, da das Anemometer nicht reibungsfrei läuft und auch die Flügel bis zu einem gewissen Grade durch den Druck der Luft gebogen werden.

Die Berichtigungszahl ist kein Festwert, sondern ist für jede Geschwindigkeit verschieden. Sie ist ferner für jedes Anemometer verschieden, ändert sich auch allmählich und muß deshalb von Zeit zu Zeit durch Eichung festgelegt werden.

Die Größe der Berichtigung kann für die verschiedenen Luftgeschwindigkeiten am einfachsten zeichnerisch in einem Koordinatennetz mit als Abszissen aufgetragenen Wettergeschwindigkeiten zur Darstellung gebracht werden. Bei Anemometern, die fehlerlos gebaut sind, ergibt eine solche Aufzeichnung der Berichtigung stets eine gerade Linie. Der jeweilige Verlauf der Berichtigungslinie wird auf Kärtchen verzeichnet und dem Anemometer beigefügt.

In Abb. 510 sind einige häufig wiederkehrende Berichtigungen aufgetragen und mit den Ziffern I—IV bezeichnet. Die Berichtigung I ist stets positiv; sie ist

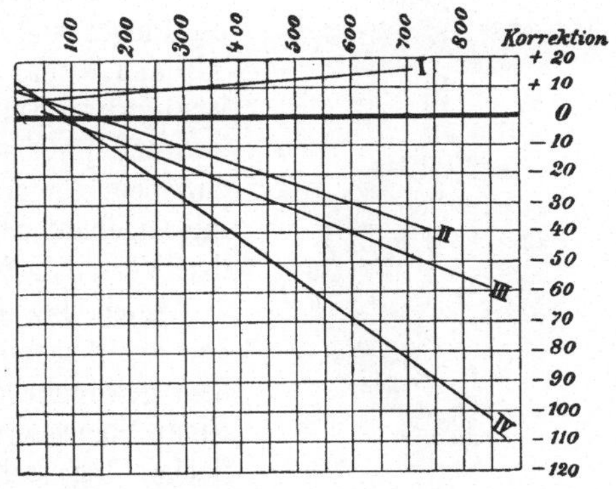

Abb. 510. Berichtigungen von Anemometern.

seltener als die Berichtigungen II—IV. Ein Anemometer, das die Berichtigungsgerade II besitzt, bedarf z. B. bei 100 m Ablesung für die Minute einer Richtigstellung von etwa + 4, dagegen bei 750 m einer solchen von — 40. Man würde also die Zahlen 104 und 710 in die Berechnung einzusetzen haben.

Abb. 511 gibt das Casella-Flügelrad-Anemometer wieder, zu dessen Anwendung noch eine gute Stoppuhr gehört. Durch Zug an je einer Schnur kann der Beobachter das Zählwerk einschalten und nach Ablauf der Meßzeit außer Betrieb setzen.

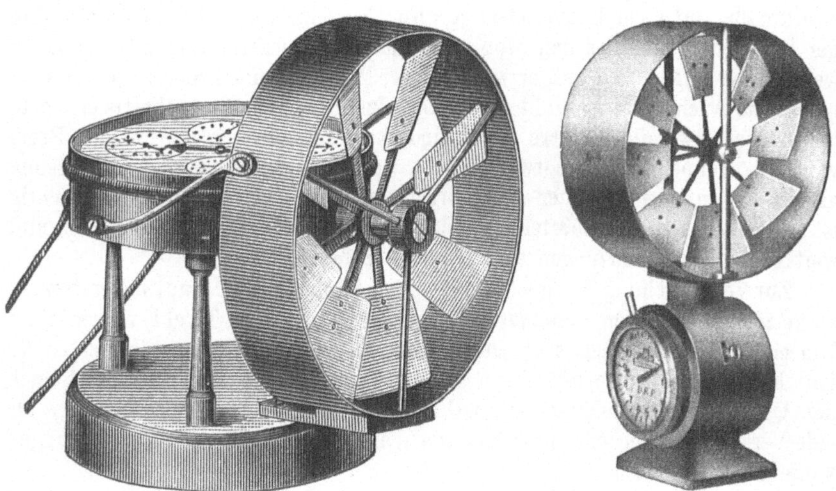

Abb. 511. Casella-Flügelrad-Anemometer.

Abb. 512. Uhrwerk-Flügelrad-Anemometer.

Bequemer in der Handhabung und von größerer Meßgenauigkeit ist das Uhrwerk-Flügelrad-Anemometer (Abb. 512), bei dem eine Uhr die Meßzeit regelt und auch die Schnüre zur Betätigung des Zählwerks fortfallen. Es eignet sich wie auch das Casella-Anemometer für Geschwindigkeiten zwischen $1/_2$ und 10 m.

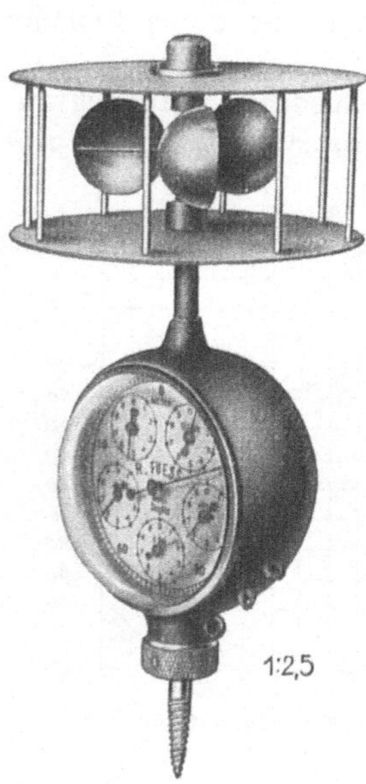

1:2,5

Abb. 513. Kugelhaus-Uhrwerk-Schalenkreuzanemometer.

Bei höheren Geschwindigkeiten verbiegen sich die Flügel, und die Meßergebnisse werden ungenau. Alsdann ist das Kugelhaus-Uhrwerk-Schalenkreuzanemometer (Abb. 513) mit 1—3 min Meßzeit und je 0,5—2 min An- und Auslaufzeit vorzuziehen. Außerdem sind Schalenkreuzanemometer mit angebauter Stoppuhr zu erwähnen. Sie haben den Vorteil beliebiger Meßdauer.

Auch bei geringen Geschwindigkeiten, etwa von $1/_2$—1 m abwärts, werden die Messungen mit dem gewöhnlichen Flügelradanemometer ungenau. Eine Vergrößerung des Flügelraddurchmessers, flache Flügelstellung und Verwendung von Seide oder Glimmer sind Mittel, um die Genauigkeit von Flügelradanemometern für geringe Geschwindigkeiten noch etwas zu erhöhen. Für Laboratoriumsmessungen und Geschwindigkeiten zwischen 0 und 1 m eignet sich das Hitzdrahtanemometer von

Fuess, Berlin-Steglitz, das auf der Veränderung des elektrischen Widerstandes feiner Platindrähtchen bei der Abkühlung durch bewegte Luft beruht. Unter Tage kann man Gebrauch von der Rauchprobe machen. Hierbei wird der während einer bestimmten Zeit zurückgelegte Weg einer Rauchwolke gemessen. In Steinkohlengruben pflegt man zu diesem Zwecke den Docht einer Benzinwetterlampe so hoch zu schrauben, daß eine rußende Flamme entsteht und sich eine Rußwolke bildet.

101. — Das Staurohr. Das Staurohr ist ein Druckentnahmegerät (Abb. 514) und besteht aus einem Kopfstück mit einem senkrecht dazu stehenden Stiel. In beiden Teilen des Gerätes verlaufen 2 Kanäle. Der eine von ihnen mündet in der Mitte des vorderen kugeligen Endes des Kopfstückes, während der andere durch in der Wand des Kopfstückes angebrachte Löcher Verbindung nach außen hat. Im Stiel werden beide Kanäle in Röhrchen fortgeführt, die an ihrem Ende mit einem Differenzdruckmesser, am besten einem Askaniaminimeter, verbunden werden können.

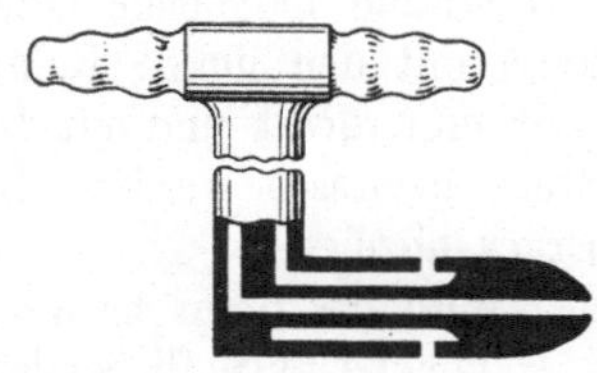

Abb. 514. Staurohr.

Um sich darüber klar zu werden, welche Größen mit Hilfe des Staurohres gemessen werden können, seien die Verhältnisse in einer blasenden und saugenden Luttenleitung betrachtet.

Gesucht wird immer ein Unterschied von Drucken, und es sei daran erinnert, daß ein Unterschied nur bei verschiedenen Zuständen eines Luftstromes an zwei verschiedenen Beobachtungspunkten vorhanden ist oder bei einer Verschiedenheit des Gesamtdruckes in dem zu beobachtenden Raum (Lutte) und einem Bezugsraum, der in unserem Fall der Raum außerhalb der Lutte, also die freie Atmosphäre, ist. Der Gesamtdruck ist stets die Summe von absolutem statischem und dynamischem Druck. Er ist innerhalb der Lutte $p_{stL} + p_{dL}$ und in der freien Atmosphäre $p_{sto} + p_{do}$ oder, da mit dem Barometerdruck verglichen wird, ist $p_{sto} = b_o$ und, da der Barometerdruck ein ruhender, also $p_{do} = 0$, ist, handelt es sich darum, $p_{stL} + p_{dL} = p_{gL}$, also den in der Lutte herrschenden Gesamtdruck, mit dem Barometerdruck zu vergleichen.

In der blasenden Lutte herrscht Überdruck, also ist der absolute statische Druck in ihr $b_o + \Delta p_{st}$; er ist also gleich dem Barometerdruck, vermehrt um den Überdruck. Hinzu kommt der dynamische Druck. Also wird verglichen $(b_o + \Delta p_{st}) + p_d$ gegen den Barometerdruck, und der Gesamtüberdruck ist

$$\Delta p_g = (b_o + \Delta p_{st}) + p_d - b_o = \Delta p_{st} + p_d \,.$$

In der saugenden Lutte herrscht Unterdruck gegen die Atmosphäre. Der absolute statische Druck in ihr ist gleich dem Barometerstand, vermindert um den statischen Unterdruck. Hinzu kommt auch hier, um den absoluten Gesamtdruck in der Lutte zu erhalten, der dynamische Druck. Also wird verglichen $(b_o - \Delta p_{st}) + p_d$ gegen den Barometerstand, und der Gesamtunterdruck ist

$$-\Delta p_g = b_o - \Delta p_{st} + p_d - b_o = -\Delta p_{st} + p_d \,.$$

Der Gesamtunterdruck ist also bei einem durch Unterdruck bewegten Luftstrom kleiner als der statische Unterdruck, und zwar um den Betrag des dynamischen Drucks, also des Geschwindigkeitsdruckes der bewegten Luft.

Diese rechnerisch ermittelten Verhältnisse sind in Abb. 515 graphisch dargestellt. Sie läßt eine Luttenleitung erkennen, in deren Mitte ein Lüfter

angebracht ist, so daß die Leitung in eine saugende und blasende Hälfte unterteilt ist. An beiden Hälften ist ein je aus 3 U-Rohren bestehendes Wassersäulenmanometer angebracht, von dem 2 Enden in der Atmosphäre ausmünden,
während ein Röhrchen flach in der Luttenwand mündet und ein anderes mit
seiner der Stromrichtung entgegen gekrümmten Öffnung bis zur Mitte der Luttenleitung reicht. Auf diese Öffnung wirkt der Gesamtdruck und auf die in der
Luttenwand mündende Öffnung nur der statische Druck ein. Infolgedessen
kann mit den linken Rohren der Wassersäulenmanometer der Gesamtüber-
oder -unterdruck und mit den rechten Rohren der statische Über- oder Unterdruck gemessen werden. Die mittleren Rohre gestatten, den dynamischen
Druck abzulesen.

Wird das Staurohr mit seinem vorderen Ende gegen die Richtung eines
z. B. in einer Lutte fließenden Luftstroms gehalten — man führt es hierzu durch

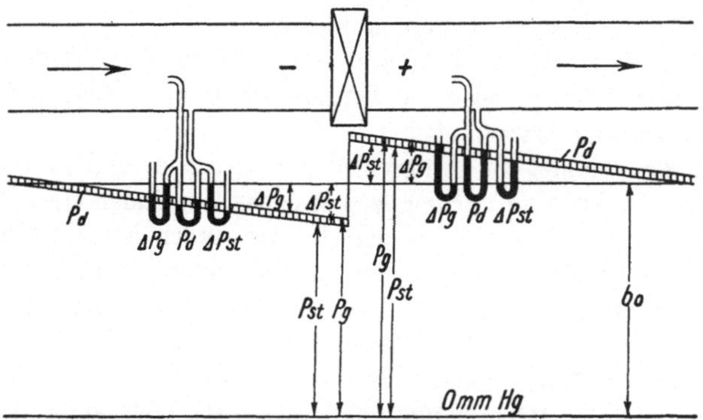

Abb. 515. Druckverhältnisse in einem Luttenstrang bei saugender und blasender Bewetterung.

ein Loch in der Luttenwand ein, das bis auf eine enge Öffnung zur Aufnahme
des Stils wieder verschlossen werden muß —, so wirkt auf die vordere Öffnung
des Staurohrs der Luftstrom mit seinem statischen und dynamischen Druck, also
mit seinem Gesamtdruck, ein. Durch die seitlichen Mündungslöcher des Staurohrs
kann sich dagegen der dynamische Druck nicht fortpflanzen, sondern nur der
statische Druck. Man mißt also durch Anschluß des einen Röhrchens an das
Minimeter den Gesamtüber- oder Unterdruck und durch Anschluß des anderen den statischen Über- oder Unterdruck. Da bei blasender Bewetterung
$p_d = \Delta p_g - \Delta p_{st}$ ist und bei saugender Bewetterung $p_d = \Delta p_{st} - \Delta p_g$, kann
durch gleichzeitigen Anschluß beider Röhrchen an die Stutzen des Minimeters
auch unmittelbar der dynamische Druck bestimmt werden.

Da die Stromgeschwindigkeit in dem Querschnitt einer Luttenleitung wie
jedes anderen Wetterweges in der Mitte größer ist als in der Nähe der Wandungen, muß jede Messung als Netzmessung durchgeführt werden, es sei denn,
die Mengenmessung fände mit Hilfe einer Düse oder eines Staurandes statt[1]).
Auch unter Tage kann das Staurohr verwandt werden. Es geschieht jedoch
wegen der Umständlichkeit der Netzmessung selten.

102. — Selbstschreibender Volumenmesser. Als Beispiel eines schreibenden Geschwindigkeits- und Volumenmessers sei derjenige der Hydro-

---

[1]) Braunkohle 1937, S. 6; Iliwitzki: Die Durchflußmessung in Rohrleitungen.

Apparate-Bauanstalt zu Düsseldorf, der gleichzeitig mit einem schreibenden Depressionsmesser verbunden ist, aufgeführt (Abb. 516). In die Flüssigkeitssäulen des Geräts tauchen zwei Schwimmer a und b ein, von denen a die Schreibstange für Aufzeichnung der Depression und b diejenige für Aufzeichnung der Geschwindigkeit trägt. Die beiden Schreibtrommeln sind übereinander auf dem Deckel angeordnet, der als Tauchglocke ausgebildet ist und nach außen hin eine von den Druckverhältnissen unabhängige Flüssigkeitsabdichtung besitzt. Wie die Abbildung erkennen läßt, bläst der Wetterstrom im Kanal L in das ihm entgegengerichtete Röhrchen g, so daß sein Gesamtdruck im Raume e zur Wirkung kommt. Dagegen ist das Röhrchen h gleichlaufend zur Kanalwand abgeschnitten, so daß es in den Raum d nur den statischen Druck des Wetterkanals überträgt. Über dem Schwimmer a ist der äußere Luftdruck vorhanden. Die Flüssigkeitsspiegel stellen sich je nach Depression und Geschwindigkeit der Luft im Saugkanal etwa in der gezeichneten Stellung ein. Da die Geschwindigkeitsdruckhöhe mit dem Quadrat der Geschwindigkeit steigt, besitzt die Geschwindigkeit-Schreibtrommel quadratische Teilung, doch kann auch gewöhnliche Teilung benutzt werden, wenn man der Schwimmertauchglocke b eine entsprechende Form gibt. Die Mündungen g und h der Druckentnahmerohre sind im Saugkanal an die vorher zu ermittelnde Stelle der mittleren Luftgeschwindigkeit zu bringen.

103. — Vorteile der Volumenmesser. Selbstschreibende Geschwindigkeitsmesser verdienen durchaus neben den Depressionsmessern und zum Teil an deren Stelle benutzt zu werden. Ein Depressionsmesser verzeichnet lediglich die erzielte Depression, sagt aber nichts über die Wettermenge aus, die z. B. durch Streckenbrüche oder sonstige Verengungen trotz sogar steigender Depression stark verringert werden kann. Der Geschwindigkeitsmesser ist also, da er unter allen Umständen die tatsächlich durchziehende Wettermenge anzeigt, ein besserer

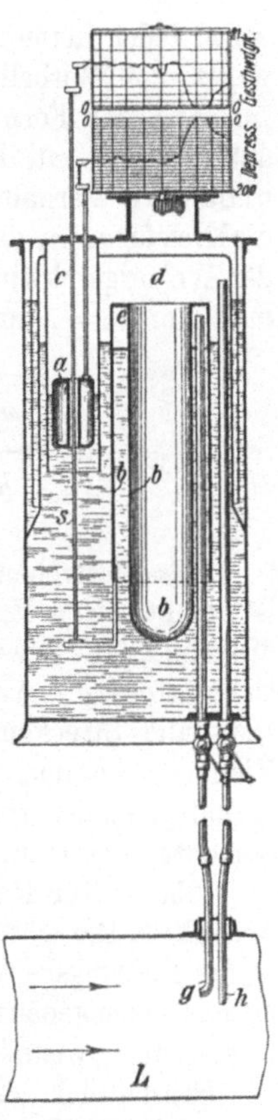

Abb. 516. Schreibender Geschwindigkeits- und Depressionsmesser.

Maßstab für die Beurteilung der Bewetterung als ein Depressionsmesser. Vereinigt man einen Geschwindigkeits- mit einem Depressionsmesser, so ist die rechnerische Ermittelung der jeweiligen Lüfterleistung (s. Ziff. 110) ohne weiteres möglich.

b) Die rechnerische Erfassung der Wetterbewegung.

104. — Berechnung der Widerstandsdruckhöhe. Die Berechnung der Widerstandsdruckhöhe hängt von der Kenntnis der diese Druckhöhe beeinflussenden Faktoren ab. Gemeinsam für alle Strömungsarten ist ihre Proportionalität mit der Luftdichte γ, der Länge l des Wetterweges und seinem Umfang U, während sie zum Querschnitt F umgekehrt proportional ist. Da es sich bei der Bewetterung um turbulente Strömungen handelt, besteht zugleich eine quadratische Abhängigkeit zur Geschwindigkeit w. Infolgedessen ist für die Widerstandsdruckhöhe die für alle turbulenten Strömungsarten gültige Druckabfallgleichung anwendbar:

$$h = \lambda \cdot \gamma \, \frac{w^2}{2\,g} \cdot \frac{l \cdot U}{F}$$

worin λ der Reibungsbeiwert ist, dessen Größe von der Rauhigkeit des Wetterweges, von Wirbelbildungen und dem spezifischen Gewicht der Luft abhängt.

Aus der Formel ersieht man, daß, um die Reibung herabzusetzen, es darauf ankommt, die Länge des Wetterweges zu verkürzen und den Streckenumfang im Verhältnis zum Querschnitt zu vermindern — am günstigsten ist die Kreisform —, daß aber von ganz besonderem Einflusse eine Verkleinerung der Wettergeschwindigkeit ist. Das Verhältnis von w zu h ergibt sich, wenn man von $h = 1$ und $w = 1$ m/s ausgeht, aus folgender Aufstellung:

$w =$	$\frac{1}{4}$	$\frac{1}{2}$	1	2	5 m/s
$h =$	$\frac{1}{16}$	$\frac{1}{4}$	1	4	25 mm

Das Bestreben muß also dahin gehen, die Wettermenge, wo es nötig ist, nicht durch Erhöhung der Stromgeschwindigkeit, sondern durch andere Mittel (z. B. Erweiterung der Streckenquerschnitte, Teilung des Stromes) zu vergrößern. Anderseits würde es aber auch eine unnütze Ausgabe sein, etwa alle Strecken einer Grube in ihrer Gesamtausdehnung zu erweitern. Vielmehr kommen hierfür nur diejenigen Strecken in Frage, durch die verhältnismäßig große Luftmengen ziehen, also z. B. die Ein- und Ausziehschächte, die Hauptquerschläge und die ausziehenden Wetterstrecken.

105. — Der Reibungsbeiwert. — Schätzung des Druckverlustes in Strecken. Die größte Unsicherheit bei Anwendung obiger Formel liegt in der Größe des Reibungsbeiwertes. Will man sie für die Bestimmung der Depression eines neuen Grubengebäudes anwenden, so sind alle Größen mit Ausnahme von λ leicht zu errechnen, wenn Streckenquerschnitt, Ausbauart und Wettermenge festliegen.

Hinsichtlich des Reibungsbeiwertes hat die neuere Strömungsforschung das überraschende Ergebnis erbracht, daß er einen und denselben Wert hat, wenn die Strömungskanäle geometrisch und die Strömungsvorgänge dynamisch ähnlich sind. Die geometrische Ähnlichkeit ist vorhanden, wenn die Rauheit des einen Wetterweges geometrisch ähnlich der Rauheit des zweiten Wetterweges ist. Also können z. B. jeweils nur miteinander verglichen werden: ausbaulose Strecken, Strecken in Türstock-, Vieleck- oder Ringausbau usw. sowie Blindschächte und Hauptschächte untereinander.

Die Bedingungsgleichung für die dynamische Ähnlichkeit lautet:

$$\frac{w \cdot \psi}{v} = \text{const.} = \text{Re}\,,$$

worin w die Geschwindigkeit in cm/s, ψ den hydraulischen Radius F/U und v die innere Reibung der Luft bedeutet. Ihr Wert liegt bei den Bedingungen der Grubenbewetterung im allgemeinen zwischen 100000 und 800000. Diese Zahlen werden nach dem Entdecker der dynamischen Ähnlichkeit R e y n o l d s c h e Z a h l e n (Re) genannt.

Da λ eine Funktion von Re ist, hat W. Vogel es unternommen, die Reibungsbeiwerte verschiedener Grubenbaue in ihrer Abhängigkeit von der Reynoldschen Zahl zu bestimmen. Es stellte sich hierbei heraus, daß sie mit wachsender Reynoldscher Zahl zunächst stark wachsen und von einer gewissen Höhe an fast unverändert bleiben. Mit den alten Werten von Murgue stimmen die von Vogel ermittelten nur im Bereich der höheren Reynoldschen Zahlen, also nur bei hohen Wettergeschwindigkeiten, überein. Für gerade Strecken in hölzernem Türstockausbau und für ausbaulose Strecken ist der Verlauf der Reibungsbeiwerte aus Abb. 517 zu ersehen.

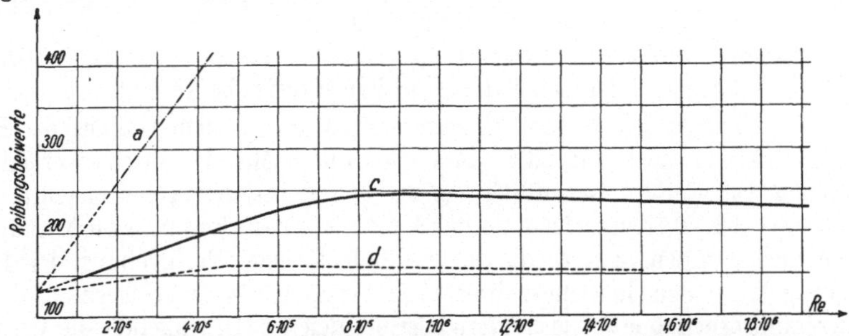

Abb. 517. Die Reibungsbeiwerte von geraden Strecken in Abhängigkeit von der Reynoldschen Zahl, a für Blindschächte ohne Einbauten, c für Strecken in Türstockausbau, d für ausbaulose Strecken[1].

Zur Berechnung des Reibungsbeiwertes für Wetterwege, deren Rauhigkeit groß ist, gibt Vogel die Formel

$$\lambda = 0{,}15 \left(\frac{\varepsilon}{2\,\psi} \right)^{0,85} \text{ an.} \tag{1}$$

Solche Wetterwege sind Strecken in Türstock- und Polygonzimmerung sowie solche mit stählernem Ring- und Gestellausbau, ferner in Holz ausgebaute Blindschächte und mit Tübbingen verkleidete Hauptschächte. ε bedeutet das Ausmaß der Unebenheit, so z. B. in ausbaulosen Strecken, die mittlere Erhebung der Gesteinsunebenheiten, bei Türstöcken den mittleren Stempeldurchmesser, bei Ringausbau die mittlere Höhe des Stahlprofils, bei Tübbingen die Höhe der Flanschen usw. ψ ist F/U. $\frac{\varepsilon}{2\,\psi}$ kennzeichnet die relative Rauhigkeit.

Ist die relative Rauhigkeit kleiner als 0,07 — es ist dieses der Fall bei ausgemauerten oder betonierten Schächten und Strecken — so gilt die Formel:

$$\lambda = 0{,}05 \left(\frac{\varepsilon}{2\,\psi} \right)^{0,42}. \tag{2}$$

ε bei Mauerung kann z. B. zu 2 cm angenommen werden.

Einen besonderen Hinweis verdienen Wetterwege mit Einbauten, also Schächte und Strecken mit Mittelstempeln. Die Umströmung dieser Einbauten, insbesondere wenn sie rund sind, liegt bei geringen und mittleren Wettergeschwindigkeiten im laminaren Bereich, der bekanntlich einen weit höheren Reibungsbeiwert bedingt als der turbulente. Zugleich erklärt sich aus diesem Umstand, daß der Reibungsbeiwert solcher Wetterwege bei Übergang zu höheren

---

[1]) Die an der Ordinate der Abb. 517 angegebenen Zahlen stellen den 10^4 fachen Betrag der Reibungsbeiwerte dar. Sie müssen in Wirklichkeit lauten: 0,01; 0,02; 0,03; 0,04.

Geschwindigkeiten in auffallender Weise abnimmt: die laminare Umströmung ist zu einer turbulenten geworden. Auch scharfkantige oder größere Einbauten können oft günstigere Reibungsbeiwerte liefern als runde oder kleinere Einbauten, da bei ihnen eher ein Abreißen der haftenden Oberflächenschicht und ein Übergang zur Turbulenz erfolgt.

Unter Benutzung der oben angegebenen Formeln errechnen sich für eine Strecke von 3 m Höhe, 4 m Sohlenbreite und 3 m Breite in der Firste die nachstehend wiedergegebenen Reibungsbeiwerte:

1. Strecke ohne Ausbau 0,0157
2. Strecke in hölzernem Türstockausbau
   Stempeldurchmesser 19 cm 0,0231
3. Strecke in stählernem Türstockausbau (Profilhöhe 14 cm)..... 0,0189

Die Reibungsbeiwerte von Schächten liegen je nach dem Umfang der Einbauten zwischen 0,015 und 0,04. Besonders durch Mitteleinstriche werden sie ungünstig beeinflußt. Wesentlich höhere Werte besitzen Blindschächte, bei denen mit 0,08—0,15 gerechnet werden kann. — Francke und von Mathes[1]) haben nachgewiesen, daß es durch stromlinienförmige Profilgebung der Einstriche gelingt, den Reibungsbeiwert von Schächten zu verringern, also die Widerstandsdruckhöhe zu vermindern oder bei gleichem Druckgefälle die Wettermenge zu erhöhen.

Für Lutten sei zur Errechnung des Reibungsbeiwertes die Formel von Richter[2]) empfohlen:

$$100\,\lambda = \left(\frac{e}{d}\right)^{0,314}. \tag{3}$$

e ist bei sauber verzinkten Stahlrohren 1,8 m und bei gewöhnlich verzinkten Stahlrohren 3 m. Bei $e = 3$ m errechnen sich folgende Reibungsbeiwerte:

  0,0206 bei Lutten von 300 mm Durchmesser,
  0,0188 bei Lutten von 400 mm Durchmesser,
  0,0165 bei Lutten von 600 mm Durchmesser,
  0,0141 bei Lutten von 1000 mm Durchmesser.

Ein 100 m langer, gerade verlegter, dichter Luttenstrang verbraucht dann bei Wettergeschwindigkeiten von $w = 5$ m und $w = 10$ m folgende Widerstandsdruckhöhen:

Luttendurchmesser in mm	Reibungswiderstandsdruckhöhe in mm WS	
	$w = 5$ m	$w = 10$ m
300	41,74	167,57
600	16,61	66,52
1000	8,62	34,65

Infolge der in Luttenleitungen meist unvermeidlichen Wetterverluste können die angegebenen Werte auf 50% sinken. Anderseits erfahren sie infolge der häufig ungeraden Verlegung eine Erhöhung.

Krümmer haben einen wesentlich höheren Reibungsbeiwert. Für handelsübliche rechtwinklige Luttenkrümmer kann etwa mit $\zeta = 0,3$ gerechnet werden.

[1]) Glückauf 1927, S. 1877. P. Francke und P. von Mathes: Der Einfluß der Verteilung und Querschnittgestaltung des Schachteinbaus auf die Wetterführung.
[2]) H. Richter: Rohrhydraulik (Berlin, Springer), 1934.

Der in ihnen auftretende Druckabfall errechnet sich nach der Formel $\varDelta p = \zeta \dfrac{w^2}{2\,g}\gamma$.
Die Länge gerader Luttenstrecken, die den gleichen Druckabfall hervorruft
wie ein Krümmer, kann aus der Beziehung
$l = \dfrac{\zeta}{\lambda}\cdot d$ erhalten werden. So entspricht ein
rechtwinkliger, handelsüblicher Krümmer
von 300 mm Durchmesser einer geraden
Luttenleitung von 4,5 m und ein 600er
Krümmer einer Strecke von 10,9 m.

Für gewellte Lutten wird man eine
etwa viermal so hohe Reibungszahl wie
für glatte Lutten annehmen können, da
hier die Wirbelverluste stark in Erscheinung treten.

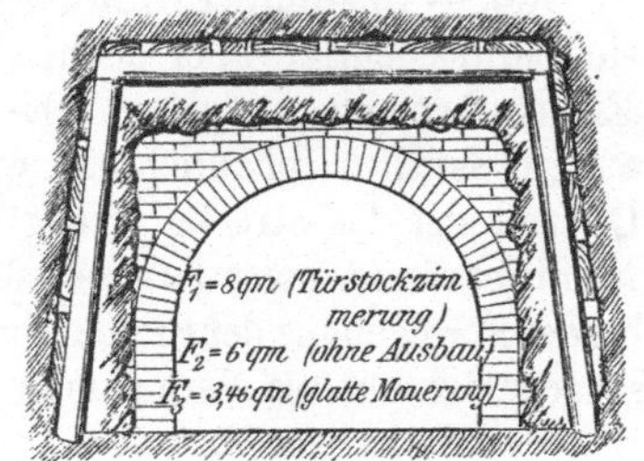

Abb. 518.
Streckenquerschnitte mit gleichem
Widerstande für den Durchzug der Luft.

Welche Bedeutung der ver-
schieden hohe Reibungswiderstand hat, erhellt aus der Abb. 518,
worin, allerdings ohne Beachtung
des etwas wechselnden Verhältnisses von Streckenumfang zum
Querschnitt, die bei gleicher
Depression gleiche Luftmengen
durchlassenden Querschnitte
einer Strecke in Türstockzimmerung einer solchen ohne Ausbau und einer glatt ausgemauerten Strecke gegenüber-
gestellt sind.

Zur überschlägigen Beurteilung des Druckverlustes in Strek-
ken kann die von E. Stach[1] ent-
worfene und in Abb. 519 wiedergegebene Linientafel dienen. Ein
Beispiel möge deren Anwendung
erläutern. Bei einer schlecht erhaltenen in Türstock ausgebauten
Strecke (Linie b) sei je 100 m ein
Druckverlust von 7,4 mm WS bei
einer Wettergeschwindigkeit von
4 m/s festgestellt worden. Erweitert man die Strecke auf mehr als
7 m² und baut man sie in Polygon
aus (Linie c), so vermindert sich
bei gleicher Wettergeschwindig-

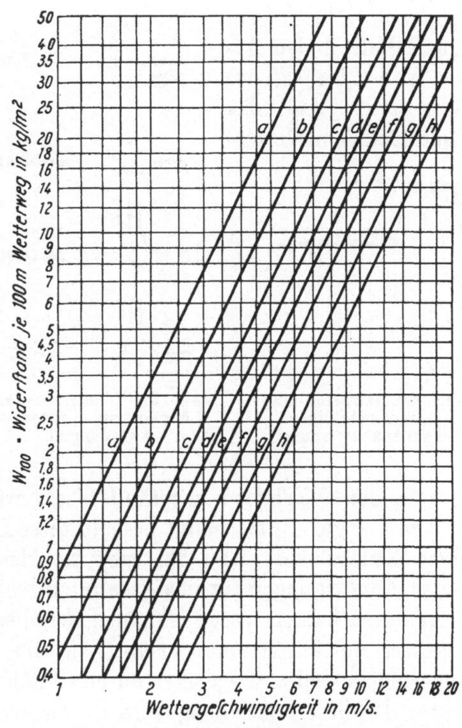

Abb. 519. Zusammenhang von Wettergeschwindigkeit, Ausbau und Widerstand in Wetterwegen.
a schlechte Flözstrecke bis 4 m², b schlechter Türstockausbau mit Mittelstempeln < 6 m². c guter Tür-
stock- oder Polygonausbau > 6 m². d sehr guter
Türstockausbau auf Stoßmauerung. e Gesteinsstrecke
ohne Ausbau. f Ziegelsteinmauerung mit Kapp-
schienen. g Strecke in Mauerung.

keit und bei infolge des größeren Querschnitts erhöhten Wettermenge der
Druckverlust auf 4,5 mm WS je 100 m. Gelingt es durch die Erweiterung der

---

[1] Glückauf 1932, S. 877, E. Stach: Die Anpassung der Hauptventilatoren
an veränderte Grubenverhältnisse.

Strecke die Wettergeschwindigkeit auf 2 m/s herabzusetzen, so sinkt der Druckverlust sogar auf 1,15 mm WS je 100 m.

106. — Besondere Einflüsse. Die Formel Ziff. 104 gilt für gerade Strecken, sie berücksichtigt aber nicht Biegungen, plötzliche Richtungsänderungen, Einschnürungen u. dgl. Solche Behinderungen wirken auf den Wetterstrom außerordentlich schädlich ein, weil infolge von Wirbelbildung der nutzbare Querschnitt der Strecke verengt wird (Abb. 520). Je spitzer der Winkel der Richtungsänderung ist, um so größer ist die Behinderung des Wetterzuges. Auch bei der Formgebung der Einmündung des Wetterkanals (Saugkanal) in den Wetterschacht ist auf die Vermeidung von Wirbelbildungen Rücksicht zu nehmen.

Petit hat z. B. durch Versuche mit rechtwinklig zusammenstoßenden Holzlutten (bei rechteckigem Querschnitt in den Maßen von 1,5 : 0,75 m) festgestellt, daß das Kniestück dem Wetter-

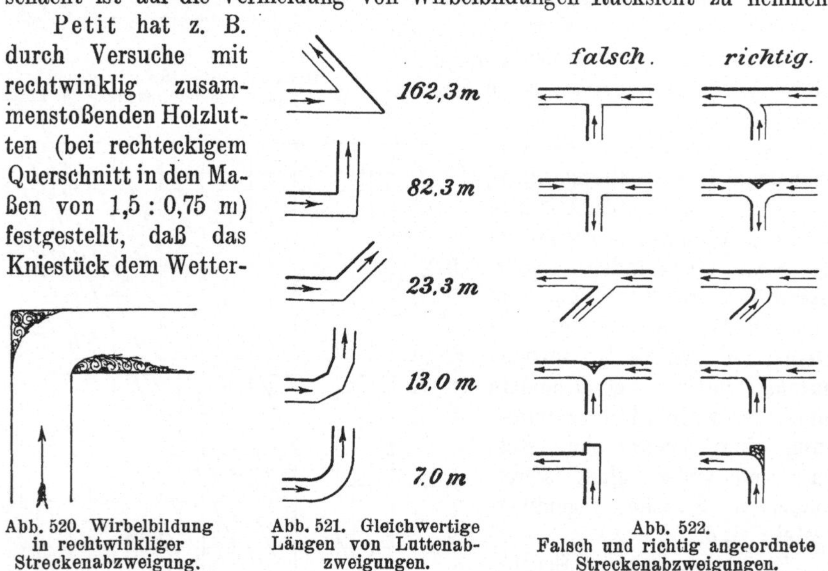

Abb. 520. Wirbelbildung in rechtwinkliger Streckenabzweigung.

Abb. 521. Gleichwertige Längen von Luttenabzweigungen.

Abb. 522. Falsch und richtig angeordnete Streckenabzweigungen.

strome den gleichen Widerstand bietet wie eine gerade Luttenleitung von 82,3 m Länge. Petit nennt deshalb diese Länge die gleichwertige Länge eines Kniestückes. Abb. 521 gibt die gleichwertigen Längen verschiedener Luttenabzweigungen für den genannten rechteckigen Querschnitt wieder. Die beigefügten Zahlen lassen erkennen, welchen großen Einfluß eine sachgemäße Führung des Luftstromes ausübt, wie überaus schädlich scharfe Richtungsänderungen sind und was man durch allmähliche, sanfte Krümmungen erzielen kann. In dieser Beziehung wird im Grubenbetriebe häufig gesündigt.

Die Abb. 522 zeigt in Gegenüberstellung unsachgemäß und richtig angeordnete Streckenabzweigungen. Besonders ungünstig ist es, wenn zwei Wetterströme mit entgegengesetzter Bewegungsrichtung aufeinanderprallen, wie dies in den drei mittleren Abbildungen der linken Seite dargestellt ist. Alsdann ist es leicht möglich, daß der Strom mit der geringeren Geschwindigkeit gänzlich zurückgestaut wird. Sehr schädlich wirken auch Sackgassen (s. Abb. 522, links unten), in die die Wetter hineinstoßen und in denen sie sich sozusagen verfangen. Schwierigkeiten machen in dieser Beziehung häufig die Ableitungen des Wetterstromes aus Schächten in söhlige Strecken und umgekehrt die Überführungen aus diesen in jene. — Auf sehr vielen Gruben sind fehlerhafte Anordnungen der dargestellten Art anzutreffen.

107. — Gleichwertige (äquivalente) Grubenöffnung, Grubenweite. Wenn man den Saugkanal des Ventilators statt an das Grubengebäude an die freie Luft anschließt und gleichzeitig durch eine dünne Wand verschließt, so kann man sich in diese ein Loch geschnitten denken, das so groß ist, daß es beim Gange des Ventilators ebensoviel Luft durchläßt, wie beim Anschluß des Saugkanals an das Grubengebäude dem Ventilator zuströmt. Die hergestellte Öffnung und das Grubengebäude setzen also dem Durchgange des Wetterstromes den gleichen Widerstand entgegen. Eine solche Öffnung in dünner Wand nennen wir die **gleichwertige (äquivalente) Öffnung der Grube** oder die **Grubenweite**.

Für die Berechnung der Grubenweite A hat man die folgende (freilich nicht einwandfreie) Formel für den Ausfluß von Gasen aus Düsen benutzt:

$$Q = \alpha \cdot A \sqrt{\frac{2\,g\,h}{\gamma}}.$$

worin α, der Zusammenziehungsbeiwert der Düse, zu 0,65 angenommen sei. Ist $\nu = 1,2$ und löst man unter Einsetzung dieser Werte nach A auf, so erhält man

$$A = 0,38 \cdot \frac{Q}{\sqrt{h}}.$$

Diese Formel läßt erkennen, daß die Grubenweite für alle Wettermengen und die entsprechenden Unterdrucke die gleiche bleibt, solange die Grubenräume und die Stromverteilung sich nicht ändern. Streng genommen gilt dieses jedoch nur angenähert. Denn es ist in Ziff. 105 nachgewiesen worden, daß die Depression h vom Reibungsbeiwert λ abhängt und λ nicht konstant, sondern eine Funktion der Reynoldschen Zahl ist und sich vor allem mit der Wettergeschwindigkeit ändert. Wenn auch die Grubenweite infolgedessen keine absolute Größe ist, so läßt sich die für sie angegebene Beziehung doch für praktisch genügend genaue Annäherungsrechnungen und zur Klärung von Abhängigkeiten benutzen, deren Kenntnis für die Wetterführung von Bedeutung ist.

Im folgenden seien die Grubenweiten einiger Zechen wiedergegeben:

Name der Zeche	Wettermenge m³ je s	Depression mm WS	Grubenweite m²	Arbeitsleistung PS
Kalischacht	50	100	1,91	66,6
Dahlbusch	163	290	3,63	630,2
Lohberg	136	188	3,7	340,8
Hendrik (Limburg) . .	270	550	4,37	1980,0
Engelsburg	120	83	5,00	132,8
Friedrich Thyssen 2/5	233	180	6,59	559,2

Die Grubenweite einer Zeche mit z. B. zwei ausziehenden Schächten errechnet sich durch Bildung der Summe der Teilgrubenweiten, die sich auf Grund der Liefermenge und des Unterdrucks jeden einzelnen Lüfters ergeben (vgl. Ziff. 137).

Bei Gruben, die zunächst mit natürlicher Wetterführung arbeiten und später zur Aufstellung eines Lüfters — also zur künstlichen Wetterführung — übergehen wollen, ist es möglich, die Grubenweite vor Beschaffung des Ventilators zu ermitteln, da man die Wettermenge kennt und den die natürliche Wetterbewegung bewirkenden Druckunterschied feststellen kann. Dagegen sind noch in der Entwickelung begriffene Gruben bei Bestellung des Lüfters gewöhnlich zur Schätzung der Grubenweite, die überdies bis zur völligen Aufschließung stark schwankt, gezwungen. In solchen Fällen sind Einrichtungen zweckmäßig, die eine Änderung der Drehzahl des Lüfters gestatten (s. Ziff. 135). Abb. 523 stellt dar, wie die erzielbaren Wettermengen abhängig von der Grubenweite und der Depression sind.

Ähnlich wie es eine gleichwertige Öffnung für eine ganze Grube gibt, so kann auch von der gleichwertigen Öffnung eines Teiles der Grube, einer Strecke, eines Abbaubetriebspunktes oder eines anderen Wetterweges, z. B. einer Luttenleitung, gesprochen werden.

108. — Temperament einer Grube (oder Wetterweges). Ein Ausdruck von grundsätzlich gleicher Art wie die gleichwertige Öffnung ist das Temperament, das sich von der gleichwertigen Öffnung nur durch Fortlassung des Faktors 0,38 unterscheidet:

$$\frac{Q}{\sqrt{h}} = \frac{A}{0,38} = T\,.$$

Zu dieser Fortlassung ist man durchaus berechtigt, denn der (annähernd) konstante Wert eines Wetterweges wird durch $\dfrac{Q}{\sqrt{h}}$ allein verkörpert. T ist infolgedessen das 2,615fache von A. Obgleich T infolge Fehlens des Faktors 0,38 eine einfachere Rechnungsgröße ist als A, hat sich der Begriff der gleichwertigen Grubenweite im Bergbau in stärkerem Maße eingebürgert als das Temperament. Er sei daher in erster Linie benutzt.

109. — Kennlinie einer Grube. Löst man die Formel für die Grubenweite nach h auf, so ergibt sich

$$h = \frac{0,38^2}{A^2}\,Q^2\,.$$

Für einen bestimmten Wert von A (z. B. 1, 2, 3, 4 ...) wird h nur eine Funktion von Q, die sich als Parabelkurve darstellen läßt. In Abb. 523 ist dieses für verschiedene Grubenweiten geschehen. Jeder Grubenweite ist eine bestimmte Parabel zugeordnet, die als die Kennlinie der Grube, für welche die betreffende Grubenweite gilt, bezeichnet werden kann.

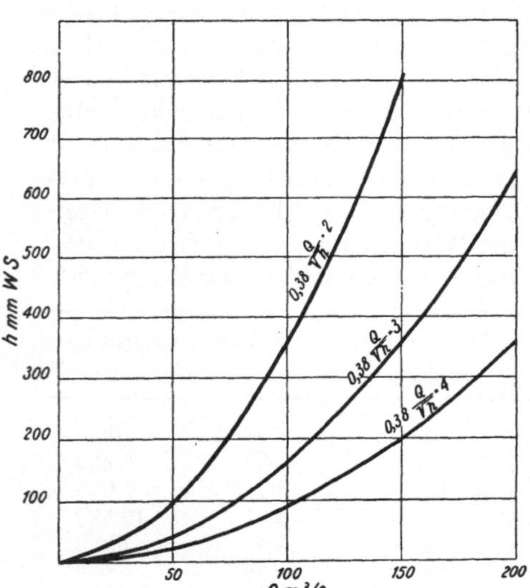

Abb. 523. Veranschaulichung der Abhängigkeit der Wettermenge von Grubenweite und Depression.

Die Kennlinie für die Grubenweite $A = 3$ zeigt, daß bei einer Wettermenge von 5000 m³/min (= 83,5 m³/s) eine Depression von 112 mm WS, für eine Wettermenge von 10000 m³ eine Depression von r. 430 mm erforderlich ist. Ein Vergleich mit den übrigen Kurven läßt außerdem erkennen, daß eine Verdoppelung der Wettermenge ohne Erhöhung der Depression bei Erhöhung der Grubenweite auf 6, also auf den doppelten Wert, erreichbar ist.

Ähnlich wie von der Kennlinie einer Grube kann auch von der Kennlinie einer Luttenleitung oder eines anderen Wetterweges gesprochen werden.

110. — Arbeitsleistung für die Wetterbewegung. Für sie gilt die Formel:

$$N = \frac{Q \cdot h}{75} \, \text{PS} \, .$$

Die Arbeitsleistung ist also verhältnisgleich dem Produkt aus Wettermenge und dem Gesamtdruckunterschied. Da h nach der Formel in Ziff. 109 Q^2 verhältnisgleich ist, folgt zugleich, daß N verhältnisgleich dem Kubus der Wettermenge ist.

Für die Bewetterung der auf S. 591 erwähnten Gruben ist die berechnete Arbeitsleistung aus der gleichen Zahlentafel zu entnehmen.

Die Zahlen vermitteln ein deutliches und zum Teil überraschendes Bild von der Größe der Arbeit, die auf neuzeitlichen Tiefbau- und Schlagwettergruben für die Wetterbewegung ununterbrochen geleistet werden muß. Sie veranschaulichen außerdem die Notwendigkeit, ein Höchstmaß an Ausnutzung dieser Arbeitsleistung anzustreben und die technischen Aufgaben der Wetterführung so wirtschaftlich als möglich zu lösen.

111. — Arbeitsleistung und Grubenweite. Da h nach der Formel in Ziff. 109 umgekehrt verhältnisgleich dem Quadrat der Grubenweite ist, ergibt sich, daß bei Verdoppelung der Grubenweite und gleichbleibender Wettermenge h auf $^1/_4$ des ursprünglichen Betrages zurückgeht. Gegenüber der so ersparten Kraft kann es ohne Bedeutung sein, ob der Ventilator für die noch verbleibende geringere Leistung einen ungünstigeren Wirkungsgrad besitzt (vgl. Ziff. 112).

Eine Erhöhung der Grubenweite ist daher im Interesse einer Verringerung des Kraftbedarfs und Verminderung der Anlagekosten für die Ventilatoranlage anzustreben. Diesem Ziel dienen alle Mittel, welche bei gleichbleibender Wettermenge die Depression zu verringern in der Lage sind. Nach der Formel in Ziff. 104 bestehen diese

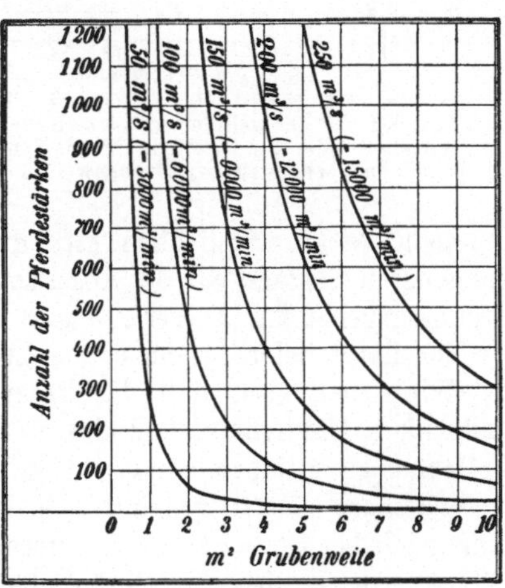

Abb. 524. Kurven des Kraftbedarfs bei verschiedenen Grubenweiten und Wettermengen.

in einer Verbesserung des Reibungsbeiwertes der Wetterwege durch Verminderung ihrer Rauhigkeit, in einer Verringerung der Wettergeschwindigkeit durch Verbreiterung des Querschnitts der Wetterwege und, wie in Ziff. 149 noch näher ausgeführt wird, in der Aufteilung des Wetterstroms in Teilströme, da hierdurch der gleichen Wettermenge ein größerer Querschnitt zur Verfügung gestellt wird. Inwieweit allerdings die hierdurch bewirkte Kostenverminderung der Wetterführung mit den für die Durchführung dieser Maßnahmen entstehenden Mehrkosten in Einklang stehen, muß von Fall zu Fall entschieden werden.

Wie groß die tatsächlichen Verminderungen des Kraftbedarfs infolge Vergrößerung der Grubenweite bei verschieden großen Wettermengen sind, lehrt Abb. 524. Gerade die Vergrößerungen der zwischen 2 und 4 m² liegenden Grubenweiten bringen bei minutlichen Wettermengen von 6000 und mehr Kubikmetern sehr namhafte Kraftersparnisse. Eine Erweiterung der Grube von 2 auf 3 m² setzt z. B. bei 6000 m³ minutlicher Wettermenge den Kraftbedarf von etwa 470 auf 210 PS herab, und eine Erweiterung von 3 auf 4 m² bei 9000 m³ minutlicher Wettermenge bedeutet sogar eine Herabdrückung von r. 700 auf 400 PS. Nur wenn die Wettermengen im Verhältnis zur Grubenweite klein sind, erscheint eine weitere Vergrößerung der Grubenweite überflüssig[1]).

   112. — Wettermenge und Grubenweite. Die Beziehungen, die zwischen der Grubenweite und der vom Ventilator bei einer gleichbleibenden Umdrehungszahl gelieferten Wettermenge bestehen, sind durch Abb. 525 veranschaulicht. Die Kurve (in der Abbildung sind deren drei gezeichnet) für die gelieferten Wettermengen beginnt beim Nullpunkte. Denn bei völlig abgesperrter Grube muß die geförderte Wettermenge gleich Null sein. Öffnet man allmählich den Schieber, so wird sich die Kurve zuerst rasch erheben. Bald muß freilich das Ansteigen der Linie geringer werden, weil der Widerstand des Ventilators selbst gegenüber dem Luftstrome

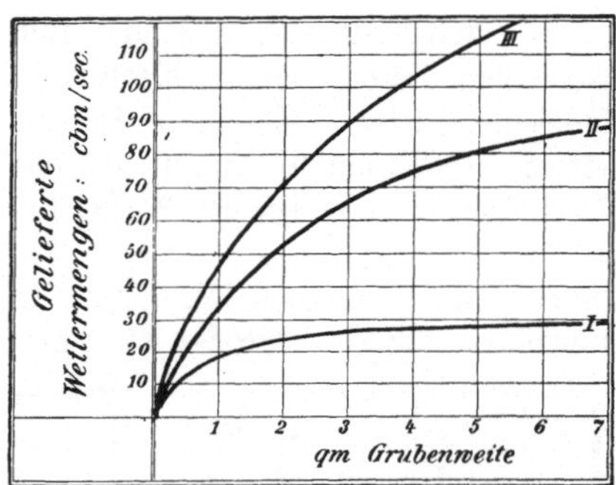

Abb. 525. Kurven der gelieferten Wettermengen bei gleichbleibender Umdrehungszahl des Ventilators und verschiedenen Grubenweiten.

hemmend wirkt. Schließlich wird die Kurve sich immer mehr verflachen wobei deren Abstand von der Abszissenachse durch die Größe der Durchgangsöffnung gegeben ist. Dieser Abstand bedeutet dasjenige Wettervolumen, das der Ventilator liefert, wenn er die Luft aus der freien Atmosphäre ansaugt.

   Wir sehen also, daß der Vergrößerung der Grubenweite bei gleichbleibender Umdrehungszahl des Ventilators eine Erhöhung der gelieferten Wettermenge so lange entspricht, wie der Ventilator noch eine Depression im Saugkanal zu erzeugen imstande ist. Die Bewetterung einer Grube wird somit auch bei bereits sinkendem mechanischem Wirkungsgrade von der Vergrößerung der Grubenweite Nutzen haben.

   Bei dem der Kurve I (Abb. 525) entsprechenden Lüfter hat eine Vergrößerung der äquivalenten Grubenweite nur geringe Bedeutung. Von großem Einfluß ist sie dagegen bei den beiden andern Lüftern (Kurven II und III).

B. Die Mittel zur Erzeugung der Wetterbewegung.

Man unterscheidet zwischen natürlicher und künstlicher Bewetterung, je nachdem man zur Erzeugung der Wetterbewegung sich der natürlichen. physikalischen Verhältnisse oder künstlicher Mittel bedient.

----

[1]) Glückauf 1910, S. 465; Kegel: Die relative und normale Grubenweite; — ferner ebenda 1911, S. 696; Kegel: Die zweckmäßige Durchgangsöffnung des Ventilators.

a) Der natürliche Wetterzug.

113. — Vorbemerkung. Die natürlichen Verhältnisse, die einen Wetterzug in der Grube im Gefolge haben können, sind **Erwärmung oder Abkühlung der Grubenwetter durch die Gebirgstemperatur, Aufnahme spezifisch leichter Gase**, namentlich des Wasserdampfes; **Stoßwirkung fallenden Wassers**; **Abkühlung der Wetter durch dieses und Stoß- oder Saugwirkung des Windes.**

Die Diffusion kommt wegen ihrer zu geringen Wirkung hier nicht in Betracht.

Temperaturveränderung und Feuchtigkeitsaufnahme der Grubenwetter gehen, wie aus dem früheren Abschnitt II über die Grubenwetter (s. besonders S. 512 u. f.) zu entnehmen ist, in der Regel Hand in Hand, und ihre Wirkungen mit Bezug auf die Volumen- und Gewichtsänderung der Grubenwetter verstärken einander. Sie sind für die natürliche Wetterführung in erster Linie von Bedeutung.

Das im Schachte herniedertropfende Wasser wirkt, abgesehen von der etwaigen Abkühlung der Luft, durch mechanischen Stoß, indem es beim Fallen Luftteilchen vor sich herzutreiben und mit sich zu reißen sucht. Aus dieser Wirkung folgt, daß fallendes Wasser für einziehende Schächte erwünscht sein kann, daß es aber in ausziehenden Schächten von schädlichem Einflusse ist. Petit hat gefunden, daß bei einziehenden Schächten 12—16 % der im fallenden Wasser steckenden Arbeit für die Wetterführung nutzbar gemacht werden, daß aber in ausziehenden Schächten, wo das Wasser auf die entgegenkommende Luft mit größerer Geschwindigkeit aufprallt, die hemmende Wirkung bis zu 58 % der im Fall des Wassers steckenden Arbeit ansteigen kann. Gerade in Ausziehschächten ist aber wegen des sog. „Regnens" der Schächte (vgl. Ziff. 11, S. 513) fallendes Wasser eine häufige Erscheinung.

114. — Wirkung des natürlichen Wetterzuges bei Stollengruben. In söhligen Strecken oder in Grubenbauen, die in einer söhligen Ebene liegen, wird die etwaige Gewichtsänderung der Grubenwetter durch Erwärmung, Abkühlung oder Feuchtigkeitsaufnahme ohne Einfluß auf die Wetterbewegung sein. Stollengruben, bei denen die beiden Ausgänge und die sämtlichen Baue etwa in gleicher Höhe liegen, werden deshalb auf eine natürliche Bewetterung zumeist nicht rechnen können.

Abb. 526. Stollengrube mit Schacht.

Anders ist es, wenn **Höhenunterschiede** vorhanden sind, so daß mehr oder weniger hohe Luftsäulen einander gegenüberstehen. Bei ungleichmäßiger Erwärmung kann dann eine Luftbewegung eintreten. Der Vorgang ist ähnlich demjenigen in einem Schornstein, bei dem der Gewichtsunterschied zwischen der warmen Innen- und der kalten Außenluft die Bewegung veranlaßt.

In einer flachen Stollengrube (Abb. 526) von etwa 25 m Teufe haben wir eine gleichmäßige Gesteinstemperatur von etwa 9° zu erwarten. Die

38*

Temperatur der äußeren Luft liegt im Sommer höher und im Winter tiefer, so daß die in die Grube tretende Luft dort im Sommer abgekühlt und im Winter erwärmt werden wird. Welche Temperatur die Grubenwetter im söhligen Stollen und in den sonstigen Bauen besitzen, ist zunächst ohne Belang. Denn es kommt ausschließlich auf den Gewichtsunterschied zwischen der Luftsäule im Schachte und einer gleich hohen Luftsäule (S) über dem Stollenmundloch an. Im Sommer ist die im Schachte befindliche Luft infolge Einwirkung der Gesteinstemperatur kühler, also dichter und schwerer als die Außenluft, so daß sie gegenüber der Luftsäule über dem Stollenmundloch das Übergewicht hat. Die Folge ist, daß die Luft im Schachte niedersinkt, daß also der Schacht ein- und der Stollen auszieht.

Umgekehrt ist der Vorgang im Winter. Die im Schachte befindliche Luft ist wärmer und leichter als die vor dem Stollenmundloche stehende Außenluft. Der Schacht zieht aus und der Stollen ein. In der Zeit des Überganges, also im Frühjahr und Herbst, muß jedesmal eine Stockung des Wetterzuges vor der schließlichen Umkehr der Stromrichtung eintreten.

Trotz der im Sommer und Winter gegenüber dem Jahresmittel von 9^0 C annähernd gleichen Temperaturunterschiede ist die Bewetterung in solchen Gruben im Winter besser als im Sommer. Auch pflegt die Zeit, während deren der Stollen die Wetter einzieht, wesentlich länger als ein halbes Jahr anzudauern. Es liegt das daran, daß für die Erwärmung der Schacht-Luftsäule im Winter, wo die Luft durch den Stollen einzieht, die ganzen Grubenbaue, für ihre Abkühlung im Sommer, wo der Schacht einzieht, nur dieser nutzbar gemacht wird, die Erwärmung im Winter also kräftiger wirkt als die Abkühlung im Sommer.

115. — Wirkungen des natürlichen Wetterzuges auf flache Gruben mit 2 Schächten in gleicher Höhenlage. In einer flachen Grube mit zwei Schächten in gleicher Höhenlage hat man im Winter auch einen natürlichen Wetterzug zu erwarten. Denn sobald der Wetterzug — gleichgültig nach welcher Seite — einmal in Bewegung gekommen ist, treten die unter Tage erwärmten Wetter in den einen der beiden Schächte ein, erwärmen diesen und machen ihn zum ausziehenden Schachte, während gleichzeitig die kalte Außenluft in den andern Schacht einfällt. Ist einmal der Wetterzug eingeleitet, so wird er so lange bestehen bleiben, wie die Außentemperatur kälter als diejenige unter Tage ist und hier eine Erwärmung der eingetretenen Luft stattfindet. Sobald aber im Sommer die Außentemperatur über die Temperatur in der Grube steigt, so daß sich die Luft unter Tage abkühlt, muß der Wetterzug zum Stillstand kommen. Die Grubenbaue und beide Schächte sind dann von einer verhältnismäßig schweren Luft erfüllt. Selbst wenn aus irgendeinem Anlaß warme Außenluft in einen der beiden Schächte träte, so würde sie alsbald durch die kühle und schwere Luft des andern Schachtes wieder herausgedrückt werden, und ein Wetterzug könnte nicht entstehen. Für den Sommer müssen also künstliche Mittel zur Wetterbewegung in Anwendung kommen.

116. — Wirkung des natürlichen Wetterzuges auf tiefe Gruben. In tiefen und warmen Gruben, deren Gebirgstemperatur das ganze Jahr hindurch höher als die Außentemperatur ist, findet stets eine Erwärmung der Luft in der Grube statt, und sobald der Wetterzug nach der einen oder andern Richtung in Bewegung gekommen ist, bleibt der Strom bestehen. Selbstverständlich wird er im Winter kräftiger als im Sommer sein, während im übrigen die Stärke des Stromes mit der Tiefe und Temperatur der Grube steigt (vgl. die Rechnung in Ziff. 117). Unter Umständen kann der natürliche Wetterzug in tiefen Gruben völlig für die Bewetterung ausreichen. Jedenfalls wird die Arbeit des Ventilators wesentlich erleichtert, da er durch den natürlichen Wetterzug unterstützt wird. Ferner besteht der Vorteil, daß bei Stillständen des Ventilators der Wetterzug — mit verminderter Stärke — andauern kann.

117. — Feststellung der Stärke des natürlichen Wetterzuges. Zur Feststellung der Stärke des natürlichen Wetterzuges kann man sich der Rechnung bedienen. Haben wir z. B. auf einer Grube zwei Schächte von je 400 m Tiefe, so werden wir vielleicht zur Winterzeit im einziehenden Schacht 10⁰ C Durchschnittstemperatur und 50 % Sättigung mit Wasserdampf, im ausziehenden dagegen 20⁰ C und 100 % Sättigung feststellen können. Dann wiegt bei 760 mm Druck 1 m³ im einen Falle 1,246 kg und im anderen 1,194 kg (vgl. Ziff. 59 S. 550). Die eine Luftsäule würde gegenüber der anderen einen Überdruck von 400 · 0,052 = 20,8 kg auf je 1 m² besitzen und die natürliche Depression demgemäß 20,8 mm betragen. Die gleiche durchschnittliche Erwärmung um nur 10⁰ C unter etwa denselben Sättigungsverhältnissen würde für einen 1000 m tiefen Schacht bereits eine natürliche Depression von r. 50 mm ergeben.

Bei Gruben ohne künstliche Wetterführung läßt sich bisweilen die natürliche Depression leicht unmittelbar messen, indem man für den Versuch den ausziehenden Schacht mit einer Haube plötzlich schließt. Die in ihm befindliche leichte Luft besitzt einen gewissen Auftrieb, der dem Druckunterschied der beiden Luftsäulen gleich ist. Bringt man also auf der für kurze Zeit aufgesetzten Haube einen Depressionsmesser an, so kann der Druckunterschied als Kompression abgelesen werden.

118. — Rechnerische Betrachtung des natürlichen Wetterzuges. Für die Größe der gleichwertigen Grubenöffnung scheint es zunächst gleichgültig, ob ein natürlicher Wetterzug besteht oder nicht. Die Grubenweite an sich bleibt annähernd dieselbe. Um sie aber richtig zu ermitteln, muß man

$$\text{in die Formel } A = 0{,}38 \frac{Q}{\sqrt{h}} \text{ statt } h \text{ die Gesamtdepression } h_s = h + h_n \text{ einsetzen.}$$

Andernfalls würde man für wechselnde Umdrehungszahlen des Ventilators verschiedene Werte für die Grubenweite erhalten, die bei Vorhandensein eines positiven natürlichen Wetterzuges zu groß und eines negativen natürlichen Wetterzuges zu klein wären.

Die Erhöhung der Wettermenge infolge einer zusätzlichen natürlichen Depression ist wesentlich geringer, als wenn der natürliche Wetterzug allein wirksam ist. Zur Veranschaulichung dieser Tatsache sei unter der Annahme gleicher Grubenweite folgende Annäherungsrechnung durchgeführt. Die natürliche Depression betrage 49 mm WS, ein Wert, der im Winter bei tieferen Gruben erreicht und überschritten werden dürfte. Bei einer Grubenweite von $A = 3$

errechnet sich aus der Formel $A = 0{,}38 \cdot Q/\sqrt{h}$ eine Wettermenge Q von 80 m³/s. Bei einer Ventilatordepression von 240 mm WS wird bei der gleichen Grubenweite 177 m³/s geliefert. Diese Wettermenge erhöht sich nur um 17 m³/s auf 194 m³, wenn eine natürliche Depression von 49 mm WS zu der künstlichen von 240 mm WS hinzutritt und eine Gesamtdepression von 289 mm WS entstehen läßt. In gleicher Weise ist bei Vorhandensein einer natürlichen Depression die durch Ingangsetzen eines Lüfters erreichte Erhöhung der Wettermenge geringer, als wenn der Lüfter allein wirksam wäre.

Schließlich sei darauf hingewiesen, daß der natürliche Wetterzug nicht nur für eine Grube insgesamt, sondern auch für ihre einzelnen Teile wirksam ist und in Blindschächten, Streben usw. als Auftrieb in Erscheinung tritt. Aus dem Unterschied der spezifischen Gewichte der Luft kann er leicht errechnet werden. Sein Anteil kann bei der Bewetterung von Streben über $^1/_3$ der Widerstandsdruckhöhe ausmachen. Infolgedessen ist die Gefahr eines gänzlichen Aufhörens der Wetterführung in einem ungelösten Unterwerksbau nicht vorhanden, und zwar um so weniger, je größer der Temperatur- und Teufenunterschied und um so geringer die Strömungswiderstände der Abbaubetriebspunkte sind.

Bei der Messung des statischen Druckunterschieds unter Tage wird der natürliche Auftrieb mit erfaßt.

In der Formel des Kraftbedarfs der Wetterführung $N = Q \cdot h/75$ ist für h die Gesamtdepression $h_s = h \pm h_n$ zu setzen, falls man die gesamte Nutzarbeit der Wetterführung berechnen will. h_n ist bei gleicher Richtung des natürlichen und künstlichen Wetterzuges positiv und bei entgegengesetzter Richtung negativ einzusetzen. Bei Gruben ohne natürlichen Wetterzug ist $h_n = 0$, also $h_s = h$. Will man aber, wie es die Regel sein wird, nur die Nutzleistung des Ventilators kennenlernen, so ist nur die im Wetterkanal festgestellte Depression h für die Formel zu berücksichtigen.

119. — Ausnutzung des natürlichen Wetterzuges. Nur in seltenen Ausnahmefällen wird auf einer Grube ein natürlicher Wetterzug überhaupt nicht vorhanden sein. Die Regel ist vielmehr, daß auch bei Vorhandensein einer künstlichen Bewetterung ein natürlicher Wetterzug besteht, dessen Wirkung allerdings durch den künstlichen Wetterzug mehr oder weniger verschleiert wird, der sich aber bemerkbar macht, wenn der Lüfter zum Stillstand kommt.

Stets ist erwünscht, daß der natürliche und der künstliche Wetterstrom eine und dieselbe Richtung besitzen, damit der Lüfter entlastet wird und bei Ventilatorstillständen der Wetterzug nicht umschlägt. Die Ausnutzung des natürlichen Wetterzuges erfolgt in der Regel am sichersten, wenn man die sog. aufsteigende Wetterführung anwendet, bei

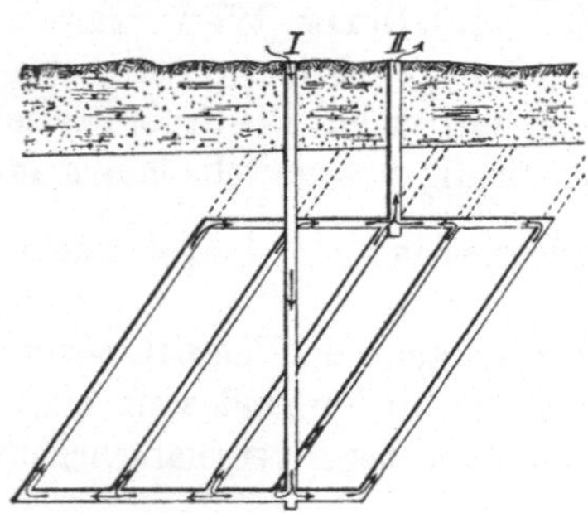

Abb. 527. Veranschaulichung der aufsteigenden Wetterführung.

der nach Abb. 527 die Wetter auf dem kürzesten Wege in das Grubentiefste geführt werden, um sodann vor den Bauen aufsteigend nach dem ausziehenden Schachte zu ziehen. Bei dieser Anordnung hat der einfallende Strom einen kurzen Weg und bleibt deshalb frisch, kühl und schwer, während die auf die einzelnen Baue sich verteilenden Ströme auf ihren langen, verzweigten Wegen sich allmählich erwärmen und leichter werden, so daß ihr Bestreben, aufzusteigen, der Ventilatorwirkung zu Hilfe kommt.

120. — Warme Rohrleitungen als Wetterbewegungsmittel. Auf der Grenzlinie zwischen natürlicher und künstlicher Wetterführung steht die Benutzung von Dampfrohrleitungen zur Erzeugung des Wetterzuges, die aus anderen betrieblichen Gründen eingebaut sind. Zwecks besserer Wärmeabgabe läßt man wohl auch den Wärmeschutz fehlen. Solche Leitungen sind im ausziehenden Schachte ebenso nützlich, wie sie im einziehenden Schachte schädlich wirken. Übrigens sei bemerkt, daß Dampfrohrleitungen wegen der Brandgefahr nur in Schächten zu dulden sind, die in Mauerung oder stählernem Ausbau stehen.

Auch die Druckluftleitung kann, wenn die Luft vom Kompressor her noch warm ist, je nach ihrer Unterbringung im Ein- oder Ausziehschachte die Bewetterung hemmen oder fördern.

b) Die künstliche Wetterbewegung.

Die heute in Betracht kommenden Mittel zur künstlichen Erzeugung des Wetterzuges sind Lüfter.

1. Die Lüfter.

α) Beschreibender Teil.

121. — Einleitende Bemerkungen. Die Lüfter veranlassen mittelbar eine Luftbewegung, indem sie eine gewisse Depression (Unterdruck) oder Kompression (Überdruck) erzeugen und demzufolge saugend oder blasend wirken. Welche Wettermenge hierbei durch eine bestimmte Leistung der Arbeitsmaschine in Bewegung gesetzt wird, hängt von dem Widerstande ab, den der Strom auf seinem Wege findet.

Die Lüfter haben den Vorteil eines gleichmäßigen Arbeitsganges sowie die Eigentümlich-

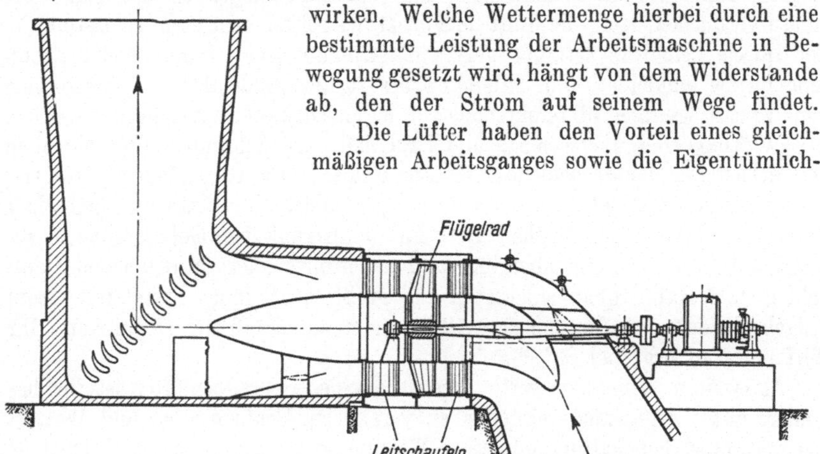

Abb. 528. Bauliche Anordnung eines elektrisch angetriebenen Schraubenlüfters.

keit, daß sie die Verbindung der Grubenräume mit der äußeren Luft nicht durch Ventile, Kolben oder Flügel unterbrechen. Vielmehr bleibt diese Verbindung stets offen, so daß auch bei Stillstand des Ventilators durch ihn hindurch die in der Grube befindliche Luft nach außen oder die atmosphärische Luft in die Grube gelangen und der infolge der natürlichen physikalischen Verhältnisse . der Grube etwa bestehende Wetterzug andauern kann.

Es gibt zwei Gattungen von Lüftern: die **Schraubenräder** und die **Schleuderräder**.

122. — Schraubenlüfter. Die Schraubenlüfter können als Umkehrung eines Windrades (auch des Flügelrades eines Anemometers) angesehen werden.

Abb. 529. Schraubenlüfter
von 1,8 m Flügeldurchmesser (SSW).

Sie bestehen aus einem mehrflügeligen Laufrad und einem dahinter angeordneten mehrflügeligen feststehenden Leitrad, die zusammen in einem zylindrischen oder sich stromlinienförmig verjüngenden Gehäuse untergebracht sind (Abbildungen 528 u. 529). Die Luft strömt also geradlinig, axial durch das Gehäuse hindurch. Die Flügel weisen gewöhnlich aus dem Flugzeugbau übernommene Ausbildungen auf. Nur das im Kalibergbau verbreitete, heute nicht mehr gebaute Schlottergebläse der SSW war mit gewundener Bauart versehen. Zugleich ist meist die Nabe der Flügel so ausgeführt, daß sie von dem Querschnitt des Gehäuses einen großen Anteil einnimmt. Auf diese Weise werden unliebsame Wirbelbildungen und Rückströmungen in der Nähe der Achse vermieden. Um die Luft möglichst wirbelfrei austreten zu lassen, ist der durch den Nabenstumpf gegebene strömungsfreie Raum meist stromlinienförmig umkleidet. Zur Erhöhung des zu überwindenden Druckes können auch zwei Flügelräder hintereinander auf der gleichen Achse angeordnet werden.

Wirkungsgrad, Liefermenge und Druckhöhe der Schraubenlüfter haben in den letzten Jahren entscheidend verbessert und erhöht werden können[1]). Infolgedessen kommen sie jetzt auch als Hauptgrubenlüfter in Betracht. Seit einer Reihe von Jahren sind solche Lüfter im südafrikanischen Goldbergbau, nordamerikanischen Steinkohlenbergbau und neuerdings auch im deutschen Steinkohlen- und Kalibergbau eingesetzt. Der größte unter ihnen leistet mit einem Flügelrad von 4,1 m Durchmesser 12670 m³/min bei 146 mm Depression. Ihr Wirkungsgrad liegt bei 80%[2]).

Als weitere bemerkenswerte Eigenschaft der Schraubenlüfter ist ihr besonders gutes Anpassungsvermögen an veränderte Grubenweiten und Wettermengen unter Beibehaltung günstiger Wirkungsgrade zu erwähnen. Auch läßt

---

[1]) Schraubenlüfter werden u. a. gebaut von den Siemens-Schuckert-Werken A. G. und der König Friedrich August-Hütte A. G., Freital-Dresden.

[2]) Bergbau 1929, S. 1; Maercks: Der mechanische Wirkungsgrad neuzeitlicher Schraubenventilatoren und der Einfluß ihrer Flügelformen; — Glückauf 1935, S. 1045; C. H. Fritzsche u. F. Giesa: Durchbildung, Leistungsfähigkeit und Anwendungsmöglichkeit neuzeitlicher Schraubenlüfter für die Grubenbewetterung.

sich bei ihnen ein den neuen Verhältnissen angepaßtes Flügelrad wesentlich einfacher und billiger einbauen als ähnliche Veränderungen bei einem Fliehkraftlüfter möglich sind. Schließlich ist zu erwähnen, daß bei Schraubenlüftern geringere Kosten für das Lüfterhaus als bei den Fliehkraftlüftern entstehen, da beim Schraubenlüfter nur ein Flügelraddurchmesser erforderlich ist, der etwa der Saugöffnung des Fliehkraftlüfters gleicher Leistung entspricht. Wegen der höheren Drehzahl der Schraubenlüfter sind auch ihre Antriebsmaschinen bei unmittelbarem Antrieb billiger.

Außer als Hauptgrubenlüfter sind Schraubenräder zur Bewetterung ganzer Grubenfeldteile zu benützen. Sie können zu diesem Zwecke innerhalb des ganzen Streckenquerschnittes eingebaut werden, wobei natürlich Fahrung und Förderung durch eine Umbruchstrecke geleitet werden müssen. Eine solche Verwendung empfiehlt sich immer dann, wenn sich ein Grubenabschnitt ohne wesentliche Erhöhung der Depression des Hauptgrubenlüfters nicht genügend bewettern läßt oder Änderungen über Tage zu schwierig und kostspielig sein würden.

Schließlich ist der Schraubenlüfter der geeignetste Lüfter für die Sonderbewetterung (s. Ziffer 174).

123.—Wirkungsweise der Fliehkraftlüfter oder Schleuderräder[1]). Die Wirkung der Schleuderräder wird dadurch erzielt, daß die Luft am Umfange eines mit großer Geschwindigkeit gedrehten Rades abgeschleudert wird. Auf solche Weise entsteht im Innern des Rades eine Saugwirkung. Zur Erfüllung ihrer Aufgabe besitzen die Schleuderräder radial gestellte Schaufeln, deren Breitseite in der Achsrichtung liegt (Abb. 530). Das Rad bewegt sich entweder zwischen zwei feststehenden Wänden oder, was häufiger ist, es besitzt selbst Seitenwände, die an der Drehung teilnehmen. Da, wo die Achse durch die Seitenwände geführt ist, befindet sich die Saugöffnung. Diese ist entweder nur an einer Seite des Rades oder auch beiderseits vorgesehen. Die Luft erfährt also eine Umdrehung von 90°.

Je schneller das Rad sich dreht, um so kräftiger wird die Luft aus ihm herausgeschleudert, und um so größer ist daher die Saugkraft. Die Wirkungsweise bleibt dieselbe, gleichgültig, ob das Rad rechts oder links herumläuft, wenn auch selbstverständlich die Bauart so berechnet ist, daß bei der gewählten Drehrichtung der günstigste Erfolg sich ergibt.

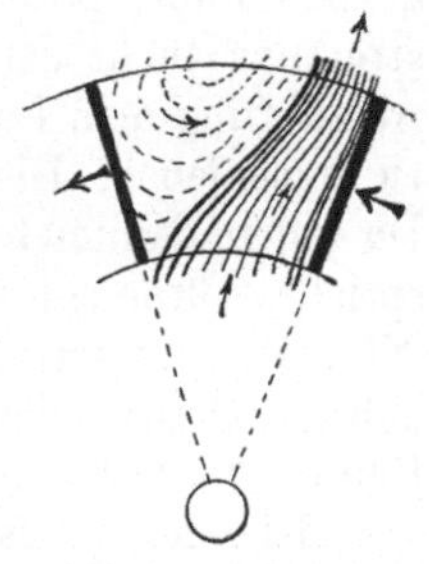

Abb. 530. Zusammendrängung der Luft vor der treibenden Schaufel.

124. — Anordnung und Gestalt der Schaufeln. Eine von den verschiedenen Herstellern sehr verschieden gelöste Frage betrifft die Anordnung und Gestaltung der Schaufeln. Die Schaufeln können am Umfange radial auslaufen, oder sie können in der Drehrichtung nach vorn oder nach rückwärts gelehnt sein. In allen Fällen können die Schaufeln gerade oder gekrümmte Flächen besitzen.

Da die erzeugte Depression eine Folge der Austrittsgeschwindigkeit ist, erscheinen vorwärts geneigte Flügel für solche Fälle geeigneter, wo es auf Erzielung hoher Depressionen ankommt. Anderseits findet bei

---

[1]) v. Jhering: Die Gebläse (Berlin, Springer), 1913, S. 352; — E. Wiesmann: Die Ventilatoren (Berlin, Springer), 1924.

vorwärts geneigten Flügeln ein stärkerer Druck der Luft auf die Schaufeln und demzufolge eine größere Reibung statt. Ferner ist die volle Wiedergewinnung der in der herausgeschleuderten Luft steckenden lebendigen Kraft um so schwieriger, je größer die Austrittsgeschwindigkeit ist.

Es läßt sich deshalb nicht sagen, daß eine bestimmte Schaufelstellung vor der anderen den Vorzug verdient. Tatsächlich bewähren sich alle drei Arten von Schaufelstellungen seit Jahren gut. Auch die Frage der günstigsten Schaufelform — gerade oder gekrümmt — ist nicht bestimmt entschieden. Da es auf das richtige Zusammenwirken der verschiedenen baulichen Eigentümlichkeiten des Ventilators zum Zwecke der möglichst stoß- und reibungsfreien Hindurchbewegung der Luft ankommt, mag eine bestimmte Schaufelform und -stellung für die gewählte Bauart und Ausführung am günstigsten sein, ohne daß aber damit ihre Überlegenheit auch bei anderen Ventilatorarten erwiesen wäre.

125. — Einlauf. Der Einlauf soll möglichst wirbel- und stoßfrei die erforderliche Ablenkung der Luft um 90° bewirken. Diesem Zweck dienen der sog. Einlaufkegel auf der Ventilatorwand sowie die kegelförmig aufgewölbten Ventilatorwände (s. Abbildungen 531 u. 532). die bei neueren Ventilatoren gern angewandt werden. Auch die schraubenförmig gestalteten Schöpfschaufeln, die den eigentlichen Radschaufeln vorgeschaltet sind, sollen in gleicher Weise wirken (s. Abb. 532).

Die Ventilatoren können, wie schon oben angedeutet worden ist, einseitig oder zweiseitig saugend eingerichtet werden. Die zweiseitig saugenden Räder pflegen eine Mittelwand zu besitzen. Bei nur einseitiger Einströmung sucht der Luftdruck das Ventilatorrad bei offener, ungeschützter Ausführung dem Luftstrome entgegen, also in der Richtung zum Saugkanal, zu verschieben. Die in Frage kommenden Drücke sind nicht unbeträchtlich. Da jedem Millimeter Depression ein Druck von 1 kg je Quadratmeter entspricht, würde ein Ventilator von 4 m Durchmesser (12,6 m² Kreisfläche) bei 200 mm Depression einen einseitigen Druck von rund 2520 kg auszuhalten haben. Diesem einseitigen Drucke begegnet man durch Abschluß des unter Depressionswirkung stehenden Raumes mittels einer feststehenden Blechwand.

Bei einem zweiseitig saugenden Ventilator ist der Druck auf beiden Seiten des Rades gleich, vorausgesetzt, daß beide Hälften des Ventilators unter gleichen Bedingungen arbeiten. Die Einlauföffnung kann, da sie doppelt vorhanden ist, einen kleineren Durchmesser als bei einem einseitig saugenden Ventilator haben, und der Raddurchmesser kann kleiner sein.

Der Vorteil des zweiseitig saugenden Lüfters beruht im wesentlichen darin, daß sich die Zuführungskanäle ganz unter Gelände verlegen lassen, während bei einem einseitig saugenden Lüfter meist der Ansaugekanal aus dem Boden herausgeführt werden muß.

126. — Auslauf. Von besonderer Wichtigkeit ist bei jedem Ventilator der Auslauf der Luft. Die ersten Zentrifugalventilatoren waren an ihrem Umfange nicht ummantelt, sondern bliesen aus dem Rade unmittelbar in die Atmosphäre aus. Hierdurch bildete sich um das sich drehende Rad ein Kranz von Wirbeln, so daß der zwischen je zwei Schaufeln austretende Luftstrom fortwährend gestört und unterbrochen wurde und eine einheitliche Bewegung der austretenden Luft nicht zustande kommen konnte.

Wenn dagegen in einem besonderen Auslaufraum, Diffusor genannt, die einzelnen Luftströme ohne Wirbelbildung zu einem einheitlichen Gesamtstrome gesammelt werden, der mit allmählich verminderter Geschwindigkeit in die Atmosphäre austritt, so wirkt ein solcher, in gleichmäßiger Bewegung befindlicher Strom saugend auf den Ventilator und befördert dessen Arbeit. Ein richtig gestalteter Diffusor gestattet daher häufig die Anwendung eines kleineren Ventilators bei besserem Wirkungsgrad. Die lebendige Arbeit des Stromes wird um so vollkommener wiedergewonnen, je allmählicher und stoßfreier sich der Übertritt in die Atmosphäre vollzieht. Ein allmählich sich erweiternder Querschnitt des Auslaufs ist also erwünscht, und zwar soll die dem Ventilator zugekehrte Fläche senkrecht sein, die gegenüberliegende eine Neigung von 7⁰ und die Seitenflächen eine Neigung von je $3^1/_2{}^0$ aufweisen. Den viereckigen Schloten werden neuerdings vielfach solche von rundem Querschnitt vorgezogen. Schließlich sei bemerkt, daß der das Rad umgebende Mantel nicht dicht an das Rad angeschlossen ist, sondern zwischen ihm und dem Rade eine Spirale freibleibt, die schließlich in den Ausblasehals übergeht. Das hat den Vorteil, daß ein im engen Teil der Spirale zwar beschränkter, aber doch ununterbrochener Austritt der Luft auf dem ganzen Radumfange stattfindet.

127. — Lüfter der Westfalia-Dinnendahl-Gröppel A.-G. Sie besitzen (Abb. 531) schwach gekrümmte, nach rückwärts gelehnte, am Radumfang aber

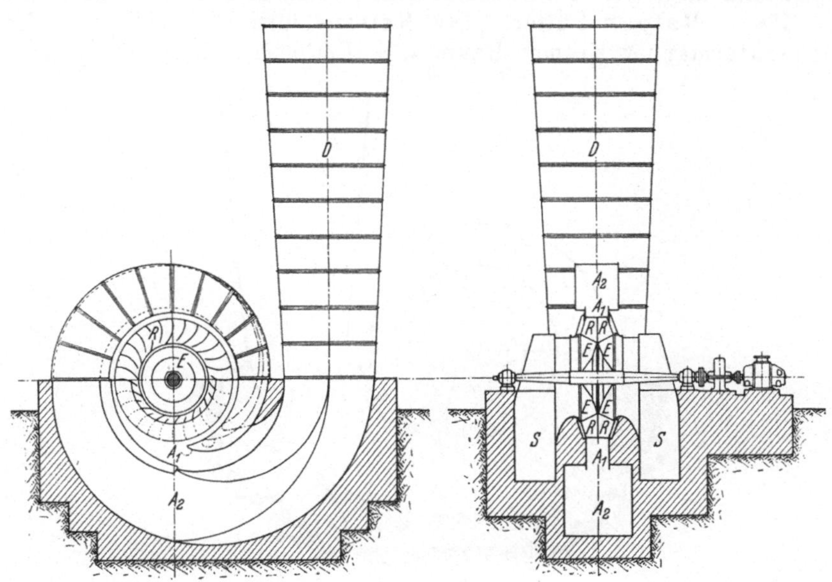

Abb. 531. Zweiseitig saugender Lüfter der Westfalia-Dinnendahl-Gröppel A.-G.
S Saugöffnungen, E Einlaufkegel, R Schleuderrad, A_1, A_2 Auslaufspirale, D Diffusor.

radial auslaufende Flügel. Das Rad verschmälert sich nach dem Umfang hin. In der Saugöffnung ist der Einlaufkegel angebracht. Der Querschnitt der Auslaufspirale verbreitert sich nach dem Auslauf hin.

Abb. 531 zeigt eine zweiseitig saugende Ausführungsform des Lüfters. Die Ausbildung und Stellung der Schaufeln ist die gleiche wie bei der einseitig saugenden Bauart. Die in der Abbildung wiedergegebene verschiedene Lage der Gehäusezunge ermöglicht eine Veränderung der Durchgangswerte des Lüfters (s. Ziffer 133 S. 607) und damit seine Anpassung an verschiedene Grubenweiten zwecks Beibehaltung eines guten Wirkungsgrades.

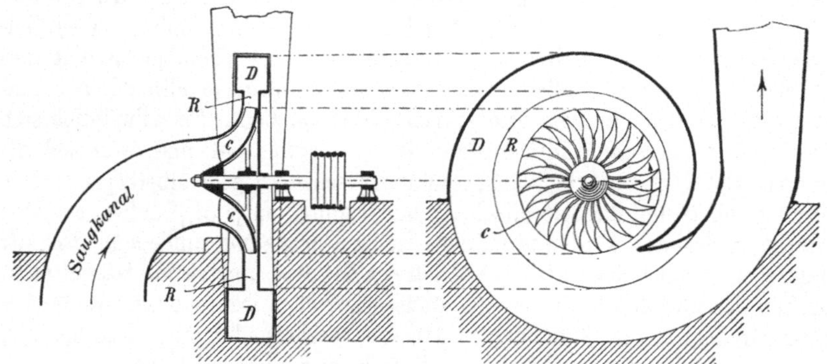

Abb. 532. Rateau-Lüfter.

Ähnlich wie der beschriebene ist der Hohenzollernlüfter gebaut, der nicht mehr hergestellt wird, sich aber noch vielfach in Betrieb befindet.

128. — **Rateau-Lüfter.** Der **Rateau-Lüfter** (Abb. 532), von der **Schüchtermann & Kremer-Baum A.-G.**, Dortmund, gebaut, wird je nach

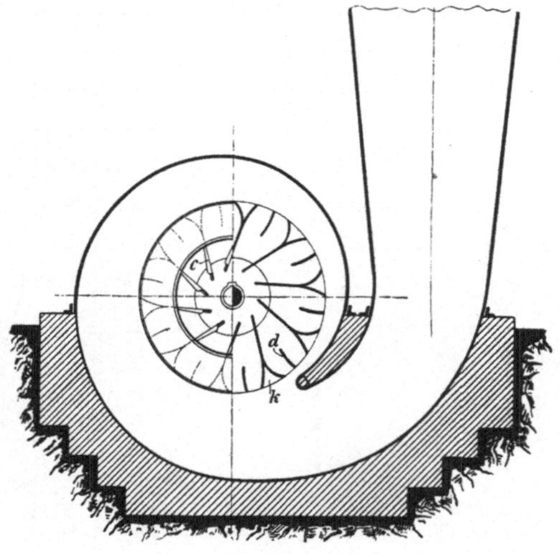

Abb. 533. Capell-Lüfter.

den örtlichen Aufstellungsverhältnissen mit einseitigem oder zweiseitigem Lufteintritt ausgeführt. Die Flügel des Rades sind in der Drehrichtung sowohl im Einlauf als auch am Austritt nach vorn gekrümmt und nehmen nach außen in der Breite ab, damit die Luft das Rad mit gleichbleibender Geschwindigkeit durchströmt. Beim einseitig saugenden Ventilator sind die Flügel auf einem stark gewölbten Stahlblech-Radboden mit konischem Einlaufkegel befestigt, wodurch eine gute Luftführung und eine große Steifigkeit des Rades erzielt wird.

Beim zweiseitig saugenden Ventilator werden die Flügel rechts und links einer gemeinschaftlichen Mittelwand angeordnet und auf den Saugseiten mit konischen Deckscheiben versehen. Das Gehäuse umschließt bei beiden Ausführungen das Rad mit geringem Spiel und besteht aus dem Innendiffusor und Außendiffusor, die mit allmählich zunehmendem Querschnitt ineinander übergehen.

129. — Der Capell-Lüfter wird heute nicht mehr gebaut, besitzt jedoch noch eine weite Verbreitung (Abb. 533). Er saugt von beiden Seiten an. Das Rad ist überall gleich breit und durch eine mittlere Scheibe in zwei Hälften geteilt. Der doppelte Einlaufkegel ist nur klein und wenig ausgebildet. Bemerkenswert ist die Bildung toter Keilstücke k am Radumfange, die die Austrittsöffnung der Luft aus dem Rade verkleinern, und die Anbringung der kleinen Zwischenschaufeln d. Die Auslaufspirale ist im Querschnitt einfach rechteckig.

β) Die gesetzmäßigen Beziehungen in der Wirkungsweise der Schleuderräder.

130. — Mechanischer Wirkungsgrad. Wir hatten den für die Bewetterung einer Grube erforderlichen Kraftbedarf (oder die Luftleistung des Ventilators) ausgedrückt durch die Formel: $N = Q \cdot h/75$.

Das Verhältnis der tatsächlichen Nutzleistung zu der der Antriebsmaschine zugeführten Leistung, also $\dfrac{N}{N_i}\left(\text{oder } \dfrac{N\,100}{N_i}\right)$, nennen wir den mechanischen Wirkungsgrad.

Beispiel: Der Ventilator leistet 80 m³/s bei 100 mm Depression. Seine Nutzleistung ist also $N = \dfrac{80 \cdot 100}{75} = 106{,}67$ PS. Die Antriebsdampfmaschine weist eine indizierte Leistung von 150 PS auf. Der gesamte mechanische Wirkungsgrad ist also $\dfrac{106{,}67 \cdot 100}{150} = 71{,}1 \%$.

Mechanische Wirkungsgrade der Fliehkraftlüfter von 75—80% sind als gut zu bezeichnen. Auch Werte von mehr als 80% kommen in besonders günstigen Fällen vor.

131. — Zeichnerische Darstellung des mechanischen Wirkungsgrades. Die Kenntnis des mechanischen Wirkungsgrades eines Ventilators bei einer beliebigen, von Zufälligkeiten abhängenden Grubenweite reicht aber zur Beurteilung der Güte des Ventilators nicht aus. Denn der mechanische Wirkungsgrad ist keine bei allen Grubenweiten sich gleichbleibende Größe.

Die Beziehungen zwischen mechanischem Wirkungsgrade und Grubenweite lassen sich in einer Kurve zur Darstellung bringen. Der ungefähre Verlauf einer solchen Kurve wird aus folgenden Erwägungen klar:

Ist die Grubenweite gleich Null, wie dies bei geschlossenem Saugkanal der Fall ist, so wird der Lüfter zwar eine hohe Depression erzeugen, die geförderte Luftmenge aber wird gleich Null sein. Deshalb wird auch die Nutzleistung des Lüfters und ebenso sein mechanischer Wirkungsgrad gleich Null sein. Wächst die Grubenweite durch allmähliche Öffnung des Saugkanals, so beginnt der Lüfter Luft zu fördern und erzeugt eine gewisse Nutzleistung. Der mechanische Wirkungsgrad wird offenbar rasch steigen und wird bei der günstigsten Grubenweite seinen Höchstgrad erreichen. Bei noch größeren Grubenweiten wird er aber wieder sinken müssen. Denn eine Betrachtung des Endfalls — Saugen des Lüfters aus freier Atmosphäre, was eine unendlich große Grubenweite bedeutet — zeigt, daß der Lüfter nur noch eine Nutzarbeit leistet, die der erzeugten Geschwindigkeitsdruckhöhe entspricht. Er fördert zwar viel Luft, erzeugt aber nur eine geringe Depression, die sich schließlich dem Nullwert nähert. Die Kurve des mechanischen Wirkungsgrades muß also bei größer werdender Grubenweite wieder abfallen und die Nullinie im Unendlichen schneiden.

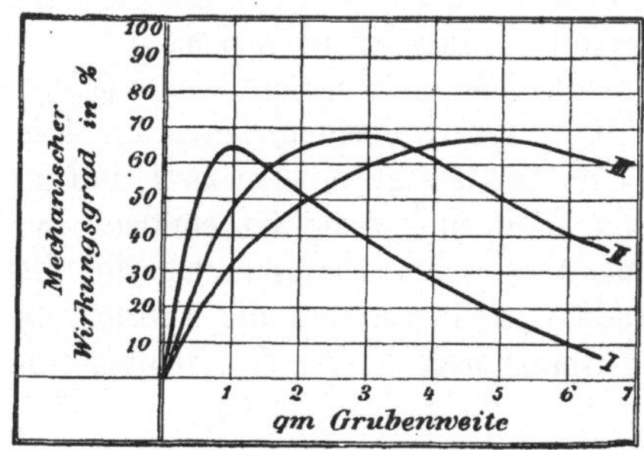

Abb. 534.　Kurven des mechanischen Wirkungsgrades.

In der Abb 534 sind die Kurven der mechanischen Wirkungsgrade von drei verschiedenen Lüftern gezeichnet. Bei der Kurve *I* liegt der günstigste mechanische Wirkungsgrad (64 %) bei 1 m² Grubenweite, und man sieht, daß, wenn man die Grubenweite auf 3 m² vergrößert, für diesen Ventilator der Wirkungsgrad bereits auf 40 % sinkt Wenn der Lüfter für 1 m² Grubenweite gebaut ist, würde er also bei 3 m² gleichwertiger Öffnung ein zu ungünstiges Bild ergeben.

Die Kurven *II* und *III* betreffen Lüfter, bei denen der günstigste mechanische Wirkungsgrad bei etwa 3 oder 5 m² gleichwertiger Öffnung liegt.

132. — Kennlinie und Betriebspunkt eines Lüfters. Jeder Lüfter stellt seine Liefermenge nach der Widerstandsdruckhöhe, die er zu überwinden hat, ein. Trägt man die Wettermengen auf der Abszisse auf und die Widerstandsdruckhöhen auf der Ordinate und werden für verschiedene Depressionen die gelieferten Wettermengen gemessen, so liegen die so erhaltenen Schnittpunkte auf einer Kurve, die Kennlinie des Lüfters genannt wird. Jeder Lüfter hat seine eigene Kennlinie, und da

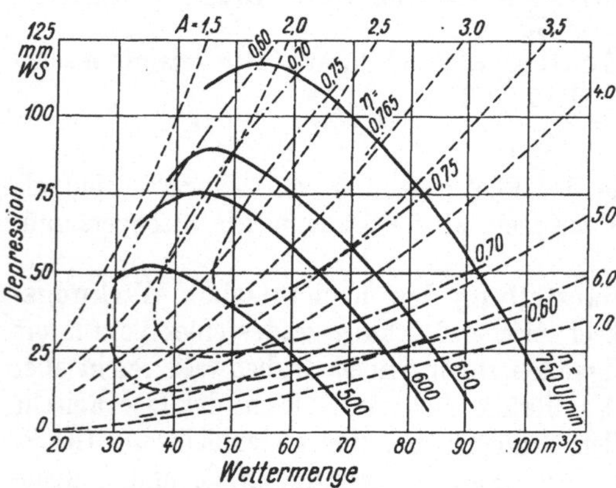

Abb. 535.　Kennlinien und Wirkungsgradkurven eines Schraubenlüfters[1]).

Wettermenge und Depression von der Umdrehungszahl abhängen, ist auch jeder Umdrehungszahl eine Kennlinie zugeordnet.

Will man nun feststellen, welche Wettermenge ein bestimmter Lüfter liefert und bei welcher Depression er arbeiten wird, so bedarf es nur der Kenntnis der Grubenweite und der Eintragung der Kennlinie der betreffenden Grube in das

---

[1]) Glückauf 1935, S. 1045; Fritzsche u. Giesa: Durchbildung, Leistungsfähigkeit und Anwendungsmöglichkeit neuzeitlicher Schraubenlüfter für die Grubenbewetterung.

gleiche $Q \cdot h$-Diagramm. Der Schnittpunkt beider Kennlinien ist der **Betriebspunkt** des Lüfters. Er gibt die Wettermenge und die zugehörige Depression des Grubenventilators für die der Kennlinie zugeordneten Umdrehungszahl an.

In Abb. 535 sind ausgezogen die Kennlinien eines Schraubenlüfters für vier verschiedene Umdrehungszahlen und gestrichelt die Kennlinien verschiedener Grubenweiten eingetragen. Bei $n = 650$ und $A = 3$ liefert der Lüfter z. B. 66 m³/s Wetter bei einer Depression von rund 70 mm WS. Etwa die gleiche Wettermenge, jedoch bei einer Depression von nur 60 mm, ist er imstande zu liefern, wenn die Grubenweite auf 3,5 erhöht wird. Wird die Umdrehungszahl auf 750 erhöht, so liefert er bis $A = 3$ eine Wettermenge von rund 76 m³/s bei einer Depression von rund 90 mm.

Mit strichpunktierten Linien sind in derselben Abbildung Kurven gleichen Wirkungsgrades eingetragen, dessen Höhe, wie in Ziffer 112 ausgeführt ist, bei jedem Ventilator von der Grubenweite abhängt.

133. — Durchgangsöffnung. Zur Überwindung des Reibungswiderstandes der Luft im Lüfter selbst muß ein gewisser Druckunterschied aufgewandt werden. Das dazu nötige Gefälle kann nur vom Lüfter erzeugt werden, so daß ein Teil der Arbeit des Lüfters für die Bewegung der Luft in ihm selbst aufgebraucht wird. Er erzeugt mithin eine höhere Depression oder Saugwirkung, als wir sie im Saugkanal feststellen.

Wir können den Durchgang der Luft durch den Lüfter ebenfalls mit dem Durchgange durch eine Öffnung in einer dünnen Wand vergleichen, durch eine Öffnung also, die bei gleichem Druckunterschiede auf beiden Seiten dieselbe Luftmenge wie der Lüfter durchziehen läßt. Eine solche Öffnung nennen wir seine **Durchgangsöffnung**.

Da der Durchgangswiderstand im Quadrat der Geschwindigkeit wächst, diese aber mit der Größe der Durchgangsöffnung in gleichem Maße abnimmt, so gelten folgende Verhältniszahlen für eine Grubenweite von 1 m²:

Durchgangsöffnung		2	3	4	m²
Durchgangswiderstand		$^1/_4$	$^1/_9$	$^1/_{16}$	des Grubenwiderstandes

Eine Vorstellung von diesem Verhältnis gibt Abb. 536, in der die Öffnungen $o : A$ sich wie 2,65 : 1, also die Widerstände wie 1 : 7 verhalten, so daß von der Gesamtdepression von 120 mm die Grube 105, der Ventilator 15 mm beansprucht.

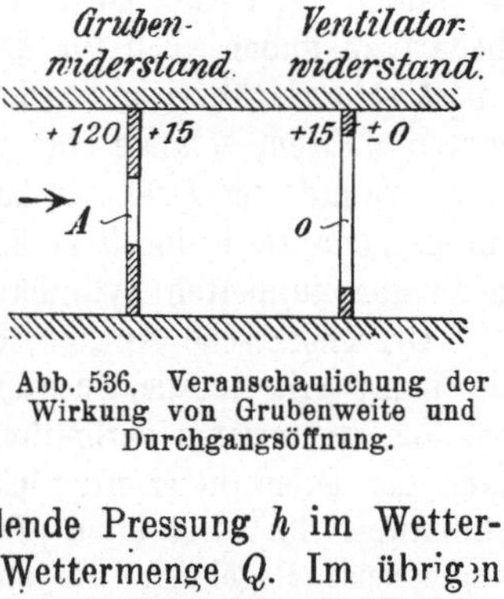

Bei einem Lüfter von schlechtem Wirkungsgrad pflegt die Durchgangsöffnung nur gering zu sein (etwa doppelt so groß wie die Grubenweite), während Lüfter mit gutem Wirkungsgrad eine Durchgangsöffnung besitzen, die die Grubenweite um das Vielfache übertreffen.

Bei Vorhandensein eines natürlichen Wetterzuges ist es leicht, die Durchgangsöffnung o des Lüfters zu bestimmen. Man setzt den Lüfter still und mißt die sich alsdann einstellende Pressung h im Wetterkanal und die durch den Lüfter abziehende Wettermenge Q. Im übrigen benutzt man zur Errechnung der Durchgangsöffnung die Formel für die Grubenweite.

Abb. 536. Veranschaulichung der Wirkung von Grubenweite und Durchgangsöffnung.

134. — Drehzahl, Wettermenge und Depression. Ändert sich die Drehzahl eines Lüfters, so ändern sich auch die gelieferte Wettermenge und die Depression. Da jedoch die Grubenweite als annähernd gleichbleibend angesehen werden kann, gilt für zwei Drehzahlen n_1 und n_2

$$A = 0{,}38\,\frac{Q_1}{\sqrt{h_1}} = 0{.}38\,\frac{Q_2}{\sqrt{h_2}}$$

oder
$$\frac{Q_1}{\sqrt{h_1}} = \frac{Q_2}{\sqrt{h_2}} \quad \text{oder} \quad \frac{Q_1{}^2}{Q_2{}^2} = \frac{h_1}{h_2}\,.$$

Demnach ist $Q_1 : Q_2 = n_1 : n_2$

und $h_1 : h_2 = n_1{}^2 : n_2{}^2$.

Die Wettermenge ist also proportional der Drehzahl und damit auch der Umfangsgeschwindigkeit, während die Depression proportional zum Quadrat der Drehzahl steigt und fällt.

Ihre Grenze findet die Umfangsgeschwindigkeit und damit die erreichbare Depression in der Festigkeit des für den Lüfter gebrauchten Baustoffs. Bei Fliehkraftlüftern liegt die Umfangsgeschwindigkeit meist zwischen 40 und 60 m/s, jedoch sind schon Werte von 70—80 m/s erreicht worden. Bei Schraubenlüftern pflegt man 150—200 m/s nicht zu überschreiten, da sich bei noch höheren Geschwindigkeiten das Geräusch unangenehm bemerkbar macht und man eine Steigung der Depression dann besser durch Verwendung eines zweiten Schraubenrades erzielt.

Da die Leistung proportional ist dem Produkt aus Wettermenge und Depression, folgt, daß
$$N_1 : N_2 = n_1{}^3 : n_2{}^3$$

ist. Die Leistung steigt und fällt also mit dem Kubus der Drehzahl.

Wird z. B. bei gleicher Grubenweite die Drehzahl des Ventilators um 20% erhöht, so ergeben sich auf Grund der drei erwähnten Proportionalitätsgesetze folgende Beziehungen: $n = 1{,}2\,n_0$; $Q = 1{,}2\,Q_0$; $h = 1{,}44\,h_0$ und $N = 1{,}73\,N_0$.

135. — Antrieb und Regelung der Lüfter. Noch in der Entwicklung begriffene Gruben pflegen einen allmählich steigenden Wetterbedarf zu haben. Ein für den endgültigen Bedarf genügender Lüfter wird meist schon frühzeitig beschafft. Oft ist es dann zweckmäßig, ihn in den ersten Jahren, solange eine geringe Wettermenge und Depression ausreicht, mit verminderter Drehzahl laufen zu lassen. Diese Forderung ist bei Dampfmaschinenantrieb durch veränderte Füllung oder Zuschaltung eines zunächst noch abgekuppelten Zylinders leicht zu erfüllen.

Der elektrische Antrieb, der wegen der gleichbleibenden Grundbelastung des Kraftwerks und der leichten Fortleitung der Elektrizität zu Außenschächten weitaus am meisten verbreitet ist, macht besondere Einrichtungen zur Regelung der Drehzahl erforderlich. Da jedoch der Ausbau des Grubengebäudes stufenweise fortzuschreiten pflegt, genügt auch in der Mehrzahl der Fälle eine stufenweise Regelung. Sie kann elektrisch durch Verwendung polumschaltbarer Motore erreicht werden, was aber nicht häufig geschieht. Im Vordergrund steht vielmehr die mechanische Regelung in Verbindung mit Drehstromasynchronmotoren von 1450 U/min[1]). Bis zu Leistungen von 300 kW erfolgt sie durch Stufengetriebe oder durch Riemenantrieb mit auswechselbaren Scheiben; bei darüber liegenden Leistungen sind dagegen Getriebe mit auswechselbaren Zahnrädern vorzuziehen. Sind jedoch die Bedingungen der Wetterführung auch nicht annähernd im voraus zu bestimmen oder muß die Lüfterdrehzahl schnell von einem niedrigen auf den vollen Wert eingestellt werden können, dann kann der Drehstromreihenschlußmotor die günstigste Lösung sein. Schließlich ist für solche Fälle noch der Gleichstromnebenschlußmotor mit Getriebe und gittergesteuertem Stromrichter zu erwähnen. Es ist der teuerste Antrieb und kommt nur bei Leistungen über 1000 kW in Betracht. — Schließlich sei bemerkt, daß auch ein oder mehrere unter Tage aufgestellte Schraubenlüfter bei der Entwicklung eines Grubengebäudes gute Dienste tun und für die Bemessung der Regelstufe und die Wahl der Art der Regelung von Einfluß sein können

γ) Das Zusammenarbeiten zweier Lüfter.

136. — Nebeneinanderschaltung zweier Lüfter. Man kann zwei Lüfter nebeneinander — in Parallelschaltung — arbeiten lassen, wobei also beide aus einem und demselben ausziehenden Schachte saugen (Abb. 537). Hierbei ist aber zu beachten, daß eine Erhöhung der gelieferten Wettermenge dann nur durch eine gleichmäßige Erhöhung der Umdrehungszahl beider Lüfter geschehen kann. Es geht also nicht an, zunächst nur einen Lüfter arbeiten zu lassen und bei höheren Anforderungen auch den zweiten in Tätigkeit zu setzen oder dessen Drehzahl zu erhöhen.

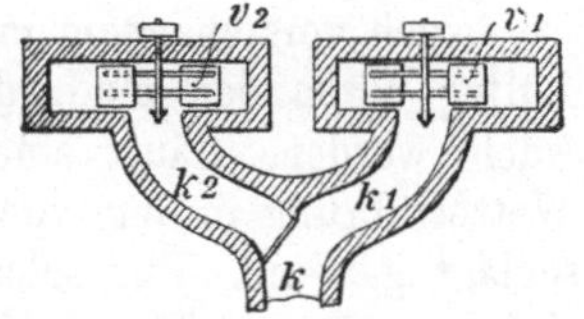

Abb. 537. Zwei Ventilatoren in Aufstellung nebeneinander.

Die Lüfter würden dann unter Bedingungen arbeiten müssen, für die sie nicht gebaut sind und daher nur einen geringen Wirkungsgrad aufweisen.

137. — Zwei Lüfter auf verschiedenen Wetterschächten derselben Grube. Rückt man die beiden Lüfter auseinander, indem man sie auf verschiedene Wetterschächte setzt, so entsteht der häufig vorkommende Fall der Abb. 538. Steht der eine Lüfter v_2 still, ohne daß

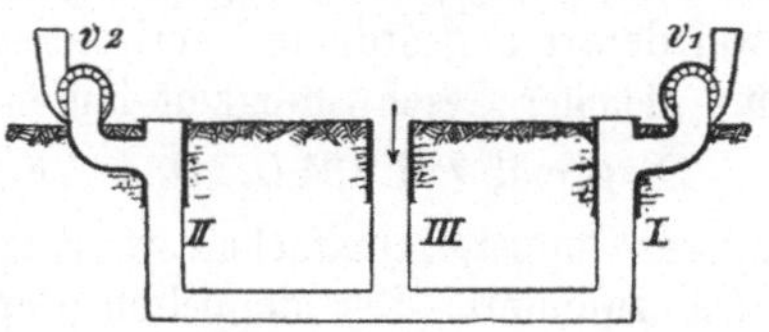

Abb. 538. Zwei Ventilatoren auf verschiedenen Wetterschächten derselben Grube.

sein Saugkanal verschlossen ist, so wird der im Betrieb befindliche andere Lüfter v_1 Luft sowohl vom einziehenden Schachte III als auch vom Schachte II her ansaugen. Die gleichwertige Grubenöffnung, die sich für ihn herausstellt, ist die unter diesen Bedingungen denkbar größte. Sobald Lüfter v_2 in Gang kommt, wird der Durchzug der Wetter in die Grube behindert. Die von v_1 gelieferte Wettermenge sinkt, und die Grubenweite nimmt für v_1 ab. Bei noch schnellerem Gange beginnt auch v_2, wie in

---

[1]) H. u. C. Hoffmann: Lehrbuch der Bergwerksmaschinen (Berlin, Springer), 1941; — ferner Elektr. i. Bergbau 1938, S. 35; Geller: Energiewirtschaftliche Betrachtungen über den elektrischen Antrieb von Grubenlüftern, Verdichtern und Braunkohlenbrikettpressen.

Ziff. 136 ausgeführt ist, auszuziehen, so daß jetzt Schacht *III* zum einziehenden Schacht für beide Ventilatoren wird. Dieses ist aber nicht so zu verstehen, daß beide parallel laufenden Lüfter nun auf den gemeinsamen Einziehschacht einwirken. Meist holt sich vielmehr der schwächere Lüfter die Wetter von einer Stelle abseits des Einziehschachtes fort, von der ab der Widerstand bis zum schwächeren Lüfter dem von diesem erzeugten Druckgefälle entspricht. Für den Ventilator v_1 sind also Wettermenge und Grubenweite ständig gesunken. Würde nun Ventilator v_2 noch schneller laufen, so daß die von ihm erzeugte Depression zu überwiegen anfinge, so würden schließlich die Wetter sogar durch v_1 in die Grube ziehen können.

Man sieht also, daß man in einem solchen Fall von einer bestimmten Grubenweite für jeden einzelnen Lüfter nur bei bestimmten Betriebsbedingungen, d. h. bei einer bestimmten Lüfterleistung (Wettermenge und Unterdruck) sprechen kann. Die Gesamtgrubenweite beim Betrieb von zwei (oder mehr) Lüftern ist gleich der Summe der für jeden Lüfter errechneten Einzelgrubenweite. Würden die beiden Lüfter durch einen Lüfter ersetzt, kann natürlich eine Erhöhung oder Erniedrigung der Gesamtgrubenweite eintreten, da der Übergang auf nur einen Lüfter Wetterumstellungen in der Grube notwendig macht, die günstiger, aber auch ungünstiger als beim Zweilüfterbetrieb sein können.

Nach vorstehendem muß, wenn mehrere sich gegenseitig beeinflussende Lüfter vorhanden sind, das Verhältnis der Umlaufzahlen dauernd überwacht werden. Läuft einer der Lüfter zu langsam, so stockt vielleicht die Wetterführung in dem von ihm beherrschten Teile des Grubengebäudes oder schlägt gar um. Für solche Bewetterungsanlagen ist die Verwendung von Volumenmessern (s. Ziff. 102 und 103) an Stelle von Depressionsmessern besonders empfehlenswert.

138. — Hintereinander geschaltete Lüfter. Bei hintereinander geschalteten Ventilatoren wird die von dem ersten Ventilator ausgeworfene Luft von dem zweiten angesaugt und sodann endgültig ausgeworfen. Durch zwei derart angeordnete Ventilatoren von gleicher Größe und Art, die beide mit gleicher Geschwindigkeit laufen, wird die Gesamtdepression verdoppelt.

Da gemäß Ziff. 134 $Q_1 : Q_2 = \sqrt{h_1} : \sqrt{h_2}$ ist, folgt, daß, wenn die Depression auf das Doppelte, Dreifache usw. steigt, die Wettermenge um das $\sqrt{2}, \sqrt{3}$ usw.-fache zunimmt. Der doppelten Depression im vorliegenden Fall entspricht also die 1,4fache Wettermenge. Infolgedessen hat jetzt jeder Ventilator die 1,4fache Arbeit derjenigen zu leisten, die ursprünglich der erste Ventilator verrichtete. Der Gesamtkraftbedarf ist somit das 2,8fache des anfänglichen.

Da $Q \cdot h$ proportional N und h proportional Q^2 ist, folgt, daß N proportional Q^3 ist. Q ändert sich also mit der $\sqrt[3]{N}$. Würde man infolgedessen nach Aufstellung des zweiten Ventilators jeden einzelnen mit derjenigen Kraft laufen lassen, die ursprünglich der erste Ventilator allein verzehrte, so würde bei dieser nunmehr doppelten Kraftentwicklung die Wettermenge im Verhältnis von $\sqrt[3]{1} : \sqrt[3]{2} = 1 : 1,26$ zunehmen. Die anfängliche Umdrehungszahl des ersten Ventilators wird dann aber nicht erreicht, und die Gesamtdepression ist nur das $1,26^2 = 1,59$ fache der ersten, da sie mit dem Quadrate der Wettermenge steigt.

Voraussetzung für das gleichzeitige Arbeiten zweier hintereinander geschalteter Lüfter ist die Berücksichtigung der Durchgangsöffnungen der Lüfter. Sie müssen auf die durch beide Lüfter fließende erhöhte Wettermenge einstellbar sein, also vergrößert werden können. Geschähe dieses nicht, so würde die rechnungsmäßig festgestellte Erhöhung des Unterdrucks nicht eintreten können und außerdem ein Absinken des Wirkungsgrades die Folge sein.

Im allgemeinen hat sich weder die Parallel- noch die Hintereinanderschaltung zweier aus einem ausziehenden Schachte saugenden Ventilatoren eingebürgert, weil die erzielbaren Vorteile gegenüber den Nachteilen des doppelten Maschinenbetriebes zu gering sind.' Mit der Parallelschaltung darf nicht die an sich zweckmäßige und im Ruhrbezirk bergpolizeilich vorgeschriebene Aufstellung eines zweiten Ventilators verwechselt werden, der zur Aushilfe dienen soll.

139. — Wetterumstellvorrichtung. Auf tiefen Gruben pflegt der natürliche Wetterzug seine einmal angenommene Richtung während des ganzen Jahres beizubehalten (vgl. S. 595/599). Um auch auf Stollengruben, deren natürlicher Wetterzug im Sommer und Winter eine verschiedene Richtung hat, die Vorteile des natürlichen Wetterzuges auszunutzen, kann man Ventilatoren mit Umkehrvorrichtung vorsehen und so nach Bedarf sowohl den saugenden wie den blasenden Anschluß des Ventilators an das Gru-

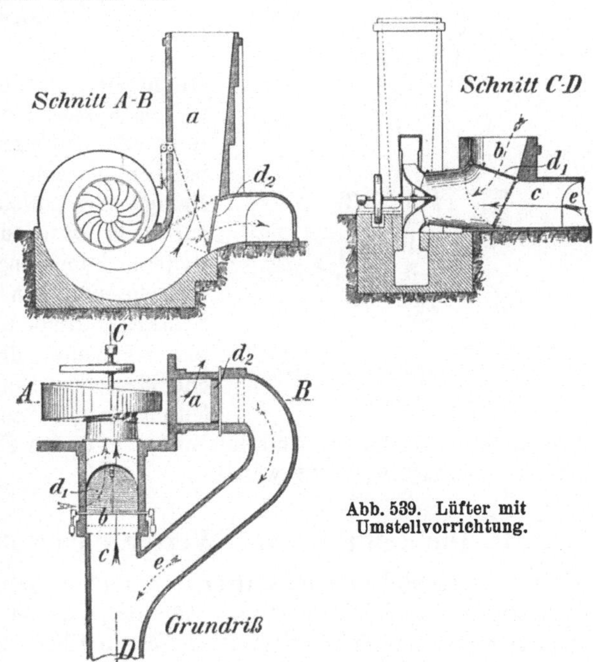

Abb. 539. Lüfter mit Umstellvorrichtung.

bengebäude anwenden. Abb. 539 zeigt eine solche Umstellvorrichtung. Bei der gezeichneten Stellung der Klappen d_1 und d_2 saugt der Ventilator die Luft durch Kanal c aus der Grube und befördert sie durch den Schlot a ins Freie. Werden dagegen die Klappen d_1 und d_2 in die punktierte Lage gebracht, der die gestrichelten Wetterstrompfeile entsprechen, so saugt der Ventilator die Luft durch den kurzen Schlot b an und bläst sie durch e in die Grube.

Statt der doppelten Anordnung der Kanäle c und e in der Abb. 539 kann man den Ventilator auch durch einen doppelten Saugkanal mit beiden Schächten in Verbindung bringen, so daß er je nach der Stellung der Schieber entweder aus dem einen oder dem anderen Schachte saugt. Hierbei muß der jeweilig ausziehende Schacht einen Schachtverschluß erhalten.

Auf Zeche Waltrop hatte man sich die Möglichkeit einer sehr einfachen, zeitweiligen Wetterumkehr dadurch gesichert, daß man unter der Rasenhängebank des Ausziehschachtes eine Wasserbrauseneinrichtung einbaute. Das nach Stillsetzen des Ventilators und Öffnen des Anschlußventils ausströmende Wasser stürzt mit solcher Gewalt den Schacht herab, daß die Wetterumkehr fast augenblicklich erfolgt. Bei Versuchen ergab sich, daß 30% der sonst angesaugten Wettermenge in umgekehrter Richtung zogen.

Wetterumkehrvorrichtungen sind zuweilen auch für Gruben von Nutzen, die viel unter Brandgefahr leiden. Bei Schacht- und größeren Grubenbränden kann von der Möglichkeit der Wetterumkehr sogar die Rettung der Belegschaft abhängen.

Die Wetterumstellung ist schließlich eines der allerdings sehr selten angewandten Mittel gegen das Einfrieren der Schächte (s. Ziff. 148).

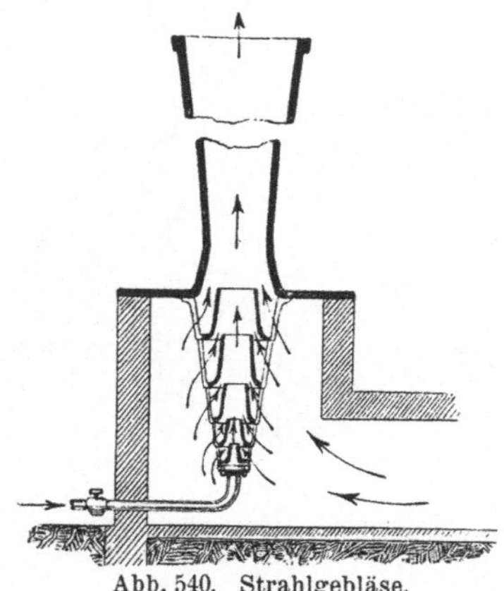

Abb. 540.   Strahlgebläse.

2. Strahlgebläse.

140. — Bau, Wirkung, Vor- und Nachteile. Die Strahlgebläse sind den für die Kesselspeisung gebrauchten Injektoren oder den Strahlpumpen ähnlich. Sie beruhen darauf, daß ein Flüssigkeits-, Dampf- oder Luftstrahl mit hohem Drucke aus einer Düse, die in oder vor einem weiteren Rohre angebracht ist, ausspritzt und die umgebende Luft in der Strahlrichtung mitreißt (Abb. 540). Solche Gebläse können wie die Ventilatoren saugend oder blasend wirken, je nachdem die Luftleitung an die Saug- oder die Druckseite angeschlossen ist. Sie werden selten und nur zur Bewältigung verhältnismäßig geringer Wettermengen angewandt.

C. Die Führung der Wetter durch die Schächte.

141.—Aufstellung des Lüfters unter oder über Tage. Wenn der Lüfter nach Abb. 500 auf S. 572 unter Tage aufgestellt wäre, so blieben der einziehende und der ausziehende Schacht unverschlossen, und beide Schächte könnten ohne weitere Vorkehrungen sowohl für die Förderung als auch für sonstige Betriebszwecke benutzt werden. Neuerdings machen einige belgische Gruben nach dem Vorschlag von L. Canivet[1] eine bemerkenswerte Anwendung von dieser Möglichkeit, indem sie nicht nur einen Lüfter verwenden, sondern mehrere und dabei jedem Hauptwetterstrom einen gesonderten Lüfter in der Nähe des Ausziehschachtes zuordnen, und zwar werden der leichteren Aufstellbarkeit und des geradlinigen Wetterdurchgangs wegen Schraubenlüfter benutzt. Der Vorteil dieser Anordnung, der dem Mehrsohlenbetrieb vieler belgischer Gruben entgegenkommt, wird in dem Wegfall von Wetterverlusten durch den Schachtdeckel, der bei Aufstellung eines Lüfters über Tage notwendig ist, erblickt sowie in der Möglichkeit, jeden Lüfter an die Widerstandsdruckhöhen des ihm zugeordneten

---

[1] L. Canivet: L'aérage par ventilateurs souterrains à la société des charbonnages réunis de Charleroi. Abhandlungen des Congrès International des Mines, de la Metallurgie et de la Géologie appliquée. Paris 1935.

Wetterstromes anpassen zu können, so daß also untertägige Drosselverluste vermieden und Kurzschlußverluste verringert werden.

Trotz der aus den vorangegangenen Ausführungen sich ergebenden Nachteile wird in den weitaus meisten Fällen die Aufstellung des Lüfters über Tage vorgezogen. Wartung, Unterhaltung und Überwachung der Ventilatoranlage sind über Tage besser, weil hier helleres Licht, bessere Luft, leichtere Möglichkeit, Reinigungs- und Ausbesserungsstoffe herbeizuschaffen, und dauernde Aufsicht vorhanden sind. Außerdem ist die Betriebskraft billiger, weil die Notwendigkeit der Kraftübertragung bis in die Grube fortfällt. Ferner kann über Tage der Standort des Lüfters dauernd unverändert bleiben, während es bei Aufstellung unter Tage nicht ausgeschlossen ist, daß nach Abbau einer Sohle aus betrieblichen Gründen der Lüfter verlegt werden muß. Schließlich kommt in Betracht, daß bei Aufstellung über Tage sowohl der Lüfter als auch die Bedienungsmannschaft besser vor den Wirkungen etwaiger Explosionen und Grubenbrände geschützt ist. Die Betriebssicherheit ist also größer.

142. — Schachtverschlüsse im allgemeinen. Wird der Ventilatorschacht nur für die Wetterführung benutzt, so daß er dauernd verschlossen gehalten werden kann, so wird er oben durch Mauerung abgewölbt oder durch eine stählerne Verschlußhaube geschlossen. Letztere wird gewöhnlich als Tauchglocke für Wasser- oder Öldichtung und abnehmbar eingerichtet, so daß die Schachtmündung durch Anheben der Haube freigelegt werden kann (Abb. 541). Für den Fall einer Grubenexplosion dient die Haube gleichsam als Sicherheitsventil, das den Ventilator vor der Heftigkeit der Explosionswirkung schützt.

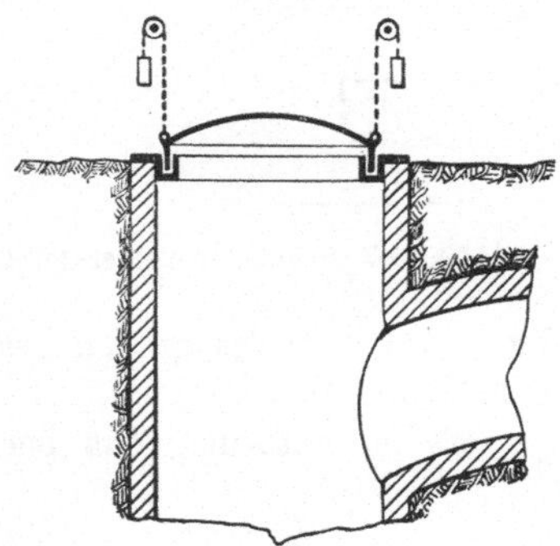

Abb 541. Schachtverschlußhaube.

Dient der Ausziehschacht dagegen auch der Förderung und Fahrung, so benutzt man als Verschluß Schachtdeckel, oder man bedient sich der Luftschleusen, die alsdann für den Durchgang des Fördergutes eingerichtet sein müssen.

143. — Schachtdeckelverschluß. Auch der Schachtdeckelverschluß ist eine Schleuseneinrichtung, die aber insofern vereinfacht ist, als sie nur aus einem Deckel besteht, wobei die Schleusenwirkung durch das Fördergestell selbst ergänzt wird. Für den Verschluß erhält jedes Fördertrumm wetterdichte, bis zur Höhe der Hängebank emporgeführte Wandungen. Hier legt sich auf die so geschaffene Mündung des Trumms ein loser, ebener Deckel, der das Schachtinnere gegen die Atmosphäre abschließt (Abb. 542). Der Deckel besitzt in der Mitte ein Loch für den Durchgang des Förderseils. Kommt der Förderkorb oben an, so wird der Deckel von einem oberhalb des Seileinbandes angebrachten Querstücke mit angehoben und hochgenommen, während der den Maßen des Trumms genau angepaßte Boden des Korbes nun den Verschluß besorgt. Damit bei etwaigem geringen Überheben des Korbes nicht sofort die Trummöffnung frei wird, können die Seitenflächen des Korbbodens nach unten kastenartig verlängert werden.

Beim jedesmaligen Anheben des Schachtdeckels erhalten Förderkorb und Förderseil einen starken Stoß, weil nicht allein das Gewicht des Deckels plötzlich in Bewegung zu setzen ist, sondern auch der infolge der Depression auf dem Deckel lastende äußere Luft-Überdruck überwunden werden muß. Ein Deckel für ein Fördertrumm von 3,65 : 1,1 m, also von etwa 4 m², wiegt bereits rund 600 kg. Bei 150 mm Depression macht der Druck auch $4 \cdot 150 = 600$ kg aus, so daß jedesmal beim Anheben des Deckels 1200 kg plötzlich in Bewegung zu setzen sind. Eine Milderung des Stoßes wird durch eine Unterteilung des Schachtdeckelverschlusses entsprechend der Abb. 543 ermöglicht. Man verschließt das wegen des Schlagens des Seiles ohnehin nicht zu klein zu bemessende Seilloch, das man aber jetzt reichlich groß wählen kann, durch einen darauf gelegten, kleineren Deckel. Der Förderkorb hebt bei seinem Eintreffen an der Hängebank zunächst mittels des Seileinbandes den kleineren Deckel an und stellt dadurch den atmosphärischen Druck zwischen Korb und Schachtdeckel her, so daß nunmehr beim Anheben des großen Deckels nur noch dessen Gewicht zu überwinden bleibt.

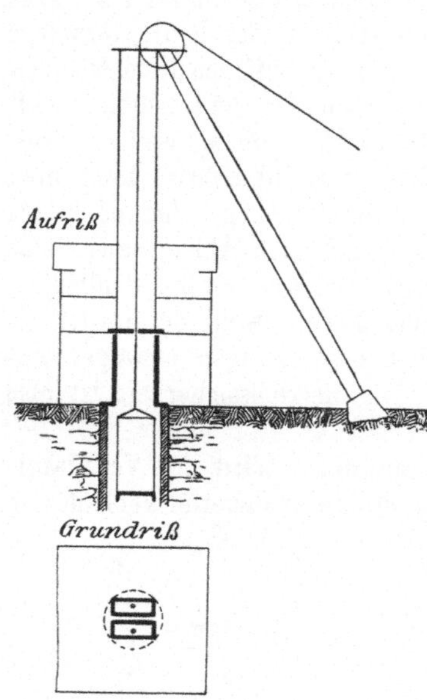

Abb. 542. Schachtdeckelverschluß.

Es ist natürlich, daß bei dem geschilderten Schachtdeckelverschlusse erhebliche Wetterverluste unvermeidlich sind. Diese ergeben sich aus dem Spielraum, der dem Seile im Deckelloche und dem Korbboden in seiner Führung an der Hängebank gegeben werden muß, ferner aus Undichtigkeiten der Auflageflächen zwischen Deckel und Trummverkleidung und aus gelegentlichem Übertreiben des Förderkorbes. Die Verluste sind um so größer, je höher die Depression und je flotter die Förderung ist. Man wird sie durchschnittlich auf 15—20% schätzen können.

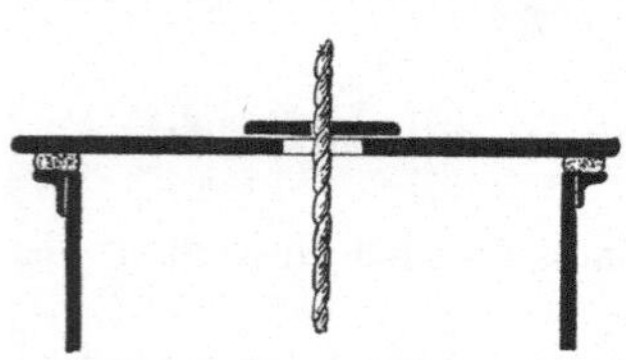

Abb. 543. Schachtdeckel mit kleinerem Deckel für das Seilloch.

144. — Luftschleusenverschluß. An Stelle des Schachtdeckels zieht man vielfach Luftschleusenverschlüsse vor. Einige hierzu dienende Einrichtungen hatten bis vor kurzem gemeinsam, daß bei ihnen ein mehr oder weniger großer Teil der Schachthalle in die Depression einbezogen wurde. Die Schachthalle war dabei nur durch vielfach drehbar ausgestaltete Schleusentüren zugänglich. Auch waren besondere Vorrichtungen erforderlich, um das Fördergut aus der Halle auszuschleusen, wie z. B. Wasserkästen oder Schleusentrommeln.

Heute zieht man es wieder vor, die Schleuse auf das Fördertrumm zu beschränken. Bei Ausführungen der GHH (Abbildungen 544 u. 545) besteht sie aus

einer stählernen Verschalung des Fördertrumms, die auf besonderen im Schacht-
mauerwerk verlagerten Trägern ruht. Zum Beschicken und Abziehen des Förderkorbes ist die Schleuse auf jeder Seite mit Türen versehen, die sich nach
oben öffnen und durch vom Förderkorb gesteuerte Druckluftzylinder betätigt
werden. Zur Einschleusung langer Teile dient eine besondere aufklappbare Drehtür. Auch ist eine Stirnwand abnehmbar, um Förderkörbe ein- und ausbauen
zu können. Nach oben ist die Schleuse durch einen Deckel abgeschlossen, der

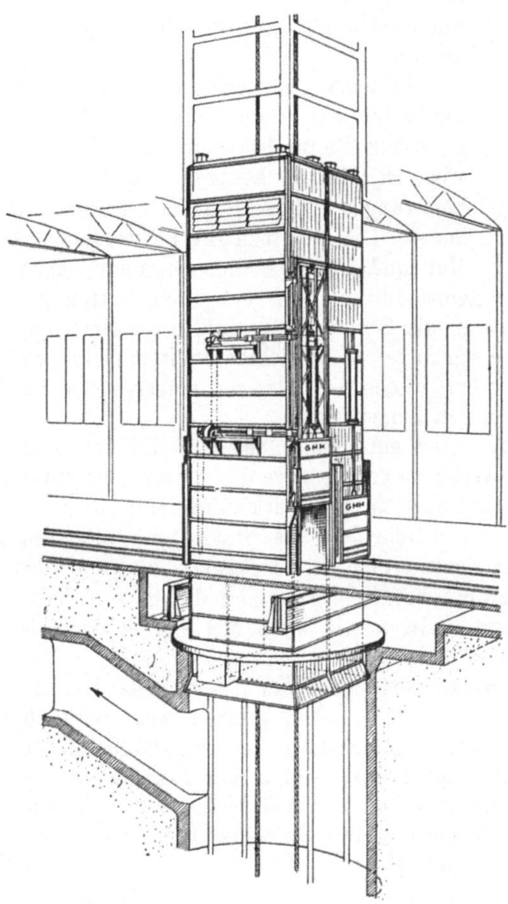

Abb. 544. Raumbildliche Darstellung einer Schacht-
schleuse der GHH.

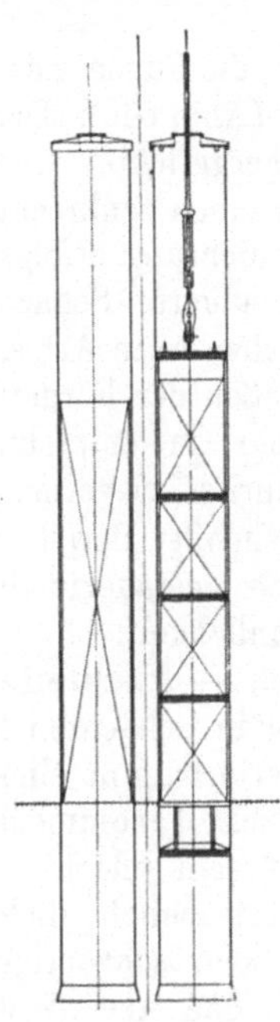

Abb. 545. Schnittzeichnung zwei mit
der GHH-Schleuse ausgerüsteter
Fördertrumms.

in der Regel so hoch angebracht ist, daß er sich noch 2 m oberhalb der
höchsten Betriebsstellung des Korbes befindet. Er kann abgehoben werden.
Hierzu ist er mit gefederten Puffern versehen, in die beim Übertreiben Hörner
der Förderkörbe greifen. Wenn bei Stellung des Förderkorbes an der Hängebank die Türen geöffnet werden, muß ein dichter Luftabschluß nach unten
vorhanden sein. Dieses Ziel wird durch besondere Dichtungsrahmen am Förderkorb sowie durch einen unter dem Korb befindlichen Blindboden erreicht.

145. — Schachtwetterscheider. Durch Einbau eines Wetterscheiders
wird es ermöglicht, mit einem einzigen Schachte für den ein- und ausziehenden
Strom auszukommen. Die beiden Ströme sind dann lediglich durch die vom

Scheider gebildete, wetterdichte Wand voneinander getrennt. Es hat das neben der etwaigen Ersparnis eines Schachtes den Vorteil, daß nur das ausziehende Trumm, das sog. Wettertrumm, oben abgedeckt zu sein braucht, während der Hauptteil des Schachtes für die Förderung frei bleibt. Beim Kalisalzbergbau hat man früher vielfach mit diesem sog. „Einschachtsystem" gearbeitet.

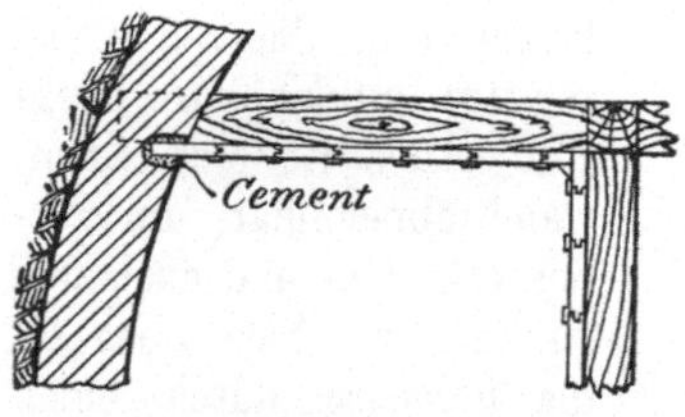

Abb. 546. Schachtwetterscheider aus Holz.

Als Schachtwetterscheider haben sich am besten solche aus Holz bewährt, weil sie wenig Raum beanspruchen, eine gewisse Elastizität besitzen und bei Ausbesserungen sich bequem bearbeiten lassen. Die einzelnen Bretter werden mit Nut und Feder ineinandergefugt; auch werden die Fugen mit geteerter Leinwand und übergenagelten Latten gedichtet (Abb. 546). Der Anschluß an die Schachtstöße muß besonders sorgfältig hergerichtet werden. In ausgemauerten Schächten stellt man in den Stößen einen senkrechten Schlitz her, in den die Holzwand eingelassen wird. Die Abdichtung erfolgt sodann durch Zement.

Gemauerte Schachtscheider, deren einzelne Felder von Trägern oder Einstrichen nach Art eines Fachwerkbaus getragen werden, leiden sehr unter den Stößen der Förderung und sind auch an sich stark luftdurchlässig.

Mehr zu empfehlen sind Schachtscheider aus Stahlbeton, die, um Schwindrisse zu vermeiden, ohne Einschaltung von T-Trägern mit senkrecht durchgehender Bewehrung ausgeführt werden[1]). Sie sind dichter und haltbarer als gemauerte Scheider und besitzen wie diese den Vorteil der Unverbrennlichkeit.

146. — Nachteile der Schachtwetterscheider. Man sollte Wetterscheider in Schächten selbst dann nur als Notbehelf ansehen, wenn wirklich das Wettertrumm einen ausreichenden Querschnitt für den Durchzug der in Aussicht genommenen Wettermenge besitzt, was in der Regel nicht der Fall zu sein pflegt. Denn wenn es schon von vornherein schwierig ist, einen tatsächlich dichten Wetterscheider im Schachte herzustellen, so ist es noch schwieriger, ihn dauernd dicht zu erhalten. Es ist zu beachten, daß der Wetterscheider infolge der Wirkung der Depression einem nicht unerheblichen seitlichen Druck widerstehen muß und deshalb stark auf Biegung in Anspruch genommen wird. Da bei 150 mm Depression 1 m² Scheiderfläche 150 kg auszuhalten hat, würde ein 3 m breiter Scheider auf jedes steigende Meter mit 450 kg belastet sein. Geradezu verhängnisvoll kann die Beschädigung von Schachtscheidern durch Veranlassung eines „Kurzschlusses" im Falle einer Explosion oder eines Brandes in der Grube werden. Aus diesen Gründen sucht allgemein die Bergbehörde die Schachtscheider zu beseitigen.

147. — Lage des Wetterschachtes. Je nach der Lage des ein- und ausziehenden Schachtes oder der ein- und ausziehenden Schächte zueinander, kann man zwei grundsätzlich verschiedene Arten der Bewetterung unterscheiden.

---

[1]) Glückauf 1919, S. 177; Russell: Der zweitrümmige Wetterschacht des Steinkohlenbergwerks Gladbeck.

Der Wetterschacht kann in dem einen Falle in der Nachbarschaft des einziehenden Schachtes etwa in der Mitte des Baufeldes liegen. Die Wetter ziehen also zunächst von dem einziehenden Schachte in der Richtung auf die Feldesgrenzen, um sodann nach Bewetterung der Baue wieder etwa nach dem Mittelpunkte des Grubenfeldes zurückzukehren. Man spricht alsdann von der rückläufigen Wetterführung[1]).

Für die allmähliche Entwicklung einer Grube ist die rückläufige Wetterführung zunächst am bequemsten. Sobald die beiden Schächte ihre bestimmte Teufe erreicht haben, kann der Durchschlag mit leichter Mühe hergestellt werden. Bei den Aus- und Vorrichtungsarbeiten steht ein kräftiger Wetterstrom mit kurzen Hin- und Rückwegen zur Verfügung. Das gleiche gilt, wenn später der Abbau in der Nähe der Schächte beginnt. Es wäre ungünstig, in solchem Falle erst auf den Durchschlag mit einem weit entfernten Wetterschachte warten zu müssen.

Je mehr sich aber die Baue von den Schächten entfernen und den Feldesgrenzen nähern, um so ungünstiger wird das Verhältnis für die rückläufige Wetterführung. Die Widerstände wachsen schnell, und die Grubenweite sinkt. Sind die Baue an der Feldesgrenze z. B. 2000 m vom Schachte entfernt, so beträgt die streichende Länge des Gesamtwetterweges bereits 4000 m. Läge alsdann der Wetterschacht an der Feldesgrenze, so würde der Wetterweg nur rund 2000 m lang zu sein brauchen.

Ist außerdem die Wettermenge groß, was bei tieferen Gruben mit hoher Tagesförderung in zunehmendem Maße der Fall ist, so reichen zwei Schächte für die Bewältigung der Wettermengen, die bis 20000 m³ steigen können, überhaupt nicht mehr aus.

Die andere Art der Wetterführung benutzt außer den beiden Hauptschächten (oder Hauptschacht) in der Mitte des Grubenfeldes einen oder mehrere Außenschächte, die in der Nähe der Feldesgrenzen niedergebracht sind. Die Wetter können alsdann durch die Außenschächte ausziehen und durch den Hauptschacht (Hauptschächte) in die Grube einfallen oder umgekehrt. In jedem Fall haben die Wetter nur den einfachen Weg von der Grenze zur Mitte oder umgekehrt zurückzulegen. Ziehen die Wetter in den Schächten an der Feldesgrenze aus, so ist eine grenzläufige Wetterführung[1]) vorhanden. Von ihr wird häufig Gebrauch gemacht. Anderseits kann es auch zweckmäßiger sein, die Außenschächte einziehen zu lassen, wenn dadurch den Abbaubetriebspunkten die Wetter noch frischer als auf dem umgekehrten Wege zugeführt werden können. Da hierbei die Wetter meist durch einen der beiden Hauptschächte ausziehen, kann man in einem solchen Fall von einer mitteläufigen Wetterführung sprechen. Sowohl bei der grenzläufigen als bei der mitteläufigen Wetterführung haben die Wetter stets ungefähr gleiche Wege von mittlerer Länge zurückzulegen, gleichgültig ob die Baue näher dem Schachte oder der Feldesgrenze stehen. Außerdem sind bei ihr die Gefahren von Wetterkurzschlüssen wesentlich geringer als bei der rückläufigen Wetterführung. Bei ihr müssen die verbrauchten Wetter annähernd parallel zum frischen Strom und in geringem Abstand von diesem wieder in die Nachbarschaft des Einziehschachtes zurückfließen. Zudem sind die Druckunterschiede in der Schachtzone am größten, so daß hier Kurzschlußverluste

---

[1]) Von der Verwendung der früher üblichen Begriffe zentrale und diagonale Wetterführung ist wegen ihrer Unklarheit Abstand genommen worden.

besonders leicht auftreten und dazu führen können, daß die äußersten Baue geringere und unter Umständen ungenügende Wettermengen erhalten. Außerdem ist bei der grenzläufigen oder mitteläufigen Wetterführung leichter die Möglichkeit gegeben, daß man, ohne Parallelstrecken treiben und unterhalten zu müssen, die gleiche Sohle zum Teil für den einziehenden und zum Teil für den ausziehenden Schacht benutzen kann, wie dies Abb. 547 andeutet.

Es ist natürlich auch möglich, rückläufige, grenz- oder mitteläufige Wetterführung zu gleicher Zeit in einem Grubenfeld anzuwenden. Da die rückläufige Wetterführung jedenfalls für in Entwicklung begriffene Gruben vorzuziehen ist, wird sie häufig später durch die anderen Arten für einen Teil der Wetter ergänzt oder ersetzt.

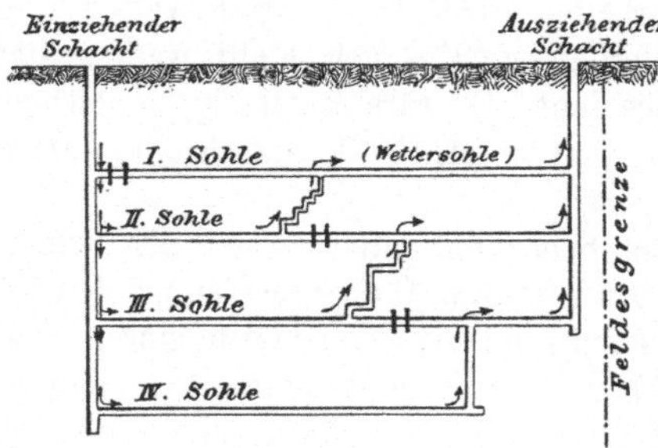

Abb. 547. Grenzläufige Wetterführung.

Allerdings hängt die Wahl der Bewetterungsart nicht allein von den Rücksichten auf die Wetterführung ab. Auch Materialförderung und Fahrung durch Innenschächte zur Verkürzung der Anfahrwege spielen eine Rolle. Ferner spricht die Frage nach den Kosten und den Schwierigkeiten des Schachtabteufens entscheidend mit. Für verschiedene Bezirke wird allein aus diesem Grunde die Frage verschieden zu lösen sein. Wo, wie im Saarrevier, Schächte billig herzustellen sind, wählt man häufig die grenzläufige Wetterführung; wo aber, wie im Ruhrbezirk, schwieriges Deckgebirge vorhanden ist und die Schächte teuer werden, begnügt man sich häufiger mit einem Wetterschachte in der Feldesmitte. Ferner ist zu beachten, daß mehrere Wetterschächte an den Feldesgrenzen eine Verzettelung des Betriebes bedeuten und daß solche Außenposten in jedem Falle lästig und schwierig zu beaufsichtigen sind, wenn auch durch Einführung des elektrischen Betriebes diese Übelstände wesentlich abgeschwächt worden sind (vgl. auch die Ausführungen über die Verbundschachtanlage, S. 312 unter Ziff. 14 im Abschnitt „Grubenbaue").

148. — **Mittel gegen das Vereisen des einziehenden Schachtes.** Trockene einziehende Schächte sind im Winter der Gefahr des Vereisens nicht ausgesetzt, da aus dem einfallenden Wetterstrom infolge der sofort einsetzenden Erwärmung Wasser nicht niederschlagen kann. Dagegen kann in nassen Schächten langer Frost zu sehr lästigen und gefährlichen Vereisungen führen. Das einfachste und sicherste Mittel dagegen ist, daß man die Schachtwandungen durch Zementeinspritzungen (s. Bd. II, 7. Abschnitt, Versteinung des Gebirges) abdichtet.

Wenn die Abtrocknung des Schachtes nicht gelingt, so wendet man meist Heizvorrichtungen zur Erwärmung der einziehenden Wetter an. Diese können geschlossene Feuerkörbe sein, die mit Koks beschickt und auf der Rasenhängebank des einziehenden Schachtes aufgestellt werden. Eine gewisse Verschlechterung der Wetter durch die Abgase der Feuerkörbe muß dabei in den Kauf genommen werden. Empfehlenswerter und wirksamer ist es jedoch, entweder unterhalb oder oberhalb der Rasenhängebank mit Abdampf oder Frischdampf zu speisende Heizkörper anzuordnen, die des geringeren Luftwiderstandes wegen zweckmäßig aus elliptischen Rippenrohren bestehen. Abb. 548 zeigt die Anordnung einer Heizanlage mit zwei getrennten Heizkörpern A_1-A_4, denen der Dampf durch das Rohr B zugeführt wird.

Die kalte Luft wird durch Gitterroste F von elektrisch betriebenen Schraubenlüftern angesaugt und in Gehäusen G den Heizkörpern zugeführt. Die Austrittsgeschwindigkeit der Warmluft muß so groß gewählt werden, daß eine gute Durchmischung der Warmluft mit den in den Schacht einziehenden übrigen Wettern eintritt. Als Anteil der Warmluft an der Gesamtwettermenge haben sich 20% wärme- und kraftwirtschaftlich am besten erwiesen[1]). Schließlich empfiehlt sich eine sorgfältige Umwicklung aller Rohrleitungen im Schacht.

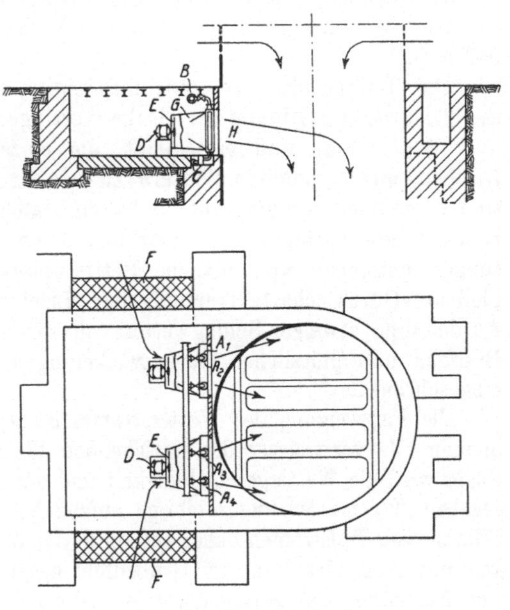

Abb. 548. Schachtheizung.

D. Die Verteilung der Wetter in den Grubenbauen.

149. — Bildung von Teilströmen. Bei sehr kleinen, wenig ausgedehnten Gruben ist es wohl möglich, daß ein einziger, ungeteilter Wetterstrom die sämtlichen Baue der Grube nacheinander bestreicht. Für größere Gruben ist ein solches Verfahren ausgeschlossen. Der Wetterweg würde für einen einzigen Strom viel zu lang werden; die Streckenquerschnitte wären fast durchweg zu eng, um die Gesamtwettermenge durchzulassen; die Wettergeschwindigkeiten müßten viel zu hoch genommen werden; die Widerstände würden allzusehr wachsen, und die Arbeitspunkte erhielten zwar sehr viele, zumeist aber nicht mehr ganz frische Wetter. Bei Steinkohlengruben mit mehreren Flözen könnte man auch zum Teil die bedenkliche, abfallende Wetterführung nicht umgehen.

Das einfache Mittel zur Behebung aller dieser Schwierigkeiten ist die Teilung des Wetterstromes. Vom einziehenden Gesamtstrome werden Hauptteilströme abgezweigt, die sich weiter in Unterteilströme verästeln. Die Teilung des Wetterstromes beginnt in der Regel schon im einziehenden Schachte, indem sich von hier aus die Ströme für die verschiedenen Sohlen abtrennen. Diese Hauptströme verzweigen sich wieder in Teilströme nach den verschiedenen Richtstrecken und Querschlägen, aus denen weiter die einzelnen Grund-

---

[1]) Bergbau 1930, S. 3; E. Stach: Schachtheizung; — ferner Glückauf 1930, S. 237; Vogelsang: Schachtheizung.

strecken und Abbaufelder ihre Teilströme empfangen. Nach Bewetterung der Baue vereinigen sich die Teilströme allmählich wieder, um schließlich im ausziehenden Schachte den einheitlichen Ausziehstrom zu bilden.

Ein schematisches Bild von diesen Verhältnissen geben die Abbildungen 547 u. 562.

Die Teilung des Wetterstromes ergibt kurze Wetterwege, vergrößert die gleichwertige Öffnung der Grube, verringert die Wettergeschwindigkeiten und Widerstände und ermöglicht, die einzelnen Betriebsabteilungen mit frischen, unverbrauchten Wettern zu versorgen. Die einzelnen Teilströme sind so voneinander getrennt zu halten, daß nicht, beispielsweise durch unbeabsichtigte Verbindungen über den Alten Mann, gegenseitige Beeinflussungen entstehen und manche Betriebspunkte vielleicht gar unbewettert bleiben. Durch scharfe Trennung der einzelnen Teilströme werden auch die Ausdehnung etwaiger Schlagwetterexplosionen und die Folgewirkungen von Bränden und plötzlichen Gasentwickelungen bis zu einem gewissen Grade eingeschränkt.

Die Verzweigung des Wetterstromes ist jedoch auch mit Nachteilen verbunden. Je verzweigter die einziehenden Wetter geführt werden, um so geringer wird die Wettergeschwindigkeit und um so mehr wird ihnen Gelegenheit gegeben, Wärme aus dem Gebirge aufzunehmen. Warme Gruben sollten die Bildung von Teilströmen daher auf ein durch Wettermenge, Wettergeschwindigkeit und Lage der Baue im Grubenfeld gegebenes Mindestmaß beschränken. Der Aufteilung des Ausziehstromes steht im wesentlichen nur der Nachteil gegenüber, mehr Wetterwege unterhalten zu müssen. Ihre Erwärmung ist hier zum Vorteil geworden, da sie den natürlichen Auftrieb erhöht.

150. — Die Regelung der Stärke der einzelnen Teilströme. Einer sehr weitgehenden Teilung des Stromes stehen auch betriebliche Schwierigkeiten entgegen. Denn je mehr Einzelströme vorhanden sind, eine desto sorgfältigere und nachdrücklichere Überwachung der Wetterführung ist notwendig, weil das Stärkeverhältnis der Ströme nicht nur von vornherein durch richtige Bemessung der Verteilungsvorrichtungen zu sichern, sondern auch andauernd dem Wetterverteilungsplane entsprechend zu regeln ist. Denn man soll möglichst nicht die Belegung der Baue der verfügbaren Wettermenge, sondern diese jener anpassen. Diese Regelung wird mit der wachsenden Zahl der Ströme schwieriger und kann durch eine Verstärkung zu schwacher und eine Schwächung zu starker Teilströme erfolgen.

151. — Verstärkung zu schwacher Ströme. Bei den folgenden Ausführungen muß man sich der eigenartigen Beziehung erinnern, die zwischen Widerstand oder Depression und Stromgeschwindigkeit besteht (siehe S. 586 u. f., Ziff. 104). Wenn man nun einen zu schwachen Teilstrom verstärken will, ohne daß man in der Lage ist, die auf ihn entfallende Depression — etwa durch Drosselung zu starker Ströme oder durch einen Zusatzlüfter — zu erhöhen, so kann dies durch Erweitern der Querschnitte, durch Verringerung der Reibung oder durch weitere Teilung des Stromes oder durch Benutzung der Sonderbewetterung geschehen.

Bei wichtigen Strömen ist die Erweiterung der Querschnitte dringend anzuraten. Sie ist oft das einzige anwendbare und sicher zum Ziele führende Mittel.

Als Beispiel, in welcher Weise eine Teilung entlastend auf den allzu behinderten Strom wirken kann, dienen die Abbildungen 549 u. 550. Eine Grundstrecke und ein Aufhauen werden zunächst nach Abb. 549 mit einem einzigen Strome bewettert. Infolge der zunehmenden Länge des Gesamtweges erweist sich schließlich der Strom als zu schwach, weil die zur Verfügung stehende Depression nicht mehr ausreicht, worauf nach Abb. 550 der Strom geteilt wird. Aufhauen und Grundstrecke erhalten je einen Teil-

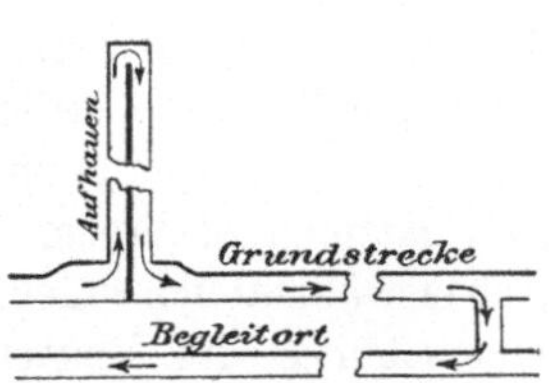

Abb. 549. Bewetterung eines Aufhauens und einer Grundstrecke durch einen einzigen Strom.

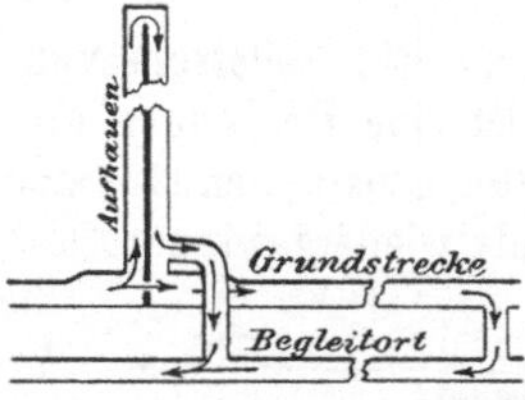

Abb. 550. Bewetterung eines Aufhauens und einer Grundstrecke durch einen geteilten Strom.

strom; derjenige des Aufhauens wird unmittelbar in das die Wetter abführende Begleitort geleitet und braucht den Umweg über die Grundstrecke nicht zu machen. Die Widerstände gehen durch diese Maßnahme stark zurück, weil jetzt annähernd der doppelte Querschnitt zur Verfügung steht. Es strömen mehr Wetter als früher nach, und die für beide Betriebspunkte insgesamt zur Verfügung stehende Wettermenge ist reichlicher.

Noch ausgiebiger wird ein zu schwacher Wetterstrom durch Verkürzung seines Laufes entlastet, indem man einzelne Teile des Weges ausschaltet und der Sonderbewetterung, d. h. der Bewetterung mittels besonderer Kraft (Ventilator, Strahldüse), überläßt. Alsdann wird der Weg des Gesamtstromes in der aus der Abb. 551 ersichtlichen Weise verkürzt. (Näheres darüber folgt unter „Sonderbewetterung", Ziff. 169 u. f.)

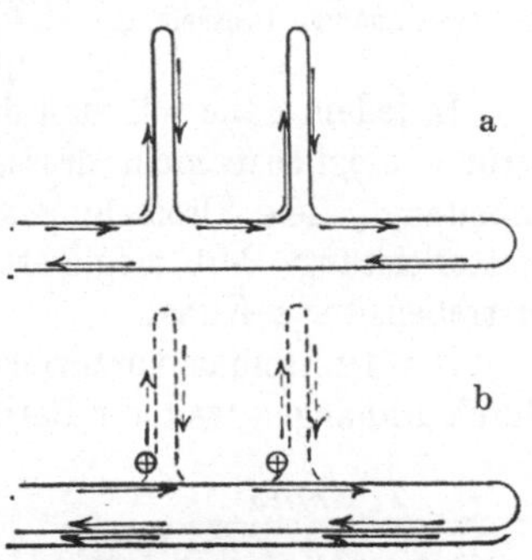

Abb. 551. Entlastung eines Wetterstromes durch Einrichtung von Sonderbewetterungen.

Die Verringerung der Reibung kann durch Wahl eines glatteren Ausbaus, durch Verzicht auf Mittelstempel oder auch durch Verziehen der Stöße mit Wettertuch oder Brettern erfolgen.

152. — Schwächung zu starker Ströme. Um zu starke Teilströme zu schwächen, kann man, abgesehen von einer Änderung der allgemeinen Bewetterungsverhältnisse, insbesondere die Drosselung und auch die Belastung des Stromes mit der Bewetterung weiterer Teile des Grubengebäudes anwenden.

Die Drosselung besteht in dem Einbau eines künstlichen Widerstandes, der bewirkt, daß nur die beabsichtigte Wettermenge noch durch den verbleibenden Streckenquerschnitt zu ziehen vermag. Es wird also eine Einschnürung für den Strom geschaffen. Jede Drosselung bedeutet für die hindurchgehende Wettermenge die Überwindung eines Widerstandes, wobei Gefälle verlorengeht.

Somit wird in dem Strome aufgespeicherte Arbeit vernichtet. Man darf aber diese Arbeitsverluste nicht überschätzen. Wenn der Teilstrom 7,5 m³/s führt und in der Drosselung einen Spannungsabfall um 5 mm erleidet, so würde, da die ungedrosselten Ströme an dem Spannungsabfall der gedrosselten nicht teilnehmen, der ganze Arbeitsverlust nach der Formel:

$$N = \frac{Q \cdot h}{75} \quad \text{nur} \quad \frac{7,5 \cdot 5}{75} = \tfrac{1}{2}\ \text{PS}$$

betragen. Ein Teilstrom von 7,5 m³/s ist bereits ein starker Strom, und ebenso ist eine Drosselung um 5 mm Wassersäule ziemlich beträchtlich.

Unter Umständen läßt sich ein Teil der in der Drosselung verlorengehenden Kraft wiedergewinnen. Auf Zeche Radbod[1]) hat man zu diesem Zweck

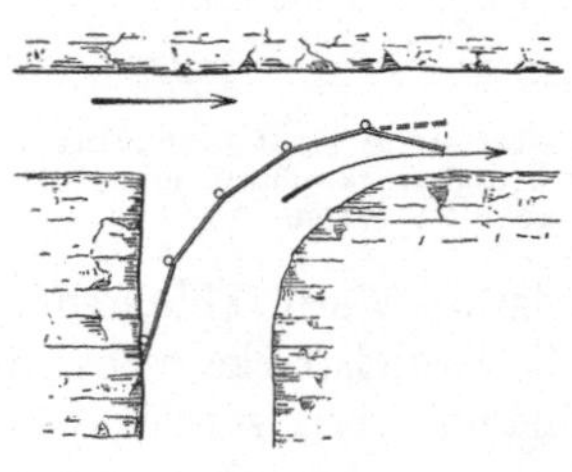
Abb. 552.
Zweckmäßige Drosselung.

die Drosselung durch eine allmählich zunehmende Verengung des Querschnitts des Wetterweges bewirkt, wobei man nach Abb. 552 die Mündung des mit entsprechend erhöhter Geschwindigkeit austretenden Wetterstroms in die Hauptwetterstrecke verlegte. Der gedrosselte Strom wirkt so nach Art eines Strahlgebläses auf die Bewetterung der weiter entlegenen Abteilung fördernd ein. Durch die Verstellbarkeit des letzten Zungenendes läßt sich die Drosselung ebenso bequem wie mit einer Drosselklappe regeln.

In jedem Falle soll man der Kraft- und Wetterverluste wegen Hauptteilströme möglichst nicht drosseln und überhaupt mit Drosselungen sparsam arbeiten. Viele Drosselungen sind bequem, schädigen aber die Gesamtwetterleistung. Mit möglichst wenigen Drosselungen auszukommen, ist eine erstrebenswerte Kunst.

Der Drosselung vorzuziehen ist die Belastung zu starker Ströme durch Anhängen weiterer Betriebe. Wenn z. B. der nach Abb. 553 von der

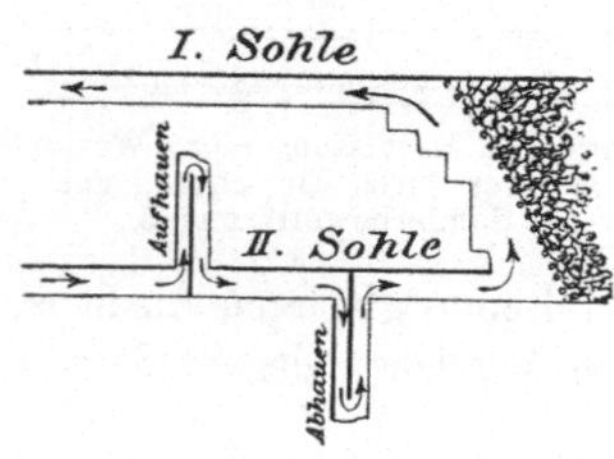

Abb. 553. Belastung eines Stromes
durch Anhängen weiterer Betriebe.

II. zur I. Sohle fließende Strom zu stark ist, so kann er durch Einschalten der Bewetterung von Zweigstrecken (Querschlägen, Abhauen u. dgl.) oft so weit belastet werden, daß er nur noch die gewünschte Stärke behält. Bei Gedankenlosigkeit und Unachtsamkeit kann es vorkommen, daß der zunächst zu starke Strom auf der I. Sohle (Abb. 553) gedrosselt wird und daß, wenn dann später auf der II. Sohle das Auffahren eines Querschlages oder eines Abhauens notwendig wird, hier ein besonderer Ventilator aufgestellt wird, dabei aber die Drosselung auf der I. Sohle bestehen bleibt.

153. — Wettertüren. Zur Durchführung der planmäßigen Wetterleitung dienen in erster Linie die Wettertüren. Man unterscheidet zwischen Türen, die den Querschnitt der Strecke vollkommen verschließen und den

---

[1]) Glückauf 1922, S. 613; Winkhaus: Die Bekämpfung hoher Temperaturen in tiefen Steinkohlengruben.

Strom lediglich leiten, und Türen, die gleichzeitig den Strom teilen und zu diesem Zwecke eine in der Regel einstellbare Durchgangsöffnung für die Wetter besitzen. Man spricht demgemäß wohl von Stromleitungs- oder Absperrtüren und von Stromverteilungs- oder Drosseltüren (s. Tafel I).

154. — **Absperrtüren.** Die Absperrtüren müssen zunächst das Erfordernis der Dichtigkeit erfüllen. Sie sind in der Regel aus zwei Holzlagen, deren Fasern sich kreuzen, gefertigt. An wichtigen Punkten baut man Türen aus Stahlblech ein, die brandsicher und außerdem widerstandsfähiger gegen äußere Einwirkungen sind. Die gegen die Rahmen schlagenden Kanten werden mit Filz-, Leinwand- oder Lederstreifen belegt. Die Türen werden stets so aufgestellt, daß sie vom Wetterzuge zugedrückt werden. Nur wo mit einer Wetterumkehr gerechnet wird, stellt man zwei nach entgegengesetzten Richtungen hin sich öffnende Türen auf, wobei dann wenigstens eine immer vom Wetterzuge angedrückt wird.

Damit die Türen sich selbsttätig schließen, stellt man die Rahmen etwas schräg oder bringt die Angeln in versetzter Stellung an. Diese Mittel versagen aber, wenn die Tür über ein bestimmtes Maß hinaus geöffnet wird. Es ist deshalb ratsam, außerdem noch Schließfedern oder Fallgewichte mit einer Zugeinrich-

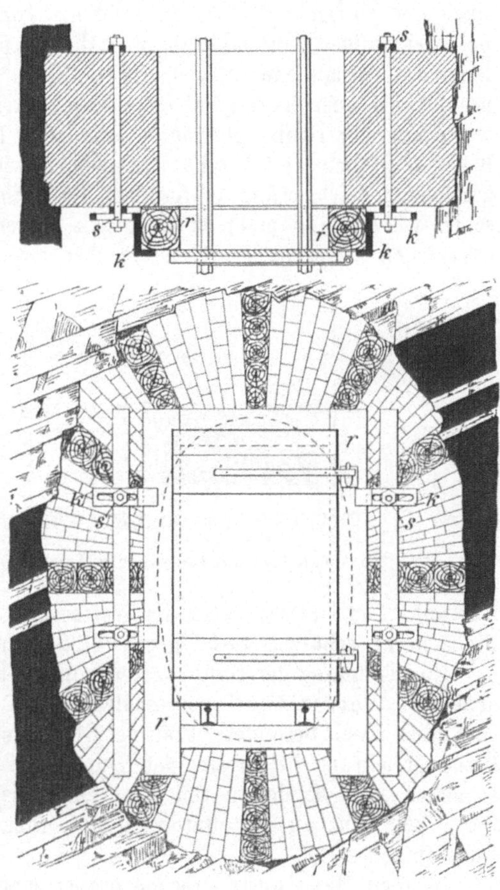

Abb. 554. Wettertür für druckhaftes Gebirge in Schnitt und Ansicht.

tung oder an Stelle der erstgenannten Mittel Angeln mit steilgängiger Spirale, auf der sich das Türlager hochschiebt, vorzusehen. Namentlich ist dies in druckhaftem Gebirge erforderlich, wo die Tür sich leicht in den Angeln klemmt.

Der Türrahmen wird in eine aufgestellte Bretterwand oder besser in Mauerwerk eingesetzt. Bei druckhaftem Gebirge ist es aber außerordentlich schwierig, so eine dauernd dichte, gut schließende Tür zu erhalten. Sehr empfehlenswert für solche Fälle ist es, den Türrahmen nicht in, sondern vor dem Mauerwerk derart anzubringen, daß dieses, ohne den Rahmen in Mitleidenschaft zu ziehen, bis zu einem gewissen Grade dem Drucke nachgeben kann. Die Abb. 554 zeigt die Ausführung. Der Türrahmen r wird vor dem

Mauerwerk durch vier Stahlklauen k gehalten, die verschiebbar an Flachstählen durch Ankerschrauben s befestigt sind. Die Klauen k besitzen zu diesem Zwecke Schlitze, die ihre Verschiebung bei eintretendem Gebirgsdruck gestatten.

Die bei der Ausführung und Unterhaltung einer Wettertür aufzuwendende Sorgfalt hat sich in erster Linie nach der Bedeutung für die Bewetterung und nach der Kurzschlußgefahr zu richten. Von der größten Wichtigkeit sind bei rückläufiger Wetterführung z. B. die zwischen dem ein- und ausziehenden Schachte vorhandenen Türen, da sie einen besonders großen Depressionsunterschied auszuhalten haben und von ihrer Dichtigkeit die gesamte Bewetterung der Grube abhängt. Hier sind Türen aus Stahlblech, die auch heftigen Stößen und Erschütterungen zu widerstehen vermögen, in fester, gemauerter Verlagerung zu fordern. Da Stahltüren aber leicht etwas windschief werden und nicht so dicht wie hölzerne schließen, stellt man wohl an solchen wichtigen Punkten zwischen zwei stählernen noch eine hölzerne

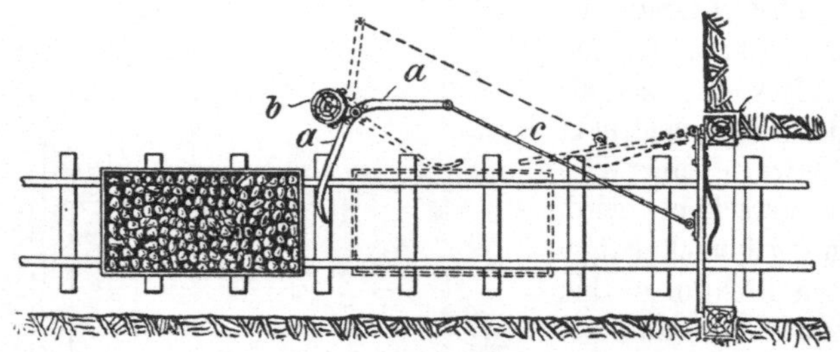

Abb. 555. Wettertür mit Hebelanordnung zum Öffnen gegen die Fahrrichtung.

Tür auf. Die letztere setzt die Wetterverluste auf ein Mindestmaß herab, die ersteren schützen mehr gegen Stöße und Schläge und gegen Brand.

Zur Trennung der Hauptwetterströme hat man auch sog. explosionssichere Wettertüren vorgeschlagen und stellenweise angewandt. Es sind dies zwei besonders kräftige Stahltüren, die mit entgegengesetzter Öffnungsrichtung beiderseits den Durchgang durch einen Mauerdamm abschließen Die Explosion soll dann, mag sie von der einen oder anderen Seite kommen, an der unter ihrem Drucke sich schließenden Tür ihr Ende finden.

In allen Hauptwetterstrecken ordnet man stets mindestens zwei Türen hintereinander an, die so mittels Gelenkstangen verbunden sein können, daß eine geschlossen sein muß, wenn die andere sich öffnen lassen soll. In Strecken mit Pferdeförderung muß man eine solche Entfernung der beiden Türen voneinander wählen, daß ein ganzer Zug zwischen ihnen Platz findet

Auch bei maschinellen Streckenförderungen mit Seil ohne Ende sind Wettertüren nicht unmöglich. In diesem Falle läßt man jeden ankommenden Wagen durch Druck gegen einen Hebel sich die Tür selbst öffnen. Abb. 555 zeigt zum Öffnen der Tür gegen die Fahrrichtung eine solche Anordnung, die übrigens auch für Schlepperförderung sehr empfehlenswert ist.

Für doppelgeleisige Strecken mit maschineller Förderung bewähren sich Drehtüren (Abb. 556) gut. Bei der nach Abb. 556 gebauten Tür stoßen die Wagen gegen Gleitschienen $g_1\,g_2$, deren eines Ende an einem festen Drehpunkte angebracht ist, während das andere Ende mittels Rolle und Führung an der Tür hin und her bewegt wird. Die Schrägstellung der Tür ermöglicht die Öffnung mit kleiner Drehbewegung. Damit die Tür nicht etwa durch entgegengesetzt zur Förderrichtung laufende Wagen beschädigt wird, sind Sperrketten $k_1\,k_2$ angebracht. Solche Drehtüren lassen sich besonders leicht öffnen. Bei großen Depressionsunterschieden wendet man zur Erleichterung des Öffnens mechanische Hebelvorrichtungen oder kleine Voröffnungsklappen an, die einen gewissen Druckausgleich vor und hinter der Tür bewirken und so das Öffnen gleichsam vorbereiten.

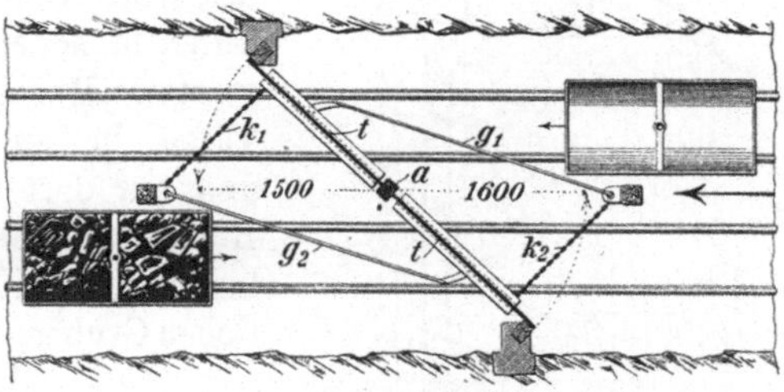

Abb. 556. Drehtür mit Vorrichtung zum selbsttätigen Öffnen in der Fahrrichtung.

Besonders wichtig sind Wettertüren mit selbsttätiger Öffnung bei der Lokomotivförderung, da die Züge möglichst ohne jeden Aufenthalt und mit unverminderter Geschwindigkeit die Türen durchfahren sollen. In solchen Fällen benutzt man zum Betriebe des Öffners meist Druckluft[1]). In angemessener Entfernung vor und hinter der Wettertür sind Anschläge zwischen oder über den Schienen angeordnet, deren Betätigung durch die Lokomotive und die Förderwagen ein Ventil in der Zuleitung der Druckluft öffnet. Diese strömt über eine Steuervorrichtung in einen Arbeitszylinder, treibt in diesem einen Kolben in seine Endstellung und öffnet so die durch Seilzug mit ihm verbundene Tür. Nachdem der Zug die Tür durchfahren hat, kann die Druckluft aus dem Zylinder entweichen, und Kolben und Tür gehen durch Federdruck wieder in ihre Anfangslage zurück.

An Punkten, wo es weniger auf einen dichten Wetterabschluß ankommt, ersetzt man die Türen durch Wettergardinen oder Vorhänge aus Segelleinen. Besonders häufig geschieht dies in Abbaustrecken, wo Türen infolge der regen Druckwirkung unzweckmäßig sind.

Um nicht die Streckenförderung durch Wettertüren zu behindern, kann es zweckmäßig sein, die Aufbrüche (Stapel) an dem oberen Anschlagspunkte mit einem Verschluß zu versehen. Dieser kann nach Art der Schachtdeckel (s. Ziff. 143, S. 613) eingerichtet sein.

155. — Drosseltüren. Die Stromverteilungstüren besitzen in der Regel in dem festen Felde oberhalb des eigentlichen Türflügels eine Öffnung, deren freier Querschnitt durch einen Schieber beliebig eingestellt, allerdings auch leicht unbefugt verändert werden kann (Abb. 557). In Rücksicht auf die Gefahr von Schlagwetteransammlungen ist es zweckmäßig, die Öffnung möglichst nahe unter der Firste anzubringen. Soll der durchgehende Teilstrom verstärkt werden, so müssen noch weitere Öffnungen in der Tür geschaffen werden. Unter Umständen ist der ganze Türflügel auszuhängen.

---

[1]) Bergbau 1928, S. 344/45; Meuß: Selbsttätige Wettertüröffner.

Man kann gewöhnlich die Wettertüren mit gleicher Wirkung entweder im einziehenden Strome auf der Fördersohle oder im ausziehenden Strome auf der Wettersohle aufstellen. Auf der Fördersohle ist zwar die dauernde Überwachung der Türen leichter und bequemer. Dafür müssen sie aber der Förderung und Fahrung wegen häufiger geöffnet werden, womit jedesmal eine Störung des Wetterzuges verbunden ist. Auch sind die Türen in höherem Grade Beschädigungen ausgesetzt. Man pflegt deshalb den Einbau der Türen im ausziehenden Strome vorzuziehen und nur dort davon abzusehen, wo besondere Rücksichten auf rasche Abführung der schädlichen Gase bei Explosionen, Bränden oder plötzlichen Grubengasausströmungen zu nehmen sind.

Abb. 557. Stromverteilungstür.

156. — Wetterdämme. Soll eine Strecke dauernd geschlossen werden, so ist sie am besten durch einen gemauerten Wetterdamm abzusperren. Das Mauerwerk ist der Dichtigkeit halber sorgfältig berappt zu halten. Bei druckhaftem Gebirge mauert man Bretterlagen ein oder führt auch „Klötzeldämme" auf. Diese werden dadurch hergestellt, daß in der Streckenrichtung $\frac{1}{2}$—1 m lange Hölzer in Mörtelverband aufeinander geschichtet werden. Ist ein sehr dichter Abschluß erforderlich, so kann man zwei Dämme in kurzer Entfernung voneinander aufführen und den Zwischenraum mit trockenem Sand oder Lehm ausfüllen.

Schneller herzustellen sind Wetterdämme aus Bretterlagen, die auf Türstöcke oder eigens gesetzte Stempel genagelt werden. Die Dichtigkeit läßt jedoch namentlich bei druckhaftem Gebirge zu wünschen übrig.

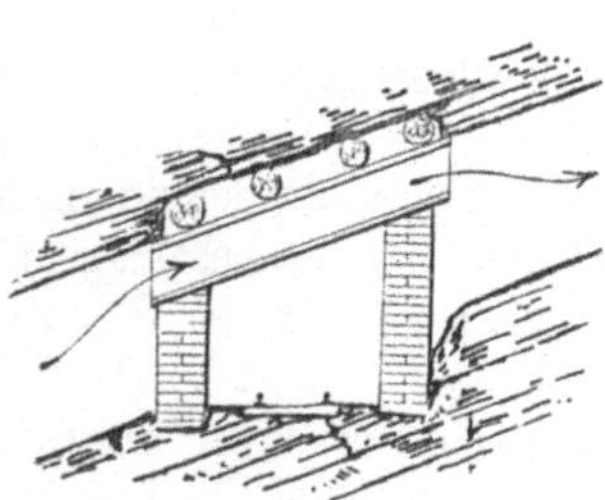

Abb. 558. Gemauertes Wetterkreuz
mit Holzlutte.

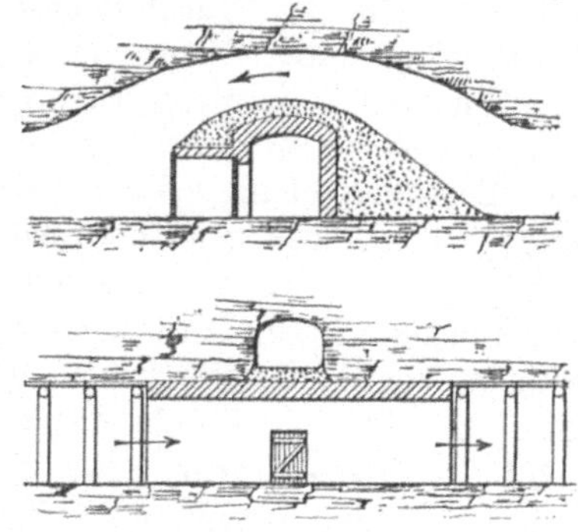

Abb. 559.
Gemauertes Wetterkreuz.

Auch in diesem Falle kann man zwei Verschläge in naher Entfernung anbringen und den Zwischenraum mit Sand oder Lehm ausstampfen. In Durchhieben läßt sich bei steiler Lagerung genügende Dichtigkeit durch Bedecken einer Bretterlage mit kleinkörnigen Bergen erzielen.

157. — Wetterkreuze. Namentlich bei flacher Lagerung, insbesondere aber beim Einsohlenbau, muß man häufig einen Wetterstrom einen anderen kreuzen lassen, ohne daß eine Mischung beider Ströme stattfinden darf.

Es geschieht dies mittels sog. Wetterkreuze (Wetterbrücken). Art und Sorgfalt der Ausführung richten sich hauptsächlich nach den zwischen beiden Strömen bestehenden Spannungsunterschieden. Bei annähernd gleichen Druckverhältnissen können unter Umständen Bretterverschläge genügen.

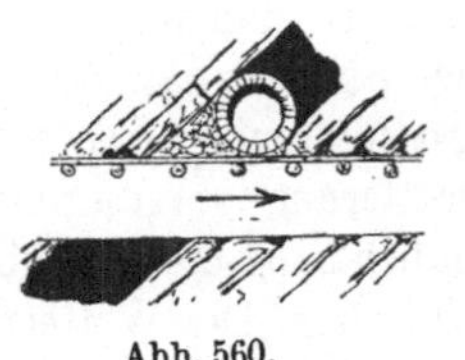

Abb. 560.
Wetterkreuz in Gewölbemauerung.

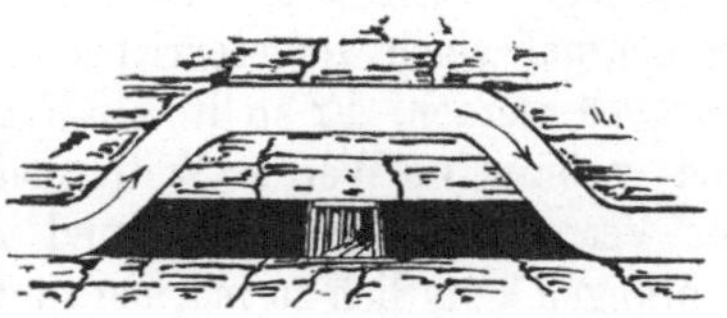

Abb. 561.
Wetterkreuz mit Gebirgsmittel.

Abb. 558 zeigt ein Wetterkreuz mit gemauerten Seitenwangen und rechteckiger Holzlutte. Nach Abb. 559 ist das in doppeltem Schnitte dargestellte Wetterkreuz gemauert, und die Dichtigkeit ist durch Verstampfen mit Letten erhöht. Ein fahrbarer Durchgang mit zwei Wettertüren gestattet, aus dem einen Wetterweg in den andern zu gelangen. Abb. 560 zeigt eine Wetterüberführung, die aus einem gemauerten, rund gewölbten

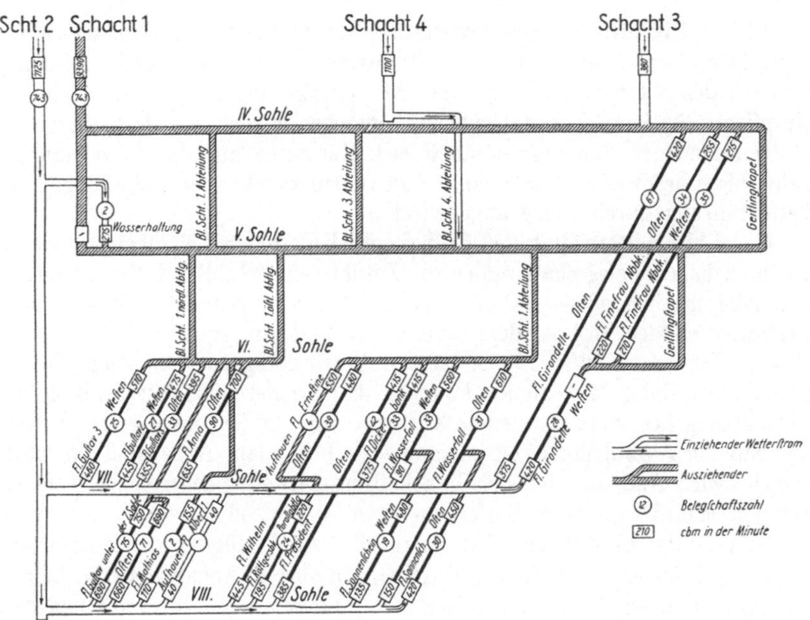

Abb. 562. Wetterstammbaum der Zeche Bonifacius.

Kanal besteht. Bei sehr wichtigen Wetterkreuzen führt man die eine Strecke über die andere in der Art hinweg, daß zwischen beiden ein Gebirgspfeiler als trennende, feste Wand belassen wird (Abb. 561).

Auf explosionsgefährlichen Gruben sollen Wetterbrücken kräftiger als nach Abb. 558 ausgeführt werden und nicht, wie dort dargestellt, in die

Strecken, die sie überbrücken, hineinragen, da sie sonst durch eine Explosion
leicht zerstört werden

158. — Wetterriß und Wetterstammbaum. Um einen schnellen
Überblick über die Bewetterung einer Grube zu gewinnen, pflegt man
einen sog. Wetterriß und einen Wetterstammbaum zu führen. Der Wetterriß
ist bergpolizeilich vorgeschrieben und muß mindestens einmal jährlich nachgetragen werden. Er stellt den Weg jedes einzelnen Stromes dar, wobei frische
und verbrauchte Wetter, Wettermeßstationen, Gesteinsstaubsperren sowie alle
zur Verteilung, Absperrung und zur Sonderbewetterung vorgesehenen Einrichtungen kenntlich zu machen sind. Der grundrißlichen ist die weit übersicht-
lichere isometrische Darstellung nach Tafel I vorzuziehen. Der Wetterriß kann
für die ganze Grube und auch für einzelne Abteilungen hergestellt werden. Auf
dem Wetterstammbaum sind die sämtlichen Teilströme mit der Stärke der Belegschaft und der Wettermenge in Kubikmetern angegeben. Abb. 562 veranschaulicht die übliche Art des Stammbaums.

E. Die Bewetterung der Baue und insbesondere
der Streckenbetriebe.

159. — Einleitung. Die Bewetterung der Abbaubetriebe macht in der
Regel keine Schwierigkeiten, weil mit Beginn des Abbaues der Durchschlag
zwischen den Wetterzuführungs- und Abführungsstrecken bereits erfolgt zu
sein pflegt. Sie kann hier um so eher übergangen werden, als im 4. Abschnitt
die verschiedenen Abbauarten auch mit Rücksicht auf die Bewetterungsverhältnisse besprochen worden sind und in den zugehörigen Abbildungen die
Wetterführung durch Pfeile angedeutet ist.

Es sei hier nur erwähnt, daß die neuzeitlichen großen Abbaubetriebspunkte
mit ihren hohen Belegschaftszahlen die Zufuhr sehr erheblicher Wettermengen
notwendig machen. 300—600 m³ sind Durchschnittswerte, die vielfach noch
übertroffen werden, insbesondere wenn große Methanmengen verdünnt werden
müssen. Die unter Ziffer 151 S. 620 zur Verstärkung zu schwacher Wetterströme aufgezählten Maßnahmen kommen dann in Betracht. Hierbei kann der
Vergrößerung des Wetterquerschnitts einmal dadurch Rechnung getragen werden, daß die Anzahl der offen zu haltenden Felder am Abbaustoß um eines
vermehrt wird. Außerdem hat sich die Schaffung einer oder mehrerer schwebender
Wetterröschen in größerer Entfernung vom Abbaustoß bewährt. Durch sie
können, ohne den im Abbaubetriebspunkt selbst zur Verfügung stehenden Querschnitt zu belasten, zusätzlich Teilströme zur oberen Abbaustrecke gelangen
und dazu beitragen, hier etwa auftretende Methanmengen zu verdünnen und
fortzuspülen.

Die Bewetterung von Streckenbetrieben aller Art dagegen gehört mit zu
den schwierigsten Aufgaben des Bergbaues, weil die Wetter auf dicht beieinander liegenden Wegen sowohl zu dem Arbeitspunkte hin- als auch wieder zu-
rückgeleitet werden müssen. Das ist um so weniger leicht, je weiter man für den
Hin- und Rückweg der Wetter auf eine einzige Strecke angewiesen, je größer
also die Entfernung ist, auf welche die zu bewetternde Strecke gleichsam
eine Sackgasse für die Wetterführung bildet.

Man unterscheidet vier Arten der Bewetterung von Streckenbetrieben, die sämtlich das Kennzeichen zweier getrennten Wetterwege haben, nämlich:

a) unter Benutzung des vom Hauptventilator erzeugten Wetterstromes (des „Selbstzuges“) die Bewetterung:

    1. mittels Begleitstreckenbetriebes,

    2. mittels Wetterscheider,

    3. mittels Breitauffahren und Wetterröschen,

    4. mittels Lutten; und

b) unter Benutzung selbständig angetriebener Bewetterungseinrichtungen:

    5. die Sonderbewetterung.

a) Der Begleitstreckenbetrieb.

160. — Wesen und Durchführung. Der Begleitstreckenbetrieb besteht darin, daß man eine einzelne Strecke nicht für sich allein, sondern in Begleitung einer Parallelstrecke ins Feld treibt, so daß dann die Begleitstrecke als Wetterabzugstrecke benutzt werden kann. Man gibt den beiden gleichlaufenden Strecken eine Entfernung von 10—20 m voneinander und verbindet sie alle 15—20 m durch Durchhiebe. Von diesen ist stets nur der letzte für den Wetterdurchzug offen, während die rückwärts belegenen sorgfältig durch Wetterdämme verschlossen werden (Abb. 563).

Unter Umständen, namentlich zur Vorrichtung des Pfeilerabbaues, muß man mehrere parallele Strecken gleichzeitig auffahren. Alsdann werden die einzelnen Durchhiebe gegeneinander versetzt, wodurch deren Entfernung voneinander auf das Doppelte erhöht werden kann (s. Abb. 408, S. 439).

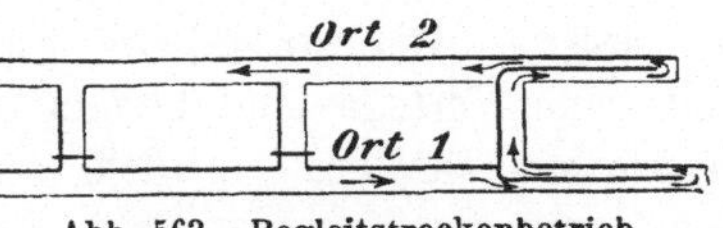

Abb. 563. Begleitstreckenbetrieb.

161. — Vor- und Nachteile. Die Bewetterung mittels Begleitstreckenbetriebes ist namentlich für solche Fälle angebracht, wo es nicht auf besondere Beschleunigung der Arbeit ankommt und wo die zweite Strecke aus Betriebsrücksichten ohnehin aufgefahren werden muß (Bremsberg und Fahrüberhauen, Förder- und Sumpfquerschlag, manche Abbaustrecken).

Anderseits ist nicht zu verkennen, daß man mit Hilfe von Parallelstrecken von genügendem Querschnitte große Wettermengen unter Aufwand einer geringen Depression bei geringen Wetterverlusten weit ins Feld führen kann. Dabei ist die Wetterführung einfach und bedarf keiner eingehenden Überwachung.

b) Bewetterung von Strecken mittels Wetterscheider.

162. — Bedeutung und Anwendbarkeit der Wetterscheider. Die Wetterscheider bestehen aus einer dichten Wand, die die Strecke in zwei voneinander geschiedene Wetterwege trennt. Der eine Weg dient für die frischen, der andere für die abziehenden Wetter (Abb. 564).

Wetterscheider, von denen die Abbildungen 564 und 565 einige Beispiele veranschaulichen, können aus Holz, Wetterleinen oder Mauerung ($\frac{1}{2}$—$1\frac{1}{2}$ Stein) hergestellt werden. Sie sind teuer, werden leicht undicht und erschweren auch

Abb. 564. Hölzerner Wetterscheider
in Schuppenanordnung.

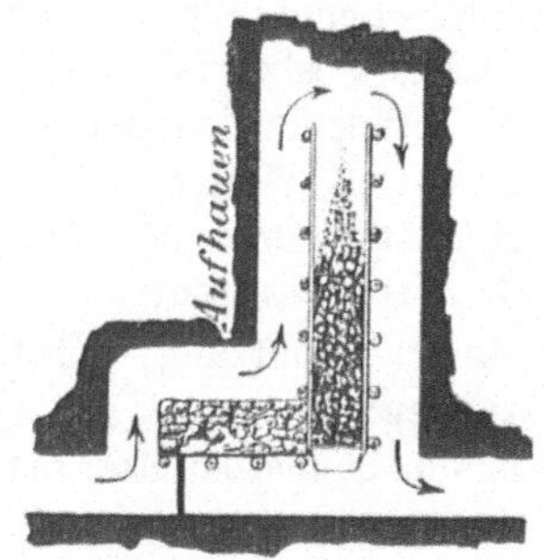

Abb. 565. Kohlenrollkasten als Wetterscheider.

die Arbeit vor Ort, insbesondere bei Anwendung irgendwelcher maschineller Ladevorrichtungen. Sie werden daher heute nur noch selten und nur, wenn es an Energie zum Antrieb eines Sonderlüfters mangelt, angewandt.

c) Bewetterung von Strecken mittels Breitauffahren.

163. — Breitauffahren und Wetterröschen. Das Breitauffahren und seine Vorteile sind bereits im 4. Abschnitt auf S. 345 u. f. eingehend besprochen worden. In dem Versatz oder zwischen dem Versatz und dem festen Stoß werden, wie dies die Abbildungen 323—325 b andeuten, die für den sonstigen Betrieb und die Wetterführung erforderlichen Wege ausgespart. Soweit sie lediglich der Wetterführung dienen, heißen sie Wetterröschen. Eine solche Bewetterung ist einfach, bequem und billig.

Den zwischen dem ein- und ausziehenden Strome befindlichen Bergeversatz nennt man Damm. Seine Dichtigkeit hängt von der Sorgfalt, mit der er aufgeführt ist, ab und nimmt außerdem zu mit der Fein-

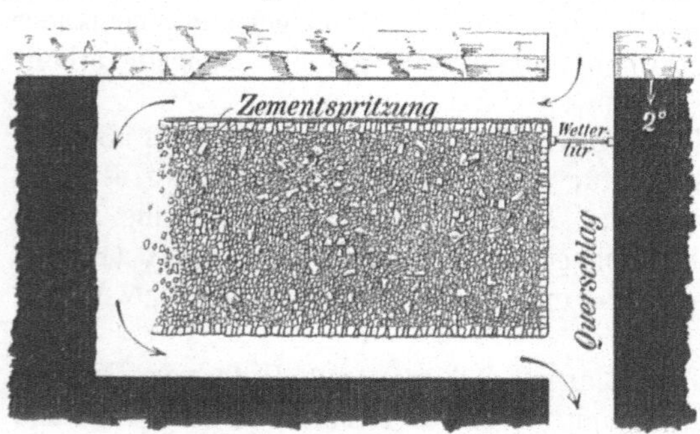

Abb. 566. Durch Zementspritzung abgedichtete
Wetterrösche.

heit des Versatzgutes, der Breite des Versatzes und dem Einfallwinkel. Zur Erhöhung der Dichtigkeit berappt man vielfach den Versatz mit Mörtel, verzieht ihn mit Wetterleinen oder dichtet ihn nach dem Zementspritzverfahren (Abb. 566).

Derartige Bewetterungen sind nicht nur auf kurze Entfernungen, sondern neuerdings bei Vorrichtungsarbeiten der Zeche W a l s u m bis auf 1200 m mit Erfolg benutzt worden.

d) Bewetterung von Strecken mittels Lutten mit Selbstzug.

164. — Anwendung der Lutten für die Bewetterung mit Selbstzug. Die Luttenbewetterung mit Selbstzug besteht darin, daß in den vom Hauptventilator bewegten Wetterstrom im Anschluß an Wettertüren Luttenleitungen als Wetterwege eingeschaltet werden, die der Strom durchstreichen muß. Die Abb. 567 zeigt, wie auf verschiedene Weise zwei gleichzeitig vorangetriebene Strecken, auch Überhauen oder Schächte, bewettert werden können. Für die Wahl der einen oder anderen Anordnung ist häufig entscheidend, an welchem Punkte die Wettertüren namentlich im Hinblick auf die Förderung am bequemsten aufzustellen sind.

165. — Blechlutten und Luttenverbindungen. Die Lutten werden jetzt allgemein aus Stahlblech hergestellt und entweder gefalzt oder geschweißt geliefert. Damit sie dem Roste und sauren Wassern besser widerstehen können, werden sie schwarz lackiert, asphaltiert oder im Vollbade verzinkt. Die Blechstärke ist genormt und beträgt 1,5 mm für Lutten mit 300 und 400 mm Durchmesser, 1,75 mm für Lutten mit 500 und 2 mm für Lutten mit 600, 700 und 800 mm Durchmesser. Die Lutten werden meist in 2 m langen Stücken angeliefert und in der Grube zusammengebaut. In ganz geraden Strecken benutzt man auch wohl, um mit weniger Dichtungsstellen auszukommen und die Wetter-

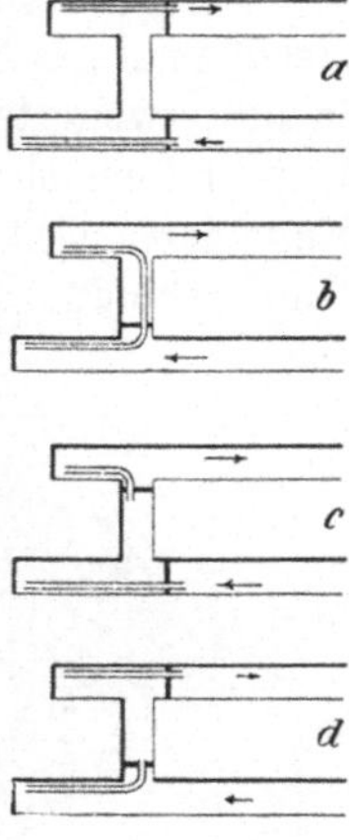

Abb. 567.
Luttenbewetterung
mit Selbstzug
in verschiedener
Anordnung.

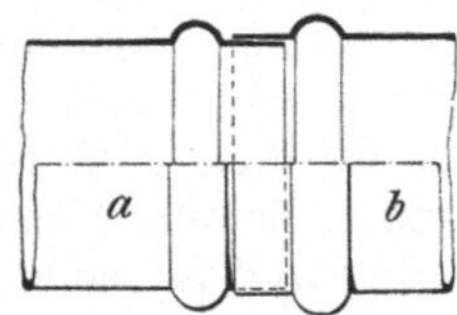

Abb. 568. Einstecklutten.

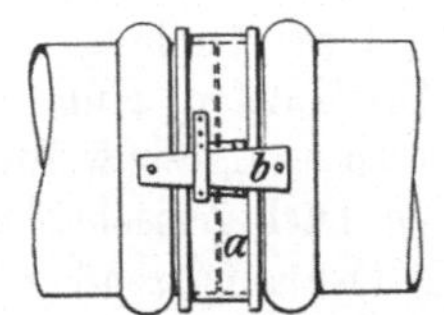

Abb. 569. Bandverbindung.

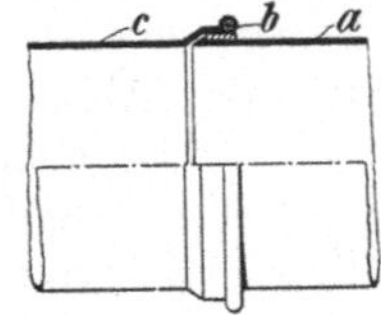

Abb. 570. Muffenlutten.

verluste zu vermindern, Stücke von 4 m oder gar 6 m Länge.

Die Wetterdichtigkeit neuer Lutten hängt allein von den Luttenverbindungen ab, so daß diese namentlich für lange Luttenleitungen von großer Bedeutung sind. Man unterscheidet: Einstecklutten, Lutten mit Bandverbindung, Muffenlutten, Flanschenlutten und Lutten mit Gummimanschettenverbindung. Die Abbildungen 568—571 stellen die nunmehr in 4 Ausführungen

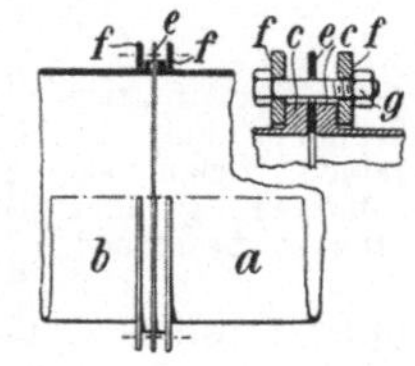

Abb. 571. Flanschenlutten.

genormten Verbindungen, und zwar für 400-mm-Lutten dar. Bei den Einstecklutten (Abb. 568) ist jedes einzelne Stück schwach konisch gehalten derart, daß der innere Durchmesser des einen Endes um 5 mm weiter gehalten ist als der äußere Durchmesser des anderen Endes. Auf eine besondere Abdichtung verzichtet man ganz, oder man legt über den entstehenden Ringspalt einen geteerten Segeltuchstreifen, der mit einem Drahte eingepreßt wird.

Abb. 569 zeigt die jetzige genormte Ausführung der Bandverbindung. Die stets gleich weiten Luttenenden stoßen stumpf voreinander und werden durch ein herumgelegtes, mit Segeltuch gefüttertes, federndes Stahlblechband a, das durch einen Keil b angezogen werden kann, miteinander verbunden.

Bei den Muffenverbindungen steckt man das Ende der einen Lutte a in das erweiterte und durch Umbördelung und eingelegten Ring b verstärkte Ende der nächsten Lutte c (Abb. 570). Die Verbindungsstelle wird mit einer

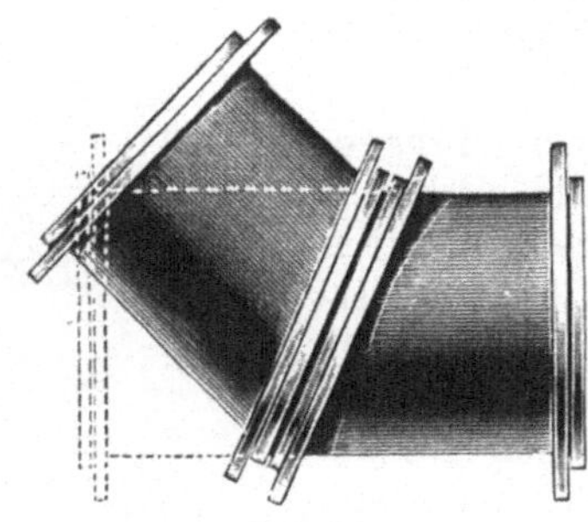

Abb. 572.
Winkelstücke für Flanschenlutten.

Abb. 573.
Gummimanschetten-Luttenverbindung.

Kittmischung verschmiert. Eine geeignete Mischung für solche Schmiermasse, die nicht hart und nicht rissig wird, setzt sich zusammen aus 2 Teilen Kolophonium, 5 Teilen Talg und 4 Teilen Kreide.

Besser noch ist die Luttenverbindung mit festen Bunden und losen Flanschen (Abb. 571). Die Lutten a und b tragen an den Enden angenietet oder aufgeschweißt einen abgedrehten Bund c und werden nach Zwischenlegung eines Dichtungsringes e mittels der lose aufsitzenden Flanschen f und Schrauben g ebenso wie Dampfleitungsrohre zusammengeschraubt. Die Bunde schützen bis zu einem gewissen Grade die Enden vor Beschädigungen durch Stoß, so daß die Lutten dauerhafter sind als die bundlosen und öfter verwandt werden können. Nachteile sind der höhere Preis der Lutten und der Umstand, daß sie nur ganz geradlinig verlegt werden können. Der letztere Nachteil kann jedoch dadurch vermieden werden, daß man einige, etwas schräg abgeschnittene Luttenstücke

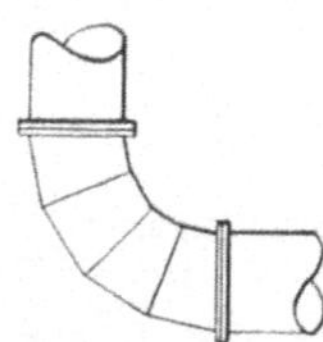

Abb. 574. Luttenkrümmer aus einzelnen zusammengelöteten, geraden Stücken bestehend.

mit einbaut, nachdem die dabei entstandenen elliptischen Querschnitte in die Kreisform gezwängt sind. Je nachdem man zwei solche Stücke aufeinander setzt, läuft die Leitung entweder geradlinig oder unter einem von dem Maße der Verdrehung abhängigen Winkel weiter (Abb. 572).

Die dichteste Luttenverbindung ist die Gummimanschettenverbindung der Firma Brand in Duisburg-Hamborn. Wie die Abb. 573 erkennen läßt, besteht sie aus einem inneren ringförmigen Verbindungsstück mit mittlerem Verstärkungsring, gegen den die mit Wulsten versehenen Luttenenden stoßen. Über die Verbindungsstelle wird dann eine abdichtende Gummimanschette gezogen, die sich fest um die Luttenbunde schmiegt. Infolge der Dehnbarkeit des Gummis gestattet die Verbindung auch kleine Abweichungen von der geradlinigen Verlegung, die strömungstechnisch natürlich die günstigste ist. Sollen die Lutten auch in schräger oder senkrechter Lage verlegt werden, so müssen die inneren ringförmigen Verbindungsstücke mit bajonettverschlußartigen Aussparungen versehen sein, in die Zapfen passen, die im Innern der Luttenenden angebracht sind.

In stärkeren Streckenkrümmungen sind in die Luttenleitungen Krümmer einzuschalten, die am besten gleichmäßig gebogen sind. Da sich diese schwer herstellen lassen, lötet man sie in der Regel aus einzelnen geraden, aber schräg abgeschnittenen Stücken zusammen (Abb. 574).

Zur Beseitigung von Verbeulungen in Lutten bedient man sich mit gutem Erfolge der Luttenrichtgeräte, wie sie z. B. von der Demag zu Duisburg entsprechend den verschiedenen Luttendurchmessern geliefert werden. Sie werden in die verbeulte Lutte geschoben und durch Schrauben oder Druckluft (s. Abb. 575 *a* und *b*) auseinandergetrieben.

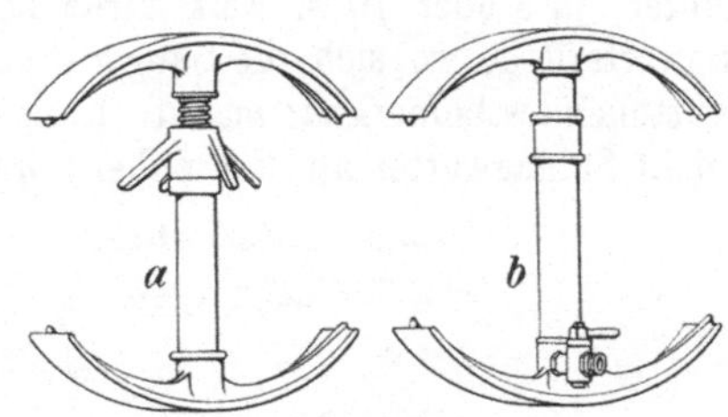

Abb. 575. Luttenrichtgeräte.

166. — Die **Wetterverluste** sind bei den Einsteck-, den Band- und den Muffenverbindungen sehr erheblich. Z. B. sind bei 500 m langen Leitungen Verluste von 75—95% nicht ungewöhnlich.

Die Dichtigkeit der Flanschenlutten hängt von der Sorgfalt ab, mit der man die Verbindungen herstellt. Es hält nicht schwer, bei neuen Lutten eine fast völlig dichte Leitung zu erzielen. Auf Grube König im Saarrevier sind z. B. die Verluste bei einer Leitungslänge von 565 m unter 10% geblieben. Anderseits kann man aber auch bei Flanschenlutten, wenn es an Sorgfalt bei der Verlegung gefehlt hat oder die Lutten bereits im Betriebe gelitten haben, unerwartet hohe Verluste feststellen[1]).

Für weite Entfernungen mit hohem Wetterbedarf kommen nur Flanschenlutten oder Lutten mit Gummimanschetten in Betracht, weil man nur bei ihnen die Sicherheit hat, die gewünschte Wettermenge tatsächlich bis vor Ort zu bringen.

167. — **Wetterlutten aus Segelleinen.** Wetterlutten aus Segelleinen werden in Durchmessern von 250—750 mm gefertigt und durch Stahlringe, die in Abständen von 300—400 mm eingenäht werden, versteift. Sie lassen sich zusammenfalten und so leicht aufbewahren und gut befördern; auch sind sie durch Aufhängen an den Kappen der Zimmerung leicht anzubringen, so daß sie schnell eingebaut werden können. Da sie aber dem Luftstrome wegen der Rauheit der Wände und des unregelmäßigen Querschnitts einen großen Widerstand bieten, sind sie nur für kurze Entfernungen geeignet. Wegen der leichten Verlegbarkeit werden sie namentlich als das letzte Ende einer längeren Leitung aus Blechlutten gern benutzt. Sie werden dann

---

[1]) Glückauf 1927, S. 1333; Sauermann: Ergebnisse von neuen Versuchen an Luttengebläsen mit Turbinenbetrieb.

während der Arbeit bis unmittelbar vor Ort geführt, beim Schießen aber zurückgeschoben. Das Ende kann mit einer Zugvorrichtung ausgerüstet sein, die ein Vorziehen aus der Entfernung sofort nach dem Schießen gestattet.

168. — Blasende und saugende Luttenbewetterung. Bei jeder Luttenbewetterung unterscheidet man **blasende** oder **saugende** Bewetterung, je nachdem die Lutte die Wetter vor Ort bläst oder von dort absaugt (Abb. 576).

Die blasende Bewetterung hat den großen Vorzug, daß der Arbeitspunkt kräftiger mit dem frischen Wetterstrome bespült und von Schlagwetteransammlungen befreit wird. Der aus den Lutten austretende Luftstrom hält zunächst ähnlich wie ein Wasserstrahl zusammen. Der Luftstrahl bläst bis vor Ort und vertreibt dort etwaige schädliche Gase, selbst wenn das Luttenende mehrere Meter, ja 8 oder 10 m weit zurückliegt. Anders ist dies bei der saugenden Bewetterung, wo sich die Saugwirkung nur in der unmittelbaren Nähe des Luttenendes bemerkbar macht. Einige Meter weiter vorn sammeln sich vielleicht Schlagwetter an, die nahezu unbewegt stehenbleiben können.

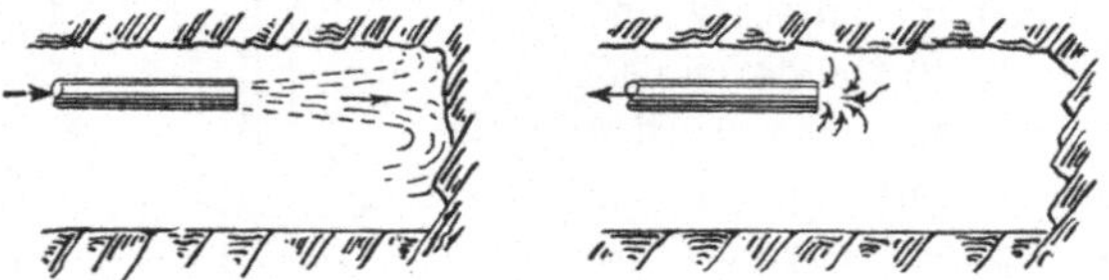

Abb. 576. Wirkung der blasenden und saugenden Luttenbewetterung.

Bei der Sonderbewetterung mit Düsen spricht noch zugunsten der blasenden Bewetterung, daß die kühlende Wirkung der trockenen Druckluft dem Betriebspunkte zugute kommt. Lutten mit Wärmeschutz (s. Ziff. 72, S. 561) arbeiten blasend.

Dagegen wird als Nachteil der blasenden Bewetterung geltend gemacht, daß vom Arbeitspunkte her die mit Grubengas angereicherte Luft durch die Strecke selbst wieder zurück muß und so auf der ganzen Streckenlänge unter Umständen gefährliche Verhältnisse schafft. Es kann dies namentlich bei schwebenden Strecken lästig sein, weil das leichte Grubengas schwer zum Abwärtsziehen zu bewegen ist und leicht hinter Kappen und an sonst vor dem Wetterzuge geschützten Stellen stehenbleibt. Diese Bedenken sind besonders dann zu beachten, wenn es sich um die Einleitung der Bewetterung eines aus irgendeinem Grunde völlig mit Grubengas erfüllten Ortes handelt. Hier ist also die saugende Bewetterung besser.

Auch in langen Querschlägen, in denen viel geschossen werden muß, wird häufig saugende Bewetterung vorgezogen, weil bei ihr die Sprenggase abgesaugt werden, während sie sich bei blasender Bewetterung über die ganze Querschlagslänge verteilen.

Im allgemeinen erscheint blasende Bewetterung zweckmäßig, falls man nicht die blasende und saugende Bewetterung vereinigt anwenden will (s. Ziff. 176, S. 640).

e) Sonderbewetterung.

169. — Vorbemerkung. Eine gewisse Sonderbewetterung ergibt sich bereits, wenn man aus den Druckluftleitungen zur Bewetterung eines Ortes Druckluft ausströmen läßt. Ein solches Verfahren kann wohl zur Unterstützung

der gewöhnlichen Bewetterung sofort nach dem Schießen angebracht sein,
damit die Belegschaft möglichst bald den Arbeitsort wieder betreten kann.
Die dauernde Bewetterung durch Druckluft aber ist im höchsten Maße unwirtschaftlich und wird in ausreichender Weise in der Regel unmöglich sein.
Läßt man nur 15 m³ minutlich ausblasen, so sind das stündlich bereits
900 m³, deren Verdichtung mittels des Kompressors auf 5 at eine Arbeitsleistung von 90—100 PS erfordert.

170. — Wesen und Anordnung der Sonderbewetterung. Die übliche Art der Sonderbewetterung bedient sich der Lutten. Der Wetterzug
in diesen wird aber nicht wie bei der Luttenbewetterung mit Selbstzug
durch die in der Grube herrschenden Druckverhältnisse, also nicht durch
den Hauptventilator, sondern durch örtliche, besondere Mittel erzeugt. Aus
dem Hauptwetterstrome schaltet man auf diese Weise einzelne, in der Regel
mit schwierigen Widerstandsverhältnissen behaftete Teile aus, indem man
für diese einen neuen Antrieb schafft.

Man kann zum Vergleiche etwa die Verhältnisse eines Flusses heranziehen, der ein benachbartes Wiesengelände bewässern soll. Zwei Wege kann
man hierfür einschlagen: Entweder staut man den
Fluß selbst bis zu einer Höhe an, daß er die Wiesen
überschwemmt, oder aber man hebt durch ein besonderes Pumpwerk nur so viel Wasser aus dem Flusse
auf die Höhe der zu bewässernden Grundstücke, wie
gebraucht wird. Auch im Falle der Grubenbewetterung
kann man die Depression oder Kompression so weit
steigern, daß alle Teile des Grubengebäudes vom
Hauptstrome bewettert werden. Meist ist es aber
richtiger, nicht den gesamten Wetterstrom anzustauen,

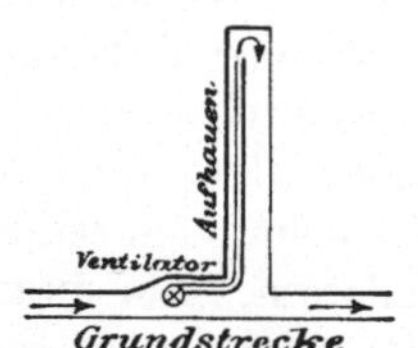

Abb. 577. Anschluß der
Sonderbewetterung an
den Hauptstrom.

sondern statt dessen für einen geringen Teil des Stromes den Unter- oder
Überdruck künstlich zu erhöhen, indem man gleichsam als Pumpwerke die
Sonderbewetterungseinrichtungen einbaut.

Da man hierbei keiner Stauwerke bedarf, entfällt die Notwendigkeit,
Wetterdämme und Wettertüren vorzusehen, wie sie bei der Luttenbewetterung
mit Selbstzug unbedingt notwendig sind. Nur dafür muß man Vorsorge treffen,
daß die aus dem zu bewetternden Orte abströmenden Wetter sich nicht im
Kreislaufe mit der von der Luttenleitung angesaugten Luft mischen können
Die Ansaugstelle muß im frischen Strome — genügend weit vor dem Austritt
der verbrauchten Wetter — liegen (Abb. 577).

Daß durch die Sonderbewetterung der Wetterstrom verkürzt und entlastet wird, ist auch bereits auf S. 621 gesagt und ebenda durch Abb. 551
veranschaulicht.

Als Antriebskräfte für die Sonderbewetterung benutzt man Elektrizität,
Druckluft oder Druckwasser und als Vorrichtungen für die Erzeugung der
Wetterbewegung selbst Strahldüsen oder Lüfter. Diese gliedern sich weiter
in Lutten- und Streckenlüfter.

171. — Die Verluste an nutzbarer Wettermenge und der Antrieb.
Schon in Ziff. 165 sind bei Besprechung der Luttenverbindungen die Undichtigkeitsverluste behandelt worden. Die durch undichte Stellen bei blasender Bewetterung verlorengehenden und bei saugender Bewetterung als Neben-

luft zuströmenden Wettermengen steigen zwar nach den für den Ausfluß von Gasen aus Düsen aufgestellten Formeln nur etwa mit der Wurzel aus dem wirksamen Druckunterschiede. Da es sich aber meist um zahlreiche undichte Stellen handelt, können die Verluste erheblich sein. Sie sind der Menge nach am größten in der Nähe des Luttengebläses, um nach dem freien Luttenende hin allmählich abzunehmen. Es ist deshalb grundsätzlich vorteilhaft, hohe statische Drücke zu vermeiden und statt dessen für größere Luttenlängen lieber mehrere Gebläse, die jedes für sich einen niedrigen Druck liefern, hintereinander zu schalten.

Eine solche Anordnung ist namentlich für Düsen beliebt, da ohnehin eine einzige in langen Luttenleitungen den erforderlichen Druck nicht zu erzeugen

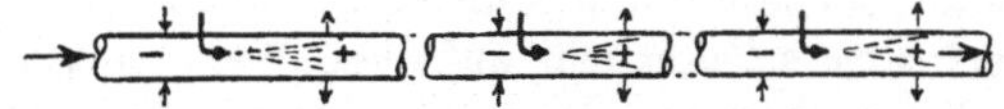

Abb. 578.　Wirkung mehrerer Strahldüsen in einer langen Luttenleitung.

vermag. Durch Hintereinanderschaltung mehrerer Düsen gelingt es häufig, die erforderliche Wettermenge 1000 m und weiter durch die Luttenleitung zu treiben. Dabei wird man sich allerdings, wenn die Lutten nicht dicht sind, leicht über die tatsächlich bis vor Ort gebrachte Menge frischer Wetter täuschen. Die einzelne Düse kann je nach den Druckverhältnissen in der Leitung vor sich einen Über- und hinter sich einen Unterdruck (Abb. 578) erzeugen und Undichtigkeitsverluste an nutzbarer Wettermenge in beiden Richtungen veranlassen. Auf diese Weise ist also vielleicht eine der Luftmenge nach reichlich erscheinende Bewetterung wegen der Beschaffenheit der Wetter unzulänglich, da je nach der Größe der vorhandenen Undichtigkeiten mehr oder weniger große Mengen bereits verbrauchter Wetter wieder vor Ort gelangen.

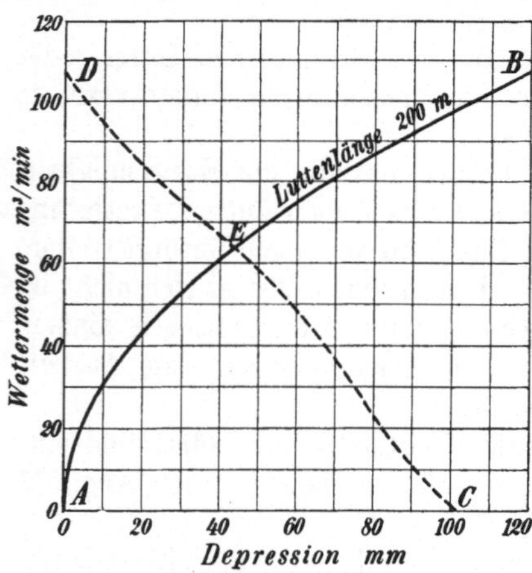

Abb. 579. Kennlinien einer Lutte und eines Gebläses.

Richtiger ist es deshalb, die Düsen so anzuordnen, daß in der ganzen Luttenlänge Überdruck herrscht. Bei zwei Düsen wird dies in der Regel der Fall sein, wenn beide in der ersten Hälfte der Luttenleitung untergebracht sind.

172. — Kennlinien der Lutte und des Gebläses. Der Betriebspunkt[1]). Ist für eine Lutte von bestimmtem Durchmesser und bestimmter Länge das Verhältnis $Q : \sqrt{h}$ (s. Ziff. 108, S. 592) bekannt, so lassen sich die für jede Wettermenge erforderlichen Depressionen durch Rechnung ermitteln. Trägt man die Werte als Kurve auf, so erhält man in der Abb. 579 die Linie AB, die als Kennlinie der Lutte bezeichnet wird.

Man kann nun auch die Kennlinie des Gebläses auf Grund von

---

[1]) Glückauf 1927, S. 829; M a e r c k s: Die Kennlinien der Wetterlutten und der Bewetterungsmaschinen.

Versuchen durch Festlegung der Q- und h-Werte bei verschiedenen Widerständen ermitteln, wobei man den Ventilator auf seine gewöhnliche Umlaufzahl bringen oder eine Strahldüse betriebsmäßig einstellen muß. In der Abb. 579 sei CD eine solche Kennlinie, in der der Punkt C die Depression bei 0 m³ Luft und Punkt D die Luftmenge bei 0 m Luttenlänge angibt. Die Kurven AB und CD schneiden sich im Punkt E. Nach der Abb. 579 bedeutet dies, daß die Bewetterung selbsttätig sich auf die Wettermenge $Q = 64\ \mathrm{m^3/min}$ und die Druckhöhe $h = 44\ \mathrm{mm}$ einstellt. Man nennt den Punkt E den Betriebspunkt des Gebläses. Hierbei sind völlig dichte Lutten vorausgesetzt.

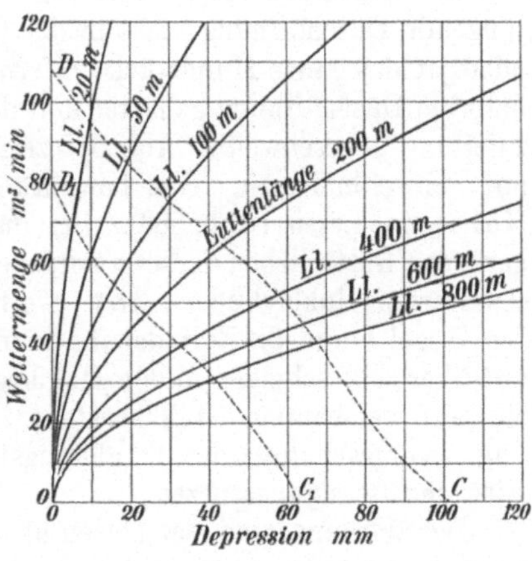

Abb. 580. Kennlinien verschiedener Luttenlängen und verschiedener Gebläse.

Abb. 580 zeigt die Zusammenstellung der Kennlinien einer 400 mm-Lutte bei Luttenlängen von 20, 50, 100, 200, 400, 600 und 800 m und gleichzeitig die gestrichelten Kennlinien CD und C_1D_1 zweier verschiedener Gebläse.

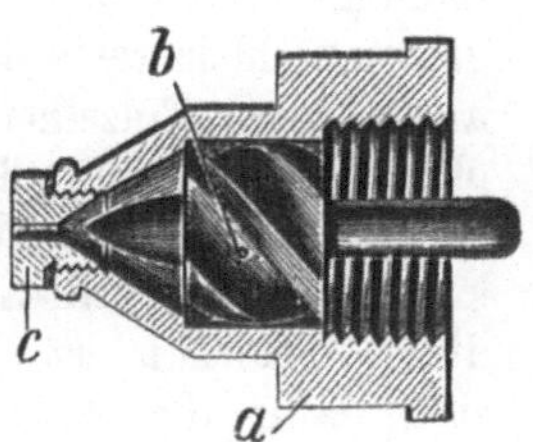

Abb. 581. Streudüse mit Drallstück.

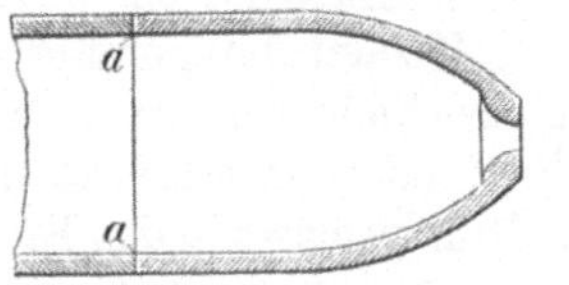

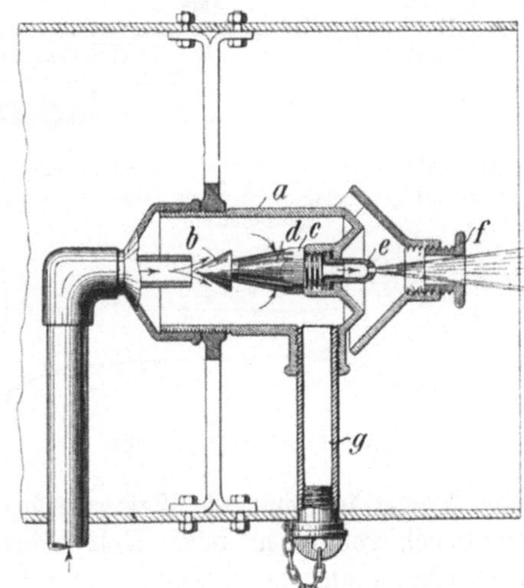

Abb. 583. Höingsche Strahldüse.

Abb. 582. Angeschweißte Druckluft-Strahldüse.

173. — Strahldüsen. Ausgezeichnet durch ihre Einfachheit sind die Strahldüsen für Druckwasser- und Druckluftbetrieb (Abb. 591), die aus einem mit einer kleinen Öffnung von 1—5 mm Durchmesser versehenen Mundstück bestehen. Bei gleicher Leistungsfähigkeit kommt Druckluft als Betriebsmittel etwa $2^1/_2$ mal so teuer zu stehen wie Druckwasser. Deshalb werden, falls Druckwasser vorhanden ist, Wasserstrahldüsen meist vorgezogen. Durch eingesetzte Drallstücke (Abb. 581) kann man den Strahl zu schneller Verbreiterung veranlassen.

Bei Druckluftbetrieb kommt es darauf an, daß die nach außen sich verjüngende Düsenöffnung nicht in der Grube von unberufener Hand erweitert oder gar das ganze Mundstück entfernt werden kann. Zweckmäßig wird deshalb die Düsenöffnung gehärtet und darauf das Mundstück an die Druckluftzuleitung angeschweißt. Abb. 582 zeigt eine ordnungsmäßig hergestellte Düse mit Schweißnaht aa. Gut bewährt haben sich die Strahldüsen von Rud. Höing in Essen (Abb. 583). Bei ihnen ist einer Verstopfung durch mitgerissene Rostteilchen dadurch vorgebeugt, daß die Druckluft zunächst in den erweiterten Hohlzylinder a tritt, wo Schmutzteilchen infolge Anpralls gegen den Kegel b und die Zylinderwände niederfallen. Sodann gelangt die Druckluft über sehr schmale, in den Hohlkegel c geschnittene Schlitze d zur Düse e, die aus gehärtetem Stahl besteht. Der eigentlichen Düse ist ein Stellring f vorgeschaltet, der die günstigste Strahlwirkung einzustellen gestattet. g ist der Reinigungsstutzen.

Der Wirkungsgrad der Düsen hängt sehr davon ab, daß der Strahlkegel genau in der Luttenmitte und in der Achsrichtung austritt. Auf eine sorgsame Verlagerung des Strahlrohres an der Eintrittsstelle in die Luttenleitung ist deshalb zu achten, auch auf eine gute Abdichtung und die Möglichkeit einer bequemen Beobachtung ist Wert zu legen. Die Abbildungen 584 u. 585 zeigen empfehlenswerte Bauarten, deren Einzelheiten ohne weiteres verständlich sind. Wenn auch der Wirkungsgrad der Strahldüsen schlecht ist, so sind dafür die Anlage- und Unterhaltungskosten sehr gering. Die erzielbaren Depressionen oder Kompressionen betragen in Lutten von 300 bis 400 mm Durchmesser 2 bis

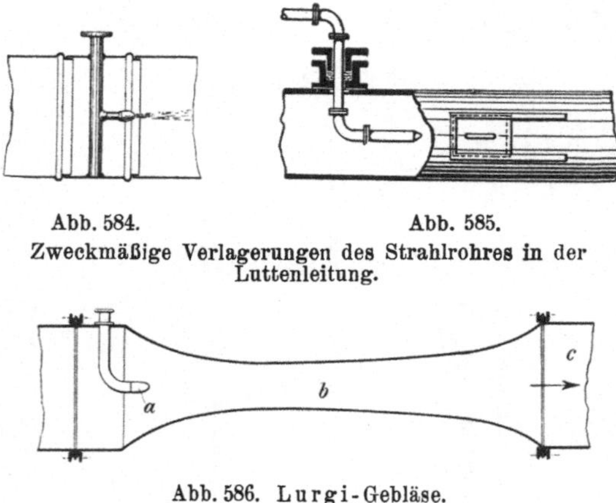

Abb. 584.   Abb. 585.
Zweckmäßige Verlagerungen des Strahlrohres in der Luttenleitung.

Abb. 586. Lurgi-Gebläse.

10 mm Wassersäule und die Wettermengen bis 30 m³/min bei einem Druckluftverbrauch von 0,5 m³/min. Weit höhere Über- oder Unterdrücke kann man erzielen, wenn man die Düse nach Art eines Strahlgebläses in den Einlauf eines sich verjüngenden und sodann wieder erweiternden Luttenteils einbaut (Abb. 586, vgl. ferner Abb. 540 auf S. 612). Die Lurgi-Gesellschaft für Wärmetechnik zu Frankfurt a. M. hat solche Gebläse gebaut, die bis zu 80 mm Pressung bei Wetterlieferungen von 24—36 m³/min erzeugen.

174. — Luttenlüfter. Für größere Wettermengen, die durch längere Luttenleitungen befördert werden sollen, wendet man die sog. Luttenlüfter an. Es sind dies Lüfter mit einem der Luttenweite etwa entsprechenden Durchmesser, die mit ihrem elektrischen oder Druckluftantrieb unmittelbar in der Luttenleitung selbst untergebracht werden. Solche Luttenventilatoren haben in den letzten Jahren — namentlich durch die Entwicklung des Turbinenantriebs — eine schnelle Verbreitung gefunden; sie haben nicht allein die Düsenbewetterung stark zurückgedrängt, sondern treten auch vielfach an die Stelle der sog. Streckenlüfter.

Als Lüfter benutzt man meist Schraubenräder (s. Ziff. 122, S. 600). Sie sind unter Beobachtung ähnlicher Grundsätze gebaut, wie sie unter Ziffer 122 dargelegt sind, und liefern Luftmengen von 40—300 m³/min und mehr.

Der Antrieb erfolgt durch elektrischen Strom oder durch Druckluft. Bei elektrischem Antriebe ist der Drehstrom-Kurzschlußmotor auf der Schraubenradachse selbst angeordnet. Abb. 587 zeigt eine Ausführung der S. S. W. Die dem Motor zugeführte Leistung beträgt 0,3—12 kW. Die Drehzahl ist entsprechend der üblichen Periodenzahl des Stromnetzes von 50 in der Sekunde annähernd 3000 minutlich. Bei dieser Drehzahl sind bei Lutten mittlerer Weite Über- oder Unterdrücke bis zu 100 mm und mechanische Wirkungsgrade des Lüfters von 70—85% erreichbar.

Abb. 587. Elektrischer Luttenlüfter.

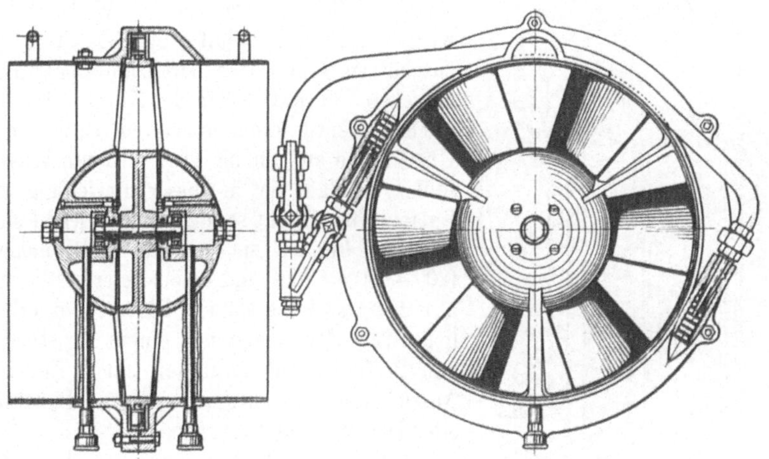

Abb. 588. Luttenlüfter von Korfmann mit doppelter Beaufschlagung.

Bei Verwendung von Druckluft bedient man sich an Stelle der früheren Drehkolbenmaschinen durchweg des Turbinenantriebs. Der Schaufelkranz der Turbine bildet entweder mit radial gestellten Schaufeln den äußersten Radumfang und wird von der Seite her beaufschlagt, oder er springt mit axial gestellten Schaufeln seitlich aus dem Rade vor (Abb. 588) und wird alsdann vom Umfange her angeblasen. Die Beaufschlagung kann einfach oder doppelt (Abb. 588) sein. Die Düse kann durch eine Stiftschraube eingestellt werden, so daß die Drehzahl des Schraubenrades regelbar ist. Meist gibt man zu diesem Zwecke den Maschinen 2 Düsen mit verschiedener Öffnung, z. B. mit 6 und 7,5 mm Durchmesser, so daß jede Düse für sich allein und auch beide gleichzeitig geöffnet werden können. Man erhält so drei verschiedene Drehzahlen des Schraubenrades und entsprechend abgestufte Wetterleistungen. Beim Arbeiten mit nur einer Düse liegen die Drehzahlen etwa zwischen 2000 und 3500 minutlich; beim Arbeiten mit 2 Düsen erreicht man Drehzahlen zwischen 4000 und 5000. Die höchsten erzielbaren statischen Drücke sind etwa 120 mm bei 4 atü des Betriebsmittels und 140 mm bei 5 atü.

Abb. 589. Streckenlüfter mit Elektromotor von Frölich & Klüpfel.

175. — Streckenlüfter. Die außerhalb der Luttenleitung in der Strecke fest aufgestellten Schleuderräder pflegt man als Streckenlüfter zu bezeichnen (Abb. 589). Sie sind nach Art der Fliehkraftlüfter (s. Ziff. 123) gebaut, und es gelten für sie die gleichen Gesetze und Regeln. Der gesamte Wirkungsgrad wird allerdings nur auf etwa 30—50% einzuschätzen sein. Ihre Drehzahl liegt meist zwischen 725 und 1450 in der Minute. Die von solchen Ventilatoren erzeugten Unter- oder Überdrücke steigen bis etwa 175 mm Wassersäule, so daß sie in dieser Beziehung den Luttenlüftern nicht sonderlich überlegen sind. Dagegen können sie größere Wettermengen (200—600 m³/min und mehr) liefern. Sie sind also hauptsächlich da am Platze, wo erhebliche Wetterleistungen mit einem Kraftbedarf von 2—30 PS zu bewältigen sind. Für den Antrieb kommt elektrischer Strom, Druckluft oder Druckwasser in Frage.

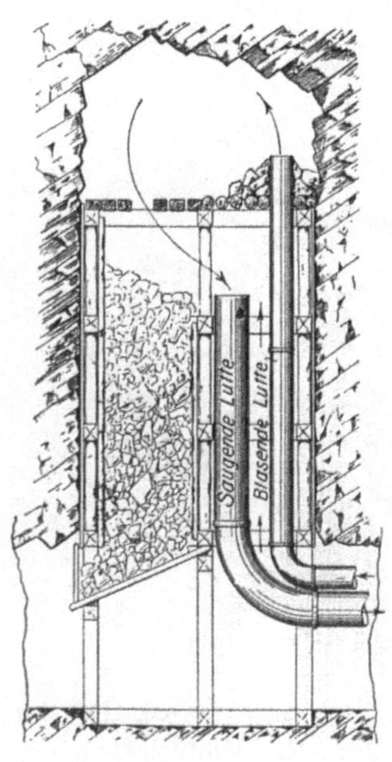

Abb. 590. Saugende und blasende Luttenbewetterung in einem Aufbruche.

176. — Sonderbewetterung der Aufbrüche. Schwieriger als bei Streckenbetrieben liegen die Bewetterungsverhältnisse bei seigeren Aufbrüchen. Die Anwendung des Begleitortbetriebes kommt hier nicht in Frage. Wetterscheider sind möglich, aber teuer und wegen der Notwendigkeit, den Durchgangstrom umzuleiten, schwierig herzustellen. Es bleibt also in der Regel nur die Sonderbewetterung als Hilfsmittel übrig. An ihre Leistungsfähigkeit werden aber besonders hohe

Anforderungen gestellt. Die wegen der Notwendigkeit zahlreicher schwerer Schüsse in großer Menge entstehenden heißen Sprenggase müssen abwärts abgesaugt werden; beim Antreffen von Flözen sind außerdem das Auftreten von Schlagwettern und die Bildung von Kohlenstaub eine häufige Erscheinung. Auch in steilen Aufhauen treten diese Schwierigkeiten, wenn auch in vermindertem Maße, auf.

Wo es angängig ist, sucht man durch Vorbohren (s. S. 141 u. f., Ziff. 51—56) die Wetterführung zu erleichtern. Im übrigen richtet man die Sonderbewetterung vielfach unter Anwendung von zwei Luttensträngen nach Abb. 590 zugleich saugend und blasend ein, wobei die saugende Bewetterung stärker als die blasende ist, damit nicht allein die blasend zugeführten, sondern auch die im Aufbruchquerschnitt aufsteigenden Wetter nebst den Sprenggasen und etwaigen Schlagwettern abgesaugt werden können. Man sucht also die Vorteile der saugenden und der blasenden Bewetterung zu vereinen. Auf dichte Luttenverbindungen ist in solchen Fällen besonders zu achten. Unter Umständen kann an Stelle des blasenden Luttenstranges ein kürzeres Luttenstück mit Düse genügen. Namentlich bei beengten räumlichen Verhältnissen macht man hiervon gern Gebrauch.

f) Besondere Hilfsmittel bei der Bewetterung der Betriebe.

177. — Einzelne Anordnungen. Zur Beschleunigung des Wetterzuges läßt man wohl in der Strecke **Druckluft-** oder Druckwasser-Strahldüsen unmittelbar in der Stromrichtung ausblasen. Man sucht auch die Strahlwirkung dadurch zu erhöhen, daß man den Luft- oder Wasserstrahl nicht frei in der Strecke, sondern in einer darin aufgehängten Lutte wirken läßt (Abb. 591). Die Nutzwirkung solcher Mittel wird freilich nur gering sein. Immerhin können sie bei einmal vorhandenen Einrichtungen über Schwierigkeiten hinweghelfen und vielleicht die Erreichung eines Durchschlages ermöglichen.

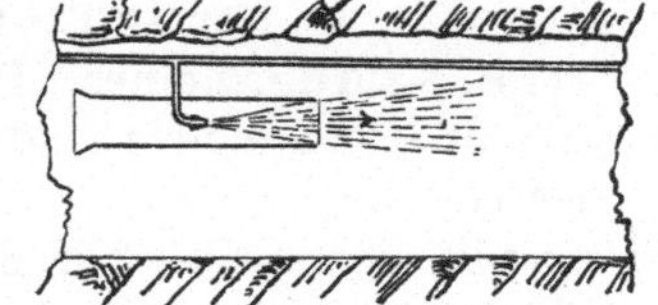

Abb. 591. Beschleunigung des Wetterzuges durch Strahldüse mit Lutte.

Bei lebhaftem Wetterzuge in einer Strecke kann man Abzweigungen von dieser manchmal dadurch bewettern, daß man die Stoßkraft des Wetterstromes ausnutzt. Man kann z. B. nach Abb. 592 die Zweigstrecke mit Wetterscheider versehen und eine anschließende Zunge derart in die Hauptstrecke einbauen, daß die Wetter davor stoßen.

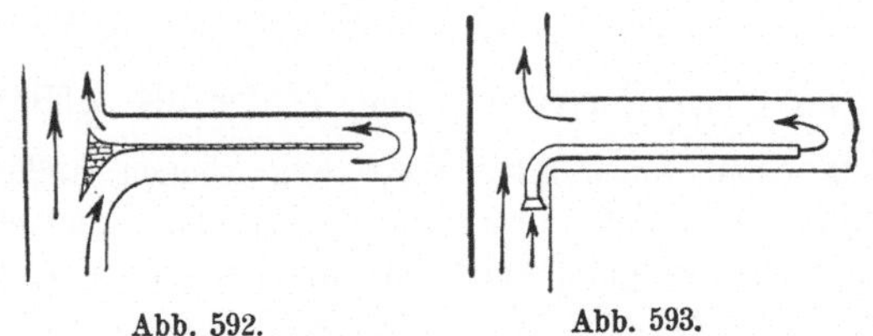

Abb. 592.   Abb. 593.

Ausnutzung der Stoßkraft des Wetterstromes.

Hierdurch kann man, zumal auch noch die Saugwirkung des Wetterstroms an der anderen Seite hilft, leicht eine ausreichende, allerdings mit der Länge der Strecke ständig abnehmende Bewetterung der Zweigstrecke erreichen, ohne daß die Förderung in der Hauptstrecke durch Einbauen von Wettertüren behindert wird. Ganz ähn-

lich in der Wirkung verhält sich eine in die Zweigstrecke eingebaute Luttenleitung, deren umgebogenes Endstück dem Wetterstrom in der Hauptstrecke
entgegengerichtet ist (Abb. 593).

178. — Einsatz eines untertägigen Zusatzlüfters. Auf wirksamste Weise
kann die Wettermenge eines Teilstroms erhöht und zugleich der Hauptgrubenlüfter entlastet werden, indem man eine zusätzliche Depression durch einen
unter Tage aufgestellten Lüfter hervorruft, der die gesamte Wettermenge dieses
Teilstroms aufnimmt. Als solche Lüfter eignen sich die neuzeitlichen Schraubenlüfter. Sie können zu diesem Zwecke in irgendeiner Strecke Aufstellung finden
(Abb. 594), die von dem Teilstrom durchzogen wird, wobei zweckmäßig
eine solche Strecke gewählt wird, in der gar keine oder nur wenig Förderung stattfindet. Um Fahrung und eine Förderung in gewissem Umfang zu
ermöglichen, ist zugleich die Her-
stellung einer Umbruchstrecke in der
Nähe des Aufstellungsplatzes des
Lüfters erforderlich. Außerdem sei
darauf aufmerksam gemacht, daß bei

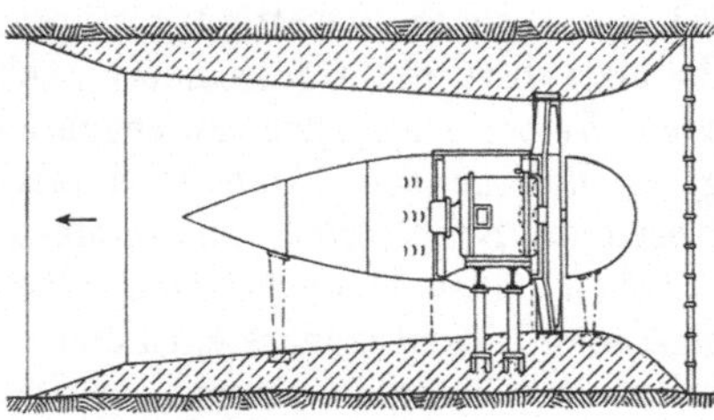

Abb. 594. Einbau eines Schraubenlüfters
in einer Strecke.

der Bemessung des Lüfters sorgfältig der Einfluß beachtet und vorher berechnet werden muß, den die Verstärkung des Teilstroms auf andere parallel gerichtete Wetterströme ausübt (Ziffer 187 S. 648).

F. Die Berechnung von Wetternetzen.

179. — Allgemeines. Der ein Grubengebäude durchfließende Wetterstrom mit seinen hintereinander und nebeneinander geschalteten Teilströmen
ist ein einheitliches Ganzes. Jede Änderung des Widerstandes in einem Teilstrom oder eine zusätzlich in ihm wirkende Depression beeinflußt ihm parallel
gerichtete und auch vor- und nachgeschaltete Teilströme und damit auch den
gesamten Wetterstrom.

Von besonderer Bedeutung ist es daher, diese Beeinflussung zu berechnen,
und zwar erscheint dieses um so wichtiger, je umfangreicher und kostspieliger
geplante Änderungen und Maßnahmen sind.

180. — Berechnung des Widerstandes eines Wetterweges. Diese Berechnungen haben vom Widerstandswert der Wetterwege auszugehen. Er läßt
sich aus der Depressionsformel (Ziffer 104 S. 586) $h = \lambda \cdot \gamma \dfrac{w^2}{2g} \cdot \dfrac{l \cdot U}{F}$ ableiten.
Für einen bestimmten Wetterweg können außer U, l, F und g mit den in
Ziffer 107, S. 591, besprochenen Einschränkungen auch λ und γ als konstant
angesehen werden. Faßt man diese Werte unter R zusammen, so erhält man:

$$h = R \cdot Q^2 \quad \text{oder} \quad R = \frac{h}{Q^2}.$$

Diese Beziehung kann als das Widerstandsgesetz für Wetterströme angesehen
werden[1]). Es hat große Ähnlichkeit mit dem Ohmschen Gesetz der Elektro-

---

[1]) Glückauf 1927; S. 1741; A. Gärtner: Die Berechnung der Wetter-
strömung in verzweigten Grubengebäuden; — vgl. ferner Bergbau 1938, S. 291:
Müller: Die Überwachung der Wetterführung auf der Grundlage von Druck-
messungen.

technik und unterscheidet sich von ihm nur durch die für turbulente Strömung gültige quadratische Beziehung. Danach hat ein Wetterweg den Widerstandswert 1, wenn er bei einem Druckunterschied von $1\,\mathrm{kg/m^2}$ (1 mm WS) eine Wettermenge von $1\,\mathrm{m^3/s}$ durchläßt. In englischem Schrifttum ist für diese Einheit die Bezeichnung „Atkinson“ üblich. Kloß hat für sie den Namen „Weißbach“ vorgeschlagen.

Die Bestimmung des Widerstandes kann auf Grund obiger Formel bei vorhandenen Wetterwegen durch Messung von Wettermenge (Q) und Druckunterschied (h) erfolgen. Bei geplanten Wetterwegen muß man die umständlichere Rechnung unter Benutzung der Depressionsformel unter gleichzeitiger Annahme eines gewünschten Wertes für Q zu Hilfe nehmen.

181. — Grundgesetze der Wetterstrom- und Druckverteilung. Für die Verteilung der Wettermengen und der Druckunterschiede lassen sich nach A. Gärtner folgende Gesetze aufstellen:

1. Das Gesetz über die Stromverteilung. Es lautet: „An jedem Knotenpunkt ist die Summe der abfließenden gleich der Summe der zuströmenden Wetter.“

2. Das Gesetz über den Depressionsverlauf in geschlossenen Stromfiguren: „Bilden mehrere Wetterwege eine geschlossene Stromfigur, so ist die Summe der Druckunterschiede in jeder Umfahrungsrichtung gleich Null.“

Aus diesen beiden Gesetzen ergeben sich die nachstehend wiedergegebenen Beziehungen für parallel und hintereinander geschaltete Wetterwege:

1. Sind mehrere Wetterwege parallel geschaltet, so verhalten sich die Wettermengen umgekehrt wie die Wurzeln ihrer Widerstände:

$$Q_1 : Q_2 = \frac{1}{\sqrt{R_1}} : \frac{1}{\sqrt{R_2}}.$$

2. Für den Gesamtwiderstand R mehrerer parallel geschalteter Wetterwege R_1, R_2, R_3 gilt:

$$\frac{1}{\sqrt{R}} = \frac{1}{\sqrt{R_1}} + \frac{1}{\sqrt{R_2}} + \frac{1}{\sqrt{R_2}}.$$

3. Der Gesamtwiderstand R hintereinander geschalteter Widerstände R_1, R_2, R_3 ist:

$$R = R_1 + R_2 + R_3.$$

182. — Widerstandswert und Grubenweite. Die Beziehungen zwischen Widerstandswert und Grubenweite können leicht aus der in Ziffer 107, S. 591, besprochenen Formel

$$A = 0{,}38\,\frac{Q}{\sqrt{h}} \quad \text{abgeleitet werden.}$$

Durch Quadrieren erhält man

$$\frac{A^2}{0{,}144} = \frac{Q^2}{h}.$$

Da $R = \dfrac{h}{Q^2}$, ist $R = \dfrac{0{,}144}{A^2}$ oder $A = \dfrac{0{,}38}{\sqrt{R}}$.

Da die äquivalente Grubenweite paralleler Wetterströme gleich der Summe der Grubenweiten jeden einzelnen Stromes ist ($A = A_1 + A_2 + A_3$), ergibt sich der Widerstandswert paralleler Ströme zu

$$R = \frac{0{,}144}{(A_1 + A_2 + A_3)^2}.$$

Da ferner
$$R = R_1 + R_2 + R_3$$
ist, errechnet sich die Grubenweite hintereinander geschalteter Ströme zu
$$A = \frac{0{,}38}{\sqrt{R}} = \frac{0{,}38}{\sqrt{R_1 + R_2 + R_3}}\,.$$

183. — Anwendungsbeispiele. Allgemeines. Bei den Berechnungen von Wetternetzen wird in erster Linie das Verfahren der widerstandstreuen Netzumwandlung, daneben auch das Probierverfahren angewandt. Die widerstandstreue Netzumwandlung besteht darin, Teilnetze durch Einzelwiderstände zu ersetzen und parallel und hintereinander geschaltete Widerstände zusammenzufassen. Bei den folgenden Beispielen soll dieses Verfahren angewandt werden. Beim Probierverfahren muß man Wettermenge und Druckunterschied mehrerer benachbarter und im Netz geeignet gelegener Wetterwege annehmen und zum Ziele zu kommen versuchen. Bei Widersprüchen sind die angenommenen Werte entsprechend zu ändern[1]).

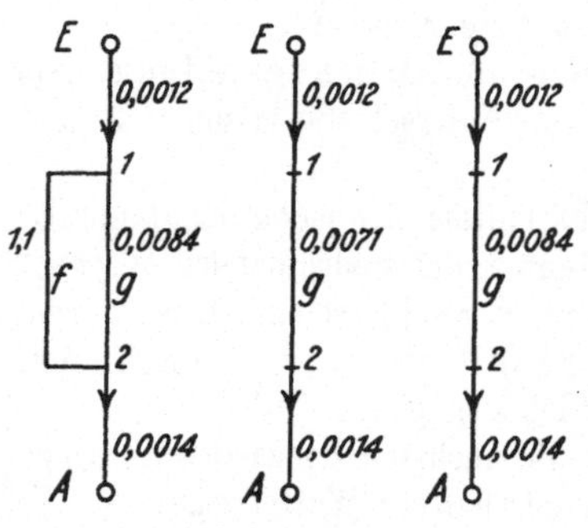

Abb. 595. Beispiel 1.

184. — Beispiel 1. Es soll der Einfluß des Fortfalls von Wetterverlusten in alten Bauen festgestellt werden. In Abb. 595 ist der Weg $E\,1$ der Einziehschacht, $1\,g\,2$ ein Hauptwetterweg, $2\,A$ der Ausziehschacht, während $1\,f\,2$ einen Kurzschlußweg darstellt. Die übrigen Zahlen der Abbildung geben die Widerstandswerte wieder.

Zunächst möge die widerstandstreue Netzumwandlung der Zurückführung der beiden parallelen Widerstände $1\,g\,2$ und $1\,f\,2$ auf einen gemeinsamen Widerstand R_{12} gezeigt werden. Es ist

$$\frac{1}{\sqrt{R_{12}}} = \frac{1}{\sqrt{1{,}1}} + \frac{1}{\sqrt{0{,}0084}}\; ; \quad \text{daraus ergibt sich}$$
$$R_{12} = 0{,}0071\,.$$

Damit ist das aus zwei Teilströmen bestehende Netz in einen Strom mit nur hintereinander geschalteten Widerständen umgewandelt. Dessen Gesamtwiderstand ergibt sich infolgedessen zu:

$$R_{EA} = 0{,}0012 + 0{,}0071 + 0{,}0014 = 0{,}0097\,.$$

Die Gesamtwettermenge ist dann bei einer Depression von 240 mm WS

$$Q_{EA} = \sqrt{\frac{240}{0{,}0097}}\ \text{m}^3/\text{s} = 157{,}2\,\text{m}^3/\text{s}\,.$$

Nun ist auch die Errechnung der Druckunterschiede der drei Stromabschnitte möglich:

$$h_{E1} = 157{,}2^2 \cdot 0{,}0012\ \text{mm WS} = 29{,}6\ \text{mm WS}$$
$$h_{12} = 157{,}2^2 \cdot 0{,}0071\ \text{mm WS} = 175{,}8\ \text{mm WS}$$
$$h_{2A} = 157{,}2^2 \cdot 0{,}0014\ \text{mm WS} = 34{,}6\ \text{mm WS}$$

---

[1]) Näheres s. A. Gärtner: a. a. O.

Die durch die beiden parallelen Teilströme fließenden Wettermengen sind dann.

$$Q_{1g2} = \sqrt{\frac{176}{0,0084}} \text{ m}^3/\text{s} = 144,5 \text{ m}^3/\text{s}$$

$$Q_{1f2} = \sqrt{\frac{176}{1,1}} \text{ m}^3/\text{s} = 12,6 \text{ m}^3/\text{s}.$$

Wie groß ist nun die Gesamtwettermenge nach Beseitigung des Wetterverlustes, d. h. nach Abdichtung des Wetterweges 1/2? Zu ihrer Berechnung ist nur die Ermittlung des Gesamtwiderstandes (Abb. 595) notwendig:
$$R_{EA} = 0,0012 + 0,0084 + 0,0014 = 0,011. \text{ Infolgedessen ist}$$

$$Q_{EA} = \sqrt{\frac{240}{0,011}} \text{ m}^3/\text{s} = 147,7 \text{ m}^3/\text{s}.$$

Statt 157,2 m³/s hat der Lüfter nur 147,7 m³/s, also 9,5 m³/s weniger zu bewältigen und durch den Wetterweg $1g2$ fließt jetzt eine Wettermenge von 147,7 m³/s statt 144,5 m³/s, also 3,2 m³/s mehr.

Hierbei ist vorausgesetzt, daß die Depression gleich gehalten werden soll. Kommt es hierauf jedoch nicht an, genügt vielmehr die alte Wettermenge von 144,5 m³ im Wetterweg $1g2$, so kann die Depression des Grubenlüfters vermindert werden. Bei gleichbleibender Wettermenge errechnet sich die Depression h_x statt zu 240 mm WS zu

$$h_x = 144,5^2 \cdot 0,011 \text{ mm WS} = 229 \text{ mm WS}.$$

In beiden Fällen wird gegenüber dem Anfangszustand an Antriebskraft des Lüfters gespart. Ohne Berücksichtigung des Wirkungsgrades ergeben sich beim Anfangszustand, bei neuem Zustand und gleichbleibender Depression und beim neuen Zustand und gleichbleibender Wettermenge im Wetterweg $1g2$:

$$N_1 = \frac{157,2 \cdot 240}{75} = \sim 503 \text{ PS}$$

$$N_2 = \frac{147,7 \cdot 240}{75} = \sim 473 \text{ PS}$$

$$N_3 = \frac{144,5 \cdot 229}{75} = \sim 441 \text{ PS}.$$

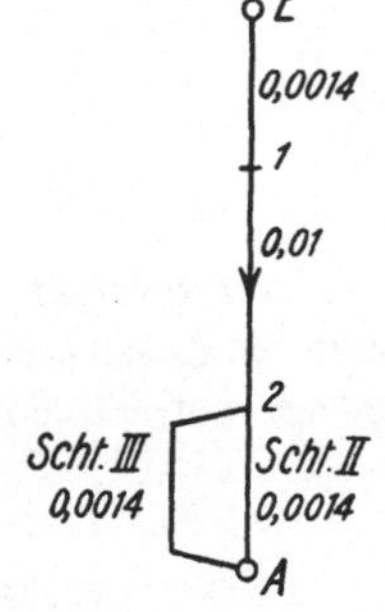

Abb. 596. Beispiel 2.

Es wird also am meisten gespart, wenn die Wettermenge im Hauptwetterweg gleich bleibt und nach Beseitigung des Kurzschlusses die Depression verringert wird.

185. — **Beispiel 2. Wie erhöht sich die Wettermenge einer Grube durch Abteufen eines zweiten ein- oder ausziehenden Schachtes?** Nach Abb. 596 betrage der Widerstand jeder der drei Schächte 0,0014, der Widerstand des übrigen Grubengebäudes insgesamt 0,01. Die verfügbare Depression betrage 300 mm WS. Die beiden ein- oder ausziehenden Schächte sind parallel geschaltet. Es ergibt sich vor dem Abteufen eines neuen Schachtes:

$$R_{EA} = 0,0014 + 0,01 + 0,0014 = 0,0128$$

$$Q_{EA} = \sqrt{\frac{300}{0,0128}} \text{ m}^3/\text{s} = \sim 153,1 \text{ m}^3/\text{s}.$$

Nach Abteufen des neuen Schachtes sind die Verhältnisse folgende:

$$\frac{1}{\sqrt{R_{2A}}} = \frac{1}{\sqrt{0,0014}} + \frac{1}{\sqrt{0,0014}}$$

$$R_{2A} = 0,00035$$

$$R_{EA} = 0,0014 + 0,01 + 0,00035 = 0,01175$$

$$Q_{EA} = \sqrt{\frac{300}{0,01175}}\ \mathrm{m^3/s} = \mathbf{159,7\ m^3/s}.$$

Die Wettermenge erhöht sich um 6,6 m³/s, also nur um 4,13%.

186. — Beispiel 3. An einen ausziehenden Schacht sollen zusätzlich Wettermengen eines benachbarten Grubengebäudes ange-

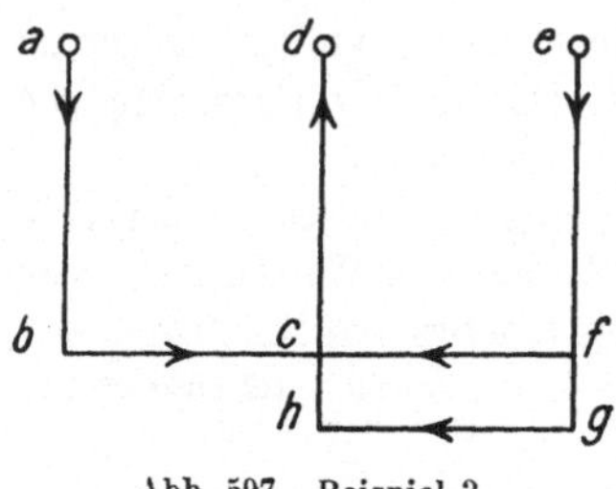

schlossen werden. Für welche Depression und Grubenweite ist der neu zu
beschaffende Lüfter vorzusehen?

Diese Aufgabe kann auf dem Wege über
die Ermittlung der Widerstandswerte der Wetterwege und deren Beziehung zur äquivalenten
Grubenweite gelöst werden (Ziffer 182 S. 643).

In Abb. 597 ist ab Einziehschacht, bc das
Grubengebäude und cd Ausziehschacht, dessen
bisheriger Lüfter 133 m³/s bei 211 mm WS

Abb. 597. Beispiel 3.

Depression (davon 30 mm in Schacht cd) leistet. An ihnen sollen 33,3 m³/s über
den Wetterweg fc und 16,6 m³/s über den Wetterweg gh angeschlossen werden.
Die beiden letztgenannten Wettermengen fallen durch den Schacht ef ein.

Grubenweite und Widerstandswert von $abcd$, von abc und vom Schacht cd
sind leicht zu bestimmen, da die Depressionen gemessen werden können:

$$A_{abcd} = 3,14; \quad R_{abcd} = 0,012 \ \dots\dots\dots\dots\ (1)$$

$$A_{abc} = 3,75; \quad R_{abc} = 0,01031 \ \dots\dots\dots\dots\ (2)$$

$$A_{cd} = 9,2; \quad R_{cd} = 0,00169 \ \dots\dots\dots\dots\ (3)$$

Der Schacht ef war bisher mit seiner gesamten Wettermenge an einen
anderen Ausziehschacht angeschlossen. Seine Depression wurde bei einer Wettermenge von 116,6 m³/s zu 20 mm WS festgestellt. Also ist

$$A_{ef} = 9,9; \quad R_{ef} = 0,00169 \ \dots\dots\dots\dots\ (4)$$

Schwieriger kann es sein, die Depression der Wetterwege fc und gh zu
finden. fc kann ein schon bestehender Teil des benachbarten Grubengebäudes
sein. Alsdann kann auch seine Depression gemessen werden. Zu schätzen oder
nach der Depressionsformel zu berechnen wäre dann nur der Anschlußweg eines
alten Wetterweges an den Schacht cd. Ober aber es muß die Depression des
gesamten Weges nach der Depressionsformel berechnet werden. Das gleiche
gilt für den Weg $fghc$. Im vorliegenden Fall ist $h_{fe} = 205$ mm WS und
$h_{fghc} = 17,3$ mm WS. Da auch die Wettermengen bekannt sind, ergibt sich:

$$A_{fc} = 0,87; \quad R_{fc} = 0,185 \ \dots\dots\dots\dots\ (5)$$

$$A_{fghc} = 1,52; \quad R_{fghc} = 0,0623 \ \dots\dots\dots\dots\ (6)$$

Um jetzt die Gesamtgrubenweite $A\dfrac{a}{e}\Big| d$ zu finden, müssen zunächst die Grubenweite und der Widerstandswert der parallelen Ströme fc und $fghc$ bestimmt werden:

$$Afc = A_{fc} + A_{fghc} = 0{,}87 + 1{,}52 = 2{,}39 \ldots \ldots \ldots (7)$$

$$Rfc = \frac{0{,}144}{Afc^2} = \frac{0{,}144}{2{,}39^2} = 0{,}0252 \ldots \ldots \ldots \ldots (8)$$

Als weiterer Schritt ist jetzt die Errechnung der Grubenweite von ec möglich. Sie ergibt sich aus den Widerstandswerten für ef (Gl. 4) und fc (Gl. 8):

$$Rec = R_{ef} + Rfc = 0{,}00169 + 0{,}052 = 0{,}02689 \ldots \ldots (9)$$

Also ist
$$Aec = \frac{0{,}38}{\sqrt{0{,}0269}}\ \mathrm{m^2} = 2{,}3\ \mathrm{m^2} \ldots \ldots \ldots \ldots \ldots (10)$$

Die Grubenweite des gesamten Grubengebäudes ohne den Ausziehschacht ist unter Benutzung von (2) und (10)

$$Aacec = A_{ac} + Aec = 3{,}75 + 2{,}3\ \mathrm{m^2} = 6{,}05\ \mathrm{m^2} \ldots \ldots (11)$$

Daraus folgt:
$$Racec = \frac{0{,}144}{6{,}05^2} = 0{,}00394 \ldots \ldots \ldots \ldots \ldots \ldots (12)$$

Da es sich beim Grubengebäude und dem Ausziehschacht um hintereinander geschaltete Wetterwege handelt, errechnet sich der Gesamtwiderstand durch Addition der beiden Einzelwiderstände (12) und (3):

$$R_{\text{gesamt}} = 0{,}00394 + 0{,}00169 = 0{,}00563 \ldots \ldots \ldots \ldots (13)$$

Infolgedessen ist:
$$A_{\text{gesamt}} = \frac{0{,}38}{\sqrt{0{,}00563}}\ \mathrm{m^2} = 5{,}07\ \mathrm{m^2} \ldots \ldots \ldots \ldots \ldots (14)$$

Um jetzt die Depression des neuen Lüfters berechnen zu können, ist die Bestimmung der gesamten Wettermenge notwendig. Sie soll nunmehr erfolgen.

Wenn durch fc 33,3 m³/s fließen, ist die dafür erforderliche Depression zu 205 mm WS festgestellt worden. In dem parallelen Wetterweg $fghc$ strömen infolgedessen:

$$Q = \sqrt{\frac{h}{R}} = \sqrt{\frac{205}{0{,}06231}}\ \mathrm{m^3/s} = 57{,}5\ \mathrm{m^3/s}\,.$$

Aus dem Schacht ef fließen somit dem Ausziehschacht cd zu: 57,5 m³/s + 33 m³/s = 91 m³/s. Infolgedessen erhöht sich der Depressionsverlust des Schachtes ef. Statt 116,5 m³/s muß er 154 m³/s durchlassen. Hierzu ist eine Depression erforderlich von

$$h_{ef} = 0{,}00169 \cdot 154^2\ \mathrm{mm\ WS} = 40\ \mathrm{mm\ WS}.$$

Am Punkt e ergibt sich daher eine Depression von 205 mm WS + 40 mm WS = 245 mm WS.

Durch diese hohe Depression erhöht sich die Wettermenge aus abc auf:

$$Q_{ac} = \sqrt{\frac{h}{R}} = \sqrt{\frac{245}{0{,}01031}}\ \mathrm{m^3/s} = 154\ \mathrm{m^3/s}\,.$$

Die gesamte Wettermenge beträgt dann

$$Q_{\text{gesamt}} = Q_{ec} + Q_{ac} = 91\ \text{m}^3/\text{s} + 154\ \text{m}^3/\text{s} = 245\ \text{m}^3/\text{s}\ .$$

Die gesamte Depression errechnet sich unter Benutzung von (13) schließlich zu:

$$h_{\text{gesamt}} = R \cdot Q^2 = 0{,}00563 \cdot 245^2\ \text{mm WS} = 348\ \text{mm WS}\ .$$

Aus h und Q ergibt sich

$$N = \frac{245 \cdot 348}{75}\ \text{PS} = 1136{,}8\ \text{PS}\ .$$

Die hohe Gesamtdepression wird durch den hohen Widerstand des Wetterweges fc und die Notwendigkeit, 33 m³/s Wetter durch ihn hindurchzuschicken, verursacht. Sie hat weiterhin die unerwünschten und überflüssigen Erhöhungen der Wettermengen in gh und abc zur Folge und damit auch die hohe Leistung des Lüfters. Um diese Nachteile zu vermeiden, gibt es zwei Wege: Verringerung des Widerstandes des Wetterweges fc oder Drosselung von ac und $fghc$ auf die gewünschten Wettermengen von 133 m³/s und 16,6 m³/s, so daß sich eine Gesamtwettermenge von 133 m³/s + 16,6 m³/s + 33,3 m³/s = 183,5 m³/s ergibt. Eine solche Drosselung würde folgende Verhältnisse hervorrufen:

h_{ec} ist zu 225 mm WS gemessen.

$$h_{cd} = RQ^2 = 0{,}00169 \cdot 183{,}5^2\ \text{mm WS} = 57\ \text{mm WS}$$

$$h_{\text{gesamt}} = 225\ \text{mm WS} + 57\ \text{mm WS} = 282\ \text{mm WS}$$

$$A_{\text{ges.}} = \frac{0{,}38 \cdot 183{,}5}{\sqrt{282}}\ \text{m}^2 = 4{,}15\ \text{m}^2$$

$$N = \frac{183{,}5 \cdot 282}{75}\ \text{PS} = 690\ \text{PS}\ .$$

187. — Beispiel 4. Berechnung eines Wetternetzes mit einem Hauptlüfter über Tage und einem Zusatzlüfter unter Tage. Nach Abb. 598 ist rs Einzieh- und vw Ausziehschacht. Das untertägige Wetternetz ist durch widerstandstreue Umwandlung auf zwei Parallelströme tR_2u und tR_1u vereinfacht. In tR_1u ist ein Zusatzlüfter mit einer Depression h_1 zur Verstärkung dieses Stromes vorgesehen. Die Depression des Hauptlüfters sei h_0. Der Widerstandswert der Wetterwege $rst + uvw$ ist R_0, die Widerstandswerte der parallelen Teilströme sind R_1 und R_2, die Depression zwischen t und u ist h'. Q_0 sei die Gesamtwettermenge, Q_1 und Q_2 die Wettermengen der Teilströme.

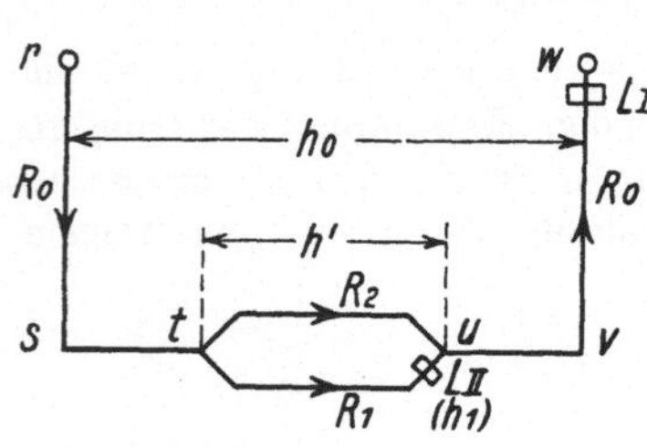

Abb. 598. Beispiel 4.

Von diesen Größen sind R_0, R_1 und R_2, ferner h_1 und h_0 bekannt. Sie können vor Einsatz des Zusatzlüfters gemessen oder errechnet werden. Unbekannt sind die durch den geplanten Zusatzlüfter veränderten Werte Q_0, Q_1 und Q_2 sowie h', wodurch insbesondere die Wettermenge in tR_2u beeinflußt wird.

Zur Errechnung dieser vier Unbekannten lassen sich folgende vier Gleichungen[1]) aufstellen:

---

[1]) Bei diesen Überlegungen erfreute ich mich des Rates von Herrn Prof. Dr.-Ing. Dr. Wieselsberger, Leiter des Aerodynamischen Instituts der Technischen Hochschule Aachen.

$$h' = R_2 \cdot Q_2{}^2 \quad\ldots\ldots\ldots\ldots \quad \text{(I)}$$

$$h_0 - h' = R_0 \cdot Q_0{}^2 \quad\ldots\ldots\ldots\ldots \quad \text{(II)}$$

$$h_1 + h' = R_1 \cdot Q_1{}^2 \quad\ldots\ldots\ldots\ldots \quad \text{(III)}$$

$$Q_0 = Q_1 + Q_2 \quad\ldots\ldots\ldots\ldots \quad \text{(IV)}$$

Gleichung IV in Gleichung I eingesetzt, ergibt:

$$h' = R_2 (Q_0 - Q_1)^2 \quad\ldots\ldots\ldots\ldots \quad \text{(1)}$$

Durch Addition von (II) und (III) erhält man:

$$h_0 + h_1 = R_0 \cdot Q_0{}^2 + R_1 \cdot Q_1{}^2 \quad\ldots\ldots\ldots \quad \text{(2)}$$

und daraus

$$Q_0{}^2 = \frac{h_0 + h_1}{R_0} - \frac{R_1}{R_0} Q_1{}^2 \quad\ldots\ldots\ldots \quad \text{(3)}$$

Den Wert für h' (1) in Gleichung III eingesetzt, liefert

$$h_1 + R_2 (Q_0 - Q_1)^2 = R_1 Q_1{}^2$$

oder

$$\frac{h_1}{R_2} + Q_0{}^2 - 2 Q_0 Q_1 + Q_1{}^2 - \frac{R_1}{R_2} Q_1{}^2 = 0 \quad\ldots\ldots \quad \text{(4)}$$

Ersetzt man in dieser Beziehung Q_0 durch den Wert der Gleichung (3), so erhält man:

$$\frac{h_1}{R_2} + \frac{h_0 + h_1}{R_0} - \frac{R_1}{R_0} Q_1{}^2 - 2 Q_1 \sqrt{\frac{h_0 + h_1}{R_0} - \frac{R_1}{R_0} Q_1{}^2} + Q_1{}^2 - \frac{R_1}{R_2} Q_1{}^2 = 0$$

oder

$$\underbrace{\left(1 - \frac{R_1}{R_0} - \frac{R_1}{R_2}\right) Q_1{}^2}_{a} + \underbrace{\left(\frac{h_0 + h_1}{R_0} + \frac{h_1}{R_2}\right)}_{b} = 2 \sqrt{\frac{h_0 + h_1}{R_0} Q_1{}^2 - \frac{R_1}{R_0} Q_1{}^4} \; .$$

Die Wurzel kann durch Quadrieren fortgeschafft werden:

$$a^2 Q_1{}^4 + 2 a b Q_1{}^2 + b^2 = 4 \left(\frac{h_0 + h_1}{R_0} Q_1{}^2 - \frac{R_1}{R_0} Q_1{}^4\right)$$

der

$$\underbrace{\left(a^2 + 4 \frac{R_1}{R_0}\right) Q_1{}^4}_{A} + \underbrace{\left(2 a b - 4 \frac{h_0 + h_1}{R_0}\right) Q_1{}^2}_{B} + \underbrace{b^2}_{C} = 0 \; .$$

Die Auflösung dieser quadratischen Gleichung ergibt bei Wahl des negativen Vorzeichens der Wurzel:

$$Q_1{}^2 = \frac{1}{2A} \left(-B - \sqrt{B^2 - 4 A C}\right) .$$

Damit ist Q_1 gefunden.

Q_0 erhält man durch Einsetzen von $Q_1{}^2$ in Gleichung (3),

Q_2 erhält man durch Einsetzen von Q_0 und Q_1 in Gleichung (IV),

h' erhält man aus Gleichung (I).

An drei Beispielen möge die Anwendung dieser Formeln gezeigt werden. Das erste Beispiel zeigt die richtige Wahl der Depression eines Zusatzlüfters, und das zweite Beispiel zeigt eine so starke Bemessung dieses Lüfters, daß eine Wetterumkehrung in parallel geschaltetem Wetterweg eintritt. Das dritte Beispiel behandelt den Grenzfall, der dadurch gegeben ist, daß es im parallelen Wetterweg zum Stillstand der Wetterbewegung kommt.

Fall 1. Es seien folgende Depressionen und Widerstandswerte angenommen:

$$h_0 = 130 \text{ mm WS}; \quad R_0 = 0,01$$

$$h_1 = 30 \text{ mm WS}; \quad R_1 = R_2 = 0,005$$

$$a = \left(1 - \frac{R_1}{R_0} - \frac{R_1}{R_2}\right) = 1 - 0,5 - 1 = -0,5$$

$$b = \frac{h_0 + h_1}{R_0} + \frac{h_1}{R_2} = \frac{160}{0,01} + \frac{30}{0,005} = 16\,000 + 6000 = 22\,000$$

$$A = a^2 + 4\,\frac{R_1}{R_0} = 0,25 + 4 \cdot 0,5 = 2,25$$

$$B = 2\,a\,b - \frac{4\,(h_0 + h_1)}{R_0} = -22\,000 - \frac{640}{0,01} = -86\,000$$

$$C = b^2 = 484 \cdot 1000^2$$

$$Q_1{}^2 = \frac{1}{4,5}\left(86\,000 - \sqrt{86^2 \cdot 1000^2 - 4 \cdot 2,25 \cdot 484 \cdot 1000^2}\right) = 6870\,.$$

Somit ergibt sich $Q_1 = 83 \text{ m}^3$

$$Q_0{}^2 = \frac{h_0 + h_1}{R_0} - \frac{R_1}{R_0}\,Q_1{}^2 = \frac{160}{0,01} - 0,5 \cdot 6870 = 12\,565$$

$$Q_0 = 112 \text{ m}^3$$

$$Q_2 = Q_0 - Q_1 = 112 - 83 = 29 \text{ m}^3$$

$$h' = R_2 \cdot Q_2{}^2 = 0,005 \cdot 29^2 = 4,2 \text{ mm}$$

Vor Einsatz des Zusatzlüfters betrug die Gesamtwettermenge 107,5 m³/s. Sie ist durch den Zusatzlüfter um 4,5 m³/s erhöht worden. Die Wettermengen in den beiden parallelen Wetterwegen waren vorher gleich und betrugen 53,75 m³/s. Der Zusatzlüfter hat den eigenen Teilstrom auf 83 m³/s verstärkt und den parallelen Teilstrom auf 29 m³/s abgeschwächt.

Fall 2. Dieses Beispiel möge sich von dem ersten nur durch die Depression des Zusatzlüfters, die zu 90 mm WS angenommen sei, unterscheiden. Die grundsätzlich gleiche Ausrechnung führt zu folgenden Ergebnissen:

$$Q_0 = 112,6 \text{ m}^3/\text{s}; \quad Q_2 = -23,9 \text{ m}^3/\text{s}$$

$$Q_1 = 136,5 \text{ m}^3/\text{s}; \quad h' = 2,8 \text{ mm WS}$$

Die Wettermenge in dem zu verstärkenden Teilstrom des Weges $t\,R_1\,u$ ist mit 136,5 m³/s außerordentlich erhöht. Sie ist größer als die ausziehende Wettermenge. Dieser Zustand ist durch eine zu starke Bemessung des Zusatzlüfters hervorgerufen, der nicht nur aus $r\,s\,t$, sondern auch aus $u\,R_2\,t$ ansaugt und dadurch einen Kreislauf eines Teiles der Wetter bewirkt.

Fall 3. Es soll die Depression des Zusatzlüfters gefunden werden, bei der eine Wetterbewegung im Parallelzweig $t\,R_2\,u$ in jeder Richtung aufhört. Dies ist der Fall, wenn $h' = 0$ wird und $Q_1 = Q_0$ ist.

Da $h' = 0$, erhält man durch Division der Gleichungen II und III:

$$\frac{h_0}{h_1} = \frac{R_0 \cdot Q_0{}^2}{R_1 \cdot Q_1{}^2}$$

oder

$$h_1 = h_0 \cdot \frac{R_1}{R_0} = 130 \cdot \frac{0,005}{0,01} = 65 \text{ mm WS}\,.$$

Aus Gleichung II kann unter Berücksichtigung, daß $h' = 0$ ist, die Wettermenge Q_0 errechnet werden:

$$h_0 = R_0 Q_0{}^2$$

oder

$$Q_0 = \sqrt{\frac{130}{0,01}} = 114 \ \mathrm{m^3/s}\,.$$

Unter den angenommenen Widerstandsverhältnissen des Grubengebäudes wird also durch einen Lüfter von 65 mm WS Depression Wetterstillstand in einem parallelen Teilstromnetz erzielt.

Dieser kritische Zustand tritt übrigens um so leichter ein, je geringer die den Teilstrom vor- und nachgeschalteten Widerstände sind, und um so schwerer, d. h. erst bei höheren Zusatzdepressionen, je höher diese Widerstände sind.

V. Das Geleucht des Bergmannes.

188. — Allgemeines[1]**).** Mit der Verbesserung der Grubenbeleuchtung, wie sie namentlich durch die Einführung der elektrischen und der Azetylenlampen sowie der ortsfesten Beleuchtung in den Untertagebetrieb erzielt wurde, hat die Erkenntnis der Bedeutung des Lichts für den Bergbau ständig zugenommen. Durch gute, d. h. genügend starke und zugleich blendungsfreie Beleuchtung wird die bergmännische Berufskrankheit des Augenzitterns (Nystagmus) eingeschränkt oder ganz vermieden. Auch gewährt helles blendungsfreies Licht eine erhöhte Sicherheit gegen Stein- und Kohlenfall; es steigert unmittelbar die Arbeitsleistung, da der Mann seine Verrichtungen zielsicher und ohne Zaudern durchführen kann. Vielfach wird auch eine Verbesserung des Arbeitserzeugnisses, z. B. durch besseres Aushalten der Berge aus den Kohlen, die Folge sein. Im allgemeinen verscheucht reichliches Licht die Ermüdung, regt den Menschen geistig an und beeinflußt ihn seelisch günstig.

Die Beleuchtungstechnik hat eine Reihe von Begriffen geschaffen, mit denen die Lichtquelle und ihre Wirkung gekennzeichnet werden. Die wichtigsten dieser Begriffe sind: Lichtstärke, Lichtstrom und Beleuchtungsstärke und Leuchtdichte.

Denkt man sich die Strahlung im Mittelpunkt der Lichtquelle vereinigt, so erfolgt diese in einer bestimmten Richtung auf ein bestimmtes Flächenelement innerhalb eines Raumwinkels, dessen Spitze im Mittelpunkt der Lichtquelle liegt und dessen Grundfläche das Flächenelement bildet. Die in dieser bestimmten Richtung gegebene räumliche Lichtstromdichte wird Lichtstärke genannt. Ihre Einheit ist eine Hefner-Kerze (HK). Das ist die Lichtstärke, die eine mit Amylazetat gespeiste Lampe von gesetzlich vorgeschriebener Bauart und Brennweite in waagerechter Richtung besitzt.

Der Lichtstrom wird entweder in den gesamten Raum (bei einer leuchtenden Kugel) oder in einen Raumteil (bei einem Scheinwerfer) ausgestrahlt. Er

---

[1]) Glückauf 1927, S. 477; Gaertner: Der elektrische Betrieb im Steinkohlenbergbau; — ferner ebenda 1931, S. 676; Hiepe: Zukunft der Beleuchtung unter Tage im Ruhrkohlenbergbau; — ferner Handbuch der Lichttechnik (Berlin, Springer), 1938; — ferner Bergbau 1938, S. 229; Hiepe: Aus der neuesten Entwicklung der Beleuchtung unter Tage im Ruhrkohlenbergbau; — ferner Glückauf 1938, S. 284; Nehring: Die Beleuchtung in schlagwettergefährdeten Steinkohlengruben.

stellt die Leistung der Lichtquelle dar und wird in Lumen gemessen. 1 Lumen (Lm) ist dann vorhanden, wenn der Lichtstrom auf 1 m² Fläche die gleichmäßige Beleuchtung von 1 Lux erzeugt. Die Angabe der Stärke des Lichtstroms ist heute allgemein üblich. Für Grubenlampen kann sie mit einem von Hiepe angegebenen Lichtmesser (Abb. 599) schnell und ohne Fachkenntnisse gemessen werden.

Trifft der Lichtstrom auf eine Fläche auf, so wird diese beleuchtet. Die Dichte des Lichtstroms auf dieser Fläche ist die Beleuchtungsstärke. Sie wird in Lux gemessen. 1 Lux ist vorhanden, wenn 1 Lumen auf 1 m² Fläche fällt. Die Beleuchtungsstärke ist proportional der Lichtstärke und umgekehrt proportional dem Quadrat der Entfernung. Die Beleuchtungsstärke des hellen Sonnenlichts ist etwa 80000 Lux, die des Mondes 0,2 Lux, einer $^1/_2$ m vom Kohlenstoß aufgehängten Benzinwetterlampe weniger als 0,1—0,6 Lux[1]) und einer Akkumulatorlampe 0,2—1 Lux. In Schreibstuben ist die Beleuchtungsstärke 60—80 Lux. Hiepe hat nachgewiesen, daß zu einer schnellen Unterscheidung von Kohlen und Bergen am Kohlenstoß rund 20 Lux gefordert werden müssen. Aus diesen Vergleichen geht deutlich die vielfach noch große Mangelhaftigkeit der Beleuchtung unter Tage hervor.

Von einer Lichtquelle ausgestrahltes Licht wird erst erkennbar, wenn sich im Bereich einer Lichtstrahlung ein Körper befindet, der das Licht zerstreut, reflektiert oder durchläßt. Der Körper hat daher eine bestimmte Leuchtdichte, die von der Beleuchtungsstärke auf seiner Oberfläche und seiner Reflektion abhängt. Als Einheit der Leuchtdichte ist 1 Stilb eingeführt, die dann vorhanden ist, wenn 1 HK von einer ebenen Fläche von 1 cm² in senkrechter Richtung abgestrahlt wird.

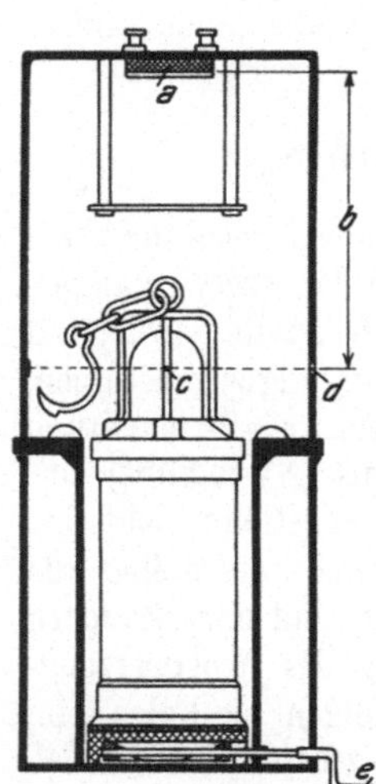

Abb. 599. Lichtmesser für Grubenlampen nach Hiepe. *a* Sperrschichtzelle, *c* Brennpunkt der Leuchte, *d* Schauloch zur Überwachung der Einstellung der Lampe mittels der Kurbel *e*.

Das menschliche Auge wird durch Licht mit einer Leuchtdichte von mehr als 0,75 Stilb (0,75 HK/cm²) geblendet. Es paßt sich wechselnden Beleuchtungsstärken nur langsam an. Um den Bergleuten daher bei der Einfahrt den Übergang vom hellen Tageslicht zum Dunkel der Grube zu erleichtern, ist es zweckmäßig, das Füllort mit stärkerer und die anschließenden Einfahrwege mit allmählich abnehmender Beleuchtung auszustatten.

Das Licht wird von hellen, glatten Wandungen stark zurückgeworfen, während es von mattschwarzen Flächen nahezu vollständig verschluckt wird. Durch Weißen der Wandungen kann man in ungenügend beleuchteten Räumen die Lichtwirkung vervielfältigen. Im künstlichen, so auch im elektrischen Licht sind die roten und gelben Lichtstrahlen stärker als im Tageslicht vertreten. Durch Blaufilter kann man diese Strahlen herausfiltrieren und ein dem Tageslicht ähnliches weißes Licht erhalten.

---

[1]) Elektrizität im Bergbau, 1929, S. 221; Gaertner u. L. Schneider: Die Beleuchtung als Mittel zur Rationalisierung im Steinkohlenbergbau.

Man unterscheidet beim bergmännischen Geleucht die Mannschaftslampen oder das tragbare Geleucht für Einzelplatzbeleuchtung und die Starklichtlampen für Einzelplatz- und für Allgemeinbeleuchtung. Die tragbaren Lampen gliedern sich in Flammenlampen und elektrische Lampen. Die ersteren sind weiter nach dem Brennstoff (Öl, Benzin, Azetylen) und nach der Ausführung als offene oder geschlossene Wetterlampen) verschieden. Die tragbaren elektrischen Lampen sind stets Akkumulatorenlampen und unterscheiden sich hauptsächlich durch die Art der benutzten Akkumulatoren. Als Starklichtlampen verwendet man entweder größere Azetylen- oder elektrische Lampen. Letztere sind ebenfalls Akkumulatorenlampen oder werden durch einen kleinen, mittels einer Druckluftturbine angetriebenen Stromerzeuger gespeist oder an ein Stärkstromnetz angeschlossen.

A. Mannschaftslampen.

a) Offene Lampen.

189. — Azetylenlampen. Allgemeines. An Stelle der Öllampen haben sich auf schlagwetterfreien Gruben fast allgemein Azetylenlampen eingebürgert, bei denen das Azetylen in der Lampe selbst erzeugt wird.

Azetylen (C_2H_2) ist ein aus der Einwirkung von Wasser auf Kalziumkarbid (CaC_2) unter Wärmeentwickelung entstehendes Gas.

Der Karbidverbrauch einer normalen Mannschaftslampe in der 8 stündigen Schicht beträgt etwa 250 g. Bei einem Preise von 30 Rpf. je Kilogramm Karbid, stellen sich die Brennstoffkosten je Schicht auf nur 8 Rpf. bei einer Lichtstärke von ungefähr 20—25 HK. Als Vorteil der Azetylenlampe gilt ferner die große Sauberkeit und Betriebssicherheit. Nachteilig ist ihre Blendwirkung infolge zu hoher Leuchtdichte sowie die leichte Berührungsmöglichkeit der offenen Flamme mit der Hand oder Kleidungsstücken. Die Azetylenflamme brennt selbst in matten Wettern gut, was freilich nicht in allen Fällen als Vorteil anzusehen ist, da sie nicht in gleicher Weise sicher wie Öl- oder Benzinlampen warnt.

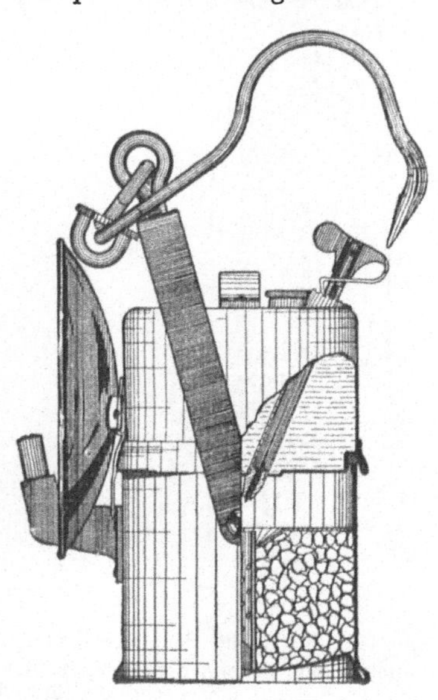

Abb. 600. Offene Azetylenlampe von Seippel.

190. — Lampe von Seippel. Azetylenlampen werden vielfach, unter anderen von Friemann & Wolf zu Zwickau, Seippel zu Bochum, von der Gewerkschaft Carl zu Bochum, angefertigt. Die Ausführungen sind sich mehr oder weniger ähnlich.

Bauart und Wirkungsweise mögen an der Seippelschen Lampe (Abb. 600) erläutert werden. Der Lampentopf dient zur Aufnahme des zu einer Patrone zusammen gepreßten oder losen Kalziumkarbids und damit gleichzeitig als Gaserzeugungsraum. Dem Topfe ist der Wasserbehälter aufgesetzt und mit ihm durch einen feststellbaren Bügel in Verbindung gebracht. Vor dem Leuchtschirm ist der Brenner angebracht. Eine Flügelschraube regelt den Wasserzutritt zum Karbid; sie kann je nach Bedarf geöffnet werden. Zur gleichmäßigen Verteilung des Wassers im Lampentopfe dient ein Sieb, indem dieses je nach der Stellung der Lampe verschieden abtropft. Wird zuviel Gas entwickelt und kann dieses nicht völlig durch den Brenner austreten, so entweicht der Überschuß durch den Wasserbehälter und tritt durch eine in der Verschlußschraube des Wasserbehälters vorgesehene Sicherheitsöffnung ins Freie. Die Lampe brennt 8—10 Stunden.

b) Benzinwetterlampen.

191. — Geschichtliches [1]). Im Jahre 1816 machte der englische Physiker Davy die Beobachtung, daß eine Gasflamme durch ein darüber gehaltenes, engmaschiges Drahtsieb nicht hindurchschlägt, selbst wenn brennbare Gase oberhalb des Siebes vorhanden sind. Der Grund für die Erscheinung liegt darin, daß das Sieb die Flamme so weit abkühlt, daß die hindurchtretenden Verbrennungsgase die zur Entzündung der oberhalb befindlichen Gase erforderliche Temperatur nicht mehr besitzen. Aus der Beobachtung folgte die Erfindung der Wetterlampe, auch Sicherheitslampe genannt.

192. — Einrichtung der Benzinwetterlampe. Die Hauptteile der Wolfschen Lampe, die als Grundform für alle Benzinwetterlampen gelten kann, sind Topf, Glaszylinder, Drahtkorb und Gestell. Durch Verschrauben des unteren Gestellringes mit dem oberen Rande des Topfes werden die Teile in der aus Abb. 601 ersichtlichen Weise miteinander verbunden und nicht nur fest, sondern auch dicht zusammengehalten. Den Abschluß der Lampe nach oben bildet der Gestelldeckel, an dem der Haken befestigt ist. In dem Topfe ist die Zündvorrichtung 6 (in der Abbildung rechts vom Dochte) und die Stellschraube 4 zum Groß- und Kleinstellen der Flamme angebracht.

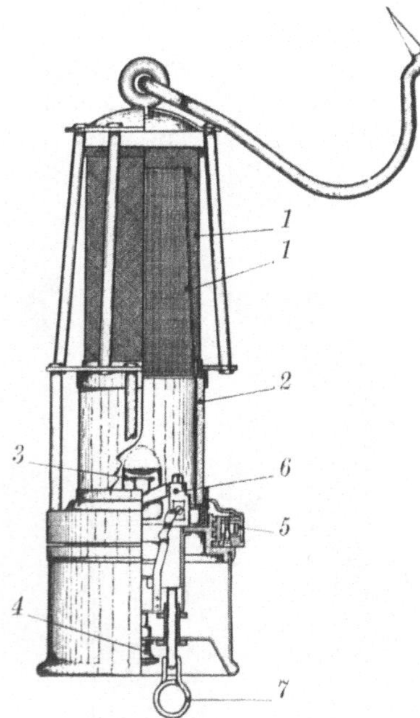

Abb. 601. Wolfsche Benzinwetterlampe. 1 Innerer und äußerer Drahtkorb, 2 Glaszylinder, 3 Docht, 4 Stellschraube für den Docht, 5 Magnetverschluß, 6 Zündvorrichtung, 7 Betätigungsring für die Zündvorrichtung.

Der vorspringende Fußrand des jetzt meistens aus gestanztem Stahlblech gefertigten Topfes schützt den Topf sowohl wie die unten herausragende Stellschraube und den Betätigungsgriff der Zündvorrichtung vor Beschädigungen. Der im unteren Gestellring angeordnete Magnetverschluß, der in der Abbildung nicht dargestellt ist, hindert das unbefugte Losdrehen der den

---

[1]) Glückauf 1919, S. 369; Niemann: Die ersten Sicherheitslampen.

Lampentopf mit dem Gestellring verbindenden Verschraubung. Der Innenraum des Topfes ist mit Watte zum Aufsaugen des Benzins angefüllt. Es darf nur so viel Benzin in die Lampe gelangen, daß es vollständig von der Watte aufgesaugt wird. Eine ordnungsmäßig gefüllte Lampe muß man umkehren können, ohne daß Benzin aus dem Topfe fließt.

Der aus gewöhnlichem, hellem, gut ausgeglühtem Glase bestehende Glaszylinder muß genau gleichlaufende und rechtwinklig zur Achse der Lampe abgeschnittene Ränder besitzen, damit ein dichter Anschluß an die übrigen Lampenteile möglich ist. Es ist dies für die Sicherheit der Lampe von Bedeutung. An Stelle des gewöhnlichen Glases benutzt man mit gutem Erfolg Jenaer Hartglas, das haltbarer und gegen plötzliche Temperaturschwankungen unempfindlicher ist. Der Glaszylinder verschluckt in reinem Zustande nur etwa 2—6% des von der Flamme ausgesandten Lichtes.

Die Frischluft tritt bei den meist gebrauchten Lampenformen über dem Glaszylinder durch den unteren Teil des Drahtkorbes ein und geht zur Flamme, während die verbrauchte Luft durch den oberen Teil und den Deckel des Drahtkorbes abzieht. Es sind dies also Lampen mit „oberer Luftzuführung“.

193. — Der Drahtkorb. Ausschlaggebend für die Schlagwettersicherheit der Lampe ist der Drahtkorb. Das Drahtnetz erfüllt seinen Zweck um so besser, je mehr Wärme es aufnehmen kann und je schneller es sie fortzuleiten vermag. Es soll deshalb die Drahtnetzoberfläche im Verhältnis zum Fassungsraum des Lampeninneren möglichst groß sein. Im übrigen ist ein Drahtnetz um so durchschlagsicherer, je größer die Maschenzahl auf 1 cm, je dicker der Draht und je kleiner der gesamte Lochquerschnitt ist. Die Maschenzahl auf die Flächeneinheit, die Drahtdicke und der freie Lochquerschnitt sind aber gegenseitig voneinander abhängige Größen, so daß nicht allen dreien zugleich Rechnung getragen werden kann. Auch darf man mit Rücksicht auf die Haltbarkeit des Gewebes unter eine bestimmte Drahtstärke nicht herabgehen. Schließlich verlangt die Leuchtkraft der Lampe, daß das Drahtsieb eine gute Luftdurchlässigkeit behält, also der freie Lochquerschnitt tunlichst groß bleibt. Nur durch praktische Versuche kann man deshalb das günstigste Verhältnis finden.

Man ist zu dem Ergebnis gelangt, daß schwach konische Korbformen von etwa 40—50 mm unterer Weite und 88—97 mm Höhe und Drahtgewebe von 144 Maschen auf 1 cm² und 0,3—0,4 mm Drahtdicke den Erfordernissen der Schlagwettersicherheit, Haltbarkeit und Leuchtkraft am besten entsprechen und deshalb den anderen Korbformen und Gewebearten vorzuziehen sind. Die Drahtkörbe bestehen aus Stahl- oder Messingdraht. Stahldrahtgewebe ist, was die Standfestigkeit und Widerstandsfähigkeit gegen Schmelzen unter der Einwirkung der Schlagwetterflamme betrifft, dem Messingdrahtgewebe überlegen. Dieses hinwiederum beeinträchtigt die Leuchtkraft weniger, rostet nicht und ist in Gruben mit sauren oder salzigen Wassern haltbarer. Für Lampen mit einfachem Korb sollte man stets Stahldrahtgewebe gebrauchen.

Durch einen doppelten Drahtkorb läßt sich die Schlagwettersicherheit der Lampe wesentlich erhöhen; gleichzeitig leidet aber wegen der Behinderung der Luftzufuhr auch die Leuchtkraft und die Brennfähigkeit. Diesem Übelstande kann man durch eine Vergrößerung der Drahtkorboberfläche abhelfen. Insbesondere soll man bei Doppelkörben dem äußeren Korbe einen so weit vergrößerten Durchmesser geben, daß der Innenkorb mindestens die bei den einfachen Körben übliche Größe behalten kann. Leuchtkraft und Schlagwettersicherheit der Lampen stellen sich, wie Versuche ergeben haben, am günstigsten, wenn die Seitenwände der beiden Korbmäntel annähernd parallel in einem Abstande von etwa 7—11 mm voneinander verlaufen, während der Deckelabstand nur etwa 3—5 mm betragen soll. Es ist dies die sog. Normalform.

Um die obengenannten Vorzüge sowohl des Stahldraht- wie des Messingdrahtgewebes auszunutzen, kann man bei Doppelkörben für den Außenkorb Messinggewebe und für den Innenkorb Stahldraht wählen. Im OBA.-Bezirk Dortmund ist Stahldrahtgewebe für den Innenkorb vorgeschrieben.

194. — Innere Zündvorrichtung. Die gebräuchlichste Art der inneren Zündung war anfänglich diejenige mittels Zündstreifen.

Die heute allein gebräuchliche Metallfunkenzündung benutzt die Eigenschaft der Cerverbindungen, beim Reiben oder Kratzen mit harten Gegenständen starke Funken zu erzeugen. Nach der in Abb. 601 dargestellten Ausführung wird ein aus einer Cerlegierung bestehender Stift von dem Kopf eines durch eine Feder angedrückten Hebels gehalten und gegen die Zähne eines Stahlrädchens gepreßt. Die bei Drehung des Rädchens abspritzenden Funken entzünden die Benzinflamme. Die sehr einfache Zündung ist freilich nicht in jedem Falle schlagwettersicher. Bei plötzlichen Erschütterungen der Lampe durch Stoß oder Fall kann nämlich der unverbrannt in die Lampe fallende Zündmetallstaub aus dem Lampeninnern durch den Drahtkorb nach außen gelangen. Auf diesem Wege kommt er mit dem warmen Drahtgeflecht des Korbes in Berührung, dessen Temperatur bereits genügt, den Staub zu entflammen, so daß dieser Schlagwetter entzünden kann.

Nachdem man aber durch Änderung der Zusammensetzung des Zündmetalls (statt Cereisen nimmt man jetzt Verbindungen des Cers mit Leichtmetallen) die Entzündungstemperatur des Zündmetallstaubes auf 310—320° C heraufgesetzt hat, genügen die Lampen im wesentlichen den Anforderungen, die man berechtigterweise bezüglich der Schlagwettersicherheit stellen muß. Immerhin ist es zweckmäßig, alle Lampen mit Metallfunkenzündung mit Doppelkörben zu versehen.

Durch Grubengas, das in der Lampe verbrennt, z. B. beim Ableuchten, kann der innere Drahtkorb so heiß werden, daß sich auch der Staub des verbesserten Zündmetalls daran entzündet. Man soll daher eine Lampe mit Metallfunkenzündung in der Grube immer erst etwa 1 Minute nach ihrem Erlöschen wieder anzünden; in dieser Zeit kühlt sich der Drahtkorb genügend ab.

195. — Magnetverschluß. Der Magnetverschluß, der das unbefugte Öffnen der Lampe verhindern soll, beruht darauf, daß die unter Federdruck stehende Verriegelung der Lampe durch eine starke magnetische Kraft aus der Verschlußstellung gebracht wird. Hierfür bedient man sich jetzt allgemein starker Elektromagnete.

Als Beispiel ist der Spiralmagnetverschluß von Friemann & Wolf in Abb. 602 dargestellt. Der Verschluß erfolgt dadurch, daß die Nase eines unter Federdruck stehenden Ankers beim Zusammenschrauben von Oberteil und

Lampentopf in Aussparungen, die sich an dem Gewinde des Verschraubungs-unterteils befinden, einspringt und beide Teile miteinander verriegelt. Beim Öffnen wird der Verschlußanker durch den Magneten aus der Schließstellung zurückgezogen, so daß beide Verschrau-bungsteile wieder voneinander getrennt wer-den können.

196. — Der Benzinbrand. An Wetter-lampenbenzin werden im Ruhrbezirk folgende Anforderungen gestellt: Es soll keine Bestand teile enthalten, die nicht bei Zimmertempe-ratur verdunsten; es darf keinen unange-nehmen Geruch haben; es soll nur Bestand-teile enthalten, die zwischen 60—140⁰ über-gehen; es muß ein einheitliches Destillat sein, in dem die unter 100⁰ C destillieren-

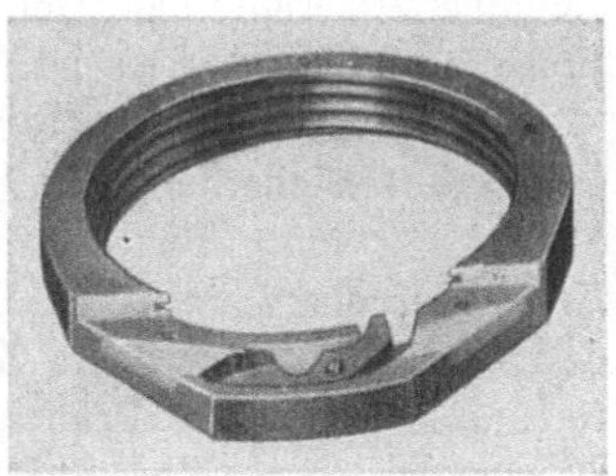

Abb. 602. Magnetankerverschluß
von **Friemann & Wolf.**

den Bestandteile vorherrschen (60—70%); es darf bei +15⁰ C ein spez. Ge-wicht von höchstens 0,735 haben.

Die Vorzüge des Benzins bestehen hauptsächlich in seiner geringen Ruß-bildung und leichten Entzündlichkeit. Die Lichtstärke der Benzinflamme beträgt bei einer gut gereinigten, hell brennenden Lampe 0,85—0,95 HK, ihre Leucht-dichte 0,5 Stilb, ihr Lichtstrom 8 Lm. Die Kosten des Leuchtstoffs betragen bei Benzinbrand (Verbrauch etwa 50 g je Schicht) rund 2 Rpf.

197. — Besondere Lampenformen. Bei der oberen Luftzuführung (s. Ziff. 192) ist eine gegenseitige Behinderung der zu- und abströmenden Luft unvermeidlich. Bei den **Lampen mit unterer Luftzuführung** hat man eine bessere Leitung der Luft dadurch zu erreichen versucht, daß man den Eintritt der frischen Luft unter den Glaszylinder verlegte, wobei man hier der Schlagwettergefahr wegen den üblichen Drahtnetzschutz gleichfalls an-bringen mußte. Dieses Drahtsieb kann als Zylinder eingebaut sein oder kann, um ohne Schwierigkeit eine größere Oberfläche zu erhalten und gleichzeitig besseren Schutz gegen äußere Verschmutzung zu bieten, waage-recht angeordnet werden.

Ein Vorzug solcher Lampen ist, daß sie besser und leichter brennen und deshalb ein helleres Licht geben. Die Schlagwettersicherheit bleibt im wesent-lichen unverändert. Als Nachteil ist hervorzuheben, daß der Bau der Lampe verwickelter und diese selbst in der Anschaffung und infolge vermehrter Ausbesserungen auch in der Unterhaltung teurer wird. Die obere Luftzu-führung wird vorwiegend für **Runddochtlampen,** die untere mehr für **Flach-brennerlampen** benutzt.

Damit der Wetterstrom nicht unmittelbar gegen den Drahtkorb bläst und eine etwa darin entstandene Schlagwetterflamme durch das Drahtnetz treibt, umgibt man die Körbe mit Blechmänteln (**Mantellampen**). Der Mantel kann entweder geschlossen sein und nur zwecks Durchtritts der Luft oben und unten Öffnungen, Schlitze oder Bohrungen freilassen (**Marsaut-Lampe**), oder der Mantel ist auf seiner ganzen Höhe mit Schlitzen versehen. Der Mantel macht freilich die Lampe schwerer und behindert die Lichtwirkung nach oben. Ein Vorzug der Mantellampen liegt, abgesehen von der höheren Schlagwetter-sicherheit, darin, daß sie in lebhaftem Wetterzuge weniger leicht erlöschen.

Es ist aber zu beachten, daß die Drahtkörbe bei einer Lampe mit Schutzmantel heißer werden als bei einer Lampe ohne Schutzmantel. Dadurch wird die oben (Ziff. 194) erwähnte Gefahr der Entzündung von Staubteilchen des Zündmetalls erhöht, also die Schlagwettersicherheit der Lampen mit Metallfunkenzündung herabgesetzt.

198. — **Schlagwettersicherheit der Wetterlampen.** Was die Schlagwettersicherheit der Lampen gegen Durchblasen der Flamme angeht, so muß man sich erinnern, daß bei dem explosionsgefährlichen Grubengasgehalte von 5—14% die eigentliche Lampenflamme erlischt, daß aber bei dauerndem Zufluß von Schlagwettern diese in der Lampe fortbrennen und den Drahtkorb zum Erglühen bringen. Die Glühwirkung äußert sich namentlich auf der Abströmungsseite und kann so weit gehen, daß Messingdrahtgewebe und unter Umständen sogar Stahldrahtgewebe schmelzen.

Gegenüber 8—9 prozentigen Schlagwettergemischen sind Lampen mit einfachem Drahtkorbe bei Stromgeschwindigkeiten von 4—5 m bereits unsicher. Lampen mit zweckmäßig gewählten Doppelkörben blasen in gleichen Schlagwettergemischen erst bei 7—8 m Wettergeschwindigkeit durch. Mantellampen sind selbst bei den höchsten, in Versuchseinrichtungen zur Anwendung gebrachten Geschwindigkeiten von 14—15 m noch sicher. Die Sicherheit aller Lampen sinkt in Gemischen von hohem, an der oberen Explosionsgrenze stehendem Methangehalt stark. In Gemischen mit 13% CH_4 können einfache Körbe bereits bei 2—3 und Doppelkörbe bei 5 m Wettergeschwindigkeit Durchschläge ergeben. Der Grund für diese auffallende Erscheinung liegt darin, daß bei derart hochprozentigen Gemischen die Schlagwetterflamme sich nicht an der Einströmseite im Korbe zu halten vermag, sondern nach der Abströmseite herübergetrieben wird und hier dann die Entzündung nach außen überträgt[1]).

Man darf die Bedeutung einer Schlagwettersicherheit bis 5 m Wettergeschwindigkeit in keinem Falle überschätzen. Solche Geschwindigkeiten der Lampe gegenüber den Wettern können schon durch unvorsichtige Bewegungen beim Abprobieren oder durch Fall der Lampe leicht erreicht oder überschritten werden. Wenn nun z. B. gar das Hangende sich plötzlich auf den Alten Mann setzt, so können aus diesem die Schlagwetter mit viel größeren Geschwindigkeiten herausgedrückt werden und über die ruhig hängende Lampe streichen. Noch weniger darf man annehmen, daß das Vorkommen von 13% CH_4 in den Wettern ausgeschlossen ist. Starke Bläser oder Gasausbrüche können gelegentlich sehr wohl den Methangehalt auf diese ganz besonders gefährliche Höhe bringen.

c) Elektrische Lampen.

199. — **Vorbemerkungen.** Wegen der mangelhaften Sicherheit der mit Benzin gespeisten Wetterlampen — im Zeitraum von 1900 bis 1918 sind von 607 in Preußen vorgekommenen Schlagwetterexplosionen 357 = 58,8% durch den Gebrauch der Benzinwetterlampe verursacht worden — war die

---

[1]) Glückauf 1912, S. 857; Beyling u. Hatzfeld: Die Durchblasesicherheit von Doppelkorblampen.

Einführung der tragbaren elektrischen (Akkumulator-) Mannschaftslampe
schon lange ein dringendes Bedürfnis.

Die Glühlampen sind entweder Vakuumlampen mit Bügelfaden oder gas-
gefüllte Wendeldrahtlampen. Sie nehmen Stromstärken von 1,2—1,5 Ampère
auf. Der Kraftbedarf je HK nimmt mit zunehmender Kerzenzahl ab. Bei den
2 voltigen Lampen muß man mit 1,7 Watt, bei den 2,6- und bei den 4 voltigen
mit 1,1 Watt je HK rechnen.

Jetzt ist in Deutschland die Ausrüstung aller Schlagwettergruben mit elektrischen Lampen vollendet. Die Benzinwetterlampen sind nur noch in der
Hand der Aufsichtsbeamten, der Wettermänner und der mit Ausführung der
Schießarbeit betrauten Personen verblieben. Die elektrischen Lampen haben
aber auch auf den Nicht-Schlagwettergruben vielfach Eingang gefunden.

Wenn auch die Schlagwettersicherheit der elektrischen Lampen nicht vollkommen ist, so sind doch die durch diese Lampen im in- und ausländischen
Bergbau verursachten Schlagwetterzündungen so vereinzelt geblieben, daß sie
tatsächlich bedeutungslos er-
scheinen. Dabei ist die Zahl
der während der Schicht ver-
sagenden Lampen geringer als
bei Benzinlampen, obwohl die
elektrischen Lampen den besonderen Vorteil besitzen, daß
sie in jeder Arbeitslage verwendet werden können. Die
Leuchtkraft übertrifft ferner
diejenige der Benzinlampen
fast um das Doppelte und
bei den neueren Lampen sogar um etwa das Vierfache.
Schließlich sind die Betriebskosten der elektrischen Lampen kaum höher als bei den
Benzinlampen. Freilich muß
der Nachteil, daß sie Schlagwetter nicht anzuzeigen vermögen und daß sie in matten
Wetter fortbrennen, also
nicht warnen, mit in Kauf
genommen und durch beson-
dere Sicherheitsvorkehrungen ausgeglichen werden.
Auch das höhere Gewicht ist als Nachteil zu
nennen.

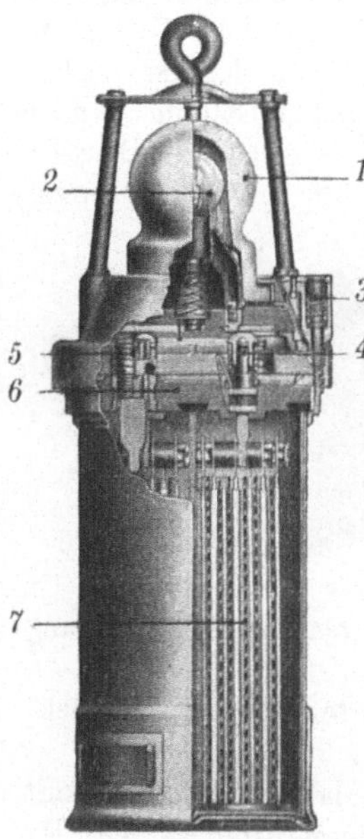

Abb. 603. Elektrische Mannschaftslampe
von Friemann & Wolf.
1 Kugelglasglocke mit In-
nenriffelung, 2 Glühlampe
mit Bajonettsockel, 3 Ma-
gnetverschluß, 4 Akkumu-
latoren-Federpol, 5 Ent-
gasungs-Füllverschluß mit
Tauchleiter, 6 Abschluß-
deckel mit einvulkanisierten
Akkumulatorenpolen, 7 Elek-
trodensatz mit Zwischeniso-
lierungen.

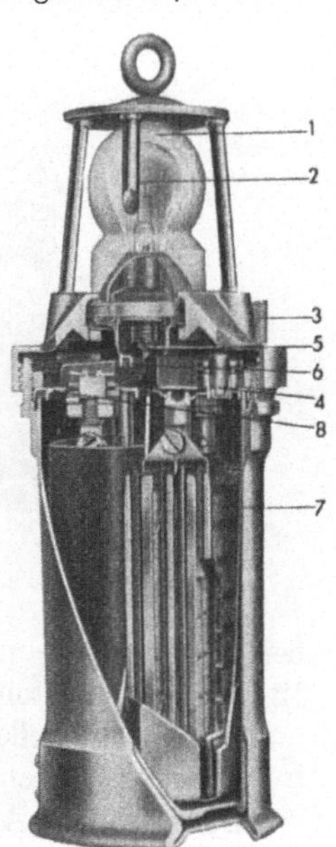

Abb. 604. Elektrische
Mannschaftslampe
der Ceag, Dortmund.

**200. — Einrichtung der elektrischen Mann-
schaftslampe.** Man unterscheidet Handlampen
und Mützen- oder Kopflampen.

Die übliche Handlampe besteht aus dem Unterteil, in dessen Gehäuse
der Stromspeicher (Akkumulator) untergebracht ist, und dem Oberteil, das
die Glühbirne nebst Schutzglas, Schalt- und Trageeinrichtung zusammen-

faßt. Beide Teile werden durch eine Verschraubung miteinander verbunden, die durch einen Magnetstiftverschluß gegen willkürliches Öffnen gesichert wird. Die Glühbirne kann entweder mit „Oberlicht" nach allen Seiten hin leuchten (Abb. 603 u. 604) oder mit „Stirnlicht" das durch einen Lichtspiegel auf etwa das Vierfache verstärkte Licht nur nach einer Seite hin entsenden (ähnlich wie bei den Abbildungen 605 und 609). Für Mannschaftslampen, die während der Arbeit aufgehängt werden, benutzt man Oberlicht; dagegen werden Lampen mit Stirnlicht gern als Beamtenlampen gebraucht.

Bei den Mützen- oder Kopflampen[1]) ist der Stromspeicher von der eigentlichen Lampe getrennt und wird auf dem Rücken getragen. Die mit ihm durch eine kurze Leitung verbundene Lampe ist auf der Vorderseite der Mütze des Mannes angebracht (Abb. 605). Die Vorteile solcher mit Licht-

spiegel versehener Lampen liegen in der großen Leuchtkraft, in dem Fortfall jeglicher Schattenbildung und Blendung und in dem Umstande, daß der Träger beide Hände frei hat. In den Vereinigten Staaten sind sie weit verbreitet, aber auch in Deutschland beginnt ihre Anwendung beson-

Abb. 605. Mützenlampe.

ders für Schlosser und Elektriker. Ihre Lichtstärke beträgt bei Schichtanfang 12 HK, nach 8 Stunden Brenndauer 7 HK.

Als Stromquelle können entweder Bleiakkumulatoren mit festem Elektrolyt oder alkalische mit flüssigem Elektrolyt dienen.

201. — Die Akkumulatoren. Die Bleiakkumulatorlampe kann mit einer Zelle zu 2 Volt oder mit zwei Zellen zu 4 Volt ausgerüstet werden. Da die 2-Volt-Lampe mit 1 HK sich jedoch als zu lichtschwach erwiesen hat und die zweizellige 4-Volt-Lampe zu starker Selbstentladung neigt, ist der Bleiakkumulator fast ganz durch den alkalischen Akkumulator verdrängt worden.

Bei ihm bestehen die positiven Platten aus Nickelhydroxyd ($Ni(OH)_3$), dem zur Erhöhung der Leitfähigkeit Nickelflocken beigemischt sein können. Beim Entladen geht die wirksame Masse in Nickelhydroxydul ($Ni(OH)_2$) über. Die negative Platte ist Kadmiumschwamm (Cd), der sich beim Entladen zu Kadmiumhydroxyd ($Cd(OH)_2$) umwandelt. Als Elektrolyt dient eine 23prozentige Kalilauge. Bei der Ladung findet also eine Reduktion der Kadmium- und eine Oxydation der Nickelverbindungen statt, während bei

---

[1]) Elektrizität im Bergbau 1929, S. 75; Mühlhaus: Elektrische Hutlampen im Kohlenbergbau unter Tage.

der Entladung die chemischen Vorgänge umgekehrt verlaufen. Beim Entladen sinkt die Spannung allmählich von etwa 1,3 auf 1,1 Volt. Der Wirkungsgrad des Stromspeichers ist 45—55%. Der Ladestrom kann 3—4mal stärker als der Entladestrom sein, die Ladezeit ist etwa $^1/_2$—$^2/_3$ der Entladezeit. Man benutzt Doppelzellen, deren anfängliche Entladespannung 2,6 Volt und deren Endspannung 2,2 Volt beträgt.

Die Lebensdauer der Akkumulatoren ist groß und die Wartung einfach. Auch sind sie unempfindlich gegen rauhe mechanische Behandlung. Weitgehende Entladungen, Überladungen und langes, unbenutztes Stehen schaden ihnen nicht. Die Zahl der bei Grubenlampen erreichbaren Ladungen und Entladungen beträgt etwa 2000.

Nachteile der alkalischen Akkumulatoren sind die geringe Spannung der Einzelzelle, der verhältnismäßig hohe Anschaffungspreis und der flüssige Elektrolyt.

202. — Die Glühbirne und das Schutzglas. Es stehen jetzt allgemein mit Kryptongas gefüllte Wolframdrahtlampen in Anwendung.

Neuerdings wird von einer Grubenlampe, deren Gewicht 5,5 kg nicht übersteigen darf und die mit einer Glühbirne für 2,55 Volt und 1,75 Amp. ausgerüstet ist, eine Lichtstromstärke gefordert, die am Schichtanfang 20 Lm, zu Schichtende 10 Lm beträgt. Einer weiteren wesentlichen Steigerung der Lichtleistung ist durch die Tatsache, das Lampengewicht nicht beliebig erhöhen zu können, Grenzen gesetzt; es sei denn, daß neue Wege zur Steigerung des Lichtstromes je Gewichtseinheit des Akkumulators gefunden werden.

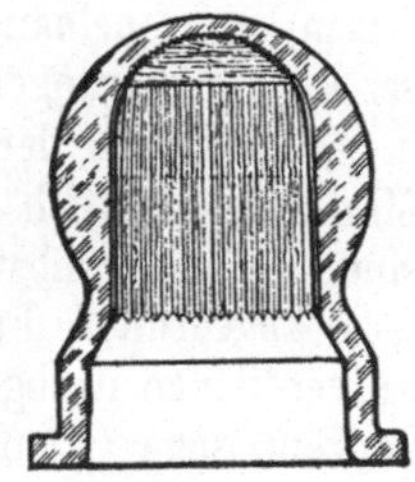

Abb. 606.
Geriffeltes Schutzglas
(Prismenglas).

Die Lebensdauer einer Glühbirne beträgt etwa 800 bis 2000 Brennstunden, ist aber von der Behandlung in hohem Maße abhängig, da die Metallfäden empfindlich gegen Stoß sind[1]). Zum Schutze der Glühbirne dient eine darüber gestülpte Schutzglocke aus dickem Glas. Zum gleichzeitigen Schutze gegen Blendung wählt man entweder ein zylindrisches, innen geriffeltes und mattiertes Schutzglas (Abb. 606) oder ein Kugellinsenglas. Die Riffelung bezweckt eine Schwächung des Schlagschattens der Stäbe des Lampengestells, während das Kugellinsenglas eine Zusammenfassung des Lichtstroms in der Äquatorzone bewirkt, wobei das Hangende allerdings etwas weniger beleuchtet wird. Den besten Blendungsschutz würden Opalgläser gewähren. In der für die Traglampen notwendigen Größe können sie jedoch noch nicht mit der genügenden Genauigkeit hergestellt werden.

203. — Die sonstigen Lampenteile. Das Gehäuse des Lampenunterteils besteht in der Regel aus federndem Stahlblech. Oberer und unterer Rand sind verstärkt, der Boden ist doppelt. Der Querschnitt ist rund oder quadratisch und ist bei den 2-zelligen Lampen durch eine eingeschweißte Mittelwand in zwei Hälften geteilt. Der Bleiakkumulator wird wegen des sauren Elektrolyts nicht unmittelbar in das Gehäuse, sondern zunächst in ein besonderes Gefäß eingesetzt, das aus Zelluloid, dessen Feuergefährlichkeit zu beachten ist, oder aus Bleiblech besteht. Dagegen wird der Elektrolyt der

---

[1]) Glückauf 1942, S. 264; K e l l n e r: Untersuchungen über die Lebensdauer der Glühlampen von Mannschafts-Grubenleuchten.

alkalischen Akkumulatoren unmittelbar in das Gehäuse gefüllt (s. die Abbildungen 603 und 604 auf S. 659). Nach oben wird der Akkumulatorraum durch einen abnehmbaren Stahlblech- oder Hartgummideckel abgeschlossen, nachdem auf die Auflageflächen ein zuverlässig abdichtender Gummiring gelegt ist. Der Deckel trägt die Stromzuführung und die Schalteinrichtung. Ferner ist in ihm für jede Zelle eine Füllöffnung vorgesehen, in deren Verschlüssen das Entgasungsventil angebracht ist.

Der Lampenoberteil wird gebildet durch die Verschraubungskappe mit Lampenfassung, Schutzstäben, Schutzdeckel, Öse und Traghaken. Im Oberteil ist auch der Magnetverschluß — ein durch Federkraft in den Unterteil eingreifender Stift — verlagert. Die Stromübertragung vom Speicher zur Glühlampe erfolgt durch stark gefederte Pole, die auf zentrisch angeordneten Kontaktflächen schleifen. Bei den Mannschaftslampen ist gewöhnlich die Einrichtung so getroffen, daß die Lampe bei der Übergabe an den Bergmann geschlossen und gleichzeitig der Strom eingeschaltet wird. Alsdann ist während der Schicht ein Ausschalten des Stromes nicht mehr möglich.

204. — Ausführungsformen. Mit der Herstellung und dem Vertrieb elektrischer Grubenlampen beschäftigen sich insbesondere die **Concordia-Elektrizitätsgesellschaft (Ceag)** zu Dortmund, **Friemann & Wolf** zu Zwickau, die **Grubenlampenfabrik Dominit** zu Hoppecke i. W. und **W. Seippel G. m. b. H.** zu Bochum. Die einzelnen Ausführungen weichen nicht wesentlich voneinander ab. Auf die Friemann & Wolf- sowie die Ceag-Lampen sei kurz eingegangen.

Eine Lampe der Firma **Friemann & Wolf** ist in Abb. 603 wiedergegeben. Man sieht deutlich die negativen und positiven Plattenelektroden. Ihre Pole sind, um eine Selbstentladung möglichst zu verringern, weit voneinander entfernt angeordnet. Für die Entgasung dient ein Ventil, das den bekannten Fahrradventilchen nachgebildet ist. Die **Ceag - Lampen** (Abb. 604) besitzen dagegen konzentrische Stromzuführung, so daß der Strom der positiven Elektroden, die übrigens als Röhrchenelektroden ausgeführt sind, stets in der Mitte der Lampe, der der negativen auf einem ringförmig um den Mittelpol gelegten Kontakt abgenommen wird. Diese Anordnung ist getroffen, um Verwechslungen beim Laden auszuschließen.

205. — Die Druckluft-Akkumulatorlampe [1]). Neu ist der Gedanke, tragbares und ortsfestes Geleucht miteinander zu verbinden und somit Schwachlicht und Starklicht in der gleichen Lampe zu vereinen.

Diesem Ziel dient die Druckluft-Akkumulatorlampe von **Friemann & Wolf**, von der Mitte 1938 bereits 500 Stück in Betrieb waren. Sie besitzt als Stromquelle nicht nur einen Akkumulator, sondern auch eine magnetelektrische Lichtmaschine, wie sie die auf S. 664 näher beschriebenen Starklichtlampen aufweisen. In seiner Form ähnelt das neue Geleucht den Alkali-Mannschaftslampen. Unter einer Kugelglasglocke befindet sich jedoch eine Birne, die zwei verschiedene Glühfäden besitzt. Der kleinere Faden wird mit 2,6 Volt und 1,5 Watt von einem Nickel - Kadmium - Akkumulator gespeist, während der Hauptfaden Strom (6 Volt, 15 Watt) von der Lichtmaschine erhält und bei einem Luftverbrauch von 6 m³/h eine Lichtleistung von 200 Lumen bewirkt.

. [1]) Glückauf 1936 S. 836; **Cabolet:** Preßluft-Akkumulatorverbundlampe als Abbaubeleuchtung.

Mit dem vom Akkumulator erzeugten Licht fährt der Mann an und aus. An seiner Arbeitsstelle angekommen, schließt er die Lampe an die Druckluftleitung an, und die Lichtmaschine tritt in Tätigkeit. Ohne nennenswertes Mehrgewicht vermittelt diese Lampe etwa das Zehnfache an Licht wie die gewöhnliche Mannschaftslampe.

206. — Lampenstube und Lampenbewirtschaftung[1]). Die übliche Einrichtung einer Lampenstube ist in Abb. 607 dargestellt. Um die eigentliche, in der Mitte eines größeren Raumes liegende und von diesem durch ein stählernes Stabgitter getrennte Lampenstube läuft ein 1,5—2 m. breiter Gang, der so angeordnet ist, daß die einfahrende Mannschaft nirgends die ausfahrende kreuzt und beide in gleichgerichteten Strömen durch die Lampenstube hin-

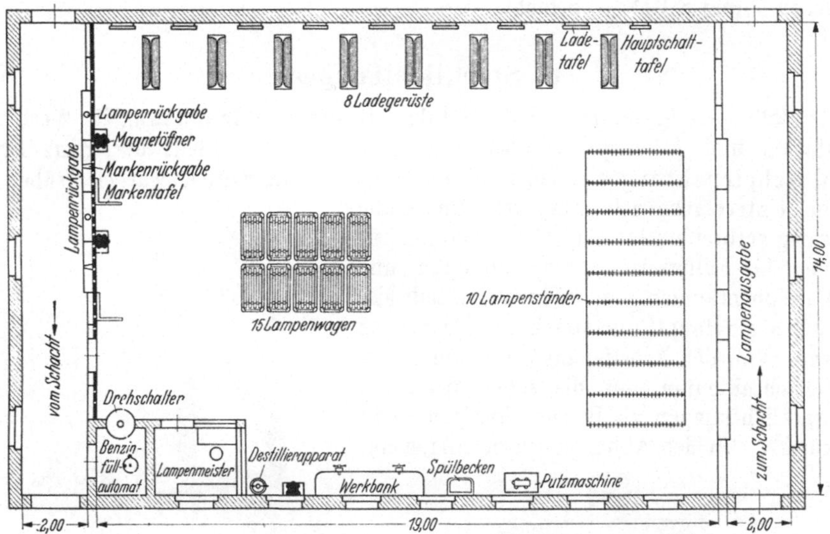

Abb. 607. Lampenstube.

durchgehen, um gegen Marke die Lampe in Empfang zu nehmen und nach der Schicht wieder zurückzugeben. Bei der Rückgabe werden die mittlerweile zu den Markentafeln gebrachten Marken wieder ausgehändigt. Die zurückgelieferten Lampen werden zunächst mittels Elektromagnets geöffnet; schadhafte Lampen werden ausgesondert; im übrigen gelangen die Unterteile auf Lampenwagen zur Aufladung der Stromspeicher zu den Ladebühnen. Soweit erforderlich, wird vorher der Elektrolyt nachgefüllt. Die Oberteile werden zu der elektrisch betriebenen Reinigungsmaschine gefahren, dort gereinigt und nachgeprüft. Die schadhaften Lampen werden in einem besonderen Raum ausgebessert. Nach Aufladung der Akkumulatoren, die durch Voltmeter nachgeprüft wird, werden Unter- und Oberteil wieder vereinigt. Die betriebsfertigen Lampen werden zu den Lampenständern gefahren, wo sie bis zur Wiederausgabe verbleiben. Der Raumbedarf einer Lampen-

---

[1]) Bergbau 1929, S. 83; Meuß: Die Einrichtung einer Lampenstube für elektrische Grubenlampen.

stube ohne die sie umgebenden Gänge beläuft sich je 1000 Lampen auf rund 140 m².

Die Bewirtschaftung des Lampenwesens kann von der Zeche selbst in „Eigenbewirtschaftung" oder von der Lampenfirma in „Fremdbewirtschaftung" geführt werden. Die Eigenbewirtschaftung wird bei sachgemäßer Durchführung und sorgfältiger Aufsicht auf die Dauer etwas billiger kommen. Die Fremdbewirtschaftung hat den Vorteil, daß Neuerungen und Verbesserungen auf dem Gebiete der Lampen und der Stromspeicherung schneller der Zeche zugute kommen. — Zur Überwachung der Lichtverhältnisse in der Grube schlägt Nehring besondere Karteien für tragbare und ortsfeste Beleuchtung vor[1]).

Die Gesamtkosten der elektrischen Mannschaftslampen schwanken zwischen 7 und 8 Rpf. je Schicht.

B. Starklichtlampen.

207. — Allgemeines. Während die Allgemeinbeleuchtung für Werkstätten und Arbeitsplätze über Tage neben und an Stelle der Einzelplatzbeleuchtung seit jeher allgemein angewandt wurde, war sie früher im Untertagebetrieb nur verhältnismäßig wenig verbreitet. Am häufigsten fand man sie hier in Füllörtern, Sprengstofflagern und Maschinenräumen, von denen aus sie teilweise auch in die Hauptförderstrecken vorgedrungen war. Von den Arbeitspunkten waren es die Schachtabteufen, für die schon frühzeitig Starklichtlampen als Beleuchtung gebraucht wurden. In den Abbauen wurde Allgemein-

Abb. 608. Starklichtlampe der Ceag.

Abb. 609. Schachtabteuflampe der Ceag.

beleuchtung meist nur dann angewandt, wenn es sich um große, langsam vorrückende Baue, wie z. B. im oberschlesischen Steinkohlen- oder im Kalisalzbergbau, handelte. Nachdem man aber in den letzten Jahren immer mehr die große Bedeutung einer guten Beleuchtung (s. Ziff. 188) erkannt hat, sucht man jetzt Starklichtlampen in steigendem Maße vor allen wichtigen Arbeitspunkten, namentlich vor Abbaustößen und Ortsbetrieben, ein-

---

[1]) Glückauf 1938, S. 284; Nehring: Die Beleuchtung in schlagwettergefährdeten Steinkohlengruben.

zuführen. Man benutzt hierfür einerseits tragbare Lampen, die den besprochenen Mannschaftslampen ähnlich, aber größer, schwerer und lichtstärker gehalten sind, und anderseits solche elektrische Lampen, die an ein Stromnetz angeschlossen werden.

208. — Azetylen- und Akkumulatorenlampen für Starklichtbeleuchtung. Bezüglich der Einrichtung dieser Lampen kann auf die vorhergehenden Beschreibungen (s. insbesondere Ziff. 189—190 und 199—204) verwiesen werden. Die Abb. 608 zeigt eine Ausführungsform solcher Starklichtlampen, die für Abteufzwecke und auch als Lokomotivlampe Verwendung findet. Die Leuchtkraft liegt meist bei 50—60 HK. Eine Lampe für Abteuf- und ähnliche Zwecke zeigt Abb. 609. Lokomotivscheinwerferlampen werden allerdings in den meisten Fällen von einer besonderen Lichtmaschine der Lokomotive gespeist.

209. — Magnetelektrische Druckluftleuchte [1]**).** Falls Druckluft in den Bauen vorhanden ist, kann man diese zur Erzeugung der elektrischen Energie für Beleuchtungszwecke an Ort und Stelle benutzen. Mittels eines schnellaufenden Druckluftmotors betreibt man eine kleine Dynamomaschine und läßt diese eine Lampe speisen. Mitte 1938 waren etwa 10000 dieser magnetelektrischen Druckluftleuchten allein im Ruhrgebiet in Betrieb. Auch in sonderbewetterten Betrieben sind sie zugelassen.

Die zu diesem Zweck gebauten Lampen haben in einem Gehäuse des Lampenfußes eine Druckluftturbine und einen Wechselstromgenerator, der den Strom für die Glühlampe liefert. Das Gehäuse wird durch zwei Deckel mittels Stift- und ver-

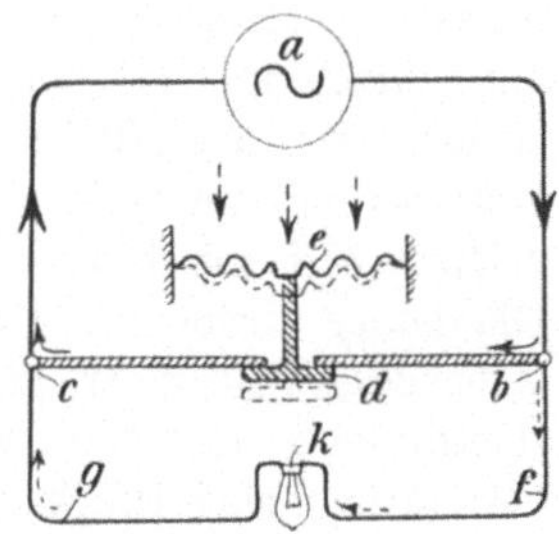

Abb. 610.
Schalteinrichtung einer Lampe
mit Turbinenantrieb.

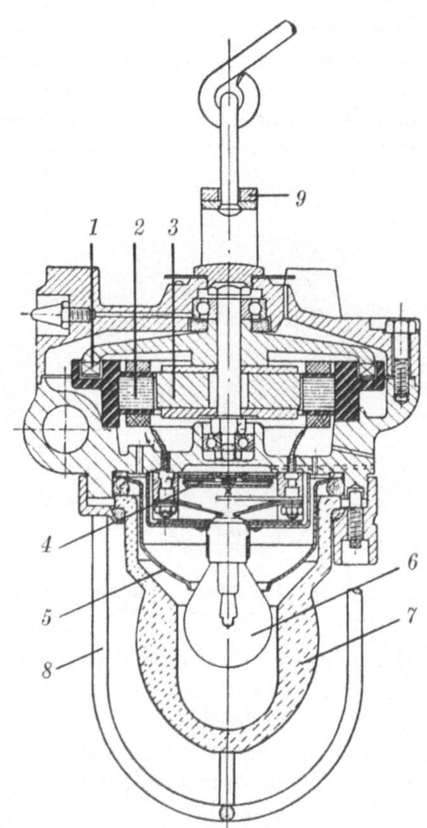

Abb. 611. Schnitt durch eine magnetelektrische
Druckluftleuchte der Ceag.

1 Druckluftturbine, *2* Ständer des Dynamo,
3 Permanenter Magnet, *4* Sicherheitsmembran,
5 Drucklufthaube, *6* Glühlampe, *7* Schutzglocke,
8 Schutzkorb, *9* Tragbügel mit Haken.

---

[1]) Bergbau 1928, S. 261; Nattkemper: Elektrische Beleuchtung unter Tage im Anschluß an die Druckluftleitungen.

senkter Schlüsselschrauben dicht ab geschlossen. In dem äuseren Deckel sitzt ein Stutzen zur Aufnahme einer leicht auswechselbaren Düse sowie der Anschluß der Druckluftleitung. Von Bedeutung ist, daß die Abluft der Turbine zunächst das Innere der Schutzglasglocke durchstreicht und erst dann ins Freie gelangt. Hierdurch werden Schlagwetteransammlungen in der Umgebung der Glühlampe vermieden. Außerdem betätigt die unter einem geringen Überdruck stehende Abluft innerhalb der Glasglocke eine Schaltvorrichtung. Wird die Glasglocke zertrümmert, so schaltet sich der Strom sofort aus. Diese Schalt-vorrichtung, auch Bruchsicherung genannt, genügt jedoch nicht, um die Schlag-wetterzündung durch den freigelegten Leuchtfaden der Glühlampe zu ver-hindern, weil der Leuchtfaden nach dem Ausschalten des Stromes noch zu lange nachglüht. Vielmehr wird die Schlagwettersicherheit nur durch den Luft-mantel der ausströmenden Druckluft erreicht, der bei zerschlagener Lampe den Leuchtfaden umhüllt und Schlagwetter nicht an ihn herankommen läßt.

Eine diesem Zwecke dienende Bauart zeigt Abb. 610. Bei unbeschädigter Glocke bewirkt der Druck der ausströmenden Druckluft auf die Membrane e, daß das Verbindungsstück d abgehoben ist und der Strom der Glühbirne zu-fließt. Im Augenblick, in dem der Druck nachläßt, wird der Stromkreis über $b\,d\,c$ geschlossen, und die Glühbirne erlischt. Die Lichtstärke solcher Lampen beträgt 30—90 HK, ihre Lichtleistung bis 475 Lu-men bei 35 Watt und ihr Luft-verbrauch 8—25 m³/h. Ihr Be-trieb kostet r. 0,35 RM. je Lam-penschicht.

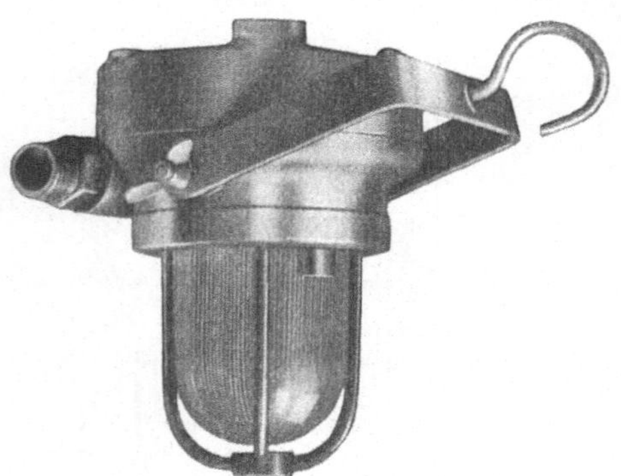

Abb. 612. Ansicht einer magnetelektrischen
Druckluftleuchte.

Bei einer anderen Bauart (Friemann & Wolf) findet die Luftzuführung zur Turbine über den Glühlampenraum statt, so daß, wenn die Glasglocke zer-trümmert wird, die Luftzufuhr unterbrochen ist und die ins Freie strömende Luft einen Schleier um die nachglühenden Fäden der Glühlampe bildet. Um Wasseransammlungen im Innern der Glasglocke zu entfernen, kann im Scheitel der Glasglocke eine durch ein Ventil verschließ-bare Entwässerungsöffnung vorgesehen werden.

Die Lampen werden geliefert von der **Ceag** und von **Friemann & Wolf**, ferner von den Firmen **Seippel** in Bochum, **Düsterloh** in Sprockhövel und der **Megrula G. m. b. H.** in Essen. Die Abbildungen 611 und 612 zeigen in Schnitt und Ansicht die **Ceag**-Leuchte.

Neuerdings werden magnetelektrische Lampen an Stelle einer mit Argongas gefüllten Glühlampe mit **Quecksilberdampflampen** ausgerüstet. Statt 14,5 Lm. je Watt liefern sie 37 Lm/W. Außerdem ermöglichen sie eine bessere Unterscheidung der Berge von den Kohlen. Die Bauart der ganzen Lampe ist im übrigen die gleiche geblieben, nur wird von dem Wechselstromgenerator nicht Strom von 6 Volt, sondern von 110 Volt erzeugt.

210. — Starkstrom-Beleuchtung. Das wirksamste und im Betriebe zugleich billigste Mittel zur Verbesserung der Beleuchtung unter Tage besteht in der Verwendung von mit Starkstrom gespeisten Leuchten[1]). Für Kammern, Füllörter und Gesteinsstrecken wird Starkstrom schon lange benutzt, aber auch für die Abbaubetriebspunkte bürgert er sich mehr und mehr ein. So waren Mitte 1938 allein im Ruhrgebiet etwa 50000 Starkstromleuchten in Betrieb. Zur Speisung kann die Oberleitung der elektrischen Lokomotivförderung oder ein Drehstromkabelnetz dienen. Die Oberleitung der Lokomotivförderung wird insbesondere für die Füllörter, Kammern und Gesteinsstrecken in Frage kommen. Der Strom wird hierbei vom Fahrdraht abgenommen, über eine Sicherung einem Hauptschalter und von diesem den Lampenschaltern und den Lampen zugeführt. Die Stromart ist in fast allen Fällen Gleichstrom, dessen Spannung 220—250 Volt beträgt. Wegen einer im Vergleich zu Wechselstrom etwas höheren Gefahr (Berührung, Stehenbleiben von Funkenbögen) wird von Schlagwettergruben der Anschluß der Beleuchtung an die Oberleitung bei der Einrichtung von Strebbeleuchtungen neuerdings vermieden.

Für die Streckenbeleuchtung empfehlen sich normale 60 Watt-Lampen von 60 HK, die eine Lichtleistung von 500—600 Lumen besitzen. Des Blendungs-

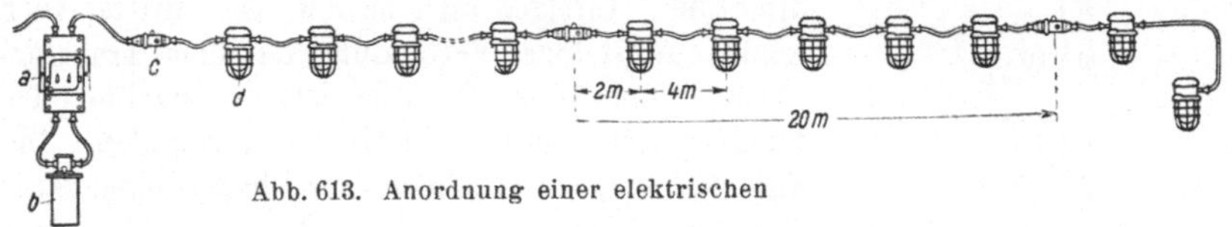

Abb. 613. Anordnung einer elektrischen

schutzes wegen sollten sie stets mit Opalschutzglocken versehen sein. Hiepe schlägt außerdem vor, sie verdeckt hinter den Kappen einzubauen. Zur Vermeidung unbeleuchteter Zwischenräume ist auch die richtige Wahl der Entfernung von Lampe zu Lampe wichtig. 30—50 m haben sich im allgemeinen als ausreichend erwiesen.

Für Füllörter und Knotenpunkte kommen stärkere Lampen (100—500 Watt) mit Opalglasschutz oder Leuchten mit Schirm oder ausgesprochene Tiefstrahler, wie sie auch auf den Personenbahnsteigen der Reichsbahn benutzt werden, in Betracht.

Ein Drehstromkabelnetz hat der Oberleitung gegenüber den Vorteil, daß die elektrische Energie mit höherer Spannung, also in Kabeln von geringen Querschnitten, bis in die Nähe der Verbrauchsstellen geleitet werden kann. Es ist dieses insbesondere für die Abbaubeleuchtung wichtig. Auch werden die bei Benutzung der Oberleitung auftretenden Spannungsschwankungen und öfteren Unterbrechungen der Stromzufuhr durch Abschalten der Lokomotivstrecken vermieden. Häspel, Schrämmaschinen, Bandantriebsmaschinen usw. werden mit Drehstrom von 220, 380 oder 500 Volt angetrieben. Für die Abbaubeleuchtung werden 220 Volt nicht überschritten. Ist die Betriebsspannung höher, so muß sie für Beleuchtungszwecke auf 220 Volt umgespannt werden. Abb. 613 gibt die grundsätzliche Anordnung einer elektrischen Strebbeleuchtung wieder. Über einen Überstromschalter, der auch ein Schalter mit Sicherungen sein kann, wird der Strom dem Transformator zugeleitet. Von ihm nimmt eine

---

[1]) Glückauf 1942, S. 2; Passmann: Die Vorteile der ortsfesten Streb- und Streckenbeleuchtung im Steinkohlenbergbau untertage.

Gummischlauchleitung seinen Ausgang. Sie wird meist in Stücken von 20 m Länge verwandt, die durch Kupplungssteckvorrichtungen miteinander verbunden im Streb oder in der Strecke verlegt werden. In der Regel wird die Gummischlauchleitung unmittelbar durch die Leuchten hindurchgeführt, deren Abstand 4—6 m beträgt.

Ein weiterer Vorteil der elektrischen Abbaubeleuchtung ist in der Möglichkeit zu erblicken, sie zur Signalgebung benutzen zu können, was sich in langen Streben als immer wichtiger herausgestellt hat. Die SSW haben zu diesem Zwecke eine besondere Signalschaltung entwickelt, die kurz beschrieben sei.

Wie Abb. 614 erkennen läßt, sind die Leuchten parallel geschaltet. Die Stromzuführung erfolgt nun derart, daß den Leuchten die eine Phase (R) unmittelbar vom Transformator, die zweite Phase (S) jedoch unter Zuhilfenahme einer dritten Ader zugeführt wird, und zwar von der entgegengesetzten Richtung. Infolgedessen besitzt diese dritte Ader keine unmittelbare Verbindung mit dem Transformator, vielmehr ist sie in der letzten Leuchte oder im Endstecker mit der Phase S verbunden. Die Signalschalter selbst sind in der Phase S eingebaut. Bei ihrer Betätigung werden daher sämtliche angeschlossenen Leuchten betroffen, gleichgültig ob ein Schalter am Anfang, in der Mitte oder am Ende der Beleuchtungsgummischlauchleitung — die Schalter haben meist einen Abstand von 20 m — gewählt wird. Schließlich sei erwähnt, daß die besprochene Schaltung zugleich eine gleichmäßige Verteilung des Spannungsabfalls bewirkt. Alle

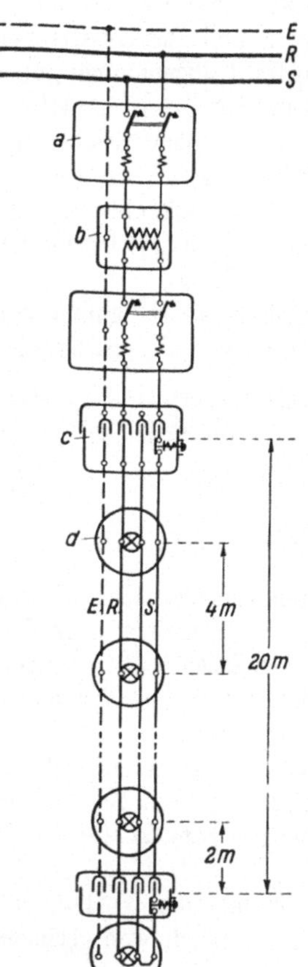

Abb. 614. Schema einer Signalschaltung der SSW für eine Abbaubeleuchtung.

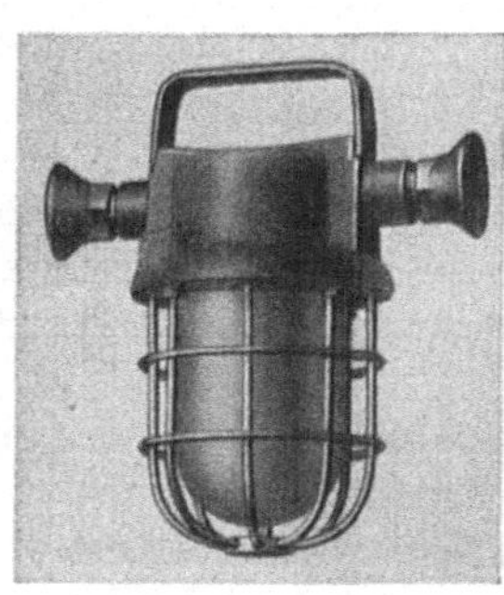

Abb. 615. Elektrische Abbauleuchte der SSW.

Lampen erhalten infolgedessen annähernd die gleiche Spannung und brennen mit gleicher Helligkeit.

Als Glühlampen kommen im allgemeinen 40—60 Watt-Lampen, für Sonderzwecke solche von 100—300 Watt in Betracht. Besonders gut haben sich die stoßfesten Osram-Zentralampen bewährt, deren Brenndauer zu 1200 h angenommen werden kann. Die Verwendung gewöhnlicher Birnen ist dagegen nicht ratsam. Stets sollte die Schutzglocke aus blendungsfreiem Opalglas bestehen. In über $1/3$ der Fälle macht man auch von Opalglas mit Blaufärbung zur Erzielung eines weißen, dem Tageslicht ähnlichen Lichtes Gebrauch.

Allerdings absorbiert das Blauglas 15—30% des Lichtes, und in vielen Fällen ist die Stärke des Lichtes wichtiger als seine Tageslichtfärbung.

Abb. 615 stellt eine Abbauleuchte der SSW dar. Sie besteht aus einem starkwandigen Oberteil aus Leichtmetall mit aufgeschraubtem Tragbügel. Die Aufhängung kann mittels Haken, Ketten oder Hakenketten erfolgen. Schutzglocke und Schutzkorb werden durch einen Schraubring zusammengehalten, der an dem Oberteil so befestigt ist, daß ein Lösen nur mit Hilfe eines Sonderschlüssels möglich ist. Die aus Isolierstoff bestehenden schlagwettergeschützten Fassungen sind so gebaut, daß Gewindekorb und eingeschraubter Lampensockel eine druckfeste Kapselung bilden.

Zur Beleuchtung von Lesebändern über Tage haben sich Quecksilberdampflampen, deren Licht Berge und Kohle besser unterscheiden läßt, gut bewährt.

Die Anlagekosten der ortsfesten Beleuchtung hängen einerseits von dem Umfange der Anlage und anderseits von der für die gewählten Lampen erforderlichen Stromstärke ab. Für eine einzelne Abbaubeleuchtung mit etwa 20 Lampen werden die Anlagekosten auf etwa 1700—3000 RM. und die jährlichen Betriebskosten auf 1600—2400 RM. zu schätzen sein. Daraus berechnen sich bei täglich 2 und jährlich 600 Schichten die Kosten je Lampenschicht auf 15—30 Rpf. Berücksichtigt man dagegen die Leuchtkraft der Lampen, so werden sich die Kosten je Hefnerkerzenschicht auf etwa 0,4—0,8 Rpf. stellen, während die entsprechenden Kosten bei einer 2-kerzigen Akkumulatoren-Mannschaftslampe ungefähr 5—6 Rpf. betragen.

211. — Vergleich der Kosten von verschiedenen Abbaubeleuchtungen. Bei täglich 3 und jährlich 900 Schichten werden für einen 100 m langen Streb mit 18 Lampen zu je 40 Watt die Kosten einschließlich Verzinsung und Abschreibung je Lampe und Schicht von Truhel wie folgt errechnet[1]):

10,3 Rpf. bei Entnahme des Stromes über einen Transformator aus einem vorhandenen Starkstromkabel,

10,1 Rpf., falls der Strom unmittelbar aus einer Oberleitung entnommen wird,

13,0 Rpf. bei Entnahme des Stromes über einen rotierenden Umformer aus einer Oberleitung,

17,0 Rpf. bei Entnahme des Stromes aus auswechselbaren Akkumulatoren,

35,0 Rpf. bei Benutzung von Einzel-Druckluftlampen.

Anhang.

Kostenzusammenstellung.

Zu Ziffer 81—85.

Kosten je 100 kg Staub 2—2,50 RM. Staubverbrauch je t Förderung 0,5—2 kg. Demnach Staubkosten je t Förderung 1—5 Rpf., dazu Löhne 2—4 Rpf., Werkstoffe 0,3—1 Rpf. Gesamtkosten des Gesteinsstaubverfahrens je t Förderung 4—10 Rpf.

---

[1]) Bergbau 1929. S. 661; Truhel: Welches ist die günstigste Abbaubeleuchtung?

Zu Ziffer 123—129.

Beispiel für die Kosten einer Doppellüfteranlage für 9000 m³/min Wetter und 150 mm Depression:

Gebäude (12 : 16 m), Schaltanlage unterkellert	24000 RM.
Fundamente für 2 Lüfter und 2 Motoren	20000 „
2 Auslauftrichter (Diffusoren) in Beton	3000 „
2 Lüfter	68000 „
2 Drehstrommotoren von je 500 PS	50000 „
Schaltanlage	8000 „
Aufstellung der Maschinenanlage	7000 „
	Summe 180000 RM.

1 lfd. m Wetterkanal, 3,5 : 4 m, 540 RM.

Einzellüfteranlagen mittlerer Größe kosten je PS Wetterleistung 200 bis 400 RM., Doppellüfteranlagen (auf Schlagwettergruben üblich) 300—600 RM.

Schleuseneinrichtungen mit mechanisch bewegten Türen an ausziehenden, der Förderung dienenden Schächten kosten etwa 20000—30000 RM.

Die gesamten Betriebskosten der Hauptbewetterung einschließlich der Unterhaltung der Hauptwetterstrecken, aber ausschließlich der Sonderbewetterung, ferner einschließlich Überwachung liegen auf mittleren Gruben des Ruhrbezirks zwischen 10 und 30 Rpf. je t Förderung, wovon etwa 60 % auf den Lüfterbetrieb und 40 % auf Streckenunterhaltung entfallen.

Zu Ziffer 165—169.

Genormte Wetterlutten in 2 m langen Stücken, verzinkt				
	300 mm ∅	400 mm ∅	500 mm ∅	600 mm ∅
Einstecklutten	8,50—10 RM.	12—13 RM.	15—16 RM.	20—22 RM.
Muffenlutten	9—11 „	15—16 „	18—19 „	23—25 „
Lutten mit Bandverbindung	12—13 „	19—21 „	24—26 „	29—32 „
Flanschenlutten	13—14 „	20—22 „	26—28 „	33—36 „

Luttenventilatoren je nach ∅ . . . . 300— 750 RM.
Streckenventilatoren je nach Größe . 500—1000 „

Die Kosten der Sonderbewetterung belasten die t Förderung mit 20—35 Rpf. Davon entfallen r. 75 % auf das Antriebsmittel und 25 % auf Unterhaltung, Verzinsung und Abschreibung der Lutten und Ventilatoren.

Zu Ziffer 188—205.

	Anschaffungskosten	Betriebskosten je 8-Stunden-Schicht
Offene Öllampe	0,75—1,50 RM.	15—20 Rpf.
Offene Azetylenlampe	4—5 „	7—9 „
Benzin - Wetterlampe	11—13 „	6—8 „
Mannschafts-Bleilampe, 4 voltig . .	25—26 „	7—10 „
Mannschafts - Alkalilampe	40—44 „	
Abteuflampe, 60 HK	100—150 „	25—30 „
Beamten-Scheinwerferlampe	36—38 „	7—10 „
Druckluft-Akkumulatorlampe	110 „	15—20 „

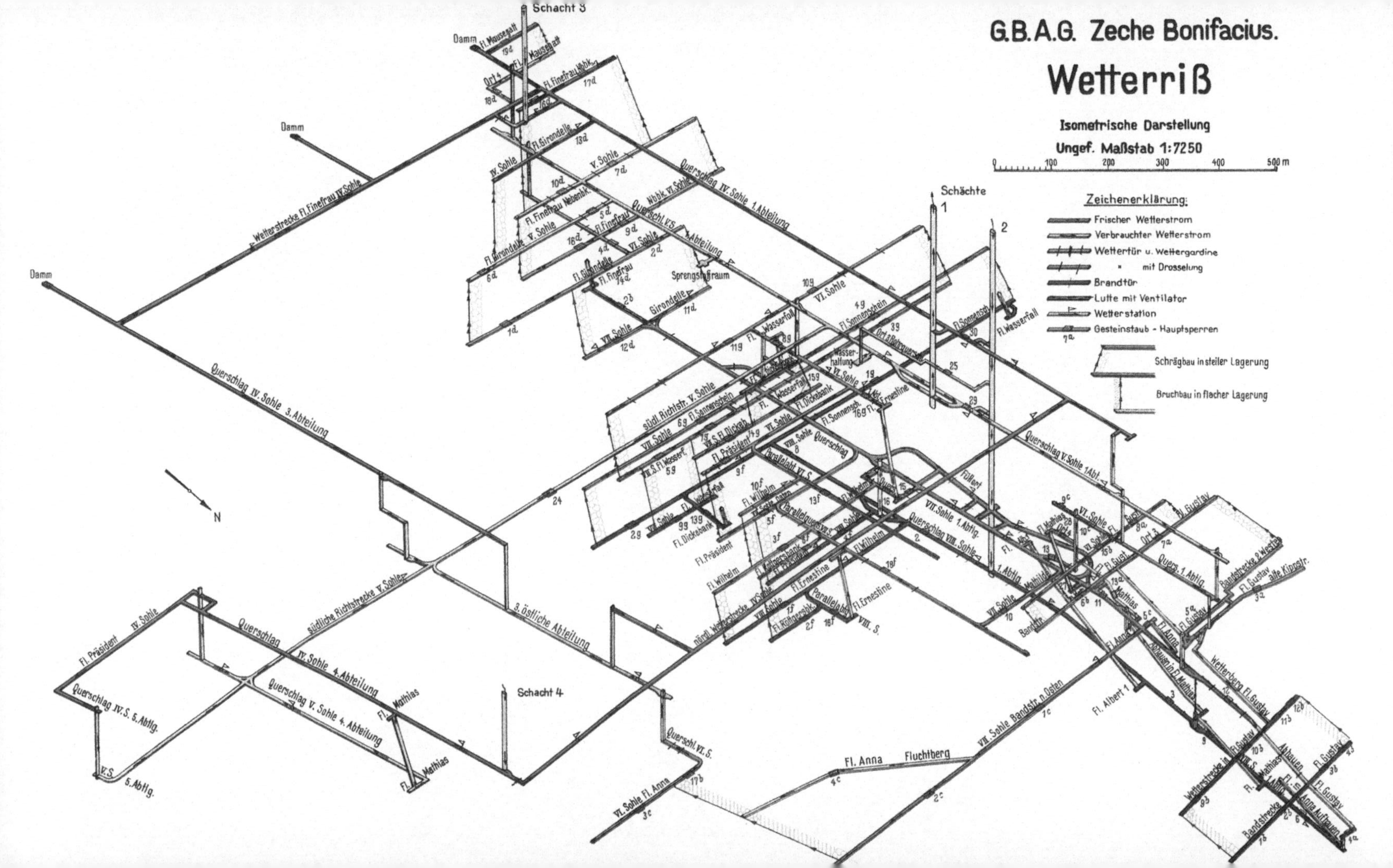

G.B.A.G. Zeche Bonifacius.
Wetterriß
Isometrische Darstellung
Ungef. Maßstab 1:7250
0 100 200 300 400 500 m
Zeichenerklärung:
Frischer Wetterstrom
Verbrauchter Wetterstrom
Wettertür u. Wettergardine
mit Drosselung
Brandtür
Lutte mit Ventilator
Wetterstation
Gesteinstaub - Hauptsperren
Schrägbau in steiler Lagerung
Bruchbau in flacher Lagerung
N
Schacht 3
Schacht 4
Schächte
1
2
Damm
Damm
Damm
Wetterstrecke Fl.Finefrau IV.Sohle
Querschlag IV. Sohle 3. Abteilung
südliche Richtstrecke V. Sohle
3. östliche Abteilung
südliche Richtstrecke V. Sohle
Querschlag IV. Sohle 4. Abteilung
Querschlag V. Sohle 4. Abteilung
Querschlag IV.S. 5. Abtlg.
Fl. Präsident IV. Sohle
Fl. Mathias
Fl. Mathias
V.S. 5. Abtlg.
Querschl. VI. S.
VI. Sohle Fl. Anna
Fl. Anna Fluchtberg
VII. Sohle Bandstr. n. Osten
Fl. Albert 1
Fl. Mausegatt
Fl. Finefrau Nbbk.
Fl. Girondelle
IV. Sohle
V. Sohle
Fl. Finefrau Nebenbk.
Fl. Finefrau
Querschl. V.S.
VI. Sohle
Fl. Girondelle
Fl. Finefrau
Fl. Girondelle
VII. Sohle
Girondelle
Sprengstoffraum
Querschlag IV. Sohle 1. Abteilung
Nbbk VI. Sohle
Nbbk IV. Sohle 1. Abteilung
Querschlag V. Sohle 1 Abt.
Fl. Sonnenschein
Fl. Sonnensch.
Fl. Wasserfall
Fl. Wasserfall
Fl. Wasserfall
Wasserhaltung
Ort a.Bütgenpr.
VI. Sohle
südl. Richtstr. V. Sohle
Fl. Sonnenschein
VII. Sohle
W.S. Fl. Dickeb.
W.S. Fl. Wasserf.
Fl. Dickebank
Fl. Präsident
Fl. Präsident
Fl. Dickebank
VI. Sohle
VIII. Sohle Querschlag
Parallelabt VI. S.
Fl. Wilhelm
Fl. Wilhelm
Fl. Wilhelm
V. Sohle
Parallelabt VI. S.
nördl. Wetterstrecke IV Sohle
VIII. Sohle
Fl. Ernestine
Fl. Ernestine
Fl. Ernestine
Parallelabt
Fl. Krähenbr.
VIII. S.
VII. Sohle 1. Abtlg.
Querschlag VIII. Sohle
Querschlag V. Sohle 1 Abt.
Fl. Gustav
Fl. Gustav
Fl. Gustav
Fl. Gustav
Fl. Anna
Querschlag Fl. Mathias
VI. Sohle
VII. Sohle
1. Abtlg.
Mathias
Bandstr.
Quers. 1. Abtlg.
Bandstrecke 2. Westf.
alte Kippstr.
Wetterberg Fl. Gustav
Abhauen
Bandstrecke
Fl. Anna Aufbrauen
Wetterstrecke in Fl. Gustav